Modern Architectural Theory: A Historical Survey, 1673 - 1968

Harry Francis Mallgrave

现代建筑理论的历史, 1673—1968

〔美〕H. F. 马尔格雷夫 著

陈平 译

北京大学出版社
PEKING UNIVERSITY PRESS

著作权合同登记号 图字：01-2014-5430

图书在版编目（CIP）数据

现代建筑理论的历史，1673—1968 /（美）H. F. 马尔格雷夫著；陈平译. 一北京：北京大学出版社，
2017.11
　（美术史里程碑）
　ISBN 978-7-301-27927-4

　Ⅰ.①现…　Ⅱ.①H…②陈…　Ⅲ.①建筑理论　Ⅳ.①TU-0

中国版本图书馆 CIP 数据核字（2017）第 006363 号

书　　　名	现代建筑理论的历史，1673—1968
	XIANDAI JIANZHU LILUN DE LISHI，1673—1968
著作责任者	〔美〕H. F. 马尔格雷夫 著　陈平 译
责 任 编 辑	任慧　赵维
标 准 书 号	ISBN 978-7-301-27927-4
出 版 发 行	北京大学出版社
地　　　址	北京市海淀区成府路 205 号　100871
网　　　址	http://www.pup.cn　新浪微博：@ 北京大学出版社
电 子 信 箱	pkuwsz@126.com
电　　　话	邮购部 62752015　发行部 62750672　出版部 62755910
印 刷 者	北京中科印刷有限公司
经 销 者	新华书店
	650mm × 980 mm　16 开本　45.5 印张　1004 千字
	2017 年 11 月第 1 版　2017 年 11 月第 1 次印刷
定　　　价	198.00 元

目　录

译者前言

西方建筑史及理论的研究在国内一向薄弱，而现代这一块尤其如此。十年之前，笔者在国家图书馆查找参考书时，当时刚出版的马尔格雷夫 (Harry Francis Mallgrave) 的这本《现代建筑理论的历史，1673—1968》(*Modern Architectural Theory: A Historical Survey, 1673–1968*) 便引起了我的注意。此书为大开本，用铜版纸印刷，沉甸甸的，仅正文就有 400 多页。粗略一翻，便深感其视野之广阔、史料之宏富、史观之独到，就现代建筑理论这一领域实不多见。于是便放弃了编写此类教材的想法，萌生了将它翻译过来的念头：一来可应国内学界研究与教学之急需，更新我们的知识；二来作者的专门史写作的思路也值得国内同行借鉴。

为了说明此书的写作特色，我们可以将它与 20 年前出版的另一本建筑理论大书做一比较，即克鲁夫特 (Hanno-Walter Kruft) 的《建筑理论的历史：从维特鲁威到现在》（德文版 1985，英译本 1994，中译本 2005）。克鲁夫特的著作是建筑理论文献编纂的"第一次尝试"，采取了线性的通览式结构，从维特鲁威一直写到 20 世纪，资料性很强；而马尔格雷夫的历史叙事集中于三百多年来的现代时期，在结构上是复调式的，历史叙述层次丰富而细腻。这两种历史编撰方法，或许是出于两位作者对"建筑理论"概念的不同理解：克鲁夫特将建筑理论定义为历史上幸存下来的建筑文献，如他在导言中所言，他"沉浸在对于文献资料的耙梳上"[1]，所以该书强大的专业性以牺牲可读性作为代价；而马尔格雷夫则在"最宽泛的意义上"来看待建筑理论，他在前言中简单地将建筑理论定义为"建筑观念或建筑写作的历史"（第 15 页）。于是在他笔下，建筑理论的历史就成为一部建筑观念演变的历史。所以，此书对于建筑学生和普通读者而言，在具有较强的可读性的同时，又不失其专业性。[2]

一

既然将建筑理论的历史理解为一部观念史，就意味着要将建筑观念的有机发展在一定的

时空范围内呈现出来，并对其做出说明。书名中的"现代"一词为全书设置了一个宏观的历史
构框。一般而言，该词在西方是指介于中世纪与当代之间的一段历史时期，发端于 15 世纪意
大利文艺复兴。但作者并没有从文艺复兴写起，而是以 1673 年作为起点。这个时间点选得很
妙，颇具标志性。因为就在这一年，佩罗（Claude Perrault）这位法国科学家、维特鲁威的译者，与
最早的一批"现代人"一道，向盲从于古典前辈的观念提出了挑战；也正是在这前后，"理论"
（théorie）与"现代"（modern）这两个概念在欧洲"脱颖而出"。作者选择的终点是 1968 年，这一年
全球性的政治骚乱、社会动荡不安，甚至作者所谓的"美国内战"，都向建筑理论的时代性提
出了新的挑战，建筑理论似乎又走到了十字路口。

观念史有着各种不同的来源与流派，名称也不尽相同，不过其共同点是对人类观念的起
源、发展、演变及相互影响进行研究，并认为观念具有稳定性和延续性，其本身就构成了一部
生命史，而且具有溢出本领域对其他领域的思想产生影响的功能。20 世纪初，德沃夏克（Max
Dvořák）在狄尔泰"精神科学"（Geisteswissenschaften）的影响下，以"作为精神史的美术史"这一概念，
将观念史引入了美术史领域，后来这一方法便为美术史家所广泛采用。[1] 虽然本书作者未明确
交代他的观念史方法论来源，在篇章结构上也没有像洛夫乔伊（Arthur Oncken Lovejoy）那样拈出一
些"单元观念"并逐个追溯其发展的历史，不过笔者以为，他是将建筑理论本身视为各种建筑
观念的表征，而这些观念自身则具有稳定的发展史。作者在前言中指出："将建筑理论看作一
种相对封闭的、数个世纪以来形成的各种观念的实体或文化或许更好一些，这些观念在永远变
化着的情境中保持着显著的稳定性。从这个意义上当然可以说，建筑话语天衣无缝地延续到了
20 世纪 60 年代末至 70 年代初，没有明显可见的思想断裂或崩溃的痕迹。"（第 17 页）换句话说，
作者是将观念史的思路融入了建筑理论的历史写作之中。

历史上每一种建筑理论，背后都有其观念基础。像建筑的"比例""性格""风格""形式""功
能""装饰""结构"等观念，在不同的时代延续下来，只不过其语义会有所变化而已。所以"延
续性"（continuity）便成了本书的一个关键词。在人们看来，这近三百年的建筑理论发展史，尤其
是从 19 世纪末到 20 世纪，充满了理论上的革命与断裂，而马尔格雷夫不这么认为。对他而
言，每一代人的理论都是从当下实际情境与问题出发，对往昔传统观念的一种反应。建筑观念
的延续性贯穿于本书的始末：佩罗向古人的比例观念发起挑战，揭开了现代建筑理论的序幕，
但这并非意味着与维特鲁威以及文艺复兴建筑观念的决裂，而是一种观念革新。再看本书的尾
声，1968 年对于后来的 1970 年代来说依然是开放的，并没有被刻意处理成一个理论时代的终
结或另一时代的开端。

这种历史延续性的观点，反映了作者坚守着乐观主义的进步观与文化统一性的基本信
念。这就使他能在具体的理论叙事中频频跨越时空，将新理论追溯到旧理论，令人信服地呈现
出建筑观念的发展脉络，也使作者能纠正一些常识性误解，将中断的观念之链重新连缀起来。

1　参见 W. Eugene Kleinbauer, "Geistesgeschichte and Art History", *Art Journal*, Vol. 30, No. 2（Winter, 1970–1971）, pp. 148–153.

比如，长期以来19世纪被人们贴上了"折中主义"与"历史主义"的标签，也曾被现代主义建筑师批判得一无是处，但作者却在其中发现了20世纪建筑思想的曙光：德国建筑师欣克尔 (Karl F. Schinkel) 早在19世纪30年代就对功能与装饰的关系问题做了严肃的思考，他曾试图去建造一种剔除一切装饰的纯功能性建筑，后来又对这种做法进行了反思，检讨自己陷入了"纯激进抽象的错误"，并在设计上再一次给功能性建筑披上了"历史与诗意"的外衣（第148页）。再如，在1920年代，激进的现代主义建筑师们誓与传统决裂，他们喜欢用"分水岭"的概念将20世纪建筑与此前一切时代划清界限。这一观念影响了20世纪以至今天几乎所有的建筑师与建筑史家。而作为历史学家，马尔格雷夫冷静地对这个概念提出了质疑，从而维护了历史的延续性：

> 但是，就其**观念基础**而言，历史或理论——除非发生了一场大火灾——会以这种急转直下的方式运行吗？换种方式提问，不含历史意蕴的"风格"观念（最早是欣克尔等人在接近19世纪初叶时探讨的问题），是如何在19世纪末历史主义死灰中复燃的呢？如果我们考虑一下前三个世纪建筑思想的延续性（将我们自己限定于一条十分清晰的批评发展线索之内），答案是显而易见的，即建筑从未以此种方式发生变化。**新的形式总是由观念（以及其他因素）支撑的，而20世纪初的现代性，若将它置入更大的历史上下文中来看，其实就是关于何为"现代"这一系列观念不断展开的另一阶段而已。**符号学理论再一次支持了这种观点。符号学家并非将20世纪现代主义读解为形式解码或象征符号抽象化的最后阶段，他们提出，将现代主义看作一种语义代码置换了另一种语义代码则更加准确。因此，任何这类置换都有一个理论基础。（第288页）

这令人想起了李格尔 (Alois Riegl) 为维护艺术史的延续性与进步观而反对所谓"灾变"理论[1]，以及柏格森 (Henri Bergson)、福西永 (Henri Focillon) 关于时间与历史的"绵延"概念[2]。从观念延续与发展的角度来看建筑理论的发展，可以破除贴标签的简单做法，为我们理解"建筑的矛盾性与复杂性"提供了可能性。例如，沙利文 (Louis Sullivan) 在他设计生涯的早期阶段就拥护理性主义设计，还提出了"形式永远追随功能"的著名格言。但他是一位学装饰出身的纹样大师，在其设计中一直没有放弃装饰。其实，在新的条件下他的"装饰"观念的语义已经被置换了。而他这句名言中的"形式"与"功能"的关系，也并非如我们通常所理解的那么简单。本书作者告诉我们："他的意思包括了更广泛的范围，因为他是通过格里诺的生物学比喻引入这一术语的。这位雕塑家的确有许多实例演示了大自然形式与功能之间的关系，如老鹰、马和天鹅。"（第244页）所以我们可以理解，这种观念其实就是19世纪建筑师理解形式与结构关系的一种延续。

---

1 参见〔奥〕李格尔，《罗马晚期的工艺美术》导论，陈平译，北京：北京大学出版社，2010年，第4页。
2 参见〔法〕福西永，《形式的生命》译者前言，陈平译，北京：北京大学出版社，2010年，第9页及脚注。

另一方面，若以一种长时距的视点来审视现代主义与后现代主义理论的关系，观念的延续性便可看得更加清楚了。在此书的最后，作者引入了"复兴或重访"（revival or revisitation）的概念：

> 回顾 1968 年，如果说有一个观念和建筑与城市研究学院、纽约五人组、文杜里和穆尔的民粹主义、意大利理性主义密不可分，那就是**复兴或重访**的观念：复兴 1920 年代的、现已成为偶像的各种形式的图像，复兴巴洛克手法主义和流行的本土形式，复兴理想的形式，甚至复兴洛日耶式的新古典主义。这一判断绝不带有轻蔑的意思，因为**复兴总是现代建筑理论与实践不可或缺的一部分**。例如，佩罗为罗浮宫东立面做的设计是要开创伪窄柱式的复兴，就如同根据意大利文艺复兴的原则来阐明法国独立宣言一样。这就是建筑理论与实践的循环性质。（第 630 页）

历史的发展经历了无数次的复兴或重访，如果我们只知欧洲有大文艺复兴，而不知此前中世纪发生了若干次小文艺复兴，就会误认为历史出现了断裂，我们又如何去理解乔托与中世纪艺术的关系、马萨乔与乔托的关系？贡布里希（Ernst Gombrich）在谈到乔托时说："按照惯例，艺术史用乔托揭开了新的一章，意大利人相信，一个崭新的艺术时代就从出现了这个伟大的画家开始……尽管如此，仍然不无裨益的是，**要记住在实际历史中没有新篇章，也没有新开端**。而且，如果我们承认，乔托的方法要大大地归功于拜占庭的艺匠，他的目标与观点要大大地归功于建筑北方主教堂的伟大雕刻家，那也丝毫无损于他的伟大。"[1] 接下来在谈到马萨乔的艺术时，他指出："我们可以看出马萨乔欣赏乔托的惊人的宏伟，然而他没有模仿乔托……马萨乔通过透视性的框架安放人物，高度强调的正是这种雕像效果，而非其他。"[2] 马萨乔的绘画革新，是面对如何将人物置于真实空间中并如何更令人信服这一问题所做出的回应。同理，勒·柯布西耶（Le Corbusier）在面对赖特（Frank L. Wright）等人对他的"纸板住宅"提出的批评时，也不会无动于衷。他重新燃起了对原始性与雕塑性的兴趣，以朗香教堂复兴了西方美术史上根深蒂固的建筑、雕塑与绘画三位一体的观念。正如本书作者所说，他"首先是位画家和雕塑家，偶尔将其天才运用于建筑实践，却取得了相当程度的成功"（第 518 页）。当然，"复兴或重访"从来都不是周而复始的简单运动，而是艺术家或建筑师面临当下问题时，在一个更高层面上对往昔观念与形式进行吸收与整合的过程。所以在这个意义上，历史上的复兴总是与革新形影相随。

不同时代的社会条件总是会向建筑的基本观念提出新的问题，所以建筑的观念史必然呈现为一部"问题史"。作者在书中讨论了"现代"框架下，不同时期各国建筑师所面临的问题、围绕这些问题展开的争论以及所提出的应对方案。比如，关于古代的比例理论——总结于维

---

1 〔英〕贡布里希，《艺术的故事》，范景中译，南宁：广西美术出版社，2008 年，第 201 页。黑体部分为本书笔者所加。
2 同上书，第 229 页。

特鲁威的《建筑十书》，经过文艺复兴时期建筑师的补充与整理而形成了规范。法国 17 世纪后半期出现了"比例之争"，革新派受到了理性主义思潮的影响，提出了比例的相对性，以反对保守派的绝对性观念，佩罗的罗浮宫东立面柱廊设计便是解决方案的成功范例。而关于比例问题的讨论，经 18、19 世纪一直延续到了 20 世纪，勒·柯布西耶在他的《论模数》一书中又给出了自己的新阐释。诸如此类的问题与争论在书中贯穿始终，如欧洲 18 世纪的希腊罗马之争、19 世纪的哥特主义与古典主义之争、古代建筑与雕塑上是否敷色之争、"我们究竟以何种风格进行建造"之争，以及形式与构造关系之争等。论战中呈现的不同观点，反映了社会与技术条件的变化、思想与意识形态的影响，以及更深刻的政治与文化冲突。

到了 20 世纪，世界大战的大灾难、激进主义的意识形态、经济大萧条、大众市场的兴起、冷战等，都给建筑理论带来了新的问题，如低收入家庭的住房问题、城市与郊区的关系问题、城市规划与去中心化问题、形式结构与历史意蕴关系问题、现代主义与波普艺术的关系问题等等。围绕这些问题，讨论与论争空前激烈，而现代机构与组织的建立与紧张的活动、建筑期刊与图书的大量出版发行，则在其后推波助澜。二战之后，在哲学思潮与科技进步的双重推动之下，出现了大量的设计方法论，也是应对复杂的现代社会问题的种种解决方案。传统问题看似退居幕后，不过仔细思量，在这热闹非凡的理论争论背后，像形式与功能、艺术与技术、结构与历史意蕴等二元观念，甚至建筑的比例、个性与风格等传统的建筑基本问题，并没有完全消失，而是在新形势下一直延续着。在这一过程中，出现了无数次集体与个人对往昔传统的"复兴与重访"。

二

观念史追溯各个时代对某些基本观念的反思与修正，而观念本身也具有跨越自身领域弥漫到其他领域的奇妙功能。从观念的这一特性来读本书，一个重要特色便呈现出来，即坚持**文化的统一性与多学科的综合性**。这一点尤其涉及专业理论史写作的思路，我们可从以下四个方面来看：

首先，在任何专业史的写作中，时代背景的描述不可或缺，否则便写成了专业手册。但如何使背景成为专业内容的烘托与说明，而不是像我们通常所见的两张皮生硬地贴在一起，这就取决于作者的眼界与智慧。在本书中，特定的年代与事件不仅提供了背景知识，还起到了说明建筑观念变化的作用。例如，关于德国表现主义建筑思潮的兴起，有一个人们往往会忽略的原因，就是在一战前后德国建筑师"被迫过着长期无所事事的空虚生活，他们回归手工艺，退缩于空想的乌托邦理论之中，而对怪诞图像的表现主义梦境的关注则成了他们宣泄的渠道"（第364页）。同样，20 世纪 20 年代的那场现代主义建筑革命，"在很大程度上是众多建筑师被迫赋闲的结果"（第 351 页）。历史事件导致了建筑师非正常的生活状态，他们失去了建筑委托项目而无所事事，这使他们有更多机会与先锋派艺术家接触、组织艺术社团、探讨纯艺术问题。

在书中，凡影响建筑观念发展的重大历史事件，作者都不吝篇幅地加以介绍，比如启蒙运动、法国大革命、二战前纳粹德国与意大利的文化政策、大萧条与罗斯福新政、20 世纪 60 年代西方各国普遍的社会动荡，等等。这就使得建筑理论的转向更易于为人理解。所以这本看似十分专业的建筑理论书，其实可以当作一部建筑社会史来读。

其次，作者着力挖掘建筑理论背后关于哲学、宗教、科学的思想资源，表明了建筑理论是人类思想史与文化史的一个组成部分。例如，笛卡尔的理性主义认识论之于佩罗的建筑观念革新，沙夫茨伯里（Lord Shaftesbury）的新柏拉图主义之于英国帕拉第奥（Palladio）主义和如画式观念，康德哲学之于欣克尔的建筑"合目的性"的哲学思考，19 世纪人种学之于森佩尔（Gottfried Semper）的建筑四要素理论，爱默生的超验论之于美国如画论美学以及"美国式农舍风格"的兴起，惠特曼浪漫的民主愿景之于沙利文激情四射的建筑想象力……作者力图表明，现代建筑师的训练、成长与各时代先进的思想资源有着密不可分的关系，通过汲取思想家的观念，他们逐渐认识到了自己肩负着对社会的责任，以改变人类生活条件与生活方式为己任，而理论研究则是他们工作的观念前提。因此，为数众多的作家、诗人、哲学家与批评家关于建筑的言论与著作，构成了此书建筑理论的重要内容，如沙夫茨伯里、艾迪生、伯林顿、夏多布里昂、歌德、施莱格尔、雨果、罗斯金、莫里斯、叔本华、爱默生、芒福德（Lewis Mumford）、海德格尔，等等。出自这些文化伟人之手的"二手文献"所阐发的建筑理想，或主导着一个时代建筑的审美趣味，或反映了特定阶段人类对建筑的深刻理解，在建筑观念史上起到了专业建筑理论所不可取代的作用。在这个意义上，本书又可作为一部建筑文化史来读。

再次，在专业建筑理论的层面上，作者将建筑师的理论思考与他们的创作实践有机结合起来，使理论与作品相互映衬、相互发明。在这部四百多页的建筑理论史中，作者并没有将各时期最重要的理论著作一部接一部地排列起来进行介绍与分析，而是花了不少篇幅，对重要的现代建筑师的生平及作品进行了较为详细的描述，甚至还如说故事一般生动地呈现了其作品、事件背后鲜为人知的情节。而这些材料并非是为取悦读者而加入的奇闻轶事，相反，是为呈现理论观点所营造的一种情境、一种上下文。例如，一提起洛斯（Adolf Loos）这一名字，人们自然会想到这位现代主义建筑的先知是那么决绝地反对装饰，以至将装饰与犯罪挂起钩来。但如果我们跟随作者了解到他与分离派的关系，他的里程碑式的作品"洛斯楼"的设计与建造过程所引起的风波，尤其是了解到他极尽嬉笑怒骂、冷嘲热讽之能事的个性与文风，就会明白他的装饰观念并非这么简单。作者指出：

> 洛斯并没有将装饰等同于犯罪，他允许鞋匠享受将鞋子做成传统扇贝形的乐趣，他反对的是将装饰用在日常用品上，并认为去听贝多芬交响乐的人应拒绝装饰，对这些人而言"缺少装饰是一种'智性力量的标志'"。也就是说，在文化发展的现行阶段，原先消耗于风格化装饰上的时间与金钱（奥尔布里希的作品从现在起十年后会在哪儿？），应投向更高品质的器物以及国家的普遍繁荣方面。（第 322 页）

这就纠正了我们的误解，避免了望文生义。其实洛斯并非反对一切装饰，恰恰相反，他是一位善于利用昂贵石材进行装饰的大师，尤其是室内装饰，以色彩华丽与做工精致而著称。对于像勒·柯布西耶、密斯·凡·德·罗 (Ludwig Mies Van de Rohe)、格罗皮乌斯 (Walter Gropius)、赖特等重量级大师，作者则按年代顺序，将他们各时期的生平事迹、建筑观念以及建筑作品，分别安排在前后不同的章节中叙述，充分呈现了其建筑思想的前后发展与变化。虽说书中偶有过多罗列作品的情况，但总体来看，这种将建筑理论与建筑作品结合起来的写作方法，避免了纯理论史的枯燥性。从建筑学生的角度来看，本书也可以作为一部饶有趣味的现代建筑史来读。

最后，但并非不重要的一点是，在本书中美术史与建筑史、美术理论与建筑理论之间具有一种融会贯通的关系。在当今美术史与建筑史以邻为壑的状态之下，这一点尤其值得国内同行借鉴。[1] 在西方人的眼中，自文艺复兴以来，建筑就与绘画、雕塑一道构成了三位一体的"赋形的艺术" (arte del disegno)[2]。这种观念一直延续到 19 世纪，十分典型地体现于巴黎美术学院的教学之中。虽然在工业革命与科技进步的推动下，传统美术学院中的建筑专业逐渐被新兴的理工学院或建筑学院所取代，但是美术与建筑的关系依然十分紧密，包豪斯学校的教学组织便是突出的代表。作者在书中揭示了在 20 世纪现代性的形成过程中，艺术运动与建筑之间极其密切的互动关系，比如新艺术运动与瓦格纳学派，法国现实主义绘画与德国建筑改革，风格派与包豪斯及荷兰现代建筑，表现主义艺术与珀尔齐希 (Hans Poelzig) 的建筑设计，未来主义运动与桑泰利亚 (Antonio Sant'Elia) 的新城市狂想曲，等等。

另一方面，美术史学与建筑史学也存在着密切的关联。自文艺复兴以来，西方美术史与建筑史的写作原为一体，密不可分。所以，我们可在书中读到温克尔曼 (Johann Joachim Winckelmann) 对于建筑理论的贡献，鲁莫尔 (Friedrich Von Rumohr) 的名著《意大利研究》中关于建筑问题的讨论，施纳泽 (Karl Schnaase) 在《尼德兰书简》中首次对"空间"观念的系统研究，李格尔的"艺术意志"概念对贝伦斯 (Peter Behrens) 及现代主义观念的影响，沃尔夫林的形式主义与移情理论对德国相关理论的奠基作用，等等。

专业建筑史的写作从 19 世纪兴起，作者对英国的霍普 (Thomas Hope)、惠廷顿 (George Downing Whittington) 与弗格森 (James Fergusson)，德国的希尔特 (Alois Hirt)，意大利的赛维 (Bruno Zevi)、贝内沃洛 (Leonardo Benevolo) 与塔夫里 (Manfredo Tafuri)，瑞士的吉迪恩 (Sigfried Giedion) 等建筑史家的著述与成就，都一一作了呈现。关于吉迪恩这位 20 世纪最重要的现代建筑史家与批评家，作者更是不吝笔墨，详细介绍了其生平及著作、与一流现代主义大师之间的交往、在 CIAM 中发挥的重要作用，尤其是他的名著《空间、时间与建筑》。作者充分肯定了吉迪恩对现代主义建筑理论做出

1　关于美术与建筑的关系，参见拙文《建筑的观念》，载《艺术与科学》第 11 卷，北京：清华大学出版社，第 146—149 页；《美术史与建筑史》，载《读书》杂志，2010 年第 3 期，第 157—161 页。

2　在文艺复兴时期的语境中，disegno 一词具有形而上的"理念"与形而下的"素描"这两层含义，即为理念赋以形状，与今天所说的 design 的含义不尽相同。范景中先生首先将该词译为"赋形"。所以 arte del disegno 这个意大利文术语可以直译为"为理念赋予形状的艺术"。由于此种艺术在当时就是指建筑、雕塑与绘画这三门艺术，所以在不同的上下文中，可以译为"美术"或"造型艺术"。参见〔英〕佩夫斯纳，《美术学院的历史》译后记，陈平译，北京：商务印书馆，2015 年。

的贡献，也含蓄地批评了他的历史决定论，过度夸张的、感情用事的写作方式，以及对赖特等早期现代主义者的偏见。吉迪恩在前期构建现代主义理论的过程中，囿于当时的情境，没有也不可能客观地梳理出现代主义建筑的谱系；他对勒·柯布西耶与格罗皮乌斯的评价，因个人的密切关系，也不可能做到完全客观公正。作者还将吉迪恩的这部著作置于建筑观念碰撞的大背景之下，介绍了赛维等人对此书的回应与批判，这就为读者的思考留出了空间。更为重要的是，在后续的章节中，作者还对吉迪恩二战后的观念转向进行了描述，使我们能够更全面更准确地认识这位 20 世纪最活跃的现代主义批评家的整个思想历程。

吉迪恩本人以艺术史家沃尔夫林的弟子而自豪，这本身便说明了艺术史与建筑史之间的亲缘关系。所以我们也可以说，自文艺复兴直至 20 世纪的西方建筑理论与批评，本身就是从艺术史与艺术批评中生发出来的。我们无法想象，在西方存在着不关心、不了解艺术史与艺术理论的建筑史家与批评家；同样，不去触碰建筑史的艺术史家也是不存在的。从这个意义上来说，本书也可作为一部现代艺术史或艺术理论的书来读。

三

要将三百多年的建筑观念史梳理清楚，并以批判的眼光进行评述，这本身就是对历史学家的巨大挑战。这一过程不仅需要宽阔的视野与丰富的历史想象力，还有赖于扎实的学术研究基础。不难看出，马尔格雷夫是一位训练有素的建筑史家。笔者认为，他的学术基础包括两个方面，一是深入的个案研究，二是扎实的文献功底。

第一个方面，我们可以在本书论森佩尔建筑思想的有关章节中见出。马尔格雷夫是当代建筑史界最重要的森佩尔专家，他不仅将森佩尔的名著《论风格》（与他人合作，2004）、《建筑四要素》（2011）译成英文出版，而且他的传记体研究著作《戈特弗里德·森佩尔，19 世纪的建筑师》（*Gottfried Semper, Architect of the Nineteenth Century*, 1996）一书荣获了建筑史家协会颁发的爱丽丝·戴维斯·希契科克奖（Alice Davis Hitchcock Award）。此外，他还曾对瓦格纳、温克尔曼、欣克尔、吉利父子、克伦策（Leo Von Klenze）等人做过专题研究。由此我们可以看出，马尔格雷夫的早期学术训练集中于德语国家的建筑理论。有趣的是，马尔格雷夫还在本书 19 世纪末向 20 世纪过渡的节点上，插入了理论性较强的一章，即第九章"附论 20 世纪德国现代主义的观念基础"。有评者认为，这一部分内容最能体现这本书的学术性，因为它阐述了德国 19 世纪建筑理论（包括哲学、美学以及美术史理论）对于 20 世纪现代主义建筑理论的奠基作用，而正是这一点长期被佩夫斯纳与吉迪恩等经典作家忽略或遮蔽了。当然，作者早期对于德国理论的精深研究，并非意味着本书的学术天平向日耳曼一方倾斜，因为其还是将每位德国建筑师的理论与他们的欧洲同行联系起来，向我们呈现出不同政治文化语境中的平行发展态势，揭示了西方建筑理论的整体性与多义性。

第二个方面，即坚实的文献功夫，这主要体现在本书大量的脚注之中。细心的读者可能会注意到，作者并没有在书后附上长长的参考文献，而是将文献信息全部纳入注释，其中包括大量原典和二手文献。其实我们只要看一看作者长期所做的文献工作，便可知他在这方面的实力。作为伊利诺伊理工学院建筑史及理论教授，马尔格雷夫被聘为盖蒂艺术史与人文研究中心的建筑史出版项目"原典与文献系列丛书"（TEXT & DOCUMENTS）的出版委员会委员与编辑。此套丛书以现代学术标准进行编辑，附有批评性的导论与评注，旨在为艺术、建筑与美学研究者提供长期为人忽略、遗忘或难以寻觅的经典建筑史文献的英文译本。在这套丛书中，除了文献翻译之外，他还编辑了两卷本建筑理论文选，即《建筑理论文选，第 1 卷：从维特鲁威至 1870 年》（*Architectural Theory, Volume 1: An Anthology from Vitruvius to 1870*）（2006），以及《建筑理论文选，第 2 卷：从 1871 至 2005 年》（*Architectural Theory, Volume II: An Anthology from 1871 to 2005*）（2008）。这是有史以来第一部涵盖了从古典古代直到现当代的建筑理论文集，不仅收录了建筑师与批评家的原典，也收录了与建筑文化相关的经典作家的文选。

我们看到，对文献的熟悉使作者在写作中能信手拈来各种材料，同时也为读者纠正了文献理解上的一些错误。对我们而言，最重要的例子就是勒·柯布西耶的名著 *Vers une architecture* 的译名。从 20 世纪 30 年代直到现如今，我国学界无一例外地将其译为《走向新建筑》，其实法文书名中本无这个"新"字。这或许是因为中国国内主要根据英译本来翻译，而早在上世纪 20 年代末，英文版译者就将译名译成了 *Towards a New Architecture*。马尔格雷夫在注释中对这一情况做了说明，并在正文中说明了勒·柯布西耶写作此书的主旨，即向当时的政客与工业巨头们提出一个选项，"要么建筑，要么革命"，若重视住房问题，则"革命就能够被避免"。[1] 所以此书中文书名应译为《走向建筑》或《面向建筑》。译名问题并不单单是个语言问题，也反映了译者能否正确地理解原作者的写作意图与书中的内容。

近年来，马尔格雷夫与古德曼（David J. Goodman）合作，出版了《建筑理论导引：从 1968 年至今的批评史》（*Introduction to Architectural Theory: 1968 to the Present. A Critical History*）（1911），此书显然就是我们眼下这本书的续编，也是第一部描述过去几十年建筑界各种思想变革的著作，涉及对现代主义盛期建筑的批评、后现代主义的兴起、后结构主义，以及批判地域主义等内容。

四

我国对于西方现代主义建筑理论的引入，可以追溯到 20 世纪三四十年代。[2] 但由于历史与意识形态的原因，系统介绍西方现代建筑理论的工作直到改革开放之后才逐渐展开。在这方面，罗小未先生与刘先觉先生是两位令人尊敬的前辈，他们编写教材、撰写论文，确有开山之功。罗小未先生撰写了大量介绍西方现代建筑理论的文章，主编了《外国近现代建筑史》教材；

---

1 盖蒂基金会已于 2007 年 1 月出版了新版英译本，书名为：*Towards an Architecture*。
2 参见赖德霖的《中国近代建筑史研究》中《学科的外来移植》《"科学性"与"民族性"》两篇文章，北京：清华大学出版社，2007 年。

而刘先觉先生主编的《现代建筑理论》则是一项系统性的研究成果，出版后得到了国内专家的高度评价。[1]

但我们也要看到，30多年来，虽有一些重要的西方建筑史与建筑理论著作的中译本问世，但翻译质量参差不齐，不尽如人意；报纸杂志上虽发表了一些关于现代理论的文章，但深入的研究论文却极其少见；而市面上这方面的出版物，多是一些普及性的通俗读物；期刊上发表的建筑理论论文，大多是评职称的应景之作；在学校里，学生仍在使用着二三十年基本不变的外国建筑史通用教材，存在着严重的知识老化问题。与此同时，本应属于同一学科的美术史与建筑史，被人为地划归于文科与工科，学科之间基本处于画地为牢、不相往来的状态。对于美术史研究者而言，建筑史与建筑理论仍然是一个"他者"；而建筑史及建筑理论的研究者，普遍不了解美术史与艺术理论研究的最新进展。更为严重的是，有建筑学的专家指出，在建筑院系中，作为建筑学立身之本的建筑史及理论学科，普遍受到新建立的遗产保护学科的冲击，被日益边缘化。这与我国作为一个建筑大国，以及建筑事业的快速发展极不相称。[2] 这就意味着建筑学这门大学科，存在着丧失历史与理论根基的危险！而西方建筑学科的情形与之形成了鲜明的对比，不但建筑历史与理论课程贯穿于本科的数年教学之中，而且研究生阶段也开设了建筑理论史的专门课程。建筑教学的参考书目，则包括了从维特鲁威、阿尔伯蒂到罗斯金、森佩尔等人的经典建筑学著作。[3] 这一对比令人觉得，我们国内这般粗放的教育恍若停留在半个多世纪之前美国早期现代主义建筑教育的阶段。

马尔格雷夫在本书中为我们追溯了西方现代建筑教育的历史。在美国1940年代前后进行的课程改革运动中，绝大多数建筑院系废除了建筑史与建筑理论的课程，而吉迪恩的那部充满了所谓时代精神说教、不无历史偏见的《空间、时间与建筑》成了风行一时的大学教材。这一现象，其实是与传统决裂的现代主义观念在建筑教学上的极端反映。但是物极必反，当越来越多的毫无历史意蕴也毫无人性的建筑物使得城市成为钢筋混凝土加玻璃幕墙的森林时，当现代建筑使全世界的城镇成为千人一面的地球村时，当所有的住宅都成了机器而缺少人性的温暖、无法满足人们的精神需求时，西方建筑师与理论家们开始进行反思，于是便有了对往昔的复兴或重访，而建筑史与人文课程重新进入建筑学院课堂，就不足为奇了。其实，即便是在现代主义高歌猛进的时期，像芒福德这样对现代建筑持有保留或批判态度的批评家与建筑师并不少见，而且就在美国建筑学院普遍取消建筑史课程的同时，北卡罗来纳州立大学却在教学改革中增开了"人文与历史"系列课程，并将"人类行为与城市社会学"和"设计哲学"作为建筑史的导论课（第511页）。

西方建筑理论及建筑教育，从现代主义到后现代主义再到当下，已经走过了一个轮回，

---

1 参见汪正章先生的《建筑与科学——读刘先觉新著〈现代建筑理论〉》，载《安徽建筑》，2001年第2期，第1—6页。

2 参见王贵祥先生近年的文章《建筑理论、建筑史与维特鲁威〈建筑十书〉——读新版中译维特鲁威〈建筑十书〉有感》，载《建筑师》杂志，2013年第5期。王贵祥先生在文中指出了目前我国建筑学专业在理论教学与研究上严重缺失的现状，历数国内建筑学界重设计轻理论的现象以及闹出的种种笑话，真可谓触目惊心、振聋发聩！

3 同上。

或者说经历了一个黑格尔式的"否定之否定"的螺旋式发展。而我们现在不注重建筑历史与理论研究、教学的状况，看似与当年美国的情况相似，但在一个关键点上有着本质的不同，这就是，20世纪中叶美国的建筑教学改革是有意为之的，本质上也是所谓现代理论的产物，哪位现代主义先锋大师没有自己的一套理论与宣言呢？而我们的现状是根本不拿历史与理论当回事！在本书中，作者介绍了现代主义建筑运动所波及的印度、巴西、阿根廷等国家的情况。反观我国，虽然在20世纪三四十年代受到现代主义建筑观念的些许影响，但基本上被排除在了现代主义建筑运动之外。而在我国当代的现代化进程中，城市建设与建筑事业所面临的问题，其实早在半个多世纪之前就已经出现在欧美及其他国家了。由此看来，我们可通过历史与理论的研究，借鉴西方发达国家的历史经验与教训，以求更科学更人性化的发展。所以，中国建筑学的历史及理论研究的重要性在当下再怎么强调都不为过。

本书的翻译断断续续历时多年。如此巨大的工作量，现在回想起来，若没有一个简单的信念支撑着，恐怕难于下决心去完成，那就是为我们尚属薄弱的西方美术史与建筑史学科基础尽一份绵薄之力。本书所给的原文专名置于圆括号内，用小字附于中译名之后。译者所做的简短说明也做同样处理，较长的中译者注则给出脚注，以星号区别于原书注释。原书正文中的大段引文，凡法语、德语等欧洲语言，原作者均译成了英文，并在注释中给出了原文。囿于篇幅，中译本删去了这些原文。

在翻译的过程中，译者得到了众多师友的帮助。首先要感谢马尔格雷夫教授，他应邀为中译本撰写了前言，并解答了翻译中的不少难题。特别感谢谢建军和肖靖先生，他们热情地为我解释了许多现代建筑学术语方面的问题。我的朋友陈绮博士、张平博士、徐立博士以及李苏老师，分别帮助解决了意大利语、德语、日语和法语方面的问题。我的多位研究生同学帮助做了索引编辑与校对工作。在本书付梓之际，向你们表示深深的谢意！当然，本书在翻译上若有不当之处，全由我个人负责，敬请海内外专家学者批评指正。

陈　平

2017年3月于上海大学

中文版作者前言

　　关于本书的内容与书名，读者很可能会有两个问题，即什么构成了"现代建筑理论"？为何选取书名中这两个特殊年代？这两个问题很重要，最好将其置于西方广阔的建筑思想史中进行思考。

　　欧美文化中的建筑传统可以追溯到一位先父——马库斯·维特鲁威·波利奥。他的这一殊荣得来相当偶然。维特鲁威，众所周知，是一位地位不高的建筑师，生活在罗马共和国时期的最后阶段以及奥古斯都统治的初年。尽管他的建筑作品不为人知，但他游历甚广，先是作为尤利乌斯·恺撒手下的一名军事建筑师到过欧洲的不少地方，后来在其生涯中的某个时期又到过地中海东部的希腊诸省份。他也是位学者，将文化的熏陶与希腊语的阅读知识结合起来，这就使他能够对他那个时代的建筑知识进行总结。在他的《建筑十书》中，他汲取了大量希腊的材料——所有这些材料后来都因战争与时间的摧残而荡然无存。因此，他的著作是西方唯一幸存下来的古典理论文献。

　　没有人继承维特鲁威的宏大抱负，这就使他更显得独一无二。他将《建筑十书》奉献给新登基的奥古斯都皇帝。在历代罗马皇帝发起的大规模营造活动中，当时尚属早期。但在此后的4个多世纪中，没有其他建筑师试图编写过建筑教材。为数不多的维特鲁威抄本在欧洲中世纪幸存下来（得益于少数基督教修道士的努力）。直到15世纪意大利人莱昂·巴蒂斯塔·阿尔伯蒂开始撰写关于建筑的论文时，才有了另一位作家敢于沿着维特鲁威开辟的道路前进。阿尔伯蒂的论文也分为十书，尝试着在许多方面重新阐释古典理论，因为他感到维特鲁威并没有完满地完成这项任务。此书也与他的其他两本论绘画与雕塑的书一道，催生了意大利文艺复兴丰富多彩的艺术成就。在阿尔伯蒂工作的一个世纪之内，欧洲建筑将被"古典主义"这一观念所改变。后来通过殖民化，古典主义风格最终传播到了世界各地。

　　"现代主义"直到最近的几十年，都是用来概括西方建筑运动的一个术语，这场运动发端于20世纪初。许多早期现代主义历史学家认为，这场新运动的"开拓者们"已经与往昔彻底决裂了。然而，若对这一问题作进一步的思考，这个论点就站不住脚了。关于必须创造一种新的、现代的建筑风格的争论，可以追溯到19世纪的欧洲与北美。另有人提出，现代思想实际上发端于 1750 年前后兴起的启蒙运动。而今天有些历史学家仍坚持认为，现代思想实际上可追溯到文艺复兴和阿尔伯蒂的批判性观点。这些关于历史进程的争论并无正确答案，而我选择了 1671 年，只是因为这一年法国皇家建筑学院在巴黎成立。为何这一年代如此重要？

法国皇家建筑学院的目标是训练建筑师，而这项任务只能靠编纂一套理论来完成，它将会成为建筑教育的基础。古典主义已经从意大利的城邦国家来到了法国，这个国家在 1671 年成了一个民族国家以及欧洲的一个军事强国。在路易十四时代，法国也感觉到了自身在所有文化领域中变得越来越重要，因此建筑学院所面临的问题是，法国是应该依然遵循意大利人对维特鲁威传下来的古典主义的解释，还是应该阐明法国自己对于古典主义的解释。前者是一条较为容易的路线，因为意大利的建筑理论数量巨大并唾手可得，建筑学院的首任院长弗朗索瓦·布隆代尔 (François Blondel) 总的来说赞成这样做。不过，他遭遇了克洛德·佩罗的反对，他是国王指定的维特鲁威翻译者，本人也是一位重要的建筑师。佩罗提出，法国应该自由地追寻自己的发展路线，而这场争论很快也被定义为"古今之争"(quarrel of the ancients and morderns)。甚至"Modern"这个术语，在法国语言中也是一个相对新的词语。尽管这场争论由于两人在 17 世纪 80 年代去世而平息下来，但在大半个世纪之后，随着启蒙运动的兴起又以激烈的形式浮出了水面。从这一时刻开始，欧洲与北美便有了一条明晰的建筑思想线索，导致了 20 世纪初关于"现代主义"的新论战。

这一局面也将我们引向另一个问题——为什么以 1968 年作为这条发展线索的终点？当我于 1990 年晚期开始写作本书时，答案是显而易见的。撇开社会与政治的动乱不谈，在这个十年成熟的那一代建筑师起而反抗他们前一代人的、被视为"正统"的现代主义，因此到了 1970 年代初，我们便采用"后现代主义"这个新术语了。当时人们感到，历史又掀开了新的一页，而当它在接下来的几十年中衰竭时（通过符号学理论、后结构主义理论以及全球化现象），似乎预示了一条新的理论发展路线。然而，今天我对这样一种解释远不满意。现代主义中的后现代阶段，其实在建筑实践中并没有多少改变，总之它很快便在其手法主义中变得沉闷乏味。如果让我现在确定这一转折点，或许会选在离今天较近的时刻——基于这样一种认识：我们都是处于一个环境中的、受到文化熏陶的生物有机体，而这一认识，的确对我们的健康与福祉产生了深刻的影响。对这一观念进行深入思考，就需要另一本书了。

H. F. 马尔格雷夫

2016 年 8 月

英文版作者前言

遇见过去几百年的建筑观念，有点像碰到沉睡的普罗透斯——神秘的海神与海豹牧者，[xv]
他（对奥德修斯来说）拥有百变的本领。建筑理论在演变过程中披上了许多伪装，你必须牢牢
揪住它，直至最后迫使其显露真容。建筑理论的编纂整理始于 17 世纪，也仅限于一两所美术
学院，主要的建筑观念通过授课与论文的形式进行阐述。在启蒙运动时期，建筑理论首次跨出
专业领域进入公共论坛，非学院的观点开始挑战公认的学院教条。到了 19 世纪，民族身份认
同感的兴起与建筑期刊的出版发行，极大地扩展与促进了理论话语的传播。当然，20 世纪的
理论宣言一般都很短，以最简洁的形式表达论战观点，有时干脆简化为格言或小品文。我们将
从最宽泛的意义上来讨论建筑理论，简单地将其定义为建筑观念或建筑写作的历史；再者，由
于每一代人都必须确定自己与现存事物的关系，所以建筑理论也总是对往昔的一种反应。

本书旨在讲述从 1673 年到发生动乱的 1968 年之间现代建筑理论的主要发展线索。选择这
两个年份作为始末，看似不经意，但自有其根据。首先，theory（理论）与 modern（现代）这两个
词在 17 世纪晚期首次脱颖而出。希腊语与拉丁语中的 theoris 一词在古代早期有若干含义，它
与希腊词 theoros（观众）、theos（神）以及 theatron（剧场）相关联。它可以指占卦问卜，也可以指
某个宗教节日的参与者或协办者，或注视某位神灵的体验（或许这是最古老的含义）。莱瑟巴
尔罗（David Leatherbarrow）对这一事实进行了思考，他在讨论 theory 的诗性含义时强调了该词所具
有的宗教显灵或扭转命运之体验的含义。[1] 后来这个词又意味着"看、观，或静观"。例如，亚
里士多德用 theoria 指"静观、思考"，又指某个"静观的对象"。[2] 西塞罗（Cicero）在一封致阿提
库斯（Atticus）的书信中使用了这个希腊词，大体就是这个意思。但这种解释在拉丁文中依然相
对少见，直到中世纪人们用该词指哲学论述。[3] 罗马建筑师维特鲁威对理论与实践做了著名的
区分，例如他用 ratiocinatio（推理、推论）一词指理论，这个拉丁词的意思是"演绎、计算、推理

1　莱瑟巴尔罗，《建筑创造之根：地点、围合、材料》（*The Roots of Architectural Invention: Site, Enclosure, Materials,* New York:
　　Cambridge University Press, 1933），218—220。
2　亚里士多德，《形而上学》（*Metaphysics*），1003^{b}15, 1083^{b}18。
3　西塞罗，《致阿提库斯》（*Letters to Atticus*），温斯泰特（E. O. Winstedt）翻译（London: William Heinemann, 1918），7:6。

或理论化的过程"[1]。

意大利文 teoria（理论）一词偶尔出现在文艺复兴晚期的艺术文献中。[2] 在 1558 年版的《名人传》(Le vite) 中，瓦萨里在概述阿尔伯蒂文章的开头就用了 teorica 一词来指一套理论观点，即艺术家应成功地将理论与 pratica（实践）结合起来。[3] 一年之前，巴尔巴罗（Daniel Barbaro）在他的维特鲁威《建筑十书》的意大利文译本中将拉丁语 ratiocinatio（推理、推论）译为 discorso（话语、言说）。[4] 由于 16 世纪初叶，有人用 calculatione（计算）和 ratiocinatione（推理）这两个意大利词来翻译拉丁词 ratiocinatio，故巴尔巴罗很可能是遵循了让·马丁（Jean Martin）的先例，因为让·马丁曾在 1547 年将该词译为法语 discours（话语、言说）一词。[5] 无论如何，直到 17 世纪，théorie 一词才在法语中被普遍接受，而 theory 也进入了英语，最初出现在科学领域。1656 年帕斯卡尔（Blaise Pascal）在他的第七篇《致外省人信札》(Provincial Letter) 中使用了完全现代意义上的 théorie 一词，即指与实践相对的理论。[6] 更为重要的是，佩罗在他 1673 年的维特鲁威译本中，选择了 théorie 一词来解释拉丁词 ratiocinatio。这个词以及它的各种变化形式立即成了全欧洲建筑讨论中的标准说法。在 1692 年出版的佩罗著作节略本的英译本中，首次确定了这个词在英语建筑文本中的用法。[7] Theory 一词似乎已经十分贴切地适用于建筑思想的表达，以至 11 年后此书重印时书名被改成了《建筑的理论与实践；或维特鲁威与维尼奥拉节略本》(The Theory and Practice of Architecture; or Vitruvius and Vignola Abridg'd)。[8]

[XVI]

也是在这一时期，modern 一词也恰逢其时地被人们所采用。它源于拉丁词 modernus，最

1　维特鲁威，《建筑十书》(On Architecture)，格兰杰（Frank Granger）翻译（Cambridge, Mass.: Harvard University Press, 1998), bk. 4, chap. 5, 103—107。

2　见格拉西（Luigi Grassi）与佩佩（Mario Pepe），《艺术批评辞典》(Dizionario della critica d'arte, Turin: Utet, 1978)，2:599。该词条援引了吉贝尔蒂（Lorenzo Ghiberti）、莱奥纳多·达·芬奇（Leonardo da Vinci）、丹蒂（Vincenzo Danti）、瓦萨里与洛马佐（Giovanni Lomazzo）关于 teoria 一词的用法。

3　瓦萨里，《著名画家、雕塑家和建筑师传记》(Le vite de'più eccellenti pittori scultori e architettori, Novara, Italy: Instituto Geografico de Aostini, 1967)，2:411。此段意大利文为："Chi non conosce che bisogna con matura considerazione sapere, o fuggire, o apprendere, per sé solo, ciò che si cerca mettere in opera, senza avere a raccomandarsi alla mercé dell'altrui teorica, la quale separate dalla pratica il più delle volte giova assai poco?"（谁不知道，一个人无论做什么工作，都必须能在深思熟虑之后决定拒绝或采纳任何事情而不必依赖他人的理论？脱离了实践的理论在大多时候都是没有什么价值的。）

4　维特鲁威，《建筑十书，由巴尔巴罗大人翻译并作评注》(I dieci libri dell'architettura, tr. et commentati da monsignor Barbaro, Vinegia, Italy: Marcolini, 1556)。

5　让·马丁，《建筑，或马库斯·维特鲁威的优良营造术》(Architecture, ou, Art de bien bastir de Marc Vitruve Pollion, Paris: Gazeau, 1547)。

6　帕斯卡尔，《致外省人信札》(Les Provinciales, ou letters écrit par Louis de Montalte)，卢昂德尔（Charles Louandre）编（Paris: Charpentier, 1873)，135。"我们可以因为诽谤而杀死一个人这样一种观点，在理论上并不是没有根据，但在实践上我们应该反其道而行之。"（Encore que cette opinion, qu'on peut tuer pour une médisance, ne soit pas sans probabilité dans la théorie, il faut suivre le contraire dans la pratique。)

7　《维特鲁威建筑十书节略本，保留了该作者整部著作的体系》(An Abridgment of the Architecture of Vitruvius, Containing a System of the Whole Works of that Author, London: Unicorn, 1692)。Art. 2 (pp.23—24) 中写道："Architecture is a Science which ought to be accompanied with a Knowledge of a great many other Arts and Sciences, by which means it forms a correct Judgment of all the Works of other Arts that appertain to it. This Science is acquired by Theory and Practice."（建筑是一门科学，应有许多其他门类的艺术与科学与之相伴随，这就意味着它形成了与之相关的其他一切艺术作品的正确判断。掌握这门科学需要通过理论与实践。）此书是出版于 1674—1681 年间的一本法文节略本 Architecture generale de Vitruve reduite en abreg', par Mr. Perrault 的英译本。

8　佩罗，《建筑的理论与实践，或维特鲁威与维尼奥拉节略本》(London: R. Wellington, 1703)。

早出现于 5 世纪晚期，尽管在古代早期有另一些词表达相同的概念。[1] 到了 8 世纪或 9 世纪，这种用法流行起来，其形式为 modernitas（现代的）以及 moderni（现代人）。不过，正是 17 世纪的"古今之争"使得 modern 作为一个艺术术语流行起来。在 17 世纪 70 至 80 年代发生的这场关于文艺的争论，对现代建筑理论的形成至关重要。这场争论分为两派，一派捍卫古希腊罗马艺术至高无上的地位；另一派则从更"合理的"规则与精致的趣味出发，认为现代艺术家具有崇高地位。[2] 一般而言，"古人派"喜欢古典时代设计的"纹样"而不喜欢新近的现代设计；"今人派"虽然承认研究过去的东西从而获得训练是有益的，但他们敢于批判古人不完善之处并寻求改进。虽然大多数领域的研究将这场争论归于 17 世纪 80 年代后期，但在建筑圈子中，争论却是由一条简单的脚注引起的——这也出自佩罗 1673 年出版的维特鲁威译本。

选择 1968 年这一年作为本书的结束也值得说上几句。开始时，选择这一年并非意味着此时现代性终结或建筑死亡，也不是因为这一年份意味着全球思想观念发生了什么更大的、具有根本性的变化。本书无意就文化产业的关联性、先锋派断言的"损伤与破坏的疤痕"[3] 概念，甚或飘浮于本雅明所谓"后光晕"世界中的艺术生活画面展开辩论。弗朗切斯科·达尔·科（Francesco Dal Co）最近指出，颇为奇特的是，学院建筑理论所取得的普遍成功，是与"开业建筑师在理论创造方面的枯竭，以及越来越强调理论研究的自律性"[4] 现象同时发生的。这样一种提法——理论繁荣了而实践领域的言说便失语了，反之亦然——确实很有趣，因为它突显了一种理论对过度概念化模式的抵抗。将建筑理论看作一种相对封闭的、数个世纪以来形成的各种观念的实体或文化或许更好一些，这些观念在永远变化着的情境中保持着显著的稳定性。从这个意义上当然可以说，建筑话语天衣无缝地延续到了 20 世纪 60 年代末至 70 年代初，没有明显可见的思想断裂或崩溃的痕迹。

不过，1968 年远不止是个方便的落脚点。这是一个剧烈的社会对抗与动荡的年代，其特点是各种策略与感受力的错位，这可与战争或严重经济衰退所导致的结果相提并论。这一年中所发生的事件，对当时流行的建筑理论与现实的切合度提出了挑战，并且在这一过程中某种程度的智性疲劳、政治学以及犬儒主义被注入建筑话语，即便这些与欧洲及亚洲十分不同的政治

---

1 例如一群被称作 Neoterici（现代人）的晚期文法学家用 Neotericus（现代作家）这个词来指新近作家。见库丘斯（Ernst Curtius），《欧洲文学与拉丁中世纪》（*European Literature and the Latin Middle Ages*），特拉斯克（Willard R. Trask）翻译（New York: Pantheon Books, 1953），251。

2 关于这场争论及其对现代性的意义，见克利内斯库（Matei Calinescu），《现代性的五种面相：现代主义、先锋派、颓废、媚俗、后现代》（*Five Faces of Modernity: Modernism, Avant-Garde, Decadence, Kitsch, Postmodernism*, Durham: Duke University Press, 1987），26—35。有两部描述此次艺术事件的经典之作，即里戈（Ange-Hippolyte Rigault）的《古今之争始末》（*Histoire de la querelle des anciens et des modernes*, Paris: Hachette et cie, 1856），以及吉洛（Huber Gillot）的《法兰西古今之争》（*La querelle des anciens et des modernes en France*, Paris, 1914）。

3 此引文出自阿多诺（Theodor Adorna）的《美学理论》（*Aesthetic Theory*），伦哈特（C. Lenhardt）翻译（London: Routledge & Kegan Paul, 1984），34。完整的句子为："What guarantees the authentic quality of Modern works of art? It is the scars of damage and disruption inflicted by them on the smooth surface of the immutable."（是什么确保了现代艺术作品名副其实的品质？就是它们在永恒不变的平滑表面之上造成损伤与破坏的疤痕。）这句话当然也暗指霍克海默（Max Horkheimer）、本雅明（Walter Benjamin）与阿多诺本人那些著名的模型与术语。

4 弗朗切斯科·达尔·科（Francesco Dal Co）关于海斯（K. Michael Hays）编，《1968 年以来的建筑理论》（*Architecture Theory Since 1968*）的书评，载于《建筑史家学会会刊》（*Journal of the Society of Architectural Historians*）59（June 2000）：271。

基调产生了共鸣，而与北美的政治基调并不合拍。我们也不应忽略，建筑师们虽然总是想要改变世界，却感觉到了愤懑和劳而无功，自信心普遍失落。如果说，在 20 世纪 70 年代，建筑理论的思考是一方面要重新赋予形式以语义，另一方面又要去除这些形式先前的语义学内容，那么这两种努力都可以看作源自于同一种冲动。1968 年，理论并未改变，但理论所处的情境已经大为不同了。

我还想强调一下，理论的历史不同于建筑的历史。理论史的重点在于观念，一些重要的建筑师对理论进程的影响很小，而有些二流建筑师的影响却很大。因此，理论的模式不同于历史的模式。同样，如果我就某些运动或机构谈得特别多——如 20 世纪 20 年代的风格派运动和包豪斯——这并不是因为我必须特别强调它们在这个十年中具有突出的历史地位（不可否认，过去有许多历史学家是这么做的），而是因为，它们对理论领域产生的影响比同时代其他事件更大、更直接。再者，尽管本项研究不可能面面俱到，但我已尽力对西方建筑理论，即欧洲部分以及（稍后的）北美部分的发展情况，做出均衡的说明。

每本书都有其自己的生命。此书的写作始于克拉克艺术研究院的 (Clark Art Institute) 邀请，对

[XVII] 此我大大得益于孔福蒂 (Michael Conforti) 与霍利 (Michael Holly) 以及图书馆的工作人员，而这座令人赏心悦目的图书馆就坐落于风景如画的威廉姆斯镇 (Williamstown)。本书的最后几章是在蒙特利尔的加拿大建筑学中心 (Canadian Center for Architecture) 完成的，我要感谢兰伯特 (Phyllis Lambert) 的邀请与慷慨支持，并向马丁 (Louis Martin)、布雷萨尼 (Martin Bressani)、卡尔波 (Mario Carpo)、迈耶 (Dirk De Meyer) 以及帕帕佩特罗斯 (Spyros Papapetros) 表达我的谢意，他们与我做了多次讨论。本书的许多文献资料得益于这所很棒的机构，它是由比斯利 (Gerald Beasley)、布瓦韦尔 (Pierre Boisvert)、古特曼 (Renata Gutman)、坎塔尔 (Suzie Quintal)、谢尼埃 (Paul Ghenier) 和弗朗索瓦·鲁 (Françoise Roux) 负责管理的。我特别要感谢克里斯蒂娜 (Christina Contandriopoulos) 为本书准备了插图。加拿大建筑学中心的塞内卡尔 (Nathalie Senecal) 与伊科诺梅季斯 (Aliki Economedes) 也提供了非常宝贵的帮助。感谢当地图书馆的威尔逊 (Peg Wilson) 为我提供了馆际互借的帮助。格雷厄姆美术高级研究基金会 (Graham Foundation for Advanced Study in the Fine Arts) 的一项重要拨款，使我得以集中时间全力以赴地投入该项目。我还要感谢其他许多人几年来与我讨论此项研究，他们是贝里 (J. Duncan Berry)、弗拉斯卡里 (Marco Frascari)、伯格多尔 (Barry Bergdoll)、卡尔格 (Henrik Karge) 以及奥克曼 (Joan Ockman)。剑桥大学出版社的优秀编辑雷尔 (Beatrice Rehl) 或许是该项目最有力的支持者。

最后一条编者按：我在引文中采用了原文的拼写法与重音法，尽管不同于现代惯用法。本书涉及广阔的历史范围，所以借助了许多其他书籍的历史研究。我已尽全力给出所用资料的出处，但这个项目涉及的范围实在过于广阔，不可能一一标出这些年我所参考过的、曾有助于我写作的所有著作并拟出一份全面的参考书目。因此，我向所有未给出其著作出处的历史学家表示歉意。

插图目录

图 22　钱伯斯《中国建筑、家具、服饰、机械和用具设计图集》（伦敦，1757）一书中的图版。

图 23　罗伯特·亚当和詹姆斯·亚当，威廉·温爵士的音乐房天顶，伦敦圣詹姆斯广场。

图 24　索恩《建筑草图》（伦敦，1793）一书中的设计稿。

图 25　迪朗与蒂博，平等神庙，1794。采自《建筑设计图，以及荣获学院大奖的其他作品》（巴黎，1834）。

图 26　迪朗，"教学步骤"图版。采自《皇家理工学院简明建筑教程》（巴黎，1802—1805）。

图 27　忒修斯神庙着色中楣局部。采自斯图尔特与雷维特的《雅典古迹》（1788）。

图 28　拉布鲁斯特，巴黎圣热纳维耶芙图书馆，1838—1850。采自戴利《建筑与土木工程综合评论》第 10 卷（1852）。

图 29　科克雷尔，牛津阿什莫尔博物馆，1841—1845。本书作者摄。

图 30　布里顿《大不列颠建筑古迹》（1807—1826）一书中的图版。

图 31　仿中世纪风格的标题页。采自普金的《对比》（伦敦，1836）。

图 32　仿索恩风格的标题页。采自普金的《对比》（伦敦，1836）。

图 33　欣克尔，柏林剧院，1819—1821。本书作者摄。

图 34　欣克尔，柏林老博物馆，外景，1823—1830。

图 35　欣克尔，柏林老博物馆，室内景，1823—1830。

图 36　欣克尔，柏林建筑学院，1831—1836。

图 37　克伦策，慕尼黑雕塑馆，1815—1834。

图 38　盖特纳，慕尼黑路德维希教堂，1828—1844。

图 39　伯蒂歇尔绘。采自《希腊构造学》（波茨坦，1844—1845）一书中的图版。

图 40　水晶宫，1851 年万国博览会，外景。采自伯莱恩的《水晶宫：建筑的历史与构造的奇迹》（伦敦，1851）。

图 41　水晶宫，1851 年万国博览会，内景。采自伯莱恩的《水晶宫：建筑的历史与构造的奇迹》（伦敦，1851）。

图 42　罗斯金《威尼斯的石头》（伦敦，1851—1853）一书中的图版。

图 43　戴利《建筑与土木工程综合评论》（巴黎，1840）的刊名页。

图 44　维奥莱 - 勒 - 迪克《建筑讲谈录》（1858—1872）一书中，第六讲图版。

图 45　维奥莱 - 勒 - 迪克《建筑讲谈录》（1858—1872）一书中，第十二讲图版。

图 46　亚述翼人。采自莱亚德《尼尼微的文物》（伦敦，1849）。

图 47　森佩尔，展示于万国博览会上的来自特利尼达的"加勒比"茅屋。采自森佩尔的《论工艺美术与建筑艺术中的风格或实践美学》第 2 卷（1863）。

图 48　森佩尔肖像，翁格尔斯绘，1871。采自《造型艺术》杂志（1879）。

图 49　森佩尔设计，德累斯顿第二剧院，1870—1878。本书作者摄。

献 给 苏 珊

第一章 序 幕

我们时代的鉴赏力，或至少说我们民族的赞赏力，是不同于古人的。

——克洛德·佩罗

1. 弗朗索瓦·布隆代尔与法国学院传统

17 世纪初，法国的建筑思想如意大利与西班牙一样，秉承了这样一种观念，即建筑艺术 [1] 分享了神意所认可的宇宙秩序或自然秩序：永恒有效的形式、固定不变的数量以及从古代一直流传至今的比例关系法则。比利亚尔潘达 (Jean Bautista Villalpanda) 于 1604 年在他对先知《以西结书》和所罗门神庙的评注中试图证明，这些数量与比例不仅与维特鲁威的传统是相容的，而且是由上帝直接传授给所罗门的。[1] 但总的来看，这种信条在若干年内便受到了笛卡尔 (René Descartes)（1596—1650）在哲学上的抵制。在撰于 1628 年之前某一时期的《指导心灵的规则》(*Rules for the Direction of the Mind*) 一书中，笛卡尔写道："关于研究对象，我们应该研究那些能直观清晰把握的或有把握做出推绎的东西，而不是他人已经思考过的或我们自己所臆想的东西。"[2] 在继承下来的传统与人类理性的自信力量这两种不同价值体系的碰撞中，现代建筑理论的第一波激扬之声回荡起来。

笛卡尔的第三条"规则"内涵更为丰富，贯穿其中的一条原理被称为"笛卡尔式的怀疑" (Cartesian doubt)，即不再相信任何从书本或沉思得来的知识。他认为，这种批判性的怀疑是必须

1　比利亚尔潘达，《论〈以西结书〉：以评注与配图的方式说明该城与耶路撒冷神庙的筹划》(*In Ezechielem, explanationes et apparatus urbis, ac templi hierosolymitani commentariis et imaginibus illustratus*, 3 vols., Rome, 1596–1604)。这项大型研究项目始于普拉多 (Jerónimo Prado)，一般认为他是此书的合著者。

2　见笛卡尔，《指导心灵的规则》(*Rules for the Direction of the Mind*)，收入《笛卡尔著作集》(*The Philosophical Writings of Descartes*)，科廷厄姆 (John Cottingham)、斯托霍夫 (Robert Stoothoff) 与默多克 (Dugald Murdoch) 翻译 (Cambridge: Cambridge University Press, 1988)，1:13。该书于 1628 年之前以拉丁文写成 (*Regulae ad Directionem Ingenii*)，但直到 1684 年才出版。不过，笛卡尔很快在他的《论方法》(*Discourse on Method*, 1638) 中对这些规则进行了扩充，在此书中这一特定规则作为他方法的第一个"解决方案"而出现。

的，既可将现代科学与晚期经院哲学及古代思想区分开来，又可将它重新置于"清晰明确的"观念基础之上。举一个笛卡尔本人所用的例子来说，亚里士多德的教诲与术语不再被认为是神圣不可侵犯的，现代批判思维应在经验结果与演绎推理方法的基础上重新考察所有问题。

到了 17 世纪中叶，笛卡尔主义在法国科学界变得十分时髦，这一时期艺术圈子中也出现了类似倾向。建筑师弗雷亚尔 (Roland Fréart de Chambray)（1606—1676）在 1650 年撰写《古今建筑比较》(Parallèle de l'architecture antique avec la moderne) 时，一开篇就提出，当代建筑师应避免古人以及惯例强加在建筑思想上的"盲目崇拜"，因为"心灵是自由的、不被束缚的"，"我们有权利创新，顺从于我们的**天赋**，就像**雅典人**那样，而不要将我们自己变成他们的奴隶"。[1] 弗雷亚尔将现代建筑与古代建筑拉开了距离，但也不是绝对的。在那个时代的哲学思潮中，他将他的书置于"几何学原理"的基础上，因为本质美就存在于"**整体的均衡**与**合理配置**"(Symmetry and Oeconomy of the Whole) 之中，更确切地说，存在于"因真正的**艺术**灵性而变得清澈明亮的眼睛的极度快乐之沉思与注视的那种可见的和谐与一致之中"[2]。

弗雷亚尔对往昔的怀疑并未引起同事们的兴趣。他忠告人们不要"盲目崇拜"古人，但也没有什么支持者。实际上，法国在 17 世纪下半叶日益沉着自信地追求着古典理想，其背景是路易十四时期的古典复兴。路易十四于 1661 年登上王位，雄心勃勃要提升法国在各个领域中的地位。他至少起初很成功，在某种程度上是因为 30 年战争（1618—1648）使法国成了欧洲最强大繁荣的国家，而且那时欧洲也经历了很大的变化。当时法国人口四倍于英格兰、八倍于荷兰共和国。路易拥有强大的人力与自然资源，策划着庞大的冒险计划。他很幸运，身边有位首席大臣、建筑总管科尔贝 (Jean-Baptiste Colbert)（1619—1683）。[3] 伏尔泰是在近一个世纪之后从事写作的，面对着那些既有学问又具有"更罕见"之高雅趣味的读者们，他将路易十四时代与亚历山大时代、奥古斯都时代以及美第奇时代相提并论。他说，在这个时代中"艺术臻于完美，这是人类伟大心智的时代，是繁荣昌盛的范例"[4]。

这是一个梦想成真的时代，法国耶稣会使团抵达遥远的中国与北美传教，科尔贝派遣使者去到不为欧洲人所知的异国他乡建立联系，为王室搜集稀世珍宝。在这方面，奥利耶 (Charles François Olier) 这位努瓦泰侯爵 (Marquis de Nointel) 的努力是很典型的。他于 1670 年被派往君士坦丁堡与奥斯曼土耳其人谈判，后在取道埃及与希腊回国时，他的两位艺术家（主要是卡雷 [Jacques Carrey]）将雅典帕特农神庙的装饰雕刻（当时仍完好无损）记录了下来，十分有名。在国内，科尔贝集中精力创建或改组各个学院，并代表年轻的国王指挥建筑工程。他在这两方面的努力均

[2]

1　弗雷亚尔，《古今建筑比较》(Paris: Martin, 1650)，1—2；引自伊夫林 (John Evelyn) 的英译本，*A Parallel of the Antient Architecture with the Modern* (London: Roycroft, 1664)，1—2。

2　Ibid., 3.

3　关于科尔贝的生平与活动，见缪拉 (Inès Murat)，《科尔贝》(*Colbert*)，库克 (Hobert Francis Cook) 与阿塞尔特 (Jeannie Van Asselt) 翻译 (Charlottesville: University Press of Virginia)，1984。

4　伏尔泰，《路易十四时代》(*The Age of Louis XIV*)，收入《伏尔泰著作集》(*The Works of Voltaire*, New York: Dingwall-Rock, 1927)，12:5。

促使建筑理论的发展进程发生了改变。

Academy（学园、学院）这个词可追溯到雅典的一座花园，柏拉图曾在那里与他的学生对话。这个词在 15 世纪的意大利复活了，泛指正式或非正式的哲学论坛。在维琴察，聚集在特里西诺（Giangiorgio Trissino）周围的知识分子圈子被称为学园，因为它强调古典学术的传播。帕拉第奥正是 16 世纪 30 年代在这个圈子中开始接受高等教育的。1555 年，帕拉第奥协助组织了奥林匹克学园（Accademia Olimpica），不仅研究古典作品，还研究数学问题。1563 年在佛罗伦萨成立的美术学院（Accademia del Designo）是第一批美术学院之一，它每周定期聚会，曾订了一份教学计划，但没有实施。而于 1593 年在罗马成立的圣路加美术学院（Accademia de San Luca），很快便成为最早实施理论与实践教学的美术学院。[1]

在法国，早期的学院也是民间性质的。1635 年红衣主教黎世留（Cardinal Richelieu）建立了法兰西学院（French Academy），不过最初这家机构的任务是编撰一部法语词典以制定作文规范。更为重要的是 1648 年成立的皇家绘画与雕塑学院（Royal Academy of Painting and sculpture），它是按罗马原型成立的一家美术教学机构。1660 年代，在路易十四登基之后，政府便着手实施一个雄心勃勃的学院扩展与重组计划。1661 年成立了舞蹈学院（Academy of Dance），两年后成立了所谓的小学院（Little Academy），即法兰西学院的一个分支机构，它是铭文与文学院（Academy of Inscriptions and Belles Lettres）的前身。1664 年，科尔贝完全改组了绘画与雕塑学院，设立了一个托管的教学机构。为了与此项改革相配套，他于 1666 年在罗马设立了法兰西学院（French Academy）以供艺术优等生深造。同年设立了科学院（Academy of Sciences），1669 年成立了音乐学院（Academy of Music）。建筑学院或许是这个精致的学术官僚机构皇冠上的明珠，它成立于 1671 年。[2] 科尔贝与国王为成立这些学院做了几件事情。其一是制造了一批"院士"，他们拥有特权，同时负有教学的责任；其次，将所有艺术教育置于中央政府的管控之下，给每门学科制定了严格的规则，以古代与文艺复兴前辈的艺术为基础。

第一任皇家建筑学院院长是 53 岁的数学家与工程师弗朗索瓦·布隆代尔（François Blondel）（1618—1686）。[3] 尽管布隆代尔投身于建筑较迟，但他是个学识渊博、成就不凡的人。他长期为皇室服务，在军事工程与海战方面很有名望，还曾肩负外交使命出使过土耳其，访问过意大利、希腊与埃及。布隆代尔在法兰西学院（Collège de France）教数学，还担任过丹麦特使。在国内，他负责修筑军械库以及加固海港防御等工程。就在任职学院之前，布隆代尔担任了科尔贝次子

---

1 关于佛罗伦萨美术学院与圣路加学院，见佩夫斯纳（Nikolaus Pevsner），《美术学院的历史》（*Academies of Art, Past and Present*, Cambridge: Cambridge University Press, 1940），42—66。(此书的中译本见《美术学院的历史》，陈平译，北京：商务印书馆，2015 年。——中译者注)

2 关于这些学术机构的详情，见耶茨（Frances A. Yates），《16 世纪法国诸学院》（*The French Academies of the Sixteenth Century*, London: Warburg Institute, University of London, 1947; 重印，Millwood, N. Y.: Krause, 1968），290—311。另见布伦特（Anthony Blunt），《法国 1500—1700 年间的艺术与建筑》（*Art and architecture in France 1500–1700*, London: Penguin, 1977），324—335、344—345。

3 关于弗朗索瓦·布隆代尔的生平详情，见维古勒（C. Vigoureux），《尼古拉斯－弗朗索瓦·德·布隆代尔：皇家工程师与建筑师》（*Nicolas-François de Blondel: Ingénieur et Architecte du Roi[1618–1686]*, Paris: A. Picard, 1938）。另见勒莫尼耶（Henry Lemonnier）为《皇家建筑学院会议记录，1671–1793》（*Procès-Verbaux de l'Académie Royale d'Architecture, 1671–1793*）一书撰写的导论（Paris: Jean Schemit, 1911–1929）。

的意大利之旅的指导教师。

[3]　　　皇家建筑学院的目标不只是制定古典设定的基本原理，还要对这些原理加以运用。学院每周举行两次公开讲座，每次头一个小时讲建筑理论，接着讨论技术方面的问题，如欧几里得几何学基础。1671 年 12 月 31 日，布隆代尔的就职演讲在热烈非凡的鼓吹声中开场。这位新院长列举了掌握建筑神韵可获得的种种好处，鼓励学生在科尔贝政府的管理之下，好好利用国王在经济上的慷慨资助——崇高的美德与善举——努力学习专业知识。[1]

　　　不用说，早期诸学院的课程明确界定了布隆代尔这一训诫的内容，但现在建筑有了它自身特有的一系列问题。针对巴洛克时期的滥用问题，最重要的是对古典传统进行改革，并向世人宣示法国建筑的独立性。法国人要与意大利的古典遗产拉开距离，要超越意大利建筑师的作品，因此古代而非文艺复兴就成了法国建筑理论发展的起点。如果现代法国建筑与其他艺术想要仿效古罗马的杰作，那就必须特别重视有效范本的选择。在理论领域，维特鲁威的教诲自然成了首选，只是在对他的理论不甚理解的情况下，才转向文艺复兴时期的帕拉第奥（Palladio）、斯卡莫齐（Scamozzi）、维尼奥拉（Vignola）、塞利奥（Serlio）以及阿尔伯蒂（Alberti）等人的解释以寻求指导。[2]

　　　布隆代尔在 1675—1683 年间出版了他的理论讲演录，两大卷的《建筑教程》(Cours d'architecture)。他的教学基于十分传统的观念，即建筑之美主要来源于比例。[3] 此外，他认为，建筑比例（用眼睛感知）就如同音乐的调性（用耳朵感知）一样，源于更高的宇宙秩序，对于这些和谐意境的感知，通过一种植入心灵的神授理念方可成为可能。的确，布隆代尔接受了他的朋友音乐家乌夫拉尔（René Ouvrard）的观点。乌夫拉尔在《和谐的建筑》(Architecture harmonique) 一书中认为："如果一座建筑物未能遵循与作曲或和声相同的规则，就不可能是完美的。"[4] 比例关系也被认为是建筑实践最根本的东西，心灵对这些比例进行辨析，而美作为一个理想则被认为是绝对的。弗雷亚尔在 20 多年前对古代的质疑，偶尔在布隆代尔的分析中得到了回应，但他并没有冒犯那些往昔的崇拜者。在路易十四统治的初期，建筑完全被置于古典传统的框架之内。

2. 克洛德·佩罗与罗浮宫

　　　科尔贝对艺术施加影响的第二个途径则得益于他作为建筑、皇家制造厂、商务以及美术

1　建筑学院的文字记录由勒莫尼耶编辑出版，共 10 卷，题为《皇家建筑学院会议记录》（见本书第 3 页注释 3）。布隆代尔的演讲收入他的《建筑教程》(1675) 的开篇部分。

2　至少布隆代尔在建筑学院成立后的第一个月中，是按照这个顺序来讨论这些理论家的。见勒莫尼耶，《皇家建筑学院会议记录》，1:6—8。

3　赫尔曼（Wolfgang Herrmann）关于布隆代尔建筑理论的讨论至今仍然是最精彩的，见他的《克洛德·佩罗的理论》(The Theory of Claude Perrault, London: Zwemmer, 1973)。

4　乌夫拉尔，《和谐的建筑，或将音乐比例理论运用于建筑》(Architecture harmonique, or application de la doctrine des proportions de la musique à l'architecture, Paris, 1679)，I. 关于乌夫拉尔理论的详情，见里克沃特（Joseph Rykwert），《第一批现代人：18 世纪的建筑师》(The First Moderns: The Architects of the Eighteenth Century, Cambridge: M.I.T. Press, 1980)，13。

总管的职位。他是在 1664 年 1 月 1 日获得这一职位的，所以他掌控着建筑与艺术一切新动议的审批权。例如，科尔贝的第一项法令就是将巴黎戈布兰织造厂 (Gobelin tapestry factory) 国有化，任命国王首席画师勒布伦 (Charles Le Brun) 为厂长。数百名在绘画、雕塑、雕版、金匠工艺、家具制作、编织、染色以及镶嵌工艺领域内身怀绝技的工匠，从外国（主要是从意大利）招募而来，为法兰西的荣耀而工作。

这一时期的主要建筑工程是罗浮宫东端的扩建，以作为新国王在巴黎市内的皇宫。罗浮宫的建造历史十分复杂。[1] 在这个基址上，原先建有一座带塔楼的城堡，年代可以追溯到早期中世纪，但在 16 世纪与 17 世纪初的两次大兴土木的营造工程中被拆除了。1546 年，莱斯科 (Pierre Lescot)（卒于 1578）为现有方形庭院的西南角落做了一个精彩的设计，成为此次新扩建工程的一个依托。勒梅西耶 (Jacques Lemercier)（1582—1654）于 1624 年开始制订一个更雄心勃勃的总体规划，将此建筑扩展了一倍，又加上一座新建的中央主楼。该方案是要在两端建起南北两翼，在东端建一座新建筑将这两翼连接起来，以形成一个内部庭院式的方形广场。北翼底层工程已部分完成，但路易十三于 1643 年去世，工程停止。

1659 年，正当路易十四即将登基之际，工程恢复进行。就在这一年，国王首席建筑师路易·勒沃 (Louis Le Vau)（1612—1670）为这个建筑群做了一个新方案并开始施工。南翼很快就大体完工了，礼仪性东立面的基础及墙体也竖起来了。接下来，在科尔贝上台之后，情况迅速发生了变化。科尔贝对于勒沃的设计不满意，早在 1662 年他就私下里寻找替代方案。1664 年他担任了新职务后，就开始向其他法国建筑师征集新方案，包括马罗 (Jean Marot)、科塔尔 (Pierre Cottart) 以及弗朗索瓦·芒萨尔 (François Mansart)。有两个方案对后来建成的建筑有重要影响。一个是沿东立面开敞式科林斯柱廊设计，这是在勒沃设计中所没有的特色。此方案于 1664 年在巴黎展出，未署名，其实是克洛德·佩罗 (Claude Perrault)（1613—1688）的作品，他是科尔贝私人秘书夏尔·佩罗 (Charles Perrault)（1628—1703）的哥哥。第二个方案沿东立面也有独立式柱廊，但其圆柱是成双的。这个方案的作者是路易·勒沃的弟弟弗朗索瓦·勒沃 (François Le Vau)（1613—1676）。[2]

然而弗朗索瓦·勒沃的方案直到 1664 年 12 月才送交科尔贝。在同年早些时候，即 3 月，科尔贝意大利向巴洛克大师贝尔尼尼 (Gianlorenzo Bernini)（1598—1680）征求方案，该方案 6 月到达巴黎。到了 12 月，科尔贝已明确决定接受贝尔尼尼的方案，代表国王邀请他做一个修改方案并从罗马启程来巴黎。1665 年 6 月 2 日，贝尔尼尼乘着凯旋式的（造价昂贵的）马车抵达法国首都，这段故事常为人讲述。[3] 不过最终这趟旅行却无功而返，因为他修订的方案遭到了

[4]

1　尤其参见贝尔热 (Robert W. Berger) 的杰出研究《太阳王的宫殿：路易十四的罗浮宫》(*The Palace of the Sun: The Louvre of Louis XIV*, University Park: Pennsylvania State University Press, 1993)，13—16。以下所述年代编排大体来源于贝尔热的书。

2　弗朗索瓦·勒沃的设计不同于已实施的项目，因为这双柱的列柱廊与笔直的柱上楣贯穿于顶层 (attic story)、主体结构以及角楼 (corner pavilions) 的下方。见贝尔热，《太阳王的宫殿》，图版 24—32。

3　例如，见里克沃特，《第一批现代人》，30—31。

图 1　佩罗肖像。采自《艺术家肖像：剪贴簿，1600—1800》(Artist Portraits: Scrapbook, 1600—1800)。

法国建筑师以及科尔贝的秘书夏尔·佩罗的激烈批评，最终被国王本人驳回。[1] 贝尔尼尼离开之后不久，东翼的建筑工程于 10 月陷于停顿。1667 年春天，科尔贝任命了一个新的委员会，重新考虑设计问题并提出了新方案。[2] 这个设计委员会由三人组成：夏尔·勒布伦（国王首席画家）、路易斯·勒沃（那时仍是国王首席建筑师）以及克洛德·佩罗，最后这位就是 1664 年主动提交设计方案的那位作者。

三百多年过去了，今天当然不可能充分了解当时为何要选择对建筑并无经验的佩罗。但几乎可以肯定的是，他弟弟在政治上的支持至关重要，再加上科尔贝急于掌握委员会的话语权。不过，克洛德·佩罗当时也是位重要人物（图 1），他于 1664 年提交方案时 51 岁。到那时为止，他除了改建自己位于维里（Viry）的乡村宅邸之外，对建筑并未表现出特殊的兴趣。[3] 佩罗于 1642 年在医学院 (Ecole de Médecine) 取得了医学学位，在 20 多年里他偶尔就解剖学和病理学发表演讲。他开业行医但规模很小，后来专业兴趣转向了科学研究。事实上，他在科学观上是一个十足的笛卡尔主义者，除了处理皇家动物园的动物解剖标本外，还研究植物学、地质学与力学。有一回他甚至与荷兰著名物理学家惠更斯 (Christiaan Huygens) 一起搞声速实验。1666 年，也就是在他被任命的前一年，他俩被选为科学院一级院士，这是由科尔贝批准的一项权威任命，所以科尔贝一定对他的科学成就有所了解。

[5]　　佩罗还拥有当时巴黎一般人所不具备的能力，即精通拉丁文与希腊语，这一点对他肯定大有好处。可能是在 1666 年晚些时候，科尔贝正在物色一位维特鲁威的译者，这一项目无疑与后来成立建筑学院事宜有关。选择佩罗承担翻译任务，也似乎提升了他对于建筑的兴趣，或者说使他专注于建筑。在 1666 年晚些时候，他做了一座方尖碑的方案，奉献给路易十四。[4]

1　根据夏尔·佩罗的记述，关于此项工程是否要实施的问题，国王以沉默表示了他的决定。见《夏尔·佩罗：我的生平回忆录》(Charles Perrault: Memoirs of My Life)，扎鲁斯基 (Jeanne Morgan Zarucchi) 翻译 (Columbia: University of Missouri Press, 1989)，77—78。

2　贝尔热《太阳王的宫殿》一书中收入了这个委员会按年代编排的原始记录，25—45。

3　见赫尔曼，《克洛德·佩罗的理论》，18。另一本关于佩罗的研究杰作是皮康 (Antoine Picon) 的《克洛德·佩罗，1613—1688，即一位古典主义者的好奇心》(Claude Perrault, 1613–1688, ou La Curiosité d'un Classique, Paris: Picard, 1988)。

4　见《方尖碑设计》(Dessein d'un Obélisque) 一文，收入佩罗，《波尔多之旅》(Voyage à Bordeaux, Paris: Renouard, 1909)，234—241。此项目未曾实施。

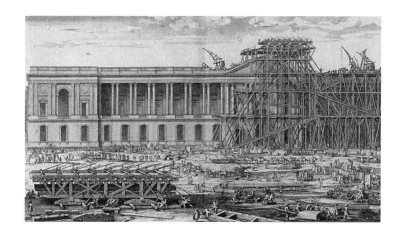

图2 克莱里(Sébastien Le Clere)，
《吊装罗浮宫山花石块，1674》，
铜版画。

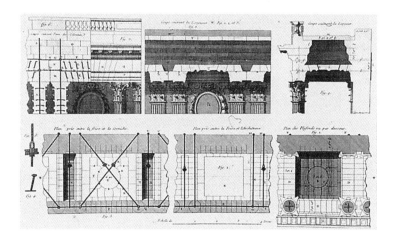

图3 罗浮宫柱廊中的螺纹铁筋。
采自帕特（Pierre Patte）的《论建筑
最重要的目标》（巴黎，1769）。

1667 年他被任命为新皇家天文台的建筑师，这座建筑将成为科学院召开会议的场所。[1] 就在这项任命之前几周，罗浮宫设计委员会召开了第一次会议。

　　佩罗在罗浮宫的最终设计中到底起了多大作用（他后来似乎独据此功），这个问题历来多有争论，但更有可能这是一个委员会的设计方案（图2、3）。[2] 路易·勒沃的工作室在 1667 年 4 月与 5 月间画出了第一批图纸，包括东立面主楼层上的双柱母题，弗朗索瓦·勒沃的早期方案很可能就已经埋下了这一设计的种子。但佩罗在新设计发展的各个阶段也做出了不少贡献。他承担的职责似乎有了扩展，即在项目进展中负责推敲与修改，直至 1668 年最终设计的完成。[3] 佩罗的科学背景与广博的力学知识无疑有助于设计精巧的柱廊结构方案，那些隐藏于结构内部但十分精致的铁条网络将石块牢固地结合成整体。[4] 他可能还设计了一些施工机械。无论如何，罗浮宫笔直的柱上楣以及双柱（在两对圆柱之间间隔 19 英尺）的设计，被视为法国古典主义 [6]

---

1 关于这座天文台的详情，见佩策特（Michel Petzet），《巴黎天文台建筑师克洛德·佩罗》（Claude Perrault als Architekt des Pariser Observatoriums），载《艺术史杂志》（*Zeitschrift für Kunstgeschichte*, Munich: Deutscher Kunstverlag, 1967）：1—53。

2 从最近 30 年对这一问题的研究成果来看，这一点似乎已达成了共识。

3 贝尔热在《太阳王的宫殿》（与梅因斯通 [Rowland J. Mainstone] 合作）一书中对这些修改进行了描述，35—40。他还指出，佩罗的修改是在弗雷亚尔的直接影响下进行的，后者曾就此项目给委员会提过建议。

4 见贝尔热，《太阳王的宫殿》，65—74。

的伟大杰作之一。由于佩罗将此建筑（以及他的其他建筑设计）印在了同样是他的杰作的维特鲁威译本的扉页上，这就足以说明佩罗是这一作品的设计者，无论是真正意义上的还是名义上的。维特鲁威译本出版于 1673 年。

3. 古今之争

罗浮宫的设计与维特鲁威的译本合在一起，象征着建筑领域一个为数不多的时刻，即理论与实践这两方面的革命取得了完全的一致性。佩罗采用给译文加注的形式说明罗浮宫的设计，关键的注释就出现在第 3 书第 3 章中。在这部分的正文中，维特鲁威赞美希腊化建筑师赫莫杰尼斯（Hermogenes）的革新，尤其是他修改了双周柱式神庙的布局，去除了内圈的双排圆柱。[1] 维特鲁威说，这种简化设计在功能上具有优越性，为人们创造了外柱廊以内的宽敞通道；在美学上也有意义，使神庙外观更轻灵，增加了庄重感。佩罗巧妙地抓住这一段作为罗浮宫东立面使用双柱的理由：

> 我们时代的鉴赏力，或至少说我们民族的赞赏力，是不同于古人的，或许有一点哥特式的元素在里面，因为我们喜爱空气、日光与通透。因此，我们已发明了第六种布置圆柱的手法，将圆柱成双地组合起来，并以两倍的柱距将每对双柱分隔开来……这是在模仿赫莫杰尼斯的做法……他在每边去除一排圆柱，我们则在柱廊内从两棵圆柱中间移去一棵，并将它推向相邻的那棵圆柱。这种手法可称为"伪窄柱式"（Pseudosystyle）。[2]

佩罗提到"有一点哥特式的元素"并非指哥特式建筑的形式或装饰，而是指其结构体系的效能，即与古典圆柱的粗壮比例相比，哥特式的柱子具有轻灵的特点。1669 年佩罗前往法国南部旅行，描绘与记录了中世纪建筑与古典建筑，其中有位于普瓦捷大圣伊莱尔（Saint-Hilaire-le-Grand）的一座教堂的拱顶（"la structure est assez particulière"[结构相当独特]），以及位于波尔多的圣安得烈主教堂（cathedral of Saint-André）。[3] 在波尔多，他还研究了古代圆形剧场的废墟以及一座高卢－罗马

---

1 见佩罗的译本《维特鲁威的建筑十书》（*Les dix livres d'architecture de Vitruve*, Paris: Coignard, 1673）。这两章被浓缩为一章，因此相关的段落被列入了第 2 章。

2 Ibid., 76.

3 佩罗，《波尔多之旅》，155。佩罗继续说道："La voûte qui est en berceau, ayant des fenêtres qui nes'élèvent pas jusque en haut comme en l'ordre gothique, mais qui sont en lunette, est portée sur de grosses colonnes qui ont leurs bases de chapiteaux approchant assez de l'ordre antique."（拱顶上的窗户不像哥特式的那么高，呈弦月形。这拱顶建在巨型圆柱之上，而这些圆柱的柱头底座十分接近于古典风格。）关于此次旅行画的速写，见赫尔曼，《克洛德·佩罗的理论》，27，以及图版 20—22。另见米德尔顿（Robin D. Middleton），《科尔德穆瓦神父与希腊－哥特式理想：浪漫古典主义的序曲》（The Abbé de Cordemoy and the Graeco-Gothic Ideal: A Prelude to Romantic Classicism），载《瓦尔堡与考陶尔德研究院院刊》（*Journal of the Warburg and Courtauld Institutes*）25（1962）：298。

神庙（现已毁）的圆柱遗迹，即"护佑女神之柱"（Piliers de Tutelle，3 世纪遗址，位于今波尔多大剧场西南角，由 24 棵柱子及上部的横梁及拱廊构成，1677 年修建 Trompette 城堡时被毁）。[1] 对佩罗来说这两件作品很重要，因为它们展示了罗马建筑的构造技术。不过更重要的是，他注意到并以比较的眼光去欣赏中世纪或哥特柱式（"l'ordre gothique"）的结构效能。他返回巴黎时，不仅带回了对这些精致的建筑结构的认识，也带回了对其轻灵的视觉效果的审美喜好。

在这段引文中另有一处值得注意，即"通透"（openness），法语为 dégagmens 或 dégagement，字面意思是"脱开"（disengagement）。佩罗指的是将柱廊与宫殿墙壁分开，从而产生更加轻灵的空间感。这其实是对建有加固壁柱、墙壁厚体的意大利文艺复兴式建筑提出了批评。佩罗指出，柱廊与墙壁脱开，负荷减少，有利于在墙壁上开更大的窗户，让更多的自然日光照射进来，使空气流通。佩罗虽然强调了这一点，不过原先为罗浮宫墙壁上设计的窗户后来在 1668 年改成了实心的壁龛。[2]

第三个重要的词出现在维特鲁威的原文中，即拉丁语 asperitas（不平、粗糙）（译成法语为 [7] aspreté，现代法语为 âpreté，英语为 asperity）。维特鲁威用这个词来形容赫莫杰尼斯新设计的视觉效果，即轻灵的柱廊使神庙墙壁呈现出高浮雕般的效果。[3] 该词意指一种粗糙的或不平坦的表面，但佩罗在法文中用它指柱廊产生的"生动的面貌"或"如画的景观"，换句话说，即由透视产生的浮雕般的视觉张力。dégagement 和 âpreté 后来成为法国建筑理论中的重要术语。

有趣的是，佩罗虽然背离古典原则来谈哥特式趣味，为罗浮宫双柱辩护，但当时在学院圈子中并未引起什么反应。事实上，1674 年 12 月建筑学院在宣读这段文字时（每周例行朗读全书）并没有人提出异议，不过会上发现，另有一条关于圆柱向上变细的脚注有"问题"，这条脚注出现在几行文字之后。[4] 这些会议记录明显具有一种专业得体感，这或许阻止了人们公开提出异议。不过，佩罗对于古典理论中那些公认规则的不同关注点，同时构成了对布隆代尔教学的质疑。因此布隆代尔必然要做出回应。1683 年他出版了《建筑教程》第二卷，其中有三章驳斥佩罗的这条脚注，并对罗浮宫的设计发起攻击。其实他的回应是法国范围更大的文化争论的头一个回合，这场争论后来被称为"古今之争"。在这场论争中，布隆代尔站在古人立场上捍卫古代性。

关于罗浮宫的设计，布隆代尔首先认为，在柱廊上用铁条加固不妥。他认为，建筑物要建得坚固结实，就要求建筑师不走捷径，否则就会降低人们对这一设计之稳定性的"信心"。古人的建筑较为沉重，但他们不需要依赖加固铁条。[5] 他还质疑双柱方案在结构上的优越性，因为佩罗认为，跨越双柱大间距的组合梁（composite）完全落于两端的内侧圆柱上，所以双柱在

---

1 贝尔热指出，佩罗南方之行的目的就是想看一看护佑女神之柱的遗址，见《太阳王的宫殿》，99—103。

2 Ibid, 47—52。

3 赫尔曼选择了这些词来翻译洛日耶（Marc-Antoine Laugier）的《论建筑》（Essay on Archticture）一书中所用的 âpreté 一词（London: Hennessey & Ingalls, 1977）。

4 见勒莫尼耶，《皇家建筑学院会议记录》，1:87。

5 弗朗索瓦·布隆代尔，《建筑教程》（Cours d'architecture, Paris, 1698 ed.），237。

结构上是最好的设计。布隆代尔回应说，这些结构上的优越性只是一种假象——本质上基于这样一种不正确的推测，即一根悬臂梁（cantilevered beam）的反向弯矩会造成它的两端向上翘起，因此导致承重圆柱内侧角落要承受更大的压力。[1] 那时还无法从数学的角度来研究这些问题。应该注意的是，佩罗当初在实验室中用铁条与石头做了一个模型，向他的同行们演示双柱（coupled-column）、类悬挑（quasi-cantilevered）的解决方案，其比率为 1:12。[2]

针对佩罗的方案，布隆代尔在此书中花了不少篇幅探讨古人与文艺复兴时期的先例。他首先发现，在古代或文艺复兴时期基本没有双柱或壁柱的先例（关于壁柱，他列举了布拉曼特[Bramante]设计的观景殿、拉斐尔宅邸以及米开朗琪罗在圣彼得教堂中的运用）。通过佩罗这一例他也惊奇地发现，这个母题在这十年中竟然如此广泛地为人接受："我很惊讶，他们（指采用此母题的建筑师）并没有看出得到那些普遍受人赞许的废墟与古人采用了成对圆柱或壁柱的半哥特式建筑之间的区别。"[3]

将承重构件捆绑起来这一哥特主义的污点现在成了主要问题："他说我们民族喜爱阳光与通透，关于这一点我无话可说，因为我们同时可以承认这也是哥特式的一个特色，因此在这一点上与古人完全不同。"[4] 如果说佩罗利用赫莫杰尼斯来证明他新发明的正当性，那么布隆代尔则坚持认为这是一把双刃剑："以下这一点也是确实的，这同一种说法随时都可为那些在建筑与其他艺术中看到的那些混乱无序的东西打开大门。"接下来他揭示了问题的核心："哥特式建筑师只是在他们的大厦中填满了不合适的东西，因为他们相信在希腊人和罗马人发明的东西上画蛇添足的做法是可以被允许的。"[5]

在这里，布隆代尔似乎流露出了反对一切革新的教条主义的情绪。但我们应当记住，这个问题对他来说是一大赌注，事关他作为一位工程师与教师的名誉。佩罗被迫做出了回应。首次回应是以维特鲁威译本第二版（1684）中篇幅大大增加的脚注形式做出的，以笛卡尔式的怀疑进行推论。他的论说十分机智，一方面指出，盲目追随古人会窒息一切进步与现代革新；另一方面，他骄傲地接受"哥特主义"这一恶名：

[8]　　　　他（布隆代尔）反对的主要理由建立在偏见与错误的假设之上，即背离古人的做法是被不允许的；未模仿古人手法的一切东西不是离奇古怪，就是想入非非；如果不对这条神圣不可侵犯的规则加以保护，那就等于为放纵敞开了大门，会导致艺术陷入混乱无序的境地。但是，这种推论方式想要证明太多的东西，结果什么也证明不了，因为对所有美的创新关上大门，要比对那些因荒谬至极而自我毁灭的东西打开大门，要有害得多……

---

1 弗朗索瓦·布隆代尔，《建筑教程》，232—236。
2 见帕特，《论建筑最重要的目标》（*Mémoires sur les objets les plus importans de l'architecture*, Paris: Rozet, 1769），269—275。
3 布隆代尔，《建筑教程》，2:230。
4 Ibid., 235.
5 Ibid.

但是他以为对我们的伪窄柱式的最大责难就是说它类似于哥特式。依我之见，恐怕不能同意这是事实。不过，即便一般而言哥特式（而且考虑到它的一切构成要素）不是最美的建筑风格，但我也不认为哥特式一无是处。哥特式建筑中的光线以及由此形成的通透效果，是哥特人区别于古人的东西，而不该是哥特式因此而被蔑视的东西。[1]

于是到了 1684 年，建筑领域中古今之争的最初一些问题就摆上了桌面，但由于佩罗对于古典权威深表怀疑，他并没有就此止步。就在维特鲁威译本第二版出版一年之前，佩罗出版了他自己的建筑论文《遵循古人方法制定的五种圆柱规范》(*Ordonnance des cinq espèces de colonnes selon la méthode des anciens*)，向布隆代尔的学院教学发起了威胁更大的挑战。[2] 表面上看他是提出了文艺复兴建筑理论（包括意大利和法国的理论）未能解决的一个问题——设计出一套统一的圆柱比例体系。

实际上这是一个长期悬而未决的问题，文艺复兴建筑师已经认识到这一点。维特鲁威提出的体系不可接受，首先他没有提供足够的细节；其次他本人也承认柱式的基本比例是随着时间推移而改变的；再次，罗马建筑遗存中圆柱（大多为帝国时期）的比例与他所说的并不相符。为了探寻与绝对美的信念相一致的统一体系，文艺复兴的建筑师，从阿尔伯蒂 (Leon Battista Alberti) (1404—1472) 到斯卡莫齐 (Vincenzo Scamozzi) (1552—1616) 都曾提出过各种量化的比例体系。就在最近，即 1650 年，弗雷亚尔采用了另一种方法，简单地将十位作者提供的尺寸汇集起来以供建筑师们确定最佳方案。[3] 因此，新成立的建筑学院的一个紧迫任务，便是对罗马建筑师所采用的体系做出精确的定义，以便作为现代建筑的指南。

为实现这一目的，科尔贝派学生德戈代 (Antoine Desgodetz) (1653—1728) 去罗马测量重要的古建筑。[4] 但这次旅行从一开始就好事多磨。德戈代与他的同伴（达维勒 [Augustin-Charles d'Aviler]）在南行途中被海盗绑架，等到皇家支付了赎金之后才开始工作。最终德戈代于 1677 年返回巴黎，带回了近 50 座建筑的测量图。1682 年，学院挑选了 25 座建筑刻成铜版画出版，题为《精确描绘与测量的罗马古建筑》(*Les Edifices antiques de Rome dessinés très exactement*)。[5] 但是，德戈代的研究非但未能揭示出古人所用的比例体系，反而证明并不存在通用的尺度体系，而且像塞利奥与帕拉第奥这些著名文艺复兴作者所测量的尺寸，与德戈代得出的"极精确的"尺寸比较起来，也有许多不准确的地方。

布隆代尔似乎并不特别关心德戈代的研究结论（主要因为这与他的绝对美信念相左），但

1 佩罗，《维特鲁威的建筑十书》(Paris: 1684)，79—80, n. 16.

2 佩罗，《遵循古人方法制定的五种圆柱规范》(*Ordonnance of the Five Kinds of Columns after the Method of the Ancients*)，麦克文 (Indra Kagis McEwen) 翻译 (Santa Monica, Calif.: Getty Publications Program, 1993)，52。原版题为 *Ordonnance des cinq espèces de colonnes selon la méthode des anciens* (Paris: Jean Baptiste Coignard, 1683)。

3 弗雷亚尔，《古今建筑比较》。

4 见赫尔曼，《安托万·德戈代与皇家建筑学院》(Antoine Desgodets and the Académie Royale d'Architecture)，载《艺术通报》(*The Art Bulletin*, March 1958)：23—53。

5 德戈代，《精确描绘与测量的罗马古建筑》(Paris: J. B. Coignard, 1682)。

可以肯定的是，他决定压制这一成果，或至少使这些成果经不起严格的检验。[1] 佩罗也关注此事的进展，却被德戈代的发现深深吸引了，这些发现必定会挑战他的科学思维。的确，佩罗的《遵循古人方法制定的五种圆柱规范》的首要目标是为柱式提出一套新的比例体系，他是凭经验做设计的。他从实际建筑物以及古今建筑论文中推算出平均值，设计圆柱与柱上楣的每一单元——这就引发了这样一个假设，即建筑师的"良好感觉"决定了应选择两个极端之间的平均值。[2] 他的"几何均衡"(probable mean proportions) 也基于他的一项革新，即小模数 (petit module)（圆柱直径的三分之一），这可使建筑师在设计小构件时使用整数而不是分数。

正是《遵循古人方法制定的五种圆柱规范》一书的理论性导言对于这场争论有着最重要的意义，因为佩罗在导言中抓住机会将早些时候对布隆代尔教学的反对意见置于一个更宽泛的理论框架之下来讨论。在维特鲁威 1673 年版的若干脚注中他已提出，他相信比例远远不是一种"明确的、必然的和令人信服的美"，而是人类心灵 (fantasie) 的产物，是"建筑师的通感" (a consensus of architects) 所达到的境界，而这种通感的基础则是他们认为应模仿的那些最优秀的作品。[3] 从这一观点出发，他提出了两种不同类型的建筑美，即确然之美 (positive beauty) 和率性之美 (arbitrary beauty)。第一个范畴属于那种基于"令人信服之理性"的美，易于为所有人所领悟，如"丰富的材料、建筑的尺度与堂皇的效果、施工精确到位并干净利落，以及均衡"[4]。确然之美令人想起绝对之美，但只是就其欣赏的普遍性而言的。另一方面，率性之美是"由我们希望赋予事物以某种明确的比例、形状或形式所决定的，这些事物很可能具有不同的形式，不是畸形的，看上去是令人愉悦的，但并非出于所有人能把握的理性，仅仅出于习俗以及心灵在不同性质的两种事物间的联想"[5]。在这里，建筑的比例属于"情感作用"或"联想"的范畴。因此，佩罗的观点预示了一种相对主义的而非绝对主义的美学。[6]

[9]

佩罗对确然之美与率性之美的区分也成为质疑其他一些学院理论信条的基础。例如，他从自己一直从事的医学研究出发，抨击那种认为音乐与建筑在和谐方面具有共同基础的观点，因为耳朵和眼睛是以不同方式处理知觉材料的。耳朵听声音时没有理智的参与，而眼睛看事物完全要通过知识的介入。[7] 他指出，乐师们对诸如和弦是否正确这样的问题从来不会有任何异议，但建筑师们（正如许多论述柱式规则的书所表明的）几乎总是就比例问题持不同观点。佩罗也向以下这一观点提出了挑战，即，建筑美应基于模仿，要么是对自然的模仿，要么是对理

---

1 建筑学院在 1677 年（12 月 13 日）最后一次会议上，以及在 1678 年的一次会议上，对德戈代的图纸进行了审查，但并未就这些讨论得出结论。此书出版于 1682 年，但建筑学院直到 1694 年才关注到它，那时布隆代尔已去世 8 年了。1682 年人们对此书反应沉寂还另有原因，如科尔贝很快便失宠于国王，接着于次年去世。那时他的继位者卢瓦 (Michel le Tellier Louvois) 已经实行了严厉措施限制学院对理论问题的讨论。

2 佩罗，《遵循古人方法制定的五种圆柱规范》，54。

3 佩罗，《维特鲁威的建筑十书》前言，12 n.3，100 n.1，102 n.2。另见赫尔曼《克洛德·佩罗的理论》一书中对该问题及相关问题的论述。

4 佩罗，《遵循古人方法制定的五种圆柱规范》前言，50。

5 Ibid., 51.

6 例如，佩罗的论文是在洛克 (John Locke) 的《人类理解论》(Essay Concering Human Understanding, 1690) 出版前 7 年发表的。

7 佩罗，《遵循古人方法制定的五种圆柱规范》，48—49。

性的模仿。他宁可将建筑美完全置于习俗与习惯的基础之上。[1]他有一段听起来最刺耳的话，针对的是那些盲目崇拜古人者，表明了他的"现代"立场："建筑师们痴迷地崇敬他们所谓古人的作品到了一种不可思议的程度。他们赞赏古人的一切，尤其是比例的奥秘。"[2]佩罗将当时对往昔的"过分崇敬"比作中世纪的野蛮习俗"对科学进行的残酷战争"，迫使许多文化分支逃到修道院里去避难。长期的科学训练使他渴望消除建筑的神秘感，将它的基本原则置于严格的理性主义的基础之上。

但这种渴望是在建筑论争将要结束的时候表达出来的。总之，佩罗的观点未赢得很多追随者。1686 年布隆代尔去世，他的继任者伊雷 (Philippe de la Hire)（1640—1718）继续坚持着关于绝对美以及比例的教学。佩罗本人因在解剖一只骆驼时受到感染，于 1688 年去世。他是一位诚实的科学家。

4. 圣热纳维耶芙教堂的第一个设计

甚至在佩罗去世之前，古今之争就进入了一个新的阶段。导火索是夏尔·佩罗写的一首诗，于 1687 年 1 月 27 日在法兰西学院朗读，题为《路易大帝的世纪》(The Century of Louis the Great)。他在诗中赞颂了路易十四时代的伟大业绩以及近 25 年间艺术上取得的巨大进步。[3]他甚至将这些成就，也包括建筑成就，与"奥古斯都的美好时代"相媲美。

这种比较在文学圈子中立即引起了强烈的反应。古典主义者布瓦罗 (Nocolas Boileau-Despréaux) 就在朗读诗歌时退出了会场。他后来无情地攻击佩罗兄弟的文化自负。文学圈子中的其他"古人派"也发起了攻击，包括拉封丹 (La Fontaine) 与拉辛 (Racine)。[4]不过夏尔也做好了回应的准备。1682 年，他从科尔贝秘书的职位上退休，重操文学旧业（他曾是一位著名的童话作家，格林兄弟在 1812—1815 年间出版了他的童话集）。[5]针对布瓦罗，他以四部苏格拉底式对话《古今比较》(Parallel of the Ancients and the Moderns) 做出回应，出版于 1688—1697 年。他在这些对话中大大扩充了早

---

1 佩罗，《遵循古人方法制定的五种圆柱规范》，52。
2 Ibid., 57.
3 夏尔·佩罗的诗是由他的朋友拉沃修道院院长（Abbé de Lavau）向学院宣读的。他将此诗发表在他的《关于古今艺术与科学之比较：对话》(Parallèle des anciens et des modernes en ce qui regarde les arts et les sciences: Dialogues, 1692—1697; 重印，Geneva: Slatkine Reprints, 1971) 一书的第一部分结尾处，79—85。另见里克沃特在《第一批现代人》一书中对这场争论的论述，24—28。
4 关于这场论争的详尽历史，见里戈 (Hippolyte Rigault)，《古今之争的历史》(Histoire de la Querelle des Anciens et des Modernes, Paris: Hachette et cie, 1856)，146。伏尔泰后来坚持认为，这场争论的许多内容涉及私人间的冲突。在《路易十四时代》(14:242 n.1) 中，他提出布瓦罗 (Boileau) 对佩罗的敌意出于"私人恩怨"。伏尔泰在他所编的《哲学词典》(Philosophical Dictionary) 的词条"古人与今人"(Ancients and Moderns) 中，这样描述了这场争论："布瓦罗与佩罗作对只是要维护荷马，同时他机灵地放过了这位希腊诗人的缺点，也避而不谈贺拉斯对荷马的责备。他努力将佩罗这个荷马的敌人推入荒唐可笑的境地……这一点并非完全不可能，即，尽管佩罗时常犯错，但他往往是对的。"(3:160—161 n.6)
5 他写了许多著名童话，如《小红帽》(Little Red Riding Hood)、《灰姑娘》(Cinderella)、《睡美人》(Sleeping Beauty) 与《蓝胡子》(Bluebeard)。

期的观点，维护艺术与科学的进步，再一次捍卫了他的时代界定自己艺术精神的权利，即便这种艺术精神似乎超出了古代风格的界限。19 世纪一位研究古今之争的史学家在评论夏尔的理性主义热情（这一点无疑在他兄弟身上也很明显）时，竟称他为"笛卡尔之子"[1]。

　　不过，这场争论在很大程度上仅限于文学问题。对于建筑理论而言，更重要的是夏尔于1697 年发表的一篇短文，题为《巴黎圣热纳维耶芙教堂的大门设计》(Dessin d'un Portail pour l'Église de Sainte-Geneviève a Paris)。[2] 这是佩罗兄弟在 1670 年代中期为这座古代教堂做的扩建方案，而圣热纳维[10]耶芙则是巴黎的主保圣人。计划的增建项目已在维特鲁威译本出版之后数年中进行了设计。实际上幸存下来的室内透视与正视图令人想起了克洛德译本中的若干图版。[3]

　　该设计有两个特点，对 18 世纪具有极重要的意义。一是入口门廊，独立柱廊支撑着上面不间断的、平直的柱上楣；二是室内中堂平直的柱上楣，每边由一排圆柱支撑，其上建有拱顶（实际上由上部的桁架支撑）。在一座巴西利卡的中堂内采用独立圆柱是佩罗在他的研究中所了解到的做法。这令人想起罗马帝国晚期幸存下来的一些作品以及早期文艺复兴的一些建筑，但是在大型教堂中采用圆柱的做法在文艺复兴期间就已终止了。从结构上来说，加拱顶的天顶（出于防火的考虑）由于重量与侧推力都很大，故要求大型墩柱的有力支撑。

　　佩罗兄弟的方案正如罗浮宫柱廊一样，结构大胆，比例修长，无疑来源于克洛德脚注中为罗浮宫设计辩护的观点。修长的圆柱使室内光线充足，建筑外观具有哥特式的轻灵感，底平面呈现出通透的效果。这些便是克洛德所引入的哥特式建筑元素，无论它们是如何与古典理论相左。甚至在这里也存在着形式的内在一致性，正如佩策特 (Michel Petzet) 指出的："这座教堂，采用了圆柱与下楣，很古典，同时在结构上又很哥特。"[4]

　　1698 年，凡尔赛宫中的礼拜堂根据近十年前阿杜安－芒萨尔 (Hardouin-Mansart)（1646—1708）的设计动工兴建。[5] 这座礼拜堂的设计有一个特殊的建筑难题，即皇家座席要设在第二层，底层留给国王随从中的那些不太重要的人，它的宽度很窄，而高度却要与凡尔赛宫现有的高度相一致，所以必须要做一个垂直的方案。[6] 阿杜安－芒萨尔的设计十分独特：他做的方案分为两个部分，底层为低矮的墩柱，上层为高高的科林斯式柱廊，支撑着笔直的柱上楣与（以木头与灰泥构成的）拱形天顶。日光透过上层窗户在圆柱后面倾泻下来，与下层黑暗的空间形成了对比，突出了这个皇家区域。不同的历史学家已经对这座古典式礼拜堂的哥特式感觉发表了评论，修长的圆柱用铁条与铁链加固，更不必说室外还建有飞扶垛。无论阿杜安－芒萨尔的这种

1　里戈，《古今之争的历史》，49。

2　夏尔·佩罗的文章《巴黎圣热纳维耶芙教堂的大门设计》，由佩策特（Michel Petzet）首次发表，题为《佩罗为巴黎圣热纳维耶芙教堂做的设计》(Un Projet des Perrault pour l'Église Sainte-Geneviève à Paris)，载《文物通报》(Bulletin Monumental) 115, pt.2（1957）：81—95。

3　佩罗，《维特鲁威的建筑十书》，图版 XXXIV, XXXV, XL, LIV.

4　佩策特，《佩罗为巴黎圣热纳维耶芙教堂做的设计》，92。

5　见布尔热（Pierre Bourget）与卡托伊（Georges Cattaui），《朱尔斯·阿杜安－芒萨尔》(Jules Hardouin-Mansart, Paris: Éditions Vincent, 1960)，161—162。

6　见布伦特，《法国艺术与建筑》，223—224。

轻灵优雅设计的灵感来自何处，它的确完美地反映了克洛德·佩罗的革新思维。

阿杜安－芒萨尔的设计还与那时的一种历史性发展相关联。当佩罗于 1669 年到波尔多旅行时，他提到了"哥特柱式"（*l'ordre gothique*），并在一个句子中将它与"古代柱式"（*l'ordre antique*）进行了对比。因此，他区分了哥特式建筑和古典建筑，这在 17 世纪的法国是一种新的提法。那时哥特式建筑并非不为人知或无人研究，情况恰恰相反，正如米德尔顿（Robin Middleton）所指出的，哥特式建筑传统与它的行会在整个 16、17 世纪的法国宗教与世俗圈子中仍然是十分强大的。[1] 最早提倡意大利文艺复兴趣味的洛尔姆（Philibert de L'Orme）（1515？—1570）其实在他的《建筑第一书》（*Le premier tome de l'architecture*）（1567）中花了几章的篇幅来谈哥特式拱顶技术。[2] 16 世纪末期，各式各样的手册与建筑研究著作都相当详尽地讨论了法国中世纪建筑。到了 17 世纪初，一些作家，如杜申（André Duschesne）与德朗（François Derand），不仅能熟练地对哥特式形式与结构特点进行鉴赏，也十分重视哥特式结构方案"优雅""精美"与"轻灵"的效果。[3] 佩罗对这两种建筑风格的区分，除了认定哥特式建筑是一种确定无疑的风格之外，还表明，更好地理解哥特式结构技术的确可以丰富古典建筑。

建筑学院也并未完全忽略这一点。尽管布隆代尔激烈地反对哥特式形式与装饰，但（出于工程师的背景）他也对哥特式建筑的结构方面表示赞赏。1676 年建筑学院开始朗读德洛姆的论文时，跳过了分析哥特式结构的部分，从第 5 书的柱式部分开始。[4] 两年之后，在科尔贝的要求下，建筑学院的成员在巴黎城内与周边地区对中世纪现存石造教堂的状况展开了调查研究。[5] 除了考察巴黎圣母院等建筑以外，建筑师与学生们还考察了圣德尼教堂（Saint Denis）以及鲁昂（Rouen）与沙特尔（Chartres）的城市主教堂。

1687 年，让－弗朗索瓦·费利比安（Jean-François Félibien）（约 1656—1733）出版了他的《最著 [11] 名建筑师生平与作品史料汇编》（*Recueil historique de la vie et des ouvrages des plus célebres architectes*）。[6] 他是学院首任书记安德烈·费利比安（André Félibien）（约 1619—1695）的儿子，后来继承了父亲的职位。他将南方哥特式的开端定在洪诺留（Honorius）（384—423）的统治时期，在法国则始于卡佩（Hugh Capet）的儿子们的统治时期，约 11 世纪初。[7] 费利比安还区分了"古代哥特式"（gothique ancien）与"现

---

1 见米德尔顿，《科尔德穆瓦神父与希腊－哥特式理想》，290，299。

2 德洛姆，《建筑第一书》（*Le premier tome de l'architecture*, Paris: Federic Morel, 1567），见 bk. 4, chaps. 8—10。德洛姆将哥特式拱顶称为"现代方法"（la voute moderne）。

3 杜申（André Duschesne，1584—1640）是一位古物学家，他出版于 1609 年的著作题为《古物以及对全法国最著名城市、宫殿与要塞的探查》（*Les Antiquités et recherches des villes, châteaux et places les plus remarquables de toute la France*）。德朗（François Derand，1591—1644）首次对哥特式建筑结构进行了评估，他将自己的发现发表在《拱顶建筑，或拱券的定线与切割技艺》（*L'Architecture des voûtes, ou l'art des traits et coûpes des voûtes*, 1643）一书中。米德尔顿对他们两人都做了讨论，见《科尔德穆瓦神父与希腊－哥特式理想》，293，296。

4 建筑学院在朗读了斯卡莫的若干篇章之后，于 1676 年 11 月 23 日开始朗读德洛姆的第 5 章，并断断续续一直读到 1677 年 10 月。见勒莫尼耶，《皇家建筑学会会议记录》，1:123—153。

5 Ibid., 168–248。科尔贝的要求是佩罗于 1678 年 7 月 12 日向建筑学院宣读的。院士们在 9 月 3 日访问了沙特尔圣母主教堂（Notre Dame de Chartres）。

6 让－弗朗索瓦·费利比安，《最著名的建筑师的生平与作品史料汇编》（Paris: Trevoux, 1725）。

7 费利比安，《最著名的建筑师的生平与作品史料汇编》，前言，15。

代哥特式"(gothique moderne)，前者大体相当于罗马式，其特点是"坚固而宏伟"[1]，而后者则始于 1140 年重修的圣德尼修道院，具有"过分精致"的特点[2]。费利比安长篇讨论了法国所有重要的主教堂，毫不犹豫地将沙特尔主教堂置于"欧洲今天所能见到的最豪华的教堂之列"[3]。

费利比安的历史纵览，结合了佩罗早期为罗浮宫的辩护以及圣热纳维耶芙教堂设计方案中涉及哥特式风格的观点，为后人更深入地讨论哥特式风格与古典理论的关系搭起了一个舞台。我们可以看到，18 世纪初人们越来越迷恋于米德尔顿所说的"希腊－哥特式理想"。有两本书的出版即说明了这一点。[4]

第一本是弗雷曼(Michel de Frémin)的《建筑评判论》(Mémoires critiques d'architecture)（1702）。这是一本很有意思的书，没有受人尊敬的院士应有的那种平和得体的气质，饱含着对学院敬而远之人士的批评激情，反对一味对柱式作精心推敲。弗雷曼是一位财务管理人员、工程师、公路桥梁监管员，认为柱式并不重要（说柱式是"建筑的次要部分"），他强调的是建筑的经营管理实务。[5]他的这本书选择了 48 封书信的格式，并在开始时做了说明，这样此书甚至就可以供"不太聪明的人"阅读了。[6]这些书信都是一些漫谈，话题有揭露工人的玩忽职守、不冒烟的烟囱设计、弗雷曼自己发明的机械以及石膏的价值属性等。有封奇怪的信驳斥了"月亮吃石料的荒唐观点"[7]。

弗雷曼这本书的重要意义在于吸收了佩罗脚注中关于"通透"(dégagement)的含义，并赋予它以功能意味。在第六封信中，他将巴黎圣母院以及宫廷礼拜堂(Ste.-Chapelle)这两座哥特式教堂与两座古典式教堂，即圣尤斯塔修斯教堂(St. Eustache)与圣绪尔比斯教堂(St. Sulpice)进行了对比。前者始建于 1532 年，呈现出风格混杂的有趣特点，哥特式的平面与文艺复兴的形式结合在一起。室内的墩柱是古典式而非哥特式的，但比例更接近于哥特式。圣绪尔比斯教堂始建于 1645 年，也综合了古典与哥特式元素，但其墩柱与比例更接近于古典式而非哥特式。弗雷曼批评这两种做法，主要因为它们未充分利用室内空间。他批评圣尤斯塔修斯教堂中大量柱子"很生硬"，尤其是管风琴的支柱，在那里"一半以上的地面被石柱所占据！"[8]圣绪尔比斯教堂则做得更糟，方形的"怪异柱子"有 9 英尺宽。这些支柱不仅占据了太多的空间，也表现出建筑师胆子很小，他们堆起了整座采石场来支撑一个小小的基座，生怕松开手这个基座就会坍塌。[9]

---

1 费利比安，《最著名的建筑师的生平与作品史料汇编》，bk. 4, 20—21。

2 Ibid., 21.

3 Ibid., 210.

4 米德尔顿，《科尔德穆瓦神父与希腊－哥特式理想》。

5 弗雷曼，《建筑评判论》(Paris: Charles Saugrain, 1702)，序文。关于弗雷曼，见尼贝里(Dorothea Nyberg)，《弗雷曼的〈建筑评判论〉》(The Mémoirs critiques d'architecture by Michel de Frémin)，载《建筑史家学会会刊》(Journal of the Society of Architectural Historians) 22 (December 1963)：217—224。

6 Ibid.

7 Ibid., chap.44.

8 Ibid., 34.

9 弗雷曼，《建筑评判论》，37.

与此相反，两座哥特式教堂完全适合于宗教礼拜活动，并提供了更大的空间与更多的光线。宫廷礼拜堂是"真实建筑的典范"，因为它没有侧堂，而且有巨型的彩色玻璃窗，纤细的柱子强化了这一优点。[1]巴黎圣母院的优越性在于空间开阔，具有良好的声学效果，光线充足，通风良好，拱顶体系既精巧又经济。[2]弗雷曼与佩罗一样，并非提倡回到哥特式，而是要将哥特式的强大功能与结构运用于教堂设计。

弗雷曼的书备受建筑学院冷遇，他们认为该书的观点与建筑旨趣"风马牛不相及"。[3]不过，此书有助于另一本书的论点的形成，该书出版于 4 年之后，即《一切建筑或营造术新论》(Nouveau Traité de toute l'architecture or l'art de Bastir)（1706），作者是让 - 路易·德·科尔德穆瓦 (Jean-Louis de Cordemoy)。科尔德穆瓦虽是一个建筑外行，但他的书遵循着建筑论文的传统，而且明确承认他的观念与佩罗相关联。他是笛卡尔式的哲学家与历史学家热罗·德·科尔德穆瓦 (Gerauld de Cordemoy)（1626—1684）的第五个儿子。科尔德穆瓦是苏瓦松地区维涅圣约翰修道院 (Saint-Jean-des-Vignes) 的一位神父，似乎未接受过建筑训练。像弗雷曼一样，他的观点与学院的教学针锋相对。[4]他的著作在某种程度上是一本论述柱式的书，开篇坦言要遵循佩罗这位"睿智者"(ca sçavant homme) 在《遵循古人方法制定的五种圆柱规范》中所提出的体系，但要简化佩罗观念中混杂与朦胧的部分。 [12]

科尔德穆瓦首先是个理性主义者，他对建筑的感受几乎可以看作是佩罗关于"视觉张力"与"通透"的简化。一般而言，科尔德穆瓦喜爱无装饰平面、矩形建筑形状，反对巴洛克与洛可可装饰，如多重壁柱、巨型壁柱或圆柱、螺旋形柱、带底座的圆柱、屋顶或壁龛雕像、壁龛本身以及山墙屋顶。不过，他十分喜爱一项现代发明：带有双柱与平直柱上楣的独立式柱廊。他喜爱柱梁式，不仅因为它的"真实的比例"与"真实的美"，也"因为它本身就是美的，这种美来源于视觉张力或（圆柱）挤在一起的效果，这曾使古人是那么愉悦。这种美还来源于开阔性 (spaciousness)，这正是现代人小心谨慎追寻的效果"[5]。

教堂室内也是如此。科尔德穆瓦说，许多人声称罗马圣彼得教堂是世上最美的教堂，因为它造价昂贵、尺度高大、装饰得体。但他反对这种看法，因为壁柱 - 拱廊体系同时支撑着室内拱顶与圆顶，为教堂室内设计树立了一个坏榜样。他认为，巴黎的恩典谷教堂 (Church of Val-De-Grâce) 是教堂室内设计的一个范例，但也是可以加以改进的：

---

1 弗雷曼，《建筑评判论》，30—31。

2 Ibid., 27—29.

3 对于弗雷曼著作的讨论，如尼贝里所述（见《弗雷曼的〈建筑评判论〉》，219），似乎发生在 1704 年 7 月 2 日与 9 日召开的会议上，尽管并未特别点到作者的名字。学院的会议记录表明，该书中有关于地下室建筑材料的有用内容。见勒莫尼耶，《皇家建筑学院会议记录》，3:196。

4 关于科尔德穆瓦生平与理论的讨论，见米德尔顿，《科尔德穆瓦神父与希腊 - 哥特式理想》；以及他为《麦克米伦建筑师百科全书》(Macmillian Encyclopedia of Architects, New York: The Free Press, 1982) 撰写的词条，1:453。

5 科尔德穆瓦，《一切建筑或营造术新论；承包人与工人实用手册》(Nouveau Traité de toute l'architecture or l'art de Bastir; utile aux entrepreneurs et aux ouvriers) 第 2 版（Paris: Coignard, 1714），52。

假如我们不采用那些无用的、笨重的拱廊，那些占据了如此多空间、毫无必要地造
成阴暗效果的壁柱与大型墩柱，而是用圆柱来支撑大厦的其余部分……其效果不是漂亮
得多吗？如果用柱廊来支撑圆顶，而不是荒唐地用方形连拱廊来支撑，这圆顶岂不更美
吗？[1]

这座教堂缺乏大胆的创造，过于贫乏，他认为"一座教堂若具备了罗浮宫柱廊的趣味或杰
出的 P. 德·克雷伊 (P. de Creil) 在巴黎圣热纳维耶芙大修道院中的创新，才是世上最美的"[2]。

像佩罗一样，科尔德穆瓦的观念很快引来了争论。这次是弗雷齐耶 (Amédée François Frézier)
(1682—1773)，一位年轻军官和工程师。他对科尔德穆瓦缺乏知识与构造经验表示不满，尤
其是他天真地认为像圣彼得教堂或恩典谷教堂中的那种巨大沉重的圆顶用圆柱就支撑得住。弗
雷齐耶也为被科尔德穆瓦排除于建筑实践之外的一些事项进行了辩护，包括当时在石造建筑中
采用的拱券体系。他认为，法国只出产小型石材，像平直的过梁或柱上楣这样的构件是没法做
的。[3] 他的评论促使他俩在 1709—1712 年间进行了若干次交流。[4] 1714 年，科尔德穆瓦出版了
该书的第二版，直接回应了弗雷齐耶的指责。[5] 这位神父捍卫了外行批评建筑的权利，坚持认
为，圆柱教堂更美，罗浮宫的柱廊在结构上具有纯粹性。他还重申了他早期的观点，即布拉曼
特与米开朗琪罗在教堂室内采用壁柱与拱廊犯了方向性的错误。因此，科尔德穆瓦在思想上成
了一位严格的佩罗主义者，他还在早期基督教巴西利卡中找到了他的理想教堂的大量先例。

科尔德穆瓦勇敢地捍卫自己的立场，如果不是由于一股强大的逆流驱动着法国建筑实
践，他或许在 18 世纪初叶就取得了某些进展。阿杜安－芒萨尔设计的凡尔赛宫室内装饰越来
越奢华，在法国出现了很多仿效者，其中有奥彭诺德 (Gilles-Marie Oppenord)、科特 (Robert de Cotte)、奥
贝尔 (Jean Aubert) 以及梅索尼耶 (Jules-Aurèle Meissonnier)。到了 18 世纪 30 年代，华丽的洛可可风格已
经确立起来了，作为一种完全成熟的"新手法"(nouvelle manière) 传遍了欧洲。因此，这场由佩罗
挑起的争论，至少被暂时性地推到了幕后。

---

1 科尔德穆瓦，《一切建筑或营造术新论》，109。

2 Ibid., 111.

3 关于弗雷齐耶的意见，见米德尔顿，《科尔德穆瓦神父与希腊－哥特式理想》，287—290。

4 各种书信与回复发表于《特雷武杂志》(Mémoires de Trévoux)，1709 年 9 月、1710 年 7 月、1710 年 8 月、1711 年 9 月，以
及 1712 年 7 月。

5 科尔德穆瓦，《一切建筑或营造术新论》(Nouveau Traité de toute l'architecture or l'art de bastir)，135 ff.

第二章 启蒙运动与新古典主义建筑理论

突然一道亮光在我眼前闪现。在先前只是瞥见一团云雾的地方，我清晰地看到了实实在在的东西。

——马克－安托万·洛日耶（1753）

1. 法国启蒙运动

18 世纪上半叶，建筑争论相对平静下来，这反映了一种懒散消沉的精神状态，改变并侵 [13] 蚀着普遍的智性活动。一方面，洛可可建筑理论从对于宏大纪念性建筑实践的关注转向了住宅规划，这一趋势在达维勒 (Augustin-Charles d'Aviler) 的《建筑教程》(Cours d'architecture)（1691、1710、1738）以及雅克－弗朗索瓦·布隆代尔 (Jacques-François Blondel) *（1705—1774）的《论别墅的布局以及一般建筑的装饰》(De la distribution des maisons de plaisance, et de la décoration des edifices en general)（1737—1738）等书中可以见到。[1] 另一方面，法国的洛可可理论是种植于松软的政治与经济土壤中的思想之树，路易十四统治早期的宏大抱负已烟消云散。南特法令曾永久性地流放了成千上万胡格诺派教徒，而 1685 年南特敕令的废除则决定了路易十四的法国文化复兴的命运。凡尔赛的过度建设以及灾难性的西班牙继承权战争（1701—1713）进一步耗尽了法国国库，瓦解了道德，以至于当 1715 年路易十四的尸体运入圣德尼教堂安葬时，沿途受到了愤怒民众的嘲弄。奥尔良公爵摄政府（1715—1723）许诺改革，但未能施行，而路易十五（1723—1774）早期有名无实的统治也未能扭转局势。18 世纪上半叶，战争、疾病、饥荒、贫困、宗教迷信、政治迫害在全欧洲盛行。法国建筑理论只限于学院之内，政府缺乏税收，谈不上兴建大型的建筑工程。

---

* 雅克－弗朗索瓦·布隆代尔（1705–1774），为弗朗索瓦·布隆代尔的孙子。——中译者注

1 关于这一问题，见埃特兰（Richard A. Etlin）的《法国启蒙运动时期的建筑及其遗产》(French Enlightenment Architecture and its Legacy)一书中"家居系统"(The System of the Home)一章(Chicago: University of Chicago Press, 1994)；以及加莱(Michel Gallet)，《庄严的公馆：18 世纪法国建筑》(Stately Mansions: Eighteen Century Paris Architecture, New York: Praeger, 1972)。

但这些事实都不足以解释欧洲 18 世纪中叶的启蒙运动现象。启蒙运动的话语几乎同时在整个欧洲发声，遥远的美国也很快感觉到了。在短短的 8 年中——奥地利继承权战争（1740—1748）与七年战争（1756—1763）——各路新"理性"的倡导者聚集于巴黎，其中有孔迪亚克（Etienne-Bonnet de Condillac）、蒂尔戈（Anne-Robert Turgot）、狄德罗（Denis Diderot）、达朗贝尔（Jean Le Rond D'Alembert）和卢梭（Jean-Jacques Rousseau）。法国建筑界做出了一项决定，要拆除老的圣热纳维耶芙教堂，建一座新教堂。在建筑理论方面，洛日耶神父（Abbé Marc-Antoine Laugier）出版了他的争议性著作《论建筑》（Essai sur l'architecture）（1753）。尽管老王朝还延续了几十年，但启动现代主义观念的精神力量在 18 世纪中叶已显而易见了。

狄德罗编辑的《百科全书》引导了现代主义的方向。起初这位批评家与哲学家于 1728 年来到巴黎从事牧师职业，但伏尔泰的著作（尤其是被禁的《英国书简》[Letters Concering the English Nation, 1733]）却使他改变了方向。到 1730 年代末，狄德罗过上了一种波希米亚式的生活，一边研究语言，一边学习大学课程。他的第一本著作《哲学思想录》（Pensées philosophiques）（1746）为情欲辩护并攻击宗教，被认为有伤巴黎风化而被焚禁。另一本早期著作《给有眼人读的论盲人的书简》（Lettre sur les aveugles à l'usage de ceux qui voient）使他于 1749 年锒铛入狱。他在此书中重新思考了洛克与孔迪亚克提出的认识论问题，坚持认为人生来是不具备任何先天道德感的。[1]

[14]

狄德罗坐牢时间被延长，但并未阻止百科全书工作的进展。这一项目由巴黎出版商布勒东（André François Le Breton）于 1743 年发起，计划将英国钱伯斯（Ephraim Chambers）于 1728 年出版的《百科全书》翻译成法文出版。1745 年狄德罗加入了编辑工作班子，两年后被任命为主编。他劝说出版商放弃翻译，发起了一个新项目。1750 年发表了计划书，至少出 10 卷，600 幅插图。[2] 这套书将人类知识分为三个部分，记忆、理性与想象，其下分别是历史、哲学与艺术三门学科。

达朗贝尔为第 1 卷（1751）撰写的《弁言》进一步确定了这一项目的哲学方向。[3] 文中承认英国哲学家（培根、牛顿与洛克）与笛卡尔（尤其是笛卡尔式的怀疑）、孟德斯鸠与伏尔泰具有同等的影响力。百科全书提倡严格的分析精神与理性方法，不承认任何不证自明的或先验的原理，即便是像政治与宗教这类敏感的问题也是如此。达朗贝尔本人是皇家学院院士、数学家与物理学家，他撰写了大多数科学条目。狄德罗也写了许多，但他也邀请了其他作者，包括他的密友卢梭。雅克－弗朗索瓦·布隆代尔撰写了"建筑"词条，但文中并没有预见到艺术将要发生的巨大变化。[4]

1 促使狄德罗撰文的是当时治疗一位妇女先天性失明的外科手术。洛克最先讨论了以下这个问题（《人类理解论》, bk. 2, chap. 9. sect. 8），即一个天生失明的人，通过触觉学会了区分立方体与球体，如果他的视力恢复的话，是否无须接触它们便能够将它们区分开来。孔迪亚克在他的《论人类知识的起源》（Essai sur l'origine des connaissances humaines，1846）中再次研究了这一问题（pt. 1, sect. 6.）

2 见《狄德罗全集》（Oeuvres complètes de Diderot），阿瑟扎特（J. Assézat）编（Paris: Garnier Frères, 1876），8:129—164。

3 达朗贝尔，《狄德罗百科全书弁言》（Preliminary Discourse to the Encyclopedia of Diderot），施瓦布（Richard N. Schwab）翻译（Indianapolis: Bobbs-Merrill），1981。

4 见作家协会编纂（par une société de Gens de Lettres），《百科全书，即科学、艺术与手工艺详解辞典》（Encyclopédie, ou Dictionnaire raisonné des Sciences, des Arts et des métiers），1751; 重印，New York: Readex Microprint Corporation, 1969, 616—618。另见里克沃特，《第一批现代人：18 世纪的建筑师》（Cambridge: M.I.T. Press, 1980），417—418, 474 n. 24。

　　不过，大多高水平的条目未能逃脱官方检察官与教会人员的谴责。[1] 前两卷分别于 1751 年 6 月和 1752 年 1 月出版，但到了 2 月所有其他各卷全部被禁止。伏泰尔劝狄德罗将出版基地移至柏林，但他在皇家圈子里寻求同盟者。通过蓬巴杜夫人（路易十五的情妇）的干预，禁令被解除了。1753—1756 年间出版了第 3 卷至第 6 卷，但受到更为严格的审查。第 7 卷中收入伏尔泰论私通的文章以及达朗贝尔论加尔文教的文章，于 1759 年遭到皇家的谴责。大多数参与者害怕被抓而开了小差，但狄德罗却坚持做下去，秘密出版了余下的各卷。接下去的 6 年多时间，他指导了另 10 卷的出版，接着监印了 11 卷图版，使这一项目全部完成，证明了他学识上的完整性。

　　卢梭的两篇文章于 1750、1755 年发表，进一步定义了启蒙运动的观念。卢梭是日内瓦人，1740 年代早期迁居巴黎，试图推广一种新的音乐记谱法，但不成功。在狄德罗的影响下，卢梭转向文学，这始于 1749 年夏季，那时他听说第戎学院在举办征文竞赛，题为"科学与艺术的复兴是否有助于道德净化？"他与在监狱中的狄德罗讨论了这一问题，之后决定撰文参与竞赛，并获了奖。

　　卢梭的主题与评审团的期望正相反，他的主要论点是科学与艺术并未对道德起到净化作用，而是使道德败坏。这篇论文（《论科学与艺术》）首次对处于自然环境中的简单人与受社会影响形成的"体面人"进行了区分。前者如希腊运动员，他们赤身裸体参加竞赛；他们以自身的力量为荣，瞧不起其他民族发明的用来遮盖不雅观部位的那些卑俗的装饰物。他们的风俗是粗陋的，却是自然的。然而，随着艺术与科学的兴起，简单开始让位于矫揉造作："人不再敢于以自己原本的形象出现，在这永恒的约束之中，构成了所谓社会的人们被置于同一个环境之中，做着同样的事情，除非有更强烈的动机阻止他们。"[2] 接下来，卢梭对雅典人与斯巴达人做了著名的区分。后者在城市里禁止艺术与科学，保持着德行与虔诚的气质；前者则是教化与高雅趣味之邦，艺术、修辞与哲学之城，却反而腐败下去。早期罗马人充满着尚武精神，意气风发，而罗马帝国时代却被文学艺术所削弱，因道德败坏而垮台。

　　卢梭的第二篇文章（《论人间不平等的起源与基础》）论述了类似的主题，却是以更加严谨的方式论述的。第戎学院提出了这样一个问题："人类平等的根源何在；它是否符合于自然规律？"卢梭通过描述"自然人"做出了回应：他睡在一棵橡树底下，从身边的自然环境中获得食物，在附近的溪水里喝水。他生活在感觉的层面，他是自由的、健康的、强壮的，没有不快的感觉，没有被剥夺的感觉，也不知何为罪恶与美德。相反，"社会人"习惯于温和柔弱的生活方式，经历着一切市民社会的种种病态。将财产引入自然秩序是第一个转折点，后来冶金术与农业引入了劳作、社会奴役以及不平等的概念，犯罪、"战争、谋杀"，更不用说还有暴 [15]

1　1723 年法国检查法令扩大了审查范围，禁止任何质疑宗教事务、公共秩序和优良道德的言论。1750 年，马勒泽布（Chrétien Guillaume de Lamoignon de Malesherbes）被任命为总检察官时，对此项法令做出了较为宽松的解释。马勒泽布支持百科全书项目和狄德罗，但即便是他也不能总是成功地挫败反对者。1757 年有人试图行刺路易十五，此法令又一次变得更加严厉。

2　卢梭，《第一篇与第二篇论文》（*The First and Second Discourse*），R. D. 马斯特斯（Roger D. Masters）编，R. D. 马斯特斯与 J. R. 马斯特斯（Judith R. Masters）翻译（New York: St. Martin's Press, 1964），38。

政，都随着教化的自负接踵而来。[1]

无须费力便可读出卢梭这些分析背后隐藏的革命热情。这第二篇文章的第一部分，其实是对"日内瓦共和国"以及这个小城邦理想化民主政治的赞颂，与未点明的法国君主国形成了鲜明的对比。这个君主国由一小撮"脑满肠肥的"人所统治，"而饥肠辘辘的大众缺乏生活的必需品"[2]。这样一些观念对于现存秩序来说是危险的，数年之后卢梭本人便因害怕遭逮捕而被迫逃出巴黎。不过值得注意的是，这一代审视政治与社会前提的理想主义者并非是孤军作战，建筑理论与实践领域也正在作出类似的努力。

2. 苏夫洛与圣热纳维耶芙教堂

蓬巴杜夫人于 1752 年进行干涉，从而挽救了狄德罗的百科全书项目。这并不是她第一次对法国文化生活产生影响了。自从她于 1745 年作为国王情妇正式在凡尔赛宫亮相以来，其影响力在各个方面稳定上升。她原名叫让娜安托瓦妮特·普瓦松 (Jeanne Antoinette Poisson)，父亲是那些有势力的银行家的管事。她的婚姻很完满，天生丽质，聪慧过人且热爱艺术。她的巴黎沙龙极负盛名，吸引了像伏尔泰、孟德斯鸠、丰特内勒 (Fontenelle) 以及爱尔维修 (Helvétius) 等人，他们常到她家聚会。1745 年的一次化装舞会上，她被路易十五看中。那年夏天，法军在丰特努瓦 (Fontenoy) 取得了军事胜利，国王前往巡视，当时这位新情妇被传召到位于埃蒂奥莱斯 (Etioles) 的城堡去接受宫廷社交礼仪的培训。到该年年底，蓬巴杜夫人便彻底改变了凡尔赛宫的艺术气候。事实证明，她是**哲学**的同盟者，也是艺术的保护人。她在宫廷中最初采取的手段之一是设法将她的弟弟阿贝尔－弗朗索瓦·普瓦松 (Abel-François Poisson)，即后来的马里尼侯爵 (Marquis de Marigny) 任命为未来的巴黎皇家建筑总监。这项提拔可谓一步登天，这就要求他去意大利作广泛的游历以获得建筑师的教育。她挑选了一个从里昂来的年轻人，"很有天赋的建筑师"苏夫洛 (Jacques-Germain Soufflot) (1713—1780) 作为普瓦松三个指导老师之一，陪同他去意大利。[3]

苏夫洛也是个热心改革的年轻人，早年先到巴黎学法律，1731 年去罗马学习建筑，1734 年年底进入罗马法兰西学院，开始研究罗马教堂。1738 年他回到里昂做建筑设计。在里昂他最

---

1 卢梭，《第一篇与第二篇论文》，141。

2 Ibid., 181.

3 蓬巴杜侯爵夫人本人对此次旅行做了精心策划，直至细枝末节，并通过 31 封书信对他进行全程指导。部分书信发表于龚古尔兄弟 (Edmond and Jules de Goncourt) 的记述之中，《蓬巴杜夫人》(Madame de Pompadour, Paris: Fremin-Didot, 1888)，75—82。她在 1749 年致尼韦奈公爵 (Duc de Nivernais) 的一封书信中，称苏夫洛为"很有天赋的建筑师"，引自米特福德 (Nancy Mitford)，《蓬巴杜夫人》(Madame de Pompadour, New York: Harper & Row, 1958)，140。关于苏夫洛生平与职业生涯的经典著作，是蒙瓦尔 (Jean Monval) 的《苏夫洛的生平、工作、美学》(Soufflot, Sa vie. Son oeuvre. Son esthétique, Paris: Alphonse Lemerre, 1918)。另见《苏夫洛与他的时代》(Soufflot et son temps[1780—1980], Paris: Caisse Nationale des Monuments Historiques et des Sites, 1980)；以及布雷厄姆 (Allan Braham) 在以下著作中论述苏夫洛的一个章节，《法国启蒙运动时期的建筑》(The Architecture of the French Enlightenment, Berkeley: University of Galifornia Press, 1989)。

重要的作品是城市医院 (Hôtel-Dieu)（1739—1748）在罗纳河畔的扩建工程。他还设计了各式各样的住宅、商品交易市场 (Loge des Changes)（1748—1750）以及城市剧场（1753—1756）。他还结交了重要的社会关系，其中有前驻罗马大使唐森红衣主教 (Cardinal de Tencin)，他的一个姐妹唐森夫人 (Madame de Tencin) 在巴黎也有一个知识界有名的沙龙，直至 1750 年去世。

苏夫洛向里昂皇家美术协会 (Société Royale des Beaux-Arts de Lyon) 提交了若干篇论文，这对他的发展十分重要，他是在 1738 年被选为该会会员的。在第一篇文章《论建筑比例》(Memoir on architectural proportions)（1739）中，他提到弗朗索瓦·布隆代尔与佩罗之争，声称，关于比例与绝对美的问题，他"总是更多地倾向于布隆代尔而不是佩罗的意见"[1]。从他后来的作品来看倒是挺有趣的。根据自己对罗马三座教堂的测量，他谨慎地下结论说，尽管在自然界中存在着很多悦目的比例关系，但至少就教堂设计而言，"必然会引起愉悦感"的比例关系极少。[2]

在另一篇论文《论哥特式建筑》(Mémoire sur l'architecture gothique)（1741）中，苏夫洛回到了佩罗提出的另一问题上。[3] 苏夫洛十分清楚，大多数法国作家将哥特式风格贴上了"离奇古怪、不值一谈"的标签，但他感到悲哀的是人们并未以严肃的态度对哥特式的结构革新进行研究。事实上他发现，有许多哥特式结构可用于当今的教堂设计：如巨大的窗户与充沛的光线，由纤细的支柱以及斜向布置的墩柱所形成的平面通透性，平直连续的柱上楣等。哥特式构造的轻灵精巧尤其值得赞赏。它"更加巧妙，更加大胆，甚至比我们的构造难度更大"[4]。苏夫洛提倡建筑师们不要去管哥特式"离奇古怪的装饰"与"极端的比例"，而要去寻求一种"介于它们的风格与我们自己的风格之间的正确方法"，并指出，谁成功做到了这一点——预示着苏洛夫自己后来的成果——他将会赢得所有人的喝彩。[5]

那时，法国再一次对哥特式建筑结构产生了兴趣。1736 年，建筑师德拉蒙塞 (Ferdinand Delamonce) 向第戎学院提交了一篇论文，为精致的哥特式辩护。[6] 两年之后，曾经批判过科尔德穆瓦著作的工程师弗雷齐耶 (Frézier) 赞美了精巧的哥特式结构体系。[7] 与苏夫洛一样，克拉帕松 (André Clapasson) 于 1738 年获准进入第戎学院，在 1741 年之前的某一时间也曾提交过一篇论哥特式教堂的论文。在此文中他坚持认为，对这种风格进行更加严肃认真的研究将会对建筑的进步做出极大的贡献。[8]

[16]

1　苏夫洛，《论建筑比例》(Mémoire sur les proportions de l'architecture)，收入佩策特 (Michel Petzet)，《苏夫洛的圣热纳维芙教堂以及 18 世纪法国教堂》(Soufflots Sainte-Geneviève und der französische kirchenbau des 18. Jahrhunderts, Berlin: Walter de Gruyter, 1961)，132。

2　Ibid., 135.

3　苏夫洛，《论哥特式建筑》(Mémoire sur l'architecture gothique)，收入佩策特，《苏夫洛的圣热纳维耶芙教堂》，136。

4　Ibid., 140.

5　Ibid., 142. 赫尔曼在《洛日耶与 18 世纪法国建筑理论》(Laugier and Eighteenth Century French Theory, London: Zwemmer, 1962) 一书中指出，加在这段话中的拉丁文句子—— Omme tulit punctum qui miscuit utile dulci（他把有用的东西与令人愉悦的东西结合了起来，获得了一致的赞成）——来源于贺拉斯。

6　关于此文的讨论，见赫尔曼，《洛日耶与 18 世纪法国建筑理论》，81, app. VIII, 5.

7　关于弗雷齐耶的文章《论建筑柱式的历史与批评》(Dissertation historique et critique sur les orders d'architecture)，见米德尔顿，《科德穆瓦神父与希腊 - 哥特式的理想：浪漫古典主义的序曲》，载《瓦尔堡与考陶尔德研究院院刊》25 (1962)：290。

8　见赫尔曼，《洛日耶与 18 世纪法国建筑理论》，81, app. VIII, 5。

1744 年，苏夫洛向里昂学院提交了第三篇论文，发表了他反对洛可可风格的观点。该文实际上是谈这样一个问题：是建筑鉴赏力比规则更可取，还是规则比鉴赏力更重要？他根据自己关于比例的经验做出了简单的回答："规则就是鉴赏力，鉴赏力界定了规则。"[1] 在这篇演讲稿的最后部分，他批评了"夸张的产品"以及"离奇古怪的装饰集合"，指的就是洛可可风格。苏夫洛承认，相对于教师的那些没有灵气的作品，他更喜欢未经专业学习的天才的创造。不过他依然坚持认为，建筑中真正的美就在于"那些通用部件的真正气质，这些部件是众所周知的，其比例是相当完备的"[2]。

苏夫洛在 1750—1751 年间第二次前往意大利旅行，从中可以进一步了解到他的理论思考。未来的马里尼侯爵、勒·布朗神父（Abbé Le Blanc）以及铜版画家科尚（Nicholas Cochin）一行三人于 1749 年 12 月离开巴黎，一路上受到上流文化圈子的接待。在罗马他们下榻于法兰西学院所在地曼奇尼宫（Palazzo Mancini）。回到罗马后，苏夫洛被任命为圣路加美术学院的院士，这是对他该年早些时候被法国皇家建筑学院接纳为第二等院士的一个补偿。[3] 这次旅行获得了很大成功，马里尼得到了他的古典教育，而苏夫洛则交上了一位重要的朋友。1751 年，当马里尼返回法国时，苏夫洛与科尚继续南下那不勒斯，去考察新出土的罗马古城赫克兰尼姆（Herculaneum）。不过，这趟旅行的亮点是他们后来对希腊殖民地帕埃斯图姆（Paestum）的考察。在那里苏夫洛与他的老朋友迪蒙（Gabriel-Pierre-Martin Dumont）一道对古希腊废墟进行了大量测绘。[4] 他们是法国最早研究希腊建筑的建筑师。

[17]　科尚与苏夫洛返回巴黎，他们的职业生涯多少有了保障。1751 年 11 月马里尼当上了皇家建筑总管，他为人比较低调，个性也不太稳定，不过他既具有古典眼光，又具备必要的管理才能，这在很大程度上依赖于他的老师与朋友们的建议。他为科尚与苏夫洛提供了罗浮宫的套房，说明他早期十分慷慨大度。后来他又任命科尚为皇家绘画与雕塑学院的书记。1755 年他为苏夫洛提供了 18 世纪最重要的建筑项目，即新圣热纳维耶芙教堂（图 4、5）。

这座教堂是一座修道院建筑（1793 年改作先贤祠），佩罗兄弟早在 17 世纪中叶就曾提出过翻新方案。著名的圣热纳维耶芙是巴黎城的主保圣人，公元 500 年葬于此处。7 年之后，当时的统治者克洛维决定以她的名义修建一座巴西利卡。这座建筑在 9 世纪时被诺曼人烧毁，于 11 世纪重建。后来教堂结构改成了哥特式拱顶，成为法国奥古斯丁会（Augustian order）的总部。1670 年代的提案表明，该建筑当时需要维修，但未能实行，故结构持续恶化。又拖了半个世纪，想必有神意的干涉要改变这一状况。1744 年路易十五病倒在梅斯战场上，康复之后将这一

[18]

---

1 苏夫洛，《关于解决建筑艺术中鉴赏力与科学规则孰轻孰重问题的论文》（Mémoire pour servir de solution à cette question: savoir si dans l'art de l'architecture le goût est préférable à la science des règles ou la sciences des règles au goût），引自《罗纳省统计、历史与文学新档案》（Nouvelles archives statisques, historiques et littéraires de département du Rhône, Lyons: Barret, 1832），1:113.

2 Ibid., 114, 116.

3 苏夫洛被选中陪伴这位未来的侯爵之后不久，于 1749 年 11 月成为建筑学院会员。这样侯爵就能在 1755 年将他提升为一级会员了。

4 这些素描由迪蒙出版于 1764 年，题为《帕埃斯图姆的……一套平面图、剖面图、侧面图……由国王建筑师苏夫洛于 1750 年测量与绘制》（Suite de plan, coupes, profiles…de Pesto…mesurés et dessinés par J. G. Soufflot, architecte du roy en 1750）。

图4　苏夫洛，巴黎圣热纳维耶芙教堂室外景。本书作者摄。

切归功于这位圣徒的保佑。10年以后，即1754年11月，他前往圣徒在巴黎的这个埋葬地朝圣谢恩，亲眼看到教堂破败不堪的样子。数日之后他下令重建新教堂，并捐出大量金钱，想要建一座类似于罗马圣彼得教堂与伦敦圣保罗教堂那样具有象征意义的宏伟建筑。

这项任务按说应落在国王首席建筑师加布里埃尔（Ange-Jacques Gabriel）头上，但凡尔赛与巴黎的大量工程使他忙得不可开交。马里尼于1755年1月6日向国王提名苏夫洛，2月苏夫洛就视察了这个基址。[1] 他的新职务是巴黎皇家建筑监管，所以其职责不仅限于该教堂的设计。到1755年秋天，第一批图纸出来了，不过原初的设计在1757、1758—1759、1764与1770年进行了修改。起初工程进展很

图5　苏夫洛，巴黎圣热纳维耶芙教堂大堂十字交叉处室内景。本书作者摄。

慢，部分是由于七年战争（1757—1763）。1764年建筑才露出地面，是年举行了奠基礼。圆顶

1　关于该教堂的设计与施工细节，见佩策特，《苏夫洛的圣热纳维耶芙教堂》。

直到 1785 年才开始建造，那时苏夫洛已去世 5 年了。整个工程直到 1791 年方才竣工，当时革命委员会决定去除它的宗教含义，将它改成了先贤祠（Panthéon）。同时，在卡特勒梅尔·德·坎西（Antoine-Chrysostôme Quatremère de Quincy）的主持下对建筑进行了一些改造，最大的破坏就是堵上了窗户，使得现在这座丧葬建筑的室内变得很昏暗。卡特勒梅尔·德·坎西后来成为巴黎美术学院（Academy of the Beaux-Arts）的常务书记（Secrétaire Perpétuel）。也是在 1791 年夏，举行了安葬伏尔泰遗体的仪式，运灵枢的马车上竖立着他的全身蜡像，12 匹白马三匹一排拉着灵车。3 年后卢梭的遗体进入了先贤祠。

不过，这座建筑对于建筑理论如此重要，其原因就在于它标志着与过去的决裂，尤其是实现了苏夫洛的目标——正如后来布雷比翁（Maximilien de Brébion）所记述的——"将哥特式大厦的轻灵与希腊建筑的辉煌纯正综合起来，构成最优美的形式"[1]。其实佩罗在一个世纪之前提出的几乎所有问题在这里都再次遇到了。在解决这些问题的过程中，苏夫洛并非孤军作战。孔唐·迪夫里（Pierre Contant d'Ivry）（1698—1777）在这个 10 年的早些时候便开始在他做的一些设计中探索将希腊与哥特式结构结合起来的可能性，如位于埃斯科河畔孔代（Condé-sur-l'Escaut）的圣瓦斯农教堂（St.-Vasnon）（始建于 1751）以及位于阿拉斯（Arras）的圣瓦斯特教堂（St. Vaast）（始建于 1753）。不过正是苏夫洛使得综合之观念成为一个重要问题。这座教堂的平面为希腊十字形，入口处有一座"古色古香的"门廊，24 棵巨型科林斯圆柱支撑着平直的横梁。横梁用类似于罗浮宫立面上的铁条进行加固。室内，中堂以及五个圆顶用细圆柱支撑，是按照巴勒贝克（Baalbek）神庙中的那种装饰性科林斯柱式做的，比例遵循了佩罗当年的方案。由于采用了铁构件体系以及受到中世纪教堂启发的上部隐形飞扶垛，所以结构变得十分轻灵。

该建筑的方方面面在设计上都经过了仔细的推敲。苏夫洛在巴黎的首批任务中有一项是修缮并完成罗浮宫东翼。该建筑的上楣与女儿墙一直未能完成，柱上楣的一些金属固定件已经生锈，造成拱石破裂。[2] 于是罗浮宫就成了苏夫洛的结构试验室，虽然他在圣热纳维耶芙教堂上运用的铁件加固石砌结构已经远远超越了他的教学模型。他与总工程师、桥梁与道路学院（Ecole des Ponts et Chaussées）院长佩罗内（Jean-Rodolphe Perronet）（1708—1794）一道进行了一系列试验，测量铁的膨胀度。佩罗内的助手戈泰（Émiliand-Marie Gauthey）（1732—1808）还设计了一台机器用来测定石头的抗压强度。当帕特（Pierre Patte）在 1770 年批评室内的柱子太细时，佩罗内与戈泰以实际的结构计算为此项设计作了辩护。正如有位历史学家所指出的，帕特在他的报告中采用了像"重量"与"负荷"这类术语，而佩罗内则是从这种结构是力与阻力的一个有机体系的角度来

---

1 布雷比翁，《纪念建筑总监与主管比亚尔德瑞·德·安日维莱伯爵先生》（Mémoire à Monsieur Le Comte de la Billarderie d'Angiviller Directeur et Ordonnateur Général des Bâtimens）（1780），收入佩策特，《苏夫洛的圣热纳维耶芙教堂》（Soufflots Sainte-Geneviève），147。

2 见皮康，《法国建筑师与工程师》（French Architects and Engineers），汤姆（Martin Thom）翻译（New York: Cambridge University Press, 1992），142—144。

辩护的。[1] 现代结构理论开始出现了。

苏夫洛设计的"希腊"特色也十分有趣。原先教堂的地下墓室是一个小厅，以希腊风格进行装饰，多立克圆柱不带柱础。后来地下墓室进行了大规模的扩建与改建，增加了托斯卡纳式粗面石圆柱，不过精确的石头切割术仍然使其气度不凡。圆顶当初的设计是适中的，但在 1764 年的设计中加大了，这一变化也强化了光影效果。在这一设计中，室外圆顶轮廓形成了一个阶梯式的锥形，给顶端的圣热纳维耶芙巨像提供了一个底座。布雷厄姆（Allan Braham）提出此设计的 [19] 灵感可追溯到 18 世纪 40 年代法国学生在罗马做的实验，尤其是苏夫洛的朋友迪蒙（Kumont）做的一个项目。[2] 里克沃特将它的源头追溯到凯吕斯（Caylus）发表的一幅希腊化晚期努米底亚坟墓的铜版画。[3] 1764 年的圆顶后来修改过了，其形式语言是全新的，正如教堂的总体设计。不过到这一杰作告竣之时，它曾有助于引入的所谓"goût grec"（希腊味道）在这座建筑上早已消失了。

3. 洛日耶

苏夫洛的圣热纳维耶芙教堂设计对学院建筑实践提出了挑战，而洛日耶（Marc-Antoine Laugier）（1713—1769）所撰写的《论建筑》（1753）则对学院建筑理论提出了挑战。[4] 他们的背景虽然不同，但有着共同的兴趣点。洛日耶的理想主义与更为广阔的启蒙运动精神气候相一致，例如他在论文中将早期人类描述成受天性所支配，其灵感可能就来源于卢梭 1750 年提到的"自然人"。而卢梭在他写于 1755 年的第二篇论文中所描述的那个睡在一棵树下、仅简单地满足于饥渴需求的人，很可能受到洛日耶 1753 年书中描写的启发。

洛日耶与苏夫洛同年出生，普罗旺斯人。1727 年他成为耶稣会见习修士，在阿维尼翁完成了初始阶段的训练之后，先后在里昂、贝尚松、马赛的耶稣会学院深造，于 1740 年前后返回阿维尼翁的学院。洛日耶居住在里昂期间，正值苏夫洛第一次从意大利返回。[5] 1744 年洛日耶迁居巴黎，立誓出家为修士。在巴黎他因雄辩术而出名，第一次是在关于圣绪尔比斯教堂（St. Sulpice）的论战中崭露头角。1749 年晚些时候，他被召到枫丹白露为国王布道。他作了若干次布道，最后一次是在圣诞节。

1　帕特的书信《论圣热纳维耶芙教堂圆顶的构造》（Mémoire sur la construction du dôme projeté pour couronner l'église de Sainte-Geneviève）于 1770 年发表时引发了争议。苏夫洛与佩罗内都在《信使杂志》（Mercure, April 1770）上发表了回应文章，戈蒂（Gauthy）于 1771 年以《论将力学原理运用于拱顶与圆顶构造》（Mémoire sur l'application des principes de la méchanique à la construction des voûtes et des dômes）一文做出了回应。关于此争论的详情，见皮康《法国建筑师与工程师》，168—180。

2　见布雷厄姆，《法国启蒙运动时期的建筑》，56，77。

3　里克沃特，《第一批现代人》，453。里克沃特与布雷厄姆都对这座教堂进行了详尽深入的分析。

4　赫尔曼的《洛日耶与 18 世纪法国建筑理论》一书是关于洛日耶的经典研究。

5　洛日耶曾于 18 世纪 30 年代在里昂学习，但确切年代不知。里克沃特指出，耶稣会在 18 世纪上半叶的里昂学院（Lyons Academy）中势力很强，因此苏夫洛的观点可能已经为耶稣会团体中的许多人所熟知。洛日耶甚至可能听说过关于苏夫洛 1741 年哥特式建筑讲座的报道，那时他住在阿维尼翁或尼姆。见里克沃特，《第一批现代人》，444—445。

洛日耶于 1753 年出版了《论建筑》，当时革命的威胁弥漫开来。国王就新税收问题与神职人员意见相左，导致政局不稳。路易十五与政治上的反对派针锋相对，他关闭了议会，将领导人遣送出巴黎。这一举动引发了立宪冲突，持续到 1754 年，政府面临垮台的危险。洛日耶的书当然与政治危机无涉，不过很有趣的是它立即被官方所接受。1752 年检察官塔内沃（Tanevot）写了一封信给巴黎总检察官马勒泽布（Malesherbes），告知他已经读了这篇论文的手稿，发现这是一部"非常高贵的"著作，"趣味高雅，才气纵横"。他进一步说，他想以个人身份与这位"如此受尊敬的"作者促膝交谈，不是因为此书的内容，而是因为这位作者时不时表现出"十足的精气神"[1]。就此看来，这部论文最初的评论之一出于这个反教权的哲学家（philosophes）圈子，就不奇怪了。狄德罗的挚友、编辑格林（Friedrich Melchior Grimm）在 1753 年底提到这本书。当时他善意地评论了洛日耶撰写的一本关于 1753 年沙龙的小册子，利用这个机会赞扬了《论建筑》与它的作者："该书在巴黎获得了巨大的成功，那时它的作者正明智地躲在里昂。它的第二版正在准备之中，内容将会大大扩充。"[2] 格林还将洛日耶的热情与"当今法国唯一杰出的建筑师"苏夫洛的建筑工程联系起来，并以明确的口吻总结道："洛日耶神父年纪轻轻，他的艺术才华与高雅趣味想必不会被埋没于修道院里，很快就会被列入那些为文学带来荣耀的前耶稣会士的行列。"[3]

这段话暗示了格林不但在 1753 年夏天遇见了洛日耶，而且了解到洛日耶本人想要隐姓埋名或至少暂时不抛头露面的内情。但不管怎样，次年春天洛日耶公开与耶稣会断绝了关系，那时的政治形势尤其紧张。在复活节的布道中，他悲叹国王道德堕落，国会优柔寡断。他进一步敦促国王解散那个引发了危机的邪恶政体，不要害怕在正义事业中流血。路易十五吓坏了，耶稣会的反应很迅速。洛日耶很快被召到里昂，在那里他着手准备必要的书面材料，以便脱离耶稣会。1756 年春天他转入本笃会，并很快回到巴黎，在《法兰西报》（Gazette de France）做了一[20] 名编辑，由此开始了他第二段文学生涯。第二版经扩充的《论建筑》出版于 1755 年。1759—1768 年间洛日耶撰写了 12 卷本的威尼斯史。1765 年他还出版了《关于建筑的意见》（Observations sur l'architecture），大体是谈比例问题，不像《论建筑》那么受人关注。[4] 到这时，此书已经名扬整个欧洲了。

《论建筑》的主题看上去很简单，但具有微妙的哲学意蕴（图 6）。格林在 1753 年的评论中指出，洛日耶已经成功地写了一本书，不仅在论说上"具有指导性"，在表述上也是"引人入胜的"[5]。第一章开篇他就谈到一个处于原始状态的人，凭着天性行事。他安安静静地在一

---

1 见赫尔曼，《洛日耶与 18 世纪法国建筑理论》，205。赫尔曼的书收入了此信的一部分。

2 格林（Friedrich Melchior Grimm），《文学、哲学与批评书信集，致某个日耳曼君主国，1753—1769 年，狄德罗与格林男爵作》（Correspondance littéraire, philosophique et critique, adressée a un souverain d'Allemagne depuis 1753 jusqu'en 1769, par le Baron de Grimm et par Diderot, Paris: Longchamps, 1813），100。

3 Ibid., 103–104.

4 洛日耶，《关于建筑的意见》（Paris: A La Haye, 1765）。

5 格林，《文学、哲学与批评书信集》，101。

片草地上歇息，这个世界上只有他独自一人。
后来阳光迫使他去寻找庇荫的地方。他先来到
森林中，但遭到了雨淋；接着他找到山洞藏
身，但黑暗与混浊的空气使他逃了出来。他看
见倒在地上的一些树干，便竖起四根，围成一
个正方形。他在树干顶部搭上四根水平树枝，
又将一些树枝斜着搭成山墙，再用树叶盖上屋
顶。这三个要素——柱子、柱上楣和三角形
屋顶便是构成建筑的关键。所有其他东西，像
拱券、柱座、女儿墙甚至门窗，统统是无关紧
要的。有些构件，如墙与门，在功能上是必需
的，因此可以保留，但那些没有功能的构件则
都归入"奇思怪想"一类，一律去除。于是建
筑通过理性被净化了。

　　要去除的构件形成了一份长长的清单。
洛日耶在若干章节中列举了当代建筑的种种弊
病，如使用附墙圆柱、壁柱、柱身的膨胀、圆
柱加柱座、拱券、断开的山花、壁龛、无节制
使用雕塑、夸张的阿拉伯纹样以及过于庞大的

图6　洛日耶的《论建筑》（1753）卷首插图。加拿
大蒙特利尔法裔建筑收藏中心 / 加拿大建筑中心藏。

建筑结构等。一句话，几乎所有一切都与文艺复兴、巴洛克、洛可可的传统相关联。在洛日
耶的理想建筑中，两个最重要的典范，一是罗浮宫的柱廊，一是阿杜安－芒萨尔设计的凡尔
赛宫礼拜堂。他反复向读者提到这些作品，但它们也不是完全没有缺陷的。罗浮宫东立面的
中央山花不合理（这一母题应该出现在建筑的窄边上），山花之下的主入口拱券切入上层的圆
柱座石[1]；而凡尔赛宫礼拜堂则被底层的拱廊弄糟了[2]。在古代建筑中，洛日耶最赞赏的是他曾
亲眼见过的尼姆方形神庙（Maison Carrée）。在建筑理论方面，他反复引用了佩罗与科尔德穆瓦的
著作。

　　洛日耶采用了佩罗的两个术语"âpreté"（粗糙）与"dégagement"（脱开），从中可以见出他对
佩罗的依赖。前一个术语原本是指一排具有强烈透视感的圆柱所形成的视觉张力，这是科尔德
穆瓦与佩罗使用该词的意思，洛日耶用它描述凡尔赛宫礼拜堂中的圆柱之美，"柱子的间距形
成了如画的景观"[3]。后一术语他用得很频繁，以至成了他理论的基点。圆柱与墙壁"脱开"（禁

1 洛日耶，《论建筑》，W. 赫尔曼（Wolfgang Hermann）与 A. 赫尔曼（Anni Herrmann）翻译（Los Angeles: Hennessey &
　Ingalls, 1977），8, 16, 20, 24, 26, 34, 37, 92, 104。
2 Ibid., 17, 20, 24, 37, 61, 104–105.
3 Ibid., 17.

止使用墩柱与壁柱）成了获得轻灵、通透、空阔、单纯以及优雅效果的基本方法，所有优美的建筑都是以此来衡量的。[1]

不过，即使洛日耶赞赏佩罗的理性主义活力与类似的设计观，但有趣的是，在关于比例以及绝对美的问题上，他采取了不同的立场。的确，早期古今之争所提出的那些问题在 1750 年代初又重新时髦起来。洛日耶并不是第一个挑起争论的人。1752 年，九十多岁的建筑师布里瑟（Charles-Étienne Briseux）（1660—1754）出版了《论艺术的本质美》（Traité du beau essentiel dans les arts）一书。布里瑟本人见证了早期的一些争论，他的前言通篇赞扬弗朗索瓦·布隆代尔的工作，攻击佩罗的所作所为。他认为佩罗的理论基于一个"机巧的悖论"，谴责他使学院理论堕落，开启了"法国建筑衰落的时代"[2]。

布里瑟论述这个问题的方法实际上与布隆代尔并没有多大区别。他重新提倡阿尔伯蒂、帕拉第奥与维尼奥拉的理论，坚持认为，在自然中发现的绝对的美或"本质的美"，即恒定不变的和谐比例，是自然而然地与人体结构相一致的。只是在涉及审美心理学方面（即趣味问题）时，他才考察了新流行的观点。美感与正确的比例在机制上来源于神经的刺激。在人的知觉中，美的感受各异，这有两个原因：首先，知觉主体的精神机能与情感存在差异，尤其是当心灵未曾经受到基本原理的熏陶时；其次，对客体的印象也存在着差异，好像是"被感知它们[21] 的感官"给丑化了。[3]总之，在心灵尚未得到更高级的理性规则的教育时，它便满足于单纯的感官愉悦。规则即是与生俱来的观念，心灵追随着这些规则。布里瑟也提供了大量"和谐比例"的实例，但有趣的是，面对佩罗的观点，他也承认圆柱的固定比例还没有制定出来。不过建筑师仍应遵守和谐的比例，这是必要的。[4]

[22] 布里瑟关于比例与美的观点是与狄德罗相对立的。狄德罗在 1751 年发表了一篇文章，其中也谈到了这个问题。[5] 开始时狄德罗的立场比布里瑟主观得多，不过他所采用的策略以及他的许多假设都类似于布里瑟。他先是从历史角度对各种美的理论进行评论，接着将美的观念置于洛克感觉论，尤其是对关系或比例的知觉而非天赋观念机能的基础之上。例如，在看罗浮宫东立面时（他举例说），各个部分的联结使人想起某种令人愉悦的比例，即使只是一种模糊或不确定的感觉。但这并不意味着美的理念只是被简化为感觉或感受，或绝对美是不存在的。一座建筑各个部分的匀称与比例关系，尤其是各部分新颖的或复杂的安排，也要求更高级的理性概念或理解力去对整体效果加以调和。[6]因此，美的判断在两个层面上起作用：首先是对线条、

---

1 洛日耶，《论建筑》，23, 93, 101, 104。

2 布里瑟，《论艺术的本质美…… 兼论和谐的比例》（Traité du beau essentiel dans les arts….avec un traité des proportions harmoniques, Paris: Grange Bateliére, 1752），2—3。关于布里瑟的理论，见克鲁夫特（Hanno-Walter Kruft），《建筑理论的历史：从维特鲁威到现在》（A History of Architectural Theory from Vitruvius to the Present），泰勒（Royald Taylor）、卡兰德（Elsie Callander）以及伍德（Anthony Wood）翻译（New York: Zwemmer & Princeton Architectural Press, 1994），146—148。

3 布里瑟，《论艺术的本质美》，46, 60。

4 Ibid., 4—5.

5 狄德罗，《关于美的起源与本质的哲学研究》（Recherches philosophiques sur l'origine et la nature du beau），收入阿瑟扎特（J. Assézat）编，《狄德罗全集》（Oeuvres complètes de Diderot, Paris: Garnier Frères, 1876），10:5—42。

6 Ibid., 27.

色彩或声音的某种关系的体验，其次是这些关系或比例所刺激的精神联想。顺着这条思路，狄德罗对"真实的美"(real beauty)与"相对的美"(relative beauty)进行了区分，前者基于对该对象本身所做的思考，后者基于对该对象及与其他对象关系的思考。[1] 他后来退回到了沙夫茨伯里伯爵(Earl of Shaftesbury)的美与伦理相同一的理论，即美与善的相互作用，从而使这一问题更加混淆不清了。[2]

洛日耶关于美的观念反映了来自这些思想图式的一些元素。其实他的立场到1755年增订的《论建筑》第二版时才成形。在此书中，他针对布里瑟与弗雷齐耶的批评作了回应。[3] 在1753年，洛日耶已含混地提到了艺术家如何需要确定的原理以指导艺术创造，建筑创造的过程并非简单地由本能所控制，而是需要逻辑推理以及对美的各种体验。[4] 他像布里瑟一样，坚信在建筑中存在着一种本质美，独立于精神习性与人类偏见，尽管他认为它的基础不仅在于比例，也在于形式的优雅与装饰物的选择和布置。[5] 他提出，在建筑中，比率应是精确的，也就是说在创造同样正确的效果上不存在两种方式。[6] 问题很简单，这些比率仍然不为人知，对此需要做更多的探讨。他希望有一天某位大建筑师会发现建筑的固定不变的法则。[7]

到了1755年，尽管洛日耶仍然坚持绝对美，但他的注意力已经转向了其他方面。弗雷齐耶攻击洛日耶坚持精确比率的观点，他在本质上返回到佩罗早期的立场，即美涉及惯例或教育问题，因此是随着时尚而变化的。民族间趣味与风格的巨大差异就表明了这一点，如希腊建筑与中国建筑之间的差别。洛日耶在附于《论建筑》第二版的"答复"中认为，"在艺术中存在着一种本质美"，它独立于时尚；还指出，佩罗只是否认了它的出现是源自某种"矛盾精神"或"十足的顽固性"。[8] 但洛日耶也不愿与布里瑟为伍，因为后者追随布隆代尔要将本质美仅仅置于和谐比例的基础之上。[9] 他认为，比例是美的重要组成部分，但不是决定因素。因此，洛日耶又接近于狄德罗的观点，提出我们可以不自觉地感觉到本质美，但不能解释它，因为知觉最初是在感觉层面上运作的。此外，先例与时尚使眼睛习惯于某种形式或风格，因此进一步影响或分散了情感的运作。最后，本质美只是通过理性的更高级调和而浮现出来，理性有效地使情感摆脱了这些分散注意力的因素。因此，美的领域"通过沉思而得以升华"[10]。洛日耶甚至

1　狄德罗，《关于美的起源与本质的哲学研究》，收入阿瑟扎特编，《狄德罗全集》，28—30。

2　关于狄德罗的思想来源，见克鲁(R. Loyalty Cru)，《作为英国思想之弟子的狄德罗》(*Diderot as a Disciple of English Thought*, New York: Columbia University Press, 1913)，408—410。

3　布里瑟与拉封·德·圣耶讷(La Font de Saint-Yenne)一道写了一篇书评，《关于〈论建筑〉的研究》(Examen d'un Essai sur l'Architecture)，载《特雷武杂志》(*Journal de Trévoux*, March 1754)。弗雷齐耶的书评《关于论建筑之美与良好鉴赏力的若干新书的评论》(Remarques sur quelques livres nouveaux concernant la beauté et le bon goût de l'Architecture)，载《法国信使》(*Mercure de France*, July 1754)。详见赫尔曼，《洛日耶与18世纪法国建筑理论》，148—160。

4　洛日耶，《论建筑》，1。

5　Ibid., 62.

6　Ibid., 63.

7　Ibid., 2.

8　洛日耶，《论建筑》法文版(1755；重印 Farnborough, England: Gregg Press, 1966)，255，260。另见洛日耶，《论建筑》，63—64。

9　洛日耶，《论建筑》，260。

10　Ibid., 256.

说，"原始的美源于大量个体特性的结合"，而本质的美是不同民族趣味的基础，在某种程度上是与他的原始茅屋的范式相平行的。[1]

洛日耶关于美以及比例问题的观点是意味深长的，因为它表明了佩罗的早期立场在 18 世纪 50 年代仍然居于少数，甚至当对另一些建筑理论与实践问题开始进行讨论时也是如此。1755 年《论建筑》第二版问世，就在这一年的头 3 个月内，建筑学院又开始朗读佩罗的维特鲁威译本了。书中那些脚注不止一次引发了激烈的争论，尽管这些会议记录的誊写本只是暗示了当时对脚注"有一些反应"[2]。1765 年，即洛日耶出版《关于建筑的意见》的同一年，建筑学院转向了这一问题，这一次是朗读布隆代尔的《建筑教程》。会议记录没有提到其间有什么"反应"，似乎布隆代尔关于比例的观点，包括和谐比例的观点，被大家毫无异议地接受了。[3] 在 1753—1765 年间，洛日耶的名字未出现过，法国学院机构仍然踏着原先设定的鼓点前进。

[23] 但是到了 1765 年，洛日耶的《论建筑》确实对法国理论产生了影响，尤其是弘扬"理性"是一切设计的指导方针。如果说建筑中的理性主义可以追溯到佩罗的笛卡尔主义，那么它现在采取了新古典主义理论的形式，与启蒙运动的进步观念和制度改革观念相并行。同时，如果不是由于《论建筑》的出版恰逢其时，如果不是因为此书与苏夫洛改建圣热纳维耶芙教堂时所共有的观念相合流，那么洛日耶发出的改革讯息——他主张返回到简化的古典主义——便不会产生这种回应。洛日耶的论文与苏夫洛的设计反映出对当代实践（洛可可）的批评和对哥特式风格结构优越性的赞赏态度。

尽管法国洛可可发端于 17 世纪的最后一个 10 年，但直到 18 世纪 30 年代才走向成熟。它也被称为路易十五风格，后来又称作蓬巴杜风格。金博尔 (Fiske Kimball) 认为它于 1740—1755 年在法国达到了顶峰。[4] 不过，对于洛可可过度装饰的反对之声早就出现了。雅克－弗朗索瓦·布隆代尔早年学的就是这种风格，他在 1737 年也反对"若干年来展示了新奇怪诞的一切东西"[5]。如我们所见，苏夫洛在 1740 年代就反对这一潮流，反对者还有凯吕斯 (Comte de Caylus) 古典圈子中的所有人。[6] 因此，洛日耶持之以恒地反对"阿拉伯纹样的疯狂想象力"(les folles imaginations de l'arabesque)，在时间上与其他反对者的努力是完全一致的，他甚至曾预言"这种危险的传染病就要走到尽头了"[7]。

---

1 洛日耶，《论建筑》，257。

2 朗读始于 1755 年 1 月 20 日，只持续到 3 月 17 日，因此只读了前两章。见勒莫尼耶 (Henry Lemonnier)，《皇家建筑学院会议记录》(*Procès-Verbaux de l'Académie royale d'Architecture*, Paris: Édouard Champion, 1920)，6:230—233。

3 Ibid., 7:219—221。布隆代尔《建筑教程》的相关部分是在 1765 年 7 月 15 日、7 月 22 日和 7 月 29 日朗读的。

4 金博尔，《洛可可的创造》(*The Creation of the Rococo*, Philadelphia: Philadelphia Museum of Art, 1943)，152ff.

5 雅克－弗朗索瓦·布隆代尔，《论别墅的布局》(*De la Distribution des maisons de plaisance*, Paris: Jombert, 1737—1738)，xv。

6 关于凯吕斯的建筑观以及他对苏夫洛的兴趣，见布雷厄姆，《法国启蒙运动时期的建筑》，32。关于他的绘画观，见罗什布拉韦 (Samuel Rocheblave)，《论凯吕斯伯爵：男人、艺术家、古物学者》(*Essai sur le Comte de Caylus: L'homme, l'artiste, l'antiquaire*, Paris: Hachette, 1889)，213—230。关于凯吕斯更多的资料，见米德尔顿为勒鲁瓦的《最美的希腊建筑的废墟》(*Ruins of the Most Beautiful Monuments in Greece*, Los Angeles: Getty Pulications Program, 2004) 一书所撰写的导论。

7 洛日耶，《论建筑》，61。

洛日耶与苏夫洛一样大力弘扬哥特式结构技术的优越性。圣热纳维耶芙教堂的设计综合了许多革新——室内独立的圆柱、平直的柱上楣、充沛的光线、高挑的拱顶以及轻灵的效果——在这项设计之前洛日耶就曾以赞许的口吻提起过这些革新，毕竟他与苏夫洛都汲取着同样的资源（佩罗与科尔德穆瓦）。但洛日耶似乎对这项受到类似启发并实施于18世纪上半叶的工程不太了解。例如，凡尔赛宫礼拜堂引发了大量模仿者，如博夫朗设计的吕内维尔城堡（Chateau de Lunéville）的礼拜堂（1703—1719，重建于1740）就有着类似的比例，不过在底层用柱廊代替了拱廊。在此类建筑中，还有埃诺（Guillaume Hénault）在1718年为博纳努韦尔圣母村教堂（Church of Notre-Dame-de-Bonne-Nouvelle）所做的设计，完全模仿了凡尔赛宫礼拜堂的室内设计，但给它加上了一个哥特式的外观。更有趣的是新近由孔唐·迪夫里（Contant d'Ivry）设计的一些教堂，石拱顶坐落在高高的圆柱和笔直的柱上楣之上。[1] 他于1763年开始为巴黎抹大拉的马利亚教堂（Church of the Madeleine）做设计，如果建成的话，其轻灵的结构将挑战苏夫洛的圣热纳维耶芙教堂。[2]

洛日耶对建筑充满热情，加之他的思想逻辑性强，清晰明了，所以他的著作成了当代讨论的热门话题。他的读者圈子在法国和国外一样大。在法国，我们曾提到此书得到格林的赞扬，遭到布里瑟与弗雷齐耶的批评。雅克-弗朗索瓦·布隆代尔在他的《论研究建筑的必要性》（Discours sur le nécessité de l'etude de architecture）（1754）一书中将洛日耶的书列入推荐书目，称之为"一部充满新思想的、笔调敏锐的著作"[3]。苏夫洛像勒鲁瓦一样对洛日耶的评价也很高。[4]

英国于1755年出了《论建筑》的英译本，许多基本原理被吸收到韦尔的《建筑全书》（Complete Body of Architecture）（1756）中。[5] 钱伯斯（William Chambers）熟悉该书，但对其内容多有批判。[6] 洛日耶对下一代英国建筑师如丹斯（George Dance）与索恩（John Soane）产生了更大的影响。索恩至少拥有11本《论建筑》，并翻译了其中的一些段落。[7]

洛日耶对德国同样产生了长时期的影响，他的书在1756—1768年间就被译成了三种德语版本。德国最著名的洛日耶读者是歌德，他对该书的态度是矛盾的。歌德赞同他为建筑的单纯性所做的辩护，对他反对洛可可的思想感情表示同情，同时奚落了原始茅屋的观念及其理性主义的理论基础。[8] 不过，洛日耶在德国依然享有盛名，直至18世纪80、90年代古典主义在德国扎下根来。后来他的思想在大卫·吉利（David Gilly）与弗里德里希·吉利（Friedrich Gilly）的圈子中

1　见米德尔顿《科德穆瓦与希腊－哥特式理想》一文。

2　这座大教堂在构造上与圣热纳维耶芙教堂有许多相似之处。该教堂的建造一直停留在地基阶段，其设计由于拿破仑的缘故被抛弃，1800年他下令根据维尼翁（Pierre Vignon）的设计建造一座新教堂。

3　布隆代尔，《论研究建筑的必要性》（Paris: Jombert, 1754），88n。布隆代尔还向读者推荐了科尔德穆瓦的论文。

4　苏夫洛在给马里尼的一封回信（1758年9月）中推荐将建筑师西尔维（Silvy）撰写的一部建筑理论手稿出版，正是由于西尔维在撰写这本书时洛日耶曾给予过帮助。见赫尔曼，《洛日耶与18世纪法国建筑理论》，11—12，153，206。

5　Ibid., 173—175，赫尔曼大量摘录了这些段落。

6　Ibid., 175—177.

7　见米德尔顿与沃特金，《新古典主义与19世纪建筑》（Neoclassical and 19th Century Architecture, New York: Electa, 1987），195。

8　歌德在他的那篇著名的反古典文章《论德意志建筑》（On German Architecture）中，对洛日耶的观念进行了讨论，此文写的是斯特拉斯堡主教堂。歌德坚持认为，德意志建筑中最本质的要素是墙壁而非圆柱。他怀着浪漫的理想主义情感，反对给建筑加上各种清规戒律。

产生了共鸣。[1]

洛日耶的观点在意大利也有显著影响。例如建筑师梅莫（Andrea Memmo）在 1756 年声称，洛日耶在写作此书之前曾在威尼斯，他剽窃了洛多利（Carlo Lodoli）的建筑理想。[2] 尽管这一指责并无根据，但也说明了此书引发的情感上的反响。罗马法兰西学院的师生也如饥似渴地阅读《论建筑》。该校的年轻一代的法国学生，在之前 18 世纪 40 年代的勒热埃（Jean-Laurent Legeay）（约 1710—约 1788）、迪蒙（Gabriel Dumont）以及雅尔丹（Nicolas-Henri Jardin）（1720—1799）工作的基础上，正在设计一种圆柱风格，后来这种圆柱成为法国古典主义建筑的标志。[3] 在罗马，当时还有一位年轻建筑师与雕版师在读洛日耶的书，即，皮拉内西（Giovanni Battista Piranesi），他将要出版他的《罗马古迹》（*Antichità romane*）（1756）并由此赢得国际性声誉。不过，出类拔萃的皮拉内西对洛日耶信条的正确性却持有完全不同的看法。

[24]

4. 希腊的"再发现"

在 18 世纪 50 年代，所谓"希腊的再发现"与苏夫洛与洛日耶的努力正相巧合。尽管难于对这一事件的所有方面做出评价，不过它却对欧洲的建筑意识产生了同样重要的影响。

希腊古典文化的丰富性当然众所周知。希腊的哲学家、剧作家、诗人、修辞学家以及历史学家的著作被广泛地阅读，而且许多世纪以来，许多建筑论著至少是附带地提到了希腊建筑之美。但令人惊讶的是，人们对实际的希腊建筑物或希腊建筑与罗马建筑的区别却一无所知。从阿尔伯蒂开始，几乎每一篇建筑论文都说建筑兴起于亚洲（或埃及），在希腊进入繁荣期，最后在罗马进入辉煌的成熟阶段。弗朗索瓦·布隆代尔在 1675 年也回应了这种观念，他认为，如果说希腊人首先制定了建筑的规则，那么罗马帝国时代则大大充实了这些规则。巍然耸立的罗马建筑便是崇高的罗马精神的证明。[4] 不过有些理论家也发表了不同的看法，如 1650 年尚布雷（Fréart de Chambray）指出了希腊的"荣耀与不朽"，希腊人是艺术的"发明者"，"或许只有在这个国家才能见到完美的艺术"。[5] 1747 年，雅克－弗朗索瓦·布隆代尔在他关于乡间别墅的书中，一开篇便指出，希腊人尽管未成功地将他们的纪念性建筑进一步推向辉煌，但他们最早将"优雅"赋予了建筑。从那时往后，没有人能在他们的建筑比例上再增添什么东西了，"我们最有才华的建筑师今天仍一再遵循这些规则"[6]。洛日耶也表达了他的看

1 关于洛日耶对这个圈子的影响，见诺伊迈尔（Fritz Neumeyer）为《弗里德里希·吉利：建筑论文，1796—1799》（*Friedrich Gilly: Essays on Architecture, 1796—1799*）一书撰写的导论（Santa Monica, Calif.: Getty Publications Program, 1994），33—35。

2 若要对这一观点进行详尽考察，见赫尔曼，《洛日耶与 18 世纪法国建筑理论》，160—166。

3 关于 18 世纪 40、50 年代罗马法兰西学院学生的情况，见布雷厄姆，《法国启蒙运动时期的建筑》，52—61，83—107。

4 雅克－弗朗索瓦·布隆代尔，《皇家建筑学院建筑教程》（*Cours d'architecture enseigné dans l'Academie Royale d'Architecture*, Paris: Lambert Roullandm，1675），1:4。

5 弗雷亚尔，《古今建筑比较》（*Parallèle de l'architecture antique avec la moderne*, Paris, 1650），3。

6 雅克－弗朗索瓦·布隆代尔，《论别墅的布局》，xii。

法："建筑的一切完美都要归功于希腊人，这个民族具有天生的资质，他们通晓科学知识，并发明了与艺术相关的一切。"[1] 但问题是这些观点并没有落实在希腊建筑清晰图像的基础之上。

到了 1750 年前后，缺乏视觉材料的情况有所改变。1751 年底，苏夫洛和迪蒙（Dumont）尚未计划去考察帕埃斯图姆，只是他们在那不勒斯碰巧遇见了加佐拉伯爵（Count Felice Gazzola），才得知那里有希腊化殖民地的神庙废墟（该地原为希腊殖民地波塞冬尼亚 [Poseidonia]）。这些废墟的年代为公元前 6—前 5 世纪，当时人们并不能确定它们究竟是希腊人的还是罗马人的，抑或是伊特鲁斯坎人的遗址。[2] 加佐拉是一位杰出的工程师，任那不勒斯与西西里王国的皇家炮兵司令。他从 1746 年就知道这一废墟，甚至画了素描准备出版，这些素描可能是迪蒙在 1764 年出版的一些铜版画的初稿。[3] 到那时，已有几批人访问过帕埃斯图姆，德国历史学家温克尔曼（Johann Joachim Winckelmann）于 1758 年访问那里，在 1764—1784 年的 20 年间有不少于 8 部关于这些神庙废墟的书出版。[4]

位于西西里的希腊殖民城市也是新近才有人光顾的。第一位对它们进行研究的旅行家是多维尔（Jacques-Philippe d'Orville），他于 1727 年访问西西里，但他画的素描直到去世后的 1764 年才出版。[5] 潘克拉齐（Giuseppe Maria Pancrazi）在他的两卷本《古代西西里解说》（Antichità Siciliane spiegate）（1751—1752）中记载了一些希腊建筑。这部著作以及苏格兰建筑师米尔恩（Robert Mylne）传授给他的测量资料，启发温克尔曼于 1759 年出版了他的《西西里吉尔真蒂古代神庙建筑沉思录》（Anmerkungen über die Baukunst der alten Tempel zu Girgenti in Sicilien）。温克尔曼流连于协和神庙（Temple of Concord）的方方正正的三维空间之中，将它与维特鲁威（Vitruvius）以及迪奥多鲁斯（Diodorus）所描述的神庙以及关于帕埃斯图姆神庙的报道相对比，郑重地下结论说，西西里的这座神庙"无疑是世上最古老的希腊建筑之一"[6]。

前往希腊与中东地区的旅行者越来越多，但往往只能描述他们的印象与发现。希腊地区自从 15 世纪以来就处于奥斯曼帝国的统治下，尽管威尼斯在 1685—1687 年期间统治着阿提卡（Attica）与摩里亚（Morea，即伯罗奔尼撒半岛）地区。1687 年，威尼斯的炮弹将帕特农神庙炸毁。希腊大理石雕像从 17 世纪上半叶开始运往西方，常常通过外交官或企业家代理。[7] 到 17 世纪最后二十多年

---

1 洛日耶，《论建筑》，8。洛日耶在数页之后以更强烈的口吻强调了这一主题："因此以下这一点确实如此，罗马人对建筑的贡献是有限的，唯有希腊人为建筑贡献了所有有价值的、实实在在的东西。"

2 关于这混淆不清的情况，见克鲁夫特，《建筑理论的历史》，215—217。

3 关于苏夫洛与加佐拉圈子的关系，见 S. 朗（S. Lang），《关于帕埃斯图姆诸神庙的早期出版物》（The Early Publications of the Temples at Paestum）一文，载《瓦尔堡与考陶尔德研究院院刊》13（1950）：48—64。

4 Ibid.

5 多维尔，《西西里岛古代废墟》（Sicula, quibus Siciliae Veteris Rudera, 2 vols. Amsterdam，1764）。

6 温克尔曼，《西西里吉尔真蒂古代神庙建筑沉思录》，收入《温克尔曼全集》（Johann Winckelmanns sämtliche Werke），艾泽林（Joseph Eiselein）编（Donaueschingen: Verlage deutscher Classiker, 1825），2:306。

7 例如 1621—1628 年间，英国驻君士坦丁堡大使托马斯·罗（Thomas Roe）即是白金汉公爵与阿伦德尔伯爵的代理。见齐加科（Fani-Maria Tsigakou），《希腊的再发现：浪漫主义时代的旅行家与画家》（The Rediscovery of Greece: Travellers and Painters of the Romantic Era, New Rochelle, N. Y.: Caratzas Brothers, 1981）；参见米德尔顿为朱利安－达维德·勒鲁瓦的《最美的希腊建筑的废墟》一书撰写的导论中，关于希腊知识发展史的精彩讨论。

间，旅行者更多了。我们曾提到过 1674 年努安特尔（Marquis de Nointel）的访问，在此期间，艺术家

[25] 卡雷（Jacques Carrey）画下了他著名的雕塑速写，但并未注意到建筑本身。1675 年斯篷（Jacob Spon）和
乔治·惠勒（George Wheler）进行了私人的探险。斯篷敬畏他所见到的东西，但在他的《意大利、达
尔马提亚、希腊和黎凡特之旅》（Voyage d'Italie, de Dalmatie, de Grèce, et du Levant）（1678）一书中，所画的帕
特农神庙如同儿童画一般，极大地歪曲了它的外貌与比例。[1] 这种不精确的素描还是成了蒙福孔
（Bernard de Montfaucon）（1655—1741）在他的《古物图录》（L'antiquité expliquée）中发表的此建筑复原图的
依据。该套书 15 卷，出版于 1719—1724 年间。而蒙福孔的复原图又成了菲舍尔·冯·埃拉赫
（Fischer von Erlach）于 1721 年绘制巴尔米拉（Palmyra）与奥林匹亚诸神庙复原图的基础。[2]

18 世纪 40 年代，奥斯曼帝国与西欧的紧张关系得以缓和，使一批新的欧洲旅行家访问希
腊和中东成为可能，尽管旅行条件仍十分艰苦。波科克（Richard Pococke）（1704—1765）和多尔顿
（Richard Dalton）（约 1715—1791）分别于 1930 年代晚期与 1940 年代访问了东地中海地区，也分
别记录了各自的印象。[3] 不过 1950 年代有两次更为重要的探险，一次是英国人斯图尔特（James
Stuart）（1713—1788）与雷维特（Nicholas Revett）（1720—1804），另一次是法国人勒鲁瓦（Julien-David Le
Roy）（1724—1803）。

这些冒险故事可以从罗伯特·伍德（Robert Wood）（1716—1771）前往叙利亚巴尔米拉与黎
巴嫩巴勒贝克的记载中了解到。[4] 伍德受到德戈代先前研究罗马建筑的启发，与道金斯（James
Dawkins）以及其他两人结伴，于 1750 年动身前往希腊、小亚细亚、叙利亚、腓尼基（Phoenicia）、
巴勒斯坦以及埃及进行类似的考察。在雅典他们几乎成了描绘阿提卡作品的"两个英国画家"，
不过伍德与道金斯已决定要集中考察小亚细亚。伍德记录下他们所遇到的一些险情与趣事：神
出鬼没的沙漠骑兵贪得无厌、"厚颜无耻、唯利是图"，而当地酋长却殷勤好客。伍德与道金斯
一路雇佣了"武装仆人"，为的是在面对当地人的威胁时可表明自己的实力，并保护自己所收
集到的战利品。巴尔米拉与巴勒贝克这两座希腊化城市——"或许是现今留存下来的最令人惊
叹的古代辉煌遗迹"——的编年史存在着许多疑点。[5] 伍德怀疑它们是否源于前所罗门时代（据
记载巴尔米拉是建在大卫杀死歌利亚的地点），不过他还是接受了当地的说法，认为这两座城
市是所罗门建立的，后来被尼布甲尼撒所毁，并在罗马时代重建。这两座城市都有柱廊大街，
保存相对完好，尽管建筑已成废墟。在伍德看来，巴勒贝克的规划是"我们所见过的最大胆的

---

1 斯篷，《意大利达尔马提亚、希腊以及黎凡特之旅》（Lyons，1678）。

2 菲舍尔的图集题为《历史建筑概览》（Entwurff einer historischen Architekur，1725）。就其狂放的想象力而言，它是有史以来
出版的最辉煌的世界建筑图集之一。

3 波科克，《关于东方……以及其他一些国家的描述》（Description of the East…and Some Other Countries，2 vols. London，
1743—1745）。1749 年多尔顿与查尔蒙特勋爵（Lord Charlemont）访问了埃及、土耳其和希腊，并于 1751 年出版了铜版画；
他的《希腊与埃及的古物与景观》（Antiquities and Views of Greece and Egypt）到 1791 年才出版。

4 伍德与道金斯，《巴尔米拉废墟，另有沙漠中的特德莫尔》（The Ruins of Palmyra, otherwise Tedmor in the Desart, London,
1753）；《巴勒贝克废墟，另有位于科埃洛叙利亚的赫利奥波利斯》（The Ruins of Balbec, otherwise Heliopolis in Coelosyria,
London, 1757）。

5 伍德与道金斯，《巴尔米拉废墟》，1。

建筑设计遗存"[1]。

　　斯图尔特于1742年到达意大利，他的期望略有不同。他是苏格兰一个水手的儿子，中年之后自费徒步走到罗马。在罗马他在画家贝尼菲尔德（Marco Benefial）的作坊中学画达六七年，并在普信会（Collegio di Propaganda Fide）从事古典研究。1748年他前往那不勒斯，与雷维特、汉密尔顿（Gavin Hamilton）以及布雷丁厄姆（Matthew Brettingham）讨论到希腊去的可能性。后来汉密尔顿与布雷丁厄姆因故退出，斯图尔特与雷维特继续做计划。这一年晚些时候，斯图尔特写了最初的一份计划书，此件后来收入他著作的第一卷。在此文中他将雅典描述为希腊艺术的"本源"，"优雅与礼貌之母，她的宏伟壮丽不让罗马，而从某种正确风格之美来看，则不得不承认罗马超越了她"[2]。此书的出版资金来源于文艺爱好者协会（Society of Dilettanti）的图书订购，其目的是要"吸引那些热爱艺术的绅士"和艺术家。[3]1750年5月他俩离开罗马，但直到次年1月才离开威尼斯前往赞特（Zanthe），他们从那里出发，于3月18日到达雅典，其间停了几站。在雅典，他们见到了"殿下的护卫"（Grand Signor's firman），这是英国驻君士坦丁堡大使设法为他们安排的贴身保镖。[4]他们在阿提卡花了近两年时间忙于测量，于1754年分开返回英国。

　　那时他们的旅行传奇被人添油加醋。他们旅行的消息不胫而走，自出发之后人们对希腊的兴趣就大增，各国的人们都期待着他们的发现。但他们却不太在意，也不急于发表成果。此外，在1748年的计划书中，他们曾提出以三卷的篇幅展示希腊古遗址。第一卷描绘雅典及周边文物，但他们又将这些建筑物的内容推迟到了第二卷，在第一卷（1762）中集中展现一些在艺术上不太重要的作品。第二卷中还包含了帕特农神庙中的一些完好无损的艺术品的图像，此卷直到斯图尔特于1788年去世之后才出版（图7）。第四卷及最后一卷出版于1816年，这就在时间上大大晚于希腊艺术之争了。

[26]

　　他们未能把握时间，所以让法国人勒鲁瓦获得了出版先机。勒鲁瓦是一位皇家钟表匠的儿子，雅克－弗朗索瓦·布隆代尔的学生。1750年他的"拱形橘园"（vaulted orangery）设计击败了莫罗－德普罗（Pierre-Louis Moreau-Desproux）（1727—1794）与瓦伊（Charles de Wailly）（1730—1798）的设计，从而获得了罗马大奖。一到罗马，他便与克莱里索（Charles-Louis Clérisseau）（1721—1820）交上了朋友，而且很快便疏远了法兰西学院院长纳图瓦雷（Charles Natoire），因为他"傲慢自大"，拒绝签署已参领复活节圣餐的文书（certificate of Easter Communion）。[5]不过，勒鲁瓦依然一心追求着艺术上的发展，当他得知斯图尔特与雷维特的计划书后，从纳图瓦雷以及法国政府驻罗马与威尼斯公使那

1　伍德与道金斯，《巴勒贝克废墟》，6。

2　斯图尔特与雷维特，《雅典古迹》（The Antiquities of Athens, London: John Haberkorn, 1762）前言，v. n.。关于斯图尔特的生平与职业生涯，见沃特金（David Watkin），《雅典人斯图尔特：希腊复兴的先驱者》（Athenian Stuart: Pioneer of the Greek Revival, London: George Allen & Unwin, 1982）。

3　Ibid.

4　关于斯图尔特与雷维特旅行的这些情况及其他细节，见威本逊（Dora Wiebenson），《希腊复兴式建筑资料集》（Sources of Greek Revival Architecture, University Park: Pennsylvania State University Press, 1969）。

5　于是，罗马法兰西学院向在巴黎的马里尼（Marigny）发回了勒鲁瓦不良行为的报告。见威本逊，《希腊复兴式建筑资料集》，33 n.58。

图 7　斯图尔特与雷维特，帕特农神庙景观。采自《雅典古迹》第 2 卷（1788）。

里获得了前往雅典去画重要古建筑的许可。他的努力部分得到了政府的资助，因此就形成了一场出版竞赛，要为法国的荣誉与英国人竞争。1754 年春，他搭乘大使的军舰从威尼斯出发，只在阿提卡短暂停留，因为他必须先到君士坦丁堡取得奥斯曼官方的许可证。次年 2 月他到了雅典，在那里他待了不到 3 个月。到 7 月时他已回到罗马，秋天回到了巴黎准备出版物。

　　勒鲁瓦在旅行途中就联系了凯吕斯（Comte de Caylus），后者可能负责该项目在巴黎的事务。"计划书"于 1756 年 3 月发布。[1] 计划延迟了，这可能与勒鲁瓦的素描质量有关。苏夫洛的一个朋友科尚（Cochin）后来曾说，勒鲁瓦回国后不久与凯吕斯一起看素描，感觉"太粗糙了"，必须重画。这项工作由雕版师勒巴斯（Jacques-Phillippe Le Bas）与勒洛兰（Jean-Joseph Le Lorrain）来完成，科尚说这后一位雕版师是个"平庸的画家"，但也能"愉快地、有品位地"（agréablement et avec goust）作画。[2]

　　1758 年，《最美的希腊建筑的废墟》（Les Ruines des plus beaux monuments de la Grece）完工并出版，在巴黎艺术界博得了一片喝彩声。《文学通讯》（Correspondance littéraire）称赞它是一部"辉煌的作品……远远优于英国出版的同类书"[3]。1758 年 11 月中旬，布隆代尔在建筑学院对它大加赞赏，一周之后任命勒鲁瓦为建筑学院的教授。于是法国的荣誉得到了维护，而这位曾经"自大的"学生，

1　收入威本逊的《希腊复兴式建筑资料集》，85—87。

2　科尚在他的《查理－尼古拉斯·科尚未刊作品集》（Mémoires inédits de Charles-Nicolas Cochin, Paris: Baur, 1880）中提及此事，78—79。

3　引自威本逊，《希腊复兴式建筑资料集》，102。

光明的前途也得到了保证。

　　勒鲁瓦的书出版后多遭诟病，被指有许多"不准确之处"（斯图尔特与雷维特于1762年最早提出）。不过批评往往不得要领。勒鲁瓦的意图并非是做严格的考古式研究，而是要有选择地呈现"废墟"印象，对细节的描绘是次要的。实际上，他的灵感之一便是伍德与道金斯的巴尔米拉出版物，也就是将如画的废墟风景与历史框架及旅行佚事结合起来。[1] 最终完成的素描相当完整并具有感染力（图8）。这两位铜版画的作者，尤其是勒洛兰，尽管科尚对其颇有微词，但他的确是位具有非凡才能的艺术家。他在罗马学徒期间，受到潘尼尼（Giovanni Paolo Panini）、皮拉内西的影响。[2] 再者，在18世纪四五十年代，法兰西学院的学生素描一般都不严格按照测量结果来画，讲究的是激发想象力的画面效果。虽然勒洛兰为勒鲁瓦制作的铜版画尚未达到皮拉内西风格成熟期的那种心理张力，但也并非差得很远。这些铜版画不但首次向欧洲人展示了希腊建筑的外形与特征，其制作手段亦具有相当的魅力。它们的目标读者并不是"高雅文艺爱

[27]

图8　勒鲁瓦，密涅瓦（帕特农）神庙景观。采自《最美的希腊建筑的废墟》（1758）。

1　勒鲁瓦，《最美的希腊建筑的废墟》（*Les ruines des plus beaux monuments de la Grece*, Paris: Guerin & Delatour, 1758），I，vii。参见威本逊，《希腊复兴式建筑资料集》，34。

2　关于勒洛兰的重要地位，见里克沃特，《第一批现代人》，357—363；米德尔顿与沃特金，《新古典主义与19世纪建筑》，69—70；以及布雷厄姆，《法国启蒙运动时期的建筑》，58—59。关于皮拉内西与法兰西学院的联系，见威尔顿–伊利（John Wilton-Ely），《乔瓦尼·巴蒂斯塔·皮拉内西的思想与艺术》（*The Mind and Art of Giovanni Battista Piranesi*, London: Thames & Hudson, 1978），21。关于潘尼尼的生平与作品，见基内（Michael Kiene），《罗浮宫藏〈罗马景观〉》（*Römische Veduten aus dem Louvre*, Braunschweig: Herzog Anton Ulrich-Museum, 1993）。

好者"或英国贵族，而是艺术家与建筑师。[1]

　　勒鲁瓦的书在建筑圈子中引发如此强烈共鸣的另一个原因，是他本人就是一位建筑师，他在书中灌注了建筑师的情感。他将此书分为两个部分，第一部分叙述自己的努力以及希腊建筑的历史，第二部分包括测量图以及对理论问题的阐述。在"论市民建筑的历史"这个部分中，他以诗的语言充分描述了走向完美之路（超越了埃及建筑）的进步，最后他称希腊人"上能达至最崇高的理念，下能获取更微妙的精美"，他们发现了"建筑中一切优美率真的东西"。[2] 在这条道路上，罗马人远远落在了后面。他推测罗马人或许向埃及人学了一些好的建筑方法，但他们的神庙与柱式完全来于希腊，因为他们（在罗马、雅典、基齐库斯 [Cyzicus]、巴尔米拉以 [28] 及巴勒贝克）最重要的建筑工程是雇用了希腊最著名的建筑师建造的。"最后，"他下结论说，"罗马人似乎缺少创造性才能，而这种才能曾引导着希腊人做出了许多发现"[3]。

　　在勒鲁瓦这部长篇著作的第二部分"论民用建筑原理的本质"中，类似的情感也弥漫于字里行间。他赞扬希腊建筑激发了"宏大、高贵、庄严和美的观念"，其美学成就获得了从贺拉斯（Horace）到孟德斯鸠（Montesquieu）所有人的认可。[4] 至于具体的美学原则，勒鲁瓦只能含混地提及希腊建筑的比例、和谐与坚固，并提出了多立克柱式的三个发展阶段。对勒鲁瓦来说，希腊建筑完全是一种视觉的与情感的体验——是他这代人重新捕捉到的建筑戏剧中的一个激动人心的瞬间。在论文最后，他的观点也变得明确起来，提出了这样一个问题：现在的建筑是否应该模仿希腊人的比例。他的结论奉行了一条"调和的路线"：要研究所有时代所有民族的废墟，以获致某种通感（consensus）。于是勒鲁瓦遵循了佩罗的观点，认为比例并不是美的"本质"，而是天才建筑师的一致意见。他认为比例是相对的，实际上这种观点在 1758 年的法国建筑师中是完全孤立的，但这种状态不会持续太长时间。

5. 温克尔曼的历史写作

　　在这部关于希腊的书出版之后，勒鲁瓦又出了一本书，进一步表明了他作为一位历史学家与理论家的发展思路，这就是《从君士坦丁大帝直至当今基督教徒赋予他们教堂不同布局与形式的历史》(Histoire de la disposition et des formes différentes que les chrétiens ont données à leurs temples depuis le règne de Constantin le Grand jusqu'à nous)。此书出版于 1764 年，其写作过程大体上与圣热纳维耶芙教堂的奠基相吻合。[5] 此书共有四章，其中三章为教堂设计的比较研究。他从中引出了一条发展线索，始

1　"高雅文艺爱好者"（Lovers of Polite Literature）是出自斯图尔特与雷维特第一份希腊之旅计划书中的一个短语。见威本逊，《希腊复兴式建筑的源头》，77。

2　勒鲁瓦，《最美的希腊建筑的废墟》，1：ix。

3　Ibid., 1：xiii.

4　Ibid., 2：ii.

5　勒鲁瓦，《从君士坦丁大帝直至当今基督教徒赋予他们教堂不同布局与形式的历史》(Paris: Dessaint & Seillant, 1764)。

于维特鲁威的巴西利卡，终于孔唐·迪夫里（Contant d'Ivry）的巴黎抹大拉的马利亚教堂（未完成）以及苏夫洛的圣热纳维耶芙教堂中的那些壮观的室内柱廊。第三章大量汲取了来自英国以及狄德罗《百科全书》中的美学新思想，对柱廊及建筑室内的心理学或知觉体验进行了讨论。例如，他将佩罗的论证进一步深化，赞赏采用圆柱的做法不是出于它们的逻辑价值，更是着眼于它们的视觉魅力或壮丽的心理感受。他也提到最近新古典主义实践中流行的柱廊设计，详细描述了走过佩罗罗浮宫柱廊时的体验，称它为当时"欧洲最精美的建筑作品"[1]。在讨论室内设计时，他考虑到建筑的表面尺寸与实际尺寸不一致的问题，再一次引出了影响建筑设计的知觉因素。这类话题有许多出现在《最美的希腊建筑的废墟》的第二版中（1770）。他利用了启蒙运动思想中其他一些历史写作的新方法来处理这些话题，如一个国家的艺术与它的气候、社会结构以及政治体制是协调一致的。

不过，1764 年出版的另一本书使勒鲁瓦的这项重要的比较研究在国际上黯然失色了，这就是温克尔曼（Johann Joachim Winckelmann）（1717—1768）的《古代美术史》（Geschichte der Kunst der Alterthums）。此书实际上是新古典主义理论的一部杰作，反映了 18 世纪 50 年代这 10 年中在罗马的历史情感强度。温克尔曼为这场新运动建立了统一的历史与美学框架，而他的美术史"体系"直到 19 世纪才获得了完整的意义，那时他的名气甚至比他生前还要大。

温克尔曼出生于普鲁士一偏僻地区的一个皮鞋匠家庭，曾在哈雷大学与耶拿大学学习神学与医学，不久便对古典学产生了兴趣。[2] 1748 年温克尔曼 30 岁，得到了萨克森比瑙伯爵（Count Heinrich von Bünau）提供的图书管理员的职位，协助他撰写神圣罗马帝国的历史，为期 6 年。1754 年他移居德累斯顿，担任红衣主教帕西奥内（Cardinal Passionei）的图书管理员，以便能接触到这座城市中著名的艺术与古物收藏。他在那里的工作又使他于 1755 年去了罗马，成为红衣主教阿尔金托（Cardinal Archinto）的图书管理员。3 年后，通过收藏家施托施（Baron von Stosch）的事务所，他成了红衣主教阿尔巴尼（Cardinal Albani）的图书管理员。阿尔巴尼是教皇克莱门十一世（Pope Clement XI）的侄子，当时欧洲最大的古物收藏家。1763 年温克尔曼获得了梵蒂冈古物专员（prefect）的兼职，这是对他的渊博学识的认可。次年，他的皇皇巨著《古代美术史》问世，宣告了他本人是欧洲古典艺术的最大权威（图 9）。

温克尔曼对建筑理论的贡献在于两个方面：其一，他对往昔古物与文献的探索，大量汲取了孟德斯鸠的方法论，成功地将希腊艺术描述为希腊人情感与价值的体现，这些情感与价值渗透于整体的希腊文化中。他眼中的希腊艺术或许是希腊化后期或希腊－罗马艺术，而不是盛期希腊艺术，但他的观点具有精神性与造型价值，很容易运用于建筑实践。其二，他为希腊艺术，确实也为整个古代艺术的兴起与衰落构建起一个概念化体系，这个体系十分具体地体现

[29]

---

1 勒鲁瓦，《从君士坦丁大帝直至当今基督教徒赋予他们教堂不同布局与形式的历史》，59。

2 温克尔曼最重要的传记依然是尤斯蒂（Carl Justi）的《温克尔曼与他的同代人》（Winckelmann und seine Zeitgenossen，3 vols, Leipzig: F. C. W. Vogel, 1923）。参见欧文（David Irwin）为《温克尔曼艺术文集》（Winckelmann: Writings on Art, New York: Phaidon, 1972）一书撰写的导论。

[30]

图9 温克尔曼的《古代美术史》（1764）前言首页。

在古代艺术的形式、创造与时间进程的各个阶段，同时提出了对艺术本质的看法。在他眼中，希腊艺术发展的顶点介于伯里克利至亚历山大之间，这也意味着罗马必然在艺术上次一等，是"模仿者的艺术"。因此，这一体系破坏了早先美术学院范式的基础。如果说温克尔曼通过第三条途径影响了建筑思想发展的方向，那就是他的丰富的想象力以及语言说服力。温克尔曼对观点的阐述不仅很权威，而且充满了激情，生动地、不可思议地将遥远年代与地点的画面重新呈现在读者眼前。

早在 1755 年出版的小册子《关于在绘画与雕塑中模仿希腊作品的思考》（*Gedanken über die Nachahmung der griechischen Werke in der Mahlerey und Bildhauer-Kunst*）就体现了他的这些写作特色。[1] 他在德累斯顿撰写此文时，所凭借的只是他所掌握的关于希腊古典雕塑的石膏像、铜版画与文学描述的知识。他指出，希腊艺术高于罗马艺术，首先是由于希腊人身体的美，这是由温和的气候、健康的饮食以及坚持不懈的体育锻炼所养成的。温克尔曼认为，希腊文化的灵魂在位于伊利斯（Elis）的奥林匹克运动会上展示了出来。在那里，这片土地上最健壮最勇敢的年轻人聚集在一起，为获得雕像的荣耀和不朽的神性而竞争。艺术家的训练中心是健身房，他们在那里对刻苦锻炼的运动员进行研究，而运动员赤身裸体，全然没有羞耻感和假谦虚。然而用大理石来表现的希腊诸神形象不只是依靠某个模特儿。希腊艺术家工作时不仅去模仿近于完美的自然形象，而且要将人体上一切美的部分综合起来，组合成理想化的、特别精致优雅的美好形象。完美的身体，还要加上"高贵的单纯与静穆的伟大"的姿势与表情。在温克尔曼的眼中，《拉奥孔》群像最好地体现了这一点。这位英雄正经历着剧烈的疼痛，却以神一般的克制与尊严面对着自己痛苦的死亡瞬间，从而使人的境遇具有了高贵性。"高贵的单纯，静穆的伟大"这个短语先前或许在什么地方出现过，但它在温克尔曼的文章中表达了这场新艺术运动的纯正本质。[2]

不过，温克尔曼的两篇建筑文章没有涉及当时的争论（既没有多少人读，也不为人知），

1 欧文的英译本，收入《温克尔曼论艺术》，60—85。参见海尔（Elfriede Heyer）与诺顿（Roger C. Norton）的英译本，《关于在绘画与雕塑中模仿希腊作品的思考》（*Reflection on the Imitation of Greek Works in Painting and Sculpture*, La Salle, III.: Open Court, 1987）。

2 德语为"eine edle Einfalt, und eine stille Grösse"。德语 stille，如英语 still 一样，不仅意味着静止，也有沉着冷静、超越凡人的意思。"noble simplicity"这个短语从 18 世纪 40 年代之后用得越来越多，尤其在法国文学中。

不过它为我们提供了与洛日耶理论的有趣对照。1761 年，温克尔曼出版了《关于古代建筑的评论》(Anmerkungen über die Baukunst der Alten)，这是以他 1758 年帕埃斯图姆之旅以及次年那篇关于阿格里真托 (Agrigento，西西里岛地名，当地人称作 Girgenti，吉尔真蒂) 的文章 (上文已提及) 为基础撰写的。他在前言中记述了当时考古发掘的情况。他熟悉加佐拉伯爵 (Count Gazzola) 的帕埃斯图姆神庙测量图，这位伯爵曾在罗马向他出示了这些测量图，也了解潘克里齐 (Pancrizi) 的两卷关于西西里的书。[1] 他也熟悉意大利周边地区一些遗址的废墟，其中不少其实是伊特鲁斯坎人的遗址。他还热烈赞扬勒鲁瓦、伍德以及道金斯的研究，提到他"急切地盼望着"斯图尔特和雷维特的作品问世，但这一盼望很快变成了失望。[2]

　　温克尔曼文章的主体分为两个部分，第一部分讨论"本质"(Wesentliche)，第二部分讨论"装饰"(Zierlichkeit)。在第一部分的标题下他讨论了与构造相关的材料与方法，建筑的总体布局与必要的组成部分，以及建筑的比例。在这里，他的新见解是建议在勒鲁瓦关于多立克柱式发展三个阶段的基础上加上第四个阶段。[3] 不过，在第二部分中，他的深思熟虑打开了新的领域。他先以传统意义来定义装饰，"一座建筑没有装饰，就如同一个人身体健康但一无所有，没有人会认为这是一种幸福的状态"[4]。接着他指出，根据他在帕埃斯图姆的观察，建筑越古老装饰越少，相反，始于尼禄时期的罗马晚期建筑却有着最为丰富的装饰。他的结论是，要将"单纯"奉为美学规范，以免建筑遭受古代语言的命运，"语言变得丰富了，同时丧失了美"[5]。

　　温克尔曼追随瓦萨里 (Vasari)，固守着这样一种进化图式，建筑在其风格起源阶段是毫无装饰的，发展到趣味高雅的单纯风格，再发展为巴洛克式的过分华丽。他并未花太多的篇幅将这一发展图式与当下流行的巴洛克式的过度装饰联系起来——米开朗琪罗"丰富的想象力"所派生出来的过度装饰，后来在博罗米尼手中变得更加夸张了。[6]

　　温克尔曼在《古代美术史》中运用了类似的发展图式，只不过现在他将"风格"的概念引入了美术史写作，使得这一图式更精致化了。[7] 他实际上将所有古代艺术划分为四个风格时期：远古风格、宏伟风格、优美风格以及模仿者的风格。第一种风格在希腊延续到菲迪亚斯 (Phidias) 时代或前 5 世纪中叶；宏伟风格是从菲迪亚斯开始到普拉克西特列斯 (Praxiteles)，即前 4 世纪中叶前后；优美风格从普拉克西特列斯时代开始繁荣，直到利西普斯 (Lysippus) 与阿佩莱斯 (Apelles) 的时代，即前 4 世纪末；模仿者的风格一直持续到古代末期，包括了整个罗马艺术。

　　这些风格时期尽管不是完全地也主要是根据雕刻来划分的，并以形式与精神气质加以界

1　见尤斯蒂，《温克尔曼与他的同代人》，2:403。

2　温克尔曼，《关于古代建筑的评论》，收入《温克尔曼全集》(Johann Winckelmanns Sämtliche Werke)，1:347。关于温克尔曼对此事的失望，见里克沃特，《第一批现代人》，352。

3　温克尔曼，《关于古代建筑的评论》，1:391—392。

4　Ibid., 441.

5　Ibid., 443.

6　Ibid., 470–471.

7　见波茨 (Alex Potts) 为温克尔曼《古代美术史》(马尔格雷夫 [H. F. Mallgrave] 翻译, Los Angeles: Getty Publications Program, 2005) 一书撰写的导论。

定。宏伟风格具有一种质朴的美，与僵硬的远古风格相区别。随后宏伟风格演变为一种更精致的优美风格，具有优雅的、感性的形式。接下来这种倾向走得太远了，导致了模仿的、制作过度的风格。支配着风格变迁的文化力量也影响着艺术，这表明对建筑而言，宏伟阶段最优秀的

[31] 代表作是帕特农神庙与奥林匹亚宙斯神庙。在当时，这自然是一种激进的历史观点，完全剥夺了罗马艺术与建筑至高无上的艺术光环。如果说，洛日耶的《论建筑》将原始茅屋作为衡量好建筑的一种观念范型，那么温克尔曼的《古代美术史》则将希腊黄金时代奉为新古典主义应仿效的更合适的典范。实际上，这两种看法与勒鲁瓦的视觉记录结合起来是相得益彰的。

6. 希腊－罗马之争

尽管温克尔曼在 1761 年底就完成了这部伟大史书的写作，但这部书稿在德累斯顿出版社放了两年时间，直到 1764 年初才出版，恰好当时围绕着古典艺术的争论就要升温了。因为就在这一年的 11 月，凯吕斯与勒鲁瓦巴黎圈子中的一个成员、古物学家马里耶特 (Pierre-Jean Mariette) 发表了一封信，向皮拉内西 1761 年发表的关于罗马艺术至上的一些观点提出了挑战。现在，马里耶特将罗马艺术与希腊人的"优美高尚的单纯性"进行了对比。[1] 此信发表在一份报纸上，带有一种嘲弄甚至虚张声势的口吻，迫使这位意大利艺术家做出了有力的回应。

的确，皮拉内西（1720—1778）在罗马目睹了 18 世纪 50 年代一种新的希腊情感的日益增长（图 10）。他出生于威尼斯，起初在那里学习建筑，这一事实在很大程度上影响了他的观点。皮拉内西最初在他舅舅卢凯西 (Matteo Lucchesi) 的工作室中接受训练，后来在斯卡尔法罗托 (Giovanni Scalfarotto) 的作坊中学习，后者是一位令人尊敬的工程师，也是一位威尼斯建筑史家。皮拉内西还跟从祖基 (Carlo Zucchi) 学透视，由此熟悉了比比亚纳 (Bibiena) 家族的舞台设计，也了解洛多利 (Carlo Lodoli)（1690—1761）的建筑教学。洛多利是一位方济各会修道士、逍遥派哲学家，对建筑抱有强烈的兴趣。他的观点值得注意，因为我们曾提到他的圈子中有人指责洛日耶剽窃了他的著作。

尽管洛多利的理性主义理论也是对建筑原理的探求，但研究路数与洛日耶完全不同。[2] 洛

---

1 马里耶特的信发表在 1764 年 11 月 4 日的《欧洲文艺报》(*Gazette Littéraire de l'Europe*) 上。关于此信的译本、皮拉内西的反应以及争论的总体情况，见皮拉内西，《皮拉内西关于马里耶特先生书信的若干意见》(*Observations on the Letter of Monsieur Mariette*, Los Angeles: Getty Pulications Program, 2002)。

2 关于洛多利的生平以及他的建筑观点，见考夫曼 (Emil Kaufmann)，《皮拉内西、阿尔加罗蒂与洛多利（18 世纪威尼斯发生的一场争论）》(Piranesi, Algarotti and Lodoli [A Controversy in XVIII Century Venice])，载《美术报》(*Gazette des Beaux-Arts*) 46 (July-August 1955)：21—28；小考夫曼 (Edgar Kaufmann Jr.)，《梅莫的洛多利》(Memmo's Lodoli)，载《艺术通报》(*The Art Bulletin*)，no. 46 (March 1964)：159—172；小考夫曼，《建筑师洛多利》(Lodoli Architetto)，收入《对现代建筑的探索：献给亨利－拉塞尔·希契科克》(*In Search of Modern Architecture: A Tribute to Henry-Russell Hitchcock*)，西林 (Helen Searing) 编 (New York: The Architectural History Foundation)，31—37；里克沃特，《第一批现代人》，288—326；弗拉斯卡里 (Marco Frascari)，《18 世纪威尼托地区建筑师的命运》(Sortes Architectii in the Eighteenth-Century Veneto, Ph.D. diss., University of Pennsylvania, 1981)。

多利早年在达尔马提亚学习数学与哲学，当时那里属于威尼斯地区。后来他到罗马继续学业，开始对艺术与建筑产生了兴趣。1715 年他前往维罗纳，在古物学家马费伊（Marchese Francesco Scipione Maffei）的沙龙中发表了对古典艺术的理解。马费伊是一位古代雕塑史家，后来温克尔曼反复对他的作品进行批评。[1] 1730 年洛多利返回威尼斯，主管一家去圣地朝圣的旅行社，并担任政府检察官。通过马费伊的斡旋，这位令人尊敬的博学者又为贵族子弟开办了一个建筑讲习班（到 1748 年为止），宣扬启蒙运动的新观念，当时这些新观念正在整个欧洲传播。他赞赏伏尔泰与孟德斯鸠以及后来的卢梭，并坚定地支持历史学家、社会学家、意大利早期启蒙运动的精神领袖维柯（Giambattista Vico）所做的努力。

图 10　皮拉内西肖像。采自《艺术家肖像：剪贴簿，1600—1800》。

[32]

洛多利讲习班的一个重要内容是他那一套"最刻板的"建筑理论，我们是通过他原打算出版的两卷本建筑论稿了解到这些理论的，这些手稿后来由梅莫（Andrea Memmo）刊行。[2] 他在论证的一开始便呼吁对所有现存的建筑理论体系进行批判性检讨，尤其是维特鲁威及其后来巴洛克时期的阐释者。洛多利面临着当时"新形式新术语"的要求，也就是表述形式与术语在逻辑上要受到理性与归纳论证的控制。总之，建筑现在要"装扮成科学"，同样可以进行分析。在建筑的各种要素中，首先是坚固的结构，它又与比例、规范和均衡等重要因素结合在一起；其次是便利与装饰。这后一类要素"总是派生于人的要求与结构的要求，必须在各方面都适合于所选用的材料"[3]。

　　第二部草稿则进一步阐明了他的思想。"唯有恰当的功能与形式"是建筑的"两个终极科学目标"，它们应该合二为一。[4] 功能主要与建筑及其构件的结构有效性相关联，而形式则是一种表达，当材料指向设计目的，符合几何学、数学与光学规律时，便生成了形式的表达。再者，结构的坚固性、比例以及便利性是正确形式的本质属性；装饰是非本质的东西，但也要具备数学的、理性的特征——即在制作上与功用上必须是真实的和"清晰可辨的"。传统的装饰语汇多少是可用的，但只有在将它们与上述准则进行对照检验之后才可以采用。在以下这一点

1　温克尔曼在《古代美术史》前言中，对马费伊进行了第一次抨击，并在脚注中反复提到他的错误。

2　草稿中的批注由梅莫摘录下来并发表于他的《洛多利的建筑原理：在技术上坚固、优美雅致而非任性为之的建造艺术》（*Elementi d' architettura Lodoliana: Ossia l' arte del fabbricare con solidità scientifica e con eleganza non capricciosa*，1834；重印，Milan: Mazzotta, 1973）。小考夫曼已经将它们译成英文，收入《梅莫的洛多利》，载《艺术通报》46（March 1964）：159—172。

3　Ibid., 164.

4　Ibid., 165.

上，洛日耶与洛多利的观点完全不同：洛日耶相信希腊提供了"真实"建筑的观念基础，而洛多利则认为，石造建筑实际上是埃及人发明的，通过伊特鲁斯坎人传给了罗马人。因此，说希腊古典建筑师用石料模仿了木头形式，这种推测当然是不合逻辑的、不真实的。

皮拉内西在多大程度上吸收了洛多利的理论还不很清楚，但可以有把握地说，这位艺术家于 1740 年到罗马时已经具备了坚实的建筑教育基础，也习惯于关注理论问题。[1] 在罗马，皮拉内西跟从瓦西（Giuseppe Vasi）学习蚀刻版画，熟悉潘尼尼的建筑幻景图。[2] 初到罗马时，他还与法兰西学院的学生圈子交往密切，其中有勒热埃（Jean-Laurent Legeay）、沙勒（Michel-Ange Challe）以及勒洛兰。1743 年他出版了第一本铜版画集中的首批 12 幅图版，题为《建筑与透视第一集》（Prima parte di architetture e prospettive），并访问了赫库尼兰姆，考虑出一本描绘这些废墟的书，但由于经济吃紧而不得不于 1744 年回到威尼斯。受提耶波罗（Giambattista Tiepolo）的影响，皮拉内西以一种更生动的新手法表现建筑，其标志便是次年出版的《监狱幻景图》（Invenzioni Capric de Carceri），首次发行于 1745 年。

皮拉内西于 1745 年底回到罗马，再次与法兰西学院学生密切合作，在接下来的 20 多年里创作了大量铜版画集、文字作品与设计稿，这使他获得了国际性声誉。1750 年代来到罗马的法国学生中有勒鲁瓦、佩尔（Marie-Joseph Peyre）、瓦莱（Charles de Wailly）、路易斯（Victor Louis）等，这批人后来都成了新古典主义的著名人物。向皮拉内西表示敬意的英国建筑师有钱伯斯、米尔恩（Robert Mylne）、亚当和丹斯。在 1740 年代后半期，皮拉内西出版了大量的罗马景观的铜版画，其中许多表现了废墟，但在 1750 年代他的注意力逐渐转向了考古主题。这些图版以丰富的想象力复原了宏大的罗马建筑，其最终成果是由 250 幅铜版画构成的 4 卷本《罗马古迹》（Le antichità romane）（1756），通过大量富于想象力的图像、铭文与器具，展示了罗马建筑与工程技术的宏伟业绩。[3]

1760 年代皮拉内西朝向另一方向发展，主要出版物是《宏伟壮丽的罗马与建筑》（Della magnificenza ed architettura de' romani）（1761），收入 38 幅图版，200 多页文字。这本书原先是在 1758 年为了回应拉姆齐（Allan Ramsay）的《关于鉴赏力的对话》（Dialogue on Taste）（1755）和勒鲁瓦关于希腊的书而准备的。拉姆齐是皮拉内西的朋友，苏格兰肖像画家，他的文章采用了两个人物对话的形式，其中一人不仅认为希腊建筑至高无上，甚至斥责罗马人只是一味模仿希腊建筑。[4] 皮拉

---

1 关于皮拉内西的思想与洛多利理论之间的关系，有种种解释，分歧很大。如小考夫曼将皮拉内西的《关于建筑的若干看法》（Parere su l'architettura）视为"对洛多利理论的驳斥"，而里克沃特则认为皮拉内西是"洛多利最优秀最有影响力的门徒"（《第一批现代人》，26）。

2 有不少关于皮拉内西艺术成长之路的著作已经出版。其中最优秀的英文研究著作是约翰·威尔顿－伊利的《乔瓦尼·巴蒂斯塔·皮拉内西的思想与艺术》。威尔顿－伊利还编辑了两本书，《乔瓦尼·巴蒂斯塔·皮拉内西蚀版画全集》（Giovanni Battista Piranesi: The Complete Etchings, San Francisco: Alan Wofsy Fine Arts, 1994）以及《乔瓦尼·巴蒂斯塔·皮拉内西的论战作品，罗马，1757，1761，1765，1769》（Giovanni Battista Piranesi: The Polemical Works, Rome 1757, 1761, 1765, 1769, Farnborough, England: Gregg, 1972）。

3 皮拉内西，《罗马古迹》（Le antichità romane）4 卷本（Rome: A. Rotilj, 1756）。

4 拉姆齐，《关于鉴赏力的对话》，收入《观察者》（The Investigator, London, 1762；facsimile in Yale University Library）：37—38。

内西生气了，他要挺身而出，捍卫罗马文化。皮拉西内引用了新近对于伊特鲁斯坎研究的学术 [33]
假设以及维科（Vico）关于罗马文明自主性的观点，指出，罗马人的艺术早在接触希腊人之前就
很发达了；罗马人的老师不是希腊人，而是伊特鲁斯坎人（这其实也是洛多利的看法）。[1] 在他
的眼中，伊特鲁斯坎人是比希腊人更古老的种族，如果说他们为后来的罗马文明奠定了基础，
那么反过来他们的石造建筑便可以追溯到埃及人。于是，是伊特鲁斯坎人而不是希腊人将"所
有技艺带入完美境地"，而不幸的希腊人只能假扮"无聊的优雅"[2]。皮拉内西所援引的实例主
要是罗马工程技术上的成就：公路、给排水系统以及像"大排水渠"（Cloaca Maxima）那样的水道系
统。像洛多利一样，他颂扬真实、技巧、实际功能与得体。

《宏伟壮丽的罗马与建筑》的图版也揭示了这一论战故事的另一侧面。例如，有若干图版
表明他采纳了洛日耶的方法，汲取了他关于小木屋形式转换成石造建筑的观念。许多图版则明
显回应了勒鲁瓦的图像。[3] 例如勒鲁瓦的希腊爱奥尼亚柱式的素描就出现在一幅表现了装饰华
美的罗马柱头的图版上，只是被拆散了。[4] 这就表明了，罗马人之所以更有创造力正是由于他
们的装饰艺术很发达。

在 18 世纪 60 年代前半期，展现宏伟壮丽的罗马主题一直主导着他的想象力。继《宏伟壮
丽的罗马与建筑》之后，他又出版了以恢宏尺度刻画罗马工程的铜版画集——罗马供水系统 [34]
（1761），阿尔巴诺湖（Lake Albano）排水渠（1762）以及位于阿尔巴诺、甘多尔福堡（Castel Gandolfo）
和科里（Cori）的工程业绩（1764）。这些复原图如果说不是冲动的产物也是推测性的，其中《古
罗马战神广场》（Campo Marzio dell' Antica Roma）（1762）无疑是最为恢宏壮观的。该图力求复原罗马战
神广场（位于卡皮托利山西北的平原地带）宏大的建筑景观，表现了若干发展阶段，其尺度不
可思议。这件作品采用了"平面图法"（Ichnographia），由六块版子拼合而成，以一种累积与触碰
的手法将建筑物网络与城市综合体组合起来，令人想起法兰西学院与之有关的学生项目，但在
几何学上要精致纯熟得多。该作品题献给亚当，实际上部分采用了亚当于 1750 年代中期跟随
他学习时收集的材料。对于皮拉内西来说，考古学意义上的正确性不是问题，时代呼唤的是艺
术上的放纵与冒险。

皮拉内西狂热地为罗马人辩护，但令人惊讶的是外界反应十分迟缓。法国人马里耶特后
来在 1764 年审视皮拉内西的观点时（对一篇关于《宏伟壮丽的罗马与建筑》的书评的回复），
回应既夸大了事实，又带有民族攻击性。在这封信中他开门见山地指责这个意大利人坚称罗马

---

1 维科为意大利文化辩护最早出现于他的《新科学》（1720）一书中。关于洛多利与维科的关系以及维科对他的影响，见考
夫曼，《梅莫的洛多利》。皮拉内西在为伊特鲁斯坎人的独立自主性辩护时，引用了戈里（A. F. Gori）与登普特（Thomas
Dempster）的观点，但他观点的主要来源，如维特科夫尔（Rudolf Wittkower）所说，或许是瓜尔纳齐（M. Guarnacci）。见
维特科夫尔，《皮拉内西的〈关于建筑的若干看法〉》（Piranesi's 'Parere su l'architecture'），载《瓦尔堡研究院院刊》（Journal
of the Warburg Institute）2（1938—1939）：149。

2 皮拉内西，《宏伟壮丽的罗马与建筑》（Rome, 1761），收入皮拉内西，《乔瓦尼·巴蒂斯塔·皮拉内西的论战作品》，fols.
XIX, XCIX。

3 尤其见图版 783—787，《乔瓦尼·巴蒂斯塔·皮拉内西：蚀版画全集》，2:851—855。

4 Ibid., pl. 780, p. 848.

建筑未曾得益于希腊人，认为罗马建筑在坚固性、尺度和宏大方面是最为出众的，并坚称罗马人的样板与建筑方法是在他们接触到希腊之前从伊特鲁斯坎人那里学的。其实这后一个问题马里耶特提得没有意义，因为他错误地以为伊特鲁斯坎人源于希腊人。接下来，他引用勒鲁瓦和温克尔曼的观点进行批驳，说当罗马人最初与希腊人接触时，希腊艺术已达到了最高点，即它"仍然受到优美而高贵单纯的规则的控制"[1]。因此，罗马人并不具备艺术的天资，只擅长于抢掠希腊城市，没有做任何事情，致使艺术走向衰落。此外，即便罗马人的确以适度的方式创造了一些美的东西，也都是希腊奴隶做的。

皮拉内西迅速做出了回应。1765 年他写了两篇文章，大大发展了早期观点，到 1769 年他又撰文最终陈述了自己的立场。这三篇文章的第一篇是《皮拉内西关于马里耶特先生书信的若干意见》(Osservazione di Giovanni Battista Piranesi sopra la Lettre de M. Mariette)，他将马里耶特的信印在自己文章的旁边作对照，对其观点进行逐条批驳。扉页上印着托斯卡纳柱式的插图，一开始就有效地为讨论确立了论战准则。他的意思是，这种柱式是伊特鲁斯坎人的柱式，是意大利人的发明，在年代上早于多立克柱式（图 11）。画面左上角画了一只"邪恶"之手正在给报纸写信，下方在一根托斯卡纳柱子的轮廓之内画有表示模数的圆形，每个圆形之中画有高贵建筑师所使用的

[35]

图 11　《皮拉内西关于马里耶特先生书信的若干意见》（1765）的书名页。

工具。[2] 这两幅图上各有一则铭文，上为"aut cum hoc"，下为"aut in hoc"（有人与其相伴，有人置身其中），意思是文人只能就艺术的问题浅尝辄止，而建筑师则是每日辛勤劳动的实践者。

在此文的文字部分中，皮拉内西以十分严厉的口吻痛斥了马里耶特的观点（皮拉内西采用了第三人称陈述自己的观点）。他纠正了马里耶特的夸大之辞，指责他含沙射影，尤其是他呈现自己观点时所表现出的那种一知半解、傲慢自大的态度："至于你本人，马里耶特先生，你是何许人也，既不是画家和雕塑家，又不是建筑师，却在信中侈谈谁具备或缺乏美术鉴赏力与天分。"[3] 皮拉内西指出，他从不否认罗马人得益于希腊人，只是认为在构造学与建筑实践上，罗马人并未向希腊人学任何东西。他对认为伊特鲁斯坎人就是希腊人的错误观点提出了质疑，不断痛斥唯有希腊奴隶在罗马从事艺术实

1　见皮拉内西，《皮拉内西关于马里耶特先生书信的若干意见》，98。
2　维特科夫尔最早对此图版进行了评论，并指出了这只左手的含义。见维特科夫尔《皮拉内西的〈关于建筑的若干看法〉》，151。
3　皮拉内西，《皮拉内西关于马里耶特先生书信的若干意见》，94。

践活动的说法。他尤其被罗马人是缺少鉴赏力的俗人这一说法所激怒：

> 皮拉内西在他的书中坚称（这是我最后一次重申），罗马人……建造了希腊人从未想象到人类能建造出的建筑物；罗马人（即罗马公民）中不时会涌现出许多有才干的建筑师；他们纠正了在希腊建筑中发现的很多缺陷；他们取得了与埃及人和希腊人相当的高贵性，因此比任何民族更加伟大。难道这不是罗马人在荣耀美术方面做出的最大贡献吗？[1]

这一讨论最终激发了民族自豪感。在皮拉内西眼中，马里耶特成了"[弗朗切斯科]阿尔加罗蒂先生（Signor[Francesco] Algarotti）所说的那种法国人，**他们现在认为意大利之旅对于年轻艺术家来说是完全无用的**"[2]。

　　皮拉内西于1765年撰写的第二篇文章题为《关于建筑的若干看法》(Parere su l'architetture)，通过图版与理论创新发展了先前的论证。图版部分由一系列华美的巴洛克式建筑设计图组成，均出自他本人的手笔（图12）；理论部分则采取两位建筑师对话的形式，他们在讨论皮拉内西的设计图。其中一个叫普罗托皮罗（Protopiro），他是近来流行的"刻板主义"的捍卫者，指责皮拉内西自相矛盾，一方面在《宏伟壮丽的罗马与建筑》中赞美真实与单纯，又在实践中运用华丽的装饰风格。接着他又提到了洛日耶，称赞目前所流行的追求单纯的圆柱、直线与干净外表的风尚。他的辩论对手叫迪达斯卡洛（Didascalo），从两个方面批判了前者的观点。首先，他将普罗托皮罗的刻板主义推向极端——去除所有柱础、柱头、线脚、中楣、上楣和穹顶，从而将建筑还原到原始茅屋，还原到单调的、"从未真正存在过的法则"[3]。其次，他谴责普罗托皮罗对"你所赞赏的建筑创意精神"的批评[4]，认为正是这种创造性的竞争精神将建筑师提升到高于普遍商人的地位。而这种精神的主要发泄渠道之一便是创造装饰语汇，因为——

　　[36]

> 剥夺了每个人以自己合适的方式进行装饰的自由，你很快就会看到这建筑的至圣所向着所有人敞开。当所有人都知道建筑是怎么一回事时，所有人都会鄙视它。随着岁月的流逝，建筑物会变得越来越糟糕，而你们这些绅士认为十分合理的建筑手法，就会被你们试图保存它们的手段所毁坏。你将失去从所有其他建筑师中脱颖而出的竞争意志——因为不会再有建筑师了。[5]

1　皮拉内西，《皮拉内西关于马里耶特先生书信的若干意见》，95。
2　Ibid., 101.
3　Ibid., 106.
4　Ibid., 108.
5　Ibid., 111.

图 12 　《皮拉内西关于马里耶特先生书信的若干意见》（1765）一书中的图版。

　　到 1765 年时，皮拉内西实际上已经进入建筑竞技场。1763 年他接到了教皇克莱门特十三世（Pope Clement XIII）的一项任务，为拉特兰圣约翰教堂（Church of San Giovanni in Laterno）设计一座新祭坛。尽管他做的极精美的设计未被采用，但在次年他又接受了第二项任务，翻修阿文蒂纳圣马利亚教堂（Santa Maria Aventina），该教堂是马尔他骑士团（Knights of Malta）总部所在地。由于他的设计具有强烈的个性与折中特点，被教廷授予"金马刺骑士"（Cavaliere die Sperone d'oro）的头衔，并被选为圣路加美术学院的院士。

　　皮拉内西的最后一部理论著作是《装饰烟囱的各种手法》（Divers Manners of Ornamenting Chimneys），出版于 1769 年，以三种语言（意、英、法）出版，其核心内容是他撰写的《为埃及与托斯卡纳建筑所做的辩护文》（Apologetical Essay in Defence of the Egyptian and Tuscan Architecture）。他对这两个民族建筑风格的首创性与精致性表示了极大尊敬，并将其融入壁炉设计中。此文并非像他早先那些文章是反希腊的，不过他依然坚定地认为，希腊人并不是一切建筑美的发明者。例如，他将爱奥尼亚柱式涡卷纹样追溯到海贝的涡卷形，认为是腓尼基人"将上述三种建筑柱式传入了希腊"[1]。皮拉内西还为自己设计中丰富多样的装饰进行了辩解："使观者感到不悦的并不是装饰纹样多，而是对它们糟糕的安排"，缺乏"层次"。[2] 但他在这些辩解中所得出的重要结论是无可争辩的，是他观念的合理发展，即建筑师不仅要参照希腊人的装饰观念，也要参考伊特鲁斯坎人与埃及

---

1 皮拉内西，《为埃及与托斯卡纳建筑所做的辩护文》，出自其《装饰烟囱的各种手法》，收入威尔顿－伊利，《乔瓦尼·巴蒂斯塔·皮拉内西的论战作品》，28—29。

2 Ibid., 5—6。

人的装饰观念："小心谨慎地将希腊、托斯卡纳与埃及的东西综合起来，在此基础上他将为自己开辟一条发现新装饰新手段的道路。"[1]这句话表明皮拉内西成了第一位持有历史相对主义与建筑折中主义立场的建筑师。

7. 新古典主义与"性格"论

皮拉内西在1769年提倡巴洛克折中主义，从而在若干方面指明了新古典主义在18世纪后半期的发展道路。五六十年代生活在罗马的外国学生此时已经回到了北方，他们作为开业建筑师实践着完全不同于过去的各种建筑形式。18世纪下半叶的这种创造力的迸发汲取了多种多样的资源，但造成这一局面的个人激励因素则几乎不可预测。新古典主义建筑具有创新与游戏的性质，这就使得这一术语显得十分不恰当。希腊罗马母题是设计的重要源泉，但并不是唯一的来源，甚至不是最主要的来源。因为新古典主义，尤其到1760年代臻于成熟之际，其主要特征是对古典价值的侵蚀。在法国，从苏夫洛为圣热纳维耶芙教堂做的第一个设计（1755）到法国大革命这段时期，是一个十分紧张的实验期。在这段时期终结之时，学院古典主义已经被彻底清除了，至少是暂时的。

各式各样的建筑项目展现了这一演变过程。加布里埃尔（Ange-Jacques Gabriel）（1667—1742）设计的凡尔赛小特里亚农宫（Petit Trianon）（1767—1768）代表了法国洛可可学院风格与正在形成之中的折中主义新浪潮之间的妥协。[2]该建筑由国王的情妇蓬巴杜夫人委托建造，而她未等到该建筑竣工便去世了。作为夫人的个人公馆，它坐落于凡尔赛新开辟的园林之中。不过，它的冷静典雅的外观会令人产生误解。在加布里埃尔的原始设计中，这座建筑是四方形的，正面四根壁柱集中在中央部分（背面是圆柱），暗示了凯旋门的形式甚至帕拉第奥式教堂立面的母题。中央入口由一个断开的山花框起来，垂花纹样（festoons）用于边上。后来该建筑进行了重新设计，正面五开间，柱子的间隔安排得很规则，外部装饰物被去除。原先的底层设计是以中度粗面石建造，现在改成了具有强烈水平效果的精致图样（图13）。因此，这座对称的、其构图具有微妙变化的建筑物，呼唤着古典主义的本质，但它的四四方方的形式与简洁的屋顶栏杆（没有山花与雕像）使得许多当时的目击者将它当作"希腊"建筑来欣赏。[3]而在室内，加布里埃尔甚至脱离了古典传统，所有重要房间都设计成矩形，没有凹进的上楣（cove cornices）（除了客厅之外）。墙壁镶板装饰都是直线形的，纹样与轮廓线（profiling）都是锐利的，为严谨的古典式样。

[37]

---

1 皮拉内西，《为埃及与托斯卡纳建筑所做的辩护文》，出自其《装饰烟囱的各种手法》，收入威尔顿－伊利，《乔瓦尼·巴蒂斯塔·皮拉内西的论战作品》，33。

2 关于加布里埃尔生平与作品的详情，见格罗莫尔（Georges Gromort），《安热－雅克·加布里埃尔》（*Ange - Jacques Gabriel*, Paris: Vincent Fréal, 1933）；以及塔热尔（Christopher Tadgell），《安热－雅克·加布里埃尔》（London: Zwemmer, 1978）。

3 见金博尔（Fiske Kimball），《洛可可的创造》（*The Creation of the Rococo*, Philadelphia: Philadelphia Museum of Art, 1943），218—219。

图 13　加布里埃尔，
凡尔赛小特里亚农
宫，前立面景观，
1761—1768。

只有少许贝壳状装饰物残存着，甚至室内色彩也是灰色的中性调子（无泥金），暗示着一种朴素严谨的新效果。这座公馆是克制的，但仍具有迷惑性。

　　小特里亚农宫竣工于 1768 年，不久又出现了另外两个更具革新精神的建筑设计，设计者分别是孔杜安（Jacques Gondoin）（1737—1818）与勒杜（Claude-Nicolas Ledoux）（1735—1806）。他们都是雅克－弗朗索瓦·布隆代尔的学生，但均未获得过罗马大奖（孔杜安曾在罗马法兰西学院做过 4 年研究）。不过，他们属于第一批吸收新思潮并将其演绎为令人信服的建筑形式的设计师。

　　孔杜安做的建筑设计极少，其中之一便是巴黎外科学院（Ecole de Chirurgie）。[1] 他在罗马时曾被皮拉内西狂热的考古热情与折中主义想象力所感染，于 1764 年从罗马返回巴黎。这个项目的委托人是他的朋友、国王第一外科医生马蒂尼埃（Germain Pichault de la Martinière）。由于地点较为狭窄，他的对策是设计一个传统的 U 字形平面，使庭院朝向大街敞开，但还是以一条爱奥尼亚式柱廊（两行成对的圆柱）将内院与外界划分开来，柱廊本身支撑着上层的图书馆（图 14）。从大街上看过去，给人一种圆柱之林的印象。如果说这不是对勒鲁瓦所谓的心理学观察理论的回应，那就是对佩罗精神表示敬意的一种形式了。孔杜安在中央入口每边圆柱间隔之内插入雕刻镶板，它们与其上部的纪念性浮雕一道唤起了崇高的凯旋门遗迹的意象。主体建筑是解剖大厅，正对着中央入口建起了巨柱式的科林斯式门廊，暗示着附近苏夫洛设计的圣热纳维耶芙教堂的门廊。室内，在古希腊半圆形露天剧场之上覆盖着藻井天顶，点缀着半圆形天窗（demioculus），其光影效果与空间冲突的意象完全是皮拉内西式的，甚至连细节的处理也是颠覆性的。爱奥尼亚柱廊省去了下楣，让朴素的中楣直接落于无装饰的爱奥尼亚式柱头之上。庭院的两层科林斯式

_____

1　没有关于孔杜安的专著问世，关于他的最佳论述，或许出现于布雷厄姆的《法国启蒙运动时期的建筑》一书中（137—145）。

图 14　孔杜安，巴黎外科学院，临街景观，1769—1774。本书作者摄。

门廊从列于后部的小型爱奥尼亚式圆柱中走出来，像是从另一座建筑物夺来似的，尺度过大，粗暴地附加在这座圆形剧场的前面。这个门廊因太浅而没有实际用途，只是一种象征而已。为了强调这种尺度的冲突，后面的爱奥尼亚式圆柱成双地列于门廊两端。这件作品一切都略显笨重，给人一种完全非古典的感觉。　　　　　　　　　　　　　　　　　　　　　　　　　　　　　　　[38]

　　就在同一年晚些时候，勒杜为吉马尔小姐 (Mlle. Guimard)（1769—1772）设计了纪念馆（图15）和私人剧场。[1]这位主顾是法兰西喜剧院 (Comédie-Française) 以及巴黎歌剧院的一位著名舞蹈家，她的一些崇拜者为她出资兴建这座建筑物。这是一座"特耳西科瑞神庙" (Temple of Terpsichore，特耳西科瑞为希腊歌舞女神)，其主要母题是一个半圆形入口凹龛，进入时需穿过四根爱奥尼亚式圆柱组成的一道屏风，这是根据当时人们所了解的样式建的。圆柱支撑着上部的一个开放的柱上楣结构，装饰着藻井图样的穹顶令人想起皮拉内西创作的位于罗马广场上的维纳斯与罗玛神庙 (Temple of Venus and Roma) 的铜版画，不过勒杜的灵感更可能来源于亚当，他在 18 世纪 60 年代曾在西翁 (Syon)、肯伍德 (Kenwood) 与纽比 (Newby) 的住宅室内设计中使用过类似的穹顶凹龛。这一巨型室外母题用在这里极其成功。勒杜还用浅浮雕与水平粗面石工艺突出这一朴素严谨的立方体形状。粗面石线条在窗户上方向下曲折，暗示了拱顶楔石的效果。入口处的圆形墙壁也使得这个主入口具有 45 度角的转向范围（这凹龛中央的后部就是一间浴室 [cabinet de bains]），这完全是一种非古典式的处理手法。这个入口通向椭圆形的前厅，于是另一条轴线也以类似的旋转度确立起来。

1 维德勒 (Anthony Vidler)，《克洛德－尼古拉斯·勒杜：老王朝末期的建筑与社会改革》(Claude-Nicolas Ledoux: Architecture and Social Reform at the End of the Ancient Régime, Cambridge: M. I. T. Press, 1990)。参见加莱 (Michel Gallet)，《克洛德－尼古拉斯·勒杜，1736—1806》(Claude-Nicolas Ledoux, 1736–1806, Paris: Picard, 1980)；以及考夫曼，《大革命时期的三位建筑师：布莱、勒杜与勒屈厄》(Three Revolutionary Architects: Boullée, Ledoux, and Lequeu, Philadelphia: American Philosophical Society, 1952)。关于勒杜的铜版画，见勒杜，《建筑》(L'Architecture, Princeton: Princeton Architectural Press, 1984)。

图 15　勒杜，巴黎吉马尔小姐纪念馆，1769—1772。采自《建筑师克洛德－尼古拉斯·勒杜》一书。

　　勒杜早期作品的另一特色是采用修辞性的或寓言性的母题。于泽斯府邸 (Hôtel d'Uzès) 落成于 1769 年，勒杜采用了凯旋门入口设计来为这位军官委托人增添荣耀。在入口前方他设计了独立的多立克式圆柱，其上装饰着躯干、盾牌、头盔、武器以及战利品。为吉马尔小姐设计的宅邸，入口上部的柱上楣装饰着一组雕像，舞蹈缪斯特耳西科瑞高高在上，充满了喜庆色彩。在壁龛内的浅浮雕上，一群小爱神与酒神女祭司驾着战车拉着女神，后面跟着美惠女神以及载歌载舞的半人半羊农牧神的行进队伍，取得了恰如其分的剧场效果。即便没有出现主人臭名昭著的社会欢庆场面，但还是让人感觉到了这种氛围。

　　将孔杜安与勒杜的创新设计置于"性格"(character) 观念之下进行考察再恰当不过了，这个观念在当时法国建筑理论中十分流行，而且有着漫长的学院源流。可确定的是其起点是 1668年勒布伦在美术学院发表的演讲，题为《情感的表现》(The Expression of the Passions)。[1] 他那时正与佩罗一起设计罗浮宫东立面。这个演讲主要谈的是历史画中的人物表情问题。他从古今文献中汲取了各种材料来阐述自己的理论，如"得体"这个修辞学概念，此概念要求演讲必须适合于特定的场合。对于艺术来说，这种观念就转变成一种文学风格或音乐调式理论，如佛里吉亚调式 (Phrygian)、多立克调式 (Dorian)、爱奥尼亚调式 (Aeolian) 和吕底亚调式 (Lydian)，以及建筑中的多

1　见蒙塔古 (Jennifer Montagu)，《情感的表现：夏尔·勒布伦关于一般与特殊之表情讲座的源头与影响》(*The Expression of the Passions, The Origin and Influence of Charles Le Brun's Conférence sur l'expression générale et particulière*, New Haven: Yale University Press, 1994)。

立克式、爱奥尼亚式与科林斯式。勒布伦将这些细微的区别与笛卡尔生理学结合起来，制定了一套表现各种表情的艺术公式。眼睛与眉毛是最能表现情感的，因为它们接近处于大脑中心位置的松果体。例如，恐惧的情绪引起眉毛中部上扬和眼睛圆睁，惊骇则造成眼睑下垂和瞳孔呆滞。表情的显现也取决于个人的脸型、年龄以及社会地位。 [39]

　　建筑师博夫朗最早将表情理论演绎为建筑性格论，即他的《建筑之书》(*Livre d'architecture*) (1745)。[1] 他原先在曾经设计了凡尔赛宫礼拜堂的 H.– 芒萨尔的事务所学习建筑，1700 年着手做私家宅邸设计，成为一名成功的贵族府邸设计师。在接下来的半个世纪中，他成为法国洛可可的主要实践者之一，还是一位受人尊敬的学院会员。他的《建筑之书》由四篇文章组成，分别论述不同主题，附有大量铜版画和自己作的设计图。其中最重要的一篇题为《源于贺拉斯〈诗艺〉的基本原理》(Principles Derived from Horace's Art of *Poetry*)，这原是他 1734 年向皇家建筑学院提交的一份演讲稿。

　　此文大体上是将贺拉斯的文学原理演绎为建筑原理。他认为，各种艺术在利用人类情感方面拥有共同的遗产与目标，所以将诗歌的规则移植到建筑理论是可能的，虽然诗歌"有各种体裁，一种体裁的风格并不适合于另一种"[2]。建筑物具有一般"言说"的能力，建筑师也应该学会如何开发装饰语汇，与观者建立和谐一致的关系。因此，美只不过是一座建筑达到雄辩目的的前奏："一座建筑仅仅漂亮是不够的，还必须令人愉快，观看者必须感觉到它要传达的性格。"[3] 柱式是他演讲的初始框架，不过与人类情感同样丰富的性格类型则更能代表情感的表露，可以从细部的最细微差别中得出明确的印象。他关于性格的基本原则是笼统的，如必须赋予建筑以一种一致的性格，"如果要使建筑表现快乐，它就必须呈现出兴高采烈的样子；若要它渗透着尊敬或悲伤，就必须看上去是严肃和忧郁的"[4]。不过，有些原理则比较具体，如他对于轮廓线 (profiling moldings) 设计难度的思考（"言说中用什么措辞"）[5]。所以，"优美与典雅是存在的，但只有建筑大师才能真正领悟得到，获得这种效果相当困难"[6]。 [40]

　　博夫朗的性格理论在雅克－弗朗索瓦·布隆代尔的教学中精致化了。布隆代尔与洛日耶和苏夫洛一样，是 18 世纪下半叶最有影响力的建筑师。[7] 他首先是一名教师和一位多产的作家，在 1739—1740 年间在巴黎竖琴街 (rue de la Harpe) 上开办了一家私人建筑学校，开始时顶住了来自皇家建筑学院的反对。这所新学校的目的，正如他后来在一份计划书中解释的，是将学生

1　见博夫朗，《建筑之书：含一般艺术原理》(*Book of Archtecture: Containing the General Principles of the Art*)，布里特 (David Britt) 翻译，凡·埃克 (Caroline van Eck) 编 (Aldershot, England: Ashgate Publishing, 2002)。

2　Ibid., 8.

3　Ibid., 10—11.

4　Ibid., 11.

5　Ibid., 9.

6　Ibid.

7　关于布隆代尔有两篇有趣的论文，一篇是斯特奇斯 (W. Knight Sturges) 的《雅克－弗朗索瓦·布隆代尔》(Jacques-Fançois Blondel)，载《建筑史家协会会刊》(*Journal of the Society of Architectural Historians*) 11 (1952)：16—19；另一篇是米德尔顿的《雅克－弗朗索瓦·布隆代尔与〈建筑教程〉》(Jacques-Fançois Blondel and the Cours d'architecture)，载《建筑史家协会会刊》18 (1959)：140—148。

召集在一间工作室中通过一套课程进行学习，从基本设计原理到高级理论与实践原理（这是建筑学院未曾做过的）。课程很快证明是成功的。他吸引了下一代最优秀的学生，如孔杜安、勒杜、布莱与钱伯斯。1755 年他进入建筑学院成为二级会员，1762 年他的学校以及教学大纲被正式并入建筑学院。

布隆代尔在百科全书的圈子中也很活跃，为狄德罗的项目写了不少词条。他的四卷本的《法兰西建筑》(*Architecture Française*)（1752—1756）其实是一部法国主要建筑作品的百科全书。但就观念而言他是较为保守的，欣赏的是法国古典主义的传统形式，尤其是 F. 芒萨尔、佩罗与弗朗索瓦·布隆代尔的古典时期。他先是赞赏洛日耶，后来又抨击他的理论，反对洛可可与日益增长的希腊趣味。他强调理性与理性分析的重要性，但他的理论还是偏爱于规则，笃守着"适合"(convenance) 的观念。他坚持学院教学，反对时代潮流，但还是培养了一代投身于时代潮流的学生。他将"风格"的概念第一次运用于建筑理论中，用它来指一座建筑物可以代表的多种多样的性格。

正如博夫朗一样，布隆代尔认为柱式提供了衡量建筑艺术的首要尺度，它们界定了如质朴、精美与崇高等重要主题。但还必须更微妙地表现性格："毫无疑问，借助于那些不易察觉的细微差别，我们便可以在两座同类建筑但仍有不同表现的设计中看出真正的区别，选择一种崇高的、高贵的与高尚的风格，或一种率真的、简单的与真实的性格。"[1] 布隆代尔列出了这些"不易察觉的细微差别"，基于三种主要柱式，花了 30 页的篇幅来辨别各种风格，如阳刚的、坚定的、精力充沛的、轻灵的、优雅的、精巧的、粗鄙的、率真的、女人味的（小特里亚农宫）、神秘的、宏伟的，等等。尽管布隆代尔对当时的花哨设计十分警觉，但还是允许建筑师拥有比以前更大的自由度和个人判断空间。最终，他的座右铭是"鉴赏力"(taste)，即"鉴赏力决定了每种建筑类型的恰当风格。由建筑师的理性所引导的判断力，允许他设计的立面具有无限多样的变化"[2]。不过，布隆代尔的性格理论还是完全局限于学院传统范围之内。如果我们追踪 18 世纪余下的时间所流行的这一概念，就会发现它呈现出十分不同的形态——利用剧场效果，或变成所谓"会说话的建筑"(*architecture parlante*)。[3]

勒卡米·德·梅齐埃 (Nicolas Le Camus de Mézières)（1721—1789）在他的《建筑的精神，或建筑与我们感觉的相似性》(*Le Génie de l'architecture; ou l'analogie de cet art avec nos sensations*)（1780）一书中推进了对性格心理学的新解读。这是一本大部头的书，主要谈法国住房规划，但他在简短的导言中提到了由自然与建筑所唤起的无穷尽的情绪与性格："我越是仔细观察，就越发现每个物体都有一种性格，这种性格只适合于这一物体，往往只是一条线、一个普通的轮廓就足以表达这种性

---

1 布隆代尔，《建筑教程，或论建筑的装饰、布局与构造；包含 1750 年及随后若干年的经验教训》(*Cours d'architecture ou traité de la décoration, distribution & construction des Bâtiments; contenant les leçons donnés en 1750 & les années suivantes*, Paris: Desaint, 1771—1777)，1:373。

2 Ibid., 3:1xxi.

3 最早关注这个问题的经典著作是考夫曼的《理性时代的建筑：英格兰、意大利与法国的巴洛克以及后巴洛克》(*Architecture in the Age of Reason: Baroque and Post-Baroque in England, Italy, and France*, Cambridge: Harvard University, 1955)。

格。"¹ 勒卡米关于性格的讨论最初可能受到先前一些理论的影响，如他提到勒布伦的表情理论，也提到了乌夫拉尔 (Ouvrard) 关于和谐比例的数学理论以及他对佩罗怀疑绝对比率观点的批评。实际上勒卡米是将性格问题完全置于感觉主义的基础上，仅通过人类的感觉或反应来解释性格："在阴郁昏暗与清澈明亮的对比中、在悦人的平静气候与混乱的狂风暴雨的对比中，我们何种情感没有感觉到：每一种细微的差别，每一种渐变，都在影响着我们。"² 最终，在形式与我们的情感之间有一种密切的联系，建筑也就变成了印象主义艺术："整体、体块、比例、阴影、光线都是我们作品的基础。"³

[41]

勒卡米的文本经常被人们当作布莱更有名的性格论的一部序曲来读。不过，我们可以先对另一本书做一番考察，即让－路易·维耶尔 (Jean-Louis Viel de Saint-Maux) 的《古今建筑书简》(*Lettres sur l'architecture des anciens et celle des modernes*)，这些书信发表于 1779—1787 年间。他是建筑师查理－弗朗索瓦·维耶尔 (Charles-François Viel) (1745—1819) 的弟弟，除此之外有关他的情况我们知之甚少。不过，他这本共济会风格的书却与学院传统毫不相干。实际上，他以鄙视的口吻谴责维特鲁威的书，"世世代代采信它"阻碍了这门艺术的进步，断言它是一座"人类永远愚蠢"的文本纪念碑。⁴ 他将目光投向了越来越多的有关印度、中国、巴比伦和波斯建筑的古物与旅行文献。他根据这些文献重构了一种古代建筑，具有高度象征意义，是建筑、农业、天体演化、宇宙论以及富饶丰裕等早期象征主题的"雄辩之诗"(poême parlant)。对维耶尔来说，所有古代建筑都是象征性的，从最早作为圣历竖立起来的史前独石碑，到"表现了自然因素与每个种族天分的"柱头⁵，再到"有如环绕天穹的黄道带一般"的再现性中楣装饰带⁶。三角形山花并不是对简陋茅屋的模仿，因为在古代，三角形就像圆形一样，是至高存在的普遍象征符号。

关于这种"象征风格"如何能有助于重振当代建筑实践与建筑文化，维耶尔不是很清楚。不过他公然将布隆代尔称为"建筑界的江湖骗子"，谴责勒杜设计的于泽斯府邸的门柱形式是从勒热埃 (Jean-Laurent Legeay) 的一个设计中抢来的。⁷ 维耶尔还抨击勒杜部分完成的巴黎费尔梅斯府邸 (Hôtel des Fermes) 的象征符号混乱不堪，以挖苦的口吻说他在工程结束时竟搞不清该建筑阶梯式金字塔入口和"墨丘利的躯干"是表示一座教堂、医院、剧场、学校还是烟草店。⁸ 在更普遍的层面上，维耶尔批评现代建筑实践缺乏确定的主题内容或"明确的性格"，因此他赞成推广使用各种象征形式。⁹

1　勒卡米·德·梅齐埃，《建筑的精神，或建筑与我们感觉的相似性》，布里特 (David Britt) 翻译，米德尔顿撰写导言 (Santa Monica, Calif.: Getty Publications Program, 1992)，70。

2　Ibid., 71.

3　Ibid., 75.

4　让－路易·维耶尔，《古今建筑书简》(1787；重印，Geneva: Minkoff, 1974)，4:13。

5　Ibid., 19.

6　Ibid., 22.

7　Ibid., 7:47 n.15, 58 n. 29.

8　Ibid., 59 n.32.

9　Ibid., 23.

在布莱（Étienne-Louis Boullée）（1728—1799）的理论著作和设计图中，对于个性效果的迷恋与对建筑象征能力的认知融为一体。[1] 在布莱以及他的同事勒杜的作品中，我们实际上已经看到1750 年代以来酝酿成熟的各种革命潮流已经达到了登峰造极的地步。布莱早先学画，后跟随布隆代尔与博夫朗学建筑。更重要的是他曾在勒热埃的巴黎事务所接受过训练，后者是 1732 年罗马大奖的获得者，以绘图技巧而闻名。布莱未曾去南方旅行，而是在巴黎开始了自己的职业生涯。他既是一位教师，又如勒杜一样是一位时髦的城市宅邸设计师。他的最有名的项目是布吕诺瓦府邸（Hôtel Brunoy）（1774—1779）。该建筑的花园立面颇具特色，由窗户组成的拱廊从三面将高高的爱奥尼亚式的六柱式神庙门廊包围起来。在门廊之上他采用了阶梯式的金字塔形山花，顶端放置了一尊女花神佛罗拉（Flora）的雕像，象征花园的主题。所以他也是从寓意的角度来看待性格的。1778 年布莱获得了政府职位，但他为获得官方项目所做的各种努力大多以失败而告终。1782 年他退出了实践领域，以便将精力集中于他的理想素描创作以及图书出版计划。他的未完成的文字稿《建筑，艺术散论》（Architecture, Essai sur l'art）直到 1953 年才出版，但这部书稿，以及反映了他的观念的大胆的视觉文献（他在遗嘱中将这些文献遗赠给法国），对他的学生和同时代其他建筑师来说都是众所周知的。

布莱的理论超越了学院的性格概念，强调的是从球体、立方体、锥体等简单醒目的形状所获得的情感印象，并将这些元素熔铸成一种萧散的美感。十分有趣的是，此文开篇便长篇讨论了佩罗与布隆代尔之争。布莱承认，现在大多数建筑师站在佩罗一边，认为建筑比例原本就是"异想天开"，它是人类想象力的产物。但布莱不同意这种观点。建筑是精神图像或视觉画面的诗意创造，是通过对体积的运用来创造的。整齐、均衡与多样是最基本的原理，而比例则是"这些性质的综合"，是体积的规则秩序所产生的效果。"读者很容易便会想到，"他写道，"基本的、支配着建筑诸原理的规则源于规则性，他也容易想到，对建筑均衡的任何偏离都是不可思议的，就像在音乐中未能遵从和声法则一样。"[2]

[42]　　　性格与这些基本原则结合在一起，尽管采用了高度象征性的手法。正是这种"客体的效果在我们心中留下了某种印象"，更具体地说，要"审慎地采用能够引发与主体相关联的情感的一切手段"。[3] 性格亦由良好的鉴赏力以及"精微的审美洞察力"所培育，这种洞察力可使我们感到心灵深处的快乐。例如，建筑的壮丽印象"就在于对各种体积进行布置以形成整体，这些体积之间存在着大量的微妙关系，它们的体块具有一种高贵的、庄严的运动感，具有最为充

1　有两本研究布莱及其作品的专著，一是彼鲁兹·德·蒙科洛斯（Jean-Marie Pérouse de Montclos）的《艾蒂安－路易·布莱，1728—1799：革命建筑的理论家》（Etienne-Louis Boullée, 1728–1799: Theoretican of Revolutionary Architeture, London: Thames & Hudson, 1974）；二是罗泽瑙（Helen Rosenau）的《布莱与幻景建筑，含布莱的〈建筑，艺术散论〉》（Boullée and Visionary Architecture, Including Boullée's 'Architecture, Essay on Art', New York: Harmony Books, 1976）。参见考夫曼，《三位革命建筑师》；以及埃特兰，《符号空间》（Symbolic Space）。

2　布莱，《建筑，艺术散论》（Architecture, Essay on Art），收入罗斯南（Rosenan），《布莱与幻景建筑》（Boullée and Visionary Architecture），87。

3　Ibid., 89.

分的发展可能性"[1]。利用光影的辉映、色彩的微妙变化以及对次要构件的精细布置，可以进一步提升效果。就这样，关于性格的看法发生了革命性的变化，原先它被看作是学院惯例所赋予的东西，现在则被看作是得自于当下情感的东西。勒卡米的理论预示了这一转变，现在完成了。建筑通过它的几何学获得了个别性以及鲜明的性格。

如果说布莱的理论刻意追求古代柏拉图式的庄严性，那么他那些以深褐色绘成的建筑素描便是建筑形式的一种简化练习，更加引人注目。在这里他只呈现出了规则的形态，往往由若干排圆柱构成，这些圆柱被剥得光溜溜的，简化到了古典的本质。他做的大都会教堂设计，以苏夫洛的圣热纳维耶芙教堂为蓝本，被理想化了，其巨大的尺度令人不可思议，挑战着人类的想象力。室内的列柱具有佩罗式的庄严效果，向着无限深远的空间延伸，具有隐喻性。将它作为共济会入会仪式的背景颇为合适。在文章中，布莱吸收了他的"朋友"勒鲁瓦的观点来阐述尺度的细微知觉差别以及对柱子屏风的感知体验。他以相同的方式为国立图书馆设计的巨型巴西利卡是一座阶梯式的图书大剧场，它"冠以一种建筑柱式，如此设计是为了完全不分散人们对于这一壮观的书籍景观的注意力。这是它所提供的唯一装饰，就赋予这个美丽处所更堂皇更高贵的效果而言，这一装饰是必要的"[2]。"斯巴达人之墓"（Tomb for the Spartans）方案没有柱廊支撑，但它的屋顶坐落于中楣上，而中楣则表现了士兵布阵作战的场景。饱受称赞的"牛顿衣冠冢"（Cenotaph for Newton）是一个巨大的球体，其室内的灯光照射经过计算从而产生了崇高庄严的特殊效果。

布莱的建筑素描有意识地对古典形态加以提炼，这是人类精神的寓言，是追求几何学理想的尝试，其含义深奥难懂。在此意义上它们与勒杜后来的设计如出一辙。勒杜在做了不少帕拉第奥式宅邸设计之后，也跨越了古典边界去追寻那种主要由其自身的图画内涵所维系的形态。他职业生涯的转折点发生在 1771 年，是年他结交了巴里夫人（Madame du Barry），得到了一个闲职，任弗朗什孔代省（Franche-Comté）的盐场检察官。于是他开始做一些大型公共建筑设计，弥补早期大多为私人主顾做设计的不足。尽管他的许多设计未能付诸实施，但仍有一些项目建造起来，而且全部设计都通过铜版画保存了下来。一条看似反复无常的形式探索路线将这些铜版画贯穿起来。位于阿尔克 - 塞南（Arc-et-Senans）的盐场建筑群建造于 1775—1780 年间，在这些建筑上他以严谨的方式探索一种通用几何形体的古典主义，去除了大部分符号性装饰。场长官邸的双立方体建筑建有尺度巨大的粗石圆柱，它占据着半圆形平面布局的中心位置，以一种审慎的姿态控制着一个封闭的工人社区。同期建造的贝尚松剧院原本采用了位于绍村（Chaux）遗址的古代剧场平面，但在室内放弃了传统的包厢设计。他为普罗旺斯地区艾克斯（Aix-en-Provence）监狱画的设计图（1787），建筑形象表现得十分简单，矮胖的无柱础圆柱支撑着门廊，角塔采用了"丧葬式"屋顶母题，窗户稀少，带有水平石缝。为巴黎周边设计的通行收税所（barrières）颇有

1 布莱，《建筑，艺术散论》，收入罗斯南，《布莱与幻景建筑》，89。
2 Ibid., 105.

争议（他还设想为此项计划建 8 家大型旅馆，并在蒙马特地区建一座"欢愉之屋"）。在此过程中，他放纵折中主义的想象力，肆意践踏一切古典柱式与得体规则。最后，在虚构的绍村理想城的设计图中——这是他生命最后 25 年中不时心血来潮构想出来的——他成功地回避了一切古典建筑遗产，用维德勒（Anthony Vidler）的话说，他将这一遗产改造成了"象形文字符号"与"图画书写"[1]。

由于上述这一切，勒杜自然被誉为"革命建筑师"，这不无道理。[2] 不过，勒杜还有十分有趣的一面（在建筑上没有什么颠覆性），这出现于 1804 年出版的一部专著中，题为《置于艺术、习俗及法律的语境下进行考量的建筑》（*L' Architecture considérée sous la rapport de l' art, des moeurs et de la législation*）（图 16）。这个项目始于 1780 年前后，是想做成一部铜版画集，展示他建造与设计的绍村附近盐场的那些建筑项目。1780 年代图版数量大大增加了，后来由于大革命爆发，勒杜因同情皇家被捕入狱（1793—1794），该项目终止。当他重启这个项目时，感到不仅要捍卫他自己的建筑师名誉，还要证明他的象征建筑观是"对道德的普及与净化"[3]。因此在他的理想城中，所有房屋者都标明了自身的目的：Oikéma，或称为欢愉屋（house of pleasure），平面为阴茎形状；河岸守卫队员的工房有河水从中穿过；箍桶匠作坊则采用了桶箍的形状。

就此种观念来看，建筑必须呈现出它"合适的面相"[4]。美的诱惑成了一种可疑的"专制"，装饰是一个轻佻的、"狡猾的、卖弄风情的女人，由甜蜜技艺所支持"[5]。建筑开口说话，如同一场神秘的演说："建筑之于石工等于诗歌之于文学：它是这一行当的激情；你只能极其兴奋地提起它。如果说设计赋予形态，那么正是形态赋予了所有作品活起来的魅力。正如不存在清一色的思想，也不

[43]

图 16　勒杜《置于艺术、习俗及法律的语境下进行考量的建筑》（1804）一书的书名页。

1　维德勒，《克洛德－尼古拉斯·勒杜》（*Claude-Nicolas Ledoux*），312。
2　对他的这一定性始于考夫曼《三位革命建筑师》。
3　勒杜，《置于艺术、习俗及法律的语境下进行考量的建筑》(Paris, 1804), 3。"建筑的品格如其本质，服务于习俗的传播与净化"（Le caractère des monuments, comme leur nature, sert à la propagation et à l'epuration des moeurs）。
4　Ibid., 10.
5　Ibid., 13.

存在清一色的表现。"[1]

除了共济会式的基础构架之外，他的象形文字式的性格也远远超越了古典得体的界限。他的同时代人已注意到了这一点。卡特勒梅尔·德·坎西 (Quatremère de Quincy) 在他 1788 年出版的百科全书中采用了勒杜的设计图，以说明像"滥用"与"怪异"这类术语的含义。[2] 建筑师 C.-F. 维耶尔在 1800 年提到勒杜时，说他是个"因从事破坏性事业其范围之广而出了名"的人[3]。不过，尽管时常有人诽谤中伤，勒杜仍声望不减。他的创作中体现出的纯创新力量是对他这位启蒙运动时期易于受到攻击的自由论者的赞颂。他的建筑观念既是乌托邦式的，又是功利主义的：脱胎于断头台与无政府状态的游戏终局。大洪水在他之后到来了，后革命时代的法国建筑将需要采取紧缩措施。

---

1 勒杜，《置于艺术、习俗及法律的语境下进行考量的建筑》，15—16。

2 卡特勒梅尔·德·坎西，《分类百科全书·建筑》(Encyclopédie méthodique. Architecture, vol. 1, Paris, Panckoucke, 1788)。参见词条 "Bossages" "Barrièges" 以及 "Dorique"。

3 维耶尔，《18 世纪末建筑的颓废》(Décadence de l'architecture à la fin du dix-huitième siècle, Paris, 1800)，9。

第三章　英国 18 世纪建筑理论

但我十分清楚这一点，即，人的形象从未对建筑师有过任何启发。

——埃德蒙·伯克（1759）

1. 琼斯与雷恩的遗产

英国 18 世纪精神生活的发展进程具有相对独立性，原因很多。从政治上来说，1688 年革 [44] 命与乌得勒支条约是两个最重要的事件，前者导致了宪政改革，使国家治理程序稳定下来；后者结束了与法国为期 12 年的战争，使英国人的民族自豪感以及争取国际政治地位的雄心逐渐增强。1715 年汉诺威王室上台后进一步巩固了这些成果，为英国带来了史无前例的殖民扩张与经济繁荣期，一直持续到 18 世纪中叶。对于像艺术与建筑这类奢华事物的关注，当然与这些进展相契合。

于是，英国在整个 18 世纪的进程中日益跻身于欧洲文化舞台，与法国和意大利一争高下，但依然带有其独一无二的民族特色。英国直到 18 世纪晚期依然未设立美术学院，因此也就没有组织手段来规定一套统一的艺术信条。英国建筑师的职业训练途径，要么是在事务所里当学徒，要么通过阅读意大利文艺复兴或法国古典主义的重要文献进行自学。若想进行深造，就得动身南下旅行，接受原汁原味的古典主义传统的熏陶。其结果是，英国的建筑理论依然是意大利与法国维特鲁威传统的俘虏，至少一开始是这样。

不过，不列颠也是一个具有竞争精神与鲜明民族特质的国家，这些倾向在 18 世纪逐渐浮现出来。早在 18 世纪初叶出现的某些审美感受力便可识别出鲜明的英国特色。你可以认为这些审美偏好是基于弗朗西斯·培根（Francis Bacon）（1561—1626）的实用主义美学，也可认为它们基于洛克（John Lock）（1632—1704）的理论，不过这些都不重要[1]，重要的是 18 世纪感受力（sensibilities）

1　关于培根的著述，尤其见第 45 篇论文，《论建筑》（On Building），收入《关于民法与道德的随笔或忠告》（*The Essayes or Counsels, Civill and Morall*，1625）。洛克经验主义思想的大作是《人类理解论》（*An Essay Concerning Human Understanding*，1690）。

出现了显著的变化——正如维特科夫尔曾恰当指出的——即"与推理能力相对的感官能力对感受力产生了决定性的影响"[1]。在18世纪初的理论界，绝对论与相对论的各种倾向并行不悖，并没有什么不协调或矛盾之处。但到了大卫·休谟（David Hume）出版他的《人性论》（Treatise of Human Nature）（1739—1740）的头两卷时——在这部著作中，理性与作为另一种心灵知觉力的感官印象密不可分地结合在一起——种种观点混杂相处的情况已不再可能出现了。[2] 在18世纪头二三十年的英国帕拉第奥运动中，对于绝对美与绝对比例的古典信念占据着主导地位（这是法国与文艺复兴的遗产），但到了18世纪下半叶，这种信念在理论界已经销声匿迹了。建立在新的联想与感觉心理学基础上的如画理论（Picturesque theory）已经崭露头角。

[45]

图17　伊尼戈·琼斯肖像。采自《艺术家肖像：剪贴簿，1600—1800》。

在建筑理论中，古典价值观与相对论观点已经出现在伊尼戈·琼斯（Inigo Jones）（1573—1652）与雷恩（Christopher Wren）（1632—1723）的理论视界中。琼斯与培根、莎士比亚是同时代人，比他们年轻一些。这个人物具体说明了英国人早期对意大利理论及其古典魅力的痴迷程度。琼斯原先是位服饰设计师、宫廷艺术家，关于建筑他完全是通过研究论文和去南方旅行学习的（图17）。他第一次去意大利是在17、18世纪之交，那时他的主要兴趣仍在剧场设计。后来他于1613年再次前往意大利，待了19个月。在此期间，他遇见了斯卡莫齐（Scamozzi），全身心沉浸于帕拉第奥的理论之中。他利用了一本1601年版的帕拉第奥著作来研究这位大师，并编出了罗马古建筑的年表。[3] 因此，当琼斯于1616年成为国王建筑工程总监并开始了他的建筑师生涯时，他的实践正处于鲜活的文艺复兴传统之中，对支配着所有高雅艺术的普遍的和谐比例法则深信不疑。他为伦敦宴会厅（Banqueting House）（1619—1622）与格林尼治王后宫（Queen's House at Greenwich）（1616—1635）所做的著名设计，从视觉上清晰表明了他的思想深度。古典线条挺括干净，细节处理是

1　见维特科夫尔（Rudolf Wittkower），《古典理论与18世纪的感受力》（Classical Theory and Eighteenth-Century Sensibility），收入《帕拉第奥与英国帕拉第奥主义》（Palladio and English Palladianism, London: Thames & Hudson, 1974），195。

2　休谟，《人性论：将实验性推理方法引入道德论题的一个尝试》（A Treatise of Human Nature: Being an Attempt to Introduce the Experimental Method of Reasoning into Moral Subjects, London: Noon, 1739—1740）。

3　琼斯对帕拉第奥论文的转抄与复制，已经重刊于《伊尼戈·琼斯论帕拉第奥：琼斯在复制帕拉第奥1601年〈建筑四书〉副本时所做的笔记》（Inigo Jones on Palladio, being the notes by Inigo Jones in the copy of I Quattro Libri dell architettura di Andrea Palladio 1601, 2 vols. Newcastle-upon-Tyne: Oriel Press, 1970）。关于琼斯，见萨默森（John Summerson），《伊尼戈·琼斯》（Inigo Jones, New York: Yale University Press, 2000）。

他从文艺复兴资料研究中收集到的，后来这些建筑成了英国帕拉第奥运动的里程碑，而这场运动就是在 18 世纪头二三十年成形的。[1]

琼斯的建筑视野与沃顿（Henry Wotton）的《建筑的基本要素》（*The Elements of Architecture*）（1624）有着亲缘关系。[2] 有人认为，由于沃顿曾任驻威尼斯大使，又是艺术爱好者，所以他不仅认识琼斯，而且曾协助他购买帕拉第奥的素描。[3] 沃顿在其短文中提出的"实用、坚固和悦人"是建筑理论核心的观点，当然来源于维特鲁威，尽管这已是由阿尔伯蒂、丢勒与帕拉第奥进行了调和与重述的维特鲁威。此外，这篇论文强调实际，注重实用，似乎是特意为英国贵族营造者编写的一本指南。

雷恩在他职业生涯的开始阶段也拥护古典精神，尽管有些设计——如牛津汤姆塔（Tom Tower）——的周遭环境要求设计"应该是哥特式的，以便与创建者的作品保持一致"[4]。像琼斯一样，雷恩是位自学成才的建筑师（图18）。不过他是位数学家和一流的天文学家，皇家学会的创始成员之一，伦敦格雷沙姆学院（Gresham College）的天文学教授，后来任牛津萨维尔教授（Savillian Professor）。他接触建筑实践几乎出于偶然，当局曾就重建圣保罗主教堂的结构问题向他咨询（1663、1666）。通过在当地与学院官员的联络，他曾为剑桥彭布罗克学院（Pembroke College）的礼拜堂（1663—1665）、牛津谢尔登剧场（Sheldonian Theatre）做过设计。1665 年他去法国旅行，考察了这个国家重要的建筑物以满足他新萌发的建筑兴趣。他在法国还见到

[46]

图 18 雷恩肖像。采自《艺术家肖像：剪贴簿，1600—1800》。

---

1 应该将宴会厅设计与琼斯反复提出要提防米开朗琪罗引领的手法主义倾向的警告结合起来考察："要远离出于大量设计师之手的一切组合纹样，这些纹样是米开朗琪罗及其追随者带来的，依我看这对建造坚实的建筑没有好处。"（And to saie trew all thes composed ornaments the wch Procced out of ye aboundance of designers and wear brought in by Michill Angell and his followers in my oppignion do not well in solid Architecture.）参见萨默森，《英国建筑，1530—1830》（*Architecture in Britain, 1530–1830*, Harmondsworth, England: Penguin, 1963），67。

2 沃顿，《建筑的基本要素，由亨利·沃顿爵士采集于最优秀的作者与实例》（*The Elements of Architecture Collected by Henry Wotton Knight, from the Best Authors and Examples*, London: John Bill, 1724）。

3 见哈里斯（John Harris）、奥尔根（Stephen Orgen）以及斯特朗（Roy Strong），《国王的阿卡迪亚：伊尼戈·琼斯与斯图尔特宫廷》（*The King's Arcadia: Inigo Jones and the Stuart Court*, London: Arts Council of Great Britain, 1973），56、62。

4 1681 年 5 月 26 日致费尔主教（Bishop Fell）的书信，引自塞克勒（Eduard F. Sekler），《雷恩及其在欧洲建筑中的地位》（*Wren and His Place in European Architecture*, London: Faber & Faber, 1956），74。参见贾丁（Lisa Jardine），《气势恢宏：克里斯托弗·雷恩的非凡一生》（*On a Grander Scale: The Outstanding Life of Christopher Wren*, New York: Harper Collins, 2002）；廷尼斯伍德（Adrian Tinniswood），《创意无限丰富：克里斯托弗·雷恩传记》（*His Invention so Fertile: A Life of Christopher Wren*, London: Jonathan Cape, 2001）；唐斯（Kerry Downes），《雷恩的建筑》（*The Architecture of Wren*, Reading, England: Redhedge, 1988）。

了贝尔尼尼，当时他工作于罗浮宫。据说他还见到了弗朗索瓦·芒萨尔（François Mansart）和路易·勒沃（Louis Le Vau），他们的建筑使他做的早期文艺复兴风格的设计发生了变化。1666 年伦敦大火使他立即将全部时间投入建筑。起初他被任命为伦敦市重建六人委员会成员；到了 1669 年他又被任命为伦敦所有新建筑的总监察官。

雷恩的法国之旅值得作较为详尽的考察，因为这次旅行使他对于建筑理论产生了兴趣。他的《从巴黎致友人的书信》（Letter to a Friend from Paris）写于 1665 年秋，表明他注意到巴黎人日常生活的细节，令人想起了杰弗逊（Thomas Jefferson）后来对巴黎的迷恋之情。他考察了该城"最受人尊重的建筑物"以及周边的乡村景观，包括马扎然宫（Palais Mazarin）、迈松城堡（Château de Maisons）、枫丹白露皇家庄园、位于圣热尔曼的新堡（Château-Neuf at St. Germain）以及凡尔赛宫的早期建筑物。[1] 他赞赏贝尔尼尼与芒萨尔的作品，但对勒沃的四国学院（Collège de Quatre-Nations）持批评态度。他曾两次造访受女人"支配"的凡尔赛宫，对过分的奢华表示强烈的反感："一分一寸都塞满了珍奇饰物"。他以建筑的眼光来看这些时髦的"小诀窍"，认为建筑艺术"确实应拥有永恒性，这就是那些新时尚不可企及的东西"[2]。

此次旅行似乎促使他将自己关于建筑的想法写下来。他的著述后来由他儿子编成了《短文集》，开篇即宣称建筑的目标是"永恒性，因此在建筑的基本原理中，唯有**柱式**是各种方法与时尚不可企及的东西"[3]。建筑的三条基本原则（维特鲁威）是美观、坚固与便利；前两条基于"光学与静力学的几何学推论"，最后一条基于多样性。美则被定义为"使眼睛获得愉悦之物体的和谐状态"，起因有两个：自然美（natural beauty）源于"几何学，形成了一致性（即均等性）与比例"；习俗美（customary beauty）源于"我们对这些物体的感受，它们令我们感到愉悦通常出于其他原因，如因熟悉或特殊爱好所培育的对事物的热爱，并非由于它们本身很漂亮"。习俗美（风俗）也是对建筑做出错误判断的根源，因为"自然美或几何美永远是真正的试金石"。[4]

这些话包含着丰富的理论意蕴，人们以不同方式对其进行解释。这令人不禁将这两种美的起因与佩罗大体同时代对于"确然之美"（positive beauty）与"率性之美"（arbitrary beauty）的区分联系起来——除了佩罗将比例置于相对美的范畴之内。而且雷恩并没有主张存在着两种美，而是说美有两种起因。正如有位历史学家指出的那样，雷恩对几何美的证明在措辞与精神上更接近于弗雷亚尔（Fréart de Chambray）的几何公式，与"和谐与会意"的开明判断是相同的。[5]

进而言之，与文艺复兴建筑理论相比，雷恩处理美的问题的方法更为理性与科学。"使眼睛获得愉悦之物体的和谐状态"的说法，至少允许以经验论为基础，即认为观看者的视觉领悟

1　见《从巴黎致友人的书信》，收入《雷恩论建筑的"短文集"及其他著述》（Wren's "Tracts" on Architecture and Other Writings），M. 索（Lydia M. Soo）编（New York: Cambridge University Press, 1998），103—105。

2　Ibid., 104.

3　Ibid., 'Tract I', 153.

4　Ibid., 154.

5　见贝内特（J. A. Bennett），《克里斯托弗·雷恩：美的各种自然起因》（Christopher Wren: The Natural Causes of Beauty），载《建筑史》（Architectural History）15（1972）：17。

是重要的。虽然"一致性"与"比例"依然是建筑设计的中心,但他同样批评那些"将它们简化为规则的人","这些规则过于苛刻和迂腐,为的是不被人违反,不犯粗野的罪过"。对他而言,"这些规则不过是那些时代所采用的方式与时尚而已"。[1] 这种文化与美学上的相对主义,本质上与他表面推崇的古典主义相对立,再次提出了一个有趣的问题,即雷恩在当代古今之争中究竟采取了何种立场。他对科学的兴趣以及科学实验清楚表明他站在进步论一边,但是他强调"永恒",并警告说"建筑师应防备新奇之物的影响",这就暗示了一种相反的立场。[2]

只有通过对他后来实践的考察才能找到这一问题的答案,尽管对他成就的评价是有争议的。1936 年萨莫森 (John Summerson) 断言,雷恩是"皇家学会型的脑筋"、一个"科学胚子"、一位"古典学者",但同时是一位毫无想象力的建筑师,从事着"经验主义的、随心所欲的构造方法"。[3] 在近年来对他作品的解释中,人们倾向于以较为积极的眼光来看待他,但依然尽力将他理论中的古典基础与他实践中逐渐增强的巴洛克感受力调和起来。[4] 雷恩为圣保罗教堂做的设计经历了一个演变过程,为伦敦众多教堂做的设计富有创意,丰富多样。他乐意适应现存的哥特式传统,而晚期作品又具有巴洛克的特色——所有这一切,都指向了一种以科学理性为基础的灵活性,这使他能够与时俱进。 [47]

雷恩论"历史"的短文揭示了他对于古代的态度。他的兴趣从一开始就完全没有局限于古希腊罗马。他假设,在多立克柱式完善之前有一种"提尔柱式"(Tyrian order),这一观点是与他的文化相对论相一致的。他迷恋于希伯来建筑与圣经建筑——大衮神庙 (Temple of Dagon)(被大力士参孙 [Sampson] 推倒)、所罗门神庙 (Temple of Solomon)、波尔塞纳 (Porsenna) 与押沙龙 (Absalom) 的坟墓、巴比伦金字塔与城墙,以及位于以弗所的狄安娜神庙 (Temple of Diana at Ephesus) 与哈利卡纳苏斯陵庙 (Mausoleum of Halicarnassus)——这就暗示了存在着一个形式仓库,突破了任何关于古典主义的确切解释,具有更丰富的可能性。[5] 总之,应该允许雷恩一方面进行实验以扩展建筑母题的形式仓库,另一方面在知觉上偏爱于从中所提取的"几何美"。

雷恩的准折中主义无疑对 18 世纪初叶霍克斯莫尔 (Nicholas Hawksmoor)(1661—1736)与范布勒 (John Vanbrugh)(1664—1726)的设计产生了影响。[6] 霍克斯莫尔与范布勒或一起合作或分开活动,共同界定了 18 世纪英国建筑第一条伟大的发展路线,即明显的折中主义方法。霍克斯莫

1 雷恩,"Tract II",收入 M. 索编,《雷恩论建筑的"短文集"及其他著述》,157。

2 Ibid.,"Tract I",155.

3 萨莫森,《雷恩的心智》(The Mind of Wren),收入《天国之府及其他建筑论文》(Heavenly Mansions and other Essays on Architecture, New York: Norton, 1963),62。

4 如,参见 M. 索通过《雷恩的〈短文集〉》(197)中"工具性"(instrumentality)的概念对他的作品进行的解释。关于雷恩的其他解释,见唐斯,《雷恩的建筑》。

5 见《雷恩的〈短文集〉》中的 Tracts III, IV, and V, 167—195。

6 关于霍克斯莫尔,见唐斯 (Kerry Downes),《霍克斯莫尔》(Hawksmoor, London: Zwemmer, 1959);哈特 (Vaughan Hart),《尼古拉斯·霍克斯莫尔:重建古代奇观》(Nicholas Hawksmoor: Rebuilding Ancient Wonders, New Haven: Yale University Press, 2002);阿克罗伊德 (Peter Ackroyd),《霍克斯莫尔》(Hawksmoor, London: Hamish Hamilton, 1985)。关于范布勒,见唐斯,《范布勒》(Vanbrugh, London: Zwemmer, 1977);以及比尔德 (Geoffrey Beard),《约翰·范布勒的工作》(The Work of John Vanbrugh, London: B. T. Batsford, 1986)。

尔与雷恩的关系最清楚，因为他早在青少年时代就在雷恩事务所里开始了自己的职业生涯，后来他们又成为许多项目的合作者。在1691—1710年间，霍克斯莫尔充当了圣保罗主教堂的主任制图员；1698年他协助雷恩设计格林尼治医院（Greenwich Hospital）。一年之后他与范布勒交往，开始时是为他设计的爱德华城堡（Castle Howard）（1699—1712）和布莱尼姆宫（Blenheim Palace）（1705—1725）绘制详图并实施建筑工程。

霍克斯莫尔的历史理解力与创造力只是在最近才得到了人们的赞赏。在探寻各种历史主题方面，他比范布勒怀有更强烈的好奇心，并更乐于将它们运用于实践。例如，他在1720年前不久为伍斯特学院（Worcester College）画的带有注释的素描就汲取了各种不同的资源。图书馆的设计参考了"Arc sur le Pont du Xaintes"，即位于桑特（Saintes）的凯旋门。另一张图纸参考了"波尔多的古迹"，即佩罗曾画过的"护佑女神之柱"。还有一些图纸引用了维尼奥拉、雅典风塔（Tower of the Winds）、万神庙、君士坦丁凯旋门以及"琼斯先生所说的圣雅各礼拜堂（St. James Chapell）的粗面石"[1]。位于莱姆豪斯区（Limehouse）的圣安娜教堂（Church of Saint Anne）（1714—1719）的"哥特式"采光亭就是根据风塔设计的。曾令雷恩与霍克斯莫尔着迷的哈利卡纳苏斯陵庙则出现在布鲁姆斯伯里的圣乔治教堂（St. George's, Bloomsbury）（1716—1735）的顶端，24级阶梯的金字塔支撑着乔治一世的雕像。

霍克斯莫尔对于哥特式建筑的看法也非同寻常，走在了时代的前面。他在1730年代中期写给威斯敏斯特教长的一封信中为"哥特式"（Gothick）一词辩护。他批评人们用该词指"所有令人不悦的东西"，从而要纠正对该词的滥用，类似于希腊人与罗马人用的"野蛮的"（Barbarous）一词。[2] 对他来说，这个词意味着一种受人称赞的、合逻辑的建筑风格，它源于变化了的建筑类型以及采用小块石材的必然性。他在牛津万灵学院（All Souls College）（1718—1724）北面的方形庭院采用了哥特式形式，这清楚地表明令他感到愉悦的不是这方形庭院的结构或材料逻辑，而是它小尖塔天际线的童话般特色（有规律地被哥特式塔尖打断）、峻峭而浪漫的塔楼以及洒落的光影斑纹。室内则是古典风格，突显了他设计的布景特色。

范布勒也喜欢充满诗意的愉悦感，只是其程度略逊一些。1716年，他继承了雷恩的格林尼治医院建筑总监一职。为庆祝自己的升迁，他在附近建起了中世纪风格的"范布勒城堡"，由带雉堞的通道、"白塔"以及一座女修道院组成。这件奇特的建筑作品的建造时间与范布勒与霍克斯莫尔在霍华德城堡周边区域建造方尖碑、金字塔、金字塔门、神庙和陵庙的时间相吻合。霍克斯莫尔的折中主义在他别出心裁地挑选建筑资源的做法中体现得很明显，如果说这种折中主义预示了在18世纪晚期"革命"建筑中变得十分显著的趋势的话，那么范布勒的剧场效果则提供了初期如画式感受力的一个发泄口。[3] 他们两人的观点都远远背离了

---

1 唐斯，《霍克斯莫尔》，147—151。

2 Ibid., Letter 147, 255–258.

3 范布勒是以一个剧作家的身份开始职业生涯的，注意到这一点很重要。见麦考密克（Frank McCormick），《约翰·范布勒爵士：作为建筑师的剧作家》（*Sir John Vanbrugh: The Playwright as Architect*, University Park: Penn State University Press, 1991）。

欧洲大陆建筑理论的发展。

2. 帕拉第奥运动

　　霍克斯莫尔与范布勒的巴洛克倾向也为与之相对立的帕拉第奥运动提供了养料，这场运动是 18 世纪初在英格兰成型的。琼斯较早沉迷于帕拉第奥，理所当然是帕拉第奥运动之父。他 1652 年去世后，他的助手约翰·韦布 (John Webb)（1611—1672）继承了他的图书与设计图收藏，将帕拉第奥的传统在 17 世纪下半叶延续了下去。雷恩等人也一直对帕拉第奥的建筑感兴趣。例如在 17 世纪最后一个 10 年中，帕拉第奥风格在牛津地区有一批强有力的追随者，他们进入了基督教堂学院 (Christ Church) 教长阿尔德里克 (Henry Aldrich)（1648—1710）以及克拉克 (George Clarke)（1661—1736）的圈子。阿尔德里克曾经将未刊的几何学与建筑论文汇编起来，在 1706 年他还为基督教堂学院的派克沃特方形庭院 (Peckwater quadrangle) 做了帕拉第奥式的设计，令人印象深刻。克拉克是霍克斯莫尔的好友，或许正是他激发了霍克斯莫尔对帕拉第奥的兴趣。他曾做过若干帕拉第奥式设计，其中有万灵学院北舍 (North Lodging at All Souls College)（约 1710）。在 18 世纪第一个 10 年中迷恋于帕拉第奥的还有弗莱彻 (Alexander Fletcher)、托尔曼 (William Talman) 以及威廉·本森 (William Benson)。[1]

[48]

　　帕拉第奥复兴在 1712 年有了很大进展，是年沙夫茨伯里第三伯爵安东尼·阿什利·库珀 (Anthony Ashley Cooper) 写下了他那篇影响很大的《设计书简》(Letter Concerning Design)。人们常说他的这封书信标志着雷恩在知识分子圈子中已经过时，因为这位新柏拉图主义哲学家悲叹，如此之多的重要建筑由于"还保留着不少艺术家所谓的哥特式遗风"而"在我们身边流产了"[2]。雷恩因为汉普顿宫 (Hampton Court) 与圣保罗教堂而直接受到了批评。范布勒的布莱尼姆宫设计被称为"一座被糟蹋的新宫殿"。不过，沙夫茨伯里对未来不列颠民族鉴赏力的提高表示乐观，他相信新的皇宫与议会大厦将表明这一点。同时他主张建立一所"学院以训练年轻一代"[3]。

　　尽管沙夫茨伯里未提到帕拉第奥的名字，但这位伯爵天生就具有古典主义审美趣味。[4] 约翰·洛克（沙夫茨伯里第一伯爵的秘书和医生）曾对他的早年教育有很大影响。在 1680 年代末期，他前往意大利旅行，培养了对艺术的热情。他的理想主义道德哲学是建立在和谐、比例以及备受赞扬的"良好鉴赏力"基础上的。他的著作《人的特征、风习、见解、时代》(Characteristics

---

1 关于帕拉第奥运动的起源，见哈里斯 (John Harris)，《帕拉第奥复兴：伯林顿勋爵位于奇斯威克的别墅与花园》(The Palladian Revival: Lord Burlington, His Villa and Garden at Chiswick, New Haven: Yale University Press, 1994)；以及维特科夫尔，《帕拉第奥与英国帕拉第奥主义》。

2 沙夫茨伯里伯爵，《设计书简》，收入《次要角色或形式语言》(Second Characters or The Language of Forms)，兰德 (Benjamin Rand) 编 (Bristol: Thoemmes Press, 1995; originally published in 1914)，21—22。

3 Ibid., 24.

4 关于沙夫茨伯里，见瓦伊托 (Robert Voitle)，《沙夫茨伯里第三伯爵：1671—1713》(The Third Earl of Shaftesbury: 1671–1713, Baton Rouge: Louisiana State University Press, 1984)。

图 19　帕拉第奥肖像。采自《帕拉第奥建筑四书》（伦敦，1715）卷首插图，莱奥尼（Giacomo Leoni）编。

of Men, Manners, Opinions, Times）（1711）指导人们如何获取必要的美德与道德感，成为一个有良好修养的人。他认为——与洛克的观点相反——美是一种先天的观念，要通过"心灵之眼"来领悟[1]。

帕拉第奥主义作为一场运动，最初通过莱奥尼（Giacomo Leoni）（1686—1746）与坎贝尔（Colen Campbell）（1676—1729）的努力在1715年前后得以巩固。莱奥尼是威尼斯人，1713年来到英格兰，他的两卷本的《帕拉第奥建筑四书》（The Architecture of A. Palladio; in Four Books）（1715—1720）的第一版将大师的理论与建筑作品第一次呈现在英国公众面前（图19）。在译者前言中，尼古拉斯·迪布瓦（Nicholas Du Bois）将帕拉第奥描述成"民用建筑大师"中"最杰出的"一位，同时乐观地指出，当今的潮流趋向于"古人高贵而伟大的单纯"，这是与"荒唐地将哥特式与罗马风混合起来，毫无判断力、鉴赏力与和谐"的做法相对立的。[2] 在该书的第二版中，莱奥尼说他花了5年时间改善了帕拉第奥原先木刻的视觉效果，但他同时改变了这些插图，加进了明显的巴洛克特征。[3]

就在此前不久，坎贝尔于1715年出版了《不列颠的维特鲁威或不列颠建筑师》（Vitruvius Britannicus or the British Architect）的第一部分。此书原想对民族建筑作一番巡礼，实际上也收入了雷恩与琼斯的各种建筑并引以为荣。他的原意是要反对"我国的平庸观点"，并将琼斯的名字与"著名的帕拉第奥"相"并列"。[4] 但他还是为"伟大的帕拉第奥"保留了一个特殊的位置，认为他"超越了先前所有的大师"，登上了"建筑艺术的制高点"。[5] 贝尔尼尼、丰塔纳（Carlo Fontana）以及

1　关于沙夫茨伯里的美的观念，特别见他的对话《道德家，一部哲学狂想曲》（The Moralists, a Philosophical Rhapsody），收入《人的特征、风习、见解、时代》，克莱因（Lawrence E. Klein）编，（Cambridge: Cambridge University Press, 1999）；以及格里安（Stanley Grean），《沙夫茨伯里的宗教与伦理哲学：关于热情的研究》（Shaftesburg's Philosophy of Religion and Ethics: A Study of Enthusiasm, Columbus: Ohio University Press, 1967），246—257。

2　迪布瓦的译者前言《帕拉第奥建筑四书……由贾科莫·莱奥尼校订、设计与出版》（The Architecture of A. Palladio in Four Books...Revis'd, design'd, and publish'd by Giacomo Leoni, 2 vols, London: Watts, 1715—1720），3。不过这部著作的第一版，其扉页上标明的年代实际上发行于1716年。

3　维特科夫尔最早指出了这一点，见他的文章《英国新古典主义与帕拉第奥〈四书〉的兴衰》（English Neoclassicism and the Vicissitudes of Palladio's Quattro Libri），收入《帕拉第奥与英国帕拉第奥主义》，85。

4　坎贝尔为《不列颠维特鲁威或不列颠建筑师，包括了大不列颠公私合格建筑的平面图、立视图和剖面图》（Vitruvius Britannicus or the British Architect containing the Plans, Elevations, and Sections of the Regular Builings, both Publick and Private, in Great Britain, 1715; 重印，New York: Benjamin Blom, 1967）所撰写的导言。

5　Ibid.

博罗米尼那种"古怪而荒唐的美"则遭到了严厉的谴责。然而，坎贝尔还是在他的眼界开阔的综述中收入了阿彻 (Thomas Archer)、霍克斯莫尔与范布勒的巴洛克设计。

不过，莱奥尼与坎贝尔的努力很快便中止了，因为到 1720 年代初帕拉第奥运动的领导权已转移到了伯林顿第三伯爵暨科克第四伯爵 (fourth earl of Cork)（1694—1753）理查德·博伊尔 (Richard Boyle) 的手中。[1] 伯林顿出身于富裕而有教养的家庭，于 1715 年成年时获得了贵族头衔。此前一年他首次去意大利，在那里他沉迷于音乐、戏剧并购买绘画作品。正是在这段时间，他追求着沙夫茨伯里所谓的"艺术鉴赏家"(virtuoso) 的理想，即不动声色地欣赏美的形式。旅行期间，他雇了吉布斯 (James Gibbs) 等建筑师改建他位于皮卡迪利大街上的伯林顿宅邸。当他于 1715 年返回时，莱奥尼与坎贝尔的书引起了他的兴趣。他决定以坎贝尔替换吉布斯来改建伯林顿宅邸，并有迹象表明，在后来的若干年中坎贝尔成了伯林顿的建筑教师。到了 1719 年，伯林顿批评坎贝尔的古典风格不纯粹，决定第二次前往意大利，专门从源头上研究帕拉第奥。他不仅考察了帕拉第奥的建筑作品，还购买了所能找到的所有帕拉第奥素描。回伦敦后，他又购入了大部分琼斯的收藏，也包括帕拉第奥的素描。

[49]

因此，当伯林顿在 1720 年代初要翻新自己在奇斯威克的庄园时，他已经具备了成功的一切条件。1725 年发生了一场火灾，使他决定在 1725—1730 年间建一座新的帕拉第奥式圆厅别墅 (rotunda)。这座建筑的设计成了帕拉第奥运动的范例，但伯林顿并未就此止步。1724 年他委托曾在意大利遇见的肯特 (William Kent) 编辑《伊尼戈·琼斯的设计》(The Designs of Inigo Jones) 一书，于 1727 年以两卷本的形式出版。[2] 他可能还协助卡斯特尔 (Robert Castell) 在次年出版了《插图本古代别墅》(The Villas of the Ancients Illustrated)，对普林尼关于劳伦替洛姆 (Laurentinum) 与托斯库姆 (Tuscum) 的别墅进行了复原。这个不太知名的卡斯特尔考虑到"琼斯与帕拉第奥的许多作品已经毁掉了，但为了阁下您对建筑的热爱"，遂将此书题献给了伯林顿。[3] 1730 年伯林顿也出版了《古代建筑》(Fabbriche antiche) 一书，从他自己的收藏中将先前未发表过的帕拉第奥的古代建筑复原图公之于世。[4]

伯林顿与肯特是这个圈子中的核心人物，他们在专业上的关系既复杂又有趣。伯林顿第一次遇见肯特是在 1714—1715 年冬季的罗马，肯特充当了他购物的代理人。1719 年伯林顿邀请肯特回到英国做一名装饰画家。肯特就住在伯林顿的家里，为他采办物品。他先是住在皮卡迪利大街上的伯林顿宅邸，后来又住在奇斯威克别墅。到 1720 年代后半期，肯特也参与了奇

1　关于伯林顿伯爵的著作与观念，见哈里斯，《帕拉第奥复兴》(The Palladian Revival)；以及阿诺德 (Dana Arnold) 编，《所有缪斯的宠儿：理查德·波伊尔，伯林顿第三伯爵与科克第四伯爵》(Belov'd by Ev'ry Muse: Richard Boyle, 3 th Earl of Brulington & 4th Earl of Cork, London: Georgian Group, 1994)。

2　肯特，《伊尼戈·琼斯的设计，包括公私建筑平面图与立视图》(The Designs of Inigo Jones, consisting of Plans and Elevations for Publick and Private Builings，2 vols. London: William Kent, 1727)。

3　卡斯特尔，《插图本古代别墅》(London: author, 1728)。

4　理查德·伯林顿伯爵 (Riccardo Conte'di Burlington)，《维琴察的安德烈亚·帕拉第奥绘制的古代建筑，理查德·伯林顿伯爵出版》(Fabbriche antiche disegnate'da Andrea Palladio Vicentino e'date in luce'da Riccardo Conte'di Burlington, London: author, 1730)。

斯威克花园的重新设计。这些工作使他在 1730 年代早期十分容易地过渡到建筑设计。一开始他以十分认真的态度为诺福克郡 (Norfolk) 霍尔克姆宫 (Holkham) 做了设计，可能是与伯林顿合作的。[1] 在这个 10 年中，肯特还以古典风格做了新财政部、皇宫和议会大厦的设计，令人想起早先沙夫茨伯里的倡议。

伊萨克·韦尔 (Isaac Ware) (去世于 1766) 也为帕拉第奥运动做出了不小的贡献。他为伯林顿工作，是其圈子中的一员。他的《伊尼戈·琼斯等人的设计》(*Designs of Inigo Jones and Others*) 一书首版于 1735 年。[2] 3 年后他开始出版《帕拉第奥建筑四书》(*The Four Books of Andrea Palladio's Architecture*) 的新译本。[3] 伯林顿曾否定了莱奥尼对帕拉第奥文章的改动，十分关注于新版本的准确性，他亲自校订译文，并为它的出版提供了资金支持。

这些年中最活跃的古典建筑理论家或许是罗伯特·莫里斯 (Robert Morris) (1701—1754)，他至少是这个圈子的边缘人物。莫里斯的生平不为人知，他是特威克纳姆本地人，建筑师罗杰·莫里斯 (Roger Morris) 的 "同族人"。他的第一本书《为古代建筑辩护，或古今建筑比较》(*An Essay in Defence of Ancient Architecture; or a Parallel of the Ancient Buildings with the Modern*) (1728) 题献给所有 "古代建筑的提倡者与实践者"。他特别赞扬了伯林顿、彭布罗克伯爵 (earl of Pembroke) 以及方丹 (Andrew Fountaine) 等人。[4] 此书的书名当然暗示了弗雷亚尔早期著作以及古今之争。罗伯特·莫里斯以近乎宗教般的狂热坚定地站在古人一边，尽管立场与法国人相当不同。"哥特人和汪达尔人"对古典主义的 "正确规则、理性与自然律法的完美标准"造成的破坏被文艺复兴建筑师们所修复，在这些建筑师中，"帕拉第奥享有至高无上的荣誉"[5]。近来，"英国的帕拉第奥"琼斯以及他之后的雷恩纠正了英国的这一状况。莫里斯理论的中心是和谐的观念，这和谐即指 "每一特定部件达到怡人的均衡与调和，并集中统一于整体构造之中"[6]。他提倡一种由绝对精确的数学所控制的建筑物，而不是 "女人气"地追求 "新颖独特"[7]。

[50]

莫里斯于 1734—1736 年间发表了一系列建筑演讲，重点也在于和谐的比例。不过此时他不那么迷恋于帕拉第奥了，分析中的古典色彩也减少了。尽管他依然视比例为最重要的问题，

---

1 维特科夫尔，《伯林顿伯爵与威廉·肯特》(Lord Burlington and William Kent)，载《考古学杂志》(*Archaeological Journal*) 102 (1945)：151—164。此文最早将肯特早期设计的许多特色归因于伯林顿的影响。但这一观点遭到了威尔逊 (Michael Wilson) 的质疑，见他的《威廉·肯特：建筑师、设计师、画家、园艺家，1685–1748》(*William Kent: Architect, Designer, Painter, Gardener, 1685—1748*, London: Routledge & Kegan Paul, 1984)。关于肯特的作品，参见茹尔丹 (Margaret Jourdain)，《威廉·肯特的工作：艺术家、画家、设计师和景观园艺家》(*The Work of William Kent: Artist, Painter, Designer and Landscape Gardener*, London: Country Life Limited, 1948)。

2 韦尔，《伊尼戈·琼斯等人的设计》(London, 1735?)。关于此书的出版年代说法不一。

3 韦尔，《帕拉第奥建筑四书》(London: author, 1748—1755)。

4 莫里斯，《为古代建筑辩护，或古今建筑比较：展示前者的美与和谐以及后者的不规范》(*An Essay in Defence of Ancient Architecture; or a Parallel of the Ancient Buildings with the Modern: Shewing the Beauty and Harmony of the Former, and the Irregularity of the Latter*, London: Browne, 1728; 重印, Farnborough, England: Gregg International, 1971)，iii, xii-xiii。

5 Ibid., xviii, 23.

6 Ibid., 14.

7 Ibid., 20—21.

但同时注重建筑的"情境"以及"便利"[1]。情境在他的思想中是一个宽泛的概念，不仅包括建筑物地点或景观特征，也包含了地点与景观所引发的相关特性，即景观引发崇高与观念的力量。[2] 在紧接着出版的《论主要与情境和建筑相关的和谐》（*An Essay upon Harmony as it relates chiefly to Situation and Building*）（1739）中，他说情境是"对于心灵感知能力具有影响力的力量"。取得这种自然和谐是可能的，因为"我们身体的构造与大自然所产生的优雅是相一致的"。[3] 事实上，莫里斯理论中的帕拉第奥理想经历了一种微妙的变化，古典美的绝对与客观的标准与正在出现的如画观念的联想以及主观理想混合在了一起。

在 18 世纪中叶，帕拉第奥主义在英国式微的另一个征兆是来自法国的新古典主义影响。这种影响至少在韦尔的《建筑全书》（*A Complete Body of Architecture*）（1756）中可以见出。在此书中，帕拉第奥依然是建筑实践"最伟大、最优秀"的源泉，尽管他并非完美无缺。[4] 但在韦尔的古典理论新纲要中——在英国建筑理论中的确是第一次出现——同样重要的是洛日耶《论建筑》（1753）的观念。韦尔不仅引用了洛日耶的许多名言，而且有时还直接将译文作为自己的论述，并未标明出处。[5] 例如，柱子应是圆形的而不是扭曲的形状；它应与墙体分开，柱身无鼓胀也无柱座。[6] 韦尔也讨厌拱券，但允许使用壁柱，不过只有在圆柱这种正确的选择不可用的少数情况下才能使用。[7] 他认为圆柱向上渐收是可以的，但反对作视觉微调，甚至在柱身上开槽也是"没有道理的"，是一种"错误的装饰"。英国建筑师可能不了解这些，但他们应该看看法国的情况，在"他们最近建造的、最端庄的作品上，是看不到任何开槽圆柱的"[8]。韦尔进一步为"高贵的单纯"辩护，"任何装饰都是不允许的，除非是合理的；建筑中不符合实用原理的东西都是不合理的"[9]。在韦尔对古典主义的新解释中，最令人惊讶的是他热情地接受了佩罗的双柱，因为这是"现代人对（古代）规则的一项纯粹而伟大的补充与改良"[10]。

---

1 莫里斯，《建筑演讲：内容包括建筑中基于和谐与算术比例的规则，作为绅士之乐事的设计；对于从事建筑或高雅艺术及其研究的人士更有用处》（*Lectures on Architecture: Consisting of Rules Founded upon Harmonick and Arithmetical Proportions in Building, Design'd As an Agreeable Entertainment for Gentlemen: and More Particularly Useful to All Who Make Architecture, or the Polite Arts, Their Study*，第 2 版，London: Sayer, 1759; originally published in 1734–1737；重印，Farnborough, England: Gregg International, 1971）。莱瑟巴罗（David Leatherbarrow）最早注意到莫里斯理论的这些方面，见他的文章《建筑与情境：罗伯特·莫里斯建筑写作研究》（Architecture and Stuation: A Study of the Architectural Writings of Robert Morris），载《建筑史家学会会刊》44（March, 1985）：48—59。

2 莫里斯，《建筑演讲》，173.

3 莫里斯，《论主要与情境和建筑相关的和谐》（1739），18；重印收入莫里斯，《建筑演讲》，22。

4 韦尔，《建筑全书：配有原设计平面图与立视图》（*A Complete Body of Architecture: Adorned with Plans and Elevations, from Original Designs*，London: Osborne & Shipton, 1756），131—132。帕拉第奥也可以批评，例如他处理圆柱连接或相交的方式（p. 254）。

5 赫尔曼对这些情况做过仔细的研究，见他的《洛日耶与 18 世纪法国建筑理论》（London: Zwemmer, 1962），173—175.

6 韦尔，《建筑全书》，138—139。

7 Ibid., 237.

8 Ibid., 136.

9 Ibid.

10 Ibid., 149.

在钱伯斯的《论市民建筑》(*Treatise on Civil Architecture*)（1759）[1]一书中，法国的影响也很明显。钱伯斯（William Chambers）（1723—1796）在法国接受过训练，此书是他在职业生涯的早期阶段写成的，实际上标志着英国帕拉第奥主义的终结。这是一本简明读本，原打算写成一本设计手册，配有精致的素描插图，理论评述只出现在出人意料之处。不过对于同时代人来说，他的主旨与立场是鲜明的。他频繁地提及法国与意大利作者，仰仗着前人的研究成果，但提问是自由的。佩罗常被看作是一个典范，但地位并不比同时代的弗朗索瓦·布隆代尔高。帕拉第奥常被视为有价值的资源，但只是在做了大量修订的第三版（1791）中，才因其"正确而优雅"的风格得到了突出的强调。[2]钱伯斯对于洛日耶提出的许多限制却不以为然，他"极其傲慢地禁止所有柱础、壁柱、壁龛、拱廊、女儿墙、穹顶等，而且只是出于宽容才允许建造门或窗乃至墙壁"[3]。

钱伯斯在最能说明他的观点的两章中谈了比例问题。在论多立克柱式的一章中，他提出"给和谐的比例关系附加上严格的规则在我看来是不合理的"，因为"观看不同图形和不同位置"会影响到总体效果，也会影响总体效果所引发的情感。[4]在这里，他实际上是在借助于埃德蒙·伯克（Edmund Burke）（1729—1797）的比例相对论（尽管伯克内心厌恶古典主义）。伯克假设，"简单的形式比复杂的形式更能迅速地起作用，而且这种投射比那些较隐晦的投射更快地被感[51]知"[5]。在后面的一章中他又回到了这一主题，以一种反古典主义的口吻提出，由比例所引发的"愉悦或厌恶"，"要么是偏见造成的，要么是我们喜欢将观念与图形相联系的习性所造成的，并非像有些人想象的那样，是由于内在的特定魅力所造成的"。[6]他持有类似于佩罗的立场："完美的比例就是两个极端之间的平均数；建筑规则就是要将这平均数固定下来。"[7]

有趣的是，他后来对这一立场进行了修正。在1791年的修订版中，他提到了佩罗与布隆代尔的争论，但不愿意偏向任何一方。他认为，他们两人都是"和谐比例的维护者"，也都是比例相对论的支持者。他认为，他们关于完美的观念基于同一些古代建筑，基于它们"令人愉悦的绝对可靠的方式……这种方式获得了相当普遍的认可"[8]。到头来，他曾在1759年与法国人勒鲁瓦和意大利人皮拉内西（这两人他都认识）持有共同的比例相对论的观点，现在却变成了绝对论，而当时已不再有人支持绝对论了。除此之外，他的另一与众不同之处在于，他在

1　钱伯斯，《论市民建筑》(London: Haberkon, 1759)。关于钱伯斯的生平及其思想与实践，见哈里斯，《威廉·钱伯斯爵士：北极星骑士》(*Sir William Chambers: Knight of the Polar Star*, London: Zwemmer, 1970)；哈里斯与斯诺金（Michael Snokin）编，《威廉·钱伯斯爵士：乔治三世的建筑师》(*Sir William Chambers: Architect to George III*, New Haven: Yale University Press, 1996)；以及斯诺丁（Snodin）编，《威廉·钱伯斯爵士》(*Sir William Chambers*, London: Victoria & Albert Meseum, 1996)。

2　钱伯斯，《论市民建筑的装饰》(*A Treatise on the Decorative Part of Civil Architecture*, 3rd de., London: Joseph Smeeton, 1791)，107。

3　钱伯斯，《论市民建筑》，58。

4　Ibid., 18.

5　Ibid.

6　Ibid., 64. 钱伯斯在他的未刊手稿中，也就比例的相对性以及伯克心理学问题提出了类似的观点，该手稿藏于皇家美术学院。参见沃特金，《约翰·索恩爵士：启蒙主义思想与皇家美术学院演讲》(*Sir John Soane: Enlightenment Thought and the Royal Academy Lectures*, New York: Cambridge University Press, 1996)，33—34。

7　Ibid.

8　钱伯斯，《论市民建筑的装饰》，107。

1791 年反而比在 1759 年时更具有帕拉第奥的精神气质。

3. 如画与崇高的起源

"如画"（picturesque）与"崇高"（sublime）这两个相互关联的概念构成了英国 18 世纪美学的主要内容，它们（无论是在语词上还是在观念上）常常相互呼应、相互支撑，共同构成了一种美学。这种美学所关注的问题与兴趣点背离了传统的美学主题，因此具有深刻的建筑意蕴。如画与崇高的概念在本质上是反古典的，因为它们所关注的美的属性与几何学、均衡、比例这类古典旨趣全然不同。

"*Pittoresk*"这个词早在 1685 年就出现在英语中，意指大胆狂放、震撼人心的图画，而作为一个概念则是在 18 世纪发展起来的。[1] "如画"这个词通常与景观理论相关联，这是不错的，但它也指一种一般意义上的美学观，本质上完全是一种英国人特有的观念。范布勒在 1709 年恳请马尔伯勒女公爵在布莱尼姆宫地界之内保留老庄园与礼拜堂就是这一观念的一个早期实例，常被人引用，"因为这些建筑（比起单纯的历史）更能唤起人们对曾经生活于其中的那些人物、对发生于其中的事情或非同寻常的建造场面的更为生动愉快的追思"[2]。范布勒继续点明了用自然特征来提升这些废墟的种种景观效果，比如"（以细紫杉与冬青为主）作杂乱布置如同生长于野生丛林之中"，"可以成为最优秀的风景画家创作出来的最悦人的作品"。[3]

如画观念也很早就出现在沙夫茨伯里伯爵和艾迪生的著述中。沙夫茨伯里《特征》一书中有段经常被人引用的话，表达了他"对于自然事物"的喜好，"艺术或人的狂妄或奇思怪想还未闯入其原始状态从而破坏它们的本真秩序"。他继续说："即使是粗粝的岩石、长满青苔的洞穴、不规则的原始洞窟和七零八落的瀑布跌水，以及更多地代表了大自然蛮荒本身的一切骇人魅力，都将是更富有吸引力的，呈现出的壮丽景象超越了王侯花园那种一本正经的拙劣模仿。"[4]

在沙夫茨伯里的朋友约瑟夫·艾迪生（Joseph Addison）的著作中也出现了关于如画与崇高观念的论述，尤其是他于 1714 年夏季为《旁观者》（*Spectator*）所撰写的文章。这些文章加了副题"想象力的愉悦"（Pleasures of Imagination），论述了"观看可见物体所引发的"情感，即"要么当我们在观看自然实物时，要么在观看绘画、雕像或文字描述等类似情况下内心引发的情感及观念"[5]。

1　希普尔（Walter John Hipple）认为是阿格利昂比（William Aglionby）在 1685 年第一次使用了这个词，参见他关于该词被引入英语中的意见，《英国 18 世纪美学理论中的优美、崇高和如画》（*The Beautiful, the Sublime, and the Picturesque in Eighteenth-Century British Asthetic Theory*, Carbondale: Southern Illinois University Press, 1957），185。

2　范布勒于 1709 年 6 月 11 日致马尔伯勒女公爵的书信，收入《约翰·范布勒爵士作品全集》（*The Complete Works of Sir John Vanbrugh*），书信由韦布（Geoffrey Webb）编辑（Bloomsury, England: Nonesuch Press, 1928），4:29。

3　Ibid., 30.

4　库珀（Anthony Ashley Cooper），沙夫茨伯里第三伯爵，人、风习、意见、时代的特征，克莱因（Lawrence E. Kleine）编（Cambridge：Cambridge University Press, 1999），317。

5　艾迪生，载《旁观者》（London: George Routledge & Sons, n.d.），no. 411，593。

艾迪生将这些愉悦划分为"伟大的、不寻常的或优美的"观念。他并未简单地将美视为传统的均衡、比例以及事物有秩序的布置等观念，而是将宏大的外观（即崇高的观念）定性为"整个视界的宏大，是作为一个整体来考量的"。[1] 自然界中的宏大是"一种粗粝的宏伟壮观之象"，这是由辽阔广袤的景象所唤起的，如"大片荒凉的沙漠，绵延起伏的群山，巨石与悬崖或烟波浩渺的水域"。[2] 在建筑中，他将宏大"与建筑的体积与体量或建造的手法"联系起来，举的例子是金字塔、巴别塔、中国长城、帕特农神庙，人们刚刚进入这样的建筑时"心中便充满了宏大的与惊奇的想象"。[3] 艾迪生所描述的崇高概念尽管充满了种种美学上的可能性，但直到 18 世纪中叶才得到细致的阐述，获得了微妙的意蕴。

[52]　　如画观念的发展略早一些，艾迪生在他的文章中表达了对"大自然草率的、不经意的笔触""大自然的广阔原野"以及一般的"荒野景色"的喜好，从而赋予了这一概念以鲜活的生命：

> 于是，在那一片铺陈开来，并由原野、草地、树木与河流装点得多姿多彩的风景中；在那些有时可在大理石纹理上看到的，由树木、云彩与城镇构成的偶发景色中；在岩石与洞穴组成的奇妙的雕刻风格中，一句话，在这一切事物中，我们获得了快乐。这一切或者是那么富于变化，或者是那么整齐匀称，就像是有意设计出来的效果，我们不妨称之为造化之作（Works of Chance）。[4]

园艺师斯威策（Stephen Switzer）曾在霍华德城堡为范布勒工作过，他在三卷本的《乡村图集》(Ichnographia Rustica)（1718）中也表达了类似的观念，直接将"守规则的园艺师"与"自然的园艺师"进行了对照。[5]

蒲柏（Alexander Pope）在若干重要的方面推进了如画观念。首先，他促进了这个词的普及，主要体现在他的荷马史诗《伊利亚特》（1715—1725）译本的注释以及他的书信中。[6] 同样重要的是他努力将如画的效果体现在自己的花园设计中。蒲柏于 1716 年将自己的家搬到了奇斯威克（Chiswick），这就使这位诗人进入了柏林顿的圈子。1718 年蒲柏租下了他位于泰晤士河畔的别墅，位于特威克纳姆（Twickenham）附近。在对这座建筑的改造完工之后，他着手对屋后的 5 英亩植物园进行改造，以"一切园艺都是风景画"为前提[7]。这座花园的最显著的特色是地下洞穴，访问者要从汉普顿宫通往伦敦的公路下面进入（图 20）。这个洞穴原先设想做成一座古典式的宁

1　艾迪生，载《旁观者》，no. 412, 594。

2　Ibid.

3　Ibid., no. 415, 599.

4　Ibid., no. 414, 597.

5　斯威策，《乡村图集》(London, 1718)，3:5。转引自沃特金，《英国景色：建筑、景观与园艺设计中的如画式》(The English Vision: The Picturesque in Architecture, Landscape and Garden Design, London: John Murray, 1982)，8。

6　关于蒲柏采用此术语的情况，见希普尔，《优美、崇高与如画》(The Beautiful, the Sublime, and the Picturesque)，185—186。

7　与斯彭斯(Joseph Spence)的谈话，始于1727年，收入《趣闻轶事》(Anecdotes)。转引自蔡斯(Isabel Wakelin Urban Chase)，《园艺师霍勒斯·沃波尔》(Horace Walpole: Gardenist, Princeton: Princeton University Press, 1943)，108。

图 20　蒲柏花园中的地下洞穴。采自塞尔莱（John Serle）的《蒲柏花园平面图，保持着他去世时的状况：收入一幅平面图与地下洞穴透视图》（*A Plan of Mr. Pope's Garden, as it was left at his death: with a Plan and Perspective View of the Grotto*, London, 1745）。

芙庙（nympheum），但后来蒲柏进行了修改，采用了康沃尔郡（Cornwall）锡矿的矿洞形式。[1] 花园中后来又有了一个"高丘"（或制高点）、一个葡萄园、一个橘园，弯曲盘绕的小路，一座方尖碑，以及一座贝壳神庙。

　　蒲柏的工作或许影响了伯林顿，后者于 1720 年代晚期在他的奇斯威克花园中修建了弯曲的小径、流水、桥梁与瀑布，使对称的花园松弛下来。伯林顿的两个原型是普林尼位于劳伦替洛姆（Laurentinum）与托斯库姆（Tuscum）的别墅，卡斯泰尔（Robert Castell）曾在他的《插图本古代别墅》（*Villas of the Ancients Illustrated*）（1728）中对这两座别墅进行了复原。他在对托斯库姆景点的评注中描述了罗马景观建筑师所经历的三个设计阶段，第一个阶段是"原封不动或稍加改动"地照搬自然的"粗糙手法"；第二个阶段是"中规中矩"地营造花园[2]；第三个阶段最先进，建筑师摆脱了正规的做法而设计出另一种风格，"这种风格的美源于对大自然的忠实模仿；尽管各个部分是根据最伟大的艺术来经营的，但仍保留了不规则的特点"[3]。这种风格也采用"岩石、瀑布和树木以呈现出它们的自然形态"[4]。

1　见布劳内尔（Morris R. Brownell）为《亚历山大·蒲柏的别墅：蒲柏关于别墅、洞窟与花园的观念：英国风景的一个缩影》（*Alexander Pope's Villa: Views of Pope's Villa, Grotto and Garden: A Microcosm of Enghish Landscape*）所撰写的导论（London: Greater London Council, 1980），9。

2　卡斯泰尔，《插图本古代别墅》，116。

3　Ibid.

4　Ibid., 116—117.

兰利（Batty Langley）（1696—1751）于 1728 年出版的《园艺新原理》（New Principles of Gardening）一

[53] 书也采纳了类似的观念。此书开门见山地攻击"僵化的、规则的花园"，提倡"复制或模仿大自然"，并"一丝不苟地追寻大自然的足迹"。[1] 他的这项研究部分汲取了传统元素，部分是全新的。其中关于"花园环境与布置概说"（Of the Situation and Disposition of Gardens in General）一章，强调自然特性、多样性以及"每次转身都有新的愉悦"[2]，从而预示了后来的发展。在视野不开阔的散步小径之处，他建议在道路尽头布置"树木、森林、奇形怪状的岩石、怪异的绝壁、山丘、古老的废墟以及宏大的建筑物"[3]，小树林则应以"在不规则中求规则"的方式来种植[4]。

图 21 肯特肖像。采自《艺术家肖像：剪贴簿，1600—1800》。

不过，如画理论依然是起源于伯林顿的圈子，肯特（图 21）在 1730 年代之后的著作中对这种理论作了首次清晰的表述。我们已知当时这位画家开始转向建筑，到 1720 年代晚期为止他已参与了伯林顿在奇斯威克庄园的若干景观改造工程。肯特接受委托设计了剧场（或称橘园），建成于 1728 年。他还设计了一处花园龛座（garden exedra），但未实施。据说他还设计了别墅西边的"荒原"以及乡野瀑布。不过，他正是在卡尔顿宅邸（Carleton House）、斯托（Stowe）和劳斯汉姆（Rousham）将自己"新的鉴赏力"付之于景观设计。他在很大程度上受到蒲柏的特威克纳姆花园的影响。托马斯·鲁宾逊爵士（Sir Thomas Robinson）在 1734 年写信给卡莱尔勋爵（Lord Carlisle），信中有段描述肯特革新的文字很有名，说肯特工作时——

不用水平尺和直尺。这样一来，我真的觉得这位王公的 12 英亩花园比我所见过的任何花园更多姿多彩，更变化多端。这种营造花园的方法更令人称心如意，当竣工时便呈现出了优美的自然景色。不告诉你的话，你会以为这完成的作品并没有经过艺术加工，而这是根据有关中国人的传闻营造的造化之作，中国人在他们的园林中从来不将植物种得笔直成行，从不做整齐划一的设计。[5]

---

1 兰利，《园艺新原理：或按照比前人更宏大更具乡村气息的方式安排与培育花圃、小树林、荒野、曲径、林荫路、公园等》（New Principles of Gardening: Or, the Laying Out and Planting Parterres, Groves, Wildernesses, Labyrinths, Avenues, Parks, etc. After a more Grand and Rural Manner, than has been done before, London: Pater-Noster Row, 1728），v−vi（p.v is misprinted as p.x）。

2 Ibid., 198.

3 Ibid., 195.

4 Ibid., 202.

5 此信日期为 12 月 23 日，引自威尔逊，《威廉·肯特》（William Kent），192。参见乔丹（Jourdain），《威廉·肯特的作品》（The Work of William Kent），77。

在斯托，肯特于 1731—1735 年间设计了景观"福地乐土"（Elysian Fields），使得范布勒早期设计的这一园林呈现出了灵活放松的效果。在一片绿树葱茏之中，曲折的小径与溪流蜿蜒穿过的谷地，他建起了"古代美德神庙"（以蒂沃利的女灶神神庙为样板）、"现代美德神庙"（一座如画式的废墟），以及"不列颠美德神庙"（以他早先为奇斯威克花园做的开敞式谈话间设计为基础）。在劳斯汉姆，肯特从 1737 年开始将另一放射状设景观计改造为一个草木丰盛的"维纳斯峪"（Venus's Vale），修建了两处瀑布，使之成为一处完整的景观。一座七拱平台，或称作"普勒尼斯特"（Praeneste，地名，位于罗马东面约 48 公里处，罗马人约于公元前 2 世纪晚期在此建造了规模宏大的命运女神庙。此神庙依陡峭的山坡而建，有七层平台沿中轴线上达山顶，以台阶与坡道相连），将这一景观及上层园林与宅邸联系了起来。不过，这两处早期如画式园林设计的杰作与十多年后年轻的霍尔（Henry Hoare）对自己的田园诗般的帕拉第奥式庄园的改造工程相比，就显得逊色了。这座庄园位于威尔特郡（Wiltshire）的斯陶尔赫德（Stourhead）。在那里，霍尔开挖了大片的人工湖，将一系列维吉尔式花园建筑在视觉上联系起来。该景观绝大部分是由伯林顿的学生弗利特克罗夫特（Henry Flitcroft）设计的，包括了一座袖珍版的万神庙，一座以巴勒贝克维纳斯神庙为样板的建筑，这座古代神庙是此前不久由道金斯和伍德公之于众的。

沃波尔（Horace Walpole）（1717—1797）在 18 世纪后半叶写过一篇颇有影响的文章，题为《现代园艺趣味的历史》（History of the Modern Taste in Gardening）（1771），在文中他认为肯特是第一个赋予这种新景观风格以诗意形式的人："他越过篱笆，看到整个大自然就是一座花园。"[1] 肯特的革新在于巧妙地运用了透视以及绘画般的光影对比，以自然手法组合树木，在峰回路转之处选择点景建筑，尤其是对水的利用，不露痕迹，"教会了涓涓溪流如何随意地蜿蜒流淌"[2]。

另有两种时尚给英国思想界打上了深深的烙印，强化了对大自然之美的赞赏以及由此而引发的如画感受力。一是对哥特式建筑的新兴趣，它最终被看作是一种典型的英国趣味；一是对中国事物的迷恋，源于英国的殖民利益。这两股潮流与如画运动天衣无缝地融合在一起。 [54]

哥特式设计，正如我们所见，从未在英国建筑实践中完全消失，即使在帕拉第奥运动的高潮期。由霍克斯莫尔设计的牛津万灵学院（All Souls College）为哥特式风格，建于 1715—1734 年间。他还设计了威斯敏斯特的两座哥特式塔楼，建于 1735—1745 年间。人们知道蒲柏对哥特式很好奇，肯特也迷恋于中世纪事物。1730 年代肯特曾设计了一处中世纪庄园，即伊舍庄园（Esher Place）的增建部分，建有塔楼、城堡与哥特式窗。1732 年，他还在汉普顿宫中以哥特式风格重建了钟庭（Clock Court）的部分建筑以及加拱顶的门楼。后来他又为威斯敏斯特大堂（Westminster Hall）（1738—1739）与格洛斯特主教堂（Glouceste Cathedral）增建了哥特式隔屏。他设计了许多梦幻般的点景建筑，如他在罗夏姆庄园（Rousham）将一座磨坊设计成了怪异的哥特式。

另一些建筑师也在追求着同样的效果。吉布斯（James Gibbs）于 1741 年在斯托设计了一座两

---

1 沃波尔的《现代园艺趣味的历史》尽管写于 1771 年，但首次发表于《英国绘画轶事》（Anecdotes of Painting in England, 1780）的最后一卷中。此处引文引自近年来新出版的版本，蔡斯的《霍勒斯·沃波尔》（Horace Walpole），25。

2 Ibid., 26.

层的哥特式神庙，以红色铁矿石为材料；这些作品或许促使兰利（Batty Langley）在接下来的一年中出版了《古代建筑，以各式各样宏大而实用的、全新的设计，以哥特式的方式进行修复与改进，以美化建筑与花园》(Ancient Architecture, Restored and Improved by a Great Variety of Grand and Usefull Designs, entirely new, in the Gothick Mode, for the Ornamenting of Building and Gardens)。[1] 除了提供哥特式神庙、楼阁以及花园步道交叉处的亭子等设计图之外，兰利还描绘了五种古典化的哥特柱式，暗示了哥特式与古典风格具有平等的地位。

沃波尔的草莓山庄（Strawberry Hill）的兴建开启了哥特式复兴的新阶段。沃波尔是著名的国会议员，第一奥福德伯爵（first earl of Orford）之子。他于1748年在特威克纳姆（Twickenham）购买了一座小宅并开始培育这片土地的自然景观，次年他决定以哥特式风格扩建。在接下来的20多年里，他扩建了这座"城堡"，于1753年完成了图书馆与餐厅，1761年完成了长廊、圆塔与大回廊，1770年完成了北卧室，1776年建成了博克莱尔塔楼（Beauclerc tower）。哥特式的各翼与角塔非对称地组合在一起，细节越做越准确，这是由18世纪下半叶英国最优秀的一批建筑师设计的。草莓山庄尽管有它的不足之处，却开启了英国哥特式复兴运动。这场运动一直延续到整个19世纪。

沃波尔在他论现代园艺趣味的论文中也提到了当时人们对于中国的热衷。其实早在17世纪中叶耶稣会传教士对中国进行报道之时，对于中国的兴趣就在整个欧洲蔓延开来了。1650年前后，中国茶叶输入英格兰，中国瓷器在欧洲成了抢手货，尤其是西方在18世纪上半叶重新发现了瓷器生产的奥秘之后。

英格兰人坦普尔（William Temple）（1628—1699）是第一个讨论中国园林的人，他的文章题为《论伊壁鸠鲁花园，或论园艺，1685年》(Upon the Gardens of Epicurus; or, Of Gardening, in the Year 1685)。他将中国园林与欧洲花园进行对比，提到中国人将欧洲对称与整齐划一的园艺风格当成了笑柄，并描述了中国人完全相反的做法："但他们将自己最为丰富的想象力用在谋划景物形态方面，获得了大美的效果，打动了人们的眼睛，但各部分的安排或处理都不会一览无遗或被轻易看到。"[2] 坦普尔甚至给出了这种设计技巧的中文词 Sharawadgi（散乱位置）*。有趣的是，坦普尔劝欧洲人不要采用这种方法——不是因为它不美，而是很难获得成功。

坦普尔的评论无疑影响了艾迪生在1714年对中国园林的评论，当时他提到，"中国人在园林设计方面显示出了天才，总是使自己的技艺隐而不露"[3]。帕拉第奥主义者伯林顿本人也对

1　兰利此书的第二版书名改为人们较熟悉的《哥特式建筑：在许多宏大的设计中根据规则与比例进行了改进》(Gothic Architecture: Improved by Rules and Proportions, in many Grand Designs)。1967年由 Gregg Press 重印的本子是1747年的版本。

2　坦普尔，《论伊壁鸠鲁花园，或论园艺，1685年》(1685)，收入《威廉·坦普尔爵士的五篇杂文》(Five Miscellaneous Essays by Sir William Temple)，蒙克（Samuel Holt Monk）编（Ann Arbor: University of Michigan Press, 1963），30。

*　钱锺书先生曾在他的牛津大学文学学士论文《十七、十八世纪英国文学中的中国》中，讨论了坦普尔有关中国园林的著作，特别对坦普尔所用的"Sharawadgi"一词做出解释，认为该词是中文"散乱"或"疏落"加上"位置"合成的一个词，其含义是中国园林艺术那种不重人为规划而重自然意趣的美，是那种"故意凌乱而显得趣味盎然、活泼可爱的空间"(space tastefully enlivened by disorder)。——中译者注

3　艾迪生，《旁观者》，no. 414, 598。

中国热的不断增长有所贡献，他在 1724 年购买了耶稣会传教士马国贤（Matteo Ripa）的铜版画，这些铜版画表现了清朝皇帝在承德避暑山庄的宫殿与花园。有人甚至认为，正是这些铜版画使他重新考虑他自己的奇斯威克花园。[1] 无论如何，伯林顿的兴趣反映了当时人们对中国建筑形态日益增长的热情。在 1740、1750 年代，中国建筑出现在英国的花园中，贝特曼（Dickie Bateman）于 1740 年代在他位于老温莎（Old Windsor）的果园别墅（Grove House）中，除建了一些英式与哥特式点景建筑之外，还增建了一座中国式桥梁和一座中国式房屋。[2] 哈夫彭尼（William Halfpenny）在 18 世纪中叶出版了《中国式庙宇的新设计》（*New Designs for Chinese Temples*）（1750）与《装饰合理的中国式与哥特式建筑》（*Chinese and Gothic Architecture properly ornamented*）（1752），大大推动了中国时尚。

对中国的兴趣在钱伯斯的设计与出版物中达到了高潮。他出生于瑞典，在法国接受过训练，如我们已了解的。他在接受建筑训练之前服务于瑞典东印度公司，1740 年代曾三次去中国与远东地区旅行。他的第一本书《中国建筑、家具、服饰、机械和用具设计图集》（*Designs of Chinese Buildings, Furniture, Dresses, Machines, and Utensils*）出版于 1757 年，迎合了当时人们对中国的迷恋之情（图 22）。其中有一章论"中国人的造园术"（Art of Laying Out Gardens Among the Chinese），赞扬了他们的工作，认为其与英国作品具有异曲同工之妙。"大自然是他们的图式，他们的目标是要模仿大自然的一切不规则之美。"[3] 那时他已在丘园中建起了"孔子之屋"（House of Confucius），这是应威尔士王子弗雷德里克（Frederick）的要求设计的，他们于 1749 年在巴黎相识，那时钱伯斯正开始从事建筑研究。钱伯斯后来在 1757—1763 年间改造了丘园，也是在 1763 年，他出版了《苏利丘园的花园与建筑的平面、立面、剖面和透视图集》（*Plans, Elevations, Sections, and Perspective Views of the Gardens and Building at Kew in Surry*）。[4] 今天参观这些具有异域风情的如画式园

[55]

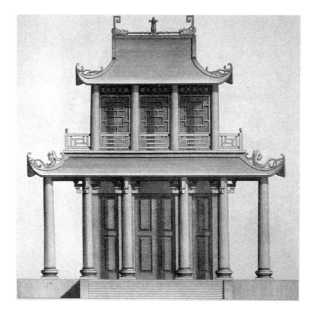

图 22　钱伯斯《中国建筑、家具、服饰、机械和用具设计图集》（伦敦，1757）一书中的图版。

1　布劳内尔在他撰写的导论中提到了这一影响，《亚历山大·蒲柏的别墅》，6。
2　关于贝特曼，见哈里斯，《迪基·贝特曼与他对早期英格兰中国风的重要性》（Dickie Bateman und seine Bedeutung für die frühe Chinoiserie in England），收入《威廉·钱伯斯爵士与欧洲中英式花园》（*Sir William Chambers und der Englisch-chinesische Garten in Europa*），魏斯（Thomas Weiss）编（Stuttgart: Gerd Hatje, 1995），43—46。参见沃特金，《洛可可与中国风时期》（The Rococo and Chinoiserie Phase），收入《英国景色》（*English Vision*），31—44。
3　钱伯斯，《中国建筑、家具、机械和用具设计图集》（London: author, 1757；重印，New York: Benjamin Blom, 1968），15。
4　钱伯斯，《苏利丘园的花园与建筑的平面、立面、剖面和透视图集》（London: Haberkorn, 1763）。关于钱伯斯为孔子之屋做的设计，见哈里斯，《威廉·钱伯斯爵士与丘园》（Sir William Chambers and Kew Gardens），收入《威廉·钱伯斯爵士》，56—57。

林的人仍络绎不绝，园林中最有名的是钱伯斯的十层宝塔，建于 1761 年。后来他出版了《论东方造园术》(*A Disertation on Oriental Gardening*)（1772）一书，那时对中国的兴趣开始走下坡路了。[1]

4. 苏格兰与爱尔兰的启蒙运动

拉姆齐(Allan Ramsay)的《关于鉴赏力的对话》(Dialogue on Taste)一文便是这一变化的早期征兆，该文于 1755 年以《观察者》(*The Investigator*) 为题出版。[2] 拉姆齐是一位苏格兰画家，曾生活于罗马，他的文章将当时棘手的美学问题生动地呈现了出来。此文是他在 1754 年对爱丁堡作为期 9 个月的访问期间撰写的，据说与"精英协会"(Select Society)的建立有关，这个团体是爱丁堡的一个辩论协会，是拉姆齐与休谟(David Hume)（1711—1776）以及亚当·斯密(Adam Smith)（1723—1790）共同发起的，成立于 1754 年，以讨论新的艺术与科学问题。年轻的建筑师罗伯特·亚当和詹姆斯·亚当也是协会的创始成员。拉姆齐是休谟的好友，他的对话中所表述的思想很可能是他与这位哲学家讨论时形成的。甚至有人提出对话中的那位主要的怀疑论者，其原型就是休谟。[3]

[56]

对话的主题是鉴赏力具有绝对标准抑或只是个人喜好问题。疑论者叫弗里曼(Colonel Freeman)，他持后一种立场，坚持认为古典人体美的理想（这一理想很快由温克尔曼所恢复）实际上并不是对美的容貌特征的强化或精选，而是一种观相术式的归类，其目的是排除任何处于规范之外的东西。求出平均值似乎就是要克服鉴赏力的相对性问题，换句话说，就是要建立一种足够抽象的中性规则，以适合于每个人特殊的心理印象。

就建筑而言，审美相对论引导拉姆齐走向某些有趣的领域。首先他十分尊重哥特式——这种赞赏态度与亚当兄弟是相一致的。[4] 其次他坚持反对任何普遍标准，并将建筑中的鉴赏力与烹调相提并论：

> 一位毫无鉴赏力的艺术家，仅凭借帕拉第奥的方法就可以做出一棵非常优雅的科林斯式柱子；就像一位毫无味觉的厨师，只借助于家庭主妇手册便可以做出一道普通的炖牛肉。这些规则显然只不过是对某些东西的分析，而习俗已使得这些东西被人欣然接

---

1 钱伯斯，《论东方造园术》(London: Griffin, 1772)

2 见斯马特(Alastair Smart)撰写的资料丰富的章节《关于鉴赏力的对话（1755）》一文，收入《阿伦·拉姆齐：画家散文家与启蒙运动时期的人》(*Allan Ramsay: Painter Essayist and Man of the Enlightenment*, New Haven: Yale University Press, 1992), 139—148。该对话曾于 1755 年以《观察者》为书名出版，1762 年出了第二版。

3 斯马特提出了若干条理由，将休谟与弗里曼(Colonel Freeman)这个人物联系起来（《阿伦·拉姆齐》，139）。

4 亚当对于哥特式风格的迷恋可以追溯到他所参与的阿盖尔郡(Argyllshire)因弗雷里城堡(Inveraray Castle)的建筑工程。他于 1749 年接手了这项任务。他的这一热情也反映在他于 1759 年春天与詹姆斯一起周游英格兰的旅行，他们考察了若干哥特式建筑。斯马特注意到，即拉姆齐于 1754 年画的那幅肖像画中，詹姆斯·亚当手上拿着的那幅素描（正如红外照相术所揭示的）原先画的是一座哥特式塔楼（《阿伦·拉姆齐》，109）。拉姆齐也打算写一部关于哥特式建筑的书。

受了。但不要向我们说明美或香味有什么自然标准，这些东西，无论是柱子还是菜肴，本来就可根据这种标准来设计以满足愉悦人的目标。将科林斯柱头上下颠倒地置于柱身上，为什么就不可以像根据习俗通常立着的方式那样，成为一个悦人的奇观呢。若有人能告诉我个中缘由，我会非常高兴。[1]

休谟很快就对拉姆齐对话中的相对主义做出了回应。在早期著作中，休谟将美定义为"被感觉到的"一种力，它产生于快乐的情绪。[2] 在早期的一篇文章《论精致的鉴赏力与热情》(On the Delicacy of Taste and Passion) 中，他提到需要通过增进判断力的练习来培养这种精致的情感。[3] 在他 1757 年发表的重要论文《论鉴赏力的标准》(Of the Standard of Taste) 中，他遵循这一逻辑得出了结论，指出，"美并非是事物本身的属性，它只存在于静观事物的心灵之中，每个心灵都会感知到一种不同的美"[4]。 这种主观主义的说法看似排除了美的普遍性标准或法则的可能性，但其实这并不是休谟的意思。"心灵的微妙情感"要求"许多有利条件同时发生"，聚集或结合在一起，为此人们需要的是与生俱来的"敏锐的想象力"、"从事一门艺术的实践""摆脱一切偏见的心灵"以及"良好的感觉"。[5] 有两种东西可以有效地将具有这一品质的人与冒牌者区分开来，一是时间跨度，凭借它，早先在雅典和罗马对荷马的欣赏后来就反映在了巴黎和伦敦；二是这样一个事实，"在人性中鉴赏力的一般原则是同一的"[6]。调和鉴赏力的主观性与普遍性这一哲学问题，后来成为康德关于审美第二契机的核心问题。[7]

就在拉姆齐的《关于鉴赏力的对话》与休谟的《论鉴赏力的标准》发表之后，紧接着埃德蒙·伯克的《关于崇高与优美观念之起源的哲学探讨》(A Philosophical Inquiry into the Origin of our Ideas of the Sublime and Beautiful) 问世了。此书影响重大，出版于 1757 年，只比休谟的论文迟了几个月。实际上这个爱尔兰人伯克（1729—1797）将他的导论"论鉴赏力"(On Taste) 推迟到该书第二版时才发表（出版于 1759 年），对休谟的立场做出了更为充分的回应。伯克亦在第一版的前言中交代了此书在 1753 年就大体写成了。

伯克在此书中所阐述的立场具有开创性的意义，主要体现在以下几个方面。首先，他遵循着自洛克以来英国思想界鲜明的感觉论 (sensationalism) 传统——这种感觉论主张人的精神观念依赖于感官——认为美的观念是源自身体对客体的神经学反应，而不是对精神心理活动的反应。其次，休谟对于鉴赏力判断持怀疑态度，认为只有想象力极敏锐的人才能作出判断。而伯

---

1 拉姆齐，《论鉴赏力》，收入《观察者》(London, 1762, 重印 , New Haven: Yale University Press, 1972)，33。
2 例如，参见《人性论》(1739—1740)，sec. 8, bk. 2。
3 休谟，《论精致的鉴赏力与热情》，出自《道德、政治与文学论集》(Essays Moral , Political, and Literary)，收入《休谟哲学著作集》(The Philosophical Works of David Hume, Boston: Little, Brown, 1854)，1:1—5。
4 休谟，《论鉴赏力的标准》，收入《休谟哲学著作集》，252。休谟的文章原先发表在他的《四篇论文》(Four Dissertations, 1757) 一书中。
5 Ibid., 254–263.
6 Ibid., 268.
7 见康德，《判断力批判》(Critique of Judgment)，"美的分析"(Analytic of the Beautiful)，pars. 6—9。

克则采取了更为清晰的立场，他力图将潜在于鉴赏力判断背后的"某种不变的确定规律"独立出来，将鉴赏力定义为"心灵的能力或诸种能力，它们受到富于想象力的优雅艺术作品的感染，或对这些作品形成的一个判断"[1]。伯克剥去了崇高与优美的所有古典的外在饰物，认为它们是平行的、互为补充的审美范畴。

正如我们已经看到的，艾迪生最早通过相关的"宏大"（greatness）观念发展出了"崇高"（the sublime）的概念。崇高这个词本身在欧洲已经流行了近一个世纪，有着广泛的讨论，如布瓦罗（Nicolas Boileau-Despréaux）在 1674 年就对朗吉努斯《论崇高》（On the Sublime）进行了翻译与评注。[2] 这一术语最初用于文学中，意指"词语的高贵性"，后来又指强烈的情感。艾迪生在 1714 年将"伟大"（Great）与"优美"（Beautiful）区分开来，暗示了这一新概念；休谟也将崇高的观念与"悬殊"及其对激情的作用挂起钩来。[3]

[57]

在杰勒德（Alexander Gerard）出版于 1759 年的《论鉴赏力》（An Essay on Taste）一书中可以看到，这个概念的意义又向前推进了一步。不过，实际上杰勒德的这部论鉴赏力的长篇论著是 1756 年为爱丁堡"精英协会"这一团体撰写的，为此他还赢得了该团体的首届年度奖。杰勒德将"宏伟或崇高"定义为"一种 [比新奇] 更高尚更高贵的愉悦；而任何固执于卑劣的东西本身就会变得卑劣"。崇高的东西，具有**数量**巨大或幅员辽阔以及**朴素单纯**的品质。[4] 自然现象中能够激起崇高感的，有阿尔卑斯山、尼罗河、海洋、天空、"均匀延展、无边无际的浩瀚空间"[5]。

伯克在他的《哲学探讨》一书中将"崇高"设想为不同于"美"的美学范畴。如果说"美"可以被定义为"人体引起爱或某种类似热情的那种或那些品质"，那么"崇高"就是"任何激发起痛苦与危险观念的品质，也就是说，任何一种可怕的、与可怕东西相关的品质，或任何一种以类似恐怖的方式起作用的东西"。[6] 他的这一定义并不像初看起来那么令人吃惊，因为人体实际上并非被置于恐怖的情境之中，而是以一种兴奋的情绪来回应危险的观念，例如当站在一处悬崖的边缘时。相反，美是由那些具有小巧、光滑、渐变、精致、清晰和色彩亮丽等属性的事物所引起的感觉。

伯克对崇高与美所做的区分对建筑理论十分重要，其原因就在于他的体系阐述具有微妙的层次。例如适用性可以与美无涉，因为它意味着理性的介入，超越了感官印象。在对崇高性的体验之下，他还就建筑方面讨论了尺度、难度与光线。尺度涉及建筑维度的效果，而巨石阵则是难度的实例，这是件崇高的作品，要求巨大的人力物力才能完成。在"建筑中的光线"（Light in BUILDING）的标题下，伯克谈到了黑暗的空间产生的崇高观念，也谈到了需要有显著的光线过

1 伯克，《关于崇高与优美观念之起源的哲学探讨》（London: G. Bell & Sons, 1913），53。

2 朗吉努斯是公元 1 世纪的希腊文著作《论崇高》（Peri Hypsous）的作者。

3 艾迪生，《旁观者》，尤其见 n. 412。休谟的讨论出现在《论空间与时间的接近与远隔》（Of Contiguity and Distance in Space and Time）一文中，收入塞尔比－比格（L. A. Selby-Bigge）编，《人性论》（Oxford: Clarendon Press, 1951），432—434。

4 杰勒德，《论鉴赏力》，3rd ed.（Edinburgh: Bell & Creech, 1780; 重印, Gainesville, Fla.: Scholars' Facsimiles & Reprints, 1963），11。

5 Ibid.

6 伯克，《哲学探讨》，113，74。

渡，"因此，当你走进一座建筑，你不可能进入比露天更明亮的光线；走进不那么黑暗的光线中只能体验到微不足道的变化；但要使这种过渡产生令人震惊的效果，就应该从最明亮的光线进入最黑暗的光线，这与建筑的用途相一致"[1]。钱伯斯与索恩都曾研究过这段话，而且这些思想很快便对法国产生了影响。[2]

最后，伯克对比例问题的看法完全与古典传统背道而驰。他提出，比例也不可能是美的起因，因为它与便利性相关。更重要的是，赏心悦目的比例不可能来源于对大自然的观察或人体比例。伯克在提到达·芬奇的那幅表现了一个男人在圆形与方形之内伸展手臂的人体素描时说：

> 人的形象从未给建筑师提供过任何观念，在我看来这是显而易见的。因为，首先，人做出这种紧张的姿势是很少见的，这显得不自然，也完全不合适。其次，如此处理的人像外观，令人自然而然地联想到的并不是一个正方形，而是一个十字交叉形；因为介于臂膀与地面之间的大片空白处必须填上什么东西才能使人想到正方形。其三，有些建筑并非是正方形的，但仍然是最优秀建筑师设计的，效果完全与正方形一样好，或许比正方形更好。可以肯定，没有任何事情比一位建筑师根据人体形状来做设计更莫名其妙、更异想天开了。因为世间毫无相像之处的两件事物莫过于一个人与一座房屋或神庙了。我们还用得着说它们的目的是全然不同的吗？[3]

若将伯克的《哲学探索》和与他同时代的卡米斯勋爵（Lord Kames）所撰写的《批评的要素》（*Elements of Criticism*）（1762）进行一番比较，便可更清楚地看出伯克激进的立场。在卡米斯看来，鉴赏力在人类的经验中处在介于感官愉悦与精神愉悦之间的位置。关于比例，卡米斯反对严格的数学关系，但另一方面也反对比例相对主义，他认为这忽略了人在感知比例、规则、秩序与合适时所获得的快乐。他的立场是，对于任何一种特定的情形来说，都存在着一个令人感到合意的比例范围，因为"如果这些比例原本就不是令人满意的，它们就不可能由习惯建立起来"[4]。

到了卡米斯的著作出版时，他所关注的问题已经在实践中得到了解决。钱伯斯的建筑理论也讨论了这些问题，他原先也与伯克一样持有比例相对论的观点。这些观点甚至出现在亚当兄弟，即罗伯特·亚当（Robert Adam）（1728—1792）和詹姆斯·亚当（James Adam）（1732—1794）的作品中。他们都是拉姆齐与休谟的好朋友，也认识卡米斯。罗伯特与休谟的友谊可追溯到1752年，这是个重要的年份，因为那时休谟成了一个被社会抛弃的人，因其反宗教言论与怀疑论观

[58]

1　伯克，《哲学探讨》，108.
2　关于钱伯斯与索恩阅读伯克著作的情况，见沃特金，《约翰·索恩爵士》，34—37。
3　伯克，《哲学探讨》，121.
4　霍姆（Henry Home，卡米斯勋爵），《批评的要素》（7th ed. Edinburgh: Bell & Creech, 1788），2:465。

点两度被大学拒绝。也在这一年，休谟得到了爱丁堡律师图书馆 (Advocates's Library) 馆员的职位，这也正是"精英协会"的会议在这一地点举行的原因。

罗伯特·亚当与拉姆齐的友谊在文献中记载得很清楚，这段真挚的友谊始于罗马。1754 年夏拉姆齐离开爱丁堡第二次南下，同年 10 月罗伯特·亚当开始了他的教育旅行。拉姆齐邀请亚当参加他在罗马每周一次的"座谈会"，这个聚会当时吸引了不少艺术家。亚当很快模仿拉姆齐组织了自己的这种社交活动。[1] 他们一道旅行、画画，甚至在 1757 年回英国时还搭伴同行。罗伯特·亚当与克莱里索的关系也很密切。克莱里索是勒鲁瓦的朋友，后者被罗马法兰西学院开除了。钱伯斯曾聘请克莱里索教素描，亚当则雇他整天教他画画。克莱里索将亚当引荐给了皮拉内西，在亚当心目中皮拉内西是个天才。皮拉内西经常参加亚当和克莱里索在罗马及周边地区的写生活动，并出席亚当每周一次的聚会。皮拉内西在他的《古马古迹》一书的扉页上将亚当与拉姆齐的荣誉之墓画在了阿皮亚大道 (Via Appia) 边上。后来，皮拉内西与沙勒蒙勋爵 (Lord Charlemont) 搞翻了，将他的平面图 (Ichnographia) ——由 6 块版子印成的罗马巨型地图——题献给了亚当。不过这一题献并非没有代价，亚当同意购买"80—100 幅"[2]。

在南方，罗伯特·亚当最重要的活动之一是前往斯普利特 (Spalatro/Split，位于今天的克罗地亚境内) 考察与测绘戴克里先皇宫的废墟。这是他意大利之行结束之前匆匆安排的。克莱里索与另两位绘图员陪他前往。亚当雇了一条二桅小帆船，于 1757 年 7 月从威尼斯出发。由于当地军政府首领迟疑不决，导致他在获得许可过程中耽误了一些时日。之后，他率领这个小组对这座罗马皇宫作了为期 5 周的考察，不过此次考察的成果《达尔马提亚斯普利特的戴克里先皇宫废墟》(Ruins of the Palace of the Emperor Diocletian at Spalatro in Dalmatia) 直到 1764 年才出版，部分原因是他要等待斯图尔特与雷维特计划中关于希腊的书出版。

罗伯特·亚当于 1757 年返回伦敦后迅速获得了成功，这是出版拖延的另一原因。他带回了大量素描与两位经过仔细挑选的意大利绘图员。詹姆斯·亚当于 1760 年南下做为期 3 年的旅行，之前"亚当风格"就已经形成，其风格要素广为人们所讨论。[3] 这是一种原先在英国前所未见的极其高雅的设计与装饰风格，其特色是营造出各种几何形空间，室内建有独立圆柱和由柱子构成的屏风，带有大量怪异装饰、色彩鲜艳刻画精致的灰泥雕塑，以及色彩斑驳的大理石与仿金装饰物 (图 23)。像钱伯斯一样，罗伯特·亚当偏爱古罗马的东西，但亚当兄弟也扩展了历史的范围，汲取了伊特鲁里亚、庞贝、赫库兰尼姆、文艺复兴、伯林顿的帕拉第奥主义甚至范布勒的种种母题。不过他们也加入了自己的设计癖好，这只能称作"*rocaille*"(法文词，意为以贝壳与卵石做的花园及室内装饰)。

---

1 见斯马特，《阿伦·拉姆齐》，121。

2 转引自弗莱明 (John Fleming)，《罗伯特·亚当与他在爱丁堡及罗马的圈子》(*Robert Adam and His Circle in Edinburgh and Rome*, London: John Murray, 1962)，170。弗莱明的著作中对亚当早期职业生涯的记述至今仍然是最优秀的。

3 关于亚当风格，见约瑟夫·里克沃特与安妮·里克沃特，《罗伯特·亚当与詹姆斯·亚当：生平事迹以及亚当风格》(*Robert and James Adam: The Men and the Style*, New York: Rizzoli, 1985)；哈里斯(Eileen Harris)，《天才罗伯特·亚当：他的室内设计》(*The Genius of Robert Adam: His Interiors*, New Haven, Conn.: Yale Univerlity Press, 2001)。

图 23　*罗伯特·亚当和詹姆斯·亚当，威廉·温爵士的音乐房天顶，伦敦圣詹姆斯广场。*

　　亚当兄弟关于建筑的观念可以在《亚当兄弟建筑作品集》(*The Works in Architecture of Robert and James Adam*) 的前言中见出，该书共 3 卷，出版于 1773—1822 年间。不过这篇前言是早已写就的。1762 年詹姆斯·亚当开始与卡米斯通信时写过一篇文章，其中提到建立一种主要诉诸感官的"感性"建筑的可能性，并提到这些看法来源于 1758 年他与罗伯特的讨论。[1]这似乎是可能的，因为詹姆斯的未曾发表过的文章段落出现在《作品集》的前言中，最重要的是他们想在设计中创造出"更强烈的运动感与多样性"。在脚注中他们阐述了这些概念：

　　　　运动即意味着表现出建筑各个部分的上升与下降、前进与后退以及其他丰富多样的形式，以便极大地增强作品的如画效果。因为在建筑中大型构件的上升与下降、前进与后退、凸起与凹进以及其他形式，与自然风景中的山冈与山谷、近处与远处、隆起与下沉具有相同的效果：这样便有助于产生一种令人愉悦的、变化多端的外形，像一幅画一样组合起来并形成对比，创造出丰富多彩的光影效果，赋予作品以伟大的精神、美以及感染力。[2]

1　弗莱明点明了这一点，《罗伯特·亚当与他的圈子》，303。弗莱明也较详尽地讨论了詹姆斯·亚当这篇未刊文章。
2　罗伯特·亚当与詹姆斯·亚当，《亚当兄弟建筑作品集》(London: authors, 1778; 重印，London: Academy Editions, 1975)，45—46 n.。

[59] 他们在脚注中进一步赞扬了圣彼得教堂的穹顶、巴黎四国学院的校舍与教堂以及范布勒的"天才"，他的布莱尼姆宫与霍华德城堡"是这些优点的伟大范例"[1]。

休谟的一个美学观点在此文中也是显而易见的。建筑没有直接的自然标准，必须运用"正确的鉴赏力，并通过对大师们所展示出的美的勤奋研究"来改善它，因为只有通过此种努力与沉思，"你才能区分什么是优雅的，什么是粗俗的；什么是和谐的，什么是不和谐的"[2]。因此，鉴赏力完全是主观的，但最高水平的鉴赏力只能通过训练与经验才能达到。

在出版于 1779 年的第二卷前言中，我们发现亚当兄弟在精神上认同皮拉内西的观点，即罗马人在与希腊人接触之前很久就已经从伊特鲁斯坎人那里获得了建筑知识。[3] 他们坚持这一立场，这有力地说明了以下事实：罗伯特·亚当在同代人中是最具巴洛克特质的，也是最折中的、受皮拉内西观念影响最大的建筑师。

5. 如画理论

新古典主义美学在法国 18 世纪的后 30 多年经历了繁荣，而在英国则仍是从国外输入的东西。最终它也没有与正在发展中的英国感性经验融合起来，正如亚当兄弟——公开的古典派——的言论中所表明的那样。英国建筑长期仍沿着如画式传统的方向发展着，这一传统在 18 世纪最后二三十年形成了一种理论。

在 18 世纪上半叶，伟大的如画式园林在另一位苏格兰人的作品中取得了早期的综合，他就是兰斯洛特"能人"布朗（Lancelot "Capability" Brown）（1716—1783）。布朗于 1739 年将他的业务
[60] 迁往英格兰，两年后受雇于科巴姆勋爵（Lord Cobham），成为负责斯托建设的首席园林师。因此他可被看作是肯特的门徒。这一时期肯特负责这些园林的改造工程，不过他也发展起了自己的风格。科巴姆于 1749 年去世，布朗开始承担其他工作，到了 1750 年代中期他成了英国最炙手可热的园林设计师。他规划设计了数百个园林，遍布岛国。他的风格被称为纯粹主义，指的是他喜欢用诸如水、树木、优雅的空间与自然的视界等纯自然要素来构建园林。他避免采用建筑与雕塑元素，所设计的步道总是弯弯曲曲的，沿着起伏的地形蜿蜒伸展。起伏的草场经过精心修整，其表面凹凸不平。人工湖也是他作品的典型特色。

布朗的作品受到了沃波尔的赞赏，也获得了国会议员惠特利（Thomas Whately）的好评。惠特利的《关于现代园林设计的若干意见》（Observations on Modern Gardening）（1770）一书深受其影响。惠特利试图将园林艺术提升至自由艺术的高度，与风景画联系起来，并分析了现代花园的五种"质料"，即土地、树木、水、岩石与建筑。他强调了由景观引发的情感与联想的重要性，尤其

---

1 罗伯特·亚当与詹姆斯·亚当，《亚当兄弟建筑作品集》，46 n.

2 Ibid., 50.

3 Ibid., 58.

是性格的理想与道德属性。Character（性格）这一术语概括了他的理论主旨。他的论著于 1771 年被译成了法文，不仅将"英国园林艺术"（l'art des jardins anglois）的成就传向了大陆，也影响到了梅齐埃（Le Camus de Mézières）的性格理论。

惠特利所使用的"如画"一词仍然限于绘画构图的含义，吉尔平（William Gilpin）（1724—1804）在 1768 年下的定义与此相类似："这一术语表述了一种特殊之美，即绘画中令人愉悦的美。"[1] 他撰写了许多英国乡村的导览书，但当他的第一本《关于瓦伊河的意见》（Observations on the River Wye）于 1782 年出版之际，他给此书所取的副标题为"主要涉及如画之美"（Relative chiefly to Picturesque）。18 世纪六七十年代他在英国广泛游历，对一种新的美学追求做了专门研究，并进行了广泛的宣传，即"并不只是考察一个国家的面貌，而是根据如画之美的规则去检验它；不只是进行描述，而是要将对自然景色的描述化为人工景观的基本原理；要打开这些愉悦的源泉，这是从比较中派生出来的"[2]。对吉尔平而言，自然呈现出准宗教的面相，例如在他对于古德里奇城堡（Goodrich Castle）的描述中所呈现的那样："这条河的一段形成了一个高贵的河湾，在眼前延展开来。右边河岸陡峭，树木阴郁；远处伸出了一个险峻的岬角，其上一座城堡从树木间升起。"[3] 吉尔平称这景色是"正确的如画式，具有难得的纯自然风景的性格"[4]。然而，这位艺术家"因此制定了他的小小规则，他称这些规则为**如画的基本原理**，只是对进入眼帘的自然表面的细小部分进行调整以适宜于他自己的眼睛"[5]。吉尔平也以一系列铜版画、素描来图解他的文字描述，传达了一种令人惊叹的印象派效果。

吉尔平所撰写的各种指南只是一种过渡。到了 18 世纪末，如画理论在雷普顿（Humphry Repton）（1752—1818）、乌韦代尔·普赖斯（Uvedale Price）（1747—1829）以及理查德·佩恩·奈特（Richard Payne Knight）（1750—1824）的著作中得到了充分的发展。

雷普顿是 18 世纪最重要的如画式园林的实践者，他进入这一专业领域较晚，但到 1790 年代立即获得了巨大的成功，工程数量足以与布朗相匹敌。他仿效了布朗的总体设计原则。他的成功多少是因为他是位优秀的水彩画家，能画出效果图；还由于他的方法很专业，讲求设计的实际可操作性。同时他并非是一个思维清晰的思想家与理论家，被认为缺少"对更高明艺术家的作品进行认真研究"，这就导致他与普赖斯及奈特之间就他工作在艺术上的成败展开了激烈

---

1 吉尔平（前两版未署名），《论版画：包括有关如画之美基本原理的评论》（*An Essay on Prints: Containing Remarks on the Principles of Picturesque Beauty*, London, 1768），1—2。参见他的另一本书《关于瓦伊河以及南威尔士等若干地区的意见。主要涉及如画之美；作于 1770 年夏》（*Observations on the River Wye, and Several Parts of South Wales, etc. Relative chiefly to Picturesque beauty; made in the Summer of the Year 1770*, London: Blamire, 1782; 重印, Richmond: Richmond Publishing, 1973）。吉尔平的其他重印著作还有：《关于苏格兰高地的意见》（*Observations on the Highlands of Scotland*）、《关于坎伯兰与威斯特摩兰山脉与湖泊的意见》（*Observations on the Mountains and Lakes of Cumberland and Westmorland*），以及《关于森林景观的评论》（*Remarks on Forest Scenery*）。

2 吉尔平，《关于瓦伊河的意见》，1—2。

3 Ibid., 17—18。

4 Ibid.,18.

5 Ibid.

的争论。[1]

雷普顿的《风景园林设计的草图与提示》(Sketches and Hints on Landscape Gardening)（1795）是对他工作的实际说明，其中较有趣的部分之一是附录，提出了 21 条"景观园林的愉悦之源"。此书对普赖斯与奈特的攻击做出了回应，其中包括了一致性、实用性、次序、均衡、多样、单纯和对比等诸如此类的一般特质。他将"联想"看作是"愉悦的最重要的来源之一；令人感动的有本地的故事……古代遗迹……特别是个人对长期熟悉之风物的依恋"[2]。"如画效果"是另一来源，因为它"为园林设计师提供了光影幅度、形体组合、轮廓、配色、构图平衡等手段，以及偶然利用粗糙与衰败以体现出时间与岁月的效果"[3]。对雷普顿来说，"如画"这个词依然意味着大自然中绘画性的、蛮荒的、崎岖不平的景象——这正是吉尔平所说的意思。[4] 因

[61] 此，他并不认为如画必然就是风景园林设计中的一种优秀的东西，在一定意义上他对自然的处理仍是传统的。相反，建筑中的如画效果意味着不规则的平面或外形，这的确强化了设计的性格（character）。

雷普顿的《关于风景园林设计理论与实践的若干意见》(Observations on the Theory and Practice of Landscape Gardening)（1803）是一个更为雄心勃勃的项目，不过所表述的观念并不先进。在此书中，"相对的合适或相对的比例或尺度"成了他的理论基础。他将相对的合适定义为"舒适、便利、性格以及满足人居需求，适于每位业主使用的所有条件"[5]。这些观念与雷普顿设计中的绘画性的、富于诗意的特征相左，这种特征包含了布朗设计模式中的自然主义属性。就建筑而论，雷普顿对哥特式的偏好超过了希腊式。

因此，将如画式思想的种种要素结合起来形成统一理论的任务，便留给了普赖斯与奈特。普赖斯的《论如画》(Essays on the Picturesque) 一书出版于 1794 年，事实上早于雷普顿的书。普赖斯是位国会议员、古典学者（鲍萨尼阿斯著作的译者），他也将自己的景观思想实施于自己位于赫里福德郡（Herefordshire）的庄园之中。他缺乏园艺学方面的专门知识，但以自己所掌握的风景画知识来弥补，尤其是洛兰（Claude Lorraine）、普桑（Nicolas Poussin）、华托（Jean-Antoine Watteau）的作品。事实上，普赖斯是惠特利（Whately）与雷诺兹（Joshua Reynolds）的追随者。雷诺兹在他于 1786 年皇家美术学院的第 13 次演讲中就试图将园艺提升为一种纯艺术形式。[6] 普赖斯与雷普顿发生争执的

---

1 见雷普顿，《风景园林设计的草图与提示：设计与评论选集》(Sketches and Hints on Landscape Gardening: Collected from Designs and Observations, 1795)，收入《雷普顿晚期的风景园林与景观建筑》(The Landscape Gardening and Landscape Architecture of the Late Humphry Repton)，劳登（J. C. Loudon）编 (London: Longman, 1840; 重印, Farnborough, England: Gregg International, 1969)，108。普赖斯的评论见《致雷普顿先生的一封信，关于将风景绘画的实践与原理运用于风景园林的问题》(A Letter to H. Repton, Esq. On the Application of the Practice As Well as the Principles of Landscape-Painting to Landscape-Gardening)。此书是对雷普顿写给普赖斯一封公开信的回应。关于雷普顿、普赖斯与奈特之间的争论，见希普尔，《优美、崇高与如画》，224—225，238—246。

2 雷普顿，《风景园林设计的草图与提示》，113。

3 Ibid., 112.

4 见希普尔，《优美、崇高与如画》，233。

5 雷普顿，《关于风景园林设计理论与实践的若干意见》，收入《雷普顿晚期的风景园林与景观建筑》，133。

6 见雷诺兹，《艺术讲演录》(Discourses on Art)，沃克（Robert R. Wark）编 (New Haven: Yale University Press, 1959)，240。

原因在于他们对绘画与园林设计关系的认识不同。雷普顿强调两种艺术的区别，而普赖斯则毫不留情地攻击肯特与布朗的设计传统，认为他们的套路既单调又不自然，因为他们用一种由规则曲线构成的新的拘谨形式取代了老园林的几何形的死板形式。普赖斯看不上布朗的弯弯曲曲的车道、步道和水渠，也不喜欢生长于同一年代的、距离几乎相等的树"丛"或树团，这些并不是自然而然生长出来的树木。[1] 他坚持时间与偶然因素在自然界中的重要性。他拥护的是他的对手在园林设计中所忽略的东西，即一种不折不扣的自然手法，变化多端、纷乱复杂，其细节具有偶发性效果。

不过，普赖斯最重要的贡献在于他努力将"如画"加到伯克的体系中去，作为第三种美学范畴与"优美""崇高"相并列。在他看来，如画不仅与优美相区别，而且具有与优美完全相反的一些特性。伯克曾说，美的两个最重要的特性是平滑与渐变，而普赖斯认为如画是"粗糙、突变再加上不规则"的东西所引发的效果。此外，他还列举了岁月或凋零、不对称以及秋熟色调等特质。[2] 对普赖斯而言，建筑废墟集中体现了如画的观念。他赞赏那种断壁残垣的形状、由风吹雨打日晒所引起的变色、粗糙不平的表皮，如葡萄藤与苔藓以及不规则的整体效果。如果说崇高一定是与规模宏大的、令人恐惧的事物有关，引发了惊奇的观念，那么如画则可以在最细小最庞大的事物中、在轻松愉快中、在边界的形成与安排中体验到。普赖斯将如画描述成一种神经学反映，介于优美与崇高之间，这令人想起了伯克的生理学。对伯克来说，一道优美的风景使人体的神经纤维放松到常态以下；相反，一个崇高的图像则将神经纤维绷紧到超出常态。普赖斯认为，如画创造了倦怠与紧张之间的一种自然常态，而且"如画的效果是好奇心"[3]。然而这种生理学的解释是非常简要的，更为重要的仍然是他所说的心理学的或联想的基础。[4]

1798 年普赖斯为他的《论如画》补充了三篇新文章，其中最后一篇《论建筑与建筑物》(An Essay on Architecture and Buildings) 将这一概念运用于建筑设计。或许最有趣的是普赖斯努力为约翰·范布勒恢复名誉，认为他是英国最杰出的"建筑师—画家"。也就是说，作为一位建筑师，他研究景观与建筑，并将绘画原理运用于景观与建筑。范布勒在这方面的杰作是布莱尼姆宫，一个"大胆而复杂的设计"，将"希腊建筑的堂皇庄严"与"哥特式的如画效果"结合起来。它那些"高度参差不齐的大胆的突出构件""多样化的轮廓线""对规则的违背""对纯粹性的忽视"以及"新的、打动人心的效果"，为如画设计建立了适当的标准[5]。普赖斯的评论，如作者本人所说，再一次来源于雷诺兹的第 13 回演讲。雷诺兹赞扬范布勒是一位"像画家那样构图

1 普赖斯，《论如画，与崇高和优美相比较；利用对绘画的研究来改良实际景观》(*Essays on the Picturesque as Compared with the Sublime and the Beautiful; and, on the Use of Studying Pictures for the Purpose of Improving Real Landscape*, London: Mawman, 1810; originally published in 1794)，1:244。

2 Ibid., 50.

3 Ibid., 88.

4 关于伯克与普赖斯在理论上的关系，见希普尔，《优美、崇高与如画》，203—208。

5 普赖斯，《论如画》，2:212—215。

[62] 的建筑师"[1]。就设计本身普赖斯也大胆得出了某些令人着迷的结论。一座建筑物不仅应有意识设计得与景观相谐调，而且如画的建筑也应提倡附属建筑不规则不对称，提倡一种灵活的平面，使人们能够从中获取一种"舒适的观念"[2]。在建筑的不同风格中，普赖斯发现哥特式结构与老城堡由于"间断与分隔，其构件极其丰富"而最具如画特点。[3] 所以，沃波尔的草莓山庄的意义备受推崇，而普赖斯的书则开辟了通向 19 世纪的道路。

奈特是普赖斯在赫里福德郡的邻居，同样热心于如画式。他的著作《关于鉴赏力原理的分析探究》(Analytical Inquiry into the Principles of Taste)（1805）是 18 世纪英国思想界的最高成就之一。[4] 奈特的祖父是什罗普郡 (Shropshire) 的一个矿主，他于 1771 年成年时继承了位于赫里福德郡的 1 万英亩土地，便立即开始建造他自己的带有角楼与雉堞的城堡，称作唐顿庄园 (Downton)，君临蒂姆河 (river Teme)。那时他已去过意大利，又于 1776 年第二次南下，这次是去帕埃斯图姆与西西里。在 1777 年的日记中，他将帕埃斯图姆废墟的色调描述为"既是和谐的、悦目的，又是如画的"[5]。这第二次旅行使他成为业余文艺爱好者协会 (Society of Dilettanti) 的成员，返回唐顿后他便过上了古物收藏与文献学研究的生活。像温克尔曼一样，他迷恋于古人的阴茎崇拜。[6] 后来在 1805 年前后，他在围绕埃尔金大理石雕像的论争中持反对立场。他说它们是罗马人修复过的东西，不值埃尔金向大英博物馆提出的 35000 英镑的开价。

不过奈特的重要性就在于他写了《分析探究》一书。早在此书出版 10 年之前，他在他的诗歌《风景》(The Landscape) 的第二版中就已质疑普赖斯在优美与如画之间所做的泾渭分明的区别，以及将崇高作为一个独立的范畴。[7] 奈特分析这一问题的方法不是伯克式的，他的推理带有休谟的特点，设置了感觉、观念联想与激情等标题进行分析。第一部分论感觉，他的一个伯克式的关键假设是这样一个前提，视觉只不过是"对视觉神经所施加的印记或刺激"[8]，从这些印记或刺激中，奈特推导出"光、影、色的各种美就是作用于眼睛或给有机物感官与知觉留下印象的一切"[9]。不过，如画的体验仍属于心理学范畴：它是一种品质，这种品质并非源于物体本身，而是源于由视觉刺激所引起的习惯观念。因此如画是一种后天获得的鉴赏力——他称之为"改善了的知觉"——就像是一位乐师学习乐器调音或一个酒商培养辨别葡萄酒中化学成分的能力一样。如画只是对那些精通绘画艺术的人来说才是明白易见的，尽管它不会转变成对

---

1 雷诺兹，《艺术演讲录》，244。

2 普赖斯，《论如画》，2:269。

3 Ibid., 261.

4 关于奈特以及他的思想，见巴兰坦 (Andrew Ballantyne)，《建筑、景观与自由：奈特与如画式》(Architecture, Landscape and Liberty: Richard Payne Knight and the Picturesque, New York: Cambridge University Press, 1997)。

5 转引自佩夫斯纳，《理查德·佩恩·奈特》，载《艺术通报》(Art Bulletin 31, December, 1949)：312。

6 奈特的第一本书《关于那不勒斯王国伊塞尔尼亚现存阴茎崇拜遗迹的报告》(An Account of the Remains of the Worship of Priapus, Lately Existing at Isernia in the Kingdom of Naples)，是在 1786 年私下里分发给业余爱好者协会成员阅读的，其中部分内容收入他的《古代艺术与神话中的象征语言》(The Symbolical Language of Ancient Art and Mythology，1818) 一书。

7 奈特在《风景：教诲诗三书》(The Landscape: A Didactic Poem in Three Books, London: Bulmer, 1795) 中，将如画作为"美的一种类型"来讨论。

8 奈特，《关于判断力原理的分析探究》，第 2 版 (London: Luke Hansard, 1805)，57。

9 Ibid., 85.

自然的欣赏。再者，如画是不可分析的，因为它没有规则。克洛德（Claude）的废墟风景画是如画的，他画的码头、宫殿也是如画的。从如画式的外观来说，对称与比例并不重要，因为都是根据由联想形成的随心所欲的常规来做的。如画式和其他如"雕塑式"和"洞穴式"等特质并存，并且还有更为精致的样式，如古典的、浪漫的与田园牧歌式的。[1] 在回应他的朋友普赖斯的批评时，奈特坚持认为，美与如画的观念不是同义的，很清楚，后者只是前者的一个范畴。

不过，奈特对如画的定义并非完全没有边界。当他将注意力转向建筑时，便进入了一个全新的领域。他的讨论集中在批评现代建筑"过于死板"地固守着希腊与哥特式的范本，琼斯与帕拉第奥所培植的意大利式别墅遍布英国，新近又流行建造"纯哥特式"的城堡与主教堂。但哥特式建筑的规则、比例与定义是什么？奈特指出，从历史上看，哥特式是一种晚期风格，出现于罗马衰落之后，尽管雉堞与尖拱等构件要比希腊或罗马古老得多。因此哥特式建筑只是希腊人与罗马人的神圣建筑的一种堕落而已，混合了摩尔人或撒拉逊式的要素，回到了埃及、波斯和印度。[2] 这不一定就是坏事，因为原始希腊神庙应被禁止作为现代建筑的典范，因为它具有虚假的规则性。从本质上来说，希腊与哥特式形式的混合（在意大利本土的实践中已经融合在一起，在克洛德与普桑的绘画中也得到了进一步认可）暗示了这就是当代实践的一个合适的方向。

在 50 页以后，奈特的如画式与折中范式变得更为明显了。他说到他自己的唐顿庄园，"笔者冒险建了一座住宅，到现在已经过去 30 多年了，这住宅的外部装饰着哥特式的塔楼与雉堞，内部装饰着希腊式天顶、圆柱与柱上楣；尽管他的做法没有多少人效仿，但他有一切理由自己庆幸，这个试验是成功的"[3]。他含蓄地批评了雷普顿的理论以及沃波尔的哥特式草莓山庄，赞扬新近出现的那种使乡村住宅适应于周边风景特点的做法。但他警告说，不规则平面的观念来源于"中世纪野蛮人的建筑"，更糟的是，装饰与比例是不折不扣取自于"那些时代的粗糙与不成熟的建筑"，其结果是这些房屋"沉重、笨拙、室内昏暗"。[4] 与之相反，奈特追求的是将如画景物的优越性与优雅便利的室内结合起来，这样做时应该避免"玩弄把戏与外表做作"，所以他的立场与皮拉内西很接近：

[63]

> 要建造不规则的如画式住宅，现在可以采用的最好的建筑风格是混合式风格，具有克洛德与普桑式建筑的特点：它取自于建筑范本，而那些范本是在漫长的岁月中零打碎敲地建起来的，而且是由若干不同的民族建造的，区分不出任何特定的施工手法或装饰级别，而是杂乱无章地包容了一切东西，从出于最粗糙的素面墙壁或扶壁，到雕琢得最精致的科林斯柱头：这种专业上混杂的风格所形成的强烈对比效果，倒可以用来增添美

1　奈特，《关于判断力原理的分析探究》，192−195.

2　Ibid., 162−166.

3　Ibid., 221.

4　Ibid., 220.

的风味，无须采用任何虚假或欺骗的外表妨碍美的乐趣。[1]

因此，根据奈特对如画的解释，人们可以采用雉堞、小尖塔、飞扶垛，仍然可以保护景观特色，适应现代生活的需要。在他眼中，范布勒这位孤独的英国建筑师在追求这一目标方面是十分成功的。不久之后，一位杰出的建筑师也分享了他的这一观点。

6. 索　恩

直到现在都很难想象索恩是一位如画建筑师。他是新成立的皇家美术学院训练出来的古典主义建筑师，按照惯例去南方旅行，其审美趣味具有鲜明的法国倾向，后来成为皇家美术学院的会员。但由于沃特金的研究，我们今天比先前更多地了解了他的思想与个性。[2] 他一心要根据他那个时代的折中主义倾向创造出一种现代建筑，而他在理论方面的努力则显示了他是一位最卓越的启蒙运动思想家，一位既博学又古板的集大成者，将 18 世纪英国与欧洲大陆各种思想综合起来。就其知识素养而言，索恩在当时绝对是建筑师中独一无二的人物。

实际上，索恩几乎在一切方面都不同于他的前辈。他是伯克郡一位房屋承建商的儿子，没有社会背景或其他社会阶层及财富方面的特权。15 岁时他进入丹斯 (George Dance) 的事务所当差，3 年后因在绘图方面进步巨大而被新成立的英国皇家美术学院接纳，该学院当时保留了一个小规模的建筑专业。1776 年他因一座大拱桥设计获了金奖，开始了他所期盼的南方之旅。他途经巴黎，被勒杜、布莱、孔杜安、佩罗内 (Jean-Rodolphe Perronet) 的作品所打动。在罗马他拜会了皮拉内西，几个月后这位艺术家便去世了。像许多其他建筑师一样，他访问了那不勒斯、帕埃斯图姆以及西西里周边的古代遗址。他遵循着钱伯斯和亚当兄弟的传统，在意大利忙于和英国贵族交往，想为日后的委托任务打下基础，但不是很成功。他于 1780 年仓促返回伦敦，为的是承接德里主教 (Bishop of Derry) 赫维 (Frederick Hervey) 的一项工程，但后来证明这是一张空头支票。

索恩的职业生涯在 1780 年代缓慢起步。他从事大庄园的修缮与扩建，其中有位于诺福克郡 (Norfolk) 的莱顿庄园 (Letton Hall)、肖特沙姆庄园 (Shotesham Hall) 以及兰利公园 (Langley Park)，位于沃里克郡 (Warwickshire) 的马尔贝里庄园 (Malbery Hall)，位于斯塔福德郡 (Staffordshire) 的奇林顿庄园 (Chillington)，以及位于约克郡海边的马尔格雷夫城堡 (Mulgrave Castle)。在这一过程中，他自己的业务逐渐稳定地建立起来，这得益于像皮特 (Thomas Pitt) 之类有身份的朋友的帮助。他在经济住房

1　奈特，《关于判断力原理的分析探究》，223.

2　见沃特金的重要著作《建筑师约翰·索恩爵士》(*Sir John Soane, Architect*, London: Faber & Faber, 1984)；迪普雷 (Pierre de la Ruffinière Du Prey)，《约翰·索恩：一位建筑师的成长之路》(*The Making of an Architect*, Chicago: University of Chicage Press, 1982)；以及达利 (Gillan Darley)，《约翰·索恩：意外的浪漫》(*John Soane: An Accidental Romantic*, New Haven: Yale University Press, 1999)。

设计、注重建筑细节等方面变得很有名，又有了一桩好婚姻（最终他通过财产继承取得了经济上的独立）。1788 年他被任命为英格兰银行的建筑主管，至此他职业上的成功已经确定无疑了。

不过，更有趣的是他发展的其他一些方面。起先他于 1778 年出版了《建筑设计》(*Designs in Architecture*) 一书，这是一本图集，内容是如何"装饰游乐场、公园、森林等"，是在他去意大利之前编撰的。[1] 书中收入了这位年轻建筑师自己的作品，如各式茶室、神庙、凉棚和花园建筑等。他喜欢实验，喜欢色情，喜欢放飞想象力。他设计的由头像方碑支撑的"公园座椅"以及 [64] 哥特式夏舍，完全是异想天开的，而在"摩尔式围栏内的牛奶贮藏室 (Diary House) 的立视图"上画有一对方尖碑，一头实际大小的母牛雕像立于入口上方，地面有一系列公牛头置于古瓮的顶部。

在他的《建筑草图》(*Sketches in Architecture*)（1793）中也可以看到类似的诙谐特点，此书收入了索恩以水彩绘制的村舍设计图，经常出现各种元素的怪异组合，比如带有古典式均衡特点的茅草屋顶（图 24）。[2] 偶尔他甚至会劝委托人建造一座他设计的荒唐建筑物，如一座以成双的砖砌柱子支撑的砖结构谷仓，它就"位于帕埃斯图姆"，那是他于 1798 年为亨利·格雷斯沃尔德·刘易斯 (Herry Greswold Lewis) 建造的。

他的《建筑平面、立面与剖面图集》(*Plans, Elevations, and Sections of Buildings*)（1788）同样也反映了他的喜好，记录了他画的乡间宅邸设计图。他在此书的前言中引证了维特鲁威、马提雅尔 (Martial)、贺拉斯、普林尼和阿尔伯蒂的论述（拉丁文与意大利文），以强调建筑师的义务与责

图 24　索恩《建筑草图》（伦敦，1793）一书中的设计稿。

1　索恩，《建筑设计：平面图、立视图与剖面图集》(*Designs in Architecture; Consisting of Plans, Elevations, and Sections*, London: Taylor, 1788)。索恩只是 1784 年结婚之时才在他的姓氏上加上字母"e"的。

2　索恩，《建筑草图，包括坐落于独特风景中的村舍、别墅以及其他实用建筑物的平面图与立视图》(*Sketches in Architecture, Containing Plans and Elevations of Cottages, Villas, and other Useful Buildings with Characteristic Scenery*, London: Author, 1793; 重印，Farnborough, England: Gregg International, 1971)。

任。他告诉我们，建筑是"一位腼腆的情人，只有不知疲倦地殷勤照料以及始终不渝地关心，才能赢得她的芳心"。接下来他提出了一些重要的理论思考。[1] 他认为："装饰的采用要倍加小心，必须是单纯的、恰当的、得体的，应设计得有规则，轮廓鲜明。"[2] 适当的谨慎可防止出现"幼稚的与令人厌恶的东西"，如用"受害者的头颅、公羊头以及他们宗教仪式中特有的一些装饰物来装饰英国人的住宅"的做法。[3] 尽管他嘴上这么说，但自己却依然将一头母牛置于他设计的多立克式"哈默尔斯牛奶场"（Dairy at Hammels）的山花区域中。[4]

在这里索恩也提到了哥特式建筑，但他所谓的"哥特式"并不是"现代建筑对哥特式模仿中的那些混杂形式的狂乱堆砌，而是我们许多主教堂、一般教堂及其他公共建筑中那些轻盈优雅的实例。这些建筑的设计激起人们庄重、严肃和沉思的观念，以致走进这样的大厦，令人不可能不产生最深刻的敬畏与崇敬之情"[5]。剑桥国王学院（King's College chapel）礼拜堂以其"大胆的设计与数学知识"提供了一个"光辉的范例"。在这一段结束时，索恩热情地呼吁对这些作品进行记录与保存。

然而，只有转向他在皇家美术学院发表的正式演讲才能认识到他宽广的理论视野。这些演讲始于 1810 年，断断续续直到 1836 年。有关演讲由来的迷人细节现在已不太清楚，但他在丰富的建筑藏书中用铅笔写了大量边注，由此看来他当时准备讲稿花了很大的功夫。

索恩与皇家美术学院的联系由来已久，他自 1772 年起便定期参加年度展览（除少数例外情况）。1795 年他通过朋友以及先前的老师丹斯去为他游说，取得了该机构的会员资格。次年钱伯斯去世，美术学院的一级会员有了一个空缺。就在钱伯斯去世的当天，索恩有些鲁莽地寻求政治上的支持，以确保获得任命。不过他还是花了 6 年时间才击败博洛米（Joseph Bonomi）（1739—1808），成了一名正式会员。索恩与其他会员之间的矛盾很快表面化了，其中包括丹斯。他对他的老师很不尊重。丹斯当时是建筑专业的教授，从 1798 年开始向学生和公众发表年度系列建筑演讲。但丹斯未能发表演讲，主要是因为他作为市政建筑师太忙了。1805 年，索恩开始私下里游说让丹斯辞去这一职位。丹斯发现了此事，便于该年年底辞去了这一职位。丹斯很气愤，因为他朋友私下的活动使自己陷入了窘境。可索恩还是很镇定，次年他成功地获得了这一职位。公平地说，索恩在这一时期还是花很大精力翻译了大量法国与意大利作家的著作，以期达到他的目的。他还不辞辛苦地准备了一千多幅大型建筑素描以配合他的演讲。

索恩的演讲是折中性的，将相互对立、有时甚至相互冲突的理论综合起来以形成自己的建筑主张。[6] 他讨论了卢梭、狄德罗、达朗贝尔、佩罗、洛日耶、雅克－弗朗索瓦·布隆代尔、皮拉内西、米利齐亚（Francesco Milizia）、梅齐埃、苏夫洛和勒杜等人的观念。在英国思想家中，他

1 索恩，《建筑平面、立面与剖面图集》（London: Taylor, 1788; 重印 , Farnborough, England: Gregg International, 1971），5。

2 Ibid., 8.

3 Ibid., 9.

4 Ibid., pl. 44.

5 Ibid., 9.

6 沃特金在他的《约翰·索恩爵士》一书的导论性章节中，对这些理论来源进行了充分的论述。

提到艾迪生、沙夫茨伯里、伯克、卡米斯与雷诺兹、普赖顿与奈特的如画思想、伯林顿、莫里　　[65]
斯、亚当、钱伯斯与桑比 (Thomas Sanby) 等。在英国建筑名人中第一位是约翰·范布勒，他甚至
称其为"建筑师中的莎士比亚"[1]。原先被人瞧不起的这位巴洛克大师，现在完全复活了。

　　将范布勒奉为典范即代表了索恩折中主义的观点。索恩真的认为，就建筑的富丽堂皇、结
构和得体方面而言，古人比今人优越。例如在关于早期争论的问题上，他令人吃惊地站在佩罗
的一边，反对布隆代尔，但反对的方式很奇特。如索恩将美解释为"要么是内在的、相对的，
要么是这两方面的结合"[2]。内在美 (intrinsic beauty) 指的是"某种形式与比例"，如圆形、正方形
和多边形；相对美指"维度"(dimensions)，这是实用与性格所要求的东西。他声称，"内在美与
相对美结合起来，产生均衡与比例，它们将真正艺术家的作品与那些谦卑模仿者的作品区别开
来。总之，一座大厦只有当它的所有构件比例准确，均衡匀称，再加上恰到好处的光与影以及
丰裕华美、优雅宁静等品质时，才可被看作是美的"。[3]

　　我们将看到，索恩提到的后面这些要求引起了更加细致入微的思考，最终推翻了任何数
学比例的绝对性概念。例如，他在评论乌夫拉尔 (Ouvrard) 的和谐比例理论时认为，将建筑与音
乐扯在一起"既不合适也没有用处"，他再次借佩罗之名坚定地认为，建筑不能被简化为任何
死板的体系："建筑没有固定的比例：鉴赏力、良好的感觉力以及健全的判断力，定会引导建
筑师去运用和谐的、精确的相对比例，即局部与整体的关系，以及整体与每个局部的关系。"[4]

　　至于是什么构成了"鉴赏力、良好的感觉和健全的判断力"，索恩引导我们走上了一条古
典主义与如画观念的林荫道。就古典主义而言，他告诫说，装饰应该受到严格的得体规则的支
配，应抵制某些装饰物，如不必要的山花、室内圆柱、古代礼仪性与政治性的标识，如斧头、
花环、鹫头飞狮、斯芬克斯、狮子和大毒蛇，等等。就如画而言，他赞赏亚当兄弟所采用的
"轻快而迷人的装饰风格"，在住宅设计中打破了英国帕拉第奥主义和庄重的新古典主义流派的　　[66]
"咒符的魔力"。[5] 不过亚当未能学习古代最优秀的范例，这导致索恩去追求自己的抽象的古典
装饰语言，包括锯齿形几何线条 (incised geometric lines)、下沉的线脚与穹隆式天篷。因此，他潜在
的保守主义成为他设计创新的基础。

　　索恩建筑思想的中心是性格 (character) 的概念，这来源于法国的理论，不过索恩对此也提出
了自己的理解：

　　　　每一座建筑，无论大小，无论是简单的或优雅的，就像一幅画一样，在精神的层
　　面对观者说话。每座建筑必须有自己独特的、确定的性格，足以指明其建造的目的与用
　　途。如果作品缺乏性格，就不可能达到这一要求。当雅典的演说家被问及什么是他艺术

1　索恩，第 5 讲，引自沃特金，《约翰·索恩爵士》，163。
2　Ibid.，第 7 讲，586。
3　Ibid.，第 7 讲，587。
4　Ibid.，第 6 讲，573—574。
5　Ibid.，第 11 讲，642。

中最重要的因素时，他回答说，情节，情节，情节（action）。所以，如果要问什么是建筑作品中独特的美，答案就是性格，性格，性格。[1]

适合（propriety）是建筑性格的决定因素。适合于用途，顺应于风景环境，也对建筑性格有所影响。但对于索恩来说，性格更重要的是对自然光与细节进行富有表现力的控制或细微处理，因为"即便是一根线脚，无论多微小，都会增加或减少它作为一个局部所构成的整体的性格"[2]。在他的实践中反复出现的一个主题就是对自然光——以及自然光色与反射——的利用，如他自己位于林肯律师会馆广场（Lincoln's Inn Fields）的住宅所演示的。光构成了他建筑概念中一个重要方面："法国艺术家如此成功实践的'神秘莫测的光'（lumiere mysterieuse）是天才手中最有力的手段，其力量不可能为人充分理解，再高的评价也不为过分。"[3] 因此，光的效果必定是"通过艺术家的微妙感觉力与优异的辨别力和谐地组织起来的"，因为只有这样，建筑师才能"感动心灵或向人类情感说话"。[4]

范布勒的布莱尼姆宫设计也集中体现了性格以及哥特式建筑的魅力。关于布莱尼姆宫，他说："这高贵建筑的巨大范围，不同部分的如画效果，无穷无尽的、令人愉悦的多样性，不同高度与体量的断裂与对比，在有学问的观者心中产生了最精微的感受，无论是在远处、中间处或近处观看。"[5] "用无精打采的帕拉第奥式的严格规则"来判断这样的作品，就等于用"索然无味的亚里士多德的规则"来判断莎士比亚的有力语言。[6] 同样，哥特式作品有魅力是因为"不同体块令人惊讶的多样、和谐与壮丽，整座建筑的复杂性与运动感，光影的辉映与对比，再加上对所有刺目光线的排除"[7]。

最后，索恩这位古典主义者将古典语言抽象化，喜欢夸张的比例，喜欢运用生硬突然的空间过渡以及舞台光线效果。他看似一位如画式建筑师，但他的个人感觉是朦胧不清的，不易精确加以界定。一方面，他极赞赏如画理论的美学及其自由的气质，这可使艺术家表现出自己的力量；另一方面，在以赞赏的心情阅读并评注了奈特的长篇建筑理论并表示认可之后，他还是有所保留，并不赞同他的"危险倾向，处心积虑地将唐顿庄园哥特式的雉堞与飞扶垛与"希腊式的天顶、圆柱与柱上楣"结合起来，甚至将这类形式运用于现代建筑[8]。古典的适合原则就不允许这么做。索恩在为达利奇美术馆（Dulwich Gallery）所做的非风格化或非历史化的设计，在20世纪常被人说成是现代主义抽象设计的先驱。从他丰富多彩的观念来看，将他看作是18世纪最后一位重要建筑师或许更加准确，而这个名头同样突出了他作为一位现代建筑师的地位。

---

1 沃特金，《约翰·索恩爵士》，338—339。这段话是在后来一个版本中加入第5讲中的。
2 Ibid., 第11讲，648。
3 Ibid., 第8讲，598。
4 Ibid., 第11讲，648。
5 Ibid., 第5讲，563。
6 Ibid.
7 Ibid., 第5讲，555。
8 Ibid., 第8讲，600。

第四章　新古典主义与历史主义

为何建筑不也来一场小小的革命?

——莱昂·沃杜瓦耶（1830）

1. 迪朗与卡特勒梅尔·德·坎西

如果说1789年巴士底狱风暴长期以来被看作是欧洲旧时代与现代的分水岭，那么它便具[67]有了多方面的象征意义。这一事件（只释放了五个囚犯和两个精神病人，该监狱的拆除已在计划之中）一方面代表了法国"旧王朝"保护下的贵族与教士阶层特权的瓦解，另一方面标志着个人权利与民主政府新纪元的开端。当然，法国大革命的政治影响并非仅仅在法国才能感受到。在1789—1815年间，对于在很大程度上仍处于封建社会中的欧洲人来说，是一个剧烈震荡的时期，人们不得不彻底地重新审视现存的政体。战争与社会动乱接踵而来。除了这些社会大变革之外，在较为发达的国家中还要加上工业革命的经济压力。最终，现代价值第一次清晰可见地展现于建筑领域以及其他文化领域之中。

政治与军事事件清晰地将不断加剧的社会动乱的各个阶段划分开来。1789年夏天的起义导致了"人权宣言"的发表，这是对美国范本的仿效，也导致了有限君主制或君主立宪制的建立。全欧美的知识分子，除了目光敏锐的埃德蒙·伯克之外，都被社会变迁的种种可能性所吸引。[1] 法国与奥地利的战争（不久法国又与普鲁士和英国交战）以及持续的社会动荡，导致了1792年夏天的第二次革命以及雅各宾派激进分子对政权的控制。接下来便是罗伯斯庇尔领导的阴云密布的恐怖时期。在1793年夏至1794年夏（罗伯斯庇尔本人于1794年被处死）的一年中，两万多人被押上了断头台，其中包括路易十六。所谓的"督政府"（由五名督政官组成的一种政体）于1795年夺取了法国统治权，但它又于1799年被波拿巴·拿破仑的政变所推翻。拿破

---

1 伯克在他撰写于1790年11月的《对法国大革命的反思》（*Reflections on the Revolution in France*）中，对大革命的过激行为的危险性提出了警告。当路易十六被革命党从凡尔赛押解到巴黎时，伯克极其愤怒。

仑沉迷于军事扩张并大获成功，引发了欧洲各国反征服的强烈的民族主义抗争。到 1810 年，拿破仑几乎征服或控制了欧洲所有地区（除英国与俄国之外）。但他在 1812 年发动的对莫斯科的灾难性远征导致了他的"伟大军团"几乎全军覆没。1814 年初奥地利、俄国、普鲁士、巴伐利亚与英国组成的联军越过莱茵河，直逼巴黎。3 月他们占领了法国首都，拿破仑逃往枫丹白露。他被迫退位，但还是被允许享有厄尔巴岛 (Elba) 的君主权。是年他逃离厄尔巴岛返回巴黎，又引发了新一轮的军事对抗，以滑铁卢战役而告终。在维也纳会议（1814—1815）上，列强寻求结束长达 26 年的连续性战争，为各自的利益展开争论，在领土问题上讨价还价，重新划定了欧洲各国的疆界。

当然，法国大革命所带来的后果并非都是破坏性的。它扫荡了教会与贵族的特权，引发了政府管理、财政、教育与司法方面的改革，遍及法国及欧洲被征服各国。拿破仑这个昔日的狂热的雅各宾分子，实际上将他的改革措施视为法律下人人平等之理论的实现。在各日耳曼国家，许多知识分子——包括克洛普施托克 (Friedrich Klopstock)、弗里德里希·施莱格尔 (Friedrich Schlegel)、康德 (Immanuel Kant)、黑格尔 (Georg Wilhelm Friedrich Hegel) 以及荷尔德林 (Friedrich Hölderlin) ——起初都向 1789 年的一系列事件致敬，将其看作是欧洲更伟大的道德与精神复兴的序幕 [1]，即便是随之而来的恐怖统治以及拿破仑的征服也未降低这些旁观者中的一些人的热情。当拿破仑于 1807 年 10 月进入耶拿城，即在他击溃普鲁士军队的前夕，黑格尔还深深着迷于他透过窗户所看到的这"世界灵魂" [2]。几个月后，费希特 (Johann Gottlieb Fichte)（1762—1814）在柏林发表了他慷慨激昂的《对德意志民族的演讲》(Reden an die deutsche Nation)（1807—1808），开启了洗雪耻辱的民族主义抵抗运动。[3]

[68]

由法国大革命所引发的政治与社会变革完全与工业革命所带来的重大变革相吻合，这一点在这动荡的年代变得越来越明显了。工业化的发展动力——以机械生产方式替代手工劳动技术——主要来自于英国。英国在 18 世纪就已经改变了纺织生产、煤炭开采与金属制造的工艺。第一批蒸汽动力工厂于 18 世纪 70 年代出现于英国，与亚当·斯密 (Adam Smith) 的《国富论》(The Wealth of Nations)（1776）所提倡的资本主义货币政策同时出现。因此，当索恩于 1788 年开始为英格兰银行做革命性的设计时，他是在为英国繁荣与殖民扩张的中枢神经系统工作。1797 年，英格兰银行发行了第一张纸币英镑，从而简化了货币交换。

在 19 世纪，英国的领先地位逐渐遇到了法国、德国与美国的挑战。然而，工业化的冲击到处都一样。生产方式的变化使大批劳动者从农村迁移出来，要求扩建老城市并建立新城市，

---

1 见古奇 (G. P. Gooch)，《德国与法国大革命》(Germany and the French Revolution, London: Frank Cass, 1965)。关于黑格尔对拿破仑的赞赏，尤其见平卡德 (Terry Pinkard)，《黑格尔传》(Hegel: A Biography, New York: Cambridge University Press, 2000)，22—26。参见特拉格 (Claus Träger) 编，《德国文学之镜中的法国大革命》(Die Französische Revolution im Spiegel der deutschen Literatur, Frankfurt, 1975)；以及布罗尼希 (Charles Breunig)，《革命与反动的年代，1789—1850》(The Age of Revolution and Reaction, 1789–1850, New York: W. W. Norton, 1970)。

2 平卡德，《黑格尔传》，228。

3 费希特，《对德意志民族的演讲》（柏林，1912）。

要求更快捷的交通方式（运河以及后来的铁路），也创造出了一个中产阶级企业家阶层，并导致了城市工人阶级的出现。除了这些变化之外，还必须加上 18 世纪晚期欧洲人口的剧增。在 1789—1815 年间，普鲁士人口增长了一倍，从 300 万增加到 600 万；法国人口从 2000 万增加到 2900 万；英国人口从 900 万增加到 1600 万。

建筑业当然也经历了巨大变化。工业化不仅促使大量新建筑类型出现，如交易所、银行与工厂，还有着更微妙的影响。例如，法国于 1793 年采用了公制，使建筑师在使用传统比例模数方面更加困难。在法国，古典主义与贵族的联系不再被看重（至少是暂时的），一些国家的重要建筑师也是如此。如勒杜在 1793—1794 年被囚禁之后便一蹶不振，而他那一代人中的其他建筑师在政治变革中茁壮成长。18 世纪 90 年代革命政府举行了大量的建筑设计竞赛，其目的就是要体现新的"民主"趣味。[1] 但设计因持续的动乱而不可能得以实施。苏夫洛的圣热纳维耶芙教堂是个例外，它被改造为纪念法国"伟人"的先贤祠。

在 1789—1815 年间，建筑领域发生了两件大事。一是 1794 年建立了巴黎理工学院（Ecole Polytechnique），二是创办了巴黎美术学院（Ecole des Beaux-Arts）。这两个学校与两个人物的教学密切相关，他们从一开始便为学校奠定了办学方针：迪朗（Jean-Nicolas-Louis Durand）（1760—1834）以及卡特勒梅尔·德·坎西（Antoine-Chrysostome Quatremère de Quincy）（1755—1849）。

迪朗可以说给建筑理论带来了革命性的变革，在这方面他超越了同时代其他任何建筑师。[2] 迪朗是巴黎人，曾一度就读于芒泰奎学院（Collège de Mantaigue），于 1770 年代中期专注于建筑。他先工作于潘塞翁（Pierre Panseion）的事务所，后来又曾为布莱工作，那时他就读于皇家建筑学院，听过勒鲁瓦的课，在 1779—1780 年度的罗马奖竞赛中他名列第二，游历了意大利。回到法国之后，他开始了建筑师的职业生涯，起步之初业绩平平。然而大革命使他的思想充满了活力，他在 1790 年前后受到布莱与皮拉内西的启发，开始准备一本出版物，收入了 168 幅铅笔城市景观速写。他与另一位建筑师蒂博（Jean-Thomas Thibault）一起投入了 1793—1794 年的 15 项建筑项目竞赛，在"平等神庙"（Temple of Equality）项目中名列第一（图 25）。这是一座单纯的方柱式神庙，柱头是理想化的古典头像，象征着共和国的美德。

1794 年，迪朗受聘于新成立的理工学院任教，3 年后升为副教授，并负责为法国军事工程师开设建筑课程。在 1799—1801 年间，他出版了《古今建筑类型图集与比较》（Recueil et parallèle des édifices en tout genre, anciens et modernes）。此书在很大程度上得益于勒鲁瓦早先对教堂的研究，将世 [69]

---

1 关于这些项目的讨论，见利思（James Leith），《空间与革命：法国纪念碑、广场与公共建筑项目，1789—1799》（*Space and Revolution: Projects for Monuments, Squares and Public Buildings in France, 1789–1799*, Montréal: McGill-Queen's University Press, 1991）；埃特兰（Richard A. Etlin），《符号空间：法国启蒙运动时期的建筑及其遗产》（*French Enlightenment Architecture and Its Legacy*, Chicago: Chicago University Press, 1994），30—47；伯格多尔（Barry Bergdoll），《欧洲建筑：1750—1890》（*European Architecture: 1750–1890*, Oxford: Oxford University Press, 2000），105—117。

2 关于迪朗的生平与思想，见桑比安（Werner Szambien），《让－尼古拉斯－路易·迪朗，1760—1834：从模仿到规范》（*Jean-Nicolas-Louis Durand, 1760–1834: De l'imitation à la norme*, Paris: Picard, 1984）。参见佩雷－戈麦斯（Pérez-Gómez），《建筑与现代科学的危机》（*Architecture and the Crisis of Modern Science*, Cambridge: M.I.T. Press, 1983），297—326。

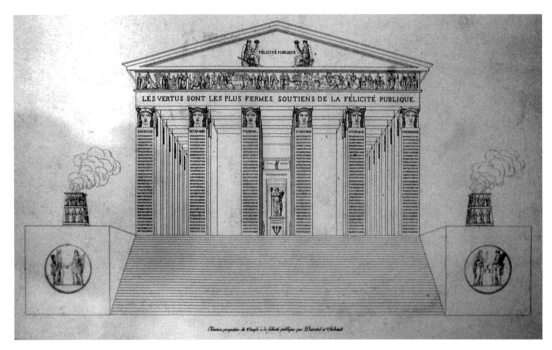

图 25　迪朗与蒂博，平等神庙，1794。采自《建筑设计图，以及荣获学院大奖的其他作品》（*Projets d'architecture, et autres productions de cet art qui ont mérité les grands prix accordés par l'Academie*，巴黎，1834）。

界　上各种建筑物呈现出来进行视觉比较。[1] 接着他又出版了学校课程讲义《简明建筑教程》（*Précis des leçons d'architecture*）（1802—1805）。[2]

　　迪朗的建筑理论受到当代事件与课程教学的影响。革命政府于 1794 年成立了理工学院，作为高级工程技术学院培养军事工程师，学生主修数学、机械、物理和化学。迪朗负责为学生提供建筑基础训练，这是一门实用性的而非理论性的课程。这种教学促使迪朗重新思考建筑的古典基础，更确切地说是重新评估古典建筑与现代工业社会的社会关联度。在他的理论思考背后有三个强大的驱动力，一是维特鲁威传统已经山穷水尽，或者说与现代工业社会失去了相关性。二是他先前的老师布莱所发动的对维特鲁威传统的"感情上的"攻击。所谓"感情上的"是指与情感或性格相关。在这方面，迪朗的前提更多是受到政治因素的刺激，他要重新审视的并不是古典语言，而是设计过程本身。三是结构理论以及建筑行业的专业标准发展起来并日益发挥作用。设计方法再一次成为他最关注的事情，而效率与效用则是设计方法的双重目标。迪朗的《简明建筑教程》第一卷与龙德莱（Jean-Baptiste Rondelet）（1743—1829）的《论建筑艺术的理论与实践》（*Traité théorique et pratique de l'art de bâtir*）（1802—1817）第一卷同时出版，这并非偶然。[3] 龙

1　迪朗，《古今建筑类型图集与比较》（Paris: Gllè Fils, 1799—1801；重印，Nördlingen: Alfons Uhl, 1986）。

2　迪朗，《简明建筑教程》（Paris: author, 1802—1805）。英文版由布里特（David Britt）翻译，题为 *Précis of the Lectures on Architecture, with Graphic Portion of the Lectures on Architecture*，由皮肯（Antoine Picon）撰写导言（Los Angeles: Getty Publications Program, 2000）。

3　龙德莱，《论建筑艺术的理论与实践》7 卷本（Paris: author, 1802—1817）。龙德莱于 18 世纪 70 年代成为苏夫洛负责的教堂工程的技术顾问，使该项目于 1784—1812 年间得以完成。

德莱是雅克－弗朗索瓦·布隆代尔与布莱的学生，负责圣热纳维耶芙教堂的建造工程。他主要从结构的角度将建筑视为寻求不断进步的一门科学学科。

迪朗的革命激情在《简明建筑教程》一开篇便表露了出来。他的策略是首先质疑建筑模仿自然（即把柱式与人体相类比），或仿效某种假设性原型的观念，如洛日耶关于建筑起源于原始茅屋的说法。接下来质疑维特鲁威三原理的价值与意义，即便利、坚固与美观。如果说头两项原理被抬高了，美观就会在这新时代被轻视。他的结论是与大革命后人们对豪华装饰的轻蔑相一致的："显而易见的是，愉悦不可能成为建筑的目标，建筑装饰也不可能成为它的目的。公共与私人的实用性，以及对个人与社会的保护，才是建筑的目的。"[1] 因此，设计转化为"适合与经济"(fitness and economy)，唯有这两条基本原理才能"指导我们对这门艺术的研究与实践"。[2]

Convenance 这个法语词是适合 (fitness) 的意思，它又回到了 J. -F. 布隆代尔的理论，具有古典意义上的恰当或得体的意味。但迪朗现在仅仅用它来指构造，即满足于"坚固的、有益于健康的和便利的目的"[3]。再者，economy 并不是指财政上的控制，而是与规则性、对称性与单纯性的概念相关联。尤其是单纯性的概念，它不是指采用最低限度的物质手段，而是指设计概念中在视觉上的一种更为修长的或精巧优雅的效果。迪朗用来演示 economy 观念的一个著名例子便是苏夫洛的圣热纳维耶芙教堂。他批评最近建成的这座教堂的外墙与地面实用面积之间的比例不恰当，提出了一个以圆形地面加低矮圆顶的方案，这一方案用同样多的材料却可增加 600平方米的地面面积！[4]

当然，适当与经济这两条基本原理比较抽象，只能十分笼统地对建筑师进行指导。迪朗接下来提出了一种设计分析方法，这是一种结合了拓扑元素 (Topological elements) 可能性的简单方法 (图 26)。它的起点是作为设计基础的轴向网格 (axial grid)（出现于 1770 年左右的一项建筑革新），设计元素可以填入该网格的坐标之中。与网格概念相伴随的是一系列图表与图版，表现出各种形式上的可能性：通用平面、门廊、前厅、楼梯间、喷泉、绿化、建筑立视图以及屋顶形状。对各部分进行分类，其目的是向设计者提供各种平面图和大量变化图，在此基础上设计者可以发挥他的构图技能。有趣的是，立视图的风格大体是古典式的，通常结合了法国或意大利的本地形态。实际上，建筑风格对迪朗来说无足轻重，而理性的设计方法是最重要的。在另一组素描中，他提出了图书馆、法院、博物馆、学院和医院的通用平面图。实际上他为（工程类的）学生提供了一套自学课程。

很难对迪朗新方法的影响做出评价。尽管这本书在德国广为阅读（很快被翻译成德文），但起初在法国影响不大，因为这是一本为军事工程师编写的教材。它对实用性的强调也在 1803年被巴黎美术学院庇护之下的学院派理论所修改了。

[70]

1　迪朗，《简明建筑教程》，84。

2　Ibid.

3　Ibid.

4　Ibid., 86–87, pl. 1.

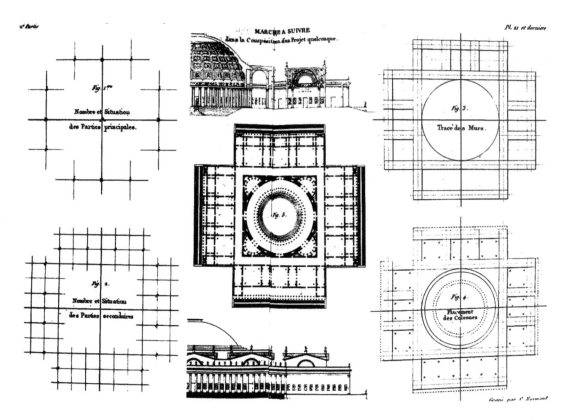

图 26　迪朗，"教学步骤"图版。采自《皇家理工学院简明建筑教程》（*Précis des leçons d'architecture données à l'École Royale Polytechnique*，巴黎，1802—1805）。

最后一个事件便是在这一骚动不安的大革命年代对美术学院的镇压。18 世纪 80 年代，皇家美术学院在日益动乱的局面下风雨飘摇。1790 年代初，学生向巴黎公社揭发了这所学院的反革命行径。1791 年该校提出了一系列改革方案，但并未平息革命者的敌视情绪，尤其是画家大卫（Louis David）（1748—1825），他要求取缔所有皇家学院。激进分子得逞了，他们在 1793 年 8 月 16 日夜间将所有机构的大门贴上了封条。建筑学院处于瘫痪状态达两年时间，尽管勒鲁瓦与安托万 - 洛朗 - 托马斯·沃杜瓦耶（Antoine-Laurent-Thomas Vaudoyer）（1756—1846）根据改革方案继续以个人名义上课。1795 年学院有了一个新名称，即建筑专门学校（Ecole Spéciale de l'Architecture），而改革直到 1803 年才告完成，那时拿破仑创建了艺术学院（Classe des Beaux-Arts），将画家、雕塑家、建筑师、雕版画家和音乐家聚在一起。但战争在当时仍是头等大事，所以直到 1816 年波旁王朝复辟时才重新启用"美术学会"（*Académie des Beaux-Arts*，此时"美术学院"已不再具有教学功能，故此处译为"美术学会"）这一名称，而巴黎美术学院（Ecole de Beaux-Arts）则是它的下属教学机构。

因此，在大革命以及拿破仑时期，建筑师的教育严重中断。1793 年勒鲁瓦设法挽救了学院的图书馆，但学生寥寥无几，在接下来的 4 年中没有大奖赛。1798 年情况变得更加复杂，[71] 拿破仑的军队烧毁了罗马法兰西学院的校舍，即曼奇尼府邸（Palazzo Mancini）。直到 1802 年法国才接管了美第奇府邸，1806 年正式恢复了一年一度的罗马奖。勒鲁瓦负责建筑师教育直到 1803 年去世，迪富尼（Léon Dufourny）（1754—1818）继任，坚守着现有的古典教学大纲。1818 年迪富尼去世，巴尔塔（Louis Pierre Baltard）（1764—1846）掌控了巴黎美术学院的建筑系。不过指导该校的最强有力的人物是卡特勒梅尔·德·坎西，他在 1816 年任美术学会的常务书记，直至 1839 年。

尽管卡特勒梅尔·德·坎西重视建筑，但他本人不是建筑师。[1] 他首先是位知识分子，其漫长的生活之路充满了戏剧性的转折与命运的变化。他是一个布商的儿子，曾在库斯图（Guillaume Coustou）的工作室中学过雕塑。1776 年他自费南下旅行，去过罗马、那不勒斯、庞贝、帕埃斯图姆和西西里。除了其间一个短暂的中断之外，他在意大利一直住到 1785 年，其间曾多次与获罗马奖的画家大卫一道旅行，曾会见过皮拉内西与卡诺瓦（Canova）等名人。回法国后，他因一篇埃及与希腊建筑起源的历史论文而获得学院奖。此后不久他便受聘撰写《分类百科全书》(*Encyclopédie Méthodique*) 中的建筑词条。这是一部新艺术百科，词条按字母顺序编排，第一卷（从 Abajour 到 Colonne）出版于 1788 年，第二卷（分两部）出版于 1801 与 1802 年，第三卷出版于 1825 年。所以在大革命之前他的学术声望便确立起来了。

不过大革命还是改变了一切。他开始时热情地支持革命事业，被选入巴黎公社（Commune de Paris），进入了有影响力的公共教育委员会。他与朋友大卫一道工作，并与塔莱朗（Charles-Maurice de Talleyrand）建立起重要的关系。1791 年，他受命监管将圣热纳维耶芙教堂改造为先贤祠的工程，在此期间他撰写了两本关于设计教学改革的小册子。然而，当激进分子攫取了更大的政治权力时，他支持革命的热情减弱了。革命领袖之一拉法耶（Lafayette）被宣布为反雅各宾党的叛徒之后，他为拉法耶辩护。这就导致了他在 1793 年遭到人身攻击，同年被马拉（Jean-Paul Marat）称作旧王朝的同情者，次年 3 月被捕，逮捕令正是他的朋友大卫签发的。当年 7 月罗伯斯庇尔垮台，他被释放，但他公开反对国民议会政府，并在 1795 年聚众暴动以表达他的不满情绪。他虽勉强逃脱了追捕，但后来被判处死刑并没收财产。不过非同寻常的是，当他被抓住时却成功地为自己进行了辩护，被宣布无罪释放。但在 1796 年他参加了一次在克里希（Clichy）召开的保皇党会议，又遭通缉。在塔莱朗的帮助下，他逃到德国北方地区，于 1797—1800 年间在那里潜心研究德国哲学、美学和考古学。1800 年拿破仑大赦，他返回法国并开始了学院生涯。1804 年他被选为铭文与文学院（Académie des Inscriptions et Belles-Lettres）会员，次年开始发表演讲。同时他继续写作，他的一系列出版物使他在 1816 年获得了实至名归的任命。

尽管卡特勒梅尔·德·坎西古典理论的核心形成于大革命之前，但他并不是简单地重申早先的学院教条。可以毫不夸张地说，他从根本上重新思考了建筑的观念前提。他的两篇论埃及建筑的论文预示了他的革新，为后续的发展制定了指导方针。

[72]

---

1 关于卡特勒梅尔·德·坎西的生平与思想，见罗兰兹（Thomas F. Rowlands），《卡特勒梅尔·德·坎西的成长时代，1785—1795》(Quatremère de Quincy: The Formative Years, 1785–1795, Ph.D. diss., Northwestern University, 1987)；拉文（Sylvia Lavin），《卡特勒梅尔·德·坎西与现代建筑语言的发明》(*Quatremère de Quincy and the Invention of a Modern Language of Architecture, Cambridge*, Mass.: M.I.T. Press, 1992)；尤内（Samir Younés），《真正的，虚构的，现实的：卡特勒梅尔·德·坎西的建筑史辞典》(*The True, the Fictive, and the Real: The Historical Dictionary of Architecture of Quatremère de Quincy*, London: Papadakis, 1999)。

第一篇是为 1785 年举行的文学竞赛所写的，回应了这样一个问题："埃及建筑的条件是什么，希腊人从埃及建筑中借鉴了什么？"卡特勒梅尔·德·坎西引述了勒鲁瓦早些时候对埃及与希腊建筑起源问题的思考，对埃及与希腊建筑的社会与文化做了相对主义的解释，提出一系列社会（原始的与文化的）及地理等条件来作为每个民族建筑风格形式的决定因素。他的解释基于人类学的（圣经的）前提，认为早期人类社会从三种生活方式发展而来，即狩猎、畜牧与农耕。靠狩猎捕鱼为生的社会不需要固定的住所，人们居住在海边与河岸上，并在附近的洞穴中寻找安身之所；相反，以放牧为生的民族过着迁徙不定的生活，因此需要轻便的、可移动的住所，如帐篷；在农业社会中，人们过上了稳定的生活，结实的木结构房屋便是他们住所的原型。此外，出于种族与地理原因，有些地区喜爱特殊类型的居所。在西亚与中国贫瘠荒凉的沙漠中，牧人的帐篷很普遍。印欧部落最早从事农业生产，尤其是早期希腊各民族。而洞穴是埃及人狩猎与捕鱼部落的建筑原型。他的观点是，这些地区一系列建筑形式获得了某种正式居所的特点，这是与原初生活方式密切相关的。例如，穴居的埃及人喜爱简单的平面、大体块与统一坚实的构造。

但是卡特勒梅尔·德·坎西的理论比初看起来更为复杂。在 1785 年的文章中，他注意到埃及建筑有两个起源：洞穴和茅屋，两者都影响了埃及建筑的形式。1803 年该文经扩充后出版。他将希腊与埃及建筑的潜在生成因素看作是彼此独立的，每种生成因素都完全源于特定地区独特的茅屋与洞穴类型。他受到语言学理论的启发，注意到适用于所有语言的一般语法原理与特殊语言的句法之间的差别。所以他要让那些试图到埃及原型中去寻找希腊形式根源（如多立克柱式）的人放弃这种做法（他本人在 1785 年也是这么做的）。实际上，圆柱属于一般语法，所以到处都有，而三种希腊柱式的特殊句法使得希腊建筑高于其他民族的建筑。

对这两个国家居所原型的研究也可证明这种品质上的区分。帐篷与洞穴未能为建筑提供更进一步发展的可能性，所以从中不可能寻绎出什么有趣的东西。帐篷只是极其轻便而已，洞穴既单调而又极其沉重。而木构茅屋易于修改，在形式上可获得丰富的、合逻辑的发展——确实，由于有许多微妙变化的可能性，所以"可以断言，只有木工训练才能使建筑成为一门理性的艺术"[1]。从这一前提出发，他又迈出重要的一步（反驳洛多利的理论），即断言，正是建造茅屋的材料从木头转变为石头（他认为这一转变在希腊神庙上实现了）才提升了希腊建筑，使之高于其他民族。简言之，纪念性建筑基于形式与材料的错觉："实际上认识到以下这点是很容易的，即建筑的本质以及建筑在很大程度上令我们愉悦的手段，就在于这令人愉快的虚构，这精巧的面具，它联合了其他艺术形式，使它们能现身于它的舞台上，并给予建筑一个与它们相竞争的机会。"[2]因此古典建筑的"快乐的隐喻"——即古典建筑对木头原型的模仿——

[73]

---

1 卡特勒梅尔·德·坎西，《论埃及建筑，考察它的起源、基本原理以及审美趣味，并就相同方面与希腊建筑进行比较》（*De l'architecture égyptienne, considérée dans son origine, ses principes et son goût, et comparée sous les memes rapports à l'architecture grecque*, Paris: Barrois, 1803），241。

2 Ibid., 242.

为古典建筑优越性奠定了美学基础。

从 1788 年开始，卡特勒梅尔·德·坎西在为《分类百科全书》所写的词条中发展了他的观念。首先，他对建筑的定义是传统的："遵循着既定比例与规则的建造艺术。"[1] 他将建筑这门艺术与"音乐的优雅、诗人的吟唱与剧场的幻觉"相并列，提到建筑中小木屋的材料转换这样一种骗人的"把戏"，"既是错觉的，又是真实的"。[2] 但古典建筑实际上是双重的模仿：它是对观念化的茅屋的一种戏剧性模仿，又是对大自然的隐喻性模仿，即对大自然一般规律与法则的模仿。因此，卡特勒梅尔·德·坎西对建筑的定义就具有了惊人的灵活性，因为比例规则只是一种一般性的指导意见，它允许有各种变化，如大自然在它的生成法则之外又创造了例外："对大自然秩序之基本原理的概括性模仿，对和我们感官特性及判断力知觉相关联的和谐的概括性模仿，已经赋予建筑以灵魂，使它成为一门艺术，使它不再是仿造者，不再去模仿，而成为大自然的竞争者。"[3] 建筑在本质上成了一种理想。以柏拉图式的和谐与秩序观念为基础，卡特勒梅尔·德·坎西在 1780 年代晚期猛烈抨击当代建筑（指的无疑是勒杜的作品），说它"缺乏清晰而精确的思想"，语言畸变、寓意混乱，变成了"艺术家幼稚的玩物以及人类社会的难解之谜"。[4]

卡特勒梅尔·德·坎西的百科全书中的"性格"词条，在第一卷中是最长的文章，这或许在第二章中已考察过了，但以下这一点尚未提及：他还赋予了这个概念以全新的生命。可以说，他将学院派的性格观念与启蒙运动的历史和美学新体系（尤其是孟德斯鸠与温克尔曼）调和起来，同时剥去了这一观念的情感内涵。一开始他将性格定义为"一种记号，大自然借助这种记号将自己的基本性、独特性、相关性铭刻在每件物体上"，进而他对基本的、独特的、相关的性格进行了区分。[5] 他又进一步从身体与道德的角度对每种性格进行描述，得出了一些一般的属性，比如种属 / 倾向，面相 / 瞬间改变，才能 / 使用属性等。这种模型具有生物学的抽象性，被运用于建筑便带来了不同的效果。

建筑的性格就"寓于一种存在方式之中，寓于身体需要与道德习惯之间的必然一致性之中，寓于气候、观念、习俗、趣味、快乐所演化出来的事物之中，寓于每个种族的基本性格之中"[6]。接下来他做了细致入微的分析。基本性格（essential character）是最具本源性的，也是最具表现力或最庄严的，可以在建筑类型表现中找到，如木匠活以及三种柱式这类一般的样式中。有趣的是，他认为在三种柱式中多立克式最有性格，因为它的力量与表现力尚未在文雅的社会中被再度加工过。独特性格（distinctive character）是建筑作品的面相或创新性，是它的特定风格记号。相对性格（relative character）对于建筑的发展最具创造性活力，因为它是通过富有表现力地运用材料，通过唤起

---

1 卡特勒梅尔·德·坎西，"建筑"词条，《分类百科全书·建筑》（Paris: Panckoucke, 1788–1825），1:109。

2 Ibid., 115.

3 Ibid., 120.

4 Ibid., 116–117.

5 Ibid.，"性格"词条，478。

6 Ibid., 492.

理想的艺术品质，通过遵循得体规则而产生出来的（就语言来说就是诗歌）："大自然类型简单，手段经济，然而，看看大自然修饰她的作品，组合万物，是多么不知疲倦，变化多端啊。"[1]

因此，卡特勒梅尔·德·坎西的古典主义不是一种僵化的古典主义，而是一种讲究得体、含义微妙的古典主义：恰当地选择合适的类型，运用装饰性的标志物，唤起微妙的语言表现力或"视觉的雄辩"。这种视觉的雄辩经过了几个世纪的积累，但在他看来，现在正面临着灭绝的危险。当他后来在百科全书第三卷（1825）中完成他的模型时，使用了"类型""风格"与"理论"等概念，这一模型的哲学意味就更加微妙精致了。一种建筑"类型"，并不是某一事物供人复制或模仿的图像，而是"一种元素的理念，它本身必须就是一种规则或模型"[2]。"风[74] 格"并不是特殊的形式语言，而是某种"与**性格**或合适的手法以及独特的面相类似的东西，属于每件作品、每位作者、每个类别、每个流派、每个国家、每个世纪"[3]。理论具有实际作用，也具有教育功能，但更重要的是它具有更高的"形而上"维度，即"高级的指导"，它——

> 呈现的不是规则，而是指明了这些规则的来源；理论并不是制定法则，而是探究与参透法则背后的精神。理论并非从作品中获得它的基本原理，而是将它的基本原理赋予作品，即：相同的自然规律，我们所体验的各种印象的起因，以及艺术借以触及我们、感动我们、愉悦我们的手段。[4]

于是他便为重新组建的巴黎美术学院提供了一个极精致的智性基础。不过，后来的情况证明，这种理论基础延续的时间很短。因为当 1825 年最后一卷甫一问世，他便遭到了批评。另一场革命的威胁——既在政治领域又在建筑领域中——已经弥漫于空气中了。

2. 彩饰论争

在欧洲范围内发生的彩饰论争（polychrome debate，指关于古代建筑与雕塑上是否存在彩色装饰的争论）是建筑革命的第一个阶段。这场论争始于 19 世纪初对古希腊彩色装饰的"发现"，当时是一团和气，并没有想到日后会爆发争论。其实，早在七八十年之前就有人做出了这一发现，那时斯图尔特与雷维特记录了若干雅典神庙彩色装饰的大致情况，其中包括忒修斯（Theseus）神庙（图 27）。他们是看到了颜色的残迹，但并没有看出这些颜色出现在建筑上的深刻含义。若没有敷色，建筑便呈现出赤裸裸的白色大理石效果了。在那个时代，其他人也看不出这层意义。温克尔曼主

---

1 《分类百科全书·建筑》，510。
2 Ibid.，"类型"词条，3:544。
3 Ibid.，"风格"词条，411。
4 Ibid.，"理论"词条，485。

要与希腊雕像的复制品打交道，他确立了
这样一种古典观，即雕刻之美的本质在于
轮廓与形体，正是高贵的白色大理石提升
了雕像的效果。[1] 这种观点很容易影响到建
筑领域。1801 年，德国历史学家施蒂格利
茨（Christian Ludwig Stieglitz）在他的著作中总结了
新古典主义的立场，他说："建筑作品的美
得自于优美的形体。在建筑艺术中，正如
在与之相关的其他优美的艺术一样，优美
的形体是通过秩序与均衡，通过得体与良
好的比例而获得的。"[2]

古典文献中曾屡次提到过建筑彩饰，
当时被人们忽略了，未加以考虑。维特鲁
威本人提及在木构神庙的三陇板上施以蓝
色的蜡，保萨尼阿斯（Pausanias）在他的 2 世
纪的游记中曾提到他在雅典见过红色和绿

图 27　忒修斯神庙着色中楣局部。采自斯图尔特与雷维特的《雅典古迹》（1788）。

色的公堂（Tribunals）。[3] 不过，前提是色彩只是用来突出某个构件，主要部分仍是白色的。然而壁
画问题使情况复杂化了。1 世纪罗马历史学家老普林尼说，希腊人在他们的巅峰时代并不画真
正的壁画（这是罗马人堕落的产物），而是在木板上作画，然后嵌在墙壁上。[4] 温克尔曼反驳
了这一论点（为使他后来的拥护者感到满意），但这段话依然使得古希腊"白色观点"维持着
无可争辩的地位，直至 18 世纪末。[5] 人们认为希腊建筑主要是白色的（最优秀的希腊建筑是用
帕罗斯岛大理石与庞特力寇斯大理石建造的），而在那些不断有证据表明色彩被广泛使用的地
方，如埃及的陵墓与浅浮雕，迈锡尼阿特柔斯宝库（Treasury of Atreus）的彩色装饰，以及庞贝与赫
克兰尼姆的壁画，都处于艺术上的婴儿期或偏远之地，在那些地方艺术处于衰落的境地。伯里
克利时代的高贵风格凌驾于这些时代之上，焕发出纯朴的艺术荣光。

这一观点在 1800 年之后开始受到了挑战，大量旅行家，其中大多是英国人，前往希腊
开展进一步调查。在 1799—1802 年间，任驻君士坦丁堡特别公使的苏格兰人布鲁斯（Thomas
Bruce），即埃尔金第七伯爵（Seventh earl of Elgin）（1766—1841）制订了一个计划，将帕特农神庙上

---

1 温克尔曼，《古代美术史》（*Geschichte der Kunst des Alterthums*, Dresden: Walther, 1764），147—148。

2 施蒂格利茨，《希腊与罗马建筑考古学》（*Archaeologie der Baukunst der Griechen und Römer*, Weimar: Verlage des Industrie-
　Comptoirs, 1801），258—259。

3 维特鲁威，《建筑十书》（*De Architectura*），bk. 4, chap. 2; 保萨尼阿斯，《希腊旅行指南》（Guide to Greece, Harmondsworth,
　England: Penguin, 1979），par. 28。

4 普林尼，《博物志》（*Natural History*, Cambridge: Harvard University Press, 1868），bk. 35, I.3 and XXXVII. 118。

5 温克尔曼，《古代美术史》，264。

的装饰雕刻切割下来装船运回英国。同一时期在希腊旅行的建筑师威尔金斯（William Wilkins）、地志学家利克（William Leake）、古物学家多德韦尔（Edward Dodwell）也都发现了彩饰的证据。威尔金斯探测到了忒修斯神庙（Temple of Theseus / Hephaisteion）山门柱上楣的颜色痕迹。[1] 利克注意到"各种不同的色彩"被施于帕特农神庙的墙面与雕刻上。[2] 而多德韦尔则在帕特农神庙上发现了大量蓝色、红色与黄色颜料的残迹，他指出：

[75]　我们的心灵很难与五颜六色的神庙与雕像这种想法谐调起来；不过可以肯定的是，这种做法对于早期希腊人来说是司空见惯的，甚至在伯里克利时代也是如此。毫无疑问，所有希腊神庙都是以这同样的手法装饰的……完成得非常到位，极其优雅，与雕刻部分保持一致。[3]

　　另一拨希腊旅行者于 1810 年前后到达，其中有科克雷尔（C. R. Cockerell）、德国人哈勒·冯·哈勒施泰因（Carl Haller von Hallertein）、俄国人施塔克尔贝格（Otto Magnus von Stackelberg）以及丹麦人布伦斯泰兹（Peter Oluf Brøndsted），他们的发现更令人惊奇。1811 年，科克雷尔、哈勒施泰因和布伦斯泰兹在埃伊纳岛（Aegina）上出土了一座神庙废墟的山花雕刻。他们不仅发现雕像是上了色的，而且上楣的线脚也涂有颜色。不过文物暴露在空气与阳光中，色彩不久便消褪了，这是一个难题。同年稍后，这同一组人又在巴赛发现了一些阿卡迪亚的神庙废墟，并再次发现了许多色彩痕迹。[4] 这次发现意义重大，因为该神庙的建筑师是伊克蒂诺（Ictinus），即帕特农神庙的建筑师。

[76]　　1815 年是一个重要的年份。这一年，卡特勒梅尔·德·坎西出版了他的文献学著作《奥林匹亚的朱庇特神像，或以一种新观点来考察古代雕刻》（*Le Jupiter olympien, ou l'art de la sculpture antique considéré sous un nouveau point de vue*）。这本书的撰写始于 1803 年，并未专门讨论新近的发现，尽管他肯定了解这些大多尚未发表的考古发现。关于此项研究的目的，他说是要对温克尔曼伟大的艺术史进行"补充"，重构菲迪亚斯著名的黄金象牙雕刻，即被分别置于奥林匹亚与雅典神庙中的巨型雕像。古典作家如保萨尼阿斯曾颂扬这些作品是古代的杰作，但新古典主义作家，如凯吕斯，却不能接受使用这两种材料来表现人物服装与肌肤的说法。卡特勒梅尔·德·坎西将他们的指责概括为四点：(1) 黄金与象牙在色彩方面的运用与希腊人通常的做法在趣味上不一致；(2) 这两种材料的混用是"怪异的"，比起采用高贵的材料，如大理石，显得不太纯粹；(3) 雕像

1　威尔金斯，《雅典》（*Atheniensia*, London: Longman, Hurst, Orme, & Rees, 1816），86—88。

2　利克，《雅典地志，以及关于雅典古迹的评论》（*The Topography of Athens, with Some Remarks on its Antiquities*, 第 2 版，London: J. Murray, 1841; originally published in 1824），335。

3　多德韦尔，《希腊古典文化与地志考察之旅》（*A Classical and Topographical Tour Through Greece*, London, 1819），342—343。参见 320—342，365—367。

4　科克雷尔与哈勒施泰因两人跟福斯特（John Foster）与林克（Jacob linckh）一道，于 1811 年发现了该神庙的基址，但并没有做大面积发掘。布伦斯泰兹与施塔克尔贝格于 1812 年返回并进行了发掘。

的华丽材料使人对古人的艺术趣味产生误解；（4）使用色彩产生了"一种错觉"，与雕刻的"基本原理"相左，而雕刻讲究的是形。[1]

卡特勒梅尔·德·坎西运用大量古典文献反驳了这些观点，著作长达 400 页。他指出，这些作品的历史原型不是外来的，而是希腊早期的原始木雕偶像——*les statues-mannequins*（模拟像）——以颜色涂绘并用实际材料装扮起来的。后来这些模特的彩绘与装扮发展为金属浮雕工艺（金属压花与雕刻），继而施以色彩以起到保护作用，弥补材料的不足，并缓解其大面积表面的单调感。所以到了伯里克利时代，希腊雕像艺术的色彩运用已拥有悠久的传统，其内容具有象征性，也被宗教习俗神圣化了。卡特勒梅尔·德·坎西以优美的文字勾画了这两件黄金象牙作品，描述它们沐浴于透明的彩色光泽之中，"一种未着色的彩色画，也就是说，是彩色的但又未敷色，最终它提供了形象而不是这错觉的现实"[2]。

当卡特勒梅尔·德·坎西构建古代色彩的历史理论，组织论据以回答具体考古学与文献学问题的时候，当然尚未考虑到这一理论对于建筑的意义。然而，另一些建筑师与考古学家则注意到了他的论据。因此，当科克雷尔在 1819 年发表他在埃伊纳岛的发现时，将这些发现说成是"希腊人给雕刻着色之普遍做法的一个十分显著、十分古老的实例"[3]，他将这种做法视为一种手段，"以便将各个部分区分开来，通过各种微妙的色调提升视觉冲击力，以缓解可能存在的死板与单调的效果"[4]。两年后，德国建筑师克伦策（Leo von Klenze）——他当时已经接受了设计慕尼黑雕塑馆（Munich Glyptothek）的委托，建造此博物馆的目的就是收藏陈列这一批大理石雕刻——开了一个关于古代建筑的讲座，激烈批评温克尔曼和凯吕斯对古代的看法"干巴巴、冷冰冰，十分僵化"，接着赞赏卡特勒梅尔·德·坎西和科克雷尔等人正确地重新评价了过去。[5] 他复原了一座神庙以作为大理石雕像的背景，将圆柱和陇间板画成黄色，将内室墙壁画成红色，将三陇板画成蓝色。

对古代彩饰的其他解释也接踵而来。1826 年施塔克尔贝格出版了一本发现巴赛神庙的书，重申并发挥了卡特勒梅尔·德·坎西的观点。但他也根据自己对南部地区色彩斑斓的景观以及十足的希腊精神的观察，将这些观点提升到一个新的高度：

> 色彩，即便在今天，对于所有南方民族来说，也是他们使建筑体块富有生气的不可或缺的手段。希腊人将色彩运用于伯里克利时代最伟大的建筑杰作上，无论是多立克

1　卡特勒梅尔·德·坎西，《奥林匹亚的朱庇特神像，或以一种新观点来考察古代雕刻》（Paris: Chez Firmin Didot, 1815），389—391。

2　Ibid., 36.

3　科克雷尔，《论埃伊纳岛的大理石雕刻》（On the Aegina Marbles），载《科学与艺术杂志》（*Journal of Science and the Arts*, London），6, no. 12（1819）：340。

4　Ibid., 341. 关于他旅行的说明，见塞缪尔·佩皮斯·科克雷尔（Samuel Pepys Cockerell）编，《欧洲南部及黎凡特之旅，1810—1817：C. R. 科克雷尔的旅行》（*Travels in Southern Europe and the Levant, 1810 – 1817: The Journal of C. R. Cockerell*, London: Longmans, Green, 1903）。

5　克伦策，《根据历史与技术相似物复原伊特鲁斯坎神庙的尝试》（*Versuch einer Wiederstellung des toskanischer Tempels nach seinen historischen und technischen Anlogien*, Munich, 1822），9, 77。

式还是爱奥尼亚式，正如可以在忒修斯神庙、帕特农神庙、密涅瓦神庙以及卫城山门（Propyläen）上可看到的情景。在这些神庙上，色彩甚至被施于建筑外部的装饰物上。除此之外，还有若干纪念堂、希腊瓶画以及庞贝壁画的实例，都证明了彩色装饰被广泛运用于建筑作品上。温和的气候宜于使用色彩，而且多立克式神庙的装饰看上去比想象中丰富得多。[1]

斯图尔特与雷维特的《雅典古迹》第二版发行于1825—1830年，进一步推进了这场讨论。金纳德（William Kinnard）在他新近撰写的关于帕特农神庙的评注中，承认颜料是"清晰可辨的"，现在他坚持认为上色不只为了装饰建筑构件；"审慎地施彩与泥金可取得丰富而综合的效果，使磨光的白色大理石圆柱及其下楣、三陇板与上楣主要部分在如此阳光明媚的氛围之中得到缓解，看上去令人赏心悦目"。[2] 他所列举的施彩原因包括建筑外观需要与室内装饰华丽的雕刻保持一致，以及必须与雅典人更纯粹的设计感相吻合，等等。

[77]

布伦斯泰兹在他的对开本著作《在希腊的旅行与调查》（*Reisen und Untersuchungen in Griechenland*）（1825—1830）中也发表了类似的观点。他将卡特勒梅尔·德·坎西关于希腊雕像四阶段的理论运用于建筑（神庙是从木建筑发展而来，原本就需要敷色），对每个后续阶段的色彩进行了更充分的挖掘。到了伯里克利时代，"这第一种敷色，即用于实际建筑目的的敷色，在希腊建筑最优美的这个时代运用得如此普遍，如前所述，你完全可以自信地断言，所有希腊神庙或多或少都是涂了颜色的"[3]。布伦斯泰兹的意思是在圆柱、墙壁与所有其他建筑表面都涂有颜色。

因此，到了1825年，希腊古代建筑雕刻"白色观"在很大程度上已经成为历史。在理论中，色彩对古典主义提出的问题就成了强调的重点：越来越重视古典作品中的色彩而不那么重视均衡、得体尤其是比例了。不过，彩饰问题引起了更大的争议。它好像成了一个借口，1820年代后半期有许多法国学生抓住这一问题攻击学院理论的美学核心。的确，卡特勒梅尔·德·坎西一味强调比例的价值，而在面对彩饰证据时他的权威性也被削弱了。

但是在这方面，最具颠覆性的事件——显然超越了考古学的界限——是卡特勒梅尔·德·坎西从前的一个朋友希托夫对一座西西里神庙的复原。希托夫（Jacques-Ignace Hittorff）（1792—1867）是位建筑师，出生于德国科隆，不过由于拿破仑1810年吞并了莱茵河西岸，使他可以声称自己拥有法国公民资格，并在巴黎美术学院注了册。在法国建筑领域，希托夫的地位迅速上升。后来他去英国参观了埃尔金大理石雕像，阅读了卡特勒梅尔·德·坎西的著作。

---

1 施塔尔贝格，《阿卡迪亚地区巴赛的阿波罗神庙以及在那里出土的雕刻》（*Der Apollotempel zu Bassae in Arcadien und die daselbst ausgegrabenen Bildwerke*, Rome, 1826），33。

2 金纳德，为斯图尔特与雷维特《雅典古迹》做的评注，第2版（London，1825），2:44—45 n。

3 布伦斯泰兹，《在希腊的旅行与调查》（Paris，1825—1830），1:147。

这些都激发他于 1821 年开始筹划到南方旅行，尤其是考察古代彩色装饰并做出新的发现。[1] 他于 1822 年 9 月离开巴黎，先是前往罗马，在那里他见到雕塑家托瓦尔森（Bertel Thorwaldsen）并得到了他的鼓励。托瓦尔森当时正在修复埃伊纳岛的大理石雕像，后来这批雕像运往了慕尼黑。在听说英国人威廉·哈里斯（William Harris）和安杰尔（Samuel Angell）已经在塞利努斯发现了涂有颜色的陇间板之后，希托夫立即赶往位于西西里岛上的这一遗址进行发掘（其实是要与德国建筑师克伦策相竞争）。他在巴勒莫遇到了安杰尔（哈里斯已死于疟疾），并亲眼看到了红色的陇间板。[2] 希托夫组织人在阿格里真托（Agrigento）进行发掘，也取得了成功。接着他移师塞利努斯，在那里出土了一座小神庙（神庙 B）遗址，它的构件上有些部分饰有灰泥与颜料。他返回罗马绘制了一幅彩色复原图，将这一成果向那里的建筑师们进行了展示，之后决定立即发表。[3] 实际上，直到 1830 年 4 月 30 日，他才将复原图以及他的彩饰体系正式提交给了美术学会。[4]

希托夫所复原的体系实际上只是一种推测，不过他从不假装正确。与布伦斯泰兹一样，他将卡特勒梅尔·德·坎西的色彩理论的主要观点运用于建筑。他也像施塔克尔贝格一样，强调建筑必须适应于南方阳光地带的“鲜艳的植物”与“无比丰富的大自然”。除了他生动描绘的、色彩鲜艳的素描之外，他为争论带来的新意就是坚持认为，在古代存在着一种简单的彩饰体系，它其实就是柱式这个大模式的一个分支体系。他认为，色彩为建筑提供了额外的、表现建筑性格的有力手段：“色彩涂绘最适合于增添装饰的丰富性，而正是丰富的装饰所焕发的光辉，界定了宗教建筑壮丽辉煌的视觉特性，他们希望这闪耀的光辉环绕在诸神的周围。”[5]

通过视觉记录，希托夫还呈现了一种“艺术”复原图。希托夫坦承，并无什么出土的证据可资利用，他用杂凑的色彩与装饰母题来拼凑他这座西西里英雄神庙，其来源的时空范围十分广阔：塔尔奎尼亚（Tarquinia）、庞贝、埃伊纳岛与耶路撒冷。其结果并非完全出人意料。卡特勒梅尔·德·坎西在巴黎美术学院的接班人、历史学家拉乌尔－罗谢特（Désiré Raoul-Rochette）很快就改变了对希托夫复原图的评价，他原先称其为“一幅令人满意的复原图”，后来说它是“一个

1　希托夫自学了英语，于 1820 年前往伦敦参观埃尔金大理石雕刻，有若干部专著研究希托夫和他在彩饰论争中的作用。见哈默（Karl Hammer），《希托夫：一位巴黎建筑师，1792—1867》（*Jokob Ignaz Hittorff: Ein Pariser Baumeister, 1792–1867*, Stuttgart: Deutsche Verlags-Anstalt, 1986）；赞滕（David van Zanten），《19 世纪 30 年代的建筑彩饰》（*The Architectural Polychromy of the 1830s*, New York: Garland, 1977）；米德尔顿，《希托夫的彩饰运动》（Hittorff's Polychrome Campaign），收入《巴黎美术学院与 19 世纪法国建筑》（*The Beaux-Arts and Nineteenth-Century French Architecture*, Cambridge, Mass.: M.I.T. Press, 1982）；以及卡尔纳瓦莱博物馆（Musée Carnavalet）的《希托夫：一位 19 世纪建筑师》（*Hittorff: Un Architecte du XIXème*, Alençon, Fraqnce: Alençonnaise, 1986）。

2　见哈里斯与安杰尔，《在西西里岛塞利努斯古城神庙废墟中发现的雕刻陇间板》（*Sculptured Metopes Discovered Amongst the Ruins of the Temples of the Ancient City of Selinus in Sicily*, London, 1826），pls. 6—8。

3　在意大利时希托夫将他的发现告知了热拉尔（François Gérard）、肖尔恩（Ludwig von Schorn）以及佩西耶（Charles Percier）。他于 1824 年向罗马法兰西学院递交了一篇文章，但并未讨论他的体系。在 1827—1830 年间，他在《西西里岛上的古代建筑》（*L'Architecture antique de la Sicile*）一书中发表了 49 幅铜版画，其中有 3 幅是彩图，但他并未刊出 1830 年提交的那些素描。

4　希托夫，《希腊多彩建筑，或对塞利努斯卫城恩培多克勒神庙的完整复原》（De l'architecture polychrôme chez les Grecs, ou restitution complèle du temple d'Empédocles, dans l'acropolis de Sélinunte），载《考古研究院通讯年鉴》（*Annales de l'institute de Correspondance Archéologique*）2（1830）：263—284。

5　《考古研究院通讯年鉴》，273。

随心所欲的、假设性的想法"。这导致了学术前沿的一场大规模论争。[1] 希托夫和拉乌尔 – 罗谢特（以及各自的追随者）在接下来的 6 年中撰写了一系列文章，就彩饰问题进行了公开辩论，进而变成了越演越烈的相互攻讦与冷嘲热讽，并很快传向了德国、英国和西班牙。[2]

[78]

3. 社会主义、浪漫主义与"小革命"

希托夫在美术学会发表的演讲也是一个好兆头，因为时间是在 1830 年 4 月，即在另一场席卷法国的革命之前 3 个月。引发这场革命的问题要追溯到 1814—1815 年维也纳会议，当时欧洲列强击败了拿破仑，恢复了波旁王朝。法国接受了不得人心且软弱无能的路易十八、严重分裂的议会以及大为收缩的国界，背上了沉重的战争赔款负担。开始时政府极其脆弱，"无政府状态"——这个术语首次被用于这大革命的年头——已经到了病入膏肓的地步。1824 年路易去世，他的兄弟查理十世继位，更不得人心，局面并未得到多少改善。到 19 世纪 20 年代，法国酝酿着革命。

1830 年 3 月革命形势成熟了，政治家、历史学家基佐（Guizot）在国民议会发表了历史性的政治自由主张，查理十世以新的选举进行了回应，但事与愿违，反而强化了王权的敌对势力。最终，查理十世在 1830 年 7 月 24 日签署密令，取消了出版自由，剥夺了议会的权力。几天之后此项命令为人所知，600 个街垒在整个巴黎设立起来。8 月 7 日国民议会的一个代表团重新召集大会，罢免了君主，将王冠授予奥尔良公爵路易 – 菲力普（Louis-Philippe）。10 年之后，那位下野的君主渡过英吉利海峡永久流亡。

政治事件本身反映了由工业化所造成的更为深刻的社会危机。世纪之交血腥的恐怖与持续不断的战争已引起了欧洲普遍的不满情绪，也促使人们从不同角度重新思考社会的整体性问题。在英国，像本瑟姆（Jeremy Bentham）（1748—1832）和罗伯特·欧文（Robert Owen）（1771—1858）等改革家推出了社会改革的战略。本瑟姆是位重要的实用主义理论家，今天最著名的或许是他的圆形监狱或模范监狱，但他还提出了多项建议，比如，如何人道地对待穷人，将工厂转变为高效、安全与卫生的工作场所等。欧文是第一批社会主义理论家之一，他在 18 世纪 90 年代创

1　对希托夫复原图的最早评价出自拉乌尔 – 罗谢特撰写的《西西里岛上的古代建筑》一书的书评，载《学者杂志》（*Journal des Savants*, July 1829）；第二次评价出自他的文章《论古人的壁画》（De la peinture sur mur chez les anciens），载《学者杂志》（June—August 1833）。不过拉乌尔 – 罗谢特在 1830 年的一次美术学会演讲中改变了对希托夫的态度。

2　德国的彩饰论争始于 1834—1835 年，当时森佩尔与库格勒（Franz Kugler）的观点发生了冲突（见第 5 章）。在英国，这场论争始于大英博物馆召集一个委员会重新考查埃尔金大理石雕刻上的颜色痕迹之时（这些雕刻之前已用酸进行了擦拭，所以证据已被清除）。见《鉴定委员会报告，该委员会的宗旨是查明埃尔金大理石雕刻上是否存在任何痕迹可证明在建筑与雕刻装饰中运用了色彩》（Report of the Committee Appointed to Examine the Elgin Marbles, in order to Ascertain Whether any Evidence Remains as the Employment of Colour in the Decoration Architecture and Sculpture），载《伦敦不列颠皇家建筑师学会学报》（*Transactions of the Royal Institute of British Architects of London*）1, pt. 2 (1842)：101—108。关于西班牙的论争情况，见萨瓦拉塔斯（A. Zabaletas），《建筑》（Arquitectura），载《勿忘我》（*No me Olvides*），no. 11 (July 1837)：5—7；no 12 (Aug 1837)：1—3。参见费尔南德斯（María Ocón Fernández）即将出版的有关西班牙彩饰论争的著作。

立了一个模范工厂社区，位于苏格兰的新拉纳克（New Lanark）。在这个社区中，儿童有人照料并可接受教育，成年人则必须遵守严格的工作规章以"提高道德修养"。后来过了很久，欧文在 1825 年买下了印第安纳 30000 英亩土地，不过他的实验性城镇新哈莫尼（New Harmony）3 年后便失败了。

　　法国的两位主要乌托邦主义者是傅立叶（Charles Fourier）（1772—1837）与圣西门（Claude-Henri Saint-Simon）（1760—1825）。傅立叶在 1799 年认为自己做出了一项重大的社会学发现—— 一种"用于分析与综合强烈吸引力与排斥力的微积分学"——但是他计划建立的一个空想社会主义社区"法郎吉"（phalanxes），或者说一个经过规划的社区，却进展缓慢。这种社区具有 7 种产业功能（家庭、农业、制造业、商业、教育、科学与艺术）。[1] 他实际是个无政府主义者与自然神论者，希望通过包括生产与消费在内的科学与理性的合作社形式来解决社会问题。在这些新社区中，艺术扮演了重要的教育角色，但也包括将一夫多妻合法化这类改革。傅立叶主义运动直到 1830 年之后才完全成形，为数不多的几个"法郎吉"也很快垮掉了，但后来却成为马克思等思想家所关注的对象。

　　圣西门的社会主义理论在 1820 年代要流行得多，而且强烈影响了建筑理论。圣西门是个贵族，卢梭精神的继承者，曾短期参加过美国独立战争，也像傅立叶一样在恐怖时期坐过牢。他的哲学信仰发展得也很慢。1816 年他开始呼吁创造一种新"有机"时代：一种基于工业生产工具的、彻底变革的社会秩序。[2] 这种秩序是一种精英统治，因此存在着社会等级；妇女享有完全平等的政治权力，其目标是消除贫困。在社会结构的顶端是一位处于统治地位的科学精英，一位管理着艺术家、科学家以及工艺匠师的干部，引导着生产与进步。这令人想起了后来勒·柯布西耶的观点。

　　1820 年代后半期，圣西门的理论吸引了若干追随者。他的早期学生之一孔德（Auguste Comte）将他思想的某些方面发展成为实证社会学。实证主义认为，现行的历史阶段是继神学与形而上学阶段之后的一个阶段，应以严格的科学真理对世界进行解释，要将事实完全置于物质的或"实证"科学的基础之上。在这个 10 年中，从圣西门主义生发出来的另一新概念是艺术先锋派（avant-garde）的观念，将引导人们迈向一个更具人性的世界。罗德里格斯（Olinde Rodrigues）在 1825 年 [79] 援引了这一观念，赋予它以军事与政治的含义：

　　　　正是我们——艺术家们——充当了"先锋"；艺术的力量的确是最为直接、最为迅速的。我们拥有所有种类的武器装备。当我们想要在人群中传布新观念时，我们便将这

1　所引的这个短语出自傅立叶的《四种运动理论》（*Théorie des quatre mouvements*，1808）的"序言"（Preliminary Discourse）中。见《查理·傅立叶的乌托邦愿景》（*The Utopian Vision of Charles Fourier*），比彻（Jonathan Beecher）与比恩韦努（Richard Bienvenu）翻译并编辑（London: Jonathan Cape, 1971），101。

2　圣西门最早表达他的思想是在期刊《实业》（*L'Industrie*）上，4 卷本，出版于 1816—1818 年间。关于他在艺术问题上的重要性，见埃格伯特（Donald Drew Egbert），《西欧社会激进主义》（*Social Radicalism and the Arts: Western Europe*, New York: Knopf, 1970），117—133。

些新观念题写在大理石上或油画布上；我们利用诗歌与歌声来普及这些观念；我们交替运用里拉琴或长笛、颂诗或歌曲、历史或小说。这戏剧场景向我们开放，正是通过它我们才具有了令人震颤的和成功的影响力。[1]

巴罗（Emile Barrault）（1799—1869）在他的论战性小册子《致艺术家》(*Aux artistes*) 中从艺术与建筑的角度重述了上述这段话。这本小册子一上来便宣称，"艺术的衰落是明显的"，建筑尽管其形式构图在表面上是悦人的与优雅的，但也都缺乏基本的活力与诗意。[2] 接下来他讨论了在圣西门所构建的"有机的"与"批判的"时代框架之内，现今的问题出在哪里。有机时代是相对较短的历史时期，在这些时期中，宗教、社会以及艺术的理想处于和谐状态，相得益彰；而在接下去的批判的时代中，同样的力量相互竞争并相互合作。在西方文明史上只有两个"有机时代"：第一个时代始于希腊文明兴起之时，第二个时代始于中世纪基督教地位巩固之时。不过，这后一个时代到了 14 世纪便山穷水尽了。巴罗在他的书的末尾总结道，法国大革命以及圣西门的教诲标志着一个新的和谐的有机时代的降临，因为"艺术只有在一个有机时代中才得以繁荣，灵感只有当它具有社会与宗教含义时才是强大的、有用的"[3]。在这种情境中，建筑就变成了一个集成性的学科，为一种新的社会主义社会的需求与抱负服务。在此种世界观的背后是这样一种历史观念：受到上帝垂爱的社会不仅周而复始走在前面，而且也不断向它们自己的目标迈进。因此，相对于每种情况而言，文化因素或人类学因素是最最重要的。

这类观念同样很容易影响到建筑思想。卡特勒梅尔·德·坎西本人早在 1788 年就提出了他的性格概念，并强调每种文化的独一无二性，从而为法国建筑理论播下了相对主义的种子。于约（Jean-Nicolas Huyot）（1780—1840）从 1823 年开始给巴黎美术学院学生开课，也表达了类似的思想。[4] 1807 年于约赢得了罗马奖，而他的毕业设计 (*envoi*)，即他绘制的帕莱斯特里纳（Palestrina）的命运神庙（Temple of Fortune）壮观的复原图（1811；后来展示于美第奇别墅的墙壁上）使在罗马的整整一代国际学生着迷。[5] 1819 年卡特勒梅尔·德·坎西任命于约为建筑史教授。关于他早

1 罗德里格斯，《艺术家、科学家与实业家·对话》（L'artiste, le savant et l'industriel. Dialogue），收入《圣西门与昂方坦作品集》(*Oeuvres de Saint-Simon et d'Enfantin*, Aalen, Germany: Otto Zeller, 1964)，10:210。罗德里格斯曾是巴黎理工学院的一名学生，也有他自己的建筑"愿景"，如他在 1832 年做的一个叫作"新耶路撒冷"的设计项目。见帕帕佩特罗斯（Spyros Papapetros），《研讨会的问题：变换的空间》(The Symposium Issue:Spaces of Transformation)（在线文章），《偶像崇拜癖：视觉文化研究》(Iconomania: Studies in Visual Culture，1998)。

2 巴罗，《致艺术家：美术的过去与未来·圣西门的学说》(*Aux artistes: Du passé et de l'avenir des beaux-arts. Doctrine de Saint-Simon*, Paris: Alexandre Mesmier, 1830)，9。

3 巴罗，《致艺术家：美术的过去与未来·圣西门的学说》，73.

4 关于于约的教学，见米德尔顿的《莱昂斯·雷诺与维奥莱－勒－迪克对于古典主义的理性主义解释》(The Rationalist Interpretations of Classicism of Léonce Reynaud and Viollet-le-Duc)，收入《AA 文件》(*AA files*, 2, Spring 1986)：29—48。参见伯格多尔（Barry Bergdoll），《莱昂·沃杜瓦耶：工业时代的历史决定论》(*Léon Vaudoyer: Historicism in the Age of Industry*, New York: Architectural History Foundation, 1994)，41。

5 对这些素描感到敬畏的人中有欣克尔（Karl Friedrich Schinkel）和唐纳森（T. L. Donaldson）。见萨蒙（Frank Salmon），《在废墟上建造：罗马与英国建筑的再发现》(*Building on Ruins: The Rediscovery of Rome and English Architecture*, London: Ashgate, 2000)，106—107。

期的历史观我们说不准（因为他的授课笔记年代始于 1830 年），但清楚的是他的思想尽管以古典为基础，但在许多重要方面有别于这位领导。于约关注古代建筑，但并非是根据某种基本类型去看每种文化的建筑，而是试图将其置于地中海流域的地理、社会与历史的文脉中进行考察。

总之，于约的课程在一群获罗马奖的学生中产生了共鸣，他们自称为"浪漫派"，于 1820 年代在罗马法兰西学院学习。其中有迪邦 (Félix-Jacques Duban)（1797—1874）、拉布鲁斯特 (Pierre-François-Henri Labrouste)（1801—1875）、迪克 (Louis Duc)（1802—1879）、莱昂·沃杜瓦耶 (Léon Vaudoyer)（1803—1872）等人。[1] 获得罗马奖的学生由国家资助在罗马学习 5 年，住在美第奇府邸中。前 3 年他们主要对建筑细节进行"分析性的"考古式研究，从柱式开始；第 4 年学生要绘制一座古代重要建筑的复原图，附以历史的阐释；第 5 年他们要利用古典知识与考古经验设计一座当代法国纪念性建筑，作为担当政府高级职位的开端。图纸每年展出于罗马，然后送回巴黎正式展出，并要由上一级美术学会进行审查，教授就每个学生的进展与艺术成就做出书面评语。建筑设计的模式如 18 世纪一样，依然是罗马帝国的古典主义。

在 1820 年代中期，这种教学方针开始被忽略，其原因既有审美方面的，又有政治方面的。学生不满的迹象在 1826 年就现出了端倪。巴黎美术学院的学生用尖叫和猫叫打断了卡特勒梅尔·德·坎西对一位死者的颂词，招致警方进入大礼堂清场。他们的愤怒到底是针对卡特勒梅尔·德·坎西以保皇党的口吻提到波旁王朝"令人愉快的复辟"，还是针对他所提到的这位建筑师的古典理想，则不太清楚。[2]

到了 1828 年，圣西门的思想已经传向罗马，年轻学生走向公开的反叛。现在这些罗马奖获得者的研究兴趣不在于帝国时代的典范，而在于罗马共和时代、西西里、伊特鲁斯坎遗址，甚至文艺复兴的建筑作品，其部分原因或许是在考古学方面。数年前希托夫在西西里有了新发现，1827 年伊特鲁斯坎墓葬于科尔内托 (Corneto, 即现在的塔尔奎尼亚 [Tarquinia]) 出土。不过学生推翻现有体制的欲望肯定起到了重要作用。有三名学生在 1827 年提交了非正统的设计，而沃杜瓦耶第 3 年的设计则提交了对三座早期罗马神庙的比较研究，其中有一座是位于科里 (Cori) 的多立克式海格立斯神庙 (Temple of Hercules)，他宣称该神庙具有伊特鲁斯坎人的比例风格。[3] 迪邦第 4 年的设计并非是一座古典建筑，而是一座"新教神庙"或会议厅，这当然没有罗马天主教或古典的先例了。[4] 但引发最多争议的项目是拉布鲁斯特第 4 年的复原设计图。他复原的不是罗马建筑，而是

[80]

1　尤其见赞滕 (David Van Zanten)，《设计巴黎：迪邦、拉布鲁斯特、迪克与沃杜瓦耶的建筑》(*Designing Paris: The Architecture of Duban, Labrouste, Duc, and Vaudoyer*, Cambridge: M.I.T. Press, 1987)。

2　见伯格多尔，《莱昂·沃杜瓦耶》，103，295n. 77。

3　关于沃杜瓦耶的思想以及毕业设计项目，见伯格多尔的《莱昂·沃杜瓦耶》。

4　关于迪邦的新教教堂设计，见赞滕的《迪邦的新教教堂》(Duban's Temple Protestant) 一文，收入《探索现代建筑：向亨利-拉塞尔·希契科克致敬》(*In Search of Modern Architecture: A Tribute to Henry-Russell Hitchcock*)，西林 (Helen Searing) 编 (New York: Architectural History Foundation, 1982)，64—84。

位于帕埃斯图姆的三座希腊神庙，正是这些建筑在近 80 年前曾吸引了苏夫洛等人。[1]

拉布鲁斯特的设计完全是对学院传统的挑战。这些神庙那时已经很出名，有人测量过并给出了准确的定期。但拉布鲁斯特以他 23 幅复原图给出了不同的解释。在书面论文的一开头，他便将已经为人接受的年表颠倒过来，认为赫拉第二神庙 (Temple of Hera II) 实际上是三座神庙中最早的一座，而一般认为，由于它的比例最接近于希腊神庙，所以是最晚的一座。他的理由是，这座神庙的比例是真正希腊式的，因此反映了来自本土的殖民者是新近到达的，但由于帕埃斯图姆的这片殖民地将要经历它自己的物质、历史和文化的变革，所以它的建筑反映了这种变化的情况。因此，设计所经历的变化并不是从矮胖比例向高挑比例发展，更接近于古典理想，而是随着社会制度的发展而发展的。依据这一推论，拉布鲁斯特提出，赫拉第一神庙外形较为粗糙，也可能更加古老，但它根本就不是一座神庙，而是一座晚期的公共巴西利卡，是为举行世俗礼仪而建的。在素描中，他给建筑画上一层灰泥并涂上了颜色，还画上了装饰性的矛与盾的母题以及墙壁的彩色铭文（粗糙的刻画）。因此这座建筑——正如莱文所解释的——便成了一本"画册"，按年份记载了公众事件与军事战利品。这是对美术学院教学的冒犯，简直就是"亵渎，应革出教门"[2]。

甚至在拉布鲁斯特的素描到达巴黎之前，反对的阵营就已拉开了架势。卡特勒梅尔·德·坎西在一封信中责骂罗马法兰西学院院长韦尔内 (Horace Vernet)，因为他允许学生到罗马城以外的地方去旅行。而韦尔内却得到了地位更高的朋友的支持，为拉布鲁斯特辩护。1829 年 8 月这些素描展出于巴黎，激起了狂怒，卡特勒梅尔·德·坎西将这场争论看作是要毁掉巴黎美术学院教学的一场阴谋，情况也的确如此。一些学生将这一事件当作是赶走这位校长的机会，还有一些人将争论看作是罗曼蒂克地拥抱自由的范例，与同时代浪漫主义思潮相一致。沃杜瓦耶在罗马写给他在巴黎的父亲的一封信中，将卡特勒梅尔·德·坎西斥为一个"永远无聊"的家伙，还说"如果我们还生活在 1780 年便会喜欢这种人"。[3]

争论并未平息下来。1829 年拉布鲁斯特以他第 5 年的毕业设计再次反抗美术学院，这个项目的主题不是一座古典建筑，而是一座外省的小型桥梁，没有什么装饰，其意图是以此说明这是法国与意大利建筑的一个交汇点。但就在这设计将要引发喧闹之前，拉布鲁斯特在 1830 年初回到了巴黎。一群（从其他有名的工作室逃出来的）学生要求他建立自己的工作室。在 7

---

1 莱文（Neal Levine）对拉布鲁斯特的这个项目及其他项目进行了分析，见他的《实证主义时代的建筑理论：亨利·拉布鲁斯特与圣热纳维耶芙图书馆的新希腊观念》（*Architectural Reasoning in the Age of Positivism: Henri Labrouste and the Néo-Grec Idea of the Bibliothèque Sainte-Geneviève*, New York: Garland, 1975）；另见《建筑易识别性的浪漫主义观念：亨利·拉布鲁斯特与新希腊运动》（The Romantic Idea of Architectural Legibility: Henri Labrouste and the Neo-Grec），收入德雷克斯勒（Arthur Drexler）编，《巴黎美术学院的建筑》（*The Architecture of the Ecole des Beaux-Arts*, New York: Museum of Modern Art, 1977），325—416；《书籍与建筑：雨果的建筑理论与拉布鲁斯特的圣热纳维耶芙图书馆》（The Book and the Building: Hugo's Theory of Architecture and Labrouste's Bibliothèque Ste-Geneviève），收入《巴黎美术学院与法国 19 世纪建筑》（*The Beaux-Arts and Nineteenth-Century Frech Architecture*），米德尔顿编（note 44），139—173。
2 莱文，《建筑易识别性的浪漫主义观念：亨利·拉布鲁斯特与新希腊运动》，收入《巴黎美术学院的建筑》（note 62），386。
3 沃杜瓦耶写给 A. -L. -T. 沃杜瓦耶的信，1829 年 7 月 20 日，1829 年 9 月 16 日。见伯格多尔，《莱昂·沃杜瓦耶》（note 56），90—91。

月起义的那些日子，有报道称他被一批学生扛在肩上行走在巴黎大街上以宣示胜利。但没过多久，形势又逆转了，韦尔内于 1830 年 9 月 7 日辞去职务，但他的辞职公开信被新部长基佐 (François Guizot) 拒绝。卡特勒梅尔·德·坎西又在他的岗位上做了 9 年，但他已经威信扫地了。

不过事情并未就此完结。在 1830 年的某个时候，小说家维克多·雨果 (Victor Hugo) 找到拉布鲁斯特向他咨询建筑问题，他准备在他的新小说《巴黎圣母院》(Notre-Dame de Paris)（英文版题为《巴黎圣母院的驼背人》）中撰写一章关于建筑的内容。雨果对建筑抱有强烈的兴趣，早在 1824 年他就表达了这个愿望，即新生的法国浪漫主义（或哥特式）运动将会使艺术与建筑从古典主义的控制下解放出来，使之重新获得勃勃生机。[1] 然而，雨果论建筑的那一章——后来被赖特 (Frank Lloyd Wright) 奉为艺术信条——具有较浓厚的悲观色彩，此章题目是"这个将杀死那个"(Ceci tuera cela)，紧接在副主教克洛德·弗罗洛 (Archdeacon Claude Frollo) 和假冒的路易十一之间的一番谈话的后面。在交谈中，副主教的目光从书桌上的书本转向窗外的巴黎圣母院，悲哀地说了句"这个将杀死那个"[2]。就这句话雨果给出了两种解释，第二种解释他透露了关于建筑的观点：[81]"这个"指印刷机或出版物的发明，"那个"指往昔建筑这部"大书"，它作为一种表现手段将被取代。雨果的演绎十分有趣，因为他进入了艺术史。在艺术史上，直立的石头成了第一个字母，石头相互重叠成为第一个词，而建筑（以及建筑中的雕像与彩色玻璃）则变成了第一批书[82]籍，记录了人类的伟大观念。这是一个跨越了 6000 年的过程，从印度宝塔到中世纪主教堂这一伟大的艺术顶峰。然而谷滕堡的发明改变了一切，印刷书籍易于获得，价格低廉，作为社会的一种表达形式更为有效。其结果是，自从印刷术发明之后建筑便退居次要地位了。文艺复兴的古典主义是冷冰冰、干巴巴、赤裸裸的，在法兰西斯二世与路易十五统治之间，古典主义病毒以几何级数传播开来，直到建筑"一无所有，只剩下皮包骨"了。[3] 雨果下结论说："建筑再也不像以前那样是一种社会的、集体的、主导性的艺术了。这伟大的诗歌、伟大的结构、伟大的人性杰作，再也不会建造起来，它将被印刷出来。"[4]

雨果的这一章是在第二版（1832）中首次加进小说的，他说法国建筑正处于危机状态。从中我们可以看出法国建筑正处于三条道路的交叉路口。

第一条路是重新燃起的哥特式兴趣——这是雨果所极力主张的，这将促进 1830、1840 年代法国强大的哥特式修复与复兴运动。这条路导向了维奥莱－勒－迪克的理性主义理论。

第二条路是拉布鲁斯特所主张的，尤其是他为圣热纳维耶芙图书馆 (Bibliothèque Ste.-Geneviève) 所做的文艺复兴式设计（1838—1850），它位于先贤祠广场上，面对着苏夫洛设计的杰作。这也被视为一条理性主义路线，但它是技术革新的理性主义，建有阿尔伯蒂设计的里米尼圣方济各教堂 (S. Francesco) 的那种墓碑式的立面（图 28）。布莱的精神披上了一件文艺复兴的而非古典

1　雨果，《维克多·雨果全集·哲学卷》(Oeuvres complètes de Victor Hugo. Philosophie) I, 1819—1834；引自莱文，《书籍与建筑》，收入《巴黎美术学院与法国 19 世纪建筑》(note 62)，140。

2　雨果，《巴黎圣母院的驼背人》(The Hunchback of Notre-Dame, New York: Penguin, 1965)，173。

3　Ibid., 185.

4　Ibid., 186.

图 28 拉布鲁斯特，巴黎圣热纳维耶芙图书馆，1838—1850。采自戴利《建筑与土木工程综合评论》第 10 卷 (1852)。

的外衣，雨果的悲观主义受到了质疑。

第三条路将由一位不大出名的建筑师莱昂斯·雷诺 (Léonce Reynaud) (1803—1880) 设定，他长期与圣西门主义者以及持不同意见的学生交往。他最初于 1821 年注册为理工学院的学生，但由于被怀疑属于一个无政府主义组织而被除名。若干年后他进入巴黎美术学院，但从不参加罗马奖的竞赛。1828 年他自费去罗马法兰西学院，在那里，据米德尔顿推测，他将圣西门的思想带给了拉布鲁斯特和沃杜瓦耶。[1] 1832 年雷诺参加了由勒鲁 (Pierre Leroux) 领导的一个知识分子圈子。勒鲁在 1831 年接手了《百科全书杂志》(Revue encyclopédie) (与莱昂斯·雷诺的一个兄弟让·雷诺 [Jean] 合作)，计划将它变成一个基于圣西门理论的新百科全书项目。到了 1834 年末，莱昂斯·雷诺撰写了"建筑"条目，其意图是要取代由卡特勒梅尔·德·坎西写的过时条目。

雷诺公开与美术学院的理论唱对台戏，认为"过去的任何体系都没有绝对的价值"，都不能"充当一成不变的模式，或将其法则正式地强加给我们"。[2] 他进一步推进了圣西门早期的历史前提，认为建筑并不是一门与批评发展相对的从事有机辩证的艺术，而是一门与科学技术同步发展的艺术。[3] 梁柱体系在希腊建筑中达到其早期完美的境界，而拱券这项伊特鲁斯坎人的发明在哥特式时期才得以充分实现。近期基督教的衰落标志着这些形式已经在社会上消耗殆尽了。现在要设计出一种新的原创性建筑，表现新的"伟大的道德思想"。雷诺文章的另一革新是他自己的理性主义观点。风格可以体现范围更广阔的社会观念，但其形式是由材料与精巧的结构所决定的。这条路线必然导致历史主义的终结。

1 见米德尔顿，《莱昂斯·雷诺与维奥莱-勒-迪克对于古典主义的理性主义解释》，36。

2 雷诺，《建筑》，载《新编百科全书，或哲学、科学、文学与工业辞典》(Encyclopédia nouvelle, ou Dictionnaire philosophique, scientifique, littéraire et industriel)，勒鲁 (Pierre Leroux) 与 J. 雷诺 (J. Reynaud) 编 (Paris: Librairie de Charles Gosselin, 1836; 重印, Geneva: Slatkine Reprints, 1991), 1:772。参见赞滕，《设计巴黎》，48—52。

3 米德尔顿在《莱昂斯·雷诺与维奥莱-勒-迪克对古典主义的理性主义解释》一文中，强调了基佐 (Guizot) 与蒂埃里 (Thierry) 的历史方法论对这种相对主义建筑解释的重要性，正如伯格多尔在《莱昂·沃杜瓦耶》一书中所述 (pp. 41, 84)。

4. 英国古典主义与哥特式复兴

尽管如画理论很流行，但在 19 世纪上半叶英国建筑的古典复兴势头依然很强劲。这种对古典主义的新兴趣，其原因主要与英国的一些机构所具有的保存主义性质相关。斯图亚特与雷维特的雅典之作，其出版过程拖延了很久——两卷从 1788 年到 1816 年出了四次——在维持活跃的古典兴趣方面起到了很大的作用。同时，拥有地产的绅士热衷于南下旅行，也热衷于参与古典主义机构组织的活动，如业余爱好者协会和后来的不列颠建筑师学会 (Institute of British Architects)（成立于 1836 年）。希腊考古调查的势头同样毫不减弱，尤其是在 19 世纪头 30 年。在所有这些原因之中，埃尔金的希腊大理石雕刻的到来产生了最大的影响。从离开希腊的那一刻起人们便期待着它们的抵达，但行程延误了。其中的一条船 1803 年在马里阿角 (Cape Malea) 附近沉没，必须由潜水员将船上的大理石雕刻打捞上来。直到 1807—1812 年这些雕刻才重新凑齐。在准备公开展出的过程中，金纳德 (William Kinnard) 率领的一支由建筑师与古典学者组成的队伍前往希腊进行考察，他们的目标是对斯图尔特与雷维特的《雅典古迹》进行补充，并出版一个价格便宜的新注释本，此版本出版于 1825—1830 年间。

[83]

1804 年可以作为这种考古学兴趣转入建筑实践的一个方便的起点，这一年就新近捐资兴建的剑桥大学唐宁学院 (Downing College) 的设计问题发生了争论。新古典主义建筑师詹姆斯·怀亚特 (James Wyatt) 不久前提交了新学院的设计图，其风格为古典罗马样式。唐宁学院院长安斯利 (Francis Annesley) 向著名收藏家、业余爱好者霍普 (Thomas Hope)（1769—1831）征询意见。作为仲裁者，霍普的选择是有趣的。霍普出生于阿姆斯特丹，是一位英国富商的儿子，在 1787—1795 年间曾做过抱负不凡的教育旅行，游历了西西里岛、埃及、土耳其、叙利亚和希腊。当安斯利向他征询意见时，他在对罗伯特·亚当设计的位于波特兰广场 (Portland Square) 上的一座宅邸进行重新设计——对它进行装修以作为自己的新住所。

霍普写了一本 35 页的小册子作为对安斯利的回复，题为《关于建筑师詹姆斯·怀亚特为剑桥大学唐宁学院设计的平面图与立视图的意见》(*Observations on the Plans and Elevations designed by James Wyatt, Architect, for Downing College, Cambridge*)。[1] 在书中他详细讲述了广泛的旅行见闻与建筑感受，表示对这个设计方案很失望："这座建筑，从巨额拨款到建造来看，是能够而且也打算成为一个国家最基本的装饰物的。我依然希望展现于其中的唯有希腊人最纯粹的风格而不是罗马人那种退化的建筑。"[2] 霍普接着指出，一座"纯希腊风格的"建筑是"真正独一无二的"，还说，"威尔金

---

1 霍普，《关于建筑师詹姆斯·怀亚特为剑桥大学唐宁学院设计的平面图与立视图的意见，致弗朗西斯·安斯利议员先生的一封信》(Observations on the Plans and Elevations designed by James Wyatt, Architect, for Downing College, Cambridge, in a letter to Francis Annesley, esq., M. P. London: D. N. Shury, 1804)。关于詹姆斯·怀亚特与刘易斯·怀亚特对霍普小册子的反应，见鲁滨逊 (John Martin Robinson)，《怀亚特兄弟：一个建筑王朝》(*The Wyatts: An Architectural Dynasty*, Oxford: Oxford University Press, 1979)，143—144。

2 Ibid., 31. 关于霍普的建筑观念，见沃特金，《托马斯·霍普，1769—1831，以及新古典观念》(*Thomas Hope 1769–1831 and the Neo-Classical Idea*, London: Murray, 1968)。

斯先生不久前已将一座希腊神庙的设计图带回家来了，打算很快就出版"，可以此作为样板。[1]
他还强调了威尔金斯的设计图，说到那时为止所出版的黑白铜版画并不能表现出这种风格的真正特色。后来索恩表示完全同意他的这一断言（尽管他后来曾批评了霍普的室内设计）。[2]

霍普的小册子阻止了安斯利雇用怀亚特，他转而向拜菲尔德（George Byfield）寻求替代方案。当时提交方案的还有威尔金斯（刚从希腊回国）、桑兹（Francis Sandys）以及刘易斯·怀亚特（詹姆斯·怀亚特的侄子）。威尔金斯的方案（部分建造）于 1806 年胜出，他将一座带有爱奥尼亚式门廊（柱头是以厄瑞克忒翁神庙的柱头为范本做的）的建筑与一座多立克式山门结合在一起，作为该学院的主入口。他的设计具有考古学特色，这一点在他次年出版的《大希腊地区的古代遗址》（*Antiquities of Magna Graecia*）一书中得到了证明，此书集中论述了西西里岛与帕埃斯图姆的希腊殖民地建筑。[3] 威尔金斯的唐宁学院设计为自己成功的职业生涯开了一个头，后来他成功设计了不少其他古典建筑，其中有伦敦的大学学院（1826—1830）以及伦敦国立美术馆和皇家美术学院（1832—1838）。

威尔金斯的唐宁学院设计也开启了英国新古典主义建筑的一个新阶段，它具有考古学特点，展示了朴素的立方体造型。斯默克（Robert Smirke）（1780—1867）是这种风格的另一位实践者，他以柯芬园剧院（Convent Garden Theater）（1808—1809）的设计出了名。斯默克曾在 18 世纪 90 年代中期随索恩学习，时间不长，1799 年赢得了皇家学会的金奖，使他可以去法国、意大利、西西里与希腊旅行。剧场的设计朴素单纯，多立克式的门廊，连续的浅浮雕贯穿于建筑物的正面。这个设计先是得到了赞扬，后来引发了争议。1810 年 1 月他的老师索恩在皇家美术学院的一次演讲中将它展示出来并加以嘲弄，当时斯默克就在观众席中。索恩批评这座建筑完全缺少象征符号的文脉，"刺目而不当"，引起了一片嘘声，也引起校方对他措辞的不满。[4] 索恩干脆停止了他的演讲长达两年，实际上中止了该学院的建筑教学。不过这场争论并未有损于斯默克的声望，1815 年他升至工程部（Office of Works）的最高行政职位，与索恩和纳什（John Nash）平起平坐了。

这一阶段的英国古典主义强调的是希腊建筑的单纯性和考古学上的正确性，但到了 1830 年前后被一种更具创造性与折中性的风格所取代，其最有天赋的实践者或许是科克雷尔（Robert Cockerell）（1788—1863）。[5] 科克雷尔先是接受了父亲塞缪尔（Samuel Pepys Cockerell）以及斯默克的训练，后于 1810 年去南方作了为期 7 年多的旅行，头 5 年在希腊埃伊纳岛与巴赛做出了自己的考古发现，后两年住在意大利北部与罗马，受到法国建筑学生雄心勃勃的古建筑复原图的影响。他描

---

1 霍普，《关于建筑师詹姆斯·怀亚特为剑桥大学唐宁学院设计的平面图与立视图的意见》，17, 21。

2 霍普曾送了一本他新出的小册子给索恩，索恩就这段话作了这样的评注："这是他真正有价值的、最严肃的思考，他想通过强调更高层次的建筑之美从而突显自己。"见沃特金，《约翰·索恩爵士：启蒙运动思想与皇家美术学院讲座》（New York: Cambidge University Press, 1996），403—404。

3 威尔金斯，《大希腊地区的古代遗址》（London：Longman,1807）。

4 见沃特金，《约翰·索恩爵士》，544，72—78。

5 关于科克雷尔，见沃特金《C. R. 科克雷尔的生平与工作》（*The Life and Work of C. R. Cockerell*, London: Zwemmer, 1974）。参见科恩（Peter Kohane），《建筑、劳作与人体：弗格森、科克雷尔与罗斯金》（Architecture, Labor and the Human Body: Fergusson, Cockerell and Ruskin, Ph. D. diss, University of Pennsylvania, 1993）。

绘的雅典、庞贝与罗马广场的壮观的全景图，同样给新一拨英国学生留下了深刻印象。[1]

然而科克雷尔的职业生涯进展缓慢。他在 19 世纪 20 年代做的早期建筑作品，尤其是将 [84] "帕特农神庙"置于爱丁堡山上的尝试，曾获过奖，被视为苏格兰的"国家纪念碑"（1824—1829），这反映了斯默克对他的训练。但最终科克雷尔展示出了他自己独特的设计感——一种类似于皮拉内西的审美趣味。他喜欢将希腊、罗马、帕拉第奥及巴洛克母题融为一体，到 1830 年代形成了一种具有高度创新性的风格，利用造型细节使建筑外观形成丰富的层次感。

伦敦威斯敏斯特生活与消防署（Westminster Life and British Fire Office）（1831—1832）、剑桥大学图书馆（1837—1840）以及牛津阿什莫尔博物馆（Ashmolean Museum）（1841—1845，图 29）即是科克雷尔这种充满自信的、高贵的建筑外观风格的辉煌实例。经他最后修饰完成的剑桥菲茨威廉博物馆（Fitzwilliam Museum）（1846—1847）以及利物浦圣乔治会堂（St. George's Hall）（1851—1854）也展示了他对室外效果的纯熟把握。

上述最后两座建筑的外观也证明了一种充满活力的古典传统依然徘徊于英国，直至 19 世纪中叶及以后时期。[2] 菲茨威廉博物馆的壮丽门廊受到布雷西亚的朱庇特、朱诺与密涅瓦神庙（Capitolium at Brescia）的启发，设计者是索恩的学生巴斯维（George Basevi）（1794—1845）。他曾于 1816 年前往意大利、希腊和小亚细亚游历，但作为一位古典学者的大好前程因 1845 年在伊利主教堂脚手架上摔了下来而断送了。利物浦圣乔治会堂的圆柱设计是由埃尔姆斯（Harvey Lonsdale Elmes）（1814—1847）在 1839 与 1840 年的竞赛之后做的——起初音乐厅与法院分别进行了设计竞赛。埃尔姆斯曾于 1837 年在皇家美术学院赢得了金奖，受到科克雷尔作品的很大影响，但疾病过

图 29　科克雷尔，牛津阿什莫尔博物馆，1841—1845。本书作者摄。

1　关于他在希腊等地的旅行，见科克雷尔，《欧洲南部及黎凡特之旅，1810—1817》（*Travels in Southern Europe and the Levant, 1810–1817*）；关于他待在罗马的那个时期的记述，见萨蒙（Salmon），《在废墟上建造》，98—101。
2　关于菲茨威廉博物馆以及圣乔治会堂的设计详情，见萨蒙，《在废墟上建造》，169—188，210—226。

早结束了他的生命。科克雷尔接过手来，设计了椭圆形音乐厅的女像柱和其他局部，最终完成了音乐大堂，其灵感来源于卡拉卡拉浴场的温水浴室。

这一时期其他一些设计竞赛与委托项目也展示了一系列古典方案。1839 年，泰特（William Tite）（1798—1873）赢得了皇家交易所的设计竞赛。彭尼索恩（James Pennethorne）（1801—1871）是另一位南下的旅行者，他最有名的设计是伦敦经济地质博物馆（Museum of Economic Geology）（1844—1888）从顶部采光的多立克式展厅。在苏格兰，还有许多古典式纪念性建筑，是由托马斯·汉密尔顿（Thomas Hamilton）（1784—1858）、普莱费尔（William Playfair）（1790—1857）以及亚历山大·汤姆森（Alexander Thomson）（1817—1875）等人设计的。这些建筑都是对古典主义的颂扬，见证了它接近尾声的魅力。

在 19 世纪上半叶，英国大多数公共建筑都选择了古典风格，这种局面很快就遭遇了哥特式复兴运动倡导者的攻击。正如我们已经看到的，这场运动的根源可以追溯到 18 世纪，其美学趣味多少与如画理论的兴起有关。在如画运动中，沃波尔的草莓山庄（始建于 1748）、奈特的唐顿庄园（1772—1778）以及詹姆斯·怀亚特的芳希尔大修道院（Fonthill Abbey）（1796—1807）是具有这种如画式魅力的经典作品。不过，哥特式风格还受到考古学杂志与古物研究兴趣的推动，如 1717 年成立的古物研究者协会（Society of Antiquaries）建立起了托管制度，在整个 18 世纪对英国早期建筑进行普查并编制年表。[1] 在这一时期，英国并非是唯一对民族建筑的历史产生兴趣的国家。歌德献给埃尔温·冯·施泰因与斯特拉斯堡主教堂的著名颂歌《论德意志建筑》（Von deutscher Baukunst）写于 1772 年，促进了德国浪漫主义运动的兴起。[2] 夏多布里昂（François-René Chateaubriand）同样著名的篇章《哥特式教堂》（Gothic Churches）于 1802 年发表于《基督教真谛》（Le Génie du christianisme / The genius of Christianity, 1802）一书中。[3]

不过在世纪之交，英国哥特式运动开始朝向独立于大陆并更具学术性的方向发展。对于哥特式的兴趣带上了更为浓厚的考古学与历史学色彩，人们似乎充满了好奇心，要通过哥特式来探究民族国家的中世纪根源。有两部早期著作，一是本森（James Benthan）的《英格兰哥特式与萨克森建筑的历史》（History of Gothic and Saxon Architecture in England）（1798），一是米尔纳（John Milner）的两卷本《民用与基督教建筑的历史，以及温彻斯特古代建筑概览》（The History, Civil and Ecclesiastical, and a

[85]

---

1 关于古物研究运动的发展情况，见佩夫斯纳的《19 世纪的建筑作家》（Some Architectural Writers of the Nineteenth Century, Oxford: Clarendon Press, 1972）一书中的《英国古物研究者》（English Antiquarians）一章，16—22。佩夫斯纳讨论的文献包括墨菲（James Murphy）的《葡萄牙埃斯雷特马杜拉省的巴塔利亚教堂的平面图、立视图、剖面图以及景观图》（Plans, Elevations, Sections, and Views of the Church of Batalha in the Province of Estremadura in Portugal, 1795）；霍尔（James Hall），《论哥特式建筑的起源与基本原理》（Essay on the Origin and Principles of Gothic Architecture），载《爱丁堡皇家协会会刊》（Transactions of the Royal Society of Edinburgh），Vol. 3（1798）；迈克尔·扬（Michael Young），《哥特式建筑的起源与理论》（The Origin and Theory of Gothic Architecture），载《皇家爱尔兰学会会刊》（Transsactions of the Royal Hibernian Academy）vol.3（1790）；以及安德森（James Anderson），《关于起源的思考：希腊与哥特式建筑风格的优缺点》（Thoughts on the Origin, Excellencies and Defects of the Grecian and Gothic Styles of Architecture），收入《农业、博物学、艺术与杂文中的休闲活动》（Recreations in Agriculture, Natural-History, Arts and Miscellaneous Literature, vols. 2–4，1800—1801）。

2 见歌德，《论德意志建筑》（On German Architecture），收入《歌德论艺术》（Goeth on Art, London: Scolar Press, 1980），115—123。

3 夏多布里昂，《基督教真谛，或基督教的精神与美》（The Genius of Christianity or the Spirit and Beauty of the Christian Religion, Baltimore: John Murphy, 1856），384—387。

Survey of the Antiquities of Winchester）（1798—1801）。后来约翰·卡特（John Carter）在 1795—1814 年间出版了《英格兰古代建筑》（*Ancient Architecture of England*）。[1]

另一些早期研究还有达拉韦（James Dallaway）的《关于英格兰军事、宗教与民用建筑的意见》（*Observations on English Architecture, Military, Ecclesiastical and Civil*）（1806），对于古典建筑与中世纪建筑进行了综述。值得注意的是，该书一方面对哥特式风格进行了结构上的评价(援引了苏夫洛的观点)，另一方面提出这种风格最初出现于法国。[2] 这一观点不仅与当时占支配地位的哥特式风格起源于英国的观点相抵触，也与大多数德国人的观点相矛盾，因为对德国人而言，哥特式就是"老德意志"风格。惠廷顿（Whittington）在《法国基督教古建筑史纲》（*An Historical Survey of the Ecclesiastical Antiquities of France*）（1809）一书中为这种观点辩护。[3] 他曾于 1802—1803 年前往法国旅行，想写一本法国中世纪建筑史的书，而且他是第一批将圣德尼教堂看作是首开哥特式新风格之作品的现代历史学家之一。他的努力也为布里顿(John Britton)（1771—1857）、里克曼(Thomas Rickman)（1776—1841）与奥古斯塔斯·查尔斯·普金（Augustus Charles Pugin）（1768—1832）*等人具有极大影响力的研究提供了框架。

布里顿最早是位地志学家，他的主要贡献是编纂了一系列英国中世纪建筑的测绘图，包括平面图、剖面图和立视图。他的初始研究，三卷本的《威尔特郡之美》(*Beauties of Wiltshire*)（1801—1825）、十卷本的《英格兰与威尔士之美》(*Beauties of England and Wales*)（1801—1816）为后来五卷本的《大不列颠建筑古迹》(*The Architectural Antiquities of Great Britain*)（1807—1826，图 30）打下了良好的基础。这套书以丰富精美的铜版画，不仅再现了许多英国的罗马式与哥特式建筑，而且收入了许多伊丽莎白时代与文艺复兴时代的建筑物。[4]

布里顿并没有系统地梳理出哥特式建筑的若干发展阶段，而这正是里克曼《划分英国建筑风格的尝试：从诺曼征服至宗教改革》(*An Attempt to Discriminate the Styles of English Architecture, from the Conquest to the Reformation*)（1817）的一个贡献。[5] 这本书既是关于英国哥特式建筑的第一部通俗研究著作，也为从事哥特式建筑修复与建造的建筑师们提供了一部指南。里克曼曾从事过各种行业（包括

[86]

---

1 关于卡特，见克鲁克（J. Mordaunt Crook），收入《约翰·卡特与哥特式复兴精神》（*John Carter and the Mind of the Gothic Revival*, London: W. S. Maney, 1995）。

2 达拉韦，《关于英格兰军事、宗教与民用建筑的意见，与大陆同类建筑比较：包括对牛津及剑桥的考查行程》（*Observations on English Architecture, Military, Ecclesiastical and Civil, Compared with Similar Buildings on the Continent: Including a Critical Itinerary of Oxford and Cambridge*, London: J. Taylor, 1806）。

3 惠廷顿，《法国基督教古建筑史纲，着眼于说明哥特式建筑在欧洲的兴起与进步》（*An Historical Survey of the Ecclesiastical Antiquities of France with a View to Illustrate the Rise and Progress of Gothic Architecture in Europe*, London: J. Taylor, 1809）。

* 奥古斯塔斯·查尔斯·普金是奥古斯塔斯·韦尔比·诺思莫尔·普金之父，下文前者简称"老普金"，而后者则直接称"普金"。——中译者注

4 布里顿，《大不列颠建筑古迹，以一系列景观图、立视图、平面图、剖面图以及细节图呈现出来：对每座英国建筑做出历史描述》（*The Architectural Antiquities of Great Britain, Represented in a Series of Views, Elevations, Plans, Sections, and Details, of Ancient English Edifices: With Historical and Descriptive Accounts of Each*, 5 vols. London: J. Taylor, 1807—1826）。

5 里克曼，《划分英国建筑风格的尝试：从诺曼征服至宗教改革：前面加上了对希腊与罗马柱式的概括性描述》（*An Attempt to Discriminate the Styles of English Architecture, from the Conquest to the Reformation, Preceded by a Sketch of the Grecian and Roman Orders*, London: Longman, Hurst, Rees, Orme, & Brown, 1817）。

图30 布里顿《大不列颠建筑古迹》（1807—1826）一书中的图版。

医药），后来于1812年转向建筑。这本书最初是从他1815年发表的一篇文章发展而来的。[1] 他认为，正如古典建筑是希腊与罗马的遗产，哥特式建筑本质上具有英国特色。他划定了四个主要阶段：诺曼风格（到1189年为止）、早期英国风格（到1307年为止）、英国装饰风格（到1377年为止）以及英国垂直式风格（到1630或1640年为止）。此书在1817年间出了六版，所以这些术语很快被铭刻在了英国人的历史意识之中。

另一部集中对哥特式细节进行精确描述的书是老普金的《哥特式建筑样本》(*Specimens of Gothic Architecture*)。[2] 该书分为两卷，分别出版于1821和1823年。老普金于1792年从法国移居英国，在皇家美院学绘画。后来他开始了长期与纳什的联系（17年）。他擅长建筑绘图，是一位哥特式建筑专家。同时他还为书商与地志学者制作彩色蚀刻铜版画，如布里顿（Britton）与布雷利（Brayley）。他的这本《样本》不同于同期其他古物研究著作，因为它为建筑师提供了精确的图版，包括"几何学比例、平面图以及真正的哥特式建筑结构"[3]。老普金强调，首先要做到细节可信，其次是要讲究尺度，再次是和谐以及风格的统一。他强调真实性旨在还击那些"嘲笑与蔑视"，因为，由于无知的建造者与建筑师的滥用，早期"现代哥特式"的尝试已经遭到了嘲笑与蔑视。此书所附的由建筑师威尔森（E.J. Willson）撰写的"关于哥特式建筑以及现代模仿的评论"也表明了同样的态度。威尔森回顾了历史，谴责雷恩、霍克斯莫尔、兰利和沃波尔的哥特式作品（"一堆乱七八糟的东西，完全不过是玩具罢了"），赞扬了怀亚特为托马斯·巴雷特（Thomas Barrett）在利（Lee）

---

1 里克曼的1815年的文章与此书同名，收入《科学与艺术全景图》(*Panorama of Science and Art*, Liverpool, 1815) 一书。关于里克曼的讨论，见佩夫斯纳《建筑作家》中的《里克曼与政府专员》(Rickman and the Commissioners) 一章。

2 普金，《哥特式建筑样本》(*Specimens of Gothic Architecture; selected from various Antient Edifices in England,* London: Taylor & Britton, 1821)。

3 Ibid., v.

所做的早期设计（1782）。¹ 显然，威尔森将当今看作是哥特式设计的一个新阶段的起点，更具有考古学般的准确性。

19 世纪 30 年代，英国哥特式与古典风格为占领公共建筑的主导地位展开了竞争，老普金的手册为设计者面对竞争打下了基础。在这决胜的时刻，有两个重要因素起到了关键作用，一是老普金的儿子奥古斯塔斯·韦尔比·诺思莫尔·普金（Augustus Welby Northmore Pugin）（1812—1852）的非凡才能，一是新威斯敏斯特宫与议会大厦的设计竞赛。

1836 年举行的议会大厦设计竞赛实际上是 19 世纪英国最重要的设计竞赛，尽管这一事件对建筑的影响仍有讨论的余地。之所以要举行设计竞赛，是因为 1834 年秋天发生了一场火灾，烧毁了大部分老威斯敏斯特宫的内部结构。皇家工程部的斯默克为重建准备了一个都铎式样的设计，但并不被政客们或国王威廉四世看好。次年评选委员会重新考虑了这一问题，坚持要为这座新建筑举行公开的竞赛，并进一步指定了建筑风格必须是"哥特式或伊丽莎白式"。选择这两种风格是想使新建筑与附近的威斯敏斯特主教堂及大修道院在风格上保持一致，并象征性地表明英国政府的根基在于中世纪。由于古典传统也拥有许多支持者，所以这一决定是经过了激烈争论后做出的。据记载，竞赛共收到了 97 件设计，有 4 件初选入围并由国王威廉四世拍板，1936 年 2 月宣布查尔斯·巴里（Charles Barry）（1795—1860）胜出。²

其实在巴里的建筑师生涯中，哥特式与古典式的路线是交叉进行的，因为他也曾是一名前往古典圣地旅行的学生。他于 1817 年动身南下，访问了法国、意大利、希腊、土耳其——在一次邂逅了他的委托人并受雇之后——又游历了叙利亚和埃及。在 1820 年代中期，巴里设计了若干哥特式教堂，不过使他出了名的是希腊式的设计，即曼彻斯特皇家美术研究院（即城市美术馆，1824—1835）以及帕尔马尔街（Pall Mall）上的两座文艺复兴式的俱乐部。较早的一个是旅行家俱乐部（Travellers' Club）（1829—1832），它是 18 世纪末以来伦敦所建的第一座帕拉第奥式建筑；而改革俱乐部（Reform Club）（1837—1841）则模仿了文艺复兴的法尔内塞宫（Palazzo Farnese）。他为威斯敏斯特综合体做的设计，其平面也是古典式的，长长的临河立面是对称的，除了维多利亚塔和大本钟的安排之外。围绕着中央大厅与中轴线布置的功能分区单纯而合于逻辑，令人赞叹。不过，为了将哥特式细节做得地道，作为古典主义者的巴里不得不寻找一个精通此道的合作者，所以他找到了普金。³

---

1 普金，《哥特式建筑样本》，x, xii, xiv, xvii, xx。

2 关于巴里的生平与职业生涯，见阿尔弗雷德·巴里（Alfred Barry），《查尔斯·巴里爵士晚期生活与作品回忆录》（*Memoir of the Life and Works of the Late Sir Charles Barry*, 1867; 重印, New York: B. Blom, 1970）；惠芬（Marcus Whiffen），《查尔斯·巴里爵士在曼彻斯特及附近一带的建筑》（*The Architecture of Sir Charles Barry in Manchester and Neighbourhood*, Manchester: Royal Manchester Institution, 1950）；以及波特（Michael Harry Port）编，《议会大厦》（*The Houses of Parliament*, New Haven: Yale University Press, 1976）。

3 关于普金，见斯坦顿（Phoebe Stanton），《普金》（*Pugin*, New York: Viking, 1971）；特拉佩斯－洛马克斯（Michael Trappes-Lomax），《普金：一位中世纪的维多利亚时代人》（*Pugin: A Medieval Victorian*, London: Sheed & Ward, 1932）；阿特伯里（Paul Atterbury）与温赖特（Clive Wainwright）编，《普金：一位满怀哥特式热情的人》（*Pugin: A Gothic Passion*, New Haven: Yale University Press, 1944）；奥尔德里奇（Megan Aldrich）与阿特伯里编，《A. W. N. 普金：哥特式复兴大师》（*A. W. N. Pugin: Master of the Gothic Revival*, New Haven: Yale University Press, 1975）。

[87]　　　巴里是一位有天赋的设计师和出色的绘图师，而普金更是一位绘制详图的高手。他的家庭教育自然是得天独厚，包括双语教育，去大陆旅行。他拥有一个精致的私人图书馆，热衷于历史的探究与理解。但他也拥有他那一代建筑师所不具备的东西：胸中燃烧着火一般的激情，忘我追求事业直至生命的最后一息。他的艺术与文学作品产量十分惊人，但也付出了高昂的代价。1852 年，他耗尽了自己所有肉体与精神的力量，40 岁就去世了。

　　　普金所接受的并非是培养一名建筑师的传统训练。早年他学习绘图技能，协助父亲出版图书，对于家具设计感兴趣。15 岁时他在莫雷尔·泽登公司（Morel & Seddon）的赞助下，为温莎堡绘制家具图样。接下来普金转向了舞台布景画，同时为建筑师吉莱斯皮·格雷厄姆（James Gillespie Graham）工作，发挥他在绘图方面的天赋。他还试着做家具和室内设计，但并不成功。1832 年他年仅 20 岁，开始制作哥特式与教会图样的小型手抄本。[1] 他父亲于 1832 年去世，普金接过了第二卷《哥特式建筑样本》的制作工作，该书于 1836 年出版。[2] 1835 年普金也开始出版关于哥特式家具、铁制品、铜制品以及金银制品的小型系列图样书。[3] 同年他遇到了巴里，为伯明翰的一家文法学校制作哥特式图样设计。

　　　1834 年 11 月 6 日，普金目睹了威斯敏斯特宫的大火，并为斯默克可能插手重建工作而感到悲哀。在写给威尔森（E. J. Willson）的一封信中，他发誓要"大胆地"发起"攻击"以阻止斯默克的"糟糕透顶的设计和可憎的细节"，因为"他的职业生涯已延续得太长了，这将是一个重要的机会以揭露他种种臭名昭著的表演"。[4] 在设计竞赛期间，他以自己的平面绘图才能同时帮助巴里和格雷厄姆两人的团队。当 1836 年 1 月底宣布巴里的设计获胜后，他立即投身于进一步设计。建筑工程始于 1840 年，普金对它的室内设计的贡献是巨大的。

　　　此时普金在建筑理论方面已经确立了自己的名声，即他的《对比；或中世纪高贵建筑与现今相应建筑之间的比较；表明当今趣味的衰败》（*Contrasts; or, A Parallel between the Noble Edifices of the Middle Ages, and Corresponding Buildings of the Present Day; Shewing the Present Decay of Taste*）（1836）。[5] 此书中表达的观念 1830 年代早期就在他的思想中形成了，那时他开始对天主教及其礼仪产生了兴趣（他在 1835 年改宗天主教）。他有感于中世纪精致的设计与工业化时代粗陋简单的设计之间的悬殊差别。威斯敏斯特宫的大火以及斯默克可能会参与重建，增加了他对于现今的轻蔑，现在他不仅要弘扬中

1　第一个系列是《橱柜》（*The Chest*），年代为 1832 年，全部收藏于维多利亚和艾伯特博物馆的图书馆中，见韦奇伍德（Alexandra Wedgwood）的《早年》（*The Early Years*）一节，出自阿特伯里与温赖特的《普金》一书，29—30。

2　老普金与普金，《哥特式建筑样本；精选于英国古代各种建筑物》三卷本，（London: Bohn, 1836—1838）。同年出版的还有沃克（Thoman Walker）在普金"指导"下编撰的《韦尔斯牧师步道的历史古迹》（*The History and Antiquities of the Vicars' Close, Wells*）。沃克已经购买了老普金的草图并将其出版。这些草图原归普金所有。

3　普金，《15 世纪哥特式家具图集》（*Gothic Furniture of the 15th Cent*, London: Ackermann, 1835）；《15、16 世纪铁与铜制品图样集》（*Designs for Iron & Brass work in the style of the xv and xvi Centuries*, London: Ackermann, 1836）；《金银制品图样集》（*Designs for Gold & Silversmiths*, London: Ackermann, 1836）；《15、16 世纪古木屋细部图集》（*Details of Antient Timber Houses of the 15th & 16th Centuries*, London: Ackermann, 1836）。

4　1834 年 11 月 6 日的信件。引自韦奇伍德（Alexandra Wedgwood）《新威斯敏斯特宫》一节，收入阿特伯里与温赖特的《普金》一书，220。

5　普金，《对比；或中世纪高贵建筑与现今相应建筑之间的比较；表明当今趣味的衰败》（London: author, 1836; 第 2 版，London: Dolman, 1841; 第 2 版重印，Leicester University Press, 1973）。

图 31 仿中世纪风格的标题页。采自普金的《对比》（伦敦，1836）。

图 32 仿索恩风格的标题页。采自普金的《对比》（伦敦，1836）。

世纪艺术形态（以及其优秀的神学基础）的至高无上地位，而且要证明古典主义在审美上与道德上都是不可取的——甚至更糟，是"异教的"。《对比》开篇第一句话就深刻表明了这一主题："将最近三百年来的建筑作品与中世纪建筑进行比较，后者那不可思议的优越性一定会打动每位专心致志的观察者，心灵也会自然而然地被引导去思考导致这巨大变化的原因，并努力追寻建筑趣味衰落的过程，从最初的衰落直到现如今，这就是本书所要讨论的主题。"[1]

普金认为，每个民族都创造了一种建筑风格以适合于它的气候、习俗与宗教活动。他像里克曼一样，坚持认为尖拱建筑（即哥特式建筑）具有"民族"性格。如果说古典建筑形式与细节确切地代表了诸神灵与"天堂的礼仪"，最初的建筑是奉献给它们的，那么尖拱建筑便是我们理应赞赏的，因为"只有在这种建筑中，我们才能发现所**体现出的基督教信仰以及它所显示的礼仪**"。[2] 在提出这一主张之后，普金开始勾勒哥特式建筑的历史发展轮廓，但不是着眼于形式发展的细节，而是论述了始于宗教改革的道德衰落，并且（与古典的流行相吻合）继续衰落下去，直到"现如今基督教建筑等而下之的状况"[3]。

书中那些著名的图版将现今的建筑图像与理想化的中世纪建筑的虔诚图像进行对比，形象地表明了这种衰落的境况。在神圣的中世纪标题页的对面，他放上了索恩可笑的同类建筑物，同时嘲弄了"新正方形风格"以及威尔金斯、斯默克和纳什等人的作品（图 31、32）。另

---

1 普金，《对比》（1973，重印版）。

2 Ibid., 3.

3 Ibid., 35.

有一幅卷首插图，宣布要举行一场"哥特式或伊丽莎白式"风格的教堂设计竞赛（以讽刺威斯敏斯特宫与议会大厦的设计竞赛），接着谴责了以"改良与便宜为原则的"19世纪建筑实践。

[88] 书后附有大型对照图版，以一种颇为恶毒的口吻攻击当代其他设计师的工作，将他们的建筑简化为粗鲁的图像（常常以堕落的场景使对比更为生动），并将它们与加以热情表现的中世纪建筑的虔诚场景相对比。例如，将"教授自己的住宅"（指的是索恩位于林肯律师会馆广场的住宅）与鲁昂（Rouen）的中世纪华丽住宅相对比。在1841年第二版增加的图版中，普金将一座1440年的中世纪城镇与一座1840年的现代城镇相对比，前者点缀着许多尖塔，后者则遍布难看的工厂与一堆堆烟囱，前景还有一座圆形监狱。在此之前几乎还没有一位在世建筑师的作品受到如此尖锐的批评，也很少有现代建筑理论完全服从于某种宗教改革的外部力量，而且从未出现过如此狂热地为某种民族风格进行的辩护。

[89] 此书的流行以及它所引发的争论使普金一下子进入了公众的视野。鉴于他作为巴里的哥特式设计师的名望以及他对哥特式原理的历史把握，接下来他转向建筑实践领域便再自然不过了。在19世纪40年代，他开始了一段多产的职业生涯，专门从事教会建筑工程，总共设计与修复了一百多座教堂（大多是教区教堂），遍布英伦三岛。此外，他还做了数以千计的墙纸、家具、陶瓷、书籍、珠宝、金属制品、彩色玻璃以及织物的图样设计。[1] 在1840年代，普金的中世纪作坊的确是最多产的作坊之一。

普金的书具有激烈的论战色彩，同时配合着持续性的甚至更为详尽的历史调查。这种情况在19世纪30年代发生在不列颠，也发生在其他国家。仅在这个10年中出版的书就有布瓦塞雷（Sulpiz Boisserée）的《科隆主教堂的历史与说明》(Geschichte und Beschreibung des Domes zu Köln)（1823—1831）的最后一部、休厄尔（William Whewell）的《德意志教堂建筑笔记》(Architectural Notes on German Churches)（1830）、科蒙（Arcisse de Caumont）的《古代建筑教程》(Cours d'antiquités Monumentales)（1830—1834）、威利斯（Robert Willis）的《中世纪建筑，尤其是意大利中世纪建筑评说》(Remarks on the Architecture of the Middle Ages, especially of Italy)（1835）、莫勒（Georg Moller）的《德意志建筑纪念碑》(Denkmähler der deutschen Baukunst)（1836）的第二个英译本，以及亨利·加利·奈特（Henry Gally Knight）的《诺曼

[90] 底建筑之旅》(An Architectural Tour of Normandy)（1836）。1840年，巴塞洛缪（Alfred Bartholomew）出版了他的《开业建筑师规范手册·正文前附有一篇论卓越的建筑结构与英国现代建筑学衰落的论文》(Specification for Practical Architects preceded by an Essay on the Decline of Excellence in the Structure and in the Science of Modern English Building)。

在普金的鼓励之下，尼尔（John Mason Neale）（1818—1866）和本杰明·韦布（Benjamin Webb）（1819—1885）建立了剑桥卡姆登协会（Cambridge Camden Society），其宗旨是要将中世纪礼仪重新引入圣公会，为老教堂的修复提供经教会认可的指导意见，并监管新教堂建筑风格的设计。正如普金所坚持的，该协会力求将任何东西都做得真实可信，在建筑领域内就是要返回到12世纪中叶至13世

---

1 阿特伯里与温赖特的《普金》一书收入了大量此类设计的色彩插图。

纪中叶英国的哥特式风格。这个协会十分成功，会员很快就达数百人。1841 年尼尔（Neale）与韦布（Webb）又出版了月刊《教堂建筑学家》（*The Ecclesiologist*），它在后来激烈的风格之争中成了主要的理论阵地。[1]

不过，普金依然是英国为哥特式辩护发声最清晰最激烈的人。1841 年，他出版了《尖顶建筑或基督教建筑的真正原理》（*The True Principles of Pointed or Christian Architecture*）（伦敦，1841）。该书以深入的历史研究将《对比》一书中论述的主题向前推进。他一开篇就提出了两条法则——第一，一座建筑不应带有任何对于便利、结构或得体而言是不必要的特征；第二，所有装饰都应该是对于该建筑物构造的美化——有人称赞此说是功能主义理论的先声，但这一判断既掩盖了争论越来越复杂的情况，也使普金的立场过于简单化了。[2] 对他来说，这两条原则只有以哥特式风格来设计才可能实现；而且他是那个时代最有天赋的装饰家，在他的作品中结构与装饰几乎不可分离，正如后来他自己承认的。[3] 但这并不意味着这两条法则没有影响，很快它们就被科尔及其圈子中的人奉为改革的圭臬。普金此书的其余部分都旨在证明哥特式在任何方面都优于古典设计，并诅咒伯明翰与设菲尔德的工厂中生产的那些令人憎恶的东西。

普金在 1840 年代的其他著作更具伦理色彩，所提出的要求更加刻板，不过这些书制作精美，充满了智慧、学术气与逻辑性。他最后一本建筑书是《为英国基督教建筑复兴辩护》（*An Apology for the Revival of Christian Architecture in England*）（1843），收入了若干幅他自己设计的教堂的插图，但更重要的是犀利地攻击了当时的学院折中主义以及"建筑的狂欢"。他这句短语的意思是各种风格是"采来的"而不是"生成的"，是"从所有民族及时代借来的风格与象征物的大杂烩"。[4] 普金对于那些建筑体制内的人物的人身攻击比早先更不加掩饰了，任皇家美术学院教授的科克雷尔尤其遭到恶语攻击。普金说他不仅以他那"关于基督教建筑的错误观点"毒化了学生们的心灵，而且"正是这位建筑师"为牛津阿什莫尔博物馆所做的设计，"建造了另一堆难看的异教细部，这些东西黏合在一起构成了一台戏，因为这大学美术馆直接就面对着庄严的圣约翰教堂立面，彻底破坏了英国这座最具天主教视觉特色之城市的漂亮入口"。[5] 对于索恩以及他的"怪癖"，他同样没有好言语，说他的英格兰银行新股息办公室（New Dividend Office）是一个"充斥着各种毫无意义的灰泥装饰"的房间，"没有一点得体性，与建筑目的毫不相干"。[6] 泰特新建的皇家交易所"是另一道不协调的古典主义陈菜——沉重、乏味、无聊——没有任何东西可唤起

1　第一期《教会建筑学家》出版于 1841 年晚些时候，但到 1842 年才装订成册。关于该协会及其机关刊物，见佩夫斯纳的《剑桥卡姆登协会与〈教会建筑学家〉》一节，载《建筑作家》，123—138。

2　普金，《尖顶建筑或基督教建筑的真正原理》（London: John Weale, 1841），1。

3　例如，见他在《为英国基督教建筑复兴辩护》（*An Apology for the Revival of Christian Architecture in England*, London: John Weale, 1843）一书中所说的一段话："就我的情况来说，我坦白地承认，在我所建的建筑物中，除了不久前设计的，我能看出不少缺陷与错误，现在就不会再犯了；而且我还曾做过一件令人憎恶的设计，除了数年前所做的之外。"（15—16，n.）

4　Ibid., 2, 5.

5　Ibid., 3 n, 3.

6　Ibid., 17.

公民心中关于民族的或城市的联想"[1]。到此时，普金甚至在重新考虑他早先天主教的意义："始终如一的建筑师应采用那些可实现舒适、洁净或耐用的现代发明；**只是由于一件事物是老的就去复制它，就如同现代异教徒的赝品一样荒谬。**"[2] 到 1843 年，"风格之战"(Battle of the Styles) 在英国就已经打响了。

1 普金：《为英国基督教建筑复兴辩护》，18。

2 Ibid., 38.

第五章　德国建筑理论的兴起

每一个重要的时代都留下了它的建筑风格。我们为何不该也为我们自己的时代努力发现一种风格呢？

——卡尔·弗里德里希·欣克尔

1. 德国启蒙运动

19 世纪 30 年代席卷巴黎美术学院的动乱，标志着这个机构对欧洲建筑理论的控制开始衰落。这所学院当然会在 19 世纪生存下来并顺利步入 20 世纪，但法国在建筑理论领域的主导地位将会逐渐削弱。德国作为一个挑战者于 1830 年代崛起，但那时仍未被认可。这个曾经是一偏僻分裂的国家将要在 19 世纪末主导欧洲建筑理论，对于这一点几乎没有人会怀疑。

如果我们考虑到一条独立自足的日耳曼思想路线是很迟才得以形成的话，那么这种发展速度便更加令人刮目相看了。17 世纪与 18 世纪初叶德国艺术的"土气"，完全与德国政治与经济的分裂状态相关联。在这段时期，德国并非以一个国家的形式而存在，而是一个由三百多个邦国与城市组成的中世纪联盟，名义上处于一个古老的帝国即神圣罗马帝国的庇护之下。这些政治实体在很大程度上仍沿袭着封建制度，也并非全都说德语。在宗教上，天主教与新教共存，其统治者也五花八门，有皇帝、国王、公爵、伯爵、侯爵、主教与选帝侯。这些政治实体中有 41 个是自由城市，由北方汉萨同盟贸易中心所领导。

到了 18 世纪中叶，南方的政治与军事权力集中到了哈布斯堡王朝手中，而北方则隶属于普鲁士 – 勃兰登堡王朝的统治。哈布斯堡王朝于 1438 年就获得了神圣罗马帝国的皇冠，其统治中心位于维也纳。这个帝国在不同时期统治着欧洲的大部分地区，包括西班牙、荷兰、波希米亚、匈牙利与意大利北部地区。最终，哈布斯堡帝国遭遇到了普鲁士君主腓特烈一世 (Frederick the Great)（1712—1786）的挑战。腓特烈一世于 1740 年登基，很快便发动了针对哈布斯堡的扩张战争。到 1763 年为止他已实现了大部分目标，在接下来的 23 年里他将注意力转向了经济、农业与司法改革。所有这一切都极大地提升了普鲁士的经济实力。从许多方面来看，腓特烈大帝都是启蒙运动的产物，尽管他的内部统治手段很严酷。他允许宗教自由，允许有技能的移民进入，使普鲁士的人口膨胀起来。他是伏尔泰的朋友与保护人，支持百科全书的出版事业。他著述广泛，涉及各种问题。

启蒙运动引发的精神激情在德国土地上引起了强烈反响，唤醒了沉睡已久的情感。18 世纪下半叶，德国产生了一系列重要作家与思想家，他们积极回应着新思想，其中有康德 (Immanuel Kant)（1724—1804）、莱辛 (Gottfried Ephraim Lessing)（1729—1781）、赫尔德 (Johann Gottfried Herder)（1744—1803）、歌德 (Johann Wolfgang von Goethe)（1749—1832）以及席勒 (Friedrich von Schiller)（1759—1805）。莱辛、歌德与席勒的心理戏剧是德意志文学复兴的先锋，第一次成功地与外来文艺潮流相竞争。博学的赫尔德培育起由共同文化理想所引领的具有独一无二天赋的德意志民族 (Volk) 的概念，从此名声远扬。康德从本质上为现代德国哲学与美学奠定了智性基础。他的《纯粹理性批判》

[92] (Critique of Pure Reason)（1781）、《实践理性批判》(Critique of Practical Reason)（1788）以及《判断力批判》(Critique of Judgment)（1790）分别为德国 19 世纪唯心主义奠定了认识论、伦理学与美学的基础。这些努力尽管有助于初期德意志意识的形成，但它的意识形态基础却具有广泛的欧洲特色，并非是民族主义的，注意到这一点也很重要。生活在偏远之地柯尼斯堡的康德曾经说过，是休谟将他从"教条主义的睡梦中"唤醒[1]。康德的伦理学观念大体来自于卢梭，而美学观念则受到各种影响，如普罗提诺、沙夫茨伯里与伯克。[2] 反过来，赫尔德关于欧洲历史撰述的相对主义批评理论则被称为"启蒙哲学最伟大的智性胜利之一"[3]。

或许正是那位魏玛贤人歌德最形象地代表了这一代人澎湃的艺术激情。还是在莱比锡学习法学时，歌德便到厄泽尔 (Adam Friedrich Oeser) 那里去上私人素描课。由于这位画家曾担任过温克尔曼的艺术导师，所以歌德便了解到了温克尔曼的艺术史。[4] 1770 年歌德去了斯特拉斯堡，见到了赫尔德，从他那里获得了民族主义的灵感，以浪漫主义的激情赞颂埃尔温·冯·施泰因贝克 (Erwin von Steinbeck) 以及斯特拉斯堡主教堂——这是德国第一篇赞颂哥特式建筑情感力量的文字。[5] 1787 年，在观看了西西里与帕埃斯图姆的希腊神庙之后，歌德便皈依了古典主义。这次旅行是由建筑史家阿洛伊斯·希尔特 (Alois Hirt)（1759—1834）陪同的。[6] 歌德在 1794 年

---

1 康德，《未来形而上学绪论》(Prolegomena to Any Future Metaphysics)，卡鲁斯 (Paul Carus) 与埃林顿 (James Ellington) 翻译 (Indianapolis: Hackett, 1977)，5。

2 见卡西尔 (Ernst Cassirer)，《康德的生平与思想》(Kant's Life and Thought)，霍尔登 (James Halden) 翻译 (New Haven: Yale University Press, 1981)，86—90、275—326。

3 卡西尔，《启蒙哲学》(The Philosophy of the Enlightenment)，克伦 (Fritz Koelln) 与佩蒂格罗夫 (James Pettegrove) 翻译 (Princeton: Princeton University Press, 1968)，233。

4 歌德后来记述道，在 1768 年，温克尔曼的死讯"就如同晴天霹雳一般在我们中间炸开"，在莱比锡引起了"一片悲伤与恸哭"。见歌德《自传：我的生平，诗与真》(Autobiography: Truth and Fiction Relating to My Life)，奥克森福德 (John Oxenford) 翻译 (London: Amaranth Society, 1901)，1:273。

5 歌德的著名散文《论德意志建筑》(On German Architecture, 1772)，收入《歌德论艺术》(Goethe on Art)，约翰·盖奇 (John Gage) 编辑并翻译 (London: Scolar Press, 1980)，103—112。

6 关于歌德与希尔特的关系，见歌德《意大利游记，1786—1788》(Italian Journey, 1786–1788)，奥登 (W. H. Auden) 与迈耶 (Elizabeth Mayer) 翻译 (San Francisco: North Point Press, 1982)，420—421。

与席勒结成了精神上的伙伴关系，这是在席勒开始撰写他那部温克尔曼式的论著《审美教育书简》(*On the Aesthetic Education of Man*)（1795）之前不久。在后来的若干年中，歌德与席勒结下了的友谊，并因此创办了《神殿大门》(*Propyläen*) 杂志，他希望通过这座古典大门进入艺术的"堂奥"。[1] 这些年（1794—1798）也正是德国浪漫主义运动的黄金时代，其领袖人物有奥古斯特·施莱格尔 (August Schlegel)（1767—1845）、荷尔德林 (Johann Christian Hölderlin)（1770—1843）、诺瓦利斯 (Novalis)（1772—1801）、弗里德里希·施莱格尔 (Friedrich Schlegel)（1772—1829）、蒂克 (Johann Ludwig Tieck)（1773—1853）、瓦肯罗德 (Wilhelm Wackenroder)（1773—1798）以及谢林 (Friedrich Schelling)（1775—1854）等。

总体来说，德国 18 世纪的建筑追随着各种外来的潮流。上半叶，南方以意大利晚期巴洛克为主，北方则以法国古典主义占支配地位。在贵族统治下的维也纳拥有帝国的财富，巴洛克与洛可可盛行，这两种风格在菲舍尔·冯·埃拉赫 (Fischer von Erlach)（1656—1723）和约翰·卢卡斯·希尔德布兰德 (Johann Lucas von Hildebrandt)（1668—1745）的设计中得到了新的综合。波希米亚是著名的丁岑霍费尔 (Dientzenhofer) 建筑师世家活动的中心；在巴伐利亚，晚期巴洛克得到了巴尔萨泽·诺伊曼 (Balthasar Neumann)（1687—1753）和约翰·米夏埃尔·菲舍尔 (Johann Michael Fischer)（1692—1766）的青睐；在萨克森则有巴尔 (Georg Bähr)（1666—1738）以及珀佩尔曼 (Mattäus Daniel Pöppelmann)（1662—1736）精通此种风格。

奥地利、波希米亚、巴伐利亚和部分萨克森地区依然保留了天主教及其文化，如果我们转向德国北部与斯堪的纳维亚的新教地区，则可以看到十分不同的建筑方式。法国与英国的影响很强烈，尤其是法国。法国天才建筑师皮加热 (Nicolas de Pigage)（1723—1796）工作于曼海姆 (Mannheim) 的选帝侯宫中，而曾在法国接受过训练的建筑师盖皮埃尔 (Philippe de la Guêpière)（1715—1773）完成了位于斯图加特的新堡 (Neues Schloss)。才华出众的雅尔丹 (Nicolas-Henri Jardin) 1740 年代因在罗马获得大奖第一次出人头地，他于 1754 年被腓特烈五世 (Frederick V) 召往丹麦，在那里工作了 17 个年头。他在罗马的同窗洛兰 (Jean-Joseph Le Lorrain) 为瑞典泰辛伯爵 (Count Tessin) 的城堡设计了室内装饰方案。早期帕拉第奥的影响在北方也很明显，如瑞典人荣松 (Erik Jönsson, Graf von Dahlberg)（1625—1703）以及丹麦人劳里森 (Lauritz Lauridsen de Thurah)（1706—1759）的出版物。[2]

但是腓特烈大帝的宫廷对各个地区各种风格的综合最为明显。他的主要建筑师是古典主义者克诺贝尔斯多夫 (Georg Wenzeslaus von Knobelsdorff)（1699—1735），而艺术顾问正是威尼斯人阿尔加罗蒂 (Francesco Algarotti)（1712—1764），他曾是洛多利的学生。克诺贝尔斯多夫为夏洛滕堡 (Charlottenburg) 的宫殿建了一座古典主义风格的新楼（1740—1743）。1741 年他设计了柏林歌剧院，这一工程的有趣之处在于具有帕拉第奥式的特点，这明显是阿尔加罗蒂所倡导的，他很熟悉伯林顿伯爵的工作。当腓特烈将宫廷迁往波茨坦时，克诺贝尔斯多夫重修了老宫殿，后来又设计

---

1 歌德，《歌德论艺术》，3。
2 荣松，《古代与现代瑞典》(*Svecia Antiqua et Hodernia*, Stockholm, 1726)；劳里森，《丹麦的维特鲁威》(*Den Danske Vitruvius*, Copenhagen: Berling, 1746—1749)。

了公园和小型的粉白相间的无忧宫 (Schloss Sanssouci) （1745—1747），具有法国洛可可的优雅特色。柏林的圣黑德维希教堂 (Saint Hedwig) （1747—1773）是他最后一批设计作品之一，是以罗马万神庙为范本设计的。

法国建筑师勒吉 (Jean-Laurent Legeay) （1710—1786）也活跃于波茨坦，他是苏夫洛的朋友，曾与皮拉内西合作过。1756 年腓特烈将他带到波茨坦，他成了皇家建筑师。但这个法国人很快与刚愎自用的皇帝闹翻，于 1763 年离开了普鲁士。他为新宫殿 (New Palace) 设计的辅助建筑的柱廊十分壮观，两端建有开敞的神庙形式，在当时非同凡响，是欧洲第一批新古典主义作品之一。在勒吉离开之后，这一建筑群的建造任务落到了贡塔尔 (Karl von Gontard) （1731—1791）的身上，他在 1777—1780 年间建造了柏林皇家大桥上的国王柱廊 (King's Colonnade)。因此在 1750—1780 年间，柏林－波茨坦地区的建筑效法于法国，十分独特地处于欧洲建筑时尚的前沿。

[93]

如果说腓特烈大帝主要着眼于法国，北方其他统治者则将其目光投向了别处。在 1766 年，弗兰茨亲王 (Prince Leopold Friedrich Franz) 委托他的朋友与建筑师埃德曼斯多夫 (Friedrich Wilhelm von Erdmannsdorff) （1736—1800）在德绍附近的沃利茨 (Wörlitz) 建造城堡与如画式公园。他俩热心追随着欧洲的建筑时尚，曾于 1760 年代两度共同出游，前往英格兰、苏格兰、法国和意大利。当他们在罗马时，温克尔曼曾每日陪同他们出游（长达半年之久），他们也曾会见了克莱尔索和皮拉内西。在英国，他们访问了如画式园林，研究了亚当兄弟的早期作品。沃利茨庄园展示了所有这些影响，甚至更多。主体建筑是帕拉第奥式的，但室内却遵循着亚当兄弟的庞贝风格。园林完全是如画式的，仿佛是埃默农维尔安葬卢梭的那座小岛的复制品，而且像斯陶尔赫德一样有若干神庙点缀其间。

此时，北方对英国园林的兴趣日益浓厚起来。1779 年霍尔斯坦的基督徒希施费尔特 (Cay Laurenz Hirschfeld) （1742—1792）发行了五卷本《园林艺术理论》(Théorie de l'art des jardins) 的第一卷，提出英国如画式园林的非正式的、非对称的设计与一本正经的规整园林相比，更适合于现代民主时代。[1] 他是基尔大学 (University of Kiel) 的一名教授，将英国的"新趣味"与法国的"老趣味"进行对比，尤其赞赏钱伯斯、惠特利 (Thomas Whately) 与沃波尔的理论。他所提倡的除了"乡村"特色以外，还有生动的对比、多样性、色彩、运动、迷人、新颖和出人意料的效果——设计师应以熟练敏锐的方式对所有这些品质加以运用。

德国启蒙运动的另一个重镇是黑森州的卡塞尔，这座城市的"上城新镇"是为法国胡格诺派教徒所建的一个社区，他们是于 1685 年从法国迁来此地的。负责城市扩建的建筑师是保罗·杜利 (Paul du Ry) （1640—1714），他曾在巴黎接受过弗朗索瓦·布隆代尔的训练。保罗的孙子西蒙·路易·杜利 (Simon Louis du Ry) （1726—1799）延续了法国风尚的传统，他曾在瑞典接受训练，后来在巴黎雅克－弗朗索瓦·布隆代尔的学校里学习。他对新古典主义的最重要的贡

---

1 希施费尔特，《园林艺术理论》，五卷本 (Leipzig: Weidmann & Reich, 1779—1785)。尤其见第四卷中题为"关于园艺新趣味的各种言论"(Remarques diverses sur le nouveau goût en fait de jardins) 一节。

献是腓特烈博物馆（Museum Fredericianum）（1769—1779），其笔直的天际线和严谨的爱奥尼亚式门廊据说是根据讷福尔热（Jean-François de Neufforge）的设计建造的，但西蒙以英国帕拉第奥风格对其进行了调整。[1] 黑森伯爵在 1770 年代中期也邀请勒杜来到黑森，这个法国人提出了若干设计方案。腓特烈又一次为改造威廉山城堡（Schloss Wilhelmshöhe）向巴黎建筑师瓦伊（Charles de Wailly）征求设计。西蒙·杜利和他的学生尤索（Heinrich Christoph Jussow）（1754—1825）最终实施了这一工程。

最后，我们还应注意到德累斯顿建筑师克鲁伯萨基乌斯（Friedrich August Krubsacius）（1718—1789）的工作。他的建筑论文《古代建筑趣味沉思录》（*Betrachtungen über den Geschmack der Alten in der Baukunst*）（1745）曾被温克尔曼当作教材，而温克尔曼是在 1754 年前往德累斯顿的。[2] 克鲁伯萨基乌斯很可能也是洛日耶《关于建筑的意见》一书的德文译者，此书译于 1771 年。[3] 他为德累斯顿乡间别墅（Dresden Landhaus）（1770—1776），即现在的城市博物馆设计的托斯卡纳式门廊，线条挺括，据说是受到苏夫洛的启发，不过楼梯间的铸铁栏杆仍是巴洛克式的。然而他的建筑论著却使他成为与苏夫洛齐名的新古典主义倡导者。[4]

2. 吉利与欣克尔

尽管 18 世纪七八十年代的德国古典主义建筑师仍然关注着英法时尚，但到世纪末时他们已经为德国建筑理论的发展奠定了重要的基础。到南方与各地的旅行在培养这种古典主义独立精神方面起到重要的作用。从 1770 年代开始，访问罗马的德国人大增，到世纪末他们成为在罗马访问的最大的外国团队之一。在 1780 年代去罗马的知识分子与艺术家中，有歌德、阿洛伊斯·希尔特（Alois Hirt）、莫里茨（Karl Philipp Moritz）、海因里希·迈尔（Heinrich Meyer）、杰内利（Hans Christian Genelli）以及沙多（Johann Gottfried Schadow）；他们中又加入了建筑师尤索（Heinrich Christoph Jussow）、克拉厄（Peter Joseph Krahe）、汉森（Christian Frederick Hansen）以及阿伦斯（Johann August Arens）。1790 年代初，建筑师根茨（Heinrich gentz）（1766—1811）和魏因布伦纳（Friedrich Weinbrenner）（1766—1826）住在罗马，与画家卡斯滕斯（Asmus Jaccob Carstens）为伴。许多艺术家一旦返回祖国，便在艺术中充当了领袖的角色。例如莫里茨、希尔特、杰内利和沙多，他们全都任教于柏林美术学院，而魏因布伦纳则在卡尔斯鲁厄高举起古典主义的旗帜。在古典主义和浪漫主义的双重激励下，1770 与 1780 年代的"狂飙突进"被较为温和但更为宽广的文化潮流所取代。德国民族身份的最初征象已经显 [94]

---

1 见沃特金与梅林霍夫(Tilmann Mellinghoff)，《德国建筑与古典理想》(*German Architecture and the Classical Ideal*, Cambridge: M. I.T. Press, 1987)，46。参见凯勒（Fritz-Eugen Keller），《杜利家族》(Du Ry Family)，收入《马克斯米连建筑师百科全书》(*Maxmillan Encyclopedia of Architects*, New York: The Free Press, 1982)，1:615。

2 参见尤斯蒂（Carl Justi），《温克尔曼与他的同代人》(*Winckelmann und seine Zeitgenossen*, Leipzig: Vogel, 1866—1872)，1:308。

3 见沃特金与梅林霍夫，《德国建筑与古典理想》，51。

4 克鲁伯萨基乌斯的第二本书，《美术装饰的起源、发展与衰落》(*Ursprung, Wachstum und Verfall der Verzierungen in den schönsten Künsten*)，出版于 1759 年。

露出来。

就建筑理论而言，1799 年柏林建筑学院的成立是一个重要事件。古典主义对柏林的建筑已产生了影响，在 1780 年代又得到了腓特烈·威廉二世（Friedrich Wilhelm II）的大力提倡，他想用希腊模子培育出"日耳曼"趣味。1787 年他委托埃德曼斯多夫以严格的古典风格改建柏林城堡（Berlin Schloss）；在 1789—1791 年间朗汉斯（Carl Gotthard Langhans）修建了勃兰登堡门（Brandenburg Gate）。朗汉斯是西里西亚人，起初在布雷斯劳出了名。他根据斯图尔特与雷维特的雅典卫城山门设计了这座城门，其平直的柱上楣支撑着罗德（Christian Bernhard Rode）制作的浅浮雕以及沙多设计的一辆带翼胜利女神驾驭的巨型四马双轮战车。威廉二世还召了另一位建筑师波美拉尼亚人大卫·吉利（David Gilly）（1748—1808）来到柏林。吉利的建筑实践主要在乡村，不过早在 1783 年他就在塞丁镇（Settin）上开办了一所小型建筑学校，某种程度上模仿了法国的教学法（吉利出身于胡格诺派教徒家庭）。定居柏林之后，吉利于 1793 年重开学校，称为 *Lehranstalt*（学校），1799 年被官方认可并转为建筑学院（*Bauakademie*）。不过到那时，吉利已退到后台，学院由他的儿子 F. 吉利（Friedrich Gilly）（1772—1800）接手。一群具有浪漫主义精神的建筑师在他周围形成了一个骨干建筑师圈子。

吉利不幸于 1800 年死于肺结核。对他的朋友与同事而言，他集中体现了天才的浪漫理想。[1]他先是接受了父亲的训练，之后迁居柏林，在柏林美术学院注册学习，毕业后成为公务员，作为建筑监理为埃德曼斯多夫和朗汉斯工作，时间不长。1794 年在巡视波美拉尼亚地区（Pomerania）的过程中，他画了一组位于马林堡（Marienburg）的 13 世纪城堡的素描，由此获得了皇家 4 年的游学津贴。由于法意政局动荡，他推迟动身，于 1796 年夏参加了腓特烈大帝纪念碑的竞赛。

这一竞赛是德国日益增强的民族意识的另一标志。朗汉斯赢得了竞赛，他的设计是一座小型圆庙，采用了多立克式与爱奥尼亚式的变体形式。希尔特提交了一座简单的希腊神庙，暗示了杰内利与沙多 1787 年在罗马做的一个方案。根茨提交了一个十分精致的设计，一座圆庙落于高高的基座之上，他从自己早先为皇家凉亭（Lusthaus）做的设计提案以及勒杜建筑中汲取了某些元素。不过，正是吉利的设计与素描把握住了时代的精神。与根茨的方案相似的是，他将希腊神庙置于一座安置国王石棺的基座建筑之上。由于尺度宏大，他并没有将这一纪念碑置于竞赛所指定的地点，而是置于勃兰登堡门南面莱比锡广场上的神庙区域之内。装饰着四马二轮战车的巨型凯旋门（作为进入城市的入口）、多立克式的柱廊以及一系列金字塔与雄狮雕像，进一步框定了这城市新广场中最神圣的区域。另一些基座式建筑的素描表现了地下墓室般的空间，对一座陵庙作了极浪漫的诠释，光影对比使其具有强烈的戏剧性效果。

---

1 关于吉利的专论主要有翁肯（Alste Oncken）的《弗里德里希·吉利：1772—1900》（*Friedrich Gilly: 1772–1900*, Berlin: Verein für Kunstwissenschaft, 1935; 重印, Gebr. Mann, 1981）。以下这份展览目录也很重要：《弗里德里希·吉利（1772—1800）与年轻建筑师的民间团体》（*Friedrich Gilly 1772–1800 und die Privatgesellschaft junger Architekten*, Berlin: Willmuth Arenhövel, 1984）。其中收入了莱韦佐（Konrad Levezow）的"笔记"（Denkschrift）。参见诺伊迈尔（Fritz Neumeyer）为以下这本书撰写的内容丰富的导论：《弗里德里希·吉利论建筑，1796—1799》（*Friedrich Gilly: Essays on Architecture, 1796–1799*），布里特（David Britt）翻译（Santa Monica, Calif.: Getty Publications Program, 1994）。

到 1790 年代晚期，吉利走到了德国浪漫主义运动的最前沿。在 1793 年一封致蒂克的信中，作家瓦肯罗德（Wackenroder）认为吉利是个奇才："这是一位艺术家！对古希腊的单纯性抱有多么强烈的热情啊！我花了好几个小时的快乐时光与他讨论审美保存问题。一个如神一般的人！"[1] 他的超凡魅力与他爱思考的艺术个性相关，也与他交游广泛有关，其中建筑师有希尔特、拉伯（Martin Friedrich Rabe）和哈勒·冯·哈勒施泰因（Carl Haller von Hallerstein）（后来加入了科克雷尔在希腊的考古团队）；雕刻家有沙多；还有语言学家威廉·冯·洪堡（Wilhelm von Humboldt）。根茨不仅是圈中一员，也是他的表兄弟。1789 年，他开始建造柏林新造币所，这座建筑值得注意的是它四四方方的挺括外形，连续贯穿的古典式上楣（由吉利设计，沙多实施）贯穿于粗面石砌成的底层之上。而该建筑的顶层则是建筑学院最初的校舍。

1799 年吉利与根茨建立了一个民间青年建筑师协会，这是由七名成员组成的一个兄弟会，他们在一起阅读、讨论，就设计作品开展相互批评。[2] 在聚会中吉利读了一些文章，其中最重要的是《关于努力将建筑理论与实践的不同部门统一起来的若干思考》(Some Thoughts on the Necessity of Endeavoring to Unify the Various Departments of Architecture in Theory and Practice)，此文是现代德国建筑理论的 [95] 出发点。

实际上这篇文章对新成立的建筑学院的课程安排提出了批评，吉利担任了该学院的教授。这家学院起初是仿效巴黎理工学院而建，因此强调的是工程技术，训练为国家服务的建筑师。吉利一开始便讨论了 19 世纪的一个主要理论问题：建筑中日益增长的技术要求与历史及艺术基础之间的协调问题。他提出，一方面现代构造技术日益提高，结果导致了实用性设计与专业分工；另一方面，美术学院倾向于将艺术简化为抽象的规则与古物研究。"有害的片面性"导致了纯粹的"学究式研究"，或沦为"在英法学院建筑师与他们各种对手之间的反目与争吵，并带来了可怕的后果"。[3] 克服这种画地为牢的状况，需要的是歌德所谓的"对艺术博大的、积极的爱，具有爱好伟大事物的素质"[4]。只有这样德国纪念性艺术才能振作起来，增强科学的生产力。

1797 年 4 月吉利动身开始了他耽搁已久的旅行。但他没有去意大利，因为拿破仑军队已进入那里。他去了巴黎、伦敦、维也纳、布拉格与汉堡。他不太为人知晓的速写本证明他是一位观察敏锐但不太稳定的艺术家。在法国，他勾画了勒杜的作品，未作评价。他赞赏工程师佩罗内（Jean-Rodolphe Perronet）的作品，访问了一些庄园，包括勒沃设计的位于兰西（Raincy）的城堡。但似乎令他最感动的是由建筑师贝朗热（François-Joseph Bélanger）（1744—1818）设计的、建于 1777 年的巴黎小庄园巴加泰勒（Bagatelle）。他认为贝朗热是为数不多的为法国建筑指明全新方向的建

---

1 瓦肯罗德，《著作与书信》(*Werke und Breife*)，莱恩 (Friedrich von der Leyen) 编 (Jena: Diederick, 1910)，2。

2 除了根茨与吉利之外，参与这个团体的还有哈勒施泰因、齐特尔曼（Joachim Ludwig Zitelmann）、K. F. 朗汉斯（C. G. 朗汉斯的儿子）、拉伯（Friedrich Rabe）以及欣克尔。

3 吉利，《关于努力将建筑理论与实践的不同部门统一起来的若干思考》，收入《弗里德里希·吉利论建筑》，169。

4 Ibid., 172. 正如诺伊迈尔（Neumeyer）所注意到的，吉利引用了歌德的话，但他是从歌德的《论有利于造型艺术的学校》(Über Lehranstalten zu Gunsten der bildenden Künste) 一文中的三处不同地方摘引的，《神殿大门》2，no. 2（1799）：10，13，17。

筑师之一。[1] 吉利在 1799 年为柏林剧院做的一项重要设计就反映了法国的影响。不过，他在竞赛中输给了朗汉斯，这一裁定多有争议。

然而，可以说在建筑史著作中吉利的名字总是与 19 世纪最重要的建筑师欣克尔（Karl Friedrich Schinkel）（1781—1841）联系在一起的。据说欣克尔 1797 年见到老吉利时是个 16 岁的学生，他正好看到了小吉利画的腓特烈大帝纪念碑竞赛素描。他不仅被学院录取了，还进入了吉利的家庭。更重要的是他得到了弗里德里希的亲自教导。当弗里德里希于 1800 年去世时，欣克尔继承了他的图稿。1805 年，在老吉利仍沉浸在失去爱子的悲痛之中时，欣克尔在写给他的一封信中甚至称弗里德里希是"塑造了我的人"[2]。

欣克尔出生于距离柏林西北 30 英里的一个村庄诺鲁平（Neuruppin）。1787 年的一场大火烧毁了村子，父亲在火灾中丧命。1795 年母亲将家庭迁到了柏林，欣克尔进了一所古典文法学校学习（还有一名学生叫博伊特 [Peter Christian Beuth]，后来成了他的朋友）。1803 年从建筑学院毕业之后，他前往意大利、西西里作了为期 18 个月的旅行。返回时不走运，1806 年 10 月拿破仑在奥厄施泰特（Auerstedt）和耶拿（Jena）击溃了两股普鲁士军队，随后占领了柏林。接下去整整 10 年时间对于普鲁士建筑师来说是异常严酷的，因为法国人的占领造成了经济上的毁灭与建筑活动的终止。

欣克尔意志坚定，不受干扰。他天性喜好哲学，1801 年遇到了年轻的哲学家索尔格（Wilhelm Ferdinand Solger），便潜心研究起当代唯心主义哲学来。当他去南方旅行时，随身所带的唯一一本书是费希特（Johann Gottlieb Fichte）的《人的使命》（*The Vocation of Man*）（1800），书中主张将道德行为与责任感纳入人类进步的进程之中。在南方他参观了一般的景点，也看了许多不同寻常的地方，考察了克罗地亚海岸风光与当地的建筑传统。他游历的亮点是登埃特纳山（Mount Aetna），夜间露营于主峰脚下，黎明时分登上了极顶。当他考虑写一本自己的旅行书时，并未重视古典主义的现实意义，而是许诺要专注于"那些具有真正本土实用目的之特色的作品"[3]。这些建筑物既不是古典的也不是文艺复兴的，而是构成了介于两者之间的一个发展阶段，他称为"撒拉逊的"（Saracenic）风格。他将此风格界定为是"在大迁徙时代从东方建筑与古代建筑的融合中兴起的"[4]。在欧洲其他建筑师关注罗马晚期与罗马式风格之前 30 多年，他就对这一时期感兴趣了。

[96] 从 1805 年至 1815 年这段时间，对他的智性发展也同样重要。由于被剥夺了建筑活动的权利（1810 年他被任命为国家建筑美学"顾问"），欣克尔便将他丰富的想象力集中于风景画、全景画与舞台布景方面。在罗马时他就赞赏科赫（Joseph Anton Koch）的英雄式古典风景，其

---

1 吉利，《关于巴黎近郊的巴加泰勒别墅的说明》（A Description of the Villa of Bagatelle, near Paris），收入《弗里德里希·吉利论建筑》，147。

2 欣克尔致大卫·吉利的信，1805 年 1 月。见《欣克尔的遗物：旅行日记、书信与格言》（*Aus Schinkel's Nachlass: Reisetagebücher, Briefe und Aphorismen*），沃尔措根（Alfred Freiherrn von Wolzogen）编（Mittenwald, Germany: Mäander Kunstverlag, 1981; originally published in 1862—1864），1:173。

3 欣克尔致大卫·吉利的信，1804 年 12 月，《欣克尔的遗物》，1:33。

4 Ibid., 1:164.

风格受到卡斯滕斯与普桑的影响。他从科赫那里借鉴了风景画风格：云雾氤氲的风景中蕴涵着丰富的人类活动。在空间处理上，前景常常突然与后景分离开来，建筑通常是这些绘画的焦点。1810 年前后他对哥特式的兴趣越来越浓厚，时常表现中世纪与哥特式母题。这些画没有同时代画家弗里德里希 (Caspar David Friedrich) 作品中那种内在的精神性与孤独忧郁之感，但具有一种浪漫的情感张力与同样深刻的哲学和历史反思。正如福斯特 (Kurt W. Forster) 所说，这些画是 *Stimmungsbilder* ——诗情图像——以敏锐的视觉悟性构成于空间与光线之中。[1] 1844 年瓦根 (Gustav Friedrich Waagen) 说，如果欣克尔倾注所有精力从事绘画，他会成为"有史以来最伟大的画家"，因为"他将北欧人气质中偏爱简单的、含蓄喜悦的强烈生命情感——勒伊斯达尔 (Ruysdael) 的图画使这种情感令我们那么着迷——与克洛德·洛兰 (Claude Lorrain) 魔幻般的光感综合了起来，而正是南欧景观为洛兰的风景画提供了丰富的灵感"。[2]

此外，欣克尔还迷恋于全景画 (panoramas) 与透明画 (dioramas)。[3] 1804 年他第一次在巴黎领略到了全景画，这种绘画从许多方面来看都是现代电影院的先驱。它是苏格兰人发明的，在 1788 年注册了专利。观者站在一圆形大厅中央的高高平台上，观看环绕四周的连续性（城市与大自然）画面。画面与平台之间的空间是黑暗的，而画面是由上部与后部隐蔽的光源照亮的。后来随着时间的推移，光线特效不断产生变化，甚至创造出了视错觉效果。1808 年，欣克尔著名的巴勒莫全景画在柏林向大量观众公开展出。不过在一年前他（与剧场老板威廉·格罗皮乌斯 [Wilhelm Gropius] 合作）还发明了一种新的"透视光学视象" (perspective optical views)，这是一种新型舞台布景，观看者在 30 英尺以外透过黑暗中一排排圆柱观看大型平面透明图画（最初为 13×20 英尺）。1807 年，欣克尔的个人展览展出了四幅此类风景画：罗马圣彼得教堂与米兰主教堂的室内景，以及维苏威火山 (Mount Vesuvius) 与布朗峰 (Mont Blanc, 阿尔卑斯山的最高峰，海拔 4800 多米)。他还表现了遥远的城市（如君士坦丁堡与耶路撒冷）或历史风景画（如以埃特纳火山为背景的位于陶尔米纳 [Taormina] 的一座剧场的废墟）。1812 年他描绘了莫斯科大火，次年又画了一幅表现莱比锡附近法国军队残部被普鲁士军队击溃的战争场景。这些展览极受追捧，他被誉为全景画天才。1810 年，国王与王后从柯尼斯堡回到柏林，甚至要求艺术家为他们举办一次非公开展览。腓特烈·威廉三世也深为展览感动，任命他为建筑顾问，很快又令他改造柏林和夏洛滕霍夫的

1　见福斯特，《"唯有那些东西才能刺激想象力"：作为一位布景画师的欣克尔》（"Only Things that Stir the Imagination"：Schinkel as a Scenographer），收入《卡尔·弗里德里希·欣克尔：建筑的戏剧》（*Karl Friedrich Schinkel: The Drama of Architecture*, Chicago: Art Institute of Chicago, 1994），18—35。

2　瓦根，《作为一个人与一位艺术家的卡尔·弗里德里希·欣克尔》（Karl Friedrich Schinkel als Mensch und als Künstler），载《柏林日历》（*Berlin Kalender*, 1844）：330。引自斯诺登 (Michael Snoden) 编，《卡尔·弗里德里希·欣克尔：一位通人》（*Karl Friedrich Schinkel: A Universal Man*, New Haven: Yale University Press, 1991），1。

3　关于欣克尔在这些领域的工作，见《欣克尔的透视光学视图：介于绘画与剧场之间的艺术》（Schinkel's Perspective Optical Views: Art between Painting and Theater），收入《卡尔·弗里德里希·欣克尔：建筑的戏剧》，36—53。参见展览目录《卡尔·弗里德里希·欣克尔：建筑、绘画、工艺美术》（*Karl Friedrich Schinkel: Architektur, Malerei, Kunstgewerbe*）中所提及的作品（Berlin: Verwaltung der Staatlichen Schlösser und Gärten, 1981）。参见格里塞巴克 (August Grieseback)，《卡尔·弗里德里希·欣克尔：建筑师、城市规划师、画家》（*Carl Friedrich Schinkel: Architekt, Städtebauer, Maler*, Frankfurt: Ullstein Kunstbuch, 1983; originally published in 1924），40—69。

皇宫。

最后我们也应关注一下欣克尔为柏林剧院设计的舞台布景。他的透明画其实就是舞台布景，但在 1813 年他提议柏林剧院院长伊夫兰（August Wilhelm Iffland）改造朗汉斯于 1799 年设计的建筑。欣克尔遵从歌德和蒂克的提议，建议去除笨重的舞台布景与侧面布景，以平面透明图像取代，从上部打光。为了进一步将虚拟的演员空间与观众分开，他建议加深前台，每边竖起 4 棵科林斯柱子，创造出虚拟的透视效果，其意图是强化和提升剧场效果，使舞台场景更具有氛围感。欣克尔并没有说服伊夫兰，不过他的继任者布吕尔（Graf Brühl）则对他天才的想法言听计从。在 1815—1828 年间，欣克尔为 45 出戏剧做了 100 多个布景。1816 年他为莫扎特的《魔笛》做的布景颇为轰动，将眼花缭乱的观众带入十多个充满异国情调的原始风光之中，恰到好处地将那一年的加冕典礼推向了高潮。[1]

1815 年欣克尔将注意力转回到建筑。这一年他被提升为土木工程总监（Geheimer Oberbaurat），拥有控制普鲁士官方建筑活动的权力。为了抵御法国入侵，维也纳会议授予普鲁士以鲁尔河与萨尔河流域（Ruhr and Sahr valleys）的矿产资源所有权（这对其工业发展至关重要）以及莱因兰、威斯特伐尼亚和萨克森等地区的所有权，这大大提高了普鲁士的地位。首都柏林将要成为欧洲主要城市之一，而欣克尔作为一名艺术家也将走向他的全盛期。

[97]

欣克尔对建筑的感受力也在这一时期发展起来。在那些战争年代，"老日耳曼"（即哥特式）风格受到人们的追捧，这成了对抗法国人的占领的一种方式。受到这些思潮的影响，欣克尔也沉迷于这种建筑语言。在为重建柏林圣彼得教堂（Berlin Petrikirche）（1810）以及他所提议建设的解放战争纪念堂（Cathedral to the Wars of Liberation）（1814）所做的设计中，他甚至将哥特式与古典式元素综合起来。不过，在新卫兵岗（Neue Wache）（1816—1818）的设计中他选择了斯巴达多立克风格来建门廊，以表示对吉利古典主义的敬意。

1817 年夏，柏林剧院（Bealin Playhouse）遭火灾被毁。欣克尔曾在 4 年之前就提出过改建方案。尽管他与院长布吕尔关系甚好，但还是得参加设计竞赛才能获得项目。最终他建成了一座以全新手法建造的建筑物。布吕尔趁火灾重建的机会重新考虑了剧院的功能，提出剧院不再继续上演歌剧与喜剧，它应成为一座古典剧院，主要上演希腊戏剧，也上演歌德、席勒以及其他现代戏剧家的作品。欣克尔提交了一个古典方案，不过较为含蓄（图 33）。整个布局为三个立方体，观众席与后台是其中的两个立方体；观众席类似于吉利早先为此剧场做的提案，接近于半圆形，为的是取得较好的视线效果。室外则公然披上了古典外衣，以山花与雕塑界定了建筑物四边的界限。驾驭着四马二轮战车的阿波罗位于建筑顶端，其下有三位缪斯立于山花之上。在这座建筑的图版发表时欣克尔给出了说明，他"试图尽可能接近于希腊的形式与构造"[2]。

不过，该建筑的比例、体块和细节很难说完全是古典式的。在不得不利用原先剧场地基

---

1 福斯特在《"唯有那些东西才能刺激想象力"》一文中，也对欣克尔的舞台布景进行了长篇讨论。
2 欣克尔，《建筑设计图集》（Collection of Architectural Designs, New York: Princeton Architectural Press,1989），36。

图 33 欣克尔，柏林剧院，1819—1821。本书作者摄。

的情况下，欣克尔实现了他的抱负，即建成了一座"君临于城市普通建筑物"的作品，其方法是将它置于一个庞大的粗面石底座之上，陡峭的台阶（剧院的扩建受到邻近法国与德国教堂的限制）朝向加高了的市民广场直泄而下。[1] 观众乘坐的马车可以从台阶下面进入建筑，通过两翼底层入口则可进入音乐厅与排练区。这座建筑物除了新颖的金字塔形厚重布局之外（因考虑到防火，各个部分在组合上做了明确区分），它的外观最有趣的特色是窗户的设计。欣克尔放弃了孤窗形式，采用了水平窗户带的样式，窗户之间看上去是以方正的"壁柱"来划分的——没有柱头，但略加分节。尽管他在古典主义基础上将这种抽象的设计理性化了（借鉴了斯图尔特与雷维特），但仍然是全新的创造。该剧院 1821 年 5 月 26 日首场演出的是歌德的《伊菲革涅亚在陶里斯岛》(Iphigenia in Taurus)，开幕词是歌德本人撰写的。欣克尔以这个设计创造了他的第一件建筑杰作，此后他便开始寻求一种适合于德国社会中产阶级文化追求的新风格。 [98]

　　19 世纪 20 年代与 30 年代初是欣克尔的辉煌时期，也是建筑大发展的时期。柏林也在这一时期进行了大规模的扩建，成为商业、制造业与艺术的中心。欣克尔对建筑理论做出了特殊贡献，他对新风格的探寻——正处于两个相互联系的前沿地带：技术前沿与美学前沿。在可能写于 1830 年代中期的一段话中，他提到了这两个方面，对他前 20 年的工作进行了反思：

1 见拉韦 (Paul Ottwin Rave)，《欣克尔一生的工作，柏林 I》(Schinkels Lebenswerk, Berlin I, Berlin: Deutscher Kunstverlag, 1941; 重印，Berlin: Deutscher Kunstverlag, 1981)，94。

在我开始学习建筑并在各个方面取得了一些进步之后，心里很快便感到不安起来，我越想搞明白，这种不安情绪就变得越发重要。

我注意到，所有建筑形式都基于三种基本观念：（1）构造形式，（2）重要的传统或历史形式，（3）自身有意义的和以自然为范本的形式。我进一步注意到，经历了许多世纪的发展，通过完全不同的民族所实施的工程，一个巨大的形式宝藏已经被创造出来或贮藏于世。但同时我也看到，我们在利用这个往往是由完全不同的东西所组成的、累积起来的宝藏时，是任性武断的，因为每种个别形式都通过某种必要的母题——历史的或构造的母题——拥有了其自身特有的魅力，强化着并连续不断地引诱着我们去采用它。我们本以为借助于这样一种母题便可赋予我们的作品以一种特殊的魅力，即便将它用在我们眼下作品中时，往往与它出现在老作品中所产生的最悦人的效果完全抵触。我尤其清楚以下这一点，随心所欲地采用这类母题是造成困扰我们那么多新建筑缺乏性格与风格的原因。

弄清这个问题成了我生活的目标。但是我越思考这个难题，就越体会到我的努力困难重重。很快我便落入了纯极端抽象的错误之中，由此设计了一件完全从实用目的及构造出发的具体建筑作品。从这些案例中浮现出了某种枯燥僵硬的东西，它们缺乏自由，完全排除了两个基本元素，即历史元素与诗意元素。[1]

欣克尔所谓的"纯极端抽象的错误"（这确实是 20 世纪德国现代主义的先驱）是他长期沉迷于构造技术与革新的结果。这一倾向的开端可追溯到他早年在偏重于技术的建筑学院师从大卫·吉利所做的训练、听希尔特的课（其中包括构造史的内容）以及他对意大利建筑师所做的有关材料与技术的评论。后来他当上了政府官员，各种技术任务也促使他关注于此。[2] 技术革新问题与战争期间普鲁士接近崩溃的财政状况之间有着必然的联系，也与 1815 年之后政府努力直面工业化和现代化的种种问题密切相关，同时还与欣克尔和博伊特 (Peter Christian Beuth) 的友谊有关。

欣克尔与博伊特是童年时代的朋友，1810 年两人同入政界，到 1818 年时博伊特已进入了内政部，当上了贸工局局长。该机构的目标就是要推进工业化，促进鲁普士商贸的发展。为达到此目的，博伊特与他的机构开展了各种活动，从向海外派遣工业间谍（法国、英国和美国）到国内教育改革。他的改革成果之一便是在 1821 年创建了工艺美术及商贸学院 (Institute for Industrial Arts and Trade)，这是一所技术学院，今天柏林技术大学的前身。在该校旗下设立了一系列地方性的工艺学校，专门培养产业设计人才。1821 年博伊斯还成立了工业效率促进联盟 (Union for the

---

1 欣克尔，引自佩施肯 (Goerd Peschken)，《建筑教程》(*Das architektonische Lehrbuch*, Berlin: Deutscher Kunstverlag, 1979)，149—150。

2 尤其见佩施肯，《欣克尔建筑中的技术美学》(Technologische Ästhetik in Schinkels Architektur)，载《德意志艺术科学协会会刊》(*Zeitschrift des deutschen Vereins für Kunstwissenschaft*) 22 (1968)：45—81。

Promotion of Industrial Efficiency），这是一个专业协会，其宗旨是加快工业变革的步伐。欣克尔承担了博伊特的许多任务。1822 年他们成功地将建筑学院从美术学院控制下剥离出来，使它隶属于博伊特的贸工局。这一改变的目的是为了使建筑教学具有更多的灵活性与专业性。

1826 年，博伊特陪同欣克尔去法国、英格兰和苏格兰做了一次重要旅行。[1] 那时欣克尔正在设计老博物馆（Altes Museum），出差的表面理由是考察巴黎与伦敦的博物馆。在巴黎他们由亚历山大·冯·洪堡（Alexander von Humboldt）陪同，后者是一位地理学者，威廉·洪堡的弟弟。[2] 欣克尔也会见了许多法国建筑师，但他的注意力集中于技术问题上。他研究了皇宫（Palais Royal）的铁与玻璃结构的大廊道、先贤祠的圆顶、新桥、谷物交易所（Halle au Blé）的铁圆顶、证券交易所（Bourse）的铁顶。他们在英格兰与苏格兰参观了一些工厂、车间、桥梁、机械厂和铁工厂。欣克 [99] 尔看了英格兰银行与索恩在伦敦的住宅，但最重要的是他被介绍给了布吕内尔（Brunel）（1769—1849），那时他正开始开挖泰晤士河下的隧道。他们还去了曼彻斯特、约克、爱丁堡与格拉斯哥，找到了特尔福德(Thomas Telford)(1757—1834)建造的一些桥梁。欣克尔对新竣工的梅奈(Menai)吊桥印象尤其深刻，他们到那里时吊桥才开通了 9 天。

此外，博伊特还敦促欣克尔写一本建筑教材（Lehrbuch）。随着 1821 年工艺美术与商贸学院的建立，博伊特和欣克尔要为学生们提供新教材以取代根茨的老教材。[3] 欣克尔协助博伊特出版了四卷本的《制造商与工匠样本》（Vorbilder für Fabrikanten und Handwerker），这主要是一本设计图样手册，用来培训工业设计师掌握形式与装饰的基本原理。

关于欣克尔的建筑教程或理论教材问题，因许多不幸的历史事件而变得很复杂。1841 年欣克尔去世，人们将他的素描与手稿收集起来，编目时将图与文分开了，而且是根据内容而非年代编排的。后来档案员将不同的文章切割开来拼接在一起，编排在不同的页面上。所以要想了解该教材的编写进展情况变得极其困难。佩施肯（Goerd Peschken）下了很大功夫试图搞清楚，所以根据 1803—1840 年间该教材提出的五种观念来编排这些材料。[4] 尽管这种编排方法引起了争议，但至少以下这一点很清楚，即欣克尔理论的发展反映了他对浪漫主义哲学、构造学以及建筑创造的艺术完整性等问题的兴趣。

欣克尔的浪漫主义始于他年轻时对索尔格、费希特、谢林、奥古斯特·施莱格尔和卡鲁

---

1 见欣克尔，《"英国之旅"：1826 年访问法国与英国日志》（"The English Journey", Journal of a Visit to France and Britain in 1826），宾德曼（David Bindmann）与赖曼（Gottfried Riemann）编（New Haven: Yale University Press, 1993）。关于博伊特的职业生涯的详情，见韦森贝格（Angelika Wesenberg）的《艺术与产业》（Art and Industry）一文，收入斯诺丁的《卡尔·弗里德里希·欣克尔》，57—63。

2 欣克尔与威廉·洪堡的个人关系至少始于 1803 年，那时身为普鲁士驻罗马大使的洪堡在经济上资助了欣克尔的意大利旅行。1820 年，洪堡从政府职位上退下来之后，委托欣克尔重新设计他的郊外别墅泰格尔庄园（Schloss Tegel）。

3 沃尔夫（Scott C. Wolff）就欣克尔与博伊特的关系、《样本》文章以及关于教材的由来等其他细节进行了讨论：《卡尔·弗里德里希·欣克尔：无意识构造与主体性新科学》（Karl Friedrich Schinkel: The Tectonic Unconscious and New Science of Subjectivity, Ph. D. diss., Princeton University, 1977），279—317。

4 见佩施肯，《建筑构造学教材》（Das architektonische Lehrbuch）。他经过研究确定了此教材五个明确的构想：第一次意大利之行（1804），浪漫主义（1810—1815），古典主义者（约 1825），技师（约 1830），正统主义者（1835 之后）。后来有人质疑这种僵化的分法，强调这些材料的发展性质。例如见福斯曼（Erik Forssmann），《卡尔·弗里德里希·欣克尔：建筑与建筑理念》（Karl Friedrich Schinkel: Bauwerke und Baugedanken, Munich: Schnell & Steiner, 1981），58ff。

斯（Carl Gustav Carus）等人的唯心主义理论的兴趣。[1] 在早期的笔记中，他有时会创造出一些格言，将某个哲学或政治学的陈述转变为建筑的陈述。例如，斯科特·沃尔夫（Scott Wolff）曾注意到，欣克尔在一处改变了政治活动家格雷斯（Joseph Görres）的一段话，用"艺术"一词替代了"宪法"，由此将一场政治争论变成了一篇艺术宣言。[2]

欣克尔的早期建筑格言经常提到"合目的性"（Zweckmässigkeit / purposiveness）这一概念，它最初是在康德《判断力批判》一书（1790）中出现的。在审美的"第三契机"中，康德将美定义为"一物的合目的性的形式，同时对它的感知又是不带有任何目的的"[3]。在现代用法中，Zweckmässigkeit 这个词可以指"适合性""适当性"甚至"功能性"，但在康德那里这个词具有更微妙的含义，介于技术目的与审美判断性质之间。而对于康德来说，审美判断是不考虑对象的目的或实用性的。卡西尔（Ernst Cassirer）将康德的"合目的性"观念界定为"关于一个复合事物中各部分的一切和谐统一性的一般性表述"，与莱布尼茨的"和谐"观念密切相关。[4] 克尔纳（Stephen Körner）通过"有目的的整体"的观念来定义这一概念，也就是说，它是我们指望在美的对象中看到的各个部分的内在形式或形式的一致性。[5] 正如我们将某种符合于人类理解力的、在功能上与形式上的统一性强加于自然造物之上，所以艺术或建筑作品也应构造得具有一致性，并呈现出各部分和谐圆融的特征。

1800 年之后，"合目的性"的概念在谢林和奥古斯特·施莱格尔的美学理论中进一步精致化了。在 1802—1803 年间谢林曾在耶拿（后来又于 1804 年在维尔茨堡）做过艺术讲座（那时尚未公开发表），欣克尔不太可能对此有所了解，所以在这里可以略去不谈。[6] 然而几乎可以肯定的是，欣克尔听了施莱格尔于 1801—1802 年间在柏林发表的讲座。施莱格尔一开始便否定康德，并让目的概念回归建筑。他从两个方面来定义建筑，一方面，建筑是一门"设计的艺术，赋予对象以优美的形式，而这些对象在自然中并无确切的原型，而是按照人类心灵中的原创观念自由创造出来的"；另一方面，建筑又是一门"必须指向一个目的"的艺术。[7] 现在他的问题是要将建筑的"美的形式"从对世俗目的的理解中挽救出来，所以他对模仿理论进行了富有启示性的回顾。施莱格尔否定了石头建筑模仿或讽喻了木屋的论点，也否定了维特鲁威关于建筑人体比例的看法，就像迪朗在法国同时期发表的观点。施莱格尔的论点是，建筑并不模

---

1 伯格多尔（Bergdoll）的《卡尔·弗里德里希·欣克尔》一书以及沃尔夫的《卡尔·弗里德里希·欣克尔》一文，对欣克尔与德国浪漫主义理论的关系作了长篇论述。

2 沃尔夫是在《卡尔·弗里德里希·欣克尔》一文中指出这一点的，67。

3 康德，《判断力批判》，收入《康德著作集》（Kant's gesammelte Schriften, Berlin,1911），5:236。

4 卡西尔，《康德的生平与思想》（Kant's Life and Thought），287。

5 克尔纳，《康德》（Kant, New Haven: Yale University Press, 1955），180—185。

6 谢林将建筑的"合目的性"看作是对自然规律的理性反映，建筑的目的仅在于它的条件，不在于其绝对真实的基本原理。他将建筑形容为"凝固的音乐"，这十分著名。在这个比喻中，他注意到建筑要处理的是算术以及空间几何的关系，主观性只有寻求这些关系才能与客观的或自然的世界统合起来："建筑要成为美的艺术，就必须将其内在的合目的性表现为一种客观的合目的性，即概念与事物之间、主体与客体之间的客观一致性。"见谢林，《艺术哲学》（The Philosophy of Art），斯科特（Douglas W. Scott）翻译（Minneapolis: University of Minnesota Press, 1989），163—180（引文出自 p.168）。

7 《奥古斯特·施莱格尔关于文学与艺术的讲座》（August Schlegels Vorlesungen über schöne Litteratur und Kunst, Heilbronn, 1884; 重印, Nendeln: Krause, 1968），160—161。

仿自然，而是模仿它的理想化的"方法"，也就是说，模仿了这样一些更高级的概念，如规则性、均衡与比例以及形式的物理与心理规律（对万有引力的抗拒）。[1] 当这些基本原理经过建筑师创造性心灵的过滤时，建筑就上升到更高的"合目的性的形相"，从而有效地摆脱了世俗的"目的"。施莱格尔在总结他的观点时引用了西塞罗文章的著名段落，这位演说家说到一座神庙的山墙屋顶形式，原先的目的是排掉雨水。[2] 西塞罗认为，随着时间的流逝，山花的形式获得了一种更高的宗教价值，以至在并不下雨的天堂中要建一座城寨，如果没有山墙就完全失去了庄严感。因此这一形式的原初目的就被形式上的更高的合目的性所超越，而眼下则是象征性地展示了出来。

[100]

欣克尔在他早期的格言中所借助的恰恰是这种意义上的合目的性，例如他说："正如合目的性是所有建筑的基本原则，合目的性理想的最伟大的呈现也是如此，也就是说，一座建筑的性格或面相决定了它的艺术价值。"[3]

这种想法使欣克尔与他先前老师希尔特的关系产生了问题。希尔特在学院授课时强调构造，讲稿出版于 1809 年，题为《符合于古人基本原理的建筑》(Die Baukunst nach den Grundsätzen der Alten)。[4] 欣克尔在笔记中抄录了希尔特的话并进行反驳。例如，他断然反对希尔特认为希腊神庙出自原始木屋的观点，以及这种神圣不可侵犯的理想是永恒有效的观点。他写道，谁要是相信前面那一点，他就必然会成为"模仿的奴隶"。至于古典主义的完美问题，"这个问题反映了最狭隘的思想，作为整体的建筑，完美永远是没有底的"[5]。锋对希尔特关于在"黑暗的"中世纪古典理想遭到压制的看法，欣克尔同样坚定地认为，将来的研究将显示，中世纪时代实际上并非如此黑暗，而是"全新发展的开端"[6]。在那一时代这种历史态度极为少见，欣克尔再次走在了当时建筑界同行的前头。

不过，希尔特关于建筑美的观念——几乎完全是从便利与构造角度来界定的[7]——依然预示着欣克尔第二个阶段的理论关注点：构造学。这一点正是他在 1820 年代关注的中心，当时他在博伊特的鼓动下开始写一本关于构造的书。在这些年中，欣克尔的笔记中画满了很多精彩的草图，它们汇聚在一起便呈现出他最富创新性的尝试：将一种建筑理论完全置于结构问题的基础之上。实际上欣克尔是在着手对新时代出现的构造形式进行形态学上的分类。一开始他便提出了一个引人注目的假设，建筑是可视力量的一种构造博弈——如果你愿意，也可称之为建筑形式心理学，这种想法的一个来源可能是叔本华的《作为意志与表象的世界》(The World as Will and Representation)（1819）。在该书中，这位哲学家将建筑解释为是万有引力的一种动态博弈，

1　《奥古斯特·施莱格尔关于文学与艺术的讲座》，165。

2　Ibid., 179. 西塞罗，《论演说家》，3.180。

3　欣克尔，引自佩施肯，《建筑教程》，22。

4　希尔特，《符合于古人基本原理的建筑》(Berlin, 1809)。

5　欣克尔，引自佩施肯，《建筑教程》，28。

6　Ibid., 28.

7　关于希尔特总体建筑理论，见克劳斯 (Jan Philipp Klaus)，《1800 年前后：德国 1790 年至 1810 年间的建筑理论与建筑批评》(Um 1800: Architekturtheorie und Architekturkritik in Deutschland zwischen 1790 und 1810, Stuttgart: Axel Menges, 1977)。

而这万有引力是由建筑师通过精巧的静力均衡体系控制的。[1] 欣克尔也采用了一种类似的万物有灵论的语调，不过关键的区别在于，他并非将这些力看作是严格意义上的万有引力，而是将之作为历史情感与文化表现的证据。用他的话来说，"建筑比例基于相当普遍的动力学规律，但它们变得真正有意义只是由于它们与人类的存在相关或相似，或者与自然界中以相似方式分节与组织起来的存在物相关或相似"[2]。构造形态是设计的出发点，所以"任何基本的东西都必须是可看得见的"，而且正是"通过可见构件的特征，建筑才获得了某种活生生的东西"，一种安心、有力与安全的愉悦感。[3] 根据这一观念，构造不仅仅必须"以一种审美情感来加强"，而且还要披上道德的外衣："不同于感官的愉悦，形态借此唤醒了精神道德的愉悦，它部分来自于所唤起之观念的愉悦，部分来自于通过清澈理解力的活动而获得的快乐。"[4]

欣克尔演示了从抽象的构造形态（起初是石头）演变为复杂的梁柱式与拱顶式结构体系的过程，几百幅速写支撑起这一论题。在他于 1826 年去法国与英格兰旅行之后，他的形式分类学扩展到包括对砖、木、铁以及其他现代建筑材料的视觉思考。这一时期没有其他论著接近于欣克尔的构造学著述——所有这些著述都未出版。有趣的还有他在 1820 年代所做的"纯激进抽象"的试验。他于 1825 年开始为海关行政管理部门建造了帕克霍夫大楼（the Packhof），这两幢楼都是简单的石头方块（一座开有长方形窗户，一座是圆拱窗），没有历史装饰的细节。1827 年他从英法回国后，主动提出在柏林市中心建一座砖结构市场。他将室内拱顶和圆柱结构与室外玻璃墙结合起来，创造了一个不同于巴黎皇宫（Palais Royal）的市场大通廊。这一时期引人注目的设计或 [101] 许是工艺美术与商贸学院（Institute of Industrial Arts and Trade）的一幢新楼（1828），该建筑为三层，每层都开有大型玻璃窗，其间由单纯的梁柱式支柱网格进行划分。由于放弃了历史形式，所以看上去像是一百年之后设计的。

不过在 1830 年左右，他开始觉察出这种"纯激进抽象的错误"，并进入了理论发展的第三阶段：再一次使用装饰语言来美化建筑物。这个阶段并不是返回到古典或哥特式的形式，而是构造观的一次革新，因为现在他寻求的是用一种耐人寻味的"历史与诗意"的属性给纯构造性建筑再次披上外衣。两座建成的作品清楚展现了这一宏大的愿景。

第一座是老博物馆（1823—1841）。这是柏林第一座博物馆，如同柏林剧院一样，是象征这个年轻资产阶级国家崇高文化抱负的纪念碑（图 34、35）。[5] 它的前柱廊与中央万神庙结构表明这完全是一座古典建筑，不过还是披上了复杂的现代隐喻的外衣。其主要艺术母题并不是

1 见叔本华，《作为意志与表象的世界》，佩恩（E. F. J.Payne）翻译（New York：Dover, 1969），1:213—218（sec.43）。
2 欣克尔，引自佩施肯，《建筑教程》，45。
3 Ibid., 58.
4 Ibid., 148.
5 关于这座博物馆对于普鲁士形成之中的文化政策的重要性，见莫亚诺（Steven Moyano），《品质对历史：欣克尔的老博物馆与普鲁士艺术政策》（Quality vs. History: Schinkel's Altes Museum and Prussian Arts Policy），载《艺术通报》72（1990）：585—608。参见福斯特－哈恩（Forster-Hahn）与福斯特（Kurt W. Forster），《艺术与19世纪柏林帝国事业》（Art and the Course of Empire in Nineteenth-Century Berlin），收入《柏林1815—1989年间的艺术》（Art in Berlin 1815–1989, Atlanta: High Museum of Art,1990），41—60。

由 18 棵爱奥尼亚式圆柱组成的屏风（他把这看作是将博物馆定位于皇宫与主教堂对面大花园 [Lustgarten] 之上的一个形式手段），而是后面的巨型城市柱廊。欣克尔在 1828—1832 年间为这柱廊设计了两幅巨型壁画，横贯墙壁上半部，其目的是阐明这座建筑的基本文化功能——讲述天堂的神话与形而上的历史，以及早期神祇与现今自然和人类的精彩瞬间。[1]

图 34 欣克尔，柏林老博物馆，外景，1823—1830。

图 35 欣克尔，柏林老博物馆，室内景，1823—1830。

---

1 关于壁画的详情，见伯尔施-苏潘（Helmut Börsch-Supan），《论创世史》（Zur Entstehungsgeschichte），载《德国艺术科学协会会刊》（*Zeitschrift des deutschen Vereins für Kunst-Wissenschaft*）35（1981）：36—46；特伦普勒（Jörg Trempler），《卡尔·弗里德里希·欣克尔的柏林老博物馆壁画项目》（*Das Wandbildprogramm von Karl Friedrich Schinkel, Altes Museum Berlin*, Berlin: Gebr, Mann, 2001）。参见沃尔夫，《卡尔·弗里德里希·欣克尔》，185—190。

这种叙事性延续到了位于宏大楼梯后面的开敞式门厅中，这就将这座建筑定位于一座城市剧场或开展文化活动的场所，以教育公众并提升他们的审美品位。因此，建筑就成了市民教育以及进行审慎历史反省的基地。

欣克尔在建筑学院（1831—1836）新校舍的设计中延续了这些理想。到此时他的构造学观念完全成熟了。该建筑的分段防火构造尤其引人注目。它有点像座高层建筑，一个独立的结构被包裹在裸露的非承重墙之中，外部的平圆拱标志着室内浅浅的拱顶，不过额外的"历史与诗性的"意义再一次被编织进了建筑构造之中，表现在拱肩、窗榥、窗台、门套等处采用的赤陶镶嵌板上。在这些地方，欣克尔再一次书写着建筑的神学与文化的历史（图 36）。[1] 因为底层为开商铺所用，所以即便是不速之客也能看到那条城市游行的雕刻中楣。欣克尔的建筑学院（于 1961 年被拆除）必须被看作是他最伟大的胜利，也是他建筑理论的生动表述。他的同时代人同样知晓他的业绩与才能，当他于 1841 年去世时（据传因过度疲劳而导致身体崩溃）便享有了英雄般的告别仪式——如此宏大场面的"送葬队伍难得一见"[2]。

[102]

图 36　欣克尔，柏林建筑学院，1831—1836。

1　关于这些装饰物的内容，见拉韦（Rave），《卡尔·弗里德里希·欣克尔》，76—77。参见伯格多尔关于此建筑及其装饰内容的讨论，《卡尔·弗里德里希·欣克尔》，195—209。
2　库格勒，《卡尔·弗里德里希·欣克尔》（Berlin: George Gropius, 1842），21。

3. 魏因布伦纳、莫勒、克伦策与盖特纳

尽管欣克尔的建筑观念与实践在 19 世纪的头三四十年没有任何建筑师可以匹敌，但整个德国建筑活动的步伐加快了，最重要的是德国一批著名工程与建筑学校已经奠定了教育基础，它们后来在 19 世纪以至 20 世纪处于领先地位。卡尔斯鲁厄这个城市抱负不凡，它是巴登首府，由巴登－杜拉赫 (Baden-Durlach) 的卡尔·威廉侯爵 (Margrave Karl Wilhelm) 建于 1715 年，坐落于莱茵河畔。城市规划成巴洛克式的，市中心为圆形，宫殿就是这个圆的一个区段，32 条街道从这个中心圆放射出去。1806 年巴登与拿破仑结盟，使得该城边界有所扩大，并避免了战争带来的不幸。同年，建筑师魏因布伦纳 (Friedrich Weinbrenner) （1766—1826）开始实施新城市广场的建设规划。

魏因布伦纳是本地人，曾于 1791 年去意大利旅行，之前访问过维也纳、德累斯顿与柏林。在柏林他会见了朗汉斯、吉利，在意大利与希尔特交上了朋友。魏因布伦纳曾参加了柏林腓特烈大帝纪念碑的设计竞赛，但甚至在此之前，即 1791 年，他就向巴登侯爵提交了宫殿南面区域的改造方案，即开辟一个城市主要广场。[1] 这成为他后来 1797 年规划的基础。回国之后他被任命为城市建筑师，着手实施这一规划。

1800 年魏因布伦纳也成立了一家私人建筑学校，1820 年代该校并入新成立的市立理工学院。他对教学很感兴趣，于是他撰写了一本教材《建筑教程》(Architecktonisches Lehrbuch)，在 1810—1819 年间分三卷出版。头两卷论几何学与透视学，第三卷陈述了他对于建筑的看法。他强调规划中的地方习俗、气候、材料、坚固性和便利性，但他认为所有这些因素都必须从属于将要呈现的最基本的观念。他对美的概念的阐述是有趣的，将美定义为（借鉴了康德的说法）"形式与目的的完美和谐，当对象本身如此完整呈现出来以至对某一特定设计而言不能再为它或就它考虑任何东西时，这种形式就是完美的"[2]。他称这和谐是"合目的的完善"，主张"艺术之美依赖于一个理念，真正的艺术家必须拥有这种灵感力量，同时还必须拥有技术上的实现能力，这种力量自由驰骋于形式王国，并知道如何创造形式，赋予形式以生气"。[3]

[103]

莫勒 (Georg Moller) （1784—1852）是魏因布伦纳第一批学生之一，他将老师的古典主义观点带到了达姆施塔特，1810 年成为当地大公路德维希一世 (Grand Duke Ludwig I) 的建筑师。莫勒的早期风格仿效魏因布伦纳那种低调的，有时是严谨的学院式风格，如他设计的游乐场 (Kasino)

1　魏因布伦纳做了许多纪念碑设计，其中有些是为法国做的。关于他的纪念碑设计，见兰克海特 (Klaus Lankheit)，《弗里德里希·魏因布伦纳与 1800 年前后的纪念碑崇拜》(*Friedrich Weinbrenner und der Denkmalskult um 1800*, Basel: Birkhäuser, 1979)。参见莱伯 (Gottfried Leiber)，《弗里德里希·魏因布伦纳为卡尔斯鲁厄做的城市规划工作》(*Friedrich Weinbrenners städtebauliches Schaften für Karlsruhe*, Karlsruhe: G. Braun, 1996)；以及布朗利 (David B. Brownlee) 编，《卡尔斯鲁厄建筑师弗里德里希·魏因布伦纳》(*Friedrich Weinbrenner, Architect of Karlsruhe*, Philadelphia: University of Pennsylvania Press, 1986)。

2　魏因布伦纳，《书信与文件》(*Briefe und Aufsätze*)，瓦尔德奈尔 (Arthus Valdenaire) 编 (Karlsruhe: G. Braun, 1926)，11。在此处魏因布伦纳加了一个注脚，讨论了康德的美的第三个契机。

3　Ibid., 11, 12.

（1812）。但后期作品，如圣路德维希教堂（Church of St. Ludwig）（1820—1827）以及受到吉利与迪朗影响的文艺复兴式的皇家剧院（1829—1833），则展示了丰富的想象力和伟大的艺术天分。[1]

不过莫勒对建筑理论最重要的贡献，是1814年在达姆施塔特的一个谷仓中发现了科隆主教堂西立面素描原图的一半（显然它是在翻查法国作家书稿的过程中被丢弃的），不久 S. 布瓦塞雷（Sulpiz Boisserée）又在巴黎的一间艺匠工房里发现了这张图的另一半。所以，将这座长久未完成的主教堂（始建于1248年，但于1560年停工）最终建成，便成为当时一桩民族政治的大业。[2] 莫勒又以他三卷本《德意志建筑的纪念碑》（Denkmäler der deutschen Baukunst）（1815—1821）对于哥特式在德国的复兴作出了进一步的贡献。[3] 这是一部备受赞赏的日耳曼中世纪建筑通览，从查理曼时代开始写起。在哥特式复兴运动中，英国与法国的许多人都在阅读此书。不过莫勒反对返回到哥特式形式，认为风格必定产生于气候、建筑材料以及民族的情感与生活方式。因此他拒绝"一切外来的与不适宜的东西"[4]。

慕尼黑是两位天才建筑师活动的天地，他们是克伦策（Leo von Klenze）（1784—1864）与盖特纳（Friedrich von Gärtner）（1791—1847），都对建筑理论做出了贡献。[5] 克伦策是位胸怀大志的建筑师，出生于不伦瑞克附近，1800年他注册于柏林建筑学院，与欣克尔同窗。毕业后他到巴黎待了数月，听了迪朗在理工学院的课，并为佩西耶（Charles Percier）与方丹（Pierre Fontaine）工作。后来他去意大利旅行，在热那亚遇到一个贵族，后者写了一封信将他推荐给拿破仑的兄弟热罗姆·波拿巴（Jerome Bonaparte）。热罗姆很快在威廉山（Wilhelmshöhe）登上了黑森王位。在那里克伦策只建了一座小型的帕拉第奥式剧院，后来他的业务因战争而中断，被迫逃往意大利。1815年克伦策在和谈期间往返于巴黎与维也纳，以寻求新的保护人。当他遇到了巴伐利亚王储路德维希时，终于找到了他的艺术资助人。这位年轻王储邀请他去慕尼黑他父亲的宫廷。[6]

[104]

---

1 关于莫勒，见弗勒利克（Marie Frölich）与施佩利希（Hans-Günther Sperlich），《乔治·莫勒：浪漫派建筑师》（Georg Moller: Baumeister der Romantik, Darmstadt: E. Roether, 1959）。

2 见格雷斯（J. Görres），《科隆主教堂》（Der Dom in Köln），载《莱因兰信使报》（Rheinischer Merkur）20（November 1814）：125—127。

3 莫勒，《德意志建筑的纪念碑》三卷本（Darmstadt: Karl Wilhelm Leske, 1815—1821）；由利兹（W. H. Leeds）翻译的英文版题为《莫勒的日耳曼－哥特式建筑纪念碑》（Moller's Memorials of German-Gothic Architecture, London: J. Weale, 1936）。

4 莫勒，《德意志建筑的纪念碑》，6—7。

5 关于克伦策的生平与工作，见内尔丁格尔（Windfried Nerdinger），《莱奥·冯·克伦策：处于艺术与宫廷之间的建筑师，1784—1864》（Leo von Klenze: Architect zwischen Kunst und Hof, 1784–1864, Munich: Prestel, 2000）；黑德尔（Oswald Hederer），《莱奥·冯·克伦策的个性与工作》（Leo von Klenze: Persönlichkeit und Werk, Munich: Georg D. W. Gallwey, 1981）；以及利布（Norbert Lieb）与胡夫纳格尔（Florian Hufnagel），《莱奥·冯·克伦策的绘画与素描》（Leo von Klenze: Gemälde und Zeichnungen, Munich, 1979）。关于盖特纳，见内尔丁格尔编，《弗里德里希·冯·盖特纳：一位建筑师的生平，1791—1847》（Friedrich von Gärtner: Ein Architektenleben, 1791–1847, Munich: Klinkhardt & Biermann, 1992）；黑德尔（Oswald Headerer），《弗里德里希·冯·盖特纳，1792—1847：生平与教学工作》（Friedrich von Gärtner, 1792–1847: Leben, Werk Schüler, Munich: Prestel, 1976）；以及埃格特（Klaus Eggert），《弗里德里希·冯·盖特纳：国王路德维希一世的建筑师》（Friedrich von Gärtner: Der Baumeister König Ludwigs I, Munich: Verlag des Stadtarchivs München, 1963）。参见柯伦（Kathleen Curran）的《罗马式复兴：宗教、政治与跨国交流》（The Romanesque Revival: Religion Politics, and Transnational Exchange）一书中关于盖特纳与慕尼黑的一章（University Park: Pennsylvania State University Press, 2003）。

6 参见内尔丁格尔（Winfried Nerdinger），《既非哈德良也非奥古斯都——路德维希一世的艺术政策》（Weder Hadrian noch Augustus-Zur Kunstpolitik Ludwigs I），收入《浪漫主义与修复：路德维希一世时期的巴伐利亚建筑 I，1825—1848》（Romantik und Restauration: Architektur in Bayern zur Zeit Ludwigs I, 1825–1848, Munich: Hugendubel, 1987）。

克伦策与路德维希（于 1825 年登上王位）的关系多年来颇有争议，但他设计了 20 多座建筑，美化了这座雄心勃勃的大都市。两座最优秀的作品无疑是雕刻陈列馆（Glyptothek）（1815—1834）与绘画陈列馆（Pinakothek）（1822—1836）。雕刻陈列馆是路德维希为专门收藏 1812 年从埃伊纳岛出土的雕刻而建，其设计竞赛也是他安排的（图 37）[1]。在动乱期间，这批雕刻在罗马由托瓦尔森（Berthel Thorwaldsen）经手复原，他是路德维希在罗马时认识的。克伦策的爱奥尼亚式入口比例精美，但室内空间更漂亮，参照了迪朗的底平面，其尺度、装饰与光照都舒适宜人。绘画陈列馆或称作画廊，除了是德国文艺复兴运动的一个早期范例之外，其革新还在于底平面的布局以及各个展厅的顶部采光。

　　克伦策对理论的兴趣在很大程度上为人们所忽略，因为他的许多著述都未曾出版。[2] 他对理论的探讨早在 1809 年就开始了，那一年他开始撰写《关于建筑的起源、历史与规则的各种观念的笔记与摘要》（Notes and Excerpts as Ideas on the Origin, History, and Rules of Architecture）。[3] 但项目未能完成，不过在 1821 年他出版了两本考古学的书《阿格里真托的奥林匹亚朱庇特神庙》（Der Temple des olympischen Jupiter von Agrigent）以及他的演讲录《根据历史与技术相似物复原伊特鲁斯坎神庙的尝试》（Versuch einer Wiederherstellung des toskanischen Tempels nach seinen historischen und technischen Analogien）。[4] 次年，他出版了

图 37　克伦策，慕尼黑雕塑馆，1815—1834。

1　关于雕刻陈列馆的装饰，见维尔内塞尔（Klause Vierneisel）与莱因兹（Gottlieb Leinz）编的《慕尼黑雕刻陈列馆，1830—1980》（Glyptothek München 1830–1980）一书中的各篇文章（Munich: Glyptothek, 1980）。

2　关于他的理论，见克洛泽（Dirk Klose），《作为理想主义世界观的古典主义：艺术哲学家莱奥·冯·克伦策》（Klassizismus als idealistische Weltanschauung: Leo von Klenze als Kunstphilosoph, Munich: Uni-Druck: 1999）。

3　Ibid., 12–13.

4　克伦策，《阿格里真托的奥林匹亚朱庇特神庙》（Stuttgart, 1821）；《根据历史与技术相似物来复原伊特鲁斯坎神庙的尝试》（1821 年 3 月 3 日发表的讲座），收入《皇家科学院论文集》（Denkschriften der Königlichen Akademie der Wissenschaften）3，1824。

一本教堂设计图样书《基督教礼拜建筑说明》(*Anweisung zur Architektur des christlichen Cultus*)，在某种程度上是为了回应拿撒勒派画家利内利乌斯 (Peter Cornelius) 反对以古典风格来设计教堂的观点。[1] 就在这一年，古滕索恩 (Johann Gutensohn) 与克纳普 (Johann Michael Knapp) 的《基督教的纪念碑》(*Denkmale der Christlichern Religion*)（1822—1827）第一卷也问世了。

克伦策的考古兴趣源于他多次的南方旅行，有两次与王子路德维希同行。正如我们已经看到的，克伦策于 1820 年代积极参与了彩饰论争，第一次是他为展示于雕刻陈列馆中的埃伊纳雕刻画了彩色背景，第二次是发表了一些讲座，提出了对古人使用彩饰方法的看法。尽管他于 1824 年在塞利努斯的发掘竞赛中输给了希托夫，但还是在旅行期间画了大量速写和测绘图。1834 年克伦策实现了他访问雅典的终身梦想。这次访问是官方安排的，因为路德维希的次子奥托(Otto) 在希腊独立战争之后被欧洲列强推举为希腊的新国王。克伦策既能详尽地研究希腊作品，又为这些作品的保护与修复提出了建议——这实际上成了 19 世纪著名德国考古学派兴起的出发点。这次旅行与欣克尔为奥托的雅典新王宫设计宏大彩色图稿刚好发生在同一时间，这再次表明这两位原先的建筑学院学生所走的道路是相互平行的。

克伦策论教堂的论文也贯穿了对考古学与古典主义的关注。对克伦策来说，尽管建筑"在伦理意义上是一门组合与连接自然材料的艺术，是为了满足人类社会的目的与需求"，并要做到"最大限度地稳固与持久"，但这种实用性与特性都不妨碍采用希腊古典主义来设计教堂。[2] 他反对早先热闹的哥特式复兴，而且他后来承认基督教礼仪的要求已演化了若干世纪，所以他采用了一种古典化的巴西利卡原型来做教堂设计，类似于苏夫洛的圣热纳维耶芙教堂或塞尔万多尼 (Giovanni Servandoni) 设计的圣绪尔比斯教堂 (Church of St-Sulpice) 的立面。也就是说，克伦策唯一的教堂设计，慕尼黑的万圣教堂 (Church of All Saints)（1826—1837），受到了巴勒莫宫廷礼拜堂 (Palatine Chapel) 那种色彩丰富的罗马式风格的启发。在巴勒莫他曾与路德维希一起过了两个圣诞节。[3] 有人称该教堂是慕尼黑第一座圆拱 (Rundbogen) 风格的建筑，但这种风格的起始却几乎出于偶然。[4]

总体看来，克伦策总是在口头上极其尊崇希腊古典主义，但实际上他自己的设计方法却非常灵活。如果说希腊建筑为现今的巴伐利亚地区提供了其"内在的生命原理"与独特的"精神气质"，那么，希腊人本身却无意识地培育了其建筑的基本原理，似乎出自于必然的天性。而 19 世纪初是一个"思考、调研以及有意识自我反省"的时期，因此从本质上来说远离了早期那种文化本真的状态。[5] 除了这些看法之外，克伦策还明确提到了迪朗的实用性，提出："现如今对

[105]

1　克伦策，《基督教礼拜建筑说明》(Munich: In der Liter. Artist. Anstalt, 1822; 重印 , Nördlingen: Uhl, 1990)。

2　Ibid., 6—7.

3　有关克伦策这一方面及其他方面的详情，参见沃特金与梅林霍夫的《德国建筑与古典理想》一书中论克伦策的章节，141—169。关于这座教堂本身，见哈尔特里希 (Günther-Alexander Haltrich)，《莱奥·冯·克伦策：慕尼黑万圣教堂》(*Leo von Klenze: Die Allerheiligenhofkirche in München*, Munich: Uni-Druck, 1983)。

4　柯伦 (Kathleen Curran) 在《德国的圆拱风格以及对美国圆拱风格的反思》(The German Rundbogenstil and Reflections on the American Round-Arched Style) 一文中指明了这一点，此文载《建筑史家学会会刊》(*Journal of the Society of Architectural Historians*) 47，1988：356。

5　黑德尔 (Hederer)，《莱奥·冯·克伦策的个性与工作》，14。

结构设计清晰的建筑所提出的要求是，要将实际的目的性与最大限度的经济性结合起来。"[1]

　　在慕尼黑，盖特纳是克伦策的强大竞争者，从他的作品中也可看出类似的法国影响。盖特纳对实践与理论的贡献主要在于他的两件杰作，国立图书馆（1827—1843）与路德维希教堂（Ludwigskirche）（1828—1844），两者都明确展示了早期的圆拱风格运动。盖特纳是当地一个著名建筑师的儿子，在慕尼黑美术学院跟从卡尔·冯·菲舍尔（Karl von Fischer）学习，曾一度去卡尔斯鲁厄就学于魏因布伦纳。后来他于1812 年去了巴黎，听了龙德莱的课，看了佩西耶和方丹的作品，了解了迪朗的设计体系。这些可能都是通过诺尔芒（Charles-Pierre-Joseph Normand）（1765—1840）的帮助实现的。[2] 后来他生活于意大利与西西里，1819 年访问了英格兰，会见

图 38　盖特纳，慕尼黑路德维希教堂，1828—1844。

了科克雷尔。因此，当1820 年被任命为慕尼黑美术学院的建筑教授时，他完全能够胜任这一职位，其实他将这座学校建成了德国最有名的美术学院之一。

　　但是现在看来，盖特纳多年来被克伦策的名声所掩。直到1827 年路德维希才委托他设计国立图书馆和新教堂。这座图书馆最大的特色是它的宏大楼梯，在空间上仿效了卢森堡宫中沙尔格兰（Jean-François-Thérèse Chalgrin）设计的大楼梯（1803—1807）。不过，拱顶与圆柱柱头是十分新颖的，盖特纳将室外限定于平面效果，没有突起的部件，与附近克伦策设计的新文艺复兴式的战争部保持一致。盖特纳以一种极富灵感的解决方案做出了回应：暴露在外的上面两层砖墙（坐落于粗面石底层之上）其细部处理得极其精致；上层开有单纯的圆头窗，整座建筑冠以挑檐与中世纪的缘饰。

　　就路德维希教堂而言，他的意图更为清晰（图 38）。在这里他表现出对克伦策古典主义的反感，并表达了关于基督教建筑的一些想法。他要设计这样一座教堂，"它介于那些严格的希腊规则——或更宽泛地说——那些严谨的建筑方法规则与中世纪那种纯心灵感受的奇异效果之间，如果这两者能结合起来，那对于基督教教堂特别是天主教教堂而言，的确是再好不过了"[3]。盖特纳本人曾提及他于1829 年的创作反映了一种"纯拜占庭风格"，他指的是一种按比 [106]

---

1 黑德尔（Hederer），《莱奥·冯·克伦策的个性与工作》，15。
2 见圣比安（Werner Szambien），《在巴黎的训练（1812—1814）》（Die Ausbildung in Paris [1812–1814]），收入内尔丁格尔编，《弗里德里希·冯·盖特纳》，41—50。
3 盖特纳于 1828 年 1 月 13 日写给瓦格纳（Johann Martin von Wagnar）的书信，收入埃格特，《弗里德里希·冯·盖特纳》，21—22。

例缩小的罗马式风格，将它进行修改以适应现时的需要。[1] 双塔与中央门廊雄伟壮观，室内巨大的空间与整体的装饰营造出一种多彩的戏剧性氛围，这在科内利乌斯 (Peter Cornelius) 的大型壁画上达到了高潮。的确，他的作品中所取得的综合性风格，即典型的圆拱风格，后来被欧洲与北欧广泛模仿。它肯定也影响了邦森 (Carl Josias Bunsen) (1791—1860) 的《基督教罗马的巴西利卡》(Die Basiliken des christlichen Roms) (1842—1844) 一书，该书提倡采用早期基督教巴西利卡作为德国新教教堂的范型。

4. 我们该以何种风格建造？

19 世纪，历史主义的种种取向日益发展起来，在此背景下可以说盖特纳的国立图书馆与路德维希教堂是早期新罗马式运动的代表。1828 年出了一本论战性的小册子，对这一运动进行了更加明确的界定，它的作者是那时还不大出名的卡尔斯鲁厄建筑师许布施 (Heinrich Hübsch) (1795—1863)。[2] 这本小册子的标题是《我们该以何种风格建造？》(In welchem Style sollen wir bauen?)。他不只是提出了一个问题，而且引发了一场争论，将德国建筑理论推向了一个新的方向。

许布施以这本仅有 52 页的小册子成就了大事业，它的背后是他大量的哲学思考。实际上，他于 1813 年在海德堡大学开始接受高等教育时学的就是哲学与数学。他受到了著名哲学家克罗伊策 (Georg Friedrich Creuzer) 的影响，这位哲学家在 10 年前就已为理解希腊历史与神话学奠定了新的科学基础。不过后来许布施将注意力转向了建筑，到卡尔斯鲁厄跟从魏因布伦纳学习，获得了扎实的技术训练，并受到老师的鼓励前往南方旅行。

1817—1821 年他去意大利与希腊旅行，取得的效果却与他老师希望的相反。开始时他似乎未被古典主义精神所感染，而是更多地被意大利中世纪建筑所吸引。在罗马他受到两方面的影响：一是德国拿撒勒派 (German Nazarenes) 的影响，这是一个画家兄弟会，反对学院古典主义的训练，寻求一种受到中世纪与早期文艺复兴壁画启迪的新宗教风格。二是美术史家鲁莫尔

---

1 关于路德维希教堂的规划，见比特纳 (Frank Büttner)，《慕尼黑路德维希教堂的规划史》(Die Planungsgeschichte der Ludwigskirche in München)，收入《慕尼黑造型艺术年鉴》(Münchner Jahrbuch der bildenden Kunst) 35，1984，189—218。

2 关于许布施生平与工作的详情，见瓦尔德奈尔 (Arthur Valdenaire)，《海因里希·许布施：浪漫主义建筑研究》(Heinrich Hübsch: Eine Studie zur Baukunst der Romantik, Karlsruhe, 1826)；戈里克 (Joachim Göricke)，《建筑师海因里希·许布施的教堂建筑》(Die Kirchen Bauten des Architekten Heinrich Hübsch, Stuttgart: Koldewey-Gesellschaft, 1974)；以及希尔默 (Wulf Schirmer)，《海因里希·许布施，1795—1863：巴登伟大的浪漫主义建筑师》(Heinrich Hübsch, 1795–1863: Die grosse badische Baumeister der Romantik, Karlsruhe: C. F. Müller, 1983)。关于他的理论及其观念背景，见赫尔曼 (Wolfgang Herrmann) 编，《我们该以何种风格建造？德国建筑风格论争》(In What Style Should We Build? The German Debate on Architectural Style) 一书的导论 (Santa Monica, Calif.: Getty Publications Program, 1992)。参见伯格多尔 (Barry Bergdoll)，《考古学对历史学：海因里希·许布施对新古典主义的批判以及德国建筑理论中历史主义的开端》(Archaeology vs. History: Heinrich Hübsch's Critique of Neoclassicism and the Beginning of Historicism in German Architectural Theory)，载《牛津艺术杂志》(Oxford Art Journal) 5 (no. 2, 1983)：3—12。

(Friedrich von Rumohr)（1785—1843）的影响，后者从 1805 年开始就是德国在罗马社区的常客。[1] 当时鲁莫尔在历史写作方面的重要革新尚未被人们充分认识到。在 1827—1831 年间他出版了《意大利研究》(Italienische Forschungen)，试图为新美术史奠定文献基础。[2] 第三卷包括他的长篇论文《论中世纪各建筑流派的共同起源》(On the Common Origin of the Architectural Schools of the Middle Ages)，这是对意大利中世纪建筑的第一次真正的历史研究，大大早于法国历史学家 1840 年的同类研究。他强调了希腊罗马传统的延续性，追溯到东罗马帝国的拜占庭学派，认为从希腊梁柱体系到罗马拱券体系的转变不是由于艺术或技术的衰退，而是由气候、材料、新建筑类型与新需求等因素造成的。在此书的长篇导论中，鲁莫尔希望在温克尔曼的理想主义和谢林的浪漫主义之间开辟出一条中间道路，将"风格"的性质界定为"艺术家成功地适应材料的内在要求，因此雕刻家实际上创造了他的雕刻形态，而画家则将他的图像呈现出来"[3]。很快，黑格尔在柏林大学的美学演讲中表达了对这种物质主义艺术解释的不满态度。[4]

许布施在 1818 年离开罗马去希腊之前肯定对鲁莫尔的观点有所了解。他是与蒂默尔 (Josef Thürmer) 和黑格 (Franz Heger) 一道去的，在希腊待了一段时间。尽管他十分赞赏在希腊所见到的东西，但同时也不认为古典形式就不应运用于当代实践。1821 年他返回德国，坚信"为了建立一种新风格以适应当今的需要，我必须比迄今为止所做得更为激进"[5]。次年，他的激进主义出现在他的著作《论希腊建筑》(Über griechische Architectur)（1822）之中。这是他试图将建筑"从古代的锁链中"解放出来的第一步。[6]

在这本书中，许布施并未对希腊建筑做负面评价，而是像莫勒一样，认为它的构造逻辑来源于当地材料与构造方法，并受到气候条件与社会条件的影响。他将批评目标间接指向他先前的老师魏因布伦纳的理论，直接指向希尔特的理论，尤其是他在《符合于古人基本原理的建筑》中提出的古典至上的观点。如果说欣克尔在 10 年之前就已拒绝了希尔特"体系"的历史含义，许布施则挑战了它的最基本的前提。他不仅反对希尔特所信奉的石造神庙是由木结构神庙转换而来的普遍"机械论"规律，甚至否认石造神庙的原型是木构神庙。许布施认为，希腊神庙只能产生于希腊特有的材料、结构与社会条件。由此他得出结论说，试图将这些形式应用于不同气候、材料和社会条件的建筑上是十分荒谬的。[107]

许布施的书引起了希尔特愤怒的反应。到了 1825 年，甚至连魏因布伦纳也对他先前这位

1 鲁莫尔于 1805 年与蒂克 (Ludwig Tieck) 第一次到罗马，在那里他遇到了斯塔埃尔夫人 (Madame de Staël)、威廉·施莱格尔以及洪堡兄弟。在 1817—1821 年间他在意大利往返于罗马和托斯卡纳。许布施与鲁莫尔相熟，曾从希腊给他寄过一幅素描。参见赫尔曼，《我们该以何种风格建造？德国建筑风格论争》，4, 52n. 13。

2 鲁莫尔，《意大利研究》，施洛塞尔 (Julius Schlosser) 编 (Frankfurt: Frankrufter Verlags-Anstalt, 1920)，1:iv。

3 Ibid., 1:87.

4 黑格尔在他的演讲中拒绝了鲁莫尔的物质主义解释。见黑格尔，《美学》(The Philosophy of Fine Art)，奥斯马斯顿 (F. P. B. Osmaston) 翻译 (London: Bell & Sons, 1920)，1:399。

5 许布施，《建筑作品》(Bau-Werke, Karlsruhe: Marx, 1838)，2。引自赫尔曼《我们该以何种风格建造？德国建筑风格论争》，5。

6 他在《我们该以何种风格建造》一书的献词中宣布了这一意图 (Karlsruhe: Müller, 1828; 重印，Karlsruhe: Müller, 1984)。

[108] 学生的观点提出了不同意见。[1] 不过魏因布伦纳次年便去世了，许布施成了卡尔斯鲁厄的城市建筑师，那时他已经做好了充分的准备，以回应他所挑起的论争。1828 年 4 月，凑巧拿撒勒派在纽伦堡举办纪念丢勒的活动，他出版了一本小册子《我们该以何种风格建造？》。[2]

此书的书名容易产生误解，因为许布施已经有了自己的答案。不过他的分析方法是新颖的。有些人"认为建筑形式之美是绝对的，世世代代在所有环境下都可以保持不变，而且认为单单古代风格就可以完美地将这些形式呈现出来"。针对这些人的"诡辩"，许布施提出了一个简单的选择。[3] 他要明确地创造出一条新风格的"客观"原理，这一原理的基础就是需要，并以便利性与坚固性来界定需要。他认为，最好通过主要的结构要素，即屋顶与支柱来界定风格。有两种基本类型，即梁柱体系和拱券体系，分别在古典时期与中世纪得到了最好的展示。影响一种风格创造的其他因素是地方的与传统的建筑材料、气候、文化需要以及技术进步。"技术进步"不仅指结构进步或知识水平，也指对结构比例的集体性知觉或文化知觉。许布施在这里似乎是从纯实用性的角度来运用"合目的性"这一概念的。

在这一基础上，许布施着手对结构体系及其各种形式进行了历史研究，为当今寻求方向。他以无情的眼光进行历史的审视，很快便将圆柱体系排除在外不予考虑，因为它在结构上不能承受巨大压力，材料花费大，也不适合北方的气候。他选择了拱式体系，可以是尖拱（哥特式），也可以是圆拱（拜占庭）。尖拱在结构上很有效，但"比例过于陡峭"，这使它们"与我们的需要相矛盾"，主要是室内对线光的需要[4]。他认为，圆拱体系在许多方面是可取的。在位于科布伦茨（Koblenz）附近的马利亚·拉赫大修道院（Maria Laach）这座罗马式建筑中，他看到了完善的圆拱体系。但在寻求新风格的过程中，他并非提倡德国人去模仿早期的罗马式实例，而是要模仿圆拱的抽象原理，"因为它自由地、自发地发展起来，不受一切关于古代风格的有害回忆的干扰，它会不断进化"[5]。他的实用主义处处可见："因此，这里发展的艺术理论并不像那些学术性理论。学术性理论与现实联系很少，而从这些理论中抽象出来的规则立即就被制订成了一般法则。这种理论完全是实践性的。"[6] 他也反对将圆拱看作是一种"风格"："这种新风格的建筑物将不再具有历史与惯例的性格，所以事先若无考古学的说明，就不可能有情绪反应：它们将具有真正的自然性格，外行会感觉到有教养的艺术家所感受到的东西。"[7]

许布施在 1828 年的论述具有物质主义倾向，的确也与同时代的对话密切相关。可以将他的表述与黑格尔柏林大学演讲中的唯心主义解释进行比较。对于黑格尔来说，艺术完全是一个

1 希尔特以《驳许布施并为希腊建筑辩护》（Verteidigung der griechen Architecture gegen H.Hübsch）一文进行了反驳。许布施在他著作第二版（1824）的附录中，以《驳希尔特并为希腊建筑辩护》（Verteidigung der griechen Architectur gegen A. Hirt）一文予以回应。见伯格多尔，《考古学对历史学》，3。

2 许布施，《我们该以何种风格建造？》。

3 许布施，《我们该以何种风格建造？》英文版，63—64。

4 Ibid., 95.

5 Ibid., 99.

6 Ibid.

7 Ibid., 99.

精神世界（尽管在表达理念方面要低于哲学和宗教），而建筑，由于它具有感官的物质性，要奋力抵抗万有引力的限制，所以是一门精神或理念含量最少的艺术。建筑至少在其早期阶段主要是一种象征性艺术，这就再一次将建筑置于黑格尔的文化辩证发展阶段的最低端。不过建筑还是在某种程度上取得了进步，从以埃及金字塔为代表的象征阶段进入希腊古典阶段，理念与题材取得了平等地位；最后在哥特式时期达到了浪漫主义阶段，理念的"无限意义"（在主教堂中）"高扬于一切实用意图之上"，无限性"通过建筑形态的空间关系"得到了表现[1]。这一唯心主义图式的问题在于，对黑格尔来说，建筑活动的高潮必然是在 13 世纪，因此艺术在 19 世纪（建立于古典与中世纪的辩证基础之上）没有多少未来，即不可能在形式与结构上有所发展。许布施的理论则相反，他要摆脱一切形而上学的束缚："现在我们已经达到了我们试图获取的目标，我们已经为新风格建立了严谨客观的框架，我相信这一框架的结构已足够清晰了。"[2]

5. 伯蒂歇尔和风格论争

许布施的小册子出版于 1828 年，在这前后，盖特纳开始工作于国立图书馆与路德维希教堂，3 年前欣克尔开始设计建筑学院校舍。1825 年许布施本人已经试图将圆拱风格运用于剧院设计，该剧院建有一条拱廊，它的结构特色是由开敞的铁桁架构成的壮观拱顶。[3] 他设计的卡尔斯鲁厄财政部（1829—1833）以及卡尔斯鲁厄理工学院（1833—1836），立面是裸露的平面砖砌结构，没有装饰，再一次反映了他进步的理论路线。除此之外，类似的设计还有位于布纳希（Bulnach）的圣基里亚科斯教堂（St. Cyriacus）（1834—1837）以及位于巴登－巴登（Baden-Baden）的水泵房（Trinkhalle）（1837—1840）。许布施为普福尔茨海姆（Pforzheim）的一座新教教堂做了一个罗马式的双塔设计，1829 年 11 月展出于慕尼黑，这甚至有可能影响了盖特纳为路德维希教堂所做的设计。[4] 反过来，许布施为理工学院设计的圆拱风格似乎也受到了盖特纳国立图书馆的些许影响。

不过，使许布施此书显得十分重要的并不是它的建筑宣言，而是它所引发的争议。有一位评论者，即年轻的建筑师维格曼（Rudolf Wiegmann）承认古典建筑现如今已经衰落了，导致了折中主义状态——"拄着拐杖，纷纷出现在每个国家与每个时期"——但同时他也不赞成脱下一副镣铐换上另一副，尤其是那种非德意志的东西，如"拜占庭圆拱风格"，它的起源远在别

1　黑格尔，《美学》，3:90—91。

2　许布施，《我们该以何种风格建造?》，99。

3　关于许布施的剧院设计，见米尔德（Kurt Milde），《德国 19 世纪建筑中的新文艺复兴》（*Neorenaissance in der deutschen Architektur des 19. Jahrhunderts*, Dresden: Verlag der Kunst Dresden, 1981），117—119。

4　关于许布施的慕尼黑展览以及盖特纳的反应，见柯伦，《罗马式复兴》。

处。[1] 他还反对许布施对材料与结构要素的强调是以"物质支配心灵"[2]。对维格曼来说，风格是"精神性的"东西，它界定了更广泛的民族与气质倾向，或界定了艺术天才所唤起的情感回应，这种物质主义的说辞"只会将艺术创造扼杀于萌芽状态，剪去天才的羽翼"，使艺术家的精神状态不能与他所处时代的最强音保持一致。[3]

年轻的柏林历史学家库格勒在 1834 年也提到了许布施的研究，并采取了类似的策略。他正确地将许布施的观点与克伦策的古典主义放在一起比较，承认后者是阻碍进步的。不过他认为许布施的研究也是失败的，因为"一件艺术品可以从材料和外在条件发展而来"[4]。库格勒坚持认为，一种新风格只能从一个民族的宗教传统中生发出来。

许布施对历史主义问题的思考逐渐得到了人们的认真对待。到了 1840 年，德国与欧洲建筑师逐渐形成了共识，不仅当代建筑风格问题陷入了危机，而且也看不到出路在何方。人人都承认应该明确新方向，但无人同意采取何种办法可达到令人满意的目标。在这个 10 年，新出版的建筑期刊与报纸也对争论起到推波助澜的作用。在维也纳，弗尔斯特（Ludwig von Förster）于 1836 年创办了《建筑汇报》(Allgemeine Bauzeitung)；5 年之后龙贝格（Johann Andreas Romberg）在莱比锡创办了颇有影响的《实用建筑杂志》(Zeitschrift für praktische Baukunst)。这两份刊物都在广泛地讨论着风格问题。德国建筑师与工程师协会的第一届会议也是如此，该协会是于 1842 年在莱比锡成立的。结果是不同的阵营团结起来，坚持着各自的风格取向。

到此时，中世纪阵营分成了圆拱式与哥特式两个派别。建筑师梅茨格尔（Eduard Metzger）是哥特式风格的早期提倡者，他是克伦策与盖特纳的学生，1833 年被任命为慕尼黑理工学院（Munich Polytechnikum）的教授。1837 年梅茨格尔出了一本书，就风格问题做了长篇分析。在此文中他回顾了希腊、埃及与中世纪建筑，提出风格起源于三种要素，即民族性格（文化与宗教）、自然（景观与气候）以及建筑材料（材料的自然与结构特性）。在他的分析中，最后一种要素最为重要。就德国哥特式风格而言，他评述了哥特式风格从罗马式发展而来所取得的结构上的进步，将哥特式看作是一种"更高级的诗歌"形式，其拱肋构成了一个网络或"有条不紊的张力体系，紧凑地结合为一体，相互支撑着，为单个拱顶区域创造出一个花格图样，其本身亦可作为一个整体而存在"[5]。

另一些哥特式事业的支持者并未关注于精巧的结构问题。毕业于柏林建筑学院的罗森塔尔（Carl Albert Rosenthal）在 1844 年写给德国建筑师与工程师协会全体会员的一封信中评述了当代所

---

1 维格曼，《评〈我们该以何种风格建造?〉一文》(Remarks on the Treatise In What Style Should We Build?)，收入赫尔曼，《我们该以何种风格建造? 德国建筑风格论争》，103—104。原先发表于《艺术杂志》(Kunst-Blatt) 10 (1829)：173—174，181—183。

2 Ibid., 105.

3 Ibid., 106, 111.

4 库格勒，《论教堂及其对我们时代的重要性》(Über den Kirchenbau und seine Bedeutung für unsere Zeit)，收入《博物馆：造型艺术专刊》(Museum: Blätter für bildende Kunst) 2 (1834)：5。引自赫尔曼，《我们该以何种风格建造?》，6。

5 梅茨格尔，《论自然与结构法则对建筑造型的影响》(Über die Einwirkung natürlicher und strucktiver Gesetze auf Formgestaltung des Bauwerkes)，载《建筑汇报》(Allgemeine Bauzeitung) nos. 21–26 (1837)：196。

有建筑风格，再次肯定了哥特式的优越性。他认为罗马式形式沉重，是罗马衰落的最后残迹，比"阿拉伯风格"更不适合于当今建筑，其缺点（除了缺乏基督教元素之外）是"几乎全然忽略了结构力量的象征性表现"[1]。而德意志或哥特式风格是高级的，因为它具有黑格尔所说的特点，即"它奋力向上，形式主导着团块，这象征着精神主导着物质，精神性支配着感官性"[2]。他认为，这种风格本质上是一种德意志风格。

　　政治家与辩论家赖兴施佩格 (August Reichensperger) （1808—1895）是哥特式事业更热心的支持者，他在 1844—1845 年间出版了《基督教－德意志建筑及其与当今的关联》(Die christlich-germanische Baukunst und ihr Verhältnis zur Gegenwart) 一书。赖兴施佩格是科布伦茨本地人，极富个人魅力。[3] 他年轻时在波恩、海德堡与柏林大学学习法律，甚至听过黑格尔的演讲。然而当他于 1838 年面对天主教护教论者格雷斯 (Joseph Görres) 的教诲时（当时格雷斯正在反对新教普鲁士对天主教莱茵兰的控制），他便改变了自己的发展路向。他皈依了天主教，两年之后在争取最终建成科隆主教堂的运动中表现得十分活跃。从 1815 年开始，科隆主教堂便成为德国民族性的象征。在 1842 年举行的重启建造工程的仪式上，他成了舞台上的明星。同年，他第一次读到了普金的《尖顶建筑或基督教建筑的真正原理》一书。他在 1844—1845 年出的这本书有效地将普金的原理运用于德国建筑的讨论，从而将他发起的运动转入了寻求"真理"的道德圣战。[4]

　　那时圆拱运动也有许多追随者。许布施仍然是非常活跃的倡导者，此外曾一度批评许布施的维格曼也拥护圆拱风格，他现在是杜塞尔多夫美术学院的教授。1841 年，维格曼为《建筑汇报》撰写了一篇重要文章《对当代民族建筑风格的思考》(Thoughts on the Development of a Contemporary National Style of Architecture)，表明了这场讨论所达到的复杂程度。他的任务是寻求建筑与"我们时代精神"之间的一种"有机联系"。他赞赏工业技术取得的巨大进步，但这并不意味着要限制建筑的"精神表现"[5]。每个民族都应有自己的风格，因此他反对抓狂式地采用希腊、罗马、拜占庭、哥特式与意大利的建筑形式。他认为，"折中主义只是将建筑艺术弄得混乱不堪，看不到结果"，而现代建筑要"更多地从时尚角度来考虑，而不是一种纯艺术"。[6] 为了反击这种"巴比伦式的混乱状况"，他考察可以从过去借用些什么，由此建立了一种二元论，即一方面是具有内在主观性与精神性的哥特式风格，另一方面是具有理性与客观性的古代形式。介于两者之间的——可作为一条中间道路——便是圆拱风格，其形式是简单的、理性的，适合于德国的材料、气候与需要。但这种圆拱风格不能简单地取自它的历史原型，必须进一步进行提炼，因为它在历史上的发展被 13 世纪哥特式的兴起中断了。只有通过哥特式精神与希腊文化普世性的综合——"精

[110]

1　罗森塔尔，《我们该以何种风格建造?》，收入赫尔曼，《我们该以何种风格建造?》，119。

2　Ibid., 120.

3　关于赖兴施佩格的生平与思想的详情，见刘易斯 (Michael J. Lewis)，《德国哥特式复兴的策略：奥古斯特·赖兴施佩格》(The Politics of the German Gothic Revival: August Reichensperger, New York: Architectural History Foundation, 1993)。

4　Ibid., 57—86.

5　维格曼，《对当代民族建筑风格的思考》(Gedanken über die Entwickelung eines zeitgemässen nazionalen Baustyls)，载《建筑汇报》4 (1841)：207。

6　Ibid., 208.

神与感官的调和"——才能取得想要得到的"外在与内在之间完美的和谐"[1]。

卡塞尔的教授约翰·海因里希·沃尔夫（Johann Heinrich Wolff）（1792—1869）持古典主义的观点。在 1840 年代，他在若干场合下反对维格曼试图进行综合的观点。他于 1843 年挺身而出，捍卫古典主义的"普遍真理"[2]。两年后，为了回应施蒂尔（Friedrich Stier）于 1843 年在班贝格德国建筑师会议上提出的观点，他重申了自己的立场，强调主要的建筑形式业已发明出来，现在的任务只是对从"古代自然进化而来的各种建筑要素进行修正与重组"[3]。他不是寻求独特性或某种民族风格，而是鼓励建筑师关注普遍有效的东西："如果每位艺术家都去奋力追求真实的与正当的东西，那么他的作品本身就会带上他心灵的印记。"[4]

顺便说一句，沃尔夫不只是一位教师。他曾经在克伦策（在卡塞尔）与佩西耶（在巴黎）手下接受过训练，1816—1818 年间他住在罗马，培养起了对古典主义的热情。他的著作《论建筑美学或造型形式的基本原理》(Beiträge zur Aesthetik der Baukunst oder die Grundgesetze der plastischen Form)（1834）为新德国建筑学派提供了内容翔实的初级古典理论读本。[5] 他发表了一系列文章进一步与维格曼进行连续不断、有时火药味很浓的交锋，持续了这个 10 年的大部分时间。

激烈的风格之争很快就达到了顶点——实际上就在 1846 年，颇具戏剧性。这一年柏林建筑学院安排一位新任命的教授伯蒂歇尔（Karl Bötticher）（1806—1899）发表了纪念欣克尔的年度演讲，题目是《希腊与德意志建造方法的基本原理及其在当今建筑中的运用》(The Principles of the Hellenic and Germanic Ways of the Building with Regard to their Application to our Present Way of Building)。

理论家伯蒂歇尔回顾了 1815 年之后德国建筑的飞速发展。他曾是博伊特 1820 年代重组的工艺美术学校的学生，学的是织物装饰。后来他在多所工艺美术学校任教，1839 年应欣克尔邀请加入了建筑学院的教师队伍。现在他专门研究建筑，1844 年通过国家实践考试，并完成了他著名的论希腊构造学著作的第一卷，我们很快会讨论这部著作。

[111]　　伯蒂歇尔 1846 年演讲的主旨是将希腊式与哥特式的基本原理结合起来，这一点在某种程度上来源于欣克尔的教学。欣克尔早在 1810 年就开始在若干教堂中寻求着风格的综合，这在 1825 年为汉堡剧院做的设计中表现得尤其明显。[6] 汉堡的这一设计中包含了双层拱券，在拱基

1　维格曼，《对当代民族建筑风格的思考》，载《建筑汇报》4（1841）：214。

2　沃尔夫（J. H. Wolff），《答复》(Entgegnung)，载《建筑汇报增刊》(Beilage zur Allgemeinen Bauzeitung 2, no. 1, 1843)：1—5。

3　沃尔夫，《评施莱尔教授在班贝格建筑师会议上所提出的建筑问题》(Remarks on the Architectural Questions Broached by Professor Stier at the Meeting of Architects at Bamberg)，收入赫尔曼，《我们该以何种风格建造？》144；原文发表时题为"Einige Worte über die von Herrn Professor Stier bei der Architekten-Versammlung zu Bamberg zur Sprache gebrachten architektonischen Fragen"，载《建筑汇报增刊》2, no. 17（1845）：270。

4　Ibid., 145（original, 270）。

5　沃尔夫，《论建筑美学或造型形式的基本原理，以希腊建筑的主要部件作为演示》(Beiträge zur Aesthetik der Baukunst oder die Grundgesetze der plastischen Form, nachgewiesen an den Haupttheilen der griechischen Architektur, Leipzig: Carl Wilhelm Leski, 1834)。

6　关于欣克尔风格综合的观念，见克诺普（Norbert Knopp），《欣克尔风格综合的观念》(Schinkels Idee einer Stilsynthese)，收入《风格多元论文集》(Beiträge zur Problem des Stilpluralism, Munich: Prestel Verlag, 1977)，245—254。参见伯格多尔在《卡尔·弗里德里希·欣克尔》一书中对该建筑的讨论，99—101。

处相交，以平直的横梁架设于中央墩柱之上。在欣克尔的笔记本中有若干段落讨论了风格综合的想法，而且在 1833 年的一封致巴伐利亚皇储马克西米利安二世的书信中，欣克尔回答了一系列问题，明确拒绝了永恒理想的概念，坚持认为进行历史的综合依然是可行的，但前提是"你既能坚持古希腊建筑的精神原则，又能利用我们这个新时代的条件，将古往今来最优秀的特色和谐地融合起来，从而对这种精神原则进行扩展"[1]。这一梦想并未随着他 1841 年去世而终结。次年，腓特烈·威廉四世送欣克尔的两个学生施蒂勒 (Friedrich August Stüler)（1800—1865）与施特拉克 (Johann Heinrich Strack)（1805—1886）去英国研究建设中的教堂，其目的就是要形成关于新教教堂的原型概念。他们的素描展示于 1843 年班贝格的建筑师会议。次年，《教堂、教区住房与学校设计图集》(Entwürfe zu Kirchen, Pfarr-und Schulhäusen) 的第一卷出版，展示了一批由官方发起兴建的教堂的设计图纸，是由施蒂勒与欣克尔的另两位学生佐勒尔 (August Soller)（1805—1853）和佩尔西乌斯 (Ludwig Persius)（1803—1845）画的，其中对圆柱与圆顶这类纯古典因素与中世纪平面进行了杂交，其形式方案十分奇特，具有圆拱风格的特征。[2]

伯蒂歇尔 1846 年演讲的第二个动力来自梅茨格尔于 1845 年发表的《论当代问题：我们该以何种风格建造！》(Contribution to the Contemporary Question: In What Style Should We Build！) 一文。无论从何种标准来看，梅茨格尔的分析都相当敏锐。一开始他论述了他那个时代社会与物质的巨大变化——大量的新需求，丰富的实践与理论经验，涉及铁路、隧道与其他商贸动脉发展的大型工程项目——以及由此所形成的显而易见的科学与艺术的冲突。在寻求解决方案的过程中，他像以往那样进行了历史的审视，但这次是通过金字塔、圆柱以及拱顶的黑格尔式的各个阶段来审视的，每种构造概念都被看作是以前一种构造概念为基础，更具戏剧性的罗马式与哥特式时代的拱顶技术则代表了拱顶原理发展的顶点。如果说最后一种重要结构体系在 14 世纪得到了完善，他认为，某些新的东西已从先前体系中最有效的方面生发出来了，从历史上看这也是真实的。他总结道，一种新的变数进入现今方程式，这就是铁在结构上的可能性，用他的话来说，这对雕刻家与建筑师的耳朵而言是一个"可怕的词"！[3]

在这一点上，梅茨格尔将铁的"纤细的、感觉优雅的直线造型"与"尖券体系的网状支撑结构"进行了富有启发性的比较[4]。他的目标是——朦朦胧胧预示了像埃菲尔铁塔那样的作品——要表明，哥特式拱顶的三角肋可以现成地运用于铁结构体系上，如桁架结构 (trusses)，尤其是当水平构件 (the horizontal) 受到限制而且桁架呈拱券或尖券形状时。尽管这种形式原理的工业化实例已经出现于英国、法国、比利时和俄国，但梅茨格尔还是十分谨慎地将此原理运用于德国建筑。以他看来，新工艺技术丰富了老原理，引发了建筑形式的变化，但这种变化应是逐渐的。事实上，他所提议的这一媒介只是纸上谈兵而已，但强化并影响了日后关于铁的新形式的论战。

---

1 欣克尔，《欣克尔的遗物》，3:334。

2 这是柯伦在《罗马式复兴》一书中的看法。

3 梅茨格尔，《论当代问题：我们该以何种风格建造！》(Beitrag zur Zeitfrage: In welchem Stil man bauen soll!)，载《建筑汇报》10（1845）：176。

4 Ibid., 178.

不过梅茨格尔的分析还是很有说服力的，对伯蒂歇尔产生了很大影响。伯蒂歇尔 1846 年的演讲简洁地论述了 20 多年前提出的问题。首先他以许布施的方式定义了一种风格，即一种空间覆盖体系。他同意许布施的观点，提到两种现有的空间风格，即古典式与哥特式（他称为"德意志式"），它们已分别完善了梁柱体系（相对应力 [relative strength]）与拱券体系（反向应力 [reactive strength]），不可能再有所发展。因为一种新风格的出现——现在是"历史的不可避免性"——一种新的空间体系必然被设计出来，它要采用新的材料（石头的可能性已穷尽了），能够满足于任何空间与功能的需要。这新的材料会更轻，由此可减少承重墙材料的总量。实际上这种新材料的确存在，已得到检验——它就是铁，其基本原理就是拉力绝对强。随着铁的运用，一种风格将很快出现，它"将适时到来，优越于希腊体系与中世纪体系，正如中世纪的拱券体系优越于古代的巨石横梁体系一样"[1]。

[112] 　　伯蒂歇尔的黑格尔式综合——现在它的限制被剥去了——非同寻常，即便只是由于德国小城邦的工业化仍远远落后于法国和英国。因此他提出的要求具有较强烈的概念色彩，缺乏经验性。这个演讲的另一突出特点是他的大量论证结构松散，正如上文的解释所暗示的那样，但历史性却很强。他聚焦于历史，事实上预示了 19 世纪下半叶最为迫切的建筑问题，在德国尤其如此。

　　伯蒂歇尔像当时许多人一样，将这一当代的争论看作是由古典主义者与哥特主义者所主导的。前者坚持希腊理想，将其视为人类建造活动的顶点，并将哥特式风格视为野蛮的观念，只是其结构与空间的潜能才是值得注意的；而哥特主义者视希腊美学原理为舶来之物，与德意志民族精神格格不入，难以适应当下的功能与文化价值。伯蒂歇尔认为，这两派都否认建筑拥有其正当的历史，因为不了解另一种体系就不可能真正吃透此种体系的基本原理。其结果必然是造成在文化上丧失历史根基的"巨大空白"，而且被留给了"未来，以作为可能进一步发展的唯一基础"。[2] 智性的进步必须拥抱过去，他提出当下有三种选择。一是坚守传统形式，尽量不脱离其轨迹；二是取两者的中间道路，给哥特式结构体系"披上"希腊风格的外衣，这是欣克尔早期所偏爱的方案；三是伯蒂歇尔所偏爱的，即从历史的角度对现有各种传统的精神与物质特性进行调查，以便更好地理解它们的本性与表现形式。一句话，伯蒂歇尔寻求两种风格原理之间的调和：这种新风格要从哥特式那里借用空间潜能与结构原理，要像希腊人那样赋予建筑以象征意义，使这些空间潜能与结构原理在艺术上得以发展。以他的话来说，"当以此法参透传统之本质时，我们同时重新认识到了内在于传统形式中的原理、规律与观念；破除死气沉沉的折中主义；并再一次开启艺术创新之源泉"[3]。

　　伯蒂歇尔的综合在某种程度上源自他早期与同期对希腊构造学性质的研究，欣克尔曾在

1　伯蒂歇尔，《希腊与德意志建造方式的基本原理及其在当今建筑中的运用》，收入赫尔曼，《我们该以何种风格建造?》，158；原文发表时题为 "Das Prinzip der hellenischen und germanischen Bauweise hinsichtlich der Uebertragung in die Bauweise unserer Tage"，载《建筑汇报》11 (1846)：111—125。

2　Ibid., 151.

3　Ibid., 165.

1830 年代后期注意到这一主题。伯蒂歇尔影响巨大的《希腊构造学》(*Der Tektonik der Hellenen*)（1844）实际上将 *tectonics*（构造学）这一术语引入了德国建筑理论，将它宽泛地定义为"建造与装修活动"[1]。

这是一项复杂的概念研究，其大纲与主要理论前提第一次出现在一篇题为《希腊构造学的形式发展》(Development of the Forms of Hellenic Tectonics) 的文章中，发表于 1840 年的《建筑汇报》。这篇文章追随着当时流行的哲学时尚，读起来好像是一系列几何学命题或定律，每条命题都建立在前一条的基础上，后面是评说与解释。他认为，希腊神庙发展起来的装饰形式（如一个柱头或一条线脚）象征着每一部件及其所处位置的力学功能观念。这个图式的背后是一个二元概念，即他对"内核形式"(*Kernform*) 与它的"装饰着装"(*dekorative Bekleidung*)，或称作"艺术形式"(*Kunstform*) 之间所做的区分。"内核形式"指的是功能要求，一个建筑构件必须满足于这功能要求，如承载、横跨、筑墙或终止。然而，每个部件并非简单被再现为一个内核形式，而总是通过某种具有象征意味的调节或艺术形式（如将柱子加工成圆形或渐细）来体现的，这在形式上解释了这个部件所代表的结构功能，并与结构功能相同一。这些理想的调节或艺术形式的表现手段，其存在要么暗示了在别处（如在大自然中）的功能构件，要么源于从功能本身的性质发散出的"内在情感"[2]。"关节"(*Junktur*) 是他的图式的第三个概念，伯蒂歇尔将其定义为所有部件的有机连接。

于是《希腊构造学》的主题就变成了生物学主题。"希腊构造学的基本原理"是与"创造天性的基本原理"相一致的，希腊人还独自发展出了一套装饰语言用来象征所再现的目的。[3]现在伯蒂歇尔简化了他的两个主要概念——内核形式（"在机械学上所必需的、在静力学上起作用的图式"）与艺术形式（"对功能起澄清作用的特质"）[4]——但他还是对希腊神庙的每一构件进行了学术性的、接近于宗教的解释，这就大大扩展了论证材料。例如，希腊的反曲线（cyma，上凹下凸的双曲线脚）（即葱形线脚）被运用于神庙的转折处。再如上楣（cornice）以及多立克柱头的圆线脚（echinus）用于圆线脚处，它就成为"在冲突中负载与支撑"的一个象征符号；用在上楣处，它只起到了"接缝"（seam）的作用，象征着"向上、自由结束"的概念。[5]因此，这条线脚的曲度变化了，但无论在何种情况下它都表现了这个形式象征性地支撑着上部负荷的重量。在另一层面上，"艺术形式"也可指彩绘图案形式的反曲线。多立克的柱头圆线脚在负重的情况下，其轮廓有向水平方向延展的趋势；而波状线脚（cymatium，古代建筑顶部的线脚）在非负重的情况下，反曲线的轮廓则呈现出较为直立的状态，它成了一条过渡线脚，向着任何可终结屋顶轮廓线的屋顶象征符号延展。同样，画在反曲线上的纹样也起到同样的作用。在柱顶板下的圆线脚处，类似的叶形饰（画的或雕刻的）承载了很大重量，致使它们本身呈弯曲状，从而创造

[113]

1 伯蒂歇尔，《希腊构造学》(Postdam: Ferdinand Niegel, 1852)，1。
2 伯蒂歇尔，《希腊构造学的形式的发展》，载《建筑汇报》5（1840）：322。
3 伯蒂歇尔，《希腊构造学》，前言，xiv。
4 Ibid., xv.
5 Ibid., 28.

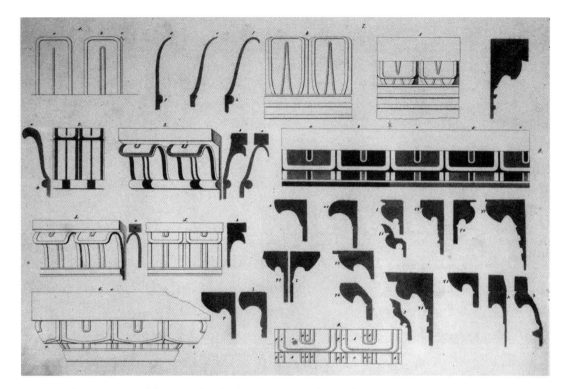

图 39 伯蒂歇尔绘。采自《希腊构造学》（波茨坦，1844—1845）一书中的图版。

出了卵箭纹（egg-and-dart ornament）这一装饰母题（图 39）。他分析的要点是，希腊神庙的每个部分，从基座到屋顶转角，都有意识地展示了艺术的或象征性的表情。在这之前还没有一个人以如此严谨的科学方法，或如此抽象的唯心主义眼光来看待希腊建筑。伯蒂歇尔将他的书题献给了欣克尔与考古学家米勒（Carl Otfried Müller）。

伯蒂歇尔的希腊神庙研究对其他方面也产生了影响。例如，巴伐利亚国王马克西米利安在 1850 年鼓动慕尼黑美术学院举行了一场建筑竞赛，其主题是为当代"发明一种新风格"，但这种尝试遭到了惨败。[1] 不过，当"铁"这一新材料被插入伯蒂歇尔的图式中时——正如"内核形式"对一种新风格是有效的——建筑师的任务就是要赋予其空间可能性以一种合目的的、清晰表现的"艺术形式"。许多德国建筑师现在承担起这一任务。如果说希腊人能攀上如此精妙与崇高的艺术表现高峰，19 世纪的德国人为何不能呢？

---

1 见哈恩（August Hahn），《慕尼黑的马克西米利安风格：计划与实施》（*Der Maximilianstil in München: Program und Verwirklichung*, Munich: Moos, 1982）；以及德鲁埃克（Ebenhard Drüeke），《"马克西米利安风格"与19世纪建筑风格概念》（*"Maximilianstil" Zum Stilbegriff der Architektur im 19. Jahrhundert*, Mittenwald, Germany: Mäander, 1981）。

第六章　19世纪中叶的建筑论争

人们指责我们建筑师缺乏创造性——这太苛刻了，因为尽管尽力地、有意识地去寻找，但具有普遍历史重要性的某种新观念根本就不存在，这一点是显而易见的。

——戈特弗里德·森佩尔（1869）

1.1840—1860年英国风格之争

在19世纪20—40年代，德国建筑师中间爆发了激烈的争论。正是这些年，一种焦虑不 [114] 安的情绪在英国建筑师中也明显变得越来越强烈了。不过，英国建筑理论之争有所不同，总的来说没有那么强的哲学色彩。维持着现状的皇家美术学院与英国建筑师学会（1834年成立）等机构成了攻击的目标，发起者既有一些新成立的机构（如伦敦建筑协会与科尔的实用艺术部），也有一些重量级人物（如普金与罗斯金）。当然，英国发达的工业化构成了这些争论的背景，这就导致了1851以艺术与技术为主题的首届世界博览会的举办。

剑桥卡姆登协会以及它的论战性机关刊物《教堂建筑学家》（Ecclesiologist）是参与辩论的机构中的另一角色。这个协会成立于1839年，起初为38个成员，但到1843年发展至700多人，包括了圣公会的一些领袖人物。《教堂建筑学家》杂志极力鼓吹基督教礼仪以及建筑的"真实"[1]，明确反对一切与之竞争的教堂风格，曾提出"要严肃认真地反对新风格，无论是罗马式、拜占庭式或折中式"，因为"哥特式建筑，就其最高意义而言，是唯一的基督教建筑"。[2]

1　关于卡姆登协会，见怀特（James F. White），《剑桥运动》（*The Cambridge Movement*, Cambridge: Cambridge University Press, 1962）；斯坦顿（Phobe B. Standon），《哥特式复兴与美国教堂建筑：一段趣味史，1840—1856》（*The Gothic Revival and American Church Architecture: An Episode in Taste, 1840—1856*, Baltimore: Johns Hopkins University Press, 1968）。

2　《基督教建筑研究者》2, nos.14—15（1842）：5。关于英国采用罗马式或圆拱风格的情况，参见柯伦（Kathleen Curran），《罗马式复兴：宗教、政治与跨国交流》（*Romanesque Revival: Religion, Politics, and Transnational Exchange*, University Park: Pennsylvania University Press, 2003）。

偶尔也有一些竞争性的团体出头挑战这个协会的教条主义，反对接受普金推进宗教礼仪改革的目标。例如威尔（John Weale）（1791—1862）于 1843 年发起了《建筑季刊》（*Quarterly Papers on Architecture*），以此作为捍卫新教、反对卡姆登派的喉舌。[1] 不过到了 19 世纪中叶，教堂建筑研究协会（Ecclesiological Society）（于 1846 年由剑桥卡姆登协会更名而来）主导了英国的哥特式复兴，甚至连 1852 年普金的去世都没有明显减弱它的发声。

在普金之后，重要的哥特式建筑师是乔治·吉尔伯特·斯科特（George Gilbet Scott）（1811—1878），他的建筑事务所很快成为伦敦最大的工作室之一。斯科特出身于宗教家庭，于 1838 年设计了第一座教堂。1841 年他第一次读到了普金的书，便加入了卡姆登协会，为实现协会的建筑设计目标而奋斗。[2] 1845 年他赢得了汉堡一座路德宗教堂的设计竞赛，即圣尼古拉斯教堂（Church of St. Nicholas）。此时他与该协会的关系经受了严峻的考验。《教堂建筑学家》傲慢地谴责他的设计玷污了基督教会，使之沦落为一个"异端教派"，因为"我们确信，这样一份合同的暂时性收益就是它的虚幻性以及——我们必须说——它的原罪的可悲的替代品"。[3] 两年后，当他接受了伊利主教堂的修复工程时，他的声誉得到了恢复。1849 年斯科特成为威斯敏斯特大修道院的建筑总监。他关于哥特式建筑的看法体现在他 1850 年出版的《恳请忠实地修复我们的古代教堂》（*A Plea for the Faithful Restoration of Our Ancient Churches*）一书中，并广为人知。[4]

[115] 这本书的主题是双重的，一是正如书名所表明的，反对他所谓的"破坏性潮流，这股潮流以'修复'为幌子，要毁掉我们半数的古代教堂的'真实性'以及地道的特征"[5]。这一种看法在 19 世纪修复教堂实践的大背景下是进步的，但斯科特所谓"忠实的"观点是含混不清的，他自己的实践也不总是忠实于过去。[6] 二是更广泛地将哥特样式运用于当代建筑实践中。他认为过去 300 年建筑走过了一系列"错误的道路"，因此他呼吁返回到之前的北欧哥特式风格，尤其是 13 世纪的"中央尖顶"（Middle Pointed）风格。恢复这种风格的理由部分在于建筑训练，因为建筑师只有接受了这种哥特式风格的训练，才能对其形态进行调整以适应于当前的需要。这种观点再次出现在他的《评现今与将来的世俗与居住建筑》（*Remarks on Secular and Domestic Architecture, Present and Future*）（1875）以及他的《中世纪建筑的兴起与发展演讲集》（*Lectures on the Rise and Development of Medieval Architecture*）（1879）中。不过在这后一本书中，斯科特提到了要"复兴"而不是简单地"复活"这种风格以满足现代用途。[7] 他为圣潘克拉斯火车站（Saint Pancras Station）（1868—1874）所做的极具如画式特色的设计，生动展示了他采用哥特式为现代生活服务的观点。

---

1 关于威尔，见佩夫斯纳，《19 世纪的建筑作家》（*Some Architectural Writers of the Nineteenth Century*, Oxford: Clarendon Press, 1972），129—130。

2 斯科特在他的自传中提到了普金发表在《都柏林评论》（*Dublin Review*）上的文章，也强调了老普金的《哥特式建筑样本》的重要性。见斯科特，《个人生平及职业回忆录》（*Personal and Professional Recollections*, London: Sampson Low, 1879; 重印，New York: De Capo, 1977），110。

3 《教堂建筑学家》4, no.4（1845）：184。

4 斯科特，《恳请忠实地修复我们的古代教堂》（London: John Henry Parker, 1850）。

5 Ibid., 2.

6 见佩夫斯纳，《19 世纪的建筑作家》，171—172。

7 斯科特，《中世纪建筑的兴起与发展演讲集》（London: J. Murray, 1870），209。

其他人也提出了各自的看法。托马斯·霍普参与了早期的争论，他于 1835 年出版了《建筑史论》(*Historical Essay on Architecture*) 一书。[1] 我们已经看到，霍普早期提倡希腊古典主义并推进了威尔金斯的事业，但在重新改造他自己位于伦敦和苏利 (Surrey) 的住宅的过程中，他的兴趣有了拓展，涵盖了法兰西帝国式、如画式和文艺复兴风格。这本书反映了他的这种折中主义趣味。他赞赏圆拱风格，对意大利文艺复兴——即 16 世纪风格——评价很高，尽管有所保留。他书中最常被人引用的是这本书的最后一段话，遵循了皮拉内西的观点，阐明了折中主义的立场：

> 似乎还没有人在心中浮现出这最小的希望与念头，即借用先前一切建筑风格，无论它会呈现出何种实用性或装饰性、科学性或高雅趣味；增添另一些新布局或新形态或许能提供的、尚未拥有的便利或优雅；对先前时代不为人知的天然物产做出新的发现，新的征服，使新的模仿变得更优美更多样化；因此也就没有人想到要构建一种建筑，它诞生于我们的国家，生长在我们的土壤上，与我们的气候、制度与习俗相协调，同时又优雅、恰当、新颖，真正配得上称作"我们自己的"建筑。[2]

历史学家柯林斯 (Peter Collins) 若干年前就指出，在 19 世纪，"折中主义"这个词，尤其是在法国和英国，并不像后来那样是个贬义词。它在哲学上的确切含义是指这样一种态度，即为了创造出某种新东西并使之完全适应于现代需要，理智地、审慎地将过去最好的理论（范式）综合起来。[3]

霍普欣赏文艺复兴建筑，巴里是他的志同道合者。巴里为旅行家俱乐部（1829—1832）、曼彻斯特的雅典娜神庙协会俱乐部 (Athenaeum)（1836—1839）以及改革俱乐部（1837—1841）做的设计就表明了这一点。利兹 (William Henry Leeds) 在他发表于 1839 年的《论现代英国建筑》(*An Essay on Modern English Architecture*) 一文中也为文艺复兴风格辩护。[4] 科克雷尔有时也采用这种风格，他在 1839 年继威尔金斯和索恩之后成为皇家美院的建筑教授。科克雷尔的系列演讲发表于 1841—1856 年，反映了索恩的天主教趣味在威尔金斯之上，并赞赏文艺复兴期间所取得的艺术统一性，赞赏后来琼斯、雷恩与范布勒对它的阐释。他强调历史基础在建筑教育中的重要性，这一点也是值得注意的。[5]

除了其他一些风格之外，英国建筑师学会的一些创建者同时也在实践着文艺复兴风格，

---

1 霍普，《建筑史论》(London: John Murray, 1835)。

2 Ibid.(3rd., 1840), 492.

3 科林斯，《现代建筑理想的转变，1750—1950》(*Changing Ideals in Modern Architecture 1750–1950*, London: Faber & Faber, 1965), 218。

4 利兹，收入《现代英国建筑学派的研究与实例》(*Studies and Examples of the Modern School of English Architecture*, London: Weale, 1839)。

5 关于这些演讲的详尽讨论，见彼得·科恩 (Peter Kohane)，《建筑、劳动与人体：福格森、科克雷尔与罗斯金》(Architecture, Labor and the Human Body: Fergusson, Cockerell and Ruskin, Ph.D. diss., University of Pennsylvania, 1993), 278—414。感谢彼得与我分享了这些演讲的复印本。

其中包括托马斯·莱弗顿·唐纳森（Thomas Leverton Donaldson）（1795—1885）。唐纳森具有国际性视界，曾广泛游历法国、意大利和希腊。作为皇家美术学院奖金获得者（1816），他对建筑的潜在戏剧性效果抱有强烈的学术兴趣。唐纳森试图使英国建筑师学会（不久后冠以"皇家"称号）与欧洲传统美术学院保持一致。在 1835 年的成立演讲中，他宣布该会的宗旨是促进会员和学生去外国旅行，尤其是去罗马。[1] 为此他也提名外国荣誉会员来学会，如佩西耶、方丹、欣克尔、克伦策和希托夫。1841 年，唐纳森被任命为伦敦大学学院首任建筑教授，他直截了当地谈到了折中主义问题：

[116]
> 建筑风格可与文学语言相比较。正如语言一样，没有一种风格没有自己特殊的美，没有它独特的适应性与力量——没有一种风格可被排斥而不冒风险。每种风格都有一条原则支配着，建筑师在某些紧急情况下可以从容地运用它。就像掌握了若干语言的旅行家，身处他所熟悉其语言的人群之中会感到轻松自如，建筑师也是如此，他若能掌握庄严的古典风格、崇高的哥特式风格、复活的或奇思妙想的阿拉伯风格，那么在困难重重的职业生涯之路上，当他遇到非常时刻时便能应对自如。[2]

很快，模仿问题，或称为"复制主义"（copyism）便成了英国主要建筑期刊《建筑师》（The Builder）上的争论话题。这份杂志是乔治·戈德温（George Godwin）（1815—1888）于 1842 年创办的，发表了各种观点，他似乎很享受挑起争论的乐趣。弗格森（James Fergusson）（1808—1886）在 1850 年挑起了一场更值得回忆的争论，他尖锐地指责普金回到中世纪建筑实践与设计的做法。[3] 普金在下一期撰文回应，为自己的主张辩护，题为《我们应如何建造我们的教堂？》（How Shall We Build Our Churches?）。该文还批评了弗格森的"常识"（common-sense）方法。[4] 而弗格森似乎赢得了这场辩论，因为后来加伯特（Edward Lacy Garbett）和克尔（Robert Kerr）撰文支持弗格森，呼吁结束复制主义，克尔甚至将哥特式复兴说成"只不过是时尚"而已。[5]

弗格森原是在印度的一个靛蓝染料制造商，后来继霍普之后成为英国主要的建筑史家。他在《关于艺术美之真实原理的历史探讨》（An Historical Inquiry into the True Principles of Beauty in Art）（1849）一书中，严肃认真地将建筑定义为一门"普遍的科学"，但尚未获得成功。在此书的前言中，他第一次提出了常识风格（common-sense style），反对"欧洲现代建筑中的猴子风格。人类从一开始

---

1 见萨尔蒙（Frank Salmon），《在废墟上建设：对罗马与英国建筑的再发现》（*Building on Ruins: The Rediscovery of Rome and English Architecture*, London: Ashgate, 2000），144—145。

2 唐纳森，《在伦敦大学学院的首次演讲，建筑系列演讲之开端》（*Preliminary Discourse pronounced before the University College of London, upon the Commencement of a Series of Lectures on Architecture*, London, 1842），28。

3 弗格森，《现实需要对于现代建筑师作品的影响》（Effect of the Want of Reality on the Works of Modern Architects），载《建筑师》杂志，16（March 1850）：122。

4 普金，《我们应如何建造我们的教堂？》，载《建筑师》杂志，23（March 1850）：134—135。

5 克尔，《建筑中的复制主义》（Copyism in Archecture），载《建筑师》杂志，16（November 1850）：543。

就进行模仿而不是思考，从那之后一直到现如今，人类停止了思考，只会复制"[1]。他的《现代建筑风格的历史》(History of the Modern Styles in Architecture)（1762）很流行，进一步阐明了他的立场。在这场争论中他所持的立场独一无二，既反对哥特式复兴又反对古典复兴："善于思考的学生知道，这两者都是错误的，也知道这两者都不能推动真正的艺术事业。他的一个希望就是要了解某种'中间物'，一种风格，它没有更好的名称，有时称意大利风格，但应该称作'常识风格'。"[2]对他来说，这种风格介于无谓的创新与刻意的模仿之间："它并不像有些人想象的那样，要求一个人或一群人去发明一种新的风格；现在最需要的是自我控制和自我否定。我们的要求是建筑师应具有克制自己不去借用的道德勇气，满足于思考、工作，一点一点改进他们所获得的东西。"[3]他认为他们获得的东西就是文艺复兴的传统。

经常为《建筑师》杂志撰稿的还有克尔 (Robert Kerr)（1824—1904），他是阿伯丁 (Aberdeen) 本地人，1843 年在纽约开业，次年重回伦敦定居。3 年后他成为一所新建的建筑学校即建筑联校 (Architectural Association) 的创办人之一（以及第一任校长）。[4]在人们眼中，它与其说是所学校，还不如说是一个辩论俱乐部，成立之初就与皇家美院和英国建筑师学会的教学唱对台戏，并对这两个机构发起了猛烈的攻击。克尔同样对哥特式复兴不感兴趣。他在《建筑艺术新论》(Newleafe Discourses on the Fine Art Architecture)（1846）中继续嘲笑那些将建筑看作是一桩生易的人，或那些将建筑看作仅仅是一种构造物、是对柱式的运用或对古物从事研究的人，尤其是那些将建筑看成是某种"风格"的人。在他眼里，建筑应该是自由、理性、适合、便利的安排，是"图画效果的基本原理"，即建筑师唤起观者内心情感的能力。[5]到了 1850 年代，克尔的夸张语调缓和了下来，他的作品倾向于弗格森的常识风格。不过，他一生都是一位当代现象的敏锐批评家。

此一时期出版的《初论建筑设计的基本原理》(Rudimentary Treatise on the Principles of Design in Architecture)（1850）是一本有思想深度的著作，作者是加伯特 (Edward Lacy Garbett)（1898 去世）。该书第一部分以维多利亚道德眼光来谈论建筑，第一章论设计中的斯文、优美、表情与诗意，罗斯金和雷诺兹也持有相同的看法。当离开这些初步的界定时，他的历史分析思路改变了。在"构造的真实"与"构造的统一"的概念之下，他设定了一个前提，即一座建筑不仅"不应看上去像是根据那些实际运用的各种静态原理来建造的"，仅仅试图模仿过去风格的形态而不模仿其结构原理与意图就是欺骗。[6]

---

1 弗格森，《关于艺术美之真实原理的历史探讨，尤其涉及建筑问题》(An Historical Inquiry into the True Principles of Beauty in Art, Especiall with Reference to Architecture, London: Longman, 1849)，xv。

2 弗格森，《现代建筑风格的历史：建筑手册续编》(History of the Modern Styles in Architecture: Being a Sequel to the Handbook of Architecture, London: Longman, 1849)，329。

3 Ibid., 490.

4 关于建筑联校，见萨默森 (John Summerson)，《建筑联校，1847—1947》(The Architectural Association 1847–1947, London: Pleiades Books, 1947)。

5 克尔，《建筑艺术新论：以国民立场谈建筑问题的一个尝试》(The Newleafe Discourses on the Fine Art Architecture: An Attempt to Talk Nationally on the Subject, London: Weale, 1846)，179。

6 加伯特，《初论建筑设计的基本原理，可以从自然以及希腊式与哥特式建筑师的典范作品中推导出来》(Rudimentary Treatise on the Principles of Design in Architecture as Deducible from Nature and Exemplified in the Works of the Greek and Gothic Architects, London: Weale, 1850)，130。

因此，采用哥特式外形而不采用哥特式的建造方法是虚伪的，就像采用古典式外形而不采用严谨的梁柱体系一样。总之，这两种风格都已死亡，不可能复活。参与"虚假利用先前风格"的罪过与"猎奇"的罪过相当——介于"锡拉岩礁与卡律布狄斯大旋涡（Scylla and Charybdis）之间，许多人以及他们中的建筑师，命中注定会遭殃"*——看来建筑师是无路可逃的。[1]

[117]　　加伯特的兴趣其实是在文艺复兴建筑，但实际上他关于建筑风格问题的最终解决方案却十分激进。他采纳了一条或许源自伯蒂歇尔的论辩路线，指出，希腊式与哥特式这两种往昔风格都取得了风格上的统一性，采用了两种不同的结构原理。希腊神庙是建立在"横向应变"（cross-strain）原理，他又称之为"受压"（Depressile）原理之上的，梁柱体系的负荷垂直传向地面。另一方面，哥特式拱顶与拱券体系属于"抗压"（Compressile）体系。[2]但是还有第三种结构可能性（他将这一发现归功于巴塞洛缪），即一种"张拉"（Tensile）体系，负荷是通过拉力来传递的："这第三种结构原理还未被阐述为一种体系。前两种体系已经是过去的和死亡的体系；我们会赞赏它们漂亮的、褪了色的遗风，但**决不可**将它们复活。这第三种体系命中注定是未来的建筑。"[3]对加伯特来说，具有发展潜力的桁架（the truss）是这种体系的代表。

　　在英国似乎没有人注意到加伯特在结构理论方面的功劳，这或许不是偶然的。因为在1850年秋天，伦敦沉浸在对1851年万国工业博览会（Great Exhibition of the Industry of All Nations）的期待之中，许多文化史家将此看作是19世纪英国最重大的事件。就建筑而言，也到了这样一个时刻，用克尔（Robert Kerr）的话来说，"建筑这门高雅艺术"从它得天独厚的台座上走下来，加入了其他实用艺术的行列，成了"一门建筑工业艺术"。[4]

　　建筑史家对博览会的讨论集中于铸铁与玻璃结构，因此在关于博览会对建筑理论的影响方面导致了某些误解（图40、41）。与其说帕克斯顿的设计（如当时新闻媒体的评论）预示了建筑的新方向，还不如说预示了快速经济的建造方式。它的设计、装备与安装花了11个月，
[118]　与新落成的不列颠博物馆相比较：后者花了23年时间。令人振奋的并不是它的工业化构造意义（那时大多数建筑师都理解这一点），而是它的空间感以及布展的技术与艺术。5月1日，50万人聚集在海德公园迎接女皇和她的夫君驾临，3万人聚集于馆内聆听开幕演讲、号角齐鸣和祈福仪式——当附近九曲湖上的护卫舰模型鸣放皇家礼炮时，有些人还紧张地担心会震碎屋顶的玻璃。水晶宫9.3万平方米，有1.4万参展商，陈列了10万件来自世界各地的展品，包括原材料、工业机械、农业器具、武器、机车、织物、珠宝和美术作品。《泰晤士报》报道说："这座大厦，汇聚于其中的艺术珍宝、集会以及庄重的场面，一切都超出了人们的感知力与想

---

* 斯库拉与卡律布狄斯是希腊神话中的女海怪，生活在意大利陆地与西西里岛之间的狭窄的航道上。前者化为靠西西里岛的礁岛，后者化为意大利海岸附近的涡流，由于两者距离太近，所以航海者要想避开一个危险，就会接近另一危险。据说这指的是意大利与西西里之间的墨西拿海峡。由此就有了西方成语"between Scylla and Charybdis"（介于斯库拉与卡律布狄斯之间），意指"避开一难，又遇一难"或"左右为难，腹背受敌"。——中译者注

1 加伯特，《初论建筑设计的基本原理，可以从自然以及希腊式与哥特式建筑师的典范作品中推导出来》，253。
2 Ibid., 263–264.
3 Ibid., 264.
4 克尔为弗格森《现代建筑风格的历史》撰写的前言（London:John Murray, 1891, vi.）。

图 40　水晶宫，1851
年万国博览会，外景。
采自伯莱恩的（Peter
Berlyn）《水晶宫：建筑
的历史与构造的奇迹》
（*The Crystal Palace: Its
Architectural History and
Constructive Marvels*，伦
敦，1851）。

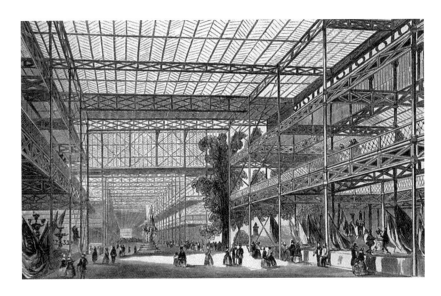

图 41　水晶宫，1851
年万国博览会，内景。
采自伯莱恩的《水晶宫：
建筑的历史与构造的奇
迹》（伦敦，1851）。

象力。"[1] 另有一位批评家称水晶宫是一只"魔幻玻璃"橱柜，将来自世界不同国家的、处于不
同艺术发展阶段的物品聚拢在一起，暗示了"就天性以及普遍性而言，人就是一个技师、一名
工匠、一位艺术家"。[2]

　　亨利·科尔（Henry Cole）（1808—1882）是博览会的组织者[3]，在各个方面都具有维多利亚时
代人的典型特征：勤奋、虔诚、政治立场坚定。狄更斯（Charles Dickens）在《艰难时事》（*Hard Times*）

1　引自比弗（Patrick Beaver），《水晶宫：1851—1936：维多利亚事业的一幅肖像》（*The Crystal Palace: 1851–1936: A Portrait
　 of Victorian Enterprise*, London: Hugh Evelyn,1970），41—42。

2　休厄尔（William Whewell），《论博览会的普遍意义》（On the General Bearing of the Great Exhibition），收入《艺术与科学进
　 步演讲集》（*Lectures on the Progress of Arts and Science*, New York, 1856），12。

3　关于科尔，见博奈森（Elizabeth Bonython），《王者科尔：为亨利·科尔爵士画像，1808—1882》（*King Cole: A Picture
　 Portrait of Sir Henry Cole, KCB, 1808–1882*, London: Victoria & Albert Museum, n.d.）。参见《亨利·科尔，为公共事业工作的
　 五十年：关于他的业绩、演讲与著作的说明》（*Henry Cole, Fifty Years of Public Work: Accounted for in his Deeds, Speeches and
　 Writings*, 2 vols, London: George Bell & Sons, 1884）。

第二章中，将他戏称为一名"职业拳击手，一直有训练，始终想把他的一套办法像一枚大药丸那样硬塞进公众的喉咙里"[1]。首相德比勋爵 (Lord Derby) 曾称他为"我所认识的最不受欢迎的人"[2]。科尔本人对此似乎并不介意。他起初是财政法庭的一个记账员，在官僚阶梯上一步步向上爬，开始时只是爱好艺术。他编了一套儿童畅销书，称作《夏宫宝藏》(Summerly Home Treasury)，请了一些有才华的艺术家作插图。1845 年，他创办了"夏日艺术工厂"(Summerly Art Manufactures)，这是一个愿意将设计出售给厂商的艺术家组织。同年，他被任命为艺术协会 (Society of the Arts) 会员，这是一个政府委员会，在艾尔伯特亲王的保护下研究英国的出口滞后问题。在 1846—1849 年间，这个议事会委托科尔组织一系列展览会以展示英国工业的成就。为了举办计划中的 1851 年国家展览会，科尔大胆设想将它办成一个国际性的展览。接着他主持了皇家筹备委员会，经他审查，245 件参赛的展馆建筑设计无一被采纳，甚至建筑委员会的联合设计也是如此。于是科尔将任务交给了帕克斯顿 (Joseph Paxton)（1801—1865），他具备一条资质，即曾经试验过大型温室。必须说，科尔瞧不起建筑师和他们在风格上的自负。

对于科尔来说，1851 年的大博览会本身并非是目的，而是另一追求的开端。1848 年他就应邀在伦敦设计学校发表了系列演讲，该校是国会于 1837 年成立的若干工艺美术学校之一，以提高工业设计水平，推动出口。但 10 年下来这些学校并不成功，正如一位历史学家所说，"它们因不和而分心，被债务所拖累，因内讧而不安"[3]，尤其在前 8 年中消耗了三个校长的精力。到 1847 年，由三位艺术家组成的三人委员会在名义上对这些学校实施管理，他们是雷德格雷夫 (Richard Redgrave)、汤森 (H. J. Townsend) 以及赫伯特 (J. R. Herbert)。正在此时，校方邀请科尔去上课，但他拒绝了，理由是教学大纲混乱。他写了三份报告给贸易部（即主管部门），坚持要进行彻底的教学与管理改革。他唯恐所有能对改革施加影响的人不清楚他的意图，还创办了《设计与产业杂志》(The Journal of Design and Manufactures)（1849—1853），其宗旨一是发表研究论文，以供设计师对完备的装饰艺术基本原理进行讨论，二是作为批评各设计学校的喉舌。[4] 接下来科尔和三位同样倾心于改革的人士结成了同盟，即雷德格雷夫 (Richard Redgrave)（1804—1888）、欧文·琼斯 (Owen Jones)（1807—1888）以及马修·迪格比·怀亚特 (Matthew Digby Wyatt)（1820—1877）。

令人吃惊的是，这三人联盟中有两人是建筑师，他们将自己的专业前途与科尔拴在了一起。只有雷德格雷夫不是建筑师，他是皇家美术学院会员、画家，先是画风景画和历史画而出了名，后来热心于多愁善感的女性题材。[5] 1843 年他成为美术委员会委员，此后很快开始在伦敦设计学校从事教学。1850 年他加入了科尔的展览委员会，负责撰写评委会关于展品的官方报

1 狄更斯，《艰难时事》(New York: Gramerey Books, 1982)，337。

2 引自博奈森，《王者科尔》，1—2。

3 贝尔 (Quentin Bell)，《设计学校》(The Schools of Design, London: Rouledge & Kegan Paul, 1963)，1。

4 《设计与产业杂志》I (March 1849)：3。

5 关于雷德格雷夫，见卡斯泰拉斯(Susan P. Casteras)与帕金森(Ronald Parkinson)编，《理查德·雷德格雷夫，1804—1888》(New Haven: Yale University Press, 1988)。

告。在报告后面他附上了具有高度批判性的《关于设计的补充报告》。雷德格雷夫是一位机敏 [119]
的批评家，他仿效普金，严厉批评展览会上陈列的机器制品是在构造装饰物，而不是以装饰物
来美化构造，同时批评了当代建筑的局面：

> 在这世界上的另一些时代，各个民族是多么幸运，他们使设计适应于普遍的需要，
> 符合于人们当时的情感，故创造出了某种民族风格。但现如今人们不再这样思考问题
> 了，他们完全没有了这类指导性原则，结果是完全没有了一种独具特色的风格。他们满
> 足于不加区分地对埃及、希腊和罗马的建筑，或对基督教重要时期的任何或全部建筑进
> 行复制。创造性荡然无存。[1]

几年之后怀亚特曾提起，欧文·琼斯在《1851 年博览会拾穗集》(Gleanings from the Great Exhibition
of 1851) 中所制定的一些基本原理，其基本素材来源于雷德格雷夫的展览报告。这是一组发表
于《设计与产业杂志》的文章。琼斯是威尔士人，接受过维利亚美 (Lewis Vulliamy) 的训练，最初
因其著作《阿尔罕布拉宫的平面图、立视图、剖面图和细节》(Plans, Elevations, Sections and Details of the
Alhambra) (1836—1845) 而受到好评。这是一本令人叹为观止的石版彩印书，对这座摩尔宫殿进
行了记述，这是他在游历了土耳其、埃及和西班牙之后编撰的。1840 年代他在伦敦设计的两座
建筑即仿效了这种"撒拉逊"风格。1850 年他受聘为水晶宫室内的钢铁构件配置色彩。他遵循
了谢弗勒尔 (Michel Chevreul) 的色彩理论，采用了深浅不同的红、蓝、黄色调。他撰写的博览会文
章也批评了西方国家的制品，赞扬了印度、突尼斯、埃及、土耳其的展品，尤其是织物，具有
和谐的色调和抽象的平面纹样，他将之归纳为六种风格原理。[2] 在 1852 年举办的关于博览会的
正式讲座中，他将这些原理扩展为 22 条命题，后来在他的具有高度影响力的《纹样的基本原
理》(The Grammar of Ornament) (1856) 一书中又变成了 37 条命题，其中最重要的是这一条："装饰艺
术产生于建筑，同时也应恰当地服务于建筑。"[3]

怀亚特与琼斯一样喜欢提出学究式的命题。作为一名建筑师，他令人印象最深的是以
一种古怪的方式与乔治·吉尔伯特·斯科特合作设计文艺复兴风格的外交部大楼（1856—
1873），那是在首相帕默斯顿勋爵 (Lord Palmerston) 以个人身份出面干涉从而终止了斯科特的中世
纪设计之后的事情。怀亚特也是一位敏锐的批评家，他出身于怀亚特建筑师与艺术家世家，这
个家族中最有名的是新古典主义建筑师詹姆斯·怀亚特 (James Wyatt) (1746—1813)。[4] 马修到欧
洲旅行学习中世纪建筑，其成果是他的第一本书《中世纪几何形马赛克样本》(Specimens of Geometric

---

1 雷德格雷夫，《关于设计的补充报告》(Supplementary Report on Design)，收入《评委会报告》(Report by the Juries, London: William Clowes & Sons, 1852)，713。
2 欧文·琼斯，《1851 年博览会拾穗集》，载《设计与产业杂志》5 (June 1851)：93。
3 欧文·琼斯，《纹样的基本原理》(New York: Van Nostrand Reinhold Co., 1982; 原版出版于 1856)，5。
4 见鲁滨逊 (John Martin Robinson)，《怀亚特家族：一个建筑世家》(The Wyatts: An Architectural Dynasty, Oxford: Oxford University Press, 1979)。

[120]   *Mosaics of the Middle Age*）（1848），此书受到罗斯金的赞扬。1849 年他陪同科尔去法国旅行，一起筹划世界博览会，也积极参与了展览筹备工作，先是担任皇家委员会的秘书，后来又负责监管水晶宫的建设。

怀亚特关于博览会的各种讲座与文章表明了他对这些事件的看法与众不同。在一篇为《设计杂志》撰写的文章中，他提到工业变革以"双倍的速度"发展，并提出博览会最终会使英国的产业受益，缓和各地的民族主义偏见。[1] 在他撰写的展览会目录《19 世纪的工艺美术》（*The Industrial Arts of the Nineteenth Century*）的前言中，怀亚特将博览会形容为工业时代的灯塔，类似于希腊人的奥林匹克运动会。从 1815 年开始，工业经过了 36 年的发展达到顶峰，这反映了"全球性的发展，是将产业劳动分工以及产品与商业相结合所带来的成果"[2]。就展览建筑本身而言，他的观点也是敏锐的。他注意到开幕的前夜，"无论结果如何，都不可能无视这样一个事实，1851 年的展览会建筑将推动人们所热切期盼的成就的实现，它的形式和细节的新颖性会对民族趣味产生重大影响"[3]。

科尔当然也有着同样的感受。作为杂志编辑和博览会负责人，他为工业化出了大力。博览会在文化上、经济上都大获成功，他以此证明了自己的观点。1851 年底他被任命为设计学校校长。到 1860 年代中期，他在位于南肯辛顿的新办公室中管理着 90 所艺术学校、一座博物馆（现在称作维多利亚和艾伯特博物馆）以及 16000 名学生。这种教育和展览模式在欧洲被广为仿效。人们对他的成就评价不一，克尔在 1891 年说"科尔的成功为整个装饰艺术领域的普及奠定了基础"[4]。另一位当代批评家持不同意见，认为"肯辛顿的亨利·科尔爵士的教授职位使全英格兰艺术教育体系陷入了流产和失败的境地，恢复它要花 20 年"[5]，他就是科尔的死敌之一罗斯金（John Ruskin）（1819—1900）。[6] 资本主义对社会主义、丑对美、工业主义对虔信——英国的争论就此进入一个新阶段。

在争论中，罗斯金对这些主要问题的影响无人可比。他出身于富商家庭，聪明早慧，似乎在 1849 年因《建筑的七盏明灯》（*The Seven Lamps of Architecture*）一书的出版在建筑界脱颖而出。还是在 1830 年晚些时候在牛津学习时，他就为劳登（John Claudius Loudon）的《建筑杂志》（*Architectural*

1　M. D. 怀亚特，《博览会的商业因素》（The Exhibition under Its Commercial Aspects），载《设计与产业杂志》5（august 1851）：157。

2　M. D. 怀亚特，《19 世纪的工艺美术：1851 年工业品博览会上各国生产的最佳样品图集》（*The Industrial Arts of the Nineteenth century: A Series of Illustrations of the Choicest Specimens Produced by Every Nation at the Great Exhibition of Works of Industry, 1851*, London, 1851），1:vii。

3　M. D. 怀亚特，《铸铁制品及其处理原则》（Iron Work and the Principles of Its Treatment），载《设计与产业杂志》4（September 1850）：78。

4　克尔，《今后三十年的英国建筑》（English Architecture Thirty Year Hence），1884 年宣读的文章，重印收入佩夫斯纳，《19 世纪的建筑作家》，299。

5　引自博奈森，《王者科尔》，10。

6　在论罗斯金生平与观念的大量著述中，请参见贝尔（Quentin Bell）的《罗斯金》（New York: George Braziller, 1978）；肯普（Wolfgang Kemp），《我眼中的渴望：约翰·罗斯金的生平与作品》（*The Desire of My Eyes: The Life and Work of John Ruskin*），赫尔克（Jan van Heurck）翻译（New York: Noonday Press, 1990）；以及希尔顿（Tim Hilton），《约翰·罗斯金》，2 vols.（New Haven: Yale University Press, 1985—2000）。

Magazine) 撰写了一些文章，用的是假名 Kata Phusin。这些文章有个总标题《建筑之诗》(*The Poetry of Architecture*)，内容为赞扬农庄的如画式魅力，与风景融为一体，体现了内在的高雅品位，反映了民族的独特个性。此时，罗斯金渴望成为一名地质学家，不过当他于 1840 年夏遇到了画家特纳 (Joseph Turner) 时，他改变了主意。罗斯金的《现代画家》(*Modern Painters*) 第一卷内容大体是对特纳的赞美，出版于 1843 年，他的艺术批评和热情流畅的散文使他一举成名。第二卷出版于 1846 年。在出版第二卷前后，他定期去欧洲大陆旅行，不知疲倦地画速写。鲁昂的中世纪建筑、阿尔卑斯山优美的自然风光和五光十色的威尼斯都使他迷恋。在 1847 年晚些时候，他决定写一本论建筑的书，但当时他不太了解伦敦建筑争论的情况，对传统建筑理论的了解也不多。他几乎完全是从对中世纪建筑的视觉沉思中了解建筑的。

《建筑的七盏明灯》在 1849 年显得令人摸不着头脑，它远离甚至回避专业圈子，因为此书没有涉及当代讨论。七盏明灯是：献祭之灯、真理之灯、力量之灯、优美之灯、生命之灯、记忆之灯和服从之灯。这些都是伦理意义上的灯塔，或是"适用于任何阶段与风格的大原则"[1]。这些原则是穿着永恒真理外衣的道德准则。建筑不应受到学院的束缚，建筑是"这样一种艺术，它布置美化人类所建造的用于各种目的的大厦，使它的视觉效果给人类带来精神健康、力量和愉悦"[2]。装饰是这种观念的中心。在罗斯金的那些著名的插图中，一堵单纯的砖石墙壁只是建筑物 (building) 或构造物，但如果给它附加上一种特色，如一条绞花线脚，它就变成了建筑 (architecture)。因此，建筑"给它的形式打上了值得尊敬的或美的印记，否则就是多余的了"[3]。

每一盏明灯以各自的方式在形式上打上自己的印记。献祭之灯就是敦促建筑师呈上珍贵的物品，这些物品材料上乘，做工考究。真理之灯，"不宽恕侮辱，不容忍玷污"，要求不弄虚作假，这指的是在结构上不用绘画技法来冒充另一种材料，不采用机器制造的装饰物。[4] 力量之灯是人类想象力的表现，体现于宽阔的表面或大量的阴影之中。优美之灯源于自然，对自然装饰母题的采用要与自然本身所遵循的系统相一致。生命之灯是坚持赋予材料以人类的印记，而记忆之灯则是尊重历史。顺从之灯不是指新风格的发明，而是指采用"某种风格"，即一种为人普遍接受的、建筑师可发挥想象力的艺术框架。[5] 至于风格，罗斯金有些天真地将当今对风格的选择归纳为四种，这些是他最熟悉的风格：比萨罗马式、早期意大利哥特式、威尼斯哥特式和英格兰最早的盛饰哥特式。他偏爱最后一种——"最保险的选择"——这几乎没有什么说服力，即使他将这种风格与"精美的法国哥特式的那些装饰元素"混为一谈[6]。

但这些肤浅的判断并不能掩盖罗斯金著作的重要性。他的散文因具有《圣经》般的权威性而闪耀着光芒，他对于比例法则（"永远也不可计数，永远也无人知晓"）与色彩的讨论，

[121]

---

1 罗斯金，《建筑的七盏明灯》(London: Smith, Elder & Co., 1849)，2。

2 Ibid., 7.

3 Ibid., 8.

4 Ibid., 28.

5 Ibid., 187.

6 Ibid., 192.

引起了建筑师心灵的直觉性共鸣。他对于如画（被定义为"寄生的崇高" [Parasitical Sublimity]）的讨论是他美学的经典总结，建立在坦承人类的脆弱或不完善的基础之上。[1] 他关于铁的观点也是富有启发性的。他写道，"绝对没有任何理由说铁不能像木头一样用于建筑"，甚至他承认，"一种完全适应于金属构造的建筑法则新体系的建立已经为期不远了"。[2] 但历史告诫我们，"即便在科学最发达的时期"，建筑的"高贵之处"依然在于"早期时代的建造材料与原理"。[3]

罗斯金提出了一种装饰理论，但不那么肤浅。例如，绞花线脚不能应用于火车终点站的墙壁上，因为"整个铁路运输体系是针对那些行色匆匆的人们设计的，他们在终点站时的心情是痛苦难言的"[4]。同样，近年来数百万金钱花在了修建公路、隧道、铁轨和机车上，他问道，假设"我们花了这么多钱来建造优美的住宅和教堂"[5]，答案是显而易见的，"我们便获得了享受更多待在家中乐趣这一实实在在的好处，而不是快速从一地到另一地的好处"[6]。关于装饰，主要问题是，"它是以快乐的心情制作出来的吗——雕刻师在雕刻它时心情愉快吗？"[7] 如果他是愉快的，装饰再多再丰富也不为过；如果不是这样，则再少也是不好的，是累赘。

《设计杂志》(Journal of Design) 10 月号上发表了一篇未署名的书评，认为"这是一本思想深刻的、雄辩的书"，但也有局限性。文章说，罗斯金没有对改进当今各种流行倾向的方法进行思考，而是"要么回避其进一步发展问题，要么试图恢复四百多年前艺术界的做法！"[8] 至于罗斯金预期中的四种风格，他说，"难道他未看到，一种风格的创造与建立的原因要比人们的选择更深刻得多吗？"[9]

罗斯金的确也看到了这一点，但他更为清晰地想象着他心中所创造的理想世界。他可能没有看到这条评论，因为在 1849 年 9 月他到威尼斯去了（当然是乘坐速度很慢的马车）。这个城市于 1848 年宣布从哈布斯堡王朝统治下独立出来，连续 6 个月每天被奥地利军队围攻与炮击。1849 年 8 月威尼斯宣布投降，但依然处于军事管制之下，霍乱和饥饿盛行。在那段时间，罗斯金可能是唯一一个进入该城冒险的英国人，但艺术已使他将现实置之度外了。现在他的使命就是要记录这座遭受到威胁的城市中的每一座拜占庭式建筑与哥特式建筑的每一个细节。根据一位传记作者所说，他写了十多本笔记，超过 1100 页，还画了 168 幅建筑细节的大图。[10] 这次旅行的最终成果是他出版了 19 世纪一部伟大的文学名著《威尼斯的石头》(The Stones of Venice)（三卷本，1851—1853）。此书开篇便道出了他的启示录般的意图："自从人类最初对海洋行使统治

---

1 罗斯金，《建筑的七盏明灯》，114, 173—174。

2 Ibid., 36.

3 Ibid., 36–37.

4 Ibid., 111.

5 Ibid., 195.

6 Ibid., 195–196.

7 Ibid., 160.

8 《设计与产业杂志》2（1849 年 10 月）：72。佩夫斯纳（《19 世纪的建筑作家》，p.155）认为此篇书评是怀亚特（Matthew Digby Wyatt）撰写的。

9 Ibid.

10 肯普，《我眼中的渴望》，162。

图 42 罗斯金《威尼斯的石头》（伦敦，1851—1853）一书中的图版。

权以来，有三个宝座从所有宝座中脱颖而出，雄踞于沙滩之上，它们是提尔 (Tyre)、威尼斯和英格兰。这些强国中的第一个只有记忆保存了下来；第二个已成废墟；第三个与前两者同样伟大，如果它忘却了它们的榜样，就要从引以为豪的卓越走向无人同情的毁灭。"[1]

罗斯金在警报声中着手撰写这座城市建筑的编年史，"这警报对我而言，是由每一波激浪所发出的，它就像丧钟一样拍打着威尼斯的石头"[2]。如果说在早期著作中他不时以一个闯入新领域的业余爱好者的形象出现，那么在这部著作中他则以一位专家的权威口吻说话。他详尽考察了威尼斯往昔建筑的每一条布满疤痕的裂缝——用他的话说就是"一块石头一块石头地"考察了这整座城市中任何足以提供建筑风格形成的线索。[3] 这本书的内容主要是赞美威尼斯城，第一卷标题是"基础"，从总体上谈建筑及其形式上的进步。第二卷和第三卷追溯了威尼斯建筑的历史，即拜占庭、哥特式和文艺复兴的各个阶段（分别源于雅弗 [Japeth]、闪 [Shem] 和含 [Ham]）*，以及这座城市在 1418 年经历的建筑上的"亚当堕落"。一般而言，建筑遵循着人类的三种美德，即好的行为（好的构造）、好的言说（漂亮而得体）以及好的外观（好的装饰）。但这些是处于更宏观的建筑道德律之下的若干方面，就装饰而言，即"表现了人在神的作品中感受到的快乐"[4]。接下来罗斯金附上了大量表现威尼斯建筑各种构件的素描，这是遵循了早期插图版哥特式建筑研究著作的传统（图 42）。此时他进一步以雕刻铜版画的形式，拿文艺复兴时期的粗石墙壁和拱基，与出自皮斯托亚 (Pistoia) 主教堂的色彩丰富的断壁残垣壁进行比较，使每一位读者确信后者的高明之处以及罗斯金的批评是不会出错的。[5]

---

1 罗斯金，《威尼斯的石头》3 卷本，(New York: John W. Lovell, n.d.)，1：15。

2 Ibid., 15–16.

3 Ibid., 3.

* 雅弗，诺亚的第三个儿子；闪，基督教《圣经》中挪亚的长子，被认为是闪米特人的祖先；含，旧约《圣经》中诺亚的儿子、雅弗和闪的兄弟。——中译者注

4 罗斯金，《威尼斯的石头》，49, 56.

5 Ibid., pl. XIII, opposite p.291.

第二卷包含他最重要的论文《哥特式的本质》(The Nature of Gothic)，后来该文成为工艺美术运动的宣言。文章开头设置了一个前提，即哥特式建筑不仅拥有一套形式语汇，也具有活生生的灵魂，一种动人的特点，即利用了如画式那种野性的、多变的、自然主义的、奇形怪状的、严峻的、简化的特点。罗斯金逐一解释了这些特性。在关于"野性"的论述中，他在希腊与文艺复兴装饰的"奴性"特质与中世纪至高无上的装饰伦理之间做了著名的对比。[1] 希腊装饰笔直的线条和完美的几何形，使雕刻家屈从于简化的模式，从而奴化了他的精神："如果你要求他们做得毫厘不爽，让他们用手指像齿轮一样去测量度数，用他们的手臂像圆规那样去打曲线，你就是拿他们不当人。"[2] 罗斯金认为，文艺复兴受到傲慢态度和不敬之罪的支配，谈不上有什么好处，只是"乏味地展示了低能的良好教养"[3]。哥特式装饰在各个方面都是优越的，它允许创造性，承认人类不完美，鄙视对称，事实上陶醉于每个灵魂的个性之中。丑恶的妖魔与难看的怪兽从处于阴影中的拱基上向外窥视着，这些是自由的创造、生命的符号以及工匠们快乐的证明。希腊人能够发明五种柱式，而"任何哥特式主教堂中虽然都没有侧礼拜堂，但它有50种柱式，最糟糕的柱式也要比最好的希腊柱式强，而且都是新颖的"[4]。罗斯金对这些问题的看法又是全新的。

对罗斯金来说，任何东西都带有伦理色彩。哥特式窗户应该用于民居，因为"它是最好的、最结实的构造物，也是最美的"[5]。长方形的窗户本质上是低劣的，是不安全的。在一段对圣马可教堂的生动描述之后，他下结论说，"那座包上外壳的建筑学校是**独一无二的，只有在这样的建筑上，完美的、永不褪色的装饰才是可能的**"[6]。他以同样激动的笔调描述了总督宫，并由此讨论起但丁，接着我们便了解到受到罗马、伦巴第与阿拉伯影响的"完全相同的"比例出现在这座城市地标建筑上，使它成为"世界的中心建筑物"[7]。在1849—1850年那个寒冷的冬季，他以僵硬的手指摸索着这座宫殿的每根线条。

《威尼斯的石头》中也充满了对当代问题的讨论。加伯特 (Garbett) 对罗斯金提出了"严重的指控"，说他经常交替地使用"美"与"装饰"这两个词。对此罗斯金自豪地回答，"是的，我是这么做的，而且以后还将这么做"[8]。接着他就更细微的问题纠正了加伯特的看法："他有什么权利说恰如其分的装饰曾经是或可以是多余的？我以前曾说过，而且在其他地方反复说过，最美的东西就是最无用的东西；我从未说过是多余的。"[9] 在结束这段评论时他就水晶宫提出了自己的看法，基于这样一条公理，"任何艺术作品的价值恰恰就在于其中包含的人性总量

1　罗斯金，《威尼斯的石头》，2:159—160。

2　Ibid., 162.

3　Ibid., 160 n.

4　Ibid., 3:101.

5　Ibid., 2:267.

6　Ibid., 83.

7　Ibid., 1:31.

8　Ibid., 399.

9　Ibid.

的比率"，于是这个规则成了一条苛刻的准则：

> 我想，它所表现的思维性质便是帕克斯顿的一个单一的、相当值得赞赏的想法，可能一点也不比每小时掠过他灵活聪明的大脑的数以千计的想法高明——即可以建造一座比以往更大的温室。这个想法以及某些非常普通的代数学，实际上就等于这一切，即玻璃可以替代人类的智性。[1]

正如许多同时代人所认识到的，罗斯金是在与建筑行业作战。

在这个 10 年结束时，他相当轻松地赢得了这场战争。首先登场的是一批罗斯金式的建筑师——巴特菲尔德 (William Butterfield)（1814—1900）、斯特里特 (George Edmund Street)（1824—1881）、本杰明·伍德沃德 (Benjamin Woodward)（1816—1861）以及迪恩 (Thomas Deane)（1792—1871）——他们受到罗斯金喜爱手凿材料与中世纪多彩装饰的启发。后来罗斯金作为一名发言人在社会上名气越来越大，并越来越将批评的锋芒指向放任的资本主义邪恶。1853 年他在爱丁堡发表的《建筑与绘画演讲》(Lectures on Architecture and Painting) 将他的建筑基本原理以更为通俗的形式表述出来，未作引申。[2] 1858 年他在肯辛顿演讲 (Kensington lecture) 中对沙特尔主教堂入口处那些不自然的瘦削雕像进行了评论，瞬间向人们敞开了他神秘的内心世界： [123]

> 长期以来，这些雕像被恰当地认为是 12 世纪或 13 世纪初叶法国雕刻最高技艺的代表。它们的确具有一种高贵而精致的魅力，这是后来作品大多缺乏的。其原因部分在于这些人物具有真正高贵的特征，但主要原因在于极薄服饰的下垂线条，既优雅又具有庄严感；还在于构图经过仔细推敲，装饰的每一部分与其余部分相谐调。至于说因明显的非写实性而使它们具有了支配某种宗教精神的力量，我并不赞成——躯体过分单薄，姿态过分僵硬，这些都是缺点；但这是些高贵的缺点，使雕像具有一种怪异的外表，构成了这座建筑本身的一部分，并支撑着建筑物——不像希腊女像柱那样费力——也不像文艺复兴女像柱那样付出痛苦的、几乎是承受不了的苦力——而好像一切都是寂静的、严厉的、后退的、硬化的，怀着一颗冰冷之心以对抗恐怖的大地。这一切化为永恒的大理石形状；由此，为了支撑大地上教堂的柱子，鬼魂便赋予一切以忍耐与期望的性质，这在天堂中是不需要的。这就是看待这些雕刻之意义的超验观。[3]

1　罗斯金，《威尼斯的石头》，406—407。

2　罗斯金，《建筑与绘画演讲，1853 年 11 月发表于爱丁堡》(Lectures on Architecture and Painting, Delivered at Edinburgh in November, 1853, London: Smith, Elder & Co, 1855)。

3　罗斯金，《论控制着各国的因袭艺术之颓废力量》(The Deteriorative Power of Conventional Art over Nations)，收入《两条路径：关于艺术及其在装饰与制造业中之运用的演讲》(The Two Paths: Being Lectures on Art, and its Application to Decoration and Manufacture, London: Smith, Elder & Co., 1859)，34—35。

就文笔而言，科尔不是罗斯金的对手，但他们个人间的纷争标志着 1850 年代汇集起来的精神、政治与道德力量的更大冲突。科尔是位现实主义者，本质上是一位改革者，他抓住了机器生产与资本主义发展所带来的经济与社会新秩序的机会。罗斯金是位唯灵论者，他也看到了这眼前的变革，但也看到了工业力量所带来的反人性的一面。他简单地向后倒退，正如 1849年他的批评者所正确指出的那样。然而，有时历史写作如同出谜语，如果说科尔对现代性的拥抱预示着 1900 年前后它为世人接受，那么罗斯金有意回首往昔的观点则在 19 世纪下半叶益格鲁 - 萨克森世界的许多地区取得了胜利。这便是纯激情的力量。

2. 维奥莱 - 勒 - 迪克与法国论争

在 19 世纪中叶，欧仁 - 埃马纽埃尔·维奥莱 - 勒 - 迪克 (Eugène-Emmanuel Viollet-le-Duc)（1814—1879）在法国的影响，可以与罗斯金在英国的重要性相匹敌。[1] 虽然这位建筑师比罗斯金早几年在法国建筑界脱颖而出，写的东西也很多，但直到他建筑师生涯结束时才有了一批追随者。如果说他对哥特式抱有与罗斯金类似的热情，却出于不同的原因。

[124]　　其实在法国，哥特式建筑的情况与其他地方有所不同。在整个 18 世纪许多建筑师都曾赞赏过哥特式，包括苏夫洛，但他们几乎无一例外是在赞赏其结构上的有效性。皇家建筑学院蔑视哥特式的装饰与比例。对哥特式历史的研究几乎不存在，大革命的严峻现实平息了英国与德国那种浪漫主义情感的宣泄。1790 年代，革命委员会将一切教会财产收归国有，剥夺了许多人的财产，将他们的珍宝运往巴黎。画家亚历山大·勒鲁瓦 (Alexandre Lenoir) 曾经负责看守巴黎小奥古斯丁 (Petits-Augustins) 女修道院的中世纪文物，他在 1795 年趁机开设了一家法兰西文物博物馆 (Musée des Monuments Français)，收藏了大量中世纪珍宝，以年代来编排。[2]

在另一块前沿阵地上，对哥特式风格的热情在悄然增长。夏多布里昂 (François-René de Chateaubriand) 在他的《基督教真谛》(Le Génie du Christianisme)（1802）一书中有一章论"哥特式教堂"，讨论了人们进入这些教堂时所体验到的审美印象——"一种敬畏之情，一种朦胧的神圣感"[3]。

---

1 在研究维奥莱 - 勒 - 迪克的大量著述中，见米当 (Jean-Paul Midant)，《与维奥莱 - 勒 - 迪克一道游历中世纪》(Au Moyen Âge avec Violle-le-Duc, Paris: Parangon, 2001)；墨菲 (Kevin D. Murphy)，《记忆与现代性：维奥莱 - 勒 - 迪克在维兹莱》(Memory and Modernity: Violle-le-Duc at Vézelay, University Park: Penn State University Press, 2000)；巴里东 (Laurent Baridon)，《维奥莱 - 勒 - 迪克的科学想象》(L'imaginaire scientifique de Violle-le-Duc, Paris: Harmattan, 1996)；贝尔塞 (Françoise Bercé)，《维奥莱 - 勒 - 迪克：建筑师、艺术家、历史保存大师》(Violle-le-Duc: Architect, Artist, Master of Historic Preservation, Washington, D.C.: The Trust for Museum Exhibitions, 1987)；赫恩 (M. F. Hearn)，《维奥莱 - 勒 - 迪克的建筑理论：文选与评注》(The Architectural Theory of Violle-le-Duc: Readings and Commentary, Cambridge: M.I.T. Press, 1990)。参见米德尔顿 (Robin Middleton) 关于维奥莱 - 勒 - 迪克的词条，收入《麦克米伦建筑百科全书》(Macmillan Encyclopedia of Arthicture, New York: Macmillan, 1982)；以及布雷萨尼 (Martin Bressani) 即将出版的书《表面进入纵深，维奥莱 - 勒 - 迪克构造想象力寻迹》(Surface into Depth: A Tracing of Violle-le-Duc's Constructive Imagination)。

2 见墨菲，《记忆与现代性》，39—40。

3 夏多布里昂，《基督教真谛，或基督教的精神与美》(The Genius of Christianity or the Spirit and Beauty of the Christian Religion, Baltimore: John Murphy, 1856)，385。

惠廷顿（George Downing Whittington）的《法国基督教建筑的历史概览》(An Historical Survey of the Ecclesiastical Architecture of France) 是第一批翻译成法语的英国哥特式研究著作之一，其内容是对诺曼底哥特式的调查。此书促进了法国人对哥特式教堂的调查，为首的是科蒙（Arcisse de Caumont）（1801—1873），他的第一本书是《论中世纪尤其是诺曼底的建筑》(Sur l' architecture du moyen-âge particulièrement en Normandie)，出版于 1824 年。[1]

在 19 世纪 30 年代，哥特式运动通过三个人物的努力加大了力度，他们是雨果、基佐（François Guizot）和梅里美（Prosper Mérimée）。自从 1823 年以来，雨果卷入了哥特式运动，他的《巴黎圣母院》（1831）对许多学生产生了很大影响，如迪德龙（Adolphe-Napoléon Didron）与蒙塔朗贝尔（Comte de Montalembert）。历史学家基佐借政府之力为此运动提供支持，他于 1830 年被任命为新政府的内政部长。他设立了"历史建筑总监"（Inspecteur Général der Monuments Historiques）一职，任命的人选是维泰（Ludovic Vitet）。1834 年梅里美继任维泰的职位，他对文学和文物保存都有兴趣。1837 年又成立了另一个政府委员会，创建者是瓦图（Jean Vatout），即"历史建筑委员会"（Commission des Monuments Historiques）。[2]

梅里美与维奥莱－勒－迪克家族有长期交往，正是他提携着年轻的欧仁并与他成为最亲密的朋友。维奥莱－勒－迪克出生于一个中等家庭，父亲是管理皇家宅邸的一位政府官员，酷爱藏书。他舅舅德莱克吕兹（Etienne Jean Délecluze）是位画家，大卫的学生，就住在他家的阁楼上，帮助他掌握素描与绘画技能，这是一项不被人重视的建筑师的基本技能。[3]父亲与舅舅定期开沙龙，吸引了一些艺术家和作家，其中有司汤达（Stendhal）、圣伯夫（Sainte-Beuve）、维泰和梅里美。欧仁也受到圣西门运动的影响，在 1830 年"七月革命"中他参加了筑街垒的活动。受到雨果的鼓励，他决定从事建筑，但拒绝进入巴黎美术学院。他师从于韦（Marie Huvé）和勒克莱（Achille Leclère），前往法国、意大利和西西里作广泛旅行。1837 年他回到巴黎之后，重新进入了勒克莱的工作室，但 3 年后（经梅里美推荐）这位 26 岁的建筑师便承担了韦兹莱（Vézélay）抹大拉的马利亚教堂（Church of the Madeleine）的修复工程。

在短短几年时间里，有天分的维奥莱－勒－迪克就成为法国古建筑保存运动的领军人物。在抹大拉的马利亚教堂的工作使他积累了经验。这是法国遗存下来的规模最大的罗马式教堂，需要进行大规模的结构修缮，所以便成为他发展及检验自己中世纪建筑观念的实验室。1840 年他又成为修复巴黎宫廷礼拜堂（Ste.-Chapelle）的"第二督察"，在迪邦（Félix Duban）手下工作，第一督察是拉叙斯（Jean-Baptiste Lassus）（1807—1857）。此时维奥莱－勒－迪克与他进行了密切的合作。1844 年他们两人赢得了修复巴黎圣母院的任务，此教堂在法国大革命中破坏严重。1845 年，他们手上有不少于 12 座法国古建筑在进行修复。

也正是在 1840 年代中期，维奥莱－勒－迪克第一次将注意力转向了理论。他的小册子发

1　见佩夫斯纳《19 世纪的建筑作家》一书面中对科蒙的讨论，36—44。
2　见墨菲，《记忆与现代性》，45—46。
3　见贝尔塞，《维奥莱－勒－迪克》。参见布雷萨尼，《表面进入纵深》。

表在《考古学年鉴》(*Annales archéologiques*) 上，这是由迪德龙 (Adolphe-Napoléon Didron) 于 1844 年创办的一份新期刊。从第一卷一开始，他发表了由九部分组成的哥特式建筑的历史，即《论法国宗教建筑的构造，从基督教的开端至 16 世纪》(On the Construction of Religious Buildings in France, from the Beginning of Christianity until the 16th century)。[1] 这些文章并非是传统意义上的历史撰述，而是集中描述了他极其熟悉的抹大拉的马利亚教堂与巴黎圣母院，进而呈现出一部观念史。这部长篇叙事体现了"直到那时为止不为人知而至今业已失传的一门科学与一门艺术"的一项重大再发现。在维兹莱，他首次获得精神启示的一个契机便是石匠在原先肋架尖券的顶端而不是在常见的木骨架上建起了两开间的交叉拱顶。[2] 在这里他强调了建筑的"弹性"这个新概念。维奥莱－勒－迪克经常使用弹性 (elasticity) 一词指某种充满活力的形态。[3] 第二步便是 13 世纪尖拱的发明，这是"最完善的"时刻，艺术"服从于固定的法则，服从于一种秩序"。[4] 因此"这充满魅力的结构，如此简单，如此清晰，无须解释便可理解"，而且"充满了感性与理性"，代表了人类历史的顶点。[5] 对他来说，哥特式建筑是一种结构体系，它神秘地来源于人们对拱顶平衡力的日益精确的理解以及对材料更有效的利用。每一种造型，每一个装饰细节，都同样赋予了理性的与功能的价值，佩罗、科尔德穆瓦和苏夫洛的理性主义观念现在都得到了极大的强调。

[125]

当然，在这一结论的背后还存在着一个问题，即这种风格是否对当代设计继续有效。维奥莱－勒－迪克认为，哥特式风格主要是基督教建筑风格，是一种法国风格，因此依然是有效的。有趣的是，对于他的立场，反对意见不是来自于巴黎美术学院，而是来自于仍处于发展中的一个圣西门信徒圈子。这个问题其实很复杂，因为前一个 10 年已做了许多历史调查，现在争论逐渐就一些细节问题展开了。[6]

1831 年发生了一个重要事件，圣西门运动分成了两派。昂方坦 (Prosper Enfantin) 怀着救世热情率领一个小组到迈尼蒙坦特 (Ménilmontant) 郊区建了一座神庙以弘扬他的新宗教，其他社会主义活动家仍待在巴黎，这些持不同观点者由勒鲁 (Pierre Leroux)、富图尔 (Hippolyte Fortoul)、让·雷诺和莱昂斯·雷诺 (Jean and Léonce Reynaud) 以及阿尔贝·勒鲁瓦 (Albert Lenoir) (其父是中世纪博物馆馆长) 所领导。勒鲁是个社会主义者，他反对处于有机的、批判的阶段的圣西门历史理论，赞同不断进步的观点。1833 年他承担了编辑《新百科全书》(*Encyclopédie nouvelle*) 的工作，开始宣传他的百科知识新体系。

正如我们已看到的，雷诺于 1834 年撰写了"建筑"词条，试图将建筑的发展置于更为"科

---

1 维奥莱－勒－迪克，《论法国宗教建筑的构造，从基督教的开端至 16 世纪》(De le commencement du christinaisme jusqu'au XVIe siècle)。此文为 5 章，1844—1847 年间分期分于《考古学年鉴》上。

2 Ibid., vol. 2 (1845)，136.

3 布雷萨尼在其《表面进入纵深》一书中，将这一概念追溯到昂方坦的理论，并详尽讨论了"弹性"这一概念。

4 维奥莱－勒－迪克，《论法国宗教建筑的构造》，vol. 2 (1845)，136。

5 Ibid., 329.

6 尤其见米德尔顿，《雷诺与维奥莱－勒－迪克对古典主义的理性主义解释》(The Rationalist Interpretations of Classicism of Léonce Reynaud and Viollet-le-Duc)，*AAFiles* II (Spring 1986)：29－48；以及伯格多尔 (Barry Bergdoll)，《莱昂·沃杜瓦耶：工业时代的历史决定论》(*Léon Vaudoyer: Historicism in the Age of Industry*, Cambridge: M.I.T. Press, 1994)，122—143。

学的”基础之上。他的理论有两个要点，一是上文提到的，认为如果说每一种建筑风格对应于人类科学发展的一个阶段，那么没有一种过去的体系具有绝对的价值。[1]二是他声称，“当支撑物与负荷被配置得使实对虚的比率缩小，或者说能够减少材料的使用时，便有了[建筑上的]进步”[2]。因此，建筑的进步是跟着结构与技术进步走的，建筑总是朝向更有效的结构方向迈进着。

沙尔东（Edouard Charton）也与这种不断进步的理论相关。他在 1833 年创办了《如画杂志》(Le Magasin pittoresque)。从 1839 年开始，他就邀请沃杜瓦耶与勒努瓦撰写一部法国建筑史，这要花 14 年时间。这一时间安排恰到好处，因为这两人在 1830 年代广泛游历，对中世纪建筑起源问题进行研究。沃杜瓦耶与福图尔一道研究了法国与德国的历史建筑，勒努瓦则在 1836 年前往中东地区去验证他的理论，即中世纪建筑是由两种相对独立的罗马建筑分支构成的：**拜占庭风格**与**拉丁风格**。此外，两人都持有与雷诺相同的进步观：建筑经历着一种持续的形式发展与风格综合过程，在这一过程中哥特式风格并不享有特殊的地位。[3]

事实上，在沃杜瓦耶和勒鲁瓦看来，哥特式风格在结构上很快就走过了头，所以在形式上未能得到充分发展。这种观点为现今留下了两种风格上的选择，一是返回到“拱廊的解放”(affranchissement de l'arcade) 的早期阶段——即罗马式——并将它作为新综合的起点；二是回到后来的综合发展阶段，要么是早期文艺复兴，要么是法国文艺复兴。拉布鲁斯特的圣热纳维耶芙图书馆始建于 1842 年，以早期文艺复兴为原型，不过沃杜瓦耶与勒鲁瓦喜欢法国文艺复兴式，因此我们可以理解勒鲁瓦对维奥莱－勒－迪克 1844 年模仿哥特式的观点提出了质疑：“什么，哥特式可被奉为我们民族的艺术？由此我们应该抛弃我们业已取得的一切成就吗！”[4]

实际上这一时期还开辟了争论的另一条战线，源于 1840 年创刊的《建筑与土木工程综合评论》(Revue générale de l'architecture et des Travaux Publics)（图 43）。[5]这份刊物的编辑是戴利（César Daly）（1811— 1894），他是乌托邦思想家傅立叶的追随者，支持工程技术与科学的进步。所以就该刊物最初几年的内容来看，工程技术的发展与历史及艺术母题两方面并重——尽管勒鲁瓦是该刊物的主要历史学家。但随着时间的推移，几年之后戴利的建筑立场逐渐形成。一开始他认为，对古今科学的理解可有助于一种新风格的诞生，所以他为像拉布鲁斯特这样的建筑师朋友喝彩，同

[126]

1 见雷诺，“建筑”词条，收入《新百科全书，或哲学、科学、文学与工业大辞典》(Encyclopédie nouvelle, ou Dictionnaire philosophique, scientifique, littéraire et industriel)，勒鲁与让·雷诺编辑 (Paris: Libraire de Charles Gosselin, 1836; 重印，Slatkine Reprint, 1991)，1:772。

2 Ibid.

3 关于这一问题，尤其见伯格多尔的《莱昂·沃杜瓦耶》，125—129。

4 引自伯格多尔，《莱昂·沃杜瓦耶》，129。

5 关于这份期刊的历史，见利普斯塔特（Hélène Lipstadt），《发表在塞萨尔·戴利的〈建筑综合评论〉杂志上的建筑与书籍》(The Building and the Book in César Daly's Revue Générale de l'Architecture)，收入《建筑再造》(Architecturereproduction)，科洛米纳（Beatriz Colomina）编 (New York: Princeton Architectural Press, 1988)，25—55；以及利普斯塔特，《塞萨尔·戴利与〈建筑综合评论〉》(César Daly and the Revue générale de l'architecture, Ph.D. diss., Harvard University, 1981)。参见赞滕（Ann Lorenz Van Zanten），《形式与社会：塞萨尔·戴利与〈建筑综合评论〉》(Form and Society: César Daly and the Revue Générale de l'Architecture)，载《争鸣》(Oppositions 8 [Spring 1977])：137—145。

图 43　戴利《建筑与土木工程综合评论》（巴黎，1840）的刊名页。

时也不反对迪德龙与维奥莱－勒－迪克的中世纪主义。到了 1840 年代后半期，戴利开始反对哥特式复兴主义理论家。在 1847 年的一篇充满激情的文章《论艺术的自由》(On Liberty in Art) 中，他以十分尖锐的口吻批评维泰的古建筑修复政策，反对那些沉迷于历史热情、"想将排他性的哥特式崇拜强加于人"的人。他将这种做法视为一种暴政，源于"盲目崇拜"[1]。相反他认为，19 世纪需要界定自己的时代："它相信进步，它尊重过去，它想要自由。"[2]

雷诺也攻击维奥莱－勒－迪克的哥特主义，他的《论建筑》(Traité d'architecture) (1850—1858) 一书的内容是他对 1840 年代在理工学院 (Ecole Polytechnique) 教学的概括。自从他早期撰写了百科全书的词条以来，立场并未发生本质的变化，不过他的理论通过历史研究得到了充实。

他再一次强调科学与工业的影响为这种"非凡的民族"艺术提供了实现手段及基本形式。[3] 他还全力投入对铁这种材料的研究，以及铁在形式与比例上对建筑发挥更新作用的研究。他在拉布鲁斯特最近完成的圣热纳维耶芙图书馆上明显看到了这一点，认为这是一座"品位极高"的现代作品。[4] 在第二卷中，他强调了建筑发展中不断进步的观念，将哥特式追溯到它的罗马式与伦巴第阶段，再追溯到拜占庭的源头。1852 年，维奥莱－勒－迪克对这一谱系提出了异议，认为在法国中世纪建筑中发现的伦巴第因素是"异国风味的"，是与正常的发展进程相对立的。[5]

不过，雷诺的批评还是导致维奥莱－勒－迪克在 1850 年代修正了自己的立场。这位作家在这个 10 年中十分多产，其职业生涯随着拿破仑三世的登基而持续上升。他着手两部大规模

---

1 塞萨尔·戴利，《论艺术的自由》(De la liberté dans l'art)，载《建筑综合评论》7 (1847)：393。

2 Ibid., 397.

3 莱昂斯·雷诺，《论建筑》2 卷本 (Paris: Dalmont et Dunod, 1860－1863; 首版于 1850—1858)，1:14—15。

4 Ibid., 557.

5 维奥莱－勒－迪克，《论法国建筑的起源与发展》(Essai sur l'origine et les développements de l'art de Bâtir en France)，载《建筑综合评论》10 (1852)：245。参见伯格多尔，《莱昂·沃杜瓦耶》，201。

的百科全书工程，并开始撰写《建筑讲谈录》(*Entretiens sur l'architecture*)（1858—1872）。[1] 他的十卷本中世纪建筑百科全书《法兰西 11—16 世纪建筑详解辞典》(*Dictionnaire raisonné de l'architecture française de XIe au XVIe siècle*)（1854—1868）是 19 世纪伟大的历史著作之一。维奥莱－勒－迪克采用了辞典版式，因为他认为如果以历史叙事的方式来呈现，丰富的信息与实例就会变得"混淆不清，并且几乎是纯概念性的"[2]。他分析的内容并不是艺术家所关注的往昔的东西，也不是要为 19 世纪提供模仿的范本，而是要研究中世纪艺术，正如人们想去研究那种充满各种原创观念的无尽矿藏。而那个时期拥有统一的观念与细节的记录，这是几乎所有其他时期都缺少的。这部辞典也代表了现代法国的一种民族主义追求，其主旨是要向建筑师"灌输顺从、以真实的原理审视事物的习惯、本土的创新，以及源于民族天才的独立性等内容"[3]。

带着这一目标，维奥莱－勒－迪克以超过九卷的篇幅，以外科手术刀式的方法剖析了中世纪建筑："专横的逻辑法则"与历史进化的辩证体系，其发展的顶点便是哥特式风格的创造。再者，与雷诺相反，维奥莱－勒－迪克完全是从历史的角度来论述这种风格。他的"建筑"词条有 336 页，既反映了他对修道院建筑的迷恋，又体现了他对军事建筑的广博知识。[4] 论"构造"的条目 279 页，主要是根据他在韦兹莱的调查撰写的。[5] 他还接续着早期在《考古学杂志》上发表的论文思路，认为美学在设计中未曾扮演过明确的角色，每种形式都是为解决一个结构问题而产生的。此文论证有力，附有丰富的插图，其灵感来源于解剖学。[6]

维奥莱－勒－迪克的另一些文章也揭示了他的民族主义情感，如论"雕塑"的条目。如果说罗斯金面对沙特尔主教堂那些瘦长的雕像读解出了超验精神的理论取向，维奥莱－勒－迪克的分析则更具有方法论特点，同样不动声色。法国雕塑呈现出一种美的规范，一种和谐，某种法国的面相，它区别于古典雕塑，但并不低下。巴黎圣母院北门上的圣母是按照"一位良家女子、一位高贵的妇人"的样子塑造的，优雅精美。[7] 斯特拉斯堡主教堂上的另一尊圣母像具有"高贵的天性"，是以"卓越的制作手法"雕凿出来的，"塑造得极其优美"。[8] 兰斯主教堂的竖琴弹奏者雕像也是如此。这个佩着剑的、双眼被蒙住的女性裸体形象骑在一匹马上，位于巴黎圣母院中央入口之上，维奥莱－勒－迪克告诉我们，她暗示着耶稣基督对圣约翰的启

[127]

---

1 维奥莱－勒－迪克，《法兰西 11—16 世纪建筑详解辞典》10 卷本（Paris: Bance, 1854—1868）；《法兰西自加洛林王朝至文艺复兴时期家具详解辞典》(*Dictionnaire raisonné du mobilier français de l'epoque carolingienne à la renaissance*)；《建筑讲谈录》；巴克纳尔（Benjamin Bucknall）译为 *Lectures on Architecture*，2 卷本（New York: Dover, 1987）。《法兰西建筑大辞典》中的一些部分已由怀特黑德（Kenneth D. Whitehead）翻译并收入《建筑基础：详解辞典文选》(*The Foundations of Architecture: Selections from the Dictionnaire Raisonné*)，伯格多尔（Barry Bergdoll）撰写导言（New York: George Barziller, 1990）。

2 维奥莱－勒－迪克，《法兰西建筑大辞典》，I:xi。

3 Ibid., xix–xx.

4 这一词条将近 70 页的内容已经由怀特黑德译出，收入《建筑基础》一书。

5 这篇重要词条的长篇摘要也由怀特黑德译出并收入《建筑基础》中。

6 关于维奥莱－勒－迪克的素描插图，见布雷萨尼《表面进入纵深》。

7 维奥莱－勒－迪克，《建筑大辞典》，8:167。

8 Ibid., 169.

示。[1] 相反，苏亚克（Souillac）圣马利亚大修道院教堂一棵圆柱上的那些令人恐惧的以人与动物为食的鸟兽，所透露出来的不是法国的而是印度的感觉。[2] 可以肯定的是，在维奥莱－勒－迪克之前几乎没有建筑师冒险做过此类历史研究。

维奥莱－勒－迪克花了 14 年时间完成了这部辞典，所以他的观点有所发展就不奇怪了。例如，早期词条集中于当地的历史，后来的词条则涵盖了更大的历史跨度，包括东方地区，这反映了他萌发的东方主义兴趣。不过，后来的条目就有了"科学"意义。在出现于第 8 卷的"修复"词条中，他将当时历史学研究工作比作居维叶（Georges Cuvier）的解剖学与地质学研究，还比作当代语言学家、人种学家与考古学家所做的辅助性工作。[3] 在同一卷"论风格"的词条中，他又提到了居维叶，并将这一类比向前推进了一步："因此，就像看到一片叶子便有可能重构整棵植物，看到一块动物骨骼便可以重构动物一样，看到一座建筑的轮廓亦可推导出这座建筑的构件。"[4] "风格"是一个关键概念，他将其与历史学派的"风格"区分开来。它是一种统一和谐的、内在的，然而又是可见的符号——"何种血液适合于人体"——这一现象与艺术形式共同发展着并赋予艺术形式以生命力的滋养。[5] 他的第二个定义更为著名，说风格是"基于某种基本原理的理想显现"[6]。进一步说，风格是**"从方法上寻求某种基本原理的结果"**，它"遵循着一种规律，不受例外情况的妨碍"，但它并不是一种可以有意识追求的属性。[7] 风格像一株植物那样，自然而然地，或者说是与自然规律相一致地发展着。也就是说，它来源于所用的材料、运用材料的方式、要达到的目的，以及从更大的整体统一性中合逻辑地推导出的细节。因此维奥莱－勒－迪克便可以断言，他并非是在鼓励复活中世纪，而是要理解其基本原理，将之融入当代的艺术创造。于是他的理论便阐明了一种理想化的但同时又是科学的功能主义：

> 一座建筑物的每块石头在功能上都是有用的，必要的；每一外形轮廓都有一个明确的目的，它的线条就清楚地表明了这一目的；一座建筑物的比例来源于和谐的几何学原理；装饰基于自然界的植物，如眼见的真实的或想象中的植物；没有任何东西是偶然的，材料要根据其特性加以运用，而赋予材料的形式已表示出了这些特性——难道从所有这一切可以得出这样的结论，艺术是缺席的，唯独科学在起作用吗？[8]

这些文字写于 1866 年，而答案却不是现成的，必须放在他近 10 年前即 1858 年开始撰写的《建筑讲谈录》的背景中来解释。他在 1856 年开始构思这些文章，那时拉布鲁斯特决定关

1　维奥莱－勒－迪克，《建筑大辞典》，156—157.

2　Ibid., 196—197.

3　Ibid., 15.

4　维奥莱－勒－迪克；引自怀特黑德，《建筑基础》，242。

5　Ibid., 234.

6　Ibid., 233.

7　Ibid., 256, 248.

8　Ibid., 260.

闭他的热门工作室。他的 15 个学生由博多 (Anatole de Baudot)（1834—1915）领头找到维奥莱 –
勒 – 迪克，要求他开一间工作室。维奥莱 – 勒 – 迪克勇敢地进入了美术学院建筑教育的竞技　　[128]
场，实施了一份建筑教学计划，并开设了系列讲座。不过他并没有取得成功，未能燃起学生的
热情，而且他作为文物保存工作者的专业职责又使他长期远离巴黎。学生一个个离开他的工作
室。当他返回巴黎后，发现自己已成了被嘲弄的对象，于是关闭了工作室，不再回来。最初的
四篇讲稿是为这些学生写的，但他后来一直坚持写到 1863 年，第一卷的 10 篇讲稿完成了。

　　到那时又发生了一件事。几年来维奥莱 – 勒 – 迪克一直是巴黎美术学院严厉的批评者，
1863 年，围绕着学院改革的长期争论达到了顶点，其结果是这家学院脱离了美术学会。梅里美
成为校董会成员，他任命好友（以及这场阴谋的同伙）维奥莱 – 勒 – 迪克为新的艺术与美学
教授。这一任命引起了师生的不满，对维奥莱 – 勒 – 迪克来说也是一场噩梦。这位新教授成
了群起而攻之的对象，1864 年 1 月他首次发表公开演讲，一些政府高官也出席了，但迎接他的
却是一片喧哗声和猫叫声。后来演讲数次被打断。他于 3 月 18 日做了第 7 次演讲，之后便辞
职了。改革计划再一次搁浅。

　　到意大利与北非的旅行最终使他的心情有所好转，他回到巴黎再次投入论战。他支持一
所新建立的建筑学校即中央学院 (Ecole Centrale) 与美术学院唱对台戏。在这些年中他继续撰写讲
稿，1872 年完成了最后第 20 篇。这些年正值奥斯曼 (Baron Georges-Eugène Haussmann)（1809—1891）
任职期间，巴黎的大部分地区都处于大规模建设之中，令人头晕目眩。1870 年法国对德宣战，
很快被普鲁士军队击败。这个新的德意志帝国（本质上是统一之后作为一个民族国家的德国）
在凡尔赛宣告成立。法国的另一场内战接踵而来，接着又在 1871 年冬季遭受了巴黎公社的破
坏性重创。56 岁的维奥莱 – 勒 – 迪克自告奋勇于 1870 年服兵役，实际上那时随着法军的败退，
拿破仑三世已辞去了总司令的职务。

　　维奥莱 – 勒 – 迪克的这些演讲对下一代建筑师产生了重要影响，它们论述了各种问题，
但指导原则是纯理性的。这些文章也是在他命运经历转折的过程中写成的。前五篇涉及建筑形
式的历史辩证发展，希腊人是“形式的爱好者”，天生就是“一群艺术家”，他们的目标是合逻
辑地从构造中推导出形式，尽量确保清晰或明确的表现。罗马人是组织者与统治者，在他们的
拱顶发展中，经济的观念扮演了重要的角色。对他们来说，装饰是一件“外衣”或结构覆盖物。[1]
推而广之，在古代所有民族中，手法、习俗、法律、宗教和艺术之间都有着紧密的联系。

　　在写于 1859 年的第 6 篇演讲稿中，维奥莱 – 勒 – 迪克以风格为主题，开始了他早期中世
纪的历史研究。他对现行的实践发起了许多攻击，其中第一条便是攻击当今建筑师缺少创新，
在科学的世界中仍固守着伽利略式的基本概念，“我们建筑师对自己的艺术缄默不语——这种
艺术半为科学，半为感觉——只给公众提供了难解的符号，而公众并不理解我们，我们独自

---

1 维奥莱 – 勒 – 迪克，《建筑讲谈录》，1:81。他将希腊建筑比作“被剥掉了衣服的人”，而罗马建筑则“可以比作一个穿衣服
　的人”。

图 44 维奥莱－勒－迪克《建筑讲谈录》（1858—1872）一书中，第六讲图版。

在那里争论不休"[1]。缺少进步的一个原因（回应了卢梭）是过度的教化与精致的文化。像圣西门一样，他认为，"在精神生产方面成果最丰富的时期是那些最动荡不安的时期"[2]。另一原因就是缺乏风格，他现在将风格定义为"从属于理性法则的灵感"[3]。风格也是与文明的进步成反比的，它要求的是人类的想象力。[4] 例如他以一只简单的铜罐为例进行思考，它具有风格首先是因为它具有功能性，其次它的式样适合于材料，最后它的形式也与材料和功能相一致（图 44）。第二只铜罐出现了，试图对它进行改良，使棱角分明的外形变得柔和，但剥夺了这种风格的逻辑性。第三只铜罐由于人为剥夺了其功能与材料原理而被彻底毁掉了。由此，维奥莱－勒－迪克就工业时代的风格说道：

[129] 例如，火车头就有一副特殊的相貌，这种相貌谁都能理解，将它表现出来是一项独特的创造。没有任何形象可比这沉重滚动的机器更好地表现受控的力量了：它们运转起来或驯顺或吓人；它们或呼啸前行或不耐烦地喘着粗气，受到渺小人物随意开停的控制。火车头就像是个生物，它的外在形式是其力量的简单表达。因此火车头拥有风格。[5]

第二卷的内容是论铁的运用。在演讲中他的理论转向更明显了。这些讲稿写于 1866—1868 年间，预示着另一场争论。戴利在他 1866 年杂志的导言中，攻击新成立的中央学院以及"理性主义"的课程"现在就要将**建筑艺术**变成**工业建筑**了"，并宣称理性是"唯一的法官"。[6] 戴利在他的文章中捍卫"艺术"，反对古典主义、哥特式和理性主义流派的过度做法，提倡一种智性的、趣味高雅的"折中主义"，以作为解决当前风格两难境况的过渡方案。3 年前，他将折中主义比喻为"地峡"，它"命中注定在我们软弱无助时充当一条从崩溃的旧世界通向新世界的通道，而这新世界在缓慢地从未知的深渊中浮现出来"。[7]

不久之后，维奥莱－勒－迪克又发起了攻击，这一次针对的是批评家拉尼（Bourgeois de

---

1 维奥莱－勒－迪克，《建筑讲谈录》，172。

2 Ibid., 176.

3 Ibid., 177.

4 Ibid.

5 Ibid., 184.

6 戴利，《导言》，载《建筑综合评论》，24（1866）：5，8。

7 Ibid., 9.

Lagny）。拉尼批评维奥莱－勒－迪克的学生博多（Anatole de Baudot）所说的"建筑现实主义（或没有艺术性的建筑）"[1]。拉尼尤其提到尚弗勒里（Champfleury）以及文学、绘画中的"现实主义"运动，指出，建筑现实主义（只适用于"那些粗俗野蛮的文明时期"）忽略了这一事实，即纪念性艺术在本质上是理想主义的，因此美既存在于"选择"之中，又存在于"隐藏"之中。[2] 纪念性艺术应展现出优雅的轮廓、和谐的比例、优美的形式以及新颖的布局与效果。应该将与材料相悖的、与力量和重量相抵触的迹象隐藏起来。显然，铁属于后一类，在使用时应对它的暴露有所限制。

　　维奥莱－勒－迪克在他的第 12 篇演讲中，以一系列的素描表明铁可以暴露性地运用于当代建筑（图 45）。他对此进行了多方面的论证。由于材料及劳动力成本逐渐上升，加之工程师的权威性日益提高，使得聘请建筑师费用昂贵，同时又使他们在专业上过了时。维奥莱－勒－迪克提出，建筑师做出了有力的反应，他们接受了新技术与施工效率。一个问题是，铁应在多大范围内使用。他的范式是巴尔塔（Victor Baltard）（1805—1874）设计的中央市场（Halles Centrales）。这是一组城市市场，始建于 1845 年，以石材建造，但奥斯曼下令将其拆除，在 1853—1857 年以铁与玻璃重建。这些建筑将"现实主义"形象地展示在左拉面前，后来左拉在他的小说《巴黎之腹》（Le ventre de Paris）（1873）中将它们视为旧艺术及其古老社会秩序的积极破坏者，以及"对 20 世纪的胆怯的预示"[3]。维奥莱－勒－迪克虽对巴尔塔的努力很尊重，但还是不赞成这一设计——这正是他区别于现实主义者之处——因为金属完全取代了石材。他的想法是这两种材料应该取得平衡，就市场建筑而言，这就意味着："要建一个完全是石材的外壳、墙壁以及拱顶，同时减少用料数量，利用铁避免承重柱子妨碍空间；利用铁对中世纪建筑师采用的平衡体系进行改进，但要适当注意那种材料的种种特性。"[4] 他提出了

图 45　维奥莱－勒－迪克《建筑讲谈录》（1858—1872）一书中，第十二讲图版。

---

1 拉尼，《1866 年沙龙》（Salon de 1866），《建筑师箴言报》（Le Moniteur des Architectes）I（June 1866）：81—82。
2 Ibid., 83.
3 左拉，《巴黎之腹》（Paris: Librairie gènèrale française, 1978）。
4 维奥莱－勒－迪克，《建筑讲谈录》，2:58。

若干组合性设计，用石料建墙体外壳，用铁建支柱和房顶结构。就某些方面而言，这是对一个理论问题的惊人回应，但那时它依然是一种不实际的建筑解决方案，因此不能令许多读者信服。即使在 1867 年巴黎博览会展示了工程技术（埃菲尔最初从事的工程项目）的背景下，这也是一个小心谨慎的回应。

[130]

维奥莱－勒－迪克一生中写了许多东西，但在 1872 年之后他就不再做理论研究了。那一年法国战败，他隐居于瑞士山区。战后他关注于复兴法国文化与法国种族的荣耀。他最有趣的后期著作是《俄国艺术的起源、构造要素、葱形拱及其未来》（*L' Art russe, ses origines, ses éléments constitutifs, son apogée, son avenir*）（1877），此书考察了俄国建筑的各种要素，思考如何在一个文化框架内更新传统形式。1879 年该书被译为俄文，也在这一年他于瑞士洛桑去世。

现在维奥莱－勒－迪克的遗产正在得到重新评估，因为他作为功能主义者的名声太过简单化了。他也规定了一条明确的法国理性主义理论路线，局外人难以完全理解。他的伟大的继承者是舒瓦西（Auguste Choisy）（1841—1904），一位工程师和教师，他的《建筑史》（*Histoire de l' architecture*）（1899）恰当地证明了维奥莱－勒－迪克的信念，即：逻辑结构是一座优秀建筑的本质。对舒瓦西来说更是如此：建筑史就是技术进步的历史，好的形式总是对功能的简洁表达。他在该书的最后一段中提到国立图书馆（Bibliothèque Nationale）中拉布鲁斯特设计的阅览室，指出，"一种新的比例体系今天正在被创造出来，和谐的法则恰恰就是稳定性的法则"[1]。而维奥莱－勒－迪克本人也不可能说得比这更透彻了。

3. 森佩尔与风格的观念

森佩尔（Gottfried Semper）（1803—1879）的著作更具形而上色彩，这一点从另一方面突显了 19 世纪中叶德国建筑理论与法国及英国的区别，如维奥莱－勒－迪克与罗斯金的理论。[2] 与这两位处于其他文化情境中的人物相比，这位享有崇高声望的建筑师（设计了众多纪念碑式的建筑物）在更大程度上主导着德国的建筑理论。森佩尔几乎是独立地为德国接下来的 30 年划定了理论发展路线，而且若不借助于他的思想观念，要理解世纪之交德国现代性的驱动力则是不可能的。

森佩尔出生于汉堡的一个小康家庭，童年时代曾经历了拿破仑占领以及由此带来的地区荒芜景象。他就读于戈丁根大学数学专业，为时一年多，后来于 1825 年注册了慕尼黑美术学院，成为盖特纳的一名学生，但似乎没有上过什么课。据说他因为在雷根斯堡的一场决斗，于

---

1 舒瓦西，《建筑史》2 卷本（Paris: Gauthier-Villars, 1899），764。

2 关于森佩尔的生平与观念，见赫尔曼（Wolfgang Herrmann），《戈特弗里德·森佩尔：对风格的探索》（*Gottfried Semper: In Search of Style*, Cambridge: M. I. T. Press, 1984）；以及马尔格雷夫（H. F. Mallgrave），《戈特弗里德·森佩尔：19 世纪的建筑师》（*Gottfried Semper:Architect of the Nineteenth Century*, New Haven: Yale University Press, 1996）。

1826 年动身去了巴黎，进入了由希托夫的朋友弗里德里希·克里斯蒂安·戈 (Friedrich Christian Gau) 开办的一家私人学校，当时巴黎美术学院学生正值闹学潮。森佩尔置身于这座喧闹的城市中，同时也以极大的兴趣与同情目睹了七月革命，之后他于 1830 年秋天动身南下。

旅行对森佩尔的艺术发展至关重要。他先在罗马住了几个月，后来与一群法国学生一道租了一条船，行至西西里岛，中途在帕埃斯图姆停留。他们一起策划了一部希腊建筑图集，与哈里斯、安杰尔和希托夫关于古代彩饰的鼓吹相呼应。接着，森佩尔与古里 (Jules Goury) 一道前往希腊探险。若在 10 多年前，这次旅行并不会让人吃惊，但随着 1821 年希腊独立战争打响，到这个地区旅行便极其危险。在欧洲的支持下，希腊要争取从奥斯曼帝国的控制下独立出来，但国内的敌对势力使局势变得很复杂。实际上森佩尔被困在希腊达数月之久，尽管他还是能在雅典卫城和埃伊纳岛上进行考古调查。他甚至还被迫为德国外交官服务，外交官叫蒂尔施 (Friedrich Theodor Thiersch)，代表巴伐利亚政府在做停火调停工作。最终，在 1832 年 5 月底，森佩尔搭上一条船离开了希腊——在公海上还遭遇了海盗——回到了意大利。

森佩尔的希腊之行使他获得了古代建筑与雕塑敷色的证据，那时争论正如火如荼地进行着。他画了许多彩色素描，尤其是帕特农神庙。在罗马考古研究院的帮助下，他进一步对埃特鲁斯坎墓葬遗址以及斑驳的图拉真柱进行了研究，寻找色彩痕迹。当森佩尔于 1833 年晚些时候离开罗马前往阿尔托纳 (Altona) 时，他途经柏林，向对此深感兴趣的欣克尔出示了他的素描。尽管他计划中的古代彩色建筑雕塑作品集一直未出版，但他出版了一本论战小册子，题为《初论古代敷色建筑与雕塑》(Vorläufige Bermerkungen uber bemalte Architectur und Plastik bei den Alten)（1834）[1]，从而投入了这场关于古代建筑与雕塑敷色问题的国际性争论。 [131]

森佩尔提出希腊神庙全部是敷色的。这是十分激进的观点，而希托夫只是提出西西里岛希腊殖民地的建筑是上了色的。森佩尔提出了三条论据来说明他的案例。首先他提出了历史的论据（早先由卡特勒梅尔·德·坎西所使用的），即给建筑与雕塑上色是一种传统认可的做法：早在荷马时代就达到了辉煌的境地，后来则变成了一种合理的、训练有素的技法。其次，他重申了施塔克尔贝格与希托夫的环境论据：南方阳光明媚的气候与斑驳的景观使色彩成为必需的东西，既可缓和阳光的刺目效果，又可使建筑与周围环境相谐调。再次，他提出了美学论据，即希腊的彩色神庙实际上就是举行社区仪式的舞台，第一批建筑师有意识地这样设计，以实现更高的艺术理想。第一批神庙是粗糙搭建起来的台子，上面装点着鲜花、花彩、祭牲、器具、盾牌和其他标志物；后来这些元素被定型为束发带、卵箭纹、阿拉伯纹样、玫瑰花结、回形纹和迷宫纹。建筑师利用色彩作为表现这些效果的手段，其实就是将作品作为"总体艺术"(Gesamtkunstwerk) 突显出戏剧性效果，以他的话说—— [132]

1　森佩尔，《初论古代敷色建筑与雕塑》，收入马尔格雷夫与赫尔曼翻译，《戈特弗里德·森佩尔：建筑四要素及其他文章》(Gottfried Semper: The Four Elements of Architecture and Other Writings, New York: Cambridge University Press, 1989)，45—73；原版题为 Vorläufige Bermerkungen über bemalte Architectur und Plastik bei den Alten (Altona, 1834)。

除了绘画之外，我们不应忘记金属装饰、泥金、地毯式挂毯、华盖、幕帐以及便携式器具。从这些纪念性建筑的设计之初，这一切都在脑子里了，甚至包括周围环境——大量的人群、祭司与游行队伍。这些建筑就是搭建的台子，是想将这些元素汇聚于同一个舞台之上。若试图将这些时代以视觉方式呈现出来，壮丽的景象便充斥于想象之中，这使得人们曾幻想并强加于我们的那些仿制品变得苍白而呆板。[1]

但同时由于森佩尔未能提出过硬的考古材料，这就使他的论证显得苍白无力，即便他也带回了若干件取自神庙表面的色彩样本。

森佩尔在小册子的前言中发表了对建筑的各种看法，表明他受到圣西门热情的感染。他强烈谴责当时的折中主义倾向（尤其是克伦策的作品）、迪朗所采用的网格设计法（这导致了机械式的设计）以及描图纸的发明（导致建筑师去拷贝）。他呼吁一个新的"有机"时代的到来，艺术在这个时代中能"在需求的土壤上沐浴着自由的阳光"而兴旺发达。[2] 他感觉到通过压缩纪念性建筑的规模，将一切努力引导到满足人类需求的方向上，坚持建筑表现中的材料诚实原则，有机建筑将会出现。不过这是一位 31 岁的建筑师说的话，他已经接受了一项重要的委托任务。

森佩尔的观念和职业生涯很快便有了起色。他关于古代建筑与雕塑着色的"极端"观点遭遇到欧洲学界的粗暴批判，特别是受到柏林历史学家库格勒的批评。但他那本 1834 年的小册子也有助于他被任命为德累斯顿美术学院的教授，并使他有机会一展身手。1838 年他（带着欣克尔的祝福）获得了设计萨克森宫廷新皇家剧院的重要委托任务。由于这座建筑原先附属于珀佩尔曼（Matthäus Daniel Pöpplemann）的洛可可建筑群——茨温格宫——所以森佩尔选择了一套拱形结构的文艺复兴语汇来延续拱券的节奏与尺度。在建筑的内部，森佩尔采用了歌德、蒂克与欣克尔提出的改革方案。当它于 1841 年 4 月 12 日开张上演歌德的《塔索》(Torquato Tasso) 时，被许多人看作是德国最精美的剧院。[3]

在下一个 10 年，森佩尔在此工程之后又接手了若干重要项目，其中规模较大的是德累斯顿艺术博物馆(Dresden Art Museum)（1839—1855）。他建筑师生涯的唯一挫折发生在他的出生地汉堡。1845 年他为圣尼古拉斯教堂 (Church of St. Nicholas) 设计的佛罗伦萨式方案赢得了竞赛第一名，但这一决定被一个提倡哥特式风格的联盟所推翻，他们赞成斯科特的设计。不过森佩尔仍是德国最卓越的建筑师，他在德累斯顿文化界结交的朋友中，雕塑家有里彻尔(Ernst Rietschel)和黑内尔(Ernst Hähnel)，音乐家有李斯特 (Franz Listz) 和理查德·瓦格纳 (Richard Wagner)，还有德夫林特(Devrient) 演员家族。瓦格纳那里还未出名，他的第一部歌剧是在森佩尔设计的剧院中上演的。森佩尔与他的

---

1 森佩尔，《初论古代敷色建筑与雕塑》，收入马尔格雷夫与赫尔曼翻译，《戈特弗里德·森佩尔：建筑四要素及其他文章》，65（原版 33—34）。

2 Ibid., 47（原版 viii—ix）。

3 关于该剧院的详情，见马尔格雷夫，《戈特弗里德·森佩尔》，117—129。

友谊说明了两人后继的理论发展。瓦格纳第一次遇见（年长 10 岁的）森佩尔是在德累斯顿一家音乐商店中，森佩尔正在购买坦霍伊泽 (Tannhäuser) 的剧本。瓦格纳后来写道，森佩尔"很快使我明白了，他因我选用了这种 [中世纪的] 材料而鄙视我"[1]。他们数次在咖啡馆中讨论，差点拳脚相加，但他们个人关于"总体艺术"(Gesamtkunstwerk) 的观念在这些激烈的交流中培育起来，这一点是没有问题的。

森佩尔这些年的快乐时光随着 1849 年的政治动乱而告结束。一年前在巴黎爆发的革命刺激德国人要在政治上有所作为，建立国家议会、撰写宪法，将德国统一起来，这已被长期拖延。1849 年 3 月宪法草案拟就，4 月将有名无实的国王头衔授予了普鲁士君主腓特烈·威廉四世。当威廉拒绝这一头衔以及对他权力的限制时，德国各州爆发了零星的起义。萨克森的形势特别紧张，竖起了路障。萨克森统治者腓特烈·奥古斯都二世 (Friedrich Augustus II) 解散了萨克森议会，普鲁士派军队前来帮忙。森佩尔和瓦格纳都站在起义者一边参加了战斗。森佩尔指挥了城市义勇军的"学生军"。他所修建的一座特大且技术精良的街垒，在战场上名声大振。瓦格纳后来回忆道，这座街垒"是以米开朗琪罗和莱奥纳多·达·芬奇的所有责任心"建造的[2]。当普鲁士与萨克森军队进城时，两人（面临叛国罪的逮捕令）便逃走了。瓦格纳到了苏黎世，森佩尔则失魂落魄地逃往巴黎。 [133]

现在森佩尔的生活被毁了，妻子与 6 个孩子的生活没有了着落。他到法国时身无分文，工作无望。他白白奋斗了 9 个月之后，决定移居美国。不过他收到了一封提供伦敦一项工程的书信，于是在勒阿弗尔港的最后一秒钟放弃了登船。后来他才弄清这项工程是无效的。他在伦敦打拼了两年，后来科尔为他提供了新成立的实用艺术部的一个职位。他在伦敦待到 1855 年，那一年他接受了苏黎世新成立的联邦理工学院建筑主管的职位。

森佩尔的职业生涯虽遭到了毁灭性的打击，但同时也促使他转向了理论。现在理论成了他生活的中心舞台。他的第一项研究成果是一本小册子《建筑四要素》(Die Vier Elemente der Baukunst) (1851)。[3] 无论从何种层面上来说，这都是一部开创性的著作。多年来，森佩尔越来越被人种学、考古学和语言学的研究所吸引，这些学问的长处在于清除了先前的人类学模型。例如卡特勒梅尔·德·坎西三种原始建筑类型——洞穴、帐篷与茅屋——的理论建立在人类古代 6 千年的《圣经》年表的基础之上，据此他可提出在埃及、中国和希腊早期文明的范围内，这些类型经历了历史的发展。到了 1830 年代，这种年表在面对科学进步时便不再有效了。莱尔 (Charles Lyell) 的《地质学原理》(Principles of Geology) （1830—1833）指出，地球存在了几百万年而不是几千年。博普 (Franz Bopp) 的《梵文、古波斯语、希腊语、拉丁语、立陶宛语、哥特语、日耳曼语和斯拉夫语的语法比较研究》(Comparative Grammer of the Sanskrit, Zend, Greek, Latin, Lithuanian, Gothic, German, and Slavonic

---

1　瓦格纳，《我的生平》(Mein Leben, Munich: F. Bruckmann, 1911)，1:373。

2　Ibid., 179.

3　森佩尔，《建筑四要素：建筑的比较研究》(The Four Elements of Architecture: A Contribution to the Comparative Study of Architecture)，收入森佩尔，《建筑四要素及其他文章》，原版题为 Die Vier Elemente der Baukunst: Beitrag zur vergleichenden Baukunde (Braunschwieg, 1851)。

[134]

图 46 亚述翼人。采自莱亚德（Austen Henry Layard）《尼尼微的文物》（*The Monuments of Nineveh*，伦敦，1849）。

Languages）（1833—1852）进一步表明，印欧语言的进化史要比数千年的时间更漫长、更复杂。种族与生物进化问题也成了一个热门语题。达尔文正是在 1840 年代阐发了他的自然选择理论，尽管他一直克制着，直到 1858 年才将它发表。

1840 年代的两大事件点燃了森佩尔的思想火花。一是亚述文明的发现，是分别由保罗·埃米尔·博塔（Paul Émile Botta）和莱亚德（Henry Layard）所率领的两支考古探险队在竞争状态下发现的。人们从希腊历史学家以及旧约《圣经》中已经了解到亚述帝国的存在（约公元前 1350—前 612），不过亚述城出土的雕琢精美的雪花石膏墙砖，则向世人揭示了这一文明的性质（图 46）。据博塔解释，亚述人（那时尚未在文化上与南方苏美尔和迦勒底文明明显区分开来）的艺术处于埃及与希腊文化之间的中间阶段。就自然主义表现而言，亚述人像超越了（只表现侧面的）埃及人像，那时埃及人还被牢牢束缚于神权政体。同时亚述人像还不及希腊人的雕塑，后者自由地追求着美的理想。对森佩尔来说，

亚述展现出的建筑形态与先前已知的任何民族都完全不同，但与希腊建筑形态存在着某些有趣的相似点。

1840 年代影响森佩尔理论的第二个事件是克莱姆（Gustav Klemm）的《人类文化通史》（*Allgemeine Cultur-Geschichte der Menschheit*）（1843—1852）的出版。克莱姆也住在德累斯顿，着手撰写一部人类文化史，从最原始的开端一直写到融合为"各种社会的有机体"[1]。他的书分为三个发展阶段，即野蛮阶段、开化阶段与自由阶段。文化现象到第二阶段才出现，即马来西亚、墨西哥、埃及、中东和中国，而第三阶段即自由阶段在很大程度上是西方取得的成就，以独裁统治者的枷锁被打破为开端。波斯人和阿拉伯人只能到达这一发展阶段的初期，而希腊人、罗马人和日耳曼人则一以贯之地接近了这一阶段的终点。有无数因素支撑着这三个阶段所取得的文化成就。克莱姆的研究实际上就是一个分类目录，记载了每个民族或种族的活动与人工制品。起初，他在以下标题之下对人性进行了考察，如身体与精神特征、家庭与社会生活、饮食与丧葬习俗、居所、服装、装饰、工具、武器、器皿、宗教和语言。随着文化的进步，这些范畴不断扩展与

---

1 关于克莱姆与森佩尔的关系，见马尔格雷夫，《居斯塔夫·克莱姆与戈特弗里德 RES 9·森佩尔：人种学与建筑理论的相遇》（Gustav Klemm and Gottfried Semper: The Meeting of Ethnological and Architectural Theory）*RES 9*；《人类学与美学杂志》（*Journal of Anthropology and Aesthetic*）9（Spring 1985）：68—79。

增加。火与语言的使用标志着文化发展的开端，不过各个文化阶段则是与家庭生活方式以及所有制形态相一致的。他对所谓的原始社会及其早期器具与技能、身体饰物、歌舞的详尽考察，全都为审视人类发展进程提供了崭新的视角。

在《建筑四要素》一书中，森佩尔吸收了人种学与考古学的证据，提出了四种动机（母题）作为一切建筑创造的观念基础——炉床（hearth）、堆高（mounding）、加顶（roofing）和围起（enclosure）。[1] 每一种动机以特殊的方式影响着形式的发展，并与早期工艺技术相联系。最早的群居部落在狩猎之后围着炉床或火堆聚在一起，因此这一要素就成为一切社会制度的象征性胚芽，包括家庭（炉床）和社交（祭坛）。它也产生了制陶艺术。堆高、加顶和围起都是为了保护圣火。堆高——这是后来一切基础结构的起源——将圣火抬离潮湿的地面，最终发展为水坝、水道、台地与石造建筑。加顶是为了从上部为火挡雨，这就产生了木工或固定框架结构的概念。围起的动机最早可在织物与简单的席子上见出，它为火挡风，同时也限定了内部空间或私密空间并与外界分隔开来。森佩尔继续对某些建筑形态与社会制度之间的关系进行思考。例如，他将山墙的形式与地中海北部高地的族长制生活的开端联系起来，而庭院式的建筑风格更好地适应了埃及较潮湿的气候和等级分明的生活方式。亚述人的墙板饰有织物图样，他认为这代表了织物动机从经纬组织向硬质材料的转化。这个实例说明了建筑动机可以沿着完全不同的形式发展路线跳跃式地发展，经历着材料上与文化上的变迁。

《建筑四要素》出版于1851年冬天，那时森佩尔正努力在伦敦立稳脚跟。水晶宫正在建造之中，有个中间人将他介绍给了科尔。科尔安排他做展览设计。森佩尔设计了土耳其、加拿大、瑞典和丹麦的展厅，因此有了接触展览建筑的条件。他尤其对北美印第安人的工艺制品印象深刻，对毛利人的装饰设计以及非洲草裙也深感兴趣。在展览会上，他发现了来自特立尼达岛上的"加勒比"茅屋，其原始形态完美地图解了他的四动机理论（图47）。炉床升高于木头底座之上，竹框架支撑着芦苇屋顶，当作墙壁的蒲席垂直挂于屋顶的立柱之间："结构的每个要素都在为自己说话，与其他要素没有关联。"[2] 新近的工业设备也给他留下了深刻印象，如汽锤、

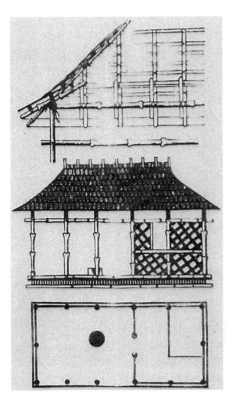

图47　森佩尔，展示于万国博览会上的来自特利尼达的"加勒比"茅屋。采自森佩尔《论工艺美术与建筑艺术中的风格或实践美学》第2卷（1863）。

1　森佩尔，《建筑四要素》，102—103。
2　森佩尔，Ms. 97, fol. 1, Semper Archives, Eth-Zurich。

贝塞麦泵、锅炉等，这些都领先于他在德国所了解的设备。

《科学、工业与艺术》(*Wissenschaft, Industrie und Kunst*) 一书是他着迷于博览会的产物，撰写于1851 年秋天。[1] 在此书中，他的理论研究范围出人意料地拓宽了。他在建筑行业中看出了当前的危机，这是工业化工艺流程所培育出的一种"怪现象"所带来的后果。工业化"不择手段"以求公度性，确实使得已成惯例的工艺遭到了破坏与贬值。但是森佩尔认为——与罗斯金形成鲜明对照——不要为现存艺术类型的"瓦解"感到悲伤。实际上这揭示了走出目前困境的途径，也就是让"好东西和新东西"涌现出来以取代"借来的或偷来的"东西[2]。因此森佩尔指出，当前的建筑危机不是经济或社会危机，而是风格危机。他写道："风格是指对基本理念及艺术作品所体现的主题起到修正作用的一切内在与外在系数的强调，并赋予它们以艺术意蕴。"[3] 这一定义的中心是基本理念或主题，而"内在与外在系数"则是影响主题呈现的变量，内在变量是制作一件作品所采用的材料与技术手段，外在变量则是影响作品的地区、时代、民族与个人因素。在这里所寄托的希望是，一旦我们恰如其分地分析了现有的各种变量以及它们的艺术含义，我们便能够再一次创造出作品的风格。艺术已富有成效地进入了工业时代，而艺术生产必须对这些新参数做出回应。

森佩尔在撰写《科学、工业与艺术》一书时，凡涉及博览会展品评论的章节都充分考虑到了科尔的观点。他心里明白，科尔控制着设计学校，他想申请一个职位。科尔也并非不同情他的困境。在1851 年去德国旅行时，科尔便寻访了他设计的德累斯顿的皇家剧院。当他听说萨克森国王若将森佩尔抓捕归案就会将他吊死在他自己设计的剧院中这个故事时，也感到好笑。[4] 但由于官僚机构的拖延，科尔直到1852 年秋天才任命森佩尔为讲师，讲授范围是"金属制造之装饰艺术的原理与实践"。这项任命意味着森佩尔经历了数年孤独与贫困之后，最终可以将他的妻儿接到伦敦团聚了。

森佩尔在英国写的另一本小册子是关于希腊弹弓射弹的数学研究。[5] 这本书源于不列颠皇家建筑师学会的一场争论，即希腊人是否拥有普遍有效的比例法则。森佩尔研究了希腊人与阿拉伯人的弹弓弹射物的动力特性，从而做出了回应。他写了100 页关于复杂的三角函数及衍生功能的内容，包含了大量图解。他想通过图例证明，希腊人的弹射物（以及鸟儿和鱼儿的定向轴线）的空气动力学形态类似于建筑上采用的外形轮廓——这并非是因为希腊人在设计神庙时运用了数学公式，而是因为"希腊人遵循自然法则从而对他们的形态制作进行了限定，让这

[135]

1　森佩尔，《科学、工业与艺术：提高国民艺术欣赏品味建议书》(*Science, Industry and Art: Proposals for the Development of a National Taste in Art*)，收入《戈特弗里德·森佩尔：建筑四要素及其他文章》。原版题为 *Wissenschaft, Industrie und Kunst: Vorschläge zur Anregung Nationalen Kunstgefühles* (Braunschweig: Friedrich Vieweg & Sohn, 1852)。

2　森佩尔，《科学、工业与艺术》，143—144。

3　Ibid., 136（原版 15）。

4　科尔，《维也纳之旅》，(Journey to Vienna) 维多利亚和艾伯特博物馆图书馆，101. A. 72。

5　原版题为 *Über die bleiernen Schleudergeschosse der Alten und über zweckmässige Gestaltung der Wurfkörper in Allgemeinen*(Frankfurt: Verlage für Kunst und Wissenschaft, 1859)。

种张力处处起到支配作用。这种自然法则并不是被含糊暗示的，而是被清晰认识到的"[1]。这些法则不是绝对的，因为每种形态只能在其具体的介质或上下文中加以评判。

1855 年，森佩尔成为苏黎世理工学院（即现在的 ETH）建筑系的建筑主管。在接下来的 5 年时间里，他撰写了巨著《论工艺美术与建筑艺术中的风格或实践美学》（*Der Stil in den technischen und tektonischen Künsten oder praktische Ästhetik*）（1860—1863）[2]。3 年之后，出了第二卷，而第三卷打算专论建筑与风格问题，但一直未动笔。不过这项研究仍然具有宏大的抱负。

[136]

森佩尔在《论风格》一书中以他的"比较方法"或"实践美学"与早期德国理论决裂，尤其要推翻黑格尔以及其他浪漫主义哲学家的抽象美学学说。他到苏黎世之后不久就发表了讲座"论纹样形式的合法则性及其作为艺术象征符号的含义"（On the Formal Lawfulness of Ornament and Its Meaning as an Artistic Symbol），阐明了他的新方法。[3] 他的这次讲座围绕希腊 *kosmos*（宇宙，宇宙的）的双重含义展开，这个词既指天体运动秩序，又指装饰概念。因此对希腊人而言，它就意味着将"一种自然秩序"强加于"被装饰的物体上"，这就是形式合乎法则，而艺术借此仿效或反映了自然的宇宙法则。[4] 森佩尔向我们展示了这种装饰本能的最初的人种学实例，从北美印第安人佩戴的牛头，到面具、护身符以及南海岛民的文身。接下来他指出，希腊人率先在他们的珠宝与服饰上有意识利用了这种装饰的合法则性。希腊人的饰品实际上可分为三类：（1）挂件，如耳环、璎珞与发饰；（2）环饰，如耳环、手镯与带饰；（3）定向饰，如王冠、法冠与武士头盔。当森佩尔以同样的方法来分析希腊神庙的装饰时，这种分类的好处就显而易见了：圆锥饰（Guttae）与下楣底托石（mutules）是挂件；座盘饰（tori）、束带饰（taenias）和串珠饰（astragals）是环饰；而屋顶雕刻与脊瓦便是定向饰。例如，定向性的中楣饰板就成了匀称的项链，将雕刻的珠宝系起来，而山花雕像底座则采纳了类似于武士头盔上羽饰的形态。

《论风格》一书也采用了相同的比较方法。森佩尔一开篇对艺术以及 19 世纪中期的建筑危机进行了总体评述，他的目标是"通过个案来探讨在艺术创造过程中显而易见的规则与秩序，而且要从这些一般原理中推导出一种经验性艺术理论的基本原理"[5]。"经验性理论"的观念多少会令人误解，因为他用这个术语来反对德国唯心主义哲学家的沉思倾向，缺少实际价值或对艺术家的指导作用。他的理论追求实际，为发明创造提供指南："它寻求的是形态的构成成分，它们**并非是形态本身**，而是理念、力量、材料与手段——换句话说，是形态的基本前提。"[6]

1　*Über die bleiernen Schleudergeschosse der Alten und über zweckmässige Gestaltung der Wurfkörper in Allgemeinen.*

2　森佩尔，《论工艺美术与建筑艺术中的风格或实践美学》2 卷本，(Frankfurt: Verlag für Kunst und Wissenschaft, 1860–1863)；马尔格雷夫与迈克尔·鲁滨逊（Michael Robinson）翻译，题为 *Style in the Techincal and Tectonic Arts, or Practical Aesthetic*（Los Angeles: Getty Publications Program, 2004）。

3　森佩尔，《论纹样形式的合法则性及其作为艺术象征符号的含义》（*Ueber die formelle Gesetzmässigkeit des Schmuckes und dessen Bedeutung als Kunstsymbolik*, Zurich: Meyer & Zeller, 1856）。

4　Ibid., 6.

5　森佩尔，《论风格》，71.

6　Ibid., 72.

他看到当代建筑被三种错误思想流派所支配，"物质论者"被新材料和非凡的建筑业绩弄得神魂颠倒，因此他们将材料因素置于形式创造的理念之上。相反，"历史决定论者"执着于往昔的范本，不允许当今建筑如应有的那样自由地发展。谈到赖兴施佩格（August Reichhensperger）的文章，他甚至批评哥特式学派"将欧洲西北部与北部打造得像是被基督教刚刚征服的异教国度"[1]。第三种错误思想流派——"纯粹论者、图式论者、未来论者"——也不能面对当今时代。他们将建筑当作要么是一种哲学操演，要么是一种"审美清教主义"，过于强调阐释的意义，最终剥夺了建筑的任何表现手段。[2] 对森佩尔而言，建筑产生于合法则的、爱嬉戏的本能，这种本能在我们身边处处存在，为我们所赞美：交织的花环、缠绕的涡卷、环形的舞蹈、划桨的节拍。"这些就是**音乐**与**建筑**从中生长出来的根源"，他指出，"这是两种最高级的纯宇宙艺术（非模仿性艺术），没有它们的立法作支持，其他任何艺术便无所作为"。[3] 因此，这两种相同的本能与均衡、比例和定向的空间契机相一致，尽管它们并不受任何阐释的或创作的严苛规则所束缚。

在这样的结构下，森佩尔开始了对四种基本动机的分析，在织物、陶器、构造术（木作）、石料切割术（石作）的艺术产业中展开。森佩尔的文章不时具有百科全书般的特点，迷失于细节之中，但他又往往以一句简单的话为读者提供全新的视角。例如，论陶器的部分就附有各种形态的词汇表，这很重要，因为森佩尔认为，伯里克利时代雅典人制陶作坊中设计的器形轮廓，也被运用于建筑线脚的设计中。有时他走得更远，将希腊提水罐表与埃及提水桶形态解释为"集体的象征"或"民族的符号"。提水桶的重心低，他从中看出"所有埃及建筑的基本特色"；而提水罐重心较高，他从中发现了"在多立克建筑中可见到的某些类型"。[4] 通过一种 *Stoffwechsel*（新陈代谢过程）或"材料转化"过程，某些母题或典型形态也从一种介质向另一种介质转移。因此，改变了材质的艺术形态总是带有早先风格的遗风，有时是象征性的。例如，编篮图样在织物中得到发展，它可以转化为一种程式化纹样，甚至可以运用于圆柱的柱头，作为表现抗拉强度的一种母题。

[137]

在论构造术与石料切割术的部分中，还出现了另一些新奇的观点。例如在考察罗马拱顶发展的内在"空间"动机时，他提出了空间本身作为考察建筑的一种有效领域的问题。在讨论铁时，他再次为德国19世纪后期关于这种材料的讨论设定了理论参数。由于铁作为一种材料，越薄就越好或越有效，所以它天生便是"艺术的一块贫瘠的土地！"[5] 不过，如果将其制成管状用于大型构架中，从而赋予它以更大的维度，"我们便可将未来艺术的希望寄托在它身上"[6]。

---

1 森佩尔，《论风格》，79。
2 Ibid., 80−81.
3 Ibid., 82.
4 Ibid., 469.
5 Ibid., 659.
6 Ibid., 660.

这本书中论织物的篇幅最大，在这里森佩尔的分析尤其具有创造性，甚至传播很广。织物是一种撕不破的柔韧材料，他描述了这些材料曲折复杂的发展历程。他以长篇补论的形式讨论了"着装"(Bekleidung) 这一关键概念——他在人类穿衣与建筑着装之间找到了一种类比关系——对他的建筑理论主旨作了长篇阐述。从历史上看，织物的主题源于垂直悬挂的、作为分隔物的席墙。接着枝条编织变成了树皮编织与草编，再过渡到用植物纤维纺成的线来编织，直至最后有了纺织。发展到这一阶段，彩色壁毯仍然挂在实墙上，象征着空间动机，但最终这一主题被着了装的墙壁取代——最明显的案例就是亚述人做成织物形式的墙面饰板。不过希腊人取得了另一个关键性的进步，将这些织物形式的墙面着装涂上了颜色，使之成了"精神化的"东西，也就是说不再是简单的外表装饰平面，而是以一种高度象征性与表现性的方式给墙壁"戴上了面具"。森佩尔认为，这是西方艺术的一个关键性变化，即"给现实戴上 (主题性的) 面具"。这种变化与希腊戏剧的发展相一致，源于同一种戏剧本能：

> 我想，**着装**与**面具**如同人类文明一样古老，在这两者中所享受到的快乐，是和在驱使人们成为雕塑家、画家、建筑师、诗人、乐师、戏剧家——简而言之，艺术家——的那些东西中享受到的快乐是一致的。一切艺术创造，一切艺术愉悦，都以某种狂欢节精神为前提，就现代方式而言便是自我表现，朦胧的狂欢节烛光便是真正的艺术氛围。[1]

在森佩尔看来，这种"对现实的否认"，这种"给主题内容戴上面具"的做法，就是激发了莎士比亚戏剧与莫扎特《唐璜》的同一种冲动，也是驻存于菲迪亚斯石雕戏剧中的同一种"狂欢节精神"。森佩尔以一种奇特的方式认为，这就是纪念性建筑之所以存在的原因。

森佩尔于 1863 年完成了《论风格》第二卷，紧接着便转向了堪称 19 世纪最宏大建筑工程之一的项目。自从 1849 年以来，瓦格纳一直在四处奔波，最终找到了他长期寻觅的保护人，即于 1864 年登基的年轻的巴伐利亚国王路德维希二世。这位新国王想要瓦格纳 (他正在写《指环王》) 当他的宫廷作曲家，为达到这一目的，他提出为瓦格纳修建世上最大的剧院，用来上演他的歌剧。设计委托给了森佩尔，在接下来的 3 年中他做了设计，包括许多细节。同时，瓦格纳也很快适应了奢华的宫廷生活，一再向国库支钱，而这样做不可能使巴伐利亚的纳税人对他抱有好感。当 1865 年秋天他与科西玛·冯·比洛 (Cosima von Bülow) 通奸一事曝光时，几乎引发了暴乱，要将他逐出城市。瓦格纳与科西玛悄悄登上去瑞士的火车，从此大剧院的项目也泡汤了。 [138]

无论如何，森佩尔的设计工作打断了他的《论风格》第三卷的写作，直到 1860 年代末他才重新提笔写作，但并不成功。他发表的最后一次公开演讲"论建筑风格"(On Architectural Styles) (1869) 在两个方面值得注意，一是他认识到，总体来看，在"空间创造的强大艺术"中孕育

1　森佩尔，《论风格》，438—439。

图 48　森佩尔肖像，翁格尔斯（W. Ungers）绘，1871。采自《造型艺术》杂志（1879）。

图 49　森佩尔设计，德累斯顿第二剧院，1870—1878。本书作者摄。

[139]　着"建筑的未来"[1]。二是这位 66 岁的建筑师带着歉意表示引退。那时他的论题对于正在兴起的新建筑风格来说已没有了现实意义。在谈到这个话题时，森佩尔将革新的重任交给了一下代，交给了"我们年轻同事中的某一位"[2]。

　　不过，还有另一情况可以说明森佩尔放弃的原因。从 1869 年开始森佩尔又恢复了纪念性建筑的实践工作，被委托建造维也纳与德累斯顿的若干重要建筑物。在德累斯顿，一场大火烧毁了森佩尔原先建的剧院，一番犹豫之后，萨克森国王邀请这位著名建筑师回去再建一座新剧院（图 48、49）。这些事情发生时，另一位德国知识分子——弗里德里希·尼采——已经深深迷恋于森佩尔的理论了。在读《论风格》时，尼采特别为那些谈论希腊戏剧以及"给现实戴上面具"的段落所吸引。[3] 尼采那时在两篇演讲稿中提出了关于希腊戏剧的观念，写于 1869 年秋天，它们成了他第一本书《悲剧的诞生》（*The Birth of Tragedy from the Spirit of Music*）（1872）的起点。此书有两个主题，一是希腊悲剧源自阿波罗与狄奥尼索斯力量的联合，在这一联合中，狄奥尼索斯

1　森佩尔，《论建筑风格》，收入《戈特弗里德·森佩尔：建筑四要素及其他文章》，281；原版题为 *Ueber Baustyle*（Zürich: Friedrich Schulthess, 1869），28。

2　Ibid., 284（原版，31）。

3　关于尼采与森佩尔的关系的讨论，见马尔格雷夫，《戈特弗里德·森佩尔》，346—352。

的倾向占主导地位。而在欧里庇得斯与苏格拉底时代，这种联合实际上已经终止，那时非理性的成分被清除了，理性的力量上升，将主导着西方文明。第二主题是，对希腊人而言，狄奥尼索斯"饮食麻醉剂"提供了逃脱焦虑的原始条件——通过合唱队的中介——在悲剧英雄象征性的牺牲中找到精神慰藉的手段。通过戏剧，希腊人可以使自己摆脱教化的狂妄，释放他们被压抑的非理性冲动："希腊人为这支合唱队建起了一个虚拟的**自然状态**的舞台，上面放置着虚幻的自然事物。悲剧便在这个基础上发展起来，这样从一开始便可免除对现实的辛苦描绘。"[1]

在第二德累斯顿剧院的设计中，森佩尔探求着类似的观念。当普鲁士军队向法国进军之时，他在准备图像志方案。在此方案中，森佩尔一反长期为人接受的在剧院装饰中突出阿波罗的做法，而是在屋顶安装了一辆青铜四马战车，狄奥尼索斯驾着这战车，带着他的新娘阿里阿德涅向着奥林波斯山奔去。"狄奥尼索斯回归"的主题也贯穿于整个剧院的室内装饰中。在1874 年的一份由两篇笔记组成的小册子中，森佩尔为他的图像志进行了辩护，强调——与那种适者生存的残酷法则相反——他在这一设计中要诉诸更高级的人性法则。当艺术指向一个民族的国家意识时，这种人性法则便能得到最好的理解。[2] 他指出，理性化的工业越来越占据支配地位，破坏人类的力量越来越大，从本质上剥夺了艺术满足或驯化人类基本本能的原始救赎作用。如果艺术想要继续完成使人类摆脱教化的恶魔这一社会任务，就有必要更直白地赞颂非理性的东西。那么到头来，森佩尔不再纠缠于风格就似乎主要是一种形而上的考虑。就他对艺术家的看法而言，几乎可以说，他是 19 世纪最后一位用看待他最喜欢的艺术家——米开朗琪罗——那样的眼光来看待自己的建筑师。

1 尼采，《悲剧的诞生》，沃尔特·考夫曼翻译（New York: Vintage, 1967），58。
2 关于这两篇备忘录的讨论，见马吉里乌斯（Heinrich Magirius），《戈特弗里德·森佩尔的第二德累斯顿皇家剧院：起因、艺术装饰、图像志》（*Gottfried Sempers zweites Dresdner Hoftheater: Entstehung, künstlerische Ausstattung, Ikonographie*, Vienne: Hermann Böhlaus, 1895），141—144。

第七章　美国的历史主义

建筑的守护神好像已向这片土地念了咒语。

——托马斯·杰弗逊（1781）

在每个人的教育中都有这样一个时刻，此时他确立了这样的信念，嫉妒就是无知，模仿无异于自杀；他必须自己去判断什么是更好的，什么是更糟的，这是他的本分。

——拉尔夫·沃尔多·爱默生（1841）

1. 美国古典主义传统

建筑理论在美国的发展相对较迟，这一点在我们的意料之中。在 1840 年代之前，很少有人参与这种奢侈的哲理性活动。但这并非意味着在这一年代之前美国人的思维就没有明显的民族特色。如果说美国建筑开始时受到了欧洲移民文化价值观与历史观的强烈影响，但它很快便呈现出与欧洲建筑的重大区别和各种变化，这是新的地理与文化环境所造成的。首先，美国建筑师不易接触到过去的文物——如希腊、罗马、中世纪和文艺复兴建筑——或那些可以为欧洲历史观念提供当下情境的范本。其次，艰苦的创业生活使得人们必须注重节俭与实用，欧洲文化的自负感很快便被消磨掉了。我们还应考虑到北美地域广阔，仍是蛮荒之地，人烟稀少，这有助于普遍的田园观念或反城市观念的形成。此外，美国政治体系的平等理想以及平民的反皇权情感也十分重要，他们从一开始便有意识回避个人无节制的行为和浮华的市民活动。最后，还存在着泾渭分明的意识形态的分裂（政治上与文化上的），源于南北方的社会观念与移民模式。许多早期新英格兰人来自于英国社会的下层，他们带来了严谨的宗教原则与社区信仰，包括清教徒的来世论，将这个国家的未来看作是神的安排。被吸引到南方的早期定居者则相反，他们受到利益、沿海低洼地区的温和气候以及肥沃土地的吸引，很快在这片土地上培育了如烟草、大米和棉花等农作物。这些土地所有者是骄傲的"自给自足者"，他们实实在在地

[140]

在蛮荒之地创造了文明。所以从这个共和国的初期开始，就已经出现了严重的（最终几乎是毁灭性的）分庭抗礼局面。

这种地域间的差异也可以在美国最早的两位重要建筑师的建筑取向上看出来，他们是布尔芬奇 (Charles Bulfinch)（1763—1844）和托马斯·杰弗逊 (Thomsa Jefferson)（1743—1826）。[1] 布尔芬奇是波士顿人，毕业于哈佛大学，于 1785 年前往欧洲游历，为期两年。在那里他遇到了杰弗逊大使，听从他的建议访问了法国南部与意大利。不过，正是在英格兰他形成了自己的建筑观念并充实了自己的藏书。他的两个早期设计，联邦大街剧院 (Federal Street Theater)（1793—1794）以及通蒂氏新月 (Tontine Crescent)（1794）就是依据英格兰的样板所建，而他的主要作品马萨诸塞州议会 (Massachusetts State House)（1795—1798）则受到了钱伯斯萨默塞特宫临河立面的很大影响。不过，他的建筑细节比起英国样板来更轻灵更严谨，其总体比例则更接近于东北地区的木建筑传统。他的美国感觉发展起来，最明显地体现在兰开斯特会议厅 (Lancaster Meetinghouse)（1816—1818）上，具有清教徒式的简洁特点，是美国早期建筑实践的真正杰作之一。

杰弗逊的建筑观也是派生的，但来源更为广泛。对他的观念我们也有更多的了解。1760

[141] 年代初期他就学于威廉与玛丽学院 (College of William and Mary)，在那里他阅读了第一批建筑书籍（或许是在韦斯托弗 [Westover] 附近的威廉·伯德 [William Byrd] 的图书馆）。杰弗逊于 1767 年开始建造他的蒙蒂塞洛庄园 (Monticello) 的宅邸，原初的设计是以罗伯特·莫里斯 (Robert Morris)（1701—1754）的一幅平面图为基础，三室的平面布局朴素而古典，反映了英格兰帕拉第奥式的特色。在后来的几十年间他对这一建筑进行了建造、重新设计与扩建，对自己不断发展的建筑观念进行检验。1770 年代，他也为威廉斯堡做了各种建筑设计：一座八角形的礼拜堂、威廉与玛丽学院所谓的雷恩大楼 (Wren Building)（他称此建筑"粗野、丑陋"）的增建建筑，以及总督府 (Governor's Palace) 的重建方案。[2] 所有这些都是基于帕拉第奥式的先例。1780 年，他作为负责新首都里士满的规划委员会主席做了第一个设计，即弗吉尼亚州议会大厦 (Virginia State Capitol)，两端带有古典式

---

1 关于布尔芬奇的生平与作品，见柯克尔 (Howard Kirker)，《查尔斯·布尔芬奇的建筑》(The Architecture of Charles Bulfinch, Cambridge: Harvard University Press, 1969)；普莱斯 (Charles A. Place)，《查尔斯·布尔芬奇：建筑师与公民》(Charles Bulfinch: Architect and Citizen, New York: Da Capo Press, 1968; originally Published in 1925)；以及埃伦·苏珊·布尔芬奇 (Ellen Susan Bulfinch) 编，《建筑师查尔斯·布尔芬奇的生平与书信以及其他家书》(The Life and Letters of Charles Bulfinch, Architect, with other Family Papers, Boston: Houghton Mifflin, 1896)。在众多论及杰弗逊建筑兴趣的书籍中，见维克里 (Robert Vickery)，《草坪的意义：托马斯·杰弗逊为弗吉尼亚大学所做的设计》(The Meaning of the Lawn: Thomas Jefferson's Design for the University of Virginia, Weimar: VDG, 1998)；沙克尔福德 (George Green Shackelford)，《托马斯·杰弗逊的欧洲之旅，1784—1789》(Thomas Jefferson's Travels in Europe, 1784–1789, Baltimore: John Hopkins University Press, 1995)；布劳恩 (Michael Brawne)，《弗吉尼亚大学草坪：托马斯·杰弗逊》(The University of Virginia, the Lawn: Thomas Jefferson, London: Phaidon, 1994)；麦克劳克林 (Jack McLaughlin)，《杰弗逊与蒙蒂塞洛：一位建造者的传记》(Jefferson and Monticello: The Biography of a Builder, New York: Henry Holt, 1988)；赖斯 (Howard C. Rice Jr.)，《托马斯·杰弗逊的巴黎》(Thomas Jefferson's Paris, Princeton: Princeton University Press, 1976)；金博尔 (Fiske Kimball)，《建筑师托马斯·杰弗逊》(Thomas Jefferson Architect, New York: Da Capo, 1968; originally published in 1916)；以及尼科尔斯 (Frederick Doveton Nichols)，《托马斯·杰弗逊的建筑素描》(Thomas Jefferson's Architectural Drawings, Charlottesville, Va.: Thomas Jefferson Memorial Foundation, 1961)。

2 杰弗逊，《弗吉尼亚州笔记》(Notes on the State of Virginia, 1782—1787)，收入《托马斯·杰弗逊著作集》(Thomas Jefferson: Writings, New York: Library of America, 1984)，278。

的门廊。[1]

在 1784—1789 年的 5 年间，杰弗逊任驻法国大使，在建筑上收获颇多。众所周知，他十分喜爱尼姆的方形神庙 (Maison Carrée)——洛日耶曾将它视为完美建筑的典范。早些时候，他正是将这座神庙的形式移植在了弗吉尼亚州议会大厦上。[2] 他租用了颇为豪华的新古典主义建筑朗雅克公馆 (Hôtel de Langeac) 作为美国大使馆馆舍，这座建筑是沙尔格兰 (J.-F.-T. Chalgrin)（1739—1811）设计的，坐落于香舍丽榭大街上，马路对面就有一座勒杜设计的关税收费站。鲁索 (Pierre Rousseau) 的扎尔姆宫 (Hôtel de Salm) 的结构也使杰弗逊"神魂颠倒"。[3] 他曾将苏夫洛的先贤祠画下来，对于谷物市场 (Halle au Blé) 的薄板木圆顶也极为赞赏。他还经常拜访沙维尔伯爵夫人 (Countess de Tessé) 位于沙维尔 (Chaville) 的府邸，这是布莱设计的。所以他的古典主义带有明显的法国特征。

1786 年春天，杰弗逊与约翰·亚当斯 (John Adams) 一道前往英格兰旅行，拜访了一些庄园和花园，其中有伯林顿伯爵的奇斯威克府邸（它的穹顶"效果不佳"，花园"匠气十足"）、蒲柏的特威克纳姆 (Twickenham)、肯特的斯托以及丘园。[4] 在他看来，英格兰的治园方法"超越了地球上的所有人"，"远远走在我的观念前面"。[5] 相反，英格兰的建筑"处于我所见过的最不幸的境地，也不排除它在美国很糟糕，在弗吉尼亚甚至比我所见过的美国任何地方更糟糕"。[6] 1788 年他前往荷兰与德国旅行，给他的建筑教育画上了圆满的句号。

这一切经历改变了他的建筑思想。1793 年他在蒙蒂塞洛开始了新一轮的宅邸建造工程，将许多法国范例运用于此建筑上。或许最重要的是他作为国务卿给华盛顿新城所留下的印记。1791 年，乔治·华盛顿委托法国画家、建筑师朗方 (Pierre-Charles L'Enfant)（1754—1825）为新首都准备设计方案，并让他向杰弗逊咨询。朗方立即从他那里得到了若干幅欧洲城市的平面图。杰弗逊在复信中还建议"采用那些经过数千年检验的古代范例中的某一种"来设计国会大厦（图50）。[7] 在朗方于 1792 年被解除职务后，杰弗逊为总统官邸和国会大厦各组织了一次设计竞赛，前一项由爱尔兰人霍本 (James Hoban)（约 1762—1831）赢得。杰弗逊提交了自己基于帕拉第奥圆厅别墅的设计，匿名加入了一场论战。后来他力图改变霍本的设计，并于 1807 年委托拉布鲁斯特在白宫前加上了门廊（图 51）。

为国会大厦做的早期方案招来了更大的争议。在 1792 年，没有一个方案获胜，不过有一位参赛者阿莱 (Etienne-Sulpice Hallet)（约 1760—1825）的方案由建筑委员会保留下来再作修改。就在此时，桑顿 (William Thornton)（1759—1828）提出了一个在坎贝尔 (Colen Campbell) 设计的基础上经

1　见尼科尔斯，《托马斯·杰弗逊的建筑素描》，4，图版 12。

2　引自 1787 年 3 月 20 日致泰塞夫人 (Madame de Tessé) 的一封信，收入《托马斯·杰弗逊文集》，891。

3　Ibid.

4　见杰弗逊的《旅行日志，英格兰花园之旅》(Travel Journals, a Tour to Some of the Gardens of England)，收入《托马斯·杰弗逊文集》，623—628。

5　杰弗逊于 1786 年致佩奇 (John Page) 的信，收入《托马斯·杰弗逊文集》，853。

6　Ibid., 853—854。关于杰弗逊的美学观，见哈费尔特佩 (Kenneth Hafertpe)，《托马斯·杰弗逊的审美观念研究》(An Inquiry into Thomas Jefferson's Ideas of Beauty)，载《建筑史家协会会刊》59 (2000)：216—231。

7　杰弗逊于 1791 年 4 月 10 日致朗方 (Major L'Enfant) 的信，收入《托马斯·杰弗逊文集》，976。

图 50 国会山与华盛顿特区景观，1810。采自穆尔（J. W. Moore）的《如画的华盛顿：钢笔与钢笔速写》（*Picturesque Washington: Pen and Pencil Sketches*，华盛顿，1886）。

图 51 从宾夕法尼亚大道看白宫。采自穆尔的《如画的华盛顿：钢笔与钢笔速写》（华盛顿，1886）。

过改进的新设计。大约过了一年，桑顿与阿莱交流了备选设计，而桑顿的设计逐渐占了上风。杰弗逊根据阿莱修改过的平面图绘制了草图，并提交给了华盛顿，这也说明杰弗逊对于桑顿的设计持批评态度。[1] 桑顿的方案暂时获得了成功，但杰弗逊当了总统之后，于 1803 年用拉特罗布（Benjamin Latrobe）替换了他。杰弗逊与拉特罗布斗争了两年，顶住了他的激烈反对，取消了众议院加盖屋顶的设计方案。杰弗逊采用的天窗设计（以巴黎谷物市场为原型）造成了刺目效果与水凝现象，立即成了这位总统的一大困惑，直到英国人一把火烧毁了国会大厦才彻底消除了

---

1 见杰弗逊根据阿莱的平面图所画的草图，收入《托马斯·杰弗逊的建筑素描》，图版 18。杰弗逊于 1793 年 3 月 26 日将阿莱修改过的图纸呈总统华盛顿，说明了桑顿的设计光照不足而且循环功能不佳。在 1793 年 6 月 30 日，他收到总统恼火的回复。

图 52　杰弗逊，弗吉尼亚大学校园，1817—1826。采自兰贝思（William Alexander Lambeth）的《作为一位建筑师与风景设计师的托马斯·杰弗逊》（*Thomas Jefferson as an Architect and a Desgner of Landscapes*，波士顿，1913）。

这一问题。不过从总体来看，公平地说，新首都所具有的古典特色在很大程度上要归功于杰弗逊。

　　当然，杰弗逊最重要的设计是弗吉尼亚大学（1817—1826，图 52），最为充分地实现了他　　[142]
的古典主义理想。"一所大学不应是一座房子，而应是一座村庄。"这一卓越的公民理念可能出
自卡特勒梅尔·德·坎西所撰写的那篇论"Collége"（团体、学院）的百科全书词条。这一观念在
1805 年得到了清晰的阐述，后来在 1810 年又得到了完整的提炼。[1] 拉特罗布向杰弗逊建议在
这座综合体前面建一座核心建筑，"它应在总体上与细节上向人们展示所能设想出的良好建筑
的一个范本"[2]。杰弗逊采用了罗马万神庙的样式（二分之一的规模）修建这座主体建筑，赋　　[143]
予总体设计以优雅庄严的效果。一条柱廊将十位教授的学馆连接起来，形成了一部建筑百科全
书，其立面、平面与细节各不相同，特拉罗布也曾就此提出过建议。他在第九学馆前采用了勒
杜的吉马尔纪念馆（Hôtel de Guimard）的开敞式入口前廊设计，这是他的天才手笔。阶梯状的草坪

1　见杰弗逊于 1805 年 1 月 5 日致泰兹韦尔（Littleton Waller Tazewell）的信，收入《托马斯·杰弗逊文集》，1152；关于"学院村庄"
　　的观念，参见 1810 年 5 月 6 日致怀特等先生（Messrs. Hugh L. White）的信，收入《托马斯·杰弗逊文集》，1222—1223。
　　伍兹（Mary N. Woods）提出这一概念的源头是卡特勒梅尔·德·坎西的"学院"词条，载《分类百科全书》（*Encyclopédie
　　méthodique*，1788）。见她的《托马斯·杰弗逊与弗吉尼亚大学：规划学院村庄》（Thomas Jefferson and the University of
　　Virginia: Planning the Academic Village），载《建筑史家协会会刊》44（October 1985）：272。
2　杰弗逊在 1817 年 6 月 12 日的一封信中让拉特罗布对他的设计提提意见。拉特罗布用一幅画于 1817 年 7 月 24 日的速写作
　　了回应。见《本雅明·亨利·拉特罗布文集》（*The Papers of Benjamin Henry Latrobe*），卡特（Edward C. Carter II）编（New
　　Haven: Yale University Press, 1984—1988），3:901—902，914—916。

以及空间渐次增加的馆舍也演示了一种视觉上的微妙性。这座校园是 19 世纪最精妙的建筑佳作之一：具有典型的反城市、崇尚人性的美国特征。

19 世纪上半叶美国建筑师广泛接受了古典主义，这在很大程度上也要归功于拉特罗布 (Benjamin Henry Latrobe)（1746—1820）。[1] 拉特罗布于 1796 年移民美国时已是一位有经验的工程师和建筑师，他带来了一大批书籍，共有 1500 本。他出生于英格兰，曾在德国萨克森与波兰西里西亚的摩拉维亚教徒学校上学，后来在伦敦工作于斯米顿 (John Smeaton) 与科克雷尔的工作室。接下来他建起了自己的设计事务所，在与法国开战之前他以索恩式风格设计了两座宅邸。在年轻的妻子去世后，他前往弗吉尼亚，在这新的国度里渐渐取得了成功。弗吉尼亚州立监狱 (Virginia State Penitentiary)（1797）使他的设计与工程技能第一次得到了展示，后来他又在费城的项目中大显身手，如宾夕法尼亚银行 (Bank of Pennsylvania)（1799—1801）和水厂 (waterworks)（1799）。银行是罗马神庙式的设计，建有美国第一个拱顶圆形大厅，而他设计的中央广场的泵房，其强劲有力的形式反映了勒杜以及索恩的影响。

拉特罗布苦苦奋斗，直到杰弗逊伸出援手。在弗吉尼亚不久他便试图建立起自己的政治关系网，首先是 1796 年在弗农山 (Mount Vernon) 拜见了乔治·华盛顿，两年后他又见到了副总统杰弗逊。[2] 1802 年，总统杰弗逊与他就一条运河事宜曾有一番书信往来，之后才邀请他来到华盛顿。他设计了一座海军船坞，"以巴黎谷物市场的方法"建起了一个大屋顶。[3] 此项目并未继续下去，到这时两人仍然未谈及建筑。不过在该年 11 月的两次总统晚宴上，杰弗逊在他身上发现了正在寻找的那种熟悉的古典精神。[4] 1803 年初杰弗逊任命拉特罗布为华盛顿公共建筑总监，指令他负责推进当时已萎缩的国会大厦工程。

[144]

针对当时这个灾难性的建筑项目，拉特罗布提出了修改结构、调整平面布局的意见，但并没有被毫无争议地接受。拉特罗布成了杰弗逊的朋友，但遭到桑顿的激烈反对。桑顿那时仍是一位建筑专员，尽力诋毁拉特罗布的名誉。[5] 尽管桑顿反对，但拉特罗布还是在 1803—1811 年间创造了一系列古典空间，其造型比例、圆形顶篷以及采光效果在很大程度上借鉴了索恩英格兰银行的大厅设计。在英国人烧毁了建出地面的建筑之后，拉特罗布于 1815 年为国会大厦作了修改性设计，这一特点更加明显了。

拉特罗布在设计上是个多面手。关于 1805 年巴尔的摩主教堂 (Baltimore Cathedral) 的设计，他

1 关于拉特罗布的作品，见《本雅明·亨利·拉特罗布的建筑素描》2 卷本，科恩 (Jeffrey A. Cohen) 与布劳内尔 (Charles E. Brownell) 编，(New Haven: Yale University Press, 1994)；哈梅林 (Talbot Hamlin)，《本雅明·亨利·拉特罗布》(New York: Oxford University Press, 1955)。参见《拉特罗布的日志：一位建筑师、自然主义者与旅行家在美国的笔记与草图，1796—1820》(The Journal of Latrobe: Being the Notes and Sketches of an Architect, Naturalist and Traveler in the United States from 1796 to 1820, New York: B. Franklin, 1971; originally published in 1905)。

2 拉特罗布在《拉特罗布日志》中详尽描述了他与华盛顿彻夜长谈的情况，50—64。

3 杰弗逊于 1802 年 11 月 2 日致拉特罗布的信，收入《本雅明·亨利·拉特罗布文集》，1:221。

4 见拉特罗布于 1802 年 11 月 24 日与 30 日致玛丽·伊丽莎白·拉特罗布 (Mary Eilzabeth latrobe) 的信，1:232—233，234—235。

5 桑顿无休止地对拉特罗布进行人身攻击，最终导致了一场诽谤诉讼，详情见哈梅林，《本雅明·亨利·拉特罗布》，284—286。

起初提出了"哥特式"与"罗马式"两个方案，并说明了他"偏向于前者"[1]。不过他还是为这个孤立的美国天主教主教管区设计了一座华丽的古典教堂并加盖了圆顶。他在书信中提到的书籍是常见的古典文献，从维尼奥拉到现代作者，如斯图亚特与雷维特（他们的《雅典古迹》是国会大厦的主要参考资料）、威廉·钱伯斯以及大卫·吉利。[2] 在他那些经常被引用的 1807 年致杰弗逊的书信中，拉特罗布称自己是一个"死心眼的希腊人，谴责巴尔巴 (Balba)、巴尔米拉 (Palmyra)、斯普利特 (Spalatro) 的罗马建筑，以及哈德良任期之后兴建的所有建筑物"[3]。这一说法的背景是这样的，杰弗逊在一封较早的信中坚持认为，拉特罗布希望加在国会大厦上的圆顶和穹顶只是"一种意大利的创造"，在古代或古典时期并无先例。这就触及一个核心问题。[4] 拉特罗布回应了他的观点，谴责奴隶般模仿古代建筑的做法，也批评了杰弗逊的书生气：

> 我们的宗教所要求的教堂完全不同于他们的神庙；我们的政府、立法机关和法院所要求的建筑，在基本原理上完全不同于他们的巴西利卡；我们的娱乐活动不可能在他们的剧院或圆形剧场里进行。不过，我们对建筑的要求与古人不同，主要就在于我们的气候不同。[5]

拉特罗布总结道："我并不认可以下这一点，即，由于希腊人与罗马人没有在神庙上建起高耸的穹顶，就不可以在必要的地方也将这些穹顶优美地呈现出来。"[6]

拉特罗布在几何学、工程技术方面拥有丰富的知识，是一个富有创造力的设计师。这些能力综合起来，使他成为那个年代美国独一无二的建筑师。他为众议院做的高贵的第二方案是对先前此类建筑水平的提升。它采用了 1795—1797 年间建造的波旁宫 (Palais Bourbon) 中带圆顶的圆形立法大厅 (Chambre des Députés) 的形式，曾启发了孔杜安的外科学校的圆形大厅。[7] 国会大厦总体上具有多彩的、丰富的空间变化效果，虽然在当时不断被政客们所责骂，但它在人们心中已成为这个年轻的、具有斗争精神的民主国家的一个象征。

拉特罗布并非是唯一的移民建筑师天才。芒然 (Joseph-François Mangin) 于 1794 年来到纽约，成为一名城市巡察官，并于 1802 年赢得了纽约市政厅的设计竞赛（这座建筑由麦库姆 [John McComb] 实施于 1803—1812 年间）。在这个 10 年中他建造了若干建筑物，后来在 1817 年前后返回了法国。曾在法国接受训练的建筑师戈德弗鲁瓦 (Maximilian Godefroy)（1765—1840 ？）于 1805 年来到

1　拉特罗布于 1805 年 4 月 16 日致卡罗尔 (John Carroll) 的信，收入《本雅明·亨利·拉特罗布文集》，2:52—54。

2　拉特罗布在谈及德洛姆 (Delorme) 的屋顶结构体系时提到了吉利的《国家建筑艺术手册》(*Handbuch der Land-Bau-Kunst*)。见拉特罗布于 1805 年 7 月 19 日致杰弗逊的信，ibid., 2:108。

3　拉特罗布于 1807 年 5 月 21 日致杰弗逊的信，ibid., 428。

4　杰弗逊于 1807 年 4 月 22 日致拉特罗布的信，ibid., 411。

5　拉特罗布于 1807 年 5 月 21 日致杰弗逊的信，ibid., 429。

6　Ibid.

7　拉特罗布在《关于国会大厦南楼的报告》(Report on the South Wing of the Capitol) 中，引用了法国大革命时期的先例用于设计，1815 年 4 月 27 日，ibid., 3:655。

美国，主要工作于巴尔的摩。他与拉特罗布交上了朋友，甚至与他合作于巴尔的摩股票交易所项目，尽管他的参与导致了两人之间的争论。戈德弗鲁瓦于 1819 年返回英格兰。[1] 还有一位有能力的法国移居者拉米 (Joseph Ramée)（1764—1842），他是贝朗热 (François-Joseph Belanger) 的一个学生。拉米于 1812 年经比利时、德国、丹麦来到美国[2]，次年他受托设计纽约州斯克内克塔迪 (Schenectady) 的联合学院 (Union College)。U 字形的学院建筑平面有一个中央圆形大厅，装饰着古典式山花，后来一定吸引了杰弗逊的眼球，他当时正要确定弗吉尼亚大学的设计方案。也是在 1813 年，拉米参与了巴尔的摩的华盛顿纪念碑设计竞赛，他的方案具有精致的凯旋门特色。两柱之屏与柱上楣退缩于中央开口之内，即"吉马尔式母题" (Guimard motif)，为整个建筑平添了法国风味。拉米的设计位居第二，仅次于米尔斯 (Robert Mills) 的设计，不过他在实践方面并不成功，这使他于 1816 年返回欧洲。

[145]

最后还有英国人哈德菲尔德 (George Hadfield)（1763—1826）和杰伊 (William Jay)（1793—1837）。[3] 杰伊只是在 1817—1824 年间生活于萨凡纳 (Savannah)，在那座城市留下了罕见的新古典主义作品的永久印记。哈德菲尔德能力也很强，曾在皇家美术学院接受训练，为怀亚特 (James Wyatt) 工作，得到一笔奖学金去意大利旅行。1795 年他移居美国，监管国会大厦工程，但由于和脾气暴躁的桑顿发生了冲突，两年后辞职。不过他仍待在城里，设计了不少联邦建筑物。他最著名的作品是在阿林顿 (Arlington) 位于波多马克河 (Potomac River) 对岸的柯蒂斯－李庄园 (Curtis-Lee Mansion)（1817）。这座建筑位于草木葱茏的山坡上，建有一个厚重的多立克式六柱门廊，模仿了帕埃斯图姆古希腊神庙的式样，柱身无槽。至今它依然是该地区一座重要的建筑里程碑。

在 19 世纪头几十年，美国本土出生的建筑师也与外籍建筑师一样，努力维持着自己的建筑业务。在波士顿，布尔芬奇的古典风格有三位值得注意的追随者，他们是帕里斯 (Alexander Parris)（1780—1852）、威拉德 (Solomon Willard)（1783—1861）和艾赛亚·罗杰斯 (Isaiah Rogers)（1800—1869）。[4] 关于他们的建筑风格的介绍，可以参看阿舍·本杰明 (Asher Benjamin) 的《美国建筑师指南》(American Builder's Companion) 六卷本，出版于 1806—1827 年间。[5] 本杰明（1773—1845）也是位开业建筑师，

1　关于他在巴尔的摩的工作，见亚历山大 (Robert L. Alexander)，《马克西米利安·戈德弗鲁瓦的建筑》(The Architecture of Maximilian Godefroy, Baltimore: Johns Hopkins University Press, 1974)。

2　特纳 (Paul V. Turner) 的《约瑟夫·拉米：大革命时代的国际性建筑师》(Joseph Ramée: International Architect of the Revolutionary Era, New York: Cambridge University Press, 1996) 是一部研究拉米的优秀著作。

3　关于杰伊的工作，见尼科尔斯 (Frederick Doveton Nichols)，《乔治亚的建筑》(The Architecture of Georgia, Savannah: Beehive Press, 1976)；关于哈德菲尔德，见里奇曼 (Michael Richman)，《乔治亚·哈德菲尔德（1763—1826）：他对于美国希腊式复兴所作出的贡献》(George Hadfield [1763–1826]: His Contribution to the Greek Revival in America)，载《建筑史家协会会刊》33（1974）：234—235。

4　关于帕里斯，见齐默尔 (Edward F. Zimmer)，《亚历山大·帕里斯（1780—1852）的建筑生涯》(The Architectural Career of Alexander Parris (1780–1852), Ph. D. diss., Boston Unversity, 1984)；关于威拉德，见威尔顿 (William Wheildon)，《所罗门·威拉德回忆录：邦克山纪念碑的建筑与监管》(Memoir of Solomon Willard: Architecture and Superintendent of the Bunker Hill Monument, Boston:Monument Association, 1865)。

5　本杰明，《美国建筑师指南，或一种新的建筑体系，尤其适合于当代美国的建筑风格》(The American Builder's Companion, or, A New System of Architecture, particularly Adapted to the Present Style of Building in the United States of America, Boston: Etheridge & Bliss, 1806)，见奎南 (Jack Quinan)，《阿舍·本杰明的建筑风格》(The Architectural Style of Asher Benjamin, Ph. D. diss., Brown University, 1973)。

他出版了美国第一部论建筑的书，题为《国家建筑师指南：含木工与建筑新设计图集》(*The Country Builder's Assistant: Containing a Collection of New Designs of Carpentry and Architecture*)（1797），这是他出版的 7 本手册的第一本。[1]《美国建筑师指南》的第一版从吉布斯的《建筑之书》(*Book of Architecture*) 中撷取实例，加上布尔芬奇和本杰明的作品。到了第三版（1816）时，本杰明已转向了钱伯斯寻求主要资料来源。在 1827 年的第六版中，他增加了一个"希腊建筑"部分，并给出了万神庙等建筑的柱式以及伊利索斯河(River Ilissus) 畔爱奥尼亚神庙的插图。他关于理论的讨论没有什么价值，似乎完全是从洛日耶那里来的。他指出，建筑就是要模仿自然，尤其要模仿如这位法国新古典主义者所描述的原始棚屋。一座建筑物的结构部件是必要的或基本的东西，而装饰"只是附加的东西"，所以必须品位高雅而适度。本杰明叙述了维特鲁威关于柱式起源的解释，但警告说，它的真实性"已经遭受到许多质疑，或许也不可过分依赖了"[2]。

　　1814 年发表的一篇文章成了拥护希腊古典主义的先声，进一步为希腊式复兴开辟了道路。[3] 这篇文章的作者是费城人塔克(George Tucker)，他是杰弗逊的赞赏者和早期传记作者。[4] 塔克开篇便提出了这样一个问题：已经主导了建筑界两千年的希腊建筑（除了 13 世纪前后"短暂"的哥特式之外）是否仍然是杰出建筑不可变更的标准。他引用了沙夫茨伯里与伯克的美学理论，认为文明人之所以广泛接受它有许多原因，如实用性与便利性、内在的美、适度而有效的装饰、习俗与传统以及古典权威性。这最后一条原因实际上使他陷入了两难境地。一方面，他承认多样与对比是必需的，发明创造是人类的天性；另一方面，他对拉特罗布为国会大厦做的具有革新特点的柱头设计以及杰弗逊在弗吉尼亚州议会大厦采用的边门设计持批评态度。塔克总结道：

> 　　现代人或许拥有像他们希腊老师那种欣赏优美与恢宏的纯粹品味，拥有巧妙的发明，也有不错的用武之地来实现自己的发明，建造辉煌的建筑物。尽管如此，他们仍必须满足于和 Servum pecus（牲畜般的奴隶）为伍，在建筑方面保持卑微模仿者的身份，无论他们多么渴望在其他艺术行当中具有独创性。[5]

　　另一位早期希腊建筑的提倡者是本杰明的学生汤恩(Ithiel Town)（1784—1844），尽管在他的古典训练中综合了欧洲当代各种建筑潮流的知识。他于 1805—1806 年间在本杰明手下工作，1810 年在波士顿开业。1813 年他去纽黑文建造三一教堂(Trinity Church)（1813—1816），这是美国最早的哥特式复兴建筑之一。后来他的兴趣转向了桥梁，并在 1820 年注册了一项巧妙的栅格

1　本杰明，《国家建筑师指南，含木工与建筑新设计图集》(Greenfield, Mass.: T. Dickman, 1897)。

2　本杰明，《美国建筑师指南》(New York: Dover, 1969)，30。

3　有关希腊复兴的经典著作是哈梅林的《美国希腊式复兴建筑》(*Greek Revival Architecture in American*, New York: Dover, 1964; originally published in 1944)。

4　见塔克的政治传记《托马斯·杰弗逊传》(*The Life of Thomas Jefferson*, London, 1837)。

5　塔克，《论建筑》(On Architecture)，载《文件夹》(*Port Folio*, 1814)：569。

桁架（lattice truss）专利。[1] 1825 年他重返建筑行业，建造了若干重要的古典建筑，如纽约剧院（New York Theater）（1826）、纽黑文康涅迪克州议会大厦（Connecticut State House）（1827—1831）。1829 年，就在与戴维斯（Alexander Jackson Davis）合伙的前夕，他前往英格兰、法国和意大利访问。[2] 在伦敦，索恩、纳什、斯默克和科克雷尔的作品给他留下了深刻印象。在意大利，他访问了赫库兰尼姆和庞贝。回国后他与戴维斯一起建造了一座办公楼，是美国当时此类建筑物中最大的一座（1829—1836）。[3] 他自己的纽黑文"防火屋"（1834—1836），是为容纳当时美国最大的建筑藏书所设计的一座图书馆，明显展示了索恩的遗风。这家公司为印第安那州（1831—1835）和北卡罗来纳州（1833—1840）设计的州议会大厦则完全是古典式的。同时，汤恩也花了不少时间推进美国建筑师行业的现状。他是英国建筑师学会的荣誉成员，不遗余力地为建立本土的"建筑师学会"努力。他对于建筑教育的展望，体现于他的小册子《在纽约成立一家美术学院及学会的计划纲要》（*Outlines of a Plan for Establishing in New York an Academy and Institution of the Fine Arts*）（1835）。

汤恩在 1920 年代对希腊古典主义的倡导，是与米尔斯（Robert Mills）（1781—1855）、斯特里克兰（William Strickland）（1788—1854）以及哈维兰（John Haviland）（1792—1852）的古典设计相平行的。他们三人的作品都证实了拉特罗布的广泛影响。

米尔斯是南卡罗来纳人，自认为是"第一个将建筑作为一个职业来学习的美国本地人"。他最初跟从霍本学习，后师从杰弗逊，1803 年杰弗逊让他进了拉特罗布工作室。[4] 他与拉特罗布在一起近 5 年，在费城开展业务，于 1808 年自己开业。他在费城的华盛顿纪念堂（Washington Hall）（1814—1816）项目中采用了一个开敞式柱廊龛座（colonnaded exedra）或吉马尔式母题，表明他早期醉心于曾吸引了杰弗逊的时髦的新古典主义，但他更为新颖的设计是费城桑瑟姆大街浸礼会教堂（Baptist Church）（1811—1812）、费城八角形一神派教堂（Octagon Unitarian Church）（1812—1813），以及里士满纪念教堂（Monumental Church）（1812—1817），这些建筑展示了他的能力及局限性。这三座教堂的内部都有一个圆厅，为严谨的几何形结构，装饰是斯巴达式的。

同样的局限性也可以从他的两个乔治·华盛顿纪念碑获胜设计方案中见出。第一座巴尔的摩纪念碑建于 1814—1842 年间，多立克的柱子是以图拉真柱为原型，与城市广场环境还是很相称的。位于首都的纪念碑（1833—1884），原先设计成一个低顶的方尖碑式样，底部有一座圆型的"万神庙"。在华盛顿，米尔斯遵从拉特罗布的领导，以古典主义风格设计了专利局

---

1 关于城镇桥梁的革新，见彼得斯（Tom F. Peters），《打造 19 世纪》（*Building the Nineteenth Century*, Cambridge: M. I. T. Press, 1996），47—49。

2 见利斯康布（R. W. Liscombe），《"我生命中的一个新纪元"：伊锡尔·汤恩在国外》（A "New Era in my Life"：Ithiel Town Abroad），载《建筑史家协会会刊》50（March 1991）：5—17。

3 关于这一合作关系，见牛顿（Roger Hale Newton），《建筑师汤恩与戴维斯：美国复兴主义建筑的先驱，1812—1870》（*Town & Davis, Architects: Pioneers in American Revivalist Architecture, 1812–1870*，New York: Columbia University Press, 1942）。

4 米尔斯的标准传记是加拉格尔（Helen Mar Pierce Gallagher）的《罗伯特·米尔斯：华盛顿纪念碑的建筑师，1781—1855》（*Robert Mills: Architect of the Washington Monument, 1781–1855*，New York: AMS Press, 1966; originally published in 1935）。参见由布赖恩（M. Bryan）编的文集《罗伯特·米尔斯》（*Robert Mills*, Washington, D.C.:American Institute of Architects Press, 1989）。引文出自米尔斯的手稿《罗伯特·米尔斯的建筑作品》（The Architectural Works of Robert Mills），收入加拉格尔《罗伯特·米尔斯》，168。

大楼 (Patent Office)（1836—1840）、财政部大楼 (Treasury Building)（1836—1842）以及邮政局大楼 (Post Office)（1839—1842），全都是结构完善、技术创新和具备防火功能的建筑物，简洁单纯，令人赞赏。米尔斯在弗吉尼亚和南卡罗来纳也建了若干重要建筑，正是在一些规模小得多的作品中，最为明显地展示了他作为设计师的才华，如查尔斯顿 (Charleston) 的郡档案馆 (County Record Building)（1821—1827）。

米尔斯留下了若干篇关于自己作品的文章和一部未完成的论著。在一篇原打算写成《弗吉尼亚建筑的进步》(The Progress of Architecture in Virginia) 文章的笔记中，他反对盲目模仿古代以及欧洲、亚洲与埃及的建筑样式。[1] 他鼓励建筑师研究他们"自己国家的建筑原型"，"不要将旧世纪的建筑作为样板。我们已经进入了历史新纪元，我们注定要引导潮流，而不是被引导。我们面对着幅员辽阔的国家，我们的座右铭是不断向上"。[2] 在他原打算撰写的专论《罗伯特·米尔斯的建筑作品》(The Architectural Works of Robert Mills) 的导言中，他在杰弗逊的"罗马风格"与拉特罗布的经过改进的"纯希腊"风格之间进行了区分，赞扬后者，也赞扬了斯图尔特与雷维特将"纯洁的希腊建筑风格"展示给世人。[3] 不过，在说到自己的革新时，他采取了一种较为实际的姿态，强调"实用与经济"，而且"既要和谐优美，又要切合实际"。[4]

斯特里克兰的希腊古典主义则相反，似乎是从更具表现性的冲动生发出来的。[5] 他在拉特罗布设计宾夕法尼亚银行的过程中接受了训练，而第一件委托任务是奇特的费城哥特式共济会大厦 (Gothic Masonic Hall)（1808—1811）。1812 年战争之后，他高调返回建筑行业，于 1818 年赢得了费城美国第二银行的设计竞赛，该建筑的计划书要求"质朴地模仿希腊建筑的最简单的形式"（图 53）。为此他设计了一座仿帕特农神庙的建筑，去掉了侧面的柱廊。此建筑建成后不久，就被一位外国访问者誉为"我在美国见到的最优美的建筑"，而库珀 (James Fenimore Cooper) 则认为，它是 19 世纪世界上第二美的建筑物，仅次于布龙尼亚 (Alexandre Théodor Brongniart) 设计的巴黎证券交易所 (Paris Bourse)。[6] 在斯特里克兰辉煌的职业生涯中，除了曾试验过埃及风格外，他一直忠实于希腊的建筑语言。

斯特里克兰也为费城建筑教育的起步发挥了重要作用。实际上，建筑师的训练长期以来是这座美国最大城市的一个问题。在 1790 年，这个问题写进了费城木匠行会的章程，1804 年该行会认真考虑了成立学校的问题，但不知何故被否决。1824 年，关于正规培训的事宜有了转机，提出应创建"宾夕法尼亚州弗兰克林学院以促进技艺"。"技艺"(mechanic arts) 这个术语指科学与构造。 [147]

1　米尔斯，《弗吉尼亚建筑的进步》，收入加拉格尔《罗伯特·米尔斯》，155。

2　Ibid., 156—157.

3　Ibid., 169.

4　Ibid., 170.

5　关于斯特里克兰，见吉莱里斯特 (Anges Addison Gilehrist)，《建筑师与工程师威廉·斯特里克兰：1788—1854》(William Strickland, Architect and Engineer: 1788–1854, New York: Da Capo Press, 1969; originally published in 1950)。

6　引自金博尔 (Fiske Kimball)，《美国建筑》(American Architecture, Indianapolis: Bobbs-Merrill, 1928)，98；以及安德鲁斯 (Wayne Andrews)，《建筑、抱负与美国人：美国建筑的社会史》(Architecture, Ambition, and Americans: A Social History of American Architecture, New York: The Free Press, 1978)，130。

图 53 斯特里克兰，费城美国第二银行，1818—1824。本书作者摄。

第一年就有 500 名成员加入弗兰克林学院，说明了这家学院工作的宗旨是"改善条件，提升社会劳动阶层的品格，其方法是为他们提供唯一有效的手段以实现这一目标，即**教育**"[1]。斯特里克兰是两位加盟弗兰克林学院的建筑师之一，后来被任命为建筑学教授。他在 1824—1825 年间至少做过 8 次讲座，这在美国建筑史上还是第一次。

这些讲座弘扬古典精神，广受欢迎。其中 6 次讲希腊建筑及柱式，1 次讨论托斯卡纳柱式。1824 年的第一次导论课生动展示了建筑的远大志向。在评述了印度、波斯和埃及建筑之后，他谈到了希腊人在"这门艺术中的技能与品位大大超越了此前与此后的所有民族"[2]。他描述了木建筑如何发展为石建筑，提到了埃尔金大理石雕像，以及斯图尔特与雷维特以"值得赞赏的努力"向世人展示的重要的雅典作品。他赞颂罗马人发明了拱券与圆顶，甚至还有哥特式的建筑，其巨大的尺度以及玻璃花窗的运用"产生了最辉煌最清澈的效果"[3]。"坚定的性格"(decided character) 似乎成为他文章的中心点："公共建筑的设计应该表现出建造它们的用途与目的；这样，当我们注视着一座教堂、银行、法院、监狱等建筑时，我们便可以从设计中的某些外在性格来理解它的形式，而不用借助于一块手绘的标牌或匾额"——尽管不排除使用寓意性的装

1 引自科恩 (Jeffrey A. Cohen) 的重要文章《创建一个学科：早期费城建筑教育的机构设置，1804—1890》 (Building a Discipline: Early Institutional Settings for Architectural Education in Philadelphia, 1804–1890)，载《建筑史家协会会刊》53 (1994)：142。

2 斯特里克兰，"导言"，由海恩斯 (Reuben Haines) 复制，Box 90, folder 65, Wyck Papers, Architectural Philosophical Society, Philadelphia, n. p.。

3 Ibid.

饰物。[1] 斯特里克兰最后评说了当下的建筑，指出，美国国会大厦"就规模与工艺水平而言，或许是我们共和国最伟大的工程"，尽管就美而言要比费城本地的宾夕法尼亚银行与美国银行略逊一筹。正是由于这些建筑，费城才有资格获得"古典之城的光荣称号"[2]。

　　1824 年加盟弗兰克林学院的另一位费城建筑师是哈维兰（John Haviland）（1792—1853）。[3] 他曾在英国接受训练，原想移居俄国，但最终于 1816 年定居于费城。由于项目不多，所以一开始他与艺术家朋友布里德波特（Hugh Bridport）办了一所建筑素描学校以维持生计。他们最初的成果是三卷本的《建筑师手册》（Builder's Assistant）（1818—1821），这是一套内容明确详细、插图精美的建筑师与木工教材。[4] 第一册内容全部是柱式、"古希腊罗马的最佳样本"以及"欧洲现代建筑"精选。[5] 这些内容反映在 1824 年晚些时候他们为弗兰克林学院制定的教学大纲中。哈维兰也是一位有天分的设计师。他于 1825 年为弗兰克林学院设计了新校舍，同年开始建造壮观的费城拱廊街（Philadelphia Arcade）（1825—1828）。它是第一座美国封闭式购物大通廊，模仿了伦敦成功兴建的伯林顿拱廊街（Burlington Arcade）（1818—1819）。

[148]

　　美国最后一位成功的古典建筑师沃尔特（Thomas U. Walter）（1804—1887）也是在费城起家的。[6] 他开始时跟父亲学做石工，那时父亲负责建造斯特里克兰第二银行。他在斯特里克兰事务所工作了一段时间，于 1824 年进入弗兰克林学院学习。1833 年他赢得了吉拉德学院（Girard College）的设计竞赛，这是他在职业上获得的第一次成功。这个项目的背后是该城的有趣人物之一比德尔（Nicolas Biddle）（1786—1844），他是一个神童，13 岁时毕业于宾夕法尼亚大学，18 岁时取得了普林斯顿古典文学学位，20 岁前往帕埃斯图姆和希腊旅行。他是美国第一份文学期刊《文件夹》（Port Folio）的编辑，于 1814 年发表了塔克（George Tucker）的文章。在当了一段时间的外交官之后，他被总统詹姆斯·门罗（James Monroe）任命为费城美国第二银行理事会成员，并为这家银行撰写了经典的设计竞赛计划书。1833 年他又成为吉拉德学院董事会主席，与沃尔特一道工作并改变了他为主体建筑——创始人大楼（Founder's Hall）所做的原初设计，将它变成了一座大型科林斯式神庙，其中包括了三层楼（加穹顶）的教室。几年之后，沃尔特为安达卢西亚（Andalusia）比德尔庄园（Biddle's estate）的主体建筑增建了帕埃斯图姆式的门廊。沃尔特的设计在多大程度上受到了

1　斯特里克兰，"导言"，由海恩斯复制，Box 90, folder 65, Wyck Papers, Architectural Philosophical Society, Philadelphia, n. p.。

2　Ibid.

3　关于哈维兰，见拜格尔（Matthew Eli Baigel），《约翰·哈维兰》（John Haviland, Ph. D. diss., University of Pennsylvania, 1965）。参见拜格尔的《约翰·哈维兰在费城，1818—1826》（John Haviland in Philadelphia, 1818–1826），载《建筑史家协会会刊》25（1966）：197—208。

4　哈维兰与布里德波特，《建筑师手册，包括建筑的五种柱式：古希腊罗马最佳样本精选，附有柱式的高度、突出部与剖面的具体尺寸，还有规模更大的各种或华美或朴素的线脚、圆花饰与叶饰》（The Builder's Assistant. Containing the Five Orders of Architecture: Selected from the Best Specimens of the Greek and Roman, with the Figured Dimensions of their Height, Projection, and Profile, and a Variety of Mouldings, Modillions & Foliage, on a Larger Scale, both Enriched and Plain, 3 vols. Philadelphia: John Bioren, 1818—1821）。

5　Ibid., 前言, vol. 3。

6　关于沃尔特，见恩尼斯（Robert B. Ennis），《建筑师托马斯·U. 沃尔特，1804—1887》（Thomas U. Walter, Architect. 1804–1887，2 vols. Philadelphia: Athenaeum, 1982）；参见布朗（Glenn Brown），《美国国会大厦的历史》（History of the United States Capitol，2 vols. New York: Da Capo Press, 1970; originally published in 1902）。

比德尔的制约仍是个有争议的问题，不过他在别处也十分优雅地运用了神庙形式，最突出的是查尔斯顿 (Charleston) 爱尔兰会堂 (Hibernian Hall)（1835）优雅的爱奥尼亚式门廊。他的最伟大的成就是坐落于国会大厦上的铸铁圆顶（1855—1865）。

1840 年，沃尔特接受了弗兰克林学院建筑教授职务，并在该年秋天开始发表系列讲座。最有教育意义的是 1841 年的第五讲，题为"论现代建筑"。他追溯了自文艺复兴之后的建筑发展历程，提到了法国的洛尔姆和佩罗、英国的琼斯和雷恩，以及钱伯斯和斯图尔特，说斯图尔特"在整个文明世界的建筑领域内确立了欣赏希腊之朴素优雅的品位"[1]。在美国，这种古典趣味的最佳实例是纽约市政厅、国会大厦的参议院大厅 (Senate Chamber) 以及拉特罗布的宾夕法尼亚银行，该建筑为人们带来了"极大的精神愉悦"，而且是"一座配得上他崇高天才的纪念碑"[2]。

不过沃尔特同时也提到，古典风格作为一场运动已经走向衰落了。一方面，他承认它的值得赞美的朴素现在已经变成了一种过分"贫弱"的风格，"一种将我们许多最好的街道变成砖堆的贫乏风格"[3]。另一方面，现代的发明与改良、雕版的扩散、蒸汽机及其对加快运输与知识传播的影响都在共同起作用，表明某种单一的或民族的风格已经过时了。任何风格或一套风格，从"埃及的体块风格"到"英格兰的尖顶风格"，都可以更为简便地被用来表现一座特定建筑的目的。除此之外，随着美国民主进程的推进与财富的增加，一种独一无二的美国建筑正越来越清晰地浮现出来，"不是那种在世袭君主制统治之下的宏伟壮观与奢华，而是一种更简单、更纯洁、更明确的品位——一种恰如标志着希腊共和国胜利历程的那种品味"[4]。他说，现在"人民就是贵族"[5]。

2. 19 世纪中叶前后的多元风格

[149] 在参与建造国会大厦圆顶 10 年之前，沃尔特就已提到了希腊复兴在美国的衰落，这反映了当代趣味的变化。到了 1840 年代初期，对希腊复兴的挑战就便出现了。移民的浪潮以及对替代风格的了解，都促使美国建筑实践更多地与欧洲的多元化风格保持一致。哥特式复兴从英国而来，是由美国教堂建筑运动所推动的。圆拱 (Rundbogen) 风格从德国而来，影响面很大。第二帝国风格则于 1850 年代晚期从法国而来。

与这些多元倾向同时出现的是工业化与社会冲突的共生现象，这在内战期间达到了顶

1 沃尔特文稿 (Thomas U. Walter Papers, Athenaeum of Philadelphia)，ms. p. 25.

2 Ibid., 37–38.

3 Ibid., 36.

4 Ibid., 61.

5 Ibid., 62.

点。工业化的加速促进了资本的成长和经济的迅速扩张，而内战除了导致大量奴隶的解放，还瓦解了整个国家的经济结构。现在经济与政治势力完全移向了北方，直到西部开发——更确切地说，直到向西部地区的扩张导致金钱与自然资源滚滚而来。

哥特式复兴并非是 1840 年代的一个新现象。事实上，准确地说，在纽约第二三一教堂（Second Trinity Church）（1788—1790）建造之时，哥特式就成了宗教建筑的首选风格。几乎所有古典建筑师都同时在做哥特式，尽管就其准确性与可信度而言水平有高有低。拉特罗布于 1805 年为巴尔的摩主教堂提交过一个哥特式设计，3 年后他成功地为首都建了一座哥特式教堂。戈德弗鲁瓦（Godefroy）于 1806 年在巴尔的摩建起了古典化的哥特式建筑——圣马利亚礼拜堂（Chapel of Saint Mary's）。布尔芬奇在波士顿赋予了他设计的联邦大街教堂（Federal Street Church）（1809）以一种暧昧的哥特式形态。还可以列举出十来座教堂，其设计大多"书生气"十足，利用了 18 世纪出版的资料，如吉布斯与兰利的出版物。

1830 年代情况开始迅速发生了变化，里克曼（Thomas Rickman）与布里顿（John Britton）的建筑史研究传到了美国。1830 年，耶鲁教授西利曼（Benjamin Silliman）在《美国科学与艺术杂志》上发表了一系列文章详尽讨论哥特式建筑，包括它的起源及结构原理。[1] 1836 年，历史学家克利夫兰（Henry Russell Cleveland）也讨论了哥特式风格，但发现它在美国有其局限性，因为造价太高。[2] 同年，佛蒙特州圣公会主教霍普金斯（John Henry Hopkins）出版了《论哥特式建筑》（Essay on Gothic Architecture）一书，其宗旨是向教会人士介绍这种风格。[3]

厄普约翰（Richard Upjohn）（1802—1878）在 1840 年代初为哥特式运动指明了更为清晰的方向。他是 1829 年移居美国的[4]，曾在出生地多塞特（Dorset）接受过细木工的训练，到美国生活于麻省新贝德福德。数年之后，他移居波士顿，进入了帕里斯（Alexander Parris）的事务所，协助他在缅因州的若干工程项目，包括班戈（Bangor）的圣约翰教堂（Church of Saint John）（1835—1836）。他的哥特式知识日益增长。1839 年，纽约三一教堂的教区长温赖特博士（Dr. Jonathan Wainright）请他监管日益老化的老教堂修复工作，这个项目于 1790 年完成。但此后不久情况就清楚了，该教堂存在着结构问题，于是便决定建一座新教堂（图 54）。

接下来发生的事情成为美国建筑史上引人注目的一章。[5] 厄普约翰准备了一系列设计图，

---

1 西利曼论哥特式建筑的文章（四篇之一）发表于 1830 年 6 月，no. 2。据皮尔逊（William H. Pierson）推断，这些文章具有强烈的智性色彩，或许得到了戴维斯或汤恩的帮助。见皮尔逊，《美国建筑与它们的建筑师：技术与如画式，企业风格与早期哥特式风格》（*American Buildings and Their Architects: Technology and the Picturesque, the Corporate and the Early Gothic Styles*, New York: Anchor Books, 1980），168—169，468 n. 4.30。

2 克利夫兰的书评发表于《北美评论》（*North American Review*）43（October 1836）：356—384。

3 霍普金斯，《论哥特式建筑，附有各种教堂的平面图与素描：主要为神职人员所设计》（*Essay on Gothic Architecture, with Various Plans and Drawings for Churches: Designed Chiefly for the Use of the Clergy*, Burlington, Vt.: Smith & Harrington, 1836）。皮尔逊在他的《美国建筑与它们的建筑师》（168—172）中深入讨论了西利曼、克利夫兰以及霍普金斯的看法。参见斯坦顿（Phoebe Stanton），《哥特式复兴与美国教堂建筑》（*Gothic Revival and American Church Architecture*, Baltimore: Johns Hopkins University Press, 1968）。

4 关于厄普约翰，见 E. M. 厄普约翰（E. M. Upjohn），《建筑师与牧师理查德·厄普约翰》（*Richard Upjohn: Architect and Churchman*, New York: Columbia University Press, 1939）。

5 见皮尔逊，《美国建筑与它们的建筑师》，49—205。

图 54　厄普约翰，纽约三一教堂，1839—1846。采自《三一教堂：1897 年 5 月 5 日两百年庆典》（*Trinity Church: Bicentennial Celebration, May 5th, 1897*，纽约，1897）。

最早的方案类似于班戈的圣约翰教堂。他研究了英国近年的发展情况、剑桥卡姆登协会的工作以及普金的著作。他 1841 年的最终设计带有一座前塔，十分类似于普金在《尖顶建筑或基督教建筑的真正原理》一书中提出的理想教堂式样，此书那时刚刚出版。厄普约翰知晓普金的设计，但他的设计在多大程度上基于普金则不清楚。不过，该教堂耸立于华尔街的起点上，至今仍然是一座里程碑式的建筑，它使美国哥特式复兴与英国的运动保持了同步。这座教堂的尖塔（多年来一直是该城最高的建筑物）、圣坛的垂直式窗户以及肋架拱顶（用石灰与板条建造）在形式上明确了什么是正确的哥特式风格，这在北美是前所未见的——尽管很快又有另一些教堂显示了普金的影响，如蒙特利尔的圣乔治教堂（St. George's），由富特勒（William Footner）始建于 1842 年。[1]

　　在厄普约翰对哥特式风格有所理解之后，又有了伦威克（James Renwick）（1818—1895）[2]，他多产的设计生涯始于 24 岁时为纽约神恩教堂（Grace Church）（1843—1846）所做的设计。该教堂的外观与三一教堂相似（如正面的塔楼与尖塔），但也有着重要的区别（神恩教堂平面为十字架形，建有流线型花格窗）。伦威克最重要的作品是纽约圣帕特里克主教堂（Saint Patrick's Cathedral），1853 年委托建造。在这里，哥特式更接近于法国式而非英国式。不过这座教堂曲折的设计史在本质上反映了伦威克的都市趣味与折中倾向，而不是明显的风格偏好。

[150]　　在 1840 年代，波士顿建筑师吉尔曼（Arthur Delavan Gilman）（1821—1882）强烈主张以哥特式风格替代希腊式。1844 年他为《北美评论》写了一篇书评，趁机就美国建筑的现状写了 44 页，实际上是对"虚弱幼稚的拉特罗布及其竞争对手"、斯图尔特与雷维特的《雅典古迹》（"糟糕品位的挖不尽的采石场"）以及接近完工的波士顿海关大楼（"如此不协调的、荒谬可笑的一

1　见爱泼斯坦（Clarnce Epstein），《英国殖民时期蒙特利尔的教堂建筑，1760—1860》（Church Architecture in Montreal during the British-Colonial Period 1760–1860, Ph. D. diss., University of Edinburgh, 1999），216—217。

2　见皮尔逊的《美国建筑与它们的建筑师》中论伦威克的一章，206—269。

堆东西")等建筑的一通普金式谩骂。[1] 吉尔曼的建筑黑名单并未就此终止，他继续抨击戴维斯、沃尔特以及几乎所有以古典风格从事设计的人的作品。相反，他赞赏普金新近出版的《尖顶建筑或基督教建筑的真正原理》一书中阐发的原理，但只限于宗教建筑。他特别欣赏厄普约翰的三一教堂"在我们的西岸升起，几近中世纪的壮丽辉煌。目睹着民族的财富、品位与虔诚这样一个实实在在的明证，真是令人高兴"[2]。至于别的建筑类型，他认为可以采用其他一些风格来建造，如他对琼斯、雷恩、范布勒、伯林顿、巴里等人的英国式文艺复兴风格表示认可。不过在他的职业生涯的这一阶段，他只是一个亲英派，后来又迷上了法国的第三帝国风格。

厄普约翰与伦威克具有相同的折中主义气质，都不局限于哥特式风格。在 1840 年代中期，他们以德国圆拱风格做试验，成功发起了美国罗马式复兴运动。采用此种风格的动力有两个，一是像泽勒（August Soller）与盖特纳（Gärtner）等德国建筑师的作品通过出版物为人所知，二是一批在德国接受训练的建筑师移居美国，尤其是在 1849 年政治动乱之后。[3] 在这一方面，厄普约翰以他为布鲁克林朝圣者教堂（Church of the Pilgrims）（1844—1846）、鲍登学院礼拜堂（Bowdion College Chapel）（1845—1855）以及哈佛学院礼拜堂（1846，未建）所做的圆拱设计，再一次预示了伦威克的设计。布鲁克林的教堂选用圆拱风格是美国公理会（American Congregational Church）的要求，该会规定其教堂风格要区别于圣公会所偏爱的英国哥特式。在这方面这个教派的初级读本是《教堂及牧师住所建筑图册》（A Book of Plans for Churches and Parsonages）（1854）一书。此书就风格问题并未表明官方态度，不过也的确提出了要将这些风格（哥特式与古典式）修改成英国乡村式、诺曼式或罗马式，以"适合各种不同的情况，而且几乎所有的修改都是对我国过去多年流行的那么多小型教堂及牧师住所的巨大改进"[4]。在书中提供的 18 件教堂设计中，有 4 件是圆顶风格，包括厄普约翰与伦威克画的两幅最大的设计图。[5]

在 1840 年代，以圆拱风格做设计的其他建筑师还有布莱施（Charles Blesch）（1817—1853）、利奥波德·艾德利茨（Leopold Eidlitz）（1823—1908）、塞尔策尔（Alexander Saeltzer）以及泰夫特（Thomas Alexander Tefft）（1826—1859）。布莱施曾在慕尼黑师从盖特纳，他与艾德利茨（曾学习于维也纳）一道设计了圣乔治圣公会教堂（St. George's Episcopal Church）（1846—1848），这是纽约城一度规模最大的教堂，以盖特纳的慕尼黑路德维希教堂为蓝本设计。[6] 塞尔策尔曾就读于柏林建筑学院，赢

---

1 吉尔曼（A. D. Gilman），《美国建筑》（Architecture in the United States），载《北美评论》（April 1844）：437—438，440。

2 Ibid., 463.

3 美国采用圆拱风格的第三个动力，是巴伐利亚君主路德维希一世与普鲁士君主腓特烈·威廉四世所做出的种种努力（始于 1840 年代）。见柯伦（Kathleen Curran）的《罗马式复兴：宗教、政治与跨国交流》（The Romanesque Revival: Religion, Politics, and Transnational Exchange, University Park: Pennsylvania State University Press, 2003）。

4 《教堂及牧师住所图册，在公理会全体大会任命的中央委员会指导下于 1852 年 10 月出版》（A Book of Plans for Churches and Parsonages Published under the Direction of the Central Committee appointed by the General Congregation Convertion, October 1852, New York: Daniel Burgess, 1854），13。

5 见斯蒂格（Gwen W. Steege），《建筑图册与美国早期罗马式复兴：建筑赞助研究》（The Book of Plans and the Early Romanesque Rivival in the United States: A Study in Architectural Patronage），载《建筑史家协会会刊》46（September 1987）：215—227。

6 见柯伦，《德国圆拱风格以及对美国圆拱风格的反思》（The German Rundbogenstile and Reflections on the American Round-Arched Style），载《建筑史家协会会刊》47（December 1988）：373。

得了纽约阿斯特图书馆（Astor Library）（1849—1853）的设计竞赛，其风格是罗马式的，大体上基于盖特纳的慕尼黑国立图书馆。罗得岛人泰夫特将圆拱风格作为主要风格，亨利－拉塞尔·希契科克（Henry-Russell Hitchcock）曾赞美他为普罗维登斯的联合火车站（Union Depot, Providence）（1847—1848）所做的著名圆拱设计是"新大陆最优美的早期车站"[1]。1851 年泰夫特在朴茨茅斯做了一个讲座，反思了他那个时代的建筑，赞扬国会大厦的外观，但认为室内"安排得很糟糕"。他赞扬厄普约翰的若干教堂，但批评了像灰泥加板条的天顶与假高侧窗等机巧的结构。他高度评价了"德国圆拱学派"，"在设计中采用了许多发明与原创，但要预测有好的结果还是要冒一点点风险"。[2]这句话的意思只是在若干页之后才明显起来，他强调了建筑必须"明白无误地表达它的目的"，并摆脱其物质性以实现精神的升华。用他的话来说，"用最简单但经久耐用的材料来建造建筑物——如果以合理的方式来装饰的话——其代价要比用丰富的装饰来美化不太经久耐用的建筑低得多，除此之外，品位也要高得多"[3]。他以自己设计的火车站说明了这一点。

圆拱风格在 1850 年代流行起来，那时德国移民蜂拥而至，他们来到纽约、费城以及许多中西部城市。例如，费城音乐学院（Philadelphia Academy of Music）的设计竞赛（1854）涌现了一大批罗马式设计，勒布伦（Napoleon LeBrun）与龙格（Gustav Runge）赢得了竞赛，后者是个新来的德国移民。[151] 对某些建筑师而言，从历史来看，古典式与哥特式已消耗殆尽，而圆拱风格则是一种替代性的现代选择。对其他人来说，它为世俗建筑提供了一种既经济又实用的方案，材料表现力强，在规划上也具有多种空间可能性。[4]不过圆拱风格昙花一现，当 1857 年经济危机爆发时便急剧衰落下去。经济萧条中止了大多数建设项目，迫使许多新来的欧洲移民打道回府。

始于 1861 年的美国内战对于建筑活动的影响同样是灾难性的，不过到那时，大项目中圆拱风格已被第二帝国风格所取代。理查德·莫里斯·亨特（Richard Morris Hunt）（1827—1895）的名字似乎成了这种风格的同义词，尽管这种联想有时也会产生误导。不过亨特的确成了新形成的建筑行业上层人士的一个缩影。[5]他是国会议员的儿子，拥有新财阀所能提供的一切特权：体面的家庭、良好的教育、广泛的旅行、与富豪的联姻，更不用说作为 1857 年成立的美国建筑师学会的创建人之一而得到了专业上的认可。他还是进入巴黎美院接受教育的第一个美国人，于 1846 年获准进入中级班。他是勒菲埃尔（Hector-Martin. Lefuel）的学生，后者曾于 1839 年获大奖，1854 年被任命为罗浮宫建筑师。亨特游历了意大利、西西里、埃及、巴勒斯坦、叙利亚和希腊，之后回到巴黎为勒菲埃尔工作了两年。1855 年亨特勉为其难地回到美国——在他生命的这一阶段，他更

1 希契科克，《19、20 世纪建筑》（*Architecture: Nineteenth and Twentieth Centuries*, Hammondworth, England: Penguin, 1977），138。

2 泰夫特，《培育真正的品味》（The Cultivation of True Taste），1851 年 10 月 25 日在朴茨茅斯做的讲座，罗得岛历史协会档案，fol. 13。

3 Ibid., fol. 19.

4 刘易斯（Michael J. Lewis）在《德国建筑师在美国》（The German Architect in America）一文中指出了这些要点，此文提交于 1988 年布朗大学的专题研讨会。

5 关于亨特，见贝克（Paul R. Baker）《理查德·莫里斯·亨特》（*Richard Morris Hunt*, Cambridge: M. I. T. Press, 1986）。

像是个欧洲人而非美国人。当时"比起巴黎来纽约有更多的奢侈住宅正在建造起来"[1]。或许以下事实同样也很重要，"所有法国事物"当时风行了起来——也就是说，在阿斯托尔家族（Astors）、范德比尔特家族（Vanderbilts）这样的暴发户圈子以及其他崇尚欧洲贵族趣味的冒牌者圈子中风行起来。

亨特在第一个 10 年中没有建造什么建筑物，他参加了右翼社会团体，建立了若干事务所，以法国工作室体系训练学生（以具备高级能力），利用业余时间画草图，或许最重要的是在纽波特（Newport）建起了他的别墅。他于 1867 年第三次前往欧洲旅行，回国后才开始实践所谓的"法国学院派建筑，这是一个风格流派，它将壮丽、庄严与某种纪念碑式的感觉作为其建筑必须具备的优点"[2]。尽管这种效忠有时转变为奢华而背运的"早期法国城堡"风格，但亨特仍是一位克制的、有天分的建筑师。 [152]

不过拿破仑三世的第二帝国风格，尤其是流行的芒萨尔式屋顶，在 19 世纪 50 和 60 年代确实繁荣一时，如伦威克的华盛顿特区科科伦美术馆（Cocoran Gallery）（1859—1871），布赖恩特（Gridley Bryant）的波士顿市政厅（Boston City Hall）（1861—1865，由吉尔曼 [Arthur Gilman] 设计），以及富勒（Fuller）与拉弗（Laver）的纽约议会大厦（始建于 1867 年）。

不应忽略的是，在这些年欧洲文化输入的过程中，工业方面取得了进步，美国的地理与自然环境也有了飞速的变化。1829 年，宾夕法尼业修建了第一条马车铁路，但到 1850 年一条蒸汽机车铁路已经越过密西西比河。到了 1869 年，一条横贯大陆的统一规制铁道线已经建成。华盛顿特区与巴尔的摩之间的第一条电报线建成于 1844 年。22 年之后，穿越大西洋的电报线已经投入使用。第一座有记载的球形框架建筑（balloon-frame structure）于 1833 年出现于芝加哥，很快又出现在西部的若干新城市中，尤其是旧金山。奥蒂斯（Elisha Graves Otis）在 1853 年纽约世界博览会上展出了他的升降机。1846 年，工程师罗柏林（John Augustus Roebling）建造了他的第一座悬索桥，跨越于匹兹堡莫农加希拉河（Monongahela River）之上。接着，在尼亚加拉瀑布（1855）和辛辛那提的俄亥俄河（1867）上又建起了更大的悬索桥。次年，他开始建造布鲁克林大桥（Brooklyn Bridge）。

博加德斯（James Bogardus）（1800—1874）所做的工作对于建筑实践有着重要的意义。[3] 他曾是纽约州北部地区的一个钟表匠（后来成为一名成功的发明家），1836—1840 年间生活在英国，了解了英国铸铁在建筑中运用的情况。1840 年他到意大利旅行，萌生了在建筑中采用标准铸铁构件体系的想法。1847 年他生活在纽约城，定下心来研究这个问题，两年内他找到资金建造了一座四层的铸铁框架结构的厂房和仓库，即杜安大街工厂（Duane Street Factory），将他的想法展示了出来。建筑外部环绕着管状的带槽多立克式铸铁圆柱，窗玻璃和拱肩镶板填补着柱间的空隙，

---

1 引自贝克，《理查德·莫里斯·亨特》，62。

2 Ibid., 58.

3 关于博加德斯，见马戈特·盖尔（Margot Gayle）与卡罗尔·盖尔（Carol Gayle），《美国铸铁建筑：詹姆斯·博加德斯的重要意义》（*Cast-Iron Architecture in America: The Significance of James Bogardus*, New York: W. W. Norton, 1998）。

整个室内结构都是铁制的。他建造的巴尔的摩太阳钢铁大厦（Sun Iron Building）（1851）更加高大，将全铁结构进一步向前推进。他向 1853 年纽约世界博览会提交了一个巨型运动场设计，中央圆铁塔有 300 英尺高。尽管他的方案没有入选，但促进了铸铁建筑这一新产业的出现。1850 年在加利福尼亚人拉什（Gold Rush）的资助下，这一产业迅速传向西部地区。

博加德斯等人的工作成果是对美国建筑行业的挑战。在向新成立的美国建筑师学会提交的第一批文章中，有凡·布伦特（Henry van Brunt）（1832—1903）撰写的《装饰性建筑中的铸铁》（Cast Iron in Decorative Architecture）（1858），文中号召人们支持这一新材料，批评妄自尊大的建筑行业对它的拒绝，"傲慢地坐在它的雅典卫城之上"[1]。他还质疑罗斯金的观点，即好的建筑就在于昂贵的材料和所花费的建造时间。他认为，"铁省钱，建造速度快，易于加工，现成就可以用"，这些确实是一个民主社会的重要属性。[2] 那时，布伦特已经被亨特的工作室所接纳。艾德利茨两周后提交了一篇文章，反对将铁运用于任何地方，除非用于次要的实用目的。亨特在他的讲座的结论部分为他的学生辩护。实际上，他后来以这种材料试验了百老汇大街上的两个店面，尽管是在 12 年之后才这么做的。[3] 凡·布伦特后来成为维奥莱-勒-迪克《建筑讲谈录》一书的第一位美国译者，并成为 19 世纪晚期美国最精明的建筑批评家。

3. 爱默生与格里诺

[153]　　　尽管 19 世纪中叶美国建筑师在文化上普遍依赖于欧洲的时尚与取向，但独特的美国感受力也悄悄地培育了起来。拉尔夫·沃尔多·爱默生（Ralph Waldo Emerson）（1803—1882）与格里诺（Horatio Greenough）（1805—1852）的观念代表了建筑理论发展的前沿。[4] 他们都是哈佛毕业生，但到后来才得以谋面。1821 年爱默生完成了学业，1825 年进入哈佛神学院去追随他的父亲，一位一神论牧师。1829 年他获得了波士顿第二教堂初级牧师的职位，但 1831 年他年仅 19 岁的妻子去世了，这使他重新考虑自己的生涯。1832 年他辞去了神职，到意大利、法国、英格兰和苏格兰旅行，充实自己的精神教育。当他返回马萨诸塞时，便住到康科特（Concord）投入了写作。在他周围聚集起一个称为"康科特超验论者"的圈子，其成员最终包括西奥多·帕克（Theodor Parker）、马格丽特·富勒（Margaret Fuller）、奥尔科特（Bronson Alcott）、索罗（Henry David Thoreau）以及惠特曼

1　布伦特的文章提交于 1858 年 12 月 7 日。见科尔斯（William A. Coles），《建筑与社会：亨利·凡·布伦特文集》（*Architecture and Society: Selected Essays of Henry Van Brunt*, Cambridge: Harvard University Press, 1969），79。

2　Ibid., 84.

3　艾德利茨的《铸铁与建筑》（Cast Iron and Architecture）一文提交时间为 1858 年 12 月 21 日。亨特设计的两间店铺位于百老汇大街 474—476 号（1871）以及 478—482 号（1874）。

4　关于这两人美学思想的最简明的研究依然是梅茨格（Charles R. Metzger）的《爱默生与格里诺：美国美学的超验开拓者》（*Emerson and Greenough: Transcendental Pioneers of an American Esthitic*, Westport, Conn.: Greenwood Press, 1954；重印，1974）。格里诺的传记，见娜塔丽娅·赖特（Nathalia Wright）的《霍雷肖·格里诺：美国第一位雕塑家》（*Horatio Greenough: The First American Sculptor*, Philadelphia: University of Pennsylvania Press, 1963）。

(Walt Whitman)。这个圈子逐渐发展起来，成为一股强有力的精神力量。[1]

1833 年，爱默生在他的佛罗伦萨工作室里第一次遇见了格里诺，后者于 1825 年完成了哈佛的学业，立即前往罗马研究雕塑，带了一封给托瓦尔森的介绍信。[2] 他加入了那里的国际学生社区，跟从佛罗伦萨古典主义者巴尔托利尼 (Lorenzo Bartolini) 学习。1832 年他接受了国会委托，为国会大厦的圆形大堂制作一尊华盛顿雕像。他将人物塑造成半裸体的坐像，未能得到认可，他后来的若干古典作品也是如此。爱默生曾经对卡莱尔 (Thomas Carlyle) 说，格里诺的"舌头巧言善辩，比起他用来雕刻的凿子灵巧多了"。不过他从格里诺那里吸取了许多美学观念。[3] 在 1856 年的《英国人的特性》(English Traits) 一书中，他更为真诚地说，这位现已亡故的雕塑家"是个有教养的人，热情而雄辩，他的所有观点崇高而豁达……他的论建筑的文章发表于 1843 年，提前宣告了罗斯金有关建筑**道德**的主导性思想，尽管他们关于艺术史的观点是对立的"[4]。

尽管格里诺从来不是爱默生圈子中的一员，但爱默生的超验观对我们理解两人之间的精神记录至关重要。爱默生理论的主旨可在他 1836 年的文章《自然》(Nature) 中见出，在此文中他第一次阐明了"圣灵"(Over-Soul / divine spirit) 这个准泛神论观念。人性只是"圣灵"的一种扩展或投射："站在空旷的大地上——我的大脑沐浴在愉快的空气之中并上升至无限的空间——一切粗俗的自私自利全都消失了。我变成了一只透明的眼球；我什么也不是；我看到了一切；宇宙万物之流在我周身流转；我是神的一部分，或是神的微粒。"[5] 他从康德那里借用了超验的观念，而康德采用超验论来说明一批理念——空间、时间、因果性——这些理念并非从经验中习得，而是来自于直觉，心灵通过直觉来组织感觉材料。爱默生将超验观念更简单地定义为唯物主义在哲学上的一个对应物，一种"过度的信仰"，这种信仰并不否定现实，而是将这个世界置于更深层次的精神意识之中："超验论者采纳了整个精神教义的联系。他相信奇迹，相信人类心灵永远向奔涌而来的光与能量洞开；他相信灵感，相信迷狂。"[6]

爱默生思想的另一个侧面可以在他的名篇《自助》(Self-Reliance) 中见出，此文发表于 1841 年。这一标题很快变成了美国人大无畏精神的座右铭。"自助"讲的不是物质与经济，而是指一个人或整个民族在精神上的自强不息。在这里，关于这个新世界的末世学或启示论愿景显露无遗——美国在人类救赎史中命中注定的角色。他指出："正是缺乏自我修养，所有受过教育的

1 关于超验运动的一般情况，见马蒂恩森 (F. O. Matthiessen)，《美国文艺复兴：爱默生与惠特曼时代的艺术与表现》(*American Revaissance: Art and Expression in the Age of Emerson and Whitman*, London: Oxford University Press, 1941)；以及博勒 (Paul F. Boller Jr.)，《美国超验论，1830—1860：一项智性调查》(*American Transcendentalism, 1830–1860: An Intellectual Inquiry*, New York: G. P. Putnam, 1974)。

2 格里诺在一封致奥尔斯顿 (Washington Allston) 的信中说，"托瓦尔森大大改变了我的看法——他寥寥数语就表达了对我的作品的看法——他让我自己思考我的艺术"。见《美国雕塑家格里诺书信集》(*Letters of Horatio Greenough: American Sculptor*)，娜塔丽娅·赖特编 (Madison University of Wisconsin Press, 1972)，7。

3 此信日期为 1853 年 4 月 19 日，收入《爱默生与卡莱尔通信集，1834—1872》(*The Correspondence of Emerson and Carlyle, 1834–1872*)，斯莱特 (Joseph Slater) 编 (New York: Aperature, 1980)，486。

4 爱默生，《英国人的特性》，收入《拉尔夫·瓦尔多·爱默生：论文与讲座》(*Ralph Waldo Emerson:Essays and Lectures*, New York: library of America, 1983)，768。

5 爱默生，《自然》，收入《拉夫尔·瓦尔多·爱默生》，10。

6 爱默生，《超验论者》(The Transcendentalist)，收入《拉夫尔·瓦尔多·爱默生》，106。

美国人才那么迷信旅行，他们的偶像是意大利、英格兰、埃及。"¹他继续说道："我们模仿；除心灵之旅外，模仿是什么？我们的房屋用外国的品位来建造；我们的搁架装饰着外国的纹样；我们的观点、趣味、能力追随着过去和远方……为何我们必须模仿多立克式或哥特式的典范？"²因此，他要求的是一种独立的美国文化，同时蔑视任何形式的唯信仰论怪癖或自由精英论：

> 优美、便利、崇高的思想，优雅的表现，这些离我们很近，正如离任何人很近。如果美国艺术家能怀着希望与爱心去研究他自己做的事情，考虑到气候、土壤、昼夜长度、人民的需要，政府的惯例与形式，他将创造出一种房屋，在其中所有人都会发现他们自己适得其所，欣赏品位与情感也会得到满足。³

[154]　　这种观念的建筑表述在 1841 年的另一篇文章中甚至更为清晰。对爱默生来说，艺术必须包含某种普世的、创造性的元素；艺术形态必须遵从于自然，同时作为自然构成力量的一种延续与扩展，是为了一个明确的目标而工作的"一颗心灵的复现"。因此，"适合"(fitness) 就是美的不可或缺的要素，即便在纯艺术中也是如此："我们在观看一座高贵的、富有韵律的建筑时，正如在听一首完美的歌曲，我们会感觉到它在精神上是有机的，也就是说，它存在于自然中有其必然性，是神的心目中的一种可能的形式，现在只是由艺术家发现并做了出来，而不是他任意而为的。"⁴有机的观念对爱默生而言，最终表述为材料与财力的"充分利用"(perfect economy)，严格而正确的使用。他还以一种清教徒式的口吻嘲弄一切外部装饰物："因此我们建筑的品位拒绝颜色和所有变化，要显出木头原本的纹理：拒用灰泥和没有承重功能的柱子，并允许房屋真正的承重构件显示其自身。每种必要的或有机的做法都会令观者愉悦。"⁵

　　格里诺进一步发展了有机的观念。尽管他接受了古典训练，但对美国的希腊复兴持强烈的批评态度。1836 年在访问美国期间他向一位朋友说："建筑折腾于顽固不化的希腊主义之中，代价巨大……这代价似乎只有修铁路才会被人接受。"⁶更值得注意的是他 5 年前从巴黎写给奥尔斯顿 (Washington Allston) 的一封信，有若干页谈到了建筑问题。在信的开头他就批评人们"普遍而盲目地赞赏"希腊学派——尤其是斯特里克兰最近完成的"费城帕特农神庙，嵌入一条街道的普通建筑之间——去除侧面柱廊，处处开孔采光，令人想起了一个高贵的俘虏，像是被截掉了双臂，夺去了饰物，和征服者的其他苦工一道劳作"⁷。他也并不迷恋哥特式，"既恢

1 爱默生，《自助》，收入《拉夫尔·瓦尔多·爱默生》，277。

2 Ibid., 278.

3 Ibid.

4 爱默生，《艺术思考》(Thoughts on Art)，收入《拉夫尔·瓦尔多·爱默生》(New York: Tudor Publishing, n. d.)，4:67。

5 爱默生，《生活的准则》(The Conduct of Life)，收入《拉夫尔·瓦尔多·爱默生》，1104。

6 格里诺于 1836 年 8 月 18—19 日致怀尔德 (Richard Henry Wilde) 的信，收入《格里诺书信集》，199。

7 格里诺于 1836 年 10 月致奥尔斯顿的信，ibid., 90。

宏又令人感伤"，取而代之的是他主张回到自然"这所真正的唯一的艺术学校"。[1] 1831 年，他将这一主张表述为适度地采用历史的形式，不过这些形式——就像一条船——应完全服从于实际功能的考虑，"我们希望每座建筑的外壳如它原本的样子，根据需求与便利来建造——如海中的船只——见过海船的人都会承认，在这样的工程中人类已最接近于他的造物主"[2]。

在这里，格里诺先于勒·柯布西耶近一百年将建筑与海船进行类比。他在 1843 年的一篇文章《美国建筑》（American Architecture）中再次使用了这种比喻，不过是在一个更大的理论框架中使用它。该文的主题是，是否"美国命中注定要形成一种新的建筑风格"，或是否美国会依然"满足于接受我们的建筑观念，就如同我们已从欧洲接受了服装与娱乐的时尚"。[3] 格里诺再一次谴责了希腊复兴和"小哥特式"，他说："这不是真实的事物，我们看到大理石柱头，我们追溯一种著名的原型莨苕叶饰——这是不可靠的，这不是一座神庙。"[4] 他用自然的比喻反驳道：动物的骨架（没有武断的比例）、天鹅、雄鹰和马的功能形状，这一切就进化而言都满足了他所谓的"适应法则"（law of adaptation）。在这里他再次用了海船的比喻："我们要用造船的那种责任心来建造我们的公民建筑，不久我们将会有优于帕特农神庙的大厦满足于我们的要求，正如**宪法号**或**宾夕法尼亚号**优于阿尔戈英雄（Argonauts）的大帆船一样。"[5] 关于建筑，他主张："不要将建筑的每类功用都强行塞进一种普遍的形式中，采纳一种外向的形状以满足眼睛或联想，不考虑内部的布局。让我们从核心开始，向外拓展。"[6] 应该指出，这种有机的方式，并非运用于"表现某个民族热情、信仰或趣味"的纪念性建筑，而只限于实用建筑："它们可以称作是机器，每台机器的形态都必须参照它的抽象的种属类型来塑造。"[7] 这就是格里诺著名的功能主义信条。

这种信条在他的一些书信以及于 1852 年发表的一些文章中得到了进一步阐述。这些文章的总标题是《一位杨基石匠的旅行、观察与体验》（The Travels, Observations, and Experience of a Yankee Stonecutter）。他在 1851 年 12 月 28 日致爱默生的一封信中翻新了他的结构理论：

> 对空间与形态进行科学安排以适应功能与处所——强调外貌要与功能上的重要**程度**相匹配——用严格的有机法则来决定并安排色彩及装饰——每个决定都要有一个明确的理由——完全排除凑合与虚构。[8]

1　格里诺于 1836 年 10 月致奥尔斯顿的信，收入《格里诺书信集》，88, 90。

2　Ibid., 91.

3　格里诺，《美国建筑》，收入《形式与功能：关于艺术、设计与建筑的意见》（Form and Function: Remarks on Art, Design, and Architecture），斯莫尔（Harold A. Small）编（Berkeley: University of California Press, 1974），51, 53。

4　Ibid., 56.

5　Ibid., 61.

6　Ibid., 61—62.

7　Ibid., 65.

8　格里诺于 1851 年 12 月 28 日致爱默生的信，收入《格里诺书信集》，400—401。

[155]

在《相对的美与独立的美》(Relative and Independent Beauty) 一文中，他明确成了爱默生派，反对"剽窃"席勒、温克尔曼、歌德和黑格尔的荣耀来掩饰自己的"粗俗"。现在美只是"功能的许诺"，建筑生产走下坡路的第一步就是"**引入了最初的无机的、非功能性的构件，无论是形状还是色彩。如果我被告知我的这种体系会产生光秃秃的效果，我接受这个预言。在这光秃秃中我看到的是高贵的本质而非虚假的装饰**"。[1] 在《结构与组织》(Structure and Organization) 一文中，他再一次捍卫自己的观点，否认他的体系会导致一种经济、廉价的风格，"不！这是所有风格中最昂贵的风格。它要耗费人的思想，大量的思想，不知疲倦地调查研究，不停顿地实验"[2]。

这种措辞在爱默生的圈子中激起了反响。1851 年，爱默生将格里诺的信拿给索罗 (Henry David Thoreau) 看，索罗在他的日记中记述道，爱默生"非常"赞赏，尽管他本人并不那么赞同格里诺的观点，并指责格里诺是个业余爱好者。[3] 不过，当索罗在数页之后概括自己的建筑观时，仍然透露出受到格里诺的影响："我了解到，我现在看到的建筑之美逐渐从内向外生长出来，出自居住者与建造者的性格与需要，甚至一点儿都没想到什么装饰。"[4] 索罗反对的是任何形式的装饰性建筑，他追求简单，偏爱"伐木工的棚屋"与"乡下的盒子"，即"居住者的生活像想象力所乐于接受的那样简单与惬意"[5]。若干年之后，他甚至设想——像第欧根尼 (Diogenes) 那样——做一种三英尺乘六英尺的盒子，钻几个孔以"透气"，为某人提供合适的藏身之所。[6] 他也嘲笑"专业设计师"这个概念："一种改进农舍建筑风格的行当！去盖你自己的房子吧，我说。"[7]

就建筑事务而言，格里诺的确不是索罗所谓的业余爱好者，他游历广泛，为人机敏，精通欧洲建筑。据说在 1820 年代他到达意大利时就已经熟悉了法国理性主义传统，在美第奇别墅他遇见了拉布鲁斯特。[8] 他也了解欣克尔的作品，这一点可在他向一位刚去过德国的朋友的问询中见出："如果你有空，请告诉我，在配置与适合，总之即**组织**方面，你对欣克尔这位建筑师的作品印象如何。这是未来建筑的萌芽。"[9] 鉴于他对于功能的强调，格里诺很可能熟悉梅莫编的洛多利版本，它出版于 1834 年。[10] 总之，格里诺是一位有学识的、目光敏锐的欧洲理论批评家，所以他对后来美国建筑理论产生影响便更易于理解了。

---

1 格里诺，《相对的美与独立的美》，收入斯莫尔编，《形式与功能》(*Form and Function*)，128。

2 格里诺，《结构与组织》，收入斯莫尔编，《形式与功能》，128。

3 索罗，1852 年 1 月 11 日，"日记第三则"，收入《亨利·戴维·索罗文集》(*The Writings of Henry David Thoreau*, Boston: Houghton Mifflin Co., 1968; originally published in 1906)，9:181。

4 Ibid., 182.

5 Ibid., 182–183.

6 Ibid., 240.

7 Ibid., 183.

8 见娜塔丽娅·赖特，《霍雷肖·格里诺》，188。

9 格里诺于 1839 年 11 月 16—18 日致萨姆纳 (Charles Sumner) 的信，收入娜塔丽娅·赖特编，《格里诺书信集》，268。

10 娜塔丽娅·赖特也讨论了格里诺接近"洛多利影响圈"的问题，见她的《霍雷肖·格里诺》，187。

4. 戴维斯与唐宁

　　索罗对改良"农舍建筑风格"的做法进行讽刺，这表明他了解同时发展起来的第二种主要建筑理论，这种理论以戴维斯（Alexande Jackson Davis）（1803—1892）与唐宁（Audrew Jackson Downing）（1815—1852）为代表。他们受到爱默生的影响，崇尚自然，强调建筑形式顺应于景观神韵。甚至在之后的若干年中他俩都得到了这位"康科特贤人"的支持。不过这个与爱默生思想相平行的运动，其起点并不是超验论，而是将要发展为具有美国特色的如画论美学观。

　　戴维斯实际上是 19 世纪美国最重要的建筑师之一，可与拉特罗布、理查森和沙利文相提并论。[1] 他出生于纽约城，在纽瓦克与纽约州中部地区长大，早年曾是他同父异母兄弟在弗吉尼亚亚历山大市开的一家报馆中的排字工，1823 年他返回纽约学习艺术，先后在美国美术学院（American Academy of Fine Arts）（特朗布尔 [John Trumbull] 为院长）、纽约素描协会（New York Drawing Association）以及国立设计学院（National Academy of Design）接受训练。在这些机构中，他遇到了莫尔斯（Samuel B. Morse）、皮尔（Rembrandt Peale），可能还有托马斯·科尔（Thomas Cole）。科尔的卡茨基尔瀑布（Catskill Falls）成了 1825 年美国美术学院展览最受瞩目的作品。戴维斯自己的创作逐渐转向了建筑画（钢笔淡彩）和插图。他曾进入布雷迪（Josiah Brady）的建筑事务所，一年后成为美国最有天分的素描画家之一。1827 年他遇到了汤恩，后者鼓励他从事建筑，并允许他利用自己的图书收藏。1827—1828 年间他游历了波士顿，在那里的雅典神庙图书馆（Athenaeum）中进一步学习建筑知识。1829 年他作为合伙人正式与汤恩合作。他虽很年轻，但已经是一位成熟的艺术家了。他极富天赋，素描技艺高超，博览群书。不过他并未停留在书本知识上，而是以纯绘画的眼光来看建筑。他的设计工具是尺度与比例、光与色调、纹理与色彩。

　　在 1830 年代前半期，汤恩与戴维斯走向了美国建筑实践的前沿。1831 年该公司赢得了印第安纳州议会大厦（Indiana State Capitol）（1831—1835）的设计竞赛，两年之后获得了北卡罗来纳州议会大厦（North Carolina State Capitol）（1833—1840）的工程项目。1833 年，戴维斯设计了纽约城最重要的新古典主义作品美国海关大楼（United States Custom House）（1833—1842）。在 1832—1834 年间，戴维斯还为华盛顿特区美国专利局设计了若干古典主义方案，最后一个方案向佩罗的罗浮宫东立面设计致敬。尽管他们的事业很成功，但还是决定于 1835 年分手，其原因是戴维斯不能很好地把握希腊古典主义语汇。在这些年中，他深深迷恋于美国的景观，这吸引他转向哈德逊河画派的作家和艺术家。他与杜兰德（Asher B. Durand）、托马斯·科尔（Thomas Cole）和威廉·卡伦·布赖恩特布赖恩特（William Cullen Bryant）成为朋友，定期与他们一起去卡茨基尔山（Catskills）和伯克希尔山（Berkshires）作"自然"之旅。他的建筑兴趣现在转向了住宅设计以及野外的别墅设计。

[156]

1　关于戴维斯的生平与工作，见佩克特（Amelia Pect）编，《美国建筑师亚历山大·杰克逊·戴维斯，1803—1892》（*Alexander Jackson Davis: American Architect 1803–1892*, New York: Rizzoli, 1992）；以及多诺霍（John Donoghue），《亚历山大·杰克逊·戴维斯：浪漫主义建筑师，1803—1892》（*Alexander Jackson Davis: Romantic Architect, 1803–1892,* New York: Arno Press, 1977）。

图 55　戴维斯，布利特伍德的游廊与地面、伯特唐纳森住宅。采自唐宁的《论适合于新美国的景观花园的理论与实践》（纽约，1841）。

　　戴维斯于 1836 年为罗伯特·唐纳森（Robert Donaldson）设计的住宅与门房是体现他兴趣转移的关键作品。两年之前，汤恩－戴维斯公司曾为唐纳森设计过一座火焰式住宅，是以英格兰教士会风格（English Collegiate Style）设计的。但唐纳森决定将这建筑前面的多树地皮卖掉。1836 年他购买了位于哈德逊河边的另一块地，就在巴里顿（Barryton）附近，那里现有一座住宅，新主人将它命名为"布利特伍德"（Blithewood），并请戴维斯进行改建（图 55）。戴维斯提出的方案很简单，以游廊将房屋的三边围起来，游廊以格架来支撑。他的著名游廊效果图表现的不是房屋，而是透过门廊看出去的景观，重在展现哈德逊河的优美风景。同时，他还设计了一个单纯的门房，采用了乡村农舍的风格。这是一座七室两层农舍，三个外露的山墙内配有装饰性封檐板。窗户上有挡雨板，门廊柱子为树干（支撑着第二层中央露台），这似乎的确具有"乡村风味"，但包含了重要的设计革新。它的木墙板垂直排列形成了木板条纹图样。

　　戴维斯将"布利特伍德"的游廊与门屋收入他的著作《乡村住宅》（Rural Residences）中，出版于 1837 年，于是它们的重要性首次得以彰显。戴维斯将乡村建筑类型分为六个部分，不过只有两个部分出版。这些手工上色的石版画表现了农舍、田庄、别墅和乡村教堂，配有简短的文字说明、平面图、造价估算及材料。这其实是一本设计作品集，在前言中他提到资料来源于"英格兰如画式农舍与别墅"，只是因为它们的平面与外形具有丰富多样的效果，具有指导意义。[1] 他指出，就美国的需求而言，英格兰的别墅尺度太大，造价昂贵；而英格兰的农舍"对

1　戴维斯，《乡村住宅》，前言（New York: Da Capo, 1980; originally published in 1837）。

于自豪的共和党人来说太过谦卑，不值得考虑"[1]。他进一步希望针对现今"美国人住宅的光秃秃的、了无生气的面貌"，做出具有地区特色的设计，加强住宅与自然景观的联系。这就是"布利特伍德"游廊的经验：一个遮风避雨的、可享受自然风景的处所。在美国文学中，甚至"别墅"这个词都是新鲜的。正如皮尔逊 (William H. Pierson) 所说，它现在的意思"不仅指一座住宅，而且指为有钱人以及有鉴别力的人所建的乡间房屋，其设计要设身处地地考虑到特定的自然背景"[2]。"布利特伍德""乡间农舍"的具有空间提示性的双轴线平面，具有重要的设计意义，是美国郊区发展中住宅类型的一颗种子，经过戴维斯后来几十年有意识的培育。这是日后郊区开发中发展起来的美国独具特色的住宅类型的一颗种子。

"布利特伍德"引起了唐宁的兴趣。[3] 1838 年这位年轻的园艺家从哈德逊流域的纽堡镇 (Newburgh) 出发沿河旅行，研究地产情况。到达"布利特伍德"时，唐纳森鼓励他写信给戴维斯，表示想去他的事务所并观看他的作品。当时唐宁正在撰写论景观花园的论文，要寻求建筑观念以充实自己的思想。戴维斯同意为他的著作提供建筑设计和素描，而唐宁则以文字的形式将他们共同讨论并发展起来的景观与住宅观念表述出来。他们的合作后来延续了 12 年。

实际上，唐宁是带着明确的使命来到戴维斯事务所的。他的父亲是位成功的苗木师。1838年唐宁和约翰·昆西·亚当斯 (John Quincy Adams) 的大侄女结婚，并开始建造一座颇为豪华的"伊丽莎白式"住宅，就在苗圃附近，这是他研究了劳登出版的《百科全书》和弗朗西斯·戈德温 (Francis Goodwin) 的《乡村建筑》(1835) 之后设计的。所以，唐宁的《论景观花园的理论与实践》(Treatise on the Theory and Practice of Landscape Gardening) (1841) 一书来源于这些材料以及英国的其他资料就不奇怪了。该书的标题和许多审美原理，甚至书的版式，都来源于雷普顿 (Humphry Repton) 的《关于景观园林设计理论与实践的意见》(Observations on the Theory and Practice of Landscape Gardening) (1803)。不过唐宁的书并非是简单的移植，而是具有典型的美国特色，开篇的献辞献给亚当斯"这位乡村风情的爱好者，杰出的爱国者、政治家和贤者"[4]。唐宁的目标是使母邦的，即英格兰的文化根基及其园艺原则"适合于"美国特定的土壤与气候以及美国人的政治抱负：

[157]

> 因此，无论如何都要引导人将居住地周围舒适与优雅的生活品质聚拢起来，增加地方的诱人之处，使得居家生活更令人身心愉悦。这不仅是为了增进他本人的享乐，而且

---

1 戴维斯，"Address"，哥伦比亚大学艾弗里图书馆 (Avery Library)，戴维斯收藏馆。引自简·B. 戴维斯 (Jane B. Davies)，《亚历山大·J. 戴维斯，创造性的美国建筑师》(Alexander J. Davis, Creative American Architect)，收入佩克特，《亚历山大·杰克逊·戴维斯》，14—15。

2 皮尔逊，《美国建筑与它们的建筑师》，298。

3 关于唐宁的生平与思想，见斯凯勒 (David Schuyler)，《品位的使徒：安德鲁·杰克逊·唐宁，1815—1852》(Apostle of Taste: Andrew Jackson Downing 1815–1852, Baltimore: Johns Hopkins University Press, 1996)；以及塔特姆 (George B. Tatum) 与麦克杜格尔 (Elisabeth Blair MacDougall) 编，《荣耀的先知：安德鲁·杰克逊·唐宁的职业生涯，1815—1852》(Prophet with Honor: The Career of Andrew Jackson Downing, 1815–1852, Philadelphia: Athenaeum of Philadelphia, 1989)。

4 唐宁，《论景观园林的理论与实践：适合于北欧地区，着眼于改良乡村住宅等》(A Treatise on the Theory and Practice of Landscape Gardening: Adapted to North America, with a View to the Improvement of Country Residence, etc., New York: Wiley & Putnam, 1841; 重印，Washington, D. C.: Dumbarton Oaks, 1991)，献辞。

是为了强化他的爱国心，使他成为一位更好的公民。再没有其他工作或娱乐活动可以为心灵提供更大更永久的满足感了。这就是养育土地，美化我们自己地产的满足感。[1]

可以料想到，唐宁这本书的内容完全是关于景观问题以及各种美国树木与植物的，不过在接近书的结尾处他加入了论"景观或乡村建筑"一章，表达了他对于建筑的观点。他先是对城市建筑与乡村住宅作了区分。对于城市建筑他"没有什么意见"，但认为乡村住宅"一点也没有考虑到与周边环境相适应"，其现状不能再糟糕了。[2] 一座乡村住宅应具有怎样的特色？一座值得认可的住宅"不仅提供宽敞的空间，使乡居生活舒适便利，而且那些具有变化的、如画式的形态与轮廓，它的门廊、游廊等，也要与周围的自然环境联系合理或谐调一致"[3]。其主导性原则是，第一，看上去合乎情理；第二，表现出目的；第三，展现出某种特定的建筑风格。

在他的下一本书《农舍》(Cottage Residences) 中，这些原则得到了更加细致的阐述。此书出版于 1842 年，题献给唐纳森，也是一部出色运用戴维斯天才之作的著作。它的主题是乡村建筑，最初的版本包含了 9 件原型设计，2 件基于戴维斯的项目，1 件基于诺特曼 (Notman) 的设计，7 件基于唐宁画的速写。在这最后一组设计图中，戴维斯选取了唐宁的一些速写，调整了比例与细节，画成了完整的板上素描。在前言中唐宁表明，他想要"为改进住宅建筑做点事情"，"激发所有人对优美形式的爱好"。他希望通过呈现出"紧凑、便利和舒适的住宅"来达到这一目的。[4] 总之，他希望"在不远的将来，我们国家的住房能与'英格兰乡间住宅'一比高下，得到广泛而公正的赞扬"[5]。

[158]

该书的开头一章"建筑提示"将《关于景观园林的理论与实践的意见》一书中提出的三项原则做了发挥。第一项原则适合 (fitness) 不只关注于平面布局的舒适与便利（如何利用小间等），也关注于适合的材料，木头（最不经久的）、砖、石构成一个上升的等级系列。对于目的的表现就是指真实的表现，也指如色彩一类的问题。设计者要避免用明亮炫目的色调，用普赖斯的话说，要寻求"那种本身就那么美的成熟的金色"[6]。风格的表现多少相当于"和某种建造方式相联系的情感"，具有其他一些审美特征，如统一性、形式上的规则性以及唐宁所谓的各部分"均衡的不规则性"（非对称均衡）。风格并不具有天生的美，而是通过其情感获得意义。他运用语言学的比喻来陈述自己的观点：民居建筑不需要史诗般崇高的形式语言，最适合于使用"日常"语言，如"乡间哥特式农舍"或"意大利式别墅"等语言。同样，风格不应过分追求传统惯例，而应是一种总体的如画感觉，这种感觉来源于那些看似微不足道的但具有功能性的细节："关于民居，我们强烈推荐那些由各种建筑风格简化而来的变体。美来自于对房屋某

---

1 唐宁，《论景观园林的理论与实践：适合于北欧地区，着眼于改良乡村住宅等》，iii。

2 Ibid., 297.

3 Ibid., 298.

4 唐宁，《维多利亚式农舍》(*Victorian Cottage Residences*, New York: Dover, 1981; originally published in 1842)，vii, viii。

5 Ibid., ix.

6 唐宁的引文引自普赖斯的《论如画》(*Essays on the Picturesque*)。

些有用的或优雅的构件的美化，如窗户或游廊，而不是那些抢眼的、缺少居家之美的、对建筑其他部分起支配作用的构件。"[1]

戴维斯的设计图与素描与正文配合得十分协调。尽管唐宁反感木结构，但木质材料还是出现在许多设计图中。还有一幅戴维斯的披叠板技术插图，展示了这不为人所熟悉的新构造型制。建筑设计图中的其他构件，如无所不在的游廊、室内烟囱组合、封檐板的装饰性处理以及带有装饰性垂饰的上楣（在视觉上缓和了形体的直线效果），也都是戴维斯设计的。唐宁对他自己的"悬臂式农舍别墅"的设计尤其兴奋，通过对它的仔细研究，"一位心灵手巧的建筑师就可以创造出一种**美国式农舍风格**"（图 56）[2]。

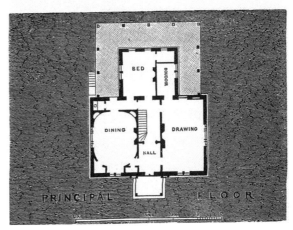

图 56　"一座以托臂方式建造的农舍"。采自唐宁的《农舍》（纽约，1842）。

1843 年，吉尔曼（Arthur Gilman）在对唐宁头两本书的评论中，赞赏作者对于风格的宽容态度，尤其赞赏悬臂式农舍别墅。他认为，在美国"人人都对永恒的希腊式感到疲倦"，"就农舍而言，哥特式也气数已尽了"。唐宁已表明"也许会有一些合适的形式，并非是盲目借用其他任何形式，也并非挑剔地拒绝它们的长处"。[3] 其范例之一便就这种"美国农舍风格，它将非常适合于我们的需要，与我们的景观那么协调，那么顺眼，以至它会逐渐排挤掉所有其他风格，成为这个国家流行的住宅建筑"[4]。他进而赞扬了飘窗、装饰性山墙、优雅的屋顶托架（brackets）以及低调的色彩——总之除了处处都有的游廊之外（他认为游廊遮挡了太多的室内光线），他赞扬所有的一切，除了一点小小的保留。他认为这些设计"总是优美的，不单单是精致优雅生活的装饰物，也是这种生活的标志与表现"[5]。

到了 19 世纪中叶，戴维斯和唐宁的事业有了新进展。戴维斯成了美国的主要住宅建筑师，正如之后的赖特一样，他为国家建筑实践树立了一块样板。他通过邮件将设计图出售给

---

1 唐宁的引文引自普赖斯的《论如画》，23。

2 Ibid., 设计图 V. 89.

3 《北美评论》118（January 1843），Arthur Gilman's，10。

4 Ibid., 10–11.

5 Ibid., 9.

遍及美国各地的客户。唐宁则加快了写作的步伐，他在 1846 年卖掉了苗圃，并接手了《园艺家》杂志 (The Horticulturist) 的编辑权。次年他出版了《美国建筑师须知》(Hints to Persons about Building in the Country) (1847)，这是与怀特威克 (George Wightwick) 的《年轻建筑师须知》(Hints to Young Architects) 一书合并出版的。[1] 该书主要重申了他的早期观点，同时更激烈地"拒绝一切不符合我们社会与家庭习惯的风格变体"[2]。唐宁将他的关注点更多集中在建筑上，在 1848 年时提出与戴维斯建立正式的合伙关系，但后者似乎拒绝了。1850 年 7 月唐宁前往英国，特地要寻求一位建筑师伙伴，结果找到了沃克斯 (Calvert Vaux) (1825—1895)。两个月前，即 4 月，唐宁与戴维斯完成了他们最后的合作项目，《乡村住宅建筑》(The Architecture of Country Houses) (1850)。

[159] 一般认为此书是他们合作的最高成就，如果从收入的设计图数量之多、范围之广来看，也确实如此。唐宁此时感到，将规模较小、造价较低的住宅问题呈现出来迫在眉睫，因此将书分成了村舍、农舍与别墅三个部分（村舍指"为一个家庭所用，这个家庭要么自行料理家务，要么最多请一两个仆人协助"，而别墅则指"拥有相当资产或财富人士的住所，其建造与维护具有某种高雅的品位"）[3]。一些村舍的规模实际上要小于他的定义，或许是为普通雇工设计的。所以在这方面唐宁就成了造价低廉的木建筑以及戴维斯的木披叠板技术的提倡者。相反，许多别墅（例如厄普约翰设计的纽波特爱德华·金的公馆 [King house]）则接近于一座公寓的规模，这表明了许多美国人的财富在增长。

这本书在理论方面不太成功。唐宁写了篇雄心勃勃的导论，"论建筑的真正含义"，是他读了罗斯金的《建筑的七盏明灯》(1849) 之后不久写的，表明他明显受到此书的很大影响。例如他用来解释乡间绅士应拥有良好住宅的三个理由，充满了罗斯金伦理的意味。这三个理由

[160] 是：(1) 良好的居住条件是教化的有力手段，(2) 它具有巨大的社会价值，(3) 它可以产生道德影响。他写道，"家庭情感具有千丝万缕的联系，它像一只有力的锚，将处于生活风暴中的许多人从甲板上救下来"，因此一座住宅"应象征着最好的角色与职业以及社会生活中最珍贵的情感与乐趣"。[4] 这种乐观主义具有生态学的基础，当然是唐宁最大的成就之一。当然，斯卡利 (Vincent J. Scully) 也认为他在美国"创立了非对称的、如画式的设计，并为规划与空间组织的一整套实验新序列奠定了基础"[5]。

唐宁生命短促，带有悲剧色彩。当他于 1850 年和沃克斯从英格兰回国时，开始势头很好，首先是赢得了国会林荫道 (Capitol Mall) 的设计竞赛，他和同伴提出了一个弯弯曲曲的准如画式方案。不过，当此方案在次年实施时，在华盛顿遇到了许多政治上的抵制。1852 年 7 月 28

1　《年轻建筑师须知，其目的在于帮助他们进行实际操作，乔治·怀特威克著……附有额外的注释，以及美国建筑师须知，A.J. 唐宁著》(Hints to Young Architects, Calculated to Faciliteate their Practical Operations by George Wightwick... with Additional Notes, and Hints to Persons about Building in the Country, By A. J. Downing, New York: Wiley & Putnam, 1847)。

2　Ibid., 20.

3　唐宁，《乡村住宅建筑》(New York: Dover, 1969; originally published in 1840)，40，257。

4　Ibid., xx.

5　斯卡利，《木瓦风格与木棍风格：从唐宁到赖特之源的建筑理论与设计》(The Shingle Style and the Stick Style: Architectural Theory and Design from Downing to the Origins of Wright, New Haven: Yale University Press, 1971)，xxxix。

日，唐宁乘坐的轮船亨利·克莱号 (Henry Clay) 在哈德逊河上失火，70 人溺水而死，他是其中之一，年仅 36 岁。工程很快便被取消了。

不过，唐宁的民居和如画式的遗产是巨大的。1852 年，费城建筑师斯隆 (Samuel Sloan) (1815—1884) 出版了两卷本的《模范建筑师：村舍、别墅和郊区住宅原创设计系列》(The Model Architect: A Series of Original Designs for Cottage, Villas, Suburban Residences)，其设计与表现方式继承了唐宁的传统。[1] 在这一传统中，沃克斯的《别墅与村舍》(Villas and Cottages) (1857) 是一部更为扎实的著作，记录了唐宁和沃克斯的合作成果，并向前推进。沃克斯十分强调好设计的经济性、熟练处理各种形态的重要性以及和谐的比例、适合性和多样性。现在沃克斯沐浴在爱默生的精神之中，赞扬共和党人对"与迷信、罗马天主教教义或贵族紧密联系在一起的浮华与空虚"的厌恶，以及对"那时存在的如温室里纤细的植物，只是满足极少数精英人士享乐需要"的欧洲艺术的厌恶。[2] 在谈到"风格"问题时，这位移民大力提倡培育一种纯本土的，从特定气候、习俗（个性）和民主政治制度生发出来的美国建筑。对于沃克斯而言，建筑就成了他追求处于发展中的新社会之民粹主义与热爱自由的一块"磐石"："在美国，这块磐石支配着无边无际的前景。不采用最自由的手段，不具备最宏大的志向，不包括最高贵的制度，不拥有释放人性的最纯粹最优美的艺术，要想在这块磐石上建造起适合的、经久的大厦，将是不可思议的事情。"[3]

奥姆斯特德 (Frederick Law Olmsted) (1822—1903) 于 1857 年成为沃克斯的合伙人，其观点也受到了唐宁的影响。他原是康涅狄克州本地人，吸收了英国如画思想，同时吸收了美国爱默生和索罗的超验主义传统。他后来外出游历，是第一个到中国的人，那时他 23 岁。1847 年，奥姆斯特德开始在斯坦顿岛 (Staten Island) 上建立试验农田并取得了成功，这促使沃克斯于 1857 年邀请他入伙，参与纽约中央公园的设计竞赛。他们的方案获胜，部分受到唐宁与沃克斯早先为国会林荫道所做方案的影响。这就拉开了他俩（时分时合）成功的职业生涯的序幕。后来他们又获得了布鲁克林、费城、蒙特利尔、华盛顿特区、旧金山等地的公园设计项目。

5. 理查森与沙利文

在内战之前，美国建筑界存在着若干相互冲突的理论立场。杰弗逊的传统在 19 世纪上半叶发展为一种流行的"希腊式"风格，到 1860 年代已经失去了吸引力——除了首都国会大厦还在建筑过程之中。到那时，爱默生与索罗的超验主义传统以及格里诺的美学已经奠定了相当

---

1 斯隆，《模范建筑师：村舍、别墅和郊区住宅原创设计系列》，2 vols. (Philadelphia: E. S. Jones & Co., 1852)；重印题为《斯隆的维多利亚式建筑：56 个民居与其他建筑的插图及底平面图》(Sloan's Victorian Building: Illustrations of and Floor Plans for 56 Residences & Other Structures, New York: Dover, 1980)。
2 沃克斯，《别墅与村舍：准备实施于美国的系列设计》(Villas and Cottages: A Series of Designs Prepared for Execution in the United States, New York: Dover, 1970: originally published in 1857)，28。
3 Ibid.

坚实的理论根基，但对实践几乎没有什么影响。此外，唐宁与戴维斯的自然主义观念已经开辟了一条发展路线，最终与飞速发展的家庭住宅结合起来。不过，在新发展起来的大都市的中心，建筑师，尤其是东北地区的建筑师，却更紧张地与欧洲风格时尚保持同步。少数例外的建筑师，往往发现自己在专业上是孤立的，甚至心生怨恨，如戴维斯。他退出了新成立的美国建[161]筑师学会，表达了反对学会专注于盛期哥特式和法国风格的立场。然而，实际上压力持续存在着，这就使得战后的设计以及一些有天分的建筑师被打上了美国的印记。

弗兰克·弗内斯 (Frank Furness) (1839—1912) 的新鲜而富有生气的风格，表明了这一代人更宏大的抱负。[1] 他的父亲威廉·亨利·弗内斯 (William Henry Furness) 是马萨诸塞州的一位有名的唯一神教派的牧师、废奴主义者，爱默生的同学和终身好友。在威廉·弗内斯将自己的牧师工作以及家庭迁到费城之后，爱默生仍然对弗兰克的早期发展十分关注，有一次甚至送给他一个立体观景器作为礼物，以激发他对于自然以及建筑的爱好。[2] 借助父亲的声望，弗内斯于 1858 年被亨特的私人工作室接收，在那里他遇到了艺术方面的挑战。他计划到巴黎去学习，但内战爆发了。在 1861—1865 年间他作为纳什上校著名的枪骑兵团的一名骑兵军官，表现很英勇，获得了勋章。1865 年他返回亨特工作室，但一年后离开了，去费城开了一家事务所。

1871 年弗内斯获得了第一个重要的委托项目，当时他与休伊特 (George Hewitt) 合作，赢得了宾夕法尼亚美术学院 (Pennsylvania Academy of Fine Arts) 的设计竞赛。这座建筑是一件新颖的、杂交式的作品，两人共同设计。弗内斯在早年实践了他曾在亨特事务所学到的东西：一种法国设计方法，强调构图与中轴线并结合适度的装饰细节。相反，休伊特接受的是罗斯金维多利亚手法的训练，注重哥特式形式以及色彩丰富之材料的展示效果。宾夕法尼亚美术学院项目将这些不相干的要求组合起来，成为这一世纪最耀眼的创造之一。色彩斑驳的入口立面、第二帝国式的中央主体建筑与凹凸不平的青石和平滑的砂岩、抛光的花岗石、红黑相间的砖面、椭圆形的窗户、古典式的浮雕等交织在一起——肌理效果的协调配合，有如一台戏剧，同时大体合于古典比例。更为诱人的是主楼梯大厅，辉煌的色彩来源于天光以及星光闪烁的深蓝色天篷，而天顶则坐落在泥金的尼罗河红的帆拱之上。在这里，采自法国与英国资料的花卉图样以雕刻、铸造、锻打和缕雕的方式制成，与抛光的大理石矮胖圆柱、奔放的花饰柱头、彩绘的铸铁圆柱及大梁一起，构成了华丽的展示效果。这座建筑既非维多利亚式，也非法国式，亦非伊斯兰式，而是一件采自不同传统母题与形式的、有意为之的戏仿之作。

大体而言，夸张的肌理效果成了这家公司的设计风格。不过在休伊特因病于 1876 年离开之后，多彩效果减弱了。在许多银行、火车站、住宅、百货公司和写字楼的设计中，弗内斯的

---

1 关于弗内斯的生平与工作见奥格尔曼 (James F. O'Gorman)，《弗兰克·弗内斯的建筑》(*The Architecture of Frank Furness*, Philadelphia: Philadelphia Museum of Art, 1973)；以及刘易斯 (Michael J. Lewis)，《弗兰克·弗内斯：建筑与狂暴的心灵》(*Frank Furness: Architecture and the Violent Mind*, New York: W. W. Norton, 2001)。

2 刘易斯，《弗兰克·弗内斯》，14—15。

形态及装饰母题向外部扩展，自由地加以抽象化。他设计的宾夕法尼亚大学图书馆（1888—1890）以砖、砂岩和赤陶构成了红色调子，这是他最后的杰作。芒福德 (Lewis Mumford) 曾指出，他创造的形态的优点"源于对正确性的挑战"，这四层阅览室以及这座建筑的巨型铁梁，就像是一个士兵在面对另一波精致的美术"文化"时的反抗行为。[1] 弗内斯的遗产就在于他的建筑从不假装是高级艺术。

理查森 (Henry Hobson Richardson)（1838—1886）与弗内斯大致处于同一时代。在他的作品中可以看到一种类似的夸张效果，虽然说不上什么个性。[2] 实际上他们两人在战后便相遇于纽约，双双加入了美国建筑师学会。弗内斯刚从战场归来，而理查森是个南方人，来自路易斯安纳，在巴黎学习建筑之后来到纽约。两人之间还有另一层奇特的关系，理查森是著名化学家、唯一神派牧师普里斯特利 (Joseph Priestly) 的曾孙，后者于 1794 年迁居美国，定居于费城，建立了唯一神教派的牧师职位。后来弗内斯的父亲继承了这一教职。

人们经常用"体块""实在""沉重"这样的词汇来描述理查森的建筑，若近距离观看，这些词都不足以令观者想象到巨大的尺度。在他的建筑中没有细小琐屑的东西，他本人是个大汉，体重 300 磅，腰围很大，这是他贪食香槟与奶酪的结果。人们常称他是创立了一种独特美国风格的建筑师，一位赢得欧洲同行认可的建筑师。"理查森罗马式"是一个常用的建筑术语，不过若对他的整个工作进行细致的研究，这种说法就有问题了。他的灵感更多源于现代而非历史，问题并不简单。

理查森是路易斯安纳州一个种植园主的儿子，1859 年毕业于哈佛。他班上共 99 人，其中 6 个是南方人，他是其中之一。哈佛为他提供了渠道与未来的委托人。他毕业后立即去了法国，想进入巴黎美术学院。1860 年 11 月他注册于安德烈 (Louis-Jules André) 的工作室，在第一次努力失败之后于同年入学。他在这所学院的情况不太清楚，部分原因是 1861 年内战爆发，切断了他的经济来源。这一年他返回波士顿，思考是在那里开业还是回到南方。但他最终决定在巴黎学习才是最好的选择。于是他再次回到巴黎，在拉布鲁斯特事务所找到一份工作维持生计，后者是亨利·拉布鲁斯特的弟弟。1864 年，他因参与骚乱而被捕，这件事发生在听了维奥莱-勒-迪克那备受争议的短命系列讲座中的一次演讲之后。这群吵闹的学生与作家戈捷 (Théophile Gautier) 一道被拘留了一夜，关在同一间牢房里。

1865 年理查森没有回路易斯安纳，也未到波士顿，而是来到纽约，为他的新妻子及家族在斯坦顿岛建了一座带有芒萨尔式屋顶的房子，之后与奥姆斯特德 (Olmstead) 结下了终生友谊（后者就住在附近），并建立了事务所。开始时他与甘布里尔 (Charles Gambrill) 合伙。他最早设计

[162]

1 芒福德，《当代建筑之根》(*Roots of Contemporary Architecture*, New York: Dover, 1972)，7。
2 关于理查森的文献极其丰富，有许多杰出的研究成果，其中之一便是伦塞勒 (Mariana Griswold van Rensselaer) 的《亨利·霍布森·理查森和他的作品》(*Henry Hobson Richardson and His Works*, New York: Dover, 1969; originally published in 1888)；希契科克 (Henry-Russell Hitchcock)，《理查森的建筑与他的时代》(*The Architecture of H. H. Richardson and his Times*, Cambridhe: M. I. T. Press, 1961, originally published in 1936)；奥格尔曼，《活的建筑：理查森传》(*Living Architecture: A Biography of H. H. Richardson*, New York: Simon & Schuster, 1997)。

的位于马萨诸塞州的两座教堂，即斯普林菲尔德（Springfield）的统一教堂（Church of the Unity）（1866—1869）和梅福德（Medford）的神恩教堂（Grace Church）（1867—1869），是英国哥特式的。神恩教堂富有表现力的卵石墙壁为后人所模仿。他设计的布拉特尔广场教堂（Brattle Square Church）（1869—1873）脱离了哥特式，采用了圆拱风格的设计，高度创新的角塔主导着花窗、圆拱门廊和方石墙面的随机图样，像是在守卫着街道的十字路口。在该建筑叠涩结构的顶层之下，他设计了巨大的圣徒装饰带，表现了圣礼场景（由巴托尔迪 [Auguste Bartholdi] 在现场雕刻）。各角落上建起了扶垛，表现了吹着号角的镀金天使形象。这是这塔楼功能的寓意性表现，与惠特曼的《神秘的号手》（The Mystic Trumpeter）（1872）的构图相一致。

如果说布拉特尔广场教堂使理查森在他的同行中扬名，那么他为附近三一教堂（Trinity Church）做的竞赛设计（1872）——在亨特、韦尔与布伦特、皮博迪（Peabody）与斯特恩（Sterns）、波特尔（William A. Potter）、斯特吉斯（John Sturgis）的众多设计中脱颖而出——则使他进入了美国建筑业的前沿。这座建筑经常被认为是他最具"考古特色"的作品，不过这座早期多彩建筑的杰作（以戴德姆花岗岩方石与东隆美多沙岩石和石拱构造而成）并无书生气。他可能是从法国奥弗涅地区（Auvergne）借用了"彩色教堂"的观念，从萨拉曼卡（Salamancha）借鉴了塔楼的造型。不过，三一教堂还是以其堂皇的轮廓和厚重的体块，清晰地表达了一种新颖的建筑观念。它首先是一座塔楼教堂，100 英尺高的彩色中央大厅主导着一个变通的希腊十字平面。的确，这塔楼本身是一件合作的建筑杰作（事实上它的下部由 4400 根桩所支撑，这些桩打入波士顿后湾地区的填土之中），漂亮的多彩室内设计多少应归功于天才的拉法奇（John La Farge），但富于想象力的大胆设计与高低不平的造型则完全归功于理查森的才能。这位自信的建筑师从不回头看他同行的作品，他的作品也不再追求风格上的精确性。

理查森的建筑杰作很多，也很有名。他 47 岁时死于肾脏病，这缩短了他的职业生涯。他给美国建筑实践与理论带来了独立与自信。他吸收了当代的知识传统，尽管也常与欧洲（德国与法国）的现代性相关联，所以他的设计总是很新颖。他的住宅建筑就表明了这一点，尤其是纽波特瓦茨－舍曼（Watts-Sherman）的宅邸（1874—1876）。有时该建筑被人当作传到美国海岸的安妮女王风格或萧伯纳庄园风格（Shavian Manorial style）的实例来引用，但它的灵感之源要广泛得多。有些特色直接来自于美国殖民地与如画式传统——从前部挑出山墙的斜盖盐盒式轮廓，到木瓦板区域以及作为平面焦点的起居大厅。[1] 事实上它在戴维斯的革新与所谓木瓦风格（shingle style）的完善之间划了一条极重要的界线，这一点也体现在理查森的剑桥斯托顿宅邸（Stoughton House）（1882—1883）上，这不是偶然的。斯托顿宅邸长期被认为是美国住宅设计的最佳作品之一。

然而，同样有趣的是马萨诸塞州北伊斯顿（North Easton）的埃姆斯门屋（Ames Gate Lodge）（1880—1881）。这是理查森与奥姆斯特德合作的作品，坐落于一处特意谋划的布满卵石的超现实景观

---

1 见奥克斯纳（Jeffrey Karl Ochsner）和许布卡（Thomas C. Hubka），《理查森：威廉·瓦茨·舍曼住宅的设计》（H. H. Richardson: The Design of the William Watts Sherman House），《建筑史家协会会刊》51（June 1992）：121—145。

之中。它是两人亲密关系的一座纪念碑。1870 年，奥姆斯特德将理查森带入了他的斯坦顿岛规划项目，负责为这个社区制订一个理想的郊区规划。他们夫妻四人于 1875 年参加了尼亚加拉 [163] 瀑布的"库克之旅"(Cook's Tour) *，1876 年他俩合作于纽约州议会大厦，1880 年一起在波士顿芬威克公园 (Fenway Park) 建了两座"自然"之桥，次年又在北伊斯顿 (North Easton) 火车站周围建起了植物园。1880 年理查森设计了埃姆斯门屋，由园丁屋、客房以及一侧的"单身汉厅"和另一侧的冬季贮藏间组成，横跨于入口之上的"叙利亚式"拱券将两侧连接起来。这个门屋并无任何风格托辞，几乎完全用大卵石建造，只是偶尔使用了红色隆美多砂岩 (Longmeadow sandstone)，依稀暗示了这是由建筑师之手所驯化了的大自然。奥姆斯特德为这一景观布置了一些露出地面的岩石，还将他的主题提供给了建筑师——因为我们从奥姆斯特德后来的话中了解到，理查森在

"考察了 20 年之前建于中央公园的两件以粗凿石与卵石建造的作品之后"，被卵石风格所吸引。[1] 他指的是两座桥，由沃克斯和奥姆斯特德建于 1860 年代初。他们的意图是为中央公园各园区营造一种原始乱石景观，并利用野生藤蔓植物获取柔和的效果。

　　当然，理查森最有名的是他的大作品，但即便在这些作品中，圆头拱的形式与空间原理也是他本人通过自己的想象力发展起来的。在他为匹兹堡阿勒格尼县 (Allegheny County) 的法院与监狱（1883—1888）做的纯熟而奇异的设计中，圆头拱只是一种重复性的陪衬物，衬托着巨大的花岗岩方石块——即三百英尺高的入口钟楼、"叹息桥"、牢不可破的监狱之墙（图 57）。皮拉内西式的戏剧性在室内主楼梯处逐渐增强了效果，完整的与残破的拱券相

图 57　理查德森，匹兹堡阿勒格尼县法院与监狱，1883—1888。

---

* "库克之旅"得名于英国近代旅游业创始人托马斯·库克 (Thomas Cook, 1808—1892)，托马斯·库克父子旅行社成立于 1872 年，通称为"库克之旅"。——中译者注

1 科夫斯基 (Francis R. Kowsky) 的以下文章讨论了他们合作的详情：《理查森的埃姆斯门屋以及罗马式景观的传统》（H. H. Richardson's Ames Gate Lodge and the Romantic Landscape Tradition），载《建筑史家协会会刊》50 (June 1991)：181—188。奥姆斯特德的引文出自《仅就私人使用的"建筑的适合性"的几点说明，谨提请无所不知的编辑陛下参考，由他的卑微的仆人 F. L. O. 提交》（A Few Annotations, For Private Use Only, Upon 'Architectural Fitness', Humbly Submitted to the Consideration of His Omniscient Editorial Majesty, by His Prostrate Servant, F. L. O.），引自科夫斯基此文，第 181 页。

交错，这种景象原先只是在铜版画上才能见到。据说这位建筑师去世前不久曾说："如果他们因我已做的那些小东西而给我荣誉，那么当他们看到匹兹堡的建筑时会说什么呢？"[1] 理查森去世数月之后，布伦特（Henry Van Brunt）为他写了讣告，他看出了这位建筑师总体成就的更深层意义：

> 在眼下这一刻，我们被一种推动力支配着，它是那么有力、健康、具有刺激性，那么不同于以往，那么灵活地付诸实际运用，以至于在这个远比以往更有成就、更训练有素的专业的掌控之下，我们便有权利期待在风格发展上取得最最重要的成果。[2]

与这座法院建筑同时兴建的是芝加哥马歇尔·菲尔德批发商店（Marshall Field Wholesale Store）（1885—1887），这是理查森希望在去世前能看到竣工的另一座建筑。他在这里采用了明确的佛罗伦萨建筑型制来体现功利主义这一"朴实无华"的目标，不过这是蓬勃兴起的美国精神的一座商业纪念碑。沙利文曾提到它是个活生生的存在，将它描述为"我们沙漠中的绿洲"："不；我的意思是，这里是供你看的人。一个人，用两条腿走路而不是四条腿，有活动的肌肉、心脏、肺及其他内脏；一个活着并呼吸的人，有鲜红的血液；一个真实的人，一个男子汉；一种成年男子的力量——气量豁达，精力旺盛，充满活力——一个地道的男人。"[3]

沙利文（1856—1924）继承了理查森的衣钵，也继承了爱默生与索罗的超验遗产。[4] 此外，众所周知，他还特别赞赏惠特曼（Walt Whitman）（1819—1892）这位乐观而狂热的民主祭司说的话，他看到了这新大陆的"一个富饶、健全的巨人后代在愿景中"就要变成现实[5]。1887年沙利文给这些美国游吟诗人寄去了一篇抒情散文《灵感》（Inspiration），并坦承"我也'撬开地层，仔细分析'，寻找男子汉气概的本土艺术的根基"[6]。前一年沙利文曾在西部建筑师协会（Western

---

1 引自奥格尔曼，《活的建筑》，181。

2 布伦特（H. van Brunt），《建筑师亨利·霍布森·理查森》（Henry Hobson Richardson, Architect），收入科尔斯，《建筑与社会》，171。

3 沙利文，《幼儿园闲谈及其他》（*Kindergarten Chats and Other Writings*, New York: Wittenborn Art Books, 1947），29。

4 关于沙利文的优秀研究成果有：通布利（Robert Twombly）与梅诺卡尔（Narcisco G. Menocal），《建筑之诗》（*The Poetry of Architecture*, New York: W. W. Norton, 2000）；萨科夫斯基（John Szarkowski），《路易斯·沙利文的理念》（*The Idea of Louis Sullivan*, Boston: Bullfinch Press, 2000）；赞滕（David Van Zanten），《沙利文的城市：纹样对沙利文的含义》（*Sullivan's City: The Meaning of Ornament for Louis Sullivan*, New York: W. W. Norton, 2000）；弗雷泽（Nancy Frazier）《路易斯·沙利文与芝加哥学派》（*Louis Sullivan and the Chicago School*, New York: Knickerbocker Press, 1998）；通布利，《路易斯·沙利文的生平与工作》（*Louis Sullivan: His Life and Work*, New York: Viking, 1986）；莫里森（Hugh Morrison），《路易斯·沙利文：现代建筑的先知》（*Louis Sullivan: Prophet of Modern Architecture*, New York: W. W. Norton, 1935）。沙利文的《一个理念的自传》（*The Autobiography of an Idea*, New York: Press of the American Institute of Architects, 1924）；以及弗兰克·劳埃德·赖特的《天才与暴民》（*Genius and the Mobocracy*, New York: Duell, Sloan & Pearce, 1949）也是重要的历史文献。沙利文思想中的超验一面在以下著作中得到了强调：梅诺卡尔，《作为自然的建筑：路易斯·沙利文的超验观念》（*Architecture as Nature: The Transcendentalist Idea of Louis Sullivan*, Madison: University of Wisconsin Press, 1981）；以及保罗（Sherman Paul），《路易斯·沙利文：一位具有美国思维的建筑师》（*Louis Sullivan: An Architect in American Thought*, Englewood Cliffs, N. J.: Prentice-Hall, 1962）。

5 惠特曼，《民主的愿景》（Democratic Vistas），收入《惠特曼诗歌散文全集》（*Walt Whitman: Complete Poetry and Collected Prose*, New York: Library of America, 1982），929。

6 沙利文于1887年2月3日致惠特曼的信，引自保罗，《路易斯·沙利文》，2。

Association of Architects）的大会上宣读过这篇论奇妙的有机生长的晦涩文章，令听众震惊并陷入一片寂静。[1]这篇文章甚至根本未提到建筑的话题。

　　沙利文当然不缺少进取心。他是波士顿本地人，也是 1872 年第一批注册于麻省理工学院新建立的建筑专业的学生之一，次年春天退学。该专业几年前开设，领导者是威廉·罗伯特·韦尔（William Robert Ware），法国人莱唐（Eugène Letang）教设计，遵循着巴黎美院的构成方法。短期逗留之后，沙利文前往费城，向弗内斯毛遂自荐（在看到了他的一座建筑之后），从而得到了一份工作。不过 1873 年的大恐慌结束了他在那里的短暂工作。他迁往芝加哥，进入简尼（William Le Baron Jenney）的事务所工作，并与埃德尔曼（John Edelmann）交上了朋友，后者成了他的精神导师。次年沙利文乘船前往巴黎，进入了沃德雷梅尔（Émile Vaudremer）的工作室，并入学巴黎美院。他在那里又只待了 6 个月。沃德雷梅尔似乎对他的学生没有产生什么影响，不过沙利文似乎在装饰艺术学校（Ecole des Arts Décoratifs）上了吕普里什－罗贝尔（Victor-Marie Ruprich-Robert）的素描课。[164] 他在弗内斯的事务所中就已经熟悉了这位老师的装饰设计。[2] 他去意大利，特别看了米开朗琪罗的西斯廷礼拜堂，之后这位 19 岁的建筑师于 1875 年夏天回到了芝加哥。成功对他而言姗姗来迟。他从一家事务所到另一家事务所，成了一名自由设计师和制图员。1880 年他进入了德裔建筑师阿德勒（Dankmar Adler）（1844—1900）的事务所，3 年后上升到全面合伙人的地位。直到此时沙利文的"神话"才出现。

　　当沙利文于 1875 年回到芝加哥时，他最拿手的是装饰纹样。如果说爱默生对建筑装饰的态度是小心谨慎的，理查森则常常将装饰细节委托给某些擅长的事务所，如怀特（Stanford White）。而沙利文在装饰领域却如鱼得水。同时他还在其他方面发展自己的思想。他与工程师鲍曼（Frederick Baumann）（1826—1921）交上了朋友，后者是芝加哥许多德国移民中的一员，一位严谨的森佩尔派。沙利文的阅读也很广泛。1880 年他为阿德勒工作时立即为博登大厦（Borden Block）（1880）的上楣与拱肩设计了装饰纹样。1883 年阿德勒 & 沙利文公司成立后，他便开始进行更广泛的实验，尽管仍是尝试性的。1885 年，他在圣路易斯召开的西部建筑师协会（Western Association of Architects）会议的发言中，提出了一种民族风格的想法，要超越欧洲的风格遗产，但他从未揭示出这种风格的核心所在。他提到"一种更理性更有机的表现方式"以及"内在的诗性感觉"，但简单地总结说，一种民族新风格不可能像"密涅瓦一般"跳将出来，必定要经历"一个缓慢的逐渐吸收营养的过程"。[3]

　　1886 年，阿德勒 & 沙利文公司接到了会堂大楼（Auditorium Building）的项目，这是该公司最大

1　沙利文，《灵感》，收入《路易斯·沙利文：在公开场合下宣读的文章》（Louis Sullivan: The Public Papers），通布利编（Chicago: University of Chicago Press, 1988）。

2　关于吕普里什－罗贝尔对沙利文的重要影响，见赞滕，《路易斯·沙利文：纹样的功能》（Louis Sullivan: The Function of Ornament, New York: W. W. Norton, 1986）。

3　沙利文，《美国建筑的特色与取向》（Characteristic and Tendencies of American Architecture），收入《路易斯·沙利文：在公开场合下宣读的文章》，3—7。

最复杂的项目，到目前为止依然是该城文化成就的一个偶像。[1] 时机对设计师也很有利。沙利文"十分偶然地"读到了惠特曼的诗歌，而工程则从理查森的马歇尔·菲尔德批发商店开始。沙利文遵循理查森的榜样，不在室外运用纹饰，而是选取厚重石墙上开有门窗的部位来做装饰。他还在室内采用丰富的装饰，尤其是会堂本身。不过当会堂接近完工时，他为圣路易斯的盖蒂墓（Getty Tomb）（1890）和温赖特大厦（Wainwright Building）（1890—1891）做了装饰华丽的设计，接着就突然结束了这一阶段。正是在这里，沙利文革新风格的各种元素在芝加哥的论辩声中第一次走向成熟。

这些年正是所谓芝加哥学派的形成期。在关于风格的讨论中，沙利文特别活跃。他是1884年成立的西部建筑师协会的创建人之一，而且一直是该组织十分活跃的成员，直到它在1889年与美国建筑师学会合并时为止。1885年，沙利文开始支持芝加哥建筑绘图俱乐部（Chicago Architectural Sketch Club），它的宗旨是致力于"发展一种自然真实的美国现代建筑学派"[2]。在俱乐部年度素描展上，沙利文、简尼和鲁特（Root）经常担任评委。在1888—1889年间，沙利文在俱乐部宣读了两篇文章：关于自然风格的哲学沉思以及艺术想象力的运用。[3]

沙利文向伊利诺伊州建筑师协会（Illinois State Association of Architects）主办的讨论会提交的文章更具启示性。这个机构是西部建筑师协会的一个分会，每月在芝加哥召开会议，有若干次会议讨论理论问题。1887年召开的一次讨论会的话题是"现今美国建筑设计的趋势是什么？"沙利文、鲁特、阿德勒、鲍曼、斯蒂莱（Clarence Stiles）以及博因顿（W. W. Boyington）就这一问题展开了争论。鲁特强调历史研究的必要性，指出美国未来的建筑元素是包容（采纳各种不同风格）、庄重、实际和壮观。斯蒂莱不同意鲁特的观点，即美国建筑师应简单修正现存风格，他预言纯正的美国建筑在不久的将来将兴旺发达。鲍曼强调风格的实用性，但也援引了森佩尔对这一概念的定义。沙利文反驳说，风格并不是什么外在的东西，而是内在于我们中的东西，是存在于"我们的思想和我们的观察特性与品质"中的东西。[4] 他反对鲁特采纳罗马式母题的做法，宣称"历史母题曾经具有特定含义，若用于我们的设计之中，现在看来是相当贫乏与空洞的"[5]。当然，会堂大楼的理查森式的罗马式外墙当时正在建造之中。

[165]　在1887年召开的主题为"什么是细节服从于整体？"的讨论会上，沙利文是主角，他突然成了一个爱默生式的人物。现在他只是以一种高度修辞化的方式来讨论这一问题，实际上是指责所有理论化的主张：

1　关于该建筑对芝加哥的重要性，见西里（Joesph M. Siry），《芝加哥会堂大楼：歌剧或无政府主义》（Chicago Auditorium Building: Opera or Anarchism），载《建筑史家协会会刊》57（June 1998）：128—159。

2　这一目标是由该俱乐部的书记霍尔斯特（Herman V. von Holst）提出来的，转引自通布利《路易斯·沙利文》，216。

3　这两篇文章题为《风格》（Style, 1888）以及《艺术想象力的运用》（The Artistic Use of the Imagination, 1889），收入《路易斯·沙利文：在公开场合下宣读的文章》，45—52、62—66。

4　沙利文，《现今美国建筑设计的趋势是什么?》，载《内地建筑师与新闻纪录》（The Inland Architect and News Record）9（March, 887）：23—26。引自《路易斯·沙利文：在公开场合下宣读的文章》，29。此讨论会重印收入霍夫曼（Donald Hoffmann）编的《建筑的手段：约翰·韦尔伯恩·鲁特的建筑与著述》（The Means of Architecture: Buildings and Writings by John Wellborn Root, New York: Horizon Press, 1967），206—217。

5　Ibid., 29.

我说，我们现在的艺术理论是空洞无谓的。我说所有过去与将来的艺术理论都是空洞无聊的。在所有那些垃圾、尘埃与科学分析美学的蜘蛛网被清除之后，保留下来的只有实在的事实，每个人都可以看到的事实：我存在；我与我的同事沉浸于自然之中；我们都在努力寻求现在还未拥有的东西；有一种高深莫测的力量弥漫于一切东西之中，造就了一切。[1]

重要的是，在 1887 年 3 月的会议上，鲍曼偶然提到了森佩尔对风格的定义。实际上，这是这位建筑师多次宣传森佩尔思想的第一次，这些内容都包含在 1889、1892 年在美国建筑师学会上宣读的两篇文章中，发表在芝加哥的一份杂志《内地建筑师与新闻纪录》(The Inland Architect and News Record) 上。[2] 鲁特 (John Root) 甚至出于对森佩尔的兴趣，为该杂志翻译了森佩尔最后的演讲（《论建筑风格》），发表于 1889 年。[3] 因此，森佩尔的思想尤其是建筑四动机的观念原型，十分清晰地呈现于 1880 年代晚期芝加哥的"空气"之中。[4] 在这 10 年中，阿德勒 & 沙利文公司聘用了大量德国出身的绘图师和工程师，这也是对森佩尔产生兴趣的动力之一。小考夫曼 (Edgar Kaufmann Jr.) 注意到，德国新移民米勒 (Paul Mueller) 在 1889 年向沙利文推荐了赖特 (Frank Lloyd Wright)，这或许导致赖特深情地以德国名字称沙利文为"亲爱的师傅"(Lieber Meister)。[5] 另一些人也注意到了森佩尔的"着装"(dressing) 理论与"幕墙"(curtain wall) 之间在观念上的关联。[6]

[166]

不过，所有这些也只是强调了沙利文个人对于理论的厌恶，至少表明他不擅长将他的建筑灵感诉诸文字。例如，他在著名的《纹样》(Ornament)（1892）一文中提到，如果建筑师暂时忍住不用纹样，以便"我们的思想可以完全集中于建造完整漂亮的赤裸建筑"，这"对于我们的审美来说是件极大的好事"。[7] 这只是空泛之论，与数页之后的观点并不一致，他说一座建筑"就其本性、实质与物理存在而言，是情感的表现"，而且"一个和谐的装饰结构，如果剥去了它的装饰体系，就会毁掉它的个性"。[8] 1892 年，也就是写这篇文章的那一年，沙利文为哥伦比亚世界博览会的交通大厦 (Transportation Building) 设计了装饰性的"金门"(Golden Doorway)。

1　沙利文，《在建筑设计中什么是细节服从于整体？》(What Is the Just Subordination in Architectral Design of Details to Mass?)，载《内地建筑师与新闻纪录》9（April 1887）：52—54。引自《路易斯·沙利文：在公开场合下宣读的文章》，34。

2　见鲍曼，《关于建筑的思考》(Thouthts on Architecture)（宣读于 1890 年华盛顿特区美国建筑师学会），载《内地建筑师与新闻纪录》16（November 1890）：59—60；以及《关于风格的思考》(Thoughts on Style)（宣读于 1892 年芝加哥美国建筑师学会），载《内地建筑师与新闻纪录》20（November 1892）：34—37。

3　鲁特，《建筑风格的发展》(Development of Architectural Style)，连载于 1889 年 12 月至 1890 年 3 月的《内地建筑师与新闻纪录》上。

4　这一点已经由热朗尼奥蒂斯 (Roula Geraniotis) 所证明，见他的《19 世纪芝加哥的德国建筑师》(German Architects in Nineteenth-Century Chicago, Ph. D. diss., University of Illinois, 1985)。参见好的资料丰富的论文，《德国建筑理论在芝加哥，1850—1900》(German Architectural Theory and Practice in Chicago, 1850–1900)，载 Winthur Portfolio，21（1986）：293—306。

5　小考夫曼，《弗兰克·劳埃德·赖特的"亲爱的师傅"》(Frank Lloyd Wright's "Lieber Meister")，收入《关于弗兰克·劳埃德·赖特的九篇评论》(9 Commentaries on Frank Lloyd Wright, New York: Architectural History Foundation, 1989)，37—42。

6　尤其见布莱特 (Rosemarie Haag Bletter)，《戈特弗里德·森佩尔》(Gottfried Semper)，载《麦克米伦建筑师百科全书》(Macmillan Encyclopedia of Architects, New York: The Free Press, 1982)，4:30。

7　沙利文，《建筑的装饰纹样》(Ornament in Architecture, 1892)，收入《路易斯·沙利文：在公开场合下宣读的文章》，80。

8　Ibid., 81.

在 1894 年撰写的另一篇重要文章《情感建筑与理智建筑之比较：主观与客观的研究》(Emotional Architecture as Compared with Intellectual: A Study in subjective and Objective)（1894）中，沙利文阐述了他关于"直觉""想象"与"灵感"的观念。他在承认理性思维价值的同时，告诫建筑师们要以"大灵"(Great Spirit) 使自己的作品充满生气，带有泛神论的意味："毫无疑问，最深刻的欲望充满了人的灵魂，这种欲望就是与大自然以及神秘的幽灵和睦相处。同样毫无疑问的是，最伟大的艺术作品便是这种热情而又耐心之愿望的典型体现。"[1] 他总结道，古典风格与哥特式风格灵活地适合于它们的目的，好像是代表了人类心灵的客观方面与主观方面，不过这两者现在都不适用了，应该被一种真正富有诗意的建筑取代，这种建筑"应该清晰地、雄辩地、热情地表达出人与大自然及其同伴的充分的、完全的交流"[2]。这就是爱默生的纯粹与简单。这些思想是在他的艺术杰作——布法罗信托银行大厦 (Guaranty Building)（1894—1895）项目实施之前发表的。

沙利文的著名格言——"形式永远跟随功能"(Form ever follows function) 是在 1896 年的一篇文章中首次提出的，该文题为《关于高层办公室的艺术思考》(The Tall Office Building Artistically Considered)。尽管"功能"一词指的是一座办公大楼的商业与机械功能，但他的意思包括了更广泛的范围，因为他是通过格里诺的生物学比喻引入这一术语的。这位雕塑家的确有许多实例演示了大自然形式与功能之间的关系，如老鹰、马和天鹅。[3]

在对格里诺的重新阐释方面，利奥波德·艾德利茨 (Leopold Eidlitz) 的《艺术：尤其是建筑的性质与功能》(The Nature and Function of Art: More Especially of Architecture)（1881）的重要性不可忽略。这是一本未得到重视的 19 世纪美国理论著作。[4] 艾德利茨生于布拉格，曾在维也纳接受训练，于 1840 年代初移居美国。正如我们所见，他是圆拱风格的早期提倡者，也建造了一些哥特式建筑。如果说他的多彩设计今天难于评价（大多被毁），但他的著作则表明他是一个思想有深度的人。此外他爱好哲学，不仅吸取英国理论，也吸收了德国浪漫主义与美国超验论传统。他讨论了黑格尔，也提到了温克尔曼、席勒、库格勒、柏拉图、苏格拉底、亚里士多德和沙夫茨伯里伯爵等人的观念，而这里提到的只是一部分。不过艾德利茨的唯心主义既很新颖，又受到德国心理学与美学的影响，他将此转化为一种"有机"类比："建筑师，仿效着民族的物质条件，他创造的形式有各种范型，所以它们也讲述着自己功能的故事。"[5] 正如人有身体与情感两个方面，建筑既有骨骼的一面也有情感表现的理想一面，"当装饰提升了结构的表现时"，他指出，"就更直白更迅速地道出了有机体所发挥的功能性质"。[6] 因此，建筑的主要表现手段就是雕刻纹样

1 沙利文，《情感建筑与理智建筑之比较：主观与客观的研究》(1894)，收入《路易斯·沙利文：在公开场合下宣读的文章》，94。

2 Ibid., 102.

3 沙利文，《关于高层办公室的艺术思考》(1896)，收入《路易斯·沙利文：在公开场合下宣读的文章》，111。

4 艾德利茨，《艺术，尤其是建筑的性质与功能》(New York: A. C. Armstrong & Son, 1881; 重印, New York: Da Capo Press, 1977)。关于艾德利茨的理论，见埃德曼 (Biruta Erdmann)，《利奥波德·艾德利茨的建筑理论与美国超验论》(Leopold Eidlitz's Architectral Theories and American Transcendentalism, Ph. D. diss., University of Wisconsin, 1977)。

5 Ibid., 223.

6 Ibid., 251.

与色彩装饰，它们有效地赋予建筑以活力。"雕刻纹样与色彩装饰的目的在于提升建筑有机体　[167]
抵抗负荷与压力的表现力，除此无其他目的。它们是靠密度、数量、投影、形体以及形体的朝
向来达到这一目的的。形体的朝向必须与抵抗负荷与压力的方向相一致。"[1]

在 1901—1902 年间，沙利文撰写了每周一篇的系列文章，总题为《幼儿园闲谈》(*Kindergarten Chats*)。在这些文章中，他也广泛讨论了建筑形式与功能之间的这种类比关系。这些文章采取了一位睿智而严格的大师（沙利文）和一位建筑学校毕业生闲聊的形式，这位毕业生想要获得真正的教育。就世俗观点来看，一座建筑的形式必须表现它所包含的某种类型学功能，但这远不是沙利文强调的重点。他认为，我们生活在宇宙之中，"这宇宙中一切都是功能，一切皆是形式"，也就是说，"在每种形式的背后，我们看到有一种具有生命活力的东西，或其他我们所看不到的东西，这东西就是以那种形式向我们呈现出来"。[2] 这"具有生命活力的东西"不是别的，正是"无限的创造精神"，这将我们引向了他哲学的核心。[3]

因此对沙利文而言，功能与世俗目的并不是一回事。它已然是一种"活生生的力量"，一种无形的或充满生机的力量，而形式只是"有机"结构的表现。建筑师的任务可以是"自然地、合逻辑地和富有诗意地"赋予材料以生命活力，但他也应该向它们灌注更大的价值，如美国的"民主精神，这种精神在有组织的社会形式中寻求表现"。[4] "建筑师的真正作用"是形而上的、道德的和利他的："要赋予建筑材料以生命活力，以某种思想、某种情感状态使它们富有生气，要向它们灌注一种主观意义与价值，要使它们成为真正社会组织的一个可见部分，将人民的真实生活灌注其中，输入人民中最优秀的东西，就像诗人的眼睛看到了在生活的表层之下人民中最好的东西。"[5] 最终，对沙利文来说，形式的功能表现完全是伦理性的，隐藏于他的救世主般的民主愿景之中。装饰纹样是诗意表现的媒介。爱默生式的超灵 (Over-Soul) 出现了，"因为大自然曾是布景，人穿过这布景，如在一出戏中：在这出戏中，人，这梦想家，穿过的只是他的梦；而现实是人的现实。对于一切生活而言，加起来也只是一出大戏，一场大梦，人的灵魂是它的主要观者"[6]。

沙利文的这种形而上学立场后来不曾动摇过，但他的"科学的"伦理学则由于丰富的哲学理论而膨胀起来，从达尔文和詹姆斯 (William James) 的心理学，到凡勃伦 (Thorstein Veblen)、杜威 (John Dewey) 和特里格斯 (Oscar Lovell Triggs) 的社会学。[7] 他对尼采与惠特曼满怀热情，这也成了他的灵感之源。惠特曼在"封建主义"和"民主"之间的寓意性区分实际上成了沙利文 162 页

1　艾德利茨，《艺术，尤其是建筑的性质与功能》，288。

2　沙利文，《幼儿园聊天及其他》(*Kindergarten Chats and Other Writings*, New York: Wittenborn Art Books, 1974)，44—46。

3　Ibid., 46.

4　Ibid., 99.

5　Ibid., 140—141.

6　Ibid., 159. 见瓦因加登 (Lauren S. Weingarden)，《路易斯·沙利文的建筑形而上学（1885—1901）：关于象征主义艺术理论的资料及通信》(Louis Sullivan's Metaphysics of Architecture [1885–1901]：Sources and Correspondences with Symbolic Art Theories, Ph. D. diss., University of Chcago, 1981)。

7　关于沙利文藏书的详尽讨论，见保罗，《路易斯·沙利文》，93—108。

哲学手稿的历史辩证法。这些手稿题为《民主制度：人类的追求》(Democracy: A Man-Search)（1908年进行了最后的编辑，发表于 1961 年）。[1] 封建主义并非指一种政治制度，而是指所有过去的东西，是由那些二元论思想的错误的封闭体系所代表的。同样，民主也不是指抽象的政治秩序，而是指未来——一种集体的精神解放，当人类以自然的角度去思考并认识到他们精神力量的局限性时，这种集体性的精神解放就来临了。因此，美国民主的前景超越了民族的界限，作为一种人类精神解放的宏大愿景而存在，整个人类最终将由此获益，并共同参与其中。

在 1906 年的一篇文章《建筑是什么？今日美国人研究》(What is Architecture? A Study in the American People of Today) 中也可看到类似的思想。该文只是以最为一般的方式来论述建筑，并具有某种悲观主义色彩。他提出，建筑永远是人类思想的表达，每座过去与现在的建筑都充当了"那个时代文明的产品与索引，也是那个时代及地区人民思想的产品与索引"[2]。由于人类思想总是处于变动的过程中，所以任何尽力仿效过去建筑的做法对于一个自由民族来说是不可取的，这种做法，"一言以蔽之：美国人不适合于民主"[3]。

上述这一谬论背后的假设是，建筑是一种封闭的形式体系，因此只能进行选择、模仿和顺应。不过，对沙利文来说更重要的是"有机推论"(organic reasoning) 的崩溃，它在理论与实践之间作人为的划分，缺乏对于表现的适度的、真实的和严谨的感觉。"你的建筑没有表现出哲学。所以你没有哲学"，他低吟道。[4] 习以为常的是"将愚蠢当作光明：一种专利药物的愚蠢，一种掺假食品的愚蠢，一种消化不良的愚蠢，你的城市中的一种污秽与烟雾的愚蠢"[5]。对于这些封建与自大习惯的补救措施，无非就是理解自然的创造性能量与均势，这反过来会彻底改变人类的思维：

> 于是，随着你的基本想法发生了变化，哲学、诗歌、表现的艺术也将浮现于一切事物之中；因为你已了解到，对于一个享有民主的民族而言，一种别具特色的哲学、诗歌以及表现的艺术是至关重要的。[6]

[168]　　实际上，现在爱默生遇到了杜威。沙利文最后的理论著作是《符合人类力量之哲学的一种建筑纹样体系》(A System of Architectural Ornament According to a Philosophy of Man's Powers)（1924）。该书总结了他 50 年的精神发展，图文并茂，收入 20 幅精美的图版（图 58）。在简短的引论《非有机的与有

---

1 沙利文，《民主，人类的追求》，赫德斯（Ellen Hedges）编（Detroit: Wayne State University Press, 1961）。此部书稿的原标题为《自然的思维：民主研究》(Natural Thinking: A Study of Democracy)。

2 沙利文，《建筑是什么？今日美国人研究》(1906)，收入《路易斯·沙利文：在公开场合下宣读的文章》，177。

3 Ibid., 179.

4 Ibid., 188.

5 Ibid.

6 Ibid., 196.

机的》一文中，他再一次以狂放的笔调
描写了人类的创造力——意志的力量、
热情的力量，尤其是创造出"至今为止
尚不存在之物"的力量。[1] 正如有人提出
的，斯韦登堡（Emanuel Swedenborg）的通神学
隐藏于字里行间，但也充分体现了沙利
文的个性："这梦想家变成了预言家、
神秘论者、诗人、先知、先驱者、证实
者、骄傲的冒险家。"[2] 图版开始是些简
单的无机图形，如正方形或五角形，接
着是有机进步过程，"通过人类核心理念
的操控，发展为塑性的、移动的与流畅
的表现阶段，走向生叶与开花形态的顶
点"[3]。最终，僵硬的几何形消失于"运
动的媒介"之中，拘谨让位于自由。

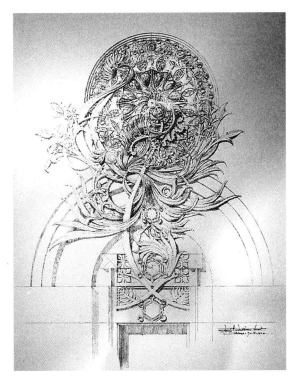

[169]

图 58　沙利文《符合人类力量之哲学的一种建筑纹样体系》
（芝加哥，1924）一书中的图版。

　　沙利文在看到自己出版的素描后不
久，于 1924 年死于酒精中毒。他作为一
位"骄傲的冒险家"，真心诚意地完成了他自己提出的任务。他是位绘图师，他的图案设计具
有非凡的表现力与深度感，但他也将已发酵了四分之三个世纪的一条美国哲学思想路线带向了
终结，即便是紧接其后的继承者赖特的精神力量，也未能将其延续下去。

1　沙利文，《符合人类力量之哲学的一种建筑纹样体系》（New York: Eakins Press, 1967; originally published in 1924）。
2　Ibid. 关于沙利文与斯韦登堡的关系，见梅诺卡尔（Menocal），《作为自然的建筑》，24—31。
3　沙利文，《符合人类力量之哲学的一种建筑纹样体系》，图版 4。

第八章　工艺美术运动

艺术不健康，它甚至活不下去了；艺术走错了路，如果再这么走下去，很快就会死在这条路上。

——威廉·莫里斯

1. 英国工艺美术运动

现代建筑研究普遍对维多利亚时代的艺术创造持否定态度，但批评家们并非总是这么看，尤其是距离那一时代较近的批评家。例如，19 世纪末从事批评的建筑师克尔 (Robert Kerr) 就将维多利亚时代视为伟大的"艺术普及"之开端，这就使艺术设计第一次成了中产阶级的追求。克尔提出，原先那种迂腐的"建筑美术"(Fine Art of Architecture) 从高高的台座上走下来，与"小艺术"(Minor Arts) 相融合，成为新型的"建筑工业艺术"(Industrial Art of Architecture)，这种情况始于 1851 年的博览会。于是原本被看作是装饰性的、低级艺术的工艺美术就被建筑所拥抱，"不再处于不平等的地位，而是具有完全平等且相似的优雅魅力"[1]。

克尔的评价点出了十分重要的历史节点。1851 年的博览会的确代表了欧洲理论的一个转折点，因为这一事件的评论者们几乎普遍认识到，几个世纪以来人们所认可的艺术原理已不能适应工业化的建筑实践了。这就是雷德格雷夫《关于设计的补充报告》一文的主题，他将此文附在公文《评审团报告》(Reports by the Juries)（1852）的后面。他在文中一再悲叹博览会上大量器物的过度装饰，"赞赏那些绝对实用的器物（机器与器械），对它们而言实用太重要了，以至于装饰被拒绝了。追求的目标是适用，结果是高贵的单纯"[2]。

1　克尔为福格森 (James Fergusson)《现代建筑风格的历史》(*History of the Modern Styles in Architecture*) 第三版撰写的前言 (New York, 1891)，vi。

2　雷德格雷夫，《关于建筑的补充报告》，收入《评审团报告》(London, 1852)，708。

　　雷德格雷夫的地位可以使他将自己的想法付诸实施。1852 年当亨利·科尔 (Henry Cole) 被任命为设计学校的行政主管时，雷德格雷夫就被任命为艺术总监，他的任务是编制新课程，拾遗补缺。他的任职正逢政府对艺术方面增加投入之时。大博览会获得了意想不到的经济效益，艾伯特亲王（出生于德国，维多利亚女王的丈夫）决定将这笔钱投入工艺美术教育。为此，委员会在南肯辛顿购置了土地用以创建一所工艺美术学校。曾于 1856 年建在此地的铁与玻璃建筑——即臭名昭著的"布隆普顿锅炉"(Brompton Boilers)——的渗漏与结露问题令人束手无策。从 1862 年开始，工程师福克 (Francis Fowke)（科尔依然避开建筑师）建起了第一批建筑物，后来成为维多利亚和艾伯特博物馆，这就第一次将工艺美术学校、图书馆和博物馆组合了起来。工艺美术收藏的核心是博览会结束时购买的展品，这是由科尔、雷德格雷夫、普金、欧文·琼斯和赫伯特 (J.R. Herbert) 等人所组成的一个委员会做出的决定。

　　为了给新命名的实用艺术部（原伦敦设计学校）提供临时校舍，艾伯特于 1852 年将马尔伯勒宫（Marlborough House）拨给学校使用。科尔与雷德格雷夫选配了新的师资，包括赫德森 (Octavius Hudson)、汤森 (Henry Townsend)、沃纳姆 (Ralph Wornum)、森佩尔和 J. C. 鲁滨逊 (J. C. Robinson) 等。总共组成了七个班级，专业分别是金工、纺织、木雕、石印、解剖、陶瓷绘画和实用构造。科尔成立这个机构的宏大目标是"**提升整个民族的艺术教育水平**，不仅仅是培养工艺师。工艺师是业主的仆人，业主则是公众的仆人"[1]。素描仍然是学校的基础，学生们一般要临摹指定的范画。

[171]

　　新学校的教学法——狄更斯在《艰难时事》(1854) 中对其作了讽刺——是要根据设计原理来进行教学。1852 年秋天，雷德格雷夫在写给科尔的一份备忘中说："我认为赫德森先生和森佩尔教授应该准备一套教理、规范或原则——即可运用于不同专业的一套设计原理——公开展示于教室中——类似于欧文·琼斯提出的定理——这些应该被考虑并得到批准。"[2] 琼斯在 1852 年 6 月发表的就职演讲中已经提出了第一条定理："装饰艺术产生于建筑，也应伴随着建筑。"[3] 在第一讲中他还批评了当时的建筑状况，首先是风格的混乱："我们没有基本原理，没有统一性；建筑师、室内陈设师、墙纸染色师、纺织家、花布印染师、陶艺师都各行其是，次次努力无果而终，每件制品徒具艺术新奇而无美可言，或徒有美的外表而无精神品位。"[4] 而在建筑方面，随着对往昔知识的不断增加，"普遍模仿与复制已灭绝的风格"的情况"日益增多，毫不脸红"。

　　琼斯的许多命题都融入了该部的基本原理手册中。这份手册颁布于 1853 年，可能是雷德格雷夫撰写的。[5] 其中也强调了装饰应该服从于实用性与结构，并且必须适合于各自使用的材

1　科尔，1852 年 11 月 24 日的讲座，收入《实用艺术部负责人演讲集》(*Addresses of the Superintendents of the Department of Practical Art*, London: Chapman & Hall, 1853)，12。

2　雷德格雷夫 1852 年 9 月 25 日致科尔，维多利亚和艾伯特博物馆图书馆 (Correspondence Box 14)。

3　琼斯，《论装饰艺术中的正确与谬误：1852 年 6 月在马尔伯勒宫发表的系列演讲》(*On the True and the False in the Decorative Arts: Lectures Delivered at Marlborough House June 1852*, London: Chapman & Hall, 1853)，4。

4　Ibid.

5　伯顿 (Anthony Burton) 撰文讨论了这些基本原理的作者身份以及雷德格雷夫的一般美学观，《作为艺术教育家、博物馆官员和设计理论家的理查德·雷德格雷夫》(Richard Redgrave as Art Educator, Museum Official and Design Theorist)，收入《理查德·雷德格雷夫，1804—1888》(New Haven: Yale University Press, 1988)，64—65。

料。最基本的命题或许是，装饰纹样永远应是程式化的而非写实的。"真正的装饰纹样并不是对自然物的模仿，而是为了美化的目的，顺应自然物的特殊形态或色彩之美，并受到被装饰材料的性质、艺术规律以及生产需要的控制。"[1]雷德格雷夫在陈述这一立场时，尤其反对罗斯金的自然主义。

另外一些书也提到了程式化设计，这与当时的折中主义有着千丝万缕的联系。沃纳姆(Ralph Wornum)的《纹样分析》(Analysis of Ornament)（1856）一书分析了 9 种主要纹样，认为它们类似于"书写"，即艺术家可随意处理的一套现成体系或语汇。[2]更为雄心勃勃的是琼斯的《纹样的基本原理》(Grammar of Ornament)（1856）。该书源于他对阿尔罕布拉宫摩尔建筑以及博览会上非工业国家作品的兴趣。实际上书中的彩色石版画构成了一部视觉狂想曲：这套成体系的装饰母题，开始是他所谓"未开化部落"（如塔希提 [Tahiti]、三维治岛 [Sandwich Islands]、新西兰以及其他南洋诸地）的图样，接着是波斯、土耳其、印度、中国和凯尔特的异国情调图样，以人们熟悉的西方风格而告终。在 37 条设计命题中，实际上只有 13 条是在谈图样，其余大多涉及如何构建起自然事物的程式化图像。另有 26 条命题涉及色彩法则——这些是他从谢弗勒尔（Michel Chevreul）以及菲尔德（George Field）的彩色理论中吸收而来的。[3]

琼斯强调色彩的知觉维度（得到视觉休息），这是一种新观点。他关于纹样的风格等级体系也是新颖的。阿尔罕布拉宫对他来说是装饰图样的顶峰，"每种纹样都包含着一条它自己的基本法则"，而且都遵循着全部 37 条命题："我们在阿尔罕布拉宫发现了埃及人的表意艺术、希腊人的自然优雅与精致，罗马人、拜占庭人、阿拉伯人的几何式综合。"[4]琼斯喜爱埃及纹样，认为就其象征性意义与纹样的发展程度而言超越了希腊人。它也不同于其他风格，因为"文物越古老，艺术就越完美"。因此，它为装饰设计师提供了一种原语言："在埃及人中，我们看不到一种摇篮期的或外来影响的痕迹；因此我们必须相信，他们是直接从大自然中获取灵感的。"[5]

对于琼斯来说，最后一章无疑是最重要的，题为"来自大自然的叶与花"(Leaves and Flowers from Nature)，因为他转而探讨一种新的装饰与建筑风格。在第二条命题中，他已经将建筑定义为"将它建造起来的那个时代的需求、能力与情感的物质表达。建筑风格就是这种表达在气候与可支配材料影响之下所采用的特定形式"[6]（图 59）。不过，在最后一章中他又提出了这样的观点，装饰的确也可以起到领头的作用，事实上它是"是获取某种新风格最现成的手段之一"。接着

[172]

---

1 雷德格雷夫，《装饰艺术的基本原理》(Principles of Decorative Art, London: Chapman & Hall, 1853)，1。

2 沃纳姆，《纹样分析：风格的特点》(Analysis of Ornament: The Characteristics of Styles)，第 3 版（London: Chapman & Hall, 1877），1。

3 谢弗勒尔的《色彩的同时对比法则》(De la loi du contraste simultané des couleurs，1839）已于 1854 年被译为英文版，参见菲尔德，《色谱分析法：论色彩与颜色》(Chromatography: Or a Treatise on Colours and Pigments, London, 1835)。

4 琼斯，《纹样的基本原理》(New York: Van Nostrand Reinhold, 1982; originally published in 1856)，66。

5 Ibid., 22。

6 Ibid., 5.

图 59　欧文·琼斯《纹样的基本原理》（伦敦，1856）一书中的图版。

图 60　德雷瑟《装饰设计艺术》（伦敦，1862）一书的封面。

他告诫说："如果我们能发明一种支撑手段的新终端，最棘手的问题之一就会大功告成了。"[1] 这句话的意思不太清楚，但从装饰方面来说，他的观点并不是要复制过去的风格，而是要返回自然，返回到"理想化"的自然有机创造原理。

琼斯自己的设计极少，在这一点上他不像实用艺术部最优秀的学生德雷瑟（Christopher Dresser）（1834—1904）。[2] 德雷瑟于 1847 年进入设计学校，1850 年代为琼斯的著作所吸引，曾为《纹样的基本原理》画了一幅素描。1856 年德雷瑟成为南肯辛顿学校的植物学讲师。他因演讲和著作而出名，于 1859 年被耶拿大学授予哲学博士学位。很快他便成为英国主要工业设计师，画了大量"现代的"、超越时间的设计图，其清晰的功能线条引人注目。

德雷瑟在 1862 年出版的《装饰设计艺术》（*The Art of Decorative Design*）一书中第一次阐发了他的设计理论（图 60）。[3] 这本书以琼斯的工作为基础，想写成一本纹样设计入门书，以一种新颖的心理学假设为基础——"高雅的形式是高雅心灵的表达，微妙精美的形状象征着一种犀利的知觉力量"——书中充满了机智敏锐的评论。[4] 以下这一论点是德雷瑟工作的核心：各种纹

1　琼斯，《纹样的基本原理》，155。

2　关于德雷瑟，见怀特韦（Michael Whiteway），《克里斯托弗·德雷瑟，1834—1904》（London: Thames & Hudson, 2002）；海伦（Widar Halén），《克里斯托弗·德雷瑟：现代设计的先驱者》（*Christopher Dresser: A Pioneer of Modern Design*, London: Phaidon, 1993）；迪朗（Stuart Durant），《克里斯托弗·德雷瑟》（London: Academy Editions, 1993）。

3　德雷瑟，《装饰设计艺术》（London: Day & Son, 1862；重印，New York: Garland, 1977）。

4　Ibid., 12.

样形态的美展现为一种理想的内涵或知识的等级体系。这一观念或许源于他对于日本艺术的兴趣。自然主义纹样处于最低层次（抨击罗斯金），程式化纹样其次，最高层次的纹样代表了最崇高的理念："纯理想的纹样是至高无上的，它完全是一种心灵的创造；它绝对是心灵在形式上的具体体现，或是人的灵魂的后代。它的出身与天性赋予它以崇高的品格。"[1] 德雷瑟继续考察了纹样设计与音乐作曲以及诸如秩序（order）、重复（repetition）、弯曲（curves）、比例（proportion）、交替（alternation）、适合（adaptation）之类变项之间的相似性。他的研究最具创新性的特点是降低了象征主义的重要性，甚至提出纹样的象征体系已无存在的必要，永远也不需要了。他似乎也熟悉德国美学与心理学理论的最新进展，这一点多少说明了他何以成为从心理学角度读解形式的第一位英国人。单从这一点来说，他主要是位理论家。他后来的著作《装饰设计的基本原理》(*The Principles of Decorative Design*)（1873）没有多少哲学色彩，更多是将他的观念运用于教学。[2]

德雷瑟的功能理想主义与莫里斯的社会教义截然不同。先前我们曾见到科尔与罗斯金理论之间的区别，现在实际上进入了这种区别的第二个阶段。[3] 莫里斯具有一种反叛倾向，在经济上智力上都具有得天独厚的条件，足以支持他的非传统诉求。他父亲虽然年轻时就去世，但其财富足以使家庭衣食无忧。1853 年，还是在牛津时，莫里斯就与后来成为画家的伯恩－琼斯（Edward Burne-Jones）（1833—1898）交上了朋友，他们阅读罗斯金的书，萌生了结成封建兄弟会以献身艺术的念头。这并不是一种与世隔绝的修行生活，而是一种朴素的军事化生活，用伯恩－琼斯的话来说是针对当代的一场"十字军运动与圣战"[4]。尽管计划未得以实施，但其背后却是燃烧的激情。1855 年他完成了学业，进入建筑师斯特里特（George Street）的事务所作见习生。在斯特里特的牛津事务所中，他很快就遇到了菲利普·韦布（Philip Webb）（1831—1915）。在接下来的一年中，莫里斯放弃了对于建筑的兴趣，跟随伯恩－琼斯到伦敦学画，师从前拉斐尔派的罗赛蒂（Dante Gabriel Rossetti）（1828—1882）。那些年这两个年轻人过着放浪不羁的生活，尤其是他们加入了罗赛蒂的圈子并与罗斯金有了最初的接触。[5] 1859 年这段生活结束时，莫里斯与伯登（Jane Burden）结了婚，她是罗赛蒂的模特，长得很漂亮。罗赛蒂这位上了年纪的画家迷恋于她的魅力，这注定是一桩不太成功的婚姻。

不过这桩婚姻促使莫里斯与韦布合作设计了位于贝克斯利希斯（Bexleyheath）的"红屋"，它被视为早期现代运动的圣殿之一。但它在建筑上的重要性却被夸大了。由于它颇具哥特式风

1　德雷瑟，《装饰设计艺术》，37。

2　德雷瑟，《装饰设计原理》(London: Cassell Petter & Galpin, 1873; 重印 , London: Academy Editions, 1973)。

3　汤普森（E. P. Thompson）的《威廉·莫里斯：从浪漫派走向革命派》(*William Morris: Romantic to Revolutionary*, Stanford: Stanford University Press, 1988: originally published in 1955) 一书是莫里斯的标准传记。以下这些著作也很重要：亨德森（Philip Henderson）的《威廉·莫里斯的生平、工作与朋友》(*William Morris: His Life, Work, and Friends*, New York: McGraw-Hill, 1967)；麦凯尔（John Mackail），《威廉·莫里斯传》(*The Life of William Morris*, 2 vols., London: Longmans, 1899)；萨蒙（Nicholas Salmon），《威廉·莫里斯年表》(*The William Morris Chronology*, Bristol: Thoemmes, 1996)；莫里斯的《著作全集》(*Collected Works*, 24 vols., New York: Russell, 1910–1915; 重印 , New York: Russell & Russel, 1966)。

4　引自麦凯尔，《威廉·莫里斯传》，1:63。

5　伯恩－琼斯与莫里斯第一次见到罗斯金是在他们自己的公寓里，那是在 1858 年 10 月罗斯金刚从瑞士回来后不久。罗斯金当时正在工人学院（Working Men's College）教素描，连续两周的周四晚上访问了他们二人。

韵，有人说它是中世纪风格的建筑，而它单纯的砖砌外表与非对称的布局则仿效了本土的乡村建筑。它的室内更为精致，有厚重的手工制作家具、装饰图样和玻璃器皿。总之，红屋的重要性在于这一事实：在 1861 年，它是"莫里斯、马歇尔、福克纳 & 绘画、雕刻、家具与金工之高级艺匠公司"（Morris, Marshall, Faulkner & Company, Fine Workmen in Painting, Carving, Furniture and the Metals）的所在地以及最初的工作室。

于是，修道院兄弟会的观念发展成了一项商业冒险事业。在公司计划书中，莫里斯将近来装饰艺术的发展归功于"英国建筑师的努力"，他指的可能是斯特里特、巴特菲尔德（William Butterfield）和博德利（George Bodley）的装饰华美的室内设计。但这些设计的实施"迄今为止是粗野的和支离破碎的"，因为缺少艺术合作与监管。[1] 这个问题要通过一个装饰公司的统一管理来解决。这家公司的合伙人有伯恩－琼斯、福克纳（Charles Faulkner）、福特·马多克斯·布朗（Ford Madox Brown）、罗赛蒂以及马歇尔（P. P. Marshall）这样的人才。

[173]

建立一个艺术家行会以恢复各种艺术的活力并通过手工艺方法将它们统一起来的想法并不是什么新鲜事（普金已经开辟了这条道路），但通过它来赢利则是一种新的想法。这家公司的许多订单——尤其是彩色玻璃、挂毯和壁画——来自于教堂建筑师。公司也做家具，一些是寄销，另一些展示于后来公司在伦敦牛津大街上的展厅中。莫里斯擅长于编织、染色、印花织物、墙纸、印花棉布、书刊印刷等。总之公司在商业上是成功的，在后来的几十年里雇用了几百名工人。在这项事业的背后是莫里斯政治上的进取精神。1883 年他加入了"民主联盟"（Democratic Federation），这是英国新成立的社会主义政党。两年之后，经恩格斯同意，他离开了这一组织，组建了"马克思主义社会主义联盟"（Marxist Socialist League）。1880 年代晚期，他从事宣传工作，成了英格兰最著名的社会主义者之一。

在 19 世纪最后的二三十年中，艺术家投身于工艺美术事业（而不是纯美术）的想法特别具有吸引力。[2] 有许多小公司和作坊从莫里斯工作室派生出来，有的是得到他的鼓励而建立的，如德·摩根（William De Morgan）（1839—1917）以及威廉·A. S. 本森（William A. S. Benson）（1854—1924）的公司。中世纪行会形式的公司也很普遍。第一家是罗斯金的社会主义性质的圣乔治行会（Guild of Saint George），成立于 1871 年。这是一个短命的手工艺团体，其运作资金部分来源于他的版税。麦克莫多（Arthur Mackmurdo）（1851—1942）和伊马热（Selwyn Image）（1849—1930）于 1882 年建立的世纪行会（Century Guild）则较为成功。[3] 麦克莫多是学建筑的，但是当他于 1871 年开始阅读罗斯金的书，便转移了注意力。1874 年他与罗斯金一道去意大利旅行，3 年之后遇到了莫里斯。世

[174]

---

1 引自沃特金森（Ray Watkinson），《设计师威廉·莫里斯》（*William Morris as Designer*, London: Trefoil Publications, 1990），16—17。

2 有许多文献论述了工艺美术运动的总体情况，见《工艺美术运动：其源头、理想及其对设计理论的影响研究》（*The Arts and Crafts Movement: A Study of Its Sources, Ideals, and Influence on Design Theory*, London: Trefoil Publications, 1971）；以及安松贝（Isabelle Anscombe）与盖尔（Charlotte Gere），《英国与美国的工艺美术运动》（*Arts and Crafts in Britain and America*, New York: Rizzoli, 1978）。

3 见《麦克莫多与世纪行会藏品目录》（*Catalogue of A. H. Mackmurdo and the Century Guild Collection*, London: William Morris Gallery, 1967）。

纪行会还追求"在艺术家而非手艺人的圈子中实践所有的艺术门类"。

　　另一家与罗斯金和莫里斯的政治理论有着密切关联的早期行会是"艺匠行会"(Art-Workers'Guild)，由一帮年轻设计师成立于 1884 年，领导人是建筑师与历史学家莱萨比 (William Richard Lethaby) (1857—1931)。[1] 这个非正式的艺术家团体的成员有刘易斯·F. 戴 (Lewis F. Day) (1845—1910) 和沃尔特·克兰 (Walter Crane) (1845—1915)。[2] 他们的意图是创建一个激进的组织，自下而上地推动艺术改革，以对抗皇家美术学院与皇家不列颠建筑师学会的影响。这个行会的一个重要分支机构"工艺美术展览协会"(Arts and Crafts Exhibition Society) 于 1888 年举办了第一次展览。克兰在该协会 1893 年出版的《工艺美术文集》(*Arts and Crafts Essays*) 中将它的工作描述为"反对这样一种现状，即虽然我们取得了一切现代机械成就、舒适与奢华，但正如莫里斯先生所说，生活'每天都变得更加丑陋'"[3]。克兰坚信，"手工艺是一切艺术的真正根基与基础"，他也随莫里斯加入了社会主义同盟。[4]

　　克兰最有影响的著作是《为装饰艺术正名》(*The Claims of Decorative Art*) (1892)，这是他前十多年文章的一本集子。在此书中他不懈地抨击现代生活中"可怕的奢侈与贫困"，"巨大的、永无休止进行扩张的、笨重的、令人讨厌的城市"，将之归咎于"肆无忌惮的商业主义"、土地私有制、快速发展的工业主义，以及艺术家在获得生活必需的薪金方面的无能为力。[5] 而社会上的"变幻不定的、五花八门的时尚与交易"也正驱动着这一切。[6] 他呼吁建立"一种基于经济基础的新生活观"，对他来说这就是社会主义的"宗教"与"道德准则"。[7] 1894 年克兰的书被译成了德文，影响了德国正在进行的改革，而就在前一年英国期刊《工作室》(*The Studio*) 发行了第一版，也使欧洲人更好地了解到英国工艺美术运动方方面面的情况。

　　英国工艺美术运动的另一位重要理论家是阿什比 (Charles Robert Ashbee) (1863—1942)。[8] 他曾在剑桥接受教育，在博德利 (George Bodley) 的伦敦事务所开始了自己的建筑师生涯。在那里他着手汤恩比社区服务中心 (Toynbee Hall) 的住宅区项目，这是一个实验性的大学生活与学习社区，后来芝加哥的赫尔之家 (Hull House) 项目就是以此为蓝本兴建的。他在汤恩比社区服务中心教艺术，

1 关于莱萨比，见鲁宾斯 (Godfrey Rubens)，《威廉·理查德·莱萨比的生平与工作，1857—1931》(*William Richard Lethaby: His Life and Work, 1857—1931*, London: the Architectural Press, 1986)；以及巴克迈尔 (Sylvia Backemeyer) 与格龙贝里 (Theresa Gronberg)，《W. R. 莱萨比，1857—1931：建筑、设计与教育》(*W. R. Lethaby, 1857—1931: Architecture, Design and Education*, London: Lund Humphries, 1984)。

2 见《艺匠行会的建筑师们，1884—1894》(*Architects of the Art Workers Guild, 1884—1894*, London: Riba Heinz Gallery, 1984)。

3 克兰 (Walter Crane)，《设计与手工艺的复兴：关于工艺美术展览协会工作的说明》(Of the Revival of Design and Handicraft: With Notes on the Work of the Arts and Crafts Exhibition Society)，收入《工艺美术文集》(New York: Charles Scribner's Sons, 1893; 重印，New York: Garland, 1977)，3。

4 Ibid., 4.

5 克兰，《为装饰艺术正名》(London: Lawrence & Bullen, 1892)，6，12。

6 Ibid., 176.

7 Ibid., 74, 79.

8 克劳福德 (Alan Crawford)，《C. R. 阿什比》(*C. R. Ashbee*, New Haven: Yale University Press, 1985)；斯坦斯基 (Peter Stansky)，《威廉·莫里斯，C. R. 阿什比与工艺美术》(*William Morris, C. R. Ashbee and the Arts and Crafts*, London: Nine Elms Press, 1984)；《C. R. 阿什比与手工艺行会：一个展览》(*C. R. Ashbee and the Guild of Handicraft: An Exhibition*, Cheltenham, England: Cheltenham Art Gallery, 1981)。

组建了手工艺学校（School of Handicraft）。1888 年他将该校与新的手工艺行会（Guild of Handicraft）合并，首次将一所设计学校与商业工作坊结合起来。阿什比的设计成为工艺美术展览协会展览的常规特色，到 1890 年代定期展出并受到广泛赞誉。这一切都激励着他在 1902 年将手工艺行会以及它的 150 名艺匠及亲属迁往格洛斯特郡的一个村庄奇平卡姆登（Chipping Campden），在那里他遵循着罗斯金的榜样，希望创立一个封建式的社会主义社区以替代现代城市与工业生产方式。正如早期的试验一样，这项事业也失败了。他返回到伦敦，最终回到了他的建筑业务。

在工艺美术运动所有领袖人物中，阿什比是一位最活跃的建筑师。而且我们可以料想——考虑到有大量建筑师卷入这场运动——他心中充满了理想与热情，尤其是在住宅设计方面。当然，韦布在这场运动开始时是与莫里斯最接近的建筑师，而且多年来一直忠实于他们的共同理想，即便他后来的"古典主义"形式也揭示了他在艺术上的独立性。[1] 红屋的非对称布局、砖砌外表（本身就很新颖）、瓦屋顶、大烟囱和壁炉，使它成为安妮女王风格的开端——只有韦布采用了哥特式的窗户与后来的设计完全不同。将这种风格归结为安妮女王（Queen Anne）（1702—1714）时代的巴洛克风格在某种程度上是一种误解，因为这一风格的许多倡导者厌恶哥特式复兴，他们的意图是要仿效平淡天真的、本乡本土的英国 17、18 世纪建筑。除了以上提到的特点外，该风格提倡功能性，提倡实用的布局与开间、带铅框与木框的条形窗，以及通过对材料、色彩与体块的处理取得简单纯朴的效果。

韦布在 1860 与 1870 年代的许多作品具有这种倾向，但与此风格联系更密切的建筑师是苏格兰人诺曼·肖（Richard Norman Shaw）（1831—1912），他是从哥特式复兴运动中走出来的。[2] 诺曼·肖原先在伯恩（William Burn）的事务所里接受训练，但很快就为普金的说教所吸引（1852 年出席了普金的葬礼）。他后来为萨尔文（Anthony Salvin）工作过，之后于 1859 年加入了斯特里特的事务所，当上了主要绘图师。实际上他接替了韦布，那时韦布开始设计红屋。1862 年诺曼·肖开始独立出来，与好友内斯菲尔德（William Eden Nesfield）（1835—1888）合开了一家事务所，但这种宽松的联系对两人都十分宝贵。内斯菲尔德花了近 5 年时间在欧洲大陆为他的《中世纪建筑样本》（Specimens of Mediaeval Architecture）（1862）收集材料。[3] 似乎正是内斯菲尔德最先为这种"老英格兰"[175] 的本土风格所吸引，设计了他自己位于希普利田庄（Shipley Hall）的农庄（1860—1861），还设计了摄政公园的两座农舍（1864—1865），展现了英格兰乡村建筑的混搭形式，为后来者指明了道路。

在接下来的 10 年时间里，内斯菲尔德改善了这种美学理论与风格的尺度，但那时诺

---

1 关于韦布，见莱萨比（William Lethaby），《普利普·韦布与他的工作》（*Philip Webb and His Work*, London: Oxford University Press, 1935）。

2 关于诺曼·肖，见森特（Andrew Saint），《理查德·诺曼·肖》（*Richard Norman Shaw*, London: Yale University Press, 1976）；参见布洛姆菲尔德，《皇家院士建筑师理查德·诺曼·肖，1831—1912》（*Richard Norman Shaw, R. A. Architect, 1831–1912*, London: Batsford, 1940）。

3 内斯菲尔德，《中世纪建筑样本：主要选自 12、13 世纪法国与意大利的实例》（*Specimens of Medieval Architecture: Chiefly Selected from Examples of the 12th and 13th Centuries in France and Italy*, London: Day & Son, 1862）。

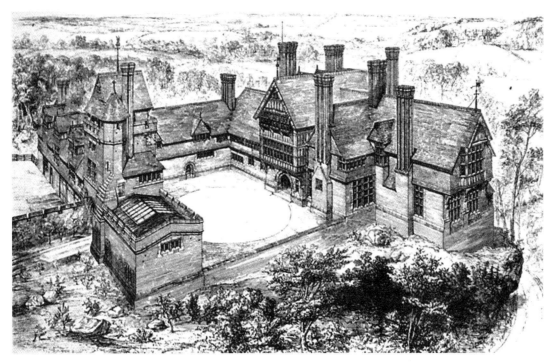

图 61　诺曼·肖，苏塞克斯的利斯伍德庄园，1868—1869。采自《建筑新闻》（1871 年 3 月 31 日）。

曼·肖却以他的两座庄园领导了潮流，一是苏塞克斯格伦·安德烈庄园（Glen Andred）（1866—1868），一是苏塞克斯的利斯伍德庄园（Leyswood）（1868—1869）（图 61）。正是在《建筑新闻》（Building News）上发表的这两座庄园的透视图，吸引了理查德·莫里斯·亨特（Richard Morris Hunt）与 H. H. 理查森的注意，并引发了美国与之相平行的发展。早期诺曼·肖风格（Shavian style）的特点是底平面曲折迂回、注重功能性，外表为砖墙，瓷砖贴面，具有肌理效果，半木结构，巨大的排式烟囱，自由运用山墙与老虎窗，窗户向外突出呈堤坝状，总体感觉是成熟的、乡村式的、如画的——但此种风格造价也很昂贵。诺曼·肖的早期城镇住宅较为严谨，但不乏新颖之处，代表了他的天才手笔。或许他最值得赞赏的作品是 1877—1880 年间在贝德福德公园（Bedford Park）所建的建筑物。开发商是卡尔（Jonathan Carr），他规划了地处伦敦西郊的新公园，诺曼·肖赋予了它一种迷人的魅力。他设计的社区建筑与住宅，既实用又有艺术性。这处郊区的自然景观未被破坏，很快就成为艺术家和作家聚集的中心。诺曼·肖至少在英国建筑师中配得上穆特修斯（Hermann Muthesius）所授予他的称号："19 世纪建筑史上第一位摆脱风格羁绊从而表现出自由风范的建筑师。"[1]

　　诺曼·肖的天才与成功吸引了工艺美术运动中的许多人。在 1879—1889 年间，莱萨比（Lethaby）是他的主要绘图员，也为建立"艺术工作者行会"花了不少时间。莱萨比直到 1890 年代才开办自己的事务所，那时他的教学、组织与工艺设计工作仍然对他的建筑业务有所影响。

---

1 穆特修斯，《英国住宅》（The English House, New York: Rizzoli, 1979; originally published in 1904），22。

他的第一个大项目汉普郡埃文·蒂雷尔庄园（Avon Tyrell），几乎是一种另类的形式，大受穆特修斯的赞赏，他感到其设计"给阴沉壮观的英国住宅带来了一种精致优美的、清晰的气氛"[1]。

威廉·戈德温（Edward William Godwin）（1833—1886）也受到诺曼·肖的影响。他开始时是位哥特式复兴的建筑师，但在 1865 年到伦敦参与了家具及舞台设计后便一度放弃了建筑。他著名的切尔西（Chelsea）"白屋"（White House）（1878）是为画家惠斯勒（James Whistler）设计的，表明了诺曼·肖的影响。同样的影响也可在麦克莫多的作品中见到，他的建筑实践严格限于教学和工艺设计。麦克莫多的第一座诺曼·肖式住宅位于恩菲尔德（Enfield）私家路 6 号（6 Private Road）（1872—1876），标志着一个新的职业生涯的开端，但后来停顿了，直到在这条街道上设计了第二座住宅，即 8 号（1886—1887）时才恢复。

[176]　　　　投身于工艺美术运动的最有天分的住宅建筑师是沃伊齐（Charles Francis Annesley Voysey）（1857—1941），他是麦克莫多的好朋友。[2] 沃伊齐的业务开始于 1881 年，但直到这个 10 年的末期他才接到了第一个住宅委托项目。这一时期他同时还为"艺术工作者行会"设计织物、墙纸和家具。他的正经的建筑业务始于 1890 年前后，在实践中吸收了本土的建筑要素，但现在他将其抽象化，与欧洲先锋派的影响结合了起来。在 1890 年代大体以类似手法设计的建筑师还有巴利埃·斯科特（M.H.Ballie Scott）（1865—1945）与勒琴斯（Sir Edwin Lutyens）（1869—1945）——当然勒琴斯最终将业务移到了印度。

在 19 世纪最后的二三十年，英国住宅建筑处于转型过程中，明确的理论阐述付诸阙如，而莱萨比深奥难解的《建筑、神秘主义与神话》（Architecture, Mysticism and Myth）（1892）则是 1890 年代初较为引人入胜的一本书。该书的主题是古代建筑的基本宇宙论以及象征性，他通过迦勒底人、犹太人、埃及人、阿拉伯人、米诺斯人、印度人和中国人等民族的神秘文化对这一问题进行探索。莱萨比承认，这些宗教象征主义是过去的东西，但同时他坚持认为，现代建筑不能"只是一个外壳而无内容"[3]。他援引了戴利（Cèsar Daly）的话指出，"我们必须要有一种象征主义，观看者中的绝大部分人一眼便能看得明白"，不过这种象征主义没有"恐惧、神秘和显赫"的意蕴。[4] 但关于什么是合适的意蕴他还是含糊其辞："这意蕴应该是关于自然与人的，关于秩序与美的，但一切应当是甜蜜的、单纯的、自由的、自信的和光明的；另一种是过去的意蕴，是这样的，因为它的目标是要碾碎生活；而新的东西，未来，是要援助生活，训练生活，以便让美像一阵微风那样吹拂着心灵。"[5]

莱萨比受到麦克莫多的影响，也受到东方主义的影响。所谓"颓废派"（Decadents）也十分迷

1 穆特修斯，《英国住宅》，38。

2 见希契莫夫（Wendy Hitchmough），《C. F. A. 沃伊齐》（C. F. A.Voysey, London: Phaidon Press, 1995）；迪朗（Stuart Durant），《C. F. A. 沃伊齐》（London: St. Martin's Press, 1992）；辛普森（Duncan Simpson），《C. F. A. 沃伊齐：一位有个性的建筑师》（C. F. A.Voysey: An Architect of Individuality, London: Lund Humphries, 1979）；格布哈特（David Gebhard），《建筑师查尔斯·F. A. 沃伊齐》（Charles F. A. Voysey, Architect, Los Angeles: Hennessey & Ingalls, 1975）。

3 莱萨比，《建筑、神秘主义与神话》（New York: George Braziller, 1975; originally published in 1891），7。

4 Ibid.

5 Ibid., 8.

恋于东方主义，其中有比尔兹利（Aubrey Beardsley）、西蒙斯（Arthur Symons）和王尔德（Oscar Wilde）。建筑师麦金托什（Charles Rennie Mackintosh）（1868—1928）[1] 十分倾心于莱萨比的书。1891 年他从意大利回到了苏格兰，两年多后在格拉斯哥做了两个讲座，率先充分讨论了罗斯金《建筑的七盏明灯》的基本原理。在 1893 年一次简单题为"建筑"的讲座中，他广泛汲取了莱萨比的观念。确实他的讲话内容接近一半都直接取自莱萨比的导论，无论他在观众面前承认不承认，这都是一个事实。[2] 不过他演讲接近末尾处的思维取向还是有趣的。他认为"所有伟大的、活生生的建筑"是"人类在创造它时的需求与信仰"的表现，接着他谴责了各种形式的折中主义："我们必须给现代思想穿上现代外衣——用鲜活的想象力来装点我们的设计。我们将拥有由新人为新人做的设计——表达出对神圣事实的全新认识，对个人技能繁育的全新认识，以及优雅形式与快乐色彩中的自然乐趣。"[3]

不过这些话也是借用的——不是借自莱萨比，而是塞丁（John D. Sedding）（1838—1891）。塞丁是另一位有影响力的工艺美术设计师，那时刚刚去世。[4] 麦金托什如此借用并不奇怪，因为在这些年中他也从塞丁和其他人那里借用建筑母题，运用于哥特式火车站的设计竞赛（1892）以及格拉斯哥的信使大厦（Herald Building）（1893）等项目设计中。不过，令人吃惊的是，麦金托什似乎用莱萨比与塞丁的观念推进了他自己的思想。他著名的格拉斯哥艺术学校（Glasgow School of Art）的竞赛方案是 1896 年设计的。

最后，我们来看看莫里斯的著述。[5] 他的卷帙浩繁的论文、演讲和书信都提到过建筑，但一般只是空泛之论，极少直接谈建筑，大多与政治有关，充满了悲观色彩——有点类似于克兰（Crane）的文章。他在伦敦的演讲《建筑文明的前景》（The Prospects of Architecture in Civilization）（1881）中强烈谴责"轻率地或不顾文明地"糟蹋土地的做法、"今天肮脏的城市生活"以及到处呈现出的"普遍的丑陋现象"。[6] 他的替代方案是，当"美依然还徘徊于农舍之间"时，用"科茨沃尔德丘陵石灰石"（cotswold limestone）来建造劳动者的小屋。这似乎是走极端。[7] 他是要促成这种转变，要保存各种群落，使我们摆脱"一切无用的奢侈品（有人称作慰藉物），这些东西使我们古板的、在艺术上令人窒息的住宅真的比祖鲁人的牛栏和东格陵兰的雪屋还要野蛮"，不过实

1　在论麦金托什的许多书中，有夏洛特（Charlotte）与菲尔（Peter Fiell）合撰的《查尔斯·伦尼·麦金托什，1868—1928》（*Charles Rennie Mackintosh, 1868–1928*, Cologne: Taschen, 1996）；克劳福德（Alan Crawford），《查尔斯·伦尼·麦金托什》（London: Thame & Hudson, 1995）；斯蒂尔（James Steele），《查尔斯·伦尼·麦金托什》（London: Academy Editions, 1994）；麦克劳德（Robert Macleod），《查尔斯·伦尼·麦金托什：建筑师与艺术家》（New York: E. P. Dutton, 1983）。

2　鲁宾斯在他为莱萨比的《建筑、神秘主义与神话》重刊本所撰写的导言中讨论了这一问题（xvi — xvii）；沃克（David Walker）在他的精彩论文《麦金托什论建筑》（Mackintosh on Architecture）中做了进一步讨论，此文收入罗伯逊（Pamela Robertson）编，《查尔斯·伦尼·麦金托什：建筑论文集》（*Charles Rennie Mackintosh: The Architectural Papers*, Cambridge: M. I. T. Press, 1990），170。

3　麦金托什，《建筑》，收入《查尔斯·伦尼·麦金托什：建筑论文集》，207。

4　关于麦金托什这里的借用，沃克也给了注释，是塞丁《设计》一文中的两句话凑在一起的，此文收入《工艺美术文集》，411—412。

5　见米勒（Chris Miele）编辑的、十分有用的莫里斯文集《威廉·莫里斯论建筑》（*William Morris: On architecture*, Sheffield: Academic Press, 1996）。

6　莫里斯，《建筑文明的前景》，收入《威廉·莫里斯论建筑》，65、84、67。

7　Ibid., 72, 73.

现这一目标的手段既不恰当，又做作而天真。[1]

在另一篇文章《建筑的复兴》(The Revival of Architecture)（1888）中，莫里斯讨论了过去一代人的哥特式复兴——这完全源于罗斯金的看法，"任何时代的艺术必定是其社会生活的表现"。不过对莫里斯而言，这一点在很大程度上导致了错误。[2]他对安妮女王风格也不热心，认为"普遍运用不太庄重"，抑制了现代人的趣味，只是由于"它还保留了哥特式的感觉"才被具有良好趣味的建筑师普遍采用。[3]它最终像哥特式前辈一样，"局限于自己的范围之内"，因为建筑的根本复兴完全取决于作为一个整体的社会的复兴。[4]换句话说，建筑的真正改进必须要等到一场社会主义革命的来临："其间，我们正等待着社会的新发展，我们中间的一些人胆怯而迟钝，一些人向往着变革，从事着有希望的工作；但至少我们所有人都在等待着作品，并非代表少数学者、作者与艺术家闲暇趣味的作品，而是整个文明世界的劳动者所需要的、热切盼望的作品。"[5]

[177]

值得注意的是，在莫里斯1890年的未来主义小说《乌有乡消息》(News from Nowhere)（以22世纪的英格兰为背景）中，并没有出现建筑的主题。我们看到时光旅人发现哈默史密斯(Hammersmith)的悬索桥(1887)的乐趣被"一座奇特的桥"所取代，这座桥令人想起了佛罗伦萨的维奇奥桥(Ponte Vecchio)，然后他发现了"丑陋的老建筑"，即大英博物馆还完好无损，故作缄默。[6]在这部新乌托邦中，最接近建筑描述的部分出现在时光旅人在前往伦敦时，第一次遇到了"一种壮丽繁盛的建筑风格"，这种风格似乎囊括了"欧洲北方哥特式以及撒拉逊及拜占庭建筑最优秀的品质，尽管没有模仿这些风格中的任何一种"。[7]这里再一次令人想起了中世纪的佛罗伦萨建筑——这次是洗礼堂，一个"装饰最精美的"、经过改进的范本。

莫里斯以中世纪的眼光展望22世纪，其中有一些十分离奇有趣的内容。在小说的另一部分中，时光旅人与两位主人公（克拉拉 [Clara] 与迪克 [Dick]）谈他们的艺术，谈到这样一个事实，大部分艺术主题(这些作品出自普通人而非"艺术家")来源于想入非非的童话故事，如格林(Jacob Grimm) 收集的民间故事。时光旅人发现这种"孩子气"很奇怪，因为克拉拉和迪克都了解过去的"现实主义"艺术及其对现代生活主题的关注。迪克推测，他这一世纪的艺术要归功于这一事实，即"我们身上的孩子气"创作了具有想象力的作品；因此他那由天真无邪的人组成的社交界就享有了恢复童年时光的乐趣。然而克拉拉并不这么肯定，她说："对我来说，我倒希望我们能被写、被画就足够有意思了。"[8]

就建筑而言，莫里斯也认为必须要等到社会主义这"第二个童年"的到来。但无论他在

1　莫里斯，《建筑文明的前景》，94。

2　莫里斯，《建筑的复兴》，收入《威廉·莫里斯论建筑》，131。

3　Ibid., 135—136.

4　Ibid., 137.

5　Ibid., 139.

6　莫里斯，《乌有乡消息》(Cambridge: Cambridge Universtiy Press, 1995; originally published in 1890)，4、10、53。

7　Ibid., 26.

8　Ibid., 107.

政治上多么严肃，他的观点却基于特权，以近乎虚荣傲慢的牛津式绅士派头为特征。莫里斯生活在一个社会与艺术发生了巨大变化的时代，并为这个时代做出了无法估量的贡献。但他似乎直到最后也不太在意这个时代取得的巨大成就。与小说的主人公相比，莫里斯本人更有过之而无不及，他从未偏离早期对虚幻的民俗世界的关注。

2. 欧洲大陆的住房改革

自从穆特修斯的《英国住宅》(*The English House*)（1901—1902）出版之后，工艺美术运动在很大程度上就被说成是一种英国现象，后来向大陆和北美传播开来。不过，这种观点简单化了，实际上相关国家的改革运动具有不同的目标和不同的意识形态之源。的确，将穆特修斯作为德国使团的一名随员派往伦敦去评估英国住宅建筑和设计，多少是将英国工艺美术运动与德国类似改革工作进行比较的一种手段。

大陆工艺美术博物馆的兴起是一个能说明问题的案例。由科尔于 1852 年在马尔伯勒宫建立的伦敦装饰艺术博物馆（London Museum of Ornamental Art）是欧洲第一家此类博物馆，不过地方性的以及皇家的特色工艺美术收藏馆早已出现了。一个多世纪以来，德累斯顿的瓷器收藏以及"绿穹"珍宝馆（Green Vault）就很有名。维也纳霍夫堡宫珍宝馆（Schatzkammer）也很有名。长期以来，法国拥有著名的挂毯和瓷器收藏，分别展示于戈布兰（Gobelins）和塞夫尔（Sèvres）。1832 年，索默拉尔（Alexandre du Sommerard）开始在克吕尼馆（Hôtel de Cluny）陈列他的家具、雕刻、陶器与金属器皿收藏；11 年之后，该收藏品被法国政府购买，并获得了永久性的认可。[1]

与科尔在英格兰建馆同一时期，德国国立博物馆（Germanic National Museum）在纽伦堡成立（1852），巴伐利亚国立博物馆（Bavarian National Museum）则在慕尼黑成立（1853），两家都是聚焦于德国中世纪的历史博物馆。到 1860 年代情况有所改变，突破了原先的格局，这始于维也纳成立的工艺美术博物馆（Museum for Art and Industry）（1863）以及柏林成立的实用艺术博物馆（Museum of Applied Arts）（1867）。这两家博物馆都受到南肯辛顿发展的影响，但它们的首任策展人与馆长都对当代博物馆进行了改革：在维也纳是埃特尔贝格尔（Rudolf von Eitelberger）（1817—1885）和法尔克（Jakob von Falke）（1825—1897），在柏林是尤利乌斯·莱辛（Julius Lessing）。[178]

实际上，埃特尔贝格尔在 1867 年曾联系过当时在苏黎世的森佩尔，向他索要一份他在 1852 年为科尔编撰的金工目录。[2] 这位艺术史家之所以对这份手稿感兴趣，是因为森佩尔在导言中谈及工艺美术收藏品的管理问题——实际上是对这种"文化史索引"及其对公众与设计师的教育可能发挥的作用的一个历史性回顾。森佩尔也强调了必须"将现代被隔离与划分开来

---

1 关于工艺美术博物馆的早期综述，见理查兹（Charles R. Richards），《工艺美术与博物馆》(*Industrial Art and the Museum*, New York: Macmillan Company, 1927)。
2 埃特尔贝格尔致森佩尔的书信，1863 年 11 月 25 日，Semper Archiv, ETH-Hönggerberg。

的各类艺术重新整合起来"——即高雅艺术与所谓的小艺术——最后他简要勾勒了一个理想博物馆的蓝图，在这种博物馆中，装饰品要根据四种动机来组织：织物、木作、陶器与石作。[1]

森佩尔的观念既影响了埃特尔贝格尔与莱辛，也影响了布林克曼（Julius Brinckmann），后者于1874年成为汉堡艺术与工艺美术博物馆（Museum for Art and Applied-Arts）的首任馆长。在1870年代，许多城市，如德累斯顿、法兰克福、卡塞尔、基尔、莱比锡、波恩和布达佩斯的工艺美术博物馆纷纷开张，都遵循着南肯辛顿的榜样，举办讲座，设立图书馆，搞巡回展览，从而奠定了德国以及中欧地区工艺美术改革的基础。

其他一些影响也见到了成效。德国哥特式复兴的一批早期倡导者——赖兴施佩格（August Reichensperger）、布瓦塞雷（Sulpiz Boisseree）以及茨维尔纳（Ernst Zwirner）——的努力于1842年结出了硕果，这一年科隆主教堂重启续建工程，这就不仅强化了人们对于哥特式风格的兴趣，也促使人们思考如何将它的原理运用于现代建筑。

翁格维特（Georg Gottlob Ungewitter）（1820—1864）是对中世纪抱有热情的新一代人。[2] 这个黑森人甚至在1850年前后第一次接触到赖兴施佩格之前就开始出版图样书了，他的书说明了如何将圆拱式（Rundbogen）和哥特式的形态加以调整以适应现代构造技术。这些设计往往具有对称的平面，强调自然材料。其中最重要的或许是两卷本的《城乡住宅设计》（Entwürfe zu Stadt-und Landhäusern）（1856—1858），在此书中，他设计了原创性的不规则住宅，在构成上受到中世纪资源的影响。[3] 他的设计是与英格兰安妮女王建筑时尚相平行的，尽管以早期范本为基础，更多强调了哥特式的垂直性（图62）。与他的风格相类似的是哈泽（Conrad Wilhelm Hase）（1818—1902）的设计，他自己位于汉诺威的宅邸（1859—1861）与韦布的红屋同期建造，大体相仿，以裸砖砌筑，平面不对称，在门窗处表现了哥特式的细节。

在德国，为改革开辟道路的不只是哥特式复兴和中世纪圆拱学派。在柏林，所谓的欣克尔学派延续到了19世纪，这个学派包括了希齐希（Friedrich Hitzig）（1811—1881）、斯特拉克（Johann Heinrich Strack）（1805—1880）与佩尔修斯（Ludwig Persius）（1803—1845），他们都培育出了一种自由的别墅风格，从意大利乡间别墅中汲取灵感。在汉堡，建筑师沙托诺夫（Alexis de Chateauneuf）（1799—1853）的作品中也反映了类似的倾向，将英国住宅建筑的知识引入他的作品中。[4] 接着还有森佩尔无拘无束的文艺复兴手法，他影响了不少设计师，其中有利普修斯（Constantine Lipsius）

---

1 森佩尔，《金属与硬质材料的实用艺术：技术、历史与风格》（Practical Art in Metal and Hard Materials: Its Technology, History and Styles），维多利亚和艾伯特博物馆图书馆，86. FF. 64（引文出自 p.2）。为埃特尔贝格尔制作的这一手稿的附本藏于维也纳工艺美术博物馆的图书馆中。

2 见大卫 – 西罗科（Karen David-Sirocko），《格奥尔格·戈特洛布·翁格维特与黑森、汉堡、汉诺威以及莱比锡的如画的新哥特式》（Georg Gottlob Ungewitter und die malerische Neugotik in Hessen, Hamburg, Hannover und Leipzig, Petersberg, Germany: Michael Imhof Verlag, 1997）；以及刘易斯（Michael J. Lewis），《德国哥特式复兴的政治：奥古斯特·赖兴施佩格，1808—1895》（The Politics of the German Gothic Revival: August Reichensperger, 1808–1895, New York: Architectural History Foundation, 1993）。

3 翁格维特，《城乡住宅设计》2卷本（Leipzig: Romberg, 1856—1858）。

4 见克莱姆（David Klemm）与弗兰克（Hartmut Frank）编，《亚历克西斯·德·沙托诺夫，1799—1853：汉堡、伦敦与奥斯陆的建筑师》（Alexis de Chateauneuf, 1799–1853: Architect in Hamburg, London und Oslo, Hamburg: Dölling & Galitz, 2000）。

（1832—1894）、布伦奇利（Alfred Friedrih Bluntschli）（1842—1930）、奥尔（Hans Auer）（1847—1906）以及费斯特尔（Heinrich von Ferstel）（1828—1883）。[1] 实际上费斯特尔在 1868 年被埃特尔贝格尔选中设计了工艺美术博物馆。到此时，先前 20 年的改革已经形成了一场遍地开花的运动，尤其在住宅设计方面。

在洛策（Hermann Lotze）的《德意志美学史》（Geschichte der Aesthetik in Deutschland）（1868）中便可以找到这场运动的迹象，该书将住宅设计剔除在纪念性建筑的设计规则之

图 62　翁格维特，住宅设计。采自《哥特式城乡住宅》（Gotische Stadt-und Landhäuser，柏林，1889？）。

外。洛策认为，如果说纪念性建筑的目的是"要在意识中树立起生活的理想目标"（一般由正式的统一风格所代表），那么家居生活就不可能真正受到任何单一观念的支配。一座住宅的设计应遵循"如画的与风景优美的"思路，也就是说要摆脱平面对称与统一的束缚，这样便能够"服务于现代生活"。[2]

柏林建筑师卢凯（Richard Lucae）（1829—1877）似乎也同时得出了相同的结论。在 1867 年题为《人与他的家——我的家就是我的城堡》（Der Mensch und sein Haus—my home is my castle）的讲座中，这位后来的建筑学院院长悲叹当代住宅缺乏功能性、自然采光和空气流通。他强调了家庭成员之间的联系、炉床和舒适性。[3] 卢凯曾去英国旅行。对于工业化带来的种种弊端，他是一位尖锐的批评者。

德国批评家对德国工艺美术实践的批评也构成了这场运动的另一个前沿阵地。佩希特（Friedrich Pecht）对 1867 年巴黎博览会进行了充分研究，他一页接着一页地悲叹德国手工业生产在实施标准与表现当代风格方面落后于法国。[4] 若干年后，柏林实用艺术博物馆首任馆长尤利乌斯·莱辛（Julius Lessing）回应了这一观点，他在评论 1873 年维也纳世博会时，指出了法国在这些 [179]

1　关于这些有才华的建筑师，尤其见贝里（J. Duncan Berry），《戈特弗里德·森佩尔的遗产：晚期历史主义研究》（The Legacy of Gottfried Semper: Studies in Späthistorismus, Ph. D. diss., Brown University, 1989）。

2　洛策，《德意志美学史》（Munich: Cotta'schen Buchhandlung, 1868），546—547。

3　卢凯，《人与他的家——我的家就是我的城堡》，载《德意志建筑报》1（1876）：62—64。关于德国改革运动的一项极重要的研究，是穆特修斯的《英国的典范：19 世纪晚期德意志建筑、住房与工艺美术改革运动研究》（Das englische Vorbild: Eine Studie zu den deutschen Reformbewegungen in Architectur, Wohnbau und Kunstgewerbe im späteren 19. Jahrhundert, Munich: Prestel-Verlag, 1974）。

4　佩希特，《1867 年世界博览会上的艺术与工艺美术》（Kunst und Kunstindustrie auf der Weltausstellung von 1867, Leipzig: Brockhaus, 1867）。

领域中的主导地位以及德国人在力求参与国际发展方面的混乱状况。[1]

德语国家的改革在维也纳和慕尼黑最为突出。与维也纳工艺美术博物馆相关的两个人物——埃特尔贝格尔和费斯特尔——领导了住宅改革。1860 年他们联手写了一本小册子，对内环大道上的新住房建筑做出了反应。他们诅咒这种城区投机性的公寓楼建筑，说它浮华的、虚假优雅的立面背后往往掩饰了"游牧式的生活"。他们还赞扬了奥地利本土住房所显示出的"居者有其屋"的道德观念。[2] 这家博物馆的首任策展人法尔克 (Jakob von Falke)（1825—1897）也参与了这项事业，在博物馆中展出了各种样式的房间，以提升公众在家具陈设方面的审美品位。他在著作《现代趣味史》(Geschichte des modernen Geschmacks)（1866）中提出，可采用文艺复兴风格作为一种理性的、适度的方案，以应对他当时所见到的明显的"风格缺失"状况。吕布克 (Wilhelm Lübke) 的《德意志文艺复兴史》(Geschichte der deutsche Renaissance)（1873）一书支持这一观点，他回顾了丢勒所处的那个单纯诚实的时代，也是艺术革新的时代。在那个时代中，南方的形式感和北方的精神性融为一体，产生了良好的效果。

[180]　　1871 年法尔克出版了一本住宅设计法则概论，题为《住宅中的艺术》(Die Kunst im Hause)，后来出了若干版，1879 年出了英译本。[3] 他从不同的方面来定义风格，一件家具，"当它成为它应该成为的东西时，当它与它的用途相适应，而这一用途明白无误地铭刻在它上面时"，它就拥有了风格。[4] 法尔克还强调一件普通的、非程式化的家具可以而且应该具有风格，但考虑到"现代生活"飞速变化，现在他质疑以早先"时代"房间的方式来追求风格统一性还是否可行。他将室内设计的和谐效果简化为色彩与形式，实际上更强调后者。[5] 法尔克的重要性还在于，1878 年他发表了一项题为《英国住宅》的研究成果，赞扬了英国新近的住宅建筑经验。[6]

格奥尔格·希尔特 (Georg Hirth)（1814—1916）在慕尼黑做出的努力可谓与法尔克旗鼓相当。他在 1870 年代前期慕名来到慕尼黑，在《汇报》(Allgemeine Zeitung) 当了一名政论编辑。1875 年他在父亲的出版收益的资助下，与人共同创立了克诺尔与希尔特出版社 (Knorr und Hirth)，专出高品质艺术图书。他是一名热心的收藏家，在 1890 年代新艺术杂志《青年》(Jugend) 创刊中发挥了作用。他对住宅改革的兴趣最初体现于他为 1876 年慕尼黑实用艺术展览所提供的展品上。1880 年他出版了《德意志文艺复兴式室内设计》(Das deutsche Zimmer der Renaissance)，这是 19 世纪下半叶印数最多也是最漂亮的画册之一，副标题为《关于家庭艺术教养的一些建议》。他根据德国文艺复兴所显示的鉴赏原理为改革进行辩护：清晰而合逻辑的线条、中性的色调、装饰和结构

1　莱辛，《1873 年维也纳世界博览会上的工艺美术》(Das Kunstgewerbe auf der Wiener Weltausstellung 1873, Berlin: Ernst & Korn, 1874)。

2　埃特尔贝格尔与费斯特尔，《中产阶级住房与维也纳出租房》(Das bürgerliche Wohnhaus und das Wiener Zinshaus, Vienna, 1860)。见穆特修斯，《英国的典范》(Das englische Vorbild)，78。

3　法尔克，《住宅中的艺术：关于寓所装饰及陈设的历史、批评与美学的研究》(Art in the House: Historical, Critical, and Aesthetical Studies on the Decoration and Furnishing of the Dwelling)，珀金斯 (Charles C. Perkins) 翻译 (Boston: L. Prang & Co., 1879)。

4　Ibid., 172.

5　Ibid., 169–170.

6　这篇文章成为他的著作《文化与艺术》(Zur Cultur und Kunst, Vienna, 1878) 的主题，4—67。

图 63　格奥尔格·希尔特，房间设计。采自《德意志文艺复兴式室内设计》（慕尼黑，1880）。

的统一、各部分之间的和谐。该书篇幅最长的一章是"德国人天生喜爱丰富多彩"，但是新风格的基本原则应是"材料合理性"（*Stoffgerechtigkeit*），即材料的正确运用（图 63）。[1] 在色彩上他喜欢淡棕色，喜欢在地板、墙壁与天顶上采用温暖的木质本色。在此色调的背景上可以让少量有选择性的装饰色彩和物体跳出来。在这些建议的背后是他长期坚守的信念："改善我们的经济生活必须有各种条件共同发挥作用，其中培育国民优良的欣赏品位是一个突出的，或许是首要的条件。"[2]

　　建筑师西德尔（Gabriel von Siedl）（1848—1913）与希尔特一道工作，他复原了一个文艺复兴式的"带有角落壁橱的房间"，展示在 1875 年的展览会上，并由希尔特收入画册。从为工艺美术馆（Kunstgewerbehaus）（1877）和德意志之家客栈（Gasthof Deutsches Haus）（1879）所做的设计开始，他就将一种地方风格推广开来，这种风格后来被称为"现实主义"，强调非学院式的、"真实"的地方风格，由平滑的墙面与细细的装饰线脚构成。

　　在 1880 年代，正如在不列颠一样，前 10 年参与各种改革的人与倡导安妮风格的人联合起来，德国改革运动的力量大大增强了。多梅（Robert Dohme）（1845—1893）的迷人著作《英国住宅》（*Das englische Haus*）（1888）便是一例，该书对英国发生的情况作了清晰的概括。多梅前一年就出版了《德意志建筑史》（*Geschichte der deutschen Baukunst*），不过他去英格兰旅行促使他写了一份半

---

1 希尔特，《德意志文艺复兴式室内设计：关于家庭艺术品维护的建议》（*Das deutsche Zimmer der Renaissance: Anregungen zu häuslicher Kunstpflege*, Munich: G. Hirth's Verlag, 1880），126—127。

2 Ibid., 1.

官方的报告，报道了英国的新进展。他一开篇就研究了英国建筑的历史，从罗马及诺曼人入侵开始，引导读者浏览了哥特式、文艺复兴和巴洛克时代。他未忽略如画式的贡献，也未忽视普金、乔治·戈德温（George Godwin）的《建筑师》杂志、科尔以及罗塞蒂与伯恩－琼斯的"美学"所做出的努力。不过，最重要的是诺曼·肖的创新工作，他或许是正在构建"一个文化发展新时代"的最重要的人物。[1]

由此出发，多梅开始剖析英国住宅的种种要素。他认为，英国人的高明之处"既不在于追求宏大的空间和纪念性，也不追求丰富与奢华……而在于注重各个房间的和谐与巧妙的组合——一句话，在于满足各种要求，他的务实感与精致的生活需求已表明了这是舒适生活的先决条件"[2]。这些要求或属性包括：选址、朝向／景色、光线与通风、愉悦、舒适、便利、私密以及考究。多梅承认，这些属性在大陆还不明显，但可在"我们的现代马车和轮船上发现。为了完成这一任务，我们将一切装饰仅限于优雅的线条从而找到了它们的美。这些线条伴随着物体，最大限度地注重功能，最大限度简化形式，去除一切不必要的东西"[3]。因此，多梅成了继格里诺（Greenough）之后第二个将建筑与现代交通工具和船只进行类比的理论家。

[181]　　不过，多梅 1888 年的书有误导作用，因为他对当时德国正在进行的改革浑然不知。这一年出版的第二项重要成果就不一样了，这就是古利特（Cornelius Gurlitt）（1850—1938）的《市民家居》（Im Bürgerhause）。古利特曾写过 97 本书，或许是当时最杰出的德国批评家。他是萨克逊人，曾在柏林和斯图加特学习建筑，后来在 1870 年代转向了历史与批评。1879 年他成为德累斯顿实用艺术博物馆（Dresden Museum for the Applied Arts）的策展人，后来被任命为该城理工学院的教授。此书的副标题为《艺术、工艺美术与家具漫谈》，所以此书的目标读者不是设计师，而是新兴城市居民。德语"Bürger"一词相当于英文的"burgher"，不仅指中产阶级，还含有单纯、诚实、朴实、不装腔作势的意义。所以，此书是关于如何挑选现代居所以及如何经济合理地布置家居的一本入门书。

该书前 80 页谈的不是设计，而是"文化"，尤其是日益增强的德国文化意识，以及在当时成为一个德国人意味着什么——那时德国民族统一只有 17 年。他长篇论述了新古典主义和浪漫主义哲学以及那些年代的各种美学观。他认为森佩尔为前 20 年的改革奠定了基础。对那些想让德国人以英国人作为现代生活典范的人（如多梅），他的答复简明而惊人——"想入非非"。用他的话说，"英国风格的本质就在于不模仿任何人，在于其母题尽管取自世界上所有风格，但完全是民族性的。只要我们不变成英国人，便不可能设计出英国风格"[4]。

1　多姆（R. Dohme），《英国住宅：文化史与建筑史概览》（*Das englische Haus: Eine Kultur-und baugeschichtliche Skizze*, Braunschweig: George Westermann, 1888），42。

2　Ibid., 28.

3　Ibid., 42.

4　古利特，《市民家居：艺术、工艺美术与家具漫谈》（*Im Bürgerhause: Plaudereien über Kunst, Kunstgewerbe und Wohnungs-Ausstattung*, Dresden: Gilbers'sche königl. Hof-Verlagsbuchhandlung, 1988），70。关于古利特的生平与观念，见保罗（Jürgen Paul），《科内利乌斯·古利特》（*Cornelius Gurlitt*, Hellerau: Hellerau-Verlag, 2003）。

古利特对当时耳熟能详的单纯节制、诚实的材料与制作以及功能性表示赞同，但在结论性意见中他也强调，风格与时尚是转瞬即逝、不断变化的："它们变化着，不但事物在变，我们的眼睛也在变。这张桌子今天在我们看来是漂亮的，可能 5 年之内它就变得索然无味了。这种变化有规律吗？存在着美的法则吗，例如一条桌腿应该做多粗？当然没有。"[1] 因此，建立美的法则的一切努力纯属徒劳，如果说一件艺术品要有美德，它就应该既是"相宜的"又表现了它的时代。"我们不再生活在梦想与历史的王国中；我们的行动与思维首先指向我们周围发生的事情，我们必须积极参与其中，我们必须站稳立场。当我们转身向前看到我们的人民在永不停息地从事着伟大的创造，我们的艺术也将成为现代艺术，而且只能是现代艺术。"[2] 于是深刻的人类品性取代了原则性的审美推论。

很难低估 1880 年代这些主张的重要性。如果说多梅的书点燃了人们对于英国设计的兴趣并贯穿于 1890 年代，那么古利特的书则更直接地总结了德国当时民族的发展，并对下一个 10 年的发展产生了影响——到那时"现实主义"（realism）和"客观性（Sachlichkeit）已成为德国现代建筑理论的基石。 [182]

在沙皇时代的俄国与北欧国家，将设计与民族身份问题联系起来的倾向也很明显。[3] 在斯堪的那维亚，对文化及民族身份的寻求与研究，和对古代北欧神话及当地装饰传统兴趣的复兴平行发展着。这种传统在建筑中大体是指木结构技术和装饰构件。北欧建筑的第一位伟大的历史学家达尔（Johan Christian Dahl）（1788—1857）出生于挪威，在丹麦接受训练，其职业生涯大部分在德累斯顿度过，他在那里教风景画。他的《挪威内陆地区古代高度发达之木构建筑的不朽作品》（*Denkmale einer sehr ausgebildeten Holzbaukunst aus den frühsten Jahrhunderten in den inneren Landschaften Norwegens*）（1837）一书很有名，尤其是对于异国情调的木构教堂的描述（图 64）。书中的图像不仅培育了建筑保护意识，最终也促使挪威与瑞典在 1867 年巴黎世博会上搭建起了中世纪的农庄。[4] 这些农庄反过来启发了瑞典与挪威的知识分子如阿克塞尔·凯（Axel Key）、迪特里克松（Lorentz Dietrichson）以及科曼（Carl Curman）等人在 19 世纪 70 年代和 80 年代初期建造起了"老北欧"式的住宅，成为赋予往昔建筑以现代外观的样板。[5]

在 1880 年代，丹麦建筑师霍尔姆（Hans Jørgen Holm）（1835—1916）和尼罗普（Martin Nyrop）（1849—1921）也在试验用当代木结构风格建造房屋。霍尔姆像古利特一样，认为新古典主义已经取代了本地的文化传统，他的砖木结构试验作品试图利用过去的简洁而有表现力的技术为当今服务。尼罗普是欧洲最有天赋的建筑师之一，他的业务在 19 世纪后几十年遍及欧洲。他为瓦莱

1　古利特，《市民家居：艺术、工艺美术与家具漫谈》，227。

2　Ibid., 229.

3　关于俄国各种作坊的形成问题，见萨蒙德（Wendy R. Salmond），《晚期俄国帝国的工艺美术》（*Arts and Crafts in Late Imperial Russia*, New York: Cambridge University Press, 1996）。

4　达尔，《挪威内陆地区古代高度发达之木构建筑的不朽作品》（Dresden: privately published, 1837）。

5　关于斯堪的那维亚工艺美术运动及观念形态的出色总结，见莱恩（Barbara Miller Lane），《德国与斯堪的那维亚诸国的民族浪漫主义以及现代建筑》（*National Romanticism and Modern Architecture in Germany and the Scandinavian Countries*, New York: Cambridge University Press, 2000）。

图 64　木构建筑。采自达尔的《挪威内陆地区古代高度发达之木构建筑的不朽作品》（德累斯顿，1837）。

希尔德（Vallekilde）民众中学（Folk High School）设计的彩色运动馆在那个时代是一座不同寻常的建筑物——不仅色彩亮丽，而且运用了木板结构，简洁而具有现代感，没有风格上的装腔作势。他为1888年哥本哈根北欧博览会设计的建筑物以木构教堂为蓝本，运用了传统木质覆板与结构技术，十分迷人。4年之后，他开始建造哥本哈根市政厅（1892—1905），这件作品成了后来贝尔拉赫（H.P. Berlage）的阿姆斯特丹交易所（Amsterdam Exchange）的原型之一。

[183]　　除了那些从当地传统汲取灵感的建筑师之外，斯堪的那维亚还是艺术家共同体的家园。这些艺术家不仅被乡村农家住宅形态、田园风光和简单质朴的材料所吸引，而且也受到了民间艺术的启发，用新式织物及家具来装点他们的住宅。在挪威，韦伦肖尔（Erik Werenskiold）（1855—1938）和蒙特（Gerhard Munthe）（1849—1929）的周围形成了一个圈子。在瑞典，艺术家索恩（Anders Zorn）、拉姆（Emma Lamm）和拉松（Carl Larsson）定居于达拉纳（Dalarna）的莫拉区（Mora），用瑞典式的现代艺术品、织物及家具装饰住屋。不过这些早期艺术社区中最有趣的或许是芬兰卡雷利亚（Karelia）的那些社区。不像北欧其他国家，芬兰人不说德语，从中世纪起就受瑞典统治，直到1809年。1815年欧洲列强将芬兰割让给了俄国。俄国对芬兰强制推行"俄国化"，直到俄国革命时它才最终获得独立。19世纪下半叶芬兰人反抗强加于人的外来文化，这体现在对芬兰文化的重新发现。卡雷利亚地区地处俄国边境，据说芬兰部落最早就居住在那里，保存了最可信的传统文化与民间文化。

　　到了1890年代该地区成为那些寻求灵感的休假艺术家聚集的中心，其中有画家加仑 - 卡勒拉（Akseli Gallen-Kallela）、作曲家西贝柳斯（Jean Sibelius）以及建筑师宗克（Lars Sonck）（1870—1956），他们都对传播芬兰装饰母题作出了贡献。或许被这一文化传统所吸引的最重要的建筑师是埃列尔·萨里宁（Eliel Saarinen）（1873—1950），他于1897年成了盖塞利乌斯（Herman Gesellius）（1874—1916）与林格伦（Armas Lindgren）（1874—1929）的合伙人。1901年萨里宁与他的合作者开始在赫尔辛基城外的维特拉斯克湖（Lake Vitträsk）畔建造一个住宅区，此社区成了芬兰艺术与工艺美术运[184]动的再生地（图65）。许多家具、壁饰和织物都是萨里宁和他妻子洛加（Loja）设计的，而20世纪芬兰设计师的名声在很多方面就源于此地。

　　斯堪的那维亚、德国、奥地利和英国的工艺美术运动联合起来，至少部分地联合起来，以对抗法国趣味的霸权主义。实际上，法国装饰艺术持续主导欧洲时尚，直至19世纪末——

尽管法国在政治上一直不稳定，经济上潜伏着危机。在拿破仑三世统治下的第三帝国有了一些经济收入，于是便大力改造巴黎，但在 1870 年夏天陷入了与德国的战争，数周内国家垮台。所谓的第三共和国于该年 9 月诞生，立即面临着社会主义者领导的巴黎公社起义的问题。1871 年 5 月起义忽然悲剧性地收场，3 万公社社员被杀，4 万人被拘捕。德国军队直到 1873 年年末才撤出了法国。1879 年共和政府成功建立起来 —— 这是 1879—1918 年间 50 个政府中的第一个。1880 年代法国家恢复了正常秩序，但经济上没有充分恢复。到 1890 年代初，法国经济总量和工业生产从第二位落到了第四位（居英德美之后）。不过，巴黎依然是整个 19 世纪欧

图 65　埃列尔·萨里宁、盖塞利乌斯与林格伦，位于维特莱斯克（Hvitträsk）的建筑综合体中的起居室，始建于 1901 年。采自《装饰艺术》杂志（第 5 卷，1907 年 2 月）。

洲的文学艺术之都，现实主义、印象主义、象征主义和后印象主义运动证明了它在艺术上的活力。

　　甚至巴黎美术学院在 1860 年代大崩溃之后也享有一段相对平静的时期。1872 年，加代(Julien Guadet)（1834—1908）与该校取得了联系，后来他就任该校的建筑理论教授（1894—1908）。他的巨著《建筑要素及理论》(Eléments et théorie de l'architecture) 尽管不合时宜，但很有影响力，1902—1904 年间以 4 卷本形式出版。[1] 此套书正文加图版达数千页，但实际上没有什么理论或革新观念。他的方法是诉诸那些“极重要的、不变的艺术原理”以及单纯的构成规则 —— 建造无地区性或时代性根基的建筑物的秘籍。

　　在实用艺术或装饰艺术领域，法国的战略是依托国际博览会，提升其民族产品并向海外推广。法国对 1851 年伦敦博览会的成功感到震惊，很快便以此为榜样，举办了 1855、1867、1878、1889 年博览会，规模越办越大。其中 1889 年博览会最为重要，机器馆 (Gallerie des Machines) 与埃菲尔铁塔 (Eiffel Tower) 等工程杰作应运而生，影响巨大。

　　然而在这些努力的背后是清晰的民族政策，其核心是历史主义。第二帝国不仅率先掀起了林荫大道与大型建筑营造运动，而且也引领着晚期巴洛克与洛可可的贵族趣味，并使之很快

1　加代，《建筑要素及理论：国立美术学院及专科学校教程》(Eléments et théorie de l'architecture: Cours professé à l'École nationale et special des beaux-arts) 4 卷本（Paris: Librairie de la Construction Moderne, 1902-1904）。

扎下了根。皇后欧仁尼（Empress Eugénie）引领着这一潮流，她对蓬巴杜夫人和马丽·安托瓦内特（Marie Antoinette）抱有历史的兴趣，这体现在对土伊勒里宫（Tuileries）、圣克卢宫（Saint-Cloud）以及马尔迈松府邸（Malmaison）的整修和翻新。从建筑上来说，夏尔·加尼耶（Charles Garnier）的巴黎歌剧院（Paris Opera）（1861—1875）标志着官方新趣味的胜利，而它所示范的这种洛可可风格则主导着1878年博览会的法国工艺美术。这种风格最有影响力的支持者是龚古尔兄弟。[1] 埃德蒙·德·龚古尔（Edmond de Goncourt）的《艺术家之屋》（*La Maison d'un artiste*）（1881）一书详细记载了他们位于奥特伊（Auteuil）的住宅，怀旧式的室内设计使那里成为这种新装饰风格的中心，吸引了官方艺术家以及先锋派艺术家。洛可可对于新艺术运动形成的影响其实早就建立起来了。法国最重要的新艺术风格艺术家加莱（Émile Gallé）（1846—1904）在整个1880年代都采用了巴洛克风格，作为他后来达到生机论（vitalism）的跳板。[2]

这些年许多官方改革的背后都潜藏着洛可可风格的复活。早在1852年就有人首次呼吁建立装饰艺术博物馆，这又是对科尔在伦敦取得成功的回应。1856年拉博德（Comte de Laborde）组织了工艺美术联合会（Union of Arts and Industry）作为筹备工作的实体。两年之后，建立了一个装饰艺术机构，即工艺美术进步协会（Society for the Progress of Industrial Art）。1864年，在梅里美（Prosper Mérimée）的敦促之下，皇帝建立了中央工艺美术联合会（Central Union of the Fine Arts Applied to Industry），该组织负责规划装饰艺术的展览。在1870—1871年内战之后，舍纳维耶侯爵（Marquis Philippe de Chennevières）掌管了装饰艺术学院（Ecole des Arts Décoratifs）的一系列改革，创立了巴黎美术学院的实用艺术教席。他也是1877年成立的装饰艺术博物馆协会（Society for a Decorative Arts Museum）的负责人。1880年这个协会与中央联合会合作出版了《装饰艺术评论》（*Revue des Arts Décoratifs*），这是法国第一份装饰艺术杂志。最后，两家机构于1882年合并，成立了中央装饰艺术联合会（Central Union of the Decorative Arts），在此后20多年中掌管着装饰艺术的教育与发展。

[185]　　尽管洛可可风格是所有这些机构的教育基础，但日本的影响在1880年代是一个值得注意的现象。在1860年代初与1870年代，巴黎与伦敦开始对东方艺术进行研究，但在法国却有自己的特点。第一本通史性著作《日本艺术》（*L'Art japonais*）是由孔塞（Louis Gonse）于1883年编撰的，但这一艺术运动背后的动力则来自于塞缪尔·宾（Samuel Bing）（1838—1905）。这位德国企业家在1850年代来到巴黎照看自己家族的生意，1876年入了法国籍，那时他已经在出售日本艺术品了。1880年他去日本旅行了一年，为在巴黎的三个店铺采购商品。1880年代，他从自己的收藏品中捐出一些东西给装饰艺术博物馆协会以组织展览，并为《装饰艺术评论》撰写文章。他最有影响力的事业或许就是他精心设计的期刊《艺术日本》（*Le Japon artistique*），1888年开始出版。该刊的宗旨，正如他在第一期上所说，是要吸引那些"对我们装饰艺术的未来感兴趣的"人，

1　尤其见西尔弗曼（Debora L. Silverman）论龚古尔兄弟的章节，《法国世纪末的新艺术：政治、心理与风格》（*Art Nouveau in Fin-de-Siècle France: Politics, Psychology, and Style*, Berkeley: University of California, 1989），17—39。

2　关于加莱的艺术理论，见西尔弗曼《法国世纪末的新艺术》，229—242。关于巴洛克与洛可可的影响，见马森（S. Tschudi Madsen），《新艺术》（*Art Nouveau*, New York: McGraw-Hill, 1967），65—68。

具体说来——

> 这些新艺术形式从最遥远的东方来到了我们面前，我们从中看到了一些东西，超出了摆在我们这些好沉思冥想的业余爱好者面前的柏拉图盛宴，我们从中找到了在各个方面都值得遵循的范例。的确，犯不着为了它而将现有古老美学大厦的根基彻底铲除，不过给这些力量增添一种新鲜力量倒是合适的，我们过去一直在汲取着这些力量用来支撑和襄助我们的民族精神。如果我们的民族精神不经常汲取新鲜的源泉，那它又如何能保持活力呢？[1]

塞缪尔·宾对于日本艺术的迷恋与经营一直持续到他著名的新艺术之家（Maison de l'Art Nouveau）于1895年开张之后。

所有这一切当然突显了法国与欧洲其他地区工艺美术运动之间的区别。如果说英国的莫里斯以及1880年代与1890年代的艺术家们是通过源于想象中的中世纪实践的社会主义原则来使艺术恢复生气的话，那么在国际性的法国，这场运动一方面转向了内部，另一方面又输入了海外最具异国情调的时尚来激励本国的历史遗产。正如西尔弗曼（Debora Silverman）所指出的："法国新艺术不是去寻求使艺术民主化，为大众恢复艺术，而是寻求工艺的贵族化，扩大艺术的等级范围，以便将艺匠包括进来。"[2]从经济上来说，这些努力大体不成功，国家政治持续动荡，这导致了1890年代致命的保护主义政策。在20世纪初，美术学院步履艰难，自信心下降，法国几乎不再对建筑理论产生影响。

3. 美国的改革运动

相反，在19世纪最后30年的美国，各个领域都洋溢着乐观主义精神。这些年中，经济与工业经历了前所未有的扩张、衰退与繁荣，举办了两届世博会，实现了西部移民定居，经历了美西战争。这一时期有了电、抽水马桶、电话、汽车、打字机和生产流水线。到了1900年，美国工业产出超过了竞争对手英国，国民生产总值是德国或俄国的两倍以上。世纪之交人口膨胀达8千万，几乎是法国的两倍。在这前后，总统麦金莱（President Mckinley）于1901年被刺身亡。美利坚合众国羽翼丰满，成为世界强国。西奥多·罗斯福（Theodore Roosevelt）大力重申门罗主义（Monroe Doctrine），开启了巴拿马运河的审批程序，邀请了第一位"有色"人种参加私人白宫晚宴——布克·T. 华盛顿（Booker T. Washington）。德国威廉二世的政府对美国这一新兴势力感到疑虑，

---

1 塞缪尔·宾，计划书，收入《日本艺术》（*Artistic Japan*, London, 1888），3—4。
2 西尔弗曼，《法国世纪末的新艺术》，12。

起草了一份通过"波多黎各"(Puerteriko) 与长岛入侵美国的计划。

在此种情形之下，艺术界充满了激情就不奇怪了。尽管许多美国艺术家——像建筑师那样——喜欢到国外学习，但大多热切希望在本国创造出一种自主的艺术与文化。在装饰艺术领域，1876 年费城的百年纪念博览会 (Philadelphia Centennial Exposition) 展示了英国工艺美术运动的产品，法国写实主义和印象主义作品，甚至还有来自日本的东西，为改革提供了重要的动力。若干美国重要艺术家，如拉法奇 (John La Farge) (1835—1910) 以及路易斯·蒂法尼 (Louis Comfort Tiffany) (1848—1933) 也受到了影响。[1] 在此之前他们便已经在试验乳色玻璃了。拉法奇学画出身，当时正在完成波士顿三一教堂 (Trinity Church) 的彩色玻璃窗。1879 年他首次申请了一项新玻璃工艺专利，在 1880 年代他将这一工艺运用于许多彩色玻璃创作上。在 1889 年巴黎博览会上，他展出的一扇窗，甚至被法国新闻界称为设计的杰作。

[186]

路易斯·蒂法尼的情况更不同寻常。他是著名珠宝商行的创立者查尔斯·蒂法尼 (Charles Tiffany) 之子，放弃了轻车熟路的珠宝经营业而转向艺术。1868—1869 年间他在巴黎师从巴伊 (Leon Bailly) 学画，后游历了西班牙与北非。返回纽约后，他开设了一间工作室，并在 1876 年费城博览会上展出了 3 幅油画和 6 幅水彩画。这前后他遇到了坎达斯·惠勒 (Candace Wheeler)，后者在 1877 年建立了纽约装饰艺术协会 (New York Society of Decorative Art)。1879 年他们组成了"蒂法尼联合艺术家公司"(Tiffany and Associated Artists)，路易斯专做玻璃设计，惠勒从事刺绣，科尔曼 (Samuel Colman) 做织物与墙纸，福里斯特 (Lockwood de Forest) 做木刻及装饰。美国的室内设计行业便是在这些年诞生的。伊斯特莱克 (Charles Eastlake) 的《关于家庭审美品位的提示》(Hints on Household Taste) 于 1872 年出了美国版本，克拉伦斯·库克 (Clarence Cook) 出版了他的《美丽家居》(House Beautiful) (1877)，他还为《我们应如何美化我们的墙面》(What Shall We Do with Our Wall?) (1881) 一书撰写正文，该书是由沃伦·富勒公司 (Warren, Fuller & Co.) 策划的。该公司还聘请蒂法尼和科尔曼设计墙面与天顶壁纸。这一时期出版的另一些书包括斯波福德 (Harriet Prescott Spofford) 的《家具艺术装饰》(Art Decoration Applied to Furniture) (1878)、霍利 (Henry Hudson Holly) 的《适合于美国需求与气候的城乡现代住房》(Modern Dwellings in Town and Country Adapted to American Wants and Climate) (1878)、法尔克的《家居艺术》(Art in the House) (1879) 以及康斯坦斯·卡里·哈里森 (Constance Cary Harrison) 的《现代家庭中的女性手艺活》(Woman's Handiwork in Modern Homes) (1881)。装饰艺术与室内设计成了妇女进入设计领域的一条重要通道。

1881 年，蒂法尼的艺术家作坊友善地分了手，但他很快便跃至美国设计师的最前沿，得到了设计白宫 (1882—1883) 以及佛罗里达圣奥古斯汀 (St. Augustine) 的庞塞德利昂酒店 (Ponce de Leon Hotel) (1885—1887) 室内装饰的任务。1880 年代，他依然和一些有才华的艺术家与匠师共事，

1 关于法拉奇，见温伯格 (Helene Barbara Weinberg)，《约翰·拉法奇的装饰工作》(The Decorative Work of John La Farge, New York, 1977)。关于蒂法尼，见邓肯 (Alastair Duncan)，《路易斯·康福特·蒂法尼的杰作》(Masterworks of Louis Comfort Tiffany, New York: Abrams, 1989)；作者同上，《蒂法尼窗》(Tiffany Windows, New York: Simon & Schuster, 1982)；科克 (Robert Koch)，《路易斯·C.蒂法尼：玻璃领域的反叛者》(Louis C. Tiffany: Rebel in Glass, 3rd ed., New York: Crown Publishers 1982)；温特 (Henry Winter)，《路易斯·康福特·蒂法尼王朝》(The Dynasty of Louis Comfort Tiffany, Boston: H. Winter, 1966?)。

其中有惠勒、拉法奇、圣－高登斯（Suguste Saint-Gaudens）、怀特（Stanford White）以及赫脱兄弟（Herter brothers）。1881 年他注册了乳色玻璃的第一批专利，1885 年建立了蒂法尼玻璃公司（Tiffany Galss Company）。在 1881 年巴黎博览会上，他第一次见到了加莱（Émile Gallé）的作品，也遇到了塞缪尔·宾，与他建立了卓有成效的联系。在 1890 年代初他发明了"法夫赖尔"（favrile）玻璃（并注册了专利），开始生产著名的灯具、花瓶和珠宝饰品（图 66）。到 1895 年他的产品展示于塞缪尔·宾的新艺术之家时，他已经成了美国最著名的艺术家。他所采用的非传统的抽象形式与技术有时被人们称作新艺术，但这一标签也只能粗略地描述他设计的新奇性，这种设计感（与欧洲时尚相平行）来源于他对摩尔艺术、印象派和东方艺术的研究。

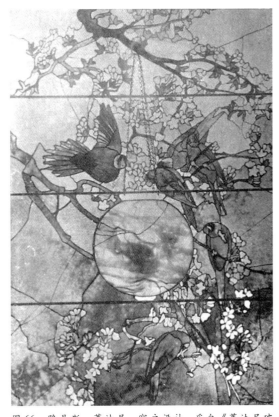

图 66　路易斯·蒂法尼，窗户设计。采自《蒂法尼玻璃与装饰公司，家具与玻璃工人》（*Tiffany Glass & Decoration Company, Furnishers & Glass Workers*，纽约，1893）。

蒂法尼在 1880 年代的崛起是与相关领域的活动相一致的。这一时期，他的一个建筑合作者怀特（Stanford White）（1853—1906）也将精力集中于室内设计。[1] 怀特开始时想当一名艺术家，但后来在拉法奇的建议下转向建筑，于 1872 年加入了理查森（H. H. Richardson）的工作室。一年多后他成为理查森的主要设计师，取代了麦金（George Mckim）（1847—1909），后者离去独立开业。1879 年麦金、米德、怀特成为合作伙伴。自 1870 年以来，第一批主要风格是美国殖民风格和乔治风格，而怀特很快便彰显出他个人对空间关系以及木瓦处理方面的天赋，其作品有纽波特娱乐场（Newport Casino）（1880）、新泽西州肖特山（Short Hill）的肖特山娱乐场（Short Hills Casino）（1880）、纽波特的伊萨克·贝尔宅邸（Isaac Bell House）（1883）以及纽波特的戈莱特宅邸（Goelet House）（1883—1884）。小斯卡利（Vincent Scully Jr.）将 1883 年确定为安妮女王风格以及殖民地复兴风格让位于"木瓦风格"（shingle style）的年份。[2]

[187]

1　关于怀特，见莱萨德（Suzannch Lessard），《建筑设计师：斯坦福·怀特家庭中的美与危险》（*The Architect of Design: Beauty and Danger in the Stanford White Family*, New York: Dial Press, 1996）；戴维·洛（David Lowe），《斯坦福·怀特的纽约》（*Stanford White's New York*, New York: Doubleday, 1992）；贝克（Paul R. Baker），《斯坦福·怀特的金色年华》（*The Gilded Life of Stanford White*, New York: The Free Press, 1989）；鲍德温（Charles C. Baldwin），《斯坦福·怀特》（*Stanford While*, 1931; 重印，New York: Da Capo, 1971）。

2　小斯卡利，《木瓦风格与木档风格：从唐宁到赖特初期的建筑理论与设计》（*The Shingle Style and the Stick Style: Architectural Theory and Design from Downing to the Origins of Wright*, rev. ed., New Haven: Yale University Press, 1971），70。

图 67 麦金、米德、怀特公司设计，波士顿公共图书馆角落局部，1888—1895。本书作者摄。

谢尔登（George William Sheldon）的多卷本《艺术型住宅》（*Artistic Houses*）（1883—1884）以及《艺术型乡间宅邸》（*Artisitic Country-Seats*）（1886—1887）中收录了许多木瓦风格住宅的插图，也记录了布鲁斯·普赖斯（Bruce Price）、小威尔逊·艾尔（Wilson Eyre Jr.）、威廉·R. 埃默森（William R. Emerson）以及哈尔西·伍德（W. Halsey Wood）的住宅革新。[1] 实际上，现在戴维斯（Davis）和唐宁（Downing）的遗产在美国城郊住宅上结出了硕果。

在 1880 年代，有时被称作"美国文艺复兴"的运动也开始形成，这是受到麦金、米德和怀特公司设计的纽约亨利·维拉尔宅邸（Henry Villard House）（1882—1883）与波士顿公共图书馆（Boston Public Library）（1888—1895）的激发而产生的另一古典主义取向（图 67）。[2] 凡·伦塞拉尔（Mariana Griswold van Rensselaer）在 1885 年高度赞扬亨利·维拉尔宅邸，说它是全美最漂亮的室内设计，而波士顿公共图书馆的室内寻求的是一种宏大堂皇的效果以及各种艺术的综合，回到了拉特罗布国会山的作品，室外则表达了对理查森与圣热纳维耶芙图书馆的敬意。[3]

在家庭住宅方面上，沃顿（Edith Wharton）与科德曼（Ogden Codman）的《住宅装饰》（*The Decoration of Houses*）（1897）一书最好地再现了这场古典运动。该书自豪地强调了美国室内设计取得的巨大进步，超越了上一个 10 年。对他们来说，古典主义不是"一种风格"，而就是"风格"，它反映在诸如功能、和谐、节奏、逻辑和比例等属性之中。再者，"美取决于适合，生活的实际需要便是对适合的最终检验"，而且"一旦这一点得到清晰的理解，就可以看到，创新与传统之间假想的冲突便根本不存在了"。[4] 在此书最后一句话的脚注中，沃顿与科德曼引用了经典权威

1 见重印于刘易斯（Arnold Lewis）书中的图像，《镀金时代的美国乡间宅邸（谢尔登的"艺术型乡间宅邸"）》（*American Country Houses of the Gilded Age [Sheldon's "Artistic Country-Seats"]*），New York: Dover, 1982）。

2 关于"美国文艺复兴"，见《美国文艺复兴，1876—1917》（*The American Renaissance 1876–1917*, New York: Brooklyn Museum, 1979）。

3 关于波士顿公共图书馆，见乔迪（William H. Jordy），《美国建筑及其建筑师：20 世纪初进步的学术理想》（*American Buildings and Their Architects: Progressive and Academic Ideals at the Turn of the Twentieth Century*, New York: Anchor Books, 1976），314—375。

4 沃顿与小科德曼，《住宅装饰》（1897；重印，W. W. Norton, 1978），10、196。

的话，不止迪朗一人。

更宽泛地说，美国文艺复兴运动在 1893 年芝加哥哥伦比亚博览会上达到了顶点。的确，在美国建筑史上几乎还没有一个事件在不加分析的情况下便被如此简单化地否定。在 1924 年，沙利文自命不凡、措辞激烈地将这博览会说成是"赤裸裸的欺骗"，部分原因在于它驳回了他的展品。但问题并没有这么简单。[1] 一开始，对于"白色城市"（White City）——其规划图是鲁特（John Root）、奥姆斯特德（Frederick Law Olmstead）和科德曼（Henry Codman）合作的产物——当时人们是以一种完全不同的眼光来看待的。它的美和魅力征服了媒体和大众——不仅是普通参观者，还包括艺术家、建筑师和知识分子。新英格兰人亨利·亚当斯（Henry Adams）在他的自传中以将近整整一章的篇幅描述它取得的惊人成功，并宣称他对它的终极意义拿不准，它"是美国思想作为一个统一体的首次表达；你必须从那里起步"[2]。哈佛大学校长诺顿（Charles Eliot Norton）认为，建筑群的布局是"高贵的、新颖的和令人满意的，一件美术作品"，还特别称赞其成功地将"巨大堂皇的结构和谐地组合起来，取得了宏伟的效果"。[3] 建筑批评家舒勒（Montgomery Schuler）对这一评价做出了回应，称赞博览会是"竖立于这个国家中的最值得赞赏的建筑群"，尽管"这一成功首先在于统一性，是**整体性**的胜利"，而且"作为整体的博览会取得了如画的效果，景观规划则是一个关键因素"。[4] 最终，批评家布伦特（Henry Van Brunt）（他也是向博览会提交展品的建筑师之一）说博览会"不是为某一具体的重大目标设计的一种纪念性建筑的组合，而是进行了更仔细更有独创性的研究，是为了实现预想的与宏伟的效果"[5]。他尤其赞赏奥姆斯特德和鲁特的努力，他们提出了"绝妙的想法，将这块无可救药的沙丘沼译区域改造成了一系列低矮宽阔的台地，池塘、水渠和湖泊纵横交错，形成了博览会最亮丽最有特色的景观"[6]。 [188]

所有这一切都远离英国工艺美术改革者的那种清教徒式的社会主义观念，而他们在美国的影响其实就是在那个时期开始引起人们注意的。[7] 当然，乌托邦式的行会与社区在这个国家

---

1 沙利文的评论是在《一个观念的自传》（*The Autobiography of an Idea*）一书的最后几页中做出的（New York: Dover, 1956; originally published in 1924），322。

2 亚当斯（Henry Adams），《亨利·亚当斯的教育》（*The Education of Henry Adams*, New York: Modern Library, 1918），343。

3 诺顿，引自穆尔（Charles Moore），《建筑师、城市规划师丹尼尔·H. 伯纳姆》（*Daniel H. Burnham, Architect, Planner of Cities*, Boston, 1921），1:79。

4 斯凯勒（Montgomery Schuyler），《关于世博会的最后几句话》（Last Words about the World's Fair），收入《建筑实录》（*Architectural Record*, January–March, 1894）；重印收入斯凯勒，《美国建筑及其他文献》（*American Architecture and Other Writings*, 2 vols. Cambridge: Belknap Press, 1961），2:557、559、563。

5 布伦特（Henry Van Brunt）《哥伦比亚博览会与美国》（The Columbian Exposition and American Civilization）（1893），收入《建筑与社会：亨利·凡·布伦特文选》（*Architecture and Society: Selected Essays of Henry Van Brunt*），科尔斯（William A. Coles）编（Cambridge: Belknap Press, 1969），313。

6 Ibid.

7 美国的工艺美术运动在很大程度上是在英国运动的激发下发生的。关于这方面的内容，见安斯康布（Anscombe）与盖尔（Gere），《英国与美国的工艺美术运动》；马西（James Massey）与马克斯韦尔（Shirley Maxwell），《美国工艺美术设计：国家引导国家》（*Arts and Crafts Design in America: A State by State Guide*, San Francisco: Chronicle Books, 1998）；以及克拉克（Robert Judson Clark）编，《美国工艺美术运动，1876—1916》（*The Arts and Crafts Movement in America 1876–1916*, Princeton: Princeton University Press, 1972）。卡普兰（Wendy Kaplan）编的论文集提供了更广阔的视野：《"艺术就是生活"：美国工艺美术运动，1875—1920》（"*The art that is Life*"：The Arts and Crafts Movement in American, 1875–1920, Boston: Boston Museum of Fine Arts, 1987）。

中存在已久，它们拥有大量田地。其中较为成功的是贵格派（Quaker sect），称作震教徒（Shakers），他们于 1774 年从英格兰迁徙而来，宣扬共产主义与禁欲独身。一个世纪之后，有两千多名震教徒在美国组成了 58 个社区，占有土地 10 万多亩。这些社区规划严谨，最大的一个是纽约的新黎巴嫩（New Lebanon），1852 年开设了一家家具工厂，出售设计简单实用的家具。

震教徒的家具与乡村生活或许影响了斯蒂克利（Gustav Stickley）（1857—1942），他对美国工艺美术运动的影响很大。[1] 1884 年他从威斯康星迁到纽约州，和他的亲戚一起从事家具生意，主要生产定型风格的家具。1898 年他出访欧洲，遇到了沃伊齐、阿什比和塞缪尔·宾，但只与前两位较为投缘。1900 年他与两个兄弟一起开了一家公司，专营基于传统技术与手工艺的创意设计产品。1901 年 10 月他创办了《手艺人》（The Craftsman）杂志，前两期的内容谈莫里斯与罗斯金的思想，后来定期记录美国 20 世纪前 15 年间家居设计方面的革新，持续弘扬英国工艺美术运动的理想以及美国"诚实、简朴和实用"的信条，这便是他的刊物的主旨。在 1903 年举办于叙拉古（Syracuse）的工艺美术展览会的展览目录中，他简洁地将他的原则概括为表达用途、无装饰，以及"一切工作都要严格地适合于制作媒介"[2]。在《手艺人之家》（Craftsman Homes）（1909）这部内容更丰富的书中，斯蒂克利将他的家具及平房设计与广泛的社会政治与工业态度结合起来，将奢华或多余的物质财富看作是对"个人生活"的一种妨害。相反，手艺人的观念弘扬的是简单质朴的和没有负担的生活，"因为我们坚定地认为，农村是我们唯一居住的地方"[3]。在这里可以感觉到唐宁的幽灵又出现了。

在世纪之交，工艺美术运动在若干城市很有影响力，这种影响在芝加哥尤其显著。《美丽家居》第一期在芝加哥于 1896 年出版，刊登了莫里斯、克兰、阿什比、沃伊齐的文章。1897 年它与英国杂志《工作室》（Studio）的美国版合并，以《国际工作室》（International Studio）为刊名。1899 年工艺美术同盟（Industrial Art League）在芝加哥成立，其任务是组建作坊、实施课程教学、建立图书馆与博物馆以及出版读物，以推动工艺美术事业。芝加哥大学教授特里格斯（Oscar Lovell Triggs）是创建者之一，他在 1901 年提案成立一个以英国为范本的协会和手工艺学校。特里格斯也是威廉·莫里斯协会（William Morris Society）芝加哥分会的书记，芝加哥工艺美术协会（Chicago Arts and Crafts Society）的创建者之一。他在《工艺美术运动史上的若干篇章》（Chapters in the History of the Arts and Crafts Movement）（1901）中将工艺美术运动视为完全就是一项英国事业，由莫里斯的红屋追溯了罗斯金和卡莱尔（Carlyle）的思想。[4] 特里格斯坚持这些观点，尽管到了 1901 年他也以一种中庸的立场

---

1 关于斯蒂克利，见休伊特（Mark A. Hewitt），《居斯塔夫·斯蒂克利的〈工匠农场：寻求工艺美术乌托邦〉》（Gustav Stickley's Craftsman Farms:The Quest for an Arts and Crafts Utopia, Syracuse: Syracuse University Press, 2001）；桑德斯（Barry Sanders），《复杂的命运：居斯塔夫与工匠运动》（A Complex Fate: Gustav Stickley and the Craftsman Mov erme nt, N ew York: Preservation Press, 1996）；迪维多夫（Donald A. Dividoff），《革新与传承：L. & J. G. 斯蒂史利对工艺美术运动的贡献》（Innovation and Derivation: The Contribution of L. & J. G. Stickley to the Arts and Crafts Movement, Parippany, New Jersey: Craftsman Farms Foundation, 1995）。

2 斯蒂克利，引自安斯康布（Anscombe）与盖尔（Gere），《英国与美国的工艺美术》，31—32。

3 斯蒂克利，《手艺人之家：美国工艺美术运动的建筑与陈设》（Craftsman Homes: Architecture and Furnishings of the American Arts and Crafts Movement, New York: Dover, 1979; originally published in 1909），194—197。

4 特里格斯，《工艺美术运动史上的若干篇章》（New York: Benjamin Blom, 1971; originally published in 1901）。

支持机器与工业化生产。

特里格斯或许是由于接触了赫尔之家 (Hull House) 项目而经历了向工业主义的转变。这是一个城市中心区，由简·亚当斯 (Jane Addams) （1860—1935）与盖茨 (Ellen Gates) 建于 1889 年，以改善大量移民的生存状况。亚当斯是个积极分子，曾于 1888 年访问了伦敦汤恩比社区服务中心 (Toynbee Hall)。她要在芝加哥创建一个城市中心区，将基础社会服务，如日间看护、英语教学及就业咨询，与美术馆、图书馆以及美术、音乐班等文化设施结合起来。1897 年 10 月，芝加哥工艺美术协会召开了第一次会议，显然是斯塔尔 (Starr) 和亚当斯努力的结果。出席会议的建筑师有赖特 (Frank Lloyd Wright) （1867—1959）、德怀特·珀金斯 (Dwight Perkins)、迈伦·亨特 (Myron Hunt) 与罗伯特·斯潘塞 (Robert Spencer)——他们全都获得了办公室用房。赫尔之家也主办了赖特著名的 1901 年演讲《机器的工艺美术》(The Art and Craft of the Machine)。

[189]

1890 年代赖特皈依了工艺美术运动，后来又有几分离经叛道地退出了这场运动。他在橡树园 (Oak Park) （1889—1890）自己的木瓦住宅（1889—1890）中的壁炉及炉边设计，表明了他早期对这一运动的忠诚，而室外则暗示了 B. 普赖斯和 S. 怀特的设计。1893 年，他因其"长筒靴式的"住宅设计与沙利文不和而离开其工作室，很快开始了他的设计实验期。他的设计经历了从温斯洛宅邸 (Winslow House) （1893—1894）的古典式均衡，到巴格利宅邸 (Bagley House) （1894）与穆尔宅邸 (Moore House) （1895）的历史主义暗示，再到赫勒宅邸 (Heller House) （1897）与胡塞尔宅邸 (Husser House) （1899）的自由空间发展与水平方向布局的过程。1900 年，胡塞尔宅邸给阿什比留下了深刻的印象，那一年他访问了芝加哥，发表了论工艺美术的 10 次讲座，其中有一次就是在赫尔之家讲的。他在他的期刊上说，胡塞尔宅邸是"我在美国所见到的最具个性的一座宅邸"，接着他特别提到了无装饰的挑战，而赖特已经能轻松自如地应付这种挑战了：

> 他说，"我的上帝是机器；未来的艺术将是艺术家个人凭借着机器的无尽力量所做的个性表现——机器可以做单个工人所不能做的所有事情。富有创造性的艺术家是那些掌握这一切并理解它的人"[1]。

这就是背教者赖特在他 1901 年赫尔之家讲座中重申的观念。他开始时赞扬威廉·莫里斯是一位"伟大的社会主义者"，称罗斯金是"伟大的道德家"，因为他传播了"简朴的福音"。[2] 莫里斯反对粗俗是正确的，不过他低估了机器——"现代斯芬克斯"——的潜能，现代艺术家必须解开它的谜，因为"工艺美术的未来就存在于"这个谜之中[3]。赖特定下了这一基调，他采纳了沙利文的立场，开始为机器作精神性的辩护，将他的听众从雨果《巴黎圣母院的驼背

---

1 出自阿什比的旅行日志，引自汉克斯 (David A. Hanks)《弗兰克·劳埃德·赖特的装饰设计》(*The Decorative Designs of Frank Lloyd Wringt*, New York: E. P. Dutton, 1979)，67。

2 赖特，《机器的工艺美术》，《弗兰克·劳埃德·赖特：著述与建筑》(*Frank Lloyd Wright: Writings and Buildings*, New York: New American Library, 1960)，56。

3 Ibid., 55.

人》中关于建筑的章节，引向了印第安纳州加里（Gary）的"旋转着百吨重飞轮的举世无双的科利斯机械（Corliss tandems）"[1]。赖特宣称，"那种宏大的、陈旧意义上的艺术"确实已经死亡，当机器的终极功能被艺术精神所掌握时，"就解放了人类的表现力"，甚至实现了惠特曼对于民主的渴望。[2] 对他而言，英国工艺美术运动的中世纪社会主义只是一种怀旧观，而资本主义以及现代城市的"神经节"（nerve ganglia）才是现实。高耸的现代办公楼——"纯粹而简单的机器"——成了新建筑的"坚硬的骨架"，现在艺术家"要用男子汉的鲜活想象力"为它提供围合的结构。[3] 返回到过去是不可能的："现在像威廉·莫里斯与罗斯金那样看待现代事物和机器的艺术家是情有可原的，从社会学角度来看，他们最好待在仍可干大事的地方工作。在艺术活动领域他们将造成明显的伤害。他们已经造成许多惨痛的伤害了。"[4]

赖特的这番话无疑震惊了许多听众，包括特里格斯。赖特与他的同代人决裂了。他很清楚自己在做什么，后来他自得地指出了这一点。实际上的确如他所说，"社会走向手工艺很快就会灭亡"[5]。他不仅破除了英国理论对政治与工业这个大问题所念下的咒语，也创造了一个断裂，而且是一个不可修复的断裂。

如果我们转向美国工艺美术运动的另一个中心西海岸，也可以发现这种断裂十分明显。在旧金山，1890年代工艺美术运动的代表是梅贝克（Bernard Maybeck）（1862—1957）的圈子，包括波尔克（Willis Polk）（1867—1924）、施韦因富特（A. C. Schweinfurth）（1864—1900）、有才华的考克斯黑德（Ernest Coxhead）（1863—1933）以及盖伦·霍华德（Galen Howard）（1864—1931）。当梅贝克在1890年到旧金山时，那里已是一个超过30万人口的繁华城市。他的时机再好不过了。[6] 他的德裔美籍父亲训练他当一名木雕师，但他却在没有钱的情况下设法进入了巴黎美术学院，那是在1882年。1886年他回到纽约，加入了卡里尔（Carrière）和黑斯廷斯（Hastings）的工作室，而正是他监管了位于圣奥古斯汀的非凡的庞塞德利昂酒店（Ponce de Leon Hotel），与蒂法尼这样的设计师协调配合。1888年该项目完成，他前往西部寻求发展，先到了堪萨斯城，后来到了旧金山，最终在A. 佩奇·布朗（A. Page Brown）的工作室找到了工作。1890年他开始翻译森佩尔论风格的书（但一直未完成）。1894年他被加利福尼亚大学伯克利分校聘为绘画教师，在那里他培养了摩尔根（Julia Morgan）（1872—1957）等人。尽管一般来说他以伯克利教师俱乐部（1902）与伯克利基督科学家第一教堂（First Church of Christ Scientist）（1927—1929）这样的大作品而闻名，但住宅设计是他的强项。梅贝克的风格是折中的、综合性的实验风格，他的设计生涯始于1890年代中期，采用了

[190]

1　赖特，《机器的工艺美术》，《弗兰克·劳埃德·赖特：著述与建筑》，72。

2　Ibid., 60.

3　Ibid., 60, 62.

4　Ibid., 64.

5　赖特，《自传》（*An Autobiography*, New York: Horizon Press, 1977），156。

6　关于梅贝克的生平与职业生涯，见卡德韦尔（Kenneth H. Cardwell），《艺匠、建筑师、艺术家伯纳德·梅贝克》（*Bernard Maybeck: Artisan, Architect, Artist*, Santa Barbara, Calif.: Peregrine Smith, 1977）；麦科伊（Ester McCoy），《五位加利福尼亚建筑师》（*Five California Architects*, Los Angeles: Hennessey & Ingalls, 1987）；伍德布里奇（Sally B. Woodbridge），《伯纳德·梅贝克：具有远见卓识的建筑师》（*Bernard Mabeck: Visionary Architect*, New York: Abbeville Press, 1992）。

带有英国风味的木瓦风格，但很快便将斯堪的纳维亚、瑞士和日本的元素融入其中，特别强调空间布局上的革新，采用暴露的结构构架以及本色的（通常为红木）木质和木板外观。他的室内设计往往带有东方特色，并不具备工艺美术运动的典型特色。

1890 年代晚期，南加利福尼亚是吉尔 (Irving Gill)（1870—1936）和格林 (Greene) 兄弟的天地。吉尔是纽约人，1890 年来到芝加哥，在阿德勒与沙利文事务所 (Adler & Sullivan) 待了一段时间，在赖特的指导下工作。[1] 1893 年他去圣迭戈 (San Diego) 开业。1907 年他开始抛弃工匠风格，采用立方体的"现代"形式，以及平滑的灰泥平面与简单朴实的风格（没有屋顶山墙和任何装饰细节）。1911 年在为洛杉矶班宁宅邸 (Banning House) 做的设计中，他试验了艾肯式预制斜板混凝土 (tilt-slab Aiken precast concrete)。在 1914—1916 年间，他在西好莱坞 (West Hollywood) 建了道奇宅邸 (Dodge House)，这是 20 世纪早期一件真正的杰作。在 1916 年为《手艺人》杂志撰写的文章中，他严厉谴责了折中主义和任何纹样装饰，坚持返回到"一切建筑力量的源头——直线、拱券、立方体与圆形——吸收赋予历代伟人以生命的艺术源泉"[2]。结合庭院与住宅周边的自然植物种植，吉尔进一步说道：

> 我们应该将我们的住宅建造得简朴、单纯，像卵石一样实实在在，将其装饰留给大自然去做。大自然会用青苔赋予它色调，用暴风骤雨雕凿它，用藤蔓与花朵的阴影使它变得雅致亲和，正如她在草甸上做石头一样。我还相信，住宅可以建得更实在，绝对卫生。如果将琐碎装饰的成本花在构造上，我们将会拥有更经久耐用的、更高贵的建筑。[3]

格林兄弟在 20 世纪初叶一举成名则是另一个成功的故事。[4] 哥哥查尔斯·亨利·格林 (Charles Henry Greene)（1868—1957）、弟弟亨利·马瑟·格林 (Henry Mather Greene，1870—1954)，他们的父母于 1869 年迁居圣路易 (Saint Louis)。他们都曾就读于手工培训学校 (Manual Training High School)，这是一家属于华盛顿大学的实验学校。数学及应用力学教授米尔顿·伍德沃德 (Calvin Milton Woodward) 是该校的顶梁柱，也是莫里斯的学生，手工训练的倡导者。这些训练包括木工、金工和机械工具设计，以此作为空间研究的手段。兄弟两人迅速成长起来，尽管后来 MIT 的美术训练一度抑制了他们

1　关于吉尔的生平与职业生涯，见卡默林 (Bruce Kamerling)，《建筑师欧文·吉尔》(*Irving Gill, Architect*, San Diego: San Diego Historical Society, 1993)；麦科伊，《五位加利福尼亚建筑师》；以及海因斯 (Thomas S. Hines)，《欧文·吉尔与建筑革新：现代主义建筑文化研究》(*Irving Gill and the Architecture of Reform: A Study in Modernist Architectural Culture*, New York: Mnacelli Press, 2000)。

2　吉尔，《未来的家：西方新建筑：为大国家建的小房子》(The Home of the Future: The New Architecture of the West: Small Homes for a Great Country)，载《手艺人》杂志 30 (May 1916)：142。

3　Ibid., 147.

4　关于格林兄弟，见柯伦特 (William Current)，《格林兄弟：住宅风格建筑师》(*Greene and Greene: Architects in the Residential Style*, Dobbs Ferry, N. Y.: Morgan, 1974)；马金森 (Randell L. Makinson)，《格林兄弟》(*Greene and Greene*) 2 卷本 (Santa Barbara, Calif.: Peregrine Smith, 1977–1979)；麦科伊，《五位加利福尼亚建筑师》；马金森，《激情与遗产》(*The Passion and the Legacy*, Salt Lake City: Gibbs Smith, 1998)；以及博斯利 (Edward R. Bosley)，《格林兄弟》(*Greene & Greene*, London: Phaidon Press, 2000)。

图 68 格林兄弟设计，根堡宅邸，于帕萨迪纳，1908。本书作者摄。

对建筑的兴趣。1893 年他们前往加州帕萨迪纳市 (Pasadena) 创业，首先试验了安妮女王风格、工匠风格和木瓦风格，但到了 1902 年，他们已经创造出了西海岸的平房版本（一种低矮的、带山墙的一层半住房，一般前面有低矮的斜披至门廊顶部）。他们用日本与瑞士的母题来丰富设计。从 1907 年开始，兄弟两人设计了一系列杰作，在美国可谓独一无二，如布莱克宅邸 (Blacker House) (1907—1909)、福特宅邸 (Ford House) (1907)、根堡宅邸 (Gamble House) (1908，图 68)。在这最后一件作品中，独特的细节处理将工匠观念与东方结构技术、美国原木用法以及南加州景观结合了起来，这对于在传统工艺美术运动中长大的建筑师来说是不可思议的。西海岸的设计师们采用的元素对美国建筑来说是全新的，在这里，国际现代主义的一个重要中心正在形成。

4. 西特与霍华德

19 世纪末，对城市及郊区规划看法的转变也与住宅改革运动相关联。整个 19 世纪，工业的发展、人口向城市中心区域的迁移以及社会阶级的分化，带来了生活环境的急剧变化。1850 年代，大都市或城市中心开始出现，这种高度密集的工作与生活现象到了 19 世纪末遇到了批评家的抵制，他们常常会唤起人们对于早期那些单纯年代的回忆。所以人们便努力使不断拓展的城市环境变得友好或人性化，甚至要以替代性的策略与生活方式来取而代之。

伦敦和巴黎是 19 世纪两座最大的城市，但巴黎更合适作为考察对象，因为它在拿破仑三世及其总管奥斯曼（Georges-Eugène Haussmann）（1809—1891）的手中发生了快速的变化。[1] 奥斯曼于
1853 年 6 月 29 日甫一上任，就收到了皇帝亲自画的城市规划图，图上用铅笔画了一些新街道　　[191]
与林荫路，其中有一些计划扩建与改建的工程，如里沃利大街（rue de Rivoli）和中央市场周边地区，
当时已经开始实施了。其他项目则是全新的，其目标是要翻新巴黎，使之成为新帝国的首都，
改善市区结构和基础设施（如供水和下水道），构建现代交通动脉，以促进工商业的发展——
这也不是拍脑袋想出来的，因为现代交通动脉不易遭受大规模暴力活动的破坏。

在接下来 17 年多的时间里，奥斯曼获得了巨大的成就。1859 年他将街道檐口线提高了 20
多米，宽度从 17.54 米增加到 20 米，使街道具有更为清晰的视觉效果。次年他将许多城郊地
区合并进来，立即使居民人口从 120 万增加到了 160 万。最重要的是开辟了宽阔的林荫大道、
营造了绿色空间与公共广场、喷泉、统一花岗石路镶边、柏油人行道、鹅卵石街道、路灯、护
树笼、长凳、电话亭、书报亭等，使城区具有一种总体上可识别的（准巴洛克式的）结构。城
区改造的目的还在于实现现代化、改善卫生条件、提高效率、使单座建筑服从于城区结构与地
区类型、预留未来扩展空间等。今天的旅游者到巴黎看到的许多景象，就是经拿破仑·波拿巴
和奥斯曼改造过的第二帝国大都市的城区环境。在他们的任期内大多数项目始终受到人们的赞
扬。但正是奥斯曼的成功导致他于 1870 年被解职。在他的设计方案之下，巴黎建筑变得更加
规范和严谨，个性开始消失。此外，迅速的投机性开发也导致了立面处理上的死板与肤浅。最
后，这一活动也付出了意想不到的代价，例如郊区整合预计要花去一代人的新税收，但后来证
明要比预算昂贵得多。

奥斯曼对巴黎的改造影响了世界城市战略。世纪之交它成了美国的研究对象，也是 1893
年芝加哥哥伦比亚博览会的灵感来源之一。博览会结束之后，博览会主席伯纳姆（Daniel Burnham）
（1846—1912）开始将其规划理想运用于整座城市。[2] 最先是华盛顿的总体城市规划，这是他于
1902 年在小奥姆斯特德（Frederick Olmstead Jr.）以及麦金（George Mckim）的协助下设计的。尽管在本质上
这是对朗方原先做的城市规划的修订，但仍复活与强化了规整的林荫大道的观念。现在，林荫
大道扩展至华盛顿纪念碑并向远方荒无人烟的沼泽地延伸，后来那里变成了林肯纪念堂的建筑　　[192]
用地。罗斯福总统接纳了这些想法，故这一方案便在致命的政治挑战下幸存了下来，大体上得
到了实施。在波托马克河（Potomac River）两岸布置了公园、绿地，后来又建起了一些纪念碑。

1　近来关于奥斯曼的研究有：瓦朗斯（Georges Valence），《大奥斯曼》（*Haussmann le grande*, Paris: Fayard, 2000）；威克斯（Willet
　　Weeks），《塑造巴黎的人：乔治·欧仁·奥斯曼插图本传记》（*The Man Who Made Paris Paris: The Illustrated Biography of
　　Georges-Eugène Haussmann*, London: London House, 1999）；以及若尔当（David P. Jordan）《改造巴黎：奥斯曼男爵的生平
　　与工作》（*Transforming Paris: The Life and Labors of Baron Haussmann*, Chicago: University of Chicago Press, 1996）。参见卢埃
　　（François Louer），《19 世纪的巴黎：建筑与城市生活》（*Paris Nineteenth Century: Arhitecture and Urbanism*），克拉克（Charles
　　Lynn Clark）翻译（New York: Abbeville Press, 1988），231—372；以及赞滕（David Van Zanten），《建设巴黎：建筑机构与
　　法国首都改造，1830—1870》（*Building Paris: Architectural Institutions and the Transformation of the French Capital*, 1830–
　　1870, New York: Cambridge University Press, 1994），198—255。
2　关于伯纳姆，见海因斯（Thomas S. Hines），《芝加哥的伯纳姆：建筑师与规划师》（*Burnham of Chicago: Architect and
　　Planner*, Chicago: University of Chicago Press, 1979）；以及菲尔德（Cynthia R. Field），《丹尼尔·赫德森·伯纳姆的吉林市规划》
　　（The City Planning of Daniel Hudson Burnham, Ph. D. diss., Columbia University, 1985）。

伯纳姆的"美化城市"运动被认为是美国城市史上最具影响力的运动。他在为克里夫兰（1903）、旧金山（1905）与菲律宾的碧瑶 (Baguio) 和马尼拉 (Manila) 所做的设计方案中沿用了华盛顿的方案。在他的方案中，最激动人心、最引人注目的是为自己所热爱的芝加哥做的方案，包括了142幅图版（61幅素描），1909年由伯纳姆与贝内特 (Edward H. Bennett) 出版。他采用了格兰特公园 (Grant Park)——即博览会所在地——及其河滨线作为放射状平面的基础，其中心便是与河西相隔了若干街区的一个巨大的市民中心。市民中心高高的纤细的圆顶以及周围建筑物的固定檐口线，直接采纳了巴黎的做法，这在出版的规划书中做了清楚的说明。[1] 尽管这一提案中只有若干内容实现了，不过赖特后来还是将下面这一点归功于伯纳姆，即"芝加哥或许是我们国家唯一发现自己河滨区的大城市"[2]。

古典的热情不独美国才有。随着德国于1871年统一以及经济上的繁荣，城市规划的"科学"也在鲍迈斯特 (Reinhard Baumeister)（1833—1917）的领导下繁荣起来，他的著作《城市的扩张》(Stadterweiterung) 首版于1876年。鲍迈斯特是现代城市的提倡者，强调高效的车辆交通、分区布局和公共卫生在设计中的重要性。他反对普遍采用网格规划图，因为它不适合于大多数德国城市的中世纪布局。他偏爱弯曲的街道，觉得它具有补救性的审美效果，这一点也不同于奥斯曼。施蒂本 (Joseph Stübben)（1845—1936）活跃于亚琛、科隆和波兹南 (Posen) 的城市规划活动中，以鲍迈斯特的理论为基础。[3]

巴黎城市改造对于维也纳的影响最大——这个城市700年来一直保持不变，直到1850年代晚期。变化的动因是1857年约瑟夫皇帝 (Emperor Franz Josef)（1830—1916）决定要拆除该城的古老城墙（1683年为防御奥托曼军队进攻而建），并修建一道宽阔的斜堤将"老城"与飞速拓展的城郊划分开来。1859年内环大道 (Ring Strasse) 的开辟——一条宽阔的、环绕市区的林荫大道与多瑙河一起构成了一个环形——导致了19世纪规模最大的城市建筑活动之一。仅仅在一代人多一点的时间内，大道和毗邻地区就兴建起了大量新建筑：一座大教堂、一座新大学、一座议会大厦、一座市政厅、一座歌剧院、一座剧场、一群大型博物馆。这座中欧城市似乎一夜之间就成为欧洲现代性的一个最辉煌的标志。巴黎是这一规划的主要范本，数百座壮观的公寓建筑，檐口经过仔细计算，里面住着新兴中产阶级，他们是现代文化的分享者。

后来的增建与改造进一步强化了维也纳作为现代性范式的观念。在1892—1893年间，举办了一场国际性的设计竞赛，其目的是产生一个正在扩展中的新城区总体方案。瓦格纳胜出，

---

1 伯纳姆在做设计时很想征集欧洲城市的信息，实际上他与助理国务卿威尔逊 (Huntington Wilson) 联系过，恳请他通过法国政府收集关于奥斯曼前后巴黎的资料。见海因斯，《芝加哥的伯纳姆》，323。参见德雷珀 (Joan E. Draper)，《湖畔巴黎：伯纳姆芝加哥规划的资料来源》(Paris by the Lake: Sources of Burnham's Plan of Chicage)，收入《芝加哥建筑1872—1922：一个大都市的诞生》(Chicago Architecture 1872–1922: Birth of a Metropolis)，朱科夫斯基 (John Zukowsky) 编 (Munich: Prestel, 1988)，107—119。

2 赖特的话（出自一次未经确认的伦敦讲座）由海因斯在《芝加哥的伯纳姆》一书中所引用，325。赖特甚至称芝加哥是"世界上最美的城市"。

3 施蒂本，《城市规划》(Der Städtebau, Darmstadt: Arnold Bergsträsser, 1890)。参见卡尔洛(Oliver Karnou)，《赫尔曼·约瑟夫·斯蒂本》(Herrmann Josef Stübben, Braunschweig: Vieweg, 1996)。

他在竞赛报告中赞扬巴黎的方案，因为"我们的现状，我们的交通以及现代技术都绝对要求直线"[1]。他赞赏（在一个阳光明媚的春日里）从协和广场漫步走向香榭丽舍大道及远方。针对那些以"绘画"方式来规划城市的人，他坚持认为，如果他们"睁开眼睛，很快就会相信，笔直的、清洁的、实用的街道引导我们在最短的时间内到达目的地——偶然会被纪念性建筑、设计合理的广场、优美而有意味的景观、公园等打断——这也是最漂亮的"[2]。他提到香榭丽舍大道是要回应 1893 年发表在《德意志建筑报》(Deutsche Bauzeitung) 上的一篇文章，作者亨里齐 (Karl Henrici) 在文中说他宁可要两小时的"高山远足"，也不想花差不多的时间在一条笔直的白杨林荫道上闲逛。[3]

由于赢得了竞赛，瓦格纳于 1894 年被任命为维也纳新铁路系统的建筑师。他将为此设计 40 多座车站、桥梁和高架桥。他在其宣言式的著作《现代建筑》(Modern Architecture)（1896）中重申了他的城市规划理念，不过他的观点在《大都市》(Die Grossstadt)（1911）一书中得到了最有特色、最充分的表达，这是他为 1910 年在哥伦比亚大学举行的一次会议所准备的。[4] 这次会议讨论的话题之一是伯纳姆为芝加哥所做的规划，它反映了瓦格纳的观念。

恩德尔 (August Endell)（1871—1947）的城市设计理论也与瓦格纳的观念相类似，他的《都市之美》(Die Schönheit der grossen Stadt)（1908）所弘扬的恰恰是城市的人为性：主张无限多样的审美体验统一起来形成壮观的效果，反对自然与故乡的种种取向。[5] 恩德尔的美学受到法国写实主义和印象主义者（更不用说波德莱尔 [Baudelaire] 的 *flâneur* [闲逛者]）的影响，他们最先为奥斯曼的巴黎喝彩。[6] 因此他的心中并没有社会学家西梅尔 (Georg Simmel) 的那种焦虑。对西梅尔来说，大城市"神经刺激的紧张度"代表了对于自然生活节奏的冒犯[7]。特尼斯 (Ferdinand Tönnies) 在他的《社区与社会》(Gemeinschaft und Gesellschaft)（1887）一书中早就表述了这一立场，提倡小社区的"有机的"生活[8]，以与匿名社会的"假想的与机械式的"生活相对立。这里已经打开了一个裂口，本质上是政治裂口，尽管界限还未清楚划定。

[193]

1 瓦格纳，《总体规划方案》(Generalregulierungsplan)，收入格拉夫 (Otto Antonia Graf)，《建筑师的工作》(*Das Werk des Architekten*)（Vienna: Hermann Böhlaus, 1985），1:94。

2 Ibid., 93.

3 见亨里齐《无聊的街道与消遣的街道》(Langeweilige und kurzweilige Strassen)，载《德意志建筑报》27, no. 44（June 1893）：271。

4 关于瓦格纳城市规划理论的指导性论文，见萨尔尼茨 (August Sarnitz)，《现实主义对拘束庸常：大城市的设计》(Realism versus Verniedlichung: The Design of the Great City)，收入《瓦格纳：反思现代性的衣裳》(*Otto Wagner: Refliction on the Raiment of Modernity*)，马尔格雷夫 (H. F. Mallgrave) 编（Santa Monica, Calif.: Getty Center Publications Program, 1993），85—112。

5 恩德尔，《都市之美》(Berlin: Archibook-Verlag, 1984; originally published in 1908)。

6 Flâneur（闲逛者）指波德莱尔所谓的都市唯美主义者，他的《现代生活的画家》(The Painter of Modern Life) 一文对此进行了讨论，此文收入《现代生活的画家及其他》(*The Painter of Modern Life and Other Essays*)，梅恩 (Johathan Mayne) 翻译与编辑（London: Da Capo Press, 1964），1—40。

7 西梅尔，《大都市与精神生活》(The Metropolis and Mental Life)，收入《乔治·西梅尔的社会学》(*The Sociology of Georg Simmel*)，沃尔夫 (Kurt H. Wolff) 翻译与编辑（New York: The Free Press, 1964），410。

8 特尼斯，《社区与社会》(New Brunswick, N. J.: Transaction Book, 1988)。关于特尼斯、西梅尔与恩德尔的考察，见达尔·科 (Francesco Dal Co) 的以下著作的第一章：《建筑思想界的名人：德国建筑文化，1880—1920》(*Figures of Architecture and Thought: German Architecture Culture 1880 - 1920*, New York: Rizzoli, 1990)。

瓦格纳也面临着抵制。1893 年他措辞强硬地反对用绘画方法来做城市规划，这表明一场战役已经打响。这一次西特 (Camillo Sitte)（1843—1903）是他的对手，他的书《城市规划的艺术原理》(*Der Städtebau nach seinen künstlerischen Grundsätzen*) 在 1889 年已经出版了。[1]

西特是建筑师的儿子，也曾在埃特尔贝格尔的指导下接受艺术史的训练。1873 年他在维也纳开办了建筑事务所，但两年之后当埃特尔贝格尔给他提供萨尔茨堡一家实用艺术学校的校长职务时，他的关注点有了转变。10 年之后，他被任命为维也纳一所新成立的实用艺术学校的校长，所以他的寓所很快便成为维也纳知识生活的一个重要中心。那时他是位有名的作家，但在 1889 年出书之前不曾写过城市规划方面的东西。此书的撰写是出于他对更为广泛的城市现代性问题的关注，这些问题包括街景减少、建筑体量越来越大、比例失调以及心理压抑感——"哈欠连天的空虚与难以忍受的无聊"——这就是现代都市所导致的，新诊断出的"广场恐惧症"之类的精神失常便是明证。[2]西特的主张是，欧洲过去凭直观形成的市镇街道与广场形状，其视觉的（因此也是心理上的）影响力都是经过考量的，建筑因此就构成了明确的背景。现代的情况恰恰反了过来："建筑地皮安排好，形状规则，其间留下来的地方就成了街道或广场。"[3]因此西特提出，"城镇规划要向大自然学习，也要向老大师学习"。他在自己的书中提供了各式各样的欧洲最成功的老广场和城区广场的实例。他所谓的"绘画式"(*malerisch*) 并不是指将各种形式偶然凑在一起具有如画效果，而是根据透视的科学规律打造市镇的全景景观。建筑不是随意在此环境中安排的，而是要组成围墙的一部分；广场空间也应围合起来，各个中心应保持自由的状态。他提出，人们不应去复制过去时代那些杂乱无章的布局，而是要学习它的尺度与空间经验以及这些要素对增强市镇活力的重要性。应放弃没完没了的直线街道，因为它们导致了杂乱无章的视觉印象。

西特的书在德国和整个欧洲不少地方引起了共鸣。1893 年比利时人布尔斯 (Charles Buls) 出版了他的《城市美学》(*L'Esthétique des villes*)。他作为布鲁塞尔市长，着手采取与西特相类似的方式来改造这座城市。西特与布尔斯的书在意大利也很流行（西特书中举了许多意大利的例子），在那里城市历史文脉如何顺应现代交通的需要是一个特别尖锐的问题。[4]

那个时期另一个重要问题是郊区规划策略。从本质上来说，这些策略，尤其是郊区在受人欢迎的情况下制订的那些策略，反映了一种反城市的态度。在美国，芝加哥近郊的河畔镇 (Riverside) 是最早规划的社区之一，由奥姆斯特德 (Frederick Olmstead) 和沃克斯 (Calvert Vaux) 于 1869 年设计，其想法是环绕着一个小型商业中心建造起住宅群以及大面积的自然公园，弯弯曲曲的街道，几

1 关于西特的生平与思想最优秀的短篇记述，是柯林斯 (George R. Collins) 和格拉斯曼 (Christiane Crasemann) 为合译的西特著作译本所撰写的导言，《卡米洛·西特：现代城市规划的诞生》(*Camillo Sitte: The Birth of Modern City Planning*, New York: Rizzoli, 1986)；参见维乔雷克 (Daniel Wieczorek)，《卡米洛·西特与现代城市规划的开端》(*Camillo Sitte et les débuts de l'urbanisme* modern, Brussels: P. Mardaga, 1981)。

2 西特，《城市规划的艺术原理》，收入《卡米洛·西特：现代城市规划的诞生》，183。

3 Ibid., 225.

4 有关布尔斯与西特及其在意大利的影响，见埃特兰 (Richard A. Etlin)，《意大利建筑中的现代主义，1890—1940》(*Modernism in Italian Architecture, 1890–1940*, Cambridge: M. I. T. Press, 1991)，106—109。

乎完全没入绿色景观之中。此地有铁路通往芝加哥，是十分成功的郊区设计。它也极大影响了美国其他地方的郊区发展，从皇后区的森林小丘花园（Forest Hills Gardens, Queens）（1909—1912）到伊利诺伊的湖林（Lake Forest, Illinois）（1914—1915）。

英国人埃比尼泽·霍华德（Ebenezer Howard）（1850—1928）抱着极大的兴趣访问了河畔镇，他在1871年从伦敦来到内布拉斯加（Nebraska），想永久定居在那里。[1] 后来他去了芝加哥做速记员，在1876年决定回英国。在后来的20年中，他工作于国会机关，同时将他对于城市规划的思考汇集起来。他广泛搜集资料，远至贝拉米（Edward Bellamy）的《回望，2000—1887》（*Looking Backward, 2000—1887*），以及俄国地理学家克鲁泡特金（Peter Kropotkin）的著作。霍华德的《明天：走向真正改革的太平之路》（*Tomorrow: A Peaceful Path to Real Reform*）（1898）一书阐述了他的观念，该书第三版换了一个更具描述性的书名：《明天的花园城市》（*Garden Cities of Tomorrow*）（1902）。[2]

[194]

霍华德具有实用主义精神，不同于他之前的许多乌托邦规划师。他要将对于个人主义的鼓励（"社会成员拥有更充分更自由之机会的社会"）与准社会主义观（"社区福利有保障的生活条件"）结合起来[3]。花园城并不是指郊区，而是指卫星城：一个封闭式的实体，由市中心、住宅区、产业以及一条防止过度开发的农业带所构成。每座花园城最大不超过3万居民，土地归市政府所有，租借给个人使用。环城铁路将每个花园城联结起来，也和大城市相接。这些城市被设计成独立自足的、遵循着自由贸易法则的商业实体。

霍华德将他的想法付诸实施。1899年，他建立了花园城市协会，昂温（Raymond Unwin）（1863—1940）和巴里·帕克（Barry Parker）（1867—1947）于1903年设计了第一座花园城市莱奇沃思（Letchworth），地处伦敦以北35英里处。[4] 由于股票公司没有能力购买所需土地，所以该城缺乏经济上的自足，未能达到预想的规模，不过还是成功吸引了有教养的中产阶级居民，引发了众多的模仿，其中有伦敦北面的汉姆斯特德花园（Hamstead Garden）的郊区开发。1919年霍华德与苏瓦松（Louis de Soissons）合作设计了第二座花园城韦林（Welwyn）。而花园城运动，如我们下文会看到的，在1920年代仍保持着强劲的势头。

1　关于霍华德，见帕森斯（Kermit C. Parsons）与斯凯勒（David Schuyler）编，《从花园城到绿城：埃比尼泽·霍华德的遗产》（*From Garden City to Green City: The Legacy of Ebenezer Howard*, Baltimore: Johns Hopkins University Press, 2002）；霍尔（Peter Geoffrey Hall）与沃德（Colin Ward），《宜交际的城市：埃比尼泽·霍华德的遗产》（*Sociable Cities: The Legacy of Ebenezer Howard*, New York: Wiley, 1998）；比弗（Robert Beevers），《花园城乌托邦：埃比尼泽·霍华德评传》（*The Garden City Utopia: A Critical Biography of Ebenezer Howard*, London: Macmillan, 1988）；以及菲什曼（Robert Fishman），《20世纪城市乌托邦：埃比尼泽·霍华德、弗兰克·劳埃德·赖特以及勒·柯布西耶》（*Urban Utopias in the Twentieth Century: Ebenezer Howard, Frank Lloyd Wright, and Le Corbusier*, New York: Basic Book, 1977）。

2　霍华德，《明天：走向真正改革的一条太平之路》（London: Swan Sonnenschein, 1898）；《明天的花园城市》（London: Swan Sonnenschein, 1902）。

3　霍华德，《明天的花园城市》，116—117。

4　见《画中莱奇沃思》（*Letchworth in Pictures*, Letchworth, England: First Garden City Limited, 1950）。

第九章 附论 20 世纪德国现代主义的观念基础

20 世纪 20 年代的实践家们喜欢强调"分水岭"这一概念,它将 19 世纪晚期与 20 世纪初期的建筑思想截然区分开来。纵观 20 世纪大部分时期的现代建筑史写作,一般都遵循着这些实践家的说法。提出分水岭的基础是这样一种信念,"现代"建筑,尤其是 1920 年代流行的所谓功能性建筑,是西方建筑发展的必然终点,至少就其形式语言而言。现代主义的早期实践家们几乎异口同声地强调要与过去"决裂",拒绝回到历史的或风格主题的设计,"那时"与"现在"之间的鸿沟命中注定是不可跨越的。

20 世纪 70 和 80 年代的建筑理论则持有十分不同的观点。有些人提出必须将历史重新引入设计,以对付"意义的丧失"或早期功能主义的固有局限性。他们宣称,毫无历史意义的现代形式语汇在艺术上已经黔驴技穷了,在此过程中它已经变成了单调乏味的、非人性的东西。这种基本的"后现代"观念是要用多层次的含义取代形式与功能上的这种假定的单一性,从而丰富形式并赋予形式以新的活力。

在这 20 年中,历史写作模式与目的论预期也发生了很大的变化。历史不再被看作是一种直线运动,命中注定朝向某个最终目标发展。现代主义的审美价值不再被看作是绝对的、不可改变的东西。此外,历史必然性的概念也丧失了其历史决定论的根基。人们挂在嘴边的词是"叙事"而非"历史",至少在学术圈子中是如此。但后现代理论本身并没有真正对决裂做出界定,或者说没有将决裂说得如当初设想的那么严重。后现代思维的概念植根于 20 世纪,它的许多观念(更不用说其形式的滥用)是从 1920 年代现代主义话语中汲取而来的。这种延续性与观念创新的同时呈现是富有启发性的,因为这一现象多少让我们看清了早期概念上的分水岭是怎么回事。即使今天许多圈子中的人仍普遍认为,正是这一分水岭概念将 19 世纪与 20 世纪划分开来。但实际上这样一种分水岭的说法可靠吗?

就德国建筑理论的历史而言,现代与前现代之间的分水岭看上去似乎是真实的,人们普遍认为,德国理论在 20 世纪初率先培育了一种受到工业影响的"现代"风格。不含历史意义的形态最初是以一种工厂美学的面貌出现的,在形式上区别于历史主义的形态。当然,当洛斯在 1909 年尝试着在巴洛克式铺张华丽的霍夫堡宫附近建造一座接近无装饰的商住大楼时,他遭到了公众的抨击。在 1920 年代,当钢铁、混凝土与玻璃的工厂美学被运用于其他类型的建筑时，这座分水岭就变得愈加引人注目了。吉迪恩在 1928 年将这种新型建筑简单读解为各种形式（forms），但他也只能将现代主义建筑的谱系追溯到前一个世纪的工业建筑和工程师；而现

[196]

代"结构师"（原先称作建筑师）则被完全剥夺了 19 世纪的建筑遗产。随着德国社会在第二次世界大战的刺激下分崩离析，这样一种历史观在 1933 年之后甚至定了型。在建筑史家中间，历史写作对于这场人类大灾难的回应，就是简单地终止对德国历史与理论的一切研究。20 世纪初叶德国那一代现代主义者中，有不少人当时处于流亡之中，因此他们更多地被看作是一个开拓者的孤岛，没有大陆的印记或地质的历史。要在威廉·莫里斯工艺美术的美学中、在维奥莱-勒-迪克的相对主义中、在新艺术的形式中寻找到某种象征性的血统，从一开始就是一件完全不可思议的事情。

但是，就其观念基础而言，历史或理论——除非发生了一场大火灾——会以这种急转直下的方式运行吗？换种方式提问，不含历史意蕴的"风格"观念（最早是欣克尔等人在接近 19 世纪初叶时探讨的问题），是如何在 19 世纪末历史主义的死灰中复燃的呢？如果我们考虑一下前三个世纪建筑思想的延续性（将我们自己限定于一条十分清晰的批评发展线索之内），答案是显而易见的，即建筑从未以此种方式发生变化。新的形式总是由观念（以及其他因素）支撑的，而 20 世纪初的现代性，若将它置入更大的历史上下文中来看，其实就是关于何为"现代"这一系列观念不断展开的另一阶段而已。符号学理论再一次支持了这种观点。符号学家并非将 20 世纪现代主义读解为形式解码或象征符号抽象化的最后阶段，他们提出，将现代主义看作一种语义代码置换了另一种语义代码则更加准确。因此，任何这类置换都有一个理论基础。

20 世纪现代主义的一些关键概念都具有明明白白的 19 世纪根源。当我们考察一下这些概念的发展时，便可再次证实德国理论的延续性。建筑"空间"的观念就是典型的例子。第一位系统探讨这一主题的历史学家是施纳泽（Karl Schnaase）（1798—1875），他在他的《尼德兰书简》（Niederländische Briefe）（1834）中将中世纪建筑解释成（室内）空间主题连续不断地发展，是对古典建筑关注于外观的一种创造性的回应。在思考安特卫普主教堂中央大堂边廊的空间作用时，他甚至将空间的主观体验——"脉搏跳动的有机生命"——引为中世纪建筑结构进化与细化的最重要的因素。[1] 1840 年代，艺术史家库格勒（Franz Kugler）（1808—1858）在他的柏林讲座中特别强调了文艺复兴建筑的"空间之美"。[2] 布克哈特（Jakob Burckhardt）（1818—1897）在《意大利文艺复兴的历史》（Geschichte der Renaissance in Italien）（1867）一书中也采用了这一术语的相同含义，将文

---

1 施纳泽，《尼德兰书简》（Stuttgart, 1834），200。我感谢卡尔格（Henrik Karge）提供了他就这一主题的研究成果，见他的《卡尔·施纳泽的早期作品：与 19 世纪美学及美术史的关系》（Das Frühwerk Karl Schnaase: Zum Verhältnis von Ästhetik und Kunstgeschichte im 19. Jahrhundert），收入科泽加滕（Antje Middeldorf Kosegarten）编，《1800 年前后的约翰·多米尼科斯·菲奥里洛、美术史与浪漫主义运动》（Johann Dominicus Fiorillo, Kunstgeschichte und die romantische Bewegung um 1800, Göttingen: Wallstein Verlag, 1995），402—419；以及他的《卡尔·施纳泽：19 世纪科学美术史的发展》（Karl Schnaase: Die Entfaltung der wissenschaftlichen Kunstgeschichte im 19. Jahrhundert，载《艺术史论文：学习与高校交流杂志》（Kunsthistorische Arbeitsblätter: Zeitschrift für Studium und Hochschulkontakt）7—8（July–August 2001）：87—100。关于施纳泽的一般艺术史概念，见波德罗（Michael Podro），《批判性的美术史家》（Critical Historians of Art, New Haven: Yale University Press, 1982），31—43。

2 赞滕，《设计巴黎：迪邦、拉布鲁斯特、迪克与沃杜瓦耶的建筑》（Cambridge: M.I.T. Press, 1987），197。

艺复兴建筑描述为"空间风格"(*Raumstil*)，以区别于古希腊和哥特式时代的"有机风格"。在他看来，空间的母题可以在罗马、拜占庭、罗马式和意大利建筑中找到，但正是在文艺复兴时期首次充分发展成为一种自觉的观念。[1]

这一主题的另一起点可以在森佩尔的理论中找到。墙壁"着装"(dressing) 的空间动机是他四动机理论的核心。他将这一动机定义为"最古老的建筑形式原理，独立于构造，**以空间概念为基础**"[2]。在论风格一书的第 2 卷中，森佩尔在砖石拱顶构造的上下文中探讨了空间动机。在他的历史年表中，空间观念 (中空构造) 在公元前 4 世纪首次被有意识提升到了艺术的高度。亚历山大大帝的建筑师及后继者们将这一观念向前推进，罗马人则"完善了"它 (对罗马人而言它表达了世界霸权的观念)。他指出，罗马人发现了"解决以下这个难题的方法，即如何利用周围的房间构建拱顶，甚至建起了中央大厅所必需的支柱与礅座，以最少的材料与人力消耗将这些空间本身围合起来，并以最小的代价获得尽可能大的空间"[3]。在 1869 年苏黎世的一次讲座上，他回到了空间主题，但这次增加了一个重要的条件。在提到罗马人未真正将"创造空间的强大艺术"发展成为"一种自由自足的理想主义"之后，他向建筑师听众说，"世界建筑的未来"便存在于这新的空间艺术之中。[4]

森佩尔并不是唯一对建筑空间的种种可能性进行理论阐述的人。就在他于苏黎世开讲座的数周之内，柏林建筑师卢凯 (Richard Lucae) 发表了一篇文章，题为《论建筑空间的含义与力量》(On the Meaning and Power of Space in Architecture)。[5] 他开始时列举了建筑空间体验的各种要素，即形体、光线、色彩与尺度。形体产生了空间的审美效果，光线赋予空间以性格，色彩改变了特定的情调，尺度则是对于"我们的身体与精神之空间关系的自觉感知"[6]。接着他考察了起居室、火车站大厅、高山隧道、剧场、科隆主教堂、罗马万神庙、罗马圣彼得教堂以及锡德纳姆水晶宫等建筑中截然不同的空间体验。以下便是他对圣彼得教堂的印象： [197]

> 我们漫步在大堂就像漫步在一条大街上——对这整座教堂通向哪里浑然不觉。我们不像在万神庙中那样既立于空间的起点又立于空间的终点。强有力的筒形拱顶引导着我们的目光，包围着我们的灰暗光线突然间向后退去，融入一道超自然的强光之中。无疑，一个从未听说过圣彼得或基督教的原始森林居民，在走到米开朗琪罗设计的圆顶下方之前不会停下脚步，这里是将我们与俗世隔离开来的空间。这里，光线的源头引领我

1　布克哈特，《意大利文艺复兴时期的建筑》(*The Architecture of the Italian Renaissance*)，默里 (Peter Murray) 编，帕姆斯 (James Palmes) 翻译 (Chicago: University of Chicago Press, 1985)，32。

2　森佩尔，《论风格》，马尔格雷夫与鲁滨逊翻译 (Los Angeles: Getty Publications Program, 2004)，247。

3　Ibid., 756.

4　森佩尔，《论建筑风格》(On Architectural Styles)，收入《戈特弗里德·森佩尔：建筑四要素及其他文章》，马尔格雷夫与赫尔曼翻译 (New York: Cambridge University Press, 1989)，281。

5　卢凯，《论建筑空间的含义与力量》(Ueber die Bedeutung und Macht des Raumes in der Baukunst)，载《实用建筑杂志》(*Zeitschrift für praktische Baukunst*) 29 (1869)。

6　Ibid., 208.

们进入一个区域，这一区域阻隔了我们投向俗世生活的目光。[1]

而水晶宫则相反，它就像"一件大气雕刻"，光线充满了整个空间，具有"天然之美"，"具有光的魔幻诗意之形态"。[2] 他认为，尽管感受各有不同，但共同的基础是将每个空间作为一个精神整体来体验，而建筑物的风格则不重要，"对空间效果的影响微不足道"[3]。

在这一年晚些时候为柏林建筑师协会所做的演讲中，卢凯将大型空间所诱发的感受与铁这种材料联系起来，将铁的巨大空间跨度潜能解释为"翱翔"的"一般符号"——这预示了1920年代吉迪恩的观点。[4] 不过他像森佩尔一样，认为铁结构的充分发展是将来某个时候的事情，因为其新奇的美学要求的是一种轻灵的、比例纤细的感觉；"接下来的一代人是在铁构建筑物中长大的，而我们则是在石构建筑中长大的。在许多情况下，他们可以不受干扰地享受那种今天我们所体会不到的美感，因为我们所珍藏的美的传统似乎正在受到攻击"[5]。

艺术批评家与理论家费德勒 (Conrad Fiedler)（1841—1895）在1878年的一篇文章中也论述了空间主题，他对森佩尔倍加赞赏，尽管他感觉到森佩尔"艺术史的博学"或许已经妨碍了他作为一位设计师创造能力的发挥。不过他还是高度赞赏他的理论。在1875年写给希尔德布兰德的一封信中，他提到"我又重读了他的著作，一次又一次地为他的发现所震惊"[6]。这实际上已经导致他在1878年写了一篇关于森佩尔论风格著作的书评，在此文中他不仅强调了该书的"划时代"性，也强调了以下事实，即森佩尔"将一种不寻常的对艺术的深刻理解带入了历史考察与研究之中"[7]。费德勒抓住了空间观念这一主题，认为这就创造性地解决了当代建筑过分关注于历史风格的问题。他认为，罗马或哥特式的形式与当今建筑师都没有什么关系，而与"以拱顶围合空间的简单朴实观念"有着某种关系。在说到罗马式风格的固有空间可能性时，他指出，"相反，在这里围合空间的观念似乎从一开始便打算采用石头。这就是以一面墙来表现连续性围合的观念，同时将沉重的材料提升为对此观念的自由表现"[8]。因此，空间的观念在1878年就已被认作是减少建筑对历史文脉依赖性的一种手段。

不过，瑞士建筑师奥尔 (Hans Auer)（1847—1906）在1881年与1883年先后写了两篇重要文章，表明他采取了另一条路线。奥尔在1860年代曾在苏黎世师从森佩尔学习，因此对他的理论了

1　卢凯，《论建筑空间的含义与力量》，载《实用建筑杂志》，205。

2　Ibid.

3　Ibid., 199.

4　卢凯，《论铁结构的审美训练，尤其是将它运用于更大的空间跨度》(Ueber die ästhetische Ausbildung der Eisen-Konstruktionen, besonders in ihrer Anwendung bei Räumen von bedeutender Spannweite)，载《德意志建筑报》4 (1870)：12。

5　Ibid., 9.

6　费德勒致希尔德布兰德的书信，1875年10月10日，收入雅赫曼 (Günther Jachmann) 编，《阿道夫·冯·希尔德布兰德与康拉德·费德勒通信集》(Adolf von Hildebrands Briefwechsel mit Conrad Fiedler, Dresden: Wolfgang Jess, 1927)，54—55。

7　费德勒，《关于建筑的性质及历史的意见》(Observations on the Nature and History of Architecture)，收入马尔格雷夫与伊科诺莫 (Eleftherios Ikonomou)，《移情、形式与空间：德国美学问题，1873—1893》(Empathy, Form, and Space: Problems in German Aesthetics 1873-1893, Santa Monica, Calif.: Getty Publication Program, 1994)，127—128。

8　Ibid., 142.

如指掌。他在第一篇论文《论构造对建筑风格发展的影响》(The Influence of Construction on the Development of Architecture Style) 中指出，在任何建筑理论中构造都应是首要的，建筑最重要的任务就是"创造空间"[1]。两年之后，他在题为《建筑空间的发展》(The Development of Space in Architecture) 一文中极大地发挥了这一观点。[2] 他一开篇就对营造空间的重要历史作了评述，从卡尔纳克的多柱式大殿到罗马圣彼得教堂的圆顶。在空间变得更有效、更宏大的发展进程中，他将"空间之诗"定义为"建筑的灵魂"，在这个意义上，人类的想象力被赋予了艺术上的自由。一个房间的空间维度具有特定的实用功能价值，但在属于高级文化的建筑作品中，"（房间的）高度总是超越了人的需要，影响着人的心灵，人们从中体验到快乐、雄伟、升华和压倒一切的力量"[3]。在眼下这一阶段，"混乱的艺术概念"大行其道，空间发展过程就更加显而易见了，每座新火车站都必须建得比原先更宏大。简单地说，"我们今天已经生活于一种新风格正在形成的阶段，而这种新风格受到了一种新材料不可抗拒的影响。这种新材料向过去的一切传统挥舞着厚颜无耻的拳头——它就是**铁**"[4]。在这方面，奥尔的唯一保留意见是，已经在火车站建筑上得到广泛运用的大型铁桁架，尚未获得令人满意的艺术处理。

施马索 (August Schmarsow) (1853—1936) 于 1893 年在莱比锡做了一个讲座，将这种早期空 [198] 间理论推向了它的顶点。他以森佩尔的思想作为开端，但这次补充了洛策 (Hermann Lotze) 与冯特 (Wilhelm Wundt) 的知觉心理学以及施通普夫 (Carl Stumpf) 的现象学。[5] 当时施马索击败了竞争对手沃尔夫林，刚就任莱比锡大学教授。与沃尔夫林的形式主义不同，他提出了美术史研究的"发生学方法"(genetic approach)，即主张一种"由内而外"的美学。如果说它的对立面"由外而内"的美学关注的是建筑的外观，诸如形式或风格，那么他的方法便是要研究艺术的心理体验，即我们是如何感知与解释建筑世界的。因此他一开始便提出了这样的问题：像罗马万神庙这样的建筑物与穴居人的洞穴或森佩尔的加勒比茅屋有何共同之处？他说，答案很简单，所有都是"空间的构成"，这一事实具有深刻的人性含义："我们的空间感和空间想象力推动着空间的创造；它们寻求在艺术中获得满足。我们称这种艺术为建筑；说白了，它就是**空间的创造**。"[6]

施马索这样说就是认为，空间创造的概念与原始人类的本能是一致的——界定了人类生存或出现在这个世界上的本能。如果说奥尔的空间想象有一条垂直轴线作为它体验的原始场地，那么施马索的空间理论则强调将主体围合起来——人在空间中定向的体验以及人穿过空间作定向运动的体验。此外，认识到空间的重要性，有助于使当代建筑实践恢复生气：

---

1 奥尔，《论构造对建筑风格发展的影响》(Der Einfluss der Construction auf die Entwicklung der Baustile)，载《奥地利工程师与建筑师协会会刊》(Zeitschrift des österreichischen Ingenieur-und Architekten-Vereins) 33 (1981)：8—18。参见贝里 (J. Duncan Berry) 在《戈特弗里德·森佩尔的遗产：后期历史主义研究》(The Legacy of Gottfried Semper: Studies in Spathistorismus, Ph.D. diss., Brown University, 1989) 中对于奥尔的评述，229—233。

2 奥尔，《建筑空间的发展》(Die Entwickelung des Raumes in der Baukunst)，载《建筑汇报》48 (1883)。

3 Ibid., 66.

4 Ibid., 74.

5 见施马索为马尔格雷夫与伊科诺莫的《移情、形式与空间》一书撰写的导言。

6 施马索，《建筑创造的本质》(The Essence of Architectural Creation)，收入马尔格雷夫与伊科诺莫，《移情、形式与空间》，287。

难道今天建筑不也应该回归到它的创造物的历史悠久的精神方面，成为**空间创造者**，从而再一次找到走进大众心灵的途径吗？人说，精神是以它自己的形象构建肉体的。**建筑的历史就是空间感的历史**，因此它就有意无意成了世界观发展史上的一个基本构成要素。[1]

现在空间成了一个现成的建筑概念。施马索发展了这一概念，有趣之处在于他的观点是如何形成的。在他的理论中，空间是一个自由穿行于建筑、美学、心理学和艺术史等变数之间的观念。在这一过程中，这个概念的心理学性质在增加，这也是显而易见的。开始时，在森佩尔的理论中，罗马人"统治世界"的感觉还是一种含混的暗示，而在施马索美学中则变成了人类自我意识的存在基础。尽管近来历史研究已经十分重视 19 世纪下半叶的心理学思想——主要是沙尔科（Jean-Martin Charcot）和弗洛伊德——但经常被忽略的是大量知觉与生理学的研究，这些研究实际上对建筑理论有着更直接更深刻的影响。其他地区也有此类研究，但在德国则有赫尔巴特（Johann Friedrich Herbart）、齐美尔曼（Robert Zimmermann）、赫尔姆霍茨（Hermann Helmholtz）、费希纳（Gustav Fechner）、洛策（Hermann Lotze）以及冯特（Wilhelm Wundt）。这只是部分学者。重要的是要注意到，这些人的理论研究在总体上将建筑理论的关注点从"风格"转向了某种更为抽象的东西——建筑体验，因此历史的编码被侵蚀了。

我们只要考察一下关于形式的补充概念，便可看出这一抽象过程。19 世纪对于形式的泛神论解释实际上始于叔本华（Arthur Schopenhauer）的哲学。在《作为意志与表象的世界》（*The World as Will and Representation*）（1819）一书中，他试图以"意志"的观念来取代黑格尔的"精神"，为此他根据各种艺术的意志对它们进行等级排列。在这个等级体系中，建筑是最低级的艺术，因为它用的是自然物质材料，重力会使物质崩溃为一堆碎石。因此，他将建筑定义为抗拒或颠覆自然意志的一种精巧艺术，采用了由墙体、地板、立柱与拱券等组成的结构构架。从本质上来说，建筑充满活力地展示了支撑与负荷之间的冲突，而建筑结构与装饰语汇的确可以对这种冲突进行清晰的表达与强调。

在出版于 1844 年的此书第二版中，叔本华大大发展了这一论点。但到那时这一概念已然进入建筑思想之中：先是欣克尔的理论，接着又成了伯蒂歇尔（Carl Bötticher）《希腊构造学》（*Die Tektonik der Hellenen*）（1843—1852）的主题。对伯蒂歇尔来说，每种建筑构件的艺术形式（如柱头形状）的目的，是要象征性地表达出其结构动力的力学功能。

在森佩尔对风格的研究中也可找到类似的观点。圆柱对森佩尔来说并非是被动地抵抗着重力，而是能动地以向上的力来抵抗重力。在古典建筑中，柱头的线条不是无用的装饰，而是表示弹性抗力与调停张力的符号。正如森佩尔所言："艺术赋予承重构件以生命活力，它们成了有机体，框架与屋顶支柱是集合性的、纯粹的力学表现：它们是激活圆柱内在生命力所必需的负

[199]

---

1 施马索，《建筑创造的本质》，收入马尔格雷夫与伊科诺莫，《移情、形式与空间》，296。

荷。同时，框架与支柱本身又以不同方式连接起来，其各个构件似乎也很努力，很活跃。"[1]

这一主题的下一步发展又回到了哲学圈子中。森佩尔在苏黎世的朋友与同事弗里德里希·特奥多尔·菲舍尔（Friedrich Theodor Vischer）在他的《美学或美的科学》（Aesthetik oder Wissenschaft des Schönen，1846—1857）一书中已经用此种方式来解释建筑，将建筑界定为"象征的艺术"，认为建筑的任务就是将"活泼的生气"灌注于死气沉沉的材料中，肩负着创造各种充满生命节律之形态的任务。建筑的线条在空间中运动、上升与下降，这些效果相互呼应，进一步说明了菲舍尔所谓的"整个民族的外部生活与内心生活"[2]。1866 年，菲舍尔根据森佩尔理论重新研究了这一问题，更加强调象征主义的重要性。他放弃了早先黑格尔的立场。黑格尔认为，象征主义在历史上仅限于古典时代，而现在菲舍尔则认为，建筑的形式代表了一种"更高级的"象征过程，在观念发展的所有阶段中，甚至在最近的阶段中都是有效的。潜藏于这种建筑形态活力之下的心理冲动，是人类一种寻求统一、具有收缩性的情感（Ineins-und Zusammenfühlung），也就是力求融入我们周围感官世界的一种泛神论冲动。[3]

1873 年，菲舍尔的儿子罗伯特（1847—1933）创造了一个新词 Einfühlung，从而将这些观念置于更宽广的理论上下文之中。这个德语词的字面意思是"in-feeling"，不过它最贴近的英文对等词是"empathy"（移情）。菲舍尔沉迷于新近的生理学研究，即关于人类情感或知觉的研究以及早期的释梦研究。他是想找到将这些生理学与心理学研究运用于艺术主观体验的途径。例如他提到谢尔纳（Albert Scherner）的一本关于释梦的书，指出，"在这里，它表明了身体在回应梦中某些刺激时是如何将其自身具体化为空间形态的。因此它无意识地将其自身的身体形态——还有灵魂——投射到客体的形态之中。由此我从中得出了我所谓'移情'的概念"[4]。

英文"empathy"一词意味着将我们的情感简单地投射到一个物体或人物上，但德语 Einfühlung 一词则指自我的彻底转移，即我们的整个人性在某种程度上完全与对象融为一体。从本质上来说，我们将反应系统读进了某个审美沉思的对象（如一座建筑），这个反应系统恰恰就是心理体验复合体的总和，或者说是我们同时投射于艺术形式中的丰富内涵。因为艺术过程总是自我指涉的，建筑以及它的形式明确界定了我们心灵中当前的集体心理状态。

移情这一概念进入建筑理论是在 1886 年，即沃尔夫林的博士论文《建筑心理学绪论》（Prolegomena to a Psychology of Architecture）。他一开篇便提出了一个简单问题："建筑形式如何能够表现出某种情感或情绪？"[5] 接着他将这一问题置于生理学与心理学语境中展开论述，基于以下原理："物质形式拥有一种性格只是因为我们自己拥有一个身体。"[6] 换句话说，我们读入建筑形式表

1　森佩尔，《论风格》，728。

2　菲舍尔，《美学或美的科学》，罗伯特·菲舍尔编，第 2 版（1846—1857；Munich: Meyer & Jessen, 1922–1923），vol. 3, sec. 559。

3　弗里德里希·特奥多尔·菲舍尔，《我的美学批评》（Kritik meiner Äesthetik），收入《批评丛稿》（Kritische Gänge），罗伯特·菲舍尔编，第 2 版（1866; Munich: Meyer & Jessen, 1922），4:316—322。

4　罗伯特·菲舍尔，《论视觉形式感》（On the Optical Sense of Form），收入马尔格雷夫与伊科诺莫，《移情、形式与空间》，92。

5　沃尔夫林，《建筑心理学绪论》，收入马尔格雷夫与伊科诺莫，《移情、形式与空间》，149。

6　Ibid., 151.

现中的东西不是别的，正是我们自己身体的生命感觉——意志的表现；一种平衡感；一种规则感、比例感与节奏感。或用康德的话来说，"我们自己的身体结构是形式，通过这一形式我们去把握有形的东西"[1]。

接下来沃尔夫林开始分析建筑，在很大程度上采用了当时惯用的支撑与负荷这一成对概念。他试图将建筑立面解释为人的面相，除了这一点之外，他的论述没有什么新颖之处。不过，他的建筑观还是比叔本华的更有活力，将装饰界定为"过度形式力量的一种表现"[2]。在讨论历史的最后一章中，他得出了新颖的认识，即建筑心理学不太适用于个别实例，而作为一种研究特定文化或时代的群体心理学，则更有说服力。他以此方法打开了艺术史研究的新领域，现在可以对体现了群体心理形式感的每一种风格进行考察了。

沃尔夫林依然是从历史风格的角度来看待建筑形式心理学的。这一时期建筑圈子中经常谈论这个问题，正处于创造一种新风格的大背景之下。这当然是森佩尔在 1869 年留给下一代建筑师的问题，许多人进一步提出了自己的解决方案。瑞士建筑师雷滕巴赫尔 (Rudolf Redtenbacher) （1840—1885）在 1877 年发表了一系列文章，率先论述了这个问题。在《当今建筑界的各种努力》(The Building Efforts of the Present) 一文中，他分析了流行的风格取向，并将其分作四大组：对单一风格的"狂热信徒"、文艺复兴的鼓吹者、折中主义者以及中庸派。他既反对那些强调单一风格之纯粹性的人，也反对从任何风格中随机选取要素的人。他得出的结论是，我们必须"更讲科学"，"摆脱业余爱好者的幼稚气"。[3] 他的这一观点也见于另一篇文章，他在文中提出，"建筑始于构造与形式世界不可分离之处"，即，构造必须首先上升至一个有机体的层面，像人体一样，然后才谈得上纯粹的象征表现。[4]

[200]

1880 年代初，他在两本书中发展了自己的构造理论，其中第二本题为《现代建筑构造学》(Die Architektonik der modernen Baukunst) （1883）。在谈结构设计史的第一部分，他就森佩尔的"着装"理论认为，这一理论富有成效地"从构造中赢得了建筑母题"[5]。简言之，他打算开发这一领域的构造史以从中获得教益，采用当代的建筑方法，使发展不充分的形式体系重获生机。只是由于他过早去世才中断了这一雄心勃勃的项目。

雷滕巴赫尔的构造策略也反映在科隆建筑师霍伊泽尔 (Georg Heuser) 所提出的技术前沿理论中，他是森佩尔、达尔文以及工艺师卡普 (Ernst Kapp) 的信徒。卡普是《技术哲学概论》(Grundlinien einer Philosophie der Technik) （1877）一书的作者，在此书中他将人类工具与机器的发展定义为"器官投射"(organ projection) 的一个自然过程，因此也是人类精神的扩展。霍伊泽尔从 1881 年开始撰

1　沃尔夫林，《建筑心理学绪论》，收入马尔格雷夫与伊科诺莫，《移情、形式与空间》，157—158。

2　Ibid., 179.

3　雷滕巴赫尔，《当今建筑界的各种努力》(Die Baubestrebungen der Gegenwart)，载《建筑汇报》42（1877）：61—63，77—80。

4　雷滕巴赫尔，《论建筑的概念》(Ueber den Begriff der Baukunst)，载《J.A. 龙贝格实用建筑艺术杂志》(J. A. Romberg's Zeitschrift für pratische Baukunst) 37, nos. 6–8（1877）：228。

5　雷滕巴赫尔，《现代建筑构造学，构造问题研究指导手册》(Architektonik der modernen Baukunst. Eine Hülfsbuch bei der Bearbeitung architecktonischer Aufgaben, Berlin: Ernst & Korn, 1883），1。

写了一系列的文章，分析了"稳定的框架"（stable frames）以及他所谓"格子风格"（Latticework style / Gefachstil）在形式上的可能性。他解决了工字梁在美学与工程技术两方面的形式问题，当时正值这种形状的钢材首次在美国轧钢厂生产出来。[1] 更为有趣的是，他在分析中采用了达尔文式的框架，因为他认为，建筑形式的变化是通过一个自然选择过程发生的。[2] 开始时，新材料新技术是按照老材料老技术来处理的，但最终新的变体出现了。变体出现得越多，设计师解决当代问题的方案就越正确。如果结果不能令人满意，新老方法与技术的杂交过程便发生了。因此他指出，铁作为建筑材料的发展给建筑灌输了新的形式生命。

相反，维也纳建筑师费斯特尔（Heinrich von Ferstel）则认为，解决创造新风格这个问题的方案已经包含在森佩尔的理论中了，森佩尔已"将艺术研究置于全新的基础之上"。1880 年他在维也纳技术学院（Vienna Technische Hochscule）作了一场正式演讲，鼓励学生返回到森佩尔的理论以创造未来的风格："有了这样的基础，新一代人就比前人更易于完成现代建筑提出的创造更高艺术设计感的任务。"[3]

费斯特尔在维也纳的同事约瑟夫·拜尔（Josef Bayer）（1827—1910）在解决新风格问题方面有一套更具体的秘诀。他也熟悉森佩尔的理论（或许还对他的理论作了最好的诠释），不过实际上他是在理工学院教文学。在 1886 年的一篇文章《现代建筑的类型》（Modern Architectural Types）中，他将风格定义为"一种特殊的思维方式，一种艺术的形式展示，源于时代的根基与本质。一个时代只可能拥有**一种**限定了主要方向的风格"[4]。在他看来，今天的"时代精神"（Zeitgeist）不同于过去时代，因为过去时代风格的"个人冲动"带有君主的、贵族的或宗教制度的印记。今天的艺术本质上是"社会的"——也就是说社会已由中产阶级占主导地位——所以，今天的建筑必须反映出这种社会印记。因此，新风格的元素不能到历史形式仓库中去寻找，而应在"同一阶层的力量"中去发现。他这话的意思是，过去那种垂直的和等级式的建筑物，在这个民主时代要让位于城市环境中的建筑组合，而且审美判断的依据不是个别建筑物，而是"得到有力强调的体块节奏"[5]。风格是由内而外发生的，于是他做了一个生物学的比喻："树根似乎已经长久地干枯了；然而现在神秘的生命力要奋力上升，而这时代的现实的、真实的、本质的建筑形式却在传统的风格面具与外衣之下长出了它强壮的主干。"[6]

在同一年的另一篇文章《我们时代的风格危机》（The Style Crisis of Our Age）中，他进一步将论证

1　关于霍伊泽尔的理论以及他关于风格提案的情况，见贝里（J. Duncan Berry），《从历史主义到建筑现实主义》（From Historicism to Architectural Realism），收入《奥托·瓦格纳：反思现代性的衣裳》，马尔格雷夫编（Santa Monica, Calif.: Getty Publications Program, 1993），255—299。

2　关于霍伊泽尔的达尔文主义的最清晰的证明，见他的论文《关于艺术与技术的达尔文主义》（Darwinistisches über Kunst und Technik），载《建筑汇报》55（1890）：18—19，25—27。

3　费斯特尔，《新任校长就职演讲》（Rede des neu antretenden Rectors, 9 October 1880），收入《1880/1881 学年就职典礼上的演讲》（Reden gehalten bei der feierlichen Inauguration des für das Studienjahr 1880/81, Library of the Technische Universität），51.

4　拜尔，《现代建筑类型》（Moderne Bautypen），收入《建筑研究与建筑图像：艺术文论》（Baustudien und Baubilder: Schriften zur Kunst），斯蒂亚斯尼（Robert Stiassny）编（Jena: Eugen Diederichs, 1919），280。

5　Ibid., 284.

6　Ibid., 281.

向前推进。他的出发点是森佩尔1834年的一个观点：艺术只知道一个主人——需要，而今天它的确变成了建筑的主人。但这对拜尔来说并不是**一种**功能主义的表述："要求我们的建筑从其自身中产生出新的特殊形态细节——教科书上称作风格——完全是愚蠢可笑的。"[1]他继续[201]指出，我们了解范围广阔的建筑史，所以我们的形式宝库比过去时代更加丰富。但是往昔风格的晚礼服今天已经裂开了衣缝，最终新的建筑问题也逐渐地、不知不觉地导致了新形式观念的产生；甚至那些根据新的建筑生存原理整理出来的**改变了节奏的老形式**，也赢得了更具本质意义的、更大的胜利。[2]他以这段有趣的话作了总结：

> 我甚至敢这么说，一种**现代风格**的内核已经形成，尽管我们从那些十分著名的历史风格的角度来看我们的建筑，是看不出它的迹象的。只有与这些历史风格的不同之处而非共同之处才是显而易见的。我们对于建筑设计的看法是新的，这一点很明显——建筑物的底平面以及我们时代特定的营造任务等。[3]

正如编辑斯蒂亚斯尼(Stiassny)在1919年所说，拜尔的这种多少是老派黑格尔唯心主义的观点，以及他对于内容的关注，从根本上是与"赫尔巴特派的形式主义"相对立的，这一点或许也是其局限性所在。[4]在此值得重提拜尔的判断，因为在极其重要的一点上他是正确的。拜尔已接近于新风格问题的解决，但他的思想还是未能摆脱历史风格的残余。事实上对这一问题的解决方案是一年之后由一位赫尔巴特派理论家戈勒尔(Adolf Göller)(1846—1902)提出的，他是斯图加特理工学院(Stuttgart Polytechnikum)的一名建筑教授。其实他返回到心理学美学的研究，将这一问题完全看作是形式问题，从而提出了他的解决方案。

戈勒尔发表于1887年的一篇文章取得了理论上的突破，即《建筑风格永恒变化的原因何在？》(What Is the Cause of Perpetual Style Change in Architecture?)。他极其讨厌黑格尔的艺术理论将艺术作品的形式美与象征（理想）内容扯在一起。戈勒尔认为，与绘画和雕塑相比，象征性的或理想化的内容对于建筑来说是极不重要的，因为从知觉上来说建筑一般是由抽象的几何形体构成的。如果这些形体——出于分析的目的——被完全剥夺了其内容或历史风格，建筑便可以更简单地被定义为"纯形式的艺术"，它的美就一定存在于"悦人的、无含义的光影辉映之中"。[5]戈勒尔单单以这句话就使历史主义的争论有了转机，至少在理论上是如此。

---

1 拜尔，《我们时代的风格危机》(Stilkrisen unserer Zeit)，收入《建筑研究与建筑图像》，293。
2 Ibid., 293—294.
3 Ibid., 295. 这是关于"风格外壳与内核"(Stilhülse und Kern)的一段话，厄克斯林(Werner Oechslin)将其作为《现代建筑的进化方式：风格外壳与内核的范式》(The Evolutionary Way to Modern Architecture: The Paradigm of Stilhülse und Kern)一文的研究主题，此文收入《奥托·瓦格纳：反思现代性的衣裳》，363—410。参见厄克斯林的《风格外壳与内核：奥托·瓦格纳、阿道夫·洛斯与走向现代建筑的进化之路》(Stilhülse und Kern: Otto Wagner, Adolf Loos und der evolutionäre Weg zur modernen Architektur, Zurich: gta / Ernst & Sohn, 1994)。
4 蒂亚斯尼，《一位德意志人文主义者：约瑟夫·拜尔(1827—1910)》(Ein deutscher Humanist: Joseph Bayer (1827–1910))，收入《建筑研究与建筑图像》，page. VII。
5 戈勒尔，《建筑风格永恒变化的原因何在？》，收入马尔格雷夫与伊科诺莫，《移情、形式与空间》，195。

　　但是戈勒尔的贡献还不止这一点。他从冯特心理学中借用了文化的"记忆图像"(Gedächt-nisbild)的概念，将它界定为一种心理残留物或对先前所见形式的记忆。有些心理图像被发现是悦人的，另一些则不是。他提出，我们形成记忆图像的精神活动无意识地造成了我们感知形式时的愉悦或不愉悦。某个个人的形式感（扩大到某种文化的形式感）取决于过去的记忆图像。最终，这些现有的图像完备了或疲劳了，便不再要求心灵为感知它们而工作，于是对形式的愉悦感便减少了。此时艺术家开始改变形式，产生了巴洛克阶段。似乎每种艺术风格都有这样的一个阶段。当这一阶段走到了头，所有形式都疲劳了，便要设计出一种新的、简化的"纯形式"，开启一个风格新阶段。这两种元素——疲劳与寻求新记忆图像——的辩证发展就是建筑风格变迁的心理学依据。

　　戈勒尔 1888 年的大部头研究著作《建筑风格形式的产生》(Die Entstehung der architektonischen Stilformen)便采用了这一理论构架，但此书的目标是要探明风格发展的规律，其关注点与森佩尔早期风格研究不同。正如波德罗 (Michael Podro) 所指出的："森佩尔的关注点集中在建筑形式的起源，集中在对这些形态的再理解，而戈勒尔的关注点不同。他感兴趣的是探究改变早期设计与形式的潜在动因，以及在这种改变中心灵得到满足的性质。"[1]

　　戈勒尔从讨论伯蒂歇尔的一般理论入手开始了他的研究。这种理论认为，希腊风格与哥特式风格具有最高的价值，因为它们的基本原理在逻辑上是一致的。戈勒尔以一种相对主义的方式提出，因为某种文化的形式感本质上受到现存记忆图像的制约，所以"好的"和"不好的"形式概念——一个时代的形式感优于另一个时代的形式感——在审美上是没有意义的。例如，戈勒尔宣称，罗马建筑对希腊柱上楣的线脚加以调整以适合于拱券的缘饰（某个构造母题的装饰用法）不是像伯蒂歇尔所认为的那样是一种欺骗，而是建筑创造过程中的一种正常现象。[2] 戈勒尔从大量例证中辨析出建筑形式产生或发生变化的 14 种方式，并分成转移、变形与组合三大类。或许尚没有人就建筑形式做出过类似的综合研究，戈勒尔的书至今在许多方面仍具有启发性。 [202]

　　不过，他的书到了结束部分才变得真正有趣，旨在解决创造新风格的问题。他的分析几近精神分裂，因为他的情感不断来回波动着。其实，他被撕扯于两种现实之间，一是根据他的理论，某种建筑风格不会静止不变——"没有休止！"——而且变化了的形式感（表明了他的时代）必定会产生出新的记忆图像；二是他不能想象这些新形式将如何出现。对他而言，现在只有两种可行的选择，一是在现存的风格形式中挑选，二是由一种现存风格开始，使它进入巴洛克阶段。缺少选择的原因在于我们在历史中所处的位置：今天创新的领域有史以来最为贫乏，因为我们太了解过去，以至不会失去我们的形式偏好，也不允许一种新风格浮现出来："我们不偏不倚的情感阻碍着我们挑选出某种形式作为我们时代风格的基础——如果这种新风格

1　波德罗，《批判性的美术史家》，56。

2　戈勒尔，《建筑风格形式的产生：根据形式观念而形成与发展的建筑史》(Die Entstehung der architektonischen Stilformen: Eine Geschichte der Baukunst nach dem Werden und Wandern der Formgedanken, Stuttgart: Konrad Wittwer, 1888)，3。

是可能的话！"[1]

戈勒尔同时考察了他那个时代所取得的进步。纪念性建筑尺度宏大，允许他那一代人设计出漂亮的底平面，就像罗马与文艺复兴时期的建筑师。住宅建筑的改革使住宅成为舒适实用的建筑物。财富与技术手段的增加，社会生活的进步，这些是过去闻所未闻的成果。铁使得建筑物的跨度与空间不断加大，但不幸的是，"铁与玻璃"的风格是不成立的，因为正如森佩尔所说，它的形式太不具备实体性了。因此，戈勒尔只能得出这样一个非同寻常的结论："产生艺术形式的一切简单而自然的补救办法统统用过了。"[2]知道了这一点，我们就只能从往昔的仓库中汲取，他说，"我们提着桶从事创造，这些桶中盛满了我们幸福安康的奥秘"[3]。简而言之，戈勒尔的心理学研究将建筑还原为纯粹的抽象形式（线、光与影），从 1920 年代的眼光来看，他解决了建筑问题（如罗伯特·斯蒂亚斯尼所见），但由于他沉湎于风格形式的细致甄别，所以看不出他全新解决方案背后的革命性质。但有两位同时代的理论家看到了这一点。

最早对他的观念做出回应的批评家之一是沃尔夫林，正如上文提到的，他也在研究着同样的问题。沃尔夫林 1886 年的博士论文聚焦于个人的形式感以及如何与建筑解读相关联的。只是到了该文最后他才转向了戈勒尔所讨论的群体性的或文化的形式感。沃尔夫林指出，一个民族或国家"流行的态度与运动"反映于它的艺术风格的方方面面。

这一观点成了他第一本著作的论点，即《文艺复兴与巴洛克》(*Renaissance and Baroque*)（1888），在该书中沃尔夫林赋予每个时期一种生命感觉，每一种风格都有其自身的特殊气质。他想要解释文艺复兴风格是如何变成巴洛克风格的，就必须满足于戈勒尔的解释。其实，他们两人的心理学眼光很接近，尽管所用术语与问题构成完全不同。沃尔夫林要确立起这样的论点，即每种风格都是某种特殊艺术气质或形式感的产物，但同时他拒绝以下观念，即这种形式感只是简单随着文化的或个人的感觉力而变化，或通过"疲劳"的心理过程而改变。他反对戈勒尔的论点有三：第一，戈勒尔将形式问题与其时间或历史上下文割裂开来；第二，他的形式发展在根本上是"纯机械性的"；第三，他的解决方案没有真正解释意大利巴洛克的性质。[4]沃尔夫林以有点过分的方式将巴洛克艺术气质看作是某种全新的东西，而不只是一种趣味。它由于厌倦了文艺复兴的形式或比例才发展了起来。

无论沃尔夫林在 1888 年对自己与戈勒尔之间的区别做了多么合理的解释，但他的论点却没有什么实际的意义，因为他很快便采纳了戈勒尔的方案去构建他的形式主义艺术史模型。但在 1887 年晚些时候，对戈勒尔理论的另一种评论出现了，更机敏地直击这一问题的核心。[5]这

---

1 戈勒尔，《建筑风格形式的产生：根据形式观念而形成与发展的建筑史》，442—443。

2 Ibid., 448.

3 戈勒尔，《建筑风格形式的产生：根据形式观念而形成与发展的建筑史》，452。

4 沃尔夫林在他的《文艺复兴与巴洛克》一书的《风格变化的原因》一章中讨论了戈勒尔的观点，西蒙（Kathrin Simon）翻译（Ithaca: Cornell University Press, 1964），74—75。

5 古利特，《戈勒尔的美学理论》(Göller's ästhetische Lehre)，载《德意志建筑报》21（17 December 1887）：602—604，606—607。

篇书评的作者是建筑师与历史学家古利特 (Cornelius Gurlitt)。如果说沃尔夫林已经发现了戈勒尔心理学的缺失，古利特则看出他实际上已经为一种未来的美学奠定了基础。

　　古利特只是对戈勒尔的两本书感到惊讶。他的书评开篇就说，在当今的理论与实践之间存在着一条鸿沟，其根源在于谢林和黑格尔的理论结构，尤其是相信一件艺术品的美必然存在于精神内涵之中。就建筑而言，这就变成了这样一条原理，即一座建筑物必须再现出某种功能："每个建筑师都知道这个要求造成了多少麻烦，他是如何经常不得不创造出人为的功能，因为他不想去做那些没有'表情'的东西，他是如何经常不得不简单地否定它，以便满足于某种美学上的要求，或者因为一百条技术与纯审美上的理由而放弃它。"[1] 简言之，今天的建筑是复杂的，其目的是多重性的，这就使这种一对一的表现成为不可能的事情。建筑师继续被指责："这条檐口线没有表现出目的——丑陋！这里的这座塔楼没有任何含义——它是一个应受到谴责的古怪装置！这个圆顶没有覆盖住一座建筑最重要的房间——它是一个艺术谎言！"[2]

　　古利特继续指出，戈勒尔的心理学恰当地解释了这一问题，从本质上来说颠覆了这一推论赖以生存的黑格尔基础。他的"两部杰出的著作"已经表明，首先，存在着一种纯形式的美，只存在于抽象的形式、线条、光与影之中；其次，心理学的规律支配着有效的形式变化。此外，戈勒尔的"记忆图像"概念结束了长达数世纪的争论，这一争论始于佩罗—布隆代尔关于绝对美与相对美的论争。[3] 形式本身是不美的，只是通过我们的记忆图像（习俗与惯例）才被判断为美；这也同样适用于比例，适用于一种风格是否高于另一种风格的判断。戈勒尔以此方式摆平了艺术史领域。不过，古利特就一个十分重要的问题责备戈勒尔，即他认为"纯形式"的这些基本原理只适用于建筑，而不适用于绘画与雕塑艺术。古利特以一段结论性的陈述做出了回应：

　　　　但重要的不仅是能在戈勒尔书中读出什么；如果有谁还能顺理成章地将这纯形式之美的理论运用于绘画与雕塑，更丰厚的战利品将属于他——即属于这样的人，他表明了这一点，摆脱了精神内容的形式世界也可以使我们在这些艺术中深刻感受到美。他还将以此表明，德国艺术从（彼得）科内利乌斯 (Cornelius) 的内容承载样式到写实主义，或从观念世界到形式感知世界的发展是多么的顺理成章。[4]

　　在这里，在 1888 年，抽象艺术的概念首次得到了表述。这些文字写于抽象艺术付诸实践之前 20 年，这就是这篇文章所取得的名副其实的成就，它也为现代建筑奠定了新观念的基础。

[203]

1　古利特，《戈勒尔的美学理论》，载《德意志建筑报》21（17 December 1887）：603。

2　Ibid.

3　Ibid., 606.

4　Ibid., 607.

第十章　现代主义，1889—1914

我已形成了如下意见并已向世人宣布：文化的演进就是从日常用品上去除装饰。

——阿道夫·洛斯（1908）

1. 瓦格纳

与历史风格的决裂主要发生在1889—1912年这段激动人心的年代里，而这在19世纪大部 [204]
分时间里只是一种理论上的思考。如果我们从欧洲建筑理论的视角来审视这种变化，那么，使
这种新视角明朗起来的关键迹象就出现在1896—1901年之间。令人惊讶的是，现代建筑思想
不但突然之间发生了变化，而且活动的范围十分宽广，横跨了两个大陆。1889年巴黎博览会的
巨塔与建筑——它们在培养"现代生活"意象方面的作用不应被低估——完全可以看作是新
现代性的符号，但是利用着现有理论基础的建筑师们却普遍希望另起炉灶，这就自下而上地推
动了这一西方文化新阶段的到来。

形式上的创新十分普遍。1889年，加泰罗尼亚建筑师高迪 (Antonio Gaudí)（1852—1926）建
成了巴塞罗那古尔宫 (Palacio Güell)。1890年，在芝加哥，沙利文冲进了他的主任绘图师赖特的工
作室（手中拿着温赖特大厦 [Wainwright building] 的设计图），骄傲地宣布他已经解决了"摩天大楼"
的难题。[1] 1892年霍尔塔 (Victor Horta) 设计了塔塞尔旅馆 (Hôtel Tassel)，据说该建筑开启了新艺术运
动的时尚。正是在1890年代的维也纳，有一位人到中年的成功建筑师要将他艺术中的历史陈
迹清除掉，他就是奥托·瓦格纳 (Otto Wagner)（1841—1918）。[2]

1　赖特在《路易斯·H. 沙利文的工作》(Louis H. Sullivan–His Work) 一文中生动地叙述了这一场景，见《建筑实录》56（July
　　1924）：29。
2　有关瓦格纳的文献数量巨大。研究他在德国工作的重要专著是格拉夫 (Otto Antonia Graf) 的《奥托·瓦格纳：建筑师的工作》
　　(*Otto Wagner: Das Werk des Architeckten*, 2 vols., Vienna: Hermann Böhlaus, 1985)。马尔格雷夫编辑的《奥托·瓦格纳：反思
　　现代性的衣裳》(Santa Monica, Calif.: Getty Publications Program, 1993) 是介绍其理论的一本优秀读物。

　　瓦格纳在 1890 年之前虽已展示了非凡的抱负，但从未表现出革命的意向。他出生于维也纳，生于欣克尔去世前三个月，美国人理查森（H.H. Richardson）去世 3 年之后。瓦格纳先是进入了维也纳理工大学与柏林建筑学院学习，后来又就学于维也纳美术学院。毕业之后他开办了自己的业务，专注于投机性的建筑项目。在整个 1870 年代和 1880 年代，他赚了不少钱，他那位于许特尔伯格大街（Hüttelbergstrasse）上的第一座古典式豪华别墅（1886）便说明了这一点，但作为一位艺术家他并没有成就感。几年之中，他参加了一系列国际竞赛——维也纳股票交易所（1863）、柏林主教堂（1867）、汉堡市政厅（1876）、柏林帝国国会大厦（Reichstags Building）（1882）、布达佩斯议会大厦（1882）以及阿姆斯特丹股票交易所（1884）——但都未中标，尽管其设计与绘图技巧都很引人注目。

　　1889 年，这位 48 岁的建筑师出版了一本设计专集。[1] 在前言中他将自己的风格定义为适应于本地环境与现代材料的"自由的文艺复兴"风格，接着又提到了一种"实用风格"（*Nutz-Stil*）作为未来的设计方法。接下来他提到法国现实主义画家的"突破"，并以这段生动的话语总结说："建筑中的这种现实主义也可以结出相当独特的果实，可以在一些相当深刻的范例上见出，如埃菲尔铁塔、奥斯坦德游乐场（Kursaal in Ostend）等。但这些实例中有太多的现实主义成分，我们现如今的多数建筑几乎没有展示出这一点。"[2]

[205]　　1894 年，瓦格纳彻底改变了他的职业发展方向。这一年 2 月他赢得了维也纳大师设计竞赛第一名，4 月被选为维也纳新的城市铁路系统（Stadtbahn）的建筑师，于是他在这个 10 年剩下的时间里便投入了繁忙的工作。不过 7 月最重要的任命来了，他被聘为维也纳美术学院两位建筑教授之一，而传统上这两个教席是保留给精通哥特式与文艺复兴风格的建筑师的。瓦格纳很快决定放弃文艺复兴课程，想要新开一门创造现代新风格的课程。他是欧洲第一位实行这种教学改革的教授。

　　1894 年 10 月，他在就职演说中宣布了他的想法。这次演说很短，但语出惊人。当时出席的学生有约瑟夫·霍夫曼（Josef Hoffmann）、利奥波德·鲍尔（Leopold Bauer）和约瑟夫·路德维希（Josef Ludwig），还有两位最有天分的建筑师，即瓦格纳的职员奥尔布里希（Joseph Maria Olbrich）和法比亚尼（Max Fabiani）。一开始他将自己说成是"某种**实践潮流**"的追随者，但接着便对采用历史风格的做法进行了批判。他认为，建筑必须永远反映它的时代，必须表达当代的生活条件和构造方法。现如今，这就意味着建筑师必须拥护当代流行的现实主义："现实主义不会损害建筑，也不会造成艺术的衰落；相反，它将赋予形式以一种新的生命脉动，适时地占领那些今天仍缺乏艺术性的新领域——例如工程技术领域。只有这样我们才能谈艺术的真正进步。我甚至认为，我

1　瓦格纳，《草图、设计图与完成的建筑物》（*Einige Skizzen, Projecte und ausgeführte Bauwerke*, Vienna: Kunstverlag Anton Schroll, 1892）；由汉弗莱（Edward Vance Humphrey）译为 *Sketches, Projects and Executed Buildings*（New York: Rizzoli, 1987）。

2　Ibid., 18.

们必须强迫自己以此方式去获取一种能代表我们自己的别具特色的风格。"[1] 瓦格纳的演讲受到学生的欢迎，他们报以热烈的掌声。几个月后，在《建筑师》(Der Architekt) 杂志的第一期上，法比亚尼将瓦格纳的演说转变成了一篇学生宣言，预告"现实主义"是瓦格纳学派的"战斗口号"——这个建筑学派将关注于"现代生活的需要、我们这个世纪众多扩展的构造学知识以及运用新材料的所有技术"[2]。

瓦格纳迅速把握了这一挑战的机会。两年之后他出版了《现代建筑：建筑学生艺术入门指南》(Moderne Architektur: Seinen Schülern ein Führer auf diesem Kunstgebiete)。[3] 此书首版于 1896 年，为全欧洲广泛阅读。当时尚未虚张声势，但到了第三版（1902）却变成了一部做工考究、设计精美的宣言书，其主旨用大写字母加以强调。第一版的前言以这个反复出现的主题开头：

> 本书受到以下这一观念的启发而写成，即，**今天主导性建筑观的基础必须转变，我们必须充分意识到，我们艺术工作的唯一出发点只能是现代生活。**[4]

在接下来的各章节中，瓦格纳论述了建筑师、风格、结构、构造、艺术实践，还得出了结论——采用了一种不屈不挠的语调。如果建筑师将理想主义与现实主义愉快的结合看作是"现代人的最高荣耀"，那么公众就不会用老眼光来看他的创作，说他呈现了一个"完全不可理解的形式仓库"。[5] 论风格的一章再一次强调了风格必须现代化：

> 所有现代造物，若想要适应现代人的生活，都必须对新材料和当代需求作出回应；它们都必须表现出我们自身良好的、民主的、自信的、理想的品性，考虑到人类巨大的科技成就，以及人类的整个实践取向——这是不言而喻的！[6]

这种新风格必须进一步表达出情感与智性的变化：

> 浪漫主义几乎完全败落，我们所有作品则几乎完全呈现出理性外表。[7]

这也是因为——

1　瓦格纳，《美术学院就职演讲》(Inaugural Address to the Academy of Fine Arts)，收入其《现代建筑：学生艺术入门指南》(Modern Architecture: A Guide for His Students to this Field of Art)，马尔格雷夫翻译 (Santa Monica, Calif.: Getty Publications Program, 1988)，160。

2　法比亚尼 (Max Fabiani)，《瓦格纳学派的主张》(Aus der Wagner Schule)，载《建筑师》1 (1895)：53。

3　瓦格纳，《现代建筑：建筑学生艺术入门指南》(Moderne Architektur: Seinen Schülern ein Führer auf diesem Kunstgebiete, Vienna: Anton Schroll, 1896)；马尔格雷夫译为 Modern Architecture: A Guide for His Students to This Field of Art(见本页注释1)。

4　瓦格纳，《现代建筑》英文版，60。

5　Ibid., 61, 65.

6　Ibid., 78.

7　Ibid., 79.

现代与文艺复兴之间的间隙已经大于文艺复兴与古代之间的间隙。[1]

瓦格纳研究的理论核心出现于论构造一章，他在此章中从物质主义的前提出发，像之前德语国家作者一样，一开始便提到了森佩尔的四种建筑动机，但他将这些动机解释为形式构成要素，而不是观念与技术，由此而得出了这样的假设，**"每种建筑形式都源于构造，并依次成为某种艺术形式"**[2]。接着他对森佩尔的理论提出了最具启示性的批评意见："正是森佩尔在他的《论风格》一书中以无可辩驳的优势使我们注意到这一假设，这诚然是一种异乎寻常的方式。不过，他像达尔文一样，缺少将他的理论贯彻到底的勇气，不得不用一种构造象征主义来勉强应付，而不是将构造本身作为建筑的原始细胞。"[3]

[206]

因此，瓦格纳正确地认识到，森佩尔的动机论在本质上是象征主义或理想主义的（自上而下），而他认为它们应该是纯构造性的（自下而上）。确实瓦格纳也很清楚，森佩尔坚信他的理论"与粗俗的物质主义理论观点没有任何共同之处，那种观点认为建筑的本质不是别的，只是改良了的构造——好像是力学或机械学的图解或美化——或只是物质实体"[4]。瓦格纳的理论基础在某种程度上源于雷滕巴赫尔（Rudolph Redtenbacher），因此在本质上是反森佩尔的。

不过，瓦格纳的主张在 1896 年时仍然是十分大胆的，因为他是第一个提出如何从构造形态中获取艺术形式的建筑师。他将这两种建筑构造类型统一起来："文艺复兴的建造方式"和"现代的建造方式"。前者由"巨大的石块"构成，将这些石块拖运到位，在现场雕刻，施工规模大，周期长。而后一种方法，轻薄的外墙壁板（"二维"表面）取代了石块，可以用青铜螺栓固定在支架上（支架固定于砖墙上，这是维也纳建筑法规所要求的），他将这种螺栓称作圆花饰（rosettes）。这种现代建筑方式之所以优越，不仅在于省时省钱，而且**"若干新的艺术母题也将由此浮现出来"**[5]。

实际上，瓦格纳在 1896 年所写的东西正是他后来在 1903 年设计邮政储蓄银行（Postal Savings Bank）时所提出的解决方案。但这座建筑也应放在他整个发展的上下文中来考察，其起点或许是 1889 年大学路（Universitätsstrasse）上的一座公寓大楼，它的形态构成与沙利文的温赖特大厦（Wainwright building）的摩天大楼方案惊人地相似——除了它的承重墙上装饰着巴洛克母题这一点之外。在那时，这座建筑代表了瓦格纳的"帝国"阶段，暗示了拿破仑一世的帝国风格。同样的巴洛克特色也出现在同年他为自己在伦韦格大街（Rennweg Strasse）上建的公寓楼。不过，1892 年在为位于奥西耶克（Esseg）的教堂所做的方案中，他玩弄着纤细的装饰性铸铁立柱与花饰柱头，这种装饰在那时因霍尔塔的塔塞尔旅馆变得十分流行。瓦格纳为城市铁路车站做的设计始于 1894 年，表现了另一种革新，但并非完全与他赞成的现实主义论点保持一致。它们的结构大体是古典

1　瓦格纳，《现代建筑》英文版，80。

2　Ibid., 92.

3　Ibid., 93.

4　森佩尔，《论风格》，马尔格雷夫与罗宾逊翻译（Los Angeles: Getty Publications Program, 2003），106。

5　瓦格纳，《现代建筑》英文版，96。

式的，细节为斯巴达式，但有些
矛盾之处。例如在努斯多夫大坝
(Nussdorf Dam) （1894）的设计中，如
人们所料，他将控制水位的钢梁
和机构暴露出来；同时他在巴洛
克式的塔门上放置了巨型雄狮雕
像，每只雄狮守护着一条通过桥
梁的水道。1890 年代中期他所设
计的其他建筑，在构图和装饰上
也是帝国风格的，他周围的年轻
一代对此种风格十分熟悉。实际
上，法比亚尼在评论瓦格纳就职
演说的末尾处为他的装模作样的
帝国风格进行了辩解——采用了

图 69　奥托·瓦格纳，维也纳邮政储蓄银行，1903—1912。采自《建筑师》杂志（第 12 卷，1906）。

"一种历史风格作为基础"——他解释说这是一种权宜之计，其目的是要使建筑与更为严重的
洛可可式滥用决裂。[1]

　　不过，瓦格纳还是在 1898 年与帝国风格决裂了。这几乎可以追溯到他为维也纳街 40 号
(40 Wienzeile) 上的一幢公寓楼画的一幅素描。他的事务所的一位绘图师似乎已将第一个版本立面
上的帝国风格装饰去除了，换上了以分离派的马略尔卡瓷砖镶成的抽象花卉图案。他风格中更
为微妙也更为深刻的变化可在他 1898 年为维也纳一座嘉布虔小兄弟会教堂 (Capuchin church) 所做
的方案中看到。这教堂是要作为新近去世的伊丽莎白皇后以及哈布斯堡皇室其他成员的一座墓
堂。在这里他的意图是用花岗石薄板将这座建筑包起来，这种材料他在《现代建筑》中描述过。
他还提出——除了大量青铜雕像之外——以深色的青铜雕刻以及圆顶的铜顶盖来平衡淡色花
岗石板的色彩效果。最终他受到了他朋友克里姆特色彩感的影响。

　　这种花岗石薄板体系，也是他参加弗朗茨·约瑟夫市立博物馆 (Franz Josef-Stadtmuseum) 设计竞
赛时提出的解决方案，这项设计始于 1900 年。不过正是在 1903 年的邮政储蓄银行的设计中，
他才第一次有机会实施这种镶嵌板的"现代建筑方法"（图 69）。用来将石板固定到墙体支架
上的螺帽清晰可见，代表了他的**新艺术母题**，因为他给它们镀了金，从隔了一个街区的内
环大道上也看得清。装饰性的螺帽还出现在银行室内大厅的各处，从大理石护壁板与加热通风
口到纤细的钢柱。这些钢柱升入明亮透明的薄膜天篷。在室外，原设计中军团号手与执花环天
使的雕像被减少到了孤零零的两个——它们呼唤着瓦格纳现代性视觉的最初胜利。对森佩尔

1 法比亚尼 (Fabiani)，《瓦格纳学派的主张》，54。

来说，这花环意味着艺术观念的起点。

2. 现实主义与客观性

[207]　　瓦格纳在 1890 年代的宣言中反复重申的"现实主义"革新，对德国理论来说并不是什么新东西，因为这个术语实际上只是概括这一阶段德国现代主义的一个概念框架。当然，这个术语可追溯到 1850、1860 年代法国的绘画运动。简单说来，它是指维奥莱－勒－迪克工作的一个术语。在法国建筑圈子中，该词也反复出现在 1870、1880 年代塞迪耶（Paul Sédille）（1836—1900）的文章中，他是著名的巴黎春天百货公司（Printemps department store）（1881—1885）的建筑师。[1]

　　19 世纪 80 和 90 年代，这个术语在德国流行起来，德国文学与绘画领域也出现了现实主义运动。作为现实主义作家，施蒂夫特纳（Adalbert Stiftner）以及凯勒（Gottfried Keller）在小说选材方面具有现实主义的特色。在德国画家中，与法国类似的有门采尔（Adolf Menzel）、莱布尔（Wilhelm Leibl）以及利伯曼（Max Liebermann）。在建筑领域中，这个术语在德国第一次出现于 1860 年代森佩尔的著作中。在《论风格》的第二卷中它时常出现，成了材料诚实性、结构外露以及直接表现构造动机的同义语（不总是褒义）。因此，森佩尔早期的传记作家之一，萨克森建筑师利普修斯（Constantine Lipsius）（1832—1894）在 1880 年赞扬他的理论"将重点放在象征上"，还说森佩尔在论述构造与材料问题时具有这种"现实感"。[2] 4 年之后，佩希特（Friedrich Pecht）在他的《自现实主义运动出现以来的德国艺术》（German Art Since the Appearance of the Realist Movement）一文中，在更广阔的语境中提出了这个问题。他将德国现实主义视为科学的兴起（取代宗教）和德国统一的自然发展结果，认为这预示了德国将要摆脱法国的范例。不过要界定这一新的趋势，他返回到了森佩尔

[208]　对于风格的定义："如果说森佩尔极出色地将风格定义为'一件艺术品与它的由来相一致，与它成为艺术品的一切前提与环境相一致，那么今天的现实主义艺术时代就已发展出了比之前所有时代更强的风格意识'。"[3]

　　到了 1880 年代中期，该词几乎成了德国艺术写作中的一个口头禅——同时在法国却消失了。费德勒（Conrad Fiedler）甚至较早就用了这个概念，不过他更喜欢用"自然主义"一词。这两

---

1 关于塞迪耶运用"现实主义"一词的讨论，见贝里（J. Duncan Berry），《从历史主义到建筑领域的现实主义》（From Historicism to Architectural Realism），收入《奥托·瓦格纳：反思现代性的衣裳》（Santa Monica, Calif.: Getty Publications Program, 1993），261—269。

2 利普修斯，《戈特弗里德·森佩尔作为建筑师的意义》（Gottfried Semper in seiner Bedeutung als Architekt, Berlin: Verlage der Deutschen Bauzeitung, 1880），99。贝里在他的《戈特弗里德·森佩尔的遗产：后历史主义研究》一文中，率先对德国的这些建筑现实主义实例进行了讨论（Ph. D. diss., Brown University 1989）。

3 佩希特，《自现实主义运动出现以来的德国艺术》（Die deutsche Kunst seit dem Auftreten der realistischen Bewegung），收入雷伯（Franz von Reber），《新德意志艺术的历史》（Geschichte der neueren deutschen Kunst，第 2 版，Leipzig, 1884），211。

个词在当时可以互换。¹ 正如我们所见，古利特在他关于戈勒尔著作的书评结尾处使用了这个概念，而且其用法与费德勒及佩希特的相类似。1889 年，柏林建筑师阿尔贝特·霍夫曼 (Albert Hofmann) 为《德意志建筑报》(Deutsche Bauzeitung) 撰写了一篇文章，热情洋溢地评论了巴黎博览会的建筑物。在文中他既强调了法国现实主义的遗产，也强调了与之相平行的德国文学与建筑运动。霍夫曼——引用了文学批评家海因里希 (Heinrich) 和哈特 (Julius Hart) 的话——宣称，现实主义是"彻头彻尾的现代"概念，代表了"这个世纪最深刻的精神"。² 一年之后，《德意志建筑报》编辑弗里奇 (K. E. O. Fritsch) 写了一篇长文，单从"现实主义"取代"理想主义"的角度总结了德国 19 世纪建筑的发展。他不仅指出现实主义显然在当今取得了胜利，而且将森佩尔奉为"这一健康的、纯洁的现实主义运动的领袖"³。这一年的晚些时候，霍伊泽尔 (Georg Heuser) 提出了反驳意见。他同意弗里奇的分析，但认为现实主义现象不应追溯到森佩尔的理论，而应追溯到伯蒂歇尔 1846 年的演讲。⁴

所以瓦格纳在 1890 年代接受了现实主义，当时这场运动已有了明确的定义，也有了许多追随者。唯有一篇书评恰当地将《现代建筑》完全置于现实主义运动的情境中，对其论点进行了最为透彻的评价。这篇书评的作者是施特赖特尔 (Richard Streiter) (1864—1912)，**他是这时期最不出名但最重要的理论家之一。**

施特赖特尔曾在慕尼黑理工大学学习建筑，并在柏林瓦洛特 (Paul Wallot) 的工作室中工作了 6 年。瓦洛特是德国帝国议会大厦的建筑师。施特赖特尔为此建筑画了大量效果图，之后于 1894 年离开瓦洛特，前往慕尼黑大学攻读博士学位。他兴趣广泛，关注于当时著名心理学家利普斯 (Theodor Lipps) 正在研究与讲授的"移情论"美学理论。1896 年施特赖特尔完成了研究伯蒂歇尔理论的博士论文，他认为伯蒂歇尔的构造学观念当时已被新兴的心理美学超越了。⁵

施特赖特尔的书评一开篇就提到瓦格纳"极先进的纲领"已在奥地利和德国建筑圈子中造成了一种"轰动"效应，因此值得对此做出认真充分的回应。他的评论有 96 页，内容很丰富，考察过过去一个世纪德国几乎所有理论问题。例如针对瓦格纳论风格的章节，他考察了这场风格之争，向前追溯到欣克尔和许布施，做结论时谈到了卡尔·诺伊曼 (Karl Neumann) 和戈勒尔 (Adolf Göller) 最近的贡献。⁶ 他赞同瓦格纳对"现代风格"的坚持，但在接受瓦格纳隐喻性地将风格等同于形式语言时却很谨慎。在他看来，新风格更恰当的基础是对"真实"的现实主义诉求，但在这里再次要具备某些条件。

1　尤其见费德勒的文章《现代自然主义与艺术真实》(Moderner Naturalismus und künstlerische Wahrheit，1881)，收入《艺术文集 I》(Schriften zur Kunst I, Munich: Wilhelm Fink, 1991)，81—110。

2　霍夫曼，《1889 年巴黎世界博览会建筑的艺术史意义》(Die kunstgeschichtliche Stellung der Bauten für die Weltausstellung von 1889 in Paris)，载《德意志建筑报》9 (November 1889)：543。

3　弗里奇，《风格沉思录》(Stil-Betrachtungen)，载《德意志建筑报》30 (August 1890)：423。

4　霍伊泽尔，《"风格沉思录"编后记》(Ein Nachwort zu den "Stilbe trachtungen")，载《德意志建筑报》24 (December 1890)：626。

5　施特赖特尔，《作为美学与艺术史理论的卡尔·博蒂歇尔之希腊构造学批判》(Karl Böttichers Tektonik der Hellenen als ästhetische und kunstgeschichtliche Theorie: Ein Kritik, Hamburg: Leopold Voss, 1896)。

6　施特赖特尔对诺伊曼的书《为新艺术而战》(Der Kampf um die neue Kunst, Berlin: Hermann Walther, 1896) 做了大量讨论。

正是在这一点上，施特赖特尔呈现出了一部现实主义运动的历史，并直接将问题摆上了桌面。他认为建筑理论中的现实主义冲动源于 18 世纪（开始于科尔德穆瓦），但他对最近现实主义在绘画与文学中的转向表示失望，认为它已经沦为"一种想入非非的理想主义、象征主义和神秘主义，陷入了一种亮丽的音乐激情崇拜"[1]。他所谓的"玩弄手法、装腔作势、无思想的'深刻'、业余性质的狂妄自大"当然指的是新近活跃的德国青年风格运动 (Jugendstil movement)。早期历史学家常常将这股艺术潮流描述为历史主义与现代主义之间的过渡，而他更正确地、更实事求是地看待它，认为它是源自现实主义潮流的一种附带现象。

这一视点使施特赖特尔将瓦格纳视为建筑现实主义——他称之为"构造现实主义"——学派的领袖。总体来说这是一种积极的发展："若有这么个时代，比其他时代更易于接受建筑与实用艺术中的艺术真实、简洁以及客观性的基本原理——即以最简单的手段完美实现目的——那么这个时代就是我们的时代。"[2] 他继续说，我们的时代呼唤心理美学，已经习惯于接受这种新的"结构–技术的客观性"；而且我们的形式感已经被它所影响。此外，交通手段超常地增加，已扔掉了任何限制性的压舱物；现代技术以及变化了的生活条件已经影响到我们的"肉体的自我"，并导致了"一种具体的现代方式去考虑构造的任务"。[3]

[209] 　　但这并非意味着施特赖特尔就接受了瓦格纳构造现实主义 (tectonic realism) 的概念。当他转向论"构造"一章并详细考察艺术形式必定源自构造这一论点时，非常明确地拒绝了这种概念。施特赖特尔一开始便指出，瓦格纳有意歪曲森佩尔的理论并排斥任何"构造象征主义"。他声称瓦格纳在这个问题上没有想明白："恰恰是这种象征主义才使得艺术形式从构造中产生出来，他怎么还可以指责森佩尔执着于'构造的象征主义'。"[4] 施特赖特尔坚信构造形式本身做不到这一点。他也指出了瓦格纳理论与实践之间存在着一种根本的不一致之处：

> 看不出瓦格纳所设想的那种构造形式和艺术形式之间的关系与他的现代建筑同事们通常设想的有什么区别。实际上甚至可以断言，有若干英国、法国、美国和德国的建筑师比瓦格纳更多地在思考这条基本原理——建筑师永远必须从构造中发展出艺术形式。[5]

此外，施特赖特尔还不满于瓦格纳将"文艺复兴建筑方法"与"现代建筑方法"相提并论的做法，尤其是现代建筑方法仅仅意味着运用平滑的花岗石墙板。他问道："方石的艺术形

---

1 施特赖特尔，《当代建筑构造问题：尤其是对关于奥托·瓦格纳教授〈现代建筑〉一文不同观点的收集与整理》(Architektonische Zeitfragen: Eine Sammlung und Sichtung verschiedener Anschauungen mit besonderer Beziehung auf Professor Otto Wagners'Schrift "Moderne Architecktur", 1898)，收入《理查德·施特赖特尔：美学与艺术史文选》(Richard Streiter: Ausgewählte Schriften zur Aesthetik und Kunst-Geschichte, Munich: Delphin, 1913)，79。

2 Ibid., 81.

3 Ibid., 82.

4 Ibid., 102–103.

5 Ibid., 105.

式（较为粗糙）与外墙面板的艺术形式难道没有区别吗?"[1]

施特赖特尔反对瓦格纳的构造现实主义，因为他本人对建筑现实主义有着不同的解释。他在 1896 年作过如下定义：

> 建筑中的现实主义是在建造一座建筑物时最大限度地考虑到现实的条件，考虑到最完美地实现功能、舒适与健康的要求——一句话，*Sachlichkeit*（客观性）。但这还不是全部。正如诗歌的现实主义要考虑到角色与他们所处环境的关系，建筑的现实主义也要将发展一座建筑物的性格看作是艺术真实性的主要目标，而建筑的性格不仅基于它的用途，而且基于它的环境、本地建筑材料、景观与该地区的历史特征。[2]

他以 *Sachlichkeit*（客观性）这一概念来界定现实主义。就建筑而言，该词在英语中往往译为 objectivity（客观性），但对施特赖特尔而言，它意味着以最简单的手段"完美地实现"目标，即以最简单、最实际的方式解决某个难题。[3] 这就是他区别于瓦格纳构造现实主义的基础——不是其 *sachliche*（客观的）属性，而是以下这一事实：一座严格意义上的"构造性"建筑（建筑被简单地解释为构造）天生就被限定于艺术表现之内。一座纯粹实用的建筑物并不考虑环境、当地建筑材料、景观或地区的历史。在 1896 年的文章中，施特赖特尔实际上谈的是赛德尔（Gabriel von Seidl）的巴伐利亚地区风格。还应注意的是，在德国建筑理论中，"客观性"这一术语在接下来的几年中可以代替"现实主义"一词，两者含义完全一样。[4]

在谈到这种新的"现实主义"风格是如何兴起的问题时，施特赖特尔转向了心理美学的概念创新，解释了沃尔夫林的形式主义和施马索的空间理论。最终他赞同前者，这是因为他认为这种新风格的驱动力来自于下部："形式感会将一种统一感引入未来建筑，所以这种形式感就必须从做出个别形式与装饰物着手。"[5] 他认为有一种内在的美学需要超越了构造形式，为强化这一观点，他引述了 1893 年芝加哥哥伦比亚博览会的惊人例子："古典建筑的陈旧的、喜庆的和奢华的长袍，到处覆盖在巨型大厅的纤细骨架上；这博览会耸立着，它是古代建筑形式永不枯竭之活力的最闪亮的实例，同时也最具说服力地承认，现代构造是绝不可能取得相同艺术效果的。"[6]

施特赖特尔并不是 1890 年代中期唯一对现实主义做出解释的人。汉堡艺术馆（Hamburg

---

1 施特赖特尔，《当代建筑构造问题：尤其是对关于奥托·瓦格纳教授〈现代建筑〉一文不同观点的收集与整理》，收入《理查德·施特赖特尔：美学与艺术史文选》，113。

2 施特赖特尔，《慕尼黑笔记》(Aus München, 1896)，收入《理查德·施特赖特尔》，32。

3 见本书第 308 页注释 2 所引的一段话。

4 见马尔格雷夫，《从现实主义到客观性：1890 年代建筑现代性论争》(From Realism to Sachlichkeit: The Polemics of Architectural Modernity in the 1890s)，收入《奥托·瓦格纳》，281—321。

5 施特赖特尔，《当代建筑构造问题》(Architektonische Zeifragen)，收入《理查德·施特赖特尔》，118—119。

6 Ibid., 111.

Kunsthalle）馆长利希特沃克（Alfred Lichtwark）（1852—1914）与他的观点很接近。[1] 他除了将他的博物馆改造成一个重要的现代艺术学习中心之外，还积极参与了"潘神协会"（Pan）（该团体也出版了一份同名杂志）的活动，并投身于丢勒协会（Dürerband）（成立于1902年的一个艺术咨询组织）以及家乡风物保护协会（Bund Heimatschutz）（成立于1904年，致力于推进德国文化）的民族主义事业之中——这后两个团体是德国制造联盟（German Werkbund）的重要先驱。1896年，利希特沃克为《潘神》杂志写了一篇文章，题为《现实主义建筑》（Realistische Architektur），但他撤回了此文，以便让施特赖特尔论现实主义的论文发表。次年，利希特沃克发表了此文的修订本——现在他的讨论聚焦于梅塞尔（Alfred Messel）的柏林百货商店，将这家商店圣诞节前夜的揭幕式看作是期待已久的建筑现实主义到达了德国："无疑，连这个门外汉也感受到了一个新的建筑有机体已然兴起，它的宁静与力量表现出要创造一种现实主义建筑的意愿，当他后来将它与其他建筑物联系

[210] 起来思考时，他或许会第一次明白，建筑不只是柱子、横梁和装饰。"[2] 利希特沃克继续对现实主义进行界定，他感到它已在其他艺术领域发展了一代人的时间，是对付学院主义（历史风格）与浪漫主义（新艺术与青年风格）这双重灾难的现代方案。

在接下来的两年中，利希特沃克发表了一组文章，论述了相同主题。1899年，他以《宫殿的窗户与双扇门》（Palastfenster und Flügeltür）为题将这些文章结集出版。他的建筑观的核心是 bürgerliche 设计的概念，这个词一般译作"middle-class"（中产阶级的），不过它具有朴素、诚实和不装腔作势的含义。利希特沃克认为，便利的建筑室内应该是设计的重点，室外也应该设计成简单的体块，可用固有色区域加以突出——如平面砖墙用色彩明亮的百叶窗、花盒和窗框来点缀。有趣的是，当1899年利希特沃克将他的《现实主义建筑》一文重印收入他的文集时，将文章的标题改成了《客观建筑》（Sachliche Baukunst），这是对施特赖特尔喜欢用时新术语做法的仿效。[3]

在1890年代末期，建筑师舒马赫（Fritz Schumacher）（1869—1947）也站在施特赖特尔和利希特沃克的立场上，将现实主义冲动视为自下而上使建筑重获生机的动力。[4] 舒马赫出生于不来梅，在南美哥伦比亚和纽约城长大。1890年代初他在柏林和慕尼黑学习建筑，后来与赛德尔一道工作。由于特奥多尔·菲舍尔（Theodor Fischer）的支持，他于1896年获得了莱比锡市政府的一个职位。在任职期间，他与知识阶层建立了广泛的联系并开始写作。1901年古利特怂恿舒马赫到德累斯顿，他成了市立理工大学的一名教授。1906年，在瑙曼（Naumann）、卡尔·施密特（Karl Schmidt）和穆特修斯（Hermann Muthesius）的支持下，他成功地组织了德累斯顿实用艺术展览会。次年，

---

1 关于利希特沃克的理论，见普拉夫克（Hans Präffcke），《阿尔弗雷德·利希特沃克的艺术概念》（*Der Kunstbegriff Alfred Lichtwarks*, Hildesheim, Germany: Georg Olms, 1896）。

2 利希特沃克，《现实主义建筑》，载《潘神》3（1897）：230。

3 利希特沃克，《客观建筑》，《宫殿的窗户与双扇门》，收入《阿尔弗雷德·利希特沃克文选》（*Alfred Lichtwark: Eine Auswahl seiner Schriften*），曼哈特（Wolf Mannhardt）编（Berlin: Bruno Cassirer, 1917），257—273。

4 关于舒马赫的生平与思想，见勒贝特（Dagmar Löbert），《弗里茨·舒马赫（1869—1947）：介于传统与现代之间的革新建筑师》（*Fritz Schumacher [1869 bis 1947]: Reformarchitekt zwischen Tradition und Moderne*, Bremen: Donat, 1999）；以及弗兰克（Hartmut Frank）编，《文化改革与现代性》（*Reformkultur und Moderne*, Stuttgart: Hatje, 1994）。

他在慕尼黑德国制造联盟的成立大会上发表了主旨演讲。1909 年他成为汉堡城市建筑师，与赫格尔（Fritz Höger）以及珀尔齐希（Hans Poelzig）一道实践着一种北德风格，将当地砖头及本土形式与必要的现代功能设计结合了起来。

还是在慕尼黑当学生时，舒马赫就对现实主义运动抱有热情。他将现实主义视为"对历史与社会幻觉之虚假世界的反拨"[1]。他早期最重要的文章题为《风格与时尚》(Style and Fashion)，发表于 1898 年。在该文中他评论了近年的各种思潮，感觉到"历史风格的旋转木马已飞快地跑过了文艺复兴、巴洛克、洛可可和帝国复兴"，当 1890 年代的"警钟"响起时，便突然停下了脚步。现实主义精神取代了它，但这也是新艺术的一种新"时尚"（将自己标榜为一种风格），在巴黎和布鲁塞尔的工作室里发散出来。舒马赫没有模仿这些时尚，而是呼唤"有机的新创造"：

> 某种共同的趣味或许能统一起来，有望成为一条共同的纽带。或许它拥有的只不过是这样一种艺术认识，即，完成任务的基础就存在于实际目的的本质之中，存在于材料的本质之中，存在于有机形式世界的本质之中，存在于方言特性的本质之中。个别案例看上去各有不同，但这堪称是**现实主义**建筑时代的成就。[2]

在 1890 年代还有另一个重要的现实主义者，他就是莱辛（Julius Lessing）。莱辛长期担任柏林实用艺术博物馆馆长，一直支持森佩尔的观点。在 1890 年代，瓦格纳呼吁现实主义，莱辛是最乐观的支持者之一。他的重要文章《新的道路》(New Paths)（1895）其实早于瓦格纳的书，可能影响了这位建筑师。莱辛此文开篇总结了德国实用艺术领域过去 30 多年的改革运动，接着将自然主义说成是艺术摆脱历史主义的一种方式。但他认为，在锤炼这种新观点的过程中，森佩尔的目的、材料和技术这三个一组的概念更加重要。接着他提出了两个相关的问题："难道能想象，不从历史传统中逐渐撤出来，这些技术要素本身能创造出全新的形式来吗？我们能认为近来发明的现代钢梁的纯构造形式就是一种类似于希腊圆柱的创造，而这种被神化的形式已经统治了所有艺术时期直至当今？"[3] 他大胆地答道："我们当然能，我们必须如此。"[4] 在复述了多梅（Dohme）关于建筑与船舶及现代交通工具的相似性之后（现在复述者为第三人称），莱辛划出了一条发展线条，从水晶宫到芝加哥摩天大楼，再到 1889 年的巴黎博览会。他总结说，不要害怕机器：

1　舒马赫，《人生的各个阶段：一位建造者的回忆》(*Stufen des Lebens: Erinnerungen eines Baumeisters*, Stuttgart: Deutsche Verlags-Anstalt, 1938)，398 n. 33. 引自贝里，《戈特弗里德·森佩尔：后历史主义研究》，61。

2　舒马赫，《风格与时尚》(Stil und Mode)（1898），收入《艺术争论：当代建筑构造问题论文集》(*Im Kampfe um die Kunst: Beiträge zur architektonischen Zeitfragen*, 第 2 版，Strassburg: J. H. Heitz, 1902)，28—29。

3　莱辛，《新的道路》(Neue Wege)，载《工艺美术杂志》(*Kunstgewerbeblatt*, 1895)，3。

4　Ibid.

[211] 　　无论喜欢不喜欢，我们的工作都必须植根于我们时代实际生活的土壤，必须创造出符合我们的需求、我们的技术和我们的材料的形式。如果我们以我们这个科学时代的手法创造出一种美的形式，那么它将既不同于哥特式的虔诚之美，也不同于文艺复兴的丰裕之美，或许看上去像是某种19世纪末期的朴素之美——这就是任何人能要求我们做的一切。[1]

　　森佩尔、利普修斯、佩希特、霍伊泽尔、古利特、阿尔贝特·霍夫曼（Albert Hofmann）、瓦格纳、施特赖特尔、利希特沃克、舒马赫、莱辛——这一批建筑领域中的现实主义与客观性的拥护者，到1890年代已经成为德国建筑理论的主导性学派。

3. 恩德尔与凡·德·维尔德

　　只有对现实主义运动进行一番考察，才能理解1890年代青年风格、分离派和新艺术等运动在观念形态上的复杂性。例如，法国的新艺术，部分是由巴洛克以及东方的影响所激发的，但随着凡·德·维尔德在1895年之后取得了成功，它就装扮成了另一副面孔。奥尔布里希与霍夫曼是1898年维也纳分离派背后的两位精神强人，他们都工作于瓦格纳的事务所。在柏林，《潘神》杂志（1895年创刊）的周围兴起了青年风格运动，但该杂志也发表现实主义者施特赖特尔与利希特沃克的文章。一般认为，奥布里斯特（Hermann Obrist）（1863—1927）组织的1896年织物展是装饰艺术中青年风格的开端。到那时，里默施米德（Richard Riemerschmid）（1868—1957）已经开始设计家具，并在1897年慕尼黑琉璃宫（Glaspalast）举办的国际展上作了展示。[2]在此次展览会上，还有潘科克（Bernard Pankok）、保罗（Bruro Paul）、埃克曼（Otto Eckmann）、贝伦斯（Peter Behrens）和恩德尔参展。不过，正是恩德尔最成功地将青年风格的设计原理转化成了建筑语言。[3]

　　事实上，恩德尔强调，如果完全用青年风格来概括1890年代的艺术与建筑，便会使人产生误解。他是柏林一位建筑师的儿子，最初在图宾根大学学习，后于1892年转入慕尼黑大学，选修了心理学、生理学、哲学和艺术史课程。接下来他师从利普斯攻读博士学位，与施特赖特尔同窗。1896年恩德尔遇到了奥布里斯特，受到后者工作的启发，将注意力转向了装饰艺术。他撰写了一篇评慕尼黑1896年展览的文章，题为《论美》（On Beauty），在文中他敦促艺术

1　莱辛，《新的道路》，载《工艺美术杂志》，5。

2　见马凯拉（Maria Makela），《慕尼黑分离派：世纪之交慕尼黑的艺术与艺术家》（*The Munich Secession: Art and Artists in Turn-of-the-Century Munich*, Princeton: Princeton University Press, 1990）。

3　关于恩德尔的思想与工作，见戴维（Helge David）编，《观看：1896—1925年关于建筑、形式艺术以及“大城市之美”文献集》（*Vom Sehen: Texte 1896—1925 über Architektur, formkunst und "Die Schönen der grossen Stadt"*, Basel: Birkhäuser, 1995）；布登希格（Tilmann Buddensieg），《奥古斯特·恩德尔的早年：从慕尼黑写给库特·布雷希的书信》（The Early Years of August Endell: Letters to Kurt Breysig from Munich），载《艺术杂志》（*Art Journal*, spring 1983）：41—49。

家在从事艺术时多几分情感（移情），少几分理智。[1] 他的建筑理论体现在两篇 1898 年初发表的文章之中。

第一篇题为《新建筑的可能性及目标》(Possibility and Goal of a New Architecture)。在文中他反对构造现实主义的流行倾向，通过强调移情心理学来为自己的立场辩护。"合目的这一要求只是提供了建筑的骨架"，除了这一要求之外，还必须注意存在着一

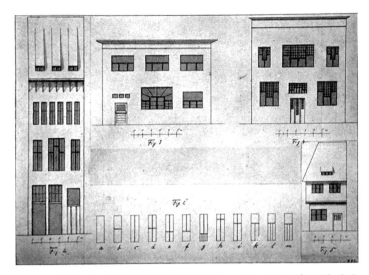

图 70　恩德尔绘。采自《形式美与装饰艺术》一文，载《装饰艺术》杂志（第 2 卷，1898）。

个审美感受领域。[2] 因此建筑师应更广泛地利用形体与色彩来工作，因为"一种优雅精致的形式感是所有建筑物的基本前提；这是通过理智学不到的东西"[3]。他重复着沃尔夫林、戈勒尔与古利特的形式主义观点，提出："建筑师必须是个形式艺术家，只有纯形式的艺术才能走向新建筑之路。"[4] 他感到这种纯形式的新艺术在那时还不太为人所知。

恩德尔在 1898 年的另一篇文章中进一步阐发了他的思想。此文环绕着一幅插图编排，即四扇窗户的正视图。如佩夫斯纳所说，这些图像是"年代错位的"，与 1920 年代德国住宅设计"令人吃惊地相像"（图 70）[5]。恩德尔的意图是演示改变窗户开口和窗棂的形状会产生怎样的移情效果。他指出，图 2 的窗户展示了"紧张感与快速的节奏"，图 3 的窗户则不那么紧张，节奏缓慢。[6] 这个例子表明了他分析工作的有趣一面，即他喜欢抽象地分析形式，不用当时许多同时代青年风格追随者的自然主义手法。他想创建一种只涉及形状、色彩、比例、空间关系的形式心理学。不过，他的职业生涯中所缺少的是以一种有说服力的方式将其理论转化为实践能力。

到了世纪之交，比利时人凡·德·维尔德（Henry van de Velde）（1863—1957）继续像恩德尔那

1　恩德尔，《论美：1896 年慕尼黑艺术展览释义》(*Um die Schönheit: Eine Paraphrase über die Münchener Kunstausstellung in 1896*, Munich: Franke, 1896)。

2　恩德尔，《新建筑的可能性及目标》(Möglichkeit und Ziele einer neuen Architektur)，载《德意志艺术与装饰》(*Deutsche Kunst und Dekoration*) 3 (March 1898)：141。

3　Ibid., 143.

4　Ibid., 144.

5　佩夫斯纳，《现代设计的先驱者：从威廉·莫里斯到沃尔特·格罗皮乌斯》(Harmondsworth, England: Penguin, 1968)，194—195。

6　恩德尔，《形式美与装饰艺术》(Formenschönheit und decorative Kunst)，载《装饰艺术》(Dekorative Kunst) 2 (1898)：119—125。

样努力着。这是又一个复杂的人物，该时期最为成功的艺术家之一。[1] 长期以来，比利时是新艺术的重要中心。《现代艺术》杂志 (L'Art Moderne) 创刊于 1881 年，3 年后开始为"新艺术"摇旗呐喊。[2] 1883 年 20 位先锋派画家想要展览他们的作品，故组成了"二十人展览团体"(Les Vingt)，这当然是此类分离行动的第一次。在接下来 10 多年时间里，他们的展览处于欧洲艺术世界的前沿，展出了如修拉、高更和克兰 (Walter Crane) 等当代艺术家的作品。同时，该组织也变得越来越激进，提倡社会主义与无政府主义，最终导致该团体于 1893 年解散。

[212]

凡·德·维尔德是安特卫普本地人，他在第二次旅居巴黎之后于 1888 年加入了二十人展览团体。作为一名画家，他受到了梵·高和修拉的很大影响，但到了 1890 年前后，他不满于绘画的精英论而转向了装饰艺术。1892 年他参加了二十人展和刺绣展，同年了解到了英国工艺美术运动与莫里斯。1893 年他开始在安特卫普美术学院教书，以英国的典范来组织教学。接下来的若干年，他在一些讲座与文章中谴责各种艺术间作社会或等级划分，期待看到依据宏大的伦理与社会事业目标对艺术进行改革。[3]

不过，在 1895 年他将注意力转向了家具设计与建筑。那时他开始建造他自己的"农舍"，位于布鲁塞尔附近的于克勒 (Uccle)。在这座用石头、砖头、木头和灰泥建造的乡村住宅中，他第一次尝试着将建筑、自然和装饰艺术整合为一体。甚至在此住宅未完工之前，西格弗里德·宾 (Siegfried Bing) 和迈耶－格雷费 (Julius Meier-Graefe) 就前来访问，考察了室内设计。后来宾邀请他到巴黎去设计他的新商店"新艺术之家"(Maison de l'Art Nouveau) 的三间屋子，后于 1895 年开张。在德国，关于凡·德·维尔德工作的评论也多有发表，他在 1897 年为德累斯顿展览会设计了一个室内作品，两年之后他到了柏林——当时迈耶·格雷费在通报这一消息时称他为"天才"[4]。他成功地开办了自己的业务，并越来越多地转向了建筑。

凡·德·维尔德到德国之后不久便出版了一系列著作，从而使他的设计理论为人所知。第一部著作是《现代工艺美术的复兴》(Die Renaissance im modernen Kunstgewerbe) (1901)，他在书中记述了这场新运动的历史，认为它起源于宾的巴黎工作室，罗斯金、莫里斯和克兰的观念以及维奥莱－勒－迪克的著作为这场新运动奠定了基础。但更有趣的是，他将这场新运动纳入现实主义和自然主义的轨道，这两者都关注于像色彩、线条、形态之类的原始品质以及非符号化艺术，由此切断了与过去的历史联系。用他的话来说，"现实主义与自然主义对艺术家来说意味

1　关于凡·德·维尔德的生平与工作，见多尔格纳 (Dieter Dolgner)，《亨利·凡·德·维尔德在魏玛，1902—1917：艺术领袖》(Henry van de Velde in Weimar, 1902–1917: Kunstführer, Weimar: Verlage und Datenbank für Geisteswissenschaften, 1997)；雅各布斯 (Steven Jacobs)，《亨利·凡·德·维尔德：他那个时代的一位欧洲艺术家》(Henry van de Velde: Ein europäischer Kunstler in seiner Zeit, Cologne: Wienand Verlag, 1992)；以及森巴赫 (Klaus-Jürgen Sembach)，《亨利·凡·德·维尔德》(New York: Rizzoli, 1989)。

2　有关"新艺术"这一概念及其在比利时加以运用的精彩概括，见奥加塔 (Amy F. Ogata)，《新艺术与现代生活的社会愿景》(Art Nouveau and the Social Vision of Modern Living, New York: Cambridge University Press, 2001)，5。

3　凡·德·维尔德的早期著述有《工业艺术与装饰艺术教程》(Cours d'arts d'industrie et d'ornementation, Brussels, Moreau, 1894)；《清理艺术》(Deblaiement d'art, Brussels: Vve Monnom, 1894)；《综合艺术概论》(Apercus en vue d'une synthese d'art, Brussels: Vve Monnom, 1895)。

4　见迈耶·格雷费的文章，发表于《装饰艺术》杂志出版的凡·德·维尔德特刊 (Vol. 3, 1898—1899)。

着对生活的再发现，意味着回归生活"[1]。

在他的理论中，"新装饰"概念也是至关重要的。他是完全从现实主义的角度对这一概念进行界定的："我要创造出一种装饰形式，它所允许的天马行空的艺术想象力并不比工程师设计一辆机车、一座铁桥或一个大厅的想象力更自由放任。"[2]他显然不是指实用性装饰，而是指物体本身内在的线条与色彩的和谐与平衡："我们的现代建筑除了它们的目的之外没有其他含义。我们的火车站，我们的汽轮，我们的桥梁，我们的铁塔，没有任何神秘的含义。"[3]

在稍后发表的另一篇文章中，凡·德·维尔德宣称一种新风格只需要两条基本原则：理性及其后代——逻辑。他这里再次强调的是工程师的作品（机车、桥梁和玻璃大厅）以及这些结构作为新现代性典范的重要性。他写道："工程师站在新风格的开端，逻辑原理是他的基础。"[4]建筑美的定义相当简单，即"手段完全符合于目的"，他还进一步引用了谢弗勒尔(Chevreul)与赫尔姆霍茨(Helmholtz)的知觉理论作为新风格的另一激励因素。[5]这样他的注意力就转向了移情论及其对于新艺术的重要性："一根线条就是一种力，它像所有自然力一样，是活跃的。当若干线条聚在一起，它们便以若干与自然力相同的方式相互作用着。这个事实是关键的；它是新装饰体系的基础，但并非是它的唯一原理。"[6]实际上凡·德·维尔德是说，线条通过眼睛在知觉过程中所消耗能量的移情转移从而获得能量，而设计者的作用就是将这些具有象征潜力的线条和谐地组织起来。其实设计者是一个指挥家，对各种功能性的、活跃的、抽象的形式进行指挥调度。

在20世纪第一个10年中，凡·德·维尔德继续发展着这些观念，很难将他的理性主义、移情论与他个人的华丽风格统一起来。事实上，从新艺术之家（1895）的吸烟室或柏林哈瓦那商店（1899），到哈根(Hagen)的弗柯望博物馆(Folkwang-Museum)较为低调的室内，他的设计方法发生了相当明显的变化。到1904年——随着他的魏玛实用艺术博物馆和魏玛剧院设计——他已经抛开了一切历史风格的要素，将建筑完全置于抽象的基础之上。同时他对曲线或有机线条的喜爱又与他在铁塔、桥梁和大型展览厅上发现的咄咄逼人的逻辑不相一致。他的许多同时代人的确也看出了这种不一致并为此责备他。凡·德·维尔德在1890年代的一个最起劲的支持者迈耶-格雷费在对施罗德(Alexander Schröder)设计的慕尼黑阿尔弗雷德·沃尔特·海默尔公寓(Alfred Walter Heymel)发表的评论中，就指出了这一问题。他发现这些室内设计之所以吸引人，恰恰是由于它们不用"比利时线条"，也就是说—— [213]

---

1 凡·德·维尔德，《现代工艺美术的复兴》（Berlin: Bruno & Paul Cassirer, 1901），43。

2 Ibid., 97.

3 Ibid., 100.

4 凡·德·维尔德，《关于基本原理的说明》（Principielle Erklärungen），收入《工艺美术通俗演讲集》（*Kunstgewerbliche Laienpredigten*, Leipzig: Hermann Seemann, 1902），172。

5 Ibid., 175，187.

6 Ibid., 188.

在这里，我们看到它并不要求具有无限深厚底蕴的艺术或一种称得上是不惜一切代价的现代主义（modernism à tout prix）来创造一种适宜的环境，如我们的运动中大多数享有盛誉的艺术家想让我们相信的那样。他们所有人毫无例外地可以从这简单的解决方案中学到很多东西，尤其是最优异的现代原理——要想成为一位艺术家，你不可不运用的现代原理。[1]

凡·德·维尔德的问题在于，他最初作为新艺术设计师而出名，到 1901 年之后，一旦建筑基础再一次发生变化，便难于维持他的名声了。

4. 奥尔布里希、霍夫曼与洛斯

凡·德·维尔德的理性主义理论与他的实践之间的这种分裂，在世纪之交的维也纳表现得也很明显。如果说瓦格纳倡导的构造现实主义已为建筑摆脱往昔的历史提供了一个理论框架，但关于这一论题他还是提出了一些其他主张。诚然，瓦格纳在 1896 年前后理论与实践脱节的情况说明，很难在现实主义与艺术之间架起一座合适的桥梁。这是维也纳分离派兴盛的时期——瓦格纳也处于自己的分离派阶段——这一事实进一步使这个问题复杂化了。瓦格纳的早期传记作者倾向于将分离派看作是推动他设计观念转变的主要因素，不过事实上很容易形成以下看法，即，他与分离派的联系妨害了他而不是促进了他的思考。

维也纳分离派源于一些人在艺术管理体制上的争论，在这方面它不同于其他类似的运动。从 1861 年开始，维也纳的国家资助艺术项目是由维也纳艺术家协会（Genossenschaft bildender Künstler Wiens）批准的。到了 1890 年代初，该组织内部的分裂就很明显了。政府认可的机构本质上倾向于保守，偏爱那些功成名就的艺术家与艺术风格。当维也纳艺术家如巴尔（Hermann Bahr）和克里姆特（Gustav Klimt）开始转变风格与欧洲发展保持同步时，当更年轻的艺术家向这些运动看齐并想要看到更迅速的变化时，与协会导向的冲突便在所难免了。这种冲突采取了 1897 [214] 年 4 月行政管理政变的形式。当时克里姆特组建了奥地利艺术家协会（Veneinigung bildender Künstler Österreichs），并想让它成为协会的分支机构，但遭到协会的拒绝，这导致了二者于 5 月正式分裂。

瓦格纳身处争论之中，他了解双方的情况。一方面，多年来他通过与协会的联系取得了大量委托任务，分裂之时他身处该组织之内，是协会中一个重要委员会的成员。另一方面，他同情艺术改革，属于新阵营。实际上 1899 年瓦格纳的确加入了分离派，但这是一时冲动，他很快便后悔了，因为这件事只是给围绕他市立博物馆设计展开的争论火上浇油。因此很难说瓦格纳为"分离派风格"，尽管他在 1897 年提出的建立一所新美术学院的提案在分离派的一切奇

---

1 迈耶－格雷费，《现代环境》（Ein modernes Milieu），载《装饰艺术》4（1901）：262—264。

思异想中是最具巴洛克特色的。实际上，瓦格纳在他位于维也纳大街 (Wienzeile) 公寓楼上运用的分离派装饰几乎可以肯定是他的年轻职员们做的。只有当瓦格纳成功地去除了洛斯不久所谓的这种艺术"文身"，才向着后来那些年更理性化的形式前进。

这种类似的两面性在瓦格纳的两位年轻同事奥尔布里希 (Joseph Maria Olbrich)（1867—1907）和约瑟夫·霍夫曼 (Jeseph Hoffmann)（1870—1956）的作品中也很明显。奥尔布里希进入美术学院，不过是跟从瓦格纳的前任哈泽瑙尔 (Carl Hasenauer) 学习。[1] 他早先在维也纳实用艺术学校的装饰艺术训练也很重要，这所学校由西特所领导。1894 年奥尔布里希南下旅行回来后便加入了瓦格纳的事务所，在那里待了 4 年，主要协助他建造城市铁路建筑。他所吸收的这位大师的风格比其他人更多，这些年他做的早期竞赛设计便证明了这一点。他设计的分离派会馆（1898）取得了巨大的成功，它或许是 1890 年代欧洲大陆最有名的建筑物——由于将美术馆的直观呈现与对理想主义的追求（镀金的）综合了起来，所以称得上是一座瓦格纳式的建筑物。奥尔布里希本人并没有将这种略显陈旧的立方体形态视为现代新风格的代表，而是将它看作一座原始的、永恒的艺术神殿，在这神殿中"我只想倾听自己情感的声音，观看我炽热的情感固化于冰冷的四壁"[2]。

奥尔布里希徒有年轻人的热情，情感丰富而有些神秘，但他的设计感并无理论根基。在接下去的几年中，他的工作主要局限于室内装饰（就这个词的糟糕含义而言），跟着于克勒、巴黎、慕尼黑与格拉斯哥的潮流走。他在 1900 年巴黎博览会上的若干房间室内设计，或许在所有参展房间中是最漂亮的——具有自然主义的特点和压倒一切的气势，十分抢眼。他未接受瓦格纳为他谋求的维也纳教职，于 1899 年接受了恩斯特·路德维希大公 (Grand Duke Ernst Ludwig) 的邀请，加入了达姆施塔特的艺术家村。在那里，他在短暂生命中的最后几年追寻着宗教幻想，从而走向了极端神秘主义。1901 年，那位"不为人知的"预言家从他的恩斯特·路德维希宅邸台阶上走下来接受水晶体并宣布这个社区开幕。从理论上看，他的设计在那前后已经跟不上潮流了。达姆施塔特的实验，其僧侣式的华丽排场，证明是短命的，就像奥尔布里希与凡·德·维尔德所共有的对尼采的偶像崇拜一样。无人否认他才能非凡，影响广泛，直至他 1907 年去世。

霍夫曼从不走极端，但在某些方面也变成了分离派的一个畸形后代。[3] 1895 年他在美术学院获金奖并到南方旅行，回来后进入了瓦格纳的事务所。他在 1900 年巴黎博览会上展出的室内设计，装模作样，华而不实，与奥尔布里希相竞争，但在若干年内他的风格忽然变得单纯起

---

1 关于奥尔布里希，见卢克斯 (Joseph August Lux)《约瑟夫·马利亚·奥尔布里希专题研究》(*Joseph M. Olbrich: Ein Monographie*, Berlin: Wasmuth, 1919)；莱瑟姆 (Ian Latham)，《约瑟夫·马利亚·奥尔布里希》(*Joseph Marie Olbrich*, New York: Rizzoli, 1980)；克拉克 (Robert Judson Clark)，《约瑟夫·马利亚·奥尔布里希与维也纳》(Joseph Maria Olbrich and Vienna, Ph. D. diss., Princeton University, 1973)。

2 奥尔布里希，《分离派会馆》(Das Haus der Secession)，载《建筑师》5（1899）：5。

3 关于霍夫曼的经典著作是塞克勒 (Eduard F. Sekler) 的《约瑟夫·霍夫曼：建筑工程专题论文与作品目录》(*Josef Hoffmann: The Architectural Work, Monograph and Catalogue of Works*)，马斯 (John Maas) 翻译（Princeton: Princeton University Press, 1985）。

来，与其他地方的进展相一致了。1903 年，他与莫泽（Kolomon Moser）和瓦恩多弗尔（Fritz Wärndorfer）一起成立了维也纳工艺厂（Vienna Werkstätte），试图创造出一间类似于英国的手工艺作坊，但在基本概念上有一些明显的区别——最重要的是至少开始时它是坚定地信奉着现代性的新美学（即二维平面和清晰的线条）。

也是在 1903 年，霍夫曼接到了一项委托，即普克斯多夫疗养院（Purkersdorf Sanatorium），这或许是他最好的建筑设计，尽管有不同看法。[1] 建立这座疗养院是著名精神病医师克拉夫特－埃宾（Richard von Krafft-Ebing）和安东·勒（Anton Löw）的主意，他们创造了一种治疗"神经紊乱"的新方法。霍夫曼对瓦格纳式的设计做出了回应——紧随邮政储蓄银行——在某些方面超越了他老师的成就。这是一座分级的矩形建筑物，它的平顶与纯立方体结构以及"现代主义"的特征，对 20 世纪历史学家具有巨大的吸引力。不过这件作品既体现了创造精神，又注重细节，超越了"现代主义"这一名称。该设计的主题是"卫生"，这是瓦格纳《现代建筑》中强调的另一个问题。它是一座乡间诊所，治疗不同类型的神经症患者，治疗方法有日光浴、新鲜空气和各种水疗法，包括水电疗法。主立面上的窗户组合与数年前恩德尔画的立面草图很相像，几近怪异，不过这肯定是一种巧合。霍夫曼在普克斯多夫疗养院所取得的成就，正如那时的一位批评家所说，是客观自然的（sachliche matter-of-factness）：这是一件实际的、明亮的（用电照明）、理性的和卫生的设计，总之是一种浸透了现代性精神的设计。[2] 不幸的是，在霍夫曼漫长的职业生涯中，它是最后一批成功的作品之一。他设计的布鲁塞尔斯托克莱宫（Palais Stoclet）（1905—1911）缺少普克斯多夫疗养院那种强有力的建筑逻辑与形式。到 20 世纪第二个 10 年，他已陷入一种所谓的壁柱风格，沉重、笨拙、矮胖的形体上面顶着大屋顶。

[215]

霍夫曼的工作在 1903 年发生的变化或许与洛斯（Adolf Loos）（1870—1933）的激烈讨论相关。洛斯是他的摩拉维亚同胞，后来成了他的竞争对手。[3] 在 1900 年时，洛斯作为一位建筑师微不足道，但作为一个斗士与批评家却无疑很重要。洛斯出生于现在的捷克城市布尔诺（Brno），曾在波希米亚一所国立学院与德累斯顿技术学校学习（1890—1893）。这一点很重要，原因有两个：一是他不可能逃脱德累斯顿森佩尔遗产的影响；二是他没有入学维也纳美术学院，也就不可能在哈布斯堡官方体制下获得高级职位。因此，他命中注定是维也纳的一个"局外人"。其间他去了美国 3 年，访问了住在宾夕法尼亚的一个叔叔，并在纽约、圣路易斯和芝加哥打零工。芝加哥是 1893 年哥伦比亚博览会主办地。尽管他后来在论战中利用了美国和惠特曼式的

---

1 关于普克斯多夫疗养院的背景与详情，见托普（Leslie Topp）在《维也纳的建筑、真实与社会，1898—1912》（*Architecture, Truth and Society in Vienna, 1898–1912*）一书中论述该建筑的有关章节（New York: Cambridge University Press, 2002）。

2 卢克斯 1905 年在他的评论《疗养院》（Sanatorium）中，说这作品是由"*Sachliche Selbstverständlichkeit*"（客观自然）的精神所引导的，此文载《高地》（*Hohe Warte*）I（1904–1905）：407。关于其他人的反应，见托普，《维也纳的建筑、真实与社会》。

3 在洛斯传记方面内容最全面的是鲁克施乔（Burkhard Rukschcio）和沙切尔（Roland Schachel）撰写的《阿道夫·洛斯：生平与工作》（*Adolf Loos: Leben und Werk*, Vienna: Residenz Verlag, 1982）。有两部英文著作，分别是格拉瓦诺洛（Benedetto Gravagnuolo）的《阿道夫·洛斯：理论与作品》（*Adolf Loos: Theory and Works*, New York: Rizzoli, 1982）以及《阿道夫·洛斯的建筑》（*The Architecture of Adolf Loos*, London: Arts Council Exhibition, 1985）。

"民主"概念，但很难对他住在国外所受到的建筑方面的影响进行评说。不过当他于1896年回到维也纳生活时，还是显示了这方面的优势，远胜于他的同事们。

开始时洛斯在维也纳的生活并不顺利。他最初被分离派圈子所吸引，1898年他甚至在其杂志《圣春》(Ver Sacrum)上发表了两篇文章。一篇题为《波将金城》(Potemkin City)，文章讽刺性地将内环大道上的历史主义建筑比作用画布纸板做成的村庄，这是波将金(Grigori Potemkin)在波希米亚竖起来蒙骗来访的凯瑟琳王后(Empress Catherine)的。他那种讥讽的，有时是尖酸刻薄的文风已很明显了。那时他喜欢追随摩拉维亚批评家克劳斯(Karl Kraus)，后者在1899年4月创办了讽刺杂志《火炬》(Die Fackel)。洛斯脱离分离派，尤其与霍夫曼一刀两断（据说是后者拒绝他在分离派会馆中办展）的事情就发生在这之前。到了1898年底，洛斯发表了评霍夫曼作品系列文章中的第一篇，宣布他"强烈反对这一取向"，并说，"对我来说传统就是一切，对我来说想象的自由法则是第二位的"。[1]洛斯在1898年另一篇题为《建筑中的新老取向》(The Old and New Direction in Architecture)的文章中发表了更多的观点，宣称未来的建筑师——在这种秩序之下——必须是一个古典主义者，一个现代人，一个绅士。[2]

1898年春夏，洛斯应维也纳主要报纸《新自由报》(Neue Freie Presse)之约，撰写了维也纳50年展(Vienna Jubilee Exhibition)的评论。他文笔犀利，颇具争议性，也特别滑稽有趣。他借此机会发泄对于分离派、新艺术以及奥地利总体文化的嘲弄。这些报纸评论的话题覆盖面很广，从时装到家具、交通工具和内衣。哲学上的题外话司空见惯。在谈室内自来水的文章中，他谩骂奥地利人的洗浴习惯（或没有洗浴习惯），敦促政府提高清洁卫生标准："因为只有在用水方面接近英国人的国家才能在经济上与他们保持同步；只有在用水上超过了英国人的国家才能被选来取代他们而成为世界的主导者。"[3]在一篇谈鞋类的文章中，他发表了这样的意见："文化较发达国家的人，走起路来比文化落后国家的人更快些。"在一篇谈建筑材料的文章中，他提到了英国人将墙纸输入奥地利："不幸的是，他们不能将整幢住宅送过来。"[4]在妇女时装评论中，开篇呈现了淫荡的欲望、被折磨的男人女人，以及噼啪作响的鞭子等意象——令人想起萨德侯爵(Marquis de Sade)的作品——实际上这些描写是作为主张妇女穿裤子并在经济上拥有同等机会的前奏。[5]

在这早期的若干年里，他的另一篇著名文章是他的长文《可怜的小富佬》(The Poor Little

1 洛斯，《一位维也纳建筑师》(Ein wiener Architekt)，载《装饰艺术》11 (1898)；重印收入洛斯，《波将金城》(Die potemkinsche Stadt, Vienna: Georg Prachner Verlag, 1983)，53。

2 洛斯，《建筑中的新老取向》(Die Alt und die neue Richtung in der Baukunst)，载《建筑师》4 (1898)：31—32；重印收入洛斯，《波将金城》，62—68。

3 洛斯，《水管工》(Die Plumber)，收入《凿空之论》(Ins leere gesprochen: 1897–1900)，Vienna, Georg Prachner, 1981；原版出版于1931，105—106。引自马尔格雷夫的译本《水管工》(Plumbers)，收入《水管工程：探测现代建筑》(Plumbing: Sounding Modern Architecture)，拉希杰(Nadir Lahiji)与弗里德曼(D. S. Friedman)编(New York: Princeton Architectural Press, 1997)，18。

4 洛斯，《建筑材料》(Building Materials)，收入《凿空之论：洛斯文集 1897—1900》(Spoken into the Void: Collected Essays 1897–1900)，纽曼(Jane O. Newman)与史密斯(John H. Smith)翻译(Cambridge: M. I. T. Press, 1982)，65。

5 Ibid., 99—103.

[216]

图 71 《他者：一份将西方文化引入奥地利的报纸》第 1 期（1903）的标题页。

Rich Man）（1900），文中他将对分离派的攻击扩大到凡·德·维尔德的新艺术。[1] 他讲述了一个富人的故事——他拥有所有东西，直到有一天一个朋友警告他没有注意到"艺术"。接着他雇了一个建筑师重新设计他的室内，这位建筑师调整了所有东西——墙壁、地毯和布艺，直至咖啡桌上的火柴盒。当他的妻子和孩子送他生日礼物时，他一时得意扬扬。但接着建筑师出现了，他看到这位委托人在起居室里穿着为卧室设计的拖鞋，惊呆了。不用说，这位建筑师是不允许他保留礼物的——艺术现在使他的生活不自在了，但他"应有尽有"。

洛斯的写作冷嘲热讽，装作一贯正确，这种文风在他 1903 年自己创办的一份报纸上达到了顶点（只出了两期），他取了一个讥讽性的标题为《他者：一份将西方文化引入奥地利的报纸》（*Das Andere: Ein Blatt zur Einführung abendländischer Kulture in Österreich*）（图 71）。[2] 乡下佬的用餐方式似乎使他相信，有必要开设一个专栏来讨论礼仪问题。他允诺将来会讨论一些迫切的问题，诸如如何举办宴会，如何撰写合适的社会招聘文书，以及邀请书的正确措辞等。建筑师与批评家兼于一身的洛斯令人想起了在塞缪尔·贝克特（Samuel Beckett）的《等待戈多》（*Waiting for Godot*）的法文原版中，埃斯特拉贡（Estragon）用了"建筑师"这个词，使得弗拉基米尔（Vladimir）在与他愈演愈烈的对骂中闭上了嘴。在贝克特这部戏的英文译本中，这个词换成了"批评家"。

洛斯早期之所以能写这么多东西，是因为他几乎没有建筑业务。他的第一批委托任务中有一项是为戈德曼＆扎拉奇服装商店（Goldman & Salatsch）做室内设计（1898），值得注意的是它没有分离派的特色，简单地采用了雕花玻璃、细木家具和黄铜陈设。另一早期的成功设计是为咖啡博物馆（Café Museum）（1899）做的室内方案，它就坐落在分离派会馆附近，室外简化为裸露的白色灰泥，室内简化为白墙加红木护壁、黄铜条（电线导管）、吊灯架、镜子和托尔内特椅（Thornet chairs）。这种去除装饰的设计很快赢得了"虚无主义咖啡厅"（Café Nihilismus）的称呼，成了作家和艺术家喜欢出入的场所。

---

1 洛斯，《建筑材料》，收入《凿空之论：洛斯文集 1897—1900》，124—127。

2 洛斯，《他者：一份将西方文化引入奥地利的报纸》（Vienna: Verlag Kunst, 1903）。

在新世纪的第一个 10 年中，洛斯的许多公寓室内设计质量参差不齐，不太引人注目，其中或许最有趣的是为卡尔马别墅 (Villa Karma) 做的设计（1904—1906）。这是他为心理学家贝尔 (Theodor Beer) 所建，位于日内瓦湖畔。室外是简洁僵硬的白色灰泥，入口处建有一个古典式门廊，由四棵多立克式圆柱支撑。这与当地建筑不协调，但官员们还是设法将它建造起来。室内色彩丰富，由杂色大理石板、金色马赛克和精致的木镶板构成，与洛斯作为一个反装饰斗士的形象相矛盾。总体设计充满了个人的梦幻感。洛斯并未完成这座建筑，或许部分原因是贝尔的"性冒犯"使他突然逃离了这个国家。

如果说卡尔马别墅是他早期最具视觉魅力的作品，那么维也纳的所谓洛斯楼 (Looshaus)（1909—1910）便是他最著名的作品，因为几乎没有一座建筑是以建筑师的名字重新命名的。围绕这座建筑引发了争议，其起因一是它坐落于一个重要的市区小广场上，就位于霍夫堡宫巴洛克式入口的外面，二是官员与市政委员会将借此由头，通过一项法案推倒这座建筑物。[1] 此建筑的业主（Goldman & Salatsch 服装公司）邀请洛斯参加 1909 年夏季举行的一个内部设计竞赛，但他拒绝了。不过后来这个项目还是交给了他，条件是必须与建筑师爱泼斯坦 (Ernst Epstein) 合作（他是实际的文件签署人）。洛斯完成了设计图，不过所颁发的建造许可证是基于爱泼斯坦于 1910 年 3 月最早画的一幅历史主义风格的立面草图。3 个月后，洛斯修改了设计，以若干水平回纹饰带贯穿于上部的四层公寓。一切进展顺利，直到脚手架和护壁画板于 9 月拆除，显露出整个上层平坦的白色粉刷墙面。这个月晚些时候，市政委员会召开了一个会议，几十个愤怒的市民前来诅咒这倒行逆施的行径。人们也涌向现场查看这座建筑（当时还没有安装大理石板）。洛斯要求给他一些时间，允许他到次年 6 月前提交新的立面设计。不过洛斯与爱泼斯坦等到 1910 年 5 月，宣布为这新设计举行一场竞赛。这一设计未曾实现，但在 7 月洛斯提交了一个方案，在墙上加装花盒。市政委员会拒绝了，但洛斯一意孤行，在没有得到许可的情况下，安装了 5 只花盒在这一建筑上，后来他便精神崩溃了。事态仍继续发酵，在 12 月委员会的一次会议上，两千多名感兴趣的市民旁听了这场房屋诉讼案。3 个月后，委员会决定接受既成事实，在墙上悬挂花盒。当时洛斯成了一个国际名人，同时在经济上也几乎毁掉了他的委托人。

洛斯在后来的一篇文章中为自己的设计辩护，即便有人会质疑它的优点，但不会有人称它为乡下气。他偏爱一种"传统的建造方法"，要设计出"一座只能立于大都市中的建筑物"。[2]　　　　[217]
不过，维也纳还是接受了这座细节复杂而精致的建筑物。下面两层是服装公司所用，外墙贴着云母大理石 (Cipolin)，这是洛斯前往希腊埃维亚岛 (Euboea) 旅行时弄来的。这两层完全不同于上面的四层公寓，也不同于铜屋顶的天光顶层。主立面的最大特色——四棵圆柱，有强烈的收分曲线——其实并无结构功能。为了演示这一事实，洛斯（以一种近于残忍的方式）将它们

1　在格拉瓦诺洛的《阿道夫·洛斯》以及他与鲁克施乔合著的《阿道夫·洛斯》中，包含了围绕此设计所发生的争论的较为详尽的记载。

2　洛斯，《家庭艺术》(Heimatkunst, 1914)，收入《阿道夫·洛斯：还是 1900—1930》(Adolf Loos: Trotzdem 1900-1930, Vienna: Georg Prachner, 1982; originally published in 1931)。该文章的一个英译本收入《阿道夫·洛斯的建筑》，110—113。

与上面窗户开口的节奏稍稍错开，以使外侧两根圆柱落入窗户开口之内。这种无调性形式也允许他加宽上面的凸窗。

洛斯的建筑逻辑中也总是有些微妙之处。作为一位评论家，他最有名的论辩文章是《装饰与犯罪》(Ornament and Crime)。此文写于 1908 年，1910 年首次在维也纳发表。[1] 写这篇东西的动因似乎是 1908 年维也纳举办的一个装饰艺术展，霍夫曼为此展设计了临时性的展览空间。在这篇尖酸刻薄的幽默文章的背后是他提出的严肃观点，尽管有些说法过于简单化了。洛斯并没有将装饰等同于犯罪，他允许鞋匠享受将鞋子做成传统扇贝形的乐趣，他反对的是将装饰用在[218] 日常用品上，并认为去听贝多芬交响乐的人应拒绝装饰，对这些人而言"缺少装饰是一种'智性力量的标志'"。也就是说，在文化发展的现行阶段，原先消耗于风格化装饰上的时间与金钱（奥尔布里希的作品从现在起 10 年后会在哪儿？）应投向更高品质的器物以及国家的普遍繁荣方面。[2] 因此装饰就等于是经济上的停滞不前："落在后面的国家就要遭殃了。英国越来越富，我们越来越穷。"[3]

但这并非意味着建筑就应缺少美的维度。在 1898 年专论森佩尔"着装"的一篇文章中，他就十分细致地重新定阐明了这一论题。他指出，如果说着装的产生（即固有的装饰）实际上先于支撑它的结构框架，那么，着装与支撑结构之间的区分便允许我们将"**某些建筑师**"与"**这一个建筑师**"区分开来。前者简单地竖起墙体然后去找合适的着装，而后者观看事物的方式完全不同："艺术家，**这一个建筑师**，首先去感受他想产生的效果，然后想象他要创造的空间。他希望给观者带来的效果——监狱中的惧怕与恐惧、教堂中的崇敬、政府机关中对国家力量的尊敬、墓室中的虔诚、居所中的家庭温馨感、小客栈里的愉悦心情——这些效果是通过材料与形式所唤起的。"[4]

1910 年秋天，正处于洛斯楼风波之时，洛斯在柏林发表了一个演讲，回到了这个观点，即构造设计的情感"效果"是第一位的，他证明了建筑师的目的就是要唤起情感："因此，建筑师的任务就是要准确地定义情感。房间必须唤起温馨的感觉，住宅必须让人乐于居住其中。法院建筑必须看上去对隐秘的犯罪有威慑的姿态，银行必须说：你的钞票存在这里是安全的，由诚实的人妥善保护。"[5] 这段话是从他关于建造房屋与创造艺术的区分引申而来的。后者是个人的事，是自主性的，是分散观者注意的，也是革命性的——一句话，是煽动性的。而前者涉及社会，是有目的的，满足使用者的舒适要求，而且是保守的——简单说，是唤起性的。因此，人的居所的墙体必须诉诸人的最内在的情感与舒适感："人喜爱一切使他舒适的东西，人憎恨一切使他不安全不稳定并打扰他的东西。因此，他爱他的住所，憎恨艺术。"[6]

---

1 见格拉瓦诺洛与鲁克施乔合著的《阿道夫·洛斯》，118。
2 洛斯，《装饰与犯罪》(1908)，收入《阿道夫·洛斯的建筑》，102—103。
3 Ibid.,101.
4 洛斯，《服装原理》(1898)，收入洛斯，《凿空之论》，140。
5 洛斯，《建筑》，收入《凿空之论》，102—103。
6 Ibid.,101.

从洛斯的这些话中我们可以看出，森佩尔的着装原理不仅是他有关建筑情感概念的（19世纪）理论根基，也是他反装饰圣战的一个现成的理论基础。如果说洛斯将霍夫曼与奥尔布里希的移情式"文身"视为一种脆弱情感的表现形式（类似于浴室隔间中的涂鸦），这是因为这种"色情的"宣泄已不再适合于现代人的情感。他要用一种更为精美的（也不乏感情色彩的）美化形式来取代他们的做法——着装的材料本身是第一位的。举凡这些年他室内设计所采用的材料，就包括了杂色的、价格不菲的材料，如黄铜与紫铜、金色马赛克、地砖、彩色玻璃、装饰石膏、墙纸、昂贵的木镶板，尤其是各种多彩大理石面板。所有这些材料都加工精细，使效果发挥得淋漓尽致。霍夫曼和奥尔布里希是要将纯艺术强加到工艺之上，而洛斯则将工艺制作限定于着装。洛斯这个石匠之子，知道如何将大理石面板（在接缝处十分小心地考虑到石筋的图样）切割得比其他内行建筑师更薄，可以按照需要切得像纸一样薄，因为它们主要是装饰性的着装——光滑的、二维的，但其图样价格昂贵，经久不变。

当然，这些彩色拼接效果仅仅与住宅室内设计相关，城市居民可以自由地去除社会面具而成为他本人。在此文中洛斯提到，室外必须是不起眼的，就像做工讲究的黑色长大衣——最好是开司米，古典风格，钉着黑色的而不是黄铜色的纽扣。

5. 贝尔拉赫与赖特

到了 1900 年，现代性的新图像开始在欧洲各国成形。在荷兰，此时期的现代主义多少就意味着贝尔拉赫 (Hendrik Petrus Berlage)（1856—1934）的建筑。[1] 尽管贝尔拉赫比维也纳的同行朋友瓦格纳小 15 岁左右，但两人却有许多相似之处，不仅有着类似的建筑教育背景，而且也走着一条平行的理论发展之路。

贝尔拉赫出生于阿姆斯特丹，接受了初步的艺术培训，之后他选择到苏黎世去学习建筑，始于 1875 年。这项决定很重要，因为即使森佩尔已于 1871 年离开该城去了维也纳，但他的教学计划依然原封不动地保持了下来，由他的学生施塔德勒 (Julius Stadler) 和拉西乌斯 (Georg Lasius) 讲授。1881 年贝尔拉赫返回荷兰，与桑德斯 (Theodor Sanders) 合伙开业，但头几年业务并不顺利。他像瓦格纳一样，采用了一种"自由的文艺复兴"风格，具有荷兰艺术复兴的特色。1884 年，他为阿姆斯特丹股票交易所做的如画式文艺复兴式设计，进入了前五名，但在第二轮竞赛（1885）之后因出现争议而陷入了僵局，无果而终。在 1880 年代下半期，他的风格汲

[219]

1 关于贝尔拉赫的思想与设计，见辛格伦贝格 (Pieter Singelenberg)，《贝尔拉赫的观念与风格：探索现代建筑》(*H. P. Berlage, Idea and Style: The Quest for Modern Architecture*, Utrecht: Haentjens, Dekker & Gumbert, 1972)；博克 (Manfred Bock)，《新建筑的开端：贝尔拉赫对于 19 世纪末荷兰建筑文化的贡献》(*Anfänge einer neuen Architektur: Berlages Beitrag zur architektonischen Kultur der Niederlande im ausgehenden 19. Jahrhundert*, The Hague: Staatsuitgeverij, 1983)；波拉诺 (Sergio Polano)，《亨德里克·佩特吕斯·贝尔拉赫作品全集》(*Hendrik Petrus Berlage: Complete Works,* New York: Rizzoli, 1988)；以及博克等，《贝尔拉赫在阿姆斯特丹》(*Berlage in Amsterdam, Amsterdam*: Architectura & Natura Press, 1992)。

取了各种资源，其设计思想也是如此。他早年以森佩尔的理论为基础，补充了维奥莱－勒－迪克的影响，这来源于克伊珀斯 (P. J. H. Cuypers)（1827—1921）的哥特式圈子。1890 年前后，现实主义在荷兰占主导地位，还有西特的城市理论。他还通过劳韦里克斯 (J. L. M. Lauweriks)（1864—1932）和德·巴泽 (K. F. C. De Bazel)（1866—1923）的圈子熟悉了东方哲学和通神论。此外，贝尔拉赫还研究了赫罗特 (Jan Hessel de Groot) 的几何比例理论，并深受莫里斯社会主义的影响。

到 1890 年代初，贝尔拉赫已将这些影响融汇起来，开始创造出一种趋于简化的个人风格。在一篇题为《建筑与印象主义》(Architecture and Impressionism)（1894）的文章中，他提倡"一种更为简单的建筑概念"，强调体块分配而不是轮廓，强调单纯的线条、适度的细节和材料与劳动力的经济性，与推进平等的社会力量保持一致。[1] 1895 年，在地方官员的应允下，他私下里开始准备阿姆斯特丹交易所的设计，1896 年获市政委员会内部批准，后来成了他的第一件杰作。这件作品是他首次尝试摆脱历史主义，实际上早于瓦格纳在维也纳的努力。不过影响了这一作品的各种力量只是在该建筑建成之后所发表的一系列讲座中才明显呈现出来。

贝尔拉赫天生就对理智的东西感兴趣。他像森佩尔一样，极不信任抽象的或沉思默想的理论。在一篇题为《建筑在现代美学中的位置》(Architecture's Place in Modern Aesthetics)（1886）的早期文章中，他总结了从康德到洛策等至少 15 位美学家的观点，但也只是总结说："建筑在艺术体系中的位置这一问题，美学家们还没有给予充分的回答。"[2] 但他从未放弃理解哲学与社会发展进程的雄心。有两篇讲座稿在他成熟理论的形成中至关重要，这些讲座是 1904 年初在德国做的，发表于 1905 年，题为《关于建筑风格的思考》(Gedanken über stil in der Baukunst)。

社会主义推动了他早期理论的形成，这一点显而易见。他认为 19 世纪的建筑之所以"丑陋"，是因为缺乏"理想"，资本主义以及"个人利益"超越了社会利益，这一倾向的兴起导致了艺术标准的衰落，虚伪的建筑就是其结果。他甚至在文中将历史主义现象（特别是哥特式和文艺复兴运动）归咎于工业化带来的资本突增。[3] 但是他注意到，19 世纪也给了我们两位真理的传道者：维奥莱－勒－迪克与森佩尔。如果说维奥莱－勒－迪克阐明了结构真实的理论，而森佩尔便是伟大的思想家之一，这些思想家，"正如海涅所说，'隔着世纪相互打招呼'"[4]。森佩尔奠定了形而上原理，即自然以最简单的手段和一致的基本逻辑，创造了她的无数形态。贝尔拉赫从这条原理出发，追溯了安宁、统一、秩序（几何学）的观念，认为这些观念便是新风格的属性。

贝尔拉赫的另两段话说明了他的实践。第一段话他提到了森佩尔所讨论的"接缝"(Die Naht) 及其与德语词"需要"(die Noht) 之间的语源学联系，以及他将"做不得不做之事假装是出

1 贝尔拉赫，《建筑与印象主义》，收入《亨德里克·佩特吕斯·贝尔拉赫：关于风格的思考，1886—1909》(Hendrik Petrus Berlage: Thoughts on Style, 1886–1909)，怀特 (Iain Boyd Whyte) 翻译 (Santa Monica, Calif.: Getty Publications Program, 1996)，105—121。

2 贝尔拉赫，《建筑在现代美学中的位置》(1886)，收入《亨德里克·佩特吕斯·贝尔拉赫：关于风格的思考》，102。

3 贝尔拉赫，《关于风格的思考》(1905)，收入《亨德里克·佩特吕斯·贝尔拉赫：关于风格的思考》，132。

4 Ibid., 137.

于高尚动机"这条定理转化为"使不可能没有的接缝成为漂亮的装饰"的观点。接着，贝尔拉赫提出了这样的看法（类似于瓦格纳对"结构母题"的利用）："因此，你们这些艺术家应利用各种构造上的难点作为装饰母题。"[1] 贝尔拉赫在阿姆斯特丹股票交易所大厅里对于接缝的装饰性处理是很容易看到的。柱头拱基与花岗岩柱础平平地进入到下面分段拱（segmented arch）（用砌块无缝拼接而成）的那个面当中，墩柱交替出现，轻轻地出挑，通过一个简洁的钢节点支承着钢梁。上部的墙面微微向外倾，向上与屋顶相接（图72）。森佩尔的图形面具在他这里变成了一种文字面具，在这面具中，墙体图样、材料与结构构件好像再现了它们自己作为墙面装饰的结构与非结构的作用。

图 72　贝尔拉赫，阿姆斯特丹交易所，钢节点局部，1897—1903。本书作者摄。

　　第二段话是文后一则附录，将建筑定义为"围起空间的艺术"[2]。贝尔拉赫是自奥尔（Hans Auer）以来第一位做出此种陈述的建筑师。他对美学感兴趣，所以很可能熟悉施马索的著作。贝尔拉赫也十分了解森佩尔，他引用了桑氏关于着装（织物）的主题，并从中抽取出一条经验，类似于接缝："遵循着这条基本原理，墙壁装饰就应是平面的，也就是说，是沉入墙体的。雕刻元素应最终形成装饰性的墙壁构件。"[3] [220]

　　贝尔拉赫1908年在苏黎世做的四个讲座中更充分地陈述了他的理论，这些讲稿以《建筑的基础及发展》（*Die Grundlagen und Entwicklung der Architektur*）为题出版，其内容涉及他关于比例的几何学理论以及对于历史主义的谴责。但到该书末尾处他转向了森佩尔，将他与穆特修斯联系起来加以思考。从这两位的理论之源贝尔拉赫吸取了三条新艺术的基本原理：（1）几何学应是建筑设计的基础；（2）应避免使用早期各种风格母题；（3）应以"最简单、**最客观**的方式"来发展各种形态。[4] 他了解"客观性"这一术语的一般含义，但他赋予该词更加微妙的含义。对他来说，"客观性"就意味着"一种新的意识，即建筑是围起空间的艺术"，意味着留意"图画装饰"的安排，意味着"光滑的、简约之美的裸露墙壁"，意味着去除所有多余的装饰与材料，意味着

1　贝尔拉赫，《关于风格的思考》（1905），收入《亨德里克·佩特吕斯·贝尔拉赫：关于风格的思考》，139。
2　Ibid., 152.
3　Ibid., 153.
4　贝尔拉赫，《建筑的基础与发展》（1908），收入《亨德里克·佩特吕斯·贝尔拉赫：关于风格的思考》，245。

"自然的单纯和清晰"[1]，而且具有一种社会意义：

> 客观的、理性的，因此是清晰的构造，可以成为新艺术的基础，但只有当这种原理
> 深入人心，广泛运用，我们才能站在新艺术的门前。同时，新的普遍精神——所有人的
> 社会平等——便被揭示出来了，这种精神，其观念并非虚无缥缈，而是落实在土地上，
> 就在我们所有人面前。[2]

与之前的瓦格纳一样，贝尔拉赫对现代主义的概念阐述要早于他充分"客观的"实践，这
就使他的理论表述显得愈加有趣。他的实践始于他为伦敦荷兰大楼（Holland House）（1914—1916）
以及圣许贝特斯猎庄（St. Hubertus Hunting Lodge）（1914—1920）所做的设计。就在 1911 年，即介于
苏黎世讲座与这两个设计之间，他前往美国旅行，在那里他为赖特的工作所触动。在那之后，
像"三维的"与"塑形的"词汇才进入他的建筑语汇之中。[3]

赖特的建筑对荷兰建筑之所以产生如此有力的影响，在某种程度上正是通过贝尔拉赫所
获得的这些印象。而赖特战前的实践也受到了国外发展的影响。但从设计革新的观点来看，
20 世纪第一个 10 年赖特所取得的成就在欧洲无人可比。[4] 1900 年赖特提出了他的"草原住宅"
（Prairie House）方案，随之他的目标和设计哲学便成熟起来。是年他在芝加哥建筑同盟发表了第二
次演讲——在他的著名的赫尔之家演讲之前 8 个月——强烈反对他那个时代的"干巴巴的考
古学遗骸"，主张建筑更新。附带说，这种更新是"不可能出自古典主义或东西方时尚兜售者
之手的"[5]。他的语调中已带有一种自信，带有一种高尚的道德感。在他的救世主式的理想中，
人们不由地会读出爱默生、惠特曼和沙利文那种健康的精神。他告诫学生："建筑师首先要有
自己想说的东西，要么就闭嘴，对他来说还有比建筑更合理的行动领域。"[6] 他的使命范围很宽
广："高架铁路系统与货运车站、工厂、配备装卸设备的谷仓与办公楼、井井有条的工业用房，
庄重有力富于意蕴，精简锤炼至行动之骨架。为一个民族提供住房——一个易兴奋的、智性
的、有包容心的以及进步的民族。"[7] 他又说："生活正在准备物质以满足未来的需要，建筑师
会了解现代方法、工艺与设备的效能，成为掌握它们的大师。他会感受到新材料对于他的艺术

---

1 贝尔拉赫，《建筑的基础与发展》（1908），收入《亨德里克·佩特吕斯·贝尔拉赫：关于风格的思考》，249—250。

2 Ibid., 250.

3 见贝尔拉赫的《美国旅行的回忆》（*Amerikaansche reisherinneringen*, Rotterdam: W. L. & J. Brusse, 1913），45。参见怀特（Iain Boyd Whyte）为《亨德里克·佩特吕斯·贝尔拉赫：关于风格的思考》撰写的导论，65。

4 关于赖特的早年，见曼森（Grant Carpenter Manson），《至 1910 年的弗兰克·劳埃德·赖特：第一个黄金时代》（*Frank Lloyd Wright to 1910: The First Golden Age*, New York: Van Nostrand Reinhold, 1958）；以及阿洛夫辛（Anthony Alofsin），《弗兰克·劳埃德·赖特：失去的岁月，1910—1922；影响研究》（*Frank Lloyd Wright: The Lost Years, 1910–1922: A Study of Influence*, Chicago: University of Chicago Press, 1993）。最近关于赖特的综论，见莱文（Neil Levine），《弗兰克·劳埃德·赖特的建筑》（*The Architecture of Frank Lloyd Wright*, Princeton: Princeton University Press, 1966）。

5 赖特，《建筑师》（The Architect, 1900），收入《弗兰克·劳埃德·赖特文集》（Frank Lloyd Wright Collected Writings, New York: Rizzoli, 1992），1:48。

6 Ibid., 51.

7 Ibid., 50.

的意义。而钢只是这些新材料中的一种。"[1]

　　另一种新材料是混凝土。早在 1894 年为"磐石银行"(Monolith Bank) 做设计时，赖特就开始对混凝土的审美特质产生了兴趣。在这座建筑中，他用装饰面板将高侧窗的墩柱夹起来，从而缓解了混凝土墙体的效果，直到 1901 年这个设计才公之于众。同年在泛美博览会上，他为泛波特兰水泥公司 (Universal Portland Cement Company) 做了雕塑展示，探讨了混凝土的造型性质。他在拉尔金大厦 (Larkin Building) 上使用了预制混凝土构件，设计于 1902 年。不过他第一座演示了这种新材料的重要作品是橡树园的统一神庙 (Unity Temple in Oak Park)，设计始于 1905 年。这座建筑对他的设计生涯以及施工技术难题的解决是极其重要的。困难不在于钢筋混凝土是一种新材料，而在于这种材料从未以这种方式（暴露出来）处理过。构筑起这种单色的宽阔墙面而做到不变色、不开裂、不留浇铸线痕迹，具有悦人的视觉肌理效果，之前从未有人尝试过。[2]他还以新颖的方案（极少的投资）提出了"5000 美元防火住宅"的提案（1907）以及旧金山 22 层摩天大楼的壮观设计（1912）。赖特对材料潜能的理解要领先同代人好多年。

[221]

　　在新世纪最初的那些年中，赖特更有名的作品是他的住宅设计。他的草原风格 (prairie style) 住宅，其水平伸展的外形与纸风车式的平面特色，最早出现在赫勒宅邸 (Heller House)（1897）和胡塞尔宅邸 (Husser House) 的设计中。不过草原风格本身是 1900 年以布拉德利宅邸 (Bradley House) 以及希克斯宅邸 (Hickox House) 的设计而一鸣惊人的。他由此向前推进，其进展令人惊讶，在短时间内接二连三地设计了橡树园的威利茨宅邸 (Willits House)（1902—1903）、斯普林菲尔德 (Springfield) 的达纳宅邸 (Dana House)（1903—1904）、橡树园的切尼宅邸 (Cheney House)（1903—1904）、布法罗的马丁宅邸 (Martin House)（1904）、里弗赛德 (Riverside) 的孔利宅邸 (Coonley House)（1907—1912）、芝加哥的罗比宅邸 (Robie House)（1908—1911）。他在 1908 年为《建筑实录》(Architectural Record) 撰写的一篇文章中对自己的思想作了最初的明确表述，与 87 幅插图同时发表。

　　该文题为《为建筑代言》(In the Cause of Architecture)，在建筑细节上提供了丰富的信息，不过它阐发的内涵更有参考价值。文章以他的那种爱默生式的对"自然"与"有机感"的尊敬开头，将这种尊敬表述为"一种关于形式与功能关系的知识"[3]。在后来的一篇同题文章中，他将有机建筑定义为"一种由内而外**生发出来**的建筑，与它的存在条件相和谐，和由外部**实施**的建筑完全不同"[4]。就他宽广的哲学视野而言，这个定义是关键性的，尽管这里只是他信念的一个提示。在谈到"中西部新学派"时，他列举了草原住宅的六项原则，第一项是"简单与宁静"，类似于贝尔拉赫早几年讲座中提出的观点，但赖特以建筑参考图进行了详尽的阐述，例如房间要尽量少，将门窗与建筑结构作整体设计，限制细节，将壁画与墙壁结合起来。在讨论"一座建筑看上去应该是从容地从建筑用地上生长起来"这条原则时，他主张采用平缓的屋顶、低矮

1　赖特，《建筑师》，52。

2　关于他就此做出的决定，见西里 (Joseph M. Siry)《统一神庙：弗兰克·劳埃德·赖特与自由宗教建筑》(Unity Temple: Frank Lloyd Wright and Architecture for Liberal Religion, New York: Cambridge University Press, 1996)，143—148。

3　赖特，《为建筑代言》(1908)，收入《弗兰克·劳埃德·赖特文集》，1:86。

4　赖特，《为建筑代言》(1914)，收入《弗兰克·劳埃德·赖特文集》，1:127n。

的比例、宁静的天际线、低矮的台地以及僻静的私家花园，并以向外延伸的围墙将花园围合起来。所有这一切都是景观理论的重要革新。其他原则，例如应运用自然色彩，展示材料性质——都与他的思想融为一体。但他省略了这些观念的讨论，详细讲述了他与立约人方面的话题。只是到文章末尾才回过来谈这个问题：

> 至于说将来，工作肯定会更加简单。线条越少，形态越少，表现力会越丰富；用劳力越少，节奏会越分明，越具塑形感；越一致，但会越流畅；越具有机性。建筑将不仅更完美地适合于建造方法与工艺，而且也将进一步找到美妙的、上乘的方法与工艺，并以我们能想象的最清晰、最具男子气的手笔将其理想化。[1]

[222]

这些话与其说是预言，不如说是自信心的暗示，这是一位 41 岁的建筑师在他创造力的早期顶峰时体会到的一种自信。不过，赖特的个人生活正处于危机之中。1908 年，他在他的橡树园事务所里接待了来访的哈佛大学教授弗兰克 (Kuno Francke)。弗兰克指出，尽管他的工作在美国不太受人重视，但德国公众却准备接受他，因此他应考虑将他的事务所迁到国外。[2] 此后不久，他收到一封来自柏林出版商瓦斯穆特 (Wasmuth) 的信，说可以为他出版作品集。这一邀请正好为他失败的婚姻以及和马玛·切尼 (Mamah Cheney)（他先前的代理人之一）的情感纠葛提供了一条出路。于是他于 1909 年 6 月离开芝加哥，与切尼一道在柏林和菲耶索莱 (Fiesole) 度过了一段浪漫的时光。在菲耶索莱他准备此书的图稿。这本个人作品集至少后来证明是一大成功，使赖特在国际上名气大振，而这种私通行为也通过美国报纸广泛传播开来，使赖特在国内臭名昭著，不得人心。由于赖特在出版之际撰写了文章，使得这部专集显得更为重要。

这篇文章再一次回应了爱默生和沙利文的精神。或许此文最有趣的是他强烈意识到了自己的救世使命，即要使美国建筑师摆脱历史主义的苦难根源。他谈到美国的民主理想，谈到美国的机遇以及个人的独立性，甚至谈到美国人自我察觉到的文化低下，尤其是在东北部流行的这种意识。在那些地方，"我们迅速富裕起来的公民想要购买现成的传统。他们被拖着向前走，却总是朝后看，这种态度最荒唐可笑，他们要仿效花哨趣味的典型实例"[3]。相反，"中西部地区别具特色，人们视野开阔，善于独立思考，习惯于从常识出发思考艺术问题，如同在生活中一样"[4]。赖特正是以这种首创样式来装扮他的作品——有机建筑，在这种建筑中，"装饰构思恰恰寓于底平面，恰恰是结构成分"。他以使人联想到洛斯的那种讽刺口吻指出："织物的经纬线若不能产生足够的偶发效果或多样性，一般是无法拼凑起来的。取得一致性往往以牺牲微妙

---

1 赖特，《为建筑代言》(1908)，收入《弗兰克·劳埃德·赖特文集》，1:100。

2 赖特本人对这些事件的说法，见赖特，《自传》(*An Autobiography*, New York: Horizon Press, 1977)，185—186。

3 赖特，《弗兰克·劳埃德·赖特已建成的建筑物与设计图》(Ausgeführte Bauten und Entwürfe von Frank Lloyd Wright, 1911)，收入《弗兰克·劳埃德·赖特文集》，1:108。

4 Ibid.

性为代价。"[1]中西部人家的住宅就应该设计得经久耐用，要做到这一点，就必须运用悦人的色彩、柔和的肌理、有活力的材料以及水平线；"对于欧洲人来说，这些纸上的建筑似乎是不可居住的，但它们凭借着完全不同的手段获得了高度与空气，并尊重一种古代传统，在这里是唯一值得尊重的传统——大草原"[2]。

在这最后这一点上赖特当然是正确的。他设计的住宅底平面轴线交错，向着草木丰盛的自然景观伸展。在受到很大空间限制的欧洲建筑师眼中，这似乎有点怪异。一些建筑师对赖特设计的这种平面布局与形态的纯二维抽象效果感到惊讶，他们没有认识到几何学和结构对赖特的重要性。关于这一点，出版于1912年的一本小册子十分重要，题为《日本版画：一个说明》（*The Japanese Print: An Interpretation*）。从许多方面来看，这是他所有著作中最有启示性的一本书。在谈到所有日本艺术的内在"结构"时，他从总体上将这种设计概念定义为"纯形式，以一种非常明确的手法将各个部分或元素组织进一个更大的统一体中——一个充满活力的整体"[3]。几何学是建筑结构的基础；几何学就是他所谓的形式"文法"。但几何学只是某种更为深刻的东西的起点：

> 但是，在形态几何学与我们的联想观念之间有一种精神上的相互关联，这构成了形态几何学的象征价值。在任何几何形态中都寄寓着某种"符咒力"，它有几分神秘，如我们所说，是事物的灵魂。如果我们试图准确地、令人信服地解释为何某些几何形式对我们而言具有象征意义，为什么会暗示出某些人类的观念、气质与情感——例如：圆形表示无限，三角形表示结构统一性，尖顶表示渴望，螺旋形表示有机进步，正方形表示正直。不过事实是，这些基本的几何形态之间多少存在着细微的区别，我们的确能感觉到某种精神品质，我们可称之为形态的"符咒力"。艺术家随意摆弄着形态，就像乐师在键盘上自由自在地奏出乐音一般。[4]

这也正是使赖特战前设计的建筑那么新颖那么迷人的东西——它的符咒力。无论是埃弗里·孔利宅邸（Avery Coonley House）（1906—1909）的平面几何形聚合，还是米德韦花园（Midway Gardens）（1914）的那种超现实的构图以及玛雅文化式的形态，赖特的建筑总是十分奇特，或许对于他已冒犯的设计神灵来说太奇特了。赖特从菲耶索莱回美国之后，绕过了芝加哥和他的妻子（她拒绝离婚），在威斯康星的麦迪逊城（Madison）外建立了塔里埃森事务所。他将马玛和她的两个孩子安顿在这里，与他事务所的职员待在一起。有一天他到芝加哥去视察米德韦花园的建造工程，他家的男厨子因偏执狂而发疯，将这座住宅的外部封起来并点上了火，然后拿着一

1　赖特，《弗兰克·劳埃德·赖特已建成的建筑物与设计图》，收入《弗兰克·劳埃德·赖特文集》，112。
2　Ibid., 113.
3　赖特，《日本版画：一个说明》（1912），收入《弗兰克·劳埃德·赖特文集》，1:117。
4　Ibid., 117–118.

[223] 把斧子拼命向试图逃出大火的人砍去。共有 7 人受重伤，其中就有马玛和她的两个孩子。赖特一蹶不振，塔里埃森的生活区化为了灰烬。这场大灾祸令他不堪回首。

6. 加尼耶、佩雷、让纳雷与桑泰利亚

　　赖特于世纪之交用钢筋混凝土做实验，而在法国，托尼·加尼耶（Tony Garnier）（1869—1948）与奥古斯特·佩雷（Auguste Perret）（1874—1954）也在做着同样的实验。这两位建筑师曾在巴黎美术学院接受训练，导师为加代（Julien Guadet）。但他们的作品与世纪之交仍主导着学院教学的构图方法和古典形式主义并不相像。

　　加尼耶是里昂人，他在家乡创办了自己的建筑事务所。[1] 加尼耶于 1889 年开始研究建筑，曾不少于 6 次参加大奖的竞赛，最终于 1899 年获得成功。正是在罗马，他开始构思《工业城》（Cité Industrielle）一书的主要内容。1904 年他在巴黎展出了各种素描图，并继续画设计图，直到该书于 1917 年出版。这个项目是乌托邦式的，属于法国傅立叶和圣西门的实证主义传统，其前提之一就是"社会秩序的进步"将最终导致一切土地共同所有以及食物、水和医药的政府分配。[2]他的其他政治与社会观念可能受到了普鲁东（Pierre-Joseph Proudhon）与勒普莱（Frédéric Le Play）的著作以及霍华德新近发表的关于花园城市观点的影响。加尼耶设计的工业城的规模（35000 居民）与霍华德的模型相当，它的居住区强调的是步行环境与绿色景观，也与霍华德的设计不谋而合。但加尼耶接受甚至褒扬工业化，他要使城市在条件允许的情况下发展，表达了一种不同的思维定式，尤其关注卫生（阳光、空气、植物）以及区划布局。实际上这座城市清晰地划分为居民区与公共区域，公共区域包括了行政大楼、文化设施（博物馆、图书馆）以及运动设施。工业区远离城镇，水电站也是如此。甚至墓地和医院也安排在毗邻的山脚下，用绿地与市中心分隔开来。这些素描要将人们的注意力集中于方便的步道、（空无一人的）巴黎式林荫大道以及对传统居民街区布局的利用，充其量只是暗示了最近发展起来的汽车交通。

　　加尼耶设计的另一显著特色是采用钢筋混凝土来砌造所有墙体和天顶。这种材料已在法国广泛发展起来，可追溯到宽特罗（François Cointereaux）在 1790 年代做的实验，而加尼耶还有较新的范例，这就是埃内比克（François Hennebique）1880 与 1890 年代创立的混凝土革新体系。不过加尼耶的设计就其细节而言总是展示了一个天才建筑师的手笔，而他的合逻辑的、全然抽象的解决方案，尤其是纸面上的方案，对这一时期来说具有创新意义。

---

1 关于加尼耶与他的《工业城》，见维本森（Dora Wiebenson），《托尼·加尼耶：工业城》（*Tony Garnier: The Cité industrielle*, New York: George Braziller, 1969）。参见《加尼耶全集》（*L'oeuvre complete*, Paris: Editions du Centre Georges Pompidou, 1989）；朱利昂（René Jullian），《托尼·加尼耶：建筑与乌托邦》（*Tony Garnier: Constructeur et utopiste*, Paris: P. Sers, 1989）；以及卡济米尔兹（Krzysztof Kazimierz），《托尼·加尼耶与法国城市功能论争》（*Tony Garnier et les débuts de l'urbanisme fonctionnel en France*, Paris: Centre de Recherce d'Urbanisme, 1967）。

2 维本森在《托尼·加尼耶》一书的结尾处翻译了加尼耶《工业城》一书的前言，107—112。

1904 年之后加尼耶回到了里昂。社会主义者赫里欧（Edouard Herriot）在 1908 年被选取为市长，这使他找到了一位知音。市长想聘用他，让他的天才在营建一座社会主义城市的事业上得以施展。战前加尼耶设计了混凝土与钢架结构的新屠宰场（1909—1913）、格朗热－布兰奇医院（Grange-Blanch）（1911—1927）以及里昂体育馆（Lyons Stadium）（1913—1918）。所有这些建筑都完全没有历史风格的痕迹，结构清晰是其显著的特征，但都并不具备他的乌托邦城市的说服力。

在运用钢筋混凝土方面，加尼耶在巴黎美术学院的一位同学佩雷更有名气，尤其是他在巴黎富兰克林路上的公寓楼（1903—1904），与埃菲尔铁塔隔塞纳河相望。[1] 1891 年佩雷进入巴黎美术学院，很快升入一年级，但 1897 年他在未获得文凭的情况下离开了学校，加入了他父亲的招商公司（文凭或许会妨碍他作为一位承包商的活动）。他与兄弟居斯塔夫（Gustave）合伙建立了一家设计事务所。富兰克林路上的公寓楼与赖特的统一神庙几乎同时建造，动迁的地块很浅，这导致兄弟俩设计了 U 字型的平面，将整个循环系统移到了后部，所有房间都朝向大街。至于结构，佩雷兄弟采用了埃内比克专利技术，即带有混凝土内嵌板的柱板体系（是埃氏本人建议的）。六层楼板各边挑出结构体系之外，并用葵花纹样的瓷砖铺面，与统一神庙清水混凝土墙面形成了对比。屋顶以花园来美化。

尽管高度与宽度适中，但它仍是早期多层构造的重要实例。接下来佩雷又设计了篷蒂厄路（rue Ponthieu）上的停车场（1905）以及香榭丽舍剧场（Théâtre des Champs Elysées）（1911—1913）。这后一座建筑先是由凡·德·维尔德在 1911 年设计的，但实际的委托任务最终落到了佩雷的手中。就此事两人之间还产生了激烈的争执。最终的设计对于结构的推敲颇值得注意。不过作为一个结构杰作，它在战前被贝格（Max Berg）设计的混凝土建筑百年纪念堂（Centennial Hall）所超越。

[224]

佩雷在 20 世纪早期建筑中占有一席之地，部分原因是他与勒·柯布西耶有着密切的关系。让纳雷（Bom Charles-Edouard Jeanneret，让纳雷是勒·柯布西耶的本名）（1887—1965）是在瑞士钟表制造小城拉绍德封（La Chaux-de-Fonds）长大的，那里离法国边境不远。他接受的建筑教育既庞杂又广泛。[2] 1905 年他入学于家乡艺术学校，成了校长勒普拉泰尼耶（Charles L'Eplattenier）的学生，这位校长将他引向了建筑。不过他最初学的是装饰艺术，所上的课程结合了欧文·琼斯的装饰原理，具有新艺术运动的倾向。在沙佩拉兹（René Chapellaz）的帮助下，让纳雷在 1906 年设计了他最早的住宅，以一种如画式的风格将中世纪风格和瑞士的木结构农舍形式结合起来。1907—1911 年间他主要外出旅行，去了意大利、奥地利、法国和德国。从 1909 年夏开始，他在巴黎曾在佩雷位于

1　关于佩雷，见柯林斯（Peter Collins），《混凝土：新建筑愿景：奥古斯特·佩雷及其先辈的研究》（*Concrete: The Vision of a New Architecture: A Study of Auguste Perret and His Precursors*, London: Faber & Faber, 1959）；罗杰斯（Ernesto N. Rogers），《奥古斯特·佩雷》（*Auguste Perret*, Milan: Il Balcone, 1955）；布里顿（Karla Britton），《奥古斯特·佩雷》（*Auguste Perret*, London: Phaidon, 2001）；加吉安尼（Roberto Gargiani），《奥古斯特·佩雷，1874—1954：理论与作品》（*Auguste Perret, 1874-1954, Teoria e opere*, Milan: Electa, 1993）；以及弗兰普顿（Kenneth Frampton）在他的以下著作中论佩雷的章节：《构造文化研究：19、20 世纪建筑构造的诗学》（*Studies in Tectonic Culture: The Poetics of Construction in Nineteenth and Twentieth Century Architecture*, Cambridge: M. I. T. Press, 1995）。

2　关于勒·柯布西耶的早年，见布鲁克斯（H. Allen Brooks）极有价值的研究，《勒·柯布西耶的成长期：查理－爱德华·让纳雷在拉绍德封》（*Le Corbusier's Formative Years: Charles-Edouard Jeanneret at La Chaux-de-Fonds*, Chicago: University of Chicago Press, 1997）。

富兰克林路上的事务所兼职。这短短的学徒期他学不到什么东西（10 月结束），因为佩雷并不过问任何重要的具体项目，而且让纳雷也无数学能力去思考混凝土设计的工程技术问题。不过他待在巴黎也有好处，可置身于大都市以及它的文化生活之中。

让纳雷在 1910 年花了大部分时间待在拉绍德封，着手撰写一本关于城市规划的书，但一直没有完成。在这些年中，他沉迷于西特的城市规划原则。实际上，正是让纳雷想要为他的这本书（以及答应编写的另一本关于德国实用艺术的书）收集更多的资料，才使他在 1910 年春天动身去了德国。他先去了慕尼黑，在那里他寻求与特奥多尔·菲舍尔（Theodor Fischer）合作，但未成功。柏林的一次德制同盟大会吸引他来到这座城市，在那里他见到了贝伦斯，并参观了新近落成的 AEG 大楼。6 个月之后，通过努力，这位年轻的瑞士建筑师被贝伦斯事务所接纳，工作了 5 个月。在那里他接受了唯一严格的建筑训练，并放弃了早期的中世纪主义而喜爱起贝伦森的古典主义。但对这位喜怒无常的年轻人来说，这段时间并不开心，正如他的书信以及文章所表明的。接下来让纳雷从柏林出发作了一次"东方之旅"（voyage d'orient），游历了巴尔干、土耳其、希腊和意大利，于 1911 年回到拉绍德封定居下来，写他的第一本著作《德国装饰艺术运动研究》（Étude sur le movement d'art decorative en Allemagne）（1912）[1]。

这本书十分简朴，思考的是过去若干年来的实验。逻辑很简单，但口气很大，带有民族主义的腔调。该书是拉绍德封当地的艺术学校委托他撰写的，不久他进了这所学校任教。此书一开始是"综论"，他诅咒 19 世纪的装饰艺术——除了拿破仑的"帝国风格"，他认为这种风格是单纯的布尔乔亚趣味的重大胜利。在他看来，装饰艺术到了 19 世纪下半叶便不复存在了，"除了格拉塞（Grasset）、罗斯金和莫里斯"[2]。德国在 1871 年时尚未统一，在艺术领域德国已经"模仿了法国好几个世纪"，但是现在德国却想当"现代主义的冠军"。[3] 他认为法国并不怕，因为德国之所以取得成功，只是依靠了它的经济条件与组织技能，以及"系统吸收（购买）了巴黎画家与雕塑家（库尔贝、马奈、塞尚、梵·高、马蒂斯、马约尔等人）的艺术作品"[4]。因此，德国新近的成功只不过是由德国个性缺陷所造成的一种"偶然事实"。相反，"在法国，人们的思想与精神则正常地、不断地向前发展着"[5]。

接下来，让纳雷开始进入他研究的实质部分。他回顾了德制同盟、奥斯特豪斯（Karl Osthaus）在哈根（Hagen）的新博物馆、AEG 所做出的努力、城市规划运动以及德国艺术教育。他的描述很简洁，没有提出什么洞见或信息。在"最后的思考"部分，他反复谈德意志种族在艺术上的低下，承认德意志人具有"组织的天分"，但带着蔑视的口吻说："如果巴黎是艺术之家，而德

---

1 见特鲁瓦（Nancy J. Troy），《法国现代主义与装饰艺术：从新艺术到勒·柯布西耶》（*Modernism and the Decorative Arts in France: Art Nouveau to Le Corbusier*, New Haven: Yale University Press, 1991），103—107。

2 让纳雷，《德国装饰艺术运动研究》（New York: Da Capo Press, 1968; originally published in 1912），11。

3 Ibid., 11—13.

4 Ibid., 13.

5 Ibid.

国便是制造中心。"[1] 他在这一年早些时候写给勒普拉泰耶的信中，有两句话预演了结论一章的观念，或许形象地透露出了他对于这个国家的优越感："法国使德国从属于它，而德国顺从。"[2] 当然，第一次世界大战是不久的将来的事情，战争中双方都发泄着同样的情绪。

在意大利，战前的局面更为复杂，但比法国稍乐观一点。数百年来意大利处于外国势力 [225] 统治与主导之下，1870 年作为一个民族国家而统一。但这统一却是纸面上的，因为实际上几乎没有意大利人说官方的托斯卡纳方言。东北地区保持着与奥地利哈布斯堡王朝在文化上的紧密联系；西北部则向法国靠拢。罗马这个新首都依然是古典学术中心，但它的南方古典主义则被北方中世纪主义所抵消。意大利 19 世纪的两个最重要的建筑理论家塞尔瓦蒂科（Pietro Selvatico）（1803—1880）和博伊托（Camillo Boito）（1836—1914）都赞同北方哥特式潮流。

国家的统一，*Risorgimento*（复兴运动），也促使许多意大利人迫切希望明确民族艺术的特征并取得艺术上的独立性。博伊托 1880 年出版的著作，其导论题为《论未来意大利建筑的风格》（On the Future Style of Italian Architecture），是意大利建筑理论的里程碑。博伊托是米兰布雷拉美术学院（Brera Academy）的建筑史教授，他反对当时的历史主义，呼吁一种基于理性原则的新民族风格的出现。在接受现代建筑工程技术的同时，他反对切断与往昔的一切联系。他提出一种中世纪伦巴第风格作为当今建筑的理性起点，尽管并未披上考古学的外衣。[3]

1890 年在都灵举办的意大利建筑博览会上出现了争论，博伊托的这一观点遭到了一些人的反对。[4] 展览的背景是达龙科（Raimondo D'Aronco）设计的古典风格展览大厅，装饰着明亮的多彩色调。许多人对他大胆简化的古典形式大为不满，另一些人，如批评家梅拉尼（Alfred Melani），则悲叹道："我们的建筑是一种被艺术所窒息的建筑，它的灵感被混杂无序的风格重负所压制，被经院主义教条的过时权威所扼杀。"[5] 梅拉尼早在他的《意大利建筑手册》（*Manuale architettura italiana*）（1887）一书中就不再采用历史风格了，到该书出版第四版（1904）时，他甚至利用瓦格纳和霍夫曼的成就来为自己的案例增色。[6]

这种学术冲突再次出现在世纪之交的两次展事上，即 1900 巴黎博览会上的意大利展，以及更重要的 1902 年都灵现代装饰艺术国际博览会。巴黎博览会对意大利的设计师产生了负面影响，因为它表明大放异彩的新艺术在法国达到了顶峰，而意大利在发展新艺术方面落在了后头。在都灵博览会上，达龙科的那些漂亮的分离派风格的建筑再一次出尽了风头，这种交锋最终屈服于北方艺术入侵，包括奥尔布里希、贝伦斯、蒂法尼、麦金托什与霍尔塔的作品。尤其

1 让纳雷，《德国装饰艺术运动研究》，74。
2 让纳雷致勒普拉泰耶的书信，1911 年 1 月 16 日。引自布鲁克斯，《勒·柯布西耶的成长期》，251。
3 博伊托（Camillo Boito），《论未来意大利建筑的风格》（Sullo stile futuro dell'architettura italiana），收入《意大利中世纪建筑》（*Architettura del medio evo in Italia*, Milan: Ulrico Hoepli, 1880）。
4 见埃特兰（Etlin）以下著作中描述这次博览会的章节：《意大利建筑中的现代主义，1890—1940》（*Modernism in Italian Architecture, 1890—1940*, Cambridge: M. I. T. Press, 1991）。
5 梅拉尼（Alfred Melani），《建筑中的教条主义》（Dottrinarismo architettonico），收入《都灵第一届意大利建筑展，1890 年 10 月至 11 月大会》（*Prima Esposizione Italiani di Architettura in Tornio. Conferenze ottober-novembre 1890*, 1891），31—32。引自埃特兰，《意大利建筑中的现代主义》，6。
6 梅拉尼，《意大利古今建筑手册》（*Manuale architettura Italiana antica e moderna*, Milan: Ulrico Hoepli, 1904），496。

是奥尔布里希那些诱人的形式被达龙科看作是神圣的（因此也是值得抄袭的），它们的魅力将早些时候关于民族风格的问题推到了一旁，至少是暂时性的。不过这展会还是极其成功的。

这次展览的副产品是所谓"自由风格"（liberty style）的诞生（此风格还有其他名称），正当新艺术在其他地方衰落之时，它出现在了意大利。这场新建筑运动就像在其他国家一样，起到了促使年轻建筑师与古典往昔断绝关系的效果。在新世纪头一个 10 年中，一批优秀建筑师的作品表明了对带有地方特色印记的单纯构图形式的喜好，这些建筑师是梅拉尼（Alfredo Melani）、托雷斯（Guiseppe Torres），尤其是里戈蒂（Annibale Rigotti）。这就为更激进的未来主义建筑搭起了舞台。

这个未来主义先锋派团体的头面人物与巴黎立体主义圈子之间有联系，他就是诗人马里内蒂（Filippo Tommaso Marinetti），他那篇关于精神疏离与技术现代性的启示录般宣言首次发表于 1909 年。[1] 以他自己形象的说法，他开着飞车一头撞进水沟，由此获得了精神自由。从这种体验中，他便可以颂扬下面这些东西，如"热爱危险""速度之美"、民族主义、战争的荣耀（"世界上唯一的卫生学"）、"藐视妇女"以及"博物馆、图书馆、一切学校"的毁灭等。[2] 次年，波乔尼（Umberto Boccioni）将这一未来主义信条引入绘画，现在绘画要杜绝一切模仿形式，杜绝一切"和谐"或"高雅趣味"的概念。[3]

第一份建筑领域的未来主义宣言直到 1914 年才发表，署名者为桑泰利亚（Antonio Sant'Elia）（1888—1916），尽管此文是否由他撰写常有争议。[4] 桑泰利亚出生于科莫，十几岁来到米兰，1909—1911 年间入学布雷拉美术学院，在设计工作室接受训练。那时工作室仍以瓦格纳学派的影响占主导地位。1911 年他还未毕业就离开了学校，这是为了能参加若干设计竞赛，不过这不能解释两年后他为何突然迷恋起筒仓、发电站和厂房的抽象体积形态。这些"动力"（Dinamismi）成了他后来的视觉狂想曲《新城市》（La Città Nuova）的起点。这一创意占用了他 1914 年的大部分

[226] 时间。在 2 月伦巴第建筑展上他首次展出了 11 幅工业城市素描，大致同时他加入了"新趋势"协会（Nuove Tendenze），这是一个建筑师团体，他们追随未来主义者，但并未走极端。在 5 月的展览上，桑泰利亚展出了他的 16 幅新城市概念素描，其效果令人惊讶——有 6 幅画的是高楼，3 幅是发电厂。基亚托内（Mario Chiattone）曾与桑泰利亚在工作室中共过事，他也画了 3 幅城市摩天大楼的素描，这些都更为准确地预示了未来建筑的发展趋势。但桑泰利亚的素描（钢笔淡彩和彩色铅笔）在形式上更为丰富，更富有生气，画面运用了斜线，突出表现了步行桥、庙塔形态、电梯与汽车、飞机与火车的精神质般的运动（图 73）。

---

1 马里内蒂的宣言首次发表于 1909 年 2 月 20 日。英译本见哈里森（Charles Harrison）和伍德（Paul Wood）编，《1900—2000 年的艺术理论：观念演变文集》（*Art in Theory 1900–2000: An Anthology of Changing Ideas*, Oxford: Blackwell, 2003），146—149。

2 Ibid., 147–148.

3 波乔尼 1910 年 4 月 11 日的宣言的签名者还有卡拉（Carlo Carrà）、鲁索洛（Luigi Russolo）、巴拉（Giacomo Balla）以及塞维里尼（Severini）。见哈里森与伍德，《1900—2000 年的艺术理论》，150—152。

4 桑泰利亚的作者身份在 20 世纪下半叶一直都有争议。关于他职业生涯的详情，见迈耶（esther da Costa Meyer）的杰作《安东尼奥·桑泰利亚的工作：退入未来》（*The Work of Antonio Sant'Elia: Retreat into the Future*, New Haven: Yale University Press, 1995）。

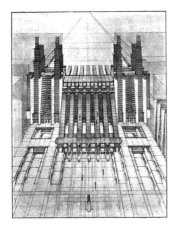
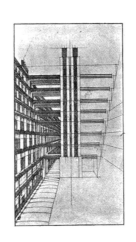
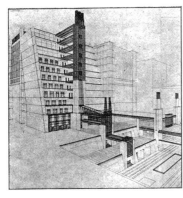

图73　桑泰利亚，未来主义宣言。采自《米兰未来主义运动的方向》(*Direzione del movimento Futurista Milano*，米兰，1914)。

在 1914 年的展览手册上，桑泰利亚发表了一则宣言，后来被称为《启示》(*Messaggio*)。该文呼吁建筑抛弃一切过去的东西，重新开始。20 世纪的世界要求一种重新设计的现代城市，一种毫无纪念性与装饰性之陈旧概念的城市。它反对"各国的、各式各样的时新建筑"、历史保护、静态线条以及与现代文化不协调的昂贵材料。[1] 取而代之的是一种新建筑，"冷静计算的、大胆而无所顾忌的、简单的建筑；钢筋混凝土的建筑，用铁、玻璃、纸板、织物及一切替代木头、石头、砖头的材料建造的建筑，这可使我们获得更大限度的弹性和轻巧性"[2]。此文一般被看作是马里内蒂数月之后所发表的那份宣言的一个补充，它诅咒一切奥地利、匈牙利、德国和美国的伪先锋派建筑，坚信未来主义建筑的检验印记将是"退化与无常"[3]。回顾起来，桑泰利亚以及更一般意义上的未来主义运动似乎是战前孤立出现的现象。

战争爆发了，这些争论与素描都没有立即在欧洲建筑圈子中产生影响，许多年之后人们将其视为一种脱离了 20 世纪建筑理论主流的现象。英国史家班纳姆 (Reyner Banham) 在 1960 年将桑泰利亚抬到了先锋派理论中心人物的地位，恢复了他的名声，"就精神立场而非形式或技术

1　引自迈耶，《安东尼奥·桑泰利亚的工作》，212。

2　Ibid.

3　康拉兹 (Ulrich Conrads)，《20 世纪建筑纲领与宣言》(*Programs and Manifestoes on Twentieth-Century Architecture*, Cambridge: M. I. T. Press, 1975)，36，38。

方法而言"[1]。尽管这一看法代表了对早期桑泰利亚评价的一个重要进步，但评价得确实过了头。桑泰利亚对 20 世纪现代主义的贡献大体上是一种诗性的贡献：他以精致的、富于启示性的素描展示了一个崭新的世界，但仅仅停留在纸上。他的最后一篇宣言发表于 1914 年 8 月，就在战争爆发几天之后。他拥护马里内蒂所信奉的"爱与危险"和穷兵黩武式的民族主义道德标准。后来他当了兵，于 1916 年 10 月战死于前线。

7. 穆特修斯和贝伦斯

穆特修斯（Hermann Muthesius）（1861—1927）的建筑批评，是洛斯等人在 20 世纪初年所发起的针对分离派和青年风格论战的先导，并最终超越了这些论战。[2] 提到这位图林根建筑师的名字，一般会联想到他论英国建筑的重要出版物。但仅仅关注这些书便会忽略他对 20 世纪现代主义所做出的更为重要的贡献。穆特修斯被人们正确地称为 20 世纪第一位重要的建筑理论家，他具体规定了德国现代主义建筑发展的进程，在这方面无人出其右。

此外，穆特修斯是威廉时代（Wilhelmine era）（1871—1918）新兴中产阶级抱负的化身。他曾在柏林大学学习艺术史和哲学，后来在 1883 年进入柏林高等理工学院（Technische Hochschule）学习建筑。他曾担任普鲁士政府的初级建筑师，在瓦洛特（Paul Wallot）事务所短期工作过（在那里他恰恰错过了施特赖特尔），后来在恩德 & 伯克曼建筑公司（Ende & Bockmann）任职，监管政府在日本的工程项目。他在远东待了 4 年，于 1891 年回德国，两年之后再次到公共工程部任职。正是这个部门以及商业部在 1896 年派他作为德国使团随员前往伦敦。他的使命是研究英格兰装饰艺术与建筑，类似于 12 年前多梅承担的任务。穆特修斯完全接受了多梅的美学观，因此他的第一本论英格兰的书《当今英格兰建筑》（Die englische Baukunst der Gegenwart）（1900）也就表现出了与多梅同样的对于诺曼·肖和韦布传统的喜爱，而现在这一传统又在莱萨比、沃伊齐、麦金托什等人的作品中有了新的发展。[3] 但注意到以下这一点也是重要的，即这种对英格兰建筑的欣赏态度是在普鲁士政府政策的背景下形成的，穆特修斯从来没有提倡在德国采用英国的做法，

---

1 班纳姆，《第一机器时代的理论与设计》（*Theory and Design in the First Machine Age*, London: The Architectural Press, 1982; originally published in 1960），99。

2 关于穆特修斯的思想以及他在德制同盟中发挥的作用，见罗特（Fedor Roth），《赫尔曼·穆特修斯与和谐文化的观念：作为一个民族全部生活之表现的艺术风格统一性的文化》（*Hermann Muthesius und die Idee der harmonischen Kultur: Kultur als Einheit der künstlerischen Stils in allen Lebensäusserungen eines Volkes*, Berlin: Mann Verlag, 2001）；施奈德（Uwe Schneider），《赫尔曼·穆特修斯与 20 世纪初叶关于园林建筑改革的讨论》（*Hermann Muthesius und die Reformdiskussion in der Gartenarchitektur des frühen 20. Jahrhunderts*, Worms, Germany: Wernersche Verlagsgesellschaft, 2000）；马丘伊卡（John Vincent Maciuika），《赫尔曼·穆特修斯与德国建筑、艺术与工艺改革，1890—1914》（Herrmann Muthesius and the Reform of German Architecture, Arts and Crafts, 1890–1914, Ph. D. diss., University of California, Berkeley, 1998）；以及胡布里希（Hans-Joachim Hubrich），《赫尔曼·穆特修斯："新运动"之建筑、工艺美术与产业文集》（*Hermann Muthesius: Die Schriften zu Architektur, Kunstgewerbe, Industrie in "Neuen Bewegung"*, Berlin: Mann, 1981）。

3 穆特修斯，《当今英国建筑：英国新民用建筑实例》（*Die englische Baukunst der Gegenwart: Beispiele neuer englischer Profanbauten*, Leipzig: Cosmos, 1900）。

他不可能这么做，因为他也受到了许多其他精神力量的影响。

早在 1890 年代初，穆特修斯就被德国艺术改革运动中的社会争议文章所吸引，作者有阿 [227]
韦拉里乌斯（Ferdinand Averarius）、朗本（Julius Langbehn）以及利希特沃克（Alfred Lichtwark）。他们许多人在面
对工业化引发的巨大社会变革时都积极投身于德国文化保护，艺术成了他们理论中一个重要庇
护所与救赎源泉。例如，朗本的书《作为教育者的伦勃朗》（Rembrandt als Erzieher）（1890）或许就是
这个 10 年阅读面最广的书。[1] 他在此书中诅咒 19 世纪晚期的物质主义者和对技术的过分追求，
寻求"德国性"的概念与之相抗衡。这种文化图像弘扬的是单纯正派的德国精神。朗本影响了
施特赖特尔与舒马赫，并极大地丰富了利希特沃克的思想。朗本还影响了自由派政治家，如瑙 [228]
曼（Friedrich Naumann），这就表明这些社会与政治运动比一般认为的要更为复杂。

另一个在 1900 年前后影响了穆特修斯的人物是迈耶－格雷费（Julius Meier-Graefe），他是《潘神》
杂志的创办者之一，实际上他与利希特沃克在办刊宗旨上意见不合。1897 年迈耶－格雷费成
为《装饰艺术》（Dekorative Kunst）的编辑，但于 1899 年离开去巴黎开了一家商店，即"现代画馆"
（La Maison Moderne），是由凡·德·维尔德设计的。但正如前面曾讨论过的一篇 1901 年的文章所提
示的那样，他在这时已远离这个比利时人了。这一点很重要，因为正是在《装饰艺术》杂志
上——在 1901 年——穆特修斯发表了他第一篇攻击凡·德·维尔德的文章，并提到了"新
艺术"。

穆特修斯的《新纹样与新艺术》（New Ornament and New Art）一文，是这一时期重要性仅次于瓦格
纳《现代建筑》的文章。他的论证清晰而直截了当，综合了早期改革家反复阐述的思想。穆特
修斯一开篇就赞扬了迈耶－格雷费数月之前发表的文章，正是因为该文作者背离了"荒唐的"
青年风格和分离派取向。他指出所有艺术改革"一开始都很肤浅"，有趣的是他用威廉·莫里
斯对中世纪纹样与生产方式的热爱作为例子，对这一点做了说明。[2] 在欧洲大陆，之所以对"狂
欢式"装饰表现出强烈的喜好，其原因是许多年轻艺术家接受的是画家的训练，因此他们将创
造与"情感"混为一谈，比如用 26 根木头来做一个椅背的荒唐做法。穆特修斯在进一步抨击
凡·德·维尔德时指出，这同一类艺术家在为他们的纲领准备某种理论时，将"目标的实现"
置于所列清单的首位。而这个目标与结果并不相符，这些取向只是导致了时尚而不是实实在在
的创造。

针对"新艺术"的异想天开，穆特修斯提出要以"常识"作为检验标准，并提出了当代
生活追求实用性这一事实。他遵循着施特赖特尔的思路，将常识和实用性归在"客观性"的名
目之下："长期以来，建筑中的'制作风格'阻碍了'客观性的'进步——在装饰艺术领域也
是如此。如果我们简单地抛开制作风格和制作建筑，我们就会惊讶于'客观的'的进步。因此，

---

1 见朗本（Julius Langbehn），《作为教育者的伦勃朗：以一个德国人的眼光来看》（Rembrandt als Erzieher: Von einem
　Deutschen, Leipzig: Hirschfeld, 1890）。
2 穆特修斯，《新纹样与新艺术》，载《装饰艺术》4（1901）：353，356。

引入新的艺术意图还不如净化所谓的艺术意图。"[1] 因此他呼吁"杜绝任何肤浅的纹样或线条表现"，因为我们生活在一个中产阶级理想的时代，我们需要一种中产阶级的艺术。他引用了多梅在 1888 年对这种效果所发表的意见，"具有较高敏感性的人不再去装饰"[2]。这就预示了洛斯的观点。现代人既不喜欢他壁纸上的"非再现性线条"，也不喜欢"自然主义玫瑰"，而可能会欣赏"制作精美的帆船箭一般掠过水面，电灯，以及自行车——这些东西似乎比任何青年风格或分离派风格的新家具、新墙纸更切近地把握住我们时代的精神"[3]。穆特修斯对瓦格纳与利希特沃克的争论做出了回应，他赞扬了在家居设计中对卫生、自然光、空气和身体舒适度的重视："我们需要明亮洁净的房间，没有杂乱无章或沾染灰尘的东西；家具光滑而简单，易于清洁和搬动；房间通风而开敞。"[4] 简而言之，这篇仅有几页的重要文章是德国 20 年现实主义（即"客观性"）理论的一份法规式摘要。

穆特修斯不失时机地推进他的观点，次年他出版了《风格建筑和房屋建造术》(*Stil-Architektur und Baukunst*)，基于 1901 年所做的两次演讲。[5] *Architektur*（建筑）是一个源于希腊语和拉丁语的术语，18 世纪进入德语，指高级的或纪念性的建筑设计。而直到 19 世纪在大多数德语写作中采用的都是德语词 *Baukunst*（建造）。穆特修斯的标题是要将具有"风格"的高级艺术（强加的、外来的、折中的）与更为实在的德语词"建造"进行对比，这后一个词意味着建筑物是以一种不装腔作势的、现实的或"客观的"的方式建造的。

此项研究的第一部分是对砖的历史回顾，其中充满了对往昔的概括与蓄意简化，这些内容往往会并入另一些早期现代主义的历史。穆特修斯认为，有两种正宗的风格，即希腊式与哥特式；文艺复兴作为一种风格并不成功，主要由于它是"人为培育的"，是一种"优秀原创性艺术的苍白映像"。此外，它很糟糕是因为"一种为统治阶级服务的艺术取代了民众的哥特式艺术"。[6] 18 世纪早期，市民们做出了某些革新，但这些成果又被 18 世纪中叶的"第二次"革命所推翻——希腊新古典主义的兴起。新古典主义引起的混乱导致了 19 世纪形形色色古典风格的理想主义（有些建筑师，如欣克尔成功地加以运用）以及浪漫主义，而浪漫主义又引发了哥特式复兴运动（好的、诚实的设计）。像森佩尔这样的古典主义者，由于他们的"世界主义建筑"，由于他们没有认识到"北欧艺术"，而被无情地摒弃了。[7] 而哥特主义者，如维奥莱－勒－迪克和莫里斯，由于他们拥有"构造感受力"以及"工艺性、合理性与真诚性"，则分别

[229]

---

1 穆特修斯，《新纹样与新艺术》，载《装饰艺术》4（1901）：362—363。

2 Ibid., 364.

3 Ibid.

4 Ibid., 365.

5 穆特修斯，《风格建筑与建造术：19 世纪建筑的变化及其现状》(*Stilarchitektur und Baukunst: Wandlungen der Architektur im XIX. Jahrhundert und ihr heutiger Stand punkt*, Mülhm-ruhr, Germany: Schimmelpfeng, 1902)；由安德森（Stanford Anderson）英译为 *Style-Architecture and Building-Art: Transformations of Architecture in the Nineteenth Century and Its Present Condition*, Santa Monica, Calif.: Getty Publications Program, 1994)。1903 年第 2 版的前言中注明了这两个讲座，但没有给出详情。

6 穆特修斯，《风格建筑与建造术》，51—52。

7 Ibid., 68.

受到了颂扬。[1] 在穆特修斯的叙述中没有中间地带。辅以机器的手工艺传统衰落了，崩溃为这一个世纪晚期的"虚无"；而 19 世纪——在未来几十年中无休止重复的一个口头禅——只能被称作"无艺术的世纪"[2]。

在这夸大其词的分析之后，穆特修斯为 20 世纪制定了纲领，提出了若干重要思想。如果说所有"高级"建筑的生产都失败了——从对各种风格的利用到"将现代植物纹样与树苗母题贴到古老机体之上"——这是因为建筑正立于一个新时期的门槛上。[3] 经济与交通运输的新需求、材料与构造的新原理、对舒适的新关注，这一切都为现在与将来的艺术生产创造了全新的环境。在这方面，主导性的力量是会议大厅、火车站、轮船、自行车等："在这里我们注意到了一种严谨的，可以说是科学的客观性 (Sachlichkeit)；对于一切肤浅装饰形式的戒除；一种严格遵循作品应满足之目的的设计。"[4] 但在做这番陈述时，穆特修斯并没有提倡在建筑实践中使用纯工程形式。在他的理论中，正如我们已注意到的，以下这两个方面是来回游移的：一方面是纯"客观的"工业设计（施特赖特尔早先称之为构造的"客观性"），另一方面是更具中产阶级特点的、平实的，但满足情感需求的、日常生活中的建造艺术。[5] 现在清楚了，穆特修斯关于"客观性"设计的看法大体与施特赖特尔 1896 年关于现实主义的定义相一致。他将 1890 年代早期所体验到的乡土情感注入于对"客观性"的理解中。

因此，这种潜在于机器、车辆、桥梁背后的务实情感似乎与更为普遍的日常生活的改革并行不悖：

> 当母亲建筑 (Mother Architecture) 发现自己走上了歧途，生活便不得歇息，要继续为已做出的革新创造形式，纯客观性的简单形式。客观性创造了我们的机器、交通工具、器械、铁桥和玻璃大厅。客观性冷静地向前走，因为它从实际出发——人们会说是从科学出发。客观性不仅体现了这时代的精神，它自身也适合于构造美学观，而这些美学观念在相同的影响之下也改变着。[6]

而这最后提到的观点——现代建筑实践的"构造美学观"——不仅源自工业，也源自 19 世纪工艺美术运动以及其他改革运动。这种立场与早先各种立场的一个关键区别就是穆特修斯公开拥护机器。这在 1901 年的德国几乎是独一无二的。实际上，正是他在哲学上接受了机器，才为他所提出的建筑的中心任务是创造"无装饰的实用形式 (Sachform)"的要求奠定了基础[7]。

1　穆特修斯，《风格建筑与建造术》，65—67。
2　Ibid., 50.
3　Ibid., 78.
4　Ibid., 79.
5　见安德森为穆特修斯《风格建筑与建造术》一书撰写的导论，14—19。
6　穆特修斯，《风格建筑与建造术》，98。
7　Ibid., 92.

也正是这种接受机器的态度使他与德意志制造联盟（German Werkbund）中的一些成员发生了冲突。德制联盟成立于 1907 年，它成为德国传播这些观点的主要载体[1]，不过几乎同样重要的是穆特修斯在 1903—1907 年间对商业部的改革，以及他对德意志实用艺术协会（Verband des deutschen Kunstgewerbes）的领导。穆特修斯于 1903 年回国后担当了主要角色，他领受的任务是根据他的英国体验与哲学观对德国商业学校与工艺美术学院进行改革。他重新组织了学校的课程，创办了教学工作坊，协助安排展览，这一切都是为了促进国内产品的出口，提升国民生活的质量。正是他成功完成了这些任务——在"现代"客观性原则名义下实施——才为德制联盟的成立奠定了基础。

在这方面，穆特修斯并非孤立一人。1903 年他回到德国，贝伦斯（Peter Behrens）（1868—1940）便与他联手。数月之前，贝伦斯已被任命为杜塞尔多夫工艺美术学院院长。[2] 贝伦斯在近期转变了立场，投身到现代工业的事业之中。1880 年代晚期他接受了绘画训练，1890 年代作为一位艺术家工作于慕尼黑。1899 年，他听从了阿波罗的召唤，迁往达姆施塔特艺术家村。正是在那里，他于 1900 年建造了自己的住宅，并由此开始了建筑师的生涯。不过到 1902 年他拒绝了这个艺术家村的神秘主义艺术观，本质上达到了与穆特修斯相同的认识水平。[3] 在这一批与穆特修斯共同奋斗的艺术家与建筑师中，还有里默施米德（Richard Riemerschmid）（1868—1957）、卡尔·施密特（Karl Schmidt）以及珀尔齐希（Hans Poelzig）（1869—1936）。他们最初在一起合作的一大成果便是第三届德国工艺美术展览会，1906 年举办于德累斯顿，主要组织者是舒马赫（Fritz Schumacher）。展览会上的亮点则是各学校实行的改革，尤其是保罗（Bruno Paul）主持的 [230] 柏林学校以及贝伦斯的杜塞尔多夫学校。在这里值得对一年之后德制联盟的成立经过做一番评述。

成立德制联盟的意图是要将艺术家和工业家联合起来，有点类似于科尔在 19 世纪组织的联盟。不过不同的是，一开始各种主张与目标便相互冲突。1907 年，将近三百位艺术家和其他人士应邀出席了在慕尼黑举行的第一次大会。大约有一百人到场听了舒马赫于 10 月 5 日发表的主旨演讲——题目《重新赢得和谐文化》（The Reconquest of A Harmonious Culture）颇有说服力——他悲叹前工业时代理想的衰落，同时强调了作为现代生活之本质的现实主义。[4] 成立这样一个组织

---

1 关于德制同盟的创办及其目标的两种不同看法，见坎贝尔（Joan Campbell），《德制同盟：实用艺术领域的改革策略》（*The German Werkbund: The Politics of Reform in the Applied Arts*, Princeton: Princeton University Press, 1978）；以及施瓦茨（Frederic J. Schwartz），《德制同盟：第一次世界大战前的设计理论与大众文化》（*The German Werkbund: Design Theory and Mass Culture before the First World War*, New Haven: Yale Universtiy Press, 1996）。参见达尔·科（Francesco Dal Co）以下著作中关于德制同盟的章节：《建筑思想界的名人：德国建筑文化，1800—1920》（*Figures of Architecture and Thought: German Architecture Culture 1880–1920*, New York: Rizzoli, 1982）。雅尔松贝克(Mark Jarzombek)的关于德制同盟目标的文章虽短，但很重要：《工艺美术、德制同盟以及威廉时代的文化美学》（The Kunstgewerbe, the Werkbund, and the Aesthetics of Culture in the Wilhelmine Period），载《建筑史家协会会刊》（March 1994）：7—19。

2 关于穆特修斯、贝伦斯以及这些改革的情况，见马丘伊卡，《赫尔曼·穆特修斯与德国建筑、艺术与工艺改革，1890—1914》，185—245。

3 Ibid., 133—134.

4 舒马赫，《重新赢得和谐文化》（Die Wiedereroberung harmonischer Kultur），载《艺术守望者》（*Kunstwart*）21（January 1908）：135—138。

的时机业已成熟，3 年之后会员激增，超过了 700 人。一些艺术与工业圈子之外的知识分子，如社会学家松巴特 (Werner Sombart) 与政治家瑙曼 (Friedrich Naumann) 也积极参与同盟的策划与讨论。参与的建筑师包括了战前几乎所有重要人物：里默施米德、贝伦斯、保罗、奥尔布里希、霍夫曼、凡·德·维尔德、菲舍尔、博纳茨 (Paul Bonatz)、珀尔齐希、泰森诺 (Heinrich Tessenow)、布鲁诺·陶特 (Bruno Taut) 以及格罗皮乌斯。像这样的建筑师、工艺师、教师、音乐指挥以及理论家之间的联合，之前从未有过。同盟的目标是要促进工业艺术改革，既为了增加国民财富（通过出口），又为了提升本国的生活水平。在"客观性"的主标题下也涵盖了建筑的议程。

尽管同盟声称不会将任何总体设计观强加于会员，但的确存在着想方设法在幕后操控设计取向的情况。穆特修斯于 1908 年被选入管理委员会，在机构中发挥着关键的作用，一直持续到 1914 年。1907 年他在商业学校发表了重要演讲，主张他们应以社会进步与爱国主义之名接受现代"新运动"的原则，从而冒犯了一家传统匠师联合会。[1] 商业部为了平息由他的言论所引起的骚乱，不许穆特修斯参加 10 月召开的第一次德制同盟大会。但他并没有长期出局。他在 1908 年第二次同盟大会上发表了演讲，重申了他的立场，声称如果德国要在国际市场上取得成功，就必须拥有优秀的设计产品；必须要有一个更大的国家合作战略，同时地方也要接受新的设计原理。这又类似于科尔在 1850 年代提出的纲领，只有以下这一点有所不同：人们更为坦率地承认了这场"新运动"的民族主义意图。还有另一个关键性的区别：英格兰在 19 世纪拥有一个殖民帝国和殖民联邦，而德国在 1908 年却没有。因此德国人更多地考虑到了优秀设计对经济的促进作用。

在这些问题中，赫勒劳花园城 (Hellerau) 也提上了议事日程，同盟后来迁到了那里。[2] 德国早在 1902 年就成立了花园城市协会，但在 1906—1907 年间这个协会几乎与同盟合并了。工业家卡尔·施密特 (Karl Schmidt) 于 1906 年提出在德累斯顿城外建一座花园城，为德国工艺厂 (German Werkstätten) 的工人们提供生活区。其实它不仅仅是个社区，还是涉及卫生与公共生活的一项大胆的社会实验。为实现这一目标，施密特将未来的同盟成员召集起来，组成委员会审议这个项目，其成员包括里默施米德、穆特修斯、菲舍尔、舒马赫、瑙曼以及同盟的书记多恩 (Wolf Dohrn)。里默施米德设计的总体布局是弯曲的街道与排屋，标准化的门窗与固定件是其住房模型的特色。他还设计了工厂与漂亮的商业中心——全部运用了德国南方乡村的本地设计语言。穆特修斯设计了若干别墅与带花园的联排住宅（图 74），他的设计语汇受到英格兰的影响，包括灰泥三角墙与红瓦顶、油漆的窗户与百叶窗以及白色的木桩栅栏。泰森诺 (Heinrich Tessenow) (1876—1950) 摆脱了这些模式，设计了严肃简朴的住宅街区，山墙高耸，自主的形式与简化的细部透出纯朴感。赫勒劳堪称战前德国最优秀的建筑设计之一，很快便成为来自世界各地艺

---

1 穆特修斯，《工艺美术的含义》(Die Bedeutung des Kunstgewerbes)，载《装饰艺术》15 (1907)：177—192。

2 关于赫勒劳的讨论见马丘伊卡，《赫尔曼·穆特修斯与德国建筑、艺术与工艺改革，1890—1914》，333—363。参见莱恩 (Barbara Miller Lane)，《德国与斯堪的那维亚诸国的民族浪漫主义以及现代建筑》(New York: Cambridge University Press, 2000)，155—161。

图 74　穆特修斯，赫勒劳花园城排屋，1910。本书作者摄。

术家和知识分子的一个朝圣地。

　　不过，1911 年围绕泰森诺设计的赫勒劳体操与舞蹈馆（Hellerau Institute of Rhythmic Movement and Dance）爆发了争论，这是社区的健康、体育与文化中心。泰森诺设计的特点是以一座高高的前廊式神庙样式作为中心建筑，通高的方柱简化为抽象的形式，唯一的浮雕装饰是位于两个山墙上的（阴阳）圆窗。多恩支持这种古典式设计，而施密特、里默施米德、穆特修斯和菲舍尔则强烈反对。当这个方案得到复议委员会的支持后，后三位退出监管委员会以示抗议。穆特修斯很快便撤销了多恩的同盟书记一职。

[231]　　这场争论突显了这样一个事实，即穆特修斯的"客观性"纲领必须找到它的形式语言。1904 年他本人回归建筑实践，在柏林周边地区建了若干郊区住宅，将英格兰的规划与本土的山墙形式结合起来。作为一位建筑师，穆特修斯并没有超越利希特沃克在 1890 年代所提倡的地区现实主义情感。不过到了 1910 年，在德国出现了两股潮流，与这种乡土浪漫主义相对立。一是新兴的新古典主义运动，通常称作"比德麦耶风格复兴"（Beidermeier revival，"比德麦耶风格"指 1815—1848 年间流行于中欧地区代表中产阶级趣味的一种文艺流派），其领导者是柏林建筑师梅拜斯（Paul Mebes）（1872—1938）。1908 年他出版了一本插图丰富的书，在书中他极力主张以 19 世纪早期那种灵感源自古典的，但又十分纯朴的市民建筑作为当今建筑实践的出发点。[1] 正如我们预料的那样，围绕对"客观性"构造论的解释——即工业美学问题——形成了一种对立的运动。奥地利理

1　梅拜斯，《1800 年前后：建筑与手工艺在上世纪的传统发展》（*Um 1800: Architectur und Handwerk im letzten Jahrhundert ihrer traditionellen Entwicklung*, Munich: F. Bruckmann, 1908）。

论家卢克斯 (Joseph August Lux) (1871—1947) 是其主要发言人，他的《工程师的美学》(*Ingenieur-Ästhetik*) (1910) 从本质上来说复兴了 19 世纪的争论，坚持认为建筑师不应像艺术家，而应像工程师。诚实的、经济的当代工程作品不仅是美的，而且公众很快就会将它们看作是美的：" 时间一长，现代技术结构就会被人感觉是美的。"[1]

只有在上述这两场运动的背景下我们才能理解贝伦斯的工作。当然，正是他在 1901 年宣布这水晶为 " 符号 " 并精心安排了达姆施塔特社区的戏剧性开幕式。[2] 1903 年贝伦斯在商业部与穆特修斯会合，他俩同样渴望着改革。他们坦诚相见，即便贝伦斯在 1903—1907 年任杜塞尔多夫工艺美术学校校长期间也是如此。不过在建筑方面，贝伦斯仍需几年的磨砺。他舍弃了早期的青年风格，在奥尔登堡 (Oldenburg) 设计了展览馆 (1905)，玩弄着抽象的建筑概念，具有几何学的纯粹性，这无疑在很大程度上受到荷兰建筑师劳韦里克斯 (J. L. M. Lauweriks) 的影响。在 1906 年德累斯顿展览上，贝伦斯为一家漆布公司设计了一个展馆，这一次采用的是早期文艺复兴的佛罗伦萨古典风格。1906 年设计的哈根垃圾焚化场也采用了同样的风格，这是他为博物馆馆长奥斯特豪斯 (Karl Osthaus) 做的。不过 1907 年贝伦斯的风格改变了，那时他成了通用电气公司 (Allgemeine Elektricitäts-Gesellschaft)，即 AEG 的艺术顾问。现在贝伦斯不仅进入了德国工业精英的社会圈子，也成为贯彻同盟设计目标的第一位建筑师。

此时他脱颖而出，成了德国最引人注目的建筑师。如果考虑到他的实践还不到 10 年，这便是一个了不起的成就了。接下来，贝伦斯指导了 AEG 公司的所有设计活动，无论是建筑、平面设计还是电子产品。电子产品包括电灯、电扇、散热器、电锅和时钟。所有这些产品都可以通过大批量生产供货。在 1907 年发布的一份备忘录中，他禁止 " 对手工艺、历史风格或其他材料进行模仿 "，提倡重视机器生产工艺。正如一位历史学家就这份备忘录所说的，" 其目的就是要对生产工艺进行艺术上的确认，这一点可以通过开发设计方法来实现，而设计方法将与机器形态保持一致，并在审美上与机器形态相类似 "[3]。后来证明这是一个重要的超前思维战略，无论一只茶壶设计，还是一个电灯固定件设计，都是如此。

[232]

贝伦斯继承了梅塞尔 (Alfred Messel) 的职务成为公司建筑师。梅塞尔曾于 1905—1906 年间设计了 AEG 的行政大楼。贝伦斯在 1907—1910 年间将年轻设计师组织成一个优秀的团队，其中包括密斯·凡·德·罗和格罗皮乌斯，他对他们此后的发展产生了深刻影响。密斯战前设计的柏林住宅与贝伦斯同时期设计的建筑并无二致，而格罗皮乌斯最初在贝伦斯的工作室中培养起了对标准化住宅设计的兴趣。他在 1909—1910 年间花了大量时间写信给工业家，以建筑师

---

1 卢克斯，《工程师的美学》(Vienna: Gustav Lammers, 1910)，38。

2 贝伦斯，《德国艺术文献：1910 年达姆施塔特画家村展览纪念文集》(*Ein Dokument deutscher Kunst: Die Austellung der Kunstle-Kolonie in Darmstadt, 1901, Festschrift*, Munich: F. Bruckmann, 1901)，9。关于贝伦斯的生平与工作，见布登塞格 (Tilmann Buddenseig) 等，《工业文化：彼得·贝伦斯与 AEG，1907—1914》(*Industriekultur: Peter Behrens and the AEG, 1907–1914*)，怀特 (Iain Boyd Whyte) 翻译 (Cambridge: M. I. T. Press, 1983)；以及安德森，《彼得·贝伦斯与一座为 20 世纪设计的新建筑》(*Peter Behrens and a New Architecture for the Twentieth Century*, Cambridge: M. I. T. Press, 2000)。

3 布登塞格，《工业文化》，42。

图 75 贝伦斯，柏林透平机厂，1908—1909。采自卢克斯的《工程师的美学》（慕尼黑，1910）。

和艺术顾问的身份为他们提供服务。通过努力他接到了第一项委托任务，为法古斯鞋厂设计厂房。

　　贝伦斯的代表性作品当然是柏林 AEG 透平机工厂的厂房（1908—1909），即所谓的"工业神庙"（图 75）。在过去的一个世纪中，它成了现代运动的一座圣像——但几乎出于错误的理由。这座复建筑物的情况很复杂。贝伦斯只是一位艺术顾问，负责监管工程师贝尔纳（Karl Bernhard）的施工。而此建筑的各种特色，如钢架结构和玻璃墙的采用，都是 AEG 设计委员会决定的。这两位设计师之间的关系也颇为紧张。贝尔纳主张用更多的玻璃并用于各个角落，他反对这位建筑师"基于艺术真实的理由"而采用向上倾斜的混凝土塔门（非承重的，用条状钢板贴面做成粗面石效果）和混凝土山墙（用隐藏的钢桁架支撑）。[1] 而贝伦斯则强烈反对"根据功能与技术来设计所有艺术形式的现代美学倾向"[2]。关于这个问题，在早期现代主义范式的逻辑之内，贝伦斯实际上是一个"保守主义分子"，他甚至提出——与卢克斯相反——纯技术性

---

1 贝尔纳，《柏林通用电气公司透平机厂的新车间》（Die neue Halle für die Turbinenfabrik der Allgemeinen Elektrizitätsgesellschaft in Berlin），载《德国工程师协会杂志》（Zeitschrift des Vereins Deutscher Ingeieure）39（1911）：1682。引自威廉（Karin Wilhelm），《工厂艺术：透平机车间及其影响》（Fabrikenkunst: The Turbine Hall and What Came of It），收入布登塞格，《工业文化》，143。

2 贝伦斯，《艺术与技术》（Kunst und Technik）在 AEG 发表的演讲，载《柏林人日报》（Berliner-Tageblatt）25 January 1909。引自布登塞格，《工业文化》，62。

的构造往往是"丑陋的"，用合适的外衣来遮掩这种丑陋则是建筑师的任务。他坚持纪念性碑式的造型，试图将工业建筑提高到高级艺术的层面。

1913 年发表在英格兰《科学美国人》(Scientific American) 增刊上的一篇文章进一步说明了他的意图。他回归到德国理论中一个十分陈旧的观点，即钢铁与玻璃会使形式丧失物质形态。相比之下，建筑应该是"空间的形成"(the formation of space) [1]。因此，他根据施马索的理论，将两侧角落的混凝土塔门解释为"只是想起到连接与闭合作用" [2]。水平条带与钢架结构的垂直线条形成了对比，正是通过这样的设计，对于"习惯于感官印象的眼睛"来说，便产生了紧凑的效果和审美上的稳定感。[3] 所以移情论的影响还是很强烈的。在文章的结尾处，他强调艺术家发挥的作用超越了工程师的专业工作："世界上已创造出的一切伟大事物都不是认真尽责的专业劳作的结果，而是伟大的、强有力的个性之产物。" [4] 因此，他以尼采式恳求的口吻强调，要尊敬这些伟大的、强有力的个性，也就是说，"应该实现并成就现代风格的特色，拥有所需之创造力和明确风格感的建筑师和工程师都应该认识到这一点" [5]。

不过，贝伦斯最有趣的理论观点出现在他的"艺术与技术"(Art and Technology) (1910) 的演讲中。该文开篇即引用了张伯伦 (Houston Stewart Chamberlain) 关于文明（物质进步）和文化（精神与艺术进步）之间的区别，他坚信工程技术作品"只是通过实用的成就和物质意图进行创造"，着眼于物质的进步，但它们不能为文化提供基础。[6] 同时，他误将"实用的和物质的意图"归咎于森佩尔："或者，如维也纳学者李格尔曾指出的那样，森佩尔关于艺术作品本质的机械观应以一种目的论的观点取代，这种观点将艺术作品看作是某种具体的、有意识的艺术意志 (Kunstwollen) 的结果，它战胜了功能性目的、原材料和技术。" [7]

尽管这段话表面上误解了森佩尔的理论，类似于瓦格纳在 10 多年前的观点，但实际上却代表了真正的宫廷政变。20 世纪早期具有决定论热情的现代主义正是诞生于这一时刻，被赋予了一种新的（但依然是老的）终结感。森佩尔的艺术理想主义，实际上已被李格尔的"艺术意志"概念杀死了。

[233]

这种解释需要说明一下。历史学家李格尔曾是维也纳工艺美术博物馆的织物部主管，他在整个学术生涯中都是一个虔诚的森佩尔式人物，经常用森佩尔的理想主义来缓冲他的艺术意志观念。李格尔起初 (1893) 用这个概念来维护个人的艺术自由，认为艺术意志超越了决定艺术的材料因素。不过，李格尔在《罗马晚期的工艺美术》(1901) 一书中转了向，他指责森佩尔是个物质主义者，因为其实李格尔在此书中提出了他自己的艺术意志概念，从个人的艺术冲

---

1 贝伦斯，《工业建筑的美学：完美适应于实用目的的美》(Beauty in Perfect Adaptation to Useful Ends)，载《科学美国人》(suppl., 23 August 1913)：120。

2 Ibid.

3 Ibid.

4 Ibid., 121.

5 Ibid.

6 贝伦斯，《艺术与技术》，收入布登塞格，《工业文化》，213。

7 Ibid.

动到超个人的或目的论的时代精神，这种时代精神决定了任何特定年代或特定文化的艺术作品。[1] 伟大的艺术家迈步向前，但他们只能表现出他们时代的特定的精神——这样一种观点，在本质上使得曾被击败的黑格尔主义（黑格尔的理论模型）重新回到建筑理论中。贝伦斯拥护李格尔的理论，他幸运地诞生于和谐的星空之下，现在他可以将他的努力定义为是在探求一种"成熟的文化"，也就是说，作为一位大艺术家，命中注定要揭示新工业时代的时代精神。于是，早期现代运动的命运在这里被罩上了目的论的哲学外衣，这一取向在 1920 年代将会变得更强烈、更显著。因此，贝伦斯在 1910 年以这样的预言结束了他的演讲："德国艺术与技术将为了实现这个目标而工作：建设强大的德意志民族国家，它在富裕的物质生活中展现其自身，而富于精神性的精美设计则使物质生活高贵起来。"[2] 现在艺术被罩上一件几乎是赤裸裸的政治外衣。

所有这一切将我们带向了 1914 年德制同盟在科隆举办的展览会，那时穆特修斯和贝伦斯的目的论纲领变得相当明确了。现在同盟被一些个人纠纷和派系所困扰，这一点第一次为人们注意到。随着多恩的离去，穆特修斯有效地控制了这个组织，同盟机关已从赫勒劳迁回到了柏林。穆特修斯作为操纵这一事件的幕后"第二主席"，也通过合法的同盟规划委员会攫取了科隆展览会的控制权，这个委员会的主席是奥斯特豪斯（Karl Osthaus）。[3] 奥斯特豪斯是一位富有的博物馆馆长，凡·德·维尔德与贝伦斯的早期赞助人，长久以来寻求一条独立于穆特修斯的路线。近来奥斯特豪斯结识了格罗皮乌斯，为他在贝伦斯的事务所中找了一份工作。1911 年他雇用格罗皮乌斯为哈根的博物馆收集无名建筑师设计的工厂、筒仓等建筑物的照片。现在他认识到自己在规划委员会的权威地位被穆特修斯在同盟内的无形地位所取代，所以他与格罗皮乌斯一道，开始盘算着要从同盟分离出去。

[234]

穆特修斯也利用他手中管理展览经费的大权（大部分是政府拨款）拉拢人。他反复阻挠凡·德·维尔德的剧场设计，使之拖到展览开幕式之后才得以完成。他否决了恩德尔（August Endell）的一项重要任命，将他降格为这个群体新等级中的一个次要角色。他也激怒了珀尔齐希，使他辞去了模范工厂建筑师的职位，后来格罗皮乌斯得到了委任。他还数次就工厂设计方案与格罗皮乌斯发生了冲突。穆特修斯甚至得罪了他先前的盟友贝伦斯，一开始他就拒绝了贝伦斯为展览做的选址规划。

同盟展览于 1914 年 5 月开幕，在此之前对抗情绪已经积蓄了起来。大会定于 7 月 3 日举

1　关于李格尔后来的"艺术意志"概念，见奥琳（Margaret Olin），《阿洛伊斯·李格尔艺术理论中的诸种再现形式》（*Forms of Representation in Alois Riegl's Theory of Art*, University Park: Pennsylvania State University, 1992），148—153。参见马尔格雷夫以下著作对李格尔的讨论：《戈特弗里德·森佩尔：19 世纪的建筑师》（New York: Yale University Press, 1996），372—381。

2　贝伦斯，《艺术与技术》，收入布登塞格，《工业文化》，219。

3　见马丘伊卡，《赫尔曼·穆特修斯与德国建筑、艺术与工艺改革，1890—1914》，364—388；以及芬德（Anna-Christa Fund）编，《卡尔·恩斯特·奥斯特豪斯与赫尔曼·穆特修斯的对立：保存于卡尔·恩斯特·奥斯特豪斯档案馆中之书信所反映的德制同盟纠纷》（*Karl Ernst Osthaus gegen Hermann Muthesius: Der Werkbundstreit im Spiegel* der im *Karl Ernst Osthaus Archiv erhaltenen Briefe*, Hagen: Karl Ernst Osthaus Museum, 1978）。

行，穆特修斯要发表主旨演讲。在会议前一周，穆特修斯分发了 10 条"命题"希望代表们口头表决，但却从团结在凡·德·维尔德周围的一个联合会收到了 10 条反命题，每条都与他针锋相对。[1] 穆特修斯调整了他演讲中的观点，想缓和这种敌对情绪，但已经太晚了。当天夜里和第二天，出席会议的代表们吵作一团，而格罗皮乌斯则在一旁精心策划退出该组织的行动（未成功）。表面上争论的问题是一个词"Typisierung"（定型），该词的含义在当时与眼下都有争议。[2] 穆氏的第一条命题是："建筑，以及同盟整个创造性的活动，就是要致力于发展出各种'定型'。只有这样，建筑才能再次获得它在那些和谐文化中曾拥有过的普遍意义。"[3]

早期论述这一对抗情节的历史学家将 Typisierung 定义为"标准化"，因此简单地将这争论看作是倾向于推行设计标准的人与赞成艺术自由的人之间的冲突——情况当然不是这样。凡·德·维尔德在他的第一条反命题中提倡艺术自由，他坚持认为，艺术家作为一个理想主义的、自由自发的创造者，永远会抵制"法则"的强制推行。接着他在第二条命题中立即放弃了这种自由，他要在这个时代精神强大的目的论（黑格尔式的）潮流的背后寻求艺术的庇护所。

最近历史学家们以另一些方式解释这场争论，词典将 Typisierung 一词定义为两层意思，一是程式化，一是理性化，似乎穆特修斯是从这两方面来理解这个词的，即对一件器物的美化，通过将它程式化使它合于理性并易于辨认，这就类似于贝伦斯在 AEG 生产的茶壶的程式化线条。以此看来，穆特修斯只是重复了他已说了 10 多年的话，他的看法不会引起听众的震怒。但穆特修斯的这个词还有另一层意思，是许多人认为不能接受的，尽管也不是什么新观点。在第 6 条命题中他提到德国出口贸易的成功是"关乎德国生死存亡的问题"。在下一条命题中，他坚持认为国家要开始做宣传或传播工作，以确保商业的成功。在第 9 条和第 10 条命题中，他明确将这些工作与大型企业的成长联系起来。看起来，在 1912—1914 年间，穆特修斯已经卓有成效地使德制同盟与商业部的工作步调一致，而正是这"非艺术的"冒犯使他栽了跟头。在这场冲突中丢脸的不只他一个。贝伦斯在这场争论中靠边站了，未能恢复他早先的地位。凡·德·维尔德（他作为比利时人很快被软禁起来）被边缘化了。如果说有谁在争论中获胜，那就是格罗皮乌斯与陶特，不过起初他们的胜利当然成了一个空心汤团。就在这争吵的同盟大会召开之前不久，奥地利大公弗朗茨·费迪南德 (Franz Ferdinand) 和他的妻子索菲亚 (Sophie) 在访问萨拉热窝时被一个刺客的两发子弹击中而身亡。7 月，欧洲的军队被调动起来去参与这个"成熟文化"新时代的第一次军事操练，这就是众所周知的第一次世界大战。

---

1 关于这 10 条命题与反命题，见《穆特修斯 / 凡·德·维尔德：德制同盟的命题与反命题》(Muthesius / Van de Velde: Werkbund these and Antithese)，收入《20 世纪建筑纲领与宣言》，康拉兹编 (Cambridge: M. I. T. Press, 1975)，28—31。

2 关于"Typisierung"一词的充分讨论，见施瓦茨，《德制同盟》，121—163。

3 译文引自安德森，《彼得·贝伦斯与一座为 20 世纪设计的新建筑》，215。

第十一章　欧洲现代主义，1917—1933

这个社会充斥着谋求可到手或到不了手之物的狂暴欲望。一切尽在于此：一切都取决于所做出的努力，取决于对这些令人担忧的征兆的重视。要么建筑，要么革命。革命能够被避免。

——勒·柯布西耶（1923）

1. 斯宾格勒主义对泰勒主义

这场"终结一切战争的战争"使欧洲几乎所有国家都卷入其中，还有美国、加拿大、土耳其、日本、澳大利亚、印度尼西亚、印度以及非洲的一些殖民地国家。战争投入军队 5500 万，诸如远程火炮、毒气、坦克、飞机、军舰、潜艇和机关枪等军事装备的革新，大大增强了现代战争的杀伤力。共计有 1000 万军人战死沙场，2000 多万士兵残疾。仅土耳其一国就损失了四分之一的男性国民。在波兰，有 400 多万人被杀或流离失所。令人悲哀的是，到头来人人都承认整场战争毫无意义，几乎事出偶然，是由于外交上的愚蠢错误、民族的傲慢态度以及不合时宜的条约义务混合在一起而造成的。

对于两个主要交战国法国与德国来说，这场战争只不过是 1870—1871 年积怨的继续而已。首先是军事联盟的形成，1879 年德国与奥匈帝国以及俄国结成了联盟，1882 年意大利加入。1890 年德国新皇帝威廉二世决定不与俄国重修条约，法国则趁机与俄国结盟。1902 年英国非正式地加入了法俄联盟，主要对峙的阵营业已形成。挑起冲突的恶名要由奥地利哈布斯堡王朝来承担，这个王朝的大公于 1914 年在萨拉热窝被塞尔维亚民族主义者暗杀之后，奥地利决定在一个月内向塞尔维亚宣战。俄国要履行保护塞尔维亚的条约义务，于是调动了军事力量。德、法、英也相应调集了军队。各国几乎没有做出任何外交上的努力以化解彼此间的不信任。威廉二世于 1914 年 8 月 31 日向法国宣战，4 天之后英国对德宣战，同一天德国入侵比利时。德国的战略很简单，他们极其自信，想要挡住东面的俄国，很快击溃法国，然后收拾英国。

但胜利并未迅速到来。德国军队快速越过法国北部，不过入侵行动在一个月内便停顿下来。东部前线俄国大兵压境，德国重新布置了东部兵力。同时英国开始向法国投入兵力，使得后来4年大部分时间里双方处于对峙局面。不过战斗依然很惨烈，每场战役均有大批人员死亡。德国在1915年4月发动了氯气攻势（接着很快便采用了更致命的芥子气），不久后意大利向奥地利开战（后来又向德国宣战）。仅1916年2月凡尔登一役法国就损失了50万士兵，德国则为40万。美国开始是中立国，后来逐渐被拖入冲突。1915年5月卢西塔尼号远洋客轮（Lusitania）被击沉，促使公众倒向同盟国一边，美国政府开始向法国和英国提供军需物资。作为回应，德国实施了无限制潜艇战。1917年3月美国两艘商船沉没，导致美国数月后对德国宣战，不过100多万军队调往欧洲要用一年时间方可完成。

[236] 同时，在东部地区毁灭性的一幕正在拉开，德国军队进入了俄国纵深地区。俄军大量伤亡，加之城市人口大量饿死，使沙皇尼古拉二世成了一位不得人心的统治者。1917年3月沙皇退位，成立了以亚历山大·克伦斯基（Alexander Kerensky）为首的临时政府。在苏黎世，布尔什维克革命者弗拉基米尔·伊里奇·乌里扬诺夫（Vladimir Ilich ulyanov），即列宁，密切关注着局势的发展。他与德国政府进行了秘密谈判，要求为他提供一辆列车，将他和他的同志们运回俄国。德国人提供了列车，条件是列宁发动一场革命使俄国退出这场冲突。列宁于4月中旬抵达圣彼得堡，托洛茨基（Leon Trotsky）同志很快加入了他的队伍。7月他们的第一次革命失败，列宁被迫逃往芬兰避难，但克伦斯基政府在外部左派与右派的夹击下最终垮台。1917年10月，列宁领导的革命取得了成功，很快便与德国媾和。他成为领导人，希望建立一个基于马克思主义原理的社会主义新社会。为了达到这一目标，他于1918年7月16日夜里批准处死了倒霉的沙皇尼古拉斯及其全家。

德国人促使俄国革命走向了成功，但很快革命之火在本国也燃烧起来。到1918年夏季，美国军队开始使法国战场局势改观，德军撤退。开战4年之后，由于德国战线拉得过长，维持不了工业与粮食生产。主要城市中饥荒与骚乱已是家常便饭，德国共产主义者（现在得到了列宁的支持）组织起来反对政府。后来德国海军兵变，战争便不可能再进行下去了。到了9月末，最高统帅要求伍德罗·威尔逊（Woodrow Wilson）准备了一份停战协议。文件的细节在1918年11月初敲定，条件之一是威廉二世退位，并废除他儿子的继位权。第一个11月革命政府最终被所谓的魏玛共和国所取代（因柏林发生骚乱谈判代表在魏玛见面），不过这也只是发生在斯巴达同盟（Spartacus League）领导人卡尔·李卜克内西（Karl Liebknecht）和罗莎·卢森堡（Rosa Luxemburg）试图将德国变成一个"自由社会主义共和国"的努力失败之后。这两位革命家于1919年1月15日被警察处死，若干天之后德国选出了一个温和的社会主义政府，由"人民委员"弗里德里希·埃伯特（Friedrich Ebert）领导。

但是埃伯特政府并没有成功的机会，因为凡尔赛和约（签署于1919年5月）的条款剥夺了德国赖以生存的物质与经济资源。德国丧失了许多领土，以致煤炭产量还不足所需的一半。法国坚持索要300亿美元的赔偿金。在1920年代前半期，德国通货膨胀问题相当严重，以至流通领域已经崩溃，只是依靠美国通过道威斯计划 (Dawes Plan) 注入了资金，才避免了一场经济灾难。获胜的法国与英国的日子也不好过，尤其是法国，在军事、政治和经济上已完全被毁，在 1929 年大萧条之前局势一直不稳定。当然，大萧条又导致了另一次灾难性的政治崩溃，最终又燃起了战火。

　　战争与劫后余波使欧洲 1920 年代的艺术发展成为一个特例。当建筑史家谈论两次世界大战之间的"现代建筑"革命时，他们一般指——至少就建成的建筑而言——1924—1930 年这段时间。这一期间，大多数国家的建筑活动有了短暂的复苏。由于住宅紧缺是战后欧洲面临的棘手问题，所以几乎所有建筑力量都集中于缓解这一难题。此外，住房短缺还伴随着一些具体的需求，即要以最小的经济投入和最短的工期建造最多的住房（高度密集的住宅更好）。这些标准本身便将建筑理论远远推到了传统范围之外，如关于装饰与风格等问题的讨论。简单来说，战争的残酷现实已经深刻改变了建筑实践的评价标准。

　　不过，这些年仍然出现了另一场深刻的建筑革命——在理论领域中——这场革命在很大程度上是众多建筑师被迫赋闲的结果。但在这里我们应谨慎地谈论这个问题。1920 年代的建筑现代主义在这些年中与平行发展的绘画和文学中的先锋派运动合为一体，这使得原本泾渭分明的意识形态模糊了。[1] 一方面，我们不能说 1920 年代的欧洲建筑理论没有什么革新，只是巩固了战前或其实是 1900 年之前提出的那些观念；另一方面，至少可以说先锋主义现象——加上它的政治维度——确实是新东西。在历史上只有为数不多的时刻，如在法国大革命之后，建筑思想带有如此明显的政治色彩，而且鲜有如此激进的理论表现形态。所谓的先锋派理论是在战后那些年政治经济一片荒芜的情形下发声的。

[237]

　　当然，1917 年的俄国革命是 1920 年代前半期对欧洲思想影响最重大的政治事件。无论你对共产主义运动在整个 20 世纪的发展进程做出何种解释，但不可否认它给饱受战争伤害的整个欧洲带来了某种希望。尤其是在战后的前几年，知识分子与艺术家都相信共产主义毫无疑问地会传遍整个欧洲。人们形成了广泛的共识，即欧洲进入了人类社会发展的新时期——一种目的论的定数将使人类摆脱未来战争的可能性。

　　然而，这种希望与同样强烈的悲观主义相混合，这点我们可以从斯宾格勒 (Oswald Spengler) 的《西方的没落》(Decline of the West) (1918) 一书所获得的成功中看出来，这是一本在当时欧洲阅读面最广的书。列宁（1870—1924）与斯宾格勒（1880—1936）在观点上的相似与差异之处非常多。他们都谈论"文明问题"，都相信西方文化处于其自然历史循环的末期，都认为这种变化不可避免，都论证了是工业化与经济利益造成了这一精神危机，都回避了先前西方人文主义的"永恒真理"。不过，唯物主义者列宁的愿景是同志们携手并肩一路高歌向着他们希望的土地阔

1　关于文学与绘画领域中先锋派运动的理论，见毕格尔（Peter Bürger），《先锋派理论》(*Theory of the Avant-Garde*)，迈克尔·肖（Michael Shaw）翻译（Minneapolis: University of Minnesota Press, 1984）。参见卡利内斯库（Matei Calinescu）视野更为开阔的著作《现代性的五种面相：现代主义、先锋派、颓废、媚俗、后现代主义》(*Five Faces of Modernity: Modernism, Avant-Garde, Decadence, Kitsch, Postmodernism*, Durham, N. C.: Duke University Press, 1987）。

步前进，而形而上学论者斯宾格勒看到的则是处处呈现出前途未卜的景象。对于后者而言，西方现代性的浮士德式精神并非诞生于 1917 年，而是诞生于 10 世纪，与精神的再发现和罗马式建筑相伴随。在文艺复兴虚假的阿波罗式倒退之后，它已在 17、18 世纪的巴洛克和洛可可时代呈现出成熟的色彩。19 世纪经历了西方境况不佳的冬天，浮士德式精神的没落文化（现在缺乏一切创造性）带着它的实证主义幻想，沉迷于不成熟的"文明"之中。斯宾格勒总结道，20 世纪得承认这条唯一的真理："唯有用鲜血才能将金钱打倒和废除。"[1] 最后，机器的三位"高级祭司"—— 企业主、工程师与工厂工人 —— 得以幸免，但前提是对帝国主义、更多的战争和"独裁主义"进行宗教式的清除。

尽管有时人们将列宁的马克思主义与斯宾格勒的保守主义解释为共产主义与资本主义世界观之间更大冲突的标志，但将这两者相提并论似乎已经模糊了意识形态与理论之间的微妙界线。这对于解释建筑理论是至关重要的。斯宾格勒的书最后用了两章来论述"金钱"与"机器"，这并非由于他看到自己的观点在本质上与社会主义相矛盾（他倾向于社会主义而非魏玛共和），而是因为他看到技术与工业化带来的过度的乐观主义已经使德国人的道德感陷入了危机。当他从这一点看问题时，他的哲学观引导他在美国工程师泰勒（Winslow Taylor）（1856 — 1915）的观念中，而不是在马克思主义中寻求恰当的理论反题。

斯宾格勒主义与泰勒主义的确形成了 1920 年代的观念场，欧洲理论于其中耗尽了精力。泰勒与斯宾格勒一样并不是学者，他在 19 世纪 80、90 年代是受雇于两家美国钢铁公司的一位管理者。为了提高生产效率，他对批量生产产生了兴趣，这促使他在 1911 年撰写了《科学管理的基本原理》(The Principles of Scientific Management) 一书，这可能是战后阅读面第二广的书。他一开篇便说："管理的主要目标就是确保雇主的最大利益，同时也确保每个雇佣者的最大利益。"[2] 泰勒的方法是将生产过程的每个具体阶段进行分解，用秒表来分析与记录每个动作所用的时间，去除一切错误的、缓慢的或不必要的动作；若有必要还要训练工人掌握新的和更有效率的动作。为了使这种分析更加"科学"，他雇吉尔布雷斯（Frank Gilbreth）用摄影机记录工人的动作，并将小灯绑在工人的四肢上作为辅助手段。运用这种技术带来的结果，有时被说成是一种糟糕透顶的愚蠢苦役，但泰勒的目标是双重的，既要增加产量，又要缩短工人的工作时间，提高工资，让他们有固定的休息时间。例如在研究砌砖时吉尔布雷斯发现，用可调节的脚手架码放砖头便可免去所有弯腰与上举的动作；调整砂浆的黏稠度后，工人不用敲打砖头便可使砂浆将砖垫到合适的高度。这项改进提高了砌砖速度，从原先每人每小时砌 120 块砖提高到 350 块。在另一项关于滚珠轴承检验的研究中，泰勒提高了三倍工作效率，工人工资从而提高了百分之八十至一百，并将每天的劳动时间从 10.5 小时缩短至 8.5 小时，还提供每个月连续两天的带薪假。

---

1 斯宾格勒，《西方的没落》，阿特金森（Charles Francis Atkinson）翻译（New York: Knopf, 1934），2: 507。

2 泰勒，《科学管理的基本原理》(Minola, New York: Dover, 1998; originally published in New York: Harper & Bros, 1911)，1。

美国汽车工业最为成功地运用了这些方法。亨利·福特 (Henry Ford)（1863—1947）是汽车领域起步相对较晚的一位开拓者。这一领域在 19 世纪晚期通过戴姆勒 (Gottlieb Daimler)、本茨 (Karl Benz) 以及奥尔兹 (Ranson Eli Olds) 等发明家的努力发展起来。在世纪之交，福特最初的两个汽车生产企业失败了，但到 1903 年他已经组建起了福特汽车公司，两年之后每年可生产一万辆汽车，每辆标价 400 美元。这些小型汽车以低于其他汽车均价的价格出售。但福特在降低成本的同时仍力求提高质量。1908 年，他推出了 T 型车 (Model T)（最初价格为 950 美元），这是当时动力最强、最经久耐用、最先进的汽车。1909 年他雇用艾伯特·卡恩 (Albert Kahn)（1869—1942）在海兰帕克 (Highland Park) 建了一家新装配厂。福特受泰勒的启发，创建了一条成熟的装配流水线，配备了传送带与移动平台以及行车，降低了工人的劳动强度，还花了几年时间完善了这套生产系统。到 1914 年欧洲开战时，福特已经进一步改进了这一体系，组装时间减少百分之五十，工人工资提高两倍，将他们的工作时间从每天 9 小时减少到 8 小时。这一年他决定每天增加三分之一的生产时间，结果发生了一件意想不到的事：工厂外聚集的人群发生了骚乱，强烈要求被雇用。至 1923 年，T 型车的成本降低到 260 美元，甚至在此之前福特的雇员就成了世界上第一批买得起这种原先是奢侈品的工人。因此他证明了泰勒的主张，"一种日常物品的价格下降，几乎会立即导致对这一物品需求的大量增加"，这就会降低失业。[1] 欧洲知识分子十分了解他的思想。德国社会主义者瓦尔歇 (Jakob Walcher) 在 1925 年写了一本书对此进行了中肯的总结，题为《福特或马克思？社会问题的实际解决方案》(Ford oder Marx? Die praktische Lösung der sozialen Frage)。

[238]

2. 苏维埃理性主义与构成主义

福特并不是这一时期采纳"科学管理"原理的唯一领导者。早在 1918 年，列宁就宣布要在苏维埃工业化体系中采纳泰勒的思想，但他所面临的问题更为棘手。马克思主义理论已经将共产主义阐述为社会政治进化的最后阶段，在这一进化过程中包括了封建主义与资本主义的经济发展。1917 年的十月革命已经发生在这样一个社会中，俄国在很大程度上仍是一个封建国家，在工业发展方面远远落后于西方。生产问题只是列宁所面临的众多难题中的一小部分。德国人在 1918 年的《布列斯特－里托夫斯克 (Brest-Litovsk) 和平协议》中攫取了俄罗斯三分之一的土地与人口以及百分之九十的煤炭生产，这给俄罗斯人以沉重的打击。当布尔什维克掌权时，他们立即将所有私有土地与银行系统国有化，并逐渐将所有工业国有化。尽管这些措施在 1921 年列宁的新经济政策之下暂未执行，但经济还是陷入困境中；全国也陷入了内战与混乱之中，饥荒随之而来。1918 年 8 月，列宁本人在一次暗杀行动中受了重伤。

1　泰勒，《科学管理的基本原理》，5。

他发动运动进行回击。在"红白战争"中，托洛茨基重建了苏维埃红军，将其规模从 10 万人增加到 500 万人。不过列宁于 1922 年第一次中风发作，于 1924 年初去世。斯大林与托洛茨基进行了激烈的斗争后胜出，成为列宁的接班人。他最终将这场革命带向了他那条特有的道路。

在这种不稳定的经济与政治环境中，苏维埃艺术家和建筑师在这些年英雄般地暂时走在了欧洲的前面。[1] 画家在某种程度上走在了前头。马列维奇 (Kasimir Malevich)（1878—1935）在1913 年开始实验纯抽象，两年后展出了他著名的《黑方块》(Black Square)，到 1919 年已将"至上主义"(suprematism) 定义为一种非物质化的、非客观的艺术形式，探求"纯彩色的新构架"，一个无比例无尺度的世界，独立于"任何对美、体验或气质的美学思考"。[2] 马列维奇在 1919 年将至上主义引入维捷布斯克 (Vitebsk) 的艺术学校，次年他又组织了新艺术联盟 (unovis)，其成员中包括利西茨基 (El Lissitzky)（1890—1947）。利西茨基在那时正在发展他的三维抽象的 Prouns（即"新艺术证明项目"[Project for the Affirmation of the New] 的首字母缩写）。

加博 (Naum Gabo)（1890—1977）与安东·佩夫斯纳 (Anton Pevsner)（1886—1962）兄弟俩也提倡抽象艺术，他们在莫斯科自由艺术工作室教书。《现实主义宣言》(The Realist Manifesto)（1920）最初是作为一幅招贴发布的，在其中他们反对将色彩作为一种绘画要素，而是将它看作物质实体；反对将线条作为描绘手段，而是将它当作静力与节奏的一种导向；反对任何图画和造型空间的观念，偏爱于简单的深度；反对雕塑的体块：**"在这些艺术中，我们证实了一种动态节奏的新要素，它是我们知觉的真实时间的基本形式。"** [3]

[239]

在苏维埃艺术中，为构成主义者所占据的另一块前沿阵地由塔特林 (Vladimir Tatlin)（1885—1953）开辟，他是一位画家与雕塑家。塔特林的"反浮雕"最早于 1913—1914 年间做了展示。1919—1920 年间，他向第三国际提交了其纪念碑方案：一座富于动感的钢铁与玻璃高塔，由两个交织的螺旋造型构成，上升至 1300 英尺（400 米）的高度。罗琴科 (Alexander Rodchenko)（1891—1956）的观点也十分接近于塔特林对于构成意义的强调。在 1921—1922 年发表的两个纲领（第一个纲领是与他妻子斯捷潘诺娃 [Varvara Stepanova] 合作的）中，他提出构成主义是"未来的艺术"，这种艺术的"科学共产主义"基于构造学、制造法和构成法这三门学科。[4] 罗琴科对这些术语进行了解释，富有浓厚的政治色彩，深奥难懂。加恩 (Aleksei Gan) 也在他的著作《构成主义》

1　近年来已经出版了一些关于苏维埃建筑的杰出著作。尤其见布伦菲尔德 (William Craft Brumfield)，《俄国建筑史》(A History of Russian Architecture, New York: Cambridge University Press, 1993)；《重塑俄国建筑：西方的技术，乌托邦的梦想》(Reshaping Russian Architecture: Western Technology, Utopian Dreams, New York: Cambridge University Press, 1990)；以及《俄国现代主义建筑的起源》(The Origins of Modernism in Russian Architecture, Berkeley: University of California Press, 1991)。参见马戈林 (Victor Margolin)，《为乌托邦而斗争：罗琴科、利西茨基、莫霍伊－纳吉，1917—1946》(The Struggle for Utopia: Rodchenko, Lissitzky, Moholy-Nagy, 1917–1946, Chicago: University of Chicago Press, 1997)。

2　马列维奇，《非客观艺术与至上主义》(Non-Objective Art and Suprematism)，收入《1900—1990 年间的艺术理论：观念变迁文集》，哈里森 (Charles Harrison) 与伍德 (Paul Wood) 编 (Oxford: Blackwell, 1999)，291。

3　加博与佩夫斯纳，《现实主义宣言》，收入哈里森与伍德编，《1900—1990 年间的艺术理论：观念变迁文集》。

4　罗琴科，《口号》(Slogans)；以及罗琴科与斯捷潘诺娃，《结构主义者第一工作组纲领》(Programme of the First Working Group of Constructivists)，收入哈里森与伍德编，《1900—1990 年间的艺术理论：观念变迁文集》，315—318。

(*Konstruktivizm*)（1922）一书中对此做了解释。他认为，构造学指的是在创造实用艺术时对最新材料和工业技术加以利用；制造法与材料选择和具体操作（工艺）相关；而构成法就是"结构主义的组织功能"或产品的最有效的组合。

有两个机构对构成主义观念的传播与精致化起了很大作用，它们是国家高级艺术与技术工作室（vkhutmas）以及艺术文化研究所（inkhuk），都于1920年在莫斯科成立。前者是一所新成立的艺术与建筑学校，吸引了许多重要的新艺术理论家。在建筑方面，拉多夫斯基（Nikolai Ladovsky）（1881—1941）开的第一至第二学年的课程，由于其机器形态与抽象形式的理性主义新颖语言而闻名欧洲，这至少部分基于他的"移情"研究。艺术文化研究所不仅资助艺术研究，也筹备海外展览，与

图76 维斯宁兄弟设计，劳动宫竞赛项目，1923。采自沃尔特·格罗皮乌斯的《国际建筑》（柏林，1925）。

诸如包豪斯这样的姐妹机构保持着定期的联络。国家机构对这些工作予以配合与投入：首先是无产阶级文化与教育组织（Prolekult）进行宣传指导；其次是颁布经济训令为机器制造大宗产品服务；再次是中央劳动研究所（Central Institute for Labor）推出泰勒式管理模式。艺术家以各种不同的方式做出贡献。如在1920年代初，塔特林和罗琴科参与设计工人的工作服和机制大众家具。因此在苏维埃联邦，建筑与艺术从一开始就是被当作更大的经济与政治实体的扩展部门来接受的。

1923年成立了新建筑师协会（ASNOVA），并绽放了一朵漂亮的建筑之花——至少在纸面上。这是建筑领域内上述种种潮流所导致的具体结果。新建筑师协会的会员们自称是理性主义者，他们的使命是要将建筑从往昔风格的"退化形态"中解放出来。该协会尽管以国家高级艺术与技术工作室为活动中心，但它跨越了各艺术领域，包括了利西茨基、马列维奇和梅利尼科夫（Konstantin Melnikov）（1890—1974）的艺术创作。维斯宁（Vesnin）三兄弟的著作中首次提到了构成主义建筑观的基本要点，这三兄弟分别是列昂尼德（Leonid）（1880—1937）、维克托（Victor）（1882—1950）以及亚历山大（Alexander）（1883—1959）。1923年，兄弟三人凑在一起，为莫斯科劳动宫（Palace of Labor）做了一个杰出的竞赛设计（图76）。次年，亚历山大和维克托设计了著名的列宁格勒《真理报》大楼（Leningrad Pravda Building）项目。劳动宫将中央办公大楼与椭圆形会议大厅综合起

来，还架起许多无线电天线杆和电缆，另外还有飞机停机坪；《真理报》大楼有一座玻璃塔，配备了一台独立式玻璃电梯，还包括优雅的扬声器、探照灯、时钟和钢管扶手等设施。不过，在 1920 年上半期是不可能开工建造的，所以新苏维埃建筑的首次实际表现，或许便是 1925 年巴黎装饰艺术博览会上由梅利尼科夫设计的木结构展馆。这是一座开放式的塔楼，倾斜的循环系统组件切入长方形的平面。该馆内部由罗琴科设计，是一个设有棋桌的工人俱乐部。

由于建造活动不多，迫使许多人转向理论，其头面人物是金兹伯格 (Moisei Ginzburg) (1892—1946)。战前他曾在巴黎美术学院与图卢兹学习，后来进入米兰美术学院，那时正值未来主义活动的高潮期。战争期间，他在里加理工学院 (Riga Polytechnical Institute) 学习，1917 年毕业获工程技术学位。在克里米亚 (Crimea) 待了 4 年之后，他于 1921 年去了莫斯科，在国家高级艺术与技术工作室教历史与理论，在那里他成了维斯宁兄弟的朋友。1925 年他们一起成立了第一个构成主义建筑师团体——现代建筑师协会 (OSA)。到那时金兹伯格已经出版了两本书：第一本为《建筑的韵律》(Ritm v arkhitekture) (1923)，他提到了构成主义者喜爱有运动节律的生气勃勃的形态，以及与人的体验相关联的现象学；在第二本书《风格与时代》(Stil' I epokha) 中，他做出一项开拓性的研究，将苏维埃建筑理论推向了欧洲建筑思想的最前沿。[1]

金兹伯格不仅是位建筑师，也是一位知识分子，他以自己在法国和意大利接受的教育以及对德国与美国理论发展的了解，将欧洲的视野引入苏维埃的建筑理论。在他的思想中，可以看出沃尔夫林的历史描述、斯宾格勒的悲观失望以及泰勒的科学效率的痕迹，还有人注意到了其中所表现出的弗兰克尔 (Paul Frankl)、沃林格尔 (Wilhelm Wörringer) 以及勒·柯布西耶的观念。[2] 不过他的研究是新颖的，能迅速将相关的旧观点综合到一个新模型中。他以沃尔夫林的方式将风格定义为"某种自然而然的现象，它将明确的特征强加在人类活动的所有大大小小的显现物上，无论它们的同代人是否想要它们，甚至是否知道它们"[3]。对他而言，所有风格都处于运动之中，要经历三个发展阶段：青年期（构成的）、成熟期（有机的）和老年期（装饰的）。他基本采纳了圣西门的观念，认为一种新的综合性风格将从两种过去的重要风格（希腊－意大利式和哥特式）中产生出来。此外，他接受了斯宾格勒的观点，认为欧洲的建筑实践已衰落了两百年，甚至第一次世界大战这场"大灾祸"与俄国革命，也将这两个世纪与现如今隔绝开来。所以他对于以下这一点还是乐观的，即"现代性的语言"属于"**当今真正的精华，它的节奏，它的日常劳作和关切，它的崇高的理想**"，将会导致一个革命性的实践新阶段的出现。[4]

金兹伯格的分析中有一点很有趣，即他将这种新风格的要素分离出来的方式。他对欧洲

---

1 金兹伯格，《风格与时代》，小森克维奇 (Anatole Senkevitch, Jr.) 翻译并撰写导言 (Cambridge: M. I. T. Press, 1982)。森克维奇对金兹伯格的思想进行了极出色的概括。

2 见库克 (Catherine Cooke)，《"形式是功能 X"：构成主义建筑师设计方法的发展》("Form is a Function X": The Development of the Constructivist Architect's Design Method)，收入《建筑设计：俄罗斯先锋派艺术与建筑》(Architectural Design: Russian Avant-Garde Art and Architecture, Profile 47, vol. 53 5/6, London: Architectural Design and Academy Editions, 1983)，38—42。

3 金兹伯格，《风格与时代》，42。

4 Ibid., 47.

实践的历史回顾以一幅"完全衰落的画面"结束（包括反对贝伦斯在 AEG 将工厂设计成纪念碑的做法），并且对美国的工业巨头表示了欣赏的态度："美国的生活节拍正在出现，它完全不同于欧洲，有条不紊、生气勃勃、冷静、机械化、回避任何浪漫主义——这使得平静的欧洲受到威胁，心生不快。"[1] 他指的是工业发展模型（工厂和谷物筒仓）。他首先是以"目标清晰的空间解决方案"和"动力学及其穿透力"来定义这种模型的。[2] 由于现代世界的首要任务是建造工人住房和工厂厂房，所以厂房应为新建筑提供形式范式。

更确切地说，金兹伯格采用了机器的隐喻。他将机器看作"最大程度系统化的有机体"的一种无装饰载体，是机动性的引擎。如果无装饰的有机体导致了"某种创造性观念的精确表述"，那么机动性便可以用机车或维斯宁兄弟 1923 年的劳动宫设计来图示。金兹伯格将这一设计简化为一系列代表了视觉力量的垂直与斜向箭头。这一移情力场对他而言，意味着对重要理论问题进行广泛而彻底的概念化；机器的"张力与强度以及它的敏锐表达取向"现在不仅成为被新风格选中的标志，而且机器也产生了一种具体的建筑形式偏好，"这种形式是非对称的，或最多只是一种从属于运动主轴但与之不一致的单轴向对称"[3]。由此看来，构成主义是这种新风格的第一个"构成"阶段。

将金兹伯格的研究与利西茨基的《俄罗斯》(*Russland*)（1930）做一番比较或许是有益的，此书首版于维也纳。[4] 利西茨基在书中对这"人类历史的崭新一页"的重要意义的解释显得更为轻松乐观。作为一位艺术家和文化使者，他曾在 1920 年代的许多时间里待在德国和瑞士，对当地所发生的一系列事件的进程有重要影响。他在此书的结论中总结了新建筑所采用的三条 [241] 原理：（1）建筑不是"一桩仅仅关涉情感、个人主义以及浪漫主义的事情"；（2）对待设计应该采取一种"客观的"(*sachliche*) 的态度；（3）最重要的是，建筑应是"以目标为导向的"、科学的。[5] 利西茨基承认，俄国建筑几百年来落后于西方，但同时他也对 1920 年代欧洲的发展（它的审美趋向）持批评态度，坚定地将建筑描述为一种社会主义艺术或革命艺术。苏维埃建筑最迫切需要关注的两个问题，一是住房问题（通过建造配有公共厨房和幼儿园的大型综合性住宅区来解决），二是工人俱乐部的问题。后者的目标指向文化生活和再教育。这不难解读——在他的乌托邦背后——严酷的经济问题依然是许多设计的制约因素。到 1930 年，利西茨基也遭遇到了来自俄罗斯专业领域和政治圈子的反对之声。

苏维埃宫 (Palace of the Soviets) 的设计竞赛（1931—1933）——此阶段苏维埃建筑实践的天鹅绝唱——是一个重要案例。1929 年成立的一个专业团体（无产阶级建筑师总同盟组织，其首字母缩写为 VOPRA），既反对机器美学，又反对现代建筑师协会（OSA）的西方理论基础。

1　金兹伯格，《风格与时代》，70。

2　Ibid., 72.

3　Ibid., 92.

4　利西茨基，《俄罗斯：一座为世界革命而设计的建筑》(*Russland: Die Rekonstruktion der Architektur in der Sowjetunion*, Vienna, 1930)；德卢霍施（Eric Dluhosch）英译为 *Russia: An Architecture for World Revolution* (Cambridge: M. I. T. Press, 1984)。

5　利西茨基，《俄罗斯》，70—71。

1931 年 6 月宣布举行设计竞赛时，碰巧一位共产党书记发表了演讲，他悲叹当今建筑实践缺乏审美思考。[1] 为了进一步阐明这一判断，1932 年 4 月斯大林颁布了"关于整顿文学艺术协会"的法令，这就为将所谓的"社会主义现实主义"（新古典主义的一个变体）确定为官方风格奠定了基础。于是，竞赛结果在评比还没有实际展开之前便内部决定了。来自全世界的 160 多项设计于 1931 年底提交给委员会，其中最著名的是勒·柯布西耶的方案，但它在评选之初就被拒绝了，因为它"追求一种复杂的机器美学"[2]。最漂亮的设计是维斯宁兄弟做的，他们的方案一直坚持到之后的几轮评选。最终获胜的方案是一座高 315 米的新古典主义大厦，顶部有一尊列宁巨像，设计者为越方（Boris Iofan）、休科（Vladimir Shchuko）和格尔夫雷克（Vladimir Gelfreik）。这座建筑于 1937 年动工兴建，后因战争而停工。

到了 1930 年代晚期，苏维埃先锋派建筑这一章便翻过去了，几乎所有先前的"现代"建筑师都被迫离开专业领域或被遣送到劳动营。因此，苏维埃建筑的短暂繁荣一夜之间便土崩瓦解，陷入了斯大林主义之中。

3. 风格派与荷兰现代主义

荷兰在第一次世界大战期间是极少数中立国之一，所以它的建筑活动保持了一种延续性，这一现象在欧洲其他地方是看不到的。荷兰也是先锋派艺术思潮对建筑实践产生直接和显著影响的少数几个欧洲国家之一，而且在时间上也比欧洲大陆其他地方更早。建筑活动与其极其多样的、相互竞争的思想观念相结合，这使得荷兰成为 1920 年代前半期欧洲建筑领域最具活力的国家。

在贝尔拉赫的作品中可以看到荷兰建筑发展的这种连续性，他在战争期间所获得的委托任务几乎没有减少。1914—1916 年间，他在伦敦建起了荷兰宅邸（Holland House），同时还为科勒 - 米勒（Kröller-Müller）家族设计了位于霍德鲁村（Hoenderloo）的豪华猎庄（1914—1920）。1919 年他开始设计海牙博物馆，在整个这一时期还为阿姆斯特丹城南地区做市区规划建议书。他曾在 1900 年代早期就做过第一批方案。在这些建议书的背后，是 1915 年由阿姆斯特丹新市长提出的一项建造 3500 套住房的新计划。在接下来的两年中，贝尔拉赫修改了他的早期方案，绘制了统一的道路与住宅街区平面图，逻辑清晰，同时又与北部运河的同心系统相协调。

阿姆斯特丹南区（Amsterdam South）成了克雷默（Pieter Kramer）（1881—1961）与克勒克（Michel de Klerk）（1884—1923）运作房地产的地块。他们是所谓阿姆斯特丹学派的领导者。这两位建筑

1 关于此次演讲以及设计竞赛的历史，见坎利夫（Antonia Cunliffe），《莫斯科 1931—1933 年间举办的苏维埃宫设计竞赛》（The Competition for the Palace of Soviets in Moscow, 1931–1935），载《建筑协会季刊》11, no. 2（1979）：36—48。

2 Ibid., 41.

师从爱德华·克伊珀斯（Eduard Cuypers）的事务所起步，也是荷兰共产党的活跃分子。他们也赞成维耶德维尔德（Theo van der Wijdeveld）（生于 1886）编辑的荷兰杂志《反转》（Wendingen）的宣传取向，这份杂志在战争期间鼓吹欧洲表现主义和荷兰本地的艺术运动。克勒克为艾根哈德房地产项目（Eigen Haard）（1913—1916）做了两个设计，又与克雷默合作黎明房地产项目（De Dageraad）（1920—1922），注重细节和尺度把握，设计形式多样，创造性地利用墙体肌理，是早期兵营式住房的一个鲜活的替代性方案。还有两位才华横溢的阿姆斯特丹学派建筑师，他们是凡·德·迈（J. M. van der Mey）和施塔尔（J. F. Staal）。 [242]

　　杜多克（Willem Dudok）（1884—1974）是位天才建筑师，他的工作与阿姆斯特丹学派相关联，并受到赖特的强烈影响。1918 年他成为希尔弗瑟姆（Hilversum）的城市建筑师，正是在该城他建造了市政厅（1924—1930），创造了非对称的体块组合（他还有若干令人印象深刻的建筑作品）。杜多克本人或许会否认赖特对他的影响，但赖特的两个主要设计特色，即空间体量的延展，以及将建筑构件分成若干水平层次再加上一个垂直锚桩的特色，已被杜多克所掌握，这是毋庸置疑的。

　　但在 20 世纪第二个 10 年的后半期以及 1920 年代早期，荷兰的现代主义几乎可以等同于有影响力的《风格》（De Stijl）杂志以及同名的艺术运动。这份杂志的创办人是两位画家，即蒙德里安（Pieter Mondrian）（1872—1944）与凡·杜斯堡（Theo van Doesburg）（1883—1931）。[1] 这场运动之所以在荷兰兴起，很大程度上是由战争所带来的混乱造成的。蒙德里安于 1900 年之前就在荷兰开始了他的画家生涯，并对立体主义运动抱有强烈的兴趣。当战争爆发时，他正在家探亲，所以留在了荷兰。在接下来的几年中他进行着抽象艺术的实验。他的探索之路使他在 20 世纪第二个 10 年的后半期创造出了黑色线条构图。凡·杜斯堡比蒙德里安小 11 岁，稍后也发展出了自己的理念。他于 1914 年应征入伍，保卫比利时的前线阵地。正是在这段时间，他第一次读到了康定斯基（Wassily Kandinsky）的《论艺术中的精神》（Concerning the Spiritual in Art）（1910），该书强调了色彩的移情论意义，以及适当的抽象形式是免除艺术受物质主义污染的一种精神手段。[2]

　　蒙德里安与舍恩马克斯（Mathieu Schoenmaekers）（1875—1944）的谈话也对凡·杜斯堡产生了影响。舍恩马克斯是荷兰一位有名的通神论者，分别于 1915 年与 1916 年出版了两本书，《世界的新图像》（Het nieuwe wereldbeeld）以及《塑性数学原理》（Beginselen der beeldende wiskunde），发表了他的理论。舍恩马克斯将其信念说成是一种"积极的神秘主义"，亦被称作新柏拉图主义与救赎论信念，尽管十分接近于文艺复兴时期占支配地位的宇宙统一性信念，或宇宙和谐比例的信念。舍恩马

1 关于风格派运动的经典研究著作，见雅费（H. L. C. Jaffé）的《风格派 1917—1931：荷兰对现代艺术的贡献》（De Stijl 1917–1931: The Dutch Contribution to Modern Art, Amsterdam: J. M. Meulenhoff 1956）。参见弗里德曼（Mildred Friedman）编，《风格派 1917—1931：乌托邦的愿景》（De Stijl 1917–1931: Visions of Utopia, Minneapolis: Walker Art Center, 1982）；特洛伊（Nancy J. Troy），《风格派的环境》（The De Stijl Environment, Cambridge: M. I. T. Press, 1983）。关于杜斯堡，见巴尔热（Joost Baljeu），《特奥·凡·杜斯堡》（Theo van Doesburg, New York: Macmillan, 1974）；多伊格（Allan Doig），《特奥·凡·杜斯堡：绘画进入建筑，理论进入实践》（Theo van Doesburg: Painting into Architecture, Theory into Practice, Cambridge: Cambridge University Press, 1987）。
2 康定斯基，《论艺术中的精神》（New York: Wittenborn, 1947）。

克斯还否定自然（世界）的"形相"，宁可将自然的形式看作是神秘的象征性真理，只有参透这些真理，其内在的数学秩序才可能直观地向心灵呈现出来。[1] 与表象世界相对立的真实世界，是理性的、可塑的、数学的，简单说来就是一种抽象，是理性所形成的或是理性易感觉到的。在这种密教的背后仍潜藏着对世俗世界之变故的斯宾格勒式的畏惧。即便在荷兰，战争也粉碎了旧时社会秩序中的所有价值信念。人们不再对进步的观念抱有幻想，而遁入乌托邦的心理在很大程度上是欧洲的政治与道德状况所造成的。

在1918年发表的第一篇风格派宣言中也可看到类似的情感，它开篇提出了这样的论点："有一种陈旧的时间意识，也有一种新的时间意识。旧意识与个体相关联，新意识与宇宙相关联。个体与宇宙的斗争在世界大战也在当今艺术中呈现出来。"[2] 这种"新的时间意识"强调的是当今，拒绝往昔的传统，本质上是抽象的，是对情感或个人的否定。现在，一种新的集体概念必定会兴起，以抗拒往昔的个体性（它只会导致战争）。这集体性的观念必然承认人类的共同性，并通过抽象的客观性来彰显它的风格。

在绘画中，这种抽象艺术的要素是面（通常是正方形或长方形）、线条与色彩。凡·杜斯堡在1925年出版的教科书中，将画家的表现手段简化为色彩：正色（红、黄、蓝三原色）与负色（黑、白、灰）。[3] 其要点就在于这样一种信念，即从自然形态到"塑性"元素，其间已经发生了演化。对于建筑而言，也有相类似的手段演化。在1923年的一篇宣言中，凡·杜斯堡提出建筑仅是由空间与色彩构成的。[4] 两年之后，他将建筑表现限定为"表面、体积（正）和空间（负）。建筑师通过表面、体积与室内诸空间的关系，以及它们与室外空间的关系，来表达他的审美感受"[5]。

将这些原理转化为实践当然是一项难度极大的任务，凡·杜斯堡花了几年时间来思考如何才能实现这一目标。在风格派运动发端的1917年，实际上有三位建筑师与这场运动相关联，他们是霍夫 (Robert van't Hoff)（1887—1979）、维尔斯 (Jan Wils)（1891—1972）以及奥德 (J. J. P. Oud)（1890—1963）。前两位被赖特朴素的立方体和构成理论所吸引，但这种基于材料特性的方法最终使他们的工作与凡·杜斯堡所寻求的平面抽象相抵触。而奥德的情况则有所不同，因为[243]他早在1915年就与凡·杜斯堡讨论创办《风格》杂志的可能性，他也是蒙德里安的好友。这一点很重要，因为至少有一位风格派画家，即凡·德·莱克 (Bart van der Leck)，特别反对建筑师进入风格派，因为风格派爱摆弄色彩。[6]

莱克的担心实际上来源于后来奥德与凡·杜斯堡的合作与分手。奥德曾在德尔夫特技术

---

1 尤其见雅费，《风格派 1917—1931》，56 — 62。

2 《风格派，"宣言 I"》（De Stijl: Manifesto I），收入哈里森与伍德编，《1900—1990 年间的艺术理论》，278。

3 凡·杜斯堡，《新造型艺术的基本概念》（*Grundbegriffe der neuen gestaltenden Kunst*, Mainz, Germany: Florian Kupferberg, 1966; originally published in 1925 in the Neue Bauhausbucher series），15。

4 《风格派，"宣言 V"》（De Stijl: Manifesto V），收入康拉兹（Ulrich Conrads）编，《20 世纪建筑纲领与宣言》（Cambridge: M. I. T. Press, 1964）。

5 凡·杜斯堡，《新造型艺术的基本概念》，15。

6 见特洛伊，《风格派的环境》，13—17。

大学接受过建筑训练，一度在慕尼黑为特奥多尔·菲舍尔 (Theodor Fischer) 工作。1914 年他到了莱顿 (Leiden)，与杜多克 (Dudok) 合作一个项目。第二年他受到贝尔拉赫形式上和政治上的影响。1917 年贝尔拉赫将莱顿一个社区中心的设计任务转给了奥德，于是他设计了一座双山墙的对称式砖砌建筑，上为红瓦屋顶，这是贝尔拉赫的手法，但色彩方案却是凡·杜斯堡的，要求窗框上色，外墙有一系列彩砖装饰板，室内要用彩色瓷砖做成拼花地板，门与门框上色。拼镶在外墙上的荷兰砖具有模数的比例关系，与这种综合性"艺术"形成了一种奇特的并置关系。不过，在这一时期前后，奥德开始在纸上做实验，尝试着更为抽象的构图。他对位于滨海卡特韦克 (Katwijk aan Zee) 的一座海边别墅的翻新与增建 (1917)，或许恰可称作在建筑领域中采用风格派语汇的首个成功案例。

　　奥德与凡·杜斯堡在鹿特丹"斯潘根" (Spangen) 住宅区项目的合作中分道扬镳，这个项目是奥德在 1918 年初设计的。凡·杜斯堡于 1920 年和 1921 年为此项目设计了两套色彩方案——也就是说，这是在蒙德里安对该建筑作了一番考量，并提出一座建筑物应设计成多重平面的结合体，色彩不可或缺，应处处将其呈现出来这一看法之后。问题是，奥德为斯潘根住宅区做的设计依然是带山墙的，多少是传统形式，而凡·杜斯堡则力求赋予这些室内外设计以强烈的色彩方案。当奥德对色彩胜过形体这一点感到拿不准时，凡·杜斯堡给他写了那封著名的"要么就是它——要么什么都没有"的信，奥德选择了后者。[1]

　　这次分手对奥德有好处，因为 1918 年他接受了一项重要任命，成为鹿特丹市政建筑师。作为一位社会主义者，他更倾向于欧洲的理性主义。作为市政建筑师的新角色，他转而采用简单直接的、经济的方式来解决住房问题，放弃了他所谓的虚饰昂贵的风格派的拿手好戏。有趣的是，他在 1921 年 6 月，即他与凡·杜斯堡决裂数月之前，写了一篇文章，文中他几乎没有提到色彩 (除了提出忠告不要给砖头上色)。他在这篇重要文章的一开始就对正在形成中的"新的、精神性的、充满活力的建筑群" (new, spiritual living-complexes) 以及未来主义和立体主义在改变审美眼光方面的作用表示赞同，但他很快便将它们抛在脑后，因为这几乎就是 20 年前穆特修斯和洛斯争论的重演。现在问题清楚多了。由于建筑的根基在于实用性、机器生产和现实性，所以建筑师便将汽车、轮船、快艇、电子产品和卫生用品以及男人的服装视为"新艺术"的出发点。再者，他们也认识到，新艺术的"出类拔萃的表现手段"，并非存在于装饰而在于细节之中。[2]对于钢结构而言，这意味着材料降至最低限度，进而集中精力于创造"中空的空间"；对于钢筋混凝土而言，则意味着承重构件与被承载构件之间的一致性，以及 (先于吉迪恩提出的)"一种几乎要展翅翱翔的外观"。[3]总之，应有一种更高级的"客观性" (Sachlichkeit) 形式，可以在成

1　凡·杜斯堡于 1921 年 11 月 3 日致奥德的书信，引自特洛伊，《风格派的环境》，83—86。

2　奥德，《论未来的建筑及其建筑的种种可能性》(Over de toekomstige bouwkunst en haar architectonische mogelijkheden)，载《建筑周刊》(Bouwkundig Weekblad) 11 (June 1921)。引自奥德的德语版本，《论未来的建筑艺术及其结构上的可能性》(Über die zukünftige Baukunst und ihre architektonischen Möglichkeiten)，收入《荷兰建筑》(Holländische Architektur, Mainz, Germany: Florian Kupferberg, 1976; originally published in 1926)，68。

3　Ibid., 73.

熟的材料、光洁的外表和色彩以及熠熠闪光的钢材上见出：

> 因此，建筑构造朝向一种建造艺术的方向发展，与过去相比，这种建造艺术从本质
> 上来说更多地与材料相关联，但其外观将远远超越材料。它将是这样一种建造艺术：它
> 摆脱了一切印象主义的以及强调氛围的设计，其比例的纯粹性可以在充分的光线、明亮
> 的色彩和有机而清晰的形式中见出。这种形式没有任何次要的东西，将远远超越古典的
> 纯粹性。[1]

凡·杜斯堡与奥德分手也有好处，因为这使他反思自己于 1921—1922 年间两次待在柏林
和魏玛时的早期立场。他第一次访问柏林是在 1920 年 12 月，见到了陶特、本内 (Adolf Behne) 和
格罗皮乌斯。格罗皮乌斯邀请他访问魏玛包豪斯，他于 1921 年初接受了邀请。在别的一些地
方完成了预先约定的讲座之后，他于 4 月返回，在学校附近建立了工作室，并在魏玛出版了他
的杂志。这一阶段风格派的成员主要就是凡·杜斯堡和蒙德里安，而蒙德里安在 1919 年已经
回到了巴黎。于是，凡·杜斯堡担负起传教士般的使命，改变了自己的观念，并招募新的改宗
者投入这项事业。在这两方面他都大获成功，以至他的那个并无权威的、校园之外的工作室和
讲座几乎促使包豪斯公开地对抗格罗皮乌斯的教学方法。更重要的是，他遇到了埃尔·利西茨
基并接受了他的至上主义空间观念。

[244]　　次年，凡·杜斯堡遇到了年轻的荷兰建筑师凡·埃斯特伦 (Cornelis van Eesteren)，另一个联合
会随之成立，那时正值凡·杜斯堡为罗森伯格 (Lèonce Rosenberg) 在巴黎的画廊准备一个风格派展
览。为罗森伯格做的一个假想性别墅设计成为在 1923 年展示的三个项目的基础，一同展出的
还有著名的三维轴测图，悬于空中。这些图的想法完全是从马列维奇和利西茨基那里来的，但
凡·杜斯堡和蒙德里安的贡献是为整个二维表面提供了色彩方案。这个观念也启发了新近转
向这一运动的里特维尔 (Garrit Rietveld) (1888—1964)，他于 1924 年设计了乌特勒支的施罗德宅邸
(Schröder House) (图 77)。该建筑坐落于一排三层砖砌住宅的尽头，与环境极不协调。水平与垂直
的各个块面涂上了白色和四种灰色，窗框、支柱和栏杆原先是白色、灰色、黑色、蓝色、红色
和黄色的。作为一件艺术品，它具有令人惊讶的外形，尽管它实际上是用砖木建造的。虽然好
评如潮，但它天真质朴的概念与结构却生动地说明，在现有技术条件下风格派建筑的可能性是
很有限的。

到了 1925 年，对其他荷兰建筑师来说，缺乏构造真诚性的问题已变得显而易见，于是在
这前后出现了明显的取向变化。奥德以鹿特丹的若干住宅项目确立了自己作为荷兰主要设计
师的地位。他曾在斯潘根项目中采用的传统砖砌住宅区方案在 1922 年已经让位于奥德－马特

---

1 奥德，《论未来的建筑及其建筑的种种可能性》，载《建筑周刊》。引自奥德的德语版本，《论未来的建筑艺术及其结构上的
　可能性》，收入《荷兰建筑》，76。

图 77　里特维尔设计，乌特勒支的施罗德宅邸，1924—1925。采自沃尔特·格罗皮乌斯的《国际建筑》（柏林，1925）。

内塞居民区（Oud-Mathenesse）的那种低矮的、村庄式的建筑设计，甚至更具戏剧性地让位于荷兰角（Hook of Holland）居民区的混凝土与玻璃结构（1924—1927）。在荷兰角的设计中，两列两层单元房一字排开做水平伸展，构成了连续性的第二层露台，四个端部以亭状结构结束：圆柱体造型很优雅，透过底层商店的曲面玻璃围合的宽大空间可以看到室内承重的圆柱。几年之后，亨利－拉塞尔·希契科克（Henry-Russell Hitchcock）和菲利普·约翰逊（Philip Johnson）将这一设计看作是这类国际风格的偶像。不久之后奥德又有了两件杰作：鹿特丹的联合咖啡馆（Café de Unie）（1924）以及他的基弗胡克（Kiefhoek）房地产项目（1925—1929）。

很快又有一些有天分的竞争者加入到奥德的团队中。1925 年，年轻的斯塔姆（Mart Stam）在德国工作了几年后回到荷兰，加入了布林克曼（Johannes Andreas Brinkman）（1902—1949）与凡·德·弗鲁特（Leendert Cornelis van der Vlugt）（1902—1949）的事务所。才华横溢的凡·德·弗鲁特曾于 1922 年在格罗林根以混凝土－玻璃结构建造了著名的工艺美术学校，展示了他的设计技巧。布林克曼和凡·德·弗鲁特的公司很快就建造了若干著名的建筑物，主要有莱顿凡·内勒烟草工厂办公楼（Van Nelle Tobacco Factory Office Building）（1925—1927）和鹿特丹凡·内勒工厂（Van Nelle Factory）（1926—1930）。在 1920 年代欧洲建造的所有建筑物中，这些建筑以其平顶、玻璃幕墙、几何形体以及"空中"街道，最好地把握住了这个 10 年初期构成主义者曾画在纸上的东西。另一位有才华的荷兰建筑师杜伊克尔（Johannes Duiker）（1890—1935）在这些年中也脱颖而出，他与拜沃特（Bernard Bijvoet）合作设计的希尔弗瑟姆疗养院是一座备受赞赏并被广为仿效的国际现代主义建筑杰作，可以说它是这个 10 年最重要的建筑之一。

4. 表现主义和包豪斯

德国在战争中遭遇了毁灭性的失败，所以在战后的几年中不可能处于主导欧洲建筑理论的地位。到 1917 年，德国大部分建筑活动已经停止。次年，饥荒与住房短缺已成为每个城市的主要问题。再者，凡尔赛和约使德国不可能得到很快的复兴。通货膨胀使货币迅速贬值，而且在 1918—1923 年间各种极端的政治力量十分猖獗，都试图发动革命。1914 年工业领域的乐观主义曾助长了战争（知识分子热情拥护），现在这种乐观主义已变成精神上的萎靡不振和政治上的悲观主义。马克思、尼采和斯宾格勒的偏执狂幽灵出没于知识分子的话语之中。建筑师们被迫过着长期无所事事的空虚生活，他们回归手工艺，退缩于空想的乌托邦理论之中，而对怪诞图像的表现主义梦境的关注则成了他们宣泄的渠道。

舒马赫和泰森诺两人所做的努力代表了不具有乌托邦色彩的第一种倾向。舒马赫于 1909 年离开德累斯顿，成为汉堡市政府的主要建筑师，并通过自己的设计和区域规划工作对这座城市产生了很大影响。1917 年他出了两本书，即《小户型住房》(Die Kleinwohnung) 和《当代砖砌建筑的本质》(Das Wesen des neuzeitlichen Backsteinbaues)。他支持城市住房的大批量生产，提倡对于材料、地方建筑传统和细节处理给予特别的关注。[1]

[245]

在战后那些年中，泰森诺将他在战前对手工艺的兴趣以及现代古典主义风格更加清晰地呈现了出来。他曾在《住宅建筑》(Der Wohnhausbau) (1909) 一书中，呼吁采用基本单元形式将小户型住宅标准化。在《住宅建筑及其他》(Hausbau und Dergleichen) (1916) 和《手工艺与小城镇》(Handwerk und Kleinstadt) (1918) 两书中，他甚至更简明地阐述了自己的理论观点。[2] 例如，在前一本书中，他将基本单元设计（以及对于 bürgerliche[市民]的关注）归纳为"客观性"（现在是"工业的真理"）、秩序性、规则性和纯粹性的基本原则。1919 年泰森诺回到赫勒劳，建造了他最优秀的国内建筑作品，这多少要归功于他对于细节的着迷。

人们普遍将战后德国建筑置于"表现主义"(expressionism) 这个标题之下来考察，这是有问题的[3]，因为人们用"表现主义"这一术语泛指从克尔凯郭尔 (Sören Kierkegaard) 到蒙克 (Edvard Munch) 的哲学、艺术与文学运动。在绘画领域，这一术语由康定斯基和马克 (Franz Marc) 创于 1911 年，用来指基歇尔 (Ludwig Kircher) 于 1905 年成立的桥社 (Brücke)。在建筑领域，这个术语泛指若干不同的形式概念，从珀尔齐希、陶特和芬斯特林 (Hermann Finsterlin) 的想入非非的草图，到施泰纳 (Rudolf

---

1 舒马赫，《小户型：住房问题研究》(Die Kleinwohnung: Studien zur Wohnungsfrage, Leipzig: Quelle and Meyer, 1917)；《当代砖砌建筑的本质》(Munich: Callwey, 1917)。

2 泰森诺，《住宅建筑及其他》(Braunschweig: Vieweg, 1986; originally published in 1916)，维尔弗雷德·旺 (Wilfried Wang) 的英译本题为 "Housebuilding and Such Things" (9H, no. 8, 1989)；《手工艺与小城镇》(Berlin: Bruno Cassirer, 1919)。

3 "表现主义"这一术语在人们心目中依然是根深蒂固的。关于这一话题的主要英文研究著作，见佩恩特 (Wolfgang Pehnt) 的《表现主义建筑》(Expressionist Architecture, London: Thames & Hudson, 1973)；以及夏普 (Dennis Sharp) 的《现代建筑与表现主义》(Modern Architecture and Expressionism, London: Longmans, 1966)。关于表现主义艺术家的重要著述，见沃什顿·朗 (Rose-Carol Washton Long) 编，《德国表现主义文献集：从威廉帝国的终结到国家社会主义的兴起》(German Expressionism: Documents from the End of the Wilhelmine Empire to the Rise of National Socialism, New York: G. K. Hall, 1993)。

Steiner)、门德尔松（Erich Mendelsohn）和赫格（Fritz Höger）设计的建筑物。问题是没有一种理论线索可将这些五花八门的方法串联起来。

施泰纳（1861—1925）的建筑观念揭示了表现主义思想中较为神秘难解的一面，并无流行的悲观色彩。施泰纳是奥地利人，1897 年迁往柏林时已是一位歌德学者，当时他与文学和艺术圈子的人有了最初接触。到 1902 年，他已成为德国灵智协会（German Theosophical Society）的领袖，但 10 年之后他拒绝了该协会的东方取向，偏好他自己的更为"科学的"个人主义。为了推进他的思想，他建立了灵智学协会（Anthroposophical Society），其目标是通过一系列渐进式的演练推进人类精神力量向前发展。在 1907 年前后，施泰纳开始想要为他的宗教信仰实践设计一座建筑物，4 年之后他设计了第一座"歌德馆"（Goetheanum），计划建在慕尼黑。在市政官员拒绝了其请求后，他便将这个项目移到了多纳赫（Dornach），位于巴塞尔的侏罗山脉（Jura）的丘陵地带。1913 年开工，巨型木结构双圆顶建在一个混凝土基座之上。它不仅仅是一个沉思默想的宗教场所，而且成了当地社区精神生活的一部分，而这个社区多少是以赫勒劳为原型的。

尽管施泰纳为最初的歌德馆（1922 年毁于火灾）所做的设计与凡·德·维尔德为德制同盟展览会设计的剧场相类似，但其基本原理却完全不同。他的意图从本质上来说是象征性的。[1]他在 1914 年夏天发表的演讲表明了他熟悉李格尔、森佩尔、伯蒂歇尔和希尔德布兰德的思想——他否定了所有这些人的物质主义。他也了解沃林格尔在他的名著《抽象与移情》(*Abstraktion und Einfühlung*)（1908）中阐明的移情论思想。这促使他注视触觉形式，而这些形式的背后则是一种数学的和象征的宇宙论。建筑作为这种"精神科学"的最高证明形式之一，任务就是要创造出一种"完整的生命有机体"，在这个有机体中，灵魂的形状是由感官表面的印记在精神层面上塑造而成的。他用烤面包的模子打比方，生面团在这模子（即空间）中获得了它的负形："不过，在我们的建筑中，仅仅是墙的东西是不存在的，形体从墙壁中生长出来，这是本质的东西。当我们在我们的建筑里走动时，我们会在柱头、柱座和柱顶过梁上发现一个塑性造型，一个连续的浮雕。"[2]因此，灵魂充满了空间的连续有机形体并分享着它们的运动、色彩和象征印记，从而"与圣灵合为一体"。 [246]

珀尔齐希（Hans Poelzig）（1869—1936）的工作在德国表现主义运动中更具代表性。[3]他曾在柏林技术大学学习建筑，1900 年迁往布雷斯劳（Breslau），在工艺美术学校任教。1903 年他出任校长，这使他走上了一条与贝伦斯大体同一时期在杜塞尔多夫相类似的发展之路。尽管珀尔齐

---

1 尤其见亚当斯（David Adams），《鲁道夫·施泰纳最初设计的歌德馆，作为有机功能主义的一个图示》（Rudolf Steiner's First Goetheanum as an Illustration of Organic Functionalism），载《建筑史家协会会刊》51（June 1992）：182—204。

2 施泰纳，《通往建筑新风格的道路：鲁道夫·施泰纳的五次讲座》（*Ways to a New Style in Architecture: Five Lectures by Rudolf Steiner*, London: Anthroposophical Publishing Co., 1927），21。

3 关于珀尔齐希，见马夸特（Christian Marquart），《汉斯·珀尔齐希：建筑师、画家、泽伊琛》（*Hans Poelzig: Architekt, Maler, Zeichern*, Tübingen: Wasmuth, 1995）；波泽纳（Julius Posener），《汉斯·珀尔齐希：对他的生平与工作的反思》（*Hans Poelzig: Reflections on His Life and Work*），费雷斯（Kristin Feireiss）编（New York: Architectural History Foundation, 1992）；波泽纳编，《汉斯·珀尔齐希著作与建筑作品集》（*Hans Poelzig, Gesammelte Schriften und Werke*, Berlin: Schriftenreihe der Akademie der Künste, 1970）。

希在德制同盟中很活跃，但从未接受过穆特修斯和贝伦斯的主张。他在 1906 年德累斯顿实用艺术展览上的演讲中，既强调建筑与传统的联系，又强调浸染着客观性品格的"建筑构造形态"的重要性。[1] 这种以手工艺为基础，强调完善的构造，并带有本土气息的特点，成了他战前设计的成功标记，包括布雷斯劳奥得岛 (Oder Island) 上的碾磨机厂 (Werdermühle Factory)（1906）以及为波兹南展览会 (Posen Exhibition) 设计的上西里西亚塔 (Upper Silesia Tower)（1911）。相比之下，他为 1913 年布雷斯劳展览会设计的凉亭及展览建筑，却怪异地与贝格 (Max Berg) 精彩的混凝土建筑百年纪念堂 (Centennial Hall) 相冲突。

对珀尔齐希来说，战争的几年被大部分浪费了，但到 1919 年他的职业生涯又红火起来。这一年他被选为德制同盟主席，并设计了柏林剧院 (Berlin Playhouse)。他在斯图加特德制同盟大会上发表的演讲——自 1914 年以来的首次演讲——否定了穆特修斯的政策，诅咒将艺术与大批量生产及商业政策扯在一起的做法。他坚决认为，德制同盟应回到它早先以手工艺为基础的理想主义上来，他将之定义为"绝对是精神性的东西，一种心灵的基本态度，而不是在这个部门或那个部门中完美无缺的技术"[2]。这就是一种以"强烈的表现"来创造形式的"伦理概念"。因此珀尔齐希要将德制同盟的生产拉回到"情感的"和"艺术的"轨道上来：自由地运用色彩、原创的和富于热情的形式，重新培育出一种民族文化。

在这段时间，珀尔齐希还以他的柏林剧院设计为建筑实践设定了一个方向。1919 年德国剧院总监赖因哈特 (Max Reinhardt) 买下了一处破烂不堪的市场大厅，聘请珀尔齐希将它改造成可容纳 5000 人的剧场。他在前伸的舞台和观众席之上建起一个巨大的圆顶，上面悬挂着一系列钟乳石形状，内部藏有彩灯。这种如洞窟般的密集形态，在视觉上令人眼花缭乱，再加上听觉和灯光的背景效果，使得当时厌倦了战争的到访者感到震惊。当观众从酒红色的剧场室外走进这非现实的、净化心灵的剧场时，由扇形支柱和轻灵圆柱所支撑的一系列门厅（第一间是亮绿色），不断地强化着他们所体验到的情感冲突。接下来的一年，珀尔齐希在萨尔茨堡提交了一系列更为宏大的节庆剧场综合体方案，但这些富于张力的、几近疯狂的方案并未实现。在 1920 年代他还设计了若干电影布景。

然而，珀尔齐希虽然仍是德制同盟内的一位建筑师，但他是一个异类，对当时变化着的建筑局面敬而远之。在 1919 年前后，表现主义瞬间活跃起来，其背后的感召力并非来自珀尔齐希，而是来自布鲁诺·陶特（1880—1938）。[3] 陶特是一位不知疲倦的倡导者和组织者，1919 年他在柏林与一个知识分子圈子展开合作，其中包括了格罗皮乌斯（1883—1969）和本内 (Adolf

---

1 珀尔齐希，《建筑中的发酵过程》(Fermentation in Architecture, 1906)，收入康拉兹，《纲领与宣言》，14—17。
2 珀尔齐希，《德制同盟演讲》(Address to the Werkbund)，1919，收入《汉斯·珀尔齐希著作与建筑作品集》，130。
3 关于陶特，见《布鲁诺·陶特，1880—1938》(Berlin: Akademie der Künste, 1980)；布莱特 (Rosemarie Haag Bletter)，《布鲁诺·陶特与保罗·谢尔巴特的愿景》(Bruno Taut and Paul Scheerbart's Vision, Ph. D. diss., Columbia University, 1973)；怀特 (Iain Boyd Whyte) 编辑、翻译，《水晶之链书信：布鲁诺·陶特与他的圈子的建筑狂想》(The Crystal Chain Letter: Architectural Fantasies by Bruno Taut and His Circle, Cambridge, M. I. T. Press, 1985)；怀特，《布鲁诺·陶特与行动主义建筑》(Bruno Taut and the Architecture of Activism, Cambridge: Cambridge University Press, 1982)。

Behne）（1885—1948）。正是这一群人将要掌控德国的建筑理论，并在 1920 年代的大部分时间起着导向作用。

回顾起来，陶特看上去并不像一位领导者。他曾在柏林学习建筑，并为菲舍尔工作，之后进入柏林技术大学跟从格克（Theodor Goecke）学习城市规划。1909 年他与弗朗茨·霍夫曼（Franz Hoffmann）合伙开了一间事务所，但仍然投入大量精力致力于一线的协会组织工作。他为 1914 年斯图加特德制同盟展览会设计的玻璃馆（Glass Pavilion）是一个亮点。它并不是同盟官方展馆，而是陶特自己做的一个项目。他先做设计，然后找玻璃公司寻求建造资助。实际上，他的主要客户是德国卢克斯弗棱镜公司（Luxfer Prism Company），它是著名的芝加哥玻璃制品企业的一个子公司。[1]

玻璃馆的想法源于陶特与作家、诗人谢尔巴特（Paul Scheerbart）（1863—1915）之间的友谊。 [247]
谢尔巴特将他的《玻璃建筑》（Glasarchitektur）（1914）一书题献给陶特。他推崇玻璃，并将它作为社会变迁的一个隐喻，热情鼓吹玻璃在建筑上的种种可能性，尤其是玻璃作为光的一种媒介以及激发感官知觉崇高感的刺激物。[2] 陶特也将他的展馆献给谢尔巴特，并在他的"瀑布屋"中试验将银色玻璃、彩色玻璃、马赛克与彩色灯光结合起来。

在 1914 年的科隆展览会上，陶特站在格罗皮乌斯一边反对穆特修斯的提案。本内也在展览会上提交了作品。他曾学习过建筑学与艺术史，而艺术史是跟从沃尔夫林和西梅尔（Georg Simmel）学的。1912 年他完成了论托斯卡纳建筑的博士论文。本内也像陶特一样，乐于在柏林过着放荡不羁的生活，很快便作为一名建筑评论家与社会活动家而引人注目。他于 1915 年撰写了第一篇为表现主义建筑辩护的文章。[3] 本内、陶特和格罗皮乌斯之间的友谊在战争期间一直维持了下来，即使格罗皮乌斯曾应征入伍在前线服役。此外，随着战争之祸显现出来，他们的政治主张变得越来越激进。到战争结束时，他们都成了社会主义者，也是独立社会民主党（USDP）的活跃分子。

所以，他们支持 1918 年 11 月的德国革命，这次革命的目标是要成立以埃伯特（Friedrich Ebert）为首的社会主义政府。更为激进的德国共产主义者，即斯巴达克同盟成员，则要求建立苏维埃式的革命委员会，废除私有制，而埃伯特寻求资本主义制度下的一种较为中庸的社会主义。李卜克内与卢森堡的革命未能成功地建立起一个马克思主义政府，之后在 1 月举行的选举中产生了一个由社会主义政党组成的立宪政体。1919 年 2 月 6 日，所谓的魏玛共和国正式宣告成立。[4]

1　纽曼，《"照明领域的世纪胜利"：卢克斯弗棱镜公司及其对早期现代建筑的贡献》（"The Century's Triumph in Lighting"：The Luxfer Prism Companies and Their Contribution to Early Modern Architecture），载《建筑史家协会会刊》54（March 1995）：24—53。

2　见《保罗·谢尔巴特的玻璃建筑，以及布鲁诺·陶特的阿尔卑斯山建筑》（Glass Architecture by Paul Scheerbart and Alpine Architecture by Bruno Taut），帕尔梅斯（James Palmes）与帕尔默（Shirley Palmer）翻译（New Your: Praeger, 1972）。

3　见本内，《表现主义建筑》（Expressionistische Architektur），载《风暴》（Der Sturm）5（January 1915）：175；摘自《走向新艺术》（Zur neuen Kunst, Berlin: Der Sturm, 1915）。参见布莱特（Rosmarie Haag Bletter）为本内以下这本著作撰写的导言：《现代功能建筑》（The Modern Functional Building, Santa Monica, Calif.: Getty Publications Program, 1996）。

4　研究这一时期的优秀政治史著作，见波伊克特（Detlev J. K. Peukert）的《魏玛共和国：古典现代性的危机》（The Weimar Republic: The Crisis of Classical Modernity, New York: Hill & Wang, 1993）。

图 78 《艺术工人委员会宣言》的标题页（柏林，1919）。

正是在这动荡不安的政治局势下（而且处于最为悲惨的经济状况中），成立了两个艺术家革命组织，即"十一月同盟"(Novembergruppe) 和"艺术工人委员会"(Arbeitsrat für Kunst)。前一个团体的宣言最初发表于 1918 年，其组织成员与意识形态都较为宽泛（既联合了达达派也联合了表现主义者）。作为一个"激进的艺术家联盟"，它有些古怪地要求坚持对博物馆进行彻底改革(去除仅仅具有"学术价值"的东西)，对艺术学校及其所开设的课程进行彻底审查，对与建筑相关的所有事情进行全面控制，包括"杜绝在艺术上没有价值的纪念性建筑"[1]。

艺术工人委员会是由陶特、格罗皮乌斯、本内以及泰森诺创建的，一开始目标较为激进（图 78）。它根据工人与军人革命委员会的模式而建，试图成为革命政府中的官方艺术苏维埃。陶特于 1918 年圣诞节发表了六点建筑纲领，要求进行建筑革新，"它将演示建筑的宇宙特征、宗教基础，即所谓的乌托邦"——从本质上来说就是要使这个国家的人民能住进大型居民区，并赋予建筑师在所有设计事务中的绝对自主权。[2] 但是斯巴达克同盟起义失败，李卜克内和卢森堡也牺牲了，政治局势也迅速改变。陶特辞去了建筑委员会主席的职务，3 月由格罗皮乌斯接替。如果说他仍在从事革命事业，但在谋划活动时变得隐蔽，做事也更加谨慎。本内与格罗皮乌斯一道发展理事会成员，并将该组织与十一月同盟合并起来。格罗皮乌斯手下有一批理事会激进分子，如陶特、巴特宁 (Otto Bartning)、希尔伯塞默 (Ludwig Hilberseimer) 以及卢克哈特兄弟，即汉斯·卢克哈特 (Hans Luckhardt) 和瓦西里·卢克哈特 (Wassili Luckhardt)。格罗皮乌斯从根本上改变了理事会的战略，从采取政治行动转变为一种秘密的"共谋兄弟会"形式，从而使公开的政治纲领得以缓和——但仍坚持该组织是"在一座伟大建筑侧翼之下各门艺术的联盟"[3]。同时，格罗皮乌斯还试图维护陶特的表现主义的以及乌托邦式的纲领，以起到精神净化作用，而净化的途径便是回归艺术与手工艺。

[248]

---

1 见《十一月同盟：1918 年宣言草案以及 1919 年"指导方针"》(Novembergruppe: Draft Manifesto 1918 and "Guidelines" 1919)，收入哈里森与伍德编，《1900—1990 年间的艺术理论》，262—263。
2 陶特，《建筑纲领》(A Programme for Architecture)，收入康纳兹，《20 世纪建筑纲领与宣言》，41—43。
3 格罗皮乌斯，1920 年 3 月 22 日在艺术工作理事会 (Arbeitsrat für Kunst) 的演讲。引自怀特，《水晶之链书信》，2。

艺术工人委员会所采取的最早的行动之一是 1919 年 4 月举办的无名建筑师展览会（Exhibition of Unknown Architects），它的主题是乌托邦式的。格罗皮乌斯、陶特与本内撰写了一份由三章组成的计划书来说明这个组织的目的。格罗皮乌斯在他撰写的一章中呼吁无产阶级回归手工艺，砸烂美术学院，提出一种"未来主教堂的创造性概念，再次将建筑、雕塑与绘画合为一体"[1]。陶特则悲叹"极度贪婪的社会，社会组织中的寄生虫"的不良影响，"这种社会不懂建筑，不需要建筑，因此也不需要建筑师！"[2] 本内没有那么激愤，他指出，展出的草图是供出售的，但接着又高傲地宣称，它们不卖给那些只是寻求"某种感觉、某种效果"的"假内行"。[3] 这个展览的失败是预料之中的事。与此同时，在附近的保罗·卡西尔画廊（Paul Cassirer Gallery），门德尔松（Erich Mendelsohn）的素描淡彩也在展出。

在这一关键节点上，革命派的争论却发生了整个政治史上最为奇特的转向。在该展览会举办之后不久，陶特便提议格罗皮乌斯的"共谋兄弟会"（conspiratorial brotherhood）的艺术家们进入他成立的一个同样神秘的组织"水晶之链"（Crystal Chain）：14 位艺术家与建筑师都用笔名，以一系列书信与草图相互激励。陶特在 1919 年 11 月 24 日的第一封信中鼓励他们要"有意识地成为'虚构的建筑师'！"，从而将他们自己完全限定于想象的世界中。[4] 同年，陶特出版了《城市之冠》（Die Stadtkrone）和《阿尔卑斯山建筑》（Alpine Architektur），前一本书延续了他对水晶的迷恋之情，后一本书谈的是在阿尔卑斯山脉建造秘教神庙和水晶洞窟。1920 年，他又出版了《城市的消解》（Die Auflösung der Städte），展示了儿童画一般的草图，描绘的是将老百姓迁到乡下定居的情景。他还开始编辑《晨光》杂志（Frühlicht）（1920—1921）。陶特于 1921 年被任命为马格德堡市政建筑师，到那时他才结束了这一段悲怆期。

从各方面来看，1921—1923 年这段时间都是德国现代建筑理论发展的关键期。这些年，咄咄逼人的俄国构成主义与荷兰风格派观念开始为德国人所了解；也正是在这段时间，包豪斯作为一个现代设计工作坊而首次被人们注意到。不过在之后那些年，包豪斯受世人崇拜的名气来得并不容易。

第一次世界大战等因素引发了德国艺术教育的危机。战前，工艺美术学校所起的作用颇受赞赏——在很大程度上处于穆特修斯的控制之下。后来它又出现了要依据变化了的政治立场和糟糕的经济条件重新组织课程的问题。战前魏玛工艺美术学校是凡·德·维尔德创建的。1902 年，萨克森－魏玛（Saxe-Weimar）大公将他请到那里当了一名艺术顾问。后来又决定建一所实用艺术学校（1904—1906）。凡·德·维尔德设计了校舍，并成为该校校长。他还设计了这所学校附近的一些独立附属建筑（1904—1911）。不过，他在实用艺术学校的任期因 1914 年德国入侵比利时而终止，当时他因为比利时国民身份而被捕。直到 1917 年这位备受屈辱的艺术

1　见格罗皮乌斯，《建筑新观念》（New Ideas on Architecture），收入康拉兹，《纲领与宣言》，46。

2　陶特，《建筑新观念》，收入康拉兹，《20 世纪建筑纲领与宣言》，47。

3　本内，《建筑新观念》，收入康拉兹，《20 世纪建筑纲领与宣言》，48。

4　陶特，1919 年 11 月 24 日，收入怀特，《水晶之链书信》，19。

家才被允许流亡瑞士。

在 1914 年晚些时候，格罗皮乌斯写信给凡·德·维尔德，表达了自己的同情。而就在这几个月前，格氏曾在德制同盟的展览会上支持了他。凡·德·维尔德写了回信，他提到大公威胁说要关闭实用艺术学校，但他依然推荐了格罗皮乌斯、恩德尔和奥布里斯特作为他的接班人。[1] 到了 1915 年 10 月 1 日，这所学校已不复存在，校舍成了战争幸存者的一所战时医院。

[249] 相当有趣的是，第二天格罗皮乌斯收到魏玛艺术学校校长马肯森（Fritz Mackensen）的一封信，向他咨询在该校成立一个建筑系的可能性。[2] 格氏在前线给他回信说，建筑学校应该是独立的，所有其他学科都是从属性的和第二位的。[3] 整个初冬谈判一直在进行，因为 1916 年 1 月他给魏玛国务大臣写信建议进行教育改革，尤其涉及手工艺。[4] 这些建议书类似于博德（Wilhelm von Bode）在柏林提出的主张。博德是柏林博物馆总馆长，并负责国家层面的改革。

战事自然朝着恶化的方向发展，格罗皮乌斯直到 1918 年才重新拾起先前联系的线索。他先写信给在柏林任部长的弗里奇（Baron von Fritsch），说他早先已被选为魏玛实用艺术学校的校长，想知道任命书是否会下达。[5] 其不久之后肯定进行了再次协商，因为任命书的细节于 1919 年 4 月就已草拟出来了。他将成为艺术学校（不是那所已经不存在的实用艺术学校）的校长，并将它改造成一所基于手工艺教学的学校，很可能还会开展建筑专业的教学。格罗皮乌斯在政府部门中走了后门，将新学校的名称改为"国立包豪斯"（Staatliches Bauhaus），主要基于这样一种理念，即 Bauhaus 这个词（字面上是建筑工房 [construction house] 的意思）暗示了中世纪行会。包豪斯的第一份教学计划书起草于 4 月，就是在那份"无名建筑师展览"的革命性小册子发表的那几天写成。该计划书强调了同样的中世纪主题，即建筑师、画家和雕塑家必须首先回到手工艺以求得净化，可谓："让我们渴望着、设想着并创造着未来的新结构，它将包含建筑、雕塑和绘画于一个统一体之中，总有一天会从百万工人的手中升起并上达天堂，如同一种新信仰的水晶符号一般。"[6] 格罗皮乌斯进一步说明了这所新学校其实就是一个作坊，没有教师或学生，只有师傅、工匠和学徒。尽管建筑被列为主要的教学专业，但一切训练都基于以下这些手工艺：木雕、铁匠、橱柜制作、蚀刻、版画、编织、素描、解剖，以及色彩理论。因此，这家美术学院就被改造成了一所深受莫里斯启示的手工艺学校，表面上它的目标是建筑教学。

为了进一步加强教学的综合性特色，格罗皮乌斯任命的首批教师都来自于美术领域：青骑士画家与版画家法伊宁格（Lyonel Feininger）（版画工房），雕塑家马克斯（Gehard Marcks）（陶艺），以

---

1 凡·德·维尔德于 1915 年 4 月 11 日致格罗皮乌斯的书信，收入温勒（Hans M. Wingler），《包豪斯：魏玛、德绍、柏林、芝加哥》（*The Bauhaus: Weimar, Dessau, Berlin, Chicago*, Cambridge: M. I. T. Press, 1978），21。以下有不少材料出于这部珍贵的包豪斯文献史著作。

2 马肯森于 1915 年 10 月 2 日致格罗皮乌斯的书信，收入温勒，《包豪斯》，22。

3 格罗皮乌斯于 1915 年 10 月 19 日致马肯森的书信，收入温勒，《包豪斯》，22。

4 《建立一个教育机构为工业、商业以及手工艺提供咨询服务的建议书》（Recommendations for the Founding of an Educational Institution as an Artistic Counselling Service for Industry, the Trades, and the Crafts），1916 年 1 月 25 日，收入温勒，《包豪斯》，23。

5 格罗皮乌斯于 1919 年 1 月 31 日致弗里奇（Baron von Fritsch）的书信，收入温勒，《包豪斯》，26。

6 《魏玛国立包豪斯教学计划书》，1919 年 4 月，收入温勒，《包豪斯》，31。

及画家约翰内斯·伊滕 (Johannes Itten)。伊滕将教授其著名的设计基础课。他带了几个沉迷于拜火教 (Mazdaznan religion) 礼拜仪式的学生到魏玛来，他本人也信奉此教。它要求剃光头、定期沉思默想、斋戒、吃大蒜等。

其余教职员陆续配齐。在 1920 年聘用的教师中，有施勒梅尔 (Oskar Schlemmer)（雕塑和舞台布景）、穆克斯 (Georg Muchs)（编织）和保罗·克利 (Paul Klee)（彩色玻璃）。1921 年康定斯基也来了，接手了壁画工作室；1923 年学校聘请拉斯洛·莫霍伊 - 纳吉 (László Moholy-Nagy) 掌管金属作坊。据说，格罗皮乌斯那位与他分居的妻子马勒 (Alma Mahler) 曾向他建议，学校要想成功就得聘用名流。[1]

于是，学校在最初的几年中为了生存而与来自各方面的攻击进行斗争，就不足为奇了。学生们最初是抱着当一名"艺术家"的愿望进校的，当他们得知自己的愿望与校长坚持回归手工艺的要求相左时，十分慌乱。学生的第一次示威发生在 1919 年 7 月，针对的是由教师组成的学生奖学金评审团，他们对上一年的学生作业做出了负面评价。1921 年初发生了一次更为严重的罢课事件。[2] 格罗皮乌斯先前聘用的教师也同样对这位新校长心有不满，因为教美术原理的教员被随意解聘。他们在 1920 年 1 月初起草了一份"魏玛艺术家公开宣言"，有 40 位艺术家、教授和艺术之友签名，反对"具有极端表现主义倾向的包豪斯学校所制定的片面而偏狭的规定"，并要求"恢复美术学院之前的办学宗旨，任何艺术流派在学校中都可以自由发展"。[3] 教师的抗议并没有平息下来。1921 年，这批教授正式从包豪斯"分离"出来，接管了教学楼的侧翼，以重组这所艺术学校。

不过，学校内部的抗争与外部的反对相比还算不了什么。在这方面，必须说格罗皮乌斯犯了若干策略上的错误。他通过政府将校名改成包豪斯，绕过了反对更改校名的相关管理部门。他一开始任命"立体主义者"法伊宁格便得罪了政府部长博德，格罗皮乌斯曾向他保证将建立一所手工艺学校。[4] 魏玛当地居民也很快举行了集体游行反对这位新校长。他们反对包豪斯的理由很多：毁掉了这所著名艺术学校的师资力量，狭隘的"表现主义"课程设置；新来的教师不把当地居民放在眼里；大多数学生有"斯巴达克同盟者"的政治倾向；他们对一位民族主义学生实施了蛮横无理的行为。也有当地商人害怕包豪斯的作坊与他们相竞争，减少他们的收益。将这些抗议当作受到政治力量驱使（左派支持格罗皮乌斯，右派反对）而置之不理，是件很容易的事情，但这样做肯定是一个错误。双方都在法律上各执一词，毕竟格罗皮乌斯本人热衷于以他同时所兼的艺术工人委员会主席的身份标榜其政治倾向。再者，德国刚刚输掉

[250]

---

1 密斯·凡·德·罗在与迪尔斯蒂内 (Howard Dearstyne) 的一次谈话中提到了这一点。见迪尔斯蒂内，《包豪斯内情》(*Inside the Bauhaus*)，斯佩思 (David Spaeth) 编 (New York: Rizzoli, 1986)，43。

2 Ibid., 51–54, 57–58。

3 Ibid., 261 n. 3。

4 弗里奇于 1920 年 4 月 20 日致魏玛商贸部 (Hofmarschallamt) 的信，收入温勒，《包豪斯》，33。

了战争，正经历着一场革命，德国人民冷漠、愤怒，分裂为各种泾渭分明的政治派别。[1]

1921 年包豪斯的教学状况有了起色，部分原因是一些力量汇聚了起来，主要是他们了解到荷兰的发展，并赞赏新苏维埃艺术。本内为引入荷兰建筑的影响开辟了道路。他于 1920 年到荷兰旅行，与当地大部分主要建筑师见了面。这次旅行也使促他撰写了《今日荷兰建筑》(Holländische Baukunst in der Gegenwart)（1922）一书。1920 年风格派艺术家凡·杜斯堡首次去柏林旅行，他在陶特家中见到了格罗皮乌斯。数周之后他访问了魏玛，并于 1921 年回到了这个城市——这使格罗皮乌斯十分懊恼——并在那里住了 9 个月。他强烈反对格罗皮乌斯的基于手工艺的教学方案，提倡机器和空间抽象，在教师和学生中造成了严重的分裂。格罗皮乌斯不许他参与教学，所以他建立了自己的非官方工作室，举办讲座并与学生有大量接触。[2]

构成主义对包豪斯的影响应归功于埃尔·利西茨基的努力，他曾于 1921 年晚些时候到柏林。[3] 他和伊利娅·爱伦堡 (Illya Ehrenburg) 一道创办了期刊《物》(Vea/Objet/Gegenstand)，头两期出版于 1922 年 4 月，第三期和最后一期出版于 5 月。[4] 这是一份视野开阔的文化杂志，主要以俄文刊印，内容涵盖所有艺术领域。该期刊头一期（两期合刊）发表了凡·杜斯堡和勒·柯希西耶的文章。1923 年初利西茨基在汉诺威承办了一个展览，在那里施维特斯 (Kurt Schwitters) 首次推广了他的"新艺术证明项目"(Prouns)。此后不久，利西茨基便参与了柏林的《G》杂志的编辑工作，与汉斯·里希特 (Hans Richter) 和格雷夫 (Werner Gräff) 合作。[5] 达达主义者里希特是凡·杜斯堡和莫霍伊-纳吉的朋友，他是这份杂志背后的精神支柱，而格雷夫前两年是包豪斯的一名学生。正是这个交流广泛的艺术家圈子将凡·德·维尔德从他的斯宾格勒式的悲观蛰伏中唤醒。密斯在 1921 年设计了他的第一座(锐角)摩天大楼，这是为 1921 年举办的弗里德里希大街(Friedrichstrasse)设计竞赛所做，同年他又将此设计做成了圆形的玻璃幕墙版本，于 1922 年 5 月发表在陶特的杂志《晨光》(Frühlicht) 上。在《G》杂志的第一期上，他发表了他的混凝土办公大楼设计。

在这些年中，还有另一些力量推动着理论的争论，其中最突出的是那场被称作"美国风"(Amerikanismus) 的运动于 1920 年代初期席卷了德国。当然，这场运动在战前就出现了，但现在"美国风"成了口头禅（对提倡者和反对者都是如此），涉及与现代电影、音乐、舞蹈、产业以及现代城市相关联的一切事物。格罗皮乌斯本人在 1910 年就被美国的经济状况与理性形象所深深吸引，那时他发表了《根据艺术统一原理建立通用住宅建筑公司的计划书》(Program for the

---

1 关于魏玛与早期包豪斯政治状况的卓越讨论，见莱恩 (Barbara Miller Lane)，《德国的建筑与政治，1918—1945》(Architecture and Politics in Germany, 1918–1945, Cambridge: Harvard University Press, 1985)，69—86。

2 关于凡·杜斯堡在魏玛的情况，见展览目录《结构主义国际创造联盟，1922—1927：一种欧洲文化乌托邦》(Konstruktivistische Internationale schöperische Arbeitsgemeinschaft, 1922–1927: Utopien für eine Europäsche Kultur, Ostfilden-Ruit, Germany: Gerd Hatje, 1992)；尤其是施托梅尔 (Rainer Stommer) 的文章，《特奥·凡·杜斯堡在魏玛的"风格派"课程》(Der 'De Stijl' –Kurs von Theo van Doesburg in Weimar, 1922)，169—177。参见迪尔斯蒂内《包豪斯内情》一书中关于杜斯堡住在魏玛及其影响的章节，62—67。

3 关于利西茨基在柏林的圈子，见马戈林，《为乌托邦而斗争》第二章。

4 1994 年该期刊由 Lars Müller Publishere 出版了德文重印版，并配有英译。

5 这两期《G》杂志也由 Kern Verlag 重印出版 (Munich, 1986)，霍法克 (Marion von Hofacker) 为此撰写了导论。

Founding of a General Housing-Construction Company Following Artistically Uniform Principles）。[1] 如果说，战争以及斯宾格勒暂时终止了他对于技术和大批量生产的兴趣，那么在 1920 年代初，这一兴趣则完全复活了。

战后，泰勒主义和美国生产方式的最有力的倡导者是格罗皮乌斯的好朋友马丁·瓦格纳（Martin Wagner）（1885—1957），他后来成为柏林市政建筑师。1918 年瓦格纳出版了《现代建筑业务》（Neue Bauwirtschaft）一书，推广美国的建筑方法和业务范式。他在自己主办的期刊《社会建筑业务》（Soziale Bauwirtschaft）上发表的文章中，反复强调泰勒原理是复兴处于悲惨境地的德国经济的一帖良方。1921 年本内发表了 41 篇文章，其中有一篇题为《中世纪与现代建筑》（Mittelalterliches und modernes Bauen），即发表在瓦格纳的杂志上。[2] 到了 1923 年，随着亨利·福特的自传被译成德文并迅速成为畅销书，关于美国大批量生产问题的讨论便在德国炸开了锅。美国工人不仅获得了很高的劳动报酬，而且还能将自己的汽车开进独家住宅，这对于处于穷困潦倒的欧洲人来说再有吸引力不过了。

这种诱惑力的另一种表现，是德国人忽然间对摩天大楼热衷起来。密斯于 1922 年发表了他的玻璃摩天大楼设计，从美学上论证了玻璃建筑的正当性，其根据是"高耸入云的钢架之印象是不可抗拒的"[3]。这一年在建筑领域发生了一个重要事件，即《芝加哥论坛报》大厦设计竞赛（Chicago Tribune Competition），不少于 37 位德国建筑师参与了这项活动。

因此在 1921—1923 年期间，格罗皮乌斯逐渐不满于包豪斯的以手工艺为基础的教学机制，开始回到他早期强调技术与大批量生产的立场上来，不过现在有了审美上的新理由，这一点在他的建筑实践以及包豪斯内部教师日渐明显的分裂中是显而易见的。

[251]

首先，1921 年是一个转折点。1920 年 12 月举行了佐默费尔德宅邸（Sommerfeld House）的封顶典礼，几个月之后（在包豪斯的作坊中）完成了室内装潢，其几乎全部用手工木镶板制作。包豪斯的学生福巴特（Fred Forbat）（1897—1972）监管了这座小木屋式住宅的建造。它坐落在一个石灰石基础之上，完美地象征着包豪斯回归手工艺的观念。格罗皮乌斯也经手设计了附近的办公楼，为佐默费尔德设计了木材堆放场院，许多人将它的外形视为"中国式"或"印度式"的，据福巴特所说，这反映了那时格罗皮乌斯对东方文化的强烈兴趣。[4]

不过在 1921 年，格罗皮乌斯与阿道夫·迈尔（Adolf Meyer）设计的另外三个项目反映了一种不确定感。其中，位于柏林－策伦多夫（Berlin-Zehlendorf）的奥托宅邸（Otte House）（1921—1922）有一条中轴线，而且前部对称（更不用提它的奇怪的窗户比例了），这是从赖特那里拾得的元素与佐默费尔德宅邸元素的一种杂交，并不很成功。另一处为卡伦巴赫宅邸（Kallenbach House）（1921—1922）的设计也有毛病，总设计图笨拙地采用了斜线以及风格派的色彩图式。1921 年

1 收入温勒，《包豪斯》，20—21。

2 本内，《中世纪与现代建筑》，载《社会建筑业务》，15 July 1921。

3 密斯·凡·德·罗，《摩天大楼》，载《晨光》杂志（Frühlicht）1, no. 4（1922）：122。引自诺伊迈尔（Fritz Neumeyer）《质朴的言辞：密斯·凡·德·罗论建筑艺术》（The Artless Word: Mies van der Rohe on the Building Art），雅尔松贝克（Mark Jarzombek）翻译（Cambridge: M. I. T. Press, 1991），240。

4 见内尔丁格（Winfried Nerdinger），《沃尔特·格罗皮乌斯》（Berlin: Mann Verlag, 1985），45。

11 月，格罗皮乌斯接到了耶拿 (Jena) 剧院的翻新项目，这表明他的设计偏好中断了，因为建筑物外部是简单的粉刷墙壁与平屋顶。在室内他委托施勒梅尔负责配色，绘制大型壁画。次年春天配色方案遭到了凡·杜斯堡的激烈批评，于是格罗皮乌斯将整个室内重新粉刷成了风格派的色彩图式。密斯·凡·德·罗在回忆起他于 1923 年访问这座重新整修的剧院时，曾说他对这肤浅的装饰"相当失望"[1]。

正如人们常说的，格罗皮乌斯并非是个有特殊天分的建筑师，但他的确在不断向前迈进。1922 年春，他由于热衷于"美国风"以及勒·柯布西耶的著作，萌发了大批量生产住房的新兴趣，便让福巴特准备一个总平面图以及一套标准住房方案，以作为包豪斯在附近霍恩 (Am Horn) 的宿舍。福巴特很快便推进了方块形状的方案，甚至在 6 月就获得了建筑许可。后来法规官员对其平屋顶提出了异议，这个项目便被拖延下去，直到另有一些学生在 1923 年重新做了方案，那是为首届包豪斯展览会设计的。画家穆赫 (Georg Muche) 设计的实验性住房（由学生布罗伊尔 [Marcel Breuer] 协助）是作为一件展品而建造的，但因其不切实际的底平面而广受批评。此时格罗皮乌斯已做好了自己的《芝加哥论坛报》大厦设计，他现在坚定不移地投身于技术与产业的事业之中。

在从事建筑变革的同时，格罗皮乌斯围绕这同一问题与他手下的教师进行着斗争。在 1921 年末的一次教师会议上，伊滕挑起了冲突，他反对学校提出的任何解决实际问题的要求。格罗皮乌斯在 12 月的一次教师会议上做出了回应，他提出忠告说，应考虑到真正的难题，学校经济上的生存能力取决于外部的委托任务。[2] 次年 2 月，格罗皮乌斯颁布了一份 8 页纸的通报，重申了他的看法。[3] 他提到了俄罗斯进行的实验，称赞工程师的"清晰而有机的形式"，呼吁艺术与工业的统一。格罗皮乌斯就这一问题和伊滕进行斗争，大家都认为这是为控制学校所进行的个人权力之争。有趣的是，教师中的大多数画家反对格罗皮乌斯。格罗皮乌斯的好朋友朱莉娅·法伊宁格 (Feininger) 强烈反对与工业有任何接触，穆赫和施勒梅尔也是如此。[4]

双方最后的摊牌发生在 1923 年夏天，与包豪斯首次展览有关。这次展览也是学校生存的一个关键点。包豪斯在 1920 年获得了 3 年的经费预算，现在到了展示学生在这种手工艺教学中所取得的成绩的时刻。这些年，外界的反对之声一浪高于一浪，学校坚定不移地顶住了内部

1　密斯在 1969 年回顾这剧院时说道："主要庆祝活动在耶拿举行，那里有一个剧场，是格罗皮乌斯建筑或重建的——我相信是他建的（不，是重建的）。他这件事是他与迈尔一起做的。我们很失望，我们说，'好奇怪，这一切这么装饰，像维也纳工艺厂 (Wienner Werkstätten)'。"引自迪尔斯蒂内，《包豪斯内情》，79。

2　格罗皮乌斯，《委托项目对于包豪斯的必要性》(The Necessity of Commissioned Work for the Bauhaus)，收入温勒，《包豪斯》，51。

3　《包豪斯理念的可行性》(The Viability of the Bauhaus Idea)，收入温勒，《包豪斯》，51—52。

4　法伊宁格于 1922 年 10 月 5 日写给朱莉娅·法伊宁格 (Julia Feininger) 的书信，收入温勒，《包豪斯》，56。"我们必须走向有利可图的事业，走向大批量生产！这与我们的愿望格格不入，是抢占进化过程的先机。"参见他于 1923 年 8 月 1 日的书信，69；以及穆赫的论文《造型艺术与工业形式》(Bildende Kunst und Industrieform)，载《包豪斯》,no. 1(1926)。迪尔斯蒂内的《包豪斯内情》一书中引用了相关的段落，125。施勒梅尔 (Schlemmer) 在他的日记和书信的若干议论中叙述了伊滕与格罗皮乌斯之间的"决斗"。在谈到伊滕可能于 1922 年 6 月离去时，他说："从教学上来说，他是他们中间能力最强的，还具有突出的领导才能。我只是非常强烈地感觉到这是我身上缺乏的东西。此外，若格罗皮乌斯不再这样强烈地反对伊滕的话，他的危险性会大得多。"引自迪尔斯蒂内，《包豪斯内情》，88。

及外部的政治压力，这要归功于格罗皮乌斯。8月，他在"包豪斯周"开幕式上发表了主旨演讲，题为《艺术与技术：新的统一》(Art and Technology, A New Unity)，为这所学校指明了新的发展方向。不过施勒梅尔为此展览目录撰写了一篇宣言，对他的观点进行无情地驳斥。艺术家——用格罗皮乌斯本人4年前的话来说——为包豪斯增添光彩，将它塑造成一座孤立的、理想主义的"社会主义主教堂"，以对抗"物质主义以及艺术与生活的机械化"。他还宣告了更多东西——上帝死亡了、"商业化速度和过度紧张"是邪恶的、资本主义释放出了"人与人相敌对"的负面力量。[1] 此文发表之前，格罗皮乌斯未曾过目，他在展览开幕前夕设法将这公然的政治宣言从展览目录删除，但为时已晚，一些新书样本已被送到了出版社。

展览本身是个大事件，分展于魏玛城若干地点，持续了6周时间。奥德从荷兰前来举办讲座。由斯特拉温斯基 (Igor Stravinsky) 设计的新评分体系首次执行。许多来自柏林和各地的建筑师参观了国际建筑展，这是格罗皮乌斯同时安排的，目的是为他的第一本书提供资料。这是他第一次真正根据自己的建筑理念对这场新运动进行界定，同时也呈现了各种竞争性的现代主义潮流（这一点在密斯·凡·德·罗、门德尔松和珀伊齐希的作品中表现得很明显）。而其他一些方法则有目的地略去了（即黑林 [Hugo Häring] 和沙伦 [Hans Scharoun] 的方法）。正如常有人提及的，密斯对于格罗皮乌斯的工作以及他在挑选展品时的狭隘做法持激烈的批评态度。[2] [252]

这些展览获得了广泛的好评，不过也存在保留意见。帕萨尔格 (Walter Passarge) 提出，包豪斯的项目尚未"完成与完善"，但他赞赏这份要实现艺术与技术相结合这一目标的"真诚与决心"。他还注意到，所展示的国际建筑作品具有"同质性、相关性和清晰性"，并认为比"所有'乌托邦'和'表现主义'建筑更加接近于这个时代的精神"——这当然是对格罗皮乌斯和陶特早先立场的一种批评。[3] 本内也撰文对此展览提出了敏锐的批评。他正确地指出，技术这个新主题并不突出，"小气的手工艺"主导着这次展览。[4] 他也注意到，格罗皮乌斯本人正处于十字路口：他不得不在自己过去数年内多变的设计与最终必须拥护的"客观性"主旨之间做出选择。

现在，伊滕在最后的摊牌中输给了格罗皮乌斯，展览之后他便立即离开了学校，不过当地人对学校的反对却并未停歇。图林根10月发生的共产主义起义招来了国家军队，使得政治气候向右转，格罗皮乌斯的住宅遭到特务的搜查。[5] 这所学校的命运由1924年初的图林根地方选举所决定。在选举中，右翼政党联盟击败了占统治地位的左翼社会主义者联盟。格罗皮乌斯在这一整年中都在奋力挽救这所学校，但12月图林根议会投票的结果是关闭这座"社会主义

---

1 施勒梅尔，《魏玛国立包豪斯》(The Staatliche Bauhaus in Weimar)，收入温勒，《包豪斯》，65—66。

2 密斯在1923年8月23日写给凡·杜伊斯堡的一封信中批评格罗皮乌斯的"构成主义的形式主义"。见波默 (Richard Pommer) 与奥托 (Christian F. Otto) 以下著作中对于此信的摘录：《魏森霍夫1927与现代建筑运动》(Weissenhof 1927 and the Modern Movement in Architecture, Chicago: University of Chicago Press, 1991)，11—12。

3 Ibid.，《魏玛包豪斯展览》，67—68。

4 本内，《魏玛包豪斯》(Das Bauhaus Weimar)，载《世界舞台》(Die Weltbühne) 19（1923）：291—292。引自布莱特为本内以下著作撰写的导论：《现代功能建筑》，鲁滨逊 (Michael Robinson) 翻译 (Santa Monica, Calif.,: Getty Publications Program, 1996)，31。

5 见"投诉信"，1923年11月24日，收入温勒，《包豪斯》，76。

主教堂"并遣散教员。

回顾起来，其实这一决定对学校来说并不是一件坏事。1925 年秋天，格罗皮乌斯与德绍市长、社会主义者黑塞 (Fritz Hesse) 进行谈判，将学校迁到该市并建起了新校舍——这是格罗皮乌斯的第一个委托项目，也是这种新风格更为先进的范例之一。在德绍的临时校舍中，格罗皮乌斯开始运作包豪斯出版社，它成为学校极重要的宣传喉舌。现在一般提到的所谓包豪斯设计——工业化家居产品、莫霍伊－纳吉的平面设计、布罗伊尔铬合金椅 (Breuer Chrome Chairs) ——大多诞生于德绍，尽管有些优秀设计产生于魏玛。1927 年，学校对课程进行扩展，在校内设立了一所建筑学校，这是在 1928 年格罗皮乌斯辞职之前不久的事情。

从另一层面来看，1920 年代中期也是德国现代性的关键时刻：关于"现代运动"的头两部史书在这些年中出版。其实，本内在 1923 年就撰写了《现代功能建筑》(Der modern Zweckbau)，但找不到出版商，部分原因是他从前的朋友格罗皮乌斯与他相竞争并从中阻挠。1926 年该书最终得以出版。一年之后，格罗皮乌斯出版了他的第一本书《国际建筑》(Internationale Architektur)，是根据 1923 年的展览文献编纂而成的。这两本书都阐述了战后欧洲建筑的变迁。

《现代功能建筑》在这两本书中是较为理论化的一本。[1] 本内的书围绕着 Zweck (功能、目的) 与 Sachlichkeit (客观性) 这对概念展开，他没有定义后一个术语，而这个词在施特赖特尔和穆特修斯时代是指简单务实的解决方案。本内复活了这个概念，似乎包含了这层意思，但又稍有扩展。本内在为马克斯·陶特 (Max Taut) 的《建筑与规划》(Bauten und Pläne)（1927）一书所撰写的前言中写了一篇短论，对这个概念进行了详述，长达好几页。他指出，这不是一个小概念，并非意味着枯燥的、平淡或节省的安排："客观性意味着负责任的思考，意味着这样的一件作品，它满足所有目的，既在想象之中，又出乎想象之外。因为想象力属于它：要在它揭示其革命性意义之处把握目的。"[2] 对本内来说，客观性还有一个社会的维度，即一个设计如果注意到了某种社会关切，如果它满足了"人类社会的健康的功能"，那么它便是"客观的"。[3] 在《现代功能建筑》中，"客观性"这一术语被表述为形式发展的三个观念阶段的渐进展开，正如三章标题所示。第一阶段为"不再是一个立面而是一座房屋"，这是由瓦格纳、贝尔拉赫、梅塞尔和赖特所代表的阶段。在此阶段中，历史立面的概念在设计中让位于根据功能需要决定底平面的形状。第二阶段为"不再是一座房屋而是被赋予了形状的空间"，此时房屋或盒子本身让位于一种更严谨的"客观性"。贝伦斯在 AGE 的工作以及亨利·福特的观念开启了这一阶段，美国的谷物筒仓与像凡·德·维尔德和门德尔松 (Erich Mendelsohn) 这样的建筑师的设计也是这一阶段的代表。在第三章"不再是被赋予形状的空间，而是经过设计的现实"的阶段中，本内看到"客观性"达到了最高程度的调和状态，即（东方的）构成主义的要求与（西方的）荷兰及法国建

[253]

---

1 本内，《现代功能建筑》(Munich: Drei Masken Verlag, 1926)，鲁滨逊将书名英译为 *The Modern Functional Building*（见上页注释 4）。

2 本内，《论客观性》(Von der Sachlichkeit)，收入《一小时建筑》(*Eine Stunde Architecktur*, Berlin: Architbook-Verlag, 1984)，40。

3 Ibid., 41.

筑师的理性主义敏感性在德国融合了起来。有趣的是，与格罗皮乌斯相反，本内认为正是马林 (Hugo Märing) 与沙伦 (Hans Scharoun) 的有机功能主义最能代表德国的这种融合。此外，本内选编了大量插图，范围极其广泛。现代主义对他来说是一种基础广泛的、开放的、可融入未来发展的现象。

格罗皮乌斯的《国际建筑》只有一篇简短的前言，但却是一篇措辞有力的宣言，宣告了他认为是新的、具有决定论意义的功能主义精神。针对过去重情感的、审美的和装饰的观念，一种新的"普遍的形式意志"慢慢兴起，它植根于社会与生活的总体性之中。这是一种深刻的精神变化，在建筑中追求的是"根据一种内在法则来设计我们周围的建筑物，没有谎言与修饰，通过其建筑体块的张力，从功能上代表其含义与目标，拒绝任何将其绝对形式隐藏起来的肤浅之物"[1]。这压倒一切的**时代精神** (Zeitgeist) 进一步"确认了我们时代的一种**统一的**世界图像，它意味着渴望使精神价值挣脱其个体的局限，将它们提升到**客观有效性**的高度"[2]。显然，建筑师与普通人都不可能阻挠这场新的国际运动，它的出现是预先注定的。因此，早先贝伦斯的决定论被提升为现代运动的思想前提。

格罗皮乌斯著作的选图面比本内要狭窄一些。他所描述的国际建筑新谱系始于贝伦斯与赖特，（最重要的是）始于战前格罗皮乌斯设计的那些工厂建筑（在图注中未署上迈尔的名字）。实际上，格罗皮乌斯无疑是配图最多的建筑师，远远超过了其他人。因此我们可以推测，他是对这百折不挠的世界精神最为着迷的建筑师。不过该书还是选了俄国、法国、捷克斯洛伐克、荷兰和德国的一些作品。实际上，最后一幅插图是曼哈顿南部的航拍照片。总的来看，在这**时代精神**的朦胧概念中，我们看到欧洲最初的现代主义历史神话被创造出来，斯宾格勒被改造也被驳倒了。

5. 勒·柯布西耶与吉迪恩

让纳雷 (Charles-Édouard Jeanneret，勒·柯布西耶的本名) 在拉绍德封的家中旁观了第一次世界大战的闹剧。[3] 他于 1911 年夏天离开德国，取道巴尔干前往土耳其和希腊作东方之旅，后从意大利返回。回到瑞士之后，他开始在艺术学校 (Ecole d'art) 教装饰艺术和室内设计。战前他曾有过两项住房设计项目，一项是让纳雷－佩雷别墅 (Villa Jeanneret-Perret) (1912)，是为他父母修建的，位于拉绍德封陡峭的山腰处。让纳雷采用了一种接近对称式的新古典主义方案，令人想起了贝伦斯

---

1 格罗皮乌斯，《国际建筑》，温勒编 (Mainz, Germany: Florian Kupferberg, 1981; originally published in 1925)，7—8。

2 Ibid., 7.

3 关于勒·柯布西耶的早年，见布鲁克斯 (H. Allen Brooks)，《勒·柯布西耶的成长期：查理－爱德华·让纳雷在拉绍德封》 (Chicago: University of Chicago Press, 1996)。关于他工作的完整记载，见《勒·柯布西耶档案》(The Le Corbusier Archive) 32 vols (New York: Garland, 1982–1984)。

的风格。这位年轻建筑师的雄心也超出了他的能力，因为这座庞大的别墅，其尺寸和昂贵的细部都远远超过了他父母的实力。这座宅子耗尽了他们的终身积蓄，因此父母最终不得不赔本将其卖掉。第二个项目是法夫尔－雅科别墅 (Villa Favre-Jacot)（1912—1913），是为一位富裕的委托人而建。这次还算幸运，他采用了地中海古典主义风格，加上彩色圆柱和墩柱，表现出与德国影响的决裂。战前的第三个项目（1914），即他所谓的花园城 (Cité Jardin)，是为一处住宅区做的规划，弯弯曲曲的街道是其特色。总体而言，它令人想起了赫勒劳花园城，他曾在 1914 年再度访问了那里。让纳雷的住宅事业正处在发展之中，他想成为一名住宅建筑师，但战争却中止了这一切。

战争完全打断了让纳雷的建筑生涯。1914 年 5 月他因与学校当局发生争吵而失去了教职，部分是政治原因（社会主义者的抗议），部分则因为教学。6 月他访问了在科隆召开的德制同盟大会，12 月参加了日内瓦附近罗纳河 (Rhone River) 大桥的设计大赛。这座拱桥设计之所以重要，是因为有助于他恢复与马克斯·迪布瓦 (Max Du Bois) 的友谊。迪布瓦是位工程师，是他童年时代的朋友，在巴黎工作。对让纳雷来说，这种关系完全是一厢情愿的，因为他在教学和结构工程学方面毫无训练，一直在利用迪布瓦的好感，从他那里获得结构上的建议和免费的细节设计服务。在 1915 年前后，让纳雷沉湎于他的"多米诺"式住房体系，这或许是他一生中最被人误解的、也是被过高评价的一个项目。

[254] 他的意图是要设计出一套混凝土柱板结构 (concrete slab and pier system)，可用来进行住房的大批量生产。[1] 当然，以缩进的柱子支撑平板的想法本身并不新鲜，但让纳雷的那些强迫症式的限制性条件却使得解决简单问题的方案变得复杂了。他想由方柱来直接支撑混凝土板，避免常见的热膨胀以及圆柱顶部因受剪力作用而向外侧倾斜等问题。此外，他想在现场生产，不用临时性的木制范型，而且非熟练工也可以做。要找到满足这些标准的解决方案可以说是天真的想法。这耗费了迪布瓦和其他工程师数百小时的工作，而让纳雷只是以他个人的名义申请了专利。一系列空心砖坐落在临时性的工字梁之上，以混凝土沿空心砖周围浇注，用钢筋加固。为了实施浇注，要将工字梁置于另一组固定于圆柱上的临时性工字梁之上。这绝不是一种经济的方法，当然也不可能由非熟练工操作，而未固化或新浇注的墩柱也不可能起到支撑作用。再者，这一想法意义不大，因为平板（一旦浇注）不可能留有走管线的槽孔，只能钻孔（走管线、烟管和通水管）。让纳雷画了一些住宅草图以展示他的体系，但也不能弥补设计的缺陷。这是最原始的脑筋构想出的最不起眼的住房方案，所以这个体系从未被让纳雷本人或者其他人采纳就不足为奇了。

战争期间，让纳雷建造的唯一一个项目——如果不算他为斯卡拉电影院 (La Scala) 做的剽窃方案的话——表明了他对混凝土越来越感兴趣。施沃布别墅 (Villa Schwob)（1916—1918）是作为混凝土结构来设计的，但负责施工的一家苏黎世公司采用了传统的托梁平板体系。这座住宅的

---

1 关于多米诺体系，见格雷格 (Eleanor Gregh)，《多米诺理念》(The Dom-ino Idea)，载《争鸣》(*Winter-Spring*, 1979)：61—87。

设计是对称的，北面为空心板立面，两侧在女儿墙的高度有笨拙的细部处理。人们普遍认为这是让纳雷第一次采用几何比例体系。不过，这个项目在当时之所以有名，是因为它的巨额超预算成本最终导致了一场官司。让纳雷控告施沃布 (Raphael Schwob) 没有付钱给建筑师，后者反诉建筑师，说他超了原预算 11.5 万法郎而高达 30 多万法郎，并疏于工程监管（渎职）。这桩官司发生在 1918 年，同时，他又陷入另一桩复杂的官司之中，起因于斯卡拉电影院 (1916) 存在漏水的技术问题。至少在这桩官司中，他没有因秘密接管委托任务以及剽窃其他建筑师的设计而受到指控，不过这仍是他在家乡做住宅设计的一个不幸结局。

1917 年 1 月，让纳雷迁往巴黎，将这些经历抛在脑后。他已接近 30 岁，10 年中一事无成，只是一位普通的建筑师，未能明确表现出任何新风格的迹象。法国仍深陷战争之中。事实上，德国于 3 月就开始用远程火炮炮击巴黎，但让纳雷对此全不在意。迪布瓦好心好意为他成功抵达这座大都市做了准备——安排了一间办公室，配了一名秘书，让他管理一家建材工厂。在接下来的 5 年中，除了一座水塔与诺曼底住宅计划中的一座双体住宅，让纳雷没有建造任何建筑物。不过，他的工作使他面临着关于建材的问题，而当时他正好读到了泰勒理论，这成为他处理一切建筑事务的思想准则。[1] 他写了一部像书一样厚的手稿，题为“要么法国要么德国”(France ou Allemagne)，调侃法国战时的民族主义，鼓吹法国在艺术与建筑上要高于德国。他还对绘画产生了兴趣。1917—1918 年冬天他的绘画兴致高涨，当时佩雷将让纳雷介绍给了画家奥藏方 (Amédée Ozenfant) (1886—1966)，后者成为他的新导师，也一度成为他新结交的好友。

如果说工程师迪布瓦将让纳雷从外省生活中拯救出来，那么奥藏方则将他引入了巴黎的艺术圈子，最重要的是为他提供了一套“构造术”(architectonic)——这是巴尔 (Alfred H. Barr) 在半个多世纪之前所采用的一个术语——的基本原理，而这套原理完全可以为建筑所用。[2] 在 1920 年，奥藏方甚至帮他取了一个新名字，与其新角色相配：勒·柯布西耶[3]。

奥藏方的纯粹主义运动始于 1915 年，那一年他创办了杂志《冲》(L'Elan)，当时正值其立体主义时期。此杂志以发表关于毕加索、马蒂斯和阿波利奈尔 (Apollinaire) 的文章为主。首次论及纯粹主义的文章发表于 1916 年 12 月，题为《立体主义札记》(Notes sur le cubisme)。在这些札记中，奥藏方将立体主义说成是“一场纯粹主义运动”，但认为它后来只是一味重复母题，过分关注于第四维。[4] 1917 年初，让纳雷见到了画家奥藏方，这段时间后者正在考虑写一篇更长的宣言。两人很快成为朋友，实际上让纳雷将自己的画架搬到了奥藏方的画室，后者每天既向他传授理论又教他画油画。1917 年 9 月，两人合作撰写了《后立体主义》(Après le cubisme)，这是一篇宣言，为定于年底举办的首次纯粹主义绘画展而作，其精神主旨是：纯粹主义是理想主义的、保守的，而不是先锋派——它提倡秩序、清晰、逻辑以及与现代技术领域所共有的基础。这份

[255]

---

1 见麦克劳德 (Mary McLeod)，《“要么建筑，要么革命”：泰勒主义、技术统治论与社会的变迁》("Architecture or Revolution": Taylorism, Technocracy, and Social Change)，载《艺术杂志》(Art Journal)，Summer 1983，132—147。

2 小巴尔 (Alfred H. Barr, Jr.)，《立体主义与抽象艺术》(Cubism and Abstract Art, Cambridge: Belknap Press, 1986)，164。

3 该名字来源于其家族的母系姓氏 Lecorbesier，正是奥藏方建议采用这种拼写的变体。

4 《立体主义札记》(Notes on Cubism)，载《1900—1990 年间的艺术理论》，223—225。

宣言也是为后来更大的动作所安排的一次预演，因为在 1920 年，他俩与诗人德尔梅（Paul Dermée）一道创立了《新精神》（L'Esprit Nouveau）杂志，这成为让纳雷成名的一个跳板。[1]

纯粹主义的基本原理成了勒·柯布西耶理论发展的中心。纯粹主义往往被解释为一个更大的"呼唤秩序"运动（rappel à l'ordre）的一部分，尤其在法国艺术中很明显。如果说它产生于立体主义运动，但同时它也是对立体主义那种个人主义与碎片式图像的一种批评。纯粹主义强调一种更具精神品性的"塑性"形式，也就是说，"一件艺术作品应该引出一种数学秩序感，而引出这种数学秩序的手段应到普遍手段中去寻求"[2]。因此，它强调轮廓的准确性、线条的清晰性、体积的再现性、各个面相交叠的扁平性、物体与轮廓的总体秩序，以及笛卡尔式的理性化。纯粹主义在色彩上偏爱冷灰、冷棕以及深红、深绿色调。在这方面，纯粹主义者与风格派及构成主义者形成了鲜明的对比。尤其是它的绘画主题为"器物类"（objects-types）——瓶瓶罐罐、玻璃器皿、管乐器、吉他——或是那些实用的又具有文化品格的典型形态。奥藏方和让纳雷说，对物品的"机械选择"类似于达尔文的"自然选择"。他们还提到了这样一个世界，在这个世界中实用物品经过经济的、人的尺度以及数学上的和谐处理而变得纯净了。[3]此外，当画家将这些类型的物品描绘在画布上时，要运用规则的线条对它们做仔细的安排，从而形成对称的构图，同时还要对它们的秩序进行细致的推敲。对塑性的形式、简单的体积、清晰的线条、光滑的表面、扁平的面以及主导性的几何形体的强调，是可以直接运用于建筑设计的。

人们普遍将《新精神》（图 79）看作奉献给现代性的一个文化载体。根据第一期所述，"有一种新的精神：它是一种构成的精神，一种综合的精神，由一种清澈的观念所引导"。因此这份杂志便"真心奉献给这种活生生的美学"。[4]德尔梅主要将它视为一份美学杂志，不过三期后他即被驱逐出杂志（由于他的达达主义倾向）。奥藏方和让纳雷将其副题改为《插图版国际当代事件评论》（Revue internationale illustrée de l'activité contemporaine）。现在，该杂志声称要涵盖所有美术与文学，还包括纯科学和应用科学、实验美学、工程美学、城市生活研究、哲学、社会学、经济学、伦理学、政治学、现代生活、剧院、展览、运动以及特殊事件等内容。这个刊名显然来源于阿波利奈尔的一个讲座，而对于奥藏方和让纳雷来说，它表达了投身于工业化的未来、投身于一个五彩缤纷的新世界的意愿，而这个世界是由知识精英所统治的。该杂志共出了 28 期，持续了近 6 年——它得以成功地生存下来，应部分归功于让纳雷成功地促使工业家和制造商做广告。[5]它将各家的观点汇聚在一起，发出清晰的声音，如巴施（Victor Basch）、洛斯（Adolf Loos）

---

1 《新精神》共 28 期，原出版于 1920—1925 年间，后重刊（New York：Da Capo Press，1968–1969）。
2 奥藏方与让纳雷，《纯粹主义》，载《新精神》杂志，no. 4, 1920；引自哈里森与伍德编，《1900—1990 年间的艺术理论》，238。
3 Ibid., 239.
4 《新精神》，载《新精神：国际美学评论》（L'Esprit Nouveau: Revue internationale d'esthétique），no. 1，前言与献辞。
5 见穆斯（Stanislaus von Moos），《标准与精英：勒·柯布西耶，工业与新精神》（Standard and Elite: Le Corbusier, die Industrie und der Esprit Nouveau），收入《实用艺术：工业革命以来的构造技术与造型艺术》（Die nützliche Künste: Gestaltende Technik und bildende Kunst seit der Industriellen Revolution），布登希格（Tilmann Buddensieg）与罗格（Henning Rogge）编（Berlin: Quadriga, 1981），306—323；科洛米纳（Beatriz Colomina），《私密与公开：作为大众媒体的现代建筑》（Privacy and Publicity: Modern Architecture as Mass Media, Cambridge: M. I. T. Press, 1996），141—199。

（他的“装饰与犯罪”的文章）、巴里内蒂（Fillipo Tommaso Marinetti）和凡·杜斯堡（Theo van Doesburg）等。

勒·柯布西耶在《新精神》发表了一系列文章（与奥藏方合作，笔名为Le Corbusier-Saugnier），后来他将这些文章汇集为4本书，第一本是《走向建筑》（*Vers une architecture*）（1923）。[1] 此书确实是20世纪最著名的建筑宣言，尽管勒·柯布西耶十分怪异地将往昔与将来的种种取向融汇于他的精神发展之中。这也是一本通俗读物，而值得注意的是它将现代与古典图像并置在一起。

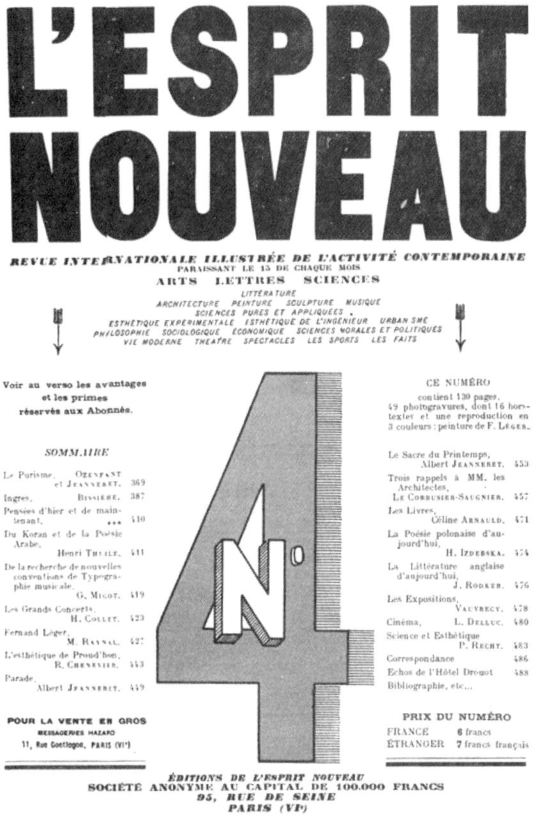
L'ESPRIT
NOUVEAU

REVUE INTERNATIONALE ILLUSTRÉE DE L'ACTIVITÉ CONTEMPORAINE
PARAISSANT LE 15 DE CHAQUE MOIS
ARTS LETTRES SCIENCES
LITTÉRATURE
ARCHITECTURE PEINTURE SCULPTURE MUSIQUE
SCIENCES PURES ET APPLIQUÉES
ESTHÉTIQUE EXPÉRIMENTALE ESTHÉTIQUE DE L'INGÉNIEUR URBANISME
PHILOSOPHIE SOCIOLOGIQUE ÉCONOMIQUE SCIENCES MORALES ET POLITIQUES
VIE MODERNE THEATRE SPECTACLES LES SPORTS LES FAITS

Voir au verso les avantages
et les primes
réservés aux Abonnés.

SOMMAIRE

Le Purisme, Ozenfant et Jeanneret. 369
Ingres, Bissière. 387
Pensées d'hier et de maintenant, *** 410
Du Koran et de la Poésie Arabe, Henri Thuile. 411
De la recherche de nouvelles conventions de Typographie musicale, G. Migot. 419
Les Grands Concerts, H. Collet. 423
Fernand Léger, M. Raynal. 427
L'esthétique de Proud'hon, R. Chenevier. 443
Parade, Albert Jeanneret. 449

POUR LA VENTE EN GROS
MESSAGERIES HAZARD
11, Rue Coetlogon, PARIS (VI°)

4 N°

CE NUMÉRO
contient 130 pages,
49 photogravures, dont 16 hors-textes et une reproduction en 3 couleurs : peinture de F. Léger.

Le Sacre du Printemps, Albert Jeanneret. 453
Trois rappels à MM. les Architectes, Le Corbusier-Saugnier. 457
Les Livres, Céline Arnauld. 471
La Poésie polonaise d'aujourd'hui, H. Izderska. 474
La Littérature anglaise d'aujourd'hui, J. Rodker. 476
Les Expositions, Vauvrecy. 478
Cinéma, L. Delluc. 480
Science et Esthétique P. Recht. 483
Correspondance 486
Echos de l'Hôtel Drouot 488
Bibliographie, etc...

PRIX DU NUMÉRO
FRANCE 6 francs
ÉTRANGER 7 francs français

ÉDITIONS DE L'ESPRIT NOUVEAU
SOCIÉTÉ ANONYME AU CAPITAL DE 100.000 FRANCS
95, RUE DE SEINE
PARIS (VI°)

图 79　《新精神》杂志第4期（巴黎，1920）的封面。

[256]

英国历史学家班纳姆（Reyner Banham）在早期对此书内容做的分析中，将这种并置简化为一对范畴，即“学院式的”和“机械论的”。[2] 在前一个范畴中他列出了“建筑师的三点提示”（体块、表面、平面）以及论“规矩线”（Regulating Lines）的一章，这些内容都源于勒·柯布西耶的纯粹主义美学，与他对建筑的定义相关，这定义便是：“聚集于光线中的体块巧妙地、恰当地、堂而皇之地游戏。”[3] 有人提出，北美的谷物升降机以及佩雷与加尼耶的作品是这种思想的来源，而比例规则的基本原理则来源于罗马卡皮托利山上的建筑，以及凡尔赛小特里亚农宫等古典建筑。历史的依据也是“建筑”这个小节的基础，在此处他向米开朗琪罗——“千古年出一人”——以及帕特农神庙的造型致敬。[4] 最后的那些图像特别有效地传达了勒·柯布西耶深层的伦理学。例如，他给一块陇间板的残片加上了简明的图注“质朴的形象，多立克的德行”；而一件多立克柱头的断面也会激起类似的情感，“微小的尺寸也发挥着作用，拇指圆饰的曲线就像大弹壳一样合理，圆箍线离地50英尺，但它们比科林斯柱头上的所有莨苕篮子装饰讲述了更多的东西。多立克的精神状态与科林斯是两回事。一个道德事实在它们之间划下了一道鸿沟”。[5]

1 勒·柯布西耶－绍尼尔（Le Corbusier-Saugnier），《走向建筑》（Paris: Éditions G. Grès et Cie, 1923）

2 班纳姆，《第一机器时代的理论与设计》（*Theory and Design in the First Machine Age*, New York: Praeger, 1978），220—246。

3 勒·柯布西耶，《走向新建筑》（*Towards a New Architecture*），埃切尔斯（Frederick Etchells）翻译（London: The Architectural Press, 1927），31。在标题中加入一个“新”字是错误的，这一点已为人们注意到了。由盖蒂研究院（Getty Research Institute）组织翻译的一个新译本即将面世。

4 Ibid., 156.

5 Ibid., 203,198.

　　《走向建筑》一书中的两个"机械论的"部分将"学院式的"部分夹在中间，论述的是勒·柯布西耶理论的另一个关键的方面：对于机器的热爱。同时，机器作为一种建筑的隐喻，其新颖性被大大夸张了——正如30多年来这一点一直是德国建筑理论的特色。不过他满怀热情地接受工业模式并信仰技术，这在1921—1922年间的欧洲——除了构成主义者之外——仍然是独一无二的。再者，他的信念的基础是"美国风"特别是泰勒理论，同时又得到了法国技术统治论的实证主义传统的有力支持，这一传统可以追溯到圣西门。[1] 不管怎样，勒·柯布西耶是最早将建筑师作如是观的人物之一：他们是肩负着通过建筑并借此通过社会来改造世界之使命的造物者（maker）。这也是处于那些悲观失望年代中才可能想象出的一种表述，与斯宾格勒的悲观主义完全相反。

　　在前面题为"工程师的美学与建筑"（The Engineer's Aesthetic and Architecture）的一章中，他已经宣布了这种社会改良论的论点。对勒·柯布西耶来说，当下流行的社会危机是一种精神危机，或者说是使建筑陷入不确定、不真实境地的危机：

> 　　一个人从事宗教工作但又不信教，这是一个可怜的家伙，他是不幸的。我们若生活在不值得住的房子里也是不幸的，因为它们毁掉了我们的健康和我们的精神面貌。成为久坐不动的生物，这是我们的命。我们的住宅啃噬着我们，使我们懒惰迟滞，就像一个肺痨病人。我们很快便会需要多得多的疗养院。我们多么可怜。我们的住宅令我们作呕；我们从中逃离出来，前往餐馆和夜总会；或者像可怜虫一般阴郁地、秘密地聚集于家中；我们的道德败坏了。[2]

　　具有诚实道德感的工程师站在这种建筑欺骗的对立面，他们的"工作是健康的，有阳刚之气，是积极的和有用的，是平衡而愉快的"，而"我们的建筑师是失落与空虚的，自负与暴躁的"。[3] 这是老生常谈的问题。不过，此书中关于远洋客轮的第一批图像（还有封面上的图片），使我们看到这种理论发生了一个根本性的变化。例如，穆特修斯采用船的隐喻只是为了回避对"客观性"概念做精确的解释，也就是说他反对对这一概念做过于机械的解释。勒·柯布西耶采用机器的隐喻，恰恰因为它具有道德上的紧迫性。在"法国皇后号"客轮甲板的图注之下，他写道："一座建筑，纯粹、简单、清晰、洁净、健康，与此形成鲜明对照的是我们的地毯、靠垫、天篷、壁纸，其间以镀金家具作分隔，色彩陈旧或'华而不实'：我们的西方市场沉闷惨淡。"[4] 其结论令人震惊，但也完全顺理成章、不言自明："住宅是生活的机器。"[5]

1　这是麦克劳德十分强调的一个要点，《"要么建筑，要么革命"》。麦克劳德也注意到，在《大批量生产住宅》一章中所提到的泰勒主义在1927年的英文版中被删掉了。

2　勒·柯布西耶，《走向新建筑》，14。

3　Ibid.

4　Ibid., 100.

5　Ibid.,95.

飞机与汽车的迷人图像是此书的另一创新特色。勒·柯布西耶或许是第一位将这一图像理解为一种商业工具的建筑师，正如政治家和广告商开始理解的那样。他也是最早将建筑宣言作为一种专门为吸引建筑师而设计的视觉目录，而不是对某种理论主张做论证的人。数年之后，吉迪恩（Sigfried Giedion）在他 1928 年出版的勒·柯布西耶传记中说，他自己的书是为"急匆匆的读者"写的，他们迫于时间的压力，只需瞟一眼图像和图注。他是通过勒·柯布西耶学到这一手的。[1]

[257]

就另一层意义来说，《走向建筑》也是一本论战性的书。此书的核心内容是最后两章"住房的大批量生产"和"要么建筑，要么革命"。正是在这里，我们看到了 1920 年代勒·柯布西耶的工作重点——住房。其实这正是他 1917 年到巴黎之后所关注的重点，他的一系列住宅区提案即说明了这一点。例如，1917 年他提交了圣尼古拉－达列蒙（Saint-Nicholas-d'Aliermont）工人住房方案（建了一个住宅单元），采用了当地的风格——砖砌结构，木梁暴露在外，类似于泰森诺（Tessenow）的作品。在特鲁瓦（Troyes），他于 1919 年提出的方案完全模仿了托尼·加尼耶（Tony Garnier）的范例。他这一时期的工作以 1922 年策划的"当代城市"（Ville Contemporaine）展而告终，这是在秋季沙龙举办的一个展览。[2] 泰勒式的科学管理与动作效率是这座有 3 百万居民的理想城市的主题。该城在中部由两条交通轴一分为二，有不少于 7 个层次的交通设施，最上层为飞机场。交通中枢环绕着 24 座 60 层高的摩天大楼，这些大楼的平面为十字形，这是为了满足商业与行政管理的功能需求。这一圈之外是为社会精英建造的中等高度的公寓楼，他们包括管理者、科学家、知识分子和艺术家。工人住在周边地区，外围是绿化带，再远处是工业区。

在"住宅的大批量生产"一章中，勒·柯布西耶展示了一座私人企业性质的城市，如他所强调的，这是为获取利润而构建的；是"建筑师和具有雅趣的、对住宅怀有博爱之心的人们之间的一种联合"[3]。与聪明人联手工作是这个 10 年前半期勒·柯布西耶不断重弹的调子。汽车制造商安德烈·雪铁龙（André Citroën）的住宅被命名为"雪铁龙宅邸"（Citrohan House，1920—1922），1925 年巴黎"瓦赞规划"之名即来源于加布里埃尔·瓦赞（Gabriel Voisin，1880—1973，法国人，现代航空的开拓者）。他坚信，社会态度和社会期望已经改变，政客与工业巨头最好当心一些，选项很简单，"要么建筑，要么革命"[4]。

当勒·柯布西耶在 1923 年撰写此书的最后一章时，正好完成了他最早在巴黎设计的两幢住宅，即奥藏方的巴黎工作室以及位于沃克雷松（Vaucresson）的一座小型别墅。在之前的 5 年中他勤奋努力，但没有建筑成果，现如今这里的经济状况如德国一样，开始有所改善。在

---

1 科洛米纳（Colomina）的《私密性与公开性》一书对这一点进行了强调，尤其是《公开性》一章。关于吉迪恩的"初步意见"（Preliminary Remark），见《法国建筑、钢铁建筑、钢筋混凝土建筑》（*Building in France, Building in Iron, Building in Ferro-Concrete*），贝里（J. Duncan Berry）翻译（Santa Monica, Calif.: Getty Publications Program, 1995），83。

2 见穆斯，《勒·柯布西耶：诸元素的综合》（*Le Corbusier: Elements of a Synthesis*, Cambridge: M. I. T. Press, 1988），187—238；菲什（Robert Fishman），《20 世纪城市乌托邦》（*Urban Utopias in the Twentieth Century*, Cambridge: M. I. T. Press, 1982）。

3 勒·柯布西耶，《走向新建筑》，264。

4 Ibid., 265.

[258]

图 80　勒·柯布西耶，巴黎奥藏方工作室，1920—1923。采自沃尔特·格罗皮乌斯的《国际建筑》（柏林，1925）。

1923—1927 年间，勒·柯布西耶开始崭露头角，成为欧洲主要建筑师之一并一鸣惊人。奥藏方工作室的极简主义，轮船式的楼梯和厂房式的方正窗框，标志着新的发展方向（图 80）。在室外，勒·柯布西耶的做法接近于赖特后来所戏称的"纸板"建筑，即没有任何线脚、楣线、窗台或三维的结构，几乎完全走向了机器式的抽象，细节也几乎完全消失。

1923 年勒·柯布西耶也接受了一位艺术收藏家朋友拉乌尔·拉·罗什（Raoul La Roche）的委托，为他设计一座位于欧特伊（Auteuil）的住宅。其中，他所采用的横窗以及室内复杂的空间组合已经非常精致了。在这座大型住宅完工之前，他手上还有位于波尔多附近佩萨克（Pessac）的房地产项目，以及为 1925 年展览会设计新精神馆（Pavilion L'Esprit Nouveau）的任务。这两件作品在其建筑师生涯中都很重要。为糖业生产商弗吕热（Henri Frugès）所建的住宅项目是一项大胆的实验，原计划建设 135 套低收入家庭的住宅区。其设计以 5 米的模数为标准，墙体以隔音的煤渣砌块建造，水泥梁现浇，最有趣的革新是采用了兰德（Ingersoll Rand）的水泥浆喷枪（cement gun）。简陋的墙体采用纯色来弥补：天蓝色、淡绿色和赫石色。有 6 种形式抽象的建筑类型，这在 1926 年是超凡脱俗的，尤其是那些空了 3 年没人居住的单元。一系列经济、法律以及管理上的难题（这次多少要归咎于勒·柯布西耶管理上的无能）使这个完成的项目空置并颓败，直到这座城镇在 1929 年最终接通了水源。

新精神馆是为 1925 年国际装饰艺术与现代工业博览会（Expositon Internationale des Arts Decoratifs et Industriels Modernes）而建，以作为 1922 年"公寓－别墅"（immeuble-villa）方案的一个二层演示单元。这是高层建筑的一个插件单元，有两层生活区和两层露台。尽管每个单元都配备了小型厨房，但这些单元还是要靠一个中央服务系统提供支持。中央服务系统包括日常料理、大厅和俱乐部，由男女服务员管理。这个模式与后来的共产主义模式之间的相似性只是表面的。勒·柯布西耶的这个项目并不是为无产者而是为"具有雅趣的人"设计的。

在 1924—1925 年间，勒·柯布西耶出版了另外三本书，这些书都以《新精神》杂志上的文章为基础。其中，只有《现代绘画》(Le peinture moderne) 一书他允许奥藏方作为合著者署了名，尽管奥藏方为几乎所有文章准备了材料。[1] 《城市规划》(Urbanisme) 是这些书中部头最大的一本，很好地总结了勒·柯布西耶 1920 年代中期的观念。[2] 此书提到了巴黎的城市问题：空气污染、贫民窟、交通拥堵，还有像肺结核之类的传染病。书中列举了城市规划史上的若干实例来证明秩序与几何学的优点，笔直的大道，即"人走的路"(Le Chemin des Hommes)，要胜于"猴子走的路"(Le Chemin des Ânes)。他宣称现代城市的本质是时间和交通——这种提法令人想起了瓦格纳——尤其是高速旅行，而飞机、火车和汽车则使之成为可能。现在，想外出闲逛的步行者可去市区的大型公园，他的"当代城市"再次成为这方面的样板。他的"瓦赞规划"(Plan Voisin) 也首次以出版物的形式展示出来（展出于 1925 年的博览会），将当代城市的基本原理运用于巴黎塞纳河右岸地区。在这里，他（臭名昭著地）呼吁，拆除斯德岛 (Ile de la Cité) 北面和蒙马特高地南面几乎所有的城市建筑物，只保留几座孤零零的历史建筑。

《装饰艺术》(L'art decorative) 在开本和观点上与上本书相类似，再次提供了一些迷人的图像——从文件柜（出类拔萃的"类型家具"）到草帽和烟斗（勒·柯布西耶自己所用），甚至还有一排排爱马仕包袋和无畏战舰的火炮图像，它也引发出了天启式的联想：

> 伟大的艺术以谦卑的方式生存。
>
> 光辉在外表之下闪烁。
>
> 比例的时刻业已来到。
>
> 建筑的精神得以伸张。
>
> 发生了什么事情？机器时代已然诞生。[3]

他援引了前辈洛斯的观点，表达了"装饰已终结"这一主旨。用他自己的话来说（矛头指向 1925 年博览会的官方名称），"现代的装饰艺术不是装饰"[4]。

1926 年，勒·柯布西耶开始活跃于法兰西复兴运动 (Redressement Français)。这是一场政治运动，由梅西耶 (Ernest Mercier) 领导，主张沿着福特和泰勒的哲学思路对第三共和国的经济状况进行严格的技术改造。[5] 这一公开的圣西门主义运动召集了若干工作委员会，还出版了机关刊物。勒·柯布西耶参加了城市研究委员会，并于 1928 年写了两篇文章：第一篇提出了"瓦赞规划"的实施方案，第二篇则将人们的注意力引向他在佩萨克的工作，以及在斯图加特举办的新住宅

1　《走向建筑》首版于 1923 年，作者署名是"Le Corbusier-Saugnier"，但勒·柯布西耶在第二版中将"Saugnier"（奥藏方的笔名）给删除了。

2　该书于 1929 年被译为英文版，题为 The City of Tomorrow and Its Planning（重印，Cambridge: M. T. I. Press, 1971）。

3　勒·柯布西耶，《今日装饰艺术》(The Decorative Art of Today)，邓尼特 (James Dunnet) 翻译 (London: Architectural Press)，129。

4　Ibid., 23.

5　见麦克劳德，《城市规划与乌托邦：勒·柯布西耶从区域工联主义到维希》(Urbanism and Utopia: Le Corbusier from Regional Syndicalism to Vichy, Ph. D. diss. Princeton University, 1985)，以及《"要么建筑，要么革命"》，141—143。

展览会。联合国家党（Union Nationale party）在 1928 年取得政治上的胜利，这导致住宅法案得以起草，但 1929 年的经济崩溃很快使得法案的执行化为了泡影。对许多欧洲人来说，这场经济危机也终止了"美国风"的普遍诱惑力。

不过勒·柯布西耶正在扩展他的文化地平线。他于 1929 年到拉丁美洲旅行，在阿根廷和巴西做了一系列讲座。1930 年，他出版了一本书，收入了这些讲座的讲稿，书名为《建筑与城[259] 市规划现状精论》（*Précisions sur un état present de l'architecture et de l'urbanisme*）。[1] 这些讲座随口道来，生动流畅，恭敬有礼，对大海、河流和山川地形均怀有敬畏之情。这趟旅行是重要的，有助于他重新思考早先有关城市规划方案的某些笛卡尔式的绝对信条，如他的"瓦赞规划"中严格的直线并不适用于多山的地区。所以，为巴黎所做的网格与高楼群方案在蒙得维的亚（Montevideo，乌拉圭首都）就变成了一个从山丘延伸下来的公路网的提案，"摩天大楼"依次而降。同样，他还为圣保罗（São Paulo）做了一个十字轴高架路方案，跨越相距 45 千米的山丘，并在下面修建办公楼。勒·柯布西耶于 1936 年再次回到南美，这些旅行为他日后对南美产生的巨大影响奠定了基础。

在 1928—1930 年间，勒·柯布西耶还去过三次莫斯科，以官方身份前去讨论莫斯科重建计划。他又提出要将这座古老城市推平，代之以笛卡尔式的高楼网格，但这一次他将商业中心或管理中心置于方案的最顶端（以图解形式呈现），其下方是文化休闲设施与住宅区域，而这些住宅区环绕着中心形成数个紧凑的四分之一圆。[2] 他之前设计的社会精英住宅中心区，在这里变成一个"无阶层区分的"居住区：住宅单元呈曲折的带状分布，每户人家有 150 平方英尺。他的设计意图是再一次提供一个能扩展或压缩为任何尺寸的普遍解决方案，但也是这位建筑师想要强加于世界的一个激进而苛刻的方案，一个要规范人类生活各个方面的方案。这个规划发表于赖特提交他的"广亩城"（Broadacre City）设计的同一年，这说明他们都具有大萧条所助长的那种共同的乌托邦思维。

在 20 世纪 20 年代后半期，勒·柯布西耶设计了他的那些著名别墅。1926 年他发表了《新建筑的五个要点》（Les 5 points d'une architecture nouvelle），确立了其建筑类型的特征：圆柱、自由平面、自由立面、水平推拉窗以及屋顶花园。[3] 其中最重要的作品是位于沃克雷松（Vaucresson）的施泰因－蒙齐别墅（Villa Stein-de-Monzie）（1926），业主是蒙齐（Gabrielle de Monzie）以及美国人萨拉·斯坦（Sarah Stein）与迈克尔·斯坦（Michael Stein）。从这座建筑的自由式平面、海洋母题、后阳台以及建造质量标准来看，可以说这是一个突破性的项目。勒·柯布西耶本人如此沉迷于此，以至他与舍纳尔（Pierre Chenal）一道拍了一部关于这座别墅的电影，不用说是由他亲自主演的。在影片中他总是

1　勒·柯布西耶，《建筑与城市规划现状精论》（Paris: Les Éditions G. Grès, 1930），由奥雅梅（Edith Schreiber Aujame）翻译，英译本题为 *Precisions on the Present State of Architecture and City Planning*（Cambridge: M. I. T. Press, 1991）。

2　后来他在《光明城》（*La Ville Radieuse*, Boulogne: Editions de l'Architecture d'Aujourd'hui, 1935）一书中讨论了莫斯科规划；此书英译本题为 *The Radiant City*（London: Faber & Faber, 1957）。

3　首次发表于罗特（Alfred Roth）的《勒·柯布西耶与皮埃尔·让纳雷的两套住宅》（*Zwei Wohnhäuser von Le Corbusier und Pierre Jeanneret*, Stuttgart, 1927; 重印, 1977）一书中。

叼着香烟，开着汽车前往这座住宅，登上屋顶露台。[1] 影片中还包括他的萨伏伊别墅（Villa Savoye）的一些场景，这是他 1928 年接手的项目。此时桩基（pilotis）充分发挥了作用，并和楼梯与斜道组合在一起。如果仅从它简约主义与纯粹主义的建筑语言来看，还真是一件大师作品。

勒·柯布西耶的大型项目则远不成功。1928 年他赢得了莫斯科消费者合作社中央联合会（Central Union of Consumers' Cooperatives）的设计竞赛，其建筑于 1936 年建成，是这座城市所建的最后一座"现代"建筑。从外观上看，此建筑的确很现代，不过他打算通过双层玻璃立面进行冷热空气循环的设想未能实现。在建筑内部，他采用一系列坡道来安装循环系统。他还参加了俄罗斯苏维埃宫（Palace of the Soviets）的设计竞赛，这是在 1931 年秋天举行的。在被邀请参加竞赛的 9 家外国公司中，勒·柯布西耶和他的侄子皮埃尔·让纳雷名列其中。他的设计很精美，主议会大厅的混凝土外壳从一个抛物线拱券上悬挂下来。不过，尽管这位宣传高手送了一部电影到莫斯科以加强评委们的印象，但依然没有入选。

然而，他最著名的竞赛设计是为万国宫（Palace of Nations）即联合国（United Nations）的前身所做的方案。1926 年夏天，为这座位于日内瓦的建筑物宣布了建筑竞赛，共收到 367 件设计方案。勒·柯布西耶大量增加了其巴黎工作室的人手，花大力气做设计。其方案是沿着湖边建起秘书处大楼，其后建一组布局不对称的办公建筑。在经过评审团的一番争吵之后，他的方案入选第一轮 9 个设计。这引发了一场争论，令欧洲媒体很兴奋。政客们喜欢那些"古典"方案，最终这些方案被综合起来并获胜。勒·柯布西耶当即就给世界名流写了一封公开信（其中有亨利·赖特和詹姆斯·乔伊斯 [James Joyce]），以控诉国际联盟。

勒·柯布西耶虽然在此项目竞赛中被淘汰出局，但他所遭受的损失，却从围绕着赛事运作的国际性争论中得到了 10 倍的补偿。他还趁机出版了一本他写得最好的、最哲学化的书，题为《一栋住宅，一座宫殿》（Une Maison-Un Palais），出版于 1928 年 11 月。[2] 此书后半部分是对其国际联盟建筑设计的全面说明，包含了若干有趣的竞赛备忘录资料。其中，令人不快的"学院之声"（The Voice of the Academy）一章收入了古典式设计方案、官方通信以及评委笔记；题为"坟墓那边的声音"（Some Voices beyond the Grave）的一章，摘引了龙德莱（Rondelet）、维奥莱－勒－迪克等人的引文。此书的前半部分，是对人类生活和居住进步之意义以及现代精神之本性的详述，末尾 [260] 配以大量图片，包括他在斯图加特展览上的两座建筑以及施泰因－蒙齐别墅。奇怪的是，此书是勒·柯布西耶极少数未译成英文的书之一，但此书表明他是一位论证与辩论高手。到那时为止，他已成为欧洲现代建筑运动的最有才华的宣传者。

实际上，勒·柯布西耶很快将迎来他的加冕礼，而这将在这场新运动年轻而精力充沛的观察家吉迪恩（Sigfried Giedion）（1888—1968）的手中成为现实。[3] 吉迪恩是瑞士人（出生于布拉格），

---

1 科洛米纳，《私密性与公开性》，289—291。

2 勒·柯布西耶，《一栋住宅，一座宫殿："寻求建筑的统一性"》（Une maison-un palais: "A la recherche d'une unite architecturale", Paris: Les Éditions G. Crès, 1928）。

3 关于吉迪恩的生平与工作，见乔治亚迪斯（Sokratis Georgiadis），《西格弗里德·吉迪恩：一部精神传记》（Sigfried Giedion: An Intellectual Biography, Edinburgh: Edinburgh University Press, 1994）。

最初在维也纳学习工程学，从 1915 年开始在苏黎世和慕尼黑大学学习。在慕尼黑时，他在沃尔夫林的指导下获得了艺术史博士学位。不过他并不想当一位教师，而是对文学圈子产生了兴趣。1923 年，为了写一篇评论他去了在魏玛举办的包豪斯展览会，在那里见到了格罗皮乌斯，马上就转向了这一事业，尽管他当时仍然想当一名戏剧家。1925 年 9 月，在莫霍伊－纳吉的建议下，他写信给勒·柯布西耶，要求在预先计划的巴黎行程中与他见面。[1] 他那时正在考虑写一些关于"现代运动"的文章，要对法国的情况进行考察。这次会见一定给这位年轻批评家留下了深刻印象，因为他后来将注意力转向了勒·柯布西耶，最终将他的论题完全集中于法国建筑，完全忽略了德国的发展。1928 年，吉迪恩出版了《法国建筑、钢铁建筑、钢筋混凝土建筑》(*Bauen in Frankreich, Bauen in Eisen, Bauen in Eisenbeton*)。这是第一批从整体上探究现代主义建筑之智性基础的著作之一。[2]

这本书的一切都要归功于勒·柯布西耶。最初的版式设计表明，视觉信息是吉迪恩精心策划的关键。他将图片贴在黑色版样纸上，在下面写上图注。实际的正文被简单标上"正文"字样，对于图片来说其显然是第二位的。后来这些版样纸被交给了莫霍伊－纳吉，他对字体和版式进行了调整，并设计了封面。正文本身被一些字母间隔排得很宽大的词、大写词和斜体词所打断，脚注则用了最小的字体，还采用箭头作为读者的指示标志。此外，该书的语气，以及诸如来自往昔的"声音"，还有关键词的反复出现，显然是勒·柯布西耶出的主意。

该书一开始便提出了历史学家的一项新任务：不要总是去研究往昔，而是要"从往昔极丰富复杂的事物中汲取作为未来设计出发点的元素"[3]。简言之，往昔只是对沿续至今的发展之路的重要界定，这条发展之路也包括当下。当下发生的事情亦是由超个体的、现代的（黑格尔式的）时代精神所推动的：

> 我们被驱赶进一种不可再分的个体生命过程之中。我们越来越将生活看作一种运动着的，但不可再分的总体。个体领域的边界模糊不清。科学在何处终止，艺术在何处开始，实用技术为何物，纯粹的知识又包括了什么？各个领域相互交叠、相互渗透、相互滋养。艺术与科学的边界如何划分，而我们今天不再对这一问题感兴趣了。我们对这些领域进行评价时，不是依据它们的等级地位，而是将它们视为同样合理地散发最高冲动的领域：生活！从总体上把握生活，不允许将其分割开来，这是这个时代最重要的关注点之一。[4]

吉迪恩的书以这段精神史作为序曲，接下来开始梳理当代建筑学谱系，实际上可以追溯

---

1 科洛米纳，《私密性与公开性》，199。

2 此书原版由莱比锡 Klinkhardt & Biermann 公司出版，贝里（J. Duncan Berry）翻译，题为 *Building in France, Building in Iron, Building in Ferro-Concrete*（Santa Monica, Calif.: Getty Publications Program, 1995）。

3 吉迪恩，《法国建筑、钢铁建筑、钢筋混凝土建筑》，85。

4 Ibid., 87.

到圣西门关于"工业"(industuy) 的概念以及铁的主题。建筑作为一门活的艺术，在 1830 年代前后已不复存在，"时代精神"似乎决定要撤出巴黎美术学院的厅堂去光顾理工学院的结构实验室。亨利·拉布鲁斯特 (Henri Labrouste) 是 19 世纪最后一名建筑师，他的精神传人都是一些建造展览大厅、市场、火车站和百货商店的了不起的工程师。这种勇往直前的精神最早在 1889 年巴黎博览会上展示了全部的力量，即埃菲尔铁塔 (Eiffel Tower) 和机器馆 (Gallerie des Machines)。吉迪恩精心挑选了一些自己拍的漂亮照片，如埃菲尔铁塔以及马赛的活动吊车渡桥 (Pont Transbordeur) （由阿尔农丹 [Ferdinand-Joseph Arnondin] 设计），来生动地说明这一观点。建筑物局部的照片总是以俯视和仰视的角度拍摄的，以强调斜向网格的支撑结构。

此书中勒·柯布西耶两次出现在论钢筋混凝土 (Ferro-concrete) 的章节之中，这个部分因为历史遗产内容较少而较为简短。从佩雷开始，接下来讨论了加尼耶，结束于勒·柯布西耶这位伟大的"构造者"（吉迪恩认为建筑师已不复存在）。吉迪恩书中关于佩萨克 (Pessac) 住宅区的照片具有重要的历史意义，而此书最后则是以勒·柯布西耶本人为国际联盟设计竞赛所做的辩解而告结束。当此书付印之时，竞赛结果尚在争论之中，但吉迪恩正确地赞扬了这一形势。由于繁忙的读者可能只会粗略地浏览脚注，他便引用莎玛丽丹百货公司 (Samaritaine) 那位 80 岁的建筑师茹尔丹 (Frantz Jourdain) 的话，写道："这是第二个德雷福斯事件 (C'est une second affaire Dreyfus)。"[1] 因此，勒·柯布西耶成了现代建筑运动中第一位既经历了"殉教"又赢得了无上荣耀的建筑师。

[261]

6. 波澜壮阔的早期现代建筑运动

过去对欧洲现代建筑运动的记述，主要集中于三四位主要代表人物所取得的成就，而近年来人们不只将它看作一场运动，更普遍地关注于它的实践。事实上，现代建筑有着多重取向，形式上不像过去认为的那样单一，而且有些取向已被人们忽略或忘记了。1920 年代法国的情形便是个很好的例子，勒·柯布西耶拥护现代主义绝不是一个孤立的现象，甚至他也不是这方面最成功的建筑师。他的良师益友佩雷——当时具有古典主义倾向——在这个 10 年中十分活跃，他的同时代人索瓦热 (Henri Sauvage) （1873—1932）也是如此。索瓦热在 1912 年建造了著名的退台式公寓 (La Maison à Gradins)，这是该城第一座阶梯式公寓楼。1922 年他的这一努力达到顶点，在海军上将街 (rue des Amiraux) 设计了阶梯式建筑群，以钢筋混凝土建造而成。

1920 年代，巴黎最杰出的现代建筑师是马莱－史蒂文斯 (Robert Mallet-Stevens) （1886—1945），他如柯布西耶一样受到了维也纳分离派、立体主义和荷兰建筑实践的影响。马莱－史蒂文斯是位有天分的设计师，与先锋派多有联系。1923 年他为马塞尔·莱比尔 (Marcel L'Herbier) 的电影

---

1 吉迪恩，《法国建筑、钢铁建筑、钢筋混凝土建筑》，189 n. 96。德雷福斯案件，涉及犹太士兵阿尔弗雷德·福斯在 1890 年代被诬告从事间谍活动，在国际上臭名昭著。

《无情的女人》(*L' Inhumaine*) 设计了现代布景，同年还为诺瓦耶子爵 (Vicomte de Noailles) 设计了位于里维耶拉 (Riviera) 的一座立体主义别墅，很快又为蒂瓦莱 (Paul Poiret) 设计了一座现代主义别墅而引人注目（建成一半，未完成）。1927 年，马莱－史蒂文斯设计了位于马莱－史蒂文斯街 (rue Mallet-Stevens) 上的一组细部考究的现代公寓楼。一年之后，吉迪恩便再次证明这些建筑"是古老矫饰的遗风"[1]。马莱－史蒂文斯的现代主义语汇——"富贵"风格——现在被拒绝了，因为吉迪恩对建筑的评判主要基于它与下层阶级的相关度。虽然他 1913 年为秋季沙龙 (Salon d' Automne) 设计的两个房间以及他的城市建筑作品集《现代城市》(*Un cité modern*)（1918）都对勒·柯布西耶起到了重要的激励作用[2]，但情况就是如此。

勒·柯布西耶的建筑也遭到好战的共产主义者吕尔萨 (André Lurçat)（1874——1970）的谴责，后者反复抨击他乞灵于工业家的做法。[3] 吕尔萨为其兄弟让 (Jean) 设计的工作室（1924—1925）以及为修拉城 (Cité Seurat) 设计的由 8 座住宅构成的建筑群（1924—1925），在细节处理上比勒·柯布西耶的第一批别墅建筑更好，原先就很出名。吉迪恩觉得在这些建筑中有"某种严肃的、冷冷的"感觉，但亨利－拉塞尔·希契科克在 1929 年认为，吕尔萨是一位比勒·柯布西耶更优秀的建筑师。[4] 希契科克指出，修拉城中的方块式住宅标志着在勒·柯布西耶工作基础之上的一种"明确的进步"，而他设计的位于凡尔赛的两座别墅（1925—1926）则表现出一种"实在的现实性，看上去像那么回事"，与"勒·柯布西耶虚无缥缈、想入非非的意象"截然相反。因此，吕尔萨在其住宅设计中已实现了一种"真正的超越"。[5] 希契科克还指责勒·柯布西耶的"弥赛亚主义"(Messianism) 与"教条主义"(dogmatism)，相反，他对吕尔萨"对许多年轻建筑师所产生的十分健康的、直接的影响"表示欢迎。[6] 不过 1934 年吕尔萨去了苏联，效忠于斯大林的新古典主义。他仅有的建筑理论文章写于他后来回法国之后，怪异地重申了加代 (Guadet) 的古典主义传统。[7]

另一位被勒·柯布西耶的阴影所遮蔽的建筑师是格瑞 (Eileen Gray)（1879—1976）[8]。格瑞出生于爱尔兰，早先在伦敦斯莱德美术学院接受训练，1900 年之后不久便去了法国，一生大部分

---

1 吉迪恩，《法国建筑、钢铁建筑、钢筋混凝土建筑》，190。吉迪恩在几行之后提到了斯托克莱宅邸 (Palais Stoclet)，发表了最激进的看法："今天，设计得奢侈的、花费巨大的建筑，再也不可能具有建筑史的重要意义了。"

2 关于秋季沙龙上的房间，让纳雷在他的笔记本上画了 6 页速写。关于这些房间的意义见布鲁克斯，《勒·柯布西耶的成长期》，351—352。参见《一座现代城市：建筑师罗布·马莱－史蒂文斯设计作品集》(*Une Cité moderne: Desseins de Rob Mallet-Stevens, Architecte*, Paris: Mille-Feuille, 1922)，英译本题为 *A Modern City: Designs by Rob Mallet-Stevens, Architect* (London: Benn Brothers, 1922)。这个设计集子清楚地表明马莱－史蒂文斯受到瓦格纳学派和维也纳分离派的影响。

3 塔夫里 (Manfredo Tafuri) 与达尔·科 (Francesco Dal Co)，《现代建筑》(New York: Abrams, 1979)，174。

4 吉迪恩，《法国建筑》，197。

5 希契科克，《现代建筑：浪漫主义与重新整合》(*Modern Architecture: Romanticism and Reintegration*, New York: Hacker Art Books, 1970)，171—172。

6 Ibid., 173.

7 吕尔萨，《形式、构图与和谐法则：建筑审美科学诸元素》(*Formes, Composition et lois d' Harmonie. Eléments d' une science de l' ésthétique architectural*, 5 vols. Paris, 1953—1957)。

8 关于格瑞的生平与工作，见亚当 (Peter Adam)，《建筑师 / 设计师艾琳·格瑞传》(*Eileen Gray, Architect / Designer: A Biography*, New York: Abrams, 2000)；以及康斯坦特 (Caroline Constant)，《艾琳·格瑞》(*Eileen Gray*, London: Phaidon, 2000)。

时间都住在那里。她的艺术生涯从装饰艺术起步，创作漆器、屏风、家具和地毯等，1920 年代初转向室内设计，接着又转向建筑。1926 年，她开始为自己和一位朋友建一幢位于地中海岸边的住宅（称作 E-1027），并以令人惊讶的方式践行了勒·柯布西耶的"五点主张"。后来发生了两件事使这幢住宅出了名：勒·柯布西耶在没有接到委托的情况下在其墙上画了壁画（当时他在那里度假），后来他又在这座住宅下方的海水中溺水身亡。

　　布尔茹瓦 (Victor Bourgeois)（1897—1962）的家乡邻近比利时，他建造的现代城 (La Cité Moderne)，位于布鲁塞尔附近的贝尔赫姆 (Berchem-lez-Bruxelles)，建有 300 套住宅（1922—1925），其设计受到加尼耶的不小影响，也使他在欧洲一举出名。他还与先锋派的圈子有交往（他是马格里特 [René Magritte] 和莱热 [Fernand Léger] 的朋友），并活跃于社会事业。1927 年，他参加了魏森霍夫展览会 (Weissenhof Exhibition)，次年成为国际现代建筑大会 (Congrès Internationaux d'Architecture Moderne)（CIAM）的创建成员。

　　1920 年代，意大利的现代主义受到了政治的影响。这个国家在一战中属于战胜国，但却深受战争之害，60 万名士兵战死，25 万人残疾。即便在战争结束之前，这个国家在政治上就已经开始崩溃，而战后那些年的通货膨胀使形势更加糟糕。到 1920 年，意大利陷入政治上的无政府主义：罢工、共产主义武装起义，第一"红色卫队"(Red Guards) 革命法庭，各民族主义政党尖锐对立。这场骚乱结束于 1922 年 10 月的武装政变，意大利法西斯头目墨索里尼 (Benito Mussolini) 进入罗马，宣告自己为国王。他的篡权行为起初深受欢迎，其第一届内阁由主要政党所组成，1924 年的选举证明了法西斯主义者早期在致力于消除政治腐败和稳定经济方面有一定效果。[262]

　　战争扼杀了意大利的未来主义。这个 10 年的前半期，最重要的建筑运动是"二十世纪"运动 (Novecento)。它的基本主张与法国的"呼唤秩序"(rappel à l'ordre) 运动相类似，除了以下这一点，即它的艺术源头是卡拉 (Carlo Carrà) 和基里科 (Carlo de Chirico) 的"形而上画派"，将先锋派的题材与新古典主义对于秩序、平衡、明暗法和色彩的强调结合起来。[1] 在建筑方面，尤其是通过穆西奥 (Giovanni Muzio)（生于 1893）和蓬蒂 (Gio Ponti)（1891—1979）的努力，这些原理被转化为表面的装饰手法。但这是一种简化或抽象处理，以一种微妙的方式模拟新古典主义语汇的节奏与简单轮廓。[2] 穆西奥在迪亚诺马里纳 (Diano Marina) 设计的展览建筑（1921）是公然的帕拉第奥式，具有透视图的特色；而他设计的米兰"丑屋"(Ca'Brutta)（1920—1922）则引发了激烈的争论以致差点被拆除，因为他异想天开地采用了神龛 (aediculae) 形式，铺设了三层石灰华底座，上层地板为明暗色调的灰墁。相反，他设计的米兰网球俱乐部（1922—1923）几乎是"后现代"的，兴致勃勃地采用了古典母题，以及对称的、突出的圆形开间。蓬蒂与兰恰 (Emilio Lancia) 共

1　关于这些基本原理的概括，见卡拉 (Carlo Carrà)，《我们的古代》(Our Antiquity)，收入哈里森与伍德编，《1900—1990 年间的艺术理论》，229—234。
2　关于"二十世纪"运动，见埃特兰 (Richard A. Etlin) 的《意大利建筑中的现代主义，1890—1940》(Modernism in Italian Architecture, 1890–1940, Cambridge: M. I. T. Press, 1991)，165—195。

同建造了米兰兰达乔路（via Randaccio）上的具有巴洛克特色的住宅（1924—1926），接着又建造了备受赞赏的米兰博莱蒂公寓（Casa Borletti）（1927—1928）。这两座建筑的局部都极其漂亮精致，上部冠以优雅的方尖碑。1928 年，蓬蒂成为新创刊的杂志《家宅》（Domus）的编辑，这份期刊成了20 世纪现代运动的主要喉舌。

到此时，"二十世纪"运动的抽象新古典主义（与当时在意大利仍然很强势的学院古典主义相对立）就已面临意大利理性主义运动的挑战，这场运动形成于 1926 年。[1] 它的推动力来自米兰七人组（Milanese Group 7），领导者为泰拉尼（Giuseppe Terragni）（1904—1943）。七人组发表了 4份宣言，第一份发表于 1926 年。[2] 在他们"严格遵循逻辑、遵循理性"的主张中，我们可以看到格罗皮乌斯与勒·柯布西耶内心尚存的拉丁民族对传统的赞赏之情。[3] 北方关于工业住房与城市生活问题的社会主义语言是显而易见的，而像出挑的阳台、角窗、结构表现、机器建筑以及严格的功能表现等形式母题也同样如此。但"理性主义"（razionalismo）（这个概念似乎是Sachlichkeit[客观性] 的意大利语转译）也包含了对地中海文化的高度尊敬，再加上柯布西耶式精英人物的强行干涉——所有这些都处于法西斯为中心导向的政治秩序的情境之中。[4] 通过利贝拉（Adalberto Libera）（1903—1963）以及七人组的努力，1928 年一场更为广泛的意大利理性主义建筑运动（MIAR）在罗马兴起，这与第一届理性建筑展览相联系。帕加诺（Giuseppe Pagano）（1896—1945）在 1928 年与佩西科（Edoardo Persico）（1900—1936）合伙编辑杂志《美家》（Casabella），前者还在 1928 年都灵展览会上展出了作品，演示了早期理性主义建筑。不过，这一新运动的一个更有名的标志是泰拉尼设计的科莫新公社公寓楼（Novocomum）（1927—1929，图 81）。[5] 这是一座混凝土建筑，有圆角和方角，挑出的阳台装有管状栏杆，窗户呈条带状。这是一件现代主义力作，以米色、橘黄色、灰绿色和蓝色装饰得不同凡响。

泰拉尼在北方意大利的努力很快遭遇到了西方的挑战，那时墨索里尼正努力将罗马改造成世界之都。1930 年代初期建的几座邮局（1933），其现代特征值得注意，尤其是位于博洛尼亚广场（Piazza Bologna）上由里多尔斐（Mario Ridolfi）（生于 1904）设计的那一座。利贝拉是位才华横溢的设计师，设计了特伦托（Trento）的小学校（1931—1933）、芝加哥世界博览会的意大利馆（1933）以及奥斯蒂亚丽都区（Ostia Lido）的公寓楼（1933）。

有两本论述意大利现代主义建筑的书因观点不同而显得很有意思。一本是皮亚琴蒂尼（Marcello Piacentini）（1881—1960）撰写的《今日建筑》（Architettura d'oggi），是对欧美各种建筑倾向的概括，内容广泛，知识性强，但此书偏爱贝伦斯、密斯·凡·德罗、霍夫曼和多米尼库斯·伯姆

1　关于"二十世纪"运动，见埃特兰的《意大利建筑中的现代主义，1890—1940》，225—597.

2　这4份宣言发表于《意大利评论》（La Rassegna Italiana）上，时间分别为1926 年12 月、1927 年2 月、1927 年3 月和1927 年5 月。夏皮罗（Ellen R. Shapiro）将它们译成英文，发表于《争鸣》（Oppositions, no. 6, 1976）：86—102。

3　引自埃特兰，《意大利建筑中的现代主义》，236。

4　Ibid., 237. 埃特兰注意到了理性主义与德国客观性（Sachlichkeit）之间的关联，引用了皮卡（Agnoldomenico Pica）的书。

5　关于这座建筑以及泰拉尼的其他建筑，见舒马赫（Thomas L. Schumacher），《表面与符号：朱塞佩·泰拉尼与意大利理性主义建筑》（Surface and Symbol: Giuseppe Terragni and the Architecture of Italian Rationalism, New York: Princeton Architectural Press, 1991）。

图 81　泰拉尼，科莫新公社公寓楼，1927—1929。本书作者摄。

(Dominikus Böhm) 等建筑师的那些更具古典灵性的作品。[1] 关于意大利建筑，皮亚琴蒂尼最看重的是意大利的环境：地域特色与古典遗产。相反，萨尔托里斯 (Alberto Sartoris)（生于 1901）撰写的《功能建筑的要素》(Gli elementi dell'architettura funzionale) 本质上是一本论战书，证明了勒·柯布西耶的影响。[2] 事实上，勒·柯布西耶为第一版写了序言，显然影响了萨尔托里斯将标题中的"理性建筑"改为"功能建筑"。这是第一次使用"功能建筑"一词。萨尔托里斯也是现代运动中最早强调建筑与绘画、雕塑相联系的历史学家之一。

[263]

　　当然，意大利不同于欧洲其他国家，因为其政治统治力量既非社会主义也非马克思主义，而是法西斯主义，而且几乎所有理性主义建筑师多多少少都支持法西斯主义。[3] 泰拉尼于 1928 加入了法西斯党，1930 年代中期在科莫建造了地方党部。帕加诺后来死于战时俘虏营，在 1930 年代初也拥护法西斯主义。1931 年，在罗马举办的第二届 MIAR 展览会上，理性主义运动发表了一份宣言，敦促墨索里尼接受理性主义作为国家建筑风格，同时主张理性主义建筑应"对革命的阳刚之气、力量以及自豪感做出回应"[4]。尽管墨索里尼和他的文化委员会并不

1　皮亚琴蒂尼，《今日建筑》(Rome: Paolo Cremonese, 1930)。

2　萨尔托里斯，《功能建筑的要素》(Milan: Ulrico Hoepli, 1941; originally published in 1932)。

3　尤其见吉拉尔多 (Diane Yvonne Ghirardo) 的文章，《意大利建筑师与法西斯政治：关于理性主义者在政权建设中的作用的评估》(Italian Architects and Fascist Politics: An Evaluation of the Rationalist's Role in Regime Building)，载《建筑史家协会会刊》39 (May 1980)：109—127。

4　《理性建筑宣言》(Manifesto per l'architettura razionale) 30 (March 1831)。引自吉拉尔多，《意大利建筑师与法西斯政治》，126。

赞成理性主义，但他们也不排斥现代主义——这与德国及苏联的政治专制不一样。简言之，时下政府与现代建筑运动在某些方面具有契合之处，在 1920 年代和 1930 年代初他们相互支持。不过，在墨索里尼于 1936 年宣布他的"第三罗马"（新罗马帝国）成立并与阿道夫·希特勒结成政治联盟之后，这种联合便摇摇欲坠了。

西班牙的形势在某些方面是意大利所发生的一些事件的反映，在政治上不很稳定。西班牙在一战中保持中立，但并没有逃脱政治与经济上的动乱。1923 年普里莫·德·里维拉（Don Miguel Primo de Rivera）的左翼政变导致了一个独裁政权的出现，一直统治到 1920 年代末。但西班牙在 1930 年代转变为一个共和国，又遭到了派系与宗教分裂的困扰，这导致政府如走马灯式的变换，最终导致了佛朗哥将军（General Francisco Franco）的兵变以及西班牙内战（1936—1939）。马德里《建筑》杂志（*Arquitectura*）的出版表明，西班牙直到 1927 年之后才与过去的古典主义决裂。第一位重要的现代建筑师是塞尔特（José Luis Sert）（生于 1902），他曾在巴塞罗那学习建筑，并曾在巴黎工作于勒·柯布西耶的事务所。1930 年返回西班牙时，塞尔特组织了 GATCPAC（即"加泰罗尼亚建筑师与技师当代建筑促进会" [Catalan Group of Architects and Technicians for the Progress of Contemporary Architecture]），迅速推动了加泰罗尼亚新建筑的发展。塞尔特还建造了一些杰出的现代建筑，其中有加洛巴尔特宅邸（Galobart House）（1932）以及布洛克公寓楼（Casa Bloc）（1932—1936），两者均在巴塞罗那。他的早期风格完全得自于勒·柯布西耶。这些年西班牙另一位杰出的现代主义建筑师的情况也是如此，他就是艾斯普鲁亚（J. Manuel Aizpurúa）（1904—1936）。

[264]   在瑞士，现代建筑运动则是以不同的方式得以确立的。这个国家曾有一位早期卓有成就的"现代"大师，即卡尔·莫泽（Karl Moser）（1860—1936）。他的职业生涯在 20 世纪最初的几年类似于瓦格纳和贝尔拉赫，与往昔的古典传统决裂。他也是一位受人尊敬的教师，任教于苏黎世瑞士联邦技术学院（ETH）。瑞士在工程技术上也拥有悠久的传统，这个传统在 20 世纪上半叶以马耶（Robert Maillet）（1872—1940）的工作为代表。他的第一项混凝土平板实验（与圆柱合为一体）是在 20 世纪第一个 10 年间进行的，他做的许多设计大胆的桥梁——吉迪恩在《空间、时间与建筑》中将其奉为规范——是于 1920 年代晚期和 1930 年代建造的。当地的混凝土材料也早就与瑞士的住宅建筑传统结合起来了。建筑师、历史学家彼得·迈尔（Peter Meyer）在他的著作《现代瑞士住宅建筑》（*Moderne schweizer Wohnhäuser*）（1928）中记载了这一时期建造或设计的若干现代住宅，其中有汉斯·霍夫曼（Hans Hofmann）、黑费利（Max Ernst Haefeli）、阿尔塔里亚（Paul Artaria）和汉斯·施密特（Hans Schmidt）、施泰格尔－克劳福德（Rudolf Steiger-Crawford）以及普赖斯韦克（Rudolf Preiswerk）的作品。[1]

吉迪恩关于法国建筑的书出版于 1928 年，次年又出版了《使居住获得解放》（*Befreites Wohnen*），这是一本小册子，但同样对现代建筑理论做出了极重要的贡献（图 82）。这本书的主题是居住，提出要从住宅的"永恒价值"中解放出来，也要从高额租金、厚墙、作为纪念物

---

1 波得·迈尔，《现代瑞士住宅建筑》（Zurich: Verlag Dr. H. Girsberger & Cie, 1928）。

的住宅、使居住者背着维修保养
重负的住宅、吞噬家庭主妇时间
与精力的住宅中解放出来。[1] 正如
他所说，从永恒的价值中解放出
来的要求源自桑泰利亚（Sant'Elia）
关于每代人都有一种新住宅的呼
吁，而采用工业化生产技术则可
降低房屋租金。厚墙将被废除，
代之以非承重的墙体构造："今
天我们需要一种住宅，它的结构
与我们身体的感觉相一致，正如
运动、体操以及与我们相适应的
生活方式——**轻盈的、通透的、
柔韧的**——使我们的身体感觉获
得解放一样。"[2] 该书的封面图像
表现了一对被解放的现代夫妇待
在洒满阳光的露台上。在 86 幅插
图中有不少呈现了勒·柯布西耶
的作品，但也有一些令人惊讶的
图像，如阿尔塔里亚＆施密特、
斯塔姆（Mart Stam）、布罗伊尔（Marcel

图 82　吉迪恩《使居住获得解放》(苏黎世，1929) 一书的封面。

Breuer）、比乔伊特和杜伊克尔（Bijoet & Duiker）以及诺伊特拉（Richard J. Neutra）（来自洛杉矶）所设计的
建筑作品——这些图片使得该书成了一本简洁而时新的国际现代建筑概览手册。该书以一些
纪念性照片结束，如一幅摩洛哥本地住宅区的航拍图，穿着运动短裤的女子网球手，以及苏黎
世一个公园中进行太阳浴的人。像加利福尼亚的诺伊特拉一样，吉迪恩推广现代建筑，不是将
其作为一种美学时尚，而是作为一种完整的生活方式。从 1928 年之后，他也成了 CIAM 的主
管，在位于苏黎世－多尔德塔尔（Zurich-Doldertal）的家中运作这个组织。

如果说吉迪恩将瑞士引向了勒·柯布西耶的法国现代主义，另一种更具好战性的现代主
义气质则来自于风格派与构成主义的圈子，其载体便是于 1924 年创刊于苏黎世的期刊《ABC：
建筑文论》（ABC: Beiträge zum Bauen），编辑工作由汉斯·施密特（Hans Schmidt）（1893—1972）以及荷兰

1　吉迪恩，《使居住获得解放》(Zurich: Orell Füssli Verlag, 1929)，5。

2　Ibid., 7.

人斯塔姆（Mart Stam）（1899—1986）进行指导。[1] 在 1920 年代初，施密特在鹿特丹工作时遇到了斯塔姆，之后斯塔姆前往柏林，与埃尔·利西茨基成为了朋友。由于没有工作，斯塔姆于 1923 年结束游历回到瑞士，加入了莫泽和阿诺德·伊滕（Arnold Itten）的事务所。在那里他与施密特完善了这项新事业的细节，并怂恿利西茨基加入，后者于 1924 年初前往提契诺（Ticino）做结核病手术。这位俄国马克思主义者对在瑞士是否可能发生革命十分怀疑，他在给奥德的一封信中称瑞士为"中欧地区最反动的国家之一"[2]。

不过，《ABC》杂志在 1924—1928 年间还是发行了 10 期，阐明了以严格的功能主义为基础的构成主义观念。斯塔姆在第一期的开篇发表了一篇论"集体设计"（Collective Design）的文章，以国家高级艺术与技术工作室（VkhUTMAS）的学生作业为例说明了参与设计的人数之多。理想化的现代构成与"机器专政"是这场论战的要旨。斯塔姆的一些十分成功的项目——尤其是他为日内瓦－科纳文（Geneva-Cornavin）火车站做的设计——首次发表在这份期刊上，还有密斯·凡·德罗和韦特韦尔（Hans Wettwer）（1894—1952）的项目。1926 年有一期分外值得注意，因为它是由汉内斯·迈尔（Hannes Meyer）（1889—1954）编辑的，他是这一时期涌现出来的另一位瑞士现代主义建筑师。[3]

迈尔原先是个古典主义者，在 1924 年经历了一场职业危机。他在熟悉了风格派的基本原理以及布尔茹瓦的作品之后，转向了马克思主义，并在 1926 年与韦特韦尔一道设计了巴塞尔彼得学校（Petersschule）。这个学校项目中值得注意的是以钢缆悬吊的大面积平台。在第二年的国际联盟设计竞赛中，迈尔与韦特韦尔位列第三，许多建筑师认为他们的设计比勒·柯布西耶更为先进。这突然而来的名声导致迈尔在 1927 年被（格罗皮乌斯）邀请出任德绍包豪斯新成立的建筑系系主任。数月之后（1928 年 2 月），这项邀请的重要性在格罗皮乌斯辞职时便显示了出来。迈尔的建筑作品虽不多，但现在已成为世界上最著名的设计学校的校长。

[265]

他的任命后来被证明是一场灾难，格罗皮乌斯很快便后悔推荐了他。[4] 的确，迈尔从一开始就持有不同的立场。若干重要的教师——穆赫、布罗伊尔、莫霍伊－纳吉——已经在 1928 年离开了格罗皮乌斯。这位新校长挑起了反美学的、功能主义的论战，疏远了克利和康定斯基。他的观点最初是在《建筑》一文中表达的，该文发表在新期刊《包豪斯》（Bauhaus）上。在此文中迈尔坚持认为，整个建筑过程可以简化为"功能图表与经济方案"，于是建筑便成了"纯构造"，或者说本质上是"非艺术的"。[5] 迈尔还放任这所学校再度政治化，它变成一个左派机

---

1 该期刊不仅由 Lars Müller Publishers 出版了精美的影印本（Baden，1993），而且该版本还附有若干篇讨论该期刊历史及智性背景的优秀文章。关于斯塔姆，见厄克斯林（Werner Oechslin）编，《马尔特·斯塔姆：一次瑞士之旅，1923—1925》（*Mart Stam: Eine Reise in de Schweiz 1923–1925*，Zurich: GTA Verlag, 1991）。关于施密特，见汉斯·施密特（Hans Schmidt），《瑞士现代运动》（The Swiss Modern Movement），载《建筑协会季刊》4（April–June 1972）：33–41。

2 利西茨基于 1924 年 9 月 8 日致奥特的书信，引自利希滕施泰因（Claude Lichtenstein），《ABC 与瑞士：作为社会与审美乌托邦的工业主义》（ABC and Switzerland: Industrialism as a Social and Aesthetic Utopia），收入《ABC：建筑文论，1924—1928》（*ABC：Beiträge zum Bauen 1924–1928*，重印，Baden: Verlage Lars Müller, 1993），17。

3 第二系列，no. 2，1926。

4 见格罗皮乌斯致马尔多纳多（Tomàs Maldonado）的书信，引自迪尔斯蒂内，《包豪斯内情》，208—209。

5 汉内斯·迈尔，《建筑》，载《包豪斯》2，no. 4（1928）。引自温勒，《包豪斯》，153—154。

构，这自然遭遇到了正在成长中的德国国家社会主义党的激烈反对。面对学校内外的广泛冲突，德绍市长被迫于 1930 年夏天解除了这位瑞士校长的职务。迈尔对此决定反应很激烈。尽管人们对他的言行常常另有说法，但他却在一封发表于报纸上的公开信中，对指控他是马克思主义者的说法提出了强烈抗议。不过，到了该年年末，他率领了一个"旅"（由 7 名红色包豪斯旅毕业生组成）前往俄国，"在那里真正的无产阶级艺术正发展起来"[1]。 [266]

在奥地利，奥托·瓦格纳一直活到 1918 年，战争、弗朗茨·约瑟夫的去世以及哈布斯堡帝国的解体，使他的遗产黯然失色。捷克斯洛伐克、波兰、南斯拉夫和匈牙利等国家在这一政治解体过程中诞生，奥地利本身则成为一个松散的政治实体，一个象征性的共和国。1919 年通过选举产生了社会民主党和基督教社会主义党的联合政府，维也纳以及该国的工业地区站在前一个党那边，而乡村则支持后一个党。次年，基督教社会主义党控制了国会，"红色维也纳"变成了州范围内的一个半自治性的社会主义州。某些人将其看作"第三条道路"，介于正统马克思主义左派和其他左派政党之间，但它却具有"革命的"雄心壮志。由于战后住房需求最为紧迫，所以维也纳开启了通过税收——加上控制租金——没收财产与土地的政治进程。这虽激怒了被剥夺的所有者，但带来了由市财政支持的一些住宅项目。

关于这项社会主义城市规划试验的结果，有各种各样的解释与评说。[2] 洛斯提交了一份住房解决方案，他在 1921—1924 年间是市政住房建设当局的主要建筑师。他喜欢一种低矮密集的独户住宅区，辅以菜园以缓和食品紧缺问题。他利用官方身份设计了四种排屋式房地产样板房，其中最重要的是干草山社区 (Am Heuberg)。在这里他应用了他的"单墙承重住宅"(Haus mit einer Mauer) 结构，即两堵侧墙有基础，前后墙则无基础，在侧墙之间架设起跨越整个单元的木梁，再将前后墙悬筑于这木梁上。

到了 1923 年，土地集约化的花园住宅概念已不受欢迎，市政官员批准了庭院式的解决方案：由小而密集的劳工住宅单元与公共设施构成的大型住宅区，公共设施包括洗衣房、幼儿园、门诊所、图书馆、影院等，建在露天大院的周围。在这些"无产者"住宅区中，宣传得最多的是卡尔·马克思大院 (Karl Marx-Hof)（1926—1930），由卡尔·埃恩 (Karl Ehn) 建造，拥有 1400 套住房，横跨城市若干街区（长度超过一公里）。长长的封闭型大院，现实主义的雕塑题材，

---

1 汉内斯·迈尔，《建筑》，载《包豪斯》2, no. 4 (1928)。引自温勒，《包豪斯》，165. 迈尔，《我被包豪斯开除：致德绍市长黑塞大人的一封公开信》(My Expulsion from the Bauhaus: An Open Letter to Lord Mayor Hesse of Dessau)，原载于《日志》(Das Tagebuch) (Berlin) 16 (August 1930)。引自博恩格雷伯 (Christian Borngräber)，《外国建筑师在苏联：布鲁诺·陶特与恩斯特·梅·汉斯·迈尔·汉斯·施密特的包豪斯旅》(Foreign Architects in the USSR: Bruno Taut and the Brigades of Ernst May, Hannes Meyer, Hans Schmidt)，载《建筑协会季刊》11 (no. 1, 1979)：52。

2 尤其见布劳 (Eve Blau)，《红色维也纳的建筑，1919—1934》(The Architecture of Red Vienna 1919–1934, Cambridge: M. I. T. Press, 1999)。参见格鲁伯 (Helmut Gruber)，《红色维也纳：工人阶级文化实验，1919—1934》(Red Vienna: Experiment in Working-Class Culture, 1919–1934, New York: Oxford University Press, 1983)；塔夫里 (Manfred Tafuri)，《红色维也纳：社会主义维也纳住房的政策与形态，1919—1933》("Das Rote Wien", Politica e forma della residenza nella Vienna socialista 1919–1933)，收入《红色维也纳》(Vienna Rossa, Milan, 1980)；以及海科 (Peter Haiko) 与赖斯伯格 (Mara Reissberger)，《维也纳城市住房建筑，1919—1934》(Die Wohnhausbauten der Gemeinde Wien, 1919–1934)，载《建筑文论》(Archithese)，no. 12 (1974)：49—55。

红色的基调，壮观的旗杆，这些都使得庄严的中央广场十分壮观。对许多人来说，这座"红色堡垒"集中体现了这座城市激进的政治主张。不奇怪，当1934年政治局势恶化时，那里成了一个真正的战场。

桑德莱顿居民区（Sandleiten Siedlung）（1924—1928）甚至比它的规模更大（接近1600个单元），这是瓦格纳的学生霍珀（Emil Hoppe）和舍恩塔尔（Otto Schönthal）以及另外两家公司规划的，他们在这一时期总共建造了64000个单元。洛斯的独户住宅，即奥托·哈斯住宅（Otto Haas-Hof）（1924），或许是他作品集中最单调乏味的建筑物，让人觉得他是比他年轻些的同代人弗兰克（Josef Frank）（1885—1967）还差的建筑师，后者也十分喜爱低层的居民区（Siedlung）。另一些为住房运动做出了贡献的重要建筑师有约瑟夫·霍夫曼（Joseph Hoffmann）、马格丽特·利霍茨基（Margarete Lihotzky）以及贝伦斯。贝伦斯在1921年时已经执掌了瓦格纳的老教席。

1924年，洛斯辞去城市建筑师职位之后到了巴黎，加入了察拉（Tristan Tzara）的先锋派圈子，在那里他约待到1927年。这段时间他的著述不多，也没有连续性。这个10年他设计的两座优秀建筑，即维也纳的默勒宅邸（Moller House）（1928）以及布拉格的米勒宅邸（Müller House）（1930），都是他建筑师生涯末期的作品，那时他的创造力或对建筑的兴趣已接近枯竭了。有一位奥地利现代主义建筑师由于他的缘故未得到人们的认可，那就是韦尔岑巴赫尔（Lois Welzenbacher）（1889—1955），其工作室位于因斯布鲁克。[1] 1920年代中期，韦尔岑巴赫尔的个人风格开始成熟，他所设计的一系列重要的钢筋混凝土建筑即表明了这一点，最后在因斯布鲁克的图尔姆霍特尔·泽贝大楼（Turmhotel Seeber）（1930—1931）的设计中达到了顶点。该建筑有着优雅的曲线和出挑的阳台（带有管式栏杆），或许受到大体同时代阿尔托（Alvar Aalto）设计的帕伊米奥（Paimio）疗养院的某些影响。

先前的哈布斯堡帝国分崩离析，促进了新成立国家的建筑发展。斯洛文尼亚建筑师普莱奇尼克（Jože Plečnik）（1872—1957）曾是瓦格纳的一位著名学生，于1921年从布拉格来到他的出生地卢布尔雅那（Ljubljana），在那里他持续寻求着一种具有古典神韵的、极神秘的现代主义风格，这可从他在布拉格城堡中的工作见出，即布拉格圣心教堂（Church of the Sacred Heart）（1928—1931）与卢布尔雅保险公司大厦（Insurance Building, Ljubljana）（1928—1930）。[2]

在匈牙利，短命的共产主义政府于1919年垮台，这导致一位与瓦格纳传统有密切关联的现代主义建筑师瓦戈（József Vágó）（生于1877）遭到政治流放。瓦戈于1912年曾参加德制同盟

[267]

1　见萨尔尼茨（August Sarnitz），《建筑师路易·韦尔岑巴赫尔，1889—1945》（*Lois Welzenbacher: Architekt 1889–1945*, Vienna: Residenz Verlag, 1989）。

2　关于普莱奇尼克，见布克哈特（François Burkhardt）、埃弗诺（Claude Eveno）以及波德列卡（Podrecca）编，《建筑师约热·普莱奇尼克：1872—1957》（*Jože Plečnik, Architect: 1872–1957*），福尔克（Carol Volk）翻译（Cambridge: M. I. T. Press，1989）；普雷洛夫塞克（Damjan Prelovšek），《建筑师约热·普莱奇尼克1872—1957：永恒的建筑》（*Jože Plečnik, Architect 1872–1957: Architectura Perennis*），克兰普顿（Patricia Crampton）与马丁（Eileen Martin）翻译（New Haven: Yale University Press, 1997）；以及克雷契奇（Peter Krečič），《普莱奇尼克作品全集》（*Plečnik: The Complete Works*, New York: Whitney Library of Design, 1993）。

的论战，支持穆特修斯。[1] 到 1920 年代中期，现代主义传统已通过莫尔纳（Farkas Molnár）（1897—1945）与约瑟夫·菲舍尔（József Fischer）（1901—1995）的设计而得到了复兴。莫尔纳曾在魏玛包豪斯接受过训练，甚至还曾工作于格罗皮乌斯的事务所。然而，他更多受到了凡·杜斯堡（van Doesburg）理论的触动。他的第一批设计，如漂亮的 6×6 住宅（6 米）为构成主义风格，或受到了风格派的启发。最终勒·柯布西耶取代了这些影响，还影响了菲舍尔的建筑语汇。

画家拉斯洛·莫霍伊－纳吉（1895—1946）也是匈牙利人。[2] 1919 年他去了柏林，并被"元素主义艺术"（Elementist Art）所吸引。1921 年在《风格派》杂志上，他（与豪斯曼 [Raoul Hausmann]、阿尔普 [Hans Arp] 以及普尼 [Ivan Puni] 一道）将这个概念定义为"某种纯粹的、从实用与美解放出来的、可以在每个人心中出现的某种基本的东西"[3]。在柏林，他与凡·杜斯堡和利西茨基的圈子通力合作。实际上，格罗皮乌斯于 1923 年聘请他任教，是因为他是一位有名的构成主义者。他被选来替代伊滕，成为接下去 5 年多时间学校的重要艺术骨干。1920 年代，他最重要的著作是《从材料到建筑》（Von Material zu Architektur）（1929），此书以图形的方式呈现了他抽象设计过程的基本原理。[4] 在该书的第四部分"空间（建筑）"中，莫霍伊－纳吉成了他这一代人中做出以下宣言的第三人（鲁道夫·欣德勒 [Rudolf Schindler] 是第一人）："建筑的根基就在于对空间问题的把握。"[5] 他利用飞机的相关性（从上往下看）这样总结道：

> 有了单一的结构，任务还未完成。下一步将是各个方向上的空间创造，连续统一体中的空间创造。边界变成流动的，空间被想象为流动的——一个无尽的关系序列。[6]

当然这一点也成了吉迪恩《空间、时间与建筑》（1941）的主题之一。

现代建筑运动也迅速地传向了欧洲北部国家。波兰建筑师希蒙·叙尔库斯（Szymon Syrkus）（1893—1964）与风格派的圈子多有联系，他成为波兰第一位新风格的实践者。到了这个 10 年的末期，他与妻子海伦娜（Helena）一道进行了成功的实践。捷克斯洛伐克也接受了现代主义，那里作为原哈布斯堡帝国的一部分，矿产十分丰富，所以这个新国家在战后很快成为一个富

---

1 莫拉文斯基（Ákos Moravánszky），《竞争中的各种愿景：中欧建筑的审美创意与社会想象力，1867—1918》（Competing Visions: Aesthetic Invention and Social Imagination in Central European Architecture, 1867–1918, Cambridge: M. I. T. Press, 1998），377—378。

2 关于莫霍伊－纳吉，见西比尔·莫霍伊－纳吉（Sibyl Moholy-Nagy），《莫霍伊－纳吉：总体性实验》（Moholy-Nagy: Experiment in Totality, Cambridge: M. I. T. Press, 1969）；帕苏特（Krisztina Passuth），《莫霍伊－纳吉》（London: Thames & Hudson, 1985）；马戈林（Margolin），《为乌托邦而斗争》；以及卡顿（Joseph Harris Caton），《莫霍伊－纳吉的乌托邦愿景》（The Utopian Vision of Moholy-Nagy, Ph. D. diss., Princeton University, 1980）。

3 豪斯曼、阿尔普、普尼与莫霍伊－纳吉，《呼唤元素艺术》（Aufruf zu Elementaren Kunst），载《风格》杂志 4（no. 10, 1921）：156；引自马戈林的译本，《为乌托邦而斗争》，53。

4 拉斯洛·莫霍伊－纳吉（László Moholy-Nagy），《从材料到建筑》（Munich: Albert Langen, 1929）；1968 年由屈珀贝格（Florian Kuperberg）收入"新包豪斯丛书"（New Bauhausbücher）出版发行；经修订的英文版，《新愿景》（New Vision, New York: Warren & Putnam, 1930）。

5 莫霍伊－纳吉，《一位艺术家的新愿景与抽象》（The New Vision and Abstract of An Artist, New York: Wittenborn, 1946），60。

6 Ibid., 63.

裕的工业中心。布拉格在地理上既邻近德累斯顿又靠近柏林，它创造了一条德意志文化轴。此外，波希米亚人、摩拉维亚人以及斯洛伐克人都具有悠久的智性传统和杰出的艺术。科特拉 (Jan Kotěra) （1871—1923）是捷克早期现代主义建筑的一位重要人物，在 1890 年代后半期曾是瓦格纳的学生。[1] 他对赖特的工作印象深刻，到 1906 年形成了一种清晰的建筑空间概念。布拉格是所谓捷克立体派的活动中心，包括亚纳克 (Pavel Janák) （1882—1956）、戈恰尔 (Josef Gočár) （1880—1945）、弗拉斯蒂斯拉夫·霍夫曼 (Vlastislav Hofman) （1884—1964）以及乔科尔 (Josef Chochol) （1880—1956）。在这个短暂却十分复杂的运动中，巴洛克的各种形式与法国立体主义以及"移情论"知觉心理学的影响掺合在一起。[2] 这是一项实验，在形式上达到了纯熟的境地，在欧洲独一无二。

　　1920 年代，随着构成主义的影响，捷克斯洛伐克的建筑局面活跃起来。一大批先锋派期刊开辟了道路，如重组的《Stravba》《Disk》《Pásmo》《ReD》以及《MSA》。这些刊物都拥护新精神，几乎全都由泰格 (Karel Teige) （1900—1951）创立或受他的思想所支配。泰格是位诗人、艺术史家，激进的九力集团 (Devětsil) 的发言人。[3] 早先，勒·柯布西耶给他印象最深，他们曾于 1922 年在巴黎相识，后来在他的杂志上连载了《新精神》一书中的若干篇文章。泰格还与本内、凡·杜斯堡、奥德、斯塔姆、汉内斯·迈尔以及吉迪恩建立了联系。在理论观点上，他接近于斯塔姆和迈尔，但从论战角度来看，他在捷克斯洛伐克扮演着与吉迪恩在瑞士相同的角色。他发起了一场广泛宣传欧洲发展的运动，迅速巩固了 1925 年之后新建筑的成果，促使若干年轻有为的设计师的工作为人知晓，包括狄尔 (Oldřich Tyl) （1883—1939）、克列伊恰 (Jamomír Krejcar) （1895—1959）、富克斯 (Bohuslav Fuchs) （1895—1972）、弗拉格 (Jasoslav Frager) （1898—1967）、林哈德 (Evžen Linhardt) （1898—1949）、汉勒克 (Josef Hanlek) （1899—1961）以及洪西克 (Karel Honzík) （1900—1966），而这只是其中的一小部分。1928 年，这一活动在布尔诺 (Brno) 达到高潮，举办了"当代文化国际展览会"以及捷克制造同盟 (Czech Werkbund) 的住房发展项目展 (Novy dum)。如果说后者只不过是前一年斯图加特魏森霍夫 (Weissenhof) 居住区的重演（尤其是轻松地模仿了勒·柯布西耶的风格），那么前一个活动则使富克斯的天才呈现于国际建筑界，他是 1920 年代最被低估的建筑师之一。[4]

---

1 见斯拉佩塔 (Vladimir Slapeta) 编，《扬·科特拉 1871—1923：捷克现代建筑的创立者》（*Jan Kotěra: 1871–1923: The Founder of Modern Czech Architecture*, Prague: Kant, 2001）。

2 什瓦哈 (Rostislav Švácha)，《新布拉格建筑，1895—1945》（*The Architecture of New Prague, 1895–1945*），比希勒 (Alexandra Büchler) 翻译 (Cambridge: M. I. T. Press, 1995)；莫拉文斯基，《竞争中的各种愿景》；韦格萨克 (Alexander von Vegesack) 编，《捷克立体主义：建筑、家具与装饰艺术，1910—1925》（*Czech Cubism: Architecture, Furniture, and Decorative Arts, 1910–1925*, New York: Princeton Architectural Press, 1992）；以及默里 (Irena Žantovska Murray)，《立体主义的负担：捷克建筑上的法国印记，1910—1914》(The Burden of Cubism: The French Imprint on Czech Architecture, 1910–1914)，收入布劳 (Eve Blau) 与特洛伊 (Nancy Troy) 编，《建筑与立体主义》（*Architecture and Cubism*, Montreal: Canadian Centre for Architecture, 1997），41—57。

3 尤其见德卢霍施 (Eric Dluhosch) 与什瓦哈合编，《卡雷尔·泰格：捷克现代主义先锋派的坏孩子》（*Karel Teige: L'Enfant Terrible of the Czech Modernist Avant-Garde*, Cambridge: M. I. T. Press），1999。

4 这也是希契科克的观点（见他的《现代建筑》，p. 198）。

泰格的著作《捷克斯洛伐克的现代建筑》(*Modern Architecture in Czechoslovakia*)（1930）最全面地展示了他的观念。此书大部分写于 1927—1928 年间。在此书中，他将 1920 年代视为构成主义的 10 年，对其进行了深入的阐释，认为构成主义源于苏联、荷兰的建筑实践，以及(摩拉维亚人) 洛斯和勒·柯布西耶的工作。对泰格而言，现代主义本质上是一场社会主义运动："新的建筑必须重新开始，建立在新的社会基础之上。这并非只是发明自由形式和主观构图的问题，也并非是时尚问题：直角、反装饰论、平屋顶——所有这些都是有魅力的、令人称心如意的，几乎就是新建筑的特色。不过这些建筑的创意还不够，也并非是一成不变的。"[1] 根据他的定义，构成主义并不是一种艺术的或建筑的"主义"，而是普遍的创造活动的准则，是人类所有学科的方法论，是功能主义的、辩证论的、唯物主义的——一句话，是社会主义的——思想方法。[2] 新建筑必定也是反形式主义的、反美学的、反资本主义的，它代表着**"最大限度的功能性"** (maximum functionality)。[3] 现代建筑师的任务"并不是改良，而是更新：是一场革命"，即以阶级斗争与马克思主义世界观为基础的一场革命。[4]

[268]

在整个写书的过程中，这些思想感情似乎十分强烈，以至在书的末尾他写了一篇后记，为撰写了论洛斯的一章而向读者致歉，因为洛斯似乎在政治上并不合格。更有名的是，一年前泰格甚至责备勒·柯布西耶在政治上十分迟钝，居然想要建造"纪念碑"而不是制造社会主义的"工具"。[5] 泰格攻击的具体项目是勒·柯布西耶为"世界馆"(Mundaneum) 所做的设计，这是他提交的一座世界博物馆设计方案，拟建于国际联盟附近。勒·柯布西耶显然被这一攻击深深刺痛。4 年之后，他发表文章为自己的工作辩护，这对他来说十分难得。[6] 这场争论实际上突显了 20 世纪 30 年代现代建筑运动内部明显出现的分裂现象。在所有早期现代主义历史学家中，泰格在政治上是最不屈不挠的。1948 年，这场革命席卷了他的祖国，当时他成了一场毁谤运动攻击的目标，失去工作后，于 1951 年去世。

芬兰是 1918 年建立的一个国家，在被瑞典和俄国统治了近 6 个世纪之后获得了独立。在世纪之交，索恩克 (Lars Sonck)、埃列尔·萨里宁 (Eliel Saarinen) 以及林格伦 (Armos Lindgren) 的工作激发了这个国家的浪漫主义运动，一直持续到 1920 年代，即便萨里宁于 1923 年移民到了美国。这场运动和植根于德国的新古典主义运动相竞争，还与这个 10 年中期开始出现的包豪斯的影响相抗衡。芬兰 1920 年代的两位最重要的现代主义建筑师是布吕格曼 (Erik Bryggman)（1891—

---

1 泰格，《捷克斯洛伐克的现代建筑及其他》(*Modern Architecture in Czechoslovakia and Other Writings*)，由科恩 (Jean-Louis Cohen) 撰写导论，默里 (Irene Žantovska Murray) 与布里特 (David Britt) 翻译 (Los Angeles: Getty Publications Program, 2000)，291。

2 Ibid.

3 Ibid., 292.

4 Ibid., 297–298.

5 见贝尔德 (George Baird)，《卡雷尔·泰格的〈世界馆〉，1929，以及勒·柯布西耶的〈捍卫建筑〉》（"Karel Teige's "Mundaneum"，1929，and Le Corbusier's "In Defense of Architecture"，1933），与这两文章的译文一道载于《争鸣》(*Oppositions*, no. 4，1974)：79—108。

6 Ibid., 80.

1955）和阿尔托（Alvar Aalto）（1898—1976）。[1] 布吕格曼在 1927 年的竞赛设计中超越了他先前的新古典主义，成为芬兰第一位试验现代主义建筑语汇的建筑师。这些设计影响了较年轻的阿尔托，自从 1924 年以来他便与妻子马尔西奥（Aino Marsio）一起开业了。他的第一间事务所设在于韦斯屈莱（Jyväskylä），1924—1925 年间建造了古典主义风格的工人俱乐部。1927 年他们赢得了西南农业合作社大厦（Southwestern Agricultural Cooperative building）的设计竞赛，此建筑反映了他们对现代主义的新兴趣。之后，他们迁往图尔库（Turku），设计了图尔库新闻报大楼（Turun Sanomat Newspaper Building）（1928—1930），以及帕伊米奥（Paimio）的那座非凡的结核病疗养院（1928—1933），这表明他们的设计转向业已完成。阿尔托对希尔弗瑟姆（Hilversum）的访问影响了这座疗养院的设计，在那里他们看到了新近落成的由杜伊克尔（Johannes Duiker）设计的当地疗养院。他们早期的第三件成功的作品是维普里图书馆（Viipuri Library）（1933—1936），是于 1938 年曾赢得竞赛的杰作。

1920 年代，阿斯普隆德（Erik Gunnar Asplund）（1885—1940）的工作主导着早期瑞典建筑界。[2] 他起初的林间公墓（Woodlawn Cemeteuy）设计早在 1916 年就开始做了，将古典的与本土的因素结合了起来。他设计的斯德哥尔摩公共图书馆（Stockholm Public Library）（1920—1928）具有勒杜风，抒情的几何形体、精致的室内细节，使他成为瑞典最著名的建筑师。1930 年前后，人人都知晓他转向了国际现代主义，这是一件荣耀之事，尽管马克柳斯（Sven Markelius）（1889—1972）与阿伦（Uno Åhrén）（1897—1977）已为此开辟了道路，后者是建筑杂志《建设者》（Byggmästaren）的编辑。[3] 促使阿斯普隆德转向的是 1930 年斯德哥尔摩设计与手工艺展。阿斯普隆德不仅指导了规划设计，还以他十分赞赏的展馆和餐厅来布置展区。这些建筑完全是用钢梁、玻璃和钢丝绳建起来的。阿伦与松德巴格（Gunnar Sundbarg）一道负责该展览的住房展区，也是从新近斯图加特展览汲取了灵感。

这次展览很成功，这促使阿斯普隆德、阿伦、马克柳斯、加恩（Wolter Gahn）、保尔松（Gregor Paulsson）以及松达尔（Eskil Sundahl）于 1931 年发表了社会主义宣言《接受》（Acceptará），此文审视了其他地方的现代建筑发展情况，鼓励人们接受福特主义、工业化，担负起为大众建房的社会责

1　见尼库拉（Riita Nikula）编，《埃里克·布吕格曼，1891—1955》（*Erik Bryggman 1891–1955*, Helsinki: Museum of Finnish Architecture, 1988）。在关于阿尔托的众多研究著作中，见皮尔逊（David Paul Pierson），《阿尔瓦·阿尔托与国际风格》（*Alvar Aalto and the International Style*, New York: Whitney Library of Design, 1978）；匡特里尔（Malcolm Quantrill），《阿尔瓦·阿尔托：一项批评性研究》（*Alvar Aalto: A Critical Study*, New York: New Amsterdam, 1983）；里德（Peter Reed）编，《阿尔瓦·阿尔托：介于人文主义与唯物主义之间》（*Alvar Aalto: Between Humanism and Materialism*, New York: Museum of Modern Art, 1998）；内尔丁格（Winfried Nerdinger）编，《阿尔瓦·阿尔托：走向人类现代主义》（*Alvar Aalto: Toward a Human Modernism*, Munich: Prestel, 1999）；以及希特（Göran Schildt）的著作（三卷本的阿尔托传记，Rizzoli, 1984—1994）。

2　关于阿斯普隆德，见德·马雷（Eric De Maré），《贡纳尔·阿斯普隆德：一位伟大的现代主义者》（*Gunnar Asplund: A Great Modernist*, London: Art & Technics, 1955）；以及弗雷德（Stuart Wrede），《埃里克·贡纳尔·阿斯普隆德的建筑》（*The Architecture of Erik Gunnar Asplund*, Cambridge: M. I. T. Press, 1980）。

3　关于马克柳斯与阿伦的观念，见吕德贝里（Eva Rudberg），《建筑师斯文·马克柳斯》（*Sven Markelius: Architect*, Stockholm: Architektur Förlag, 1989）；以及《乌诺·阿伦：20 世纪建筑与城市规划先驱者》（*Uno Åhrén: En Föregångsman inom 1900-talets Architektur och Samhällsplanering*, Stockholm: Byggforskningsrådet, 1981）。

任。[1] 同样的主张在瑟伦森（Arne Sørensen）两年后出版的《功能主义与社会》（*Funktionalisme og Samfund*）一书中被再次提出。该书实际上也采用了许多相同的图像[2]，甚至更为有力地提出，国际现代 [269] 主义是一种社会主义与平等主义方案，以解决住房建设和城镇规划难题，有助于在战后为斯堪的那维亚福利国家奠定意识形态基础。

丹麦 1920 年代的主要建筑师是菲斯克（Kay Fisker）（1893—1965），他是尼罗普（Martin Nyrop）的学生。菲斯克采用的是一种砖木结构的纯粹主义几何风格，还编了一本杂志《建筑师》（*Architekten*），于 1919—1927 年间追踪着国际建筑运动的发展。[3] 他的学生雅各布森（Arne Jacobsen）（1902—1971）是接受这些新形式的第一个丹麦人，他（与拉森 [Flemming Lassen] 一道）出人意料地引入了这些新形式，即为"未来之屋"（House of the Future）做的圆形设计，这是设计竞赛的获胜作品，展出于 1929 年哥本哈根展览会。[4] 就在这段时间前后，雅各布森为他自己建了一座带屋顶平台的住宅，是一个立方体的变体。

如果说中欧与北欧这些小国家的许多建筑师在建筑观念上向德国看齐，那是因为德国在 1922—1928 年间培育出了最丰富多样的新建筑。在格罗皮乌斯领导下的包豪斯或许是这些年被（国外）建筑师跟得最紧的机构之一，不过这也很容易使人们高估它在更大的日尔曼文化语境中的重要性。例如，如果我们看看 1926 年初德国的建筑形式，便可了解到两位最活跃的德国建筑师门德尔松（Erich Mendelsohn）（1887—1953）和恩斯特·梅（Ernst May）（1886—1970）与德绍的圈子并没有什么关系。

门德尔松即便不是一位思想最深刻的建筑师，或许也是一位最有天分的德国建筑师。[5] 他 1914 年毕业于慕尼黑理工大学，曾接受过菲舍尔（Theodor Fisher）的训练，并与青骑士团体有着艺术上的联系。一战期间他上了东部前线，画下了著名的速写，1919 年展出于保罗·卡西雷尔（Paul Cassirer）的柏林画廊。他的第一座建筑是爱因斯坦天文台（Einstein Tower）（1918—1922），他本想以混凝土建造，但最后以砖砌加外墙粉刷而成。他因这座建筑及其早期素描，一般被人们视为一位表现主义者。不过他在两方面与表现主义者不同：其一，他拥护现代主义和技术，实际是完全沉迷于此；其二，当旁人构想着乌托邦式的、想入非非的方案时，他却在建造，在学习如何建造得更好。他设计的位于卢肯瓦尔德（Luckenwalde）的帽子工厂（1921—1923）是功能设计的杰作，线条清晰，建有混凝土框架。他对柏林 Mossehaus 出版社（192—1923）的整修与

1　阿斯普隆德等，《接受》（Stockholm: Bokförlagsaktiebolaget Tiden, 1930）。

2　瑟伦森，《功能主义与社会》（Copenhagen: Forlaget Fremad, 1933）。

3　见法贝尔（Tobias Faber）编，《凯·菲斯克》（*Kay Fisker*, Copenhagen: Architektens Forlag, 1995）；以及朗基勒（Hans Erling Langkilde），《建筑师凯·菲斯克》（*Architekten Kay Fisker*, Copenhagen: Architektens Forlag, 1960）。参见《建筑文论》（*Archithese*）的菲斯克特刊（vol. 15, July−August 1985）。

4　见卡斯滕·索（Carsten Thau）与文顿（Kjeld Vindum），《阿尔内·雅各布森》（*Arne Jacobsen*, Copenhagen: Architektens Forlag, 2001）。

5　关于门德尔松的生平与工作，见惠蒂克（Arnold Whittick），《埃里克·门德尔松》（*Eric Mendelsohn*, New York: F. W. Dodge Corporation, 1940）；詹姆斯（Kathleen James），《埃里克·门德尔松与德国现代主义建筑》（*Eric Mendelsohn and the Architecture of German Modernism*, New York: Cambridge University Press, 1997）；以及斯特凡（Regina Stephan），《建筑师埃里克·门德尔松，1887—1953》（*Eric Mendelsohn: Architect, 1887–1953*, New York: Monacelli Press, 1999）。

增建是对辟远城区的一项有远见的改造项目，令人瞩目。他还设计了若干座著名的商业大楼。在 1925 年晚些时候，他赢得了第一项委托任务，设计肖肯百货公司 (Schocken Department Store)。这些建筑物，还有以下建筑师的作品，成为创新性建筑设计的主体。这些建筑师包括沙伦 (Hans Scharoun) (1893—1972)、黑林 (Hugo Häring) (1882—1958)、汉斯·卢克哈特 (Hans Luckhardt) (1890—1954) 以及瓦西里·卢克哈特 (Wassily Luckhardt) (1889—1972)。这些创新性的建筑设计当然也主导着 1920 年代的期刊，尽管它们被人关注得更少了。

门德尔松也处于理论前沿并扮演着重要的角色。他是 1920 年代游历最广的德国建筑师。1921 年与 1923 年，他访问了荷兰，不仅与阿姆斯特丹的学校，还与鹿特丹的奥德建立了密切的联系。他在阿姆斯特丹做过一次演讲，阐明了他那一时期的观点，鼓励年轻建筑师"以你的血液的动力去塑造它的（地球的）现实性的种种功能"，即以清澈的、大胆的空间结构，"将它的功能提升至生气勃勃的超然存在的境界"。[1] 门德尔松还于 1923 年访问过巴勒斯坦，次年去美国长途旅行，其终点是前往塔里埃森 (Taliesin) 的朝圣之旅。他的插图本《美国：一位建筑师的图册》(Amerika: Bilderbuch eines Architekten) (1926) 是他这一努力的硕果。

门德尔松在 1925—1926 年间去过苏联三次，这与他在当地的一个项目有关。对他而言，这一旅行突显了呈现于欧洲人面前的美国／苏维埃的两难，其成果是《俄国—欧洲—美国：典型建筑实例调查》(Russland–Europa–Amerika：Ein architektektonischer Querschnitt) (1929) 一书的出版。此书尽管以图像对比为主，辅以少量图注，但仍不失为一部关于当代建筑形势的智性批评杰作。门德尔松阐释了欧洲"介于"俄国与美国之间进退维谷这一主题。他将美国视为"不仅是个狂野的、剥削性的和机械性的国度，也是个变得深不可测的国家"[2]。这个"世界新主人"具有无穷的财富，在工业上很精明，但依然怀有浪漫主义的文化情怀；它建起了高楼大厦，但"还没有意识到表现这些高楼大厦的大胆想法或精神"[3]。另一方面，俄国是亚洲与东方的继子，是[270] 一种神秘莫测的、奇异的文化，现在变成了一间实验室，"投身于一种新秩序的开创事业"[4]，不过是否成功仍值得怀疑，因为那里技术落后，贫穷，过分强调将工业作为救赎的一种手段。接着，门德尔松对拉多夫斯基 (Nikolai Ladowsky) 设计的一家化学工厂和克劳德 (Charles Klauder) 设计的匹兹堡摩天大楼进行了评论，认为前者是"未来建筑的一个象征"，后者是"她（美国）追求深刻性，追求精神记忆的一个象征"。[5] 同时，他称一座至上主义雕塑是"一个智性游戏，一个立体主义玩具，一个色彩游戏"。他对洛尼多夫 (Ivan Leonidov) 设计的一家莫斯科影院评价不高，说它诉诸"拼凑起来的图形，而不是现实主义的构成"。[6]

---

1 门德尔松，《新建筑概念的国际性共识，或动力与功能》(The International Consensus on the New Architectural Concept, or Dynamics and Function, 1923)，收入《建筑师埃里克·门德尔松作品全集》(Erich Mendelsohn: Complete Works of the Architect)，弗里希 (Antje Frisch) 翻译 (1930; 重印，New York: Princeton Architectural Press, 1992)，34。

2 门德尔松，《俄国—欧洲—美国：典型建筑实例调查》的前言 (1929; 重印，Basel: Birkhäuser Verlag, 1989)。

3 Ibid., 160.

4 Ibid., 前言。

5 Ibid., 120, 122.

6 Ibid., 138, 140.

门德尔松的最后一章转向了欧洲，其分析越发有趣。如果说上文所述涉及两种技术与政治的可选方案，那么在欧洲这种选择便行不通了。这是因为：一方面，"欧洲的政治局势太过宽松，气候太过适中。欧洲联盟（United Europe）太过遥远"；另一方面，欧洲喜好理性和理论绝活（theoretical gamesmanship）。[1] 他嘲弄的对象之一是勒·柯布西耶。例如，关于美国乏味的工字钢广告，他最后这样评说道："并没有就它所包含的'5个全新的美学要点'大惊小怪。"[2] 数页之后，他将奥德的荷兰角（Hook of Holland）与勒·柯布西耶为魏森霍夫设计的层数更高的住宅方案并列在一起，说前者"将经济上的考虑与情感以及工艺外形结合了起来"[3]，相比之下后者则远不成功，因为它的成本"与其所用之生活区域形成了很大的反差"，而"它的（家政）管理要扩展到四层楼"。[4] 这击中要害的评论，不仅质疑了这位明星的"理性"基础，也表明了门德尔松是如何理解勒·柯布西耶形式主义基础美学的。简言之，这是对于后来国际风格美学的一份超前的宣战书。

不幸的是，犹太人门德尔松命中注定要在欧洲输掉这场争论。由于大萧条，他的个人业务于1931年开始败落。甚至在德国排犹立法颁布之前，他便决定流亡了。1933年3月，门德尔松去荷兰做短期访问，接着去了英国和巴勒斯坦，最后于1941年移民美国。

门德尔松对于业已立稳脚跟的现代主义进行批判，而恩斯特·梅的理论阐述则在另一条战线上与之相呼应。他是德国战后涉及住房问题的最有名的建筑师。[5] 恩斯特·梅也曾是菲舍尔的学生，但也受到了昂温（Raymond Unwin）的花园城观念的影响，在伦敦求学期间他曾与昂温一起工作过。1918年，恩斯特·梅就任他的第一个职位，即布雷斯劳西里西亚建筑部门的技术监理。到1920年代初，他以传统建筑材料与形式建造多户型的居民住宅区，其手法受到战前赫勒劳方案的影响。在接下来的几年中，他的想法逐渐成形。他试验了色彩、预制件以及快速组装法，甚至还有混凝土板材和平屋顶。正是在布雷斯劳，他与许特－利霍茨基（Grete Schütte-Lihotsky）一道，开始设计标准的厨房和浴室。[6] 有两本美国泰勒主义倡导者所撰写的住房设计书是采用标准化观念的重要来源，即帕蒂森（Mary Pattison）（1869—1951）的《住宅工程基本原

---

1 门德尔松，《俄国—欧洲—美国：典型建筑实例调查》，170。

2 Ibid., 182.

3 Ibid., 188.

4 Ibid., 186.

5 关于恩斯特·梅，见德赖泽（D. W. Dreysse），《梅－住宅区：新法兰克福八个住宅区的建筑领导者，1926—1930》（May–Siedlungen: Architekturführer der acht Siedlungen des neuen Frankfurt 1926–1930, Frankfurt: Fricke, 1987）；尤其参见布洛克（Nicholas Bullock），《法兰克福1925—1931年间的住房与新的家居布置艺术》（Housing in Frankfurt 1925–1931 and the New Wohnkultur），载《建筑评论》163（June 1978）：335—342。参见莱恩（Barbara Miller Lane），《当权的建筑师：恩斯特·梅与阿尔贝特·施佩尔工作中的政治与意识形态》（Architects in Power: Politics and Ideology in the Work of Ernst May and Albert Speer），收入罗特贝格（Robert I. Rotberg and Theodore K. Raab）编，《艺术与历史：图像及其含义》（Art and History: Images and their Meaning, Cambridge: Cambridge University Press, 1988），283—310。

6 关于恩斯特·梅在西里西亚的那些年，见亨德森（Susan R. Henderson），《恩斯特·梅与乡村再安置行动：西里西亚的乡村住宅建筑，1919—1925》（Ernst May and the Campaign to Resettle the Countryside: Rural Housing in Silesia, 1919–1925），载《建筑史家协会会刊》61（June 2002）：188—211。关于许特－利霍茨基（Schütte-Lihotsky），见亨德森，《女界革命：格雷特·利霍茨基与法兰克福厨房》（A Revolution in the Woman's Sphere: Grett Lihotsky and the Frankfurt Kitchen），收入科尔曼（Debra Coleman）编，《建筑与女性主义》（Architecture and Feminism, New York: Princeton Architectural Press, 1996），221—248。

理》(*Principles of Domestic Engineering*)（1915）以及弗雷德里克 (Christine Frederick) 的《家居工程》(*Household Engineering*)（1919），后者于 1920 年译成了德文。[1]

恩斯特·梅后来对他早期的花园城市方案进行了完善。1925 年他成为法兰克福城市规划主任，并开始设计与建造标准化、低成本的郊区住宅区。马格丽特·利霍茨基为这些住房设计的"法兰克福厨房"，以最小的空间提供了最大的效能，如内嵌式的烫衣板和贮藏柜。不过恩斯特·梅则将效能的概念推广至整个住宅，首先是将诸如门、窗、家具、照明器具和五金件之类标准化，其次是加快施工进度，其目标是以尽可能短的工期提供最大数量的经济型住宅单元。这些项目都是与一些建筑师合作的，由市政当局提供资金。最具创新意义的构造特色是混凝土预制墙体，由起重机吊装到位（起重机于 1926 年首次在普劳恩海姆住宅区 [Praunheim Siedlungen] 使用）。恩斯特·梅的杂志《新法兰克福》(*Das neue Frankfurt*) 广泛传播了这些试验成果，该杂志是他于 1926 年创办的。在这个 10 年的末期，由于经济下滑而终止了这些试验，而在 1930 年 10 月，恩斯特·梅领导了另一支德国"旅"，由 16 名建筑师组成，前往苏联工作，支持斯大林的第一个 5 年计划。[2] 这项冒险失败后，恩斯特·梅本想于 1934 年回德国，但遭到了拒绝。后来他便在肯尼亚、乌干达和南非度过了 11 年的时光。

[271]

在德国，恩斯特·梅在住房建设方面做的工作并非是独一无二的。其实他关于低成本住房的想法与格罗皮乌斯、布鲁诺·陶特以及马丁·瓦格纳是一致的。他们都以类似的手法做设计。格罗皮乌斯最早的大批量住房生产实验——这是他早期兴趣使然——是于 1926 年夏天做的，位于德绍城外的托尔滕村 (Törten) 附近。在那里，他对泰勒的理论深信不疑，利用一条工人生产线和一台起重机建起了 31 套住宅，将混凝土预制楼板和屋顶板架设在现场制作的煤渣砌块墙体之上。[3] 他对这种构造工艺进行了仔细分析，研究如何使每个工人发挥出最大限度的劳动效能。但他的第一批设计仍有不少缺陷。这些小小的单元只有一间屋外厕所，没有浴室（浴盆放在厨房里），居民可从厕所获取后花园所需的肥料。糟糕的结构分析也导致许多正面墙体开裂。在接下来的各个阶段中，格罗皮乌斯解决了这些问题，但他的职业声誉已经被毁。1928 年他辞去了包豪斯校长的职务，将更多的时间投入实践。同年他首次前往美国，拜访了赖特、欣德勒 (Rudolf Schindler)、诺伊特拉、泰勒协会以及底特律汽车工厂。

马丁·瓦格纳（1885—1957）与布鲁诺·陶特在柏林都很活跃，1927 年他们合作于布里

---

1 帕蒂森，《家庭工程的基本原理；或家庭是什么，为何与如何管理家庭；试图制定出解决家庭"劳动与资本"问题的方案——实行家务的标准化与专业化—以"科学管理"原理为基础改造家庭—指出其中公众、个人以及实践因素的重要性》(*Principles of Domestic Engineering; or The What, Why and How of a Home; An Attempt to Evolve a Solution of the Domestic "Labor and Capital" Problem—to Standardize and Professionalize Housework—to Re-organize the Home upon "Scientific Management" Principles—and to Point out the Importance of the Public and Personal Element therein, as well as the Practical*, New York: Trow Press, 1915)；弗雷德里克 (Christine Frederick)，《家居工程：家庭科学管理》(*Household Engineering: Scientific Management in the House*, Chicago: American School of Home Economics, 1919)。关于弗里德里克在德国的影响，见诺兰 (Mary Nolan)，《现代性的愿景：美国商业与德国现代化》(*Visions of Modernity: American Business and the Modernization of Germany*, New York: Oxford University Press, 1994)。

2 博恩格雷伯，《外国建筑师在苏联》，50—62。

3 关于托尔滕村的建房细节，见内尔丁格尔 (Nerdinger)，《沃尔特·格罗皮乌斯》，18—20，82—86。

茨（Britz）著名的马蹄形住宅区开发项目。[1] 瓦格纳是个共产主义者，他也是柏林环社（Der Ring）的组织者，在 1920 年代前半期投入了很大精力组织行会和合作社，资助泰勒式的低成本房屋建设。这次经历导致他在 1926 年被任命为柏林规划局局长。在此任上，他与陶特结成了紧密的工作关系，而陶特在 1921—1924 年就已是马格德堡的市政建筑师。返回出生城市柏林之后，他继续关注住房建设，并出版了小册子《新住宅：妇女作为设计师》（*Die neue Wohnung: Die Frau als Schöpferin*）。[2] 陶特受美国人弗里德里克的启发，呼吁去除易沾染灰尘的东西，将家庭主妇从单调乏味的琐事中解放出来。他还提出了理想住宅设计方案，令人想起泰勒的工厂研究。接下来的几年，陶特做出了他作为建筑师的最好设计——在布里茨与瓦格纳一起做大型规划方案，在柏林－策伦多夫（Berlin-Zehlendorf）与黑林以及萨尔维斯贝格（Otto Salvisberg）做项目合作。这些住宅区是到那时为止德国 1920 年代建成的最好的住宅区，其高效的建设方法也值得关注。瓦格纳与本纳（Adolf Behne）合作，于 1929 年创办了《新柏林》杂志（*Das neue Berlin*），发表了这些成果。[3]

7. 魏森霍夫与 CIAM

德国新住宅开发区中最著名的要数实验性的魏森霍夫居住区（Weissenhof Siedlung），它是一个住宅建筑展，于 1927 年建在斯图加特的半山腰上。在这里，德国现代主义建筑开始了精致化的过程，设计的竞争心态被过滤掉了，一种新的、纯粹的现代主义从极少数自命不凡的空想家的努力中浮现出来。斯图加特还标志着另一位德国建筑师的崛起，慢慢成为众人瞩目的中心，他就是密斯·凡·德·罗（Ludwig Mies van der Rohe）（1886—1969）。[4]

密斯在战前就很活跃，他是贝伦斯事务所中的一名绘图师。作为一名建筑师，他还在柏林郊区建造了一些欣克尔式的别墅。在战争的最后阶段，他曾服役于保加利亚，但没参加过任何战役。当他于 1919 年回到柏林时，便处在了精神与艺术的十字路口。一方面，他想要回到惬意的私人设计实践，为富裕的郊区居民设计大型古典式别墅；另一方面，在 1920 年代初，

1 关于陶特的工作，见内尔丁格尔，《布鲁诺·陶特，1880—1938：传统与前卫之间的建筑师》（*Bruno Taut, 1880–1938: Architekt zwischen Tradition und Avantgarde*, Stuttgart: Deutsche Verlags-Anstalt, 2001）；吉斯贝茨（Olaf Gisbertz），《布鲁诺·陶特与约翰内斯·格德里茨在马格德堡：魏玛共和国的建筑与城市设计》（*Bruno Taut and Johannes Göderitz in Magdeburg: Architektur und Stätebau in Weimarer Republik*, Berlin: Mann, 2000），策勒－施托克（Bettina Zöller-Stock），《布鲁诺·陶特：柏林建筑师的室内设计》（*Bruno Taut: Die Innenraumentwürfe des Berliner Architekten*, Stuttgart: Deutsche Verlags-Anstalt, 1993）；以及容汉斯（Kurt Junghanns），《希鲁诺·陶特，1880—1938》（Berlin: Elefanten Press, 1983）。关于马丁·瓦格纳，见展览目录《马丁·瓦格纳，1885—1957：住宅建筑与世界大城市规划》（*Martin Wagner, 1885–1957: Wohnungsbau und Weltstadtplanung: Die Rationalisierung des Glücks*, Berlin: Akademie der Künste, 1985）。

2 陶特，《新住宅：妇女作为设计师》（Leipzig: Klinkhardt & Biermann, 1924）。

3 由珀塞勒（Julius Poesener）重印，题为《新柏林：大城市问题》（*Das neue Berlin: Grossstadtprobleme*, Basel: Birkhäuser, 1988）。

4 在约翰逊（Philip C. Johnson）的展览手册《密斯·凡·德·罗》（New York: Museum of Modern Art, 1947）出版之后，关于密斯的著述大量出现，以至不能在此尽列。最近出版的两本专著多少是补充性的，它们是舒尔策（Franz Schulze）的《密斯·凡·德·罗：一部批评性传记》（*Mies van der Rohe: A Critical Biography*, Chicago: University of Chicago Press, 1985），以及诺伊迈尔的《质朴的言辞》。

他被先锋派的圈子所吸引，如里希特、利西茨基、凡·杜斯堡以及《G》杂志——关于密斯与这个团体以及这本杂志的瓜葛，还从未有人做出令人满意的说明。在这段时期，密斯在哲学上依然为斯宾格勒所吸引，他或许还加入了这个圈子，但更多是出于和里希特这位达达主义者的友谊，而不是立志于献身某种艺术信条或意识形态。在1921年之后，他还与黑林共同开办了一间事务所，后者是先锋派圈子中的活跃分子，刚与女演员温达 (Emilia Unda) 结了婚。《G》杂志有个副题《初级设计教材》(Material für elementare Gestaltung)，办刊思想是凡·杜斯堡于1920年访问柏林时提出来的，刊名是利西茨基建议的（G就是Gestaltung的缩写形式）。此杂志第1期出版于1923年7月，由里希特、利西茨基和格雷夫负责编辑。格雷夫是原包豪斯学校的一名学生，宁愿跟着凡·杜斯堡而非格罗皮乌斯。里希特和密斯编辑了第2期和第3期（分别出版于1923年末和1924年初）。那时编辑部就设在密斯的柏林事务所中。据说这位建筑师还在经济上资助过至少一期杂志的出版。[1]

正是在这本杂志上，密斯发表了他的两个早期设计：1923年的"混凝土办公楼"和"混凝土住宅"。这两个设计是在他的两幢摩天大楼设计之后做的，所以应放在这上下文中进行评说。第一个摩天大楼方案——位于菲特烈大街 (Friedrichstrasse) 上的一座玻璃高楼——是1921年的一项竞赛设计，为当地工商协会组织的一次竞赛所设计。这个竞赛只不过是仿效美国振兴城区商业发展的一次非官方尝试，未考虑到战后的现实经济条件。密斯的草图（145个方案之一）并没有遵照竞赛规则行事，未留意于基本的结构问题，以及与如此大体量玻璃幕墙结构相关联的制冷与制热难题。1922年，那座后续的流线型摩天大楼发表在陶特的期刊《黎明》(Fruhlicht) 上。这是一座奇特的建筑物，它的"有机的"圆周线与他这个时期和黑林共用一间办公室空间不无关系。[2] 密斯的混凝土办公楼是运用悬挑板的练习，这一技术在战前就由瑞士人马亚尔 (Maillart) 完善了。而乡村的混凝土住宅——如果与科恩 (Arthur Korn)（位于海法 [Haifa] 的商业区，1923）以及黑林（里约热内卢俱乐部 [Rio de Janeiro club] 的现代翻版，1922—1923）的同时代混凝土方案相比较——既无新意也不特别引人注目。只是在他1924年的砖结构乡村住宅以及风格派的平面设计上，我们可以看出先锋派影响的最初痕迹。

[272]

密斯的工作与黑林形成了对比，这值得一提。[3] 黑林是瓦洛特 (Paul Wallot) 与舒马赫 (Fritz Schumacher) 的学生，1921年来到柏林以成全他妻子的演员生涯。他是一个相当实在的人。他接受了位于吕贝克 (Lübeck) 北部的一个农庄住宅区项目"加考农场"(Gut Garkau)（1922—1926）。这个项目使人想起了他的"有机的"实践方式。他不仅运用了曲线形式和富于表现力的材料，而且特别留意于农庄管理的科学性和功能性。1925年，他发表了一篇题为《形式的路径》(Wege zur Form) 的文章，提出了清晰的理论主张。他反对以往的"几何式"建筑文化将形式强加于功能

---

1 舒尔策，《密斯·凡·德·罗》，196。

2 舒尔策也提到了这一联系 (ibid., 101–103)。

3 关于黑林的理论，见《胡戈·黑林：写作、设计、建造》(Hugo Häring: Schriften, Entwürfe, Bauten)，兰特巴赫 (Heinrich Lanterbach) 与约迪克 (Jürgen Joedicke) 编 (Stuttgart: Karl Krämer Verlag, 1965)；以及琼斯 (Peter Blundell Jones)，《胡戈·黑林：有机的对几何的》(Hugo Häring: The Organic versus the Geometric, Stuttgart: Edition Axel Menges, 1999)。

之上的做法，认为当今社会需要的是一种与自然及人的需求更为协调的设计新态度：

> 我们必须将事物找出来并让它们表露其自身的形式。赋予它们一个形式，从外部决定它们的形式，将任意的规则强加于它们，摆布它们，都是不对的。如果我们要它们去做历史演示，我们便错了；如果我们将它们当作个人奇思怪想的对象，我们也错了。当我们将事物简化为几何形或结晶体的基本形式时，我们便犯了程度相似的错误。因为我们又一次想要它们服从于我们。（勒·柯布西耶）[1]

黑林追求的并不是一种客观的或理性的功能主义，而是一种具有表现力的功能主义。附带说一句，正是这种有机立场在 1923 年受到格罗皮乌斯的批评，并决定拒绝其作品参加包豪斯展览，其原因正如格罗皮乌斯在给密斯的一封信中所解释的，他只收完全专注于具有"由构造所决定的立方体动力"的作品。[2] 这一决定可以被看作德国现代主义内部出现分裂的标志，到这个 10 年的末期这种分裂已变得十分明显了。

回到密斯——这一时期他那些格言式的简洁陈述并没有清楚地揭示他的发展方向。他发表在《G》杂志上的两篇宣言（对格罗皮乌斯将黑林排除在包豪斯展览之外的做法做出了回应）是对于美学"形式主义"的诅咒，这种形式主义关注的是与"基础设计"(elementary design) 截然相反的形式。[3] 不过到头来，这一立场也很难与他自己的形式主义相一致，这一点在他所做的所有先锋派工作中是显而易见的。这些年密斯经常论述的另一论点，即"建筑艺术就是从空间上把握时代的意志"，这受到了凡·杜斯堡以及李格尔和斯宾格勒的影响。[4] 密斯常引述凡·杜斯堡 1924 年文章中的观点——"若回首张望便不可能迈步向前，若生活在过去便不能成为时代意志的工具"——但密斯数月之后完成的莫斯勒宅邸 (Mosler House)（1924—1926）的设计与这一观点背道而驰，这座建筑很容易被错当成弗吉尼亚州的一处乔治时代的采邑。[5] 密斯是一位天性喜好古典的建筑师，业余时间是个先锋派，1925 年之前他在探索着自己的道路。

应该强调的是这些年密斯的另一面：他对于机构的关注以及自我激励的意识。如果说密斯最初将他与先锋派的接触看作获取艺术合法性的途径，那么自我激励的努力就表明他具有雄心大志。有趣的是，密斯在 1919 年没有加入十一月同盟 (Novembergruppe)，而是等到 1922 年才加入，那时该团体已经抛弃了它的策略，与艺术工人委员会 (Arbeitsrat für Kunst) 合并了。在 1923—1925 年间，密斯担任了该组织的建筑指导，负责筹划了若干次展览。他还主动在 1923 年包豪

---

1 黑林，《形式的路径》，收入《黑林：写作、设计、建造》，14。

2 引自琼斯，《胡戈·黑林》，38。

3 《办公楼》(Office Building)，载《G》杂志，no. 1 (July 1923)：3；以及《建筑》(Building)，载《G》杂志 no. 2 (September 1923)：1。引自诺伊迈尔，《质朴的言辞》，241—242。

4 《办公楼》3；《建筑艺术与时代意志！》(Building Art and the Will of the Epoch!)，载《横截面》(Der Querschnitt) 4 (no. 1, 1924)：31。引自诺伊迈尔，《质朴的言辞》，241，245。

5 《建筑艺术与时代意志！》31，引自诺伊迈尔，《质朴的言辞》，245。

斯展和巴黎展上展出他的"梦幻"素描，后来又在柏林、耶拿、格拉 (Gera)、曼海姆、杜塞尔多夫、威斯巴登、波兰、意大利和俄国展出。[1]

[273]

　　1923 年夏天，密斯加入了德意志建筑师协会 (Bund Deutscher Architekten) (BDA)，很快成为一名地区主管，但这并没有妨碍他在第二年 4 月与黑林联手在协会内部组织了一个具有叛逆性的团体——柏林环社 (Der Ring)。该团体要求"任何具有艺术创造力的、持任何主张的建筑师均拥有自由"[2]。起先它主要是柏林建筑师的一个多样性团体，包括黑林（书记）、珀尔齐希、贝伦斯、门德尔松、希尔伯塞默、布鲁诺·陶特和马克斯·陶特、巴特宁以及格罗皮乌斯。正是这个团体在 1926 年经过游说，成功地使马丁·瓦格纳获得了柏林城市规划师的任命。也在 1923 年初前后，密斯加入了新俄罗斯之友协会 (Society of Friends of the New Russia)。他迈出这一步并非出于政治上的同情，而是要向一位潜在的客户爱德华·富克斯 (Eduard Fuchs) 示好，他是德国共产党的一位高级官员。[3] 密斯后来没有接到为其建别墅的委托，但富克斯在 1926 年委托他设计了曾引起很大争议的李卜克内西与卢森堡纪念碑：一座砖砌纪念碑，上面装饰着以彩钢制成的红星和锤子镰刀。如果说这项委托有点令人吃惊，这是因为他从未表现出对政治的任何兴趣。因此我们只能推测——尽管他后来讨好国家社会主义者——在这几年当中，他也被"接种"了"政治疫苗"。最后，1924 年密斯加入了他多年来敬而远之的德制联盟，后来证明这是他职业生涯中的一个转折点，因为德制联盟成了他权力的基础以及参加魏森霍夫展览会的理由。

　　在德国 1920 年代举办的所有展览会中，魏森霍夫建筑展是最重要的一个。[4] 早在 1925 年初，施托茨 (Gustaf Stotz) 就提出了展览会的设想，他是德制联盟符腾堡支部的主席。一年之后，施托茨就在斯图加特推出了一个题为"无装饰的形式"(Die Form ohne Ornament) 的展览。1925 年他曾提议举办一个更为宏大的新建筑展览。作为一名艺术总监候选人，密斯已声名鹊起，因为他拥有筹办十一月同盟展览会的经验。经同盟内部讨论，施托茨聘请密斯于 1925 年 6 月负责展览会的建筑事宜。举办一个住房建设展览要有实在的资金支持，于是该项目便出售给了德制同盟符腾堡分会以及该城的官员。这是一个伤脑筋的任务，要花一年多的时间来协商谈判。组织者还提出了若干目标陈述，令人困惑。市政委员会最终批准了这项将在 1926 年举办的项目——计划在下一年度举办——大家都明白这其实是一个房产发展项目，涉及若干位符腾堡建筑师。然而他们最后从施托茨、密斯和黑林（他与密斯同为组织者）那里得到的却是完全不同的东西。

　　围绕着项目规模所引发的争议，甚至盖过了挑选参与建筑师的争论。密斯于 1925 年 10 月提交了第一份建筑用地的平面图，但实质上项目规模很快便缩小了。市政官员要的是低成本的

1　舒尔策，《密斯·凡·德·罗》，118。
2　"密斯文献"(Mies Pagers)，国会图书馆。引自波默 (Pommer) 和奥托 (Otto)，《魏森霍夫 1927》，14。
3　舒尔策，《密斯·凡·德·罗》，124—126。
4　关于该展览会全面深入的论述，见波默和奥托，《魏森霍夫 1927》。

样板房，以适应在半山腰建造小型独户住宅的计划。他们也可接受多户住宅单元的方案，尤其若是能提供标准化（经济型）建筑经验的方案。密斯喜欢更大型的或更豪华的建筑单元，尽管他不反对建一些样板房来展示低成本方案。

关于建筑师的遴选则更清楚地揭示了密斯的真实意图。这是一个复杂的过程，参与者有密斯、黑林、施托茨和符腾堡政府官员。施托茨的最初名单提交于 1925 年 9 月，有 25 人的名字，其中包括 5 位斯图加特建筑师，还包括 6 位德国之外的建筑师：奥德、勒·柯布西耶、凡·杜斯堡、斯塔姆、弗兰克 (Frank) 以及洛斯。谈判过程中，密斯推举洛斯和斯图加特建筑师博纳茨 (Paul Bonatz)，还加上了凡·德·维尔德。到第二年的 11 月才确定了最终名单，入选的德国建筑师为密斯、施内克 (Schneck)、格罗皮乌斯、希尔伯塞默、布鲁诺·陶特和马克斯·陶特、珀伊齐希、德克尔 (Döcker)、沙伦、贝伦斯和拉丁 (Adolf Rading)。施内克与德克尔现在成了仅有的两位斯图加特代表。希尔伯塞默主要是一位城市规划师，吸收进来无疑是因为他与密斯是朋友。在去除了泰森诺和门德尔松之后，又加上了珀尔齐希、沙伦、布鲁诺·陶特以及贝伦斯。门德尔松一直反对密斯在柏林环社中的领导地位，这一内讧纷争传遍了欧洲整个建筑界，最后只得要求黑林出场。就在他们为设计控制问题争吵的最后一刻，密斯却将黑林开除了。值得注意的是德国建筑师中恩斯特·梅的缺席，他从未出现于任何名单中，尽管他是最有经验、最著名的住房设计师。

名单上的外国建筑师有勒·柯布西耶、奥德、弗兰克、斯塔姆以及布尔茹瓦，唯有弗兰克是奥地利人，而洛斯的名字一直都在名单上，但最后还是消失了。遗漏的有汉内斯·迈尔，密斯个人不喜欢他，捷克斯洛伐克的建筑师也付诸阙如。勒·柯布西耶得到了两个最显眼的建筑用地（面向城市）以及到那时为止最大的项目预算。正是勒·柯布西耶与密斯开始建立了密切的个人关系，才形成了与格罗皮乌斯的对立面，至少这是原因之一。密斯为自己留了一个最大的项目，即园区上面的三层公寓建筑。最后只丢给格罗皮乌斯两套小单元房（一套是活动样板房），与勒·柯布西耶高大的建筑相形见绌。 [274]

从设计观点来看，魏森霍夫建筑展并不像人们常说的那么成功。其批准过程拖沓，有些建筑师姗姗来迟，使得原定于 1927 年 7 月 17 日的揭幕推迟了一周，许多单元直到 8 月底才完成；施工质量低下，细节毛糙，成本严重超预算；建筑之间在构图或审美上互不相干；此外，许多房屋室内没有家具陈设。它完全是 16 位建筑师凑在一起的杂耍表演。有些人设计的住宅颇具灵感（沙伦），而另一些人则想象力不足或完全没有想象力（布鲁诺·陶特与马克斯·陶特、格罗皮乌斯、希尔伯塞默、布尔茹瓦）。密斯项目的最积极的意义就在于他第一次采用了钢框架结构，尽管他在设计中并没有暗示出这一点。

不过，尽管建筑上不成功，但从另一个更重要方面来看该展览却是成功的，即它在广泛宣传新运动方面发挥了重要作用。实际上或许宣传才是此展的主要目标。早先密斯就让格雷夫 (Werner Gräff) 准备了两个官方出版物（《建筑与住房》[Bau und Wohnung] 以及《室内空间》[Innenräume]），并领导了一场各方默契配合的宣传运动——正如波默 (Richard Pommer) 与克里斯蒂安·奥托 (Christian

图 83　贝伦特《建筑新风格的胜利》（斯图加特，1927）一书封面上的魏森霍夫住宅展会图像。

Otto）所报道的那样——邀请了欧洲大陆、北美、南美约 60 家新闻机构和 40 名记者来参与。[1] 过去从未有过一个展览会具有如此广泛的新闻覆盖面。其实，魏森霍夫将它的现代主义版本变成了一场可识别的"现代运动"。至少，密斯后来就再也没有回头去设计古典式别墅了。他接下去的三个项目分别是造价昂贵的克雷菲尔德赫尔曼·朗格宅邸（Herrmann Lange House，Krefeld）（1927—1928）、巴塞罗那馆（Barcelona Pavilion）（1928—1929）以及布尔诺的图根哈特宅邸（Tugendhat House，Brno）（1928—1930）。

　　衡量这个展览成功的另一尺度是阐释现代主义思想的出版物大量涌现。领风气之先的是贝伦特（Walter Curt Behrendt）的《建筑新风格的胜利》（Der Sieg des neuen Baustils）以及希尔伯塞默的《国际新建筑》（Internatinale neue Baukunst），此两书的出版都是为了配合展览开幕，是整个宣传运动的一个组成部分。贝伦特（1884—1945）拥有建筑学博士学位，在 1920 年代立场多变，尤其是在 1925 年接管了德制同盟期刊《形态》（Die Form）之后。他的书的封面展示了一幅魏森霍夫的照片（图 83），一开篇就提出"一场势如破竹的变革大戏"正在上演，"**我们时代的形式诞生了**"。[2] 这场变革势必要适应"我们时代的现实事物"（工具、机器、构造方法、材料、精神变化），并要"通过设计创造性地"去把握这些现实事物。其所导致的风格，以功能、工程技术、对光色及空间的利用为特征，贝伦特称之为"**技术风格**"（technical style）[3]。

　　希尔伯塞默的《国际新建筑》则是一套公共建筑系列丛书中的第一本，由斯图加特出版

1　波默和奥托，《魏森霍夫 1927》，132—138。

2　贝伦特，《建筑新风格的胜利》（Los Angeles: Getty Publications Program, 2000），89。

3　Ibid., 107, 110—114, 142.

商霍夫曼（Julius Hoffmann）出版，开篇也展示了魏森霍夫的图像。[1] 此书是一本画册，只有一页基本原理概述，其意图显然是要强调这场运动的国际性质，因为它包含了来自美国、荷兰、意大利、俄罗斯、瑞士、法国以及德国的图像与项目。基本原理只从属于"建筑师的创造意志"，强调的不是美学要素而是功能特征——材料与构造，以及所有这些要素的平衡："它不是流行一时的形式，就像许多人想象的那样，而是一种新的建筑感的基本表现。"[2] 同一年（1927），希尔伯塞默出版了《大都会建筑》（*Grossstadtarchitektur*）一书，多少是想对勒·柯布西耶的城市设计理论做出回应。[3] 他针对勒·柯布西耶的水平扩展手法以及美国城市垂直化混乱的状态，提出城市以一种严格的同质方式做垂直发展的方案。其结果便是使未来的城市呈现出一种枯燥乏味的、超现实的蜂窝状景象。在这样的城市中，下面 5 层为办公室和商店，上面 15 层的笔直大楼为居民住房。素描中那些黑乎乎的没有面孔的人物，步行于中间的人行坡道上，来往于他们的办公室。希尔伯塞默在 1928 年继续致力于此，与菲舍（Julius Vischer）合写了一本书《作为赋形者的混凝土》（*Beton als Gestalter*）。这是欧洲第一本将人们的注意力引向欣德勒（Richard Schindler）的工作的书，因而值得注意。[4]

普拉茨（Gustav Platz）的《当代建筑》（*Die Baukunst der neuesten Zeit*）也出版于 1927 年，此书确实令人[275]印象深刻，在对这一运动进行深刻历史总结的基础上，肯定了它的功能性纲领与社会内涵。[5] 普拉茨将这场现代运动的根源追溯到帕克斯顿（Joseph Paxton）以及伦敦大博览会。在这条发展之路上，他强调了瓦格纳、贝尔拉赫、沙利文等人的成就，也提到了如泰森诺（Heinrich Tessenow）、特奥多尔·菲舍尔（Theodor Fischer）、博纳茨（Paul Bonatz）以及路德维希·霍夫曼（Ludwig Hoffmann）的贡献。普拉茨试图从构造术、动力、节奏、比例、成本、表面效果、色彩和装饰等诸方面来分析这种新型建筑。

在 1928—1930 年间有一大批图书出版，从各个方面为新建筑书写编年史。最早的一本是亨利－拉塞尔·希契科克（Henry-Russell Hitchcock）的《现代建筑》，它是米勒－伍尔科夫（Walter Müller-Wulckow）的《当今德意志建筑》（*Deutsche Baukunst der Gegenwart*）、科恩（Arthur Korn）的《建筑玻璃与家用玻璃器皿》（*Glas im Bau und als Gebrauchs-gegenstand*）以及布鲁诺·陶特的《现代建筑》（英德文对照本）

---

1 希尔伯塞默编，《国际新建筑》（Stuttgart: Julius Hoffmann, 1927）。关于希尔伯塞默，见波默（Richard Pommer）、斯佩思（David Spaeth）以及哈林顿（Kevin Harrington），《在密斯阴影的笼罩之下：路德维希·希尔伯塞默，建筑师、教育家和城市规划师》（*In the Shadow of Mies: Ludwig Hilberseimer, Architect, Educator, and Urban Planner*, Chicago: Art Institute of Chicago, 1988）；以及海斯（K. Michael Hays），《现代主义与后人文主义主题：汉内斯·迈尔与路德维希·希尔伯塞默的建筑》（*Modernism and the Posthumanist Subject: The Architecture of Hannes Meyer and Ludwig Hilberseimer*, Cambridge: M. I. T. Press, 1992）。

2 Ibid., 5.

3 希尔伯塞默，《大都会建筑》（Stuttgart: Julius Hoffmann, 1927; 重印，1978）。关于希尔伯塞默的城市规划观念，见波默，《大坟场而非大都市：路德维希·希尔伯塞默的高空城市与现代城市规划》（More a Necropolis Than a Metropolis: Ludwig Hilberseimer's Highrise City and Modern City Planning），收入波默、斯佩思以及哈林顿的《在密斯阴影的笼罩之下》，16—53。

4 菲舍和希尔伯塞默，《作为赋形者的混凝土》（Stuttgart: Julius Hoffamnn, 1928）。

5 普拉茨，《当代建筑》（Berlin: Im Propyläen-Verlag, 1927）。

的一个新版本。[1]泰格关于捷克斯洛伐克建筑的书出版于 1930 年，同年，三卷一套的《世界新建筑》(*Neues Bauen in der Welt*)也在维也纳出版，编者为甘特纳(Joseph Gantner)。此套丛书由金斯贝格(Roger Ginsburger)的法国卷、诺伊特拉的美国卷和埃尔·利西茨基的俄罗斯卷组成。[2]

[276]　米勒－伍尔科夫的书依然采用了古老的日耳曼书写体，它之所以有趣，是因为试图将门德尔松、恩斯特·梅和格罗皮乌斯的工作，与诸如博纳茨、德克尔(Richard Döcker)和梅拜斯(Paul Mebes)之类偏爱传统的设计师的工作综合起来考察。科恩论现代玻璃用法的书，开篇就好像是对密斯和格罗皮乌斯的一曲赞歌，但此书也是 1920 年代玻璃用法的一部极重要的视觉百科。1930 年代初，科恩这位马克思主义者离开德国前往苏联，但在那里并没有获得建筑师的职位。1937 年他在英格兰去世。

陶特在 1932 年也曾在苏联生活了很短的时间，他的《现代建筑》(1929)一书是这些书中最有趣的——即便就它的奇特意图而言也是如此。陶特在英国逗留期间，专门为英国读者撰写了一部国际现代建筑史著作，在汇集整理可靠的欧洲视觉编年史方面颇为成功。他的问题在于，他要将英国与美国的情况（在这方面他所知极少）与他的社会主义思维定式结合起来——这一问题在他论英格兰的最后一章中变得尤其尖锐——力求将对英国读者不加掩饰的纡尊降贵态度与强烈的反美国风情绪结合起来。

然而，这些关于现代建筑实践的历史评述很快便遭到了一伙实际控制着现代运动的活跃分子的反对。密斯于 1926 年将黑林开除出德制联盟，这也只是此前以及当年夏天展开的大讨论的一个序曲。在 1927 年 6 月的一天，密斯第一次向吉迪恩提出"必须要对这场运动进行清洗"，采取"秘密清洗"的方式，可由圈内精英来执行，并且要发表文章和举办展览。[3]吉迪恩当时正与所有重要人物进行会谈，似乎将此解释为是一场战斗的召唤。7 月底他写信给奥德，使其确信自己是"建筑的七盏明灯"之一，被接纳为核心成员，并告知他其中的一盏灯（可能是黑林或门德尔松）已熄灭了。[4]这一年晚些时候，吉迪恩又致信奥德，明确这七盏灯是密斯、格罗皮乌斯、奥德、斯塔姆、勒·柯布西耶、施密特以及荷兰人凡·埃斯特伦(Cornelis van Eesteren)(1887—1988)——这最后一位被接纳进来，是因为他对城市规划感兴趣。这个团体后来于 10 月在斯图加特开会，商议合出一本期刊。其实，吉迪恩曾向奥德打听，他们是否有可能接管那份新出的荷兰杂志《i10》，但奥德和出版商最终拒绝了这一提议。

1　希契科克，《现代建筑》(London: Payson & Clarke, 1929; 重印，New York: Hacker Art Bood, 1970)；米勒－伍尔科夫，《当今德意志建筑》(Leipzig: Langewiesche Verlag, 1929)；科恩，《建筑与家用玻璃》(Berlin: Ernst Pollak, 1929; 重印，Kraus, 1981)；陶特，《现代建筑》(London: The Studio Limited, 1929)。

2　金斯贝格(Roger Ginsburger)，《法国：构造与形态新观念的发展》(*Frankreich: Die Entwicklung der neuen Ideen nach Konstruktion und Form*, Vienna: Anton Schroll, 1930)；诺伊特拉(Richard Neutra)，《美国：美利坚合众国新建筑的风格形态》(*Amerika: Die Stilbildung des neuen Bauens in den Vereinigten Staaten*, Vienna: Anton Schroll, 1930)；利西茨基，《俄国：为了世界革命的建筑》(*Russland: Architektur für eine Weltrevolution*, Vienna: Anton Schroll, 1930)。

3　吉迪恩在 1927 年 11 月 17 日致奥特的一封信中注明了此事，收入波默与奥托，《魏森霍夫》一书，273 n. 1。

4　吉迪恩于 1927 年 7 月 30 日致奥特的书信，收入《魏森霍夫》，272—273 n. 1。

所以，这一合作计划似乎已成泡影，但是到 1928 年上半年，随着"国际现代建筑大会"
(Congrès Internationaux d'Architecture Moderne)（CIAM）的创建，机会又来了。[1] 这次魏森霍夫又成了最初讨
论的场所。吉迪恩在创建这一组织的过程中发挥了作用，尽管那时他正与勒·柯布西耶通力合
作，试图推翻国际联盟的竞赛裁决。他还忙于完成他那本论法国的书。瑞士人芒德罗 (Hélène de
Mandrot) 在一次与瑞士德制盟书记古布勒 (Friedrich Gubler) 的谈话中，提出了一个各方协作的现代主
义宣传运动计划，并提供了她在瑞士拉萨拉 (La Sarraz) 的城堡作为开会场所。古布勒在斯图加特
时曾与格罗皮乌斯说过此事，后来又在巴黎与勒·柯布西耶谈起此事。勒·柯布西耶担心德国
与瑞士 – 德国建筑师们主导了这个组织，所以先是犹豫不决，但当他被告知他可以为第一次
大会起草工作计划时，便同意了。1928 年 6 月下旬，20 多位建筑师和官员（都是特邀的）聚
集在拉萨拉为新组织奠基，他们大多来自法国、瑞士和德国。

根据吉迪恩所言，第一次大会的两个目标是要制定一份当代建筑纲领，并明确实施这一
纲领的载体。[2] 勒·柯布西耶提出了一份工作计划，分为现代技术、标准化、总体经济体系和
城市规划四个部分。卡尔·莫泽被选为（名誉）主席，吉迪恩担任了相当于 CIAM 秘书的职务。
格罗皮乌斯和密斯都未出席第一次会议。显然，会上以勒·柯布西耶、恩斯特·梅、斯塔姆、
施密特、迈尔和吕尔萨 (Lurçat) 的声音为主导。[3] 除了勒·柯布西耶之外，其他所有人都是共产
主义者，后来都移居苏联；大多数人也都对城市设计抱有强烈的兴趣。

所谓的"拉萨拉宣言"是根据会议讨论起草的，只是笼统地明确了建筑师们参与此次会
议的目的："他们携起手来，旨在将他们在这现代社会中所面临的种种要素协调起来，并使建
筑重新基于真实的计划，即完全服务于人类的经济学与社会学的秩序。"[4] 城市社会学意味着以
居住、工作和娱乐这三项主要功能为基础，对城市进行划分。社会学秩序要求"必须以一种秩
序取代地皮的细分、销售和投机买卖，这种秩序将对房地产进行重新组合"——这是取消土地
私有的一个有效借口。[5] 宣言并没有提出任何具体的设计策略，通篇强调的是新兴工业世界，
而建筑必须适应这新的条件。[277]

第二次 CIAM 会议于 1929 年在法兰克福召开，由恩斯特·梅主持，专门讨论住房问
题。这次会议制订了（后来）饱受争议的最低限度生活住房标准（提出可接受的最小住宅平
方英尺数）。[6] 在 CIAM 第一次规划会议（颇为不祥地碰巧遇上纽约股票市场崩盘）上，来
自 18 个国家的 130 位建筑师和列席代表聚在一起，研究恩斯特·梅设计的市政府办公室。
人们对这个办公室进行参观、讨论，并将其陈列于展品之中。政治上的激进者依然掌控着议

1 关于这场运动的基本历史，见埃里克·芒福德 (Eric Mumford) 撰写的《国际现代建筑大会关于城市规划的讨论，1928—
　1960》(The CIAM Discourse on Urbanism, 1928–1960, Cambridge: M. I. T. Press, 2000)。

2 吉迪恩于 1928 年 6 月 10 日致埃斯特伦 (Cornelis van Eesteren) 书信，收入埃里克·芒福德《国际现代建筑大会关于城市
　规划的讨论》，10。

3 Ibid., 19.

4 引自《雅典宪章》，厄德利 (Anthony Eardley) 翻译 (New York: Grossman Publishers, 1973)，6。

5 Ibid., 7–8.

6 CIAM，《最低限度生活住房》(Die Wohnung für das Existenzminimum, Frankfurt：Englert & Schlosser, 1930)。

事日程。勒·柯布西耶正在南美旅行，因此未能出席，不过格罗皮乌斯起到了重要作用，并以他的演讲（由吉迪恩朗读）激发起了一场争论，题为《最低限度住宅的社会学基础》(The Sociological Foundations of the Minimum Dwelling)。[1] 顺着米勒－莱尔(Franz Müller-Lyer)的社会学研究思路，他将人类的发展划分成四个文化阶段：血亲与部落法、家庭法、个人法以及将来的公社法。第三个阶段（对应于个人的[祖先的]住宅）与启蒙运动时期相吻合，而现如今随着妇女解放行将终结。格罗皮乌斯提供了统计数据，证明了：(1)工业化与出生率成反比；(2)离婚率与非婚出生率成反比；(3)受雇妇女数量与个体家庭数量成反比。这些事实将格罗皮乌斯引向了公社社会(communal society)以及最低限度面积住宅的解决方案，即产生了这样一种观念：应使城市公寓拥有最大限度的光线、阳光和通风。沿着这条逻辑走到头，他利用图表试图证明，建筑物越高（并行排列并留出空间以消除阴影）单元住房所占土地就越少。在一段极重要的结论中他指出："大型公寓楼更接近于满足当今工业化人口的各种社会学要求，他们追求个性解放，孩子早早便脱离家庭。"[2] 格罗皮乌斯心里有这样一个范型，那是他新近为柏林－施潘道－哈瑟尔霍斯特项目(Berlin-Spandau-Hasel horst)(1928—1929)所做的竞赛方案的一个变体。当时他提出了一个12层的方案，但评审团将其否定，而喜欢他的2层和5层单元的替代性方案。

格罗皮乌斯设计住房的方式不同于恩斯特·梅。恩斯特·梅设计的最低限度住房是排屋类建筑，带有私家花园和其他娱乐设施，与周围的绿色空间连成一体。这一分歧由来已久，现在变得不可避免。尽管恩斯特·梅已经成功地将所有提及格罗皮乌斯偏爱高层建筑的话从CIAM会议的官方文件上删除，但高层建筑与低层建筑相对峙的问题将要以另一种不同的方式来解决。[3]

1930年11月在布鲁塞尔召开了第三次CIAM会议，这自然成了继续争论的场合。不过各支红色旅自愿离开前往苏联，这就基本上将恩斯特·梅等若干持强硬立场的人从CIAM中排除出去了。随着他们的离去，权力又回到了勒·柯布西耶、他忠实的战友吉迪恩和格罗皮乌斯的手中。由于凡·埃斯特伦被选为新主席，所以该阵营得到了加强。勒·柯布西耶展示了他的"光明城"(Ville Radieuse)，其特色便是他的高层解决方案。格罗皮乌斯有力地支持他，发表了《低层、中层，或高层建筑?》(Low-, Mid-, or High-Rise Building?)一文。在此文中，他再次提供统计数据（出自对洛杉矶上下班时交通状况的研究）以证明高层建筑的优越性。[4] 在一封向马丁·瓦格纳示好的信中，格罗皮乌斯承认，独户住宅和大户人家的住宅作为最低限度住房是不合适的，但他还是提出"构造完善的现代高层公寓不能被看作是一种必要的恶(necessary evil)，

---

1 格罗皮乌斯，《城市工业人口最低限度住房的社会学前提》(Sociological Premises for the Minimum Dwelling of Urban Industrial Population)，收入《总体建筑的范围》(Scope of Total Architecture, New York: Collier Books, 1974)，91—102。

2 Ibid., 100.

3 芒福德，《国际现代建筑大会关于城市规划的讨论》，39。

4 格罗皮乌斯原文题为"Flach-, Mittel- oder Hochbau?"，此文与另一篇文章的若干部分一道被译成"Houses, Walk-ups, or High-rise Apartment Blocks"，收入《总体建筑的范围》，103—115。

它们是一种受到生物学动机刺激的住房类型，是我们时代的一种真正的副产品"[1]。这一主张得到了奥地利移民诺伊特拉的支持，他从洛杉矶前来访问，提出高层住宅楼在美国瞄准的是奢侈市场。

第四届也是战后最后一届 CIAM 会议于 1933 年夏天召开，正值政治与经济处于一派颓废之际。会议强调了勒·柯布西耶的"功能城市"观念。此次会议原计划 1932 年在莫斯科召开，但后来更改了地点，原因在于苏维埃当局对于此次会议以及一般意义上的现代运动抱着暧昧的态度。德国的形势也很快发生了变化。希特勒 3 月攫取了政权，包豪斯在柏林的建筑分部也于 4 月关闭。左派人士那时开始害怕失去政府的工作，CIAM 的组织者答应租条游轮将这些建筑师从马赛载到雅典。100 名代表聚集在船上，审查了 33 座城市的设计方案，并撰写了《雅典宪章》(Athens Charter)，同时莫霍伊－纳吉用摄像机拍成了电影。勒·柯布西耶像三位德国主要成员格罗皮乌斯、密斯和布罗伊尔 (Marcel Breuer) 一样，由于国内恶化的局势未能出席会议，但他控制了 CIAM。

《雅典宪章》(到 1943 年才公开发表) 的核心是 95 条命题，分别列于 4 项基本范畴之下，即居住、闲暇、工作与交通。[2] 这自然是现代运动诸多重要文献之一，因为它旨在从整体上重塑人类社会。它也将勒·柯布西耶在 20 世纪 20、30 年代的城市设计理论法规化了。这些东西是这位法国建筑师本人在 1940 年代初，以当时有名无实的 CIAM 的名义撰写的，考虑到这一点便易于理解了。居住、闲暇、工作和交通这些功能性范畴并非是理论范畴，而是对城市的实际物理划分。例如各种关于住房的命题，呼吁拆除贫民窟，将居民区与交通线以及工业区分离开来并与绿色区域融为一体。郊区在勒·柯布西耶的花园城版本中是令人厌恶的反题，而在美国的花园城宣传中，郊区则"是这个世纪最大的恶之一"[3]。勒·柯布西耶提供了他的解决方案："高层建筑遥相耸立，必须留有宽阔的绿地。"[4] 这些绿地是供闲暇时光举办各种活动使用的，工作区域和交通干线要严格区分开来。

[278]

当然，勒·柯布西耶的宣言提出了许多关于立法、土地使用和经济方面的问题，这些都是以往未讨论过的。不过它的概括性的命题并没有回避这一难题。实际上，根据结论的命题，"私人利益应从属于集体利益"，将导致土地私有制的取消。[5] 至于政府"当局"应如何为了公共发展掠夺土地，我们在考察他 20 世纪 40 年代早期的著述时将会看到。有趣的是，在《雅典宪章》中这种权力被赋予了建筑师，所有被掠夺来的土地将交给他们。这就是 CIAM 的要点："建筑学要对城市的福利和美负责，正是建筑学负责城市的创新和改善；正是建筑学必须选择和重新安排不同的元素，这些元素的合适比例将构成一件和谐的、持久的作品。建筑是一切的

---

1 格罗皮乌斯，《总体建筑的范围》，109。

2 勒·柯布西耶，《雅典宪章》(Paris: Plon, 1943)；厄德利翻译，题为 *The Athens Charter* (见本书第 415 页注释 4)。

3 《雅典宪章》，命题 20，p.60。

4 Ibid.，命题 29 (法国命题 28—29)，p.65。

5 Ibid.，命题 95，p. 105。

关键所在。"[1]《雅典宪章》完美地与勒·柯布西耶本人的图像相契合，他是命中注定要指挥人类思想领域中这场构造学变革的人，这一点无需过分强调。同样还要注意的是，到了1933年，这场欧洲现代运动——在很短时间内在政治因素的影响下向着不同方向散布开来——被简化为个人的意识形态使命。留下来的只有孤独的预言家勒·柯布西耶。

---

1 勒·柯布西耶，《雅典宪章》，命题 92, p. 104。

第十二章　美国现代主义，1917—1934

我们正注视着一种文明的新建筑。

——休·费里斯（1922）

1. 美国摩天大楼

1920 年代欧洲建筑杂志上经常发表两类美国景观图像——谷物筒仓与摩天大楼，而后者 [279]
对欧洲读者具有更大的吸引力。与汽车、海轮、飞机以及生产流水线相比，摩天大楼在更大程
度上成为美国现代性最完美的象征，即便欧洲的建筑法规和分区法案不允许摩天大楼在国内建
造。摩天大楼是工业威力的一个偶像，是技术革新、发达的流水线生产法、最具活力和更富裕
之新世界的一个偶像。不过，在"哥特式"设计赢得 1922 年《芝加哥论坛报》大厦的设计竞
赛之后，摩天大楼也被许多欧洲人视为美国建筑混乱与文化落后的一个信号。

此种看法并不限于欧洲人，因为美国也有本地土生土长的建筑批评家。亨利－拉塞
尔·希契科克（Henry-Russell Hitchcock）在他的《现代建筑》（*Modern Architecture*）（1929）一书中将摩天大
楼视为美国特有的使命，但也是建筑上最大的失败："摩天大楼期待着第一位美国的新先锋，
他将能以工程技术为基础，并直接由此创造一种建筑形式。"[1] 赖特那些大胆的素描、1920 年
代的装饰派设计（art deco designs），以及费里斯（Hugh Ferriss）的各种有远见的探索，都令希契科克的判
断失效了。希契科克认为，只有诺伊特拉（Richard Neutra）的"繁忙城市改造"（Rush City Reformed）规划
方案（1927）中假想的摩天大楼设计已经接近了解决方案。[2] 亲欧的希契科克不喜欢纽约市分
区法规强加于人的阶梯形式，他喜欢凡·阿伦（William van Alen）的克莱斯勒大楼那种不太高的扇贝
形式，1929 年该建筑正在施工。

---

1 亨利－拉塞尔·希契科克，《现代建筑：浪漫主义与重新整合》（*Modern Architecture: Romanticism and Reintegration*, New
　York: Hacker Art Books, 1970; originally published in 1929），201。
2 Ibid., 204.

希契科克的观点成为摩天大楼的标准历史观，一直延续到 20 世纪 50、60 年代。但这种历史观的前提是有严重缺陷的。一方面他假定存在着某种独有的摩天大楼形式解决方案，完全是结构性的与直线型的；另一方面，他假设勒·柯布西耶、格罗皮乌斯以及密斯·凡·德·罗的纸面设计是至高无上的。作为一位历史学家而非建筑师，他低估了技术与构造任务的复杂性。他不了解美国建筑师要着力解决的实际问题，也不了解那些已被巧妙地解决了的问题。他眼中的摩天大楼完全是纸面上的。

摩天大楼在纽约起源于 1860 年代，在芝加哥起源于 1880 年代，这些都有详细的文献记载。但人们一般认为芝加哥先行了一步，因为在 20 多年的时间里芝加哥发展起一种统一的高层商用建筑类型：U 型或 L 型办公大楼，一般只有两个或三个正立面。[1] 1871 年芝加哥大火是激发起摩天大楼市场需求的动力，即对商业空间、土地投机价值、建筑法典与分区法案改革以及新税法的需求。必要的技术革新包括乘客电梯、防火材料和抽水马桶的改进，以及加热、照明、通风等方面的推进，还有电话的使用。芝加哥具有得天独厚的条件，需要有一种理论方法来进行深入的分析，这在很大程度上是由那些移居中西部的德国工程师们实施的，如鲍曼（Friederich Baumann）和阿德勒（Denkmar Adler）。[2] 在基本建筑材料的革新方面，1880 年代中期采用了贝塞麦钢（Bessemer steel），这种钢可以做成高大的金属框架。甚至有些看上去不重要的东西，如旋转门（发明于 1888 年）也是高层建筑中的一项关键技术革新。商业建筑的总体形式，几乎完全是由出租楼盘区域的经济状况、材料和劳动力成本，以及施工工期所决定的。正如建筑评论家斯凯勒（Montgomery Schuyler）于 1895 年提及芝加哥建筑时所说，这些建筑的建筑师要具备管理者的素质，"首先是合作素质"[3]。

[280]

钢框架的发展受到风载荷（wind loads）结构要素的制约。如果我们看一下它在 1880 年代的发展情况——从伯纳姆（Burnham）与鲁特（Root）的蒙托克大厦（Montauk Building）（1881—1882），到简尼（William Le Baron Jenney）的家庭保险大楼（Home Insurance Building）（1884—1885），再到霍拉伯德（Holabird）和罗奇（Roche）的塔科马大厦（Tacoma Building）（1888—1889）和马凯特大厦（Marquette Building）（1893—1895），就会发现，抗侧风是其主要的结构问题。钢骨架越是变成真正的框架，从而使外墙不承担负荷，自重更轻，这建筑物就越易遭到风力的破坏。蒙托克大厦在室外有承重墙，内部则有一个铁框架。家庭保险公司通向两条大街，在这一建筑的内部，铁柱子移到了外墙处，面朝

1　有关这一时期的经典历史研究著作是康迪特（Carl Condit）的《芝加哥建筑学派：芝加哥地区商用建筑与公共建筑的历史，1875—1925》(*The Chicago School of Architecture: A History of Commercial and Public Buildings in the Chicago Area*，*1875–1925*, Chicago: University of Chicago Press, 1964)。

2　鲍曼最早撰写了重要的研究著作，《为一切类型的建筑物准备基础的艺术，配有"独立墩柱方法"的详尽插图，可供芝加哥仿效》(*The Art of Preparing Foundations for all kinds of Buildings, with particular Illustration of the "Method of Isolated Piers" as Follwed in Chicago*, Chcago: Wing, 1892; originally published in 1873)。关于阿德勒的结构创新，尤其是大会堂建筑，见沙利文，《发展与构造》(Development and Construction, 1916)，收入《路易斯·沙利文：公开发表的文章》(*Louis Sullivan: The Public Papers*)，通布利（Robert Twombly）编（Chicago: University of Chicago Press, 1988），211—222。

3　斯凯勒，《钢框架构造的经济学》(The Economics of Steel Frame Construction)，收入《阿德勒与沙利文作品批判》(*A Critique of the Works of Adler and Sullivan*, 1895)，引自芒福德编，《当代美国建筑的根基》(New York: Dover, 1972; originally published in 1952)，236。

大街（被包裹在混凝土与砖块之内），但它的后墙与北墙则是承重的，以保持稳定性。L 型的塔科马大厦临街立面被大大减轻，挂上贴面材料和玻璃，但侧墙和两道内墙依然是承重的。直到第二座马凯特大厦上，建筑师才去除了承重墙，建成了一个真正的框架，因为 U 字型的底平面本身提供了额外的稳定性。[1]

当然，这些对于结构与技术的考量并没有妨碍对于审美效果的关注。在 1890 年代，这一问题逐渐占据了重要地位。审慎精明的鲁特（John Wellborn Root）（1850—1891）受到理查森（H. H. Richardson）的很大影响，常常采用罗马式语言来建造他的高层建筑，如芝加哥鲁克里大厦（Rookery）（1885—1888）。[2] 他的芝加哥莫纳德诺克大厦（Monadnock Building）（1888—1892）的一个早期版本上，装饰着埃及纹样。他将这座建筑的外形雕刻成长方体独石形状，将其所有装饰或模块全部去除，只是将建筑物顶端和底部向外张开，使连续性凸窗呈波动起伏的效果。它是最后一批承重墙建筑之一，其高度达到了最大限度的 16 层。

正是沙利文（Louis Sullivan）的圣路易温赖特大厦（Wainwright Building）（1890—1891）与布法罗信托公司大厦（Guaranty Building）（1893—1896）"解决了"早期摩天大楼的概念问题。他的 9 层温赖特大厦的设计由三部分楼层组成：两层商业用房作为基础楼层，中间是办公楼层，建有结构性的墩柱；最上部是顶层，用于安装机械设备。信托公司大厦更高，更有活力，是 19 世纪建筑杰作之一。他的论文《高层办公楼的艺术考量》（The Tall Office Building Artistically Considered）写于这座建筑的设计竞赛之际，概括了他的设计意图。他的格言是"形式永远追随功能"（form ever follows function）。他将各种局部形式的处理理性化，认为最重要的局部便是"不可胜数的办公室楼层，一层摞一层，每层都一模一样，办公室也一模一样—— 一间办公室就类似于蜂巢中的一个蜂房、一个单间，仅此而已"[3]。高层建筑的主要审美特征是"巍然耸立"，令人毛骨悚然；其本质是表现性："它必高高在上，每一英寸都在高位，海拔的动力与力量必藏于其内，向上飞升的荣耀与自豪必藏于其内。它的每一英寸必含有一种自豪遨游之物，以十足的狂喜向上飞升，从底部升向顶部，作为一个单元而没有一根相异的线条——这便是一场新颖的、出人意料的、雄辩的演说，讲述着那些最单调乏味、最凶险、最可怕的情形。"[4]

批评家舒尔耶（Montgomery Schulyer）这样赞扬沙利文的成就："我不了解钢架建筑，其中的金属构造是通过焙烧黏土的外壳更加实实在在地感受得到的。"[5] 1918 年，布拉格登（Claude Bragdon）将它视为一座尚未引起足够重视的里程碑。在这里他感觉到，民主最终在这一排排实用的小窗户

---

1 关于塔科马大厦和马凯特大厦的结构，见布吕格曼（Robert Bruegmann），《建筑师与城市：芝加哥的霍拉伯德和罗奇，1880—1918》（*The Architects and the City: Holabird & Roche of Chicago, 1880–1918*, Chicago: University of Chicago Press, 1997），83—86，124。

2 关于鲁特的生平与工作，见霍夫曼（Donald Hoffmann），《约翰·韦尔伯恩·鲁特的建筑》（*The Architecture of John Wellborn Root*, Chicago: University of Chcago Press, 1973）。关于他的建筑著述，见霍夫曼编《建筑的含义：约翰·韦尔伯恩·鲁特的建筑与著述》（*The Meanings of Architecture: Buildings and Writings by John Wellborn Root*, New York: Horizon Press, 1967）。

3 沙利文，《高层办公楼的艺术考量》，收入《路易斯·沙利文：公开发表的论文》，105。

4 Ibid., 108.

5 引自布拉格登，《建筑与民主》（*Architecture and Democracy*, New York: Knopf, 1918），17。

中找到了它的法则以及排列规则，它们大小一致，象征着"平均而单调、昏暗而艰辛的生活"。同时，显眼的垂直墩柱则承载着它们的"希望和抱负，而不很显眼的精致纹样给整座建筑穿上了一件新鲜漂亮的服装，就好像是它们梦想的纹理似的。于是，这建筑便能向想象力开口说话，因为它的创造者是一位民主的诗人与先知"[1]。这里是独一无二的美国视野，在那时的欧洲还听不到这样的声音。

沙利文不是唯一在芝加哥获得成功的人。1895 年赖特为卢克斯弗棱镜公司（Luxfer Prism Company）设计了一座 10 层高的棋盘式玻璃摩天大楼，若干年后他完成了布法罗拉金大厦（Larkin Buiding）（1902—1906）。大致同一时期，在芝加哥兴建的另一些著名高层建筑有阿特伍德（Charles B. Atwood）的信实大厦（Reliance Building）（1894）、霍拉伯德（Holabird）与罗奇（Roche）的威廉姆斯大厦（Williams Building）（1897—1898）以及共和大厦（Republic Building）（1902—1904）等。

[281]

世纪之交，纽约的情况则完全不同。首先，曼哈顿是一个岛，它的基岩就在水面以下数英尺，这使结构问题大为缓解。其次，东北地区依然乐意于向欧洲寻求艺术价值。不仅许多建筑师来自欧洲，接受过巴黎美术学院的训练，而且东北地区的主要建筑学校几乎完全采用他们的教学方法。由于这些原因，以及财富的高度集中，这里的建筑风气十分保守。传统风格，正如一些批评家所指出的，是从国外购买来的，所以在那里流行的时间要比在欧洲或北美其他地区更长。

尽管摩天大楼在纽约的发展要早于芝加哥，但由于上述这些因素的影响，纽约摩天大楼依然包裹在历史形式的外表之下，直到第一次世界大战之后。[2] 电梯最早出现在公平人寿保险大厦（Equitable Life Assurance Building）（1868—1870）中，将人提升到芒萨尔式屋顶下面的第 7 层楼。理查德·莫里斯·亨特（Richard Morris Hunt）设计的 9 层楼的论坛报大厦（Tribune Building）（1873—1875）也顶着一个芒萨尔式屋顶，但它的佛罗伦萨式塔楼，其立视高度达 260 英尺，比 10 年前一座芝加哥建筑所能达到的高度还要高。第一座在高度上超过三一教堂尖塔的高层建筑是普利策大厦（Pulitzer Building）（1889—1890），由波斯特（George B. Post）设计，高达 309 英尺，远远超过芝加哥的任何建筑物。布鲁斯·普赖斯（Bruce Price）的美国保证人大厦（American Surety Building）（1894—1896）是 19 世纪晚期一座最超乎寻常、广受赞赏的建筑，与信托公司大厦大致为同一时代。尽管它有 20 层高，但中间各层由朴素的粗石墩柱构成，顶部冠以巨型雕像和一系列意大利式敞廊母题。如果说它缺少了沙利文建筑的那种在功能上给人的确定感，却并不缺少活力和热

---

1 引自布拉格登，《建筑与民主》，18—19。

2 多年来有若干项历史研究将纽约摩天大楼的兴起作为主题，其中最优秀的成果有斯塔塔雷特（William A. Starrett），《摩天大楼与建造者》（*Skyscrapers and the Men Who Build Them*, New York: Scribner's, 1928）；赫克斯特布尔（Ada Louise Huxtable），《在艺术上重新考量高层建筑：寻求摩天大楼风格》（*The Tall Building Artistically Reconsidered: The Search for a Skyscraper Style*, New York: Pantheon Books, 1982）；戈德贝格（Paul Goldbeger），《摩天大楼》（New York: Knopf, 1982）；莱文（Thomas A. P. van Leeuwen），《向上的思维趋势：美国摩天大楼的形而上学》（*The Skyward Trend in Thought: The Metaphysics of the American Skyscraper*, Cambridge: M. I. T. Press, 1986）；威利斯（Carol Willis），《形式跟随财政：纽约与芝加哥的摩天大楼与天际线》（*Form Follows Finance: Skyscrapers and Skylines in New York and Chicago*, New York: Princeton architectural Press, 1995）；以及兰多（Sarah Bradford Landau）与康迪特（Carl Condit），《纽约摩天大楼的兴起，1865—1913》（*Rise of the New York Skyscraper 1865-1913*, New Haven: Yale University Press, 1996）。

情，很好地表达了 1890 年代的乐观主义精神。

一战之前，纽约摩天大楼的建设规模出现了戏剧性的发展，但仍维持着其历史主义的倾向。就此而言，值得注意的有伯纳姆（Daniel Burnham）的熨斗大厦（Flatiron Building）（1903）和克里乌斯·艾德利茨（Cryus L. W. Eidlitz）的时报大厦（Times Tower）（1904），但它们很快就被弗拉格（Ernest Flagg）的辛格大厦（Singer Loft Building）（1906—1908）所超越。在这里，窄窄的塔楼从一个略早的法国芒萨尔式建筑上方升起，其中央垂直的玻璃厂房，四周用石头线脚和砖块角柱框住，立面开单扇窗。在顶部，塔楼突然膨胀起来以适应另一个芒萨尔屋顶，上面顶着一个采光亭，令人想起了古代陵庙。不过，这种学院派的努力很快便被吉尔伯特（Cass Gilbert）的哥特式伍尔沃斯大厦（Woolworth Tower）（1911—1913）所超越，这是一座 792 英尺高的建筑物，使当时世界上最高的埃菲尔铁塔相形见绌。实际上，这座"奉献给商业的主教堂"容纳了 14000 名员工，拥有近 3000 部电话，以及世上速度最快的电梯，当代作家对此建筑的成功大加赞赏。

所有这一切将要在第一次世界大战和"1920 年代"这个 10 年中发生改变。美国从冲突中脱颖而出，成为西方最富有最强大的国家。接下来的时期是禁酒令、非法秘密酒店、妇女选举权、性动荡、大量移民、财富集中、菲茨杰拉德（F. Scott Fitzgerald）与辛克莱尔·刘易斯（Sinclair Lewis）、格什温（George Gershwin）、收音机甚至电视机出现的时期。从建筑上来说这是一个繁荣期，一个试图建造世界最高建筑的时期。当然，1920 年代也是在美国历史上最严重的经济崩溃的局面中结束的。

就摩天大楼而言，1916 年纽约城分区法的修订是一个重要事件。[1] 这次修订多少被视为对 1915 年格恩斯特·雷厄姆（Ernest Graham）的公平大厦（Equitable Building）双体大楼的一个回应。该建筑有 32 层高，但并没有向后收进，其楼层空间超过了一百万平方英尺。该法律对市区进行了分区，规定了"分区尺度"（zoning envelope）。一座建筑可以垂直上升到规定的高度，但必须以一定的角度向内收进，这个角度是根据从街道中心划出的一条直线来确定的。尽管该法律对建筑高度没有硬性限制，但所建高楼的占地面积不得超过地块的 25%。

由于战争以及战后的经济衰退，几年之后此项法律才有了解释。1920 年小博伊德（John Taylor Boyd Jr.）在《建筑实录》（Architectural Record）中对它作了评论，将它看作是整顿城市以往混乱秩序的一项措施。他还说这是城市规划的工具，将极大地改变城市的性质："简而言之，可以将这种城市新概念与老概念进行比较。可以说，老观念将城市想象成一种菌类，街道和房屋体系是城市的细胞；而分区方案创造的新理想是将城市设想为一个由相关局部或单元组成的结构，它们处于邻里关系之中。"[2] 另一些关于此法律的五花八门的解释接踵而来，其中许多强调的是一种 [282]

1　关于这部法律的深刻含义，见威利斯（Carol Willis）的《分区与时代精神：1920 年代的摩天大楼之城》（Zoning an Zeitgeist: The Skyscraper City in the 1920s），载《建筑史家协会会刊》40（March 1986）：47—59。
2　小博伊德，《纽约分区方案及其对设计的影响》（The New York Zoning Resolution and Its Influence upon Design），载《建筑实录》（48，no. 3，September 1920）：193。

新的美国风格或许会从这部法律中浮现出来。[1] 庞德（Irving K. Pond）自从 1890 年代以来便致力于研究高层建筑的设计问题，他将这种迫不得已的"收进和角落变化"视为直接诉诸情感的一种手段；这就是说，水平元素和垂直元素"被引入结构，每个元素本身都诉诸情感，并受到其他元素的制约"[2]。同一年，建筑师古德休（Bertram Grosvenor Goodhue）（1869—1924）提出在麦迪逊广场（Madison Square）附近，建一座 1000 英尺高的 80 层高楼，其底座是一座巨型教堂。建筑师、绘图师费里斯（Hugh Ferriss）为会议大楼（Convocation Building）方案画了若干草图，其渐细后退的形式反映了（只是以大得多的尺度）古德休的内布拉斯加州议会大厦（Nebraska State Capital Building）的轮廓，这座建筑当时正开始施工。[3]

1922 年，新法规有了关键性的突破，并对摩天大楼的设计产生了影响——其成果便是费里斯（Hugh Ferriss）（1889—1962）绘制的四幅草图（图 84）。[4] 费里斯当时是一位优秀的绘图师，相当出名。他曾接受过建筑师的训练，1913 年就从圣路易来到纽约，1915 年作为一名专业绘图员独立开业，主要用木炭和炭笔画图。这种明暗对比的画风十分独特，适合于表现"梦幻般的"思绪，其建筑创意的新颖性出人意表。在 1922 年年初的那段时间，费里斯开始和哈维·威利·科比特（Harvey Wiley Corbett）一起工作。科比特是吉尔伯特的一个门徒，也是备受赞赏的纽约布什码头（Bush Terminal）（1916—1917）的建筑师（与黑尔姆勒 [Frank Helmle] 合作）。科比特是摩天大楼的倡导者，曾绘制了一些图表来解释新法律，费里斯则将它们画成了草图，最早展出于 1922 年 2 月纽约建筑协会（Architectural League of New York）举办的

图 84　费里斯，表现纽约城新分区法规的四幅速写。采自《明天的大都会》（纽约，1929）。

1　关于这部新分区法规之影响的早期解释，还有科比特（Harvey Wiley Corbett）的《狭窄街道上的高层建筑》，载《美国建筑师》（*American Architect*, no. 119, 1921）：603—608，617—619；普赖斯（C. Matlock Price），《美国建筑思潮》（The Trend in Architectural Thought in America），载《世纪杂志》（*Century Magazine*, no. 102, 1921）。

2　庞德（Irving K. Pond），《分区与高层建筑》（Zoning and the Architecture of High Buildings），载《建筑论坛》（*Architectural Forum*）35（October 1921）：133。

3　费里斯在他的以下著作中收入了一幅插图并进行了描述，《明天的大都会》（*The Metropolis of Tomorrow*, New York: Ives Washburn, 1929; 重印，New York: Princeton Architectural Press, 1986），41、191。

4　关于费里斯以及这些草图的重要性，见威利斯在《描绘大都会》（Drawing towards Metropolis）一文中对他的描述，该文收入费里斯《明天的大都会》，148—184。

一个展览会上，并发表于《纽约时代杂志》(*The New York Times Magazine*)——正好在《芝加哥论坛报》大厦设计竞赛宣布之前。[1] 前两幅素描，以类似于法伊宁格 (Lyonel Feininger) 的木刻斜线表现了根据从街道中心所画直线依法向内收进的效果，光线将街景雕刻成了大体块。位于中央的体块是高度不受限制的高楼，但只占据地块面积的 25%。下一幅素描，三大体块开始显现出庙塔的形状。第四幅素描表现了一座建筑物向后收缩的体量效果。

这些草图的重要性在于两方面：一是令人信服的三维总体效果，再现了全新的摩天大楼景观；二是这些构图本质上是根据分区尺度刻画的，暗示了一种设计策略。费里斯本人所理解的这项法规的设计意义在于："建筑师将不再是装饰家，他们将变成雕塑家。"[2] 他还提到（见本章开头的引文），要展望前景，这种变化可能会给美国文明带来一种新建筑。[3]

在接下来的几年中，费里斯创作了一系列素描，并进一步提炼了他的观念。1923 年，在由科比特牵头的一个规划项目中，费里斯画了一些素描，提出了曼哈顿商业中心建造双层人行天桥的设想。[4] 1924 年，他开始与建筑师胡德 (Raymond Hood) 一道准备未来主义的设计方案。一个是"针之城"(A City of Needles)：一些向上渐细的 1000 英尺高的大楼，它们之间相隔的广阔空间以流畅的快速路相连接。[5] 费里斯在后来两年的时间里将此想法发展成一座水晶城，将若干座 1500 英尺高的玻璃大厦置于一座公园的背景中，由探照灯照亮，飞机在上空飞翔。[6] 在 1925 的另一幅素描中，费里斯与胡德提出了可居住的吊桥的概念：桥塔是办公楼，每边的双缆索系统则转变为悬吊的办公室与公寓建筑，位于上缆索垂曲线与车行道之间。[7]

这一时期，另一位在处理高层建筑方面较有想象力的建筑师是弗兰克·劳埃德·赖特。他那令人惊叹不已的芝加哥国立人寿保险公司 (National Life Insurance Company)（1923—1924）——在设计与技术成熟性方面比任何同时代建筑都要先进得多——结构设计成一个十分精巧的体系，由一条主脊和四座横切与平行的高楼组成，这些高耸的楼层便悬挂于内部的塔架上（图 85）。这座按模数比例设计的摩天大楼，是一座"乳白色、珠光色的铜镶边玻璃"大厦，外壳包着一系列"悬挂式的、标准化的铜片屏风"，其中嵌入单片或复合玻璃板。[8] 内墙同样也设计成墙门一体的预制件，实现了最大限度的灵活性。加热、管线以及所有电器系统都是以合模数的线槽来安装的，确保易于拆卸和重新安装。赖特运用了他曾在东京帝国饭店采用的结

---

1 这些草图发表于 1922 年 3 月 19 日的《纽约时代杂志》(*New York Times Magazine*) 上。《芝加哥论坛报》设计竞赛是在 6 月宣布的。

2 费里斯，《新建筑》，载《纽约时代杂志》(19 March 1922)：8。引自费里斯，《描绘大都会》，155。

3 引自费里斯，《描绘大都会》，158。

4 Ibid., 160.

5 Ibid., 162. 最初由约翰斯 (Orrick Johns) 所发表，《一座尖峰城市的建筑师》(Architects Dream of a Pinnacle City)，载《纽约时代杂志》(28 December 1924)。

6 见费里斯，《明天的大都会》，87，101。

7 Ibid., 71.

8 赖特，《为建筑代言，八：金属薄片与现代实例》(In the Cause of Architecture VIII: Sheet Metal and a Modern Instance)，收入《建筑实录》(October 1928)；重印收入普法伊弗 (Bruce Brooks Pfeiffer) 编，《弗兰克·劳埃德·赖特文集 (1894—1930)》(New York: Rizzoli, 1992)，308。

图 85　赖特，芝加哥国立人寿保险公司设计图，1924。弗兰克·劳埃德·赖特基金会提供。

构逻辑，认为他的系统可使一座建筑比现有任何摩天大楼的重量轻三分之一，而坚固性提高三倍："在我看来以下事实便是其主要价值所在，这个方案整体上会正当地消除现今困扰所有此类建筑物的'建筑'问题，不用现场构筑，所有此类'室外'或室内建筑的构件都完全是车间制造的——只要在现场组装起来即可。"[1] 赖特的设计是为一位实际客户的一项真实的委托任务所做的，他就是艾伯特·马西·约翰逊（Albert Mussey Johnson）——一位商人，也是一位"幻想家和神秘人士、一位夏洛克式的人物、一位人文主义者"[2]。如果这项非凡的设计得以实现，将会完全改变美国高层建筑的发展进程。

既然在这个 10 年的头几年就充满了紧张的实验精神，现在看来，多少有些臭名昭著的 1922 年《芝加哥论坛报》大厦（Tribune Tower）的设计竞赛，对于美国高层建筑实践肯定就不如早先想象的那么重要了。这是一个广为人知的、万众瞩目的事件，尤其在欧洲。几乎没有欧洲建筑师在委员会中工作。再者，第一名授予了豪厄尔斯（John Mead Howells）和胡德（Raymond Hood）的方案，埃列尔·萨里宁（Eliel Saarinen）的设计排在第二位，这一决定也在美国国内外激起了争议。

举办这一竞赛是麦考密克（Robert McCormick）和帕特森（Joseph Patterson）的主意，他们是"世界第一大报纸"《芝加哥论坛报》（Chicago Tribune）及其出版帝国的老板。[3] 1922 年 6 月 9 日，他们宣布要为新建筑举办国际性的建筑设计竞赛，要使它成为"世上最漂亮最独特的办公大楼"。竞赛开始了，其特邀 10 家美国公司参加，每家可得到 2 千美元的设计费。第一名奖金为 5 万美元，第二、第三名分别为 2 万美元和 1 万美元。8 月初，计划书准备好了，美国的参赛者须在 11 月初提交设计材料，外国参赛者的材料由于要邮寄，另加了 30 天。最终有 263 名建筑师参赛，还有 74 件国外设计（包括格罗皮乌斯和迈尔的设计）到得太迟未予以考虑。评审团的组

1　普法伊弗（Bruce Brooks Pfeiffer）编，《弗兰克·劳埃德·赖特文集（1894—1930）》，309。

2　《弗兰克·劳埃德·赖特自传》（New York: Horizon Press, 1977；originally published in 1932），279。

3　关于这场竞赛的历史，见所罗门逊（Katherine Solomonson），《〈芝加哥论坛报〉大厦设计竞赛》（The Chicago Tribune Tower Competition, New York: Cambridge University Press, 2001）。

成完全体现了老板的意愿以及竞赛本身的性质。成员有 5 名：4 名是《芝加哥论坛报》官员，
1 名建筑师——格兰杰（Alfred Granger），他是美国建筑师学会伊利诺伊分会的主席。从根本上来　[285]
说，这是一个业余的评审委员会，其中 4 名成员几乎或完全没有建筑经验。由于许多受邀的公
司与报纸老板有业务联系和社会关系，所以三个获奖方案中有两个出自于这个集团，就完全是
预料之中的事了。[1]

　　这次竞赛以及它的意义在若干方面被人们误解了。其一，20 世纪历史学家所偏爱的许多
方案即便在技术上是可行的，也是不现实的。吉迪恩在 1941 年就指出，格罗皮乌斯和迈尔的
（未加以评审的）方案要优于豪厄尔斯与胡德的获奖方案，但难于理解的是，吉迪恩所说的该
建筑物高超的"构造表现"究竟指什么[2]（图 86）。向外突出的、不加顶的露台完全不适合于这
座风城的严酷冬天。露台栏杆很细，附近湖面上刮起的阵风会给建筑的使用者带来不安全感。
再者，从地板至天花板的"芝加哥风格"窗户抵抗不了风力负荷，因为在 1922 年玻璃与直棂
技术还不足以解决这一问题。吉迪恩赞扬的其他设计方案，如布鲁诺·陶特与马克斯·陶特的
方案，从任何结构或审美的观点来看，也都是幼稚的。

　　不过还是有若干方案表现出对摩天大楼及其技术的真正理解。荷兰人拜沃特（Bijvoet）与杜　[286]
伊克尔（Duiker）的方案在很大程度上受到赖特高层建筑观念的影响。他们设计了一座合理的高
楼，两边有较矮的水平结构支撑，机械设施安装在各角落的墩柱之中（图 87）。汉斯·卢克哈
特（Hans Luckhardt）和瓦西里·卢克哈特（Wassili Luckhardt）的方案是与安克尔（Alfons Anker）联合设计的，
是一种精巧的窄板夹层结构，中央最高。此方案既切实可行，局部也很精致。在美国人的设计
中，最好的或许是赖特早先的徒弟格里芬（Walter Burley Griffin）（1876—1937）的，他从澳大利亚寄
来设计方案，他正在那里设计新首都。[3] 这是一座向后收进的建筑物，在精神上与费里斯同时
代的分区素描（zoning drawings）很相似，但其垂直的节奏划分更为紧凑和修长。

　　这次竞赛被人误解的另一个方面，是围绕竞赛的争论为摩天大楼设计所带来的刺激作用。
1923 年，沙利文以发表在《建筑实录》上的一篇文章挑起了这场争论。他在文中指出，豪厄尔
斯与胡德的获奖设计是"从垂死的观念中发展出来的"，还说萨里宁的设计却抓住了摩天大楼
的复杂问题，"是那么富有智慧，美国建筑师到目前为止尚无人表现出这种必需的思想深度和
坚定不移的工作目标"。[4] 但是这种看法就胡德的职业生涯来说有失公平，对于萨里宁的设计来
说也是一种误解。

1　第三名是霍拉伯德与罗什的设计。
2　见吉迪恩，《空间、时间与建筑：一个新传统的成长》（Space, Time and Architecture: The Growth of a New Tradition,
　　Cambridge: Harvard University Press, 1949; originally published in 1941），327；吉迪恩，《沃尔特·格罗皮乌斯：工作以及团
　　队协作》（Walter Gropius: Work and Teamwork, London: The Architectural Press, 1954），68。吉迪恩的说法是格罗皮乌斯的方
　　案"远比这座建成的哥特式大楼更接近芝加哥学派的精神气质"。
3　关于格里芬以及他的妻子马奥尼（Marion Mahony）的职业生涯，见沃森（Anne Watson）编，《"超越建筑"：马里恩·马
　　奥尼与沃尔特·伯利·格里芬，美国、澳大利亚、印度》（"Beyond Architecture"：Marion Mahony and Walter Burley Griffin,
　　America, Australia, India, Sidney: Powerbouse Publishing, 1998）。
4　沙利文，《〈芝加哥论坛报〉大厦设计竞赛》，载《建筑实录》（no. 153, February 1923）：151—157；重印收入《路易斯·沙
　　利文：公开发表的论文》，228—229。

图86 格罗皮乌斯和迈尔，《芝加哥论坛报》大厦设计竞赛方案，1922。采自沃尔特·格罗皮乌斯的《国际建筑》（柏林，1925）。

图87 拜沃特和杜伊克尔，《芝加哥论坛报》大厦设计竞赛方案，1922。采自沃尔特·格罗皮乌斯的《国际建筑》（柏林，1925）。

　　萨里宁这位荷兰建筑师的设计一开始受到了哥特式形式的启发，尽管多少是一种抽象的方式。该设计的主题就在于总体后退的构图，类似于费里斯的演示。萨里宁甚至可能知晓这位绘图师发表的作品。此设计的另一特色是在建筑上通体采用大量人像雕塑。沙利文发现这种美化方法是可以接受的，但是萨里宁的许多欧洲同行却激烈反对。无论如何，他在竞赛中取得了一定的成功，主要是由于他移民到了中西部地区。在密歇根大学，他获得了一份教职。接下去的一年他与克兰布鲁克美术学院（Cranbrook Academy）取得了联系，该学院位于底特律附近，后来成为美国现代主义的一个重要中心。

　　胡德（1881—1934）的情况与萨里宁有些类似。豪厄尔斯（1868—1959）收到了10份竞赛邀请中的一份，据说有一天他在中央车站见到了胡德，两人便决定合伙做这个项目。[1] 胡德

---

1 关于胡德，见基勒姆（Walter H. Kilham），《建筑师雷蒙德·胡德：美国摩天大楼从功能演化出的形式》（*Raymond Hood, Architect: Form through Function in the American Skyscraper*, New York: Architectural Book Publishing Co., 1973）；诺思（Arthur Tappan North），《雷蒙德·M. 胡德》（New York: McGraw-Hill, 1931）。

像豪厄尔斯一样，曾在巴黎美术学院学习，但他的纽约事务所并不成功，在 1922 年没有什么工作。他独自准备了受哥特式启发的设计图，这无疑受到了吉尔伯特 (Cass Gilbert) 大获成功的伍尔沃斯大厦 (Woolworth Building) 的影响。但有趣的是，胡德很快便以一种惊人的方式改变了设计方案以适应高层建筑，这种变化首先反映在纽约美国散热器大厦 (American Radiator Building)（1924）的设计上。他回到了费里斯所提出的要求，使高楼变得纤细，还在顶部加上了一件雕塑。事实上，胡德成了向上渐收风格 (setback style) 的大师，如他为《纽约日报大厦》(New York Daily News Building)（1928—1930）和洛克菲勒中心的 RCA 大厦 (RCA Building)（1923—1933）所做的设计，后者是 20 世纪最精美的办公大楼建筑群之一。胡德最后的杰作是麦格劳 - 希尔大厦 (McGraw-Hill Building)（1929—1931），是被收入 1932 年希契科克和约翰逊组织的展览中为数不多的美国作品之一。[1]

在 1925 年前后，另一个因素开始对向上渐收风格起作用——装饰派艺术 (art deco) 的装饰形式。这种风格的首次兴起可以在第二公园大道 (2 Park Avenue) 的公寓楼建筑群上看到，设计者为伊利·雅克·卡恩 (Ely Jacques Kahn)（1884—1972）。[2] 卡恩曾在巴黎美术学院接受训练，参观过 1925 年巴黎博览会，其风格肯定受到了影响。但装饰派艺术的目标十分宽泛，可以将它解释为赋予向上渐收风格这种新立方体形式一种新颖的和具有动态感的（现代）活力的尝试，从而跟上这一时期有力的前进步伐。芒福德 (Lewis Mumford) 认为，卡恩采用装饰派艺术意味着"更多的东西"，关键是使这种新的功能形式受到艺术感觉的浸染。因此，他称卡恩的公园大道上的公寓建筑是"我们近来在摩天大楼建筑领域中所发出的最大胆最清晰的音符"[3]。相反，希契科克激烈地反对努力添加"更多的东西"，他将卡恩归入以下这类建筑师，即他们"总体上并不比那些在其装饰中模仿往昔风格的人优秀多少"[4]。

装饰派艺术的另一来源是对非古典考古学的新兴趣。卡恩迷恋于波斯和东方考古学；费里斯在 1923—1924 年间与科比特一道，画了大量所罗门神庙及其城寨的复原图。[5] 费里斯也沉迷于流行的巴比伦幻象之中。在一本出版于 1929 年的书中，他收入了空中花园和亚述塔庙形态的图像，作为应用于当代设计的图例。[6] 另一些人也注意到向上渐收风格与玛雅人阶梯式金字塔之间的相似性。赖特十八九岁时在洛杉矶就对前哥伦布美洲的母题着了迷。洛杉矶的西尔斯·罗巴克百货公司 (Sears Roebuck)（1926）装饰着玛雅饰物，旧金山萨特街 (Sutter Street) 上更有名 [287] 的办公大楼（1929—1930）也是如此，那是普夫莱格 (Timothy L. Pflueger) 的作品。1925 年，在纽约工作的英国建筑师博瑟姆 (Alfred C. Bossom) 称位于蒂卡尔 (Tikal) 的金字塔是"原始的美国摩天大楼"，

1　见希契科克与约翰逊，《国际风格》(*The International Style*, New York: W. W. Norton, 1966; originally published in 1932)，156—157。

2　关于卡恩早期的工作，见他的专著《伊利·雅克·卡恩》(*Ely Jacques Kahn*, New York: McGraw, 1931)。

3　芒福德，《今日美国建筑：I. 探求"更多的东西"》(American Architecture Today: I. Search for "Something More")，载《建筑》(1928)：重印收入芒福德，《建筑作为人类的家园：为〈建筑实录〉撰写的文章》(*Architecture as a Home for Man: Essays for Architectural Record*)，达维恩 (Jeanne M. Davern) 编 (New York: Architectural Record Books, 1975)，15。

4　希契科克，《现代建筑》，103。

5　见威利斯，《描绘大都会》，160—162。

6　费里斯，《明天的大都会》，97，99。

并提出它的形式适合于办公大楼建筑。[1] 1929 年，穆希卡（Francisco Mujica）出版了一本非同寻常的书——《摩天大楼的历史》（The History of the Skyscraper），便是这种思维方式的一个成果。穆希卡是一位智利建筑师，原先是墨西哥大学教授。他很了解自简尼（Jenny）的家庭保险公司大厦以来摩天大楼的发展情况。他丢下了在蒂卡尔、帕潘特拉（Papantla）与奇琴伊察（Chichén Itzá）的玛雅金字塔考古复原工作，进入了"新美国"建筑的"新路线"，而这条路线多少来源于这些阶梯式金字塔的形态。[2] 他的丰富的视觉历史知识在他自己设计的一座 68 层摩天大楼上得以体现，该建筑装饰着前哥伦比亚的纹样，不过总体逻辑却类似于费里斯和胡德的设计。

同一年，费里斯出版了《明天的大都会》（Metropolis of Tomorrow）（1929）一书，这部辉煌的著作总结了他的梦幻般的观念。该书分为三部：当今的城市，预测了发展的潮流以及想象中的大都市。未来的大都市开辟有 200 英尺宽的林荫大道，间隔为半英里，辟有公园以及商业、艺术和科学区域。建筑各有不同，从跨越大道之上的大厦到立于自然风景中的独立高楼。这是一种神智学的、准神秘的未来愿景，但又颇具当下的现实基础。

克莱斯勒大厦（Chrysler Building）（1928—1930）是这种愿景在当代的实现，也是 1920 年代晚期建筑潮流的一个综合。它是由凡·阿伦（William van Alen）（1883—1946）设计的。这座 1046 英尺高的大楼并不是一个公司的总部，而是克莱斯勒（Walter P. Chrysler）这位杰出的汽车工程师与企业家的创新产物。[3] 凡·阿伦几乎没有从历史学家那里得到他应有的荣誉。像许多人一样，他毕业于巴黎美术学院，但在 1920 年代的纽约，他是作为一个时尚商店门面、餐馆与广告展示的设计师而出名的。克莱斯勒大厦的兴建几乎出于偶然，那时凡·阿伦已在这块地皮上为另一主顾规划了一座高层建筑。当此项目的资金支持落了空时，克莱斯勒便接手了它，但坚持要建造一座世界上最高的建筑物。这一抱负具有历史意义。开工建设之后，有人宣布另一座建筑要高出几英尺，即塞弗伦斯（H. Craig Severance）设计的曼哈顿公司银行（Bank of the Manhattan Company）。克莱斯勒让凡·阿伦秘密为这座建筑设计了一个新颖别致而且更高的顶部。这个著名的拱形及扇贝状顶饰（如许多其他细节一样）是受光滑的汽车金属设计的启发，使用一种特殊材料铬－镍合金钢（Nirosta）建造的。在手下的工程师对这种材料的抗锈蚀抗衰变的冶金性能作了彻底检验之后，克莱斯勒便在德国克鲁伯钢厂进行了生产。这还只是许多杰出的工程成就中的一项，其他还包括：将小尖塔从扇贝形穹窿之内升出来，所设计的电梯速度每秒超过 1500 英尺而不会因振动伤人耳鼓，整座大厦竖立起来的过程中竟未发生一起严重的工伤死亡事故（这在当时极其罕见）等。

克莱斯勒大厦成了美国建筑的一个偶像，此外还有一事值得注意：这一艺术与技术上令人叹为观止的奇迹并没有被选入希契科克与约翰逊 1923 年的建筑展，而除了胡德的作品之

1　引自伯查德（John Burchard）与布什－布朗（Albert Bush-Brown），《美国建筑：一部社会与文化史》（*The Architecture of America: A Social and Cultural History*, Boston: Little, Brown, 1961），351。

2　穆希卡，《摩天大楼的历史》（Paris: Archaelogy and Architeture Press, 1929; 重印，New York: Da Capo Press, 1977）。

3　关于克莱斯勒的传记以及对这座建筑的历史的总结，见库尔乔（Vincent Curcio），《克莱斯勒：一位汽车天才的生平与时代》（*Chrysler: The Life and Times of an Automotive Genius*, Oxford: Oxford University Press, 2000）。

外，乔治·豪 (George Howe) 和莱斯卡兹 (William Lescaze) 的费城 PSFS 办公大楼 (PSFS Office Tower)（1931—1932）却收入了展览。对许多人来说，克莱斯勒大厦象征着勃勃的雄心、艺术上的大胆，以及——就像附近的洛克菲勒中心那样——技术上的张扬和令人头晕目眩的高度。这便是在 1920 年代最后的那些日子里美国建筑渴望获得的效果。它也是最后一批此类纪念碑中的一座，因为在 1929 年 10 月 29 日，美国股票市场因泡沫崩溃了。在 1928 年，建筑事务的设计总产值为 35 亿美元，到 1932 年缩水到了 5 亿美元。在这个国家中，将近半数的建筑事务所在这一时期破产。美国历史上最繁荣最乐观的 10 年很快便让位于最阴郁消沉的时期。

2. 赖特：失去的岁月

赖特在 1920 年代未能将他的建筑实践维持下去，这对美国建筑而言可谓是不幸的。这位中西部人依然吸引了一些最优秀的年轻建筑师到他位于塔里埃森 (Taliesin) 的工作室，而他本人的惊人才能和建筑想象力依然十分旺盛。在 1914 年发生了火灾与杀人悲剧之后，他重建了位于威斯康星 (Wisconsin) 的家园。3 年后，他为东京一座新酒店做了最终设计。1919 年他到东京视察此项工程，这占用了他接下来 4 年的大部分时间。这座帝国饭店 (Imperial Hotel) 采用了巴黎美院式的对称平面，在 1923 年即将竣工之际，该建筑在一场大地震中逃脱了毁灭的命运，由此而获得了国际性的声誉。这场地震夷平了这座城市的大部分建筑，使 10 万人丧生。赖特设计了一种结构体系，楼板独立于外墙，挑离两道沿中央道路的内部承重墙，坐落于细细的混凝土桩上。正如赖特在他的自传中所说，这是利用了侍者用手指托住托盘中央的原理。[1]

[288]

他设计的位于好莱坞橄榄山 (Olive Hill) 的霍利霍克别墅 (Hollyhock House)（1918—1920）是他取得的另一大成就。[2] 艾琳·巴恩斯代尔 (Aline Barnsdall) 是位富裕的石油女继承人，1914 年之前她就在芝加哥见过赖特。自那以后她迁居洛杉矶，当时那里的电影产业刚刚兴起。该项目的意图是建立一个文化中心，包括影院和剧场、一家餐馆、一些艺术家的住宅和商店。这批建筑只有中央公馆和一些侧屋建造了起来，但却代表了赖特发展的关键一步。第一次面对阳光明媚、气温适中的西南地区气候，面对一座西班牙传教遗产的城市，他转向了前哥伦布时期的美洲——主要是玛雅文化寻求建筑灵感。结果他设计的建筑，便呈现出由一些破旧的、土坯大小的体块（实际上是砖与灰泥）所构成的地方性抽象效果，雕刻着抽象的图样，十分适合于"黄褐色的"丘陵地带和阳光耀眼的气候。这也是以神话思维进行的一种具有高度隐喻性的操演，自然不被当代批评家所理解。具有欧洲趣味的希契科克在 1929 年大骂这种"怪异沉重的

---

1 赖特，《弗兰克·劳埃德·赖特自传》，239。
2 关于这一设计复杂象征含义的解释，见莱文 (Neil Levine)，《弗兰克·劳埃德·赖特的建筑》(Princeton: Princeton University Press, 1966)，124—147。

设计"，"不恰当的纹样前所未有，暗示着是砍剁而成的，而不是模塑出来的"。他发现，比起新西班牙建筑师设计的那些差强人意的宅子来，这建筑"更不令人满意了"。[1]

在1923—1925年间，赖特在洛杉矶建了四座宅邸。从日本回国后，他便将事务所重新落在了该城。这些建筑都是以"织物砌块"(textile block) 建造的，这是一种新的构造体系，"就现代工业和美国机会而言"，"鲜明而纯正地表现了加尼福尼利亚的生活"。[2]在现场将4英寸混凝土砖块浇铸于16英寸见方的装饰模板中，可以用来砌造内墙与外墙，砌块拼接时形成空隙。将竖向暗销插接在模板中心，砌块边沿有圆形凹槽，在暗销间滑动插入，然后用细水泥浆灌注空隙。在每一排竖向暗销顶端到模板侧壁之间设置水平暗销，同样用细水泥浆灌注。赖特在提及这项发明时说，他自己是一个"织工"，富有诗意地暗示了森佩尔的"着装"，即便说不清楚，但也错不了。[3]爱丽丝·米勒德 (Alice Millard) 位于帕萨迪纳市 (Pasadena) 的住宅"La Miniatura"，是第一座具有高度触觉性的作品，其意图是吸纳耀眼的阳光并（利用门窗）散播阳光。这件小小的杰作规划于1923年初，坐落于公路边一个草木茂盛的深谷之中，入口在第二层，上面甚至还有一个屋顶露台花园——这是在勒·柯布西耶将这种做法列为他的"五点主张"之一的3年之前。

不过在1923年，赖特的运气开始走下坡，这是由于他卷入了贝佛利山 (Beverly Hills) 的一项风险投资并最终失败，即所谓多希尼牧场项目 (Doheny Ranch Project)。该项目要在一处陡峭峡谷的山坡上开辟地块，建造25幢拼花砌块式住宅，平台、屋顶花园和大自然瀑布是其主要特色。在他的构思中，前哥伦比亚文化的影响再一次发挥了主要作用，也正是在这里他首次试验了对角线（或菱形）楼层方案。

除了他面临的困境之外，还有另外两个值得注意但未实现的项目，一是太浩湖 (Lake Tahoe) 畔的娱乐场所，二是死亡谷 (Death Valley) 中的一个牧场综合体，业主是"夏洛克"艾伯特·约翰逊 (Albert Johnson)。1924年，赖特无所事事，他离开洛杉矶去沙漠住下，思考他近年在个人、法律和财务等方面的滑坡问题。其实他所处的境况已不堪忍受，怪异的是，这与他数年前在佛罗伦萨与博思威克 (Mamah Bouton Borthwick) 的一段交往有关，后者是瑞士女权主义者、社会学家埃伦·凯 (Ellen Key) 的一个弟子。她在佛罗伦萨时，开始翻译老师的著述，这是一个得到赖特帮助的项目，他甚至为此支付了出版经费。[4]埃伦·凯提倡婚姻、孩子抚养和教育等方面的改革，有时她的观念凝集成一种"自由恋爱"的哲学，谴责法定婚姻与离婚法。赖特至少是同情这些

1 希契科克，《现代建筑》，116。

2 《弗兰克·劳埃德·赖特自传》，265。

3 赖特在1887年第一次到芝加哥，多年来他或许通过事务所的说德语的工作人员了解到了森佩尔的思想，如欣德勒与诺伊特拉，以及他长期共处的工程师米勒 (Paul Mueller)。关于森佩尔与"着装"理论，见弗兰普顿，《弗兰克·劳埃德·赖特与织物砌块构造》(Frank Lloyd Wright and the Text-Tile Tectonic)，收入《构造文化研究：19世纪与20世纪建筑的构造诗学》(Studies in Tectonic Culture: The Poetics of Construction in Nineteenth and Twentieth Century Architecture, Cambridge: M. I. T. Press, 1995)，93—120。

4 见弗里德曼 (Alice T. Friedman)，《弗兰克·劳埃德·赖特与女性主义：玛马·博思威克致埃伦·凯的书信》(Frank Lloyd Wright and Feminism: Mamah Borthwick's Letters to Ellen Key)，载《建筑史家协会会刊》61 (June 2002)：140—151。关于埃伦·凯，见莱恩 (Barbara Miller Lane)，《德国与斯堪的那维亚诸国的民族浪漫主义与现代建筑》(National Romanticism and Modern Architecture in Germany and the Scandinavian Countries, New York: Cambridge University Press, 2000)，122—126。

主张的宗旨的，因此他在第一任妻子不同意离婚之后便选择了与博思威克非法同居。在 1914 年博思威克谋杀案以后，他依然抱定这种理想，几个月之后他与诺埃尔 (Maud Miriam Noel) 发生了不正当的男女关系。这种关系不太稳定，经历了多年的风风雨雨。不过，他的妻子最终于 1922 年同意离婚，次年 11 月赖特与反复无常的诺埃尔结婚，后来证明这是一个危险的决定，因为几个月后，一直都患有严重精神病的诺埃尔离他而去，她前往洛杉矶去从事电影事业。赖特在遇到奥吉瓦娜·拉佐维奇·欣岑贝格 (Olgivanna Lazovich Hinzenberg) 之后，于 1924 年打官司要与诺埃尔离婚。当诺埃尔发现赖特有了新欢时，她决定以最极端的形式进行报复。1925 年夏天此事被公开，几个月后又发生了火灾（这次是房子的线路出了问题），再次将塔里埃森的许多东西毁掉。赖特为重建它而深陷债务之中，接着又面临一系列诺埃尔提出的法律诉讼，包括 10 万美元的反诉、塔里埃森的财产要求、以通奸为罪名的法律拘票（赖特为此在明尼阿波利斯一家监狱呆了两夜），以及对他的隐私和名誉的攻击。奥吉瓦娜是黑山人，在俄罗斯接受教育，赖特与她被迫藏匿起来。银行很快取消了他的塔里埃森赎回权，情况变得更为糟糕。不过 1924 年末，一家友善的法律公司将这处房产赎了回来。同一年这桩悲惨的离婚案被批准，不过赖特在破产之后被黄色报刊所追逐，名誉再次扫地。诺埃尔此后不久便陷入精神错乱并去世了。 [289]

在 1924—1927 年间，赖特完全成了一个无所事事的建筑师。这个 10 年余下的时光虽有许多项目，但并未给他带来安慰。1928 年他生活在亚利桑那州的沙漠围地区，为一座 110 个房间的酒店做设计，该建筑将由钱德勒博士 (Dr. Alexander John Chandler) 所建：沙漠中的圣马可酒店 (St. Marcos-in-the-Desert)。[1] 建筑用地是在一座山的斜坡上开辟出来的，唯一一条公路从其下方穿过。此建筑又一次将拼花砌块构造、对自然的尊重和沙漠象征主义有力地结合起来，规划建在 30/60 度斜撑之上。然后，大萧条终止了钱德勒投资此项目的机会，项目的破产并没有留给这个建筑师一分钱，甚至使他陷入更大的债务之中（赖特做设计已花掉了 19000 美元）。这一时期，赖特另一个未实现的重要项目是布韦里圣马可公寓大楼 (S. Mark's-in-the-Bouwerie Tower) (1928—1930)，是他早期芝加哥项目的某些观念的漂亮变体。他每隔一层楼便扭转两层单元 30 度，创造了高高的生活空间。再者，楼层悬于中央柱井，创造了一种独特的三维外观效果，这是赖特特有的手法。他又一次计划采用他的预制铜片体系，只不过现在广泛采用了玻璃。

在 1927—1932 年间赖特没有工作，这使他提笔写作。1926 年《建筑实录》的编辑米克尔森 (M. A. Mikkelsen) 找到了他。这位编辑既同情他的处境，又希望能从经济上帮助他。起先他在 1927 年约请赖特为杂志撰写 5 篇文章，由于合作成功，赖特次年又写了 9 篇文章，总标题是《为建筑代言》(In the Cause of Architecture)。[2] 前一组文章的论题具有导论性质——机器、钢铁、构造与想象、新的世界——作为一位建筑师，赖特从宏观方面论述了他所关切的问题；第二组文章主要详述了石材、混凝土、金属薄板和赤陶的诗意性质。

1　关于这个项目，见莱文在《弗兰克·劳埃德·赖特的建筑》一书中的分析，191—215。
2　这些文章发表于 1927 年 5 月至 1928 年 12 月之间，收入《弗兰克·劳埃德·赖特文集 (1894—1930)》，1：225—316。

1928 年 9 月，赖特发表了一篇评勒·柯布西耶《走向建筑》的文章，以此开始了一场论战，在接下来若干年的一系列文章和讲座中展开。争论的起点可能是他在不久前草拟的一篇文章，此文将攻击矛头锁定于亨利－拉塞尔·希契科克即将出版的《现代建筑》一书。赖特不满于希契科克将他说成是一位"新传统主义者"，甚至更不满于希契科克那种亲欧派的矫揉造作，"那些欧洲大陆的发现，以法国创新的所有魅力影响着我们外省的'历史学家'……在他们眼里'永远是国外！'（'Toujours L'etranger！'）"。[1] 勒·柯布西耶在他这本书中将建筑风格描述成"僵硬的东西，就像他那些'新'悬挑式门廊端部的一根煤气管栏杆"，赖特攻击这种简单地将建筑看作"表面与体块"的观念否定了纵深的第三维。[2]

对赖特来说这是一个重要问题，他的攻击在接下来的几年中扩大了范围，因为他又将早些时候的批评与对"国际风格"展览会的反感结合了起来。这个展览是由希契科克和菲利普·约翰逊（Philip Johnson）在现代艺术博物馆筹办的。在 1929 年《建筑实录》杂志上发表的一篇充满活力的文章中，赖特捍卫了自己的"有机"概念——厚重的材料、纹理装饰、结构的美化以及纵深，反对欧洲现代主义者的煤气管栏杆、薄片和裸露的钢构件："这些不自然的薄墙像纸板一样弯曲、折叠并用胶水粘在一起。老实说，它们**不是用于机器的，而是用于机械的！**因此它们没有生命。"[3] 此外，欧洲人缺乏与自然的共鸣，他们的"僵硬的盒子因拒绝沐浴着阳光的树木、岩石和花卉之爱，使眼睛生出了水泡"[4]。

在一篇 1930 年撰写的未刊文章中，赖特再一次将矛头指向希契科克，说他"偶尔从巴黎过来，在瓦萨尔学院（Vassar）教年轻女士如何观看建筑"。他还挖苦道："要问为何人们会装腔作势，去写那些他们只是偶然知晓的事情，是没有用的。"[5] 希契科克将赖特与欧洲的年轻一代相比较，说赖特的时代已经过去了。针对这一说法，赖特以一种可以理解的激情痛斥道："就在此时此地我警告亨利，我拥有一个良好的开端，我不仅打算成为还活在世上的最伟大的建筑师，而且打算成为将要活在这世上的最伟大的建筑师。"[6] 他在 1930 年春天普林斯顿大学的演说中，只是将这种情绪的表达稍稍缓和了一些。这些讲座是他建筑观念的高度概括。在"纸板住宅"（The Cardboard House）讲座中，他重申了早先对勒·柯布西耶及其追随者的批评：

[290]

> 如此制作的纸板形态，以胶水粘成盒子的形态——孩子气地试图将建筑物做成像轮胎、飞行器或者机车之类的东西。通过对这个机器时代之特色与力量的新感受，这种住

---

1 赖特，《为建筑代言：纯属个人的》(In the Cause of Architecture: Purely Personal)，收入《弗兰克·劳埃德·赖特文集（1894—1930）》，1：256。

2 赖特，《走向新建筑》，载《世界大同》(*World Unity*, September 1928)；重印收入《弗兰克·劳埃德·赖特文集（1894—1930）》，1：317—318。

3 赖特，《又是表面与体块！》(Surface and Mass-Again!)，载《建筑实录》(July 1929)；重印收入《弗兰克·劳埃德·赖特文集（1894—1930）》，1：327。

4 Ibid.

5 赖特，《小可怜的美国建筑》(Poor Little American Architecture)，收入《弗兰克·劳埃德·赖特文集（1931—1932）》，2：16。

6 Ibid., 17.

宅脱得精光，屈从于机械的征服，即使不是模仿，也是仿效。但到目前为止，在这"现代主义"运动的大多数纸板住宅中，我很少能看到有证据可以表明，它们的设计师已经掌握了可以用来建造住宅的机械或机械工艺方法。我找不到将它们制造出来的完整方法的证据。近来，它们成了那种"表面与体块"新美学的肤浅的、粗制滥造的产品，这种美学虚伪地认法国绘画为父母。这些住宅本身在任何意义上都谈不上是建筑基本原理的一种新实践。[1]

在这些艰难的岁月里，赖特的另一部重要著述是他的自传。这是一部带有演讲口吻的关于他个人生活与哲学观的自白。[2] 他在 1926 年开始动笔，在接下来的 3 年时间里写了大部分内容，那时他正处于诉讼和磨难之中。1932 年赖特最终完成此书，那时他已经 65 岁了。对大多数旁观者来说，赖特的建筑师生涯的确洒满了阳光，这是可以理解的。任何人，甚至包括他本人在内，都想不到他还有近 30 年的建筑实践，他最优秀的作品还在后头。

3. 欣德勒与诺伊特拉

尽管赖特在 1920 年代面临着许多问题，但他在塔里埃森和其他地方的事务所还是吸引了一些年轻的欧洲建筑师。首先是奥地利人欣德勒（Rudolph M. Schindler）（1887—1953）和诺伊特拉（Richard Neutra）（1892—1970）。不像其他外国学徒，他们留在美国并创建了成功的职业生涯。或许称他们为学徒不完全准确，因为他们都具有相当成熟的建筑观念。从两人与赖特的关系来看，赖特不仅是他们的设计指导者，更多是发挥着精神导师的作用。

欣德勒比诺伊特拉年长 5 岁，是 1920 年代受到赞赏最少的一批发明家之一。[3] 在学习工程技术之后，他于 1910 年注册于维也纳美术学院，是瓦格纳最后一批学生之一，两年后瓦格纳便退休了。与此同时，他就学于洛斯的"私人学校"，这是一个非正式的系列讲座，洛斯在讲坛上公然藐视美术学院的教学。1913 年欣德勒写了一篇简短的宣言，表明了他的独立立场。该宣言分为四个主题：空间、构造、纪念碑性和住房。欣德勒首先提出，对于现代建筑而言，"唯一的观念就是空间以及空间组织"[4]。他同时也采取了瓦格纳的一贯立场，即艺术形式必须从

---

1 卡恩系列讲座（Kahn lectures）由普林斯顿大学于 1931 年以《现代建筑》（*Modern Architecture*）为题出版，重印收入《弗兰克·劳埃德·赖特文集》（1931—1932），2：58。

2 《弗兰克·劳埃德·赖特自传》，1977 年的修订版与 1932 年的原版有所不同。

3 关于欣德勒的工作，见麦科伊（Ester McCoy），《五位加利福尼亚建筑师》（*Five California Architects*, Los Angeles: Hennessey & Ingalls, 1987）；以及马奇（Lionel March）与沙伊内（Judith Sheine）编，《R. M. 欣德勒：构图与构造》（*R. M. Schindler: Composition and Construction*, London: Academy Editions, 1993）一书中发表的若干篇优秀文章。关于他的工作的德文专著，见萨尔尼茨（August Sarnitz），《建筑师 R. M. 欣德勒，1883—1957》（Vienna: Akademie der bildenden Künste, 1986）。参见格布哈德（David Gebhard）有关这位建筑师的许多文章，以及《欣德勒》一书（New York: Viking Press, 1971）。

4 欣德勒，《现代建筑纲领》（Modern Architectur: A Program）（1913），收入马奇与沙伊内编，《R. M. 欣德勒》，10。

构造中产生："住宅艺术家想将构造做成一个象征符号，或想赋予构造以一种有艺术表现力的形态，这是死路一条。"[1]取而代之的只能是"自由的悬挑、开放的跨度、围合成空间的大型隔断平面"[2]。最后，他响应洛斯的主张，即住宅应是"舒适的"和"温馨的"。欣德勒说，这些术语的含义已然改变："居所的舒适不再意味着其形式的发达，而在于调控光线、空气和温度的可能性。"[3]在那时前后，欣德勒通过瓦斯穆特（Wasmuth，Ernst Wasmuth，柏林出版家）1910 年的出版物了解到赖特的工作，这部书激发了他留在美国从事专业工作的志趣。

1913 年，欣德勒从维也纳美术学院毕业，不久就应报上一则广告到芝加哥做了一名制图员（draftsman）。一年之前他与诺伊特拉就成为朋友，后者计划毕业后与他一同前往美国。战争中断了这些计划，并促使欣德勒决定在他 3 年合同期满之后仍留在美国。在美国参战并处于奥地利敌对方之后，他的处境变得更加复杂了。1918 年，欣德勒怕被驱逐出境，便向赖特求助，想找一份工作。赖特接收他进入塔里埃森事务所，但不付薪酬。接下去的 3 年中欣德勒获得了赖特的信任，最终获得了一份工资。除了其他事务之外，他主要运作洛杉矶事务所。赖特在日本工作的那段时间，他监管巴恩斯代尔宅邸（Barnsdall House）的施工。

[291] 1921 年，欣德勒迈出了大胆的一步，在洛杉矶开了一家事务所。他的第一个项目是一套住宅与工作室两用的建筑物，和蔡斯（Clyde Chase）合作设计。这是为他们自己的家庭建造的，位于西好莱坞（West Hollywood）郊区，离吉尔（Irving Gill）的道奇宅邸（Dodge House）（1916）很近。他将此住宅安排在他刚造访过的约塞米蒂公园（Yosemite Park）的营地上，设计了一个非同寻常的平面，三个 L 字型环绕着中心旋转，还有一系列私人天井和花园。这种玩具风车式的平面是全新的，但并不是这座住宅唯一的非凡之处。该建筑的每一边都有一段承重墙，墙体是 4 英尺厚的向上渐薄的清水混凝土板，没有任何外饰。在墙体对面，他插入轻质红松木框玻璃幕墙，朝向私密的内庭园敞开。在早期的若干住宅设计中，欣德勒迷恋于玩弄森佩尔式石工主题与构造学之间的对比，再将这种对比与赤裸单纯的结构元素结合在一起，赋予他独特的住宅以一种几近日本建筑的特色。

在 1920 年代中期，欣德勒建了两座住宅，它们是国际现代运动的里程碑，尽管在当时全然被人忽视。位于纽波特海滨（Newport Beach）的洛弗尔（Lovell）度假别墅是一座玻璃与混凝土建筑，由一系列开放的独立框架构成，楼梯、对角交错的阶梯式楼层、室外阳台，都支撑于框架结构上（图 88）。欣德勒的第一张草图绘于 1922 年，比勒·柯布西耶别墅概念的完善要早若干年。勒·柯布西耶或许参考了欣德勒的设计。不过，卡特琳娜岛（Catalina Island）上的沃尔夫宅邸（Wolfe House）（1928—1929）标志着欣德勒的努力达到了顶峰。狭窄的建筑用地位于陡峭的山坡上，俯瞰着海湾。欣德勒并非在半山坡上开辟出一层平地来，而是将若干尖头桩（pin supports）打入地下，使住宅的三层阶梯状平台以及它们悬挑起来的天蓬悬浮于景观之上。该建筑的形式与

---

1 欣德勒，《现代建筑纲领》，收入马奇与沙伊内编，《R. M. 欣德勒》，11。

2 Ibid.

3 Ibid., 12.

图 88　欣德勒，加利福尼亚纽波特海滨度假别墅，1922—1926。采自《建筑实录》（第66 卷，1929 年 12 月）。

技术已臻于成熟，揭示了欣德勒的巨大才能。他的悲剧在于他的波希米亚式天性，未能使他的商业运作达到同等的水平。

　　欣德勒后来的著述是相当有趣的。纽波特海滨别墅的业主洛弗尔博士(Dr. Philip Lovell)是位医生，以其"自然"健康疗法，以及提倡锻炼、按摩、水疗法、裸体晚浴、性自由和素食主义而闻名。欣德勒赞同其中的一些做法，在洛弗尔的敦促下，他于 1926 年在《洛杉矶时报》(Los Angeles Times)上发表了若干篇文章，论述健康住宅在建筑上的要求，如通风、自来水、供热，采光、家具、锻炼区域和景观等。[1] 在另一篇题为《空间建筑》(Space Architecture)（1934）的文章中，欣德勒将矛头既对准了赖特（他们的友谊现已终结）又对准了勒·柯布西耶。前者作为第一位从空间发展角度进行思考的建筑师而出名，但他新近的作品太过"雕塑化"而迷失了方向，"试图通过雕塑形式将他的建筑融入当地特色"[2]。这一点也是某些未来主义者和立体主义者的毛病，他们玩弄着"高度程式化的、对比鲜明的雕塑形式"[3]。另一方面，还有国际风格中的那些"功能主义者"，反复唠叨机器理想以否定形态，但他们的创造却远远不如机器。欣德勒指出，勒·柯布西耶的住宅是"满足于某一目的的粗糙的'奇巧装置'。这个人将这么多机器搬进起居室，与农夫在家里养牛养猪处于同一水准。单有生产工具不可能营造生活"[4]。现代建筑则是要将"空间形态"作为"人类表现载体的一种新媒介"来设计处理[5]。

[292]

1　这些文章发表于《洛杉矶时报》的星期日专栏，时间为 1926 年 3 月 14 日、3 月 21 日、4 月 4 日、4 月 11 日、4 月 18 日、5 月 2 日。萨尔尼茨在他的《R. M. 欣德勒》一书中提供了德文译本（146—150）。

2　欣德勒，《空间建筑》，收入马奇与沙伊内编，《R. M. 欣德勒》，55（该文最初发表于《沙丘论坛》(Dune Forum, Oceans, California, February 1934, 44–46)。

3　Ibid.

4　Ibid.

5　Ibid., 56.

到了 20 世纪 20 年代晚期，欣德勒在南加利福尼亚就已遭遇了他的主要建筑竞争对手，即他的朋友诺伊特拉，后者在耽误了一些时日之后抵达美国。[1] 从维也纳技术学院毕业之前，诺伊特拉的生活就受到了战争的干扰。他被送往巴尔干前线，但很快因疟疾和肺结核而病倒。1918 年他取得了建筑学学位，由于依然为疟疾后遗症所困扰，便于 1919 年去瑞士求医。在那里他曾跟卡尔·莫泽做过短期研究。他渴望去美国，但两国之间的和平协定尚未签署，于是便去了柏林，终于在门德尔松那里找到了工作。诺伊特拉很快成了工作领班，在两年的时间里与门德松和谐相处，一道做了许多设计。1923 年夏末，奥地利与美国的和平协议终于签署，新近结婚的诺伊特拉也获得了签证，于 10 月乘船前往纽约。

当踏上纽约的土地时，他并没有工作。他有两个目标，一是在获得工作经验之后要为赖特工作，二是要与加利福尼亚的欣德勒进行合作。1924 年初，诺伊特拉前往芝加哥，住进了赫尔之家 (Hull House)，并进入霍拉伯德 (Holabird) 与罗什 (Roche) 的公司工作。赖特那时仍在西部，所以诺伊特拉找到沙利文并与他成为朋友，但在他们初次见面后的数周之内，沙利文便与世长辞。正是在沙利文的葬礼上，诺伊特拉第一次见到了赖特，并受邀访问了塔里埃森。当时赖特没有什么工作可做，但还是以不高的工资接受了诺伊特拉。这样，诺伊特拉便可以为国立人寿保险公司的项目出力。那时赖特的个人生活已崩溃。1925 年 1 月诺伊特拉和妻子启程前往洛杉矶，并住进了欣德勒的住宅，最终拥有了这座宅子中原属于蔡斯夫妇的那一半。

诺伊特拉业已实现了自己的目标，但他没有钱，或者说没有专业地位。他与欣德勒的再次聚首既友好又冷漠，他们彼此尊重，但脾气性格却十分不同。欣德勒开朗，玩世不恭，只满足于小型住宅的委托任务；诺伊特拉则严谨、乐观，雄心勃勃。他们携手合作，成立了一个叫作"工商建筑协会"(Architectural Group for Industry and Commerce)（简称 AGIC）的团体，但不太成功。诺伊特拉在洛杉矶的最初几年靠其他事务所的工作维持生计，不过他所经手的三个项目最终还是改变了他的职业生涯。第一个项目是梦幻般的城市规划方案，称作"繁忙城市改造"(Rush City Reformed)，这是一个未来主义的摩天大楼城市设计方案，将速度、交通和大众通行等要素综合起来。第二个项目是一本图书，他编写了多年，于 1927 年完成，书名为《美国如何建设?》(Wie baut Amerika ?)[2]。此书既对美国城市问题和工程技术成就进行了分析研究，也为改良和革新提供启示。第三个项目是一个大胆的悬臂式设计，这是他与欣德勒合作，为国际联盟竞赛项目设计的。尽管此项目设计未能进入最后一轮评审，但许多欧洲建筑师将其看作此次竞赛最优秀的方案之一，曾在整个欧洲许多地方展出。因此，到 1927 年末，诺伊特拉便已崭露头角，成为美国最著名的现代建筑师之一——这几乎是在他实际建成一幢建筑物之前。

诺伊特拉的设计未曾变为现实的状况很快会结束，因为为他建立专业名望的委托任务在

---

1 最新的诺伊特拉传记是海因斯 (Thomas S. Hines) 的《理查德·诺伊特拉与现代建筑探索：传记与历史》(Richard Neutra and the Search for Modern Architecture: A Biography and History, New York: Oxford University Press, 1982)。参见麦科伊，《理查德·诺伊特拉》(New York: Braziller, 1960)；以及伯西格尔 (Willy Boesiger) 编，《理查德·诺伊特拉：建筑与项目》(Richard Neutra: Buildings and Projects, New York: Praeger, 1951–1966)。

2 诺伊特拉，《美国如何建设?》(Stuttgart: Julius Hoffmann, 1927)。

这一年到来了，即洛弗尔的健康住宅（1927—1929）。此时，欣德勒刚完成了洛弗尔的纽波特海滨度假别墅。但这位医生仍在倡导健康的生活方式，故邀请诺伊特拉设计他位于好莱坞山中的这座巨宅。他不再用欣德勒的原因或许是他组织大型项目的经验不足，但也可能和欣德勒与这位医生的妻子调情有关。[1] 总之，诺伊特拉战战兢兢地接受这项委托（这可能会使他与欣德勒闹翻），全身心投入此项目两年多时间。混凝土地基嵌入峡谷壁两侧，其上构建起一个巨大的钢框，混凝土板和钢板与窗户体系一道被固定于两侧作为墙体；露台从屋顶上悬挑出去；所有水疗设施都仔细地建于宅子内部和宽敞的地面。该工程于 1929 年告竣，无疑是当时世界上技术最为先进的住宅。

1930 年诺伊特拉进行环球旅行，他从日本和中国开始，夏天到了欧洲。他在各地做讲座，参加在布鲁塞尔召开的 CIAM 大会，重新与欧洲现代主义者建立起联系。密斯邀请他在包豪斯设计工作室任教一个月。他曾认真思考过是否留在欧洲，最终做出了回美国的决定。这证明是明智的，原因显而易见，即他的犹太血统。在归程之前他在纽约住了很长时间，推广自己的工作，并与芒福德、巴克明斯特·富勒、希契科克以及菲利普·约翰逊（Philip Johnson）等人交往。1930 年代，他们中的许多人将协助他建立起自己的建筑师职业生涯。当时，美国现代主义建筑师的联合正在形成之中。 [293]

4. 芒福德与富勒

诺伊特拉在现代建筑理论方面的重要性只是在后来才显现出来，但到了 1930 年，芒福德（Lewis Mumford）（1895—1990）和巴克明斯特·富勒（Richard Buckminster Fuller）（1895—1983）就已经对美国现代主义建筑做出了重要的贡献。实际上，他们的观念在 20 世纪很长一段时间持续影响着建筑思想。他们广泛的兴趣本身，见证了美国 1920 年代那种生气勃勃但不被人欣赏的精神气质。

芒福德是美国 20 世纪最重要的建筑批评家，他对于建筑的兴趣经历了曲折的道路。[2] 芒福德出生于法拉盛（Flushing，全美最大的唐人街），在曼哈顿上城西部地区长大，1912 年开始在纽约城市学院（City College of New York）上夜校。由于肺部检查出一个阴影，使他在战时大部分时间内免于入伍（他曾于 1918 年当过海军话务员），于是他就利用这些时间获得了广泛的人文学科教育，

1　海因斯，《理查德·诺伊特拉》，76。

2　关于芒福德的生平与工作，见米勒（Donald L. Miller），《刘易斯·芒福德传》（*Lewis Mumford: A Life*, New York: Weidenfeld & Nicolson, 1989）；托马斯·P. 休格斯（Thomas P. Huges）与阿加莎·C. 休格斯（Agatha C. Huges）编，《刘易斯·芒福德：公共知识分子》（*Lewis Mumford: Public Intellectual*, New York: Oxford University Press, 1990）；沃伊托维茨（Robert Wojtowicz），《刘易斯·芒福德与美国现代主义：建筑与城市规划的乌托邦理论》（*Lewis Mumford and American Modernism: Eutopian Theories for Architecture and Urban Planning*, New York: Cambridge University Press, 1996）；以及芒福德，《生活速写：刘易斯·芒福德自传：早年》（*Sketches from Life: The Autobiography of Lewis Mumford: the Early Years*, New York: Dial Press, 1982）。

大多通过自学。芒福德从未获得过任何学位，实际上这种独立性正是 1920 年代许多知识分子荣耀的象征。[1] 他们的观点是，大学使学术窒息，阻碍智性发展，有辱使命——首先是鼓励知识专门化，培育脱离现实问题的学究气；其次是不断控制意识形态，回避批判性争论或严肃的讨论。这一代文化批评家、女权主义者和社会活动家反对 1920 年代的进步论和唯物主义，他们包括肯尼思·伯克 (Kenneth Burke)、考利 (Malcolm Cowley)、布鲁克斯 (Van Wyck Brooks)、农贝格 (Margaret Naumberg)、沃尔多·弗兰克 (Waldo Frank)、埃德蒙德·威尔逊 (Edmund Wilson)、玛格丽特·桑格 (Margaret Sanger) 和沃尔特·李普曼 (Walter Lippmann)。

他们的批评动力来自于美国知识生活的相关思潮，其中有威廉·詹姆斯 (William James) 的实用主义 (理论与实践的必要的相关性)、约翰·杜威 (John Dewey) 的工具主义 (理论与实践的综合)、索尔斯坦·凡勃伦 (Thorstein Veblen) 的经济批评、女权主义运动 (关于妇女选举权的第十九修正草案于 1920 年通过)，以及简·亚当斯 (Jane Addams) 的社区行动主义。例如，1918 年凡勃伦出版了《论美国高等教育》(Higher Learning in American) 一书，进一步发展了他早期对有闲阶层的攻击。该书将矛盾指向了大学系统的官僚机构、浮夸的师资培养和学生的学习。数年之前，杜威在《民主与教育》(Democracy and Education) (1916) 一书中捍卫了传统的论点，即认为学习历史可以促进对当今的理解，但他对历史的看法却不同寻常：

> 推进人类命运的伟大英雄并不是政治家、将军或外交家，而是科学发现者和发明家，他们已将扩展与控制经验的工具交与人类手中；还有艺术家与诗人，他们以图画的、造型的或书写的语言歌颂人类的斗争、胜利与业绩，以使其意义得以广泛传播，可为他人所理解。[2]

在芒福德的早期发展中，更具影响力的人物是苏格兰生物学家和社会学家帕特里克·格迪斯 (Patrick Geddes) (1854—1932)，以及花园城市理论家埃比尼泽·霍华德 (Ebenezer Howard)。正如我们已经看到的，霍华德强调地区规划，强调在他规划的社区中将城乡生活结合起来。盖迪斯是孔德 (Auguste Comte) 和赫伯特·斯宾塞 (Herbert Spencer) 的热心追随者，将社会视为一种生态学意义上的有机体，和它的环境一道处于不断进步或进化的过程之中，因此既可以对其进行研究，亦可施加人为的指导。

芒福德的第一本书《乌托邦的故事》(The Story of Utopias) (1922) 是在盖迪斯的影响下撰写的。这项研究的第一部分论述了从柏拉图到威廉·莫里斯以及威尔斯 (H. G. Wells) 的乌托邦思想史。在此背景之下，芒福德发展了"乌托邦"或"福地"的概念，这不仅意味着对往昔理想化乌托

---

1 见别尔 (Steven Biel)，《美国独立知识分子，1919—1945》(Independent Intellectuals in the United States, 1919–1945, New York: New York University Press, 1992)。

2 杜威，《民主与教育：教育哲学引论》(Democracy and Education: An Introduction to the Philosophy of Education, New York: The Free Press, 1966)，216。

邦的批判，也意味着对一个民族国家、特大城市和"无产阶级神话"的批判。芒福德将他的乌托邦想象成地区规划与战略实施的结果，这一战略是与普遍流行的社会价值改革相一致的，但也具有"规划、计划和详尽的设计，就像一位城市规划师可以利用的那些手段"[1]。在这一方面，他将我们引向了詹姆斯·白金汉（James Buckingham）和埃比尼泽·霍华德（Ebenezer Howard），而这一区域战略将成为他后来城市理论的基石。

[294]

芒福德接下来出版了《树枝与石头：美国建筑与文化研究》（Sticks and Stones: A Study of American Architecture and Civilization）（1924）。自从这个 10 年开始以来，他就一直在研究、偶尔也在撰写关于美国建筑方面的东西。尽管此书不代表他关于这一主题的成熟思想，但仍不失为美国建筑思想的一座里程碑。它不仅是第一部美国建筑史，而且将建筑置于美国（而非欧洲）文化的上下文中进行讨论。

正如芒福德所说，这本书的由来是受到两部作品的推动，一是凡·威克·布鲁克斯于1918 年撰写的一篇题为《论创造一个有用的往昔》（On Creating an Usable Past）的通俗文章。[2] 1920 年，芒福德曾与自由撰稿人布鲁克斯一道为《自由人》（Freeman）杂志工作过。当时布鲁克斯对芒福德的社会学观点持批评态度，他撰文提出，要将美国的历史从大学枯燥乏味的教学中解救出来，为有效达到此目的，就要复活那些具有正直批评精神的作家，并以他们为榜样建立起美国思想的新传统。对于 1920 年代的许多文学批评家而言，此文实际上是一篇宣言，爱默生（Ralph Waldo Emerson）、索罗（Henry David Thoreau）、惠特曼（Walt Whitman）、梅尔维尔（Herman Melville）以及马克·吐温（Mark Twain）等人接连对文学进行重新评估，从而接受了新生活。[3] 布鲁克斯认为，往昔是被"创造出来的"而不是被"发现的"，这就强调了艺术家介入的重要性。

第二部对芒福德写作产生影响的著作是布拉格登（Claude Bragdon）的《建筑与民主》（Architecture and Democracy）（1918），此书部分内容也发表于《建筑实录》上。布拉格登（1866—1946）于1880 年代开始了他的建筑师生涯，在世纪之交前后开始撰写建筑文章——最终他成为沙利文的热心辩护者，称沙利文为"民主的先知"。他还对神智学感兴趣。1923 年他退出建筑设计领域，成为著名演员沃尔特·汉普登（Walter Hampden）的一名舞台设计师。《建筑与民主》的中心议题——源于沙利文——是美国建筑设计师必须创造出一种独一无二的、与民主原则相一致的美国建筑。建筑生产秩序可分为两种：**人为安排的**（Arranged）**与有机的**（Organic）。人为安排的建筑是巴黎美术学院以及其他折中主义传统的遗产，它是书生气的、从容的、自觉的，是"自豪、知识、能力、使观者惊叹的自信心的产物。它似乎参照了大自然的作品，'我将向你展示一种技巧，具有双倍价值'"[4]。有机的建筑则相反，它是个人性的，富有创意的，"既有创造

1　芒福德，《乌托邦的故事》（New York: Boni & Liveright, 1922），303。
2　布鲁克斯，《论创造一个有用的往昔》，载《日晷》（Dial, 11 April 1918）：337—341。沃伊托维茨指出了布鲁克斯的重要性，尤其在这方面提供了有用的信息（见《刘易斯·芒福德与美国现代主义》，54）。
3　芒福德以他的《黄金时代：美国经验与文化研究》（A Golden Day: A Study in American Experience and Culture, 1926），以及《赫尔曼·麦尔维尔》（Herman Melville, 1929）促进了文学领域的这一重新评价。
4　布拉格登，《建筑与民主》，52。

力又有想象力。它是非欧几里得式的，达到了更高的境界，也就是说，它暗示着向各个方向的扩展，并扩展到那些领域。在那里，精神感到自在自如，但感官却未向大脑报告关于这些东西的任何消息"[1]。

对于芒福德而言，布拉格登强调的是必须将独一无二的美国建筑，建立在创造性的与传统的，即"有益的往昔"的基础之上。芒福德在《树枝与石头》一书中将这一传统转译为新英格兰清教主义传统，即乡村的"世俗完美性"，在那里"花园城的基本元素便是社区的共有土地以及社区本身的共有权与管理权"。[2]对芒福德来说，这种"花园城在任何意义上"都是一块试金石，以此为标准，后来美国的一切建筑发展都不合格："文艺复兴的遗产"、"古典的神话"（杰弗逊）、"拓荒者移民社区"（Diaspora of the Pioneer）、浪漫主义（理查森所强调的），还有巴黎美术学院血统的"帝国式立面"。芒福德曾对城市美化运动中的"中轴线林荫大道的纸上对称性"很反感，与布拉格登对于"人为安排的"建筑的轻蔑相呼应。现在，这种态度正式成为他的一种根深蒂固的（甚至是自相矛盾的）趣味偏好。他指出，这种情况之所以发生，是由于奥斯曼（Haussmann）创造的巴黎图景忽略了"如牛津，或奇平坎姆登（Chipping Camdem）的大街，或许多欧洲其他城镇的那种更含蓄更纯正的美，这些城镇在 19 世纪之前便获得了一切基本要素"[3]。因此从本质上来说，芒福德的城市观和建筑观大体上是中世纪的，或者说至少是前工业化时代的。在那个年代他仍然不了解沙利文和赖特的工作，所以他的书只投合于东北部地区小众的口味。这一点也很重要。

这样一种视野使他在论"机器时代"一章陷入了一种矛盾的情感，此章讨论的是 1920 年代早期的纽约城建筑。他对其既爱又恨，而恨则占了上风。如果说"工程师已经恢复了至高无上的地位"（凭着布鲁克林大桥），那么这就是以牺牲人类生活条件为代价，或以牺牲人类的控制为代价的——导致了机器的高速生产、货物的快速周转、自由放任的建筑习惯，只能在照片中看的高层建筑，以及汽车的突出地位，而汽车又会诱发城区的扩张。[4]芒福德反对当下的发展，但又无能为力，只能含糊笼统地说："在我们的社区准备好实施花园城社区规划之前，奢谈美国建筑的未来只是空话。建筑仍是少数富裕者的乐事，或用作商业广告的高空广告牌。建筑若要取得创造性的成就，还要等待充分的机会。"[5]

[295]

现在规划成了他的工作重点。1923 年春，芒福德和新泽西橄榄山（Mount Olive）哈德森公会农场（Hudson Guild Farm）的若干热心建筑师、规划师和专家，一道成立了美国区域规划协会（Regional Planning Association of America）（RPAA），建筑师克拉伦斯·斯坦（Clarence S. Stein）（1883—1975）当选为主席，芒福德为协会书记和主要发言人。其他成员有斯坦的合伙人亨利·赖特（Henry Wright）（1878—1936）、保守主义者麦凯（Benton MacKaye）（1879—1975），以及编辑查尔斯·哈里斯·惠特克（Charles

---

1 布拉格登，《建筑与民主》，52—55。
2 芒福德，《树枝与石头：美国建筑与文化研究》（New York: Boni & Liveright, 1924; New York: Dover, 1955），9—10。
3 Ibid., 60.
4 Ibid., 72.
5 Ibid., 111.

Harris Whitaker）（1872—1938）。该协会具有双重目标，不仅提倡区域规划，也提倡将如纽约这样的城市人口，分散到区域性的花园城，遵循着英国莱奇沃思（Letchworth）和韦林（Welwyn）的发展路线。

美国区域规划协会制订了工作计划，与另一个机构区域规划协会（Regional Plan Association）（即RPA）展开竞争，后者是由拉塞尔·塞奇基金会（Russell Sage Foundation）建立的，受官方委托负责制定纽约城及周边地区的区域规划。可以肯定的是，这两个组织在观点上存在着极大差别，不过两者之间的争论确实也不像有时人们所说的那样，是 RPA 的"倒退"与斯坦及芒福德的"进步"之间的冲突。[1] RPA 的建筑师和规划师以托马斯·亚当斯（Thomas Adams）与费里斯为首，他们接受中心化、个人企业和摩天大楼区划等城市现状，希望通过促进市区邻里关系、郊区规划和合理的交通线路来改善城市功能。RPAA 则反其道而行之，与基本的政治经济现状针锋相对，极力呼吁"四分之一人口迁移"出城市，但又没有一个合适的政治或经济构架以实现这一目标。因此，RPAA 充当了社会的道德良知，反对无节制的投机性开发（大萧条很快便显出它的威力），同时又将其哲学诉求转向它们想要挽救的商业文化和城市文化。

或许人们会指责这种理想主义，但它的确取得了实际的成功。1924 年该协会成立了城市住房建设公司，其目的是资助有计划的开发。它的第一个项目是长岛森尼赛德花园（Sunnyside Gardens），这是由斯坦和亨利·赖特设计的一个房地产项目，联排住宅和公寓房环绕公共绿地而建。1927 年，这家公司购买了新泽西两平方英里的土地，开始建造花园式郊区住宅区拉德本（Radburn），其设计方案是让住房回到公共绿地区域，人行道与车行道分开。[2] 这个项目又获得了成功，小小的社区很快便成为后来几十年中郊区开发的样板。不过，与欧洲的住房方案相反，这些项目是典型的郊区住宅，没有建筑特色；它们的设计反映了美国民族精神中对于郊区生活的长期渴求。

森尼赛德花园和拉德本的建设都是在不了解当时欧洲住宅建设的情况下展开的。不过，芒福德很快便了解了这些情况。1924 年他遇到了在美国旅行的门德尔松，1925 年他遇到了恩斯特·梅（Ernst May）和贝伦特（Walter Curt Behrendt），后者是来纽约参加由 RPAA 发起的国际城市规划大会的。芒福德将恩斯特·梅为法兰克福做的方案视为他的花园城观念的演示，但他与贝伦特的关系则更为重要。[3] 贝伦特当时正担任德制联盟刊物《形式》（Die Form）的编辑工作，他发现芒福德既是一位志同道合者，也是有助于在美国推广德制联盟影响力的人物。贝伦特当时正在德国圈子中发起一场反对美国摩天大楼的运动。芒福德在他身上发现了一种美国建筑师所缺乏

---

1 关于美国区域规划协会（RPAA）与区域规划协会（RPA）论争的详情，见托马斯（John L. Thomas），《刘易斯·芒福德》，66—99。参见沃伊托维茨，《刘易斯·芒福德与美国现代主义》一书中有关此内容的章节，113—160。

2 见谢弗（Daniel Schaffer），《美国人的花园城：拉德本的经验》（Garden Cities for American: The Radburn Experience, Philadelphia: Temple University Press, 1982）。

3 见萨姆森(M. David Samson)的优秀论文，《我们纽约的雇员：刘易斯·芒福德、沃尔特·库尔特·贝伦特与现代运动》(Unser Newyorker Mitarbeiter: Lewis Mumford, Walter Curt Behrendt, and the Modern Movement），载《建筑史家协会会刊》55（June, 1996）：126—139。

的社会责任感，因此他很快便为《形式》杂志写了两篇文章，激烈抨击摩天大楼和美国的总体建筑倾向。[1] 而贝伦特很快找人将芒福德的《树枝与石头》译成了德文。[2]

1927 年初，芒福德专程前往芝加哥考察沙利文和赖特的作品。他们的工作现在对他来说很重要，因为欧洲人对它们抱有敬意，也因为他开始将现代主义视为一场多少具有共同意识形态基础的国际性运动。但他或多或少是通过贝伦特的欧洲眼光来看美国建筑实践的，所以当他开始思考这两种文化的差别时，就造成了矛盾和混乱。

在 1928 年的一篇重要文章《探求"更多的东西"》（The Search for "Something More"）中，芒福德以一种不带批判色彩的态度谈到了摩天大楼问题。现在他不太恰当地将格罗皮乌斯的"极端立场"及勒·柯布西耶的"无情的逻辑"（不允许有任何装饰）与两座美国建筑的中庸设计方法进行了对比，这两座建筑分别是沃克(Ralph Walker)的巴克利－维西大厦(Barclay-Vesey Building)和伊利·雅克·卡恩 (Ely Jacques Kahn) 的公园大道 120 号 (120 Park Avenue)。[3] 的确，卡恩的装饰感恰恰就是芒福德所追求的"某些更多的东西"，"以暖色调的淡黄色砖为基础，这幢公园路上的大厦变成了一条条快乐的赤陶带，又以红色、绿色和天蓝色来将其中断与突出。其图案是抽象的，每个局部直至明亮的紧固件都同样精致、生动、利落与完美"。[4] 芒福德发现这正是"结构"与"情感"的综合，认为这可提供一个替代欧洲理性主义者的方案：

[296]

> 我认为这座建筑物便是对以下这两类人的回答：一类是欧洲人，他们对综合感到失望，压制自己的有机感觉，以求欣赏冷酷僵硬的现代形态；而另一类人，同样对综合感到失望，却允许人类的感官音符不相干地爆发出来——要么以陈腐的考古学形式、挑剔的手工艺形式，要么以现代装饰的无谓发作的形式。[5]

赖特的作品在美国国内处于前沿——"具有深厚的区域感"，并再一次提供了恰到好处的综合，因为"它们是'本乡本土的'，不只是机器时代的一种抽象表现"。[6]

在另一篇重要文章《大批量生产与现代住宅》（Mass-Production and the Modern House）（1930）中，芒福德发表了类似的观点，但这一次谈的是仿照汽车工业生产技术的大批量生产。[7] 他重新认识到轻壳预制结构在卫生、工程技术和生活舒适性方面的好处，同时也对它的可行性将信将疑：一方面，节省下的成本微不足道，而一座住宅的土地、道路和设备等基础设施的成本则是巨大

---

1 芒福德，《美国文化中的形态》(Die Form in der amerikanische Zivilisation)，《形式》1 (November 1925)；芒福德，《美国建筑》(Amerikanische Baukunst)，《形式》1 (February 1925)。

2 《树枝与石头》的德译本 Vom Blockhaus zum Wolkenkratzer（《从小木屋到摩天大楼》），出版于 1926 年。

3 芒福德，《今日美国建筑：I. 探求"更多的东西"》，重印收入《刘易斯·芒福德：建筑作为人类的家园》，13。

4 Ibid., 15.

5 Ibid., 15—16.

6 芒福德，《今日美国建筑：II. 国内建筑》(American Architecture Today: II. Domestic Architecture)，载《建筑》(1928)；重印收入芒福德，《建筑作为人类的家园》，21。

7 芒福德，《大批量生产与现代住宅》，载《建筑实录》(1930)；重印收入芒福德，《建筑作为人类的家园》，46—61。

的；另一方面，计划性报废以及越来越廉价的生产过程将会导致生产周期快速转换。从本质上看，大批量生产的住房就像汽车一样，将会奴隶般地听命于自由市场经济的指令。

《棕色的年代》(The Brown Decades)（1931）一书出版于芒福德首次欧洲之行并涉足国际风格展览前夕，是对他此阶段建筑发展的一个适时总结。此书是一本文化研究著作，既讨论建筑也论及文学、绘画和工程技术。此书名既有文学含义（例如棕色砂石建筑），又具有隐喻性：暗指1865—1895年间美国古典式（白色）文化发展的另一侧面。书中篇幅最长的一章"走向现代建筑"(Towards Modern Architecture)，讨论了理查森 (H. H. Richardson)、鲁特 (John Root)、沙利文和赖特的建筑，这也可看作他试图对"有益的往昔"所做的进一步阐述。

实际上，芒福德已接近这样一个阶段，即对近期美国建筑做出标准解释，并以更完善的知识修订其早期许多观点。理查森几乎是单枪匹马开"新建筑之先河"，并以哈佛奥斯汀大楼 (Austin Hall) 的窗户创立了"功能主义建筑的标准"。[1]约翰·鲁特在芝加哥莫纳德诺克大厦 (Monadnock Building) 的设计中"最终剥去了办公大楼的'脸面'，使它像一艘轮船那样朴素"[2]。沙利文解决了高层建筑的难题，尽管芒福德对他丰富的纹样装饰表示质疑。他的建筑是一种具有"个性"与"人格"的建筑，而建筑作为"一种社会性的艺术……必定是随其集体性的成就而兴衰的"[3]。现在赖特的作品得到了中肯的评价，但有趣的是仅限于他的早期别墅。芒福德了解他的布韦里圣马可公寓大楼 (St. Mark's-in-the-Bouwerie) 的设计，但对他技术与观念的发展缺乏理解。[4]此章最后评论勒吉尔 (Irving Gill) 和梅贝克 (Bernhard Maybeck)，但他们也只是芒福德通过照片了解到的建筑师。因此，芒福德似乎勉强承认1920年欧洲人居于领先地位，但他未将赖特早期的工作与1920年代晚期美国建筑之间的联系建立起来，甚至也没有做出提示。

这个失误多少是因为芒福德当时对这一关节点还拿不准。例如，1930年他对大批量生产住宅是否可行持怀疑态度，这多少是对巴克明斯特·富勒的戴马克松住宅 (Dymaxion house，Dymaxion是 dynamic、maximum 与 tension 的混合词，被富勒用作他后来发明的一个品牌名称）的一种回应。这是另一种美国要素，丰富了芒福德的早期欧洲模式。富勒在当时肯定是世界上最先进的思想家，以"结构主义"视角思考建筑的未来。1920年代末他也曾在格林尼治村 (Greenwich Village) 的波西米亚生活方式中扮演了重要角色，这引起了芒福德的兴趣。但两人的个性却有天壤之别，富勒出生于马萨诸塞州的一个殖民者家族，该家族的马格丽特·富勒 (Margaret Fuller) 信奉超越论，是埃默生的朋友，也是《日晷》(The Dial) 杂志的创办人。富勒曾两度被哈佛开除，战时他在海军中成为一名工程师，后于1920年代定居于长岛。在1920年代中期，他与人一起设计了一种轻质的合成砖构造体系用于住房建设，但因此项技术而来的业务以及其他一些业务均在这段时期归于失败。1927年，在芝加哥的另一业务受挫之后，富勒决定离开这一行当，将全部时间投入他的发明创造——这 [297]

1 芒福德，《棕色的年代：美国 1865—1895 年间艺术研究》(A Study of the Arts in America 1865–1895, New York: Harcourt, Brace, 1931)，114，121。

2 Ibid., 137.

3 Ibid., 155.

4 Ibid., 168.

是他迈出的大胆而具有决定性意义的一步。[1]

正是从此出发，他开始了戴马克松住宅的设计。此设计的起点是他 1928 年 2 月创造的由预制构件组装起来的"明亮的住宅"(Lightful Houses)，设计成一个由一根中央桅杆支撑的结构，吊环（圆形或者方形）从桅杆顶端悬挂下来承托着楼层。富勒指出，住宅建筑的立方体基座的成本是一座摩天大楼的三倍，他以一种工程师特有的效率感指出：

> 当建筑物失去其封建主义抑郁感的最后痕迹时，我们便来到了建筑表现的艺术新纪元。身处荷载承压体系的建筑物中，若以桅杆或以沉箱抵抗地心引力，我们便起身了，借助拉张力与压应力沿桅杆垂直向上，探入空间；随着压应力逐渐减弱，我们便沿桅杆垂直下降，直到最后在拉张力中落下。于是，我们建筑的外壳，就像悬挂于顶部的巨型喷泉，向四周流泻下来，洋溢着轻灵、明亮与多彩的效果。[2]

富勒在 1928 年四五月间仍然住在芝加哥，将这些草图发展成了四维住宅设计图。他画的第一批素描实际上是一幢平面为长方形的立方体住宅。那时他在思考一个中央结构芯体与多层悬吊的方案，与赖特的摩天大楼设计有些近似，不同之处在于墙体与楼板是从上面的钢梁上悬挂下来的。富勒当时正与法国建筑师纳尔逊 (Paul Nelson) 一道工作。纳尔逊是勒·柯布西耶的学生，1928 年春回国为法国举办的一个住房设计竞赛推广这种四维设计。富勒向美国建筑师学会 (American Institute of Architects) 提交了这种四维住宅的专利证书，该学会成员 3 月正在圣路易斯开会，但他们拒绝受理，理由是"美国建筑师学会反对任何一种如豌豆荚般的住宅设计"[3]。

到 1928 年底，富勒已将设计推进到戴马克松住宅，这充分体现了他在机械、化学和结构工程学方面的背景优势（图 89）。现在他的设计模块，如他在 1929 年所说明的，变成了六面型。他在中央结构性脊柱中安装了所有供电、供气和垃圾处理系统。这根脊柱"由制造飞机用的硬铝管制成，高压充气，以琴弦钢作三角形悬吊——类似于战舰桅杆或飞艇系泊桩"，可以承受三角形钢缆吊起的所有楼板重量。[4] 外墙只是以"两层厚厚的透明、半透明或不透明的、类似于用酪素制成的材料封闭起来。两层之间为真空，以达到理想的隔音与隔热效果"[5]。酪素是从牛奶中提炼出来的一种磷蛋白或天然固体材料。所有生活或功能模块，如厨房、卫生间、储藏间都是预制组装件。供水来源于雨水或井水，循环利用，空气同样也加压循环，光源

---

1 在为数众多的关于富勒及其思想的研究中，最近出版的两部著作或许是最好的入门书：《你私人的天空：R. 巴克明斯特·富勒：艺术设计学》(Your Private Sky: R. Buckminster Fuller: Art Design Science)，克劳瑟 (Joachim Krausse) 与利希滕施泰因 (Claude Lichtenstein) 编 (Zurich: Lars Müller Publishers, 1999)；以及《你私人的天空：R. 巴克明斯特·富勒：演讲录》(Your Private Sky: R. Buchminster Fuller: Discourse)，利希滕施泰因与克劳瑟编 (Zurich: Lars Müller, 2001)。

2 富勒，《明亮的住宅》，收入利希滕施泰因与克劳瑟编，《你私人的天空：R. 巴克明斯特·富勒：演讲集》，70。

3 引自西登 (Lloyd Stevn Sieden)，《巴克明斯特·富勒的宇宙》(Buckminster Fuller's Universe, Cambridge, Mass.: Perseus, 2000)，138。

4 富勒，《戴马克松住宅》，载《建筑》(June 1929)；重印收入克劳瑟与利希滕施泰因编，《你私人的天空：R. 巴克明斯特·富勒：艺术设计学》，135。

5 Ibid.

图89　富勒，戴马克松住宅，1928。采自《庇护所》杂志（1932年1月）。

来自于天花板格栅的漫射光。富勒当时还曾想到利用风力和太阳板发电。尽管这个住宅模型只展示了一个单元，但其概念却完全适用于高层建筑。他的预计价格是一幢住宅3千至5千美元，低于1929年的平均成本。它将勒·柯布西耶"生活的机器"的类比牢记心中，创造了无论在欧洲还是在美国都独一无二的原型。[1] [298]

在1929年的大部分时间里，富勒都在改善他的发明。他最初在芝加哥马歇尔·菲尔德百货商店（Marshall Field Department Store）中展出了戴马克松住宅，之后于6月在《建筑学》(Architecture)杂志上发表了他的理念，又于7月在纽约建筑同盟（Architectural League of New York）年会上发表了演讲。在会上，哈维·威利·科比特（Harvey W.Corbett）为他做了介绍，胡德（Raymond Hood）和沃克（Ralph Walker）等人向他提问。[2]芝加哥出版商斯克里布纳（Charles Scribner）提议以纽约讲座为基础出版一本书，但股票市场的崩溃使这些计划化为泡影。1929年富勒搬回纽约，住在格林尼治村，在那里他加入了一个艺术家圈子，其中就有建筑师兼舞台设计师基斯勒（Frederick Kiesler）（他是1926年从维也纳移民而来的）、丹麦移民建筑师隆贝格－霍尔姆（Lönberg-Holm）、雕塑家诺古奇（Isamu Noguchi）以及舞蹈家玛莎·格雷厄姆（Martha Graham）。

1932年，富勒变卖了他所有的资产，购买了《丁字尺》(T-Square)杂志。该杂志原先的资金中有一部分是由费城建筑师乔治·豪（George Howe）提供的。富勒改刊名为《庇护所》(Shelter)，经过五期的短期运作，成为美国有史以来最有趣的知识期刊之一。富勒定期为"建筑通览"(Universal Architecture)专栏撰稿，其他撰稿人有基斯勒、诺伊特拉、隆贝格·霍尔姆和赖特。第一期稿源是由特聘编辑乔治·豪、希契科克、巴尔以及约翰逊组织的，主题是即将开幕的国际风格展。这

1　富勒在1927年或1928年读了勒·柯布西耶的《走向建筑》一书。他在1928年写给姐姐的一封信中说："他笔记中电报风格的措辞与我完全出于自己直觉的探究与推理所记下的东西几乎一模一样，我甚至不知道还有像柯布西耶这样一个人存在。"此信收入克劳瑟与利希滕施泰因编，《你私人的天空：R. 巴克明斯特·富勒：演讲集》，80。

2　见《戴马克松住宅，纽约建筑同盟会议，1929年7月9日，星期四》，收入克劳瑟与利希滕施泰因编，《你私人的天空：R. 巴克明斯特·富勒：演讲集》，84—103。

批文章反过来又激起了这一阵营中"风格论者"与以富勒为首的"结构论者"之间的争论。富勒所代表的团体称作"结构研究协会"(Structural Study Association)（SSA）。结构论者毫不含糊地反对现代主义建筑中的一切风格论或审美论。富勒尤其认为，建筑只是更广阔的生态学视野中的一部分。[1]

大萧条再度使戴马克松住宅运用于工业生产的一切可能性化为泡影。然而富勒并未气馁，到 1933 年初他已做出了戴马克松汽车的原型，在先进的工程技术方面再一次取得了非同寻常的突破。

5. 国际风格展

1932 年，新成立的现代艺术博物馆(Museum of Modern Art)举办了"国际现代建筑展"(Modern Architecture：International Exhibition)，这当然是更为激动人心的事件之一。这次展览出版了一本展览手册和一本书，书名为《国际风格：1922 年以来的建筑》(The International Style: Architecture since 1922)。这两本出版物都深刻影响了美国建筑实践的进程。[2]无论你对此展览持什么样的立场，都必须承认，它推出了若干位新人，他们为 20 世纪的美国建筑实践打上了深深的烙印。此次展览是小巴尔(Alfred H. Barr Jr.)的主意，他是这家新博物馆的首任馆长。[3]而具体策划者则是两位 20 多岁的年轻历史学家，亨利－拉塞尔·希契科克(Henry-Russell Hitchcock)（生于 1903）和菲利普·约翰逊(Philip Johnson)（生于 1906），他们也是展览手册和图书的合著者。[4]

这三人为这次展览贡献了各自的技能与优势。约翰逊出生于富裕家庭，在哈佛接受教育，但早年曾与疾病和不成熟做斗争。20 世纪 20 年代他定期去欧洲旅行，1929 年春天遇到了小巴尔，后者是韦尔斯利学院(Wellesley College)的一位年轻教授。小巴尔热心于欧洲艺术，而当时约翰逊还未从哈佛毕业，几乎对现代艺术或建筑一无所知。他们成为朋友，一个月之后小巴尔被任命为新成立的现代艺术博物馆馆长。约翰逊那时正拼命寻找自己的生活目标，便决心要进入这个新机构。于是在 1929 年夏天，他动身前往欧洲各地广泛旅行，自学这种新建筑的韵

---

1 关于这场争论的详情，见克劳瑟与利希滕施泰因编，《你私人的天空：R. 巴克明斯特·富勒：艺术设计学》，158；以及《R. 巴克明斯特·富勒：建筑通览》(1932)，收入康拉兹(Ulrich Conrads)编，《20 世纪建筑纲领与宣言》(Cambridge: M. I. T. Press, 1970)，128—136。

2 巴尔、希契科克与约翰逊，《国际现代建筑展》(1932 年 2 月 10 日—3 月 23 日，New York: Mueum of Modern Art, 1932)；希契科克与约翰逊，《国际风格，1922 年以来的建筑》(New York: W. W. Norton, 1932; 引文出自 1966 年第 2 版)。关于这个展览的历史，见赖利(Terence Riley)，《国际风格：展览 15 以及现代艺术博物馆》(The International Style: Exhibition 15 and the Museum of Modern Art, New York: Rizzoli, 1992)。

3 见赖利，《国际风格》，19、91—93。关于小巴尔，见坎特(Sybil Gordon Kantor)，《阿尔弗雷德·H. 小巴尔与现代艺术博物馆的智性之源》(Alfred H. Barr, Jr. and the Intellectual Origins of the Museum of Moern Art, Cambridge: M. I. T. Press, 2002)。

4 关于约翰逊，见他的《文集》(Writings, New York: Oxford University Press, 1979)；刘易斯(Hilary Lewis)与奥康纳(John O'Connor)编，《菲利普·约翰逊：建筑师自述》(Philip Johnson: The Architect in His Own Words, New York: Rizzoli, 1994)；以及舒尔策，《菲利普·约翰逊的生平与工作》(New York: Knopf, 1994)。

味，并考察了荷兰奥德的作品、斯图加特的展览建筑以及德绍的包豪斯。在 1929—1930 年冬天完成哈佛学业之际，他在前往纽约的旅途中遇见了希契科克。小巴尔与希契科克早在哈佛学习时就是多年的朋友。至此，小巴尔－约翰逊－希契科克联盟便形成了。

尽管小巴尔对现代建筑有着自己独特的见解（他曾在 1927 年访问过包豪斯和 VKhUTEMAS），但这个三人组合中希契科克才是精神领袖。希契科克于 1924 年从哈佛毕业，本打算进入巴黎美术学院学习，成为一名建筑师，但他在 1925 年还是决定回哈佛攻读美术硕士学位。1927 年毕业时，他立即前去参观了斯图加特建筑展，在那里他开始对勒·柯布西耶着了迷。他先是任教于瓦萨尔学院（Vassar College），之后于 1929 年调入威斯里安学院（Wesleyan College）。在开始写作《现代建筑》之前，希契科克为哈佛学刊《猎犬与号角》(The Hound & Horn) 写过若干篇此类主题的文章，此刊在 1927—1929 年间由基尔施坦因（Lincoln Kirstein）编辑。希契科克发表的第一篇文章《建筑的衰落》(The Decline of Architecture)，文风浮夸而做作，语调幼稚，内容空洞。他以法国式的轻蔑腔调，装模作样地提到了斯宾格勒与亨利·亚当斯（Henry Adams）。如果耐心的读者能忍受这种口吻，最终便可看出文章的主旨，即他所谓的"当代超现实主义建筑理论"，也就是这样一种论点："有意识地给完美技术添加的一切审美之物都是'修饰'。这种修饰，在某种意义上就像洛先生（Mr. Loew）创办的剧场中的那些人造大理石，或曼宁斯博士（Dr. Manning）拥有的大都会剧场中那些美国丽人柱头，有一种邪恶的感觉。"[1] 换句话说，现如今的建筑已衰退，除了技术领域以外毫无发展。

[299]

这个自负的学生将载有他文章的那期杂志寄给了在纽约的芒福德，获得了这位批评家出于礼貌的肯定。这种礼尚往来使两位作家建立起联系。在交往中，芒福德鼓励希契科克先去研究欧洲当代建筑，而希契科克则恳请当时致力于文学批评的芒福德转向建筑批评。[2] 希契科克的确增进了对欧洲建筑的兴趣，在 1928 年为《猎犬与号角》撰写的另一篇文章中，他提到了诺伊特拉和莱斯卡兹（William Lescaze）的工作，提到了勒·柯布西耶 1923 年的书，还提到了"一种国际风格"的出现。[3] 在次年年末，希契科克在这个术语前加上了定冠词"the"，不过正是小巴尔在希契科克和约翰逊 1932 年编的书中，第一次将"国际风格"这个术语的首字母写成了大写。[4]

希契科克 1929 年的著作《现代建筑：浪漫主义与重新整合》(Modern Arhcitecture:Romanticism and Reintegration) 比他早期的论文成熟多了，具有更大的抱负，文字也有几分才气，但作为历史研究还有很大的毛病。他通过广泛的旅行已透彻了解到欧洲建筑的新近发展，尤其是奥德、格罗皮乌斯和勒·柯布西耶的工作。但他关于当代美国建筑实践的知识则少得可怜，只着眼于东北地区。不过他的论点很清楚：当今，法国、荷兰与德国的建筑就是一种新风格的创造；而其他国

---

1 希契科克，《建筑的衰落》，载《猎犬与号角》1 (September 1927)：31。
2 关于他们的关系，见沃伊托维茨，《刘易斯·芒福德与美国现代主义》，57—59。
3 希契科克，《四位哈佛建筑师》，载《猎犬与号角》(September 1928)：41—47。
4 见希契科克，《现代建筑》，162；以及希契科克与约翰逊，《国际风格》，11。

家的建筑，尤其美国，已大大落后于时代。

此书在历史写作方法上特别有趣。[1]希契科克首先给现代建筑下了定义，这与19世纪的建筑史写作如出一辙。他认为，从宽泛意义上来说，现代建筑包括了所有哥特式之后的建筑（即从早期文艺复兴往后），尽管他主要论述的时段是1750—1920年代。现代时期的建筑（诸如巴洛克、新哥特式或新古典主义）之间的所有微妙区别，都应以"阶段"而非"风格"来区分。在1750—1929年这一特定的时间框架内，可划分为两个主要阶段：浪漫主义与新传统。第一个阶段始于1750年，至1875年左右结束，其亮点体现于苏夫洛、拉特罗布、佩西耶与方丹、希托夫、拉布鲁斯特、索恩（他是希契科克所喜爱的一位历史上的建筑师）、普金、欣克尔与加尼耶的工作。虽然浪漫主义取得了某些显著的成功，但这一时期（尤其是在1850年之后）被看作"不甚满意的时期"[2]。新传统时期总体上也是如此，将这一时期的转折点确定于理查森的工作最为合适。最重要的变化是理查森从斯科特 (G. G. Scott) 那里汲取的，即用一种"风格上的折中主义"取代了"趣味上的折中主义"。[3]总的来说，新传统时期建筑师的特色是他们都执着于良好的工艺和工程技术，使用的装饰母题越来越抽象。在欧洲，贝尔拉赫、瓦格纳、贝伦斯和佩雷全都属于这一组，而在美国则是理查森、鲁特、沙利文和赖特。正如我们在上文中看到的，希契科克如此分类编排，将赖特芝加哥时期之后所做的工作都一笔勾销，引起了赖特的愤怒。很清楚，希契科克在当时并没有重视赖特的工作，尽管他曾写过一篇关于赖特职业生涯的短论。[4]例如，他将米德韦花园 (Midway Gardens) 描述为"奇异的、富于装饰的"，帝国饭店"笨拙的异域装饰""极其无效"[5]；只是到了米勒德宅邸 (Millard House) 才成功地"将其各种不一致的倾向协调了起来"[6]。

希契科克著作的最后一部分论述的是"新开拓者"，指出他们共同定义了一种"新"风格或一个新风格时期，这种风格在整个现代时期之后一直延续下来。这是一个新的时代，如此之新，以至这种具有后折中主义前提的风格到那时为止还只出现于法国、荷兰与德国。在1914年的德制同盟展上，有三座建筑是这种风格的前兆，即凡·德·维尔德的剧场、陶特的玻璃馆以及格罗皮乌斯的模范工厂，但真正的亮相则始于勒·柯布西耶为1925年博览会设计的展馆。除了勒·柯布西耶之外，现在又有了吕尔萨 (Lurçat)、奥德、里特维尔、拜沃特、杜伊克尔、布林克曼、凡·德·弗鲁特、格罗皮乌斯、梅以及密斯与他一道共同努力，并引起了广泛反响。对美国来说，这种风格还"仅属于未来"，因为"它的意义在国内外尚未被充分理解"。[7]希契科克突然以典型的学究腔调对自己的国家冷嘲热讽，说"只要想想美国在总体上连接受这

[300]

1　见图尔尼基奥蒂斯 (Panayotis Tournikiotis)，《现代建筑的历史撰述》(The Historiography of Modern Architecture, Cambridge: M. I. T. Press, 1999)，113—137。

2　希契科克，《现代建筑》，50。

3　Ibid., 115.

4　1928年，希契科克为巴黎杂志《艺术手册》(Cahiers d'Art) 撰写了一篇有关赖特的专论。

5　希契科克，《现代建筑》，115。

6　Ibid., 115–116.

7　Ibid., 199.

种新传统是何等缓慢"，这种文化上的落后"便不足为奇了"。[1]

当然，希契科克此书的主要目的是开导美国建筑师，以一种启发性的方式使他们了解这种新风格的基本原理。不过他在这方面的表述依然是含混不明的。尽管这种新风格的基本原理源于新构造方法、新的材料、室内空间的新处理以及装饰的缺席（现在以细部处理替代装饰），但对希契科克而言，这在本质上似乎是简单地依据某些设计上的陈词滥调——屋顶露台、悬臂、对称、幕墙、角窗和水平窗。或者这样说是准确的：希契科克完全是从视觉特征的角度看待这种新风格的，他对相应规则的关注在展览前后发表的文章中甚至更令人瞩目。不过，《现代建筑》一书的研究视野是广阔的，笔调具有权威性。如果说其形式主义推论是有局限性的、贫弱的，但此书仍不失为该时期一份十分珍贵的文献。

在此书付梓之前，希契科克将原稿送给芒福德请他过目。芒福德特别反对在新传统和新开拓者之间做出区分，也反对对赖特评价过低。[2] 他还对希契科克研究中的其他方面提出了异议。芒福德首先是个地域主义者，自然不接受希契科克所提倡的新国际风格的设计内涵。芒福德对勒·柯布西耶的工作以及他的机器类比也不太感兴趣。[3] 正如上文所述，他在 1928 年的文章《探求"更多的东西"》中依然认为装饰是可以做的，只要在设计上是"有机的"。最后，芒福德还强调了建筑的社会目标，这些在希契科克的研究中完全付诸阙如。因此，他一定会对希契科克所梳理的历史进程感到沮丧。

小巴尔对希契科克的著作给予了积极的评价，这不出我们所料。他开始便声称，希契科克已经使自己"极有可能成为他的这个主题的、目前在世的最重要的历史学家"，此书与其他美国论现代建筑的书形成了鲜明的对照，那些书"目光狭隘、信息不灵，就像美国大多数建筑师和建筑学校那样自满自足、反动保守"。[4] 不过，小巴尔批评希契科克在结论性的一章中胆小羞怯，在使用插图方面"过分吝啬"，以及装腔作势的文风——"有点过于受德国人影响，他的拼写也过于受法文的影响：毕竟，法文的'-isme'和'néo'在英文中拼写成'-ism'和'neo'更为可取"[5]。

约翰逊在此书出版前后见到了希契科克，同样也对其书内容印象深刻，不久之后两人便计划夏天一同去欧洲旅行。约翰逊打算自己也写一部论建筑的书。正是在 1930 年 6 月的这趟旅行途中，约翰逊说服希契科克合写一本通俗版的《现代建筑》。[6] 旅行中，约翰逊也第一次见到了勒·柯布西耶和奥德（他邀请奥德为他住在北卡罗莱那派恩赫斯特的母亲设计一座住宅）。但他在柏林的逗留最为重要，在那里他见到了密斯·凡·德·罗。约翰逊曾两次前往布尔诺

1　希契科克，《现代建筑》。

2　沃伊托维茨，《刘易斯·芒福德与美国现代主义》，58。

3　芒福德于 1932 年第一次前往欧洲旅行时，约翰逊为他提供了勒·柯布西耶、格罗皮乌斯、布罗伊尔、密斯和奥德的地址，但他并没有联系他们。见沃伊托维茨，《刘易斯·芒福德与美国现代主义》，95—96。

4　小巴尔，《现代建筑》，载《猎犬与号角》3（April–June 1930）：431。

5　Ibid., 434—435.

6　赖利，《国际风格》，12。日期似乎是 1930 年 6 月 18 日。

（一次是与密斯同行）去看图根哈特宅邸（Turgendhat House），后来他委托密斯重修他在纽约的公寓。到了夏末秋初，小巴尔、希契科克和约翰逊决定将写书与办展结合起来。由约翰逊提交给董事会的最初的展览提案，将展览分成三个部分[1]：第一部分最重要，将展示"9位世界上最杰出建筑师的工作"，他列出的名单是胡德、赖特、盖迪斯、乔治·豪和莱斯卡兹、鲍曼兄弟（Bowman Brothers）、密斯、格罗皮乌斯、勒·柯布西耶和奥德；第二部分集中展示高层建筑技术、建筑产业与住房建设；第三部分则由国际学生建筑竞赛作品组成。约翰逊关于美国建筑的知识，说得好听些是不足，关于此展的教育原则，他宣称："美国建筑陷入一片混乱，相互抵触，常有无知的建筑出现，迫切需要引入完备的、明确合理的建筑模式。此类展览可为当代建筑思想营造环境并指明方向，其功效无法估量。"[2]

[301]接下来的一年便开始了筹备工作，希契科克和约翰逊为此又前往欧洲旅行。展览的组织工作也做了一些调整：诺伊特拉取代了盖迪斯，后者实际上将大部分精力放在舞台制作和工业设计上；第二部分后来完全改成了住房建设的内容；第三部分也不再是学生竞赛作品，而改为新风格二流人物作品的展示。赖特成了展览主体部分的最大障碍，他曾数次威胁要将自己的作品撤走。他被希契科克的书所激怒，甚至也不将约翰逊放在眼里。他认为约翰逊是位业余的建筑爱好者，还有很多东西要学，这点他的确说到了点子上。有个故事常被人说起：当讨论展览初选名单的会议在纽约召开之际，约翰逊便立即将赖特排除在外，其理由是他已去世。[3]赖特也不太想与勒·柯布西耶以及格罗皮乌斯一道展出，他鄙视他们的工作。他当然也不希望他的现代主义愿景被那种看上去"像是用剪刀从卡纸上剪下来的"建筑风格所取代。[4]此外，赖特还反对由两位欧洲出生的建筑师——莱斯卡兹和诺伊特拉——来代表美国展览部分，他嘲讽地将诺伊特拉称作"拷贝活人的时新的折中主义者"[5]。有一次，约翰逊同意将《为君而歌》（Of Thee I Sing）一文发表在他参与编辑的那一期《庇护所》上，才阻止赖特撤出展览。此文厉言声讨了那种反个人主义的、共产主义的以及斯宾格勒式的"渺小可鄙的精神"（Geist der Kleinlichkeit），威胁要"将皮和角从鲜活的有机体剥掉，这有机体便是现代建筑"。赖特总结道："我们开拓者的时代并没有结束。"[6]

另有一次是在展览开幕前夕，正是芒福德救了场。赖特再次扬言要退出展览，芒福德发电报给他，说此事将是场**"灾难请重新考虑一下你的拒绝我不关心博物馆方面如何只关心你自己的地位和影响住手吧我们需要你我们不能没有你"**[7]。有趣的是，芒福德与赖特一样不屑于

---

1 Ibid., 附录 1，《现代艺术博物馆建筑展初步方案》(Preliminary Proposal for an Architecture Exhibition at the Museum of Modern Art)，213—214。

2 Ibid.

3 关于这个说法的不同来源，见莱文（Neil Levine），《弗兰克·劳埃德·赖特的建筑》，217，466—467 n. 1。

4 赖特，《弗兰克·劳埃德·赖特文集，1930—1932》，51。

5 引自沃伊托维茨，《刘易斯·芒福德与美国现代主义》，93。

6 赖特，《为君而歌》，载《庇护所》(April 1932)，引自《弗兰克·劳埃德·赖特文集 3，1931—1939》，普法伊弗编，(New York: Rizzoli, 1933)，113—115。

7 引自沃伊托维茨，《刘易斯·芒福德与美国现代主义》，93。

即将开幕的展览，他只是勉强答应参与。他在 1931 年写给凯瑟琳·鲍尔（Catherine Bauer）的一封信中，也提到了约翰逊在建筑上的不足之处，他说："我担心它将成为一个典型的现代艺术博物馆的现代展——这非常非常糟糕——实际上是粗野。"[1]

"国际现代建筑展"于 1932 年 2 月 10 日开幕，至 3 月 23 日结束。同名的展览手册以及希契科克和约翰逊合写的名著同时出版发行。这个展览总结了四个人的工作：勒·柯布西耶、密斯·凡·德·罗、奥德和赖特。模型发挥了重要作用。赖特提供了他设计的位于丹佛台原上的一座住宅（1932）设计模型，勒·柯布西耶的代表作是他的萨伏伊别墅（Savoye House）（1929—1930），奥德展出了他在派恩赫斯特（Pinehurst）的住宅，密斯的作品是位于布尔诺的图根哈特宅邸（Turgendhat House）（1930）。格罗皮乌斯被降格到了前面的房间中，展出了德绍的包豪斯大楼（1925—1926），它挨着位于埃文斯顿（Evanston）的勒克斯公寓（Lux Apartments）（1931）的模型，这是芝加哥鲍曼兄弟设计的。展出的另一些模型有胡德设计的一座乡村大楼（1932）、乔治·豪与莱斯卡兹为克里斯蒂 - 福赛思房地产开发商（Chrystie-Forsyth Housing Development）做的两个项目，诺伊特拉的环形平面学校（Ring Plan School）项目，以及黑斯勒（Haesler）的卡塞尔罗滕贝格房地产开发项目（Rothenberg Housing Development）。同时展出的还有比利时、奥地利、瑞士、西班牙、瑞典、芬兰、英国、意大利、日本、捷克斯洛伐克以及俄罗斯等国建筑师的作品照片。

展览手册以及希契科克与约翰逊的书，尽管有些区别，但内容大同小异。展览手册封面上印着密斯·凡·德·罗设计的图根哈特宅邸，位于捷克斯洛伐克的布尔诺（图 90）。实际上这个册子令人印象更深，因为它收入了小巴尔撰写的一篇前言，约翰逊撰写的一篇"历史述评"，约翰逊与希契科克合写的一篇《现代建筑的界限》(The Extent of Modern Architecture)，还有一篇芒福德撰写的论住房的文章。小巴尔的前言言辞锋利，从总体上抨击了美国建筑师所做的工作。在文中他说道，他将此次展览视为一则"声明，它宣告过去 40 年，毋宁说过去一个世纪的混乱局面很快将要结束"[2]。他将这种新"国际风格"（他用了大写首字母）视为一些基本原理的产物，这些基本原理源自现代材料、现代结构和现代规划要求的本质。他也为纳入赖特（他是这种国际风格的一个"源头"而非实践者）和胡德的工作而致歉。小巴尔认为，这场新运动的主要演绎者是格罗皮乌斯、勒·柯布西耶、奥德和密斯·凡·德·罗。美国人没有立足之地。

约翰逊的"历史评述"则更带有选择性。他将"国际风格"（他用小写）限定在 1922 年之后，尽管它植根于荷兰的新古典主义和德国的表现主义。对约翰逊而言，勒·柯布西耶的《走向建筑》标志着这种新风格的开端。希契科克和约翰逊合写的《现代建筑的界限》遵循了类似的思路，将德国建筑师和勒·柯布西耶奉为新风格的领袖，激烈抨击美国设计师的装模作样的装饰艺术风格，"尚未真正理解现代建筑究竟是怎么回事"[3]。

[302]

芒福德的《住房建设》(Housing) 一文实实在在地将新住宅定义为一种"生物学建构"(biological

1　引自沃伊托维茨，《刘易斯·芒福德与美国现代主义》，92。

2　小巴尔，《国际现代建筑展》前言（New York: Museum of Modern Art, 1932），13。

3　小巴尔，《现代建筑的界限》，收入《国际现代建筑展》，22。

institution），涉及卫生、健康与身体素质，以及教育和闲暇时光的各种活动（例如听留声机或收音机，看电视或做园艺）。芒福德主张要有充沛的阳光和空气、私家厨房和浴室，以及将所有过境交通屏蔽于街道之外。他提出了综合性的规划、大规模的运作、大批量的生产、有效的设计、有限的利润、低抵押贷款和政府补贴或公共住房津贴等要求。黑斯勒设计的位于卡塞尔郊外的罗滕贝格住宅综合体(Rothenberg Housing Complex)（1930），兵营式的低矮房间重复布列，对大多数美国参观者而言一定不可理解，但芒福德认为这是欧洲的贡献——就像所展出的斯坦与赖特、奥德与恩斯特·梅的那些项目一样——代表了他的理想住房类型。

不过，在历史影响方面，比手册更重要的是《国际风格》(The International Style) 一书，它实际上是最先撰写的，由 10 篇短文组成，前七章相互关联。例如第一章题为"风格的观念"(The Idea of Style)，谈到 19 世纪建筑师创建新风格的努力归于失败，但却欢欣鼓舞地宣告，最终一种"新风格开始形成"[1]，这便是现代风格，一种国际风格，由少数开拓者创建。这种风格被描述为"作为体积而非体块的建筑"，它的特点是规则性而非沿中轴线左右对称，而且没有装饰。[2]

第二章题为"历史"(History)，作者们面临着赖特以及将他从书中略去的难题。他们声称，"他拒绝受到某种固定风格的束缚，创造了风格无限可能的错觉，就像那些发明了非欧几何学的数学家。他拥有永远年轻的精神，有力地反抗着这种新风格，就如同反抗着 19 世纪的种种'风格'"[3]。因此，由于拒绝跟在欧洲同行后头亦步亦趋，赖特这位个人主义者必须降至这种新风格开拓者的地位。而新运动的三位伟大领袖是格罗皮乌斯、奥德和勒·柯布西耶，而密斯则迅速享有盛名。格罗皮乌斯的工作很快失去了作者的青睐，他依然在运用某些"传统的建筑概念"，所以他的工作就不完全是可供人遵循的样板。[4] 奥德作为一位设计师留下了自己的印记，依然备受青睐，尽管这颗星也将很快陨落。勒·柯布西耶（希契科克所偏爱的建筑师）为奥藏方设计的工作室将这种风格"具体化""戏剧化"了；而密斯（约翰逊偏爱的建筑师）在他的 1920 年代初的摩天大楼草图中，"将技术革新推向前进，甚至超过了格罗皮乌斯，的确比任何实践者走得更远"。[5] 这最后的判断接近于荒谬，再次表明希契科克和约翰逊缺乏技术方面的训练。

开头的另一章题为"功能主义"(Functionalism)，极其重要，因为它十分清晰地表明了希契科克和约翰逊的如下信念，即对于这种新风格而言，最为重要的是"审美要素"而非建筑功能或社会（政治）意义。在这里，两位作者步吉迪恩和汉内斯·迈尔所谓的功能主义的后尘，坚持认为设计选择应"完全由技术与经济决定"[6]。尽管作者坚持认为自己的立场是一种言语表达而非出自坚信不疑的教条，但仍基于两个要素，一是他们要努力去除欧洲现代主义的政治色

---

1 希契科克与约翰逊，《国际风格》，19。
2 Ibid., 20.
3 Ibid., 27.
4 Ibid., 29.
5 Ibid., 33.
6 Ibid., 36.

彩，剥去它的社会主义前提——他们是有意为之还是无意为之，则是另一个问题。但是对作者来说，略去政治色彩的同时也进一步为欧洲现代主义建筑划定了技术、社会与程序等方面的界限。这两位作者就像小巴尔一样，其实是以艺术抑或绘画的眼光来看待建筑的。从这种眼光来看，一座建筑主要是一张照片所捕捉到并加以分析的一幅二维图像。[1]

接下来的一章讨论新风格的"基本原理""体积"(Volume)，谈的并不是空间，而是限定体积的"平面"[2]。第一条原理是表面要保持简单，要具备以下特点：单纯的形体、平屋顶、连续性表面、窗户移向幕墙外沿（消除阴影）。第五章论"表层材料"(surfacing material)，扩展了这些规则，要求采用像玻璃、金属复合板与瓷砖等无肌理的材料，以替代木材、砖头和石材等自然材料。第二条原理"规则性"又强化了这一点。第三条原理"避免采用装饰"，制定了另一套审美标准，要求建筑师摒弃装饰而注重细部处理，允许用独立的雕塑字体与色彩，但这条规则应加以限制。作者还提出了其他几十条规则，显然来源于他们对欧洲建筑的研究。其最终结果便是一位批评家和一位历史学家侵入了建筑师的领地。 [303]

最后三章回到了一般问题上来，仍带有强烈的反美腔调。"高级建筑与普通建筑"(Architecture and Building) 一章回到了功能主义问题，或者说回到了欧洲主要建筑师的综合技术以及审美创新能力问题。美国建筑师达不到欧洲同行的水平，因此，"即使他们不能认真接受这些领袖人物已实现的审美规则，但仍需要向这些国际风格的领袖人物学习很多东西"[3]。最后一章论"居民区"(Siedlung)，更清楚地指出了这些艺术上的缺陷，宣称欧洲人总体上已经达到了"好建筑的中等审美水平"[4]。处于这种建筑连续统一体两端的是功能主义者，他们"为某些未来的无产阶级超人建造房屋"，而多愁善感的美国人仍在怀旧般地固执于家的"概念"。[5]希契科克和约翰逊认为，这种概念意味着这样一些构件："为各种古怪的通风形式而设置"的窗户、花盆，"供室内以特殊方法干燥衣服的房间"，以及"夜间盗贼爬不上去"的二楼结实的百叶窗等。[6]他们坚持认为，优秀的欧洲居民区是优越的，可作为美国住房建设的样板。他们将建筑师视为社会工程师，说他们屈就于美国主顾可叹的价值观已到了一种极端程度：

> 建筑师有权利将主要的、普遍的功能与次要的、地区的功能区别开来。在针对社会问题的建筑活动中，他当然应该牺牲特殊性而强调普遍性。出于经济原因以及普遍建筑风格的考虑，他甚至可以完全不顾区域传统特性，除非这些特性完全源于天气条件。他的目标是要达到一种理想的标准。但是住宅在功能上不应那么超前，以至人

1　希契科克在他后来的《绘画走向建筑》(*Painting toward Architecture*, New York: Duell, Sloan & Pearce, 1948) 一书中，将这一要点阐述得非常明白。

2　希契科克与约翰逊，《国际风格》，41。

3　Ibid., 81.

4　Ibid., 91.

5　Ibid., 93.

6　Ibid.

们极不乐意生活于其中。[1]

这样一种以保护人自居的态度当然是由于年轻所致，但这种怪异的责骂语调令人想起美国文化的自卑感。这种自卑感在 19 世纪上半叶是那么明显，即在理查森、沙利文和赖特的传统宣告建立起来之前。[2] 同一种文化自卑感也可以在 20 世纪 30 年代初大多数美国大学的象牙塔中发现。在这些大学中，建筑教学仍大多采取了巴黎美术学院的方法，这是问题的焦点所在。在这里有趣的是，新成立的现代艺术博物馆是如何不仅肩负教育使命，将艺术上不成熟的东西引入更高级的艺术殿堂，还提出了激进的社会变革的要求——生活习惯的根本变革的。欧洲人将类似机构的抱负集中协调起来，统一指向较适度的目标。不过在纽约，这种机构的使[304] 命指向了美学，但只是部分如此。建筑"艺术"现在成了时髦的商品（风格），从海外泊来，随着每年展览会的开幕被放在博物馆书店里售卖。不可否认，1932 年的展览具有积极的教育意义，丰富了美国建筑界争论的话题。不过它付出了很高的代价，不仅仅是对美国建筑实践，对国际建筑实践也是如此。它将一个文化机构的影响力嵌入到先前的一个专业领域之中。这种悄然发生的情况，在 20 世纪下半叶的一些拥有更多捐赠并日益控制了媒体的机构中不断重演。不过，由大萧条和第二次世界大战带来的全球建筑活动的停滞，将这种必然出现的局面推迟了几十年。

---

1 希契科克与约翰逊，《国际风格》，93—94。

2 波金斯基（Deborah Frances Pokinski）的以下著作，对理查森与现代艺术博物馆 1932 年展览之间的这段时期进行了卓越的考察：《美国现代风格的发展》（*The Development of the American Modern Style*, Ann Arbor, Mich.: UMI Research Press, 1984）。

第十三章　大萧条、战争和劫后余波

我真的不能相信，你没有做到使整本书围绕一个理念来展开，表现出一种分裂的人格、一种分裂的文化的悲剧性后果……

——西格弗里德·吉迪恩致一位编辑的信（1941）

1. 德国与意大利的极权主义

1929—1933 年间，全球大萧条本身并没有解决 1920 年代欧洲脆弱的政治稳定性问题，反而加速了它的崩溃。造成欧洲严重经济下滑的原因有很多，也很复杂。在 1924—1929 年间，欧洲与美国的经济扩张势头强劲，存在着大量金融投机活动。美国资金通过道斯计划 (Dawes Plan) 注入德国，从 1924 年起不仅造成了人为的经济繁荣（到 1926 年，德国工业生产已经超过了英国），也造成了财政上的对外依赖。此外还有战争赔偿问题，德国在当时和之后都不可能支付得起。1929 年 10 月，美国股票市场的崩溃标志着通货膨胀期的到来。工业生产急剧下降，导致消费品价格上涨与工资下跌，以及失业率迅速上升。随着 1931 年两家德国银行的破产，世界信用体系和流通领域陷入了混乱。共产主义者与社会主义者诅咒自由资本主义所造成的这种恶劣局势，资本家和金融家则抱怨政客批准的保守金融政策出了问题，而政客们则将矛头指向人为造成的贸易壁垒与失衡、过时的黄金标准以及国际金融合作的缺失。经济学理论显然尚处于幼年期。

不过，在这种种困难的背后是政治上的极端主义问题，这在一战之后始终未能解决。1925 年的德国魏玛共和国或许看上去是一个真正的民主政权，就在这一年陆军元帅兴登堡 (Field Marshal Paul von Hindenburg) 被选为总统，但来自左翼与右翼的政治力量在不断瓦解着这个民主政权。共产主义者仍在期待着自发的革命，他们曾在 1919 年便感觉到革命有望成功；而右翼的民族主义者则仍被德国战场上的失败与战后的民族蒙羞所刺痛。法国的外交政策加剧了德国政治力量的分裂。法国军队以拖延赔偿为托辞，于 1922—1923 年间开进并占领了鲁尔区，要对这一

[305]

矿藏丰富的省份以及莱茵兰地区实行政治控制，但这一行动点燃了民族主义义愤。面对群众的抗议，法军部分撤退。随着 1925 年洛加诺公约 (Locarno Agreements) 的签订，局势有所缓和。该协议确保了法德边界，并允许德国加入国际联盟。1929 年的杨格计划 (Young Plan) 制定了另一份赔偿日程表，不过现在的问题在于日益崩溃的经济。

随着新财政大臣布吕尼希 (Heinrich Brünig) 走马上任，魏玛共和国在 1930 年 3 月有效地化解了最后的危机。面对大量的失业，布吕尼希被授予了特殊的权力。在那时，国家社会主义党控制着 18% 的选票，共产党则占 13%。随着经济不断下滑，这些数字在变化着。最终，国家社会主义党取代了社会民主党成为最大的政党。经历了数次危机之后，1932 年兴登堡取布吕尼希而代之。接下来两任总理都因为工作不力很快遭同样命运，同时社会动荡和暴力加剧。如何应付这一局面最终演变成做出怎样选择的问题：要么将政府交由军队管理，要么让国家社会主义党上台。最终在 1933 年 1 月，兴登堡将总理职位拱手交给了前德军奥地利下士阿道夫·希特勒，认为后者知道如何果断行事。2 月 27 日，希特勒纵火焚烧了国民议会大厦 (Reichstag Building) 并污蔑是共产党所为。这一未被证实的罪行成了将共产党从议会中清除的托辞。在 3 月举行的选举中，日益受欢迎的国家社会主义党获得了 44% 的选票。国民议会大厦纵火案还被用作颁布 3 月 23 日授权法令 (Enabling Act) 的依据，该法令剥夺了国民议会的权力，赋予总理接近于独裁者的权力。4 月 1 日，希特勒宣布联合抵制所有在德国的犹太人商店，一周之后政府开始将所有犹太人从公务员中清除。4 月 26 日希特勒创建了盖世太保。6 月 14 日，希特勒宣布国家社会主义党是德国唯一合法的政党。到了该年夏天，随着兴登堡的去世，希特勒作为元首 (Führer) 爬上了权力的顶峰。

[306]

希特勒是在政治与经济处于危机的时刻上台的，他向许多德国人许下了两个动听的诺言：消除失业和恢复国家失去的荣耀。他实施大规模公共工程（包括兴建高速公路与生产大众汽车），建立庞大的警察局，最重要的是重整军备，从而实现了第一个诺言。他在恢复德国荣耀方面的成功的确超过了他自己的预期。德国于 1936 年重新占领了莱茵兰有争议的领土；1938 年入侵并吞并了奥地利和捷克斯洛伐克大部分地区；1939 年攻击波兰（与法国和英国宣战）；1940 年进攻丹麦、挪威、比利时、荷兰和法国。1941 年入侵俄罗斯，一开始很顺利，唯有丘吉尔领导的英国人民的英雄气概、美国的军事干涉和希特勒日益严重的自大妄想狂症，才得以将欧洲从他的独裁统治下解救了出来。

在德国国内和被占领土上，希特勒利用种族主义作为工具，使大屠杀成了他的"不朽遗产"。他也采用了可怕的清洗方法，先是将犹太人从大多数职业中清除掉，甚至不许他们进入雅利安人的商店；之后在 1935 年通过一系列"公民身份"法案，对犹太人选举、开公司和与"德国人"通婚的权利进行限制；1937 年开始有计划地剥夺犹太人的财产，次年又拆毁犹太教堂，并将犹太人迁往集中营；1941 年的所谓最终解决方案 (Final Solution) 是指建立灭绝营，600 万欧洲犹太人死于其中。这些死者大多是波兰人（330 万，占波兰犹太人总数的 90%）或乌克兰人（150

万）。不过，纳粹种族政策的目标不只针对犹太人，据估计，多达 1500 万的平民被杀害，还有成千上万的人被监禁或强制绝育。

到 1928 年时，斯大林已经在苏联建立了绝对的统治，他的第一个五年计划——这个计划曾吸引了那么多德国共产党员和建筑师前往该国——规定在 1930 年代初实行强制性的农业集体化，这使政府和土地所有者及农民处于敌对状态。1936—1939 年间的所谓"大清洗"（Great Terror）运动，其目的在于消灭政治上的反对派，并将政治犯迁至一座大型劳动营（集中营）中，直至 1938 年底。

这些事件对于建筑实践的影响当然是巨大的。如果说 1930 年代最初几年的大萧条严重阻碍了建筑活动，那么战争或备战则于 1930 年代末完全终止了建筑实践。接下来 1940 年代的战争摧毁了欧洲许多城市，尤其是德国。整个西欧经历了一个缓慢而痛苦的恢复过程，大部分地区直到 1950 年代中期或晚期才恢复过来。东欧国家的重建进程甚至更加缓慢。

1930 年代纳粹德国的建筑状况很复杂，毫无疑问的是，一种"官方的"纳粹风格大行其道。[1] 从传统角度来看，包豪斯是现代主义在德国失败的一大象征。1933 年当密斯关闭这所学校的大门时，它的命运就已经被决定了。但在这里，问题并非像有时所说的那样简单，因为在它的衰亡中，个人的政治恩怨也起到了重要作用。由于 1920 年代和 1930 年代大多数德国建筑师是国家雇员，所以他们的任命听命居统治地位的政党。在 1920 年代，大多数德国州政府由社会民主党或国家社会主义党所掌控，关键岗位的任命仅限于左翼政治派别（1926），例 [307] 如法兰克福的恩斯特·梅（May）的任命（1925）和柏林的马丁·瓦格纳（Martin Wagner）的任命（1926）。反之，当 1930 年国家社会主义党在图林根州组成执政联盟时，他们就立即以民族主义者舒尔策－瑙姆堡（Paul Schultze-Naumburg）（1869—1949）取代了现代主义者巴特宁（Otto Bartning）。因此在许多情况下，建筑师的生死取决于他们在政治上是否效忠，这种态度往往在他们早期学习阶段就已经形成了。例如，希特勒宠爱的建筑师施佩尔（Albert Speer）（1905—1981）就曾讲述自己于 1920 年代在柏林理工学院（Technische Hochschule）学习时，共产党员学生加入珀尔齐希的工作坊，国家社会主义党的党员学生则聚集在特森诺（Heinrich Tessenow）的周围，尽管这些教师没有特别的政治倾向。[2]

再者，现代主义绝不是一场单纯的意识形态运动。例如，珀尔齐希和特森诺都是他们那一代人中杰出的现代主义者，但往往前者的工作被认为属于表现主义，后者则被视为古典主义者。另一个更为生动的例子，是围绕要将博纳茨（Paul Bonatz）（1877—1956）和施米特黑纳（Paul

---

1　关于这一时期德国建筑的经典著作是莱恩（Barbara Miller Lane）的《德国的建筑与政治，1918—1945》（*Architecture and Politics in Germany 1918–1945*, Cambridge: Harvard University Press, 1968）；参见托伊特（Anna Teut），《第三帝国建筑》（*Architektur im Dritten Reich*, Frankfurt, 1976）。

2　施佩尔，《第三帝国的内情：阿尔贝特·施佩尔回忆录》（*Inside the Third Reich: Memoirs of Albert Speer*），理查德·温斯顿（Richard Winston）与克拉拉·温斯顿（Clara Winston）翻译（New York: Macmillan, 1970），16—17。

Schmitthenner）（1884—1972）从 1927 年斯图加特德制同盟展上驱逐出去而引发的一场争论。博纳茨尤其是一位光彩夺目的现代人物，曾工作于特奥多尔·菲舍尔（Theodor Fischer）的事务所，担任其助手并仿效其建筑风格。当菲舍尔于 1908 年离开斯图加特前往慕尼黑任职时，博纳茨便继承了他在斯图加特的教席。博纳茨的两个早期委托项目——图宾根图书馆（Tübingen Library）（1909—1912）和斯图加特火车站（1913—1928），因为属于德国最早的一批现代建筑而受到广泛赞赏。就在战后的那些年里，博纳茨成了一名社会民主党党员，但后来他改变了政治立场；而他在斯图加特教学的同事施米特黑纳，曾在卡尔斯鲁厄学习，在战争期间成为政府住房建设部的一名建筑师。在这一职位上他设计了柏林著名的花园城住宅区（施塔肯花园城 [Gartenstadt Staaken]），深受里默施米德的赫勒劳花园城规划的影响。作为一名住房建设专家，施米特黑纳于 1918 年加入了斯图加特教师队伍，在家乡风土文物保护同盟（Bund Für Heimatschutz）（一个保守的地域主义协会）以及德制同盟中都很活跃。由于博纳茨和施米特黑纳在当地建筑师中很突出，而且由于斯图加特建筑展起先是由德制同盟的符腾堡分会组织并由市政府出资的，所以他们参展便顺理成章，而且合情合理。但正如我们已经看到的，挑选参展建筑师在很大程度上被德制同盟的柏林分会，即被密斯·凡·德·罗有效地控制着。结果，施米特黑纳一直未被列入备选建筑师的名单。博纳茨出现在 1925 年 9 月交给密斯的第一份名单上，但后来被删除了。[1] 之后，符腾堡分会又加上了他的名字，但密斯迟迟不答应。一个月之后，密斯终于心软了，但为时已晚。当时博纳茨和施米特黑纳正好发表了文章，抨击密斯的总体方案是一个大杂烩，没有让任何具有地域主义情感的建筑师参加。施米特黑纳是符腾堡分会的副主席，他抱怨说，他的分会被柏林的德制同盟机构所蒙骗，使自己失去了对德制同盟这个小小分会的控制权。[2] 班纳姆（Reyner Banham）在近半个世纪之前看到的情况实际上就是如此，即在斯图加特参展的德国建筑师"从开业户籍、出生或依附关系来看，大多是柏林人"。这个展览的确是柏林环社（Der Ring）的一大胜利。[3]

这种地区怨恨进一步分化了德国的现代运动，也就是说，它超越了在迈尔的政治功能主义与密斯所奉行的审美形式主义之间已经出现的明显分裂。在当时，一些建筑师将当代德国建筑划分成"进化的"与"革命的"两个阵营。[4] 对斯图加特展览的一个直接回应便是方块社（Der Block）的成立，它与柏林环社相对立。原先这个团体是由 8 位建筑师组成的小组，由博纳茨、施米特黑纳、舒尔策－瑙姆堡（Schultze-Naumburg）以及贝斯特尔迈尔（German Bestelmeyer）所领导。[5] 在 1928 年时他们的目标较为温和，呼吁人们探求一种"适应于我们时代建筑使命的独一无二的表

---

1 尤其见波默（Richard Pommer）与奥托（Christian F. Otto），《魏森霍夫 1927 与现代建筑运动》（*Weissenhof 1927 and the Modern Movement in Architecture*, Chicago: University of Chicago Press, 1991），46。

2 Ibid., 51.

3 班纳姆，《第一机器时代的理论与设计》（*Theory and Design in the First Machine Age*, New York: Praeger, 1967），275。

4 波默与奥托，《魏森霍夫 1927》，143。

5 波默与奥托，《魏森霍夫 1927》，164—165；参见莱恩，《德国的建筑与政治》，140。

现"，既要考虑老百姓的愿望，又要考虑自然景观的特色，并密切关注"新材料新形式的所有内涵与可能性"，同时又不摒弃"继承下来的传统和前人取得的成就"。[1] 简言之，他们承接了1890 年代现实主义与"客观性"运动的理论余绪，即由施特赖特尔、舒马赫、利希特沃克和瑙曼所阐明的理论。

但是在这一特殊的时刻与地点，这项议程使建筑局面进一步复杂化了。除了这场现代运动中左翼与右翼之间的分化，即构造形式与地域形式倡导者之间的分化之外，现在又出现了坚决反对现代主义的近似狂热的政治态度。持这种反对立场的人引起了许多试图找出一种"法西斯式"建筑的历史学家的注意，但这类将风格与政治进行笼统归纳的做法并不能解释纳粹党及其建筑事业内部的矛盾心理，人们长久以来就注意到了这一点。除了这个问题之外，还存在着这样一个事实，20 世纪 20 年代许多温和的地域主义者，随着 1930 年之后政治经济形势的恶化而跳到了敌对的一方。

[308]

舒尔策－瑙姆堡是这些转变立场的建筑师中的一个佳例，尽管他的转变是略早的事。战前他主要是位住房设计师，人们将他视为一位"进步的"建筑师，因为他的抽象的比德迈尔风格（Biedermeyer style），即平滑的表面以及赤裸裸的新古典主义形式，类似于泰森诺、梅拜斯、贝伦斯甚至密斯的风格。而像他的《住房建设的艺术考量》(Häusliche Kunstpflege) 这类早期著作，则受到了住房改革运动的影响，并充实了希尔特、多梅、古利特以及利希特沃克等人的功能主义观点。[2] 不过，一战之后舒尔策－瑙姆堡的职业生涯开始走下坡，因为他的基于传统的形式日益遭到现代运动左翼分子的攻击，于是他带着些许苦涩的情绪出版了《建筑 ABC》(ABC des Bauens) (1926)。该书编排成技术手册的形式，严厉批判现代建筑师在技术上的无能，以及对建筑行业技能的不熟悉——换句话说，即劣质的构造。[3] 他尤其反对平屋顶，因为它不适合德国的气候与习俗。不过在 1928 年，他的批评开始向大为不祥的方向发展，如他的论战小册子《艺术与种族》(Kunst und Rasse) 将现代建筑的发展视作文化与种族的堕落。[4] 不过注意到以下这一点是重要的，即舒尔策－瑙姆堡的极端主义立场无人理会，他的观点其实与国家社会主义党的观点并不一致。几年后，意识到建筑的重要性并与舒尔策－瑙姆堡持有相同种族观的希特勒，愤怒地将他为魏玛纳粹党广场 (Party Forum) 做的获奖设计扔进了垃圾桶，说"它看上去像一个边远小镇上大而无当的市场"[5]。另一位中庸的地域主义者舒马赫 (Fritz Schumacher) 加入了方块社，因为他尊重博纳茨和贝斯特尔迈尔。他于 1933 年退出，因为他认为舒尔策－瑙姆堡"狂热的"鼓动使这个团体变成一处污秽之地。[6]

---

1 此宣言被重印收入陶特，《第三帝国的建筑》(Architektur im Dritten Riech)，29。最初发表于《建筑》(Baukunst, 4 May 1928)：128。
2 舒尔策－瑙姆堡，《住房建设的艺术考量》(第 4 版，Leipzig: Eugen Diederichs, 1902)。
3 舒尔策－瑙姆堡，《建筑 ABC》(Stuttgart, 1926)。
4 舒尔策－瑙姆堡，《艺术与种族》(Munich, 1928)。
5 施佩尔，《第三帝国的内情》，76。
6 波默与奥托，《魏森霍夫 1927》，278n. 51。

在 1920 年代末 1930 年代初，还有一些供这种极端主义发泄的出口。建筑师出身的罗森贝格（Alfred Rosenberg）于 1923 年成为国家社会主义党喉舌《人民观察员报》（Völkischer Beobachter）的编辑。然而，该报在 1928 年之前未过多关注于艺术问题，只是在 1930 年前后才转变了早先对格罗皮乌斯、马丁·瓦格纳和恩斯特·梅的社会主义现代主义的赞赏态度。[1] 不过随着方向的转变，该报又走了极端，以达雷（Richard Walter Darré）的种族理论与反城市理论来批判现代建筑，常挂在嘴边的"血与土壤"（blood and soil）这一短语便来源于达雷的理论。在这方面，"德意志文化战斗联盟"（Kampfbund für deutsche Kultur）也发出了刺耳的声音，这个团体成立于 1929 年，拥有自己的建筑分会，由罗森贝格和舒尔策-瑙姆堡所领导。但在纳粹掌权之后，该组织很快被边缘化了，其原因在很大程度上与希特勒个人对建筑的兴趣有关。

希特勒于 1889 年出生在德奥边境上的一个贫穷小镇，1907 年前往维也纳，希望能进入美术学院学习艺术。后来他的兴趣转向了建筑，但因申请建筑系被拒绝而感到震惊和羞辱——若当时他被录取，20 世纪的历史进程当然将被戏剧性地改变。之后他拒绝到事务所寻找工作，而是将所有时间花在自学建筑基本原理与建筑史上，平日过着无业游民的生活。战争爆发时，他终于找到工作（服兵役）。他在 1924—1925 年间狱中画的建筑草图，则展示了他简洁流畅的铅笔笔法。在 1933 年他攫取了政权之后，建筑仍是他唯一真正的兴趣所在。他怀着建筑的激情度过了许多漫漫长夜。建筑师施佩尔成了希特勒的亲密朋友，他曾说过希特勒的趣味"得自于其年轻时代的世界：1880—1910 年的世界，这给他的艺术趣味打上了烙印，正如给他的政治与思想观念打上了烙印"[2]。这种趣味包括了森佩尔与加尼耶的剧场设计，以及 20 世纪初更加"客观的"种种思潮。希特勒上台后的第一位也是最重要的一位指导者，是威斯特伐尼亚建筑师特罗斯特（Paul Ludwig Troost）（1878—1934），他与这位建筑师相处很愉快，经常一起待上几个小时。特罗斯特以贝伦斯与特森诺的风格工作，设计了慕尼黑的德国艺术之家（House of German Art），于 1933 年开工建设，是严谨朴素的新古典主义风格，与当代保罗·克雷（Paul Cret）的巴黎美院古典主义风格很相似（尽管不那么精致）。希特勒将建筑视为最重要的一门艺术，认为从国家层面上看，建筑最本质的特性是英雄般的纪念碑性。不过在其他领域，他倾向于实用性与功能性的设计，在谈到建筑时经常会用"Sachlichkeit"（客观性）一词。[3] 希特勒认为，政府建设的工厂应是现代的；乡村的青年旅馆是粗犷的、具有阿尔卑斯山风情；住宅应是本乡本土式的两坡顶建筑。因此，在 20 世纪 30 年代并没有单一的建筑思想或风格观点主导着纳粹的建筑实践。在这个 10 年的后半期，随着希特勒重建柏林计划的提出，施佩尔的新古典主义浮现出来，这并非是由于他对古典主义的坚持，而是希特勒的自大妄想狂和对国家象征主义强烈兴趣

[309]

---

1 莱恩，《德国的建筑与政治》，152。

2 施佩尔，《第三帝国的内情》，50。

3 关于希特勒对建筑的评说，见贝恩斯（N. H. Baynes）编，《希特勒演说集》（The Speeches of Adolf Hitler）2 卷本（London, 1942）。

的一种反映。[1]

在现代主义与国家社会主义政策之间还存在着一种奇怪的关系。政府能够容忍现代主义建筑，是因为在希特勒于1933年11月成立文化部时有意绕过了罗森贝格(他曾请求成立文化部)而任命戈培尔(Josef Goebbels)为部长。戈培尔是个孤独的内阁部长，有博士头衔，长期以来是罗森贝格的对头。在早期演讲中，戈培尔其实是支持现代主义多元取向的，而且也是德国表现主义的真诚赞赏者。他任命表现主义画家魏德曼(Hans Weidemann)到文化部艺术局任职，便是他反对罗森贝格所支持的政策的信号。然而，戈培尔的弱点，如施佩尔所说，是习惯于在希特勒面前卑躬屈膝而不是直面他的政治对手。[2]开始时，罗森贝格在政府中的地位微不足道，但他仍控制着《人民观察员报》和文化战斗联盟。正是通过这些媒介他才得以挑战戈培尔的文化观(直到1935年)。

确实有许多现代建筑师从官方或组织机构中被清除出去，罗森贝格发起了敌对的宣传运动，在地方上予以配合。早在1931年夏天，《人民观察员报》就预言，一旦纳粹党掌权，便要对环社建筑师所奉行的左派政策"进行清算"，这样的威胁在1933年政治风云变幻的氛围中盛行着。[3]犹太艺术家和建筑师无论地位高低，都遭到了攻击，门德尔松(Erich Mendelsohn)加入了第一波犹太人的流亡浪潮，离开了德国。然而，对于现代主义的攻击，既有意识形态或政治因素的刺激，又有宗教因素的推动。在1933年末，沙伦(Hans Scharoun)和拉丁(Adolf Rading)被赶出了他们在布雷斯劳美术学院的设计工作室。同一年，珀尔齐希在遭到文化战斗联盟的激烈攻击之后，被迫辞去了他在柏林的新职位。戈林(Hermann Goering)当时是新上任的普鲁士内政部长，也将马丁·瓦格纳和贝伦特(Walter Curt Behrendt)从普鲁士建筑行政管理局开除了。

格罗皮乌斯和密斯的境况稍有不同。在纳粹党中的许多人看来，格罗皮乌斯是同情包豪斯左派政治观点的人。因为他的政治出身众所周知，所以他在建筑结构上的缺陷很容易遭到攻击。不过，作为一位私人开业的建筑师，他可以承受这些攻击而不受伤害。他的事务所当时还有项目可做，但由于经济形势及其他方面的原因，其业务到1934年便戛然而止了。在这些年中，格罗皮乌斯参与了若干次设计竞赛——其中有1931年的苏维埃宫以及1933年的柏林帝国银行(Berlin Riechsbank)设计竞赛——尽管并不成功，但也使他创作了一些作为一位设计师的最佳作品。他还积极写信给政府官员和机构领导人，为现代建筑游说。[4]他到1934年上半年都在支持这项事业，后来在10月失去了工作，不得不离开德国去了英格兰。原先他只想在英格兰待上几年，等德国经济好转后就回国。

---

1 关于特罗斯特，施佩尔当然也持同样的看法。见施佩尔，《第三帝国的内情》，50。

2 Ibid., 32. 在戈培尔家时，当希特勒对诺尔德(Emile Nolde)与汉夫施滕格尔(Eberhard Hanfstaengl)的水彩画表示不满时，这位部长立即叫人将画摘去，这令施佩尔十分惊讶。

3 《人民观察员报》，《对梅、格罗皮乌斯、陶特之流的体系进行清算!》(Eine Abrechnung mit dem System May, Gropius, Taut und Konsorten!) 12–13 July 1931. 引自莱恩，《德国的建筑与政治》，165。

4 莱恩，《德国的建筑与政治》，181。

　　密斯待在德国的时间要长得多，万般无奈之下才离开了德国。[1] 即便他与包豪斯有瓜葛，但也没有伤及他个人。1930 年的一个夏日，格罗皮乌斯突然出现在密斯的柏林事务所，动员他担任德绍包豪斯的新校长。迈尔刚刚被解雇，而他的军事共产主义观点已挑动学校中这一派人行动起来。格罗皮乌斯相信密斯能够控制这一局面。密斯接受了这一挑战。在秋季学期开学时学生就向他示威，并提出了若干荒唐的要求。他叫来了警察，关闭学校达一个月之久。他的第一项工作便是去除学校的政治色彩，将精力重新集中到艺术与建筑上来。但是正如 10 年前在魏玛一样，当地的共同体已经遭到了破坏，从一开始密斯就在打一场注定赢不了的战役。这花了两年时间，但在 1932 年 8 月 22 日，德绍市议会违背市长的意愿，投票决定关闭这所学校。几个月后，密斯做出了回应。他在柏林郊区的施泰格利茨 (Steglitz) 租借了一个空仓库，在 10 月与原先大部分教师及学生一起重开学校。但是在柏林，政治又回到了学校中，学生中国家社会主义党的人数与共产党人数大致相当，政治冲突又成了家常便饭。这就是密

[310] 斯于 1933 年 4 月 11 日上午到达这所学校时所面临的情形。他发现，学校的办公室已经被盖世太保搜查过了。

　　这也是政府内部处于大混乱的时期。纳粹已经执掌了政权，但官方建筑政策付诸阙如。文化部尚未建立，希特勒正全力忙于巩固其政权。这次搜查原本并非旨在摧毁包豪斯，而是为了调查德绍市长黑塞 (Mayor Hesse of Dessau)，他因涉嫌挪用公款被拘留。此外，共产党已被取缔，盖世太保当然对包豪斯学生中谁是共产党员感兴趣。因此，接下来的几个月对密斯来说相当艰难，因为他一方面要奋力挽救学校，另一方面又被怀疑是黑塞案中的同谋。此外，他还参与了帝国银行 (Reichsbank) 的设计竞赛——这是那些年中德国最大的政府竞赛项目。实际上在 6 月初，他的对称性设计方案就被提名为 6 个决赛方案之一。[2] 一天晚上，他怀着悲观失望的心情，到部长办公室拜访了罗森贝格。罗森贝格并不知晓这次搜查，但还是在严肃的气氛下就学校及其政治倾向与密斯进行了交谈，密斯则强调已经做了改进。这次谈话确实有助于形势的改善，因为 7 月盖世太保允许学校重新开课了——条件是开除康定斯基和希尔伯沙梅尔 (Ludwig Hilbersheimer)。事已至此，密斯与全体教师共同决定，永久关闭包豪斯学校。所以说，关闭学校的决定是由全体教师而非政府做出的。

　　从某种意义上来说，密斯与新政府摊牌是赢家，同时他还得继续努力，在接下去的 5 年中与政府和平相处。一方面，他在包豪斯的任职和他做的李卜克内西－卢森堡纪念碑有损于他的地位；另一方面，他除了是环社的成员之外，从未有过公开的政治倾向。作为一名建筑师，他在纳粹政府的某些部门中备受尊敬。总之，关于帝国银行竞赛，希特勒亲自拍板，否定了所

1 专门研究密斯这一重要年代的著作，见霍赫曼 (Elaine S. Hochman)，《幸运的建筑师：密斯·凡·德·罗与第三帝国》(*Architects of Fortune: Mies van der Rohe and the Third Reich*, New York: Fromm International Publishing, 1990)。

2 关于这一设计的最佳图像以及密斯 1930 年代之后的其他设计，见约翰逊 (Philip C. Johnson)，《密斯·凡·德·罗》(New York: Museum of Modern Art, 1947)。

有获胜方案，因为他认为它们统统缺乏纪念碑性，其外观只是寻常办公大楼的式样。¹ 1933 年，戈培尔被任命为文化部长，为现代主义者们带来了些许希望。次年，密斯被邀请参加政府发起的两个设计竞赛项目，其中之一是为 1935 年布鲁塞尔世博会设计德国国家馆。1934 年，他还为柏林德国工人展览设计了采矿业展区。官方于 1935 年宣布他在黑塞调查案中是清白的，这似乎意味着他的职业生涯得以恢复，但实际上他已对德国丧失了兴趣，尽管并非是因为意识形态，而是他奉行的简约主义风格。1935 年，他为乌尔里希·朗格(Ulrich Lange)设计的一所住宅——平顶式——费了诸多功夫才获得了当地规划委员会的批准，但朗格却决定不建了，其理由是根据合同条款，住宅应规避街道。

1935 年 12 月，密斯应加利福尼亚米尔斯学院 (Mills College) 的邀请讲授夏季课程，但当时他并不想离开德国。1936 年，他收到了阿穆尔理工学院 (Amour Institute of Technology) 的来信，询问他是否有兴趣到该校任教。在莉莉·赖希 (Lily Reich) 的敦促之下，密斯第一次考虑离开德国。同年 6 月，密斯还接待了来访的巴尔，这位博物馆馆长提到可能要为现代艺术博物馆设计一座新展馆，并转达了哈佛大学聘请他担任设计研究院院长一职的意向。密斯倾向于接受后两项邀请而不想去芝加哥——他有把握自己比竞争对手格罗皮乌斯更胜一筹——于是便中断了与阿穆尔理工学院的谈判。但这两个机会都落了空，哈佛的职位最终给了格罗皮乌斯。与此同时，密斯似乎有望参与柏林的重建工程（最终施佩尔被选中），但验证这一点的文献却付诸阙如。当密斯收到哈佛大学令人失望的消息时，他正工作于柏林纺织品展览会，该展计划于 1937 年 3 月开幕。不过就在开展的前几周，由于戈林个人的干涉，他被迫辞去了建筑师职务，情势再一次改变了。

这是令人沮丧的一年中给他的最惨痛的一击。密斯万般无奈，决心不管有无工作都要离开德国。1937 年 7 月，他用兄弟的护照在亚琛越过荷兰边境，几天后在巴黎遇到了巴尔，后者帮他获得了怀俄明 (Wyoming) 的一个建筑项目。密斯回到德国获得了出国的合法文件，于 8 月 20 日抵达纽约城。12 月，他结束了与阿穆尔学院的谈判，前往芝加哥。当他离开德国时，他是一位作品相对不多的建筑师，当然大型项目一个也没有。

在欧洲另一个法西斯国家意大利，建筑局面至少在以下这个方面与德国相类似：未曾颁 [311] 布过关于建筑风格的官方政策。其实在意大利，五花八门的建筑取向更甚于德国，尽管在 20 世纪 30 年代初期，意大利理性主义者曾向墨索里尼政府做过强烈的呼吁。再者，意大利几乎所有主要建筑师——最重要的是帕加诺 (Giuseppe Pagano) 和泰拉尼 (Giuseppe Terragni)——在这整个 10 年当中都是法西斯主义的支持者，在建筑师中也没有政治派别的分野，这种情况一直延续到人们开始意识到希特勒与墨索里尼之间的结盟意味着什么的时候（反犹主义与战争）。

---

1 在 1974 年与施佩尔的一次谈话中霍赫曼注意到了这一点，见霍赫曼，《幸运的建筑师》，201。施佩尔大权在握，确保博纳茨、贝斯特尔迈尔以及贝伦斯获得项目，并尽力保护他先前的老师泰森诺。

撇开政治不谈，意大利的现代主义在其他方面也与欧洲各种现代主义变体不一样。希契科克与约翰逊在 1932 年是那么热心拥戴"国际的"一词，但该词在一个重要方面与意大利法西斯势不两立：法西斯民族主义，或者说这种民族主义对意大利文化统一性的赞颂，其历史根源可以追溯到罗马帝国。这就意味着，意大利的理性主义者必须更具备文化价值与国家抱负感，其结果是他们特别喜欢纪念碑式的表现，并对地方材料和建造方法以及南方的气候抱有真心赞赏的态度。纪念碑性有时接近于傲慢自大，它的主导地位已达到了登峰造极的程度，以至到了这个 10 年的末期，理性主义者的设计与持传统思维模式的建筑师的设计毫无二致。他们的古典母题（受到现代主义的影响）变得越来越抽象了。

1930 年代，意大利建筑活动的步子迈得较快，似乎比欧洲所有地区都要快一些。[1] 原因部分是墨索里尼发起了五花八门的建筑项目。他尽管不懂建筑，却也认识到建筑代表法西斯国家形象的重要意义。他得到了情妇萨尔法蒂 (Margherita Sarfatti) 的鼓励，她是威尼斯的一个富婆，受过艺术教育，热心于现代艺术的发展。墨索里尼尤其迷恋罗马，这是他的新帝国的中心，他决心要将它打造成一个世界大都市。第一份罗马城的总体设计是 1931 年由皮亚琴蒂尼 (Marcello Piacentini) 做的，以古典建筑为核心，呼吁在伊曼纽尔二世纪念碑两边开辟两条大道，从威尼斯广场放射出去，一条折向南通往奥斯蒂亚，另一条为帝国大道 (Via dell'Impero)，沿古帝国广场和大斗兽场向前延伸。一旦帝国大道开工兴建，便会成为一座革命博物馆，即法西斯宫 (Palazzo del Littorio) 的建筑用地。1934—1937 年间曾为这座建筑举办过一次设计竞赛，引发了热烈的讨论与争议，因为此建筑的选址就挨着古典建筑与大斗兽场。有一群理性主义者提交了一个方案，其中有泰拉格尼，他们提出建一道弧形的、似乎盘旋而起的斑岩墙体，如同大斗兽场的规模，并建一个平台向外挑出。另有一个方案是若干建筑师和 BBPR 公司设计的，以勒·柯布西耶的手法将博物馆简化为一块长长的水平板。

当然，问题是如何以现代手法来表现古典纪念碑性与雄伟庄严的效果，而皮亚琴蒂尼在他为新罗马大学（1932—1935）做的总体方案与设计中就已试图解决这一问题了。皮亚琴蒂尼持意识形态多元化的立场，乐于在当时论战双方之间寻求一条中间道路，所以他是一个难于定性的建筑师。他是一位著名建筑师的后代，早在一战之前就很有名了。他还是 20 世纪二三十年代现代运动发展过程中的一位机敏而多产的批评家。他反对新古典主义与学院派折中主义，也反对现代主义；既反对现代主义的抽象性，也认为某些材料（例如玻璃）不适合于罗马温暖的气候。最能代表他后期风格的作品是布雷西亚 (Brescia) 邮局设计，建于 1930 年前后，其外形是一座抽象的立方体式建筑，高高的矩形墩柱支撑着门廊，墩柱本身则以对比强烈的水平石条装饰。至于罗马大学的项目，他的意图是要设计出统一的、准古典式的建筑群，但不用圆柱和拱券。这些建筑是由皮亚琴蒂尼和其他人共同建造的，并以中央广场、方柱和共有的石灰华围

1 有关这一时期意大利建筑的最佳综述，是埃特兰 (Richard A. Etlin) 的《意大利现代主义建筑，1890—1940》（*Modernism in Italian Architecture, 1890–1940*, Cambridge: M. I. T. Press, 1991）。

墙统一起来。

皮亚琴蒂尼为法西斯政府做了许多项目，其中规模最大的一项是为罗马世博会 (Esposizione Universale di Roma)（EUR）综合体做总体项目管理。该项目发起于1937年，1942年举行了设计竞赛（已施工兴建，但因战争一直未开放）。而文化宫 (Palazzo della Civiltà)（1938—1939）在此种具有古典比例的综合体中，则是一座独具特色的建筑物，它接近于立方体，以拱券叠加而成，是由拉·帕多拉 (Ernesto La Padula)、圭尔里尼 (Giovanni Guerrini) 和罗马诺 (Mario Romano) 设计的。

不过，皮亚琴蒂尼的古典主义和有限的现代主义，只是20世纪30年代若干相互竞争的设计取向之一。穆西奥 (Giovanni Muzio) 与蓬蒂 (Gio Ponti) 的"二十世纪"艺术运动 (Novocento, 1922年在米兰兴起的意大利艺术运动，拥护墨索里尼的法西斯主义) 风格也很显眼。蓬蒂设计的米兰蒙特卡蒂尼公司 (Montecatini) 办公大楼（1939）特别接近于现代主义。理性主义者在这个10年以及之后也相当活跃。 [312] 像BBPR这样的公司（其成员有班菲 [Gian Luigi Banfi]、贝尔焦约索 [Lodovico Belgiojoso]、佩雷苏蒂 [Enrico Peressutti] 和埃内斯托·罗杰斯 [Ernesto Rogers]），以及像帕加诺 (Pagano)、佩尔西科 (Edoardo Persico)、利贝拉 (Adalberto Libera) 和加尔代拉 (Ignazio Gardella) 这样的建筑师，都一直在实践着一种饱含拉丁民族情感的精致的现代主义。BBPR公司设计的莱尼亚诺 (Legnano) 日光疗法诊所（1938），已预示了战后对本土风尚的关注以及与"白色的"现代主义的决裂，而加尔代拉设计的亚历山德里亚 (Alessandria) 结核病诊所（1936—1936）也是如此，采用了彩砖花格工艺。这两个设计是这个10年中欧洲较为成熟的设计。

1930年代，意大利最重要的现代建筑师无疑是泰拉尼 (Terragni)，他当时是一位理性主义者，也是法西斯政策最坚定的支持者。[1] 他的新公寓楼 (Novocomum apartment building)（1927—1929）是意大利第一座独特的现代建筑，而他的法西斯党部 (Casa del Fascio)（1932—1936）——科莫法西斯地方总部——被广泛誉为意大利第一座现代建筑杰作（图90）。不过这种评价仍有争议。泰拉尼关于这座建筑的基本概念（取自于墨索里尼的一次演讲）——"一座玻璃屋子，进去的所有人都是同侪"，在这屋子里"领导人想不到会有专门的或秘密的出口"——可以说是一种最具亲和力的市政厅概念，不过它仍然是将世界投入战争的一个政党的地方总部。[2] 尽管泰拉尼的专业愿望是"绝不涉足再现性的建筑物"[3]——这句话有各种不同的解释，从基里科式的 (Chiricoesque)"赤裸的面具"到句法的自吸收[4]——实际上，这座建筑明显具有修辞性，如室内的

1　研究泰拉尼的英文基本著作见舒马赫 (Thomas L. Schumacher) 的《表面与符号：朱塞佩·泰拉尼与意大利理性主义建筑》(*Surface and Symbol: Giuseppe Terragni and the Architecture of Italian Rationalism*, New York: Princeton Architectural Press, 1991)。关于意大利理性主义者与法西斯的关系，见吉拉尔多 (Diane Yvonne Ghirardo)，《意大利建筑师与法西斯政治：关于理性主义者在政权建设中的作用的评估》(Italian Architects and Fascist Politics: An Evaluation of the Rationalist's Role in Regime Building)，《建筑史家学会刊》39 (May 1980)：109—127。

2　泰拉尼，《科莫法西斯党部的建设》(The Construction of the Casa del Fascio in Como)，多林斯基 (Debra Dolinski) 翻译，收入舒马赫，《表面与符号》，143，147。

3　Ibid., 142.

4　见塔夫里 (Manfredo Tafuri)，《朱塞佩·泰拉尼：主题与"面具"》(Giuseppe Terragni: Subject and "Mask")，载《争鸣》(Winter 1977)：11；艾森曼 (Peter Eisenman)，《从对象到关系》(Dall'Ogetto alla Relazionalità)，载《美家》(Casabella)，344 (January, 1970)：38—41。

图 90　泰拉尼，科莫法西斯党部，1932—1936。本书作者摄。

墨索里尼壁画，官兵的巨幅照片以及表现秩序、权威和公正的说教性石雕。在室外，泰拉尼与尼佐利（Marcello Nizzoli）合作，至少是计划将一大块空墙变成政治广告牌，上面竖起这位独裁者的巨幅画像。[1] 然而，去除了这些政治广告，今天立在那里的这座建筑展示出来的品质则是无可争辩的：概念与结构清晰，光影效果丰富，四个立面处理得很成功，并以极精妙的手法对优美的材料做了细节处理。

在 20 世纪 30 年代，泰拉尼还建造了一些其他的建筑物，其中最重要的项目是但丁博物馆（Danteum）（1938），由墨索里尼于 1938 年以个人名义批准建设，位于帝国大道（Via dell'Impero）上，正对着马克森提巴西利卡（Basilica of Maxentius）的废墟。[2] 这座献给诗人但丁的博物馆由私人提议兴建，其设计方案是将抽象的空间概念（楼梯从地狱、炼狱上升至天堂）与对这一序列中三处长眠之地的物质含义的读解结合起来。建筑的比例和数字具有高度的象征性，引领观众穿过底层由 100 棵大理石圆柱组成的黑压压的森林走向天堂空间，那里有 33 棵玻璃圆柱支撑的一个透明构架向着天空敞开。

这件作品获得了历史阐释者的一致好评，它是强有力的，甚至具有形而上含义。但是，即便泰拉尼的才能或天才不容置疑，却也存在着这一事实：当他在创造这些寓言之时，政治局

1　见吉拉尔多，《一件杰件的政治学：科莫法西斯党部立面装饰的故事》（Politics of a Masterpiece: The *Vicenda* of the Façade Decoration for the Casa del fascio, Como），载《艺术通报》62（1980）。

2　关于这座博物馆的历史与说明，见舒马赫，《但丁博物馆》（*The Danteum*, New York: Princeton Architectural Press, 1990）。

势也正在恶化。但丁博物馆的赞助人瓦尔达梅里（Rino Valdameri）于 1938 年 10 月委托泰拉尼和林格里（Pietro Lingeri）修改设计，这仅在希特勒著名的意大利之行后几个月，以及法西斯政府颁布它那声名狼藉的"种族科学家宣言"（Manifesto of Racial Scientists）之前数周，这个宣言放任对意大利犹太人进行有计划的迫害。[1] 黑暗时代正在降临，一些理性主义建筑师并不愿意参与即将来临的对同事的清洗运动中。[2] 报纸上的谩骂恶评最终升级为穷凶极恶的事件。帕加诺（Giuseppe Pagano）、班菲（Gian Luigi Banfi）和焦利（Raffaello Giolli）全都因反抗法西斯政权而死于德国集中营中；埃内斯托·罗杰斯（Ernesto Rogers）于 1943 年被捕，但幸运地逃到了瑞士[3]；泰拉尼死于 1943 年，那是在他从俄国前线回国之后，陷入了精神与道德崩溃的状态[4]。长期以来，政治斗争与良心不安一直萦绕于有关 20 世纪 30 年代晚期与 40 年代意大利现代主义的历史撰述之中。

2. 欧洲其他地区的战前建筑理论

尽管在 20 世纪 30 年代这个 10 年中，欧洲其他地区没有什么建筑活动，但理论战线仍有进展。芬兰在 1929—1933 年间处于经济衰退期，阿尔托夫妇（Aaltos）开始与制造商奥托·科尔霍宁（Otto Korhonen）合作研发和生产曲木胶合板座椅，并应批评家尚德（Morton Shand）的邀请，于 1933 年展出于伦敦。他们于 1936 年建立了阿尔泰克工作坊（Artek workhop），这表明了其对家具的兴趣达到顶点，开创了斯堪的那维亚高品质家具设计的重要发展之路。

在这些年中，阿尔托夫妇基本上没有什么建筑委托项目，但他们却为巴黎世界博览会（1937）与纽约世界博览会（1939）设计了两个展馆，还设计了他们自己位于蒙克基尼耶米（Munkkiniemi）（1936）的住宅，以及玛丽亚别墅（Villa Mairea）（1938—1939）。尤其是玛丽亚别墅，其底平面复杂而随意，结合了富于温情的细节处理（大多用木头），展现出一种个性化的、殷勤好客的作风，与欧洲大陆的刻板规范完全不同。 [313]

1937 年，加利福尼亚建筑师威廉·沃斯特（William Wurster）在赫尔辛基遇见了阿尔托夫妇，之后这两位芬兰建筑师便在 1938 年 10 月首次访问了美国，阿尔瓦·阿尔托还在纽约城和克兰布鲁克美术学院开了讲座。1939 年，这对夫妻第二次访问美国，在美国旅行长达 5 个月，在旧金山展出了他们的家具和建筑设计。次年，阿尔瓦·阿尔托计划在麻省理工学院教一个学期的课程，但由于政治局势恶化，课程未结束便返回了芬兰。

---

1 关于围绕但丁博物馆的通信情况，见舒马赫，《但丁博物馆》，153—160。关于反闪米特人法案，见埃特兰，《意大利现代主义建筑》，568—597。

2 埃特兰，《意大利现代主义建筑》，580—582。泰拉尼与萨尔托里斯都参与了对理性主义者帕加诺的迫害，他的姓氏是 Pagnano-Pogatschnig。

3 关于罗杰斯对这些年发生的事件的反应，见布伦内（Richard S. Bullene），《建筑师——公民埃内斯托·纳坦·罗杰斯》（Architetto-Cittadino Ernesto Nathan Rogers, Ph. D. diss., University of Pennsylvania, 1994）。

4 埃特兰，《意大利现代主义建筑》，378。

在英国，现代主义在 20 世纪 30 年代也突显出来。人们对现代主义的兴趣多少与德国犹太美术史家和建筑师的涌入有关，他们在 1933 年之后移民英格兰。第一批人中有赫尔曼（Wolfgang Herrmann）（1899—1995）、维特科夫尔（Rudolf Wittkower）、（1901—1971）和佩夫斯纳（Nikolaus Pevsner）（1902—1983）。他们的到来与两个原本不相干的事件相巧合：考陶尔德美术学院（Courtauld Institute of Art）于 1932 年成立，瓦尔堡（Aby Warburg）（1866—1929）晚年将他拥有 6 万册藏书的图书馆从汉堡迁来。几年之内，这两家机构便并入了伦敦大学。到那时为止，缺少美术史传统的英国将作为主要的艺术研究中心之一而浮出水面。

佩夫斯纳的名著《现代运动的先驱：从威廉·莫里斯到沃尔特·格罗皮乌斯》（Pioneers of the Modern Movement: From William Morris to Walter Gropius）在英国立即产生了影响。[1] 不过，此书所梳理的发展谱系几乎是出于个人癖好，书名中包含了莫里斯与格罗皮乌斯的二元形象，暗示了该书的起点和终点。佩夫斯纳追溯了格罗皮乌斯和德国现代主义取得胜利这一现象背后存在的三重根源：威廉·莫里斯与工艺美术运动、新艺术运动以及 19 世纪的工程师。这一发展线索剥夺了德国建筑理论与实践的日耳曼遗产，也过分强调了莫里斯和英国传统——这样做很聪明，可使这场新运动在英国更加流行。由于新风格的第一批作品是法古斯工厂（Fagus Factory）和德制同盟的模范工厂（Model Factory），那么对于佩夫斯纳来说，新风格的原理也就是工厂美学的那些原理：玻璃、车间拉窗、钢、平屋顶、简单的面、不用任何装饰纹样。与这些原理结合在一起的是一种非同寻常的心理学含义："过去那种伟大人物的温暖的、直率的情感已然逝去，而作为我们这个世纪之代表的艺术家则必须是冷峻的，一个世纪以来他像钢与玻璃般冷峻，这个世纪精密的[314] 钢与玻璃比先前任何时代留给自我表现的余地都更少。"[2] 由于它是一种"纯风格"而不是"过时的时尚"，所以本质上它的识别标志便是"极权主义"。[3] 此外他还总结道："我们生活和工作于其中的这个世界，我们要掌握的这个世界，是一个科学与技术、速度与危险、艰苦奋斗而无个人安全的世界，格罗皮乌斯的建筑所荣耀的正是这个世界的创造性能量。"[4] 现代主义还从未以这样一种不祥的语调被赞颂过。

在此书之后，佩夫斯纳出版了《英格兰工业艺术调查报告》（An Enquiry into Industrial Art in England）（1937），以一种更狂妄自大的语气强调了"时代精神"（Zeitgeist）在英格兰的降临。此书重点论述了工业设计[5]，所论及的产品范围极广，但总的腔调令人想起亨利·科尔和雷德格拉夫近一个世纪之前提出的严厉批评。现在他只是含蓄地将包豪斯这一新典范纳入了自己的视野。

前往英格兰的第一位德国建筑师是门德尔松，他于 1933 年抵达，待了 6 年，尽管不少时

---

1 佩夫斯纳，《现代运动的先驱：从威廉·莫里斯到沃尔特·格罗皮乌斯》（London: Faber & Faber, 1936；1949 年开始出版了各种重印本，书名为 Pioneers of Modern Design）。关于此书的写作方法，见沃特金（David Watkin），《道德与建筑》（Morality and Architecture, Chicago: University of Chicago Press, 1984），74—111；以及图尔尼基奥蒂斯，《现代建筑的历史撰述》，21—29。

2 佩夫斯纳，《现代运动的先驱》，205—206。

3 Ibid., 206.

4 Ibid., 207.

5 佩夫斯纳，《英格兰工业艺术调查报告》（New York: Macmillan, 1937）。

间他工作于巴勒斯坦。他与俄国人切尔马耶夫 (Serge Chermayeff)（1900—1996）成了合伙人，1934 年初这家公司赢得了位于贝克斯希尔 (Bexhill) 的德拉沃大楼 (De La Warr Pavilion) 的设计竞赛，这是一座现代建筑综合体，包括大礼堂、餐厅、玻璃楼梯和海滨露台。切尔马耶夫曾于一战期间在伦敦学习，俄国革命之后成了一名流亡者。他在费边社会主义者圈子中十分活跃，在整个 20 世纪 20 年代中期成为一位很抢手的建筑设计师。除了与门德尔松合作之外，他还为 BBC 工作室（1932，与麦格拉思 [Raymond McGrath] 和科茨 [Wills Coates] 合作）以及他自己位于苏塞克斯 (Sussex) 本特利伍德 (Bentley Wood) 的住宅做了室内设计（1938）。两年后他破了产，离开英国前往美国。

1934 年，格罗皮乌斯在普里查德 (Jack Pritchard) 的怂恿下来到了伦敦，与另一位英国现代主义干将马克斯韦尔·弗赖 (Maxwell Fry)（1899—1987）协作。一开始的合作是非正式的，后来结成了正式的合作关系。弗赖曾在利物浦学习建筑，在 20 世纪 20 年代下半期以一种传统手法工作于伦敦。10 年之后他尝试现代主义建筑，建造了若干重要作品，其中有汉普斯特德 (Hampstead) 的太阳别墅 (Sun House)（1935）以及萨里 (Surrey) 的米拉蒙特宅邸 (Miramonte House)（1937）。格罗皮乌斯与弗赖合作的最重要的项目，是剑桥郡因平顿乡村学校 (Impington Village College)（1936），一座温馨的、采光良好的单层中学校舍，一字排开，以一座大礼堂为中心。

布罗伊尔 (Marcel Breuer)（1902—1981）于 1935 年来到英格兰，最终与约克 (Francis Yorke)（1906—1962）联手协作。约克是英国另一位现代主义实践者，钢筋混凝土专家，现代建筑研究协会 (Modern Architectural Research Group)（MARS）的创建者之一。该团体是 CIAM 的英国分支机构。还有一位对现代主义感兴趣的移民是卢贝特金 (Georgian Berthold Lubetkin)（1901—1980），他于 1931 年抵达，也是位钢筋混凝土专家，MARS 的创始人之一。他与一群建筑师一道组织了专业团体 TECTON (构造协会)，建造了若干座重要建筑物，如海波因特公寓 (Highpoint Apartment House)（1933—1935）和伦敦动物园中的企鹅池 (Penguin Pool)（1934）。

不过，这些流亡者对当时已经复苏的英国建筑业的重要性很容易被高估。切尔马耶夫、弗赖和约克全都是有才华的设计师，他们在协作之前就已经发展起了现代风格。英国重要的建筑期刊《建筑评论》(Architectural Review)，在 1930 年上半年发表的都是卓有成就的现代设计师的作品，如麦格拉思、科茨、普里查德、拉塞尔 (R. D. Russell)、佩普勒 (Marian Pepler)、斯图尔特·汤姆森 (Stewart L. Thomson)、康奈尔与沃德 (Connell and Ward)、切克利 (George Checkley)、卢卡斯 (Colin Lucas)、塞缪尔 (Godfrey Samuel) 以及希尔 (Oliver Hill)。杂志定期撰稿者——如尚德 (P. Morton Shand)、格洛格 (John Gloag) 以及理查兹 (J. M. Richards)——也十分积极地撰文分析新近事件的历史情境，倡导新设计形式。尚德是切尔马耶夫的亲密盟友，在 1934—1935 年间为该刊物撰写了一篇题为《一部人间戏剧的剧情说明》(Scenario for a Human Drama) 的文章，由 7 部分组成，对欧洲大陆现代主义建筑的开端与发展做了综述。[1] 1934 年，约克出版了《现代住宅》(The Modern House) 一书，论及英国现代建筑，只有 14 页。不过在 1936 年《建筑评论》杂志的一篇后续文章中，他又用差不多的篇幅记录了当

---

1 尚德的文章《一部人间戏剧的剧情说明》由 7 部分组成，于 1934 年 7 月至 1935 年 3 月发表于《建筑评论》杂志上。

时的发展情况，当然也去除了他早期表示歉意的口吻。[1] 在这同一期的附录中（主要内容是混凝土的使用），展示了至少11座英国钢筋混凝土住宅——这为战后大量使用这种材料奠定了基础。公正地说，比起欧洲大陆来，英国在1930年代前半期有更多的"现代"建筑建造起来。

[315] 这种对现代主义建筑的兴趣，在理查兹的《现代建筑导论》(*An Introduction to Modern Architecture*)（1940）一书中达到了顶峰。[2] 理查兹此书是为普通读者撰写的，讨论了建造这种新型建筑的现代机械、新材料和新方法。他的历史概览部分论述了特尔福德(Thomas Telford)、莫里斯和沃伊齐，接着转向新风格在欧洲大陆的呈现。从20世纪30年代开始，英国作品得到了详尽的记载，但不幸的是该书的出版正值伦敦被轰炸之时，战争已经压倒了其他一切兴趣。

在20世纪30年代，法国的建筑活动比英国要少得多，主要因为法国经济陷入了崩溃状态。1930年，勒·柯布西耶画了一系列大型项目的设计图：莫斯科中央消费合作社联合会大厦(Centrosoyuz Building)（1928—1935）、巴黎瑞士馆(Pavilion Suisse)（1930—1932）和难民城(Cité du Refuge)（1929—1933）。但是到了1933年，他完全失去了工作——这一状况在后来12年中都没有得到改善，所以绘画便成了他的宣泄方式之一。另一方面，他持续参与工团主义运动，这是一个主张树立政府权威以反对议会的团体，其成员由主张改革的泰勒主义者与技术治国论者组成。他们提出通过大规模的规划工作对资本主义体系进行结构上的检修。[3] 勒·柯布西耶忙于写作、作编辑和参加会议，他写了几十篇文章提议进行城区和乡村土地改革。他设计的国家集体节庆中心(National Center for Collective Festivals)（1935）反映了他这方面的兴趣。这是一个可容纳10万人的巨大的椭圆形体育场，主席台置于长边，像是受到了纽伦堡精神的传染。

勒·柯布西耶的工团主义城市观念，集中体现在他1935年出版的《光明城》(*La Ville Radieuse*)一书中。[4] "光明城"概念源于他1920年代提出的"当代城市"(Contemporary City)概念以及他在莫斯科的工作（图91）。1930年他第三次前往俄国，应邀对"绿色城市"(Green City)竞赛进行评议，拉多夫斯基(Nikolai Ladovsky)赢得了竞赛。这是一处无产阶级疗养胜地，坐落于城郊，顺应了当时许多苏维埃规划师的设计思潮，他们主张对这座传统资本主义城市进行人口疏散。勒·柯布西耶在6月以一份59页的材料《答复莫斯科》(Reply to Moscow)予以回复，其中包括了21幅素描，

[316] 描绘了替代性的莫斯科城区模型。这个方案拒绝了城市去中心化的做法，主张建设高度集中的商业区、管理区和住宅区，与中心主干道成垂直分布，以绿化带环绕。他再一次提议拆除莫斯

---

1 约克，《现代英国住宅》(The Modern English House)，载《建筑评论》80（December 1936）：237—242。

2 理查兹，《现代建筑导论》(Harmondsworth, England: Penguin, 1940)。

3 关于他一生中这一阶段的最全面的研究，是麦克劳德(Mary McLeod)的《城市规划与乌托邦：勒·柯布西耶从区域工联主义到维希》(Urbanism and Utopia: Le Corbusier from Regional Syndicalism to Vichy, Ph. D. diss., Princeton University, 1985)；参见菲什曼(Robert Fishman)，《从光明城到维希：勒·柯布西耶的规划与政治，1928—1942》(From the Radiant City to Vichy: Le Corbusier's Plans and Politics, 1928–1942)，收入《张开的手：论勒·柯布西耶》(The Open Hand: Essays on Le Corbusier)，沃尔登(Russell Walden)编(Cambridge: M. I. T. Press, 1977)。

4 勒·柯布西耶，《光明城：可用作我们机器时代文明之基础的一种城市规划学说的基本要素》(*La Ville Radieuse: Éléments d'une doctrine d'urbanisme pour l'équipement de la civilization machiniste*, Boulogne: Editions de l'Architecture d'Aujourd'hui, 1935)；由奈特(Pamela Knight)、勒维厄(Eleanor Levieux)以及科尔特曼(Derek Coltman)英译为 *The Radiant City: Elements of a Doctrine of Urbanism to Be Used as the Basis of Our Machine-Age Civilization* (London: Faber & Faber, 1967)。

图 91 勒·柯布西耶，"光明城"模型，1936。采自《建筑评论》（第 80 卷，1936 年 10 月）。

科大部分老建筑，将城市建在"底层架空柱"(*pilotis*) 之上——在如今的无阶级社会中，应建立起个人的生活空间。勒·柯布西耶将重新绘制的莫斯科总体方案提交给 1930 年的 CIAM 大会，并在《光明城》一书中根据对布宜诺斯艾利斯、圣保罗、安特卫普、阿尔及利亚、日内瓦等城市的思考，扩展了这一概念。他还从生物学和人体的角度，表达了对人类福祉的关注：健康、阳光、朝向、生态学以及精神的宁静。此外，他还画出了《光明农场》(Ferme Radieuse) 和《光明村庄》(Village Radieuse) 的规划图，试图将集体农庄和农业合作社的乌托邦规划理论化。

在 1931—1942 年间，勒·柯布西耶还为阿尔及尔城做了 6 个提案 (*Projet Obus*)。其中最有名的一个方案是将有机形态的住宅街区与直线排列的高楼商贸区结合起来，沿着弯曲的海岸线建起高架桥蜿蜒穿插于其间（桥下是住房）。这个设计再次反映了他被迫处于懒散状态所产生的个人迷思。做这些非正式的工作得不到报酬，除了 1938 年为区域规划委员会 (Comité de Plan Régional) 总部做的一个设计方案，不过由于规模太大，每次后续提案都要缩减，所以该项目也不可能实施。

勒·柯布西耶的《当主教堂是白色的时候》(*Quand les Cathédrales étaient Blanches*)（1935）一书，总结了他 20 世纪 30 年代在国外的另一次冒险经历——1935 年的美国之旅。[1] 他对 1920 年代晚期欧洲出版的许多书中所表达的对纽约或爱或恨的情绪做出了回应。他为《纽约时代杂志》提供了诽谤性的头条标题，说愚人村 (Gotham，纽约的别称) 的摩天大楼"太小了"，与理性的笛卡尔式摩天大楼设计"不相一致"。[2] 在他的旅行中还有一些东西令他不快与失望，同时又吸引着他：郊区、交通拥挤、美国女人。他似乎有些忐忑不安地将美国女人看作思想独立的"亚马逊女战

1 勒·柯布西耶，《当主教堂是白色的时候》(Paris: Plon, 1937)；由希斯洛普 (Francis E. Hyslop, Jr.) 英译为 *When the Cathedrals Were White* (New York: McGraw-Hill, 1947)。
2 勒·柯布西耶，《当主教堂是白色的时候》，114，52。

士"。[1] 这本书不仅带有通常那种欧洲文化优越论的腔调，而且更为明显地表明他对美国生活的现实与脉搏完全不理解。勒·柯布西耶与美国仍不投缘——由文化态度、个性以及特定的年代使然。

3. 美国的建筑实践与学院改革，1934—1941

1930 年代的大萧条并非仅仅减缓了北美的建筑活动，而且从根本上改变了私人企业与政府之间的关系，开启了多方面的社会与政治对话。当年胡佛 (Herbert Hoover) 政府的许诺，其实就已预示了美国发生的这些变化。在一战之前，这位地理学家和工程师就作为全球矿业开发的企业主而出了名，在战争期间又因协调欧洲食品计划再度出名。作为哈丁 (Harding) 与柯立芝 (Coolidge) 政府（1921—1928）的商务部长，胡佛以工程师对效率（泰勒科学管理）的直觉，努力推行标准化生产，提倡计划经济。然而，在他于 1928 年的总统竞选中取得了压倒性的胜利之后，起初他似乎未能理解导致随后经济下滑的通货膨胀的严重性。随着 1930 年共和党在国会选举中失利，他失去国会的支持，难于采取经济措施扭转局势。就经济数据来看，1932 年是大萧条时期最糟糕的一年，有 1 亿 2 千万至 1 亿 5 千万工人失业，这导致胡佛下台，富兰克林·罗斯福 (Franklin Delano Roosevelt) 当选为总统。

罗斯福新政实施了六七年，充分实现了华盛顿政府草拟的国民经济政策。现在有了国会的支持，罗斯福在当政的头 100 天内就迅速采取了一系列措施：实行了重要的金融与农业改革，创立了民间资源保护队 (Civilian Conservation Corps)（CCC），放弃了金本位制，创建了田纳西河谷管理局 (Tennessee Valley Authority)，通过了住房业主贷款法案 (Home Owner's Loan Act)，建立了国家复兴总署 (National Recovery Administration)（NRA），旨在为公共事业管理局 (Works Projects Administration)（WPA）以及如移垦管理局 (Resettlement Administration) 等机构的各种住房项目筹措资金。在若干措施未能通过宪法审查或归于无效的情况下，罗斯福于 1935—1938 年间制定了第二新政，该法案与其他法案一道使 1935 年社会安全法案 (Social Security Act) 得以通过。这些政策并没有完全终止大萧条（只有第二次世界大战才能做到这一点），但的确提高了联邦政府对各个领域的控制权，如银行业、农业、公司企业、劳动力和公共福利。一种新的社会意识正在建立起来。

[317]　　美国的建筑活动明显受到了经济下滑的影响，到 1933 年便陷入了停滞状态，大量建筑师失业。年轻的路易斯·卡恩 (Louis I. Kahn)（1901—1974）便是一个很能说明问题的例子。1924 年，卡恩结束了宾夕法尼亚大学的学业。他的老师是克雷 (Paul Philippe Cret)（1876—1945），一位曾在巴黎美院接受训练的建筑师，1903 年从法国来到美国，作为一位古典主义者开创了辉煌的职业生涯。毕业后，卡恩设计了 1926 年费城 150 周年纪念展，并访问了欧洲，之后回到了克

1　勒·柯布西耶，《当主教堂是白色的时候》，213。

雷的事务所。1932 年他被解雇，与其他 30 名失业建筑师一道组建了费城建筑研究会（Architectural Research Group）。该团体研究住房问题、贫民窟整治、城市规划、新构造方法的运用。在 1933—1935 年间，他担任费城规划委员会负责住房工作的一个小组长，该项目是由 WPA 资助的。在这个 10 年的最后几年中，他还作为一名咨询建筑师为费城住房局和美国住房署服务。新泽西州海茨顿（Hightstown）贫民窟整治项目是他在 1930 年代实施的两个项目之一，与卡斯特纳（Alfred Kastner）合作设计。因此在这个 10 年的大部分时间里，他得到了联邦政府基金的资助，几乎全力投入到低收入家庭的住房与城市规划工作之中。他的朋友与后来的合伙人托诺罗夫（Oscar Stonorov）（1905—1970）的情况也是如此。

斯坦和芒福德的美国区域规划协会（RPAA）的目标与新政项目的某些宗旨相类似，尽管这家公私兼营机构的运作并不很成功。1934 年，当该机构的主要下属企业城市住房建设公司（City Housing Corporation）行将破产之时，政府的投入便更加迫在眉睫了。许多 RPAA 的成员接下来转而为有影响力的国家项目工作。芒福德动员各方力量向罗斯福政府的官员发起游说活动，他认为这些官员的规划太小心翼翼了。[1] 麦凯（Brenton MacKay）前去为田纳西河谷管理局做咨询，阿克曼（Frederick Ackerman）、斯坦和亨利·赖特（Henry Wright）受雇于公共工程管理署（Public Works Administration），凯瑟琳·鲍尔（Catherine Bauer）成了联邦住房署（Federal Housing Authority）的顾问。在这方面 RPAA 所取得的第一项成就，便是成功游说了移垦管理局（Resettlement Administration）在 20 世纪 30 年代中期建设了三个绿带小镇（Greenbelt towns），该署的领导是特格韦尔（Rexford Tugwell）。斯坦、鲍尔和赖特为马里兰的绿带城（Greenbelt）（1935—1937）提供了咨询意见，这座小城位于华盛顿到巴尔的摩的半道上。另有两个类似的城镇建于俄亥俄和威斯康星（还有 22 座城镇在规划中），但在涉及宪法的问题被提出之后，国会于 1936 年中止了这个计划。此外，新建成的城镇并不成功，它们被设计成分散的花园式郊区，没有就业基地，于是便成为使用月票上下班的人的郊区住房，实际上助长了郊区的蔓延。

RPAA 的成员们努力杜绝独幢住宅的建造，但未取得成功，而这种住宅到今天已成为一种价值观，深深扎根于美国人的生活。1933 年，亨利·赖特以分析数据为基础做出预言，独幢住宅"注定要永远衰退下去"。[2] 他在他于 1935 年出版的雄心勃勃的《再造美国城市住宅》（*Rehousing Urban America*）（图 92）一书中，试图通过唤起殖民村落与公有地的概念来解决因多户住房所引起的"反美"情绪问题："土地归社区所有，村庄环绕社区而建；理性的开放空间；每座住宅都显露无遗，受到保护；井井有条的安排，适当尊重人的舒适性。"[3] 然而，他提出的供人仿效的范本却是法兰克福和柏林的住宅区，基于 1932—1933 年间的德国之旅。

斯坦并非是唯一向美国公众介绍欧洲范本的人，凯瑟琳·鲍尔（1905—1964）是另一位为

[318]

---

1 见沃伊托维茨，《刘易斯·芒福德与美国现代主义：建筑与城市规划的乌托邦理论》（New York: Cambridge University Press, 1996），131—133。

2 亨利·赖特，《美国住房建设的悲惨故事》（The Sad Story of American Housing），载《建筑》杂志 67（March 1933）；重印收入芒福德编《当代美国建筑的根基》（New York: Dover, 1972；首版于 1952），335。

3 亨利·赖特，《再造美国城市住宅》（New York: Columbia University Press, 1935），33。

REHOUSING
URBAN AMERICA

BY

HENRY WRIGHT

NEW YORK: MORNINGSIDE HEIGHTS
COLUMBIA UNIVERSITY PRESS
1935

图 92 亨利·赖特《再造美国城市住宅》（纽约，1935）一书的封面。

此项事业贡献力量的口齿伶俐的批评家。她 1934 年出版了《现代住房建设》（Modern Housing）一书，概述了她于 1930 年的欧洲之旅。此书是表述 RPAA 观点的一部经典之作，撰写于大萧条最严峻的岁月，一开篇就快速概括了 19 世纪的种种弊端："暗无天日的拥堵""浪费性的扩张"，以及工业时代"维多利亚式的精神与物质"。[1] 提出改革建议的有科贝特（William Cobbett）、欧文斯（Robert Owens）、马克思、恩格斯、罗斯金、莫里斯、费边社成员、埃比尼泽·霍华德、帕特里克·格迪斯（Patrick Geddes）等人，并产生了 19 世纪社会主义的"伟大理念"[2]。但鲍尔认为，最关键的变革是由 1920 年代的劳工与社会民主政策所带来的，尽管这次未取得完全的成功，但还是指明了未来发展的方向。鲍尔关于住房建筑的"最低实践标准"在美国是找不到的，于是她将读者的目光引向了荷兰、德国、奥地利其至

苏维埃联邦。她援引在那些国家工作的"美国建筑师"的话说，"总体上看，在俄罗斯似乎比其他国家拥有更多的自由建筑实验的余地"[3]。

　　显然，如果鲍尔手上有俄罗斯这些年令人毛骨悚然的第一手资料，便不会下这样的断言。不过她执着于革命的观点，坚持"新形式"而非"改革"[4]。她坦白地承认，她的住房理想"在今天私有制经济体系中"是不可能实现的，所以她呼吁：（1）终止投机市场，（2）由市政府采购与征用土地，（3）由政府各部门对建房进行补贴。[5] 她认为，仅一条理由便可解决独户住宅的问题："为何要将钱花在额外砌筑的外墙、额外占用的土地（这些土地处于一幢或另一幢住宅的阴影之下毫无用处）、死窗（或直接看到其他人家屋内的窗户）、额外铺设的管道与街道地坪，以及额外的室内供暖上呢？"[6] 她满怀热情地推崇欧洲典范。在 1930 年去欧洲的旅行途中，她写了一封信给芒福德，介绍魏森霍夫的情况："即便凡·德·罗的屋顶在冬天**的确**也在渗水——即便一个男人将鞋子掉在顶楼地板上**确实**震破了勒·柯布西耶地下室中的盘子——我才不在乎呢——反正没有人该让鞋子跌落下来，如果人不能舒适地住在那些一流的

1　鲍尔，《现代住房建设》（Boston: Houghton Mifflin, 1934）。

2　Ibid., 92.

3　Ibid., 223.

4　Ibid., 141–149.

5　Ibid., 158.

6　Ibid., 188–189.

房子里，便要对人类进行严肃的反思了。"[1]

针对这同样的问题，芒福德在 20 世纪 30 年代也通过他的两本书《技术与文明》(*Technics and Civilization*)（1934）和《城市文化》(*The Culture of Cities*)（1938）发出了自己的声音。前一本书是 20 世纪的一部杰作，闪耀着批判机器时代的锋芒，包含了他高度的理想主义。在书中，他以"基本共产主义"(basic communism) 的概念，在意识形态上将自己定义为一个"社群主义者"。基本共产主义是一种后马克思主义的计划经济理论，由政府免费配给某些基本服务，如食品、住所和医疗等。[2] 这是一种有机的、区域化的社会，理论上以泰勒主义为基础，实践上是反消费的，与贝拉米 (Edward Bellamy) 的早期乌托邦模式非常相像。在芒福德看来，与资本主义决裂是可能的，因为西方文化经历了本土技术的黄金阶段（从 1000 年到 1750 年），结束了黑暗的旧技术阶段（从 1750 年至 1900 年），并已进入了新技术时代。这个时代允诺，至少要实现机械化生产——也就是说，要吸收电灯、内燃机、飞机以及诸如铝这类新金属的优越性的价值观念。不过这个时代还允诺，要实现充满活力的社会平等，同时也是区域的、产业的、农业的与社群之间的平等。芒福德对他的理想社会的要求是：整洁、精确、深思熟虑、无瑕疵、客观、简单、经济以及秩序，尽管他没有放弃对于中世纪精神的喜好。例如荷兰的纳尔登 (Naarden) 村庄以几何形壕沟环绕，他给这座村庄的航拍照片写了如下图注："这个镇子图形明确，与乡村形成了强烈对比，大大胜过后来任何城区的发展类型：尤其是胜过旧技术阶段使地块碎片化的土地投机。"[3] 最后，芒福德将当地均衡的社群价值观视为个性抵御自由化、商业化、环境破坏、人口增长、战争以及通货紧缩等灾祸袭击的樊篱。

《城市文化》一书同样雄心勃勃地记述了城市的编年史，并报道了"教化工作的流产与失败"，这源于现代城市生活所引起的社会分裂。这种悲哀更多源于对战争灾祸的恐惧，而非大萧条的贫困：

> 法西斯主义者已经建立起了对死亡的国家崇拜，以此作为象征着奴性与兽性的冠冕，而这奴性与兽性则是他们政权的支柱。我们不会接受这种崇拜，我们必须建立起对生活的崇拜：行动的生活，如农夫和技工所明白的；表现的生活，如艺术家所了解的；爱的生活，像情人和父母所经营的；善的生活，如心怀善意的人所知晓的，他们在修道院中沉思，在实验室中做实验，或在工厂或政府机关中运思筹划。[4]

[319]

1　鲍尔 1930 年 7 月 29 日写给芒福德的信，引自沃伊托维茨，《刘易斯·芒福德与美国现代主义》，88。

2　芒福德，《技术与文明》(*Technics and Civilization*, New York: Harcourt, Brace, 1934)，400—406。关于此书的历史与总体构思，见威廉姆斯 (Rosiland Williams)，《在〈技术与文明〉一书中作为技术史家的刘易斯·芒福德》(Lewis Mumford as Historian of Technology in *Technics and Civilization*)，收入《刘易斯·芒福德：公共知识分子》，托马斯·P. 休格斯与阿加莎·C. 休格斯编 (New York: Oxford University Press, 1990)，43—65。

3　芒福德，《技术与文明》，opposite p. 146。关于他的图像选择，见穆斯 (Stanislaus von Moos)，《视觉化的机器时代，或芒福德与欧洲先锋派》(The Visualized Machine Age, Or Mumford and the European Avant-Garde)，《刘易斯·芒福德》，181—232。

4　芒福德，《城市文化》(New York: Harcourt, Brace, 1938)，11。

尽管这是他心中的另一愿景，但浓厚的悲观主义却是此书的基调。在题为"地狱简述"（A Brief Outline of Hell）的一节中，他勾勒出一幅当代城市文化的糟糕图景：

> 妖妇在歌唱。学童、工人、家庭主妇、职员，所有人都戴着防毒面具。头顶上呼呼盘旋的飞机投下一条防烟毯。地窖的门打开了，接纳避难者。红十字会医疗站搭起了临时帐篷救治伤病员；地下金库张着大口接纳银行的黄金与证券；戴着防护面具、身穿石棉防护服的人员试图收集落下来的燃烧弹。现在高射机枪打响了。恐惧性呕吐，毒液渗入毛孔。无论这攻击是场演习还是真的发生了，都产生了相同的心理效果。坦白地说，恐惧具有更大的破坏性，它已被重新引入了现代城市生活。[1]

这本书相当清晰地总结了芒福德过去 15 年的城市观念：为地域主义、乌托邦主义、卫星花园城、环境保护，尤其是有条不紊的城市规划辩护。他所喜爱的范本仍完全来自欧洲，而他的论辩往往转变成了这位知识分子对所有美国事物的轻蔑，如他将苏维埃宫的新古典主义设计比作"神气活现的摩天大楼，美国商人的大失误"[2]。"质朴"或许是唯一用来描述他所中意的、在斯大林统治下建设的"宽敞的、绿树成荫的、安详的"现代俄罗斯住宅的一个词语。不过就其总体论述来看，这些缺点瑕不掩瑜。[3] 他心怀世俗的烦忧，坚持认为成为社区核心的应是学校而非教堂。[4] 政治与社会工程是芒福德人生的主题。

弗兰克·劳埃德·赖特关于广亩城（Broadacre City）的去中心化概念，多少与芒福德对地域秩序的追求相关。赖特在 1930 年代早期便提出了这一方案[5]，其基本内容最早在他的《正在消失的城市》（The Disappearing City）（1932）一书中就做出了概括。不过他在 1930 年普林斯顿讲座的最后一讲中，已经有力地阐述了这种反城市主义（antiurbanism）。讲座一开始，他便提出了这样一个问题："难道城市真的是兽性自然战胜人性的产物，因此它具有时间的必然性，从人类婴儿期遗传下来，随着人类的成长而发展起来的吗？"[6] 他的答案是，今天的城市正走向死亡，或者说被过分的拥挤所窒息，这一状况是由电器、汽车、电话和飞机所促成的。摩天大楼及其投机性

---

1 芒福德，《城市文化》，275。

2 Ibid., 357.

3 Ibid., 372.

4 Ibid.,471–479.

5 关于广亩城，现有一些极好的介绍材料。见阿洛夫森（Anthony Alofsin），《广亩城：对现代主义愿景的接纳，1932—1988》（Broadacre City: The Reception of a Modernitst Vision, 1932–1988），载《中心：美国建筑杂志》（Center: a Journal for Architecture in America）5（1989）：8—40，柯林斯（George R. Collins），《广亩城：重新考察赖特的乌托邦》（Broadacre City: Wright's Utopia Reconsidered），收入《现代建筑的四位伟大创造者》（Four Great Makers of Modern Architecture, New York: Columbia University Press, 1961）；萨金特（John Sergeant）在《弗兰克·劳埃德·赖特的尤桑尼安宅邸》（Frank Lloyd Wright's Usonian Houses, New York: Whitney Library of Design, 1976）一书中有关广亩城的一章；马奇（Lionel March），《一位探求民主的建筑师：广亩城》（An Architect in Search of Democracy: Broadacre City），收入《论赖特：关于弗兰克·劳埃德·赖特的评论选集》（Writings on Wright: Selected Comment on Frank Lloyd Wright），布鲁克斯（H. Allen Brooks）编（Cambridge: M. I. T. Press, 1981）。

6 《弗兰克·劳埃德·赖特文选：1930—1932》（Frank Lloyd Wright: Collected Writings, 1930–1932），普法伊弗（Bruce Brooks Pfeiffer）编（New York: Rizzoli, 1992），69。

租赁空间只是这种暴政的最后一个象征物，但相当奇怪的是，促使其发展的那些技术进步恰恰也是促使城市人口过分拥挤的那些东西——"暴民统治"——要疏散到农村去。他信奉一种分散的、小型化的哲学：小型的产业、小型的家业、小型的业务、小型的学校、小型的商贸和小型的政府。电视已使人们不必再去电影院或音乐厅了；汽车解放了人的个性，潜在地提升了每个人的自由度，就此摆脱了城市的拥挤和相关的种种弊病。

在《正在消失的城市》一书中，赖特从杰弗逊、爱默生、惠特曼、索罗等人那里汲取了反城市的精神，以更为激进的建议来阐发这一模式。广亩城背后的观念是，每个家庭至少应保证拥有一英亩土地（即拥有基本的农作、阳光、光线、空气和私人空间）和一辆汽车："明亮而结实的住宅和工作场所将会被稳固而热心地建造起来，它们脱胎于大地的本性，沐浴着阳光。工厂工人将靠一英亩自留地过活，这块地就在家门口，离未来的工厂也不远。工厂很漂亮，无烟尘，无噪音。"[1] 住房将用钢与玻璃来建造，与景观融为一体，距市场不超过 10 英里。高高的建筑物装点着花团锦簇的阳台，耸立于乡村公园里。现钞的流通将被一种"社会信用"体系所取代，无主财产所有权、发明物或公共必需品的私有权将被取消。他在 1935 年提出了一个著名的模式，即 4 平方英里区块模型（最初展出于洛克菲勒中心），并将这种概念的建筑图景展示出来。这种小型单幢住宅呈低密度分布（图 93），其关键便是汽车交通以及郡县之间的干线公路，再加上高速铁路网。就地方而言，加油站起到了社区中心和服务网点的作用。学校、工厂和休闲设施以郡县范围为基础组建起来。

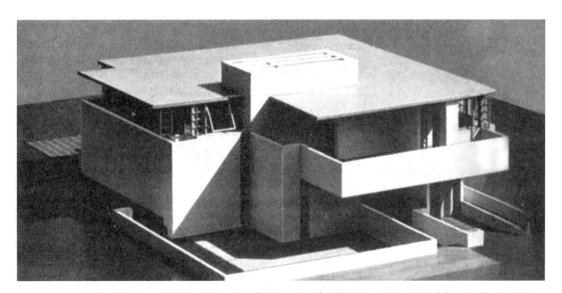

图 93 弗兰克·劳埃德·赖特，广亩城展览上的汽车住宅模型，1935。采自《建筑实录》（1935）。

---

1 赖特，《正在消失的城市》（New York: William Farquhar Payson, 1932）；重印收入《弗兰克·劳埃德·赖特文集》，普法伊弗编，1931—1939（New York: Rizzoli, 1993），3：92。

更为有趣的是赖特的社会理念所汲取的那些智力资源。[1] 正如上文常提到的，这些资源中有杰弗逊土地伦理学的某些内容，有爱默生的超验谱系，有罗斯金的社群主义 (communitarianism)，有贝拉米和韦尔斯 (H. G. Wells) 的乌托邦主义，有埃比尼泽·霍华德的去中心化伦理，甚至还有拉福莱特 (La Follettes) 家族成员的"进步的"民粹主义 (populism)——"威斯康星理念"(Wisconsin Idea)——他们在这个州既扮演了州长又充当了参议员的角色。其他一些理论家也影响了大萧条时期的建筑理论发展，其中有一些进入了芒福德的视线。凡勃伦 (Thorstein Veblen) 的《工程师与价格体系》(Engineers and the Price System) (1921) 一书，在 1930 年代发动了一场"技术统治论"运动。这场运动促成了最低收入保障制度的设立，并赞成在社会集体服务中推行技术自动化。类似的还有道格拉斯 (C. H. Douglas) 的反垄断思想，这在他的《社会信用》(Social Credit) (1921) 一书中得到了清晰的阐述。

对于赖特的广亩城概念而言，更为重要的似乎是美国社会理论家乔治 (Henry George) 和格塞尔 (Silvio Gesell) 的经济学观点。乔治的《进步与贫困》(Progress and Poverty) (1879) 现在已成为经典，这是他住在加利福尼亚时撰写的。此书的论点是，尽管"创造财富的力量令人吃惊地增长"，而且技术与工业化带来了巨大的希望，但这些进步并没有缓解"劳动阶级的痛苦与焦虑"，他们中的大部分人依然在为餐桌上的食物而奋斗。[2] 他借鉴了赫伯特·斯宾塞 (Herbert Spencer) 的理论以及下列信条：一切形式的财富都是在土地上从事劳作的产物。针对这一情况，乔治的"补救措施"就是要使土地成为共有财产，提出获得土地既不靠购买也不靠没收，而是将税收从生产环节转入土地价值，即可有效地将国家变成大土地所有者。乔治的理论在 19 世纪晚期极其流行，在纽约市市长竞选中由于腐败的坦慕尼协会 (Tammany) 的插手，他曾两度以微弱的劣势而落败。

同样，德国经济学家格塞尔在《自然经济秩序》(The Natural Economic Order) (1929；德文首版，1916) 一书中，提出了一个反马克思主义的社会主义理论，其基于利己主义——"一切爱好自由的人的理想"。自然经济秩序是这样一种秩序，"在这种秩序中，人们凭借着大自然同等赋予他们的东西进行平等的竞争，结果领导权必然落入最适应这一秩序的人手中，一切特权都被废除了。个体受到利己主义的驱使，直奔其目标，不会顾忌自己不懂经济学——而在经济生活之外他会有足够的机会思考这些顾忌"[3]。以下这种经济政策可以强化个体的竞争权利：土地国有化（给予适当的补偿），授权自由贸易，通过有计划折旧而逐渐废除货币制度。

---

1 尤其见马奇，《一位寻求民主的建筑师：广亩城》。

2 乔治，《进步与贫穷：工业萧条、需求随财富增加而增长之原因研究……补救措施》(Progress and Poverty: An Inquiry into the Cause of Industrial Depressions and of Increase of Want with Increase of Wealth…The Remedy, New York: Robert Schalkenbach Foundation, 1956; originally published in 1879)，3，6。

3 格塞尔，《自然经济秩序：可确保劳动产品不间断交换、免除官僚干涉、高利贷与剥削的一项计划》(The Natural Economic Order: A Plan to secure an uninterrupted exchange of the products of Labor, free from bureaucratic interference, usury and exploitation)，派伊 (Philip Pye) 翻译 (San Antonio: Free Economy Pulishing,1929)，13—14。

赖特承认他得益于乔治和格塞尔，说他们的书是"英国有史以来两个最好的东西。它们都阐明了基本原理，而不是万灵丹：两者都以简单的方式讨论土地和金钱，这种简单的方式对利益魔法师来说似乎是天真的：他们是我们的专业经济学家"[1]。

1935 年之后，赖特完全沉迷于广亩城，连续在展览、讲座和出版物上进行游说。芒福德早先赞扬回归土地的、去中心化的概念，尽管他不同意赖特采用单幢住宅的做法。[2] 赖特在一封信中以他惯常的直截了当的方式回应了芒福德："你认为德国公寓和贫民区方案比广亩城的最低限度住宅和空间最大化方案更为可取，我不知道这能说明什么问题。就私密性、光线与空气、生活居住——诸如此类——而言，以 600 美元的造价，两者根本不可比。"[3]

凯瑟琳·鲍尔为《国家》(*The Nation*) 杂志撰写的书评不太客气，批评这种方案是天真烂漫的、乌托邦式的，在政治上是天真的，就社会而言是不恰当的。特别是她不喜欢那种人的个人主义，"将小汽车停在车库里，他便成了巡视周遭一切的国王了"[4]。像芒福德一样，她以"德国人制订出的"方案进行反击。在德国，一座住宅就是一个"事先规划、装备起来的社区单元；有花园，租金对于一个中等收入的人可以承担，坐落的地点距离游泳的好去处和大片树林或山地不超过 20 分钟的路程，而树林或山地则远离加油站"[5]。夏皮罗 (Meyer Schapiro) 在《党派评论》(*Partisan Review*) 杂志上攻击赖特的概念是封建主义思想，对阶级斗争和财产关系无动于衷。[6] 马克思主义期刊《新大众》(*New Masses*) 赞扬其反资本主义的前提，但责备赖特的"不成熟的理想主义"[7]。赖特后来在同一期刊上做了回应，他承认自己的方案是反资本主义的，但强调说这个方案也是反共产主义和反社会主义的。[8] 这句个人主义的口头禅恰当地概括了他的政治观点，正如之前的沙利文一样，他赞成个人的以及乡村的"常识"是至高无上的。

尤桑尼安宅邸 (Usonian house) 的概念源于广亩城的概念，这是赖特为低成本单幢住宅做的设计方案。他首次在《建筑论坛》(*Architectural Forum*) 的特刊上采用麦迪逊城雅各布斯宅邸 (Jacobs House) 的图片，以说明这座"成本适中的住宅"的细节。这份特刊是 1938 年专为他建筑师生涯的复兴而出版的，编辑是霍华德·迈尔斯 (Howard Myers)。[9] 这座住宅的成本为 5500 美元（包括建

1　《弗兰克·劳埃德·赖特自传》(New York: Horizon Press, 1977)，602。

2　芒福德，《天际线》(The Skyline)，载《纽约客》(*The New Yorker*, 27 April 1935)：63—65。芒福德在 1962 年发表在《建筑实录》上的一篇文章中放弃了他早先的赞扬立场，此文题为《作为反城市的特大都市》(Megalopolis as Anti-City)。在文中他悲叹道，赖特的愿景"原来是这么回事；他的同胞在接下来的 30 年中将搬迁到我们现在凄凉的远郊，他们被热火朝天的高速公路建设和汽车大批量生产所怂恿"。见芒福德，《建筑作为人类的家园：为〈建筑实录〉撰写的文章》，达维恩 (Jeanne M. Davern) 编 (New York: Architectural Record Books, 1975)，122。

3　赖特于 1937 年 4 月 27 日写给芒福德的信，引自沃伊托维茨，《刘易斯·芒福德与美国现代主义》，135。

4　鲍尔，《宅子是在何时不成其为宅子的?》(When Is a House Not a House?)，载《国家》杂志 (26 January 1933)：99。

5　Ibid., 100.

6　夏皮罗，《建筑师的乌托邦》(Architct's Utopia)，载《党派评论》4 (March 1938)：42—47。

7　亚历山大 (Stephan Alexander)，《弗兰克·劳埃德·赖特的乌托邦》(Frank Lloyd Wright's Utopia)，载《新大众》(18 June 1935)：28; 引自阿洛夫森 (Alofsin)，《广亩城》，25。

8　赖特，《基于形式的自由》(Freedom Based on Form)，载《新大众》(23 July 1935)：23—24；引自阿尔方辛，《广亩城》，25。参见赖特与布劳内尔 (Baker Brownell)，《建筑与现代生活》(*Architecture and Moden Life*, New York: Harper & Bros., 1937)。

9　赖特，《雅各布斯宅邸》(Jacobs House)，载《建筑论坛》68 (January 1938)：78—83；重印收入《弗兰克·劳埃德·赖特文集（1931—1939）》，284—290。参见萨金特的经典研究《弗兰克·劳埃德·赖特的尤桑尼安宅邸》。

[321]　筑师的费用 450 美元），去除了一切不必要的建筑材料，利用磨坊的优点，简化了供热、采光和通风系统。赖特采用了平屋顶，用车棚取代了车库，缩小了地下室；采用楼板辐射式供暖，去掉了所有室内装饰物、内嵌式灯具、油漆（用一种染色剂）、壁柱、檐槽和落水口。这座住宅不拘一格地布置在一个 2 英尺 × 4 英尺的网格上，采用了双板条构造体系。厨房设计的利用率很高，去除餐厅，玻璃墙朝外面向私家花园或露台，处处有高侧窗采光。在 20 世纪，或许没有其他著名建筑师为解决中产阶级住宅问题花费过如此多的精力。

　　《建筑论坛》的赖特专刊还介绍了他新近的一些项目，如位于熊跑溪（Bear Run）的"落水山庄"（Falling Water）以及位于拉辛（Racine）的约翰逊制蜡公司（Johnson Wax Company）。1938 年，赖特建造了斯科茨代尔（Scottsdale）附近的西塔里埃森（Taliesin West）；1943 年设计了纽约古根海姆博物馆（Guggenheim Museum）（建于 1957—1964）。他的创造之星还从未如此闪亮，但在这些年中，他最主要的事业仍是广亩城。1943 年，赖特起草了一份请愿书，呼吁"我们政府的管理部门授权弗兰克·劳埃德·赖特继续探索民主的**形式**，以作为现在称作'广亩城'的一个真正资本主义社会的基础"[1]。不少知识分子和艺术家签署了这份请愿书，其中包括杜威（John Dewey）、爱因斯坦（Albert Einstein）、巴克明斯特·富勒（Buckminster Fuller）、诺曼·贝尔·格迪斯（Norman Bel Geddes）、格罗皮乌斯、希契科克、卡恩、奥基夫（Georgia O'Keefe）、埃罗·萨里宁（Eero Saarinen）、密斯·凡·德·罗，以及怀尔德（Thornton Wilder）。艾茵·兰德（Ayn Rand）这位个人主义与利己主义哲学的雄辩传播者，在她 1943 年的小说《源头》（*The Fountainhead*）中赞美赖特为国家偶像，这起到了一份证明书的作用。

　　这些年在美国大学的象牙塔中，赖特至少也算得上是位有趣的小人物。20 世纪 30、40 年代，全美国都在进行大规模的建筑课程改革，大体上是从巴黎美院式的装饰教育转变为以现代设计为目标的训练。在这一时期，建筑观念上的分野是显而易见的——即赖特的"有机"地域主义和欧洲现代主义之间的分裂，但欧洲现代主义更为流行，尤其是在大西洋沿岸地区——这种现象其实由来已久，其根源可以追溯到美国最早的两个学派，即麻省理工学院（Massachusetts Institute of Technology）和位于乌尔班纳 – 尚佩恩（Urbana-Champaign）的伊利诺伊大学（University of Illinois）。[2]

　　麻省理工学院的建筑课程是罗伯特·韦尔（Robert Ware）于 1868 年秋天开设的，当时只有 4 名学生，不过 1872 年随着法国建筑师莱唐（Eugène Letang）的到来，课程就变得更加精致了。他开设了巴黎美院的教程。东北地区的其他许多私立学院——如锡拉丘兹大学（Syracuse University）（1873）、哥伦比亚大学（Columbia University）（1881）以及宾夕法尼亚大学（University of Pennsylvania）（1874）——直到世纪之交才实施巴黎美院的教学大纲。不过，风向的转变来势凶猛，像美术建筑师协会（Society of Beaux-Arts Architects）和美国艺术与科学学会（American Academy）等机构组建起来，唯以巴黎美院

1　见《广亩城请愿书》（Broadacre City Petition, 1943）附录 F，收入萨金特，《弗兰克·劳埃德·赖特的尤桑尼安宅邸》，201。

2　见韦瑟黑德（Arthur Clason Weatherhead），《美国大学建筑教育的历史》（The History of Collegiate Education in Architecture in the United States, Ph. D. diss., Columbia University, 1941）。

的范本为基础，对建筑教育大纲进行标准化。¹ 这种偏好对建筑院校联合会 (Association of Collegiate Schools of Architecture) 的创建起到了更重要的作用，该会成立于 1912 年。1915 年做的第一批调查中 [322] 有一份调查显示，在 20 个建筑专业中只有 5 个不上巴黎美院的设计课。²

位于乌尔班纳－香槟的伊利诺伊大学建筑学院中的建筑专业是这 5 个专业之一，但它的著名课程到那时已建立了相当长的时间。实际上在 1915 年时，这所学院就号称是世界上最大的建筑学院。³ 该校由里克 (Nathan Clifford Ricker)（1843—1924）创建于 1873 年，是他自己的毕业设计项目。为了拓宽眼界，他曾去欧洲旅行。德国学校的技术取向课程给他留下最深的印象，尤其是柏林建筑学院 (Bauakademie)。在接下来的几十年中，他实施的教学大纲将充分扎实的构造学和材料基础与丰富的历史和理论教学结合起来。为此，他本人翻译了 19 世纪下半叶的几乎所有重要教材。他的教学大纲明显避开了巴黎美院的结构与装饰语汇，更偏重于构造与实践，更具有地域性的眼光。

还有少数学校拒绝遵循巴黎美院的范本。哈佛大学的研究生专业由瓦伦 (Herbert Langford Warren)（1875—1917）开设于 1895 年，起初偏爱德国教育模式，专注于构造。⁴ 俄勒冈大学的建筑与联合艺术学院 (School of Architecture and the Allied Arts) 由劳伦斯 (Ellis F. Lawrence)（1879—1946）创建于 1914 年，开始时遵循着巴黎美院的路线，但在 1919 年获得认可之后，该学院取消了这个专业，因为对学术的关注"已在很大程度上被实践问题取代了，这些问题在许多相同的条件下出现，也存在于一般的建筑实践领域"⁵。该学院的课程更多强调建筑选址的条件，以及各种艺术之间的交叉教学。除耶鲁大学之外，在 20 世纪 20 年代没有其他学校这样侧重于艺术，尽管隆贝格－霍尔姆 (Knud Lönberg-Holm) 在密歇根大学开设了一间风格派工作室。⁶

大萧条很快就改变了一切。首先是它很有说服力地向教育者强调，法国学院式教育对于培养设计师毫无用处，如现在的设计师必须将注意力转向大众住房以及政府支持的乡村发展计划。因此到 1930 年代中期，几乎所有美国建筑学院都在进行课程改革，专业期刊对这些改革

1　见韦瑟黑德，《美国大学建筑教育的历史》，150。

2　见格温德琳·赖特 (Gwendolyn Wright)，《为建筑师撰写的历史》(History for Architects)，收入《美国建筑学院史学史，1865—1975》(The History of History in American Schools of Architecture, 1865–1975, New York: The Temple Hoyne Buell Center for the Study of American Architecture, 1990)，23。

3　见阿洛夫森，《淡化巴黎美院式教学：伊利诺伊大学的纳坦·里克，哈佛的兰福德·瓦伦以及他们的追随者》(Tempering the Ecole: Nathan Ricker at the University of Illinois, Langford Warren at Harvard, and Their Followers)，收入《美国建筑学院史学史》，76。参见热朗尼奥蒂斯 (Roula Geraniotis)，《伊利诺伊大学与德国建筑教育》(The University of Illinois and German Architectural Education)，载《建筑教育杂志》(Journal of Architectural Education)，no. 38 (Summer 1984)：15—21；以及查尼 (Wayne Michael Charney) 与斯坦珀 (John W. Stamper)，《纳坦·克利福德·里克与伊利诺伊建筑教育的开端》(Nathan Clifford Ricker and the Beginning of Architectural Education in Illinois)，载《伊利诺伊历史学刊》(Illinois Historical Journal)，no. 79 (winter 1979)：257—266。

4　见阿洛夫森，《淡化巴黎美院式教学》，77—82。

5　劳伦斯，《建筑教育实验》(Experiment in Architectural Education)，载《旁观者》(The Spectator, 10 April 1920)：3；引自谢伦伯格 (Michael Shellenbarger)，《埃利斯·劳伦斯（1879—1946）传略》(Ellis F. Lawrence[1879–1946]: A Brief Biography)，收入《多样化的和谐：埃利斯·F. 劳伦斯的建筑与教学》(Harmony in Diversity: The Architecture and Teaching of Ellis F. Lawrence)，谢伦伯格编 (Eugene, Ore.: Museum of Art and the Historical Preservation Program, 1989)，17。

6　见格温德琳·赖特，《为建筑师撰写的历史》，26。

做了记载。[1] 1936 年，《建筑实录》上发表了一份报告，作者记载了辛辛那提大学、麻省理工学院、密歇根大学、克兰布鲁克艺术学院的改革，并指出："在过去的 5 年中，没有一家学院不对课程进行调整。实际上，有些学院已经完全改变了教学方法与课题性质。"[2] 有些改革甚至较早就在进行了。如辛辛那提大学在 1920 年代就实行了四周工作与课堂教学的教学周期，而康奈尔大学在 1929 年就放弃了巴黎美院式的教学大纲。[3] 南加利福尼亚大学在 1930 年实行了不重素描而注重模型制作的课程大纲，既强调现实问题又强调发展想象力。[4] 堪萨斯大学在 1932 年开设了一门设计课程，教学始于抽象的三维模型和透视学，随后则专注于实际问题的解决。[5]

最受关注的改革，至少在东北部地区，是赫德纳特 (Joseph Hudnut)（1884—1968）在 20 世纪 30 年代中期先在哥伦比亚大学，若干年后又在哈佛大学所实行的改革。哈佛大学在 1937 年任命格罗皮乌斯之时，改革达到了高潮。[6] 赫德纳特－格罗皮乌斯的合伙关系，以及后来的公开反目，很能说明美国高等学校往往受到极少数人的控制，他们权威的确立既靠时势又靠个人成就。这也说明了在 20 世纪 30 年代，至少在大西洋沿岸，依赖欧洲文化的保守状况一仍其旧。

赫德纳特是密歇根一位富裕银行家的儿子，本科就读于哈佛，之后注册了密歇根大学的建筑专业，后来他在阿拉巴马教书并开业。1916 年，他在哥伦比亚大学修硕士课程，接着便在纽约开了间小事务所，以一种折中主义的、大体上是古典的风格做设计，被人称作"乔治亚殖民式"。赫德纳特是位杰出的设计师，他在先前哥伦比亚大学的老师、历史学家金博尔 (Friske Kimball) 的推荐之下，于 1923 年被任命为弗吉尼亚大学建筑专业的领导者。3 年之后他回到了哥伦比亚大学，当上了历史学教授，放弃了建筑实践，成为博林院长 (Dean William Boring) 的助理，后者是美术建筑师协会 (Society of Beaux-Arts Architects) 的创建人之一。1934 年博林退休，赫德纳特接替了他的职务，并像其他学校那样废除了巴黎美院的教学体系。

[323]　　赫德纳特的教学法向现代主义的转变发生在 1930 年前后，这一点很清楚，但不清楚的是他对现代主义理解的深度如何。历史学家皮尔曼 (Jill Pearlman) 强调了杜威的社会参与教育的理想对赫德纳特的观念，以及他与德国规划师黑格曼 (Werner Hegemann) 的短暂合作所产生的影响。[7] 赫

---

1 这些期刊文章包括赫德纳特 (Joseph Hudnut)，《建筑师的教育》(The Education of an Architect)，载《建筑实录》69 (May 1931)：413；普赖斯 (C. Matlack Price)，《建筑教育的挑战》(The Challenge to Architectural Education)，载《建筑》(December 1934)：311；《哥伦比亚大学转变了她的教学方法》(Columbia Changes her Methods)，载《建筑论坛》(February 1935)，166 ff.；《建筑师的教育》(Education of the Architect)，载《建筑实录》(September, 1936)；达弗斯 (R. L. Duffus)，《现代世界中的建筑师》(The Architect in a Modern World)，载《建筑实录》(September, 1936)：181—192；《外国对美国建筑教育的影响》(Foreign Influences on Architectural Education in American)，载《八角形》(Octagon, July 1937)：36—42。参见韦瑟黑德，《美国大学建筑教育的历史》。
2 《建筑师的教育》，载《建筑实录》(September 1936)：201。
3 韦瑟黑德，《美国大学建筑教育的历史》，195。
4 Ibid., 196.
5 Ibid.
6 关于赫德纳特的思想以及对格罗皮乌斯的任命，见皮尔曼 (Jill Pearlman)，《约瑟夫·赫德纳特在"哈佛包豪斯"的另类现代主义》(Joseph Hudnut's Other Modernism at the 'Harvard Bauhaus')，载《建筑史家学会会刊》56 (December 1997)：452—477；皮尔曼，《约瑟夫·赫德纳特与现代建筑师教育》(Joseph Hudnut and the Education of the Modern Architect, Ph.D. diss., University of Chicago, 1993)。参见内尔丁格 (Winfried Nerdinger)，《从包豪斯到哈佛：沃尔特·格罗皮乌斯与对历史的利用》(From Bauhaus to Harvard: Walter Gropius and the Use of History)，收入《美国建筑学院史学史》，89—98。
7 皮尔曼，《约瑟夫·赫德纳特与现代建筑师教育》(Joseph Hudnut and the Education of the Modern Architect)，85—103。

德纳特在发表于 1931 年的《建筑师的教育》(The Education of an Architect) 一文中含混地表达了自己的看法。他瞧不起"维尼奥拉的花招"，而是强调"学生生活于其中的经济与精神潮流"，但对于教育并没有提出什么具体的建议。[1] 他的那些简短的题外话，以古怪的方式嘲笑"功能主义"的原理，反复谈及 1932 年希契科克和约翰逊的争论，并暗示他已不与这个哈佛的校友圈子来往了。[2] 当上哥伦比亚建筑学院院长后不久，他便聘请瑞典现代主义者鲁滕贝格 (Jan Ruhtenberg) 开设了一间设计教学工作室，也曾考虑过聘请在英格兰的格罗皮乌斯和在荷兰的奥德。[3] 他还聘请了亨利·赖特和黑格曼开设城市规划工作室，这证明他认可 RPAA 及其欧洲的设计方式。

无论赫德纳特对欧洲建筑理论做何理解，他还是能使他的改革为外界所知晓。他的工作很快引起了哈佛大学校长科南特 (James B. Conant) 的注意，后者也曾在 20 世纪 30 年代中期想要对大学课程进行改革。1935 年春，赫德纳特被科南特聘为院长，他的第一项工作便是将建筑学院、景观建筑学院与城市规划学院并入设计研究生院。他在夏天担任了这一新职务，做了一系列象征性的规定，禁止历史书进图书馆（尽管他本人是个历史学家），让人把鲁滨逊楼 (Robinson Hall) 中庭内的石膏像搬走，将这座建筑的室内刷上白色涂料。[4] 现代主义一夜之间便来到了剑桥。巴黎美院式的教授哈夫纳 (Jean-Jacques Haffner) 于 1936 年荣休，正好腾出了职位。赫德纳特只是在私下里与科南特（他不懂建筑）和巴尔商量，物色他的接班人——为新的研究生院教学进行观念上的洗礼。

赫德纳特认为，只有三个欧洲人，即奥德、密斯·凡·德·罗和格罗皮乌斯适合担当建筑系主任的职务，这反映了他与现代艺术博物馆的紧密联系。人选问题很快便解决了。巴尔 1936 年春在欧洲旅行，最先接触了这三个人。赫德纳特在他之后两个月去欧洲，奥德（赫德纳特原本倾向于他）表示对这一职位不感兴趣。赫德纳特第二个目标是密斯，但这位建筑师缺乏耐心（尤其是将他与格罗皮乌斯放在一起考察时），所以很快便退出了竞争。[5] 赫德纳特最后找到了格罗皮乌斯。与前两人相反，他很乐意接受这一工作。赫德纳特成功地为哈佛购买了 1932 年现代艺术博物馆中展示过的德国现代主义建筑的全部展品，而格罗皮乌斯从 1937 年 4 月开始便成了美国人的偶像。

这是一个大胆的举动，需要开展一场有效的宣传运动——其目标不在于对内部的反对之声展开论战，而在于提高哈佛在国内的知名度。赫德纳特抓紧实施这项任务，在多种学术期刊上发表了一系列文章，为格罗皮乌斯的新书撰写前言，并协助动员各方力量筹办现代艺术博物

1　赫德纳特，《建筑师的教育》载《建筑实录》69 (May 1931)：412。
2　赫德纳特从 1935 年开始参与现代艺术博物馆建筑委员会的活动，但如皮尔曼所说，他与希契科克及约翰逊圈子交往的结束时间至少要回溯到 1933 年。
3　皮尔曼，《约瑟夫·赫德纳特与现代建筑师教育》，129—131。
4　皮尔曼，《约瑟夫·赫德纳特在"哈佛包豪斯"的另类现代主义》，载《建筑史家学会会刊》56 (December 1997)：459—460。
5　关于密斯坚持自己应是唯一候选人的态度，见霍赫曼 (Elaine S. Hochman)，《幸运的建筑师》，271—275。

馆 1938 年的包豪斯展。[1]

格罗皮乌斯也撰写了一本英文书以作响应，即《新建筑与包豪斯》(The New Architecture and the Bauhaus) (1937)。总的来说，这是一本吹捧自己为欧洲现代主义做出贡献的书，而此书原先的写作意图是将自己介绍给英国公众，现在则由伦敦 Faber and Faber 出版社与纽约现代艺术博物馆联合出版。赫德纳特（他显然不知道在 1927 年之前包豪斯未设建筑专业）在此书的前言中，不仅赞扬了包豪斯"发明了一种新的建筑教育体系"，而且将这种艺徒工作坊制与"正在到来的文艺复兴"相挂钩。在这场复兴中，欧洲一些"特有的"基本原理将在美国土壤上找到"新的表现"。[2] 格罗皮乌斯重申了他早期的标准化与理性化主题，结束时充满激情地说，包豪斯的主要目标并不是要"普及任何'风格'、体系、信条、方案或时尚，而是要对设计施加充满新活力的影响"[3]。再者，那种"包豪斯风格"的观念"将是对失败的供认，并退回到停滞不前、了无生气的惯性状态，我已向这种状态开战了"[4]。

1938 年，纽约现代艺术博物馆在举办展览的同时，还出了一本书，此书是由赫伯特·拜尔（Herbert Bayer）、沃尔特·格罗皮乌斯和艾斯·格罗皮乌斯 (Ise Gropius) 合编的，收入了多尔纳（Alexander Dorner）撰写的一篇包豪斯简史。[5] 该书将包豪斯的照片和资料汇编起来，范围广泛，资料详尽，以史诗的规格抬高了这一机构的地位。这段历史在 1928 年戛然而止，是年格罗皮乌斯离开了包豪斯，这便突出了他在包豪斯历史上的中心地位。配合默契的宣传运动取得了巨大的成功，至少有助于竖立起哈佛的形象。这样一来，科南特在他 1938—1939 年度"校长述职报告"中便自豪地夸耀说，哈佛已经成为"这片大陆或许全世界一流的现代建筑学校"[6]。尽管格罗皮乌斯刚到哈佛，专业教学尚未做任何重要改变，情况就已然如此了。

[324]

不过格罗皮乌斯还是在尽快让人们感觉到他在剑桥的存在，尤其是致力于重构德国包豪斯。1937 年秋，他将布罗伊尔（Marcel Breuer）从英格兰带到美国，次年聘用了在土耳其工作的原柏林规划师马丁·瓦格纳。1939 年，格罗皮乌斯在他的第一轮课程改革中，将必修的历史课程从三门削减为一门。他发动了一场重大改革，使他与赫德纳特之间产生了隔阂，这就是他在 1937 年将画家阿伯斯（Josef Albers）引入哈佛师资队伍，开设了包豪斯式的设计基础课。有趣的是，赫德纳特坚决反对这一举措，但他在心智上不是格罗皮乌斯的对手。赫德纳特尽管轻易接受了

1　赫德纳特，《建筑发现了现在》(Architecture Discovers the Present)，载《美国学者》(The American Scholar) 1 (1938)；106—114；赫德纳特，《机械化世界中的建筑》(Architecture in a Mechanized World)，载《八角形》(August 1938)；赫德纳特，《建筑发现了现在》，载《美国学者》7 (winter 1939)；赫德纳特，《建筑与现代思想》(Architecture and the Modern Mind)，载《艺术杂志》(Magazine of Art) 33 (May 1940)；赫德纳特，《教育与建筑》(Education and Architecture)，载《建筑实录》(October 1942)：36—38。

2　赫德纳特为格罗皮乌斯《新建筑与包豪斯》一书撰写了前言，此书由尚德（P. Morton Shand）翻译 (New York: Museum of Modern Art, 1936)，7—10。

3　Ibid., 62.

4　Ibid.

5　拜尔、沃尔特·格罗皮乌斯与艾斯·格罗皮乌斯编，《包豪斯 1919—1928》(New York: Museum of Modern Art, 1938; 重印，for the Museum of Modern Art by Arno Press, 1972)。

6　科南特，《校长述职报告》，收入《哈佛大学官方记录，1938—1939》(Official Register of Harvard University, 1938–1939)。引自皮尔曼，《约瑟夫·赫德纳特在"哈佛包豪斯"的另类现代主义》，459。

现代艺术博物馆所展示的欧洲现代主义形象，但他的教学方法依然含混不清，将建筑训练看作为更大的社会环境服务的一种个人的、自由的"表现"。他在发表于1938年的一篇文章中提到，要通过人类空间、人类价值和共同体这三种观念来开发这种表现。[1] 在14年后的一个系列讲座中，他提到罗斯金，甚至将现代建筑简化为三盏"明灯"，即进步之灯、自然之灯和民主之灯。[2] 而格罗皮乌斯则从一种更绝对更普遍的角度将现代建筑看作他那一代德国人的创造。这个自高自大的管理者正在阻碍着他的教学工作，这使他很恼火。赫德纳特直到1950年才成功地阻止了对阿伯斯的聘任。当时格罗皮乌斯设法在政治上围攻他，并用他自己研究生院的预算来开这门课。两年之后，赫德纳特重新控制了财权，取消了这门课，格罗皮乌斯便辞职了。

不过，格罗皮乌斯在1940年代还是逐渐主导了这所学院，正是他的研究生课程给美国的建筑教育打上了烙印。这种烙印是好是坏尚有许多争论，但他在其他许多方面也拥有高度影响力。例如他在1938—1939学年中为吉迪恩搞到了诺顿教授席位 (Charles Eliot Norton Professorship)。尽管住在瑞士相对安全，但吉迪恩还是想在美国找一个临时落脚地，而且他利用正式的大学讲坛的机会，撰写了20世纪最重要的建筑教科书《空间、时间与建筑：一个新传统的成长》(Space, Time and Architecture: The Growth of a New Tradition) (1941)，此书对后来几十年的建筑思想产生了很大影响。[3]

这部经典之作处处带有跌宕起伏的心理小说的特色。吉迪恩的早期著作——如《法国建筑、钢铁建筑、钢筋混凝土建筑》(1929)——中的许多内容，被简单地译成英文并融入正文之中，但正是他所构建的宏大历史框架才使此书上升到另一个层次。此书开篇说明了作者的写作方法，而正是这种"形而上学的氛围"令上他课的学生感到困惑。[4] 吉迪恩骄傲地宣称自己是"海因里希·沃尔夫林的弟子"，同时还提到伟大的"时代精神"不仅塑造了每个时期的思想，也将"理想的历史学家"（即不偏不倚的编年史家，现在被逼成了一个有偏见的、活跃的代理人）的形象化为了虚幻之物。[5] 在吉迪恩看来，一切事物都在一个变化着的、普遍的和命中注定的宏大连续性统一体中运动着。贯穿全书反复出现的主题是"思维与感觉"的分离，这一点自从19世纪初开始直至20世纪30年代前后就一直主导着西方人的意识。从科学地位超越艺术的现象中可以看出这种分离，这导致了西方心灵中"分裂的个性"。而这种分裂的个性，至少是隐秘地，在20世纪的大灾祸中发展到了顶点（人们还未充分认识到这一点）。弗洛伊德从"后门"悄悄溜进了建筑史理论。

吉迪恩紧张的历史叙事工作正是在这一忧郁的背景中展开的。他开始谈到了文艺复兴以及像阿尔伯蒂与布鲁内莱斯基 (Brunelleschi) 等画家及建筑师的新的空间概念，以博洛米尼那引

1　赫德纳特，《机械化世界中的建筑》，载《八边形》10 (August 1938)：6。

2　赫德纳特，《现代建筑的三盏明灯》(The Three Lamps of Modern Architecture, Ann Arbor: University of Michigan Press, 1952)。

3　这也是在建筑史上被人分析得最多的文本。关于此书的立论前提，见乔治亚迪斯 (Sokratis Georgiadis)，《西格弗里德·吉迪恩：一部精神传记》(Sigfried Giedion: An Intellectual Biography)，霍尔 (Colin Hall) 翻译 (Edingurgh: Edinbingh University Press, 1994)，97—151。

4　见小霍华德 (H. Seymour Howard, Jr.) 的评论，《西格弗里德·吉迪恩的〈空间、时间与建筑〉》(TASK, no. 2, 1941)：37。

5　吉迪恩，《空间、时间与建筑：一个新传统的成长》(Cambridge: Harvard University Press, 1941)，2—3、6。

人注目的空间形式结束，并将其与毕加索和塔特林的作品放在一起论述。接下来，他简短地论述了法国与意大利的花园，由此谈到了工业革命，当时"科学与艺术分道扬镳了，思维与感觉这两种方法之间的联系被打破了"[1]。这种分离明显地体现于令人憎恶的19世纪折中主义建筑上，不过在这里吉迪恩的论述有些自相矛盾。他说："如果我们的文化将要被野蛮的力量所摧毁——甚至将要持续地被它们所恐吓——那么19世纪就必须被判定为是一个滥用了人力、材料和人类思想的时代，是最为悲惨的时代之一。"[2]另一方面，如果我们怀着真情利用这个世纪的技术潜能，"那么，尽管19世纪造成了人类的无序，尽管它的不良后果仍然不断出现，但最终将会发展出英雄般的新维度"[3]。总之，人类发展的这个阶段结束于1890年前后，那时"对折中主义的憎恶积郁已久，突然之间在欧洲达到顶点"[4]。下一阶段的发展他称之为"要求建筑具有德行"(The Demand for Morality in Architecture)，激发这一发展阶段的人物是贝尔拉赫、亨利·凡·德·维尔德、维克托·霍尔塔、奥托·瓦格纳、佩雷、托尼·加尼耶和弗兰克·赖特。以如此强烈的情感来撰写建筑史，即便有也极其罕见。建筑设计现在被赋予了至高无上的道德要求，普金曾预示了这一点。

[325]

"美国的发展"(American Development)一章无疑是为美国读者写的，以作为诗意的慰籍。吉迪恩主要关注的是像锤子、锁、轻型木框架和无装饰砖面这类无名者的技术发明，认为它们全都体现了"时代精神"的推动力量；或者关注于那些无名建筑师的建筑物，因为一个国家的精神也可以通过其"无名的气质"来解读。这一部分最后谈到了芝加哥学派、沙利文的"分裂的个性"(他的功能主义和装饰美化)，当然还有赖特。尽管作者收入了约翰逊制蜡工厂大楼的一些图片，但几乎只是马后炮罢了。吉迪恩分析道，赖特是"牺牲的一代人"，他的历史重要性只是在于世纪之交后不久对欧洲大师所产生的影响。因此，他的历史使命到1909年便告完成了。

现在，吉迪恩自信地论述到了最重要的部分，"艺术、建筑与构造中的时空"(Space-Time in Art, Architecture and Construction)。在这一章中，新的时代及其观念革新激动人心地展开。艺术家"试图将这种时空新单元引入艺术语言以扩大我们的视野"，获得了一种令人眼花缭乱的黑格尔式的艺术与科学的综合，"这是一种共同文化(common culture)的征兆，同样的问题将会同时并且独立地出现于思想方法与感觉方式之中"[5]。爱因斯坦的物理学、闵科夫斯基(Hermann Minkowski)的数学，就影响的广度以及历史重要性而言，类似于文艺复兴的开端(在科学方面类似于亚里士多德和毕达哥拉斯学派)。现在，在这人类发展的时空新阶段，这些物理学和数学理论与毕加索的立体主义、博乔尼(Umberto Boccioni)的未来主义、马列维奇的构成主义以及杜斯堡(Theo van Doesburg)的新造型主义(neoplasticism)汇合起来了。[6]

---

1 吉迪恩，《空间、时间与建筑：一个新传统的成长》，116。
2 Ibid., 98.
3 Ibid.
4 Ibid., 226.
5 Ibid., 364.
6 见乔治亚迪斯《西格弗里德·吉迪恩》一书中关于这一观念及其反应的广泛讨论，118—129。

在 1925—1930 年间，这一英雄主义新阶段的两位建筑巨人——格罗皮乌斯和勒·柯布西耶在世界舞台上扮演着重要角色。吉迪恩将包豪斯的建立及其"将艺术与工业、艺术与日常生活统一起来"的努力，比作巴黎理工学院 (Ecole Polytechnique) 的创建。[1] 格罗皮乌斯为德绍校舍做的设计最能令人想起毕加索的绘画《阿尔勒妇女》(L'Arlésienne)，其中透明物体并置在一起，这种效果萦绕于后来许多年的建筑理论中："在这种情况下，一座建筑的室内与室外就同时呈现出来了。角落被消除了，大面积的透明区域使得各个面处于'悬停'关系之中并'相互交叠'着，这是出现于当代绘画中的一种效果。"[2] 吉迪恩充分回报了格罗皮乌斯邀他来哈佛的人情，他看不出这位思想深刻的条顿人在世上还有什么竞争对手："格罗皮乌斯，像许多德国艺术家一样，具有强大坚实而非敏捷的想象力。但他工作时非常安静，得出的新结论令人惊讶。阿尔布雷希特·丢勒画的人像很沉重，缺少威尼斯画派那种优雅；不过丢勒的构思却具有天生的深刻性。"[3] 所有其他建筑师都黯然失色了，除了勒·柯布西耶之外。门德尔松在这里没有一席之地，密斯也没有。至于赖特，他的建筑被束缚在土地上，"活像是某些爬行动物的触角"——这便充分"解释了自从赖特出现之后，他何以会遭到欧洲建筑的排斥"。[4]

吉迪恩对历史的颠覆还要过些年才能发挥出最充分的影响力。第一篇书评是哈佛的一名学生写的，批评吉迪恩的书是一幅"混乱的图画"，未能"理解或接纳这现实的、物质的世界"。[5] 就在这同一时期，建筑专业课程中的建筑史课完全被去除了，而吉迪恩就单凭一本书便呈现出了建筑师必须了解的历史。他的文章如此势不可挡、激动人心，以至于每个建筑专业的学生都庆幸自己出生在这样一个伟大的时代。毕竟，这种时空建筑观念在概念上突破了如此宏大的目的论范围，以至它每隔五百年左右才会出现一次！

4. 20 世纪四五十年代的美国

第二次世界大战无疑将 20 世纪中叶的几十年毁掉了。1945 年 5 月柏林陷落，冲突终止。一个月后罗斯福去世，杜鲁门总统任期开始。此后英美苏的盟友关系也没有维持太久。1945 年 2 月，丘吉尔、斯大林和罗斯福在克里米亚的雅尔塔会面，划定了政治上的"势力范围"。斯 [326] 大林获得了版图上的让步以及对蒙古的控制权，作为回报他同意开辟太平洋战场。波兰是恐怖大屠杀的受害者，此时被非正式地并入了苏联的版图。斯大林还许诺在德国东部、奥地利、匈牙利、捷克斯洛伐克、保加利亚和罗马尼亚建立临时政府，并举行自由选举。然而，他却在除

1　吉迪恩，《空间、时间与建筑》，397。

2　Ibid., 403；插图 230。

3　Ibid., 406.

4　Ibid., 402.

5　小霍华德，《西格弗里德·吉迪恩的〈空间、时间与建筑〉》，37—38。

奥地利以外的所有东欧国家建立了共产党政权。于是在热战结束之前冷战就已经开始了，雅尔塔的幽灵在世界上徘徊了数十年。斯大林试图在 1948 年 6 月占领西柏林，但因大量空中补给问题以及次年 4 月北约的创建而受阻。5 个月后，苏联人爆炸了他们的第一颗原子弹，冷战突然间关系所有人的生死存亡问题。

若干悬而未决的"动荡地区"是战争遗留问题的一部分。成千上万的犹太人从中东与东欧迁移到巴勒斯坦，而自 1919 年以来那里就是由英国托管的。英国宣布将交出此托管地，联合国于 1949 年创建了以色列共和国。尽管以色列经历了可怕的军事威胁和邻国阿拉伯人的敌视，但还是幸存了下来。在地球的另一边，华盛顿和莫斯科以三八线将朝鲜一分为二。1950 年，为期 3 年的朝鲜战争爆发。中国是北朝鲜盟友之一，于 1949 年结束了长期内战，开始了毛泽东领导的共产主义时代。继朝鲜之后，中国转而支持法属印度支那地区的革命运动。随着法军于 1954 年在奠边府的大溃败，越南在另一次日内瓦会议上被划分为两个部分，北越的共产党政府由胡志明（Ho Chi Minh）领导，南越则归吴廷琰（Ngo Dinh Diem）统治。这一结果被证明是灾难性的。

美国战后经历了一段极度焦虑与谨慎乐观的时期。雅尔塔的惨败和冷战的势均力敌助长了麦卡锡主义（McCarthyism）（1950—1953）的兴起，也导致了杜鲁门在 1952 年党内选举中的失败。在艾森豪威尔（Dwight D. Eisenhower）的 8 年总统任期内，美国处于中等繁荣状态，与外界打交道有限，这多少也是其之前 20 年经济低迷与战争的反映。1952 年第一枚氢弹爆炸是这个 10 年举世瞩目的大事件，但是同年早些时候，匈牙利数学家约翰·冯·诺伊曼（John von Neumann）将新逻辑整合进普林斯顿的一台计算机中，却是一项更重大得多的成就。1959 年 9 月，美国成功发射了第一枚朱庇特 C 火箭。作为反击，苏联次年春天发射了第一枚洲际弹道导弹（ICBM），接着又发射了人造地球卫星。洲际弹道导弹与人造地球卫星的发展或许抑制了美国人日益增长的狂妄自大的情绪，但这并非意味着 20 世纪 50 年代国民遭受着"生死存亡"的恐惧，而这种恐惧当时是那样风行于欧洲和美国学界的遥远角落。1950 年代的美国是平静乐观、经济增长的 10 年，是出现了诸多事物或人物的时代：州际公路、马莉莲·梦露（Marilyn Monroe）、最高法院裁定布朗诉教育委员会案、普雷斯利（Elvis Presley，著名摇滚明星）、食品深度冷冻、菲德尔·卡斯特罗（Fidel Castro，古巴领导人）以及汽车翅片散热器。实际上，麦当劳兄弟在 1948 年就已开设了他们的第一家餐馆。

乐观主义在全美风行的另一信号是莱维敦（Levittown，美国纽约州东南部长岛西部一城镇）现象。[1] 撇开规划师与建筑师不谈——莱维特（William Levitt）早在 1946 年（追随着泰勒与福特）就设计出了一套有效而经济的住房建设计划，为中等收入家庭，尤其是从战场归来的复员军人提供买得起的单户住宅。这一梦想很快便与美国文化一拍即合，而那些想要建立家庭但被耽搁的人是厌倦战

---

1 关于莱维敦的历史及当时的反应，见甘斯（Herbert J. Gans），《莱维敦人：一个新郊区共同体中的生活方式及政治》（*The Levittowners: Ways of Life and Politics in a New Suburban Community*, New York: Columbia University Press, 1982）。

争的一代，他们接下来要将和平的希望与自己的抱负构筑于这梦想的基础之上。许多社会学家与规划师不能理解清洁的空气、绿色的植物、后院的秋千以及现代化厨房的吸引力，但这些东西确实是人类欲望中不可或缺的一部分，无法轻易加以阻挠。仅莱维特一人就建起了17000多座住宅，而他的同行们更是迫切地为这一代蓝领与白领工人提供住房。实际上，或许除了退伍军人教育法案 (G.I. Education Bill) 之外，没有其他任何东西更广泛地提升了这个国家的生活标准——尽管郊区尚存在着许多不足之处。

在这些年中，美国的建筑理论无人研究与重视。确实，这一时期常常被说成是在建筑上无革新的或无认真思考的时期。但是当时的文献却表明完全不是这么回事。战后这些年有关建筑实践方面的评论，无论在数量上还是质量上都大大超越了战前任何一个可比较的时期。此外，许多理论一开始源自欧洲，现在通过美国人的讨论被吸收和改造。当然，大量欧洲建筑师与知识分子移民美国，也推动了这些讨论。 [327]

后一种现象本身也造成了一系列误解。格罗皮乌斯到了哈佛，密斯到了芝加哥，的确对美国的发展产生了直接的影响。但即便是在这些中心地区也存在着一些中间力量，它们既反抗着也改变着早先的观点。反过来，移植而来的欧洲观念又受到它们当下所处社会、技术和政治情境的影响。

另有一个事实不为人知，即在这些年中存在着大量对现代主义的地区性解释——这种现象必须置于东北地区逐渐丧失文化主导性的背景下来考量。詹姆斯·福特 (James Ford) 和凯瑟琳·莫罗·福特 (Katherine Morrow Ford) 的《美国现代住宅》(*The Modern House in America*)（1940）是首批出版的记述美国现代建筑的书之一，该书一一列出了各州的范例。这样做并非出于编排的考虑，而是因为各地区对现代主义的解释有所不同。[1] 关于这一点，凯瑟琳·莫罗·福特在一年后的一篇后续文章《现代即地域》(Modern Is Regional) 中说得很清楚。她在此文中区分了各种地区风格，如新英格兰、宾夕法尼亚、佛罗里达、大湖区、亚利桑那、西北地区和加利福尼亚。[2] 例如，宾夕法尼亚的现代主义受到当地谷仓传统及富产石材的影响，西北地区的现代主义受到当地用材林地的影响，而加利福尼亚的现代主义则受这个州"惊人的地形与气候多样性"的影响。[3] 顺便说一句，在此书中，加利福尼亚拿走了大多数现代住宅建筑奖项，尽管这两位作者是马萨诸塞州林肯人，是在格罗皮乌斯和吉迪恩的眼皮底下写成此书的。

地域主义获得了广泛的认可，这就对所谓"国际风格"的重要地位提出了质疑。纽约展览会及其宣传运动的影响的确还在延续着，但只局限于一定的地理范围之内。在美国建筑界，哈佛－现代艺术博物馆这一轴心，作为若干竞争势力之一，有助于优化现代性的新概念，但并没有引领更大范围的发展进程。正如有时人们所指出的，背离现代主义的信条并非意味着倒

---

1 詹姆斯·福特与凯瑟琳·莫罗·福特，《美国现代住宅》(New York: Architectural Book Publishing Co., 1940)。
2 凯瑟琳·莫罗·福特，《现代即地域》，载《住宅与花园》(*House and Garden*, March 1941)：35—37。
3 Ibid., 79.

退、民族主义或其他问题。在 20 世纪 40 年代晚期出现了一种新的美国观念，即一个人的工作和栖居是大萧条、战争以及具有鲜明特色的美国文化价值的产物，是一种复杂的现象。在一个新的国家重新开始自己职业生涯的欧洲建筑师，如果一开始就未能理解或认识到这些差异，就必须尽快调整以适应这些差异。

从格罗皮乌斯在新英格兰的职业生涯中，可以看出这种同化与调适的过程。[1] 他在到达哈佛后不久便开始了较为适度的建筑设计业务，而且与布鲁尔 (Marcel Breuer) 结成了合伙关系（直到 1941 年）。较早的一个项目是格罗皮乌斯自己在马萨诸塞州林肯市的住宅，离瓦尔登湖 (Walden Pond) 不远。该建筑为一棱柱体，由长方形木框架构成，覆以垂直的红松披叠板，刷成白色，部分建在开辟出来的平台上，屏蔽起来的餐厅走廊一直延伸到花园。吉迪恩几年后认为这件带有"大大的前门廊"的作品是"新地域主义"的一个范例，与千人一面的国际风格形成了对照。[2]即便这话有过誉之嫌，却也表明格罗皮乌斯和吉迪恩都意识到，新英格兰的气候和植被与欧洲相当不同。

格罗皮乌斯在 1940 年代涉足预制住房市场，也证明了他灵活的学术策略。1941 年他与布鲁尔分手，后者最终也离开了哈佛，全身心投入自己的业务。接下来，格罗皮乌斯与一位犹太难民瓦克斯曼 (Konrad Wachsmann) （1901—1980）建立了合伙关系。瓦克斯曼原先是特森诺和珀尔齐希的学生，曾在法国拘留营中度过了一段苦难的岁月，之后在格罗皮乌斯和爱因斯坦的努力下被营救出来。[3] 他像格罗皮乌斯一样长期对预制住房感兴趣，起初于 1926 年为一家德国制造商工作。实际上，当瓦克斯曼于 1929 年遇见爱因斯坦时，就利用这家商行的成套组件为他设计了位于波茨坦的住宅。格罗皮乌斯对工业化住房生产的兴趣则可追溯到更早——1910 年。除了他在 1920 年代晚期设计的位于特尔滕－德绍 (Törten-Dessau) 的著名项目之外，他还在 1930 年代初建议一家德国公司采纳"铜屋"(copper house) 的主意。

这项业务起初看上去很有希望。格罗皮乌斯的贡献在很大程度上体现在管理方面。瓦克斯曼修改了他曾在法国设计的木板结构，使之适应于 40 英寸的模块，并且修改了他早先的 Y 型连接钩，改用金属复合板嵌入四面嵌板 (four-way panels) 的边缘。当他们二人在 1942 年以"套装住宅"(Packaged House) 的名称申请专利时，似乎正当其时，因为预制房屋是美国战时工作的一个重要组成部分，国会已拨款进行推广。但是，虽然瓦克斯曼搞定了资金，在投产之前也成立了标准板材加工厂 (General Panel Corporation)，但业务却未能开展起来。战争的机会错过了（应归咎于他们自己而非其他相竞争的公司）。接着，他们于 1944 年推出了修订版，瞄准战后住房市场，

[328]

1　关于这些年的情况，尤其见吉迪恩，《沃尔特·格罗皮乌斯：工作与团队协作》(New York: Reinhold, 1954)；以及伊萨克斯 (Reginald R. Isaacs)，《沃尔特·格罗皮乌斯：包豪斯创建者的一部插图本传记》(*Walter Gropius: An Illustrated Biography of the Creator of the Bauhaus*, Boston: Bulfinch Press, 1991)。

2　吉迪恩，《沃尔特·格罗皮乌斯》，71。吉迪恩还写了《新地域主义》(New Regionalism) 一文，发表于《建筑实录》115 (January 1954)：132—137。

3　关于瓦克斯曼以及他与格罗皮乌斯的联系，见赫伯特 (Gilbert Herbert)，《工厂制造住宅之梦：沃尔特·格罗皮乌斯与康拉德·瓦格斯曼》(*Dream of the Factory-made House: Walter Gropius and Konrad Wachsmann*, Cambridge, M. I. T. Press, 1985)。

但甚至在有了新企业的支持以及在加利福尼亚开办了一家新工厂的情况下，此项业务还是失败了。究其原因，在于瓦克斯曼的兴趣范围不断扩大以及公司结构的不合理，还在于打包的仍然是组件而不是住宅，所以未能获得联邦住房管理局的批准，也未得到抵押贷款融资。吉迪恩将此公司的破产归咎于"购房者目前的态度"，暴露了他对此项业务以及房地产市场运作的现实情况并不熟悉。[1] 这样一种模块化的、预制的木结构房屋没有取得成功是毫无道理的。莱维特同一时期的快速住房建设方法——还建设了公路、配套设施和实在的社区——也确实未能成功地推而广之并为其他地区所效仿。

格罗皮乌斯也有许多朋友和盟友。20 世纪 40 年代他成了美国公民，出席国会作证，大力鼓吹各个层面的规划工作。他还充当了若干家公司的顾问，一度成为卢修斯·克莱上将（General Lucius Clay）的顾问，为德国的重建提供咨询意见。他在美国出的第一本书《重建我们的社区》（Rebuilding Our Communities）（1945）是他住宅与规划思想的综述。此书以他在芝加哥的一次讲座为基础，一针见血地指出了他所见到的住房建设方面的一些重要问题：政府规划支离破碎或完全缺失，市区过于拥挤以及城市枯萎病。格罗皮乌斯呼吁进行市场营销、融资、税收以及建筑技术方面的改革，并为他的套装住宅、"使妻子免除繁重劳动"的设备以及家庭"娱乐室"提出了充分理由。他提出，要将穷人重新安置到乡村社区中并让他们有农活干、按低密度水平重建城市、开辟更多的公园、建立由各社区中心构成的核心区。他强调要为居民带来健康福祉，从而证明这些提案是合情合理的。他援引了两位英国生物学家所做的工作，提出对于个人健康而言，至关重要的是要培育更大范围的社会健康或"社会土壤"，通过设立社区中心便可达到这一目的。新的社区中心设有游泳馆、体操馆、自助餐、幼稚园和娱乐区等设施，这些便是他为复兴民主社会所描绘的蓝图的关键所在。[2]

1952 年，格罗皮乌斯出版了《科学时代的建筑与设计》（Architecture and Disign in the Age of Science）以及更有名的《总体建筑概论》（Scope of Total Architecture）。前一本书其实是 9 页的小册子，简明扼要地论述了团队合作的观点。现代社会抱有"盖洛普民意测验心态"（gallup-poll mentality）以及"机械论观念"，已失去了平衡与和谐，科学主导着艺术，"研究"（research）优先于创造性"探索"（search）。他指出，要想恢复平衡的状态，只有将建筑师和设计师带回工业生产过程之中，与科学家、工程师、市场分析师和销售商协同工作："陈旧观念中的大牌建筑师，只为富裕主顾服务，作为他们的有身份的受托人行事。现如今这种旧观念能找到的用武之地很有限。除非建筑师使自己成为明日生产过程中不可或缺的一部分，否则他的影响力便会日渐缩小。"[3]

《总体建筑概论》大体上是一本文集，收录了作者先前发表过的论文和文章，其中较新的主题有团队合作、大型规划、建设完整社区的必要性、建筑教育等，而最后这个论题在《建筑教育蓝图》（Blueprint of an Architect's Education）一文中进行了阐释，强调了设计的社会与心理要素，

---

1 吉迪恩，《沃尔特·格罗皮乌斯》，76。
2 格罗皮乌斯，《重建我们的社区》（Chicago: Paul Theobald, 1945），49—53。
3 格罗皮乌斯，《科学时代的建筑与设计》（New York: Spiral Press, 1952）。

尤其将"创造性"作为一条纲领，认为它"将引导我们未来的建筑师，从服从到发现再到发明，最后自觉地去塑造我们当代的景观"[1]。人们时常批评他这种理性的和"冷冰冰的"设计方法，这段话就是对这种批评的一个反驳。有人则将这种方法视为他留给哈佛的一份教育遗产。[2]

然而，无论这种批评是否有道理，格罗皮乌斯对美国建筑专业的影响都是无可争议的。1945 年，他赞同哈克尼斯（John Harkness）提出的发起一个联合事务所，即建筑师合作社（The Architects Collaborative）（TAC）的建议。在若干年里，这个组织集中体现了团队设计与规划的理念。[3] 该公司的早期重要项目是设计哈佛大学研究生院（1948—1949）。

这样一来，他便给哈佛研究生院留下了遗产。在他任职期间，20 世纪 40 年代的学生有巴恩斯（Edward L. Barnes）、约翰森（John Johansen）、菲利普·约翰逊（Philip Johnson）、贝聿铭（I. M. Pei）、科布（Henry N. Cobb）、鲁道夫（Paul Rudolph）和伦迪（Victor Lundy）。他们所有人在 1960 年代都取得了成功。约翰逊在经历了一段黑暗年代之后，于 1940 年被建筑专业录取。在那段时间里（开始于 1934 年），他辞去了现代艺术博物馆的职务，拥护希特勒的政策。他于 1930 年代中期转向纳粹，与一对
[329] 美国波普艺术家（休伊·朗 [Huey Long] 和库格林神父 [Rev. Charles E. Coughlin]）陷入了政治泥潭，甚至一度想要在美国组建一个像纳粹党那样的政党。不过到了 1930 年代末，约翰逊又飘回到德国的事业上来了，成为希特勒及其政策的一个辩护士。[4] 德国宣传部长于 1939 年邀请约翰逊（乘着他的林肯和风轿车）跟随他们的装甲师进入波兰。战争期间，约翰逊的政治活动被公开曝光，之后一直困扰着他。在哈佛学习期间，他差一点被指控破坏社会治安。在 1943—1944 年间，他还以个人身份在美国军队中服役。1945 年他回到了纽约，与格雷斯（Landis Gores）合开了一家事务所。现代艺术博物馆立即欢迎他浪子回头，尽管巴尔已在 1943 年因个人问题、管理不力和缺乏学术成果被"解除职务"。不过这位前馆长还是设法在博物馆的图书馆中保留了一间办公室，很快又东山再起。[5] 约翰逊的第一个展览于 1947 年举办，展示了密斯·凡·德·罗的工作，那时密斯对约翰逊的实践和观念产生了很大的影响。[6]

由于和现代艺术博物馆以及洛克菲勒家族关系密切，约翰逊接受了为菲利普·戈德温（Philip Goodwin）和斯通（Edward Durell Stone）的新博物馆附属建筑（1949—1950）做设计的委托。但是

---

1 格罗皮乌斯，《总体建筑概论》(New York: Harper & Bros., 1955)，57。

2 关于他在哈佛设计方法的分析，见赫德格（Klaus Herdeg），《装饰的图式：哈佛建筑与包豪斯遗产的失败》(*The Decorated Diagram: Harvard Architecture and the Failure of the Bauhaus Legacy*, Cambridge: M. I. T. Press, 1983)，12—13。

3 见《沃尔特·格罗皮乌斯档案：哈佛大学布希雷辛格博物馆格罗皮乌斯档案中的素描、版画及照片的一份插图目录》(*The Walter Gropius Archive: An Illustrated Catalogue of Drawings, Prints, and Photographs in the Walter Gropius Archive at the Busch-Reisinger Museum, Harvard University*) 的第 4 卷，哈克尼斯（John C. Harkness）编 (New York: Carland Publications, 1991)。

4 尤其见舒尔策（Franz Schulze），《菲利普·约翰逊的生平与工作》(*Philip Johnson: Life and Work*, New York: Knopf, 1994)，135—146。

5 有关他这段时间在现代艺术博物馆的详情，见坎托尔（Sybil Gordon Kantor），《阿尔弗雷德·H. 小巴尔与现代艺术博物馆的智性起源》(*Alfred H. Barr, Jr. and the Intellectual Origins of the Museum of Modern Art*, Cambridge: M. I. T. Press, 2002)，354—365。

6 随此次展览出版了约翰逊的重要著作《密斯·凡·德·罗》(New York: Museum of Modern Art, 1947)。

使他在专业圈中出名的项目是位于新迦南 (New Canaan) 的 "玻璃馆" (Glass House) (1948—1949)。[1] 在 1950 年为《建筑实录》杂志撰写的文章中，他有几分油嘴滑舌地将此建筑的观念之源追溯到密斯和法恩斯沃思宅邸 (Farnsworth House)，追溯到勒杜、欣克尔、勒·柯布西耶、凡·杜斯堡、马列维奇以及雅典卫城，还稍带超现实主义意味地追溯到一座 "我曾眼见被烧毁的木屋村庄，除了地基和砖砌烟囱之外，没有任何东西留下来"[2]。如果说这种意象（在波兰获得的？）的暗示出自个人的紧张心理（有一种解释说这是政治赎罪行为），就太轻易地抬高了这个展馆在建筑上的重要性。[3] 作为一名建筑师，约翰逊早期的实践大多是折中式的，追求新奇，没有方向感。

邦沙夫特 (Gordon Bunshaft) (1909—1990) 的工作更好地代表了 20 世纪 50 年代初期纽约的建筑实践，他是斯基德莫尔、欧文斯与梅里尔公司 (Skidmore, Owens & Merrill) 的成员。1930 年代邦沙夫特在麻省理工学院学习，到欧洲旅行之后于 1937 年被聘为该公司的纽约设计师。[4] 他的若干早期项目——如为纽约世博会设计的委内瑞拉馆 (Venezuelan Pavilion) (1939)，以及伊利诺伊五大湖海军训练中心 (Great Lakes Naval Training Center) 的女主人屋 (Hostess House)——展示了这家年轻公司对于现代性的信仰。邦沙夫特在长期服兵役之后，于 1949 年被提名为这家公司（即当时的斯基德莫尔、欧文斯与梅里尔公司）的 7 个合伙人之一，他们集体负责公司项目的设计与建造，取得了高度一致的效果。公园路上的利弗大厦 (Lever House) (1949—1952) 是邦沙夫特的第一件杰作，矗立在附近的联合国大厦 (1947—1950) 这类竞争性建筑的对面，在总体概念与细节上都具有优势，且毫不逊色：一幢透明开放的薄板型办公楼，凌空高耸于一个水平延展的扁平盒子上，而这个盒子便是第三层的屋顶平台。绿色玻璃的表面加上不锈钢圆柱以及铝制窗棂，建立了一种美学标准，在 1950 年代多被仿效。

除了纽约和新英格兰地区之外，一大批生气勃勃的建筑思想中心脱颖而出或成熟起来，遍布美国。例如底特律地区在 1950 年代就因克兰布鲁克艺术学院、埃列尔·萨里宁 (Eliel Saarinen) 以及他的儿子埃罗 (Eero) (1910—1961) 的丰富建筑遗产而十分突出。这座学院的校园以及先进的工作坊坐落于底特律郊外的布隆菲尔德山 (Bloomfield Hills)，埃列尔·萨里宁于 1924 年从出版商布思 (George Booth) 那里接受了这个委托项目。[5] 自世纪之交以来，布思就是工艺美术运动中的一位活跃人物，他在 1920 年代中期决定将自己的财富投入校园建设，包括一所小学、几所中学、一所艺术学院、一所科学院以及克兰布鲁克博物馆和图书馆。艺术学院是这一想法的核

1　见惠特尼 (David Whitney) 与基普尼斯 (Jeffrey Kipnis) 编，《菲利普·约翰逊：玻璃馆》(*Philip Johnson: The Glass House*, New York: Pantheon Books, 1993)。

2　Ibid., 14. 此文原发表于《建筑实录》，vol. 108, September 1950。

3　关于这一赎罪行为，见艾森曼 (Peter Eisenman) 为《菲利普·约翰逊文集》(*Philip Johnson Writings*, Oxford：Oxford University Press, 1979) 撰写的导言；参见惠特尼与基普尼斯，《菲利普·约翰逊：玻璃馆》，77—79。

4　关于邦沙夫特，见克林斯基 (Carol Herselle Krinsky)，《斯基德摩尔、欧文斯与梅里尔公司的戈登·邦沙夫特》(*Gordon Bunshaft of Skidmore, Owings & Merrill*, New York: Architectural History Foundation, 1988)。

5　关于克兰布鲁克艺术学院的历史，见克拉克 (Robert Judson Clark) 等人的《美国设计：克兰布鲁克的愿景 1925—1950》(*Design in America: The Cranbrook Vision 1925–1950*, New York: Abrams, 1984)。

心，布思想将它建成当地卓有成就的艺术家活动中心，类似于罗马的美国学院。这一规划很快便成型了，四位大师的工作坊和住所（为建筑、绘画、雕塑和设计教学而建）于 1932 年建成，这一年埃列尔·萨里宁就任艺术学院院长。不过由于大萧条的影响，该校的教学直至 1930 年代晚期才建立并运行起来。在这些年中，被吸引到这所学校的建筑师和设计师有埃德蒙·培根（Edmund N. Bacon）、克诺尔（Florence Schust Knoll）、鲍德温（Benjamin Baldwin）、埃姆斯（Charles Eames）、威斯（Harry Weese）、拉普森（Ralph Rapson）以及朗内尔斯（David Runnels）。埃罗·萨里宁在 1939—1941 年间负责建筑专业。

在这些年中，埃列尔的基本态度也从工艺美术传统转向了工业生产。[1] 他关注城市问题，这可从 1940 年代他写的最早的两本书中看出。前一本是《城市的成长、衰退、未来》(The City: Its Growth, Its Decay, Its Future)（1943），此书清晰晓畅地讨论了当时美国城市存在的规划问题。萨里宁的论述方式多少是西特式的 (Sittesque)，他的规划理想是要获得他所谓的"有机秩序"，为此他提出了"有机分散"(organic decentralization) 的概念。[2] 只有用"外科手术"的方法切除城市中颓败、错乱和腐朽的区域，将居民疏散到各个分散区域，才既能使疫区康复，又能为流离失所的人提供就业机会。他指出，这一过程将在今后半个世纪甚至更长时间里发生，居无定所的居民将迁移到边远公有地去。在复苏的中心地区，要禁止加油站、标志牌、广告牌以及其他形式的夸张广告；交通要根据欧洲原则进行整顿，赫尔辛基是他看好的范本之一。

[330]

在《探索形式：艺术的基本途径》(Search For Form: A Fundamental Approach to Art)（1948）一书中，他又提出了"有机秩序"这同一概念。在此书中，这个概念指的是形式的表现力与相关性。这不是一本阐述规则的教科书，而是对诸如良好的愿望、协调、真实、真诚、创新、生命、青春活力等观念进行了哲学性的讨论。艺术教育是不可能纳入某种体系中的，它只是优秀的个人、良好的人际关系与良好的社会秩序的副产品。建筑始于房屋——"文明的人类生活中最不可或缺的形式问题"——其精神力量体现在它的比例、色彩以及陈设的细枝末节之中。[3] 反过来，建筑又扩展为有机建筑群以及更高级的城市有机体。对于萨里宁来说，艺术本质上就是礼貌、教化与适合的人类行为。

埃罗·萨里宁正是从这种既传统又具有进步意义的背景从发，朝着自己的明确方向前进。[4] 埃罗最初在巴黎大茅草屋美术学院（Grande Chaumière，于 1902 年建立的一家位于巴黎第 6 区的私立美术学院）学习雕塑，回到美国后在耶鲁修完了 3 年的课程，于 1934 年获得了建筑学学位。接下来他到欧洲

1 见克拉克 (Robert Judson Clark) 文章的评论，《克兰布鲁克与 20 世纪形式探索》(Cranbrook and the Search for Twentieth-Century Form)，载《美国设计》(Design in America)：30。

2 埃列尔·萨里宁，《城市的成长、衰退、未来》(New York: Reinhold, 1943)，22—23。

3 埃列尔·萨里宁，《探索形式：艺术的基本途径》(New York: Reinhold, 1948)；重印再版为《探索艺术与建筑的形式》(The Search for Form in Art and Architecture, New York: Dover, 1985)，127。

4 关于埃罗·萨里宁的生平与工作，见特姆科 (Allan Temko)，《埃罗·萨里宁》(New York: Braziller, 1962)；以及《埃罗·萨里宁论自己的工作：从 1947 年至 1964 年建筑作品选集，附有这位建筑师的陈述》(Eero Saarinen on His Work: A Selection of Buildings Dating from 1947 to 1964 with Statements by the Architect)，艾琳·B. 萨里宁 (Aline B. Saarinen) 编 (New Haven: Yale University Press, 1962)。

图 94　埃列尔与埃罗·萨里宁，通用汽车技术中心功率检测楼，密歇根沃伦，1945—1955。采自《建筑论坛》（第 95 卷，1951 年 11 月）。

旅行了两年，曾工作于芬兰，之后于 1936 年夏回到布隆菲尔德山（Bloomfield Hills）为父亲教书和工作。正是在这些年，他与埃姆斯、拉普森、威斯等人进行了富有成果的合作。他还与父亲合作致力于一些项目，这些项目一个比一个重要，包括一所很有影响力的小学，以及为华盛顿特区史密森美术馆（Smithsonian Gallery of Art）（1939—1941，未建）所做的竞赛获奖设计。埃罗生活中的这个阶段因战争而结束。战争期间，他工作于华盛顿特区战略情报局（Office of Strategic Service）（OSS）。

于是，埃罗·萨里宁很快便名声大振。1948 年，他以悬链拱纪念碑与公园设计方案赢得了圣路易斯市河岸再设计的竞赛。这一年他开始重新设计著名的通用汽车技术中心（General Motors Technical Center）（1945—1955），这个项目将展示他令人瞩目的才华（图 94）。中心坐落于底特律郊区的沃伦（Warren），占地 320 英亩，原先的设计与研究园区由 7 个主要建筑群组成（包括圆顶大礼堂和中央餐厅），周围有一个安装了喷水头的 22 英亩水池、一座不锈钢水塔、考尔德式喷泉（Calder fountains）以及由佩夫斯纳（Antoine Pevsner）做的一座雕塑。这项工程由于和伊利诺伊理工学院的校园很相似，往往被称作"密斯式"的，但仔细考察便会发现，其来源并非如乍看上去的那样，而萨里宁本人宁可将其工业化的灵感归于艾伯特·卡恩（Albert Kahn）的工厂建筑。此设计的平面、构成与总体效果实际上要比密斯设计的那座芝加哥校园优秀得多，其亮点是精致的细节（多少是由于通用公司更有钱）。这一点使它成为 20 世纪人们想象中最智慧最完美的建筑创作。5 个研究分部的端墙以彩色玻璃砖建造，呈现了蓝、红、黄、橙、橘红、灰与黑色的明快色调。在玻璃与固体填充方面开创了一些新技术，如氯丁橡胶垫片和陶瓷镶板；室内安装了柔韧的发光天花板和集成机械系统。雕刻家具陈设是原创的，由他本人设计，与诺尔国际（Knoll International）合作完成，他从 1943 年就与该机构有来往了。在此项目之后，他又做了像麻省理工学院大礼堂与礼拜堂（1950—1955）、环球航空公司候机楼（TWA Terminal）（1956—1962）以及杜勒斯国际机场（Dulles International Airport）（1958—1962）等著名设计。如果说他对建筑的看

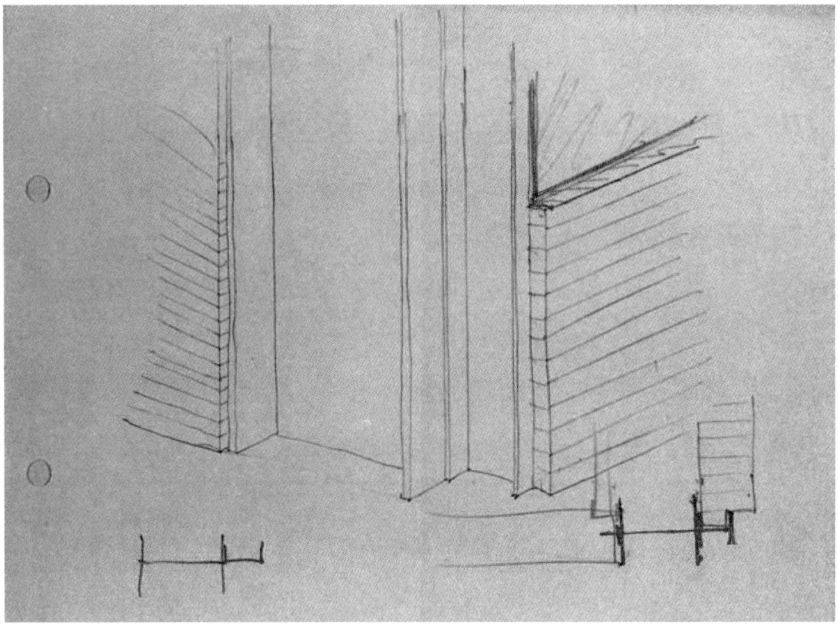

图 95　密斯·凡·德·罗，芝加哥伊利诺伊理工学院矿物与金属研究大楼，建筑一角的草图，1941。加拿大蒙特利尔法裔建筑收藏中心 / 加拿大建筑中心藏。

法可被压缩成一句话，那就是，建筑的目的"是要庇护与提升人在地球上的生活，要实现他对生存高贵性的信念"[1]。他在密歇根和康涅狄克的事务所也训练了一群非凡的设计师，其中有伯克茨（Gunner Birkerts）、丁克洛（John Dinkeloo）、凯文·罗奇（Kevin Roche）、佩利（Cesar Pelli）和文杜里（Robert Venturi）。

[331]　　在中西部地区与克兰布鲁克相竞争的是芝加哥，它的声誉在很大程度上集中体现于密斯·凡·德·罗的工作。[2] 这位德国流亡者于 1938 年到达芝加哥，在阿穆尔理工学院主持建筑专业。次年他接到了第一项委托：为这所学校设计新校园。不久该校便被重新命名为伊利诺伊理工学院。这块建筑选址占地 110 英亩，居民被迁移到芝加哥南部地区。密斯在做了若干初步设计之后（与希尔伯沙默尔 [Ludwig Hilbersheimer] 合作），在这块用地上画定了一个 24 英尺的网格，并将 19 座长方形建筑的位置做交错安排。第一座新建筑矿物与金属研究大楼（1941—1943）的设计基于工厂美学，成为工字梁与工型柱独特构造语言的试验场（图 95）。弗兰普顿（Kenneth Frampton）曾说，密斯的方法是从"作为体积的建筑物"转向框架及界面连接构造体系的一个过

[332]　渡。[3] 这种方法对于建筑师来说具有巨大的吸引力，因为它演示了如何以一种富于想象力的方式将常规卷曲形态装配起来，以表明其自身的构造语言。

　　细节处理是一门功课，密斯后来在法恩斯沃思宅邸（1945—1951）、芝加哥湖滨大道（Lake

1　艾琳·B.萨里宁编，《埃罗·萨里宁论自己的工作》，5。

2　有关密斯芝加哥时期的基本资料，见兰伯特（Phyllis Lambert）编，《密斯在美国》（*Mies in America*, Montréal: Canadian Centre for Architecture, 2001）。关于传记材料，参见舒尔策，《密斯·凡·德·罗：一部批评性传记》（Chicago: University of Chicago Press, 1985）。

3　弗兰普顿，《构造文化研究：19、20 世纪建筑中的构造诗学》（*Studies in Tectonic Culture: The Poetics of Construction in Nineteenth and Twentieth Century Architecture*, Cambridge: M. I. T. Press, 1995），189—195。

Shore Drive) 上的两幢公寓楼（1949—1951），以及纽约的西格拉姆大厦（Seagram Building）（1954—1958）等建筑中精益求精。就拿芝加哥的两幢公寓楼来说，他在几乎是连续性的墙面上加上了凸出来的工字梁，既加强了直棂，又造成了一条阴影线，几乎取得了所渴求的"建筑的缺席"的效果，在 1947 年有人将此引为追求的目标。[1] 同时，法恩斯沃思宅邸则体现了森佩尔的"四要素"原理，揭示了一种纯美学的建筑理念，设计界限严格。[2] 密斯探求着观念上的纯粹性，拒绝采用冷却剂导管与纱窗，这就使这座乡间别墅在夏天和冬天都不能住人。简言之，严谨的逻辑一致性的取得是以牺牲委托人与使用者的舒适为代价的，于是最终打起了官司。不过，大多数批评家在评估这一原始方案时都较为宽容。布莱克（Peter Blake）是《建筑论坛》的德英美编辑，他赞扬该建筑"清晰地、多少是抽象地表达了一种建筑理念——终极的'少即是多'，终极的客观性和普遍性"[3]。对密斯的方法持反对意见的人不多，其中之一是芒福德，他在 1943 年说这位建筑师的工作落入了"冰雪女王那座无生殖力之形式主义的宫殿"[4]。

不过，即便是芒福德也忍不住要赞赏西格拉姆大厦，这是这个 10 年中美国最重要的建筑之一。[5] 这座大厦是约瑟夫·E. 西格拉姆父子公司（Joseph E. Seagram and Sons）的新总部，其规划在 1954 年就着手制订了，那时布朗夫曼（Samuel Bronfman）的女儿兰伯特（Phyllis Lambert）在巴黎插手了此项目。她父亲重做考虑，兰伯特则开始四处寻找建筑师。她听取了佩夫斯纳（在伦敦）、布莱克（Peter Blake）和芒福德的意见，还召集建筑师开会，包括布鲁尔（Marcel Breuer）、格罗皮乌斯、路易斯·卡恩（Louis Kahn）、乔治·豪（George Howe）、约翰森、亚马萨基（Minoru Yamasaki）以及埃罗·萨里宁。这个综合性项目于 10 月交给了密斯和约翰逊，兰伯特作为规划总监管理工作进程。[6] 密斯当时已 68 岁高龄，他前往纽约一心扑在设计工作上，约翰逊则为餐厅、采光、图形和公共空间细节的设计贡献了力量。其结果是一件无可争议的杰作诞生了。

密斯并不是唯一给芝加哥留下重要标志性建筑物的包豪斯流亡者。莫霍伊-纳吉也于 1937 年应工艺美术协会之邀——取道荷兰和英格兰——来到芝加哥。在格罗皮乌斯的推荐下，他受命开办新包豪斯（New Bauhaus），即美国设计学校（American School of Design）。[7] 起初他为这个风险项目奋

---

1 约翰逊，《密斯·凡·德·罗》（New York: Museum of Modern Art, 1947），140。

2 关于法恩斯沃思宅邸，见舒尔策，《法恩斯沃思宅邸》（Plano, Ill.: Lohan Associates, 1997）；以及布莱泽（Werner Blaser），《密斯·凡·德·罗，法恩斯沃思宅邸：周末度假别墅》（*Mies van der Rohe, Farnsworth House: Weekend House / Wochenendhaus*, Zurich: Birkhäuser, 1999）。

3 布莱克，《建筑大师》（*The Master Builders*, New York: Knopf, 1960），234。

4 芒福德，《马修·诺威奇：生平、教学与建筑》(The Life, the Teaching and the Architecture of Matthew Norwicki)，载《建筑实录》116（September 1954）：128—135；引自芒福德，《建筑作为人类的家园：为〈建筑实录〉撰写的文章》，达维恩编（New York: Architectural Record Books, 1975），87。

5 关于西格拉姆大厦，见兰伯特（Phyllis Lambert），《纽约西格拉姆大厦（1954—1958）》（The Seagram Building, New York, 1954–1958），收入兰伯特，《密斯在美国》，391—406；舒尔策编，《密斯·凡·德·罗档案：大会堂、西格拉姆大厦》（*The Mies van der Rohe Archive: Convention Hall, Seagram Building*, New York: Garland Pulication, 1993）；以及斯托勒（Erza Stoller），《西格拉姆大厦》（New York: Princeton Architectural Press, 1999）。芒福德在他的《天际线》中的《大师的教诲》（The Lesson of the Master）一文中赞扬了这座建筑，载《纽约客》13（September 1958）：126—129。

6 关于该建筑的选址过程，见兰伯特，《一座大厦是如何建造的》（How a Building Gets Built），载《瓦萨尔女校友杂志》（*Vassar Alumnae Magazine*, February 1959）：13—19。此处谈及的另一些细节来自和兰伯特的一次谈话，特此致谢。

7 关于他在芝加哥的努力，见西比尔·莫霍伊-纳吉，《总体性实验》（*Experiment in Totality*, Cambridge: M. I. T. Press, 1969; 首版于 1950）。参见温勒，《包豪斯：魏玛、德绍、柏林、芝加哥》（Cambridge: M. I. T. Press, 1978）。

力拼搏，1939 年重组为设计学校 (School of Design)。但直到 1944 年这一专业被授权开办学院（现更名为 Institute of Design）时，该校才开始兴旺起来。该专业教学大纲的基础之一便是莫霍伊－纳吉的包豪斯教材《论建筑材料》(Von Material zu Architektur)（1929）中所教授的设计基础课程，此书于 1930 年被译成英文，题为《新视觉》(The New Vision)。[1] 莫霍伊－纳吉阐述了该学院的主要目标：

> 要在学生的生物能力与当代景象之间产生恰当的韵律感。其目标不再是培养古典匠师、艺术家和艺匠，而是要使学生适应于这工业时代。迄今为止，技术已经成为生活的一部分，恰如新陈代谢一样。因此，学院的任务便是教育当代人成为一个**综合者**，即**新型设计师**，他能重新评估被机器文明所扭曲的人类需求。[2]

纳吉的基础课程包括工作坊机器训练、材料、形状与表面处理、空间与运动研究、人体素描等素材的运用、摄影术与组诗等学习科目，还涉猎一点心理学、哲学、社会学、数学和物理学。

在这第一个 10 年中，这所学院的一个特别之处还在于师资——许多教师为学院工作只领取很少的报酬或不领薪水。语言学家查尔斯·莫里斯 (Charles Morris) 是学校创建者之一，他研究出了一套符号学理论，后来对建筑理论产生了重要影响。还有匈牙利艺术家凯佩斯 (Gyorgy Kepes)（生于 1906），他那时的经典著作《视觉语言》(Language of Vision)（1944）——吉迪恩和哈雅卡瓦 (S. I. Hayakawa) 各为他写了一篇前言——受到莫霍伊－纳吉艺术体验的影响，也受到吉迪恩的影响。在此书中凯佩斯提出，要利用"当代时空事件的**视觉再现**"并将它们组织成"一种当代的动态图像志"。[3] 在 1937—1943 年间，他在学院教授素描、色彩与灯光工作坊的课程，后来去了麻省理工学院。

学院建筑系第一位系主任是凯克 (George Fred Keck)（1895—1980）。[4] 他是威斯康星本地人，[333] 不到 20 岁就在尚佩恩 (Champaign) 伊利诺伊大学通过了专业考试，后于 1926 年在芝加哥开了一间事务所。短短几年，他在设计中便采纳了欧洲现代主义建筑的主要发展路线，以库克县 (Cook County) 的米拉拉戈舞场与商店 (Miralago Ballroom and Shops)（1929）的设计为开端。在 1933 和 1934 年，他与阿特伍德 (Leland Atwood) 一道为"进步的世纪" (Century of Progress) 展览设计了两座未来主义住宅，带有更浓郁的异域风情。第一座是全玻璃的"明日之屋" (House of Tomorrow)，受到富勒八角形住宅 (Octagon) 和戴马克松住宅 (Dymaxion) 的影响，中央是服务区，采用轻型钢架，还为业主设计了

---

1 拉斯洛·莫霍伊－纳吉，《新视觉：设计、绘画、雕塑、建筑的基本原理》(The New Vision: Fundamentals of Design, Painting, Sculpture, Architecture, New York: W. W. Norton, 1938)。

2 拉斯洛·莫霍伊－纳吉，《运动视觉》(Vision in Motion, Chicago: Paul Theobald, 1956; 首版于 1947)，64。

3 凯佩斯，《视觉语言》(New York: Dover, 1995; 首版于 1944)，14。

4 见罗伯特·派珀·博伊斯 (Robert Piper Boyce)，《中西部建筑师乔治·弗雷德·凯克，1895—1980》(George Fred Keck, 1895-1980: Midwest Architect, Ph. D. diss., University of Wisconsin, 1986)；罗伯特·博伊斯 (Robert Boyce)，《凯克 & 凯克》(Keck & Keck, New York: Princeton Architectural Press, 1993)。

地面飞机库。[1] 次年的"水晶屋"（Crystal House）也作为全玻璃结构引人注目，它由外部的一个轻型钢桁架所支撑。

1942 年秋天，凯克的职位被拉普森（Ralph Rapson）（生于 1914）接替。[2] 颇具天分的拉普森早年就读于密歇根大学，后于 1938 年进入克兰布鲁克美术学院学习。就在这一年，他结识了威斯、埃姆斯、鲍德温和朗内尔斯，并在这期间与埃罗·萨里宁的关系越来越密切。他们一起工作于若干国家设计竞赛项目的获奖作品。他第一座建成的项目年代为 1939 年，完全属于现代风格。1942 年他前往芝加哥，与塔格（Robert Bruce Tague）合作，并负责监管学院的建筑课程教学，直到他也被麻省理工学院挖走。

尽管莫霍伊－纳吉于 1946 年死于白血病，但学院依然保持着活力，即便 1950 年被并入伊利诺伊理工学院之后也是如此。该校初期那些年完全是在没有经费预算的情况下运转的，但仍经常吸引着杰出的访问学者和批评家。在 1940 年代，其他教员还有瓦赫茨曼（Wachsmann）、富勒也曾短期到校任教。富勒继 1930 年代初发明了戴马克松汽车之后，又将注意力转向了以下种种发明创造：预制的戴马克松浴室（1936）、为英国战争救济组织设计的应急镀锌钢棚（1940）、预制的铝质威奇托宅邸（Wichita house）（1944—1946）以及戴马克松世界地图，这地图可在战时提供更为精确的全球信息。他的理论依然不大有人理解，主要反映在他的《月亮九链：一部思想历险记》（Nine Chains to the Moon: An Adventure Story of Thought）一书中，出版于 1938 年。从 1946 年开始，随着富勒研究基金会在纽约森林山（Forest Hills）的建立，他又回到了几何结构领域。1947 年前后，他发明了各种球型结构中的第一个结构。[3] 这类工作大多是在北卡罗来纳的黑山学院（Black Mountain College）做的（阿伯斯已重新回到那里），不过富勒于 1948 年在设计学院设计制作了"Penthahexaedron"（五角六面体）版本的穹窿。

瓦克斯曼于 1949 年来到了这所学院时，依然与格罗皮乌斯及通用板材公司纠缠不清。当时学院成立了高级建筑研究部（Department of Advanced Building Research），并承接了为美国空军设计飞机吊架的任务，这使他可以继续进行大跨度结构体系与空间构架的研究，自 1944 年以来他对此的兴趣越来越浓厚。当然，这些体系也为他的建筑探索打开了另一宽广的领域。[4]

在这些年中，还有另一位优秀教师与这所学院有关，即切尔马耶夫（Serge Chermayeff），他于 1946 年继承了莫霍伊－纳吉的院长职位。[5] 切尔马耶夫 1940 年从英格兰来到美国之后，曾在加利福尼亚做过一些建筑工作，但（因战争的缘故）未能在俄勒冈大学或伯克利找到教职，尽管贝卢奇（Pietro Belluschi）和威廉·沃斯特（William Wurster）都极力推荐他。1941 年底，他获得了布鲁

---

1 见小册子《明日之屋：美国第一座玻璃住宅》（House of Tomorrow America's First Glass House, Chicago: R. Graham, 1933）。

2 见黑森（Jane King Hession）、里普·拉普森（Rip Rapson）以及布鲁斯·N. 赖特（Bruce N. Wright），《拉尔夫·拉普森：现代设计六十年》（Ralph Rapson: Sixty Years of Modern Design, Afton, Minn.: Afton Historical Society Press, 1999）。

3 关于此项发明的详情，见克劳瑟与利希滕施泰因编，《你私人的天空：R. 巴克明斯特·富勒：艺术设计学》（Zurich: Lars Müller Publishers, 1999），276—349。

4 见瓦克斯曼（Konrad Wachsmann），《建筑的转折点》（The Turning Point in Building, New York: Reinhold, 1961）。

5 关于切尔马耶夫，见鲍尔斯（Alan Powers），《泽格·切尔马耶夫：设计师、建筑师、教师》（Serge Chermayeff: Designer, Architect, Teacher, London: RIBA Publications, 2001）。

克林学院（Brooklyn College）艺术系主席的职位。在 1943 年和 1944 年，他也与现代艺术博物馆有联系，后来通过格罗皮乌斯的举荐当上了设计学院的院长。在那里他实行课程改革，将建筑纳入"环境设计"的框架内，直至 1951 年离去。

在 20 世纪 40 年代，美国西部地区有若干区域性的设计与理论中心脱颖而出。加利福尼亚远离欧洲，比东海岸受欧洲发展的影响小一些。在那里值得注意的是高层次的文化交叉培育，以及本地传统与亚洲及欧洲影响的融合。赖特曾一度在附近的亚利桑那安营扎寨，而俄勒冈正在为西北地区的地域现代主义奠定基础。

在南加利福尼亚的建筑界，诺伊特拉（Richard Neutra）和欣德勒（Rudolf Schindler）的工作当然是最重要的。那时诺伊特拉占了上风。[1] 一方面，他在 1930 年代和 1940 年代设计了一系列著名的豪华别墅，如北岭（Northridge）施特恩贝格宅邸（Sternberg House）（1935）、圣塔莫尼卡（Santa Monica）卢因宅邸（Lewin House）（1938）、棕榈泉（Palm Springs）考夫曼宅邸（Kaufmann House）（1946），以及蒙特奇托（Montecito）特里曼宅邸（Tremaine House）（1948）；另一方面，他表现出对社会问题和技术革新的强烈关注。1932 年他设计了自己的住宅，称作"VDL 研究住所"（VDL Research House）。从那时起，

[334] 他经常试验低成本、高技术含量的预制工艺。在阿尔塔迪纳（Altadena）的那座"全金属"胡子楼（Beard House）（1934）中，他采用了辐射式供暖和预制的"自冷却"多孔墙壁模块空气循环系统——全部成本为 5000 美元。他将附近位于帕萨迪纳（Pasadena）的里希特宅邸（Richter House）（1936，为创立了里氏震级的地震学家所建）设计成了防震住宅，成本为 4300 美元。同年，他为洛杉矶的一个展览会制作了"胶合板样板房"（Plywood Model House），其特点亦是造价低廉。1930 年代，他设计了"硅藻屋"（Diatom house）（采用了硅藻土板和壳聚合板）、钢工艺屋（Steelcraft house），以及为《美好家居与花园》（*Better Homes and Gardens*）和《妇女家庭杂志》（*Ladies' Home Journal*）设计了低成本住房。他还为移居者设计住房。在 1940 年代早期，他与威廉姆斯（David Williams）和德威特（Roscoe Dewitt）合作于得克萨斯大草原城（Grand Prairie）的阿维翁村（Avion Village）。这三位建筑师设计了一个低收入社区，预制的单元构件在一个小时内便可组装起来。

回到加利福尼亚，诺伊特拉在 1940 年代初设计了若干个战时社区，其中有普韦布洛德尔里奥（Pueblo del Rio，位于洛杉矶南部）、庄园村（Hacienda Village，位于佛罗里达州布劳沃德县）以及圣佩德罗（San Pedro）的海峡高地（Channel Heights），这是为造船厂工人提供的住房。在战争期间，他与当时的波多黎各州长特各韦尔（Rexford Tugwell）以及公共工程设计委员会（Committee on Design of Public Works）密切配合，努力工作。考虑到波多黎各的热带气候，诺伊特拉设计了数百座露天学校和卫生所以及 5 家医院。这些都写进了他在美国出的第一本书《气候温和地区的社会公益建筑》（*The Architecture of Social Concern in Regions of Mild Climate*）（1948），此书是他前往南美做演讲旅行之后撰写的。[2]

---

1 关于诺伊特拉在加利福尼亚的生活与工作，见海因斯（Thomas S. Hines），《理查德·诺伊特拉与寻求现代建筑：传记与历史》（*Richard Neutra and the Search for Modern Architecture: A Biography and History*, New York: Oxford University Press, 1982）。

2 诺伊特拉，《气候温和地区的社会公益建筑》（São Paulo: Gerth Todtmann, 1948）。该书以葡萄牙语和英语出版。

诺伊特拉也相当关注设计心理学与生理学，这导致他在 1940 年代撰写了《通过设计而生存》(*Survival through Design*)（1954）一书。此书一心想研究流行设计的"病理学"，也就是视觉与环境污染、感官超负荷、设计中不注重人类心理等影响健康的种种因素。他利用了当时各种人脑实验的成果，论述了人的神经对色彩、光线、空间、声音和触觉的反应范围。他的论点很简单："对设计的接受必须从商业转向生理问题。接受是否适合于我们感官便成了判断设计好坏的指导原则，因为这种适合性有助于个体、社群以及种族本身的生存。"[1] 诺伊特拉的书实际上预告了 20 世纪 60 年代十分流行的人类学与心理学的学术兴趣。

欣德勒多年来与诺伊特拉、美国功能主义和国际风格渐行渐远。他在洛杉矶继续从事着具有高度原创性的实践，直到 1953 年去世。他从未像诺伊特拉那样成功地宣传自己，所以他的作品少一些。不过到 1940 年代末，在洛杉矶的生气勃勃、青春焕发的建筑景观中，他们的作品也不过是一小部分而已。

埃姆斯 (Charles Eames)（1907—1978）是中西部本地人，也是富有才华的洛杉矶年轻一代建筑师的代表。[2] 他曾就学于圣路易斯华盛顿大学数年，后来在大萧条开始时参加了工作。他曾为 WPA 工作，在设计了一座教堂被埃利尔·萨里宁注意到之后，于 1938 年得以进入克兰布鲁克美术学院学习。次年，他在初级中学担任设计教师，并像拉普森一样开始与小萨里宁合作。他们两人参加了 1940—1941 年由现代艺术博物馆主办的家具有机设计竞赛 (Organic Design in Home Furnishings Competition)，他们设计的联排座椅、储物单元、沙发和桌子获得了两项一等奖。尤其是他们的模压成型胶合板座椅，为他们在 1950 年代家具设计领域取得成功打下了基础。

埃姆斯与艺术家雷·凯泽 (Ray Kaiser) 结了婚，之后不久于 1941 年迁往洛杉矶。两人不久便与恩滕扎 (John Entenza)（生于 1905）组成了一个圈子，在克兰布鲁克与洛杉矶之间成功搭建起了一座现代主义桥梁。恩滕扎已经于 1939 年从约翰逊 (Jere Johnson) 手中买下了著名杂志《加利福尼亚艺术与建筑》(*California Arts and Architecture*)，为扩展杂志的地区覆盖面，他去掉了刊名的第一个词。该杂志成了一份内容宽泛的艺术期刊，涵盖音乐、文学、电影、艺术，尤其是建筑；它还定期评论诺伊特拉、索里亚诺 (Ralph Soriano)、威廉·沃斯特 (William Wurster) 以及贝卢齐 (Pietro Belluschi) 等人的作品。在战争打得如火如荼的 1943 年，恩滕扎与埃姆斯组织了"为战后生活而设计"(Designs for Postwar Living) 的设计竞赛，回应了当时人们对预制构件和工业化大批量生产的普

1　诺伊特拉，《通过设计而生存》(London: Oxford University Press, 1954)，91。参见伊森施塔特 (Sandy Isenstadt)，《理查德·诺伊特拉与建筑消费心理学》(Richard Neutra and the Psychology of Architectural Consumption)，收入《焦虑的现代主义：战后建筑文化领域的实验》(*Anxious Modernisms: Experimentation in Postwar Architectural Culture*)，戈德哈格 (Sarah Williams Goldhage) 与勒高尔特 (Réejean Legault) 编（Montréal: Canadian Centre for Architecture, 2000），97—117。
2　关于埃姆斯的生平与建筑作品，见约翰·诺伊哈特 (John Neuhart)、玛里琳·诺伊哈特 (Marilyn Neuhart) 以及雷·埃姆斯 (Ray Eames)，《埃姆斯设计：查尔斯·埃姆斯与雷·埃姆斯事务所的工作》(*Eames Design: The Work of the Office of Charles and Ray Eames*, New York: Abrams, 1969)；卡普兰 (Ralph Caplan)、约翰·诺伊哈特以及玛里琳·诺伊哈特，《修正：查尔斯·埃姆斯与雷·埃姆斯的工作》(*Corrections: The Work of Charles and Ray Eames*, Los Angeles: Los Angeles Art Center, 1976)；阿尔贝希特 (Donald Albecht) 编，《查尔斯·埃姆斯与雷·埃姆斯的工作：创意的遗产》(*The Work of Charles and Ray Eames: A Legacy of Invention*, New York: Abrams, 1997)；以及柯卡姆 (Pat Kirkham)，《查尔斯·埃姆斯与雷·埃姆斯：20 世纪的设计师》(*Charles and Ray Eames: Designers of the Twentieth Century*, Cambridge: M. I. T. Press, 1998)。

遍兴趣。[1]

著名的"案例研究项目"（Case Study Program）也是从这一兴趣产生出来的，恩滕扎于1945年1月宣布了该项目的目标。[2] 该杂志原先的想法是作为一个中介，挑选一些建筑师做一些力所能及的、采用最新工业技术的设计；这些住宅将建造起来并向公众开放，在售出之前用于教学。

[335]　因此，该杂志希望"不仅要预演，还要为住宅的创造性思维指引方向。这些住宅是由优秀建筑师与生产商建造的，他们的共同目标是提供好住房"[3]。第一批接受委托的建筑师是戴维森（J. R. Davidson）、斯波尔丁（Sumner Spaulding）、诺分特尔、埃罗·萨里宁、伍尔斯特、埃姆斯和拉普森。

这种观念迅速传播开来，在接下来的几年中有23座住宅根据34个样板房建造起来，最有名的是8号和9号住宅，由埃姆斯与埃罗·萨里宁联手设计。第9号由恩滕扎本人亲手建造，并为他自己所用；而8号住宅则建于太平洋海崖（Pacific Palisades）的一处峡谷附近，成了埃姆斯夫妇的寓所（图96）。原先8号住宅是一座"桥式"住宅——根据密斯1934年的一张草图设计——与山丘形成直角，但在施工之前埃姆斯将其旋转过来，与山脊线相平行。[4] 这座集住宅与工作室为一体的建筑为轻型钢框架结构，采用了开放式托梁和工厂式窗框（钢框架用一天半时间就竖立起来了）。所有构件，除了家具和圆形楼梯之外，均为机器生产，并且是现成品。这些建筑的成功确保埃姆斯成为一位大有前途的建筑师。但在数年之间他又离开建筑行业而专注于为米勒（Hermann Miller）设计家具了。

案例研究项目的名声传遍全国甚至传向国外，这使加利福尼亚的一群现代主义者出了名，他们将在这一时期脱颖而出。在1930年代，艾恩（Gregory Ain）（生于1908）、索里亚诺（Raphael Soriano）（1907—1988）以及哈维尔·汉密尔顿·哈里斯（Harwell Hamilton Harris）（1903—1990）曾在诺伊特拉的事务所工作过。索里亚诺在1924年从希腊移居加利福尼亚，这些年他或许是最接近诺伊特拉设计风格的一位，尽管到1950年他对住房设计采用钢材料产生了兴趣。艾恩曾于1940年在詹姆斯·福特（James Ford）和凯瑟琳·莫罗·福特（Katherine Morrow Ford）的出版物中出现过，在1930年代早期与诺伊特拉共事过数年，但1935年两人因矛盾而决裂，艾恩遂离开独立开业。战后，他与建筑师埃克波（Garrett Eckbo）合作于若干住房项目，继续从事低成本住房的研究。

哈里斯与诺伊特拉的工作关系始于1928年，在后期的职业发展中他是三人中最独立的一

1　这次竞赛的结果公布于此杂志1943年8月那期上。埃罗·萨里宁与伦德奎斯特（Oliver Lundquist）赢得一等奖。贝聿铭（I. M. Pei）与杜阿尔特（E. H. Duhart）提交的一个设计获得二等奖。

2　见麦科伊（Ester McCoy），《住宅案例研究1945—1962》（*Case Study Houses 1945–1962*, Santa Monica, Calif.: Hennessey & Ingalls, 1977; 首版于1962，题为 *Modern California Houses*）；以及麦科伊编，《为现代生活绘制的蓝图：住宅案例研究的历史与遗产》（*Blueprints for Modern Living: Hisotry and Legacy of the Case Study Houses*, Los Angeles: Museum of Contemporary Art, 1990）。

3　《公告：住宅案例研究项目》（Announcement: The Case Study House Program），载《艺术与建筑》（January 1945）：39。

4　尤其见斯蒂尔（James Steele），《埃姆斯宅邸：查尔斯·埃姆斯与雷·埃姆斯》（*Eames House: Charles and Ray Eames*, London: Phaidon, 1994）。

图 96　埃姆斯与埃罗・萨里宁，8 号住宅，案例研究计划，1945。采自《艺术与建筑》杂志（1945 年 12 月）。

位，至 1940 年代便成为美国主要建筑师之一。[1]他与诺伊特拉的联系可追溯到后者的国王路(Kings Road)事务所和洛弗尔宅邸 (Lovell House) 的设计，这个项目第一次展示了他的建筑师才能（他是学雕塑出身的）。1933 年前后他离开了诺伊特拉，不久后在加利福尼亚研究赖特的作品，并对赖特产生了兴趣。哈里斯很快设计了一系列引人注目的住宅，其风格介于赖特、日本建筑（另一个早期影响）、欣德勒（与诺伊特拉相比他更喜欢欣德勒的作品）以及德国现代主义之间。这一时期他最受赞赏的作品是伯克利韦斯顿・黑文斯宅邸 (Weston Havens House)（1940—1941），一座由红松建成的杰作，建有向前伸展的露台，坐落于陡峭的悬崖之上，俯瞰着海湾。作为一位现代住宅建筑师，可以说在 1930 年代的美国无人可与之匹敌。

[336]

　　随着战争的到来，哈里斯和他的妻子班斯 (Murray Bangs) 搬到纽约住了一段时间（1941—1944），这对他的理论发展产生了重要影响，因为正是在纽约他了解到西海岸与东海岸在感受现代建筑方面的明显差异。一方面，他经常与许多欧洲移民进行接触，包括吉迪恩、塞尔特 (Sert)、格罗皮乌斯和布罗伊尔——他对这些人都抱有敬意。另一方面，通过他妻子对历史与文学的兴趣，他加入了一场越来越热闹的有趣争论。这场争论的始作俑者是那些既反对现代艺术博物馆的欧洲取向，又反对学院中流行一时的包豪斯式课程的人。

　　例如，在 20 世纪 40 年代初，傲慢的美籍英国人、作家罗布斯约翰－吉宾斯 (Robsjohn-Gibbings) 挑起了一场激烈的讨论。作为纽约的一位室内设计师，他也对建筑感兴趣，《纽约太阳报》(New York Sun) 曾称他为"在世的最有文化的设计师"[2]。他在自己出的第一本书《再见，奇彭代尔先生》(Good-Bye, Mr. Chippendale)（1944）中，嘲弄大激流城 (Grand Rapids) 的家具生产商以及棕榈滩 (Palm Beach)

1　关于他的工作与影响，见格尔马尼 (Lisa Germany)，《哈韦尔・汉密尔顿・哈里斯》(Berkeley: University of California Press, 2000)。

2　引自《蒙娜・丽莎的小胡子：剖析现代艺术》(Mona Lisa's Mustache: A Dissection of Modern Art, New York: Knopf, 1947) 一书的封底。

的百万富翁——"镀金时代最后的庞大生产数量"——他们生产出时髦的名牌仿制品，毫无品味地、迫不及待地将自己的室内变成"欧洲的垃圾堆"。[1] 在《美丽家居》(House Beautiful) 杂志上发表的一篇争论文章中，他敦促美国人不要去崇拜欧洲文化的"神话"，宁可去赞赏自己的艺术与建筑遗产。[2] 对建筑而言，这就意味着要重视加利福尼亚、得克萨斯以及中西部地区的当代住宅。在这些地区，赖特和沙利文的创造精神依然十分活跃。

罗布斯约翰－吉宾斯的批评在他的讽刺作品《蒙娜·丽莎的小胡子》(Mona Lisa's Mustache) (1947) 中变得更为尖锐了。他以一种具有攻击性但又很文雅的语调质疑这样一种前提："我们今天称作现代艺术的这种艺术，实际上是对原始及古代逻辑中所采用的那些方法的复兴。"[3] 他的论点并不像乍看上去那样怪异。在艺术上，他赞赏雷诺阿 (Renoir)、莫奈 (Monet)、德加 (Degas)、塞尚 (Cézanne) 和毕沙罗 (Pissarro) 的现代作品，但却对 20 世纪的艺术发展方向持激烈的批判态度。引发这一发展取向的，是前拉斐尔派的宗教自负情绪，保罗·高更 (Paul Gauguin) 的（反西方的）神秘原始主义，阿波利奈尔 (Apollinaire) 的反布尔乔亚的神秘主义，以及马里内蒂 (Filippo Tommaso Marinetti) 的政治表演技巧。罗布斯约翰－吉宾斯的论点很简单，艺术家——拿高更来说，自我标榜为"天才人物"——现在已将艺术生产与戏剧演出、灵感、密教、政治、文学闲话以及其他非艺术的东西混淆了起来，这些超艺术的宣泄之物确实与 20 世纪战争灾难之间存在着令人不安的巧合。他所指的当前的反派角色是包豪斯、达利 (Salvador Dali) 和现代艺术博物馆——这家博物馆是所有来自国外的"色情"与"时髦"之物所找到的一个应时性展示场所。

《美丽家居》杂志的编辑戈登 (Elizabeth Gordon) 在 1940 年代的论战中是罗布斯约翰－吉宾斯的盟友。在这个 10 年和下个 10 年中，她一直乐于拿赖特这样的美国建筑师的"个人主义"与那些迷恋欧洲最新时尚的、自封的趣味仲裁者进行对比。在 1953 年 4 月的那一期上，戈登抨击了许多国际风格设计"无法居住，赤条条空空如也，没有储藏空间，因此也没有财产"。她将其视为"欺骗，过分宣传的假货，是那些自诩为精英人士的骗人策略，他们不仅要指导人们的趣味，还要指导整个生活方式"。[4] 在之后的一期中，她的执行编辑约瑟夫·巴里 (Joseph Barry) 在一篇题为《关于美国现代住宅好坏之争的报道》(Report on the American Battle Between Good and Bad Modern Houses) 的文章中，公开了法恩斯沃思 (Edith Farnsworth) 与密斯·凡·德·罗之间就前者最近建成的全玻璃住宅的争论："它竖在一小块场地的中央，像一个金鱼缸。说得好听些，像一个坐落在钢架上的放空的养鱼池。"在巴里的心目中，这尤其是"坏的现代建筑的佳例，这是我们所反对的"。[5]

戈登将 4 月的杂志寄给纽约所有主要建筑期刊，"一个人不可能疯了这么长时间而不最终爆发"——显然是要期待回应。[6] 她从《进步的建筑》(Progressive Architecture) 杂志的编辑格莱顿 (Thomas H.

1 罗布斯约翰－吉宾斯，《再见，奇彭代尔先生》(New York: Knopf, 1944)，40，81。
2 罗布斯约翰－吉宾斯，《战后的梦境或……现实?》，载《美丽家居》(August 1944)：48—50，88—89。
3 罗布斯约翰－吉宾斯，《蒙娜·丽莎的小胡子：剖析现代艺术》，6。
4 戈登，《对下一个美国的威胁》(The Threat to the Next America)，载《美丽家居》(April 1953)：126—127。
5 巴里，《关于美国现代住宅好坏之争的报道》，载《美好家居》(May 1953)：173。
6 引自格莱顿 (H. Greighton) 的公开信，载《进步的建筑》(Progressive Architecture, May 1953)：234。

Creighton）那里收到一封主张中庸之道的公开信，他将她的宣泄说成是求助于"沙文主义者和政 [337]
治鼓动者"，不同意她对舒适与美的"个人看法"[1]。格莱顿当然避而不谈她攻击的要害——纽
约媒体不加批判地接受"国际风格"，他们充当权势与时尚的掮客。她将自己的论证建立在"常
识美"以及气候、景观、材料与生活方式的地区微妙差别的基础之上。[2]巴里这些年发表的《美
丽家居》的现代家庭图像是詹姆斯·福特和凯瑟琳·莫罗·福特早先著作的更新，再一次强调
了如威斯康星、亚利桑那、加利福尼亚、俄勒冈、俄克拉荷马、得克萨斯、路易斯安那和佛罗
里达等地的地域差别。[3]

实际上几年前就已上演了这同样的争论。1947年，路易斯·芒福德为《纽约客》撰写的"天
际线"专栏文章谈的就是"海湾地区风格"。他的论点是双重的：一方面，"那一阵阵甚至还会
刮回旧纽约"的"新风"，已经将设计的重心从过去的机器美学，转向设计本身之中的"鲜活
性"或"鲜活的"设计本身。这是对"那些美国学院派现代主义者"的无情打击，"他们模仿
勒·柯布西耶、密斯·凡·德·罗和格罗皮乌斯，正如他们的父辈模仿巴黎美院的统治之光一
样"。[4]另一方面，这种新的"本土的、人性的现代主义形式"——由约翰·盖伦·霍华德（John
Galen Howard）、梅贝克（Bernard Maybeck）以及威廉·沃斯特（William Wurster）等人所发起——已经向美国
展示了另一种选择，即"对于西海岸地形、气候和生活方式的一种随意而谦和的表达"[5]。因
此，对芒福德而言，海湾地区风格清晰地暗示了美国现代主义最终要摆脱它"现代"青春期的
那种"堂吉诃德式的天真"。

这一专栏文章掀起了"吹回老纽约"的一阵大喧嚣，以至现代艺术博物馆决定在次年就
这一问题举办一次讨论会，并提出了这样一个问题："现代建筑怎么了？"（What Is Happening to Modern
Architecture?）[6]这次活动吸引了一些名人参加，包括格罗皮乌斯、布罗伊尔、切尔马耶夫、小考夫
曼、诺维斯基（Matthew Nowicki）、埃罗·萨里宁以及斯卡利。巴尔、希契科克和约翰逊捍卫国际风
格，回应着芒福德含沙射影的攻击。英国人卡尔曼（Gerhard Kallmann）被请来为"新实验主义"（New
Empiricism）一方辩护，巴尔则将海湾地区风格纳入"新实验主义"的思想阵营。芒福德是最后一
位发言者，接着便是热烈的提问环节。

研讨会当然解决不了任何问题。巴尔是最卖力的卫士，他坚持认为，国际风格绝不是那
种"死板笔挺的夹克，要求建筑师设计成坐落于拉莱柱（Lally columns，中间浇注混凝土的钢圆柱）之上的
四四方方的白灰泥盒子，建起平顶和玻璃墙"[7]。他还有些无聊地将"非正统的、讨人喜欢的
那种木结构住宅建筑"称作"国际别墅风格"（International Cottage Style）——实际上将它喻为一种"新

---

1 引自格莱顿（H. Greighton）的公开信，载《进步的建筑》：234。
2 《常识美》是她为巴里的《当代美国家庭美丽家居宝库》（*The House Beautiful Treasury of Contemporary American Homes*, New
York: Hawthorn Books, 1958）一书所撰写的导言的标题。
3 Ibid.
4 芒福德，"天际线"专栏文章《现状》（Status Quo），载《纽约客》（11，October 1947）：108—109。
5 Ibid., 110.
6 《现代建筑怎么了？》，载《现代艺术博物馆通报》（*Museum of Modern Art Bulletin*）15（Spring 1948）。
7 Ibid., 6.

的舒适惬意氛围"(*neue Gemütlichkeit*)。[1] 格罗皮乌斯强调了他在 20 世纪 20 年代持有的宽泛的现代主义概念；卡尔曼为英国新实验主义辩护，说它"丰富了我们的建筑语言"，回应了"心理学上的要求"[2]；芒福德则将海湾地区风格视为"我们应在全世界每个角落都拥有的健康状态。对我而言，它就是国际主义的一个样板，而不是地域主义和局部努力的一个样板"[3]。

尽管如此，这次研讨会至少在东北地区引起了一些反响。会后不久，赫德纳特决定以他的文章《后现代住宅》(The Post-Modern House)（1949）参与辩论。[4] 在文中，他反对装配流水线和格罗皮乌斯等人的工厂生产的住房，主张将情感价值与技术更加平衡地结合起来。

不过，这场争论最重要的结果是对哈里斯产生了影响，他在返回加利福尼亚之前与罗布斯约翰-吉宾斯和戈登的圈子过从甚密。[5] 在 1940 年代晚期，哈里斯和班斯开始重新审视梅贝克、格林 & 格林、波尔克 (Willis Polk)、迈伦·亨特 (Myron Hunt) 以及吉尔 (Irving Gill) 的加利福尼亚传统。而正是根据这一重新评估，哈里斯在 1950 年代初提出"自由的地域主义"(Regionalism of Liberation) 概念，与"有限的地域主义"(Regionalism of Restriction) 相对立。前者是指各个地区的建筑师应当创造性地回应该地区的影响，而且应当批判性地回应在更大范围的建筑思想中可能发现的问题：

> 一个地区会发展出各种观念。一个地区可以接受各种观念。对这两方面而言，想象力和智性是必需的。在 20 年代晚期和 30 年代的加利福尼亚，欧洲的现代观念遇到了仍在发展中的地域主义。另一方面，在新英格兰，欧洲的现代主义遇到了一种僵硬的、有限的地域主义。这种地域主义起初固守着阵地，接着便投降了。新英格兰全盘接受了欧洲的现代主义，因为它自己的地域主义已经沦为种种限制的一个集合体。[6]

有限的地域主义生活在过去，禁止革新；自由的地域主义有意识地"彰显一个地区，这个地区**与正在兴起的时代思想格外地一致**。我们呼唤这样一种'地域的'彰显，只是因为它在**其他地方**尚未出现。它是这个地区的精神，不只是普通的意识和普通的自由。它的美德就在于它的彰显**对于它之外的世界至为重要**"[7]。

[338] 戈登、芒福德和哈里斯都戳到了国际现代主义的软肋，至少是现代艺术博物馆所赞许的

---

1 《现代建筑怎么了？》，载《现代艺术博物馆通报》，8。

2 Ibid., 16—17.

3 Ibid., 18.

4 赫德纳特，《后现代建筑》，收入《当代美国建筑的根基》(*Roots of Contemporary American Architecture*)，芒福德编（New York: Dover, 1972），306—315。此文原发表于赫德纳特的著作《建筑与人的精神》(*Archtecture and the Spirit of Man*, Cambridge: Harvard University Press, 1949）之中，108—119。

5 格尔马尼 (Germany) 在《哈韦尔·汉密尔顿·哈里斯》一书中最有效地概括了他们交往的一些关键点。

6 哈里斯，《地域主义与民族主义》(Regionalism and Nationalism)，为 1954 年在俄勒冈州尤金市对西北地区委员会以及美国建筑师学会发表的联合演讲。引自《哈韦尔·汉密尔顿·哈里斯著述与建筑作品集》(*Harwell Hamilton Harris: A Collection of His Writings and Buildings*)，设计学院学生出版物，罗利市北卡罗来纳州立大学 (vol. 14, no. 5, 1965)：28。

7 Ibid., 27.

那种国际现代主义。同时，他们也彰显了一场业已强大的地域运动，如在加利福尼亚北部地区，就有威廉·沃斯特 (William Wilson Wurster) (1895—1972) 和伊舍里克 (Joseph Esherick) (生于 1914) 在工作。沃斯特曾在 20 世纪第一个 10 年间就读于加利福尼亚大学伯克利分校，1920 年代晚期就已形成了精致的现代感。[1] 他主张真诚、简单和清澈的表现，要么采用加利福尼亚本土的木材、波纹钢，要么采用超大的混凝土砌块。1940 年，沃斯特与凯瑟琳·鲍尔 (Catherine Bauer) 结婚，并于 1944—1950 年间任麻省理工学院院长，在那里他恢复了与阿尔托早年的友谊。1945 年，他与贝尔纳迪 (Theodore Bernardi) 和埃蒙斯 (Don Emmons) 建立了合伙关系，开始了他设计生涯的第二个阶段，其设计特点是精致而典雅。1950 年，沃斯特回到加利福尼亚接手伯克利建筑系教席，于 1959 年成为该校新成立的环境设计学院的首任院长。

伊舍里克是另一位战后来到西部地区的建筑师。他是费城人，1930 年代在宾夕法尼亚大学学习，与凯恩和豪的圈子接近。在移居西海岸之后，他致力于海湾地区的房产业务，其设计特点是不拘形式，不关注所谓的美学。但他的实践方式依然是经过深思熟虑的：他是将数学模型和计算机系统运用于设计的早期倡导者，也是在设计工作中考虑社会、心理、经济和政治因素的倡导者，还是一个反形式主义者。对伊舍里克而言，凯恩意义上的形式（"物为何与做何用" [What things are and what they do]）是他设计方法的核心。[2]

再往北，俄勒冈在 20 世纪 40 年代作为一个地区中心脱颖而出。意大利出生的美国建筑师贝卢齐 (Pietro Belluschi) (1899—1994) 在那里工作，他最初于 1923 年来到美国。[3] 他设计的波特兰苏托尔宅邸 (Sutor House) (1937—1938) 在 1940 年被詹姆斯·福特和凯瑟琳·莫罗·福特所提及，称它代表了一种处在发展中的西北地区风格。而他设计的波特兰著名的公平储蓄及贷款协会大厦 (Equitable Savings & Loan Assotiation Building) (1943—1948)，因为是美国第一座全封闭的玻璃大厦（铝与绿色玻璃）而享有盛名，在时间上比纽约联合国总部和利弗大厦 (Lever House) 都要早。但他的工作在西部之外不为人知，直到 1951 年他继沃斯特之后成为麻省理工学院的院长。

佛罗里达和得克萨斯在 20 世纪 40、50 年代是另两个在建筑上很重要的地区。戈登尤其赞叹地处热带的佛罗里达南部地区，那里草木丰茂，可以将建筑的整个墙体打开，面向花园与水景。她数次发表了阿尔弗雷德·布朗宁·帕克 (Alfred Browning Parker) 的作品。而迈阿密的特色在 1950 年代也通过拉皮德斯 (Morris Lapidus) (生于 1902) 的多彩创造得到了清晰的体现。[4] 拉皮德斯尽管在 1920 年代晚期获得了哥伦比亚大学的建筑学位，但他多年在纽约从事的零售业设计也

1 关于沃斯特，见特赖布 (Marc Treib) 编，《日常生活中的现代主义：威廉·沃斯特的住宅设计》(*An Everyday Modernism: The Houses of William Wurster*, San Francisco: San Francisco Museum of Modern Art, 1995)；以及希勒 (R. Thomas Hille)，《在大大小小的住宅之内：威廉·W. 沃斯特的住宅设计遗产》(*Inside the Large Small House: The Residential Design Legacy of William W. Wurster*, New York: Princeton Architectural Press, 1994)。

2 见《约瑟夫·伊舍里克：理论与实践》(Joseph Esherick: Theory and Practice)，载《西方建筑师与工程师》(*Western Architect and Engineer*)，no. 222 (December 1961)：20—37。

3 关于贝卢斯齐的职业生涯与工作，见克劳森 (Meredith L. Clausen)，《皮埃特罗·贝卢齐：美国现代建筑师》(*Pietro Belluschi: Modern American Architect*, Cambridge: M. I. T. Press, 1994)。

4 关于拉皮德斯，见迪特曼 (Martina Düttmann) 与施奈德 (Friederike Schneider) 编，《莫里斯·拉皮德斯：美国梦的建筑师》(*Morris Lapidus: Architect of the American Dream*, Basel: Birkhäuser, 1992)。

很成功。后来在 1950 年代初他才重返建筑行业，设计了位于迈阿密海滩 (Miami Beach) 上的枫丹白露酒店 (Fontainebleu Hotel)（1952—1954）。他设计的佛罗里达巴尔港 (Bal Harbour) 的美洲酒店 (Americana Hotel)（1955），仅仅由于其艳丽花哨便激起佩夫斯纳和斯彭斯 (Basil Spence) 这两位爵爷（在美国建筑师学会的大会上）的粗暴抨击，也算得上是座著名建筑了。而那天拉皮德斯凑巧也在场，听到了他们对这座建筑的诅咒。[1] 拉皮德斯在他那个时代是位难于评价的建筑师，连绵曲折的形状、艳丽的色彩（在南方的光线之下倒显得不太艳丽）、纯熟的舞台效果，都使他的作品更接近于后现代的感觉而非 1950 年代的国际现代主义。不过，他十分成功地抓住了那个时代人们休闲娱乐的天性。他的自传题为《欢乐的建筑》(An Architecture of Joy)（1979），倒也很合适。[2]

得克萨斯也拥有强大的地方传统。在 20 世纪 20、30 年代，它追随着东部的装饰艺术潮流。但在 30 年代和 40 年代晚期，这一地区产生了一种不同的现代传统，例如卡姆拉特 (Karl Kamrath) 在休斯敦的工作；威廉斯 (David R. Williams)、霍华德·R. 迈尔 (Howard R. Meyer)、萨德勒 (Luther Sadler) 以及夏普 (Walter C. Sharpe) 在达拉斯的工作；拉格尔 (Chester Nagel) 在奥斯汀的工作。[3] 1930 年代，休格曼 (Robert H. H. Hugman) 开始工作于圣安东尼奥城 (San Antonio) 著名的河道步行街 (Paseo del Rio) 项目。1951 年，哈里斯被劝说离开加利福尼亚，负责奥斯汀得克萨斯大学的建筑专业。他很幸运，很快便组织起了师资力量，后来以"得克萨斯游骑队"(Texas Rangers) 而闻名。[4] 瑞士人赫斯利 (Bernhard Hoesli)（1923—1984）与哈里斯同时被聘用，1953 年哈里斯请他负责修订设计课程。在 1950 年代，科林·罗 (Colin Rowe)（生于 1920）、黑达克 (John Hejduk)、斯卢斯基 (Robert Slutzsky)（生于 1929）、赫尔什 (Lee Hirsche)、约翰·肖 (John Shaw)、霍奇登 (Lee Hodgden) 以及塞利格曼 (Werner Seligmann) 等人加入了教师队伍。他们共同对工作室进行了重组，使专业课程脱离了东部地区学院功能主义与社会学取向，转而强调视觉设计的形式主义，并对现代主义的起源进行重新评估。教学课程的改

[339] 革获得了丰厚的回报，这主要是由于教师们的热情投入。例如，赫斯利曾为勒·柯布西耶工作过，也曾在莱热 (Fernand Léger) 的工作坊中画过画，后来任教于苏黎世瑞士联邦理工学院 (Swiss Federal Institute of Technology)，成为欧洲重要的设计教育家之一。科林·罗是斯特林 (James Sterling) 在利物浦大学的同学，还曾在伦敦瓦尔堡研究院跟从维特科夫做过研究。黑达克后来成为"纽约五人组"(New York Five) 的成员，而画家斯卢斯基曾是阿伯斯在耶鲁的学生，擅长于格式塔心理学。科林·罗和斯卢斯基的两篇论"通透性"(Transparency) 的论文写于 1955—1956 年间，在 1960 年代中期对美国建筑理论产生了强烈的影响。

在 20 世纪 50 年代，另一所对大学专业课程进行积极改革的学校是罗利 (Raleigh, 美国北卡罗来纳洲首府) 北卡罗来纳州立大学。最早推动这一改革的是院长坎普赫夫纳 (Henry Kamphoefner)，后来

---

1 见《莫里斯·拉皮德斯，艾伦·拉皮德斯》(Morris Lapidus, Alan Lapidus)，收入库克 (John W. Cook) 与克洛茨 (Heinrich Klotz)，《对话建筑师》(Conversations with Architects, New York: Praeger, 1973)，154。

2 拉皮德斯，《欢乐的建筑》(Miami: E. A. Seemann, 1979)。

3 关于二战之前得克萨斯的建筑，见亨利 (Jay C. Henry)，《得克萨斯建筑，1895—1945》(Austin: University of Texas, 1993)。

4 见卡拉贡内 (Alexander Caragonne)，《得克萨斯游骑队：一个建筑先锋派团体的笔记》(The Texas Rangers: Notes from an Architectural Underground, Cambridge: M. I. T. Press, 1995)。

很快便由波兰建筑师诺维斯基(Matthew Nowicki)（1910—1950）接手，他在不幸去世之时成了在美国具有高度影响力的建筑师。[1]诺维斯基毕业于华沙理工学院(Warsaw Polytechnic)，他在华沙的业务很成功，但不久纳粹便入侵了波兰。作为波兰军队中的一名陆军中尉，他于1939年9月在华沙城外接受了高射炮训练，那一年数百架德国轰炸机飞临华沙上空，由此发动了战争，而正是这些轰炸机曾唤起了菲利普·约翰逊的激情。[2]诺维斯基加入了地下抵抗组织，并从那危险的岁月中幸存下来，获得了嘉奖，又于1945年被任命为华沙首席城市规划师。当他于1947年作为联合国规划委员会的波兰代表访问美国时，波兰共产党控制了政权，他被迫流亡。

诺维斯基在北卡罗来纳州立大学的课程改革与大多数其他改革方案有一个重要区别，即不仅强调建筑与城市规划及景观设计的统一性，将设计、结构、素描等核心要素包括在内，而且还增设了第四套课程，题为"人文与历史"(Humanities and History)。这套课程包含5门课，最后一门是"人类行为与城市社会学"(Human Behavior and Urban Sociology)和"设计哲学"(Philosophy of Design)，为建筑史提供了强化的导论课。而到1950年时，建筑史课程在其他学院的建筑专业课程中几乎消失了。[3]

诺维斯基有两篇文章对这套强大的人文主义课程的设计意图做了说明。一篇发表于1949年，另一篇发表于1951年，是他去世之后才发表的。前一篇几乎可以肯定是受到了他最近参加的现代艺术博物馆研讨会的影响。他温和地批评了希契科克和约翰逊的国际风格，批评它的时尚性和过分刻板的形式主义，缺少对人的"心理与空间关系"的关注。[4]后一篇文章题为《现代建筑的源与流》(Origins and Trends in Modern Architecture)，对国际风格发起了持续的批评。现在他承认国际风格已经成为一种公认的"风格"，这种风格是"形式追随**形式**而非形式追随**功能**"[5]。他还批评其形式的理想化和去物质化以及"功能的精确性"(functional exactitude)，使得建筑最终被简化为受机器启发的一种"功能装饰"。[6]针对这种方法，他提出了一种"灵活"的功能主义，"首先着眼于人类的心理功能而非物理功能"。[7]如果说功能的精确性导致了功能装饰，那么人文主义的、灵活的功能主义——在这里拾起了一条源自19世纪的结构发展线索——则是提倡"结构装饰"(decoration of structure)，同时也关注于"眼下生活的迫切需要"。[8]

1　关于诺维斯基生平与工作的最优秀的研究成果，见芒福德发表在《建筑实录》上的四篇文章，刊登于1954年6月至9月间，总标题为《马修·诺维斯基的生平、教学与建筑》(The Life, the Teaching and the Architecture of Matthew Nowicki)；重版收入芒福德，《建筑作为人类的家园》，67—101。参见谢弗(Bruce Shafer)，《马修·诺维斯基的著述与速写》(The Witings and Sketches of Matthew Nowicki)，载《设计》(Design) 19 (no. 2)：27—30。

2　见舒尔策，《菲利普·约翰逊》，137—139。

3　芒福德，《马修·诺维斯基的生平、教学与建筑》，收入《建筑作为人类的家园》，78。

4　诺维斯基，《现代建筑的构成》(Composition in Modern Architecture)，载《艺术杂志》(The Magazine of Art, March 1949)：108—111；引自芒福德《美国当代建筑的根基》，408。

5　诺维斯基，《现代建筑的源与流》，载《艺术杂志》(November 1951)：273—279；重印题为《功能与形式》(Function and Form)，收入芒福德，《美国现代建筑的根基》。引自奥克曼(Joan Ockman)编，《建筑文化，1943—1968》(Architecture Culture 1943–1968, New York: Rizzoli, 1993)，150。

6　Ibid., 152–154.

7　Ibid., 154.

8　Ibid., 156.

诺维斯基建造的罗利北卡罗来纳州博览会的一座双抛物线拉伸结构体育场，是与戴特里克（William Henley Deitrick）合作设计的，体现了其人文主义理论与结构主义特色。但如果说这是对结构的迷恋，则是一种误解。正是诺维斯基在1950年的另一宏大建筑项目——印度新首府昌迪加尔（Chandigarh）的规划与设计（为美国马杰 & 惠特尔西公司 [Mayer & Whittlesey] 所做）——揭示了他作为一位设计师将自己的精力集中于何处。

诺维斯基以一种有趣的方式完成了一个循环，这引领我们转向他的主要拥护者——芒福德。在1950年代早期，芒福德一直在表达着他早期那种对国际风格的保留态度。他像沃斯特早先那样拥护诺维斯基，以此弘扬自己的人文主义以及关于地域主义的当代批评理论。在1951年哥伦比亚大学的系列讲座中，芒福德的现代主义发生了微妙的转变，后来他以《艺术与技术》（Art and Techniques）（1952）为题出版了一本书。在讲座"象征与功能"（Symbol and Function）中，他响应了诺维斯基对现代主义的批判，攻击它强迫症式的贫乏表现，无视"生物学的需求、社会使命感与个人价值"[1]。在某一处他甚至诅咒阿道夫·洛斯和格罗皮乌斯"到如今已成功地将 [340] 建筑实践中几乎所有历史的和古代的象征主义方式统统去除了"——这预示了后现代批评。[2] 芒福德再一次赞扬了赖特的有机隐喻，将它视为一帖解毒剂，但他现在似乎对诺维斯基的哲学印象更为深刻。在他看来，诺维斯基更有能力"将有机的与机械的、地方的与普世的、抽象-理性的与个人的东西统一起来"[3]。这句话干净利索地概括了上一个10年争论中所提出的所有问题。

芒福德于20世纪50年代出的另一本书《从头开始》（From the Ground Up）（1956），是他在1949—1955年间为《纽约客》杂志"天际线"专栏撰写的文章的集子，从中可以看出他维护自由事业的立场越来越坚决。他写了若干篇针对大权在握的园林专员和城市建设办公室协调员摩西斯（Robert Moses）的文章，反对他的城区改造政策，尤其是斯泰弗森特镇（Stuyvesant Town）的改造项目。他说这个项目不仅仅是一场"未消散的噩梦"，而且是"警察国家的建筑，它体现了政府控制系统所带来的一切罪恶，其糟糕程度不可想象"[4]。在另一组文章中，他批评纽约联合国总部（1947—1950）的设计，并在各个层面上进行挑剔，从选址面积太小、缺乏象征等级到不讲究功能。他反对直挺挺的秘书处大楼凌驾于联大会议厅与大会堂之上。这是纽约城第一座玻璃幕墙摩天大楼，以"玻璃纸"包裹着。就此，他批评这座大楼的东西朝向的确造成了一些技术上的难题："但是设计咨询委员会显然受到了勒·柯布西耶的迷惑，而他本人长期以来又受到摩天大楼是现代艺术象征符号这一概念的迷惑。但事实是，这摩天大楼和勒·柯布西耶都过时了。"[5]

---

1 芒福德，《艺术与技术》（New York: Columbia University Press, 1952），114—115。

2 Ibid., 121.

3 Ibid., 133–134.

4 芒福德，《从头开始，关于当代建筑、住房、高速公路建设以及城市设计的意见》（From the Ground Up: Observations on Contemporary Architecture, Housing, Highway Building, and Civic Design, New York: Harcourt Brace Jovanovich, 1956），109。

5 Ibid., 37, 43.

不过，芒福德的规划观此时也经受着批评检验。郊区的迅速发展也产生了一些连带问题，这是传统的规划模式解决不了的。所以有些人便开始重新评价欧洲城市的范例是否适合于美国的规划，格伦 (Victor Gruen)（1903—1980）便是其中之一。作为一个奥地利人，他于 1938 年纳粹上台时逃离祖国。1920 年代早期他在维也纳美术学院跟从彼得·贝伦斯 (Peter Behrens) 学习，1940 年代他前往洛杉矶，建立了维克托·格伦联谊会 (Victo Gruen Associates)，专门从事城市与郊区规划设计。为了回应郊区不断扩展以及公路边"奇迹一英里"(miracle mile) 单排商店的状况，他提出要将这些便利设施集中到城乡结合部的地区性购物与办公中心（结晶点）。购物中心是一个大胆的设想，他最初向底特律的赫德森 (J. L. Hudson) 兜售这一想法，最终在 1954 年的北国中心 (Northland Center) 得以实现。在那里，环绕着花园和赫德森百货公司建起了一排排商店，以拱廊相连。两年之后，格伦调整了概念，设计了第一座全封闭的购物中心，即位于明尼苏达的明尼阿波利斯市郊外南谷购物中心 (Southdale)。当时的目标是要创造出一种节庆般的或轻松惬意的气氛，多层的室内空间点缀着雕塑、喷泉、花园以及音乐厅和儿童游乐场所，为普通老百姓提供开展社会、文化、社区与娱乐活动的集中地点。[1]

在为得克萨斯州沃思堡 (Fort Worth)（1956）做的改造方案中，格伦提出要限制机动车，让它们进入周边一系列大型停车场，将整个商业区改造成一处风格优美的步行区，到市中心的步行时间控制在 4 分钟之内。[2] 他指出，若对细节进行认真推敲，这些步行街便可形成亮丽活泼的景观，包括橱窗展示、雕塑、喷泉、花园等。

培根 (Edmund N. Bacon)（生于 1910）于 1949 年任费城规划委员会的执行主席，他与沃思堡的做法相反，致力于重新恢复市中心和历史建筑的活力，将它们融入一系列公园、新房产开发区和购物区域，将交通主干道推向边缘地带。

不过，正是路易斯·卡恩 (Louis Kahn) 这位费城本地人，在 1950 年代将费城这座城市定义为杰出的地区中心城市。[3] 在经历了大萧条的那些挣扎岁月之后，他在 1940 年代初两度与人合伙，先是与乔治·豪 (George Howe)（1886—1955），接着是与斯托诺罗夫 (Oscar Stonorov)。乔治·豪与莱斯卡兹 (William Lescaze) 一道设计了 PSFS 大厦 (PSFS Building)，1950 年他接任耶鲁建筑专业主席的职务。[4] 斯托诺罗夫也是一名综合性的建筑师，出生于德国，曾在巴黎学习雕塑，

---

1 格伦除了在建筑杂志上发表了各种不同的文章之外，其观念还呈现于他的著作《美国购物城》(*Shopping Towns USA*，与史密斯 [Larry Smith] 合作，New York: Reinhold, 1960)；格伦，《我们城市的心脏》(*The Heart of Our Cities*, New York: Simon & Schuster, 1964)；格伦，《城区环境的中心：城市的存活》(*Centers for the Urban Environment: Survival of the Cities*, New York: Van Nostrand Reinhold, 1973)。

2 关于这一方案的详情，见《典型的市中心改造（沃思堡）》(Transformation of Typical Downtown[Ft. Worth])，载《建筑论坛》104（May 1956）：146—155。

3 关于卡恩的设计与观念，见朱尔戈拉 (Romaldo Giurgola) 与贾米尼 (Mehta Jaimini)，《路易斯·I. 卡恩》(Boulder, Colo.: Westview Press, 1975)；《路易斯·I. 卡恩作品全集，1935—1974》(*Louis I. Kahn: Complete Works, 1935–1974*)，伦纳 (Heinz Ronner)、雅维里 (Sharad Jhavery)、瓦塞那 (Alessandro Vasella) 编 (Boulder, Colo.: Westview Press, 1977)；以及小斯卡利 (Vincent Scully Jr.)，《路易斯·I. 卡恩》(New York: George Braziller, 1962)。

4 关于乔治·豪，见韦斯特 (Helen Howe West)，《建筑师乔治·豪，1886—1955：回忆我亲爱的父亲》(*George Howe, Architect, 1886–1955: Recollections of My Beloved Father*, Philadelphia: W. Nunn, 1973)；以及斯特恩 (Robert A. M. Stern)，《乔治·豪：走向现代建筑》(*George Howe: Toward a Modern Architecture*, New Haven: Yale University Press, 1975)。

在苏黎世跟从莫泽（Karl Moser）学习，1925—1928 年间为吕尔萨（André Lurcat）工作，之后移民美国。卡恩与斯托诺罗夫在 1940 年代初合写了两本关于城市规划方面的小册子（由里维尔铜业公司 [Revere Copper and Brass Corporation] 发起），并为费城城市规划委员会和房产局充当顾问。第一本小册子题为《为何城市规划是你的责任》（*Why City Planning Is Your Responsibility*）（1942），其内容是建议关闭街道，报废陈旧破败的建筑物，指导城市居民组织与改善他们的邻里环境[1]；第二本小册子题为《你与你的邻里环境》（*You and Your Neighborhood*）（1944），这是另一本促进社会转变的通俗读物，要求城市拥有安全的街道、当地的小学校、公园和健身场地以及托儿所与社区中心[2]。卡恩设计的米尔希腊住房开发项目（Mill Greek Housing Development）是与肯尼思·戴（Kenneth Day）、麦卡利斯特（Louis McAllister）和安妮·廷（Anne Tyng）合作的，也始于 1946 年，不过第一期工程是从1952 年开始实施的。

[341]

1945 年，卡恩成为耶鲁大学的访问批评家，这使他与东北部地区的圈子有了接触。而他1940 年代晚期的住房委托项目，实际上反映了布罗伊尔的影响，这一点斯卡利（Vincent Scully）曾做过暗示。他于 1950 年住在罗马美国学院，给这一阶段的连续发展画上了句号。在罗马，他重新点燃了对古典与前古典文化的兴趣。1944 年，卡恩发表了论"纪念碑性"（Monumentality）的文章，谈到了他后来所关注的一些问题，这是对塞尔特（José Luis Sert）、莱热（Fernand Léger）和吉迪恩于 1943 年发表的一则宣言《纪念碑性九点论纲》（Nine Points on Monumentality）的回应。在此宣言中，他们捍卫纪念碑性的概念以及它与现代建筑的一致性。[3] 卡恩大体肯定了他们的看法，但也强调建筑纪念碑性的基础在于"追求结构上的完美"而不是怀旧式的陈旧图像。[4] 这种对结构的强调成了他 1950 年代许多工作的特色。那时卡恩已经抛开了对国际现代主义空间抽象和功能主义的迷恋，转而去寻求建筑的绝对而内在的秩序。

结构思维对于耶鲁大学美术馆（1951—1953）的设计来说极其重要，这一点受到了巴克明斯特·富勒的影响。在此建筑中，卡恩将四面体的混凝土空间框架作为主要形式要素。他与安妮·廷（Anne Tyng）（生于 1920）在 1950 年代中期合作的项目也将结构作为核心问题。

这段特殊的研究时期的尾声是他著名的赞歌《秩序与形式》（Order and Form），发表于 1955 年耶鲁学刊《视角》（*Perspecta*）上，开头和结束的几行是这样写的：

秩序存在着

设计是合秩序的形式制作

形式从某个构造体系中浮现出来……

1　见斯托诺罗夫与卡恩，《为何城市规划是你的责任》（New York: Revere Copper & Brass, 1942）。

2　斯托诺罗夫与卡恩，《你与你的邻里环境：邻里环境规划入门》（*You and Your Neighborhood: A Primer for Neighborhood Planning*, New York: Revere Copper & Brass, 1944）。

3　见塞尔特、莱热与吉迪恩，《纪念碑性九点论纲》，收入奥克曼，《建筑文化，1943—1968》，29—30。

4　卡恩，《纪念碑性》，收入奥克曼，《建筑文化，1943—1968》，48。

图 97 卡恩，费城理查兹医疗中心，1957—1961。本书作者摄。

秩序不可捉摸

它属于创造意识层次

永远处于较高的层次

秩序的层次越高**设计**就越多样

秩序支持一体化

空间以何种形态出现对建筑师来说或许是陌生之物

他将从秩序中汲取创造力和自我批判力来为这陌生之物赋形

美将逐渐演化而成[1]

1955 年一般被看作卡恩设计哲学发展的关键一年，那时他开始通过"场所的老生常谈"(topos of place) 来表达这种"秩序"，这实际上就否定了现代主义那种无等级差异的、非限定性的空间概念。创造一种合秩序的场所，即在空间规划中重建主要房间的主导性，这种观念最初可在 1954 年他的阿德勒宅邸 (Adler House) 设计中见出，后来在特伦顿·巴恩宅邸 (Trenton Bath House) (1955—1956) 的最终设计中定型。在那座宅邸中，即便是没有屋顶的中心庭院，也设计得像房间似的。后来，这一概念在他为费城理查兹医疗中心 (Richards Medical Center) (1957—1961) 做的设计中继续发展着（图 97）。在这件作品与他的拉霍亚 (La Jolla) 索尔克生物研究所 (Salk Institute for Biological Studies) (1959—1965) 设计之间，其观念发生了飞跃，可归结为一种新的较宽松的"秩序"以及向古典纪念碑性的回归。卡恩的费城事务所那时已成为来自世界各地的建筑学生的驻足之地，所谓的费城建筑学校已经变成了现实。

[342]

---

1 卡恩，《秩序与形式》，载《视角》3 (1955)：57。

5. 战后南美、亚洲与欧洲的现代主义

在 20 世纪 50 年代，勒·柯布西耶这颗南方新星与密斯和卡恩放射出的北方之光遥相辉映。他的建筑生涯从一开始就不顺利，在 1930 年代断断续续，随着德国对法国的占领而达到最低点。他最先逃往维兹莱 (Vezelay)，接着逃到比利牛斯山脚下的奥宗村 (Ozon)，在那里他谋得了贝当元帅的维希政府中的一个职位。许多工团主义者也住在那里。[1] 在若干次提议被拒绝之后，他设法于 1941 年 1 月在维希政府的规划委员会中谋得了一个职位，并在之后的 18 个月中一再提交方案（直至被解雇）。在 1941—1945 年间他撰写了至少 7 部出版物，大多是他早期观点的重述，因处于战争期间而匆匆写就。如《四条路径》(Sur les 4 Routes)（1941）一书是根据他早期工团主义的地区提案，围绕着公路、铁路、供水和空气等主题编排的。[2] 如在论公路的一章中，他提出巴黎和法国应建设交通动脉体系，这可将未来的光明城 (Radiant City) 与光明农场 (Radiant Farms) 以及光明村庄 (Radiant Villages) 连接起来。小册子《巴黎的命运》(Destin de Paris)（1941）为维希新政府设计了一个住房发展方案，可以证明光明城的原理是合理的，因为这种城市可经受住火灾、轰炸和毒气的破坏——对于在冲突中选择袖手旁观的人来说，这无疑是战时的一种古怪想法。[3]

在这本小册子之后，他又写了《人类的居所》(La maison des hommes)（1942）和《雅典宪章》(La Charte d'Athènes)（1943）两本书，都是在到达维希后不久动笔的。前一本书的正文是皮埃尔弗 (Fraçois de Pierrefeu) 撰写的，内容是发出住房产业的战斗号令，并呼吁人们支持维希政权的独裁统治。这两位作者在书中提议成立一个民族建筑师合作组织，由一些熟练的建筑师 (Maître d'oeuvre) 和一位最高监管人 (Ordonnateur) 组成，他们将是战后一切重建事务的总指挥。[4] 这位建筑师的插图（包括光明城的图像）和图注是本书的主要内容。《雅典宪章》的写作意图是要让政府官员了解 CIAM 在 1932 年所开展的国际住房建设方面的工作。[5] 勒·柯布西耶将《雅典宪章》说成是 CIAM 的官方会议报告。

勒·柯布西耶另一本重要的战时著作是《人类的三大成就》(Les trois établissements humains)（1945），在很大程度上是"建筑更新改造建设者大会"(Assemblée de Constructeurs pour une Rénovation Architecturale)（ASCORAL）的产物。[6] 这是勒·柯布西耶在 1942 年组织的一个多元化团体，其成员大多是

1　关于这些年，尤其见菲什曼 (Robert Fishman)，《勒·柯布西耶的设计与政治，1928—1942》(Le Corbusier's Plans and Politics, 1928–1942)，收入沃尔登 (Russell Walden) 编，《张开的手》，244—283。

2　勒·柯布西耶，《四条路径》(Paris: Gallimard, 1941)；由托德 (Dorothy Todd) 英译为 The Four Routes (London: Dennis Dobson, 1947)。

3　勒·柯布西耶，《巴黎的命运》(Paris: Fernand Sorlot, 1941)。

4　皮埃尔弗与勒·柯布西耶，《人类的居所》(Paris: Plon, 1942)；由恩特威斯尔 (Clive Entwistle) 与霍尔特 (Gordon Holt) 英译为 The Home of Man (London: Architectural Press, 1948)。

5　勒·柯布西耶，《雅典宪章》(Paris: Plon, 1943)；由厄德利 (Anthony Eardley) 英译为 The Athens Charter (New York: Grossman Publishers, 1973)。

6　勒·柯布西耶，《人类的三大成就》(Paris: Denoel, 1945)。

年轻建筑师，分成 11 个小组和 22 个委员会，主要研究战后法国的重建。城市问题是他们研究的重点，不过还包括像建筑模数、健康、土地改革以及工厂等议题。"绿色工厂"的概念曾在 1939 年以来勒·柯布西耶的草图中反复出现，这个团体将这一概念转化为一种直线型的工业城市，一座座工厂建筑在自然环境中沿着一条干道排列下去。他的城市、农业与工业三位一体的"光明"方案现在完整了起来，至少在理论上如此。其结果是，这 15 年的堂吉诃德式的理论探索，随着英美联军解放法国而告结束。

1944 年，勒·柯布西耶的老朋友多特里 (Raoul Dautry) 被任命为法国新政府中主管战后重建与城市规划的部长。通过他，勒·柯布西耶很快便接到了重建拉罗谢尔 – 帕利塞 (La Rochelle-Pallice) 和圣迪耶 (Saint-Dié) 这两座城市的委托任务，并设计了马赛公寓 (Unité d'Habitation) （1945—1952）作为样板房。前两个项目并无进展，最后这个项目是要建造一座可居住 1800 人的、大批量生产的低成本样板房。正如人们经常提到的，这项设计综合了他自 20 世纪 20 年代初以来已经积累起来的一些想法：一幢住宅大楼拔地而起，生活区为两层，第二层是卧室，延伸至建筑的另一侧，走道在每户的第三层相贯通；中间层建有商业街，设有旅馆，还建有屋顶平台和休闲娱乐设施；完工之后墙面呈现出粗面混凝土 (béton brut) 的效果，这表明勒·柯布西耶对战后现代建筑的技术发展取向采取了冷漠超然的态度。他更喜欢一种原始的、雕塑般的表现效果。马赛公寓的建筑外观呈红色肌理效果，并得到长期维护保养。它面向群山和太阳东升西落的地中海，似乎比其他公寓楼更为成功——这或许是因为它从未发挥过低成本住房项目的功能。 [343]

勒·柯布西耶从 1940 年代开始的另一个大项目联合国大楼（1947—1953）则远不成功。该项目一开始是想在美国某地建造一座大型的"世界首都"，包括各种会议场馆和管理建筑，还有图书馆、博物馆、住宅和商业设施。1946 年，法国政府提名勒·柯布西耶参加一个国际委员会，它负责寻找一个合适的地点，分别制定出 2 平方英里、5 平方英里、10 平方英里、20 平方英里和 40 平方英里的城市方案。[1] 寻找的范围集中于纽约州威切斯特郡和康涅狄格州费尔菲尔德郡，但后来小洛克菲勒 (John D. Rockefeller Jr.) 于 1946 年插手此事，提供了一块沿东河 (East River) 的地块。于是，一座城市的想法被一片建筑群的概念所取代。勒·柯布西耶在视察了这一地点之后，以其通常的快速作风，一夜之间便设计出了秘书处大楼 (Secretariat Tower)、会议中心 (Conference Center) 以及大会堂 (Assembly Hall) 的草图，这些草图后来做成了模型 (Project 23 A)，并成为设计的基础。

这个项目被普遍认为是失败的。以往人们认为失败的原因是勒·柯布西耶从未获得对设计的控制权[2]，而这控制权被授予了美国华莱士·K.哈里森 & 马克思·阿布拉莫维茨公司 (Wallace K. Harrison & Max Abramovitz)，由一个 10 人专家团队充当顾问，其中包括勒·柯布西耶、尼迈耶 (Oscar

---

1 见《联大第一次会议第二部分的总部委员会报告》(Report of the Headquarters Commission to the Second Part of the First Session of the General Assembly of the United Nations, Lake Success, N. Y.: United Nations, Octorber 1946)。

2 这肯定是 20 世纪 50 和 60 年代占主导地位的观点。例如可见布莱克 (Peter Blake)，《建筑大师：勒·柯布西耶、密斯·凡·德·罗、弗兰克·劳埃德·赖特》(New York: Knopf, 1960)，125—132；布莱克，《勒·柯布西耶：建筑与形式》(Baltimore: Penguin, 1960)，126—132。

Niemeyer）以及马克柳斯（Sven Markelius）。但实际上，最终设计中存在的问题有着更深层的根源，不能仅仅归咎于承担责任的政府代表。勒·柯布西耶竭力游说在秘书处大楼上采用他的防晒屏（brise-soleil）和辅以空气过滤的玻璃幕墙（最早是 1929 年为他的消费合作社中央联合会 [Centrosoyus] 项目而提出的），但这些解决方案其实只不过是对糟糕的东西朝向所做的贫乏回应而已。更重要的是，整个概念是贫弱的——正如芒福德正确指出的那样。而最重要的会议厅大楼未能竖立起来，与秘书处大楼形成有效的对应关系。

不过，1950 年代依然是勒·柯布西耶漫长职业生涯中最为多产的 10 年。这一时期，建在法国本土的两座最精美的建筑是位于朗香镇（Ronchamp）的圣母教堂（Notre-Dame du Haut,）（1950—1955），以及位于拉尔布尔勒河畔埃沃镇（Eveux-sur-l'Arbesle）的拉托雷圣马利亚修道院（Monastery of Sainte-Marie de La Tourette）（1953—1959），其间还穿插着在印度昌迪加尔和艾哈迈达巴德（Ahmedabad）的工作。这些设计共同展示了他设计方式的转变——他 1940 年代的绘画与雕塑就预示了这一点。他超越了纯粹主义的或机器时代的常见手法，喜好更有机的主题和三原色。[1] 这一转变多少也是由于他在战时对象征主义产生了兴趣，而象征主义——正如上文已表明的，在 1947 年之后就"成为主导其建筑的一个综合体系"，充满了炼金术的暗示。[2] 朗香教堂和拉托雷修道院也超越了一般建筑的界限，充满了精神与象征内涵。它们首先是雕塑和形象的创造，除了具有原始形态、充满神秘难解的含义之外，还坚实有力。斯特林（James Sterling）在 1955 年对此教堂以及这位"欧洲最伟大的建筑师"所做的评论中，称这座建筑是"理性主义的危机"[3]。勒·柯布西耶从现代世界的神秘撤退终结于昌迪加尔，他在这座城市的纪念碑上铸了一连串原始符号（太阳、月亮、云、闪电），接着试图劝说尼赫鲁（Jawaharlal Nehru）建造他自己的哲学语言符号：模数、和谐螺旋、太阳周期、两个至点的交替（the play of the two solistices），尤其是有象征意味的"张开的手"（open hand）。[4] 如果考虑到 1950 年代他的建筑在很大程度上直接顺应了他的绘画与雕塑兴趣，就不会将这些兴趣看作是无足轻重的了。或许这样看更为合适：勒·柯布西耶首先是位画家和雕塑家，偶尔将其天才运用于建筑实践，却取得了相当程度的成功。至少他成为 20 世纪 50 和 60 年代的一个艺术家偶像，在很大程度上是由于他拥有图绘与触觉的敏感性。

不过，勒·柯布西耶早先的理性主义并没有消失殆尽。在战争期间和战争刚结束的那段

---

1 关于绘画对勒·柯布西耶的重要性，见穆斯（Stanislaus von Moos），《作为画家的勒·柯布西耶》，载《争鸣》（nos. 19—20，Winter-Spring，1980）。参见他在以下这本书中的评论，《勒·柯布西耶：综合的诸要素》（Le Corbusier: Elements of a Synthesis, Cambridge: M. I. T. Press, 1982），281—291。

2 见穆尔（Richard A. Moore）的精彩文章《直角之诗中的炼金术神秘主题，1947—1965》（Alchemical and Mythical Themes in the Poem of the Right Angle, 1947-1965），载《争鸣》（nos. 19—20，Winter-Spring，1980）；111—139。

3 斯特林（James Sterling），《朗香，勒·柯布西耶的礼拜堂以及理性主义的危机》（Ronchamp, Le Corbusier's Chapel and the Crisis of Rationalism），载《建筑评论》119（Janusry 1955）：155—161。斯特林将朗香教堂视为一种现代手法主义形式，利用民间建筑使其获得了新生。关于此设计的宗教问题，见温特（John Winter），《勒·柯布西耶与神学程式》（Le Corbusier and the Theological Program），收入沃尔登，《张开的手》，286—321。

4 关于这件雕刻作品，见塞克勒（M. P. M. Sekler），《勒·柯布西耶、罗斯金、树与张开的手》（Le Corbusier Ruskin, the Tree and the Open Hand）；以及穆斯，《张开的手的政治意蕴》（The Politics of the Open Hand）。两文均收入《张开的手》一书，42—95，412—457。

时间，他最关注的是数学与模数的发展。1946 年，他发表了《建筑与数学精神》(L'Architecture et l'esprit mathématique) 一文。4 年之后，他出版了《论模数》(Le Modular) 一书，提出了一套先进的、基于黄金比例的建筑测量体系。[1] 维希政府支持这项工作，并通过法国建筑标准化协会 (Association Française pour une Normalisation du Bâtiment) 为战后重建设计了一套米制模数。但勒·柯布西耶拒绝这种算术方法和抽象的米制体系，致力于设计出一套更符合人体尺度的比例体系。他参考了由梅拉德 (Elisa Maillard) 和吉卡 (Matila Ghyka) 撰写的两本论黄金比例的书，在 ASCORAL 的帮助下，最终求出了基于人的平均身高 183 厘米和房屋高度 226 厘米的双斐波那契数列 (double Fibonnaci progression of numbers)。[2] 虽然这个成果已经过时，但依然是有趣的——即便你不承认乌夫拉尔关于更宏大之宇宙联系的基本假设。

[344]

勒·柯布西耶在 20 世纪 40 和 50 年代的名声和影响遍及除美国之外的世界建筑领域，这一点是毫无疑问的。他对南美的影响尤其强烈，这主要是由于他在 1929 年访问了阿根廷、乌拉圭和巴西，1936 年再度访问了巴西。[3]

在巴西，沃尔查夫契克 (Gregori Warchavchik) (1896—1975) 已经为现代建筑开辟了道路。他出生于俄国，在意大利接受了训练，于 1923 年来到巴西。另一位圣保罗现代设计师是列维 (Rino Levi) (1901—1956)，他也于 20 世纪 20 年代在意大利受过训练，其建筑实践在 40 年代获得了国际性的声誉。[4] 不过，正是勒·柯布西耶 1936 年前往里约热内卢的旅行，对这个国家未来的建筑产生了决定性的影响。此行的目的是与一个建筑师团队商讨新教育卫生部大楼的设计方案，这个团队以科斯塔 (Lúcio Costa) (生于 1902) 为首。科斯塔出生于法国，但在巴西接受了教育。正是他于 1930 年在国立美术学院 (National School of Fine Arts) 进行的课程改革（以欧洲现代主义取代巴黎美院的课程）吸引了沃尔查夫契克来到这所学院。科斯塔很快便被迫下台，但教育卫生部大楼 (1937—1943) 的规划与风格完全是勒·柯布西耶式的：当地的第一座高层建筑，实际上就是底层架空柱 (pilotis)、防晒屏 (brise-soleil)、屋顶花园、混凝土框架和玻璃镶板的组合。设计团队中的其他成员，包括莫雷拉 (Jorge Moreira) (生于 1904)、里迪 (Affonso Eduardo Reidy) (1909—1964) 以及尼迈耶 (Oscar Niemeyer) (生于 1907)，他们的职业生涯都很成功。莫雷拉和里迪坚守着勒·柯

---

1 勒·柯布西耶，《论模数：论一种符合人体比例并普遍适用于建筑与机械的和谐尺度》(Le Modular: Essai sur une mesure harmonique à l'échelle humaine applicable universellement à l'architecture et à la méchanique, Boulogne-sur-Seine: Editions de l'Architecture d'Aujourd'hui, 1950)；德弗兰怡 (Peter De Francia) 与博斯托克 (Anna Bostock) 英译为 The Modular (London: Faber & Faber, 1954)。

2 见梅拉德，《论黄金数字》(Du nombre d'Or) (Paris, 1943)；吉卡，《自然与艺术中的比例美学》(Esthétique des proportions dans la nature et dans les arts) (Paris, 1927)；吉卡，《黄金数字》(Le Nombre d'Or) (Paris, 1931)。关于他的项目详情，见本顿 (Tim Benton)，《神圣的事物与对神话的探索》(The Sacred and the Search for Myths)，收入《勒·柯布西耶：世纪建筑师》(Le Corbusier: Architect of the Century, London: Arts Council of Great Britain, 1987)，241。

3 关于巴西现代主义，见明德林 (Henrique Mindlin)，《巴西现代建筑》(Modern Architecture in Brazil, New York: Reinhold, 1956)。参见亨利-拉塞尔·希契科克，《1945 年以来的拉丁美洲建筑》(Latin American Architecture since 1945, New York: Museum of Modern Art, 1955)；以及布尔里希 (Francisco Bullrich)，《拉丁美洲建筑的新方向》(New Directions in Latin American Architecture, New York: Braziller, 1969)。

4 吉迪恩在他 1951 年出版的国际现代主义综述《新建筑十年》(A Decade of New Architecture, London: Architectural Press, 1954) 一书中引用了列维的三座建筑，帕普达基，作者同上。

布西耶的风格，而尼迈耶则由于为潘普利亚（Pampulha）贝洛奥里藏特市（Belo Horizonte）郊区做了一系列雕刻设计而出名，他与科斯塔一道成为巴西最著名的建筑师。[1] 不过尼迈耶真正出名是因为他在 1955 年被任命为新首都巴西利亚的主要建筑师，而该城的规划则是科斯塔做的。如果说科斯塔的城市规划受到勒·柯布西耶的昌迪加尔规划和城市规划理论的很大影响，那么尼迈耶的设计则敢于时常以密斯式的严峻形式超越勒·柯布西耶的雕塑形式。

另一个受到勒·柯布西耶实质性影响的南美国家是阿根廷，而这种影响是通过一些建筑师为中介实现的，他们是博纳特（Antonio Bonet）（生于 1913）、哈多伊（Jorge Ferrari Hardoy）（1914—1976）和库尔岑（Juan Kurchan）。哈多伊后来和库尔岑进行协作，他们在 1930 年代晚期曾工作于勒·柯布西耶巴黎事务所，延续了他的风格。博纳特是西班牙人，他既为塞尔特又为勒·柯布西耶工作。1939 年他在阿根廷组建了 AUSTRAL 团体，同年他建成了自己位于布宜诺斯艾利斯的工作室，备受赞赏。不过，博纳特最后将他的现代主义转向了地区风格，在阿根廷如此，后来回到出生地西班牙也是如此。

杜阿尔特（Emilio Duhart）（生于 1917）是智利主要的现代主义建筑师，曾在勒·柯布西耶事务所工作过一年，但 1940 年代他在哈佛跟从格罗皮乌斯学习并取得了硕士学位。乌拉圭建筑师维拉马约（Juilio Vilamajó）（1894—1948）实践着一种更加独立的地区现代风格，其代表作品是蒙科维的亚（Montevideo，乌拉圭首都）共和国大学（University of the Republic）的工程大楼（Engineering Building）（1935—1938），以及米纳斯市（Minas）的观光景点维拉塞拉纳（Villa Serrana）的住宅与酒店（1943—1947）。

委内瑞拉现代主义者比利亚努埃瓦（Carlos Raúl Villanueva）（1900—1975）的工作也受到勒·柯布西耶的一些影响，尽管他最有名的是异常精致的地域现代主义。[2] 他是委内瑞拉一位外交官的儿子，出生于伦敦，在法国接受了训练。从 20 世纪 30 年代开始，他的造型表达便具有强烈的现代色彩，尤其是他为加拉加斯（Caracas）委内瑞拉中央大学（Central University of Venezuela）所设计的许多建筑物。

墨西哥的建筑丰富多彩，也明显独立于勒·柯布西耶式的母题。[3] 一般认为，墨西哥现代运动始于加西亚（José Villagran Garcia）（生于 1901），因为一方面他在 1923 年将教学改革引入了国立墨西哥大学（Universidad Nacional de Mexico），另一方面他在 1925 年设计了位于波普特拉（Poptla）的卫生学院（Hygiene Institute）。后来他的领导职位被他的第一个学生奥格尔曼（Juan O'Gorman）（生于 1905）所取代。奥格尔曼于 1930 年就已经在实践勒·柯布西耶的现代主义了，他采用了巨大的玻璃窗和圆管栏杆等为人熟知的母题。他的实践在 20 世纪 40 年代一度中断，50 年代以一种地区

[345]

---

1 见帕普达基（Stamo Papdaki），《奥斯卡·尼迈耶的工作》（*The Work of Oscar Niemeyer*, New York: Reinhold, 1950）；帕普达基，《奥斯卡·尼迈耶：正在实施的作品》（*Oscar Niemeyer: Works in Progress*, New York: Reinhold, 1956）；以及斯佩德（Rupert Spade），《奥斯卡·尼迈耶》（New York: Simon & Schuster, 1969）。

2 西比尔·莫霍伊－纳吉，《卡洛斯·劳尔·比利亚努埃瓦》（*Carlos Raul Villanueva*, London: Alec Tiranti, 1964）。

3 见塞托（Max L. Cetto），《墨西哥现代建筑》（*Modern Architecture in Mexico*），斯蒂芬森（D. Q. Stephenson）翻译（New York: Praeger, 1961）；以及史密斯（Olive Bamford Smith），《阳光下的建设者：五位墨西哥建筑师》（*Builders in the Sun: Five Mexican Architects*, New York: Architectural Book Publishing Co., 1967）。

风格重新开业，并凭借装饰着前哥伦比亚时期母题的辉煌壁画和镶嵌画而为世人瞩目。墨西哥城大学城国立图书馆（1952—1953）的彩色装饰体现了他的概念，令人惊叹。另一位常常将现代形式与壁画结合起来的建筑师是帕尼（Mario Pani）（生于 1911），他在国立师范学院（National School for Teachers）（1945—1947）的设计中与墨西哥最著名的画家奥罗斯科（José Clemente Orozco）（1883—1949）进行了合作。不过，多彩的装饰只不过是墨西哥丰富多样的建筑潮流中的一种倾向，其他还有塞托（Max Cetto）（1903—1980）创造的更具本土化的形式，以及坎代拉（Félix Candela）（生于 1910）设计的漂亮结构。

在 1950 年代，墨西哥建筑尤其以巴拉干（Luis Barragán）（1901—1987）紧张内省的工作而闻名。[1] 这位工程师出身的建筑师年轻时数次前往欧洲旅行，在 1930 年代经历了一个显著的柯布西耶阶段。后来他放弃了这种风格，其原因部分在于法国风景理论家巴克（Ferdinand Bac）的影响，也在于他目睹了阿尔罕布拉宫（Alhambra），此外还因为他迷恋于墨西哥的大牧场以及场院传统。巴拉干的工作几乎与理论无关，至少在传统字面意义上是如此。他的建筑世界是一个充满色彩与宁静情感效果的世界，只能以直觉与静观加以领悟。在埃尔佩德雷加尔（El Pedregal）（1945—1950），他试图将一片 865 英亩的凝灰岩沙漠改造成一个伊甸园住宅区，在这里看不到住房，只有喷泉和露天场院，其范围以抽象的自然之墙加以限定。它们充当宁静沉思的建筑隐喻：天空、土地、水和人类局限性的原始交叉点。

勒·柯布西耶对日本建筑的影响与南美同样强烈。他的影响最初传到这个国家是通过两位天才学生的工作，他们是前川国男（Kunio Maekawa）（生于 1905）和坂仓准三（Junzo Sakakura）（1904—1968）。他们分别于 1928—1930 年以及 1931—1936 年间在他的巴黎工作室中工作过。

不过日本当时已经拥有了西方建筑的遗产。[2] 德国建筑师在世纪之交就已经活跃于这个国家；捷克出生的美国建筑师雷蒙德（Antonin Raymond）（1888—1976）曾随赖特工作于东京帝国饭店（Imperial Hotel），1920 年代他在东京开办了自己的事务所。1923 年，雷蒙德设计了一座钢筋混凝土住宅，这是世界上最早的“立方体”住宅之一。[3] 曾在西方接受过训练的日本建筑师很快对这种现代主义建筑进行了补充。有若干日本学生，如石本喜久治（Kikuji Ishimoto）、山胁岩（Iwao Yamawaki）、山口文象（Bunzo Yamaguchi）以及藏田周忠（Chikatada Kurata），都曾就学于包豪斯。年轻建筑师山田守（Mamoru Yamada）像他的同胞前川国男一样，甚至还参加了 1929 年法兰克福的 CIAM 大会。他设计的东京电气试验室（Electrical Testing Office）是 1932 年国际风格展览上唯一的日本作品。所以到 20 世纪 30 年代初，在日本已有多间将西方模式与传统风格手法相结合的设计事务所。

战争造成的破坏需要进行大规模的重建和彻底的文化变革。现在，坂仓准三和前川国男走在了前面，他们与从美国重回日本的雷蒙德进行合作，很快又有第四位具有国际声望的建筑

1　见安巴斯（Emilio Ambasz），《路易斯·巴拉干的建筑》（*The Architecture of Luis Barragán*, New York: Museum of Modern Art, 1976）。

2　关于现代建筑在日本的出现，见斯图尔特（David B. Stewart），《日本现代建筑发展史：从 1868 年至今》（*The Making of a Modern Japanese Architecture: 1868 to the Present*, Tokyo: Kodansha International, 1987）。

3　见雷蒙德，《自传》（*An Autobiography*, Rutland, Vt.: Tuttle, 1970）。

师加入了他们的行列，即丹下健三（Kenzo Tange）（生于1913），他是前川国男的弟子。[1] 他们四人的工作差异反映了两种文化原型相融合的难度，实际上可以说中庸之道从未出现过。雷蒙德的东京《读者文摘》办公楼（Reader's Digest Office）（1950—1952）坐落在底层架空柱之上，具有密斯设计的特点，不过它较为轻巧，其尺度接近木结构建筑，采用了日本式的比例。坂仓准三的镰仓现代艺术博物馆（1951）展示了勒·柯布西耶的影响。前川国男设计的位于东京三浦（Haruma）的公寓楼（1957—1958），在很大程度上得益于马赛公寓。只有丹下健三的工作逐渐远离柯布西耶风格。他的第一件重要作品，即广岛和平纪念馆（Atomic Memorial Museum）（1949—1955）的竞赛获奖设计，厚重的支柱和防晒屏接近于勒·柯布西耶，但随着1950年代工作的推进——例如香川县办公楼（Kagawa Prefectural Office）（1955—1958）——他将日本传统木结构技术转换成混凝土结构，以鲜明的柯布西耶式基调定义了独特的亚洲现代主义。丹下健三设计的仓敷（Kurashiki）市政厅（1958—1960）以及户冢乡村俱乐部（Totsuka Country Clubhouse）（1960—1961）造型厚重，可以看出朗香教堂的影响。实际上，直到1960年代日本建筑师才摆脱了柯布西耶的模式。

相反，埃及建筑师法蒂（Hassan Fathy）（1899—1989）有意识地拒绝了西方的建筑形式与方法。他的设计始于卢克索（Luxor）附近的新古尔奈村庄（New Gourna）（1945—1948），此项目并不成功，接着又有了奈萨拉村（Mit-el-Nasara）（1954）等项目。他为埃及穷人创造了一种建筑：一种本乡本土的地域主义，直接采用前工业化时期的材料与构造方法。

战后欧洲各国的建筑理论与实践，相互间差别很大。西班牙是一个特例，这是由20世纪30年代的内战、佛朗哥政权的文化政策以及这个国家的贫困与技术落后所造成的。[2] 曾于1930年代晚期被彻底取缔、后又复活的国际现代主义，与本地传统的强大吸引力之间形成了一种有趣的对立统一关系，后者似乎更占上风，这就是西班牙1950年代初建筑的特色。建筑师费尔南德斯·德尔·阿莫（José Luis Fernández del Amo）投入到1950年代若干村庄的重建工程中，尤其是卡塞雷斯省（Cáceres）的维加维亚纳村（Vegaviana）（1954—1958）。他的设计采用当地材料，富于诗意。而索塔（Alejandro de la Sota）（生于1913）的作品则更为个性化，渗透着超现实的味道，不过依然植根于传统。他做的塞维利亚省埃斯基维尔村（Esquivel）（1948—1955）的设计，采用了安达卢西亚传统格栅与瓷砖母题，其构图具有滑稽幽默的特点。

在1950年代两位西班牙重要建筑师的作品中，也可看到现代主义与传统之间这种类似的对话，他们是索斯特里斯（Josep Maria Sostres）（生于1915）和科德尔奇（José Antonio Coderch）（1913—1984）。这两位加泰罗尼亚人在1952年Grup R团体的成立中发挥了作用，该团体致力于促使西班牙建筑重新赶上其他国家的发展步伐。索斯特里斯早先创办了《高迪之友》（Amigos de Gaudí）

1 关于丹下健三的工作，见《丹下健三，1946—1969》（Kenzo Tange, 1946–1969），库尔特曼编（New York: Praeger, 1970）；以及博伊德（Robin Boyd），《丹下健三》（New York: Braziller, 1962）。关于前川的工作，见雷诺（Jonathan Reynolds）《前川国男与日本现代主义建筑的兴起》（Kunio Maekawa and the Emergence of Japanese Modernist Architecture, Berkeley: University of California Press, 2001）。

2 关于西班牙建筑的发展，见卡韦罗（Gabriel Ruiz Cabero），《1948年之后的西班牙现代建筑》（The Modern in Spain: Architecture after 1948, Cambidge: M. I. T. Press, 2001）。

杂志，他是位理论家、教师和建筑师，早期代表作是西切斯 (Sitges) 的奥古斯蒂宅邸 (Augustí house) (1955—1958)。科德尔奇或许在以当代方式阐释加泰罗尼亚建筑方面走得更远，起点是位于卡尔德斯·代斯特拉奇 (Caldes d'Estrach) 的乌加尔德宅邸 (Ugalde house) (1951—1952) 和备受赞赏的巴塞罗那海滨公寓 (Casa de la Marina) (1951—1954)。

类似的本土传统观念在 20 世纪 50 年代的意大利也显而易见。现在，意大利(和英国一道)居于欧洲建筑理论的领导地位，而意大利建筑理论的迅速崛起主要靠赛维 (Bruno Zevi) (生于 1918) 这位强有力人物的推动。[1] 赛维出生于罗马，1936 年开始学习建筑，但很快便积极投身于反法西斯事业。他的反法西斯立场和犹太血统使他无法在意大利待下去，于是他在 1939 年离开意大利，前往伦敦建筑学会和哈佛继续学

图 98　赛维《走向有机建筑》(都灵，1945) 的书名页。

习建筑，1941 年毕业于哈佛。1943 年他回到伦敦，加入盟军的战事。就在那些漫漫长夜中，在大量 V-2 火箭的轰炸中，他撰写了自己的第一本书《走向有机建筑》(Verso un'architettura organica) (1945)[2] (图 98)。同年他创立了有机建筑协会 (Association for Organic Architecture) (APAO) 和期刊《密特隆》(Metron)，致力于社会改良。

《走向有机建筑》是这位年轻历史学家的一部综合性研究著作。此书的写作多少是对吉迪恩《空间、时间与建筑》一书的回应，并反对他的理性主义原则。他也对 20 世纪 20 年代欧洲理性主义的局限性提出了尖锐而措辞婉转的批评。书中有几章是历史评述，其中一章写到 1930 年代现代运动的停顿，赛维找出了三条原因：(1) 人们厌倦了"理性及功利主义的"论战，它限制了建筑作出充分表现的潜在可能性；(2) 在勒·柯布西耶的理性语言与他所谓"诗意反应之对象" (objets à reaction poetique) 的魔幻创造力之间，存在着逻辑上的不一致；(3) 功能主义或理性

1　关于赛维及其观念，见迪安 (Andrea Oppenheimer Dean)，《布鲁诺·赛维论现代建筑》(Bruno Zevi on Modern Architecture, New York: Rizzoli, 1983)；关于作为历史学家的赛维，见图尔尼基奥蒂斯，《现代建筑的历史撰述》(Cambridge: M. I. T. Press, 1999)，51—83。

2　赛维，《走向有机建筑：关于过去五十年建筑思想发展的评论》(Verso un'architettura organica: Saggio sullo sviluppo del pensiero architettonico negli ultimi cinquant' anni, Turin: Einaudi, 1945)；英译本题为 Towards an Organic Architecture (London: Faber & Faber, 1950)。

主义理论，已变成了没有人情味的、抽象的、在运用中过分教条化的东西。[1] 对赛维来说，现代建筑在 1930 年代晚期和 1940 年代仅在斯堪的那维亚和美国幸存下来，当时这些国家和地区的建筑师"既在理论方面也在实践方面在前面领路"[2]。其原因是他们已经摒弃了理性主义的局限性或前一代人的老生常谈，实践着一种"有机的"建筑："如果一个房间、一座住宅和一座城市是为了人类在物质、心理和精神上的幸福而设计的话，那么建筑就是有机的。因此，有机是一个基于社会而非造型的理念。如果建筑的目标是为了人，其次是以人为本的，那么我们只能说建筑应是有机的。"[3]

在斯堪的那维亚，阿尔托指明了这条道路，他的有机方法的一个实例便是仿人体的胶合板家具，与早期理性主义者的钢和铬的工业美学形成了鲜明的对照。对赛维来说，**"有机的"**这个词既指适应于人们物质与心理的需求，也指一种更高的民主理想。在美国，赖特集中体现了这一方向。赛维不像吉迪恩那样只将赖特看作欧洲建筑发展史中的一个"先行者"，而是将他置于欧洲同行之后，以强调他在当代的重要意义。赛维还确认了许多美国建筑实践的区域中心，这在欧洲历史学家中也是独一无二的。事实上，他认为西海岸的建筑实践要高于东海岸，因为东海岸依然在文化上依赖于欧洲。因此，他记述了艾恩、索里亚诺、哈里斯以及伍尔斯特的工作，同时也介绍了阿斯普隆德以及马克柳斯的作品。

在接下来的几年中，赛维渐渐地以空间概念来定义有机观念，而这正是他下一本著作，即《学会观看建筑》(Sapere vedere l'architecttura) (1948) 所探讨的主题，英文版题为《作为空间的建筑》(Architecture as Space)。[4] 初看起来，此书只不过重述了施马索半个世纪之前的观点（赛维并没有参

[347] 考他的观点）——"建筑史主要就是空间构想的历史"[5]。此书的构架也有所扩展，因为赛维有意要为建筑建立"一种清晰的方法"和"一种文化秩序"，即空间是建筑的唯一评价标准，先锋派（绘画与雕塑意义上的）的宣言与争论都要为其让路。[6] 他再一次考察了建筑发展的历史，追溯了从希腊人到巴洛克时代再到现代的空间概念，将现代人对空间的构想归纳为两种相互竞争的取向：（1）从理性角度来阐释自由的或开放的功能主义设计（包括在规则的总体几何学范围之内）；（2）赖特的有机空间构想。现在只有赛维抓住了赖特的空间复杂性，并将其作为自己有机构想理论成立的另一理由：

> 对赖特而言，开放式平面（open plan）并不是运用于建筑体积内部的一种辩证法，而是以空间方式表达征服的一个最终结果，始于中央核心，将虚空向四面八方投射。其结果

1　赛维，《走向有机建筑》，47—48。

2　Ibid., 139.

3　Ibid., 76.

4　赛维，《学会观看建筑：论建筑空间的阐释》(Sapere vedere l'architettura: Saggio sull'interpretazione spaziale dell'architettura, Turin: Einaudi, 1948)；让代尔（Mittor Gendel）英译为 Architecture as Space: How to Look at Architecture (New York: Horizon Press, 1957).

5　赛维，《作为空间的建筑》，32。

6　Ibid., 21, 17.

是，体积测量法便具有了大胆而丰富的戏剧性效果，令功能主义者做梦也想不到。它对装饰要素的坚守，表明要摆脱早期欧洲理性主义的那种赤裸裸的、自我鞭笞的严苛性，且不说功能主义者的趣味有时是值得怀疑的。[1]

不过，赛维对赖特的赞赏并非简单地基于他丰富多样的空间体积测量。赖特的空间处理方式之所以更为可取，是因为这种方式更为诚实地——在传统人文主义意义上——考虑到了使用者的需求与心理。在这一点上，他出人意表地将对现代建筑的批判做了三重扩展。他从形式主义的角度对建筑空间进行评估，从诸如统一、均衡、平衡和对比之类的绘画性概念展开论述，尽管这些概念对于当下建筑的适用性是有限的、次要的。他还从内容方面对建筑空间进行评估，尤其关注其社会内涵，这些评估在今天依然是极其重要的。他在生理心理学解释的框架下利用了移情理论，这就是他论证的原创性所在。赛维征引了菲尔德、沃尔夫林、斯科特的理论，指出在感知空间时，"我们因与它们相亲和而'颤抖'，这是因为它们不仅引起了我们身体的反应，而且引起了我们心灵的反应"，因此"建筑将情感状态转化为结构形式，将它们人性化，赋予它们以活力"。[2] 其实，赛维有机构想的主旨就存在于这种空间体验的现象界中。这种构想，并非如当时的一些批评家所以为的那样，是回到赖特形式的一种暗示。这是一种反理性主义的构想，允许自然材料与复杂功能回到现代建筑中来。事实上，这整本书所编织的赖特建筑图像，就是他在熊跑溪以及约翰逊制蜡公司所创造的高度触觉性的作品。

在《现代建筑史》(Storia dell' architettura moderna)（1950）一书中，赛维进一步将他的空间发展构想精致化了。[3] 此时他已经赢得了威尼斯大学历史学教席，协助成立了国立城市规划研究院(National Institute of Town Planning)，这个机构将在意大利战后重建中起到积极作用。但在 20 世纪 50 年代初，意大利的建筑理论已成为一个分裂的领域，存在着大量相互竞争的观念和背道而驰的力量。艺术史家阿尔干 (Giulio Carlo Argan) 站在赛维的对立面，他的著作《沃尔特·格罗皮乌斯与包豪斯》(Walter Gropius e la Bauhaus)（1951）将 1920 年代先锋派运动解释为一种十分重要的社会与政治力量。[4] 一方面，阿尔干认为，德绍包豪斯的建筑及其技术理性主义不关注于美，是康拉德·菲德勒 (Conrad Fiedler) 可视性理论运用于现代世界的逻辑发展；另一方面，建筑物和它的建筑师从根本上来说具有意识形态的特性，也就是说，是民主的力量通过其自身矛盾向前推进的辩证表现。从阿尔干的马克思主义视角——将在 1960 年代晚期引起共鸣——来看，建筑具有政治性这一观点是完全正确和重要的。[348]

新出现的对地域主义或传统表现的赞赏态度，与上述这两种观点相左，而赛维对斯堪的

1　赛维，《作为空间的建筑》，144。

2　Ibid., 188.

3　赛维，《现代建筑史》(Turin: Einaudi, 1950)。此书未被译成英文，不过其主要论点反复出现在他的《现代建筑语言》(The Modern Language of Architecture) 一书中，斯特罗姆 (Ronald Strom) 与帕克 (William A. Packer) 翻译 (Seattle: University of Washington Press, 1978)。

4　阿尔干，《沃尔特·格罗皮乌斯与包豪斯》(Turin: Einaudi, 1951)。

那维亚和美国区域建筑运动所表达的敬意则强化了这种赞赏态度。一些有才华的设计师从地方手工传统中汲取灵感，其中有斯卡尔帕（Carlo Scarpa）、夸罗尼（Ludovico Quaroni）、里多尔菲（Mario Ridolfi）、菲奥伦蒂内（Mario Fiorentine）、加尔代拉（Ignazio Gardella）、阿尔比尼（Franco Albini）、格雷高蒂（Vittorio Gregotti）、拉伊内里（Giorgio Raineri）以及米开卢奇（Giovanni Michellucci）。里多尔菲设计的位于切里尼奥拉（Cerignola）的住宅区（1950—1951），后来被人说成是一件"新现实主义"设计，他将平整的混凝土砌块和装饰性花格嵌入混凝土框架中，唤起了一种地区精神。他设计的罗马埃塞俄比亚大道（Viale Etiopis）旁的公寓楼建筑群（1950—1954）备受争议，将釉彩马约尔卡陶片和装饰元素加在窗户上，以暗示节庆期间悬挂礼仪织物的意大利传统。米开卢奇战前曾设计了佛罗伦萨火车站，他在设计皮斯托里亚（Pistoria）交易所（1950）和科利纳（Collina）的教堂（1954）时汲取了托斯卡纳地区的遗产。加尔代拉和阿尔比尼的作品，其基调也是将传统语汇、具有代表性的历史记忆和现代手法结合起来，这可在他们各自的设计中见出，如前者设计的威尼斯扎泰雷街宅邸（House on the Zattere）（1954—1958），以及后者的热那亚圣洛伦佐珍宝馆（Museum of the Treasury of San Lorenzo）（1952—1956）改造工程。

1953年12月，埃内斯托·罗杰斯（Ernesto Nathan Rogers）承担了《美家》杂志（Casabella）的编辑工作，当时那场激烈的辩论业已终止。他从扉页上去除了"构造"（Costruzioni）一词，在杂志标题前面加上了"延续"（Continuità）一词，这一做法颇有争议。为了唤起战前帕加诺和佩西科的精神，他在卷首编辑前言中说，"延续"意味着"历史意识、深层次的传统意识"，以及"创造精神与过去和现在一切形式主义表现进行的永不停息的斗争"。[1] 再者，延续性既非指"当今学院方法的包治百病的良药"，也非指"蛊惑人心的民俗主义"，而是指一种伦理美学，"在质的坩埚中检验量的问题，同时争取使质逐渐转变为量，将艺术与工艺带回它们原初的综合状态：teché"。[2] 几年之后，他更明晰地定义了传统与延续问题："一些人冒险要将这个国家改造成一座博物馆，给自然与文物涂上防腐剂；另一些人陷入另一极端错误之中——要将一切变成干干净净的平板一块，不可思议地过分简化他们所面对的现实困难，以便立即行动起来。要在这两种人之间取得平衡是个大问题。"[3] 到20世纪50年代中期，意大利理论明显在策划着自己的航线——其他国家很快也会注意到。

在这同一时期，瑞士的建筑理论在很大程度上由吉迪恩所主导，战后他意欲恢复CIAM。他在早先成功的基础上又写了不少书。1949年他出版了《机械化挂帅》（Mechanization Takes Command），此书是在美国撰写的。他试图通过对"琐事"现象（从农具到耶鲁锁再到厨具），以及这些现象"对我们生活方式、态度和天性不可避免的影响"的考察，来拓宽自己的研究范围。[4] 这不是一本乐观主义的书，但依然假定所发生的事件都是由无名的"时代精神"所驱动的。尽

1 见罗杰斯，《延续性》（Continuità），载《美家－延续》（Casabella-Continuità），no. 199（December 1953）：2。

2 Ibid.

3 罗杰斯，《传统与现代设计》（Tradition and Modern Design），载《黄道带》（Zodiac）1（1957）：272。

4 吉迪恩，《机械化挂帅：献给无名的历史》（Mechanization Takes Command: A Contribution to Anonymous History, New York: W. W. Norton, 1969；原版于1948），4。

管此书只是偶尔涉及建筑，但具有他早期分析中那种典型的受虐心理取向——寻求恢复"内在与外在现实之间业已丧失的平衡"，找到"个人与集体之间的一个新平衡点"，"在个人内心的诸灵界之间"进行调解。[1] 他认为，恢复这种"神经紧张的动力平衡"就是人类长久生存下去的唯一希望。[2]

　　吉迪恩在 1950 年代还出版了另外三本有影响的书。《新建筑十年》（*A Decade of New Architecture*）（1951）为法英双语版，概述了过去 10 年国际建筑领域的状况。[3] 这是第一部关注到南美洲建筑设计的书，从而明确了这场运动的国际范围。3 年之后，吉迪恩出版了《沃尔特·格罗皮乌斯：工作与团队协作》（*Walter Gropius: Work and Teamwork*），为他的好朋友写了一部偶像化的传记。[4] 尽管此书明显对格罗皮乌斯的地位夸大其词，但依然是研究这位建筑师及其思想的最佳成果之一，还收入了许多珍贵的照片。最后，他的《建筑：你和我》（*Architecture: You and Me*）（1958）是一本珍贵的文集，收录了从 1936 年至 1956 年间发表的短篇文章。[5] 他的《新地域主义》（New Regionalism）（1954）一文是一项经典研究，表明了他是如何转变立场以应对近来芒福德与赛维的批评的。现在他提出，"风格"或"国际风格"的观念是不合适的，因为这类概念助长了形式主义，忽略了地方气候与文化条件；再者，通过《空间、时间与建筑》的日译本他注意到，人们越来越重视非西方文明。在他看来，诺伊特拉、尼迈耶和塞尔特的现代主义各有不同，这表明了他对地区差别的新关注。吉迪恩以出人意料的方式结束了他的文章，提出了非矩形或圆形住宅的问题，这是赖特偶尔试验过的。吉迪恩将这种住宅与克里特岛上的古代椭圆形住宅进行了比较。尽管吉迪恩总体上反对生搬硬套地建造圆形住宅（如富勒的桅式住宅），因为要考虑到城市规划与布局，但他还是被破除"专横的直角""探索室内更大的灵活性"这样的想法所吸引——即便他的目的只是从人类学角度来探测人类精神是何时"从游牧生活向定居的农业生活"过渡的。[6] 他总结道，"今天我们更需要的是**想象力**"[7]。

[349]

　　吉迪恩（于 1956 年）在一篇早期文章《论空间想象力》（Spatial Imagination）之后附上了一些评论，从中可以看出他进一步转变看法的迹象。受到新近建筑，如萨里宁的克雷斯吉会堂（Kresge Auditorium）和伍重（Jørn Utzon）的悉尼歌剧院（Sydney Poera House）的启发，吉迪恩抓住了壳式拱顶，将它作为现代建筑获得"解放"的一个事件。他尤其赞赏伍重的"那些带有戏剧性预期的、随风扬起的风帆，为歌剧院内将要上演的戏剧做好了准备，使观众摆脱了日常生活的常规状态。老一套的舞台塔楼一下子也被毁掉了"[8]。很清楚，吉迪恩早期技术至上论的理性主义已经消退

1　吉迪恩，《机械化挂帅：献给无名的历史》，720—721。

2　Ibid., 722.

3　吉迪恩，《新建筑十年》。

4　吉迪恩，《沃尔特·格罗皮乌斯：工作与团队协作》。

5　吉迪恩，《建筑：你与我：发展日记》（*Architecture: You and Me: The Diary of a Development*, Cambridge: Harvard University Press, 1958）。这本文集的内容类似于他的《建筑与社区：发展日记》（*Architektur und Gemeinschaft: Tagbuch einer Entwicklung*, Hamburg, 1956）。

6　Ibid., 150–151.

7　Ibid., 151.

8　Ibid., 193.

了，被一种雕塑性的、明确的巴洛克建筑概念中和了。当他的哲学观演化为一套三卷本著作《永恒的现在》(The Eternal Present)（1957—1964）时，其思想就变得更为内省，在精神上专注于象征问题。[1]

德国在战争中几乎完全被毁，战前大多数重要建筑师也都散落于世界各地，所以作为曾经的建筑理论的中心，德国在战后若干年中变得微不足道了。恢复期的一项尝试就是在乌尔姆(Ulm)重建包豪斯，即设计学院(Hochschule für Gestaltung)（HfG），该校将建筑教育与工业设计及视觉传达训练结合在一起。[2]这所学校的首任校长是前包豪斯学生比尔(Max Bill)（生于1908），他设计了朴素的、如工厂一般的校舍，这些建筑建于1950—1955年间，坐落于这座城市的一处山坡上。甚至连格罗皮乌斯也被吸引回德国参加了学校的揭幕典礼，并做了演讲。不过在新校舍启用之前，该校在管理上和政治上就陷入了混乱。瑞士人比尔原来是一位好斗的、无能的校长，他高调的包豪斯雄心壮志——"致力于将生活转化为艺术品"就是在1950年代中期对许多人来说听上去也是不合时宜的。[3]1957年他被迫离校，其职位由三位教授接替，其中为首的是阿根廷人马尔多纳多(Tomas Maldonado)。他们推翻了早期所遵循的汉内斯·迈尔(Hannes Meyer)的传统包豪斯教学计划，制定了新的教学计划，强调"科学操作主义"(scientific operationalism)和科学设计，这是一种技术理性主义。另一点与包豪斯相类似的是，该校被政治化了，越来越鄙视与远离那些维持着该校生存的政治力量。在喧嚣的1968年，罢课的学生不肯妥协，最终导致学校被依法关闭。

这一切不会贬低这所设计学院在1950年代末1960年代初的课程设置的理论意义。当时，该校成了一个观念碰撞的思想中心，教师与客座教授有本塞(Max Bense)、瓦克斯曼(Konrad Wachsmann)、富勒(Buckminster Fuller)、洛伦茨(Konrad Lorenz)、埃姆斯(Ray Eames)、里克沃特(Joseph Rykwert)以及诺贝格－舒尔茨(Christina Norberg-Schulz)。马尔多纳多还引入了一门符号学课程，这一点正如我们将要看到的，其在1960年代引发了重大反响。[4]乌尔姆设计学院的精神遗产是巨大的。

然而，就建筑实践而论，欧洲没有哪个地区可超过斯堪的那维亚。战后那些年，北欧地区的建筑理论也略有转变。如我们所见，他们坚持不懈地要求设计更自由更灵活，要考虑人的舒适感存在着细微差别，要使用自然材料，并使之更好地融入环境，并适合于本地传统。理查

---

1 吉迪恩，《永恒的现在：论恒常与变化》(The Eternal Present: A Contribution on Constancy and Change, 2 vols., New York: Bollingen Foundation, 1962—1964)；吉迪恩，《永恒的现在：建筑的开端》(The Eternal Present: The Beginnings of Architecture, New York: Bollingen Foundation, 1964)。

2 见林迪格尔(Herbert Lindiger)编，《乌尔姆设计：物的德性，乌尔姆设计学院，1953—1968》(Ulm Design: The Morality of Objects, Hochschule für Gestaltung, Ulm 1953–1968)，布里特(David Britt)翻译(Cambridge: M. I. T. Press, 1991)。参见弗兰普顿，《关于乌尔姆：课程与批评理论》(Apropos Ulm: Curriculum and Critical Theory)，载《争鸣》(3, May, 1974)：17—36。

3 关于该校令人痛心的政治史，参见施皮茨(René Spitz)，《乌尔姆设计学院：台前幕后：乌尔姆设计学院的政治史，1953—1968》(HfG ulm: The View Behind the Foreground: The Political History of the Ulm School of Design 1953–1968, Stuttgart: Axel Menges, 2002)。

4 我要感谢马丁(Louis Martin)最早使我注意到这门课程。我在第十三章中对它进行了讨论。

图 99　马克柳斯，住宅设计，瑞典 Kevinge。采自《建筑评论》杂志（1947 年 6 月）。

兹 (J. M. Richards) 在 1947 年为《建筑评论》撰文时，称这一方式为"新经验主义"[1]。有一幅引人注目的时尚照片象征着这种新风格，一位苗条的金发女子——健美与健康的典型——赤裸着身子站在后花园池塘边的草地上，面朝一座类似于北美牧场风格的住宅（图 99）。这座朴素无华的低矮房屋是由马克柳斯 (Sven Markelius) 设计的，坐落于宜人的桦树林中。理查兹认为这种"最新风格"致力于"既在审美方面将这种（功能主义）理论人性化，又在技术方面回到较早的理性主义"，尽管许多功能主义者"怀疑他们如此费力建立起来的当代建筑的客观性原则，是否已被他们的队友悄悄地、巧妙地丢弃了"。[2] 即便这种倾向可被看作 20 世纪前几十年民族浪漫主义运动的合逻辑的延续，但这份杂志定期加以介绍的美国西部牧场住宅的影响，也让人在欧洲明显可以感觉得到。[3] 在 1948 年发表于《建筑评论》上的一篇文章中，理查兹甚至还将一个新造出来的词，即加利福尼亚的"海湾地区"风格，解释为经验性的地域主义的另一种表现，尽管两年之后他觉得有必要将"地域有机"与"经验有机"这两个标签区分开来。[4] 这后两个

[350]

1　理查兹，《新经验主义：瑞典的最新风格》(The New Empiricism: Sweden's Latest Style)，载《建筑评论》101 (June 1947): 199—204。

2　Ibid., 199.

3　《建筑评论》的编辑对美国西部的住宅特别感兴趣。在 1946 年 12 月那期上，他们将加利福尼亚的三座住宅（分别是 Dinwiddie & Hill 公司、诺伊特拉和哈里斯的设计）与哥本哈根三座不为人知的住宅刊登在一起。

4　《海湾地区商业建筑》(Bay Region Commercial) 与《海湾地区住宅建筑》(Bay Region Domestic)，分别刊登在《建筑评论》1948 年 9 月号 (pp. 111—116) 以及 1948 年 10 月号 (pp. 164—170) 上。理查兹将赖特的西塔里埃森、美国太平洋海湾地区风格、布罗伊尔的新英格兰风格以及一些丹麦与英国设计，归入"地域有机"一类；将瑞典设计工作以及阿尔托在麻省理工学院的新宿舍建筑，归于"经验有机"一类。见《下一步?》(The Next Step?)，载《建筑评论》107 (March 1950): 175—176。

名称也勾勒出一条从赛维到正在兴起的英国理论的发展线索，而英国的建筑理论很快便再一次回到罗杰斯。

　　战前的若干斯堪的那维亚现代主义者——如马克柳斯、贝克斯特伦（Sven Backström）（1903—1992）、拉斯穆森（Steen Eiler Rasmussen）、菲斯克、雅各布森（Arne Jacobsen）、布吕格曼（Erik Bryggman）以及阿尔托——实际上是利用了战争期间金属与其他材料短缺、无事可干的机会，对 1930 年代的住宅以及理性主义进行了重新评估。贝克斯特伦 1943 年发表在《建筑评论》上的另一篇文章，就深刻阐述了相关的问题。[1] 随着阿斯普隆德设计的展馆在 1930 年斯德哥尔摩展览会上亮相，功能主义来到了斯堪的那维亚。但是当更多的现代建筑建造起来时，功能主义的缺点就变得明显起来："例如，巨大的窗户作为导热体效能太高了，人们发现自己很难适应窗户后面的冷暖温度。他们也感到不美观，缺少舒适性。我们的建筑与家居传统已经发展出了这种舒适性，而我们人类又是那么依赖于此。"[2] 结果，他那一代建筑师便开始从不断增长的人文关切角度对现代主义进行重新评估：

　　　　人们发现，人是一种非常复杂的现象。借助于任何划时代的新方法，都不能满足与理解这一现象。这种认识逐渐带来了一个结果，即反对 1930 年代的所有过分图式化的建筑。今天我们已经到达了这样一个节点上，一切捉摸不定的心理要素再一次开始吸引我们的注意力。人以及人的习性，人的反应与需求，成了兴趣的焦点，以前从未如此。人们力图理解这些要素，并使建筑真正与之相适应。人们渴望以一种生动的方式来丰富它，美化它，使它成为快乐之源。[3]

　　斯堪的那维亚的建筑实践也提出了同样的问题。1937 年，阿尔托以他为玛丽娅别墅（Villa Mairea）所做的不拘一格的设计，表明他已背弃了理性主义风格。这是用一座以板材、当地石材和砖瓦建造的建筑，坐落于优美的自然风景之中。战争的影响在芬兰尤其剧烈，中断了阿尔托的工作，直到他赢得了赛于奈察洛（Säynätsalo）的社区中心（1949—1952）的设计竞赛，他才能（在他的第二任妻子梅基尼米 [Elissa Mäkiniemi] 的帮助下）将这些意向转化为一件无可争议的杰作。他在 1950 年代的工作是多样化的，但在诸如沃克森尼斯卡（Vuoksenniska）的教堂（1956—1959）之类的设计中，他放纵了这些取向。[4] 最后这座建筑在精神气质上接近于皮耶蒂拉（Reima Pietilä）和帕泰拉宁（Raili Paatelainen）为坦佩雷城（Tampere）卡勒瓦教堂（Kaleva church）（1959—1966）所做的竞赛

1 见贝克斯特伦（Sven Backström），《一个瑞典人眼中的瑞典》（A Swede Looks at Sweden），载《建筑评论》94（September 1943）：80。

2 Ibid.

3 Ibid.

4 尤其见匡特里尔（Malcolm Quantril），《阿尔瓦·阿尔托：一项批判性研究》（*Alvar Aalto: A Critical Study*, New York: New Amsterdam, 1983）；以及萨洛科尔皮（Asko Salokorpi），《芬兰现代建筑》（*Modern Architecture in Finland*, London: Weidenfield & Nicholson, 1970）。

获奖设计，它们汲取的是同一种北欧传统之源。

斯堪的那维亚在 1950 年代兴建了许多新卫星城（多少受到芒福德理论的影响），其中最成功、最具魅力的自然是赫尔辛基的花园式郊区塔皮奥拉（Tapiola）（始建于 1951）。这里白桦林与松树林掩映，布局不拘一格，一派田原风光。在马克柳斯的指导下，斯德哥尔摩城市规划部门于 1944—1954 年间在城外建了若干新城镇，最著名的是魏林比（Vällingby）（1952—1956），由巴克斯特隆（Backström）和赖尼乌斯（Leif Reinius）设计。该城规划尽管比较自由，但市中心大体是按照惯例设计的，只可步行，并以一条地下通道作为补给线。住宅区与绿地环绕着市中心排布开来。

丹麦建筑师在战后一般也专注于住宅建设，除了伍重（生于 1918）之外。伍重于 1957 年赢得了悉尼歌剧院的国际设计竞赛。[1] 他的学徒期既见证了地方传统的延续，又见证了这个 10 年斯堪的那维亚现代主义的国际广泛性。1930 年代晚期，他进入皇家美术学院（Royal Academy of Art），在拉斯穆森（Steen Eiler Rasmusson）指导下学习建筑，并为阿斯普隆德和阿尔托工作。之后他于 1948 年前往摩洛哥旅行；次年前往美国，在塔里埃森与赖特共处了一段时间。一方面，他的个人风格采用了有机的或生物形式的基本原理，汤普森（D'Arcy Thompson）的《论成长与形式》（On Growth and Form）之类的流行图书对这些原理做了图解，这些年在其他地方也可看到，尤其是在美国。另一方面，他将自己的有机形式感与本地材料及建筑传统结合起来，并与非西方的形式趣味结合起来。

拉斯穆森的《体验建筑》（Experiencing Architecture）（1959）一书详尽地表述了他的建筑理念。此书可作为新经验主义美学的入门书，不仅将建筑视为一门身体艺术（视觉、听觉和触觉的），还视为一门心理艺术，可被人们的形式感与空间感所领悟，而诸如光、色、肌理、节奏和材料效果等要素又可使建筑得以升华。[2] 拉斯穆森的早期著作《城镇与建筑》（Town and Buildings）（1951）是有关斯堪的纳维亚规划目标的一本入门书，其特点是非网格化的布局、崇尚自然、植根于当地传统，以及将社区实体作为住宅与家庭活动的中心。[3] 在这些年中，北欧国家的福利社会政策以及单一化人口使得这些目标显得易于理解，甚至有时也是切实可行的。

如果说 1950 年代意大利和斯堪的那维亚诸国在建筑实践方面走在了欧洲前列，那么英国则在建筑理论研究方面具有特殊的活力。有趣的是，英国建筑领域的讨论，利用北欧的新经验主义来抵消对法国艺术传统观念的依赖，同时还对帕拉第奥、美国的波普文化以及英国自己的如画式传统产生了新的兴趣。

战后伦敦建筑活动的高涨，是伦敦在战争期间遭到轰炸的结果，这既带来了重建的需求，也使实施重建工作的官僚机构应运而生。当时马克斯韦尔·弗赖（Maxwell Fry）和卢贝特金

[351]

1　关于伍重的理论发展，见弗兰普顿在《构造文化研究：19、20 世纪建筑中的构造诗学》一书中见解深刻的一章《约恩·伍重：跨文化形式与构造的隐喻》（Jørn Utzon: Transcultural Form and the Tectonic Metaphor）（Cambridge: M. I. T. Press, 1995），247—334。

2　拉斯穆森，《体验建筑》（Cambridge: M. I. T. Press, 1959）。

3　拉斯穆森，《城镇与建筑》（liverpool: University Press of Liverpool, 1951）。

(Berthold Lubetkin) 领导了一个宣传组织 MARS，这个组织以及皇家美术学院于 1942—1943 年间分别提交了一份重建伦敦的计划书。不过，1944 年伦敦市议会通过的一份激进的计划书，则出自阿伯克龙比 (Leslie Patrick Abercrombie) 和福肖 (John Henry Forshaw) 之手，它遵循霍华德的学说，呼吁减少市中心人口，在郊区建一个绿色环带，并在外围建 8 座新卫星城。当时创建了社会主义的政府，恢复了伦敦郡议会 (LCC)，颁布了 1946 年新城镇法案，这些都意味着有了一个法律体系来处理棘手的住房问题。在接下来的 10 年中，伦敦进行了重建，并开始兴建 10 个城镇。[1] 为 LCC 工作的大多数建筑师具有左派政治倾向，而且相对年轻，这就确保了"现代主义"的胜利，尽管实际上其中的失误比成功更值得注意。

[352]　　这些城镇的规划模型最好放在下一章中讨论，这里只谈谈与其相关的特殊建筑语汇的选择问题。MARS 中的许多老会员，就像 CIAM 中的老会员一样，偏爱柯布西耶式的规划与建筑范式，他们很快便在 LCC 的住房分部内与新入会的柯布西耶派联合起来，其中有基利克 (John Killick)、科洪 (Alan Colquhoun)、豪厄尔 (William Howell)、科林·圣约翰·威尔逊 (Colin St John Wilson) 以及彼得·卡特 (Peter Carter) ——他们全都是建筑学会 (Architectural Association) 的毕业生。[2]

　　科林·罗这一时期发表了一些论勒·柯布西耶的文章，也为勒·柯布西耶建筑风格的风行起到了推波助澜的作用。科林·罗当时是维特科夫尔在瓦尔堡研究院的一名博士生，他在 1947 年发表了《理想别墅的数学》(The Mathematics of the Ideal Villa) 一文，其中提到了帕拉第奥的马尔康坦塔别墅 (Villa Malcontenta) 与勒·柯布西耶的加尔什 (Garches) 施泰因 - 蒙齐别墅 (Villa Stein-de Monzie) 之间在数学与比例上的相似性。[3] 由此他强调了"柯布风格"(le style Corbu) 的永恒性。3 年之后，科林·罗甚至在《建筑评论》杂志上发表了一篇更有煽动性的文章《手法主义与现代建筑》(Mannerism and Modern Architecture)，认为这些早期现代主义建筑师的"反转的空间效果"与手法主义时期 (1520—1600) 的建筑效果是相类似的。[4] 最后，他将圣彼得教堂的半圆形后堂与勒·柯布西耶的巴黎救世军大厦 (Salvation Army Building) 相比较，进一步提高了这位"现代布拉曼特"式人物的地位。维特科夫尔论比例的著作《人文主义时代的建筑原理》(Architectural Principles in the Age of Humanism) (1949) 的出版，以及接近同时期的勒·柯布西耶《论模数》(The Modular) 的问世，则提供了进一步的佐证。[5]

　　将勒·柯布西耶偶像化的倾向，既和来自斯堪的那维亚的新经验主义影响相冲突，又与

1　尤其见伊舍 (Lionel Esher)，《碎波：英格兰的重建，1940—1980》(A Broken Wave: The Rebuilding of England 1940–1980, London: Allen Lane, 1981)。

2　关于 LCC 的政治倾向以及对勒·柯布西耶的赞扬，见班纳姆 (Reyner Banham)，《新野性主义：道德抑或美学 ?》(The New Brutalism: Ethic or Aesthetic? London: Architectural Press, 1966)，11 — 16。

3　科林·罗，《理想别墅的数学方法：帕拉第奥与勒·柯布西耶比较》(The Mathematics of the Ideal Villa: Palladio and Le Corbusier Compared)，载《建筑评论》101 (March 1947)：101—104。

4　科林·罗，《手法主义与现代建筑》，载《建筑评论》107 (May 1950)：289—299。

5　维特科夫尔，《人文主义时代的建筑原理》(London: Warburg Institute, 1949; 重印，Academy Editions 1973)。《建筑评论》杂志也发表了一篇吉卡 (Matila Ghyka) 讨论勒·柯布西耶论模数的文章。

活跃的如画式运动相抵触。[1] 就此而言，尤其有趣的是，这些运动的两位领袖人物分别是历史学家理查兹 (J. M. Richards) 和尼古拉斯·佩夫斯纳 (Nikolaus Pevsner)，他们都是《建筑评论》杂志的编辑，都对现代主义抱有坚定不移的态度。佩夫斯纳的那部开创性著作《现代运动的先驱》(1936) 论述了大致发生在英国工艺美术运动背景下的现代主义的历史；而理查兹的《现代建筑导论》(1940) 也循着同样的轨迹，强调了吉迪恩式的无名集体主义（苏维埃风格）的时代精神。[2] 但理查兹也在怀疑，正浮现出来的社会主义乌托邦所带来的一切或许不太对劲。1940 年，他以"James Macquedy"的假名给《建筑评论》杂志写了一篇古怪的文章《批评》(Criticism)。他问道，现代运动的普遍形式为何那么不讨"大街上的人"的喜欢？[3] 1942 年，他与萨默森 (John Summerson) 一道出版了《被炸毁的英国建筑物》(The Bombed Buildings of Britain)，论及英国的历史遗产。1947 年，理查兹在布里奇沃特 (Bridgwater) 召开的 CIAM 会议上发表演讲，并准备了一份调查问卷《普通百姓对现代艺术的情感反应》[4]。同年，他出版了《地上的城堡》(The Castles on the Ground)（此书写于开罗、耶路撒冷、阿勒颇、罗得岛和艾因扎哈尔塔 [Ain Zahalta]），赞扬了维多利亚时代郊区生活以及英国布尔乔亚的生活。[5] 班纳姆 (Banham) 就此书说过一句很有名的话，说这本书"被年轻人看作是空洞单调的，背叛了现代建筑所代表的一切，这是一种恶劣的变节行径，因为写这本书的是这样一个人，他'对现代建筑的介绍'的确引导了他们中的许多人去从事建筑艺术"[6]。因此，当立场有了很大转变的理查兹在 1947 年论述瑞典的新经验主义时，这种现代区域风格便十分投合于他的民粹主义观点了。重建工作沿着两拨人的路线来开展，一拨人提倡理性主义的现代设计，即柯布西耶风格（混凝土加玻璃）；另一拨人喜好瑞典策略，采用砖头、木材等低技术含量的材料，保持着对地方传统的同情意识——这种地方传统在那个时代多少被轻蔑地称作"民族小点缀"[7]。

　　佩夫斯纳的若干篇文章开辟了争论的第三条战线，后来在其基础上于 1955 年做成了一套广播节目，并以《英国艺术的英国性》(The Englishness of English Art) 为题出版。在书中，他赞扬了像罗汉普顿居民区 (Roehampton Estate) 和哈洛 (Harlow) 这样的新城镇，指出这种不拘一格的规划来源于英国如画式理论的遗产，并宣称，"如果英国的规划师们忘掉笔直的轴线和人为对称的学院立面，从功能出发，以英国人的气质来做设计，他们将会取得成功"[8]。

1　在英国 CIAM 争论的背景之下关于"新经验主义"运动的讨论，见芒福德，《CIAM 关于城市规划的讨论，1928—1960》(The CIAM Discourse on Urbanism, 1928–1960, Cambridge: M. I. T. Press, 2000)，163—168；以及弗兰普顿，《现代建筑：一部批评的历史》(New York: Oxford University Press, 1980)，262—268。班纳姆在《新野性派》一书中既论述了新经验主义，又记述了新如画式的情况，12—13。

2　关于这两本书的分析，见沃特金，《道德与建筑》(Chicago: University of Chicago Press, 1984)，51—53，80—97。1949 年佩夫斯纳著作的标题改为《现代设计的先驱者》。

3　James Macquedy（即理查兹），《批评》(Criticism)，载《建筑评论》87 (May 1940)：183—184。

4　此演讲稿《建筑表现》(Architectural Expression) 发表于《建筑师杂志》(Architects' Journal, 25 September 1947)：277—281。此处引文引自关于调查问卷的一份总结材料，发表于吉迪恩《新建筑十年》，30—34。

5　理查兹，《地上的城堡》(London: Architectural Press, 1947)。

6　班纳姆，《新野性派》，13。

7　Ibid., 11.

8　佩夫斯纳，《英国艺术的英国性》(Hammondsworth, England: Penguin, 1964)，188。

这场争论的背后有一个严肃的问题已经萦绕于左派现代建筑理论几十年了。正如苏维埃共产主义的列宁－托洛茨基派摒弃了真正的无产阶级力量而看好统治精英一样，现代主义者一般总是坚持强制性地推行先锋派的形式而不去迎合大众的口味。加塞 (José Ortega Gasset) 在《群众的反抗》(The Revolt of the Masses)（1930）一书中也响应了这种情感。他赞成"有文化的"精英而非"大众人"(mass man) 在政治体制中发挥作用，并明智地控制着它的种种表现形式。[1] 格林伯格 (Clement Greenberg) 那篇发表于 1939 年的为人频繁引用的文章《先锋与媚俗》(Avant-Garde and Kitsch) 也持有同一立场，当然格林伯格十分天真地将马克思主义先锋派视为抵御民粹社会或资本主义社会必然媚俗的最后一道防线。[2] 因此，1950 年代初在社会主义的英国所展开的问题，便是诸如 CIAM 这样的精英机构或英国同类机构 MARS 是否能以有时不受欢迎的现代形式控制设计过程，是否可以找到介于政治先锋和民粹媚俗（即斯堪的那维亚的方案）之间的第三条道路。而第三种逻辑选项——给予"普通"民众他们自己想要的东西这种民粹观念——自然是不可思议的。

[353]

这个问题在英国没有得到解决，但至少它的严重性已为人们所了解。英国争论基础的变化便证实了这一点。很快争论的第四条战线得以开辟，这一派后来聚集在"新野性主义"(New Brutalism) 的大旗之下，而这个概念多少是误导性的——显然这个术语早在 1950 年代就流传开来，以回应"新经验主义"这个标签。[3] 这场运动发端于艾莉森·史密森 (Alison)（1928—1993）与彼得·史密森 (Peter Smithson)（1923—2003）合写的论战性著作以及独立小组 (Independent Group)（IG）其他成员的努力。这个团体与当代艺术学会 (Institute of Contemporary Art)（ICA）有着密切的联系。[4]

史密森夫妇曾就读于哈勒姆大学和皇家建筑学院，他们结了婚，以密斯风格设计了诺福克郡亨斯坦顿现代中学 (Hunstanton Secondary Modern School)（1949—1954）校舍。一年之后，即 1950 年，他们成了合伙人。1952 年他们协助成立了独立小组，这是一个非正式的艺术家与知识分子组织，反对那时伦敦的艺术现状。除了史密森夫妇之外，早期成员还有历史学家班纳姆 (Reyner Banham)（1922—1988）、雕塑家保罗齐 (Eduardo Paolozzi)、阿洛韦 (Lawrence Alloway)、理查德·汉密尔顿 (Richard Hamilton) 以及摄影师亨德森 (Nigel Henderson)。1953 年，在 ICA 举办了一个展览，题为"艺术与生活并肩而行"(Parallel of Art and Life)，以 169 幅非艺术图像的形式呈现了该组织的理念：机器、考古学与生物学器物、原始艺术与建筑。这种现实主义的主旋律成了史密森夫妇"城市重新识别"(Urban Reidentification) 网络的基础。同年，他们将这个网络递交给在普罗旺斯艾克斯召开的

1 加塞，《群众的反抗》(New York: W. W. Norton, 1930)。

2 格林伯格，《先锋与媚俗》，收入《艺术与文化：批评文集》(Art and Culture: Critical Essays, Boston: Beacon Press, 1961)，3—21。

3 班纳姆，《新野性主义》，10。

4 至今为止关于史密森夫妇的传记材料尚付诸阙如。见麦基恩 (John Maule McKean)，《史密森夫妇简介》(The Smithsons: A Profile)，载《建筑设计》(Building Design)，no. 345 (1977)：22—24。关于 IG 与 ICA，见怀特利 (Nigel Whiteley) 的杰作《雷纳·班纳姆：近期的历史学家》(Reyner Banham: Historian of the Immediate Future, Cambridge: M. I. T. Press, 2002)，83—139。参见马西 (Anne Massey)，《独立组：英国现代主义与大众文化，1945—1959》(The Independent Group: Modernism and Mass Culture in Britain, 1945-1959, Manchester: Manchester University Press, 1955)。

CIAM 大会。[1]除了亨德森的现实主义的（野性的）城市生活摄影之外，史密森夫妇还展示了他们 1952 年做的戈尔丁街（Golding Lane）住房方案，提出了以居住区的"空中街道"将城市高楼连接起来进行自由组合，从而发展为各种等级的行政区与城市的方案。这种设计反对勒·柯布西耶那种缺乏发展与联系的孤立的住宅街区设计。

在 1950 年代中期，非主流的新野性主义精神沿着若干不同方向得到了更好的发展。在 1956 年的一个展览会上，史密森夫妇准备了一个"未来住宅"的等大模型，具有光滑的曲线和子宫般的氛围。在 1956 年的 ICA 展览"这就是明天"（This is Tomorrow）上，汉密尔顿创作了他著名的招贴与拼贴画《是什么使今天的家庭如此不同，如此有魅力?》（Just What Is It That Makes Today's Homes So Different, So Appealing?）。它展现了 1950 年代客厅的特色：有一台电视机，一个美国健美运动员在展示肌肉，一丝不挂的女人坐在沙发上，双乳硕大，咖啡桌上有个火腿罐头。据说这就是波普艺术的开端。保罗齐、亨德森和史密森夫妇团队再次合作于亨德森的贝斯纳绿地（Bethnal Green）后院的再创作，称为"天井与亭子"（Patio & Pavilion），做成了棚屋的式样；在一堆破烂货中，有一个生锈的自行车轮子、一块石头和一些工具。[2]

必然要给这场运动起个名字。早在 1953 年，史密森夫妇便提出了一个名称以描述他们未实施的"伦敦索霍区住宅"方案（无室内装修）："实际上，如果它建成了，将是英格兰'新野性主义'的第一件样本。"[3]4 年之后，为了回应由《建筑设计》杂志（Architectural Design）召集的一个匿名小组的意见，史密森夫妇将野性主义视为"勇敢面对大批量生产的社会，从起作用的各种混乱、强大的力量中提取出一种粗野的诗意"的尝试。[4]斯堪的那维亚现代主义的清澈形象，以及任何"不列颠艺术节的浪漫主义大杂烩及其后代"，都被**原生艺术**（art brut）无情摒弃。[5]

然而，正是历史学家班纳姆在他早期写作生涯中致力于推广这个术语。1955 年，他的观点与一批战后年轻建筑师产生了强烈的共鸣，当时这些建筑师正脱颖而出。他将野性主义看作既是对英国共产主义者所谓的"威廉·莫里斯复兴"的愤怒回应，也是对由于维特科夫尔的著作而时髦起来的新古典主义的愤怒回应。班纳姆在艺术领域中援引了迪比费（Jean Dubuffet）、波洛克（Jackson Pollock）和布里（Alberto Burri）的绘画对它进行说明，在建筑领域中援引了勒·柯布西耶的马赛公寓、朗香教堂的粗面混凝土以及卡恩的朴素无华的耶鲁美术馆来对其进行界定。这些作品又转化为了道德的（非艺术的）原则，共同呈现出"（1）值得记忆的图像，（2）清晰展现的结构，以及（3）'拾得'材料的价值"[6]。勒·柯布西耶的巴黎雅沃尔宅邸（Jaoul houses）（1951—1955）将很快使这些开创性的作品丰满起来，而它们的粗糙表面反过来又变成了英国版新野性

---

1 见怀特利，《雷纳·班纳姆》；以及芒福德，《CIAM 关于城市规划的讨论》，232—236。提交给 CIAM 的不少设计方案发表于《城市的构建：艾莉森与彼得·史密森研究》（*Urban Structuring: Studies of Alison and Peter Smithson*, London: Studio Vista, 1967）。
2 见怀特利，《雷纳·班纳姆》，115—117。
3 史密森夫妇，《伦敦索霍区住宅》，载《建筑设计》（December 1953）：342。
4 史密森夫妇，《进步的思想：新野性主义》（Thoughts in Progress: The New Brutalism），载《建筑设计》（April 1957）：113。
5 Ibid., 111. 杂志编委会的评论。
6 班纳姆，《新野性主义》，载《建筑评论》118（December 1955）：361。

主义的灵感之源——伦敦哈姆公地公寓楼 (Flats at Ham Common)（1955—1958）。斯特林 (James Sterling)（1926—1992）是这座建筑的两位建筑师之一，他曾经监管过勒·柯布西耶的建筑施工工程，发现这些工程"糟糕的"砌砖工艺不仅可以原谅，而且还暗示了一种新取向。[1] 实际上野性主义现在成了一种国际现象。

[354]

班纳姆在阐释野性主义的同时，还为此运动指明了新的发展方向。当他于 1950 年代中期在佩夫斯纳的指导下撰写博士论文时，就已十分迷恋于美国的波普文化以及镀铬的美感或美国汽车款式——这些现象被大多数英国知识分子视为文化衰退的实例。[2] 这种迷恋，我们在下文将会看到，对当时英国建筑现状的威胁要比 1950 年代任何其他发展大得多，因为它提出了这样一个问题：什么样的社会力量在真正控制着设计，是高级艺术（建筑师）还是通俗文化？当然，现代建筑师总坚信是前者，但忽然又感觉到了一种不安。尽管班纳姆以他非同寻常的方式，将成为 1960 年代盛期现代主义传统的发声最清晰的（几乎是最后一位）辩护者之一，但破坏的精灵——约在 1957 年前后——已经出现了。一场更为激烈的突变正在酝酿之中。

1　斯特林，《从嘎尔什别墅到雅沃尔宅邸：1927 至 1953 年间作为住宅建筑师的勒·柯布西耶》(Garches to Jaoul: Le Corbusier as Domestic Architect in 1927 and 1953)，载《建筑评论》118 (September 1955)：145—149。

2　见马丁 (Louis Martin)，《寻求一种建筑理论：英美之争，1957—1976》(The Search for a Theory in Architecture: Anglo-American Debates, 1957–1976, Ph. D. diss., Princeton University, 2002)，414。见怀特利，《雷纳·班纳姆》，90—122；以及班纳姆的文章《机器美学》(Machine Aesthetic)，载《建筑评论》117 (April 1955)：225—228。

第十四章　挑战现代主义：欧洲 1959—1967

有一件事是确定无疑的：如果整个社会不能与它的人民相处——这多么自相矛盾——那么人民就会散落到全世界，而且在哪里都会觉得不自在。他们之所以依然如故，正是因为今天打造的场所从本质上来说是虚假的。

——阿尔多·凡·埃克

1.CIAM 与第十次会议小组

在整个 20 世纪 30 和 40 年代，CIAM 在很大程度上由勒·柯布西耶与吉迪恩所掌控。[355] CIAM 第四次大会于 1933 年在 S. S. Patris II 号轮船上举行，所产生的文件（10 年之后）由勒·柯布西耶以《雅典宪章》为题出版，明确陈述了这个组织的目标和规划政策，许多细节与他的"光明城"提案相一致。随着 1930 年代中期德国现代主义的瓦解，勒·柯布西耶担当起更强有力的角色。第五次 CIAM 会议于 1937 年在巴黎召开，勒·柯布西耶安排他设计的巴黎博览会上的新时代馆（Pavillon Temps Nouveaux）在会上进行了一次宣传展示，主题为功能城市。在这些年中，西班牙人塞尔特（José Luis Sert）与荷兰人埃斯特伦（Cornelis van Easteren）加入了该组织的核心圈子，但德国在 1940 年代占领了欧洲许多地区，再一次驱散了 CIAM 的残余成员。

英格兰成了拯救 CIAM 的恩人。1933 年现代建筑研究小组（Modern Architecture Research Group）（MARS）在英格兰成立，并逐渐变得活跃起来。许多德国难民，如格罗皮乌斯和布罗伊尔，在 1930 年代中期来到英格兰。1938 年，一群 MARS 的成员，其中包括切尔马耶夫和莫霍伊－纳吉，主办了一个"新建筑"展览会，起到了与纽约现代艺术博物馆建筑展相同的作用。不过，到英国直接参战时，许多流亡建筑师已去了美国，当然到那时为止美国问题与 CIAM 没有什么关系。

诺伊特拉和隆贝格－霍尔姆这两位 1930 年代的美国 CIAM 会员都是欧洲人，地理距离使两人天各一方并远离欧洲。CIAM 的会议他们大多缺席，对制订政策也不太积极。因此，吉迪恩 1939 年到美国的第一项任务便是建立纽约分会。他于 5 月在纽约组织了一次讨论会，吸引了如乔治·豪、凯克和斯托诺罗夫等人，当时还准备成立非官方的东北分会。不过，当吉迪恩后来将这个团体硬性并入 CIAM 时，乔治·豪和斯托诺罗夫等人便退出了。美国与欧洲的城市差距很大，成立一个美国分会以代表北美大陆的想法维持不下去。不过，塞尔特 1942 年出版的书《我们的城市能生存下去吗？》(Can Our Cities Survive?) 是为美国新读者写的（尽管几乎没有讨论美国实例），他提出要从 CIAM 1933 年与 1937 年的会议决议中提取出一些精华。芒福德被邀请为该书撰写前言，不过这本书的写作模式使他感到困惑。芒福德显然不理解如何才能在不考虑政治、教育和城市文化生活的情况下，将城市分析简化为住房、休闲、交通等功能范畴。[1]最后赫德纳特 (Joseph Hudnut) 撰写了前言，而吉迪恩代表 CIAM 在美国开展的组织工作则失败了。

[356]   当 CIAM 在战后正式恢复活动时，其运作基地已经转移到了英格兰。战后第一次大会由 MARS 主持，于 1947 年 9 月在布里奇沃特 (Bridgwater) 召开。由于战争的干扰，会上并无研究成果呈现，所以只是讨论了若干一般性问题。格罗皮乌斯就建筑教育发言；吉迪恩在发言中回到了纪念碑性主题以及关于建筑师、画家与雕塑家工作关系的话题；理查兹谈了现代建筑及老百姓的接受问题；勒·柯布西耶介绍了战争期间他与法国团体 ASCORAL 的工作，并推荐这个团体作为未来工作的一个载体。由于塞尔特被选为 CIAM 的主席，勒·柯布西耶在这一组织内部的权威性便得到了保证。此外，这位法国建筑师与格罗皮乌斯以及波兰人海伦娜·叙尔库斯 (Helena Syrkus)，一道被任命为副主席。经修订的 CIAM 的官方宗旨如下：

> 为创造一个满足人的情感与物质需求、激发人的精神成长的物质环境而工作。
>
> 为了创造这种品质的环境，我们必须将社会理想主义、科学规划以及对现有建造技术最充分的利用结合起来。在实施过程中，我们必须扩大并丰富建筑的审美语言，以提供一种当代的手段，使人们的情感需求在为他们所做的环境设计中得到表达。我们相信，这样便可以为个人与社会创造出一种更加平衡的生活。[2]

不过，这种对人类"精神成长"与审美的新的强调，并不要求对规划的四种功能范畴做出实质性的改变，尽管"休闲"被"精神与肉体的养育"(Cultivation of mind and body) 所取代。[3]总体而言，会议洋溢着乐观气氛。年轻的荷兰建筑师阿尔多·凡·埃克 (Aldo van Eyck) (1918—1999) 宣告了笛卡尔式的常识已经终结（而赞成想象力），主张 CIAM 应发挥新作用，"首要的是对这种新意识加以确认"。[4]

---

1 见芒福德的信，收入埃里克·芒福德，《CIAM 关于城市规划的讨论，1928—1960》(Cambridge: M. I. T. Press, 2000)，133—134。参见塞尔特 (José Luis Sert)，《我们的城市能生存下去吗？城市问题基本知识、问题分析与解决方案，基于 C.I.A.M 建议书》(Can Our Cities Survive? An ABC of Urban Problems, Their Analyses, Their Solutions, Based on the Proposals Formulated by the C.I.A.M.，Cambridge: Harvard University Press, 1942; 重印，Kraus, 1979)。

2 吉迪恩，《战后 CIAM 的活动》(Post-War Activity of CIAM)，收入《新建筑十年》(Zurich: Editions Girsberger, 1951)，17。

3 Ibid., 25.

4 Ibid., 37.

在 1949 年意大利贝加莫（Bergamo）第七次大会和 1951 年英格兰霍兹登（Hoddesdon）第八次大会上，这种乐观主义开始衰退。贝加莫会议的议程部分是由 ASCORAL 安排的，组织得不好且出席的人不多。勒·柯布西耶主持了一个关于"《雅典宪章》的实施"的讨论时段，希望形成一个新的、更广泛的"人类居住环境宪章"（Charter of Habitat）以取代早先的宪章。这个提案在之后的若干次大会上被讨论，但并无进展。吉迪恩再次提出了美学问题，这导致波兰建筑师海伦娜·叙尔库斯对他发难，即西方正在搞形式主义，而"在东方，人们已经达到了一个积极的发展阶段，毕加索的作品变得毫无意义，并且被禁止了"[1]。会上唯一的美国代表，现代艺术博物馆的斯威尼（James Johnson Sweeny）在发言中，拐弯抹角地挖苦杜鲁门总统艺术上的老谋深算。[2] 吉迪恩后来以《建筑师与政治：一场东西方的讨论》（Architects and Politics: An East-West Discussion）为题发表了这些评论。

第七次 CIAM 大会产生的一个最有趣的结果，便是赛维对会议文件汇编提出了批评。他在自己的刊物《密特隆》上对这次会议的一个最显而易见的缺点进行了猛烈的抨击：会议由勒·柯布西耶、格罗皮乌斯和吉迪恩这些上了年纪的、持理性主义立场的人把持着，以排斥其他现代观点为代价：

> 现代建筑不再是理性主义建筑，这场运动现在被称作有机建筑、人文建筑或新经验主义运动。现代建筑的其他分枝在 CIAM 中并没有合适的代表，而它的文化地位是由那些在 10 年前作为理性主义学派拥护者而加入 CIAM 的建筑师所维持的，自那以后经历了一些演化。投身于现代运动进步事业的整整一代年轻建筑师，以及几乎所有赖特学派的追随者都被排除在外。这是为什么？[3]

在这一点上，赛维对吉迪恩发动了一场愤怒的声讨。他列举了《空间、时间与建筑》一书的历史缺陷，认为它将众多早期现代主义关键人物排除在外（如门德尔松），也未认识到战后的后理性主义建筑运动。他指出，CIAM 以其陈旧的观念"做出这种判断必将导致以下两大后果：首先它不再控制新经验主义，其前进道路无疑会充满困难与危险；其次它会将自己与当下的建筑问题隔绝开来，退回到已经被征服的往昔的象牙塔中去"[4]。他的结论还提出了一个看似新颖的问题：CIAM 已经因为代沟而分裂了。

1951 年在霍兹登举行的第八次会议上，议题集中于"城市的心脏"或城市公共空间问题。这次，鼓励美国人参加会议的努力又失败了。美国本土出生的唯一代表是约翰逊，代表现代艺

1 吉迪恩，《建筑师与政治：一场东西方的讨论》，收入《建筑你与我：发展日记》（Cambridge: Harvard University Press, 1958），87。
2 Ibid., 88.
3 赛维，《传递给国际现代建筑大会的一条讯息》（A Message to the International Congress of Modern Architecture），收入迪安（Andrea Oppenheimer Dean），《布鲁诺·赛维论现代建筑》（New York: Rizzoli, 1983），127。
4 Ibid., 132.

[357]术博物馆出席会议。坂仓准三、前川国男和丹下健三从日本前来参会，但期待拉丁美洲建筑师出席的愿望也未能实现，部分原因是旅行成本高昂。此次会议又是由勒·柯布西耶、塞尔特、荷兰建筑师们以及 MARS 小组所主导的。到那时为止，MARS 小组在将 CIAM 的范本运用于重建工作方面尤为成功。大量项目被提交上来，引起了对细节问题的无休止的争论，很少讨论实质性问题。

1953 年在普罗旺斯地区的埃克斯召开的第九次大会有所不同，此次会议标志着该组织开始走向终结。当时许多因素凑在一起对它的前提提出了挑战。格罗皮乌斯已经 70 岁，从哈佛大学退休；塞尔特继任，吉迪恩和勒·柯布西耶已 60 多岁，依然十分活跃。但由于他们事情太多，两人都表达了将权力交给年轻一代的愿望。该组织本身同时庆祝成立 25 周年，而它的美学及城市规划原则也在其他阵营中激起了质疑之声，其中首先便是赛维。同样重要的是，MARS 小组本身在观念上也已分裂，那些同情斯堪的那维亚模式的人被柯布西耶式方块型住宅方案的拥护者们敬而远之，甚至被逐出这一团体。

第九次会议表面上进行得很顺利。来自 31 个国家的 500 多名会员出席会议，主题是"人类居住环境"。有 6 个委员会报告了城市研究、视觉艺术、建筑教育、建筑技术、立法和社会项目等问题。奇怪的是，会议以脱衣舞女在勒·柯布西耶马赛公寓屋顶平台上的表演而结束，这是法国代表团的安排。勒·柯布西耶之星还未曾像这一刻这样，在他的欧洲助手们面前闪耀着如此明亮的光辉，尽管已令人感觉到些许不安的迹象。

一群在卡萨布兰卡为非洲营造者作坊（ATBAT-Afrique）代理商工作的建筑师发出了不满的信号，其中有埃科沙尔（Michel Écochard）、博迪安斯基（Valdimir Bodiansky）、坎迪利斯（Georges Candilis）和伍兹（Shadrach Woods）。他们展示了为摩洛哥住宅区设计的革新方案（基于本地的传统城堡），其设计重点是作为家庭生活中心区的堆叠式场院。[1] 另一个由埃默里（Pierre-André Emery）领导的小组提交了一份阿尔及利亚棚户区的分析报告。此外，埃莉森与史密森夫妇，与威廉·豪厄尔（William Howell）、吉利安·豪厄尔（Gillian Howell）以及沃尔克（John Voelcker）一道，提交了他们的"城市再识别"（Urban Reidentification）方案。虽然建筑内容非常简短，但至少也表达了这样的看法：应该以一种"人际交往层次体系"（住房、街道、行政区、城区）取代《雅典宪章》的功能层次体系（居住、娱乐、交通、工作）。[2]

史密森夫妇也参与了"社会项目"（social programs）的专场讨论，由埃默里与坎迪利斯主持，讨论非工业社会的住房需求。另一个分委员会讨论"城市问题研究"（Urbanism），由荷兰建筑师巴克马（Jacob Bakema）主持，也提出了类似问题，从社会、政治、经济和地理的维度进行探讨。这种对非欧洲文化的新人类学意识是先前 CIAM 大会从未有过的，不仅以一种微妙而有力的方

---

1 见埃莱布（Monique Eleb），《功能主义普世论的一种替代理论：埃科沙尔、坎迪利斯与非洲营造者作坊》（An Alternative to Functionalist Universalism: Écochard, Candilis, and ATBAT-Afrique），收入《焦虑的现代主义：战后建筑文化实验》（Anxious Modernisms: Experimentation in Postwar Architectural Culture），戈德哈格（Sarah Williams Goldhage）与来加尔特（Réejean Legault）编（Montréal: Canadian Centre for Architecture, 2000），55—73。
2 见报告正文，收入芒福福，《CIAM 关于城市规划的讨论》，234—235。

式削弱了勒·柯布西耶式公寓住房方案的普遍有效性，而且也削弱了《雅典宪章》的功能前提。在普罗旺斯地区埃克斯召开的 CIAM 会议也有一个象征性的结尾。会议最后一天，格罗皮乌斯做了关于团队合作、大批量生产和标准化的荣誉演讲，据说凡·埃克在庭院中对着墙壁砸碎了一个酒瓶，打断了代表们的掌声，以粗鲁的方式回应了他的"亲爱好意的工业－幸福的未来－反主要的－女士－团体合作设计稀饭"[1]。裂缝现在已经不可弥合了。

在此次会议之后，英国与荷兰建筑师实施了颠覆行动。1953 年底，史密森夫妇、豪厄尔兄弟和沃尔克在伦敦见面，讨论 CIAM 已变为一个无效率的官僚机构的问题。数周之后，在荷兰，巴克马、凡·埃克和斯塔姆（Mart Stam）领导的一群建筑师也讨论了同一问题。所谓的多尔恩宣言（Doorn Manifesto）便出自于他们对此问题的关切，于 1954 年 1 月底在荷兰召开的一次会议上起草。出席这次会议的有吉迪恩、塞尔特和凡·埃斯特伦以及年轻建筑师如巴克马、凡·埃克、金克尔（H. P. Daniel van Ginkel）、霍文斯－格雷韦（Hans Hovens-Greve）、史密森和沃尔克。这份由这些持不同意见者起草的声明，基于帕特里克·格迪斯（Patrick Geddes）的"山谷"图式，将城市规划在谷底中央，而镇子与村庄以及独立的建筑物依次坐落于两山高高的山坡上。他们指出，以功能来划分城市的做法未考虑到"至关重要的人际交往"，未认识到城镇是"复杂程度不同的社区"。[2] 他们认为，如果由 CIAM 来制定一个新的"人类居住环境宪章"，就必须将"人际交往"视为第一原理，而将四项日常功能归入人际交往之下的次类范畴。尽管这次会议还讨论了从该组织分离出去的可能性，不过这份宣言的意图并不在此，而是要迫使 CIAM 接受一个新模型，深思熟虑地制定出新宪章以取代《雅典宪章》。 [358]

该宣言最初获得了成功。CIAM 理事会 6 月在巴黎召开，议程是策划将于 1955 年在阿尔及尔举行的下次会议。会上决定成立"CIAM 第十次会议筹备委员会"，成员包括巴克马、史密森、坎迪利斯和罗尔夫·古特曼（Rolf Gutmann）。该工作小组后来扩大到第十次会议小组（Team 10）中的另一些成员，如伍兹、艾莉森·史密森、豪厄尔、沃尔克和凡·埃克。这个委员会的任务并非是起草一份新的"人居环境宪章"，而是为在会上起草宪章准备陈述材料与解决方案。在另一次巴黎会议上（1954 年 9 月召开），这个工作委员会与勒·柯布西耶和吉迪恩见面，起草了一份人居环境提案大纲。不过勒·柯布西耶和吉迪恩都没有完全接受这份报告，认为它太过笼统。委员会也认为 CIAM 已经发展得过于庞大，不能有效地运作，需要大刀阔斧地进行整顿、缩小规模。该委员会的后续会议未取得什么成果。由于阿尔及尔反抗法国的独立战争打响了，计划中的会议也被取消。

1956 年 8 月，第十届 CIAM 大会在克罗地亚杜布罗夫尼克（Dubrovnik）正式开幕。会议未做

---

1 见斯特劳文（Francis Strauven），《阿尔多·凡·埃克：相对性的形状》（*Aldo van Eyck: The Shape of Relativity*, Amsterdam: Architectura & Natura, 1998），256。

2 见巴克马（Jacob Bakema）等，《多尔恩宣言——1954 年 1 月 29、30、31 日 CIAM 会议，多尔恩》（Doorn Manifesto－CIAM Meeting 29-30-31 January 1954, Doorn），收入《建筑文化，1943—1968》，奥克曼编（New York: Rizzoli, 1993），183。原版以及草稿发表于史密森（Alison Smithson）编，《从 C.I.A.M. 中派生出来的第十次会议小组》（*The Emergence of Team 10 out of C.I.A.M.*，London: Architectural Association, 1982），17—34。

出什么决定，其实本来也不准备做出决定。此次大会被邀请的会员只有 250 人，来自 15 个国家，但第十次会议小组与老会员之间（在第十次会议小组内部以及在荷兰分会与英格兰分会之间）的分裂已经相当明显了。值得注意的是，格罗皮乌斯和勒·柯布西耶两人均未出席。塞尔特代读了勒·柯布西耶致大会的信，信中说他将"接力棒"传给年轻一代，并祝"第二 CIAM 万岁！"[1] 然而，数十篇文章以及视觉呈现都未能产生出新的宪章。在大会闭幕之际，塞尔特宣布，CIAM 执委会解散，各国团体可以独立自主地发挥作用。此外，会议推举他以及哈佛大学（他在该校接替了格罗皮乌斯的职位）承担起草新人居环境宪章的任务。对于塞尔特和吉迪恩来说，这一行动非同寻常，几近投降，就差解散了这机构。

在接下来的一年中，CIAM 召开过几次战略讨论会，以决定该组织的命运及改革行动，形成的共识是规模还要进一步缩小。CIAM 的非官方后继组织"第十次会议小组"现已着手从事更明确更独立的事业，因为英国建筑师尤其反对继续在 CIAM 的保护下开展活动。第十次会议小组的创始成员有巴克马、凡·埃克、史密森夫妇、豪厄尔、坎迪利斯、沃尔克、凡·金克尔、霍文斯－格雷韦和古特曼。

1959 年 9 月，在比利时奥特洛（Otterlo）召开了最后一次 CIAM 大会，题为"CIAM：社会与视觉关系研究团体"（CIAM: Research Group for Social and Visual Relationships）。此次会议的官方标题"CIAM'59"是要表明，这不是早期 CIAM 集会的一个简单延续，而是一个新事件。[2] 经过精心挑选，有 43 名与会者，包括 94 岁高龄的亨利·凡·德·维尔德，出席了在科勒－米勒博物馆（Kröller-Müller Museum）举行的为期 8 天的讨论会。此次会议值得注意的是那些讲座以及最后几天的热烈讨论。路易斯·卡恩第一次参加 CIAM 大会，做了慷慨激昂的发言，谈了他的设计哲学，体现在他的理查兹医疗中心（Richards Medical Center）的设计上。这个讲话是对他的设计观念的最好总结。[3] 凡·埃克的讲座同样富于哲理性，题为《建筑要去调和基本的价值观吗?》（Is Architecture Going to Reconcile Basic Values ?），换句话说，建筑上哪儿去"重新发现古代的人性原则"，"不再为技术而技术——不再步履蹒跚地跟着进步走?"[4]

讲座时大家彬彬有礼，但设计展示期间毫不客气。华盛顿建筑师洛维特（Wendell H. Lovett）的展品由第十次会议小组中的一位成员来评说，开始是艾莉森·史密森，她对他设计的"典型的美国住宅"的审查意见是"完全没有告诉我们任何新的东西"[5]。德·卡洛（Giancardo De Carlo）在呈现他的砖砌混凝土住房项目（带有山墙和瓦顶）时也遭到同样命运。这个项目是为意大利南部的马泰拉城（Matera）城设计的。德·卡洛在发言中提倡"融通与灵活的设计，不能从抽象的

1 见芒福德，《CIAM 关于城市规划的讨论》，248。

2 关于此次会议的详情，见纽曼（Oscan Newman）编，《CIAM'59 奥特洛》（CIAM'59 in Otterlo, Stuttgart: Karl Krämer Verlag, 1961）。

3 卡恩，《在奥特洛大会上的总结发言》（Talk at the Conclusion of the Otterlo Conference），收入纽曼编，《CIAM'59 奥特洛》，205—216。

4 纽曼编，《CIAM'59 奥特洛》，26—27。

5 Ibid., 48—53。

概念规则出发，而必须从历史事实的详尽知识出发，而各国的历史事实都不一样"[1]。简言之，他主张的是一种考虑到民族与历史传统的现代主义。不过，坎迪利斯批评德·卡洛的方案"僵硬"，而沃根斯基（André Wogenscky）则更进一步悲叹它的"整个的欧几里德精神，处于这种精神中的一切元素都是固定的和等值的"。[2] 总是爱争论的彼得·史密森将它的块状形式与直线比作"重新强加给往昔的社会内容"，类似于共产主义世界中发生的事情。[3] 只有受了伤害的洛维特为德·卡洛辩护，他批评第十次会议小组的成员"试图找到一个共同方案来解决世界上的所有问题"，并固执于"一种完全一致的建筑"。[4]

[359]

在埃内斯托·罗杰斯（Ernesto Rogers）展示其公司（BBRP）新近完成的米兰韦拉斯卡大厦（Torre Velasca）项目结束之时，史密森的好辩天性再一次显现出来。他忍不住指出这个设计缺少历史暗示，完全"没有责任感"[5]。这座摩天大楼今天依然主导着米兰的天际线，饱受争议，因为摩天大楼顶部的楼层，即居住楼层，突出于下面较窄的办公楼层，并且由斜向的混凝土柱子支撑着。罗杰斯在会上以及其他场合为该设计辩护，说这是维奥莱-勒-迪克与佩雷结构探索的延续，也是对米兰主教堂结构的一种本土回应——其实这就是对这座城市的历史情境或"氛围"的一种回应。[6] 这座高楼头重脚轻的形式令一些人想起了佛罗伦萨和锡耶纳等城市的中世纪塔楼，而罗杰斯却说这并非是历史思考的结果，而是该建筑位于一个限定性城区空间内的必然结果，适应了底层对于空间与光线的需要。同时他也不否认历史在设计中所起的作用，在发言结束时他说道："现代建筑的父辈们的态度是反历史的，但这是产生于一场伟大革命之中的态度。我们的首要文化前提必然是一种新的历史态度。但现在这不再是必然的了。"[7]

在史密森眼中，中世纪的塔楼形状"是如此明确"，"弥漫着先前造型语汇的余音，以至它代表的不是一种道德模型而是一种不道德的模型"。[8] 巴克马谴责它不利于城市街道生活，也没有历史的联想："我认为，形式是对生活的传达，我在这建筑上看不到我们这个时代对生活的表达，你在抵抗着当代生活。"[9]

罗杰斯和史密森之间的争执在丹下健三的建筑展示结束时爆发了。罗杰斯认为丹下健三的作品是对自己立场的佐证，因为在他看来，它们代表了一种"被转译为日本语言的"现代主义。[10] 不过，丹下理解罗杰斯的意思是他在实践着一种地域主义形式，采用了地方特色为装饰

1　纽曼编，《CIAM'59 奥特洛》，86。德·卡洛的讲座题为《谈当代建筑的境况》(Talk on the Situation of Contemporary Architecture)。

2　Ibid., 90.

3　Ibid., 91.

4　Ibid., 90.

5　Ibid., 95.

6　关于这些讨论，见布伦内（Richard S. Bullene），《公民建筑师埃内斯托·纳坦·罗杰斯》(Architetto-Cittadio Ernesto Nathan Rogers, Ph. D. diss., University of Pennsylvania, 1994)，49—52。

7　纽曼编，《CIAM'95 奥特洛》，93。

8　Ibid., 96.

9　Ibid., 97.

10 Ibid., 182.

目的服务，而这正是他所完全反对的。但史密森进一步说："我总是对罗杰斯所说的东西心存戒心。他在陈述中将他个人的历史重新评价为先验的，并对此进行辩解，我认为这不仅是完全错误的，也是危险的。"[1]

奥特洛会议在宽容的气氛中结束，塞尔特、吉迪恩等人平静地做出决定，不再沿用 CIAM 这个名称。一年之后，一份由塞尔特、格罗皮乌斯和勒·柯布西耶签署的公开信发表，暗示"会员中的小团体"——大概是指第十次会议小组——从根本上瓦解了这个组织的意图和效能。[2]

此信还列举了 CIAM 对 20 世纪建筑与城市理论所做的贡献，其中有些贡献无疑是巨大的，另一些贡献的价值则存在着争议。CIAM 组织了许多场演讲、报告，引发了一些争论以及大量一般性的讨论。但最终，如上述所有事项一样，它的议程被一个内部的圈子牢牢控制着。它的确使人们关注到城市设计的种种问题，也有助于创建城市设计这一严肃的独立领域，但它确实也助长了一种片面的、许多人认为是有缺陷的城市观。将 CIAM 战略运用于城市规划的两个最著名的实例——昌迪加尔与巴西利亚——突显了它的概念框架所具有的严重局限性。

昌迪加尔是印度开国总理尼赫鲁 (Jawaharlad Nehru) 创建的城市。印度于 1947 年摆脱英国统治而独立。由于旁遮普邦的西部地区（包括其首府拉合尔）已经割让给了邻近的新国家巴基斯坦，该省的印度部分便需要一个新首府，所以就建起了昌迪加尔。[3] 美国规划师迈耶 (Albert Mayer) 于 1949 年受托做了第一个方案，他聘请洛维斯基 (Matthew Nowicki) 领导一个设计团队做建筑开发。政府的宫殿位于这一方案的顶端，商业中心在功能上与周围区域和主干道划分开来。迈耶最初的设计在各方面都带有 CIAM 规定的印记，只有稍稍弯曲的街道令人想起西特式的 (Sittesque) 的观念。1950 年春，诺维斯基访问了这一地点，画了第一批建筑草图，但回国时因空难而丧生，这意味着官员们必须另找一位建筑师以实施迈耶的方案。结果他们找到了弗赖 (Maxwell Fry) 和德鲁 (Jane Drew)，但两人不可能将全部时间投入此项目，所以建议印度人去找勒·柯布西耶。而勒·柯布西耶又将他的兄弟皮埃尔·让纳雷介绍进来。据弗赖后来所说，他、德鲁和另两个法国人于 1950 年晚些时候到达了昌迪加尔的村庄。在迈耶到达之前，勒·柯布西耶就拿了一大

[360] 张纸坐下来，花了 4 天时间完全重画了平面图。迈耶到了之后，"敌不过这位神秘而果断的预言家"[4]。勒·柯布西耶、他的兄弟以及两位英国助手现在控制着整个过程，某些原先的元素保留了下来，但得到了强化，拉直了机动车干道，并加上一条巨型的中央主干道。建筑物相互间相隔遥远，并无城市空间的暗示，也无遮挡耀眼阳光的树木。行人则被交付给了公共汽车或长长的自行车道。一切都按照 CIAM 所强调的规划范本和研究行事，极少或完全不考虑印度的文化与生活方式以及气候的要求。最终，这项设计被解读为勒·柯布西耶光明城的一个变体，

---

1 纽曼编，《CIAM'59 奥特洛》，182。

2 芒福德，《CIAM 关于城市规划的讨论》，264—265。

3 关于昌迪加尔的最佳研究成果见埃文森 (Norma Evenson)，《昌迪加尔》(Berkeley: University of California Press, 1966)。参见沃尔登 (Russell Walden) 编，《张开的手：论勒·柯布西耶》(Cambridge: M. I. T. Press, 1977)。

4 弗赖，《勒·柯布西耶在昌迪加尔》(Le Corbusier at Chandigarh)，收入沃尔登，《张开的手》，356。

只是没有笛卡尔式的摩天大楼——这是一座几乎完全基于寥寥数幢大型纪念性建筑的城市，建筑教科书中多少是如此天真地加以说明的。

1950 年代 CIAM 城市的另一实例是赤道城市巴西利亚，并不比昌迪加尔更成功。[1] 它的设计方案是从新首都设计竞赛中选出来的，城市坐落于巴西广袤的大地上，布局较为集中。1957—1960 年间，这座城市的主体部分飞速建设起来，规划师是科斯塔（Lúcio Costa），主要建筑师是尼迈耶（Oscar Niemeyer）。他们二人与勒·柯布西耶有着长期的联系，在 1930 年代中期回到了教育文化部。这座城市的规划也遵循了 CIAM 关于功能划分的要求。在这里，两条宽阔的、相互交叉的机动车道轴线将市中心的物理空间变成了环绕三层交通枢纽的一片无法利用的巨大闲置地。象征性的市民中心向东西两面推移，距这一交通枢纽两公里，步行者不易走到。商业区沿南北轴线安排，在功能上与居民区相隔离。一群群住宅建筑高高低低相混杂，毫无想象力。街道死气沉沉，柯布西耶式的住房超出了大多数工人的收入水平。因此，周围所环绕的绿化带很快就变成了一条象征性的界限，将穷人与富人划分开来。穷人现在被驱赶到了远处星罗棋布的棚户区。

并不是所有第十次会议小组所做的替代 CIAM 模型的方案都有实质性的区别。史密森夫妇在《第十次会议小组基本读物》(Team 10 Primer)（1962）中认为，该团体的形成"源于以下这一共识，即他们从总体现代运动继承而来的建筑思维过程是不恰当的"[2]，但他们并未说出这些不恰当之处的确切性质，只有一个笼统的说法。史密森夫妇在 1950 年代的一系列"乌托邦"项目中，提倡身份、综合、密集、结构、模式、成长和灵活等概念——从他们的金巷住宅区（Golden Lane Deck）的住房设计（1952），到谢菲尔德大学（Sheffield University）的提案（1953），再到其合逻辑的延伸，即"簇群城市"(Cluster City) 的理念（1957）。然而，他们的视觉方案仍类似于柯布西耶的板块，只是步行"街"提高到了半空中，而这些街道似乎就构成了他们"解决人居环境问题的生态学方法"的要点。[3] 而霍华德的花园城市则与土地和景观结合在一起，是与此做法势不两立的。

不过，另一些第十次会议小组成员确实有所突破。德·卡洛是后来被拖进来的，他是意大利最有才华最有思想的建筑师之一。他为意大利南部做的住房项目，正如我们已经看到的，在 1959 年奥特洛会议上因缺乏地方文化表现而遭到史密森夫妇的批评。的确，它追随着更大规模的意大利区域主义发展路线。德·卡洛的乌尔比诺学院和学生宿舍（1962—1965）设计，以及杰出的乌尔比诺规划（1966），表现出了他对地方传统的尊重。[4] 在前一例中，大型住宅街

1　关于该城市不足之处的经典研究是霍尔斯通（James Holston）的《现代主义城市：对巴西利亚的人类学批判》(*The Modernist City: An Anthropological Critique of Brasilia*, Chicago: University of Chicago Press, 1989)。

2　《第十次会议小组的目标》(The Aim of Team 10)，收入《第十次会议小组基本读物》，艾莉森·史密森编（Cambridge: M. I. T. Press, 1968; 原版出版于 1962），3。

3　艾莉森·史密森与彼得·史密森，出自史密森编，《第十次会议小组基本读物》，86。原文题为《CIAM 10 Projects. Team 10》，载《建筑设计》(September 1955)。

4　德·卡洛，《乌尔比诺：一座城市的历史及其发展规划》(*Urbino: The History of a City and Plans for Its Development*, Cambridge: M.I.T. Press, 1970; 原版出版于 1966)。参见罗西（Lambreto Rossi），《贾恩卡尔洛·德·卡洛的建筑》(*Giancarlo De Carlo: Architettura*, Milan: Arnoldo Mondadori Editore, 1988)。

区被打破，较小的单元更有感觉也更舒服地融入了优美的坡地景观之中——这个设计甚至向山顶表达了赖特式的敬意；在后一例中，城市的历史内核得到充分的尊重与保护。

巴克马与凡·埃克在荷兰的工作也关注于地区人类学与城市环境问题。巴克马（1914—1981）是鹿特丹建筑师与规划师，在与凡·登·布鲁克（J. H. Van den Broek）合伙时就已经是战后几十年荷兰最活跃的建筑师了。鹿特丹在 1940 年被德国炸弹所毁，而布鲁克与巴克马创建的莱恩班商业街（Linjbaan）（1948—1953）成了新的市中心。芒福德是他的最热心的赞赏者。自 1947 年之后，巴克马参与了 CIAM 的所有会议，展示了他在鹿特丹以及各地的城市项目，但人们从他的议论中也可以感觉到，他对该组织的城市理论前提感到越来越不舒服。他是一位有献身精神的社会主义者，同时又是个人自由与艺术一体化的坚定支持者。他被赫伊津哈（Johan Huizinga）的《游戏的人》（Homo Ludens）（1938）一书深深吸引，相信游戏对人类的必要性。[1] 1957 年他与吉迪恩决裂，后来与史密森夫妇合作，尽管有点纠缠不清，但他这样做应被看作是打开新道路的一种努力。

[361]　　凡·埃克是个神秘人物，他在第十次会议小组中独自进行建筑理论的创新[2]，也长期与 CIAM 成员有联系。他于 1938—1942 年间在苏黎世瑞士联邦理工学院（ETH）上学时，遇到了吉迪恩－韦尔克（Carola Giedion-Welcker）（吉迪恩的妻子），并与她交上了朋友。战争期间她将他介绍给了苏黎世先锋派的圈子，这深刻影响了他的艺术观。战后他供职于阿姆斯特丹公共工程部。不过，他那强烈的人类学兴趣则是两度与妻子凡·罗珍（Hannie von Roojen）出游期间培养起来的，那是在 1951 年与 1952 年，他们一道前往遥远的撒哈拉沙漠和阿尔及利亚南部山区。在 1959 年回国途中，他进一步向南进入了通布图地区（Timbktu）（马里），在那里他沿着尼罗河大草原考察了鲜为人知的多贡（Dogon）文化，注意到当地村庄与住房的宇宙学复杂性与造型形式。凡·埃克还借鉴了列维－施特劳斯（Claude Lévi-Strauss）的结构主义，此理论强调人类思维具有普遍的、不变的模式。在 1950 年代，他将这些分散的影响综合起来，融入他所设计的那些精妙的、因地制宜的游乐场（60 多座）和学校中，其中最有名的是他的杰作阿姆斯特丹孤儿院（1955—1960）。这件作品设计精心，是开放式的，但依然是一个能容纳 125 个小孩居住的超级几何学方案。一间间教室以及玩耍与生活区域都被打散为具有空间自主性的（浅浅的圆顶，受到斐济岛上的 kava 钵的启发）小型单元，体现了他所坚持的观点，即"场所"（place）和"场合"（occasion）超越并高于那些不成功的、抽象的"空间"与"时间"。在这里，他的意图也具有深刻的治疗学意义："发生在他们身上的事情以许多方式扭曲着他们，他们需要解脱出来。"[3]

凡·埃克的文章诗意盎然，尤其是他于 1959—1963 年间发表在荷兰杂志《论坛》（Forum）

---

[1] 瓦赫纳尔（Cornelis Wagenaar），《亚普·巴克马与为自由而战》（Jaap Bakema and the Fight for Freedom），收入戈德哈格与勒高尔特编，《焦虑的现代主义》，261—277。

[2] 关于凡·埃克的生平与工作的详情，见斯特劳文（Strauven），《阿尔多·凡·埃克》。关于他作为一位游艺场设计师的工作，见勒费夫尔（Liane Lefaivre）与仲尼斯（Alexander Tzonis），《阿尔多·凡·埃克：人文主义反叛者》（Aldo van Eyck: Humanist Rebel, Rotterdam: 101 Publishers, 1999）。

[3] 引自纽曼编，《CIAM '59 奥特洛》，30。

上的文章，具有丰富的暗示性，并清晰地表达了他独特的关注点。甚至在 1947 年布里奇沃特 CIAM 会议上发表的首次演讲中，凡·埃克也以雄辩的语言抨击了理性主义和机械僵化的思维方式。他提出了一些"更为具体的功能，而'功能主义'这个词就意味着这些功能。只有在有助于将人居环境调整得更恰到好处地满足于人的基本需求时，这些功能才是有意义的"[1]。最终凡·埃克完全拒绝了"理性主义"这个术语，因为对他而言，人类的基本需求完全是心理的和情感的需求。他在理论与实践中力求直接诉诸人获得个性认可、身份以及现实存在感的那种原始的、普遍的冲动。

在 1965—1966 年期间，凡·埃克在阿恩海姆（Arnheim）建造了一座临时性的小型雕刻展馆，以无装饰的混凝土砌块建造墙体，这可以作为他"迷宫清晰性"（labyrinthian clarity）概念的一种视觉隐喻——对正方形、圆形和线性的秩序的定义绝对清晰，在这一秩序中，这个另类的、特殊的案例必然呈现出一种暂停与沉思的场所效果。"空间与时间必须被'打开'"，他在几年前就曾说过，"将其室内化，以便人可以进入其中；劝导其将人聚集于它们的意义之中——将人包含于其中"[2]。从这样一个有利的视角来看，理性主义、现代主义和功能主义理论都不能使建筑走向成功，因为它们都是些抽象的概念，都不关心日常生活体验。凡·埃克的建筑观从本质上来说是以现象学为基础的，与史密森夫妇对结构清晰性的追求完全不同。他像巴舍拉尔（Bachelard）那样关注于内在的视野或深层次的人类意识，但在 1950 年代晚期和 1960 年代，他相当奇怪地与吉迪恩一样对人种学抱有兴趣，由此又回到了他早期的精神源头之一[3]。同时他重视人类体验，努力拯救并丰富建筑的含义，而不是死板地应付主流现代主义形式语汇的某些技术性假说。他或许感觉到这位法国画家与建筑师的个人亲和力，但他的气质更接近于路易斯·卡恩（Louis Kahn），后者是那个时代为数不多的试图重新检验现代主义基本原则的建筑师之一。就凡·埃克的追求而言，他似乎与第十次会议小组并不相干。

2. 意大利从现代运动"撤退"

CIAM 的倒台和第十次会议小组的兴起，只是 20 世纪 50 年代逐渐兴起的对现代主义一统观念不满情绪的一种表现。到了 50 年代中期，《美家－延续》（Casabella-Continuità）已经成为欧洲大陆最重要的理论刊物。在罗杰斯的领导下，该刊物为严肃的争论提供了又一个论坛。它内容宽泛，涵盖了如勒·柯布西耶、密斯·凡·德·罗、赖特等主要建筑师以及新近意大利建筑师的工作，尤其是年轻建筑师。这份刊物的后面附有一个专栏，对全世界正在出版的其他主要建

1　引自吉迪恩，《战后 CIAM 的活动》，37。
2　引自史密森编，《第十次会议小组基本读物》，41。
3　尤其见吉迪恩的三部曲《永恒的现在》，由《艺术的开端》(1962)、《建筑的开端》(1964)、《建筑与过渡现象》(1971) 所组成。前两部由梅隆美术讲座（A. W. Mellon Lectures in the Fine Arts, 1957）发展而来，许多人将这两本书视为他最好的著作。

[362] 筑期刊进行综述，这就形成了一份总目。另一特色是它的社论，通常讨论人们所关注的理论问题。例如 1955 年的一期，艺术史家阿尔干撰写了一篇社论，委婉地责备罗杰斯对勒·柯布西耶朗香教堂的评价有溢美之嫌。[1] 罗杰斯直接做出了回应。德·卡洛在为下一期撰写的社论中再次挑战罗杰斯，指出他对这类不太重要的作品的兴趣"阻碍了建筑朝向更自由、更不拘泥于教条的方向发展"[2]。阿尔干继续说道，勒·柯布西耶是一位重要的大师，"但我们必须采取不同的方式"，最后我们或许会以看待高迪的同样方式来看待他，将他看作是"一位伟大的创造者，他的作品充满了诗意，但他处在我们当下的兴趣范围之外，远离我们的问题，不啻于异国风情"。[3] 在同一期上，杂志编辑格雷戈蒂 (Vittorio Gregotti) 赞扬里多尔菲 (Mario Ridolfi) 最近的作品"基于对意大利固有传统的再发现的体验"[4]。

最后这条评论当然与罗杰斯在此刊物上提出的"延续"以及尊重意大利传统的论题相关。在 1955 年较早的一期上，罗杰斯指出："假装用事先想好的'现代风格'来建造，就像要求人们去尊重往昔风格禁忌一般荒诞不经。"[5] 因此，罗杰斯的现代主义观念是要顾及环境、文化和历史情境的，只有将建筑置于这样的情境中，才可以根据历史意识对其进行修正。也就是说，要认识到它是这同一历史发展过程的一部分。以他的话来说，"要成为现代的就意味着要在所有历史脉络中感受当代的历史，由此去感受你自身行为的责任。并非在自我证明的封闭栅栏内感觉，而是要进行合作，通过你的贡献，扩大与丰富反映普遍关系的各种形式组合的、反复出现的当代性"[6]。这段话背后的潜台词就是控诉那些现代运动的"一流大师们"滥用技术作为表现符号，排除了设计中十分重要的情境因素。他认为，过分强调预先设定的"现代"范式的抽象概念，导致了死气沉沉的形式主义。

这些关注在 1957 年的一期中达到了高潮。第一篇是罗杰斯撰写的社论《延续抑或危机?》(Continuità o crisi?)，总结了他早先的观点：既要尊重传统又不落入历史主义陷阱。[7] 更有趣的在后面，罗西 (Aldo Rossi) 写了一篇关于当代新艺术工作室的文章，考察了里多尔斐 (Mario Ridolfi) 做的两个住宅开发项目，包括他位于埃塞俄比亚大道 (Viale Etiopia) 旁的住宅区，讨论了它将历史意蕴以及手工艺有机融入混凝土结构的做法。有一座建筑最有意思，即"伊拉斯谟的铺子"(Bottega d'Erasmo)，由年轻的都灵建筑师加贝蒂 (Roberto Gabetti)（生于 1925）和迪索拉 (Aimaro d'Isola)（生于 1928）设计（图 100）。该建筑将办公室、商铺与公寓组合于一座建筑中，表现力强，且细节丰富，既开发了砖与锻铁的运用范围，同时也参考了世纪之初贝尔拉赫和佩雷的做法。那个时代

---

1 《美家－延续》，no. 209 (1956)：11—12。

2 《美家－延续》，no. 210 (1956)：3。英译本在第 vi 页上。

3 Ibid.

4 Ibid., 22.《美家》杂志所翻译，vii。

5 罗杰斯，《业已存在的条件与当代建筑实践问题》(Preexisting Conditions and Issues of Contemporary Building Practice)，《美家－延续》，no. 204 (February–March 1955)：3。引自班菲 (Julia Banfi) 的译本，收入奥克曼，《建筑文化，1943—1968》，201。

6 Ibid., 203.

7 《美家－延续》，no. 215 (April–May 1957)：1—2。

在意大利被称作"自由时期"。

这一期杂志并未立即引发讨论，但在下一年有一位年轻建筑师波尔托盖西（Paolo Portoghesi）撰写了一篇相关文章，题为《从新现实主义到新自由派》（Dal Neorealismo al Neoliberty），以批判的眼光审视了二战以来意大利建筑的几条发展主线。[1] 他想说的是，意大利战后的发展已经历了两个明显的阶段——第一个阶段是新现实主义阶段（这个术语是他从德·西卡 [Vittorio De Sica] 那里借来的一个电影风格术语），源于战争所造成的无家可归的状况，其代表作品是里多尔菲的埃塞俄比亚大道（Viale Etiopia）上的住宅区，展示了民粹主义的母题。第二个阶段即所谓的新自由派阶段，意大利建筑师在 1950 年代中期开始对介于新艺术与 1920 年代晚期

图 100　加贝蒂和迪索拉，都灵"伊拉斯谟的铺子"，1953—1956。采自《"伊拉斯谟的铺子"》一文，载《美家》杂志，（1957 年 4—5 月）。

理性主义之间的意大利早期现代主义进行探索，尤其是扩充了现代主义语汇，重新将意大利现代主义置入历史传统的范围之内。地域性的表现和材料的丰富性是这一时期所追求的特色，尽管新自由派风格多半变成了如画式风格，既随意又老套。

罗杰斯的确是有意识地向 CIAM 所维护的现代主义观点提出了挑战。可以预料的是，当然会有人对他的看法做出回应——但并非是专门的回应。这一回应发生在 1959 年春，就在奥特洛会议开幕的前夕。回应者并非是 CIAM 或第十次会议小组的某个会员（这些会员会在大会上共同面对他），而是来自英格兰的一位历史学家班纳姆（Reyner Banham），那时他已成为伦敦《建筑评论》杂志的一位批评家。这一回应文章的标题颇为冒失：《新自由派：意大利从现代建筑撤退》（Neoliberty: The Italian Retreat form Modern Architecture），触及了罗杰斯所极力促成的这场改革的核心问题。

这并不是一次自发的攻击。班纳姆自 1950 年代初期就在佩夫斯纳的指导下攻读艺术史博士学位，其博士论文以意大利未来主义为题。因此他常常访问意大利，而且在 1950 年代撰写了若干篇关于意大利当代建筑实践方面的评论，大部分是负面的批评。1952 年，他发表了一篇评瓦内蒂（Luigi Vagnetti）设计的里窝那（Leghorn，意大利语为 Livorno）大宫（Palazzo Grande）的文章，表达了 [363] 他的"不安与忧虑"，即一种"新的折中主义在现代建筑内部"兴起。而这座建筑的"15 世纪

1 波尔托盖西，《从新现实主义到新自由派》，载《美家－延续》，no.65（December 1958）：69—79。

的以及手法主义的石头表面处理方式"、哥特式的山墙节奏、对称的平面以及与对面主教堂的关系，都在刺激着这种折中主义的兴起。[1] 班纳姆在 1953 年撰写的一篇针对莫雷蒂（Luigi Moretti）设计的吉拉索莱公寓（Casa del Girasole）——罗马的一座公寓楼，后来在罗伯特·文杜里的手法主义批判中变得很有名——的评论中，表达了对于它那"虚张声势的装饰与华丽效果"（源于意大利的阳光）以及与往昔巴洛克宫殿的密切关系既恨又爱的情绪。[2]

不过，班纳姆在 1959 年的一篇文章中表现出了更加坚决的好战性，该文考察了当时米兰与都灵建筑师们那种"莫名其妙的转向"。班纳姆着手考察 20 世纪上半叶意大利理论情境之中的新自由派思潮，认为它是可疑的，首先因为它是在 30 年代相对较迟发展起来的（尽管有未来主义的刺激），其次因为它与法西斯有着令人不安的联系。班纳姆还发现，选取自由时期这个概念来对历史做重新评价非常怪异，淡化了意大利未来主义的重要性。在他看来，未来主义几乎是 20 世纪上半叶唯一完全拥护工业与技术之机器美学的一种思想观念。他引用了罗西写的一篇提到世纪之交中产阶级状况的文章，提出永远不可回到前工业时代去寻求灵感，因为正如"内心充满狂热的汽车主义"的马里内蒂在 1909 年就认识到的，"新艺术死于一场绝对不可逆转的文化革命——家庭革命。这场革命始于电饭锅、真空吸尘器、电话、留声机以及所有优裕生活的机械产品，这些东西现在正侵入家庭，永远改变了家庭生活的性质以及住宅建筑的意义"[3]。此外，未来主义的宣言，欧洲人对赖特、洛斯、德制同盟和立体主义的发现，进一步表明了 1909 年之后的现代主义与往昔的前现代之间存在着不可跨越的鸿沟。所有这一切在审美眼光上造成了激烈的变化。班纳姆结束时发出了惊世骇俗的言辞攻击：

[364]

> 要将旧衣裳再穿上身，用马里内蒂描述罗斯金的话来说，就像是一个人身体完全发育成熟了，但还想睡在他的婴儿床上，还要让年迈体衰的保姆养育他，以便再次回到他冷淡的童年。即便以米兰和都灵纯粹地方性的标准来衡量，新自由派也是退化到了婴儿期。[4]

罗杰斯于 6 月撰写了《建筑的进化：对电冰箱看守者的答复》（The Evolution of Architecture: An Answer to the Caretaker of Frigidaires）一文，激烈地反驳班纳姆。他将《建筑评论》杂志比作酿馅鱼（指这家杂志位于安妮女王之门大楼办公室的地下酒馆），给意大利读者展现了一幅酿馅鱼风味的普鲁斯特式图像之后，斥责班纳姆"浅薄而轻率"的评论"头脑僵化，不理解许多基本事件"。他提出了以下主张以捍卫自己的立场：

---

1 班纳姆，《意大利折中主义》（Italian Eclectic），载《建筑评论》112（October 1952）：213—217。
2 班纳姆，《吉拉索莱公寓》，载《建筑评论》113（February 1953）：73—77。
3 班纳姆，《新野性派：意大利从现代建筑撤退》，载《建筑评论》125（April 1959）：235。
4 Ibid.

对我们来说，现代运动没有死亡：我们的现代性其实就在于延续大师的传统（当然也包括赖特的传统）。但我们对迄今为止尚未被人们充分理解的一些公开声明中所表述的美很敏感（不仅感觉到其文献价值），这确实是我们的光荣。而为在另一些最激烈的论战中被忽略了的价值赋予历史框架和当今含义，也是我们的光荣。[1]

他重申了自己先前对历史延续性的强调，认为里多尔菲、加尔德拉、米开卢齐、阿尔比尼等人设计的作品，其力量就在于"他们将现代运动理解为一场'延续的革命'，即追随变化着的生活内容这条基本原则的一种延续性发展"[2]。对罗杰斯来说，班纳姆所看到的前工业时代和工业时代之间的那道鸿沟并不存在，而对班纳姆这位"赦免与定罪"的定夺者来说，"与抽象发展路线相一致的形式决定论似乎取代了历史的概念"[3]。

事情到此还没有结束。在奥特洛会议上，罗杰斯以及他的瓦拉斯卡大厦（Torre Velasca）设计遭到了班纳姆的好朋友史密森夫妇的攻击。于是罗杰斯在《美家－延续》杂志 10 月那一期上撰文，为自己的米兰建筑辩护。他将这座城市比喻为一座"博物馆"，用弗拉斯卡里（Marco Frascari）的话说，它收藏着富于表现力的历史文物，使"人们联想并生发出批评性的图像"。[4] 在这同一期上，由伍德布里奇（John Woodbridge）撰写的评海湾风格的文章为这场论战提出了一个富有教益的维度。[5]《建筑评论》做出了回应，在 8—9 月号上译出了未来主义宣言，并在 12 月和 1 月号上发表了后续文章。[6] 但是，这场特殊的辩论顺理成章地发展着。导致 CIAM 分裂的代沟在这里已发展为文化上的分裂。班纳姆采取了一条路线，意大利采取了另一条路线，这两种文化之间的鸿沟将持续到下一个 10 年。

3. 班纳姆、建筑电讯派、新陈代谢派以及其他乌托邦流派

班纳姆的看法，有时被说成是以正统现代主义的观点来匡正异端邪说，实际上他的立场

1　罗杰斯，《建筑的进化：对电冰箱看守者的答复》，载《美家－延续》，no. 228（June 1959）：2。英译本在第 v 页上。

2　Ibid., 4，《美家－延续》，vi。

3　Ibid., 3，《美家－延续》，v。

4　罗杰斯，《适应环境的三个问题：米兰韦拉斯卡大厦、都灵商住大楼、米兰卢拉尼宅邸》（Tre problemi di ambientamento: La Torre Velasca a Milano, Un edificio per uffici e appartamenti a Torino, Casa Lurani a Milano），《美家－延续》，no. 232（October 1959）：4—24。见弗拉斯卡里（Marco Frascari），《容忍抑或游戏：从意大利退出现代建筑看因袭的批评或批评的套路》（Tolerance or Play: Conventional Criticism or Critical Conventionalism in Light of the Italian Retreat from the Modern Movement），载《尘世：建筑理论与批评杂志》（*Midgård: Journal of Architectural Theory and Criticism*）1（no.1, 1987）：9。

5　伍德布里奇，《"海湾地区风格"：旧金山海湾地区的建筑传统》（'Bay Region Style'：La tradizione architettonica della Baia di San Francisco），载《美家－延续》，no. 232（October 1959）：39—43。

6　见《未来主义宣言，雷纳·班纳姆撰写导言》，载《建筑评论》126，（#751, August–September 1959）：77—80；《新自由派：论争》（Neo Liberty: The Debate），载《建筑评论》126（#754, December 1959）：341—344；《来自米兰的说明》（Clarification from Milan），载《建筑评论》126（#755, January 1960）：1—2。

是较为复杂的。[1] 他除了做博士研究与写作之外，还积极参与"独立小组"（Independent Group）（IG）的活动。尽管他与史密森夫妇相熟（他将新野性主义运动归功于他们的努力，这无疑提高了他们的地位），但就他自身的知识发展而言，则更接近于独立小组中理查德·汉密尔顿（Richard Hamilton）、阿洛韦（Lawrence Alloway）和麦克黑尔（John McHale）那一派。他们全都对美国波普文化抱有热情，如爵士乐、广告、好莱坞电影、科幻小说、底特律汽车等，而且逐渐对富勒的观念有了兴趣。这实际上就是"垮掉的一代"（beatnik）反文化革命运动的开端，而这场运动将于 1960 年代中期在世界范围内充分显示出来。到那时，班纳姆已形成了他自己的历史观。

　　班纳姆当时的一本经典著作《第一机器时代的理论与设计》（*Theory and Design in the First Machine Age*）（1960）预示了他的新观点。[2] 此书以他的博士论文为基础，将其于佩夫斯纳指导下所做的研究与书中论"第二机器时代"意义的前后两章结合起来——这个时代出现在 1950 年代晚期。书中的历史部分是关于第一机器时代的研究，开始是论加代与舒瓦西的两章，内容有些空洞，暗示了法国学院理论与现代运动合理展开之间的联系；接着，班纳姆论述了贝尔拉赫、赖特、未来主义和立体主义对 1920 年代表现主义者与理性主义者做出的贡献。这些评述有精彩之处，但瑕疵也很明显。其缺陷就在于班纳姆几乎完全不了解 19 世纪下半叶的德国建筑理论（这就导致他过高估价了加代与舒瓦西的影响），而且他对苏维埃建筑理论的了解也很有限，这是情有可原的。其长处则在于，除了有许多新颖的见解之外，他对未来主义以及后来如莫霍伊－纳吉之类的艺术家给予了关注。此书的中心论点是，未来主义者（他们强调运动和无序状态）是唯一理解机器之激进含义，且与传统美学水火不容的一批理论家。他认为，理性主义者，如格罗皮乌斯和勒·柯布西耶，口头上对机器表示尊敬，但依然根据往昔学院的理论规则来构想与组织他们的工作。真正有远见的发明——如富勒的戴马克松住宅——完全被视为技术工程学的产物，其表面审美效果并未得到重视。因此那些 1930 年代及其后的建筑师，简单地将现代建筑说成是材料与结构的产物（功能主义者），看不到第一机器时代至关重要的构成要素，这些要素就存在于生活习惯和态度的根本性改变之中，而这些变化则是像汽车之类的技术装备带来的。

　　接下来，班纳姆在论第二机器时代的开篇与结束的章节中发表了评论，现在他本人正亲眼目睹着这一时代的形成。如果说第一机器时代的产品是与电力和内燃机及其在个人家庭中的有限运用相联系的话，那么它们依然在很大程度上是资本主义精英的工具或力量的象征。然而，有许多东西已经发生了变化。剃须刀、快船、电吹风、收音机、电话、磁带录音机、高保真音响、混料机、自动炊具、洗衣机、电冰箱和真空吸尘器进入了现代寻常人家，"今天一个

[365]

---

1 关于班纳姆的理论发展，尤其见怀特利（Nigel Whiteley），《雷纳·班纳姆：近期的历史学家》（Cambridge: M. I. T. Press, 2002）。亦参见马丁（Louis Martin），《寻求一种建筑理论：英美之争，1957—1976》中关于班纳姆的一章（Ph. D. diss., Princeton University, 2002），93—133。

2 班纳姆，《第一机器时代的理论与设计》（London: The Architectural Press, 1960，引文出自第 2 版，New York: Praeger, 1967）。

家庭主妇所操控的功率，往往要比世纪之初一个产业工人操控的功率还要大"[1]。此外，"高度发达的大批量生产方式已将电器装置与合成化工产品广泛散布到社会的各个角落——电视机这种第二机器时代的象征性机器已成为一种大众传播的手段"[2]。至于说到第一机器时代遗留下来的理论，"在经济、社会和技术上都已经死亡，有如希腊城邦国家"[3]。而与第二机器时代相适应的理论尚未出现。

在该书的最后一章，班纳姆又回到了这个问题。在他看来，"功能主义"的观念在今天就像先前的"理性主义"观念一样，是有局限性的，富勒的那种完全不同的处理方法就预告了其局限性有多大。他长篇引用了富勒 1955 年写给麦克黑尔的一封信的内容，评述了国际现代主义在概念上的局限性：

> ……包豪斯和国际 [风格] 采用了标准的水管紧固件，最多也只是说服制造商修改阀门扳手和龙头的外表以及瓷砖的色彩、尺寸和排列。国际包豪斯从不回到墙体表面看看管道……他们从不检查卫生设备本身存在的总体问题……简而言之，他们只考虑终端成品表面的修改问题，而这些终端成品在技术上本来就属于过时世界中的次类功能。[4]

班纳姆进一步注意到，勒·柯布西耶将他设计的房间贴上厨房、洗衣房和音乐室等标签，而富勒在戴马克松住宅中将所有供热、照明、清洁、烹调、通风集中到一个中央功能核心区，摒弃了过时的名称或刻板的空间定义。因此，1920 年代的理性主义者们（或甚至 1950 年代的意大利建筑师）最终失败的原因，是他们选取了那些从象征性的（建筑的）心理历程中想象出来的象征性的建筑形式，而第二机器时代要求一种更彻底更激进的概念化过程，重新对建筑进行定义，至少对传统意义上的建筑重新定义。他以华丽的语言结束了这一章：

> 迄今为止，我们所理解的建筑和我们现在所理解的技术，很可能是两个不相容的学科。提出与技术赛跑的建筑师，现在知道他在急行军，为了跟上队伍，就必须仿效未来主义者，丢弃整个文化负担，也包括他被认可为建筑师的那件专业外衣。另一方面，如果他决定不这么做，他就会发现，技术文化便决定甩掉他继续前进。[5]

班纳姆认为，这一点就是 1960 年代初的中心问题。他全力将他的批评运动向前推进。在被提升为《建筑评论》杂志的助理执行编辑后不久，他就在 1960 年春天组织了 5 篇系列文章，　[366]

1　班纳姆，《第一机器时代的理论与设计》，10。

2　Ibid.

3　Ibid., 12.

4　Ibid., 326. 怀特利在《雷纳·班纳姆》一书中指出了这封信的来源与日期，此信发表于梅勒(James Meller)编，《巴克敏斯特·富勒阅读材料》(*The Buckminster Fuller Reader*, London: Pelican, 1972)，44—68。

5　Ibid., 329—330.

在"盘点"（Stocktaking）的框架之下对技术进行考察。其中一篇以讨论会的形式考察建筑师作为"通人"（Universal Man）的概念[1]；另一篇请了三位专家讨论武器系统的设计过程，以及计算机和人文科学（格式塔心理学、人类学、社会学）对建筑设计的影响[2]；然而，最重要的是他的两篇核心文章，一篇论传统，一篇论技术，平行编排。在论传统的那篇中，他又回到了对新自由派风格的批判。现在他将此风格与新经验主义和（遥远的）地域主义以及新古典主义统统混在一起，视为向公众趣味投降的行为——也就是不想"建造普通市民不能理解的建筑物"[3]。在论技术的文章中，他提出技术在接下来的10年中会日益冲击建筑，为建筑带来大量新问题，如可消耗性、有计划的淘汰以及非直线预制："以下这点已成为可能：在任何料想不到的时刻，那些毫无组织、单打独斗的专家，就像游牧部落一样涌入建筑师的保留地，他们不顾专业操作知识，碰巧创造出**另类建筑**，就好像凭着小聪明来完成为人类各种活动创造合适环境的任务。"[4]

1961年2月，班纳姆在英国皇家建筑师学会发表了著名演讲，再一次提出建筑应将人文科学融入设计的观点。他指出，设计的潮流"跟随着最强大的、可利用的影响，这种影响可以填补建筑理论的真空"——柯布、底特律样式、科幻小说——还指出，"英国与世界上的建筑师"要么"参与人类科学的智力冒险并改变建筑，要么错失这一富有想象力的飞跃，再次转入内省状态"。[5]

在1962年为《建筑评论》撰写的另一组6篇文章中，班纳姆对当代建筑进行了"检验"。有趣的是，人们可在这些文章中看到他理论路线的转向。卡恩实行的是一种"饮食售货窗口式的美学"（buttery-hatch aesthetic），但他已过时，因为他设计的理查兹医学中心（Richards Medical Center）的服务空间概念，在技术上并不比30年前勒·柯布西耶的瑞士馆概念先进。[6]班纳姆注意到，密斯近来已经失宠；他应该受到宠爱，因为他是一名"技术工匠"，他了解一个建筑师的责任要延伸至细节；也因为他知道"如何利用可到手的材料来做建筑，不是一次性材料，如查尔斯·埃姆斯（Charles Eames）的宅子；做建筑要动脑子，如布鲁斯·戈夫（Bruce Goff）的陆军剩余物质大楼，而不是靠突击战术"[7]。对于两种预制体系——英国的CLASP体系和普罗韦（Jean Prouvé）的"纤细弯曲的细节"——尽管他赞赏这些努力，但仍抱有矛盾的思想感情。第5篇文章《建筑投机商：走向波普建筑》（The Spec-Biulders: Towards a Pop Architecture）最清晰地表明了班纳姆的新取向，将波普建筑追溯到卡恩1939年设计的纽约世界博览会上的福特展馆。班纳姆要证明技术"在道德、社会和政治上是中性的"，现在他所要追随的并非是富勒的空间时代、高技术图像，而是建筑投机商以及他们对麦迪逊大街交际圈内变幻莫测的流行趣味的有意识迎合——"作为包装与商

1　班纳姆，《1960：通人的未来》（1960: The Future of Universal Man），载《建筑评论》127（April 1960）：253—260。

2　班纳姆，《1960：科学》（1960: The Science Side），载《建筑评论》127（March 1960）：183—190。

3　班纳姆，《1960：盘点》，载《建筑评论》127（February 1960）：96。

4　Ibid., 100.

5　班纳姆，《不久将来的历史》（The History of the Immediate Future），载《RIBA杂志》（*RIBA Journal*, May 1961）：255, 27。

6　班纳姆，《检验：2.路易斯·卡恩：饮食售货窗口式的美学》（On Trial: 2. Louis Kahn: The Buttery-Hatch Aesthetic），载《建筑评论》131（March 1962）：203—206。对此6篇文章的充分讨论，见怀特利，《雷纳·班纳姆》，151—171。

7　班纳姆，《检验：6.密斯·凡·德·罗》，载《建筑评论》132（August 1962）：128。

品的建筑"[1]。他的这种表白很难说是一种宣泄。在为这组文章撰写的导言中，他（令人信服地）证明了吊顶"就是建筑技术中最成熟的要素之一"[2]。同时，他兴高采烈地拥护消费主义，充当了安抚那个时期许多持道德主义立场的高尚知识分子的角色。这些知识分子鄙视消费主义，将其视为后期资本主义商品生产体系带来的结果。

　　到了 1965 年，班纳姆完成了从"寻求刺激的科学"（science for kicks）向波普的转变，他（现在转而研究美国）的迷幻式亢奋已经达到了可以放弃整个建筑概念的程度。从这方面来看，他的经典文章《一个家庭并非是一幢住宅》（A Home Is Not a House）不仅包含了他的新论点，还责备建筑师不可救药地想一味掩饰建筑设计中日益扩展的机械系统的作用："当你的住所中包含了水管、烟道、管线、电线、灯具、进气口、烤箱、水槽、垃圾处理器、高保真音响、天线、导管、冷柜、加热器——当它包括了这么多由五金器具便可独立胜任的服务而无需借助于住宅，那又为何要建一座住宅来安装它？"[3] 他的论题其实很简单，认为有史以来人类即以两种方式生存：一种是躲藏于岩石或树木之下，后来转变为永久性住所；另一种是在露天围着篝火生活，这种方式可以自由迁徙，变化多样。如果说前一种方式定义了往昔的建筑，那么后一种方式就是未来建筑的首选原型——富勒将穹顶与自身带有煤气与电力供应系统的房车相结合的构想便提示了这一点。这种"非住宅"（unhouse）的一个当代实例便是约翰逊的玻璃屋（完全将"有关勒杜、马列维奇和帕拉第奥的一切学问以及发表的资料"抛诸脑后），去除了外墙，将其简化成一块带有壁炉的加热砖。[4] 屋顶当然是要不得的，班纳姆会以聚乙烯泡沫来取代屋顶和玻璃墙，即"一套适宜的标准生活单元，沿着地面吹出暖风（而不是像一堆篝火那样沿地面吸入冷气），散发出柔和的光线以及狄昂·华薇克（Dionne Warwick）的动人心弦的立体声音响，陈年的蛋白质食物在电烤架的红外光中旋转；外摆式吧台上制冰机将冰块直接磕入玻璃杯——在林间空地或海边岩石上做点什么，这是《花花公子》杂志的藏春阁永远也做不到的"[5]。"在家用电器的天堂乐园中找到安身之处的电源插座"（在赖特的广亩城中）甚至可以骑在它自己的气垫上搬到别的地方去，"有如一架直升机或家用真空吸尘器"。[6]

[367]

　　如果读者还是不明白班纳姆在说什么，那么可以看看艺术家达利格雷特（François Dallegret）文中的插图。他描绘了一辆未来主义的、可横贯大陆的 GTO 型汽车，展示了机械零部件，还有一个透明环境圆罩扑通一声落在了山坡上。在这圆形罩子中，赤身裸体的班纳姆和达利格雷特的许多复制形象聚集在万能娱乐中心周围——这是一个原始的子宫世界（没有"气味、烟雾、

1　班纳姆，《检验：5。建筑投机商：走向波普建筑》，载《建筑评论》132（July 1962）：43—44。

2　班纳姆，《检验：1。情境：何为技术建筑?》（On Trial: 1. The Situation: What Architecture of Technology?），载《建筑评论》131（January 1962）：98。

3　班纳姆，《一个家庭并非是一幢住宅》，载《美国艺术》（April 1965）：70；重印收入詹克斯（Charles Jencks）与贝尔德（George Baird）编，《建筑的含义》（Meaning in Architecture, New York: Braziller, 1969），109—118；以及奥克曼，《建筑文化，1943—1968》，370—378。

4　Ibid., 79.

5　Ibid., 75.

6　Ibid., 78, 75.

尘埃和污秽之物"），可以被还原为颤抖的性冲动、毒品和摇摆舞。在接下去的另一篇后续的重要文章中，这种对于"小发明"的非建筑力量的迷恋达到了顶点——此文收入《平和环境中的建筑》（*The Architecture of the Well-Tempered Environment*）（1969）一书——值得注意的是，作者将拉斯维加斯的弗里蒙特街（Fremont Street）与原子能能源委员会的风动剧院并列在一起。[1]

班纳姆在 1960 年代的思想转变是与这些年的精神骚动相一致的，其原因部分是战后的经济恢复以及生活标准的提高，部分是受过高等教育的年轻人数量迅速增加——这是"生育高峰"的一代人。一般而言，这一代人太年轻，没有经历过战争的磨难，他们轻松快乐，充满活力，对社会可能发生的剧烈变化充满了乐观情绪；另一方面，激烈的社会动荡和古巴导弹危机已经突显出这样一个事实，即技术将会带来严重的后果。

在这个 10 年中，建筑电讯派（Archigram）的工作在英国也很引人注目。这是一个以汉普斯特德（Hampstead）为中心的年轻建筑师团体，同样受到了富勒未来主义理论的激发，富勒正是班纳姆的技术伙伴，同时也受到了当时文化快乐论的影响。该团体的成员有彼得·库克（Peter Cook）、乔克（Warren Chalk）、克朗普顿（Dennis Crompton）、戴维·格林（David Greene）、赫伦（Ron Herron）以及迈克尔·韦布（Michael Webb）。第一期《建筑电讯派》（*Archigram*）杂志出版于 1961 年，紧急宣布"新一代建筑必定会以拒绝'现代'规则的形式与空间形象而崛起，但实际上还是保留着这些规则。**我们决定要超越衰落的包豪斯图像，这些图像是对功能主义的一种侮辱**"。[2]如果说这一使命开始时暗示了富于诗意的"轨道头盔"（orbital helmets）和"身体运输法"（body transportation methods），那么它后来至少在韦布设计的"犯罪中心"（Sin Centre）中具备了建筑构造形式的模样。这是 1959—1962 年间的一个主题项目，将一家百货公司的娱乐设施，如保龄球馆、电影院、剧场、舞厅、咖啡屋和酒吧等，统合于"免下车广场"（drive-in galleria）这一概念之伞下面。[3]到 1963 年该杂志出版第三期时，又对人居环境及其空间时代的种种可能性做了更为激进的重新考量，从而抛弃了装模作样效忠非包豪斯式现代主义基本原理的做法。赫伦和乔克的《活力城市》（Living City）首当其冲，此文基于可消耗性概念。随着 1964 年彼得·库克（Peter Cook）的《插件城市》（Plug-In City）一文在《建筑电讯派》第五期上发表——使以导管、管道和空间框架构成三维基础设施，再插上生活单元的"软件"，这种乌托邦式的图景开始具有了狂躁的成分。赫伦的《步行城市》（*Walking City*）（1964）注意到了即将来临的核浩劫的另一侧面：长着脚的城市豆荚蔓延于纽约城的废墟中，里面住着一些幸存者。班纳姆的好友锡德里克·普赖斯（Cedric Price）设计的"游乐宫"（Fun Palace），其意图也与此有关。这是始于 1961 年的一个实际项目：为伦敦东区规划"娱乐实验室"。它的三维空间构架体系、斜坡、活动式墙体、地板、天顶以及风帘，专为闲暇时光的音

1 见班纳姆，《伟大的小发明》（The Great Gizmo），载《工业设计》（*Industrial Design*），no. 12（September 1965）：48—59；重印收入《一位批评家在写作：雷纳·班纳姆文集》（*A Critic Writes: Essays by Reyner Banham*），玛丽·班纳姆（Mary Banham）等编（Berkeley: University of California Press, 1996），109—118。参见班纳姆，《平和环境中的建筑》（London: Architectural Press, 1969）。

2 彼得·库克，《建筑电讯派》（London: Studio Vista, 1972），8。

3 Ibid., 12.

乐、舞蹈、戏剧疗法、造型、电影和科学等活动而设计，当然这是波普文化的新现象。

弗里德曼（Yona Friedman）（生于 1923 年）所做的空间构架提案领先于建筑电讯派若干年。弗里德曼是位建筑师和工程师，匈牙利人，曾在以色列接受过训练，1957 年重新定居于巴黎。他对 1956 年 CIAM 会议的讨论提出过批评，组织了一个名为活动建筑研究小组（GEAM）（Groupe d'Etudes d'Architecture Mobile）的团体，其成员有迈蒙（Paul Maymont）、弗赖·奥托（Frei Otto）和舒尔策－菲利茨（Eckhard Schultze-Fielitz）。到了 1957 年底，弗里德曼已写出了他的《活动建筑》（L'Architecture Mobile）（1959）一书的初稿，在书中他勾勒出后来几十年工作所依据的观念。他所谓的"活动建筑"，[368] 并非指班纳姆式的装有高科技部件的自动运输系统，而是指这样一个传说中的事实："决定社会生活的概念永远处于变化之中"，但现如今向着闲暇倾斜，而一成不变的传统建筑则不能满足这些变化的概念。[1] 他提出了一个全球千座新城体系，其中每座城市可容纳 300 万居民，都架设在机械性或结构性的支柱之上，采用巨型的多层空间构架，居民们可以随意将他们的轻型"居住单元"安装在这个构架上的任何地方。

弗里德曼有一批精神上的追随者。1958 年，奥地利艺术家洪德特瓦瑟尔（Hundertwasser）发表了《模具宣言》（Mould Manifesto），除了允许公寓居民探出窗外"在石竹花周围画任何东西，只要他能用一只长长的画笔够得到"，还呼吁拆除"密斯·凡·德·罗、诺伊特拉、包豪斯、格罗皮乌斯、勒·柯布西耶等人的建筑物，因为在一代人的时间里，这些建筑物已经过了时，在道德上不可忍受了"。[2] 同年，荷兰画家康斯坦特（Constant）（即 Victor E. Nieuwenhuys）和法国批评家德博（Guy Debord）组织了一个达达派团体"情境主义国际"（Internationale Situationiste）。他俩在读了赫伊津哈之后都成了"游戏专家"。用当时的套话来说，他们发誓要与资本主义的反动意识形态做斗争，并提出了一揽子方案以满足居住、交通和娱乐以及社会、心理与艺术生活的未来主义需要。[3] 在 1940 年代晚期和 1950 年代初，康斯坦特与阿尔多·凡·埃克的联系对第十次会议小组产生了一些影响。[4] 1960 年，他与情境主义者分手去寻求自己的"新巴比伦"意象，这是一座高耸的城市，最初基于弗里德曼的工作。[5]

1　弗里德曼，《活动建筑：走向由居民设计的城市》（L'Architecture mobile: Vers une cité conçue par ses habitants, Paris: Casterman, 1970; 私人出版于 1959 年）。引自奥克曼，《建筑文化，1943—1968》，274。参见弗里德曼，《城镇空间规划的十条基本原理》（The Ten Principles of Space Town Planning）（1962）；以及《活动建筑研究小组：活动建筑方案》（GEAM：Programme for a Morbile Architecture），收入康拉兹编，《20 世纪建筑纲领与宣言》（Cambridge: M. I. T. Press, 1984），183—184，167—168。

2　洪德特瓦瑟尔，《模具宣言，反对建筑中的理性主义》（Mould Manifesto against Rationalism in Architecture）（1958），收入康拉兹编，《纲领与宣言》，157—160。

3　见康斯坦特与德博，《情境主义的定义》（Situationist Definitions）以及《情境主义者：国际宣言》（Situationists: International Manifesto），收入康拉兹编，《纲领与宣言》，161—162，172—174。

4　见维奥罗（Jean-Louis Violeau），《建筑批判：情境主义国际的苦涩胜利》（A Critique of Architecture: The Bitter Vicotry of the Situationist International），收入戈德哈格（Goldhage）与勒高尔特（Legault），《焦虑的现代主义》，239—259。康斯坦特的思想也发表于荷兰建筑杂志《论坛》上，这是在凡·埃克与巴克马加入编辑班子之后不久，尤其见《论坛》，no.6（1959）。

5　见康斯坦特，《新巴比伦》，收入康拉兹编，《纲领与宣言》，177—178。参见康斯坦特，《大戏就要上演》（The Great Game to Come），收入奥克曼，《建筑文化，1943—1968》，314—416。作品集《新巴比伦》以各种版本出版。

日本的新陈代谢派也被未来主义的思维方式所吸引。[1]然而，日本年轻人在情感上的冷漠、疏离不同于西方人，它产生于战争对人们身心的蹂躏，即一位历史学家所说的，试图将一种普遍的文化焦虑感与"幸存的幸福感"调和起来。[2]这一派中的每位建筑师都想提出"未来世界的未来设计"，而该团体之所以选择这一名称，是因为人类社会本身就是一个生命过程，"从原子到星云的连续不断地发展。我们之所以采用'新陈代谢'这个生物学词汇，是因为我们相信设计与技术应是人类生命的外延"[3]。该团体受到了菊竹清训（Kiyonori Kikutake）两个项目的启示，他于 1958 年在东京建起了他的"天宅"(Sky House)，次年年初制订了他的"海上城市"(Marine City) 项目：一系列插件式圆柱体住宅楼（300 米高，可容纳 5000 居民）以及海上圆形平台重工业基地。丹下健三将这个方案展示于 1959 年的奥特洛会议。

丹下本人不是这个团体的正式成员，而是他们的导师。现在丹下已经超越了他早先的柯布西耶式的形式构成，专注于城市规划问题。他最初在 1959 年作为麻省理工的访问教授，指导五年级学生做了一个项目，设计一个位于波士顿湾的住宅区，要能容纳 25000 居民。他本人在 1960 年为东京湾策划了一个更雄心勃勃的方案：一座可容纳 1 千万人口的城市，其概念与规模都很宏大。他建议不以东京老城区为中心进行同心扩展，而是建立多层次通讯及市政轴线，跨越东京湾，每边提供三层公路，将该城的商业区集中于两侧主干道之间的区域。地方交通道路从这些主干道放射出来，伸展出去，进入海湾，与几十个大型住宅区（基于日本传统模式）相连。这些住宅区与道路做垂直安排。丹下将他的方案解释为一种将城市结构与交通一体化的方法，也是一种"寻求新的城市空间秩序"的方法，而"这种秩序反映了当代社会开放的组织结构和自发的移动性"。[4]

1960 年的世界设计大会讨论了丹下的方案。此次会议于 5 月在东京举行，为期 5 天。第十次会议小组的一个成员出席了会议，还有来自美国的卡恩、山崎实(Minoru Yamazaki)、鲁道夫(Paul Rudolph) 和索里亚诺 (Raphael Soriano)。此次会议也成了发表新陈代谢派宣言的场合，即《新陈代谢：新城市规划建议书》(Metabolism: Proposals for a New Urbanism)（1960），介绍了菊竹清训、黑川纪章（Kisho Kurokawa）（生于 1923）、大高正人 (Masato Ohtaka)（生于 1923）以及槇文彦 (Fumihiko Maki)（生于 1928）的工作；后来又有矶崎新 (Arata Isozaki)（生于 1931）加入了该团体。这是一帮有才华的日本新一代建筑师。菊竹清训和矶崎新工作于丹下的事务所，大高为前川国男工作，槇文彦曾经在克兰布鲁克美术学院和哈佛学习，后来任教于圣路易斯华盛顿大学。1961 年，黑川纪章提出了基于 DNA 染色体结构的"螺旋结构"(Helix Structure) 的观念。在他的概念中，螺旋成了三维簇系统的

1　关于日本新陈代谢派，见川添登（Noboru Kawazoe）编，《新陈代谢派 1960：新城市规划建议书》(Metabolism 1960: Proposals for a New Urbanism, Tokyo: Bijutsu Shuppansha, 1960)；以及黑川纪章 (Kisho Noriaki Kurokawa)，《新陈代谢派建筑》(Metabolism in Architecture, Boulder, Colo: Westview Press, 1977)。

2　温德肯（Cherie Wendelken），《将新陈代谢派放回原处：在日本创造彻底去语境的建筑》(Putting Metabolism Back in Place: Decontextualized Architecture in Japan)，收入戈德哈格与加尔特，《焦虑的现代主义》，292。

3　菊竹清训为川添登的《新陈代谢派 1960》一书撰写的前言。

4　丹下健三，《东京规划，1960：以结构性改造为目标》(A Plan for Tokyo, 1960: Toward a Structural Reorganization)，收入奥克曼《建筑文化，1943—1968》，330。

一种空间构架。[1] 槇文彦和大高反对"组形"(Group Form) 观念，认为这个概念与"我们在数千年建筑中所见到的独立自足的图像"格格不入。[2]

[369]

这种未来主义的、反传统的建筑观念在日本的宣泄，导致 1960 年代产生了一些最非凡的、具有远见的设计，如矶崎新的"空中城市"(City in the Air) (1961—1962)，住宅单元从圆柱体辅助塔上直线悬挂下来。甚至其后数年的一些建筑物也采纳了这类提示，其中有丹下为 1964 年奥运会以及东京静冈县新闻广播中心 (1966—1967) 设计的拉张结构、黑川纪章设计的位于乙女卡 (Otome Pass) 的积木状餐厅 (1968) 以及他最具代表性的作品中银舱体大楼 (Nakagin Capsule Tower) (1972)。1970 年，大阪博览会展示了受到新陈代谢派影响的作品，尽管到那时该团体原先的成员全都分道扬镳了。

除了新陈代谢派之外，1960 年代的乌托邦思维未能留下更多的遗产。但在这反文化的愿景背后，却存在着一个严肃的内核，被工程师以及那些将要创造观念财富的人理论化了。瓦克斯曼在 1960 年代已经建立起了他的国际性业务，并在德国、加利福尼亚和日本从事教学。奥托 (Frie Otto) (生于 1925) 的结构研究回归到他当年跟从萨里宁和诺维斯基的训练，像他这样的一些设计师正在开拓拉张研究的新领域。多面手富勒现在已经成为被崇拜的偶像，无论在科学界还是公共领域。1960 年代他发明了整体张拉结构，建成了 1967 年蒙特利尔博览会的网状穹顶，并提出了覆盖纽约城的大穹顶方案 (1968)，至此结束了他多彩的职业生涯。人们普遍持有这样的信念：技术能够解决世上的许多难题；而那个时代取得的技术成就多少也支持着这种信念。从前景广阔的 DNA 密码的发现到登上月球，一切皆有可能。

4. 现象学、结构主义与符号学

正如我们所见，建筑理论在一个更广阔的智性背景下展开，往往借助于跨学科的工具开展批评。20 世纪 50、60 年代也是如此，人们做出各种尝试为设计提供更为严谨的基础或批评工具。如哲学、心理学和社会学等学问提供了现成可以利用的研究成果，往往可以被直接用来理解与改造人类环境。而那些较为抽象的学科也提供了批评体系，并对建筑思想产生影响。现象学、结构主义和符号学便是三门此类学科，它们都针对形式与意义的知觉或动力论进行研究，进而提出了现代主义建筑中某些关于功能主义假设的问题。

最先进入建筑话语的或许是现象学。德国数学家、哲学家胡塞尔 (Edmund Husserl) 在他的《逻辑研究》(*Logical Investigations*) (1900—1901) 和《纯粹现象学和现象学哲学的观念》(*Ideas Toward a Pure*

---

1 黑川纪章，《新陈代谢派建筑》，56。

2 槇文彦与大高正人，《新陈代谢派 1960》，收入川添登，《新陈代谢派 1960》，59。

Phenomenology and Phenomenological Philosophy）（1913）中，第一次系统地表述了这一哲学思想流派的概念。[1]
简单说来，现象学是对人类意识的研究 —— 也就是说，研究事物作为"形相"（appearances）
呈现于我们日常体验中的各种不同方式。该学派在很大程度上是欧洲大陆的一场思想运动，与
英国经验主义和逻辑实证主义传统相对立，也与早期欧洲大陆的形而上学思想相决裂。在 19
世纪，形而上学大体是通过抽象的概念来讨论人类境遇的。胡塞尔的主张 —— *Zu den Sachen
selbst*（诉诸事物本身）—— 要求返回到现象或实体的世界。根据现象学的基本概念"意向性"
（intentionality），我们与世界的心理关系总是关于某物的"意识"，这种意识直接指向具体的人、物
和相关的观念。不过，出于哲学的目的，现象学主张"简化"形相，或将这些形相归类，通过
这一过程人便可将他对现实世界的信念与判断悬置起来，以便考察现象，摆脱任何天真的偏见
或假设。

　　因此，现象学可以被定义为一种试图将主体（我对世界的意识）与客体（形相）之间的
关系描述为一种复杂的体验与阐释过程的学问。它试图揭示或解释我们意识的"视野"，即我
们在实际生活时的心理过程。内在的视野是经验、记忆、欲望或关切，我们凭借它们面对或感
知世界上的事物；外在的视野界定了更大的上下文，事物在其中显现、获取并修改着它们的含
义。现象学的终极目标是要对人类境况获取更宏大的哲学理解；它不去为人类存在构建任何范
[370] 型或规范，而是具体地关注于人类经验的"日常生活世界"（*Lebenswelt*）。

　　现象学思想首先通过战后存在主义哲学思潮得以彰显。一般而言，存在主义研究本体论
问题以及战争造成的人的异化。不过在 1950 年代，有两位人物为建筑现象学赋予了十分具
体的含义，他们就是梅洛 – 庞蒂（Maurice Merleau-Ponty）（1908 — 1961）和海德格尔（Martin Heidegger）
（1889 — 1976）。

　　梅洛 – 庞蒂的《知觉现象学》（*Phenomenology of Perception*）（1945）是一部里程碑式的著作，强
调人日常体验的世界是一个前反思的、知觉的、空间的与时间的世界。其中心论点是，身体不
是一个随机处于某个三维空间的真空中的、中性的、抽象的实体，而是存在于当下的一个无
定形的、动觉的知觉场，凭借它我们生成了时空关系 —— 一条"普通空间关系不能跨越的边
界" —— 从而界定了我们在这世界上的生存。[2] "我"的身体决定了什么是内部（"我"自己）、
什么是外部（世界），决定了什么在前、什么在后；身体的朝向和运动性决定了"我"如何体
验某种情感，比如当"我"穿过一个房间时产生的情感。此外，这个经验场在知觉上是复杂易
变的，有着不同年龄、文化、教育和经验的人之间存在着广泛的差异，故强调的是这些联系的
质的方面。因此在梅格 – 庞蒂看来，像"空间的阐释"之类的抽象短语是没有什么意义的；它
太过笼统，只有对某种具体经验或一组经验进行严肃的现象学反思之后，它才是可以理解的。

1　胡塞尔，《逻辑研究》（*Logical Investigations*），2 vols.，芬德利（J. N. Findlay）翻译（London: Routledge & Kegan Paul, 1976）；《观念：纯粹现象学概论》（*Ideas: General Introduction to Pure Phenomenology*），博伊斯·吉布森（W. R. Boyce Gibson）翻译（New York: Collier Books, 1962）。
2　梅洛 – 庞蒂，《知觉现象学》，科林·史密斯（Colin Smith）翻译（London: Routledge & Kegan Paul, 1962），98。

应该将梅格－庞蒂的知觉现象学（或称身体现象学）与韦特海默 (Max Wertheimer)（1880—1943）和克勒 (Wolfgang Köhler)（1897—1967）等人开创的格式塔心理学理论区分开来。格式塔理论追求科学性，从结构 (Gestalten) 或由局部构成的视觉整体的角度来分析知觉材料。例如，格式塔心理学家会以实验的方式研究在照明、透视或听觉品质等因素影响下人是如何感知一个房间的空间的。不过，在阿恩海姆 (Rudolf Arnheim)（生于 1904）的著作中，格式塔心理学和现象学之间并非泾渭分明，他的第一本著作是《艺术与视知觉：创造之眼的心理学》(Art and Visual Perception: A Psychology of the Creative Eye)（1954）。他对于艺术和建筑作品的视觉结构的兴趣，往往具有明显的现象学特征，他的著作被学建筑的学生广泛研读。

通过海德格尔的后期著述，现象学也流行于建筑领域。这位德国哲学家于 1913 年完成了他的博士学业，开始了弗赖堡大学的教学生涯。这是在胡塞尔来该校任教 3 年之后。后来，他与胡塞尔建立了紧密的工作关系，写下了他最著名的著作《存在与时间》(Being and Time)，出版于 1927 年。[1] 尽管现象学研究是该书的推动力以及总体方法，但海德格尔在诸多方面脱离了胡塞尔的方法——主要是他的解经学取向，以及对于"存在"(being) 这一本体论问题的关注。尽管该书学识渊博，但他的分析形式不是古典式的。正如他对 Dasein（字面意思是"在那里"）的现象学说明——人的实体被抛入了一个情绪与情境的世界中，在体验着大量日常关切的同时，总是将它自身投射到未来。因此，他将原本用于解读与阐释圣经原典，后来又用于解释法律和历史的解经学分析工具引入了本体论，以求得对日常生活中"存在"的理解与解释。

1930 年代，海德格尔开始将他的关注点从存在转移到艺术与技术之类的问题。他发表于 1951 年的演讲《建造、居住、思考》(Building, Dwelling, Thinking) 对建筑思想产生了强烈影响。[2] 此文考察了"建造"这个词的解经学或词源学联系。古英语和高地德语表示"建造"的词是 buan，指居住、待在一个地方，它与德语 ich bin（我在、我是）相关联。因此，建造、居住和存在都与语言概念相关。同样，德语的"空间"(Raum，与英语的"room"相关) 一词，原先并不是抽象概念"空间"(space)（从拉丁语派生而来）的同义词，而是在森林中清理出一块地方以便生活或居住的意思。这一事实突显了这样一种含义：在这个世界上"属于"(belonging to) 自己的地方或清出自己的地方，由此而"在家"(at home)；我们在建造世界的同时，也在构建着自己的身份。建筑，正如这一论证所表明的，不可能被对象化为一套抽象的理性原则，如有用性、效率性、经济性或功能性。建筑更多地是与构建这个世界并赋予我们生活以意义相关联。

现象学在我们日常生活中寻绎出意义，而语言学的结构主义运动则从更为一般与普通的方式来考察意义。结构主义的基本分析模型是由语言学家索绪尔 (Ferdinand de Saussure)（1857—1913）创建的，他身后出版的《普通语言学教程》(Course of General Linguistics)（1916）成为语言学家 [371]

1　海德格尔，《存在与时间》，麦奎利 (John Macquarrie) 与鲁宾逊 (Edward Robinson) 翻译 (New York: Harper & Row, 1962)。

2　海德格尔，《建造、居住、思考》，收入《诗歌、语言、思想》(Poetry, Language, Thought)，霍夫施塔特 (Albert Hofstadter) 翻译 (New York: Harper Colophon Books, 1975)，143—162。

的"科学"范式。首先，他将不变的和自足的"语言"(langue)规则与个性化的、偶然的"言语"(parole)元素区别开来；其次，他更笼统地将语言视为一种由惯例符号与含义构成的封闭系统，具有其内在的规则（句法）和运作方式。[1] 人类学家列维－施特劳斯(Claude Lévi-Strauss)（生于1908）在1950年代通过如《亲属关系的基本结构》(Elementary Structures of Kinship)（1949）、《忧郁的热带》(Tristes Tropiques)（1955）以及《结构人类学》(Structural Anthropology)（1958）等一系列研究，使得结构主义理论得到更通俗更一般的解释。列维－施特劳斯采用了新近的语言学模型，并结合他在解读不同部落社会神话故事时的人类学研究，试图证明存在着普遍的和无意识的精神结构，在人类思维中发挥作用并引导着人类思维，并在一切沟通层面上展现出来——从理性知识到原始人讲故事。[2]

1950年代第十次会议小组中的某些成员以及一批日本和荷兰建筑师，在工作中直接将结构主义，至少作为一个一般的概念，移植到建筑理论中。例如，丹下健三将结构主义作为他在1960年做东京湾规划设计时的一个概念模型。他在其线性方案中提出要建立一条交通主干线作为"大结构"，日常活动的"小生活圈"环绕着这大结构有序安排："我们所面临的重要任务是在这两个极端之间建立起一种有机的联系，并由此在我们的城市中创造一种新的空间秩序。"[3] 丹下那时与新陈代谢派有着密切的工作关系，将结构主义的逻辑视为"审美主义"(aestheticism)的一个替代理论。他在一篇重要论文《功能、结构与象征符号》(Function, Structure and Symbol)（1966）中，将"结构设计"视为功能主义或功能设计的一个羽翼丰满的后继者，一种当时可对控制论与信息论的观点与模型加以利用的思维方法。他的确曾宣布，它是"现如今城市设计的一个基本论题，将空间组织设想为一个沟通网络，一个不断生长与变化的活体"[4]。

结构主义这一术语也广泛出现在1960年之后的荷兰建筑理论之中，尤其与阿尔多·凡·埃克和赫茨伯格(Herman Hertzberger)（生于1923）的人类学兴趣和设计感相关联。卢钦格(Anulf Lüchinger)撰写了研究结构主义的长篇论文《建筑与城市规划中的结构主义》(Structuralism in Architecture and Urban Planning)（1981），将结构主义视为CIAM功能主义思想的后继运动（诞生于奥特洛）。他将建筑结构主义定义为"一套完整的关系，各种元素在其中变化着，但仍然依赖于整体并保持着自身的含义。整体独立于整体与这些元素的关系"[5]。无论就个别建筑还是城市大型建筑而言，结构主义的不同设计战略包括：努力创造出节奏与从属节奏，采用可识别的重复设计；允许生长、一致与变化；最重要的是将建筑体量划分为较大空间秩序中的较小的、较

1　索绪尔，《普通语言学教程》，巴斯金(Wade Baskin)翻译(New York: McGraw-Hill, 1966)。

2　列维－施特劳斯的著作几乎全被翻译成了英文。关于他的生平与理论，见利奇(Edmund Leach)，《克洛德·列维－斯特劳斯》(Chicago: University of Chicago Press, 1989)；以及帕斯(Octavio Paz)，《克洛德·列维－斯特劳斯引论》(Claude Lévi-Strauss: An Introduction, New York: Dell, 1970)。

3　丹下健三，《东京规划1960：以结构改造为目标》，收入《丹下健三1936—1969：建筑与城市设计》，库尔特尔曼(Udo Kultermann)编(Zurich: Verlag für Architektur Artemis, 1970)，130。

4　Ibid., 241.

5　卢钦格，《建筑与城市规划中的结构主义》(Stuttgart: Karl Krämer, 1981)，16。参见赫费尔(Wim J. Van Heuvel)，《荷兰建筑中的结构主义》(Structuralism in Dutch Architecture, Rotterdam: Uitgeverij 010 Publishers, 1992)。

易于把握的单元。凡·埃克设计的阿姆斯特丹孤儿院 (Amsterdam Orphanage) (1957—1960) ——以其大与小、内与外、统一与多样的二元性——被普遍视为荷兰结构主义运动的范式。其他早期结构主义建筑实例，还有凡·登·布鲁克 (van den Broek) 和巴克马设计的"成长的居所" (Growing Dwellings) (1962)，这是凡·斯蒂特 (Joop van Stigt) 和布洛姆 (Piet Blom) 为"儿童村" (Children's Village) (1962) 所设计的竞赛项目，以及赫茨伯格设计的阿佩尔顿保险公司办公楼 (Centraal Beheer, Apeldoorn) (1970—1972)。在国际上，卡恩的金博尔艺术博物馆 (Kimball Art Museum) (1967—1972) 和萨夫迪 (Moshe Safdie) 的"人居环境'67" (Habitat'67) 因其单元化的处理常被说成是结构主义设计。

结构主义的基础是语言学理论，而符号学 (semiotics or semiology) 又与结构主义有着密切的联系。到 1960 年代初，符号学对建筑思想产生了决定性的影响。[1] 符号学关注于一切可被当作"符号" (sign) 的东西，反过来符号又可被定义为任何在公认惯例基础上可当作另一些事物之替代物的东西。在语言学理论中，符号学被视为一种中性的分析工具，用来分析语词与命题的句法与含义。如果将建筑视为复杂意义的载体（从隐含的结构功能到明确的象征性联想），符号学显然就很容易被运用于建筑理论。符号学的各种模型被设计出来，实际上分为两条路线：索绪尔语言学理论中所表述的结构主义二元性——能指 / 所指、语言 / 言语、共时 / 历时——界定了一条符号学思想路线，罗兰·巴特 (Roland Barthes) 的《符号学基础》(Éléments de sémiologie) (1964) 首先对此进行了解释；第二条路线是美国人皮尔斯 (Charles Sanders Pierce) 和他的继承人查尔斯·莫里斯 (Charles W. Morris) 发展起来的。莫里斯的《符号理论基础》(Foundations of the Theory of Signs) 出版于 1938 年——当时他正执教于芝加哥设计研究院。[2]

莫里斯的模型取得了领先地位，因为它得到建筑师的广泛拥护。这一理论首次区分了符号学的三个领域：语用学 (pragmatics)、句法学 (syntactics) 和语义学 (semantics)。语用学研究符号与解读符号者之间的关系，所以一般关注于符号含义的心理学或社会学要素。句法学研究符号之间的形式关系，不涉及意义，也就是说研究的是符号使用的句法或语法规则。语义学已广泛运用于建筑，研究符号与指涉的客体之间的关系，在建筑上它关注特定的形式或母题的含义。而在语义学领域内又可做三重划分，即将符号分为指示符 (indexes)、像拟符 (icons) 和规约符 (symbol)。指示符承载着与它的对象的物理联系，无论是雪地中的一个脚印，还是表示单行道的一个箭头。像拟符是与它的对象相类似的一个符号，如一个出让标志代替了要出售之物的形状。规约符，确切地说是与其客体具有人为的或约定俗成关系的符号。希腊古典时期将多立克式圆柱运用在奉献给男性神祇的神庙上（后来运用在银行建筑上），即是力量规约符的一个实例。实际上，建筑在许多层面上都可以体现符号性。

对"意义"的强调出现在 1950 年代晚期的建筑理论中，从许多方面来看，这是对片面关

[372]

<hr>

1 关于符号学的优秀综述，见贝尔德 (George Baird) 的《符号学与建筑》(Semiotics and Architecture)，收入《美学百科全书》(Encyclopedia of Aesthetics)，麦克尔·凯利 (Michael Kelly) 编 (New York: Oxford University Press, 1998)，1:271—275。

2 莫里斯的长篇文章发表于《国际统一科学百科全书》(International Encyclopedia of Unified Science)，vol. 1, no. 2 (Chicago: University of Chicago Press, 1938)。参见《查尔斯·桑德斯·皮尔斯文选》(The Collected Papers of Charles Sanders Pierce)，8 vols.，哈茨霍恩 (C. Hartshorne) 与韦斯 (P. Weiss) 编 (Cambridge: Harvard University Press, 1974)。

注功能所造成的设计贫乏现象的一种回应。莫里斯 1937—1945 年间在芝加哥设计学院开设了符号学课程，将符号学当作一种建立在更严谨或更科学基础之上的教学工具，以此调和艺术与科学。[1] 符号学在教学中的运用也与莫霍伊－纳吉以及凯派斯(Kepes)对格式塔心理学的运用有关。

正是符号学在教育中的实用性，使马尔多纳多(Tomás Maldonado)在 1950 年代晚期将符号学引入了乌尔姆理工学院(Technical Hochschule)(HfG)的课程中。马尔多纳多不仅开了一门符号学研讨课，而且在两篇文章中表述了他的观念，分别发表于 1959 年和 1962 年。[2] 在解释为何将符号学引入课程时，他说："被电信专家和信息理论专家归类的'含义'一词，被转换成了一个必须对其最微妙意蕴加以研究的因素。分享了语义学和语用学兴趣的有语言学家、心理学家、社会心理学家和社会学家；当然还有现代符号学的代表人物。"[3]

马尔多纳多对于符号学的重视给诺贝格－舒尔茨(Christian Norberg-Schulz)(1926—2000)留下了深刻印象，他的著作《建筑的意图》(*Intentions in Architecture*)首版于 1963 年。诺贝格－舒尔茨曾在苏黎世跟随吉迪恩学习，还曾进入哈佛和伊利诺伊理工学院，并参与了 1950 年代 CIAM 的活动。不过，《建筑的意图》一书试图为一种"令人满意的建筑理论"奠定基础，所以更具有折中性、通论性的色彩。[4] 除了符号学以外，作者还引用了格式塔心理学、皮亚杰(Jean Piaget)的教育理论、沟通模型和结构主义，以探索与界定建筑体验的总体性。不过此书论题宽泛而抽象，这也是一个缺憾，因为符号学只是他"结构分析"四部分中的一个部分，其余还包括建造任务、形式（要素、关系、形式结构）以及结构技术。此外，他并没有认识到符号学是进行阐释的一种有力的批评工具，而是将它视为一种设计方法论或建筑教育的概念媒介。[5] 诺贝格－舒尔茨很快也认识到了这个局限性，因为在数年之内他不再将分析性的"意图"作为其理论的基础，而是转向更严谨的现象学方法，更直接地利用了海德格尔有关场所与意义的观念。[6]

应该看到，《建筑的意图》反映了当时人们想要使过分抽象的功能主义建筑丰富起来的一种旨趣。在 1957—1958 年间，乌尔姆的另一位造访者是里克沃特(Joseph Rykwert)(生于 1926)，他以一篇影响很大的论文《建筑的含义》(Meaning in Architecture)拓展了这一论题。[7] 里克沃特是波兰人，战争期间在伦敦学习建筑，最初被吉迪恩和维特科夫尔的思想所吸引。1950 年代，他大部分时间住在意大利，参与了那里的激烈争论[8]；到了 1960 年，里克沃特为《家宅》(*Domus*)和《黄

1　见马丁，《探索建筑理论：英美之争，1957—1976》，399—408。参见马丁接下来关于符号学在 HfG 的讨论。

2　马尔多纳多，《沟通与符号学》(Communications and Semiotics)，载 *Ulm* 5 (July 1959)：69—78；马尔多纳多，《沟通笔记》(Notes on Communication)，载 *Uppercase* 5 (1962)：5—10，5 篇文章中的一篇与他的研讨课及其成果相关。

3　马尔多纳多，《沟通笔记》，5。

4　诺贝格－舒尔茨，《建筑意图》(Cambridge: M. I. T. Press, 1965; 原版出版于 1963)，7。

5　塔夫里 (Manfredo Tafuri) 也指责诺贝格－舒尔茨把分析建立在非历史的标准之上。见塔夫里，《建筑的理论与历史》，韦雷基亚 (Giorgio Verrecchia) 翻译 (New York: Harper & Row, 1917)，172。

6　在这方面，他的关键著作是《存在、空间与建筑》(*Existence, Space and Architecture*, New York: Praeger, 1971)。

7　里克沃特，《建筑的含义》，载《黄道带》6 (1960)：193—196；重印收入里克沃特，《论技巧的必要性》(*The Necessity of Artifice*, London: Academy Editions, 1982)，9—16。

8　迈克尔·博顿 (Michael Burton) 与里克沃特以《意大利折中主义》一文对班纳姆 1952 年的两篇文章做了回应，载《建筑评论》113 (February 1953)：134。

道带》(Zodiac) 杂志撰稿，将批评的锋芒转向理性主义建筑。在他看来，如果"新地域主义"只是苏维埃"社会现实主义"的本末倒置——他们诉诸濒谱的两端——那么现在就是建筑师"承认他们工作的情感力量的时候了；这种认识依赖于对建筑的内涵甚至指涉内容的有序调查"[1]。例如里克沃特指出，一座住宅并不只是满足功能需要的手段，"人希望他的住宅能使自己确信，他在某种程度上处于宇宙的中心；他的家在他与外部一切混乱的、有威胁的世界之间进行着调解；在某个确定的地方，世界为他而凝结于一处，这个地方是属于他的，是他的庇护所、他的城堡"[2]。因此，英国住宅中的那些城堡式建筑，或美国郊区住宅的大牧场建筑母题，都有重要的心理或情感基础维系着。他总结道，"通过对环境的语义学研究，我们可以发现我们建筑物中的言说手段。只有这样我们才能够将其传达给普通人"[3]。

[373]

符号学研究在意大利也很流行。有一篇具有生发性的重要文章是贝蒂尼 (Sergio Bettini) 的《语义学批评；以及欧洲建筑的历史延续性》(Semantic Criticism; and the Historical Continuity of European Architecture) (1958)。他在此文中引证了卡西尔 (Ernst Cassirer)、潘诺夫斯基 (Erwin Panofsky) 和索绪尔的观点，指出即便是非再现性的现代艺术作品也保留着可辨认的语言结构。[4] 贝蒂尼也是第一批以"符号"来谈论建筑内涵的理论家之一。1960 年代中期，出现了一批内容更为丰富的研究成果：柯尼希 (Giovanni Klaus Koenig) 的《建筑语言分析》(Analisi del Linguaggio architettonico) (1964)、德·富斯科 (Renato De Fusco) 的《建筑成为大众媒体：论建筑符号学》(Architettura come mass medium: Note per una semiologia architettonica) (1967)、斯卡尔韦尼 (Maria Luisa Scalvini) 的《建筑空间中的符号与含义》(Simbolo e significato nello spazio architettonico) (1968)，以及埃科 (Umberto Eco) 的《缺席的结构：符号学研究导论》(La Struttura assente: Introduzione alla ricerca semiologica) (1968)。[5] 最后这本书的一些章节于 1973 年以英文发表，题为《功能与符号：建筑符号学》(Function and Sign: The Semiotics of Architecture)。[6] 埃科将建筑视为一系列复杂的编码过程——技术的、句法的和语义的代码，而这些代码只是在一个由外在代码或者说人类学代码所构成的更普通的矩阵之内依次呈现出来。因此，事物的含义不可能永远不变，实际上建筑师也控制不了使用者最终如何解释他们的作品。

在 1960 年代中期，人们对符号学的兴趣在英国迅猛增长，这多少是意大利人、里克沃特（任教于大学学院）以及诺贝格－舒尔茨（任教于剑桥大学）努力的结果，而列维－施特劳斯的结构主义、卡西尔的名望以及贡布里希 (Ernst Gombrich) 的著作也刺激了符号学的传播。贝尔德 (Canadian George Baird) (生于 1939) 是一位符号学的有力倡导者，他于 1960 年代中期在伦敦取得

1　里克沃特，《意义与建筑》，193。

2　Ibid., 195.

3　Ibid., 196.

4　贝蒂尼，《语义学批评，以及欧洲建筑的历史延续性》(Semantic Criticism; and the Historical Coutinuity of European Architecture)，《黄道带》2 (1958)：191—203（英文版）。

5　柯尼希，《建筑语言分析》(Florence: Liberia editrice Fiorentina, 1964)；富斯科，《建筑成为大众媒体：论建筑符号学》(Bari: Dedalo, 1967)；斯卡尔韦尼，《建筑空间中的符号与含义》，载《美家》，no. 328 (1968)：42—47。

6　最初发表于《VIA I：宾夕法尼亚大学美术研究生院学刊》(VIAI: The Journal of the Graduate School of Fine Art, University of Pennsylvania)，1973；重印收入布罗德本特 (Geoffrey Broadbent)、本特 (Richard Bunt) 以及詹克斯 (Charles Jencks) 编，《符号、象征与建筑》(Signs, Symbols, and Architecture, Chichester, England: Wiley, 1980)。

了博士学位。他在 1966 年发表于《竞技场》(*Arena*) 上的《摄政公园的悖论：关于阐释的一个问题》(Paradox in Regents Park：A Question of Interpretation) 一文中提出了这个话题，强调了知觉在阐释过程中的积极作用。[1] 接着，他又与美国人詹克斯 (Charles Jencks)（生于 1939）合编了一期《建筑学会会刊》(*Architectural Association Journal*) 的特刊，题为《建筑的含义》(*Meaning in Architecture*)。史密斯 (Norris K. Smith)、科洪 (Alan Colquhoun)（他的重要文章结合了类型学、语言学与结构主义观念）、里克沃特、莫雷蒂和贝尔德等人，都围绕着贝尔德确定的主题撰了稿，这主题便是："那些与我们的意识如此息息相关的意义结构，是极其分明的，是经得起理性的讨论与分析的。"[2] 詹克斯与贝尔德合编的《建筑的含义》(*Meaning in Architecture*)（1969）一书收入了这些重要论文，还增加了以下人士的文章：诺贝格－舒尔茨、布罗德本特 (Geoffrey Broadbent)、班纳姆、弗兰普顿 (Kenneth Frampton)、波利 (Martin Pawley)、阿尔多·凡·埃克、肖艾 (Françoise Choay)、西尔弗 (Nathan Silver) 以及德夫勒斯 (Gillo Dorfles)。[3] 正是此书的主旨加上埃科 (Eco) 的工作，为 1970 年代初符号学活动的爆发奠定了基础。

5. 翁格尔斯、斯特林、斯卡尔帕和罗西

CIAM 在奥特洛的解散与罗杰斯和英国批评家之间的论争，都给 1960 年代欧洲建筑理论留下了印记。这个 10 年的初期，理论战线相对平静，但末期却经历了 1968 年的政治与社会动荡。1965 年，勒·柯布西耶的去世强化了一开始的平静感。欧洲失去了一位受到高度赞扬的大师，他曾强有力地塑造了欧洲的建筑思想。在欧洲大陆，许多在 1970 年代初设定了新发展方向的建筑师——博菲利 (Ricardo Bofill)（生于 1939）、莫内奥 (Rafael Moneo)、马里奥·博塔 (Mario Botta)（生于 1943）、霍莱因 (Hans Hollein)（生于 1934）以及包赞巴克 (Christian de Portzamparc)，这只是一小部分——不是还在学校学习，就是刚开始从事实践。在法国，杰出的建筑师和工程师普鲁韦 (Jean Prouvé)（1901—1984）仍在忙碌着。在德国，建筑师戈特弗里德·博姆 (Gottfried Böhm)（生于 1920）和沙特纳 (Karljosef Schattner)（生于 1924）重新燃起了对传统的兴趣，回归中世纪工艺，平静地尝试着一种精致的后现代巴洛克的可能性。[4]

在 1960 年代初，翁格尔斯 (Oswald Mathias Ungers)（生于 1926）的工作在德国奏响了不和谐的旋律。[5] 他是凯塞尔塞施 (Kaisersesch) 人，曾应征入伍，直至二战结束时当了俘虏。1950 年，他

---

1 贝尔德，《摄政公园的悖论：关于阐释的一个问题》，载《竞技场：建筑协会会刊》(*Arena: Architectural Association Journal*) 81 (April 1966)：272—276。

2 《建筑的含义》(特刊)，载《建筑协会会刊》83 (June 1967)：7。

3 詹克斯与贝尔德编，《建筑的含义》(New York: Braziller, 1969)。

4 关于博姆与沙特纳的工作，见最近的展览目录《新德国建筑：一种自我反省的现代主义》(*New German Architecture: A Reflexive Modernism*)，施瓦兹 (Ullrich Schwarz) 编 (Ostfildern-Ruit, Germany: Hatje Cantz Verlag, 2002)。

5 关于翁格尔斯的工作，见《建筑师 O. M. 翁格尔斯，1951—1991》(*O. M. Ungers, Architektur, 1951–1991*, Stuttgart: Deutsche Verlags-Anstalt, 1991)；以及基伦 (Martin Kieren)，《奥斯瓦尔德·马蒂亚斯·翁格尔斯》(*Oswald Mathias Ungers*, Zurich: Artemis, 1994)。

完成了在卡尔斯鲁厄的建筑学业，并在备遭战争蹂躏的科隆开了一间小事务所。在这个 10 年 [374]
中他曾出席过 CIAM 大会，最终与第十次会议小组的建筑师圈子相接近，尽管他是欣克尔的赞
赏者，站在罗杰斯的一边与彼得·史密森进行辩论。他自己的住宅（1959）是一个抽象的砖砌
立方体结构，悬挑于混凝土框架上，后来班纳姆将它引述为砖砌野性主义的"棘手案例"之一。
不过它内涵丰富并暗示了门德尔松和黑林的作品，显得与众不同。[1] 次年，翁格尔斯与吉塞尔
曼（Reinhard Gieselmann）一道发表了一篇简短的宣言《走向新建筑》（Towards a New Architecture）。尽管该文
写得不太深刻或未能点明他后来的方向，但至少记录了他对那个时代"技术、功能方法"以及
"数学社会秩序"的反对，他认为这些导致了当代建筑实践的一致性和单一性。[2]

　　翁格尔斯的看法在 1963 年前后发生了转变，这一年他开始任教于柏林工业大学（Techical
University in Berlin）。他的教学生涯实际上导致了他的建筑实践中断了将近 13 年（他还任教于康奈
尔与哈佛），这倒使他可以专注于不断发展自己的理性主义观念，并推导出后来的诸如类型
学、变形、装配和碎片等概念。在这些年中，他设计的一些未实施的项目，如科隆古祖格南区
（Grünzug Süd）的再开发方案（1962）、荷兰恩斯赫德（Enschede）特文特理工学院（Twente Polytechnic）的
学生宿舍（1964）、古典风格的德国驻梵蒂冈大使馆（1965），以及柏林普鲁士文化遗产博物馆
（Museums for Prussian Cultural Heritage）（1965），在类型／空间复杂性、几何性的强弱以及原始形态的利用
等方面，都与早期设计大为不同。所有这些设计都十分自觉地背离了功能主义的空间同一性，
处于欧洲理性主义运动发展浪潮的中心地位——没有政治包装。当他于 1968 年离开去康奈尔
大学时，将情境主义主题综合进了高度概念化的设计方法论之中。

　　关于方法论的思考在赫斯利（Bernhard Hoesli）的教学中也起到了重要作用。他在 1950 年代晚
期离开得克萨斯大学回到瑞士。他曾与埃布利（Werner Aebli）合伙，但更重要的是他于 1959 年成
为瑞士联邦理工学院（Swiss Federal Institute of Technology）（ETH）的一名教授，他利用在得克萨斯的经
验，负责组建一年级的设计课程。实际上，他在数十年的时间里设计了一套极具方法论特点的
课程，强调设计不是建筑类型的表达，而是一系列越来越复杂的受控工作步骤，空间练习与概
念操练交替进行。[3] 霍斯利在瑞士彻底革新了建筑教育，在很大程度上界定了"ETH 风格"。

　　英国这些年的建筑局面——除了班纳姆和建筑电讯派之外——确实更加支离破碎了。各
种建筑期刊上发展的争论具有相当高的水平，但观念的纯熟并未在实践中反映出来。此外，这
也是一个过渡时期。1964 年，福斯特（Norman Foster）、奇斯曼（Wendy Cheeseman）、理查德·罗杰斯（Richard
Rogers）和布伦韦尔（Su Brumwell）在伦敦成立了"四人组"（Team 4）。史密森夫妇以及班纳姆的对手们
无疑对这家公司的早期建筑观念产生了强烈影响，不过福斯特和罗杰斯在耶鲁大学的研究（他
们两人在耶鲁遇见），萨里宁和斯基德莫尔（Skidmore）、奥因斯（Owings）和梅里尔（Merrill）的工作

1　班纳姆，《新野性主义：伦理抑或美学?》（*The New Brutalism: Ethic or Aesthetic?*, London: Architectural Press,1966），125—126。
2　吉塞尔曼与翁格尔斯，《走向新建筑》（1960），收入康拉兹，《纲领与宣言》，165。
3　见詹森（Jürg Jansen）等，《建筑教学：伯恩哈德·赫斯利在苏黎世理工学院建筑系》（*Teaching Architecture: Bernhard Hoesli
at the Department of Architecture at the ETH Zurich*, Zurich: Institut für Geschichte und Theorie der Architektur, 1989）。

（罗杰斯曾在梅里尔的事务所工作过），以及富勒的观念，也对他们产生了很大影响（富斯特是富勒的好友）。斯温顿（Swindon）信实自动控制工厂（Reliance Controls Factory），是这家公司于 1967 年解体之前的一项杰出的合作成果，展示了 SOM 的影响，背离了欧洲大陆的发展而自成一格。两个十分著名的后继公司——福斯特联合公司（Foster Associates）和皮亚诺与罗杰斯公司（Piano and Rogers）——在 1970 年代逐渐崭露头角。

斯特林（James Stirling）（1926—1992）是这一时期另一位杰出的英国建筑师。他脱离了野性派的运行轨迹，设计的位于米德尔塞克斯（Middlesex）哈姆公地（Ham Common）的公寓楼（1955—1958）反映了他早期十分喜欢借用勒·柯布西耶的母题（近似于盲目崇拜）。在 1957 年的一篇评论《现代建筑中的地域主义》（Regionalism in Modern Architecture）中，斯特林表达了对"新传统主义"的某种矛盾心理：一方面，他将它视为重新评估沃伊齐和麦金托什工作的一个契机；另一方面，他又将它看作是与这个新世界及其常规格格不入的，这个常规便是"发明技术并发展出能体现现代立场的合适的表达方式"[1]。然而到了 1960 年代初，他消除了这种矛盾心态，全身心投入国际主义与机器美学——他与班纳姆的友谊确实强化了他的这种投入。

[375] 莱斯特大学（Leicester University）的工程大楼（Engineering Building）（1959—1963）即是这些年所设计的，其质朴的结构被班纳姆夸为"不可思议的创造；由于严格地从关于结构与循环系统的思考出发，没有任何虚饰与花哨的东西，就愈加是不可思议的创造了"——也就是说，多少是因为它细节粗犷、强光眩目，以及液压若出了问题便可听见（图 101）。[2] 1963 年，斯特林独立开业，他在剑桥大学的历史系大楼（History Faculty Building）（1964—1968）以及牛津皇后学院的弗洛里宿舍大楼（Florey Residential Hall）（1966—1971）大量使用了玻璃，这两座建筑都同样受到结构、机械、照明和冷凝等问题的困扰。直到设计黑索米尔（Haslemere）奥利韦蒂培训学校（Olivetti Training School）（1969—1972）时，斯特林才不再采用大面积的玻璃幕墙。1970 年代初他的设计方法再度改变，部分是因为他与克里尔（Leon Krier）以及之后与霍莱因（Hans Hollein）交上了朋友。这突显了这一时期的过渡性质。

除了班纳姆与诺贝格－舒尔茨的著述之外，在 1960 年代英国建筑理论界产生影响的还有柯林斯（Peter Collins）（1920—1981）的《现代建筑理想的变迁，1750—1950》（The Changing Ideals of Modern Architecture，1750—1950），出版于 1965 年。[3] 柯林斯于战前和战后都在利兹艺术学院（Leeds College of Art）学习，并在瑞士和法国工作过（在佩雷的领导下工作于勒阿弗尔 [Le Havre] 的重建工程），1956 年前往蒙特利尔（Montréal）任教于麦吉尔大学（McGill University）。他的第一本书《混凝土，新建筑的前景》（Concrete, the Vision of a New Architecture）（1959）对这种材料的历史以及在佩雷手中的发

---

1 斯特林，《现代建筑中的地域主义》，《建筑师年鉴》（Architects' Year Book）7 (1957)。引自奥克曼，《建筑文化，1943—1968》，248。

2 班纳姆，《工作的风格》(The Style for the Job)，载《新政治家》(New Statesman, 14 February 1964)；261；引自玛丽·班纳姆等，《一位批评家在写作》，97。

3 柯林斯，《现代建筑理想的变迁，1750—1950》(London: Faber & Faber, 1965)。关于柯林斯的思想，见图尔尼基奥蒂斯 (Panayotis Tournikiotis)，《现代建筑的历史撰述》(Cambridge: M. I. T. Press, 1999)，168—191。

展进行了研究。《现代建筑理想的变迁》一书在精神气质上很像科林伍德 (Collingwood) 的《历史的观念》(*The Idea of History*) (1946)，一般被认为是对现代建筑智性发展过程的一次综合评述。该书没有从 19 世纪写起，而是从启蒙运动开始，因此它的结构与观念都是对佩夫斯纳和吉迪恩那种早期的遗传学研究方法的一种批判。这本书做了精湛的研究，包含了早期关于新古典主义、如画式理论和 18、19 世纪各种历史风格复兴的章节。更惊人更有独创性的是，柯林斯以赞同的口吻来论述 19 世纪的折中主义，他本着狄德罗 (Denis Diderot)、库赞 (Victor Cousin)、霍普 (Thomas Hope) 的精神，将折中主义定义为一种有学识的、"由选自……其他各种不同体系的观点所构成的一种复

图 101　斯特林，莱斯特大学工程大楼，1959—1963。采自《建筑评论》(第 135 卷，1964 年 4 月)。

[376]

合性的思想体系"，因此必然是新历史意识的产物。[1] 真正意义上的折中主义，既不同于对各种风格做理想化的拼凑，也不同于思想贫弱地允许一切影响混合在一起的"无差别论"。柯林斯指出，在 19 世纪中叶的欧洲，折中主义引发了建筑史领域最成熟的论争，而现代主义的概念正是从这些论争中锤炼出来的。

　　"理性主义"是柯林斯理解当代建筑的关键概念，他将此概念追溯到戴利 (César Daly)，后者曾在 1864 年将其定义为建筑对现代科学及产业的服从。[2] 戴利认为，一旦实现了这两者的结合，建筑便会超越它的理性主义阶段，进一步寻求与"情感"相调和，从而提升它的艺术魅力。柯林斯说，第一阶段理性主义的服从是在世纪之交通过佩雷的杰作而实现的，但正是在这里他的论证出人意料地转向。尽管在 1930 年代和 1940 年代整个欧洲与北美的现代"风格"达到了"真正古典"的高度，但进展并不顺利。建筑将自身视为一门艺术，与雕塑和绘画为伍（因此假装在处理着类似的时空概念），但这样做时，它挖空了自己作为一门构造性艺术的理性主义基础。其实，柯林斯反对的是像勒·柯布西耶之类的个人主义"赋形者"(form-givers)，反对他们用雕塑手法来处理建筑的形式概念。他指出，对于勒·柯布西耶来说，绘画只是拒绝复古主义

1 柯林斯，《现代建筑理想的变迁》，118。

2 Ibid., 198–199.

一切痕迹的一种手段，但今天若试图将绘画与雕塑的原理运用于建筑，"对建筑创作活动而言可能更多的是一种阻碍而不是帮助"[1]。柯林斯呼吁采取一种明智的折中主义形式，他列举了佩雷与 BBRP 公司的韦拉斯卡大厦（Torre Velasca）作为榜样。他下结论说，建筑师有权利再一次扮演"平庸"的角色（在"共性"的意义上）并因此将建筑物与城市景观协调起来。他们可再一次自由地提出历史母题，"只要他们不背叛当代风格的统一性原则"，即履行程序，"诚实地表达所采用的结构手段"。[2] 柯林斯尤其看重"高尚的人类环境"（humane human environment），这就是说他彻底摒弃了班纳姆的野性主义以及技术兴奋感。

意大利 1960 年代的建筑理论与实践依然充满活力。理论论争到这个 10 年结束时将再一次触及现代建筑理论的核心问题，而这些争论部分源自奥特洛会议和"意大利的撤退"，部分是建筑理论日益政治化的结果。浓重的意识形态色彩曾推动建筑理论度过危机的顶点，但其背后依然有若干非凡的设计师的工作支撑着。

从某种程度上来说，意大利建筑理论的活跃是多重思潮竞争以及开放的实践环境所带来的结果。1950 年代的许多主要建筑师依然活跃着，如 BBRP、阿尔比尼（Albini）、加尔德拉（Gardella）、里多尔菲（Ridolfi）、米开卢齐（Michelucci）、加尔贝蒂（Garbetti）和伊索拉（Isola），以及德·卡洛（Giancarlo De Carlo），他们以各种方式继续关注着他们要解决的问题，一直到 1960 年代。德·卡洛或许是这群建筑师中最有才华的一个，而罗杰斯依然控制着《美家－延续》的编辑权，直至 1965 年被迫离开。他继续在"现实的乌托邦"的总标题下推进着他的早期论题，这个标题利用意大利文化语境的影响力进行创意，寻求一个更美好的社会。[3]

1950 年代下半期出现了一颗闪亮的明星——斯卡尔帕（Carlo Scarpa）（1906—1978），他在1920 年代末意大利理性建筑运动（MIAR）之前就打下了艺术基础并投身于运动之中。[4] 他像卡恩一样大器晚成，证明了长时间的酝酿与耐力（生存）对造就一位真正伟大的建筑师来说是必要的。1920 年代晚期他曾在威尼斯经营过早期私人业务，后来便开始与慕拉诺岛（Murano）上的威尼尼（Venini）玻璃工厂进行合作，这将他引入了手工艺的轨道。他平静地度过了战争岁月，专门从事展览空间的创造。然而没有研究课题可说明他何以到 1950 年代晚期凭借接二连三的重要项目脱颖而出：波萨尼奥（Possagno）的卡诺瓦石膏像美术馆（Canova Plaster Cast Gallery）（1955—1957）、维罗纳（Verona）的古堡博物馆（Museo di Castelvecchio）（1956—1973）、威尼斯的奥利维蒂展示厅（Olivetti Showroom）（1957—1958），尤其是奎里尼·斯坦帕利亚博物馆（Palazzo Querini Stampalia）（1961—1963）。

---

1 柯林斯，《现代建筑理想的变迁》，198—284。

2 Ibid., 298.

3 罗杰斯，《现实的乌托邦》，no. 259（January 1962）：1。

4 关于斯卡尔帕的最重要的研究成果，有达尔·科（Francesco Dal Co）与马扎里奥尔（Giuseppe Mazzariol）编的《卡尔洛·斯卡尔帕作品全集》（Carlo Scarpa: The Complete Works, New York: Rizzoli, 1985）；奥尔斯贝格（Nicolas Olsberg）等，《建筑师卡尔洛·斯卡尔帕：干预历史》（Carlo Scarpa Architect : Intervening with Hostory, Montréal: Canadian Centre for Arhitecture, 1999）；弗拉斯卡里（Marco Frascari），《卡尔洛·斯卡尔帕素描中的身体与建筑》（The Body and Architecture in the Drawings of Carlo Scarpa, Cambridge: Harvard University Press, 1987）；以及克里帕（Maria Antonietta Crippa），《卡尔洛·斯卡尔帕：理论、设计、项目》（Carlo Scarpa: Theory, Design, Projects, Cambridge: M. I. T. Press, 1986）。

当然，斯卡尔帕常常与卡恩相呼应，因为他几乎与卡恩同时反对现代功能主义及其背后的机器美学。斯卡尔帕做设计的方法就是不辞辛劳地在无数素描稿中寻求新颖的形式，这些素描全部是在画案上画的。因此斯卡尔帕的作品是不可描述的，也是不能贴上理论标签的，它们的感官物质性（色彩、不透明、纹理）具有非理性的理想化色彩以及极精致的手工艺细节，往往只能意会。这些特色也扎根于威尼托地区的历史氛围之中，因此饱含着历史叙事与图像的特殊记忆，令外来者尊敬，又对其沉默不语。正如他所说，即便他的形式在他处不可复制，但也表明，"如果不知晓建筑的永恒价值便做不出现代建筑"[1]。简言之，它们是纹饰性的，但正如达尔·科（Francesco Dal Co）指出的，只是就希腊词 kosmos 意义上是如此。这个词具有"秩序"与"纹饰"的双重含义，意味着纹饰在本质上就是装饰性排列或对形式的重视。[2]由于对诗歌与神话感兴趣，他创造的秩序也带有某种令人不适或不安的偶发性特质，即一种精神上的倦怠，似乎与这一时期不搭调。他的所有工作似乎迁徙到了一个理想的建筑时代。所以长期以来在专业圈子中见不到他毫不奇怪。但他的拜占庭式的天分是独一无二的。

[377]

波托格西（Paolo Portoghesi）（生于 1931）的建筑与著述也植根于强大的历史传统之中。他早年追求集建筑师、批评家和历史学家于一身。[3]他早期的两部历史研究集中于瓜里尼（Guarino Guarini）与博罗米尼（Francesco Borromini）[4]，正是从这种巴洛克精神与空间感出发，他与结构工程师出身的吉利奥蒂（Vittorio Gigliotti）一道设计了他们自己在罗马的巴尔迪宅邸（Casa Baldi）（1959—1962），具有不拘一格的形态和喇叭口状的表面。另一方面，这座以凝灰岩筑就的居所还体现了当时的反功能主义倾向，采用了当地石料与工匠建造技术。这个 10 年后来的作品，其特色都是采用几何形的场地覆盖令人不安的"动力"中心，呈现了活力感。斯坎德里利亚（Scandriglia）安德烈宅邸（Casa Andreis）（1965—1967）规划在 5 块相互交叠的圆形网格之上，而装饰着彩色瓷砖的罗马帕帕尼切宅邸（Casa Papanice）（1966—1970）这一案例，其场地的逻辑还以三维的形式反映在经过调适的天顶上。在阿韦扎诺（Avezzano）的图书馆与文化中心（1968—1983）以及萨勒诺（Salerno）的圣家族教堂（Church of the Holy Family）（1969—1974）等作品中，这种独一无二的设计方法论达到了它早期的顶点。

格雷戈蒂（Vittorio Gregotti）（生于 1927）的工作也与众不同。1950 年代后期，他作为罗杰斯领导的《美家－延续》杂志的主任编辑，曾写过关于里多尔菲等人作品的文章，参与了新自

1　斯卡尔帕，《在威尼斯建筑学院 1964—1965 学年开学典礼上的演讲》（Address Delivered for the Inauguration of the Academic Yesr 1964–1965 at the IUAV in Venice），收入达尔·科与马扎里奥尔编，《卡尔洛·斯卡尔帕》，282。

2　达尔·科，《卡尔洛·斯卡尔帕的建筑》（The Architecture of Carlo Scarpa），收入达尔·科与马扎里奥尔，《卡尔洛·斯卡尔帕》，56。

3　研究波托格西的两部专著分别是马索布里奥（Giovanna Massobrio）、埃尔卡迪（Maria Ercadi）和图齐（Stefania Tuzi），《建筑师保罗·波托格西》（Paolo Portoghesi: Architetto, Milan: Skira, 2001）；以及皮萨尼（Mario Pisani），《保罗·波托格西：作品与项目》（Paolo Portoghesi: Opere e progetti, Milan: Electa, 1992）。关于他早期的工作，有一篇有益的短论，即英德双语版的展览目录，布克哈特（François Burckhardt）编，《建筑师保罗·波托格西，维托里奥·吉利奥蒂，建筑 1960—1969》（Paolo Portoghesi, Vittorio Gigliotti, Architecture 1960–1969, Hamburg: Hochschule für bildende Künste, n. d.）。

4　波托格西，《瓜里诺·瓜里尼，1624—1683》（Milan: Electa, 1956）；波托格西，《欧洲文化中的博洛米尼》（Borromini nella cultura europea, Rome: Laterza, 1964）。

由派的争论。然而在 1960 年前后，格雷戈蒂的观点开始改变。在这个 10 年中，他对现象学和结构主义以及地区规划等更大的问题产生了兴趣。他的流行图书《建筑的领地》(*Il territorio dell'architettura*)（1966）是一本文集，内容涉及进步、历史与类型学等主题，而关于他后来兴趣的最重要的论述，是将地区景观读解为一种考古学结构或环境文化。[1]

如果说 1960 年代初在意大利可以看出建筑理论的主流的话，那就是在学院圈子中所重申的现代主义理性原则。贝内沃洛 (Leonardo Benevolo)（1923）在他的《现代建筑史》(*The Storia dell'architecttura moderna*) 一书中坦承，对当今与历史上的现代运动之间的连续性与统一性进行重新确认，当然也就意味着其现代运动的基本原理和范式是正确的。[2] 贝内沃洛对现代主义建筑的看法本质上是一种理性的社会实践观，致力于满足社会的客观需求，遵循着中庸之道，要在艺术和技术这两极之间求得平衡。在城市规划 (urbanism) 这个大主题方面，他在 1957 年加入了建筑与城市规划协会 (Società di Architettura e Urbanistica)（SAU）。这是一个规划师联合会，旨在呼吁人们关注更大范围的社会问题。类似的团体在意大利各地涌现出来。1959 年，赛维建立了国立建筑研究院 (National Institute of Architecture)（NIARCH），从而遇见了贝内沃洛。该组织是一个由建筑师、工程师和企业家组成的联合会，其宗旨是唤起德制同盟的精神，为国家政治决策服务。赛维在威尼斯大学建立了著名的建筑史研究院，它在数年内便成为意大利建筑理论的一个重要研究中心。

城市规划是意大利整个 1960 年代建筑理论关注的焦点，这一点从萨莫纳 (Giuseppe Samonà)（1898—1983）和艾莫尼诺 (Carlo Aymonino)（生于 1926）的工作中可见一斑。萨莫纳 1920 年代开业，是一位敏锐的当代建筑批评家、颇有名气的中世纪历史学家，在 1945—1974 年间任威尼斯的大学建筑学院 (Uninversity Institute for Architecture) 院长。他的《城市规划与欧洲城市的未来》(*L'urbanistica e l'avvenire della città negli stati europei*)（1959）一书，捍卫大城市，反对区域去中心论鼓吹者，主张看城市应着眼于其世代延续的文脉特征。[3] 此书为出版于 1960 年代的众多关于城市结构的研究著作开辟了道路。

艾莫尼诺曾与 1950 年代的新现实主义运动保持一致，他在 1960 年代中期出版了一系列著作，包括《城市的领地》(*La città territorio*)（1964）、《建筑类型学概念的形成》(*La formazione del concetto di tipologia edilizia*)（1965）以及《现代城市的起源与发展》(*Origine e sviluppo della città moderna*)（1965）。像萨莫纳一样，他持有马克思主义世界观，喜欢采用强有力的几何元素。他对于建筑类型学的兴趣最初表现于 1963 年的一些讲座中，而这些讲座正源于他对类型学的兴趣。后来他又投身于意大利理性主义运动。1960 年代，他的主要项目是阿米亚塔山住宅区 (Monte Amiata Housing Complex)（1967—1973），位于米兰城外，罗西也参与了这个项目。

[378]

塔夫里 (Manfredo Tafuri)（1935—1994）和罗西 (Aldo Rossi)（1931—1997）所做的工作与萨莫纳

---

1 格雷戈蒂，《建筑的领地》(Milan: Feltrinelli, 1987; 原版出版于 1966)。
2 贝内沃洛，《现代建筑史》2 卷本，兰德里 (H. J. Landry) 翻译 (Cambridge: M. I. T. Press, 1971)。
3 萨莫纳，《城市规划与欧洲城市的未来》(Bari: Laterza, 1959)。

和艾蒙尼诺的思想相呼应。对于塔夫里来说，这些年是他精神上的酝酿期。1960 年，他获得了罗马大学的文凭；1961—1966 年期间，他为格雷科（Saul Greco）、利贝纳（Alalberto Liberna）以及夸尔罗尼（Ludovico Quaroni）担任建筑设计的副教授。塔夫里从未开过业，他兴趣盎然地探讨着各种各样的话题，包括文艺复兴、博洛米尼、威廉·莫里斯、城市规划、当代建筑实践等。他发表的第一篇文字写的是罗马国家大道（via Nazionale），发表于 1961 年，以很长的篇幅论述了罗马城。此文由夸尔罗尼编辑。[1] 他的早期著作包括一部关于他导师夸尔罗尼的长篇专题研究（1964）、一部篇幅小许多的日本现代建筑研究（1964）以及一本论现代主义建筑的书（1966）。[2] 在这日益喧闹不宁的岁月中，塔夫里更宽广的精神志趣也在发展之中。他的好奇心延伸到了罗杰斯、阿尔干、罗萨、阿多尔诺（Theodore Adorno）、卢卡奇（Georges Lukács）、沃尔特·本雅明（Walter Benjamin）、曼海姆（Karl Mannheim），以及符号学、心理分析和电影等。1968 年前后他的思想融会贯通，在威尼斯任教授，并出版了第一本批评著作《建筑的理论与历史》（*Theorie e storia dell'architettura*）（1968），我们在下文会讨论此书。

　　同时，罗西也在发展着自己的批评立场，他多少接受了罗杰斯与萨莫纳的指导（在米兰理工学院），后来又接受了加尔代拉（Gardella）和夸尔罗尼的指导。[3] 1955 年他开始为《美家 – 延续》杂志撰稿并充当罗杰斯的助手（依然是米兰的一个学生），因此近距离观察了新自由派的争论。1961 年他开始与滕托里（Francesco Tentori）一道成为杂志的两位编辑之一，撰写了一系列关于英国新城镇、罗马、米兰、威尼斯、花园城、维也纳以及柏林等城市的文章。到 1963 年前后，他的理论观念开始成熟起来，这一年他开始了教师生涯。在这一点上，他的建筑实践不敌他的批评名气大。他的两个已建成的 1960 年代前半期的项目，一是他自己位于龙基（Ronchi）的别墅（1960，与费拉里 [L. Ferrari] 合作），一是塞格拉泰（Segrate）城市广场上的敌占区游击队员（Partisans）纪念碑（1965）。前者的洛斯式风格和空间规划（*Raumplan*）（接近于剽窃）之所以重要，只是因为它代表了 1960 年代最早出现的"现代"风格复兴。后一件作品，正如他在 1963 年的一封信中所说，已到达了他的"几乎没有物体的死板世界"—— 一个排除了现代建筑"救赎"力量的世界——这将成为他后来风格的一个标志。[4]

　　1966 年，罗西在《城市建筑》（*L'architettura della città*）一书中向世人公布了自己的城市理论。[5] 由于此书敌视功能主义思维方式，所以人们常将它与文杜里（Robert Venturi）的《建筑的复杂性与

1　塔夫里，《现代罗马第一大道：国家大道》（La prima strada di Roma moderna: Via Nazionale），收入《罗马：城市与规划》（*Roma: Città e piani*, Turin: Urbanistica, 1960）。

2　塔夫里，《卢多维科·夸罗尼与现代建筑在意大利的发展》（*Ludovico Quaroni e la sviluppo dell'architettura moderna in Italia*, Milan: Edizioni di Comunità, 1964）；塔夫里，《日本现代建筑》（*L'architettura moderna in Giappone*, Rocca San Caciamo: Cappelli, 1964）；《16 世纪欧洲的手法主义建筑》（*L'architettura dell Manierismo nel Cinquecento europea*, 1966）。

3　关于罗西早年的传记材料依然付诸阙如。关于他的建筑作品在英国的呈现，见阿内尔（Peter Arnell）与比克福德（Ted Bickford）编，《阿尔多·罗西：建筑与项目》（*Aldo Rossi: Buildings and Projects*, New York: Rizzoli, 1985）。

4　此信写给滕托里（Francesco Tentori），发表于他的《我们从哪里来？我们是谁？我们要去哪里？》（D'où venons-nous? Qui sommes-nous? Où allons-nous?），收入《当代艺术面面观》（*Aspetti dell'arte contemporanea*），展览目录，拉奎拉（L'Aquila），28 July to 6 October 1963（Rome: Edizioni dell'Ateneo, 1963），264—265。

5　罗西，《城市建筑》，吉拉尔多（Diane Ghirardo）与奥克曼（Joan Ockman）编（Cambridge: M. I. T. Press, 1984）。

矛盾性》(*Complexity and Contradiction in Architecture*)（1966）相提并论，但其意图与方法论却是完全不同的。罗西的书，就其城市观而言，本质上是意大利式的，持有现象学观点，尽管与索绪尔语言学和列维－施特劳斯结构主义一样十分严谨。罗西大量利用了欧洲（主要是法国）地理学家的研究成果，只有一个重要的例外：他提到了凯文·林奇（Kevin Lynch）的《城市的图像》(*The Image of the City*)（1960）。[1] 他重点"对天真的功能主义进行批判"，抨击那种认为建筑的形式应根据其具体功能来决定的观点。天真的功能主义不仅误导了现代主义建筑，而且"是一种退化，因为它妨碍我们去研究形式，妨碍我们根据真正的建筑法则来了解建筑的世界"[2]。形式应是从它们自身的历史与城市类型学中生发出来的。

"城市人造物"(*fatto urbano*)是他著作中的关键概念，正如艾森曼（Peter Eisenman）所说，它所指的"不仅仅是这座城市中的物质实体，也包括它的历史、地理、结构以及与该城市日常生活相联系的一切"[3]。他所举的一个主要实例是拉乔内宫（Palazzo della Ragione），这是位于帕多瓦市中心的一座巴西利卡式建筑，许多世纪以来它都发挥着重要功能，现在依然是城市的中心与焦点。罗西将此城视为一个空间结构，在很大程度上是由它的建筑文物、道路和地理特色所定义的；它拥有集体历史意识，这种意识总是通过它的居民活跃着、发展着，长久地、永恒地存在着，超越了时间。因此，通过城市类型学分析，可以为一座城市定位，这对罗西来说是十分重要的，而他使用的"类型"的概念则可以追溯到卡特勒梅尔·德·坎西（Antoine Chrysostome Quatremère de Quincy）。[4] 这个概念作为给建筑与城市结构分类的一个手段，描述得相当抽象。它并非是一个可复制的东西（一个模型），而是可作为模型规则的一个基本理念。

[379]　　相反，罗西将 locus（所在地）的概念（"某个特定的地点与位于这地点的建筑之间的关系"）与较为抽象的文脉(context)的观念区别开来。[5] 对罗西来说，这一区别负载着重要的设计意蕴："那些装模作样保护历史名城的人赞成和运用文脉这个概念就不足为怪了。他们保留下这些建筑的古老立面，或将它们翻新而只保留其轮廓、色彩及诸如此类的东西；但是，一旦这样实施了之后，我们还能看到什么？一个空荡荡的、令人倒胃口的舞台。"[6] 在说这话时，罗西想到的可能是法兰克福的一个项目，不过对那些将目标定在做布景效果、默默地以柏拉图方式开发形式的人来说，这段话的主旨便有问题了。

就罗西的（据现在有人所说）政治热情而言，《城市建筑》一书显然是保守的，他简化了形式，使其具有纪念碑性，寻求一种无始无终的、原始的、具有现象学本质的建筑。他心目中理想的纪念碑，严肃而宁静。他雄辩地反对功能主义，但所列举的实例，如尼姆（Nimes）和阿尔勒（Arles）的圆形剧场，却蕴含着源自悠久岁月的、历经变化的丰富含义，实际上并没有就一

1　罗西对林奇强调朝向以及他对住宅区的评论很感兴趣。见罗西，《城市建筑》，34，69，101，112。

2　Ibid., 46.

3　Ibid., 22（编者按语）。

4　Ibid., 40. 罗西援引了卡特勒梅尔·德·坎西在《建筑史辞典》（1832）中的定义。

5　Ibid., 103.

6　Ibid., 123.

种代表寂静历史性的纯粹建筑给出明确的界定。

罗西的好朋友格拉西 (Giorgio Grassi)（生于 1935）也和他一道寻求着哲学还原，他的著作《建筑的逻辑结构》(*La costruzione logica della architettura*) 出版于 1967 年。[1] 格拉西于 1960 年在米兰完成了学业，曾作为一名助理编辑工作于《美家－延续》，也做过罗西的助教。他的书首次公开谈到一种新理性主义建筑的可能性，但从历史角度来看，此书对于建筑构件（墙壁、门、窗、柱子、屋顶、平面）所做的类型学研究更为重要，提出了如何将这些构件轻易组装起来的建议。这多少遵循了德国人克来因 (Alexander Klein) 的工作思路。[2] 罗西曾说，经典的现代复兴有早期大名鼎鼎的洛斯作为先辈，而格拉西则着迷于密斯、格罗皮乌斯、泰森诺、奥德和希尔伯塞默 (Ludwig Hilberseimer)。对格拉西来说，马克思主义的思想基础也决定了他喜欢采用禁欲式的、非表现性的抽象形式。格拉西和罗西 1966 年的联合竞赛项目蒙扎圣罗科住宅区 (Monza San Rocco) 完美地说明了他们那一时期的共同主张，采用了像维也纳马克思大院 (Karl Marx Hof) 那种令人沮丧的建筑作为范型，实质上建造一个由两层与四层住宅单元围成的、封闭的棋盘院落，至少在声学上造成了麻烦。

除了建筑之外，罗西与格拉西在 1960 年代晚期还为建筑理论开辟了一条新路。在 1973 年米兰第 15 届三年展上，这种新理论被正式称作一种新的"理性建筑理论"，之后在欧洲变得十分流行。在展览手册中，罗西回到了本内 (Adolf Behne) 的表述，即他对"功能主义者"和"理性主义者"所做的区分。功能主义者要使得每种功能的解决方案是"独一无二和瞬间性的"；而理性主义者"思考的是建筑物的经久性，这些建筑或许经历了需求变化的许多代人，因此若不留有余地，便不可能生存下去"。[3] 在同一份展览手册上，斯科拉里 (Massimo Scolari) 为这种新的"全球建筑重建"(global refounding of architecture) 阐明了附加的参数，他将其起源追溯到 1967—1968 年间米兰的这所学院。斯科拉里将理性建筑与政治激进分子拉开距离，与专业现状拉开距离——这种现状意味着文化的商品化，将目标建立在传统布尔乔亚社会中的个人利益范围之内——斯科拉里有些令人惊讶地将理性建筑说成一种无言的欲望，"要使建筑不受政治、社会或技术的支配或监护"[4]。在三年展结束数月之后，持怀疑态度的里克沃特撰写了一篇阅读面很广的评论，谴责了"新理性主义"的复兴，不仅因为它公然的倾向性和观念的矛盾性，而且因为它展示了许多坏建筑："那么就是如此。建筑也许会活着，只要她依然是哑巴。哑巴或许很美，但终究是哑巴。"[5]

---

1 格拉西，《建筑的逻辑结构》(Padua: Marsilio, 1967)。

2 克来因，《独户住宅，南部类型：原则性思考下的研究与设计》(*Das Einfamilienhaus, Südtyp: Studien und Entwürfe mit grundsätzlichen Betrachtungen*, Stuttgart: J. Hoffmann, 1934)。

3 罗西，《理性建筑》(*Architettura Razionale*, Milan: Franco Angeli, 1977; 原版出版于 1973) 一书的导论，24。这段英文引自本内，《现代功能建筑》(*The Modern Functional Building*)，迈克尔·鲁滨逊 (Michael Robinson) 翻译 (Los Angeles: Getty Publications Program, 1996)，137—138。

4 斯科拉里，《先锋派与新建筑》(Avanguardia e nuova architettura)，收入《理性建筑》，168—170；引自斯科拉里，《新建筑与先锋派》(The New Architecture and Avant-Garde)，萨尔塔雷利 (Stephen Sartarelli) 翻译，收入《1968 年以来的建筑理论》(*Architecture Theory since 1968*)，海斯 (K. Michael Hays) 编 (Cambridge: M. I. T. Press, 2002)，135—136。

5 里克沃特，《第 15 届三年展》(15a Triennale)，载《家宅》，no. 530 (January 1974)：4。

第十五章 挑战"现代主义"：美国

建筑师再也承受不起正统现代建筑那种清教徒式的道德语言的恐吓了。

——罗伯特·文杜里（1966）

1. 芒福德、雅各布斯与美国城市的失败

有大量出版物论述了五六十年代美国城市在社会与建筑方面的衰退，以及美国郊区的迅 [380]
猛发展。同时，人们也找出众多原因来解释城市的大灾祸——种族主义、战争、贫困、毒
品、失业——却很难指责联邦政府本身的财政保障是否到位。像联邦住房管理局（Federal Housing
Administration）（1936）、美国住房管理局（United States Housing Authority）（1937）以及联邦国民抵押贷款协
会（Federal National Mortgage Association）（1938）之类的新政项目，不仅在战后一直保存下来，而且还在
杜鲁门和艾森豪威尔执政时期扩展为主要的住房与重新安置项目。1949 年的住房法案是战后所
有立法的基础，许诺"为每一个美国家庭提供像样的住房与合适的生活环境"，还成立了城市
改造局（Urban Redevelopment Agency），被赋予了征用土地的宪法权利，控制着征用、购买和清除贫民
窟的联邦资金。艾森豪威尔甚至在 1954 年就签署了一项更为全面的住房法，这个法案扩大了
如联邦住房管理局（FHA）抵押贷款保险等联邦项目的范围，可使城市改建的想法转变为成熟
的城市改造计划。1957 年颁布的州际高速公路法案（Interstate Highway Act）创造了一个新的国家高速
公路网，很快便延伸到了各个城市。在肯尼迪（John F. Kennedy）与约翰逊当政时期，联邦项目进一
步扩大，颁布了 1961 年的住房法案、1963 年的地区重建法案（Area Redevelopment Act）、1964 年的住
房法案、1964 年的城市轨道交通法案（Urban Mass Transportation Act）、1966 年的模范城市项目（Model Cities
Program），以及 1968 年的住房与城市开发法案（Housing and Urban Development Act）。约翰逊的"向贫困宣
战"（War on Poverty）项目于 1964 年春天宣布，这是他的"大社会"计划的核心。这个计划还包括
了民权法案（Civil Rights Act）（1964）、经济机会法案（Economic Opportunity Act）（1964）、选举权法案（Voting
Rights Act）（1965）、高等教育法案（Higher Education Act）（1965）、教育机会法案（Educational Opportunity Act）

（1968）、儿童健康改善与保护法案（Child Health Imorovement and Protection Act）（1968）以及医疗补助法案（Medicaid Act）（1968）。1965 年，各住房与改建项目的分支机构归住房与城市发展部（HUD）统一管理。那个时代的舆论一致认为，这是自由主义计划、理论与消费的全盛时期。萨金特·施莱弗（Sargent Shriver）1966 年在国会听证时自信地预言，城市贫困将在 10 年之内根除。[1]

但显然有些事情出了差错。有些市中心建设很成功，主要有旧金山吉拉德利广场（Ghirardelli Square）、明尼阿波利斯尼科莱购物中心（Nicolett Mall）、波士顿市政府中心区域以及匹斯堡金三角（Golden Triangle）等，不过城市改造的严重失误也比比皆是。到了 1960 年代初，一些城市推倒了老城区，有计划地以高高低低的建筑项目取而代之，于是便创造了像圣路易斯普鲁伊特－艾戈住宅区（Pruit-Igoe）、纽瓦克哥伦布住宅区（Columbus Houses）、纽约凡代克与巴鲁赫公寓大楼（Van Dyke and Baruch Towers）以及费城罗森住宅区（Rosen Houses）等一些令人生厌的项目。虽然这些地方实施了建筑与社会治理，但比原先的状况更加糟糕。

[381] 当然，美国社会结构处于变动之中，有许多其他因素阻碍着住房领域的发展。在国家层面上，战后那些年联邦政策有了根本性的转变，许多住房立法从财政上来说是公平的或大致如此，是专门为提升低收入人群的生活水平制定的。1950 年代的公共补贴住房政策，包括了对房客进行筛选，收取足够的租金以支付运行费用，并强制执行社会行为与清洁标准，也拥有收回房屋的权力。10 年之后，几乎所有这些含有限制性的社会措施都被那些更自由化的项目取代，这导致大量穷人流离失所，以及更为放纵的标准或社会预期。实际上，1960 年代的低收入者经常被赶出补贴性住房以便安置那些没有工作和接受救济的人，也就是那些由于缺乏教育而不可能改善生活状况的人。[2] 许多需要改善居住条件的穷人拒绝迁入新住宅区，恰恰是因为生活在那里会背上社会污名。

与这些政策伴随而来的是城市中人口结构的变化。贫穷的黑人迁入城市，白人迁往郊区，自 1920 年代以来这在美国已成为一种潮流，但在 1950 年代时这一潮流发生了重要的变化。穷人，尤其是来自于南方贫困农村的人，被吸引到大城市的数量日益增多，部分原因是政府许诺他们能获得联邦项目的帮助；而工人与他们的雇主——现在要避免随之而来的犯罪、物资滥用、财产贬值和经济萎缩等问题——便加紧逃往郊区。大城市一夜之间就变成了文盲与失业者的天堂，同时也失去了税收基础，而税收正是处理日益增加的社会问题所必需的资金来源。

在城市改造的最初几年中，关于公共住房建筑性质的全面讨论付诸阙如。美国人对 CIAM 敬而远之，也不参加该组织的讨论，其讨论的内容是城市是否可以被认为是建筑行业萎靡不振的一个原因。但在 1960 年之前，缺乏严肃讨论这一情况甚至在学院系统中表现得更为惊人。像"光明城"这样的欧洲范式是否适应美国的文化与经济条件，人们对此稍做讨论或根本

---

1 施赖弗（Sargent Shriver），引自海沃德（Steven Hayward），《破碎的城市：自由主义的城市遗产》，收入《城市社会》（Urban Society, Guildford: McGraw-Hill, 1999），117。

2 见迈耶（Martin Mayer），《建筑商：住宅、老百姓、社区、政府、金钱》（The Builders: Houses, People, Neighborhoods, Governments, Money, New York: W. W. Norton, 1978），188—190。

未讨论便轻率地加以接受。格罗皮乌斯在哈佛介绍的德国式城区项目——他为社区中心的辩护——就是这样的实例，尽管他的做法绝不是当时将美国建筑学院"现代化"做法中最可悲的。人们往往对最基本的事实与战略问题视而不见。例如，美国建筑师学会做的一份相当全面的研究报告，不仅对佐克西亚季斯（Constantine Doxiadis）、艾布拉姆斯（Charles Abrams）和富勒（Buckminster Fuller）等人相当不同的规划方法做了错误的概括，说可以将他们的思想"归入麦凯（MacKaye）、勒·柯布西耶和其他地域主义的思想路线"，而且还提出了相当全面的城市发展战略——但并不考虑这些战略的社会学意义以及是否合适于美国城市的发展。[1]

这类怪异的批评脱离了建筑行业，于是产生以下情况便不足为奇了：1950年代和1960年代的大量政策以及城市设计方案，并不是规划师或建筑师制定的，而是由那些政客或政治官僚制定的。罗伯特·摩西斯（Robert Moses）是这些政治掮客中较有名的一位，他任纽约市公园常任理事、城市建筑办公室协调员，也凑巧是柯布西耶式草坪高楼的狂热爱好者。[2] 摩西斯自1924年就大权在握，到二战时他已建了公园大道、桥梁、河滨以及公园，大体界定了纽约大都市的物理特色。在1945—1958年间，他建起了一千多座公共住房，容纳了50多万人口，这个数量超过了美国大多数城市的人口数。在他控制之下的巨型风险项目，有史蒂文森镇（Stuyvesant Town）、彼得库珀村（Peter Cooper village）以及布朗克斯合作社城市（Bronx Co-op City）等。

摩西斯很出名，至少在他后期煽动性的讨论中。在任职后期，他的主要对手是芒福德。从1940年代晚期开始芒福德就与他对着干了，他讨伐史蒂文森镇的规划，指责它密度太大，缺少生活服务设施，以及那些迪卡尔式的高楼大厦。[3] 1950年代中期，芒福德撰文反对这位理事热衷于新公路和在城内城外到处修筑公路。[4] 1950年代晚期，芒福德反对摩西斯试图拓宽华盛顿广场公园后面的第五大道并将其与新规划道路连接起来的做法。对芒福德来说，汽车是个大恶棍，尽管他（和公路强盗摩西斯一样）从未学过驾驶。

芒福德决定撰写《历史之城》（*The City in History*）（1961）一书，这表明他在1950年代对城市问题的关注达到了顶点。此书在某些方面可说是《城市文化》（*The Culture of Cites*）（1938）一书的修订和扩充。它是芒福德篇幅最长、最受赞赏的著作之一，许多人至今仍将其视为他在这个领域中取得的最高成就。这也是一本有趣的书，以一种准考古学的方式探究人类文化水准与城市管理的联系，这当然也是他当代批评的核心。他带领读者穿越旧石器与新石器文化的兴起，以及城市（*polis*）在美索不达米亚、埃及、米诺斯、希腊、罗马、中世纪（仍是城市成就的高峰）、

[382]

---

1 施普赖雷根（Paul D. Spreiregen），《城市设计：城镇与都市的建筑》（*Urban Design: The Architecture of Towns and Cities*, New York: McGraw-Hill, 1965），47。

2 关于摩西斯的职业生涯，见卡罗（Robert A. Caro），《政治掮客：罗伯特·摩西斯与纽约城的衰落》（*The Power Broker: Robert Moses and the Fall of New York*, New York: Knopf, 1974）。

3 芒福德批判史蒂文森镇的文章有《从乌托邦公园路向东转》（From Utopia Parkway Turn East）（1949），《新鲜的草甸，新鲜的规划》（Fresh Meadows, Fresh Plans）（1949），以及《预制的枯萎》（Prefabricated Blight）（1948）。收入《从头开始：关于当代建筑、住房、公路建设以及城市设计的意见》（New York: Harcourt Brace Jovanovich, 1956），3—10，11—19，108—114。

4 关于他对公路的观点，见他的4篇"天际线"文章，题为《咆哮交通大繁荣》（The Roaring Traffic's Boom），发表于《纽约客》1955年3月—6月号；重印收入《从头开始》，199—243。

文艺复兴时期和19世纪（其焦煤城镇是最低点）的发展，来到了几乎同样问题百出的20世纪，其特点是城区扩张、郊区（suburbia）（反城市）兴起，更糟糕的是汽车交通问题。在他看来，郊区的失败是由于它隔绝了人际交往：

> 半个世纪之前，一位镇上的主妇认识屠夫、杂货店主、牛奶场主和当地其他生意人。这些都是活生生的人，有自己的故事和生活经历，在日常交流中对她自己的故事和经历产生着影响。现在，主妇有了这样的便利：每周出趟远门，去那种没有人情味的超市购物，在那里她凑巧会遇到一个邻居。如果家境不错，她会被电气或电子装置所包围，它们代替了有血有肉的同伴——她的真正的同伴、她的朋友、她的老师、她所爱的人，她无聊生活中的充实之物现在却成了电视屏幕上的影子甚至更为抽象的声音。她可以应答他们，但却不能让对方听到，因为明摆着这是个单通道系统。扩展的区域越大，对于远距离供给中心和远程控制的依赖性就越大。[1]

现在，芒福德执拗地重申了他早期的观点。无序是现代城市的一条规律，其补救措施就是规划。大量无形的东西抑制了理智思索：人口爆炸，城市力量至高无上的象征性表现，为大而大，受到科技诱惑的、试图控制生态的狂妄自大的人类中心论。然而，他开出的处方并非是扭转这一进程的具体方案，而是含糊其辞地呼吁要从根本上改变态度，"只有对宇宙及生态过程做出新的奉献，显著的改善才会发生，这宇宙及生态过程包含了一切自律的活动和共生的联系，这已被长久地忽略或抑制了"[2]。在这一时期的另一些文章中，芒福德又回到了霍华德的花园城，回到了拉德本（Radburn）与昂温（Raymond Unwin）的汉姆斯特德花园（Hamstead Gardens）之类的经验教训，也就是说，回到了其规模限定在可容纳3万人与30万人之间的城郊规划区域。[3] 因此，他的城市规划观点在本质上35年都未改变。

但这样一种看法对于1960年代初迅速恶化的美国城市来说，并没有实际的助益。只有当直面真正的危机时，严肃的讨论才会开始出现。有趣的是，这一起点并不是芒福德的文章，而是雅各布斯（Jane Jacobs）（生于1916）撰写的《美国大城市的生与死》（*The Death and Life of Great American Cities*）一书。她同芒福德一样，没有接受过正规的建筑或城市设计训练，但她的书还是重新诠释了这次争论中出现的许多术语。

雅各布斯嘲弄的对象是她称之为"美丽的光明花园城"（Radiant garden city Beautiful）运动的20世纪规划思想：即对种种流行模型的传统认知，这些模型基于勒·柯布西耶的高楼大厦、霍华德

---

1 芒福德，《城市发展史：它的起源、转型和前景》（*The City in History: Its Origins, Its Transformations, and Its Prospects*, New York: Harcourt, Brace & World, 1961），512。

2 Ibid., 575.

3 尤其见他的5篇系列文章，题为《城市的未来》（The Future of the City），发表于1962—1963年间的《建筑实录》上。重印收入芒福德，《建筑作为人类的家园：为〈建筑实录〉撰写的文章》，达维恩编（New York: Architectural Record Books, 1975），107—144。

的卫星花园城（及对汽车的蔑视）和伯纳姆的纪念碑式市民核心区（其周围往往聚集着"一圈不协调的破破烂烂的文身店和二手服装店"）等意象。[1] 她的批评中所包含的基本看法是，坐在城里的房门前与邻居一道喝苏打水，与坐在某个社区中心的普通草地上或另一环境下喝着同样的苏打水相比，是一种大不相同的交际活动。因此，她的注意力并非集中于城市建筑，这一般是建筑师唯一关注的重点，而是能产生成功的城市街道与社区的社会结构——所谓成功是指社区价值可自我调整，没有犯罪。她将 20 世纪绝大多数的住房与改造方案看作是对城市及其不可缺少的社会结构的破坏。在她看来，那些花园城的热心提倡者（指芒福德）所提出的疏散城市的要求，是反城市的、悲观的，是造成这种破坏的主要原因。她针对其基本论点评论道：

> 城市疏散论者（Decentrists）为了巩固和强调事物旧秩序的必要性，老是在谈论糟糕的老城市。他们对大城市的成功不感兴趣，他们只对失败感兴趣。一切都是失败。像芒福德的《城市文化》这样的书，很大程度上是一本病态的、带有偏见的、罗列毛病的目录。一座大城市是特大都市（Megalopolis）、暴君城市（Tyrannopolis）、死城（Nekropolis）、怪物、僭主政治、活着的死物。它必须滚蛋。纽约市中心区是一个"固化的混沌世界"（芒福德语）。城市的形状和外观只是"一场混乱的事故……杂乱无章的总和，许多以自我为中心的、没有脑子的人想出来的相互对立的怪念头"（斯坦）。结果市中心便成了"噪音、灰尘、乞丐和激烈广告竞争的前台"（鲍尔）。如此糟糕的东西怎么值得人们试着去理解呢？[2]

雅各布斯提到了波士顿北区（North End）这类生气勃勃的城市社区（被规划师视为贫民窟），[383] 对一座城市的运作要素进行了分析，从而对上述观点进行了反驳。她的两个支柱——活跃的人行道（培育一切层面的社会联系同时也保持着私密性）和功能的多样性——可通过以下办法获得：一是将住宅区与小型商业区（即芒福德笔下的家庭主妇不再与之聊天的屠夫）结合起来；二是采用短距离城市街区供步行者行走（形成复合路线以增加人们接触的机会）；三是将不同年代的建筑物混在一起（造成视觉上的多样性并维持邻里关系）；四是将人口集中起来（远多于现代设计师允许的人口）。雅各布斯认为，建筑师或规划师是规划不出更好的社区的，至少采用传统方式是做不了的。推土机和大型"城市改造"项目也不一定能实现更好的社区。在地方上，用于改造的资金（越来越少）最好以小额社区货款的形式花在维护与改善老建筑上。

雅各布斯还仔细审查了许多其他规划样板的"神话"。芒福德认为汽车本身对于城市生活是有害的，她至少在某种程度上质疑了这种观点。更有趣的是，她认为社区公园往往不是规划者所想象的娱乐设施。一些简单的科学事实就否定了公园是健康的"城市之肺"的观点。此外她还提出，母亲将在人行道上玩耍的孩子送到"安全的"固定的游乐园去，是一种母权式的做

---

1 雅各布斯，《美国大城市的生与死》(New York: Random House, 1961)，25。
2 Ibid., 20—21.

法，是一种禁锢，无助于儿童学习重要的社交技能："在由男人与女人所构成的日常环境中，那些在城市人行道上玩耍的孩子往往能够获得玩耍与成长的机会（在现代生活中机会成了一种特权）。"[1] 换句话说，在社交层面上，在不受监管的游戏中"鬼混"，是完全不同于被迫到游乐场去玩这种"被认可的游戏"的。她指出，孩子大多喜欢前者，而城市设计师与批评家到头来最害怕的事情就是失去控制或出现混乱。但她坚持认为，恰恰是混乱才界定了城市体验，使得市区的邻里关系繁荣兴旺起来。

芒福德很快以《纽约客》"天际线"专栏的一篇文章对雅各布斯做出了回应，此文篇幅很长，锋芒毕露。[2] 尽管他十分赞同她反对将高楼作为城市改造"解决方案"的观点，但坚定地反对她抹杀"过去一个世纪城市规划的一切令人满意的革新"，尤其是霍华德3万人口左右的社区典型，或雅各布斯所喜欢的格林尼治村 (Greenwich Village) 那样的规模。[3] 他承认这片区域是适宜居住的，但也指出了布鲁克林区、皇后区和哈莱姆区中同样密度的社区所带来的城市败坏现象。他继续说，雅各布斯的理想主要是防止犯罪，但近来犯罪率的增加应归咎于"大都市中整个生活方式日益病态化"，这种病态是与大都市的过度发展、盲目追求物质、拥塞以及感觉障碍成正比的——而她却固执地将这些状况视为都市活力的标志。[4] 他继续写道："她的天真表述并没有表明她的眼睛曾受过丑陋、肮脏与混乱的伤害；她的耳朵也未被打破宁静住宅区的卡车呼啸声所冒犯；她的鼻子也没有受到通风不良、不见阳光的住房之污浊气味的攻击，这种贫民窟的拥挤标准恰恰符合于她的理想住房密度的标准。"[5]

在这一点上，芒福德对雅各布斯的书的批评变得悲观起来："今天，军事的力量、科学的力量、技术的力量，实际上就是'大灾难的力量'，都最成功地在一切方面显现出来，以它们自己的方式扫荡了多样性，废除了一切有机生长方式、生态伙伴关系以及自律性活动。"[6] 他总结道，城市问题是"一些规划伎俩"解决不了的。他甚至更不详地预言，"如果我们的城市文明要逃脱因进步造成崩溃的厄运，我们就必须从头开始重建它"[7]。5年之后，在为里比科夫 (Ribicoff) 国会委员会做的关于联邦开支的证词中，芒福德再一次借雅各布斯之口谴责了现行城市改造中的高层建筑，接着还谴责了她天真地将"强奸、抢劫、破坏性犯罪和暴力的不断威胁"与单纯的规划决策联系起来。这些城市病态有着更深刻得多的原因，他强调说："没有任何规划能医治这种以机器为中心的生存方式，它只产生精神压抑，无意义的'事件'以及残忍报复的幻想。"[8]

---

1 雅各布斯，《美国大城市的生与死》，84。

2 芒福德，《雅各布斯妈妈的家庭秘方》(Mother Jacobs' Home Remedies)，载《纽约客》(1 December 1962)；重印题为《治疗城市癌症的家庭秘方》(Home Remedies for Urban Cancer)，收入《城市展望》(The Urban Prospect, London: Secker & Warburg, 1968)，182—207。

3 芒福德，《治疗城市癌症的家庭秘方》，188。

4 Ibid., 194–195.

5 Ibid., 197.

6 Ibid., 206.

7 Ibid., 207.

8 芒福德，《城市挫折简史》(A Brief History of Urban Frustration)，收入《城市展望》，215。

芒福德与雅各布斯之间的争吵在 1960 年代初引起了一场具体的争论，而争论很快又演化为针对美国城市与联邦城市改造项目的广泛批评。这些项目是由建筑师、规划师、生态学家和社会学家中的骨干力量实施的。正如可预料的那样，建筑师和规划师们自然而然地强调了城市的物理要素，将秩序引入城市环境。例如景观建筑师哈尔普林 (Lawrence Halprin)（生于 1916）在他第一本书《城市》(Cities)（1963）中便强调了城市活力，还提供了视觉材料以说明从花岗岩铺路石板到缆桩的各种设计可能性。[1] 布莱克 (Peter Blake) 自从 1950 年以来就是《建筑论坛》(Architectural Forum) 的编辑，他经常撰文批评城市的衰败。1964

[384]

图 102　布莱克《上帝自己的废品堆积场》（纽约，1964）一书中，两幅对比图像。

年他出版了名著《上帝自己的废品堆积场》(God's Own Junkyard)，这本书是在"狂怒"而不只是愤怒的状态下写成的（图 102）。他自称是杰弗逊的信徒，将天空景观、汽车景观、道路景观、乡村景观和城市景观的麻木不仁的损毁，视为无节制的商业主义与贪婪所造成的"对美国景观的有计划败坏"（这是此书的副标题）。在提到美国城市时，他说："我们每天步行或开车穿过这些城市，这是我们工作、购物的地方，也是我们出生、生活和死去的地方。在这地狱般的蛮荒之处，人们养成了怎样的生活方式?"[2]

同一年，格伦 (Victor Gruen) 的书《我们城市的心脏：城市危机：病理与治疗》(The Heart of Our Cities: The Urban Crisis: Diagnosis and Cure) 也为医治城市"枯萎病"开出了另一处方。[3] 当然，格伦早期曾以他的购物与办公中心的概念促进了郊区的发展，现在他提出的方案则是以城市密集化、生气勃勃的公共娱乐设施，以及"小颗粒"(small-grain) 的模式为基础。他还设计了一种（受到生物学启发的）细胞式的城市规划方法，将那些高度密集的核心区孤立起来，再将它们安排在中央核心区的周围，以地理特征进行分隔并以公路相连。其结果正如他后来看出来的，与霍华德

1　哈尔普林，《城市》(Cambridge: M.I.T. Press, 1963；重印于 1972)。

2　布莱克，《上帝自己的废品堆积场：美国景观的有计划的败坏》(God's Own Junkyard: The Planned Deterioration of America's Landscape, New York: Holt, Rinehart & Winston, 1964)，33。

3　格伦，《我们城市的心脏：城市危机：病理与治疗》(New York: Simon & Schuster, 1964)。

的花园城以及斯堪的那维亚的新卫星城惊人地相似。

另一位关注于城市物理特征的是理论家林奇 (Kevin Lynch)（生于1918），但他偏重于理论和心理学方法。林奇早年曾在芝加哥与拉普森 (Ralph Rapson) 合住一套公寓，后来在1940年代中期去了剑桥进入麻省理工学院学习，最后在那里加入了凯派斯 (Gyorgy Kepes) 的城市与区域研究中心 (Center of Urban and Regional Studies)，这是第一批此类机构之一。他起初的工作集中于城市形式及物理模式问题研究，分析城市的织体，即建筑的类型、数量、密度、纹理、中心结构与空间分布。在《城市的生长模式》(The Pattern of Urban Growth)（1960）一文中，他论述了较为宽泛的城市规划类型问题——从网格式街道模式到银河式布局——提出了他所谓的"多中心网络"方案，将各中心区域散布于一个关联矩阵之内。[1]

林奇在他的第一本书《城市的图像》(The Image of the City)（1960）中采取了略微不同的研究方向，此书对罗西的城市理论产生了重要的影响。他利用书本知识、城市居民访谈以及对美国三座城市（纽约、泽西与洛杉矶）的实地考察，提出了"可成像性"(imageability) 作为设计的关键概念，即"一个物体所具有的一种特性，可使这个物体能够唤起任何一位观看者心中强有力的图像"[2]。他进一步将"可成像性"与更高意义上的"可识别性"(legibility) 与"可视性"(visibility) 的观念进行类比，"物体不仅能被看到，而且清晰鲜明地在感觉中呈现出来"。[3] 林奇关注的实际上是居民对城市的现象学体验，他认为规划、朝向是重要的，居民需要对城市的主要特色有一个总体的概念把握，以便与其相处。因此，以下5种结构与概念性特征结合起来，就提供了这一环境图像的成分：路径、边缘、区划、节点与界标。尽管这项研究没有给城市设计师提供具体指导——除了主张城市应是一个"完美编织的**处所**"以及应鼓励"记忆痕迹的储存"之外[4]——但却代表了建筑领域摆脱1950年代主要关注密度问题而只是偶尔关注审美的研究倾向。林奇指出，清楚地界定一座城市的路径、节点和界标，对于居民的自尊心和自我理解来说是至关重要的。因此，建筑师与规划师在去除、改变或增添新的此类要素时，要格外小心。

林奇的调查研究与1960年代建筑界在"生态学"名义下所从事的研究是一致的。自1920年代以来，生态学这个概念（用于生物学领域）就被人们谈论着，但经过几十年的发展它已变成了一门羽翼丰满的科学，包含了环境、地理与社会现象等方面的研究。这个领域在1960年代初通过以下著作得到了普及，即西奥多尔森 (George A. Theodorson) 的《人类生态学研究》(Studies in Human Ecology)（1961）、卡森 (Rachel Carson) 的《寂静的春天》(Silent Spring)（1962），以及杜尔 (Leonard J. Duhl) 的《城市的状况：大都市中的人与政策》(The Urban Condition: People and Policy in the Metropolis)（1963）。

---

1 林奇 (Kevin Lynch)，《大都市的模式》(The Pattern of the Metropolis)，收入《社区、城市与大都市：城市社会学综合读本》(Neighborhood, City, and Metropolis: An Integrated Reader in Urban Sociology)，古特曼 (Robert Gutman) 与波普诺 (David Popenoe) 编 (New York: Random House, 1970)，856—871。参见同一本书中林奇与罗德温 (Lloyd Rodwin) 的文章，《一种城市形态理论》(A Theory of Urban Form)（1958），756—776。

2 林奇，《城市形象》(The Image of the City, Cambridge: M. I. T. Press, 1971; 原版出版于1960)，9。

3 Ibid., 9–10.

4 Ibid., 119.

卡森的书对最终成为一场环境运动的生态学进行了界定，而杜尔的书则从城市地形、种族关系与精神健康的视角，考察了"城市化的危机"。[1]

巴克 (Roger Barker) 的《生态心理学》(*Ecological Psychology*)（1968）和麦克哈格 (Ian McHarg) 的《取法自然的设计》(*Design with Nature*)（1969）也以宽广的视野论述了这一问题。麦克哈格（生于1920）曾任宾夕法尼亚大学景观建筑与地区规划系的系主任，原先对城市与健康问题的研究很感兴趣，进而又关注起了地区问题。[2] [385]

1960 年代初，与城市物理环境研究相平行的是大量社会学调查工作，如甘斯 (Herbert J. Gans) 和罗伯特·古特曼 (Robert Gutman) 的调查。甘斯在获得了芝加哥大学的社会学博士学位之后于1950 年代晚期开始了学术生涯，对莱维敦 (Levittown) 展开了著名的研究工作。但他更具代表性的作品是 1962 年出版的《城市村民》(*The Urban Villagers*)。[3] 此书描述了波士顿西区的困境，那是一个大型的意大利移民社区，不久就要以"城市改造"为名被连根拔除，建起奢华的住宅区。[4] 这本书实际上为雅各布斯提供了关于组织结构、社会动力以及社区世代延续观念的详尽背景材料，同时还强调了政策制定者对这些问题缺乏理解。古特曼在 1960 年代中期是罗格斯大学(Rutgers University) 的社会学教授，与普林斯顿大学建筑学院有着密切的联系，在普林斯顿开展了关于物理环境与社会弊病及行为模式之间关系的专门研究。[5] 他在培养建筑师方面起到了重要作用，这本身就反映了这些年社会学在建筑学圈子中越来越流行的情况。[386]

这种社会学兴趣的一个结果，便是对 1960 年代城市改造项目及规划样板的批评越来越多。早期的批评往往是防御性的和尝试性的。例如作为纽约市民住房与规划委员会的一名顾问，伊丽莎白·伍德 (Elizabeth Wood) 于 1961 年提出，高层建筑方案的问题并不在建筑类型本身，而在于它们不能满足人们的社区或社交需求。她的看法是高层建筑应该包括户外设施，如闲逛、洗车、谈话、娱乐与偶遇的社会接触场所。[6]

纽约住房与规划委员会的执行主席罗杰·斯塔尔 (Roger Starr) 在其《城市的选择：城市与它的批评家》(*The Urban Choices: The City and Its Critics*)（1967）一书中也采纳了类似的思路。他提出——尤其针对雅各布斯轻松的想当然——城市问题本质上是结构问题以及是否跟得上社会、经济与政治体系变化的问题。至于高层建筑的问题（或是回到传统街道与城市生活的解决办法），他的观点依然是不明朗的："街道正在死亡，因为屠夫、面包师、水果贩、鱼贩、熟食店主以及文具商已并入了连锁店、超市和廉价商店，它们的橱窗就是电视机或收音机。"[7]

---

1 杜尔编，《城市的状况：大都市中的人与政策》(New York: Basic Books, 1963)。
2 麦克哈格战后从哈佛大学毕业之后，带着一个严重的肺结核案例回到了出生地苏格兰。
3 这部早期著作曾以《里维特镇居民：一个新兴郊区社区的生活方式与政策》(*The Levittowners: Ways of Life and Politics in a New Suburban Community*) 为题出版 (New York: Pantheon, 1967)。
4 甘斯，《城市村民：美籍意大利人生活中的群体与阶级》(*The Urban Villagers: Group and Class in the Life of Italian-Americans*, New York: The Free Press, 1962)。
5 关于这一论题的一本重要文集，见古特曼编，《人与建筑》(*People and Buildings*, New York: Basic Books, 1972)。
6 伍德，《住房设计：一种社会理论》(*Housing Design: A Social Theory*, New York: Citizens' Housing and Planning Council, 1961)。
7 斯塔尔，《城市的选择：城市与它的批评家》(Baltimore: Penguin, 1969; 首版于 1967)，177。

图 103　安德森《联邦推土机》（麻省剑桥，1964）一书的封面。

但是，所发生的社会事件很快便击溃了这些道德上沾沾自喜的说法。危机开始在全美国少数民族聚集区蔓延开来，这与娱乐室或电视机的激增并无关系，尽管有人认为正是电视机让穷人了解到城市的悲剧、他们的失学与就业基础正在消失等情况。马丁·安德森（Martin Anderson）出版于 1964 年的那部有争议的著作《联邦推土机：关于城市改造的批判性分析，1949—1963》(*The Federal Bulldozer: A Critical Analysis of Urban Renewal 1949—1962*)（图 103）最早暗示了这场行将发生的危机。[1] 安德森撰写此书时还是麻省理工的一名学生，此书抨击了现行的城市改造项目，强烈呼吁取消这些计划。他所依据的资料大多是从联邦机构收集而来的。安德森指出，联邦与各州的项目为穷人提供住房的基本使命已告失败，例如 1950 年代市中心地区有超过 12.6 万套住房被拆毁，而只建了 28000 套新住房。此外，这些新房子的租金大多比被拆的旧房高出许多。问题只会越来越糟，有超过 160 万的人口还住在计划改造的城区内。除了现行项目造成了社会的无根性之外，安德森强调说，城市改造也无法完成两项重要目标：一是这些项目已严重影响了商业，实际上被迁出的公司中 40% 关了门，加重了城市失业问题；二是城市改造对税收基础的影响是减少了税收而不是像预想的那样可增加 4 倍。他的结论是，这类项目应由私营企业来接管，因为就在这项研究的同一时期，私营企业在改造住房与重建城市方面要成功得多。

安德森的书出版于"大社会"（Great Society）项目的前夜，遭遇到了来自投资官僚以及学院人士的火力拦截。身为国家住房与重建官员协会（National Association of Housing and Redevelopment Officials）助理会长的格罗贝格（Robert P. Groberg）以各种理由指责此书，尤其是它的数据分析，说他未看到"历史的前景以及联邦政府在援助、清理贫民窟与改造工作方面的极限"[2]。甘斯实际上同意安德

1　安德森，《联邦推土机：关于城市改造的批判性分析，1949—1963》(Cambridge: M. I. T. Press, 1964)。参见总结性的文章《联邦推土机》，收入《城市改造：实录与争论》(*Urban Renewal: The Record and the Controversy*)，威尔逊（James Q. Wilson）编 (Cambridge: M. I. T. Press, 1966)，491—508。

2　格罗贝格，《从现实角度重新评价城市改造》(Urban Renewal Realistically Reappraised)，收入威尔逊，《城市改造》，509—531。

森的主要观点，但也批评这位"极端保守的经济学家和往往很任性的论战家"的统计方法。[1]
甘斯强调，城市政策已告失败，因为它们被制定出来是作为"消除贫民窟以'更新'城市的
一个办法，而不是恰当地重新安置贫民窟居民的一个项目"[2]。这场争论中的另一个主角詹姆
斯·威尔逊（James Q. Wilson）承认现有城市项目是有问题，但通过增加社区联络、结束政治分离，
这些问题多少可以得到解决。[3]

捍卫城市改造政策最有趣的言论之一出自艾布拉姆斯（Charles Abrams）（1902—1970）之口。
他长期担任哥伦比亚大学城市规划系常任系主任一职，也是纽约住房管理局（New York Housing
Authority）的创建者。[4]他反对安德森的观点，主张不要废止联邦项目，而是大大扩充它们——
创建一个联邦城市空间局（Urban Space Agency）（即 URSA），在气度上显然类似于国家航空航天局
（NASA）。[5]艾布拉姆斯批评联邦项目过分依赖对贫民窟的清除，其动机在于商业投机而不重
视解决潜在的社会弊端。但同时，他又感到这些项目必须多多注意有计划地使用土地和注意城
市美学问题，必须提升市政管理及文化水平，等等。他赞赏近来杰出的建筑师已进入角色，正 [387]
在设计样板项目——如贝聿铭（I. M. Pei）、密斯·凡·德·罗、鲁道夫（Paul Rudolph）、威廉·沃斯
特（William W. Wurster）以及山崎实（Minoru Yamasaki）。[6]因此，对艾布拉姆斯而言，要解决上述问题，就
要依靠建筑师的才能，通过他们熟练的、在美学上令人愉悦的设计，去解决社会问题。

不过到 1960 年代中期这种看法就改变了，人们形成了一种共识，即大规模铲除贫民窟并
代之以无个性特征的高层建筑已成为纯粹的都市噩梦，需要慎重考量。规划运动最早的鼓吹者
之一达维多夫（Paul Davidoff）（1951—1985）积极推动重新评估工作。达维多夫认为，城市改造项
目主要对开发商的钱袋有利；开发商牺牲了无家可归的穷人，吸干了联邦基金。规划的制定必
然会走入歧途，因为一般来说，规划和委托权控制在一小撮政治代表而非当事公民的手中。
达维多夫早期的一系列文章——始于《规划的选择理论》（A Choice Theory of Planning）（1962，与赖纳
[Thomas Reiner] 合作）——加上他就联邦基金、排他性区划以及郊区房产开发准入等事项提出的
各种法律质询，使得 1960 年代后期十分紧张的政治争论气氛尖锐化了。[7]各建筑师团体也推波

---

1 甘斯，《城市改造的失误》（The Failure of Urban Renewal），收入《人与规划：城市问题与解决方案论文集》（*People and Plans: Essays on Urban Problems and Solutions*, New York: Basic Books, 1968），261。

2 Ibid., 265–266.

3 威尔逊，《规划与政治：公民参与城市改造》（Planning and Politics: Citizen Participation in Urban Renewal），收入威尔逊，《城市改造》，407—421。

4 关于艾布拉姆斯，见亨德森（A. Scott Henderson），《住房建设与民主理想：查尔斯·艾布拉姆斯的生平与理想》（*Housing and the Democratic Ideal: The Life and Thought of Charles Abrams*, New York: Columbia University Press, 2000）。

5 艾布拉姆斯，《城市即前线》（*The City Is the Frontier*, New York: Harper & Row, 1965）；此书中《城市改造带来的福祉》（Some Blessings of Urban Renewal）一章，收入威尔逊的《城市改造》一书，558—582。关于城市空间局（URSA），参见《2000 年的住房》（Housing in the Year 2000），收入小埃瓦尔德（William R. Ewald Jr.）编，《环境与政策：下一个 50 年》（*Environment and Policy: The Next Fifty Years*, Bloomington: Indiana University Press, 1968），209—240。

6 艾布拉姆斯，《城市改造带来的福祉》，收入威尔逊，《城市改造》，562。

7 达维多夫，《规划的选择理论》，载《美国规划师研究院院刊》（*Journal of the American Institute of Planners*）28（1962）：103—115。参见达维多夫，《规划中的主张与多元论》（Advocacy and Pluralism in Planning），载《美国规划师研究院院刊》31（1965）：331—337。以及达维多夫，《民主的规划》（Democratic Planning），载《视角》11（1967）：158—159，重印收入奥克曼，《建筑文化，1943—1968》（New York: Rizzoli, 1993），442—445。

助澜——哈莱姆建筑师城市改造委员会（Architects' Renewal Committee in Harlem）、波士顿城市规划援助会（Urban Planning Aid）以及旧金山社区重建规划师与建筑师协会（Planners and Architects for Neighborhood Regeneration）（PARS）——尽管往往只取得了局部的成功。

无论如何，突然袭来的政治事件压倒了一切争论。1965年夏天在沃茨（Watts）发生了暴乱，这一年种族骚乱蔓延到70多座城市——从奥克兰（Oakland）到波姆庞帕诺海滩（Pompano Beach）再到普罗维登斯（Providence）。1967年美国经历了城市暴乱，遍及波士顿、纽瓦克和底特律等地，数十人被杀，数千人受伤，大量地区被烧毁。所有这些骚乱营造了1968年的暴力氛围，这是美国历史上最糟糕的年份之一。美国人集体精神的崩溃，无论是归咎于长期存在的奴隶制和种族隔离残余、随之而来的越战的连锁反应、自由企业制度的失败，还是归咎于古典自由主义本身在哲学层面上的缺陷，但事实仍然是，过去20多年的城市改造政策及其在建筑上造成的后果，以及这些政策的理论基础，已完全不能适应当前十分艰巨的任务了。同时，建筑师和规划师谁能够切实解决或缓解这些较为普遍的社会问题，这个问题被提出并成为中心问题。换句话说，现代主义社会向善论的社会前提已遭到了质疑。

2. 从模式语言到易经

对于这些更迫在眉睫的问题的回应可以到与建筑相关的较为狭窄的领域中去寻找，因为环境设计与社会研究课程开始整合到了建筑的教学大纲之中。在这一专业分支中，切尔马耶夫（Serge Chermayeff）与亚历山大（Christopher Alexander）的《共同体与私人空间》（*Community and Privacy*）（1963）是一部早期作品。[1] 切尔马耶夫，正如我们已知，是芝加哥设计学院院长，1952年来到哈佛大学，成为塞尔特（José Luis Sert）第一批任命的人之一。他在1950年代的研究已从使用者的功能角度专注于住房社会学，并开始利用这项研究发展出了一门他所谓的"环境设计科学"[2]，其基本前提是，利用分析模型结合社会学的研究便可改进建筑设计。《共同体与私人空间》是一本环境小册子，将自然环境与城市居住环境的恶化归咎于郊区的灾难、汽车以及越来越大的心理压力，其目的是沿着格罗皮乌斯与欧洲规划师的脚步前进，发展出社区住房的设计原型，作为郊区单户住宅的可选方案。这项研究的第二部分由亚历山大撰写，利用计算机辅助系统对各种不同的区划住房功能进行分析，着重于防止噪声传播。以功能主义与理性主义方式进行优化设计是这项研究的主要优点。

[388]

---

1 见切尔马耶夫与亚历山大，《共同体与私人空间：走向人文主义的新建筑》（*Community and Privacy: Toward a New Architecture of Humanism*, New York: Anchor, 1965; 首版于1963）。

2 见他的若干文章与演讲稿，收入普朗兹（Richard Plunz）编，《设计与公益事业：瑟奇·切尔马耶夫文选1930—1980》（*Design and the Public Good: Selected Writings 1930–1980 by Serge Chermayeff*, Cambridge: M. I. T. Press, 1982）。此文出自切尔马耶夫与亚历山大，《共同体与私人空间》，20。

亚历山大参与此项目并非只是起辅助性作用，他是奥地利出生的英籍理论家，在剑桥大学学习过数学、物理学与建筑学，后来于 1958 年到哈佛大学在切尔马耶夫指导下进行博士研究。在 1962 年晚些时候，他完成了自己的博士论文，正式出版时题为《论形式的综合》(*Notes on a The Synthesis of Form*) (1964)。此书以其数学前提震动了建筑界，打开了一个不可思议的领域的大门——采用分析性的研究方法以及可以转译为建筑形式的计算机操作。

亚历山大工作的基本前提是，设计已变得太过复杂，分析信息与变数过于精细与专门化，也过于急促，使设计者负担过重。他从汤普森 (D'Arcy Thompson) 的《论成长与形式》(*On Growth and Form*) 一书中抓取了一个类比，该书将形式定义为"各种力量的图示"(a diagram of forces)，提出好的设计是形式"适合于"某个具体情境的设计，并将适应性设定为"无摩擦共存"(frictionless coexistence)。[1] 从理论上来看，这个论点绝对是功能主义的，但他的方法的独特之处就在于，他建议在足够数量的"构造图产生出来之后，采用集合论的数学工具在计算机上对功能变量进行分析"[2]。他这一方法的另一新意在于极其强调设计中的心理学与人类学的变量。例如在他的博士论文参考书目中，心理学、问题求解以及人类学的参考书是建筑学参考书的两倍。[3] 在附录中，亚历山大甚至将数学的严谨性运用于一座印度村庄的设计元素，从而设计出一系列茎状图或树状图以组织各种变量之间的关系。

1962 年，亚历山大在若约芒 (Royaumont) 召开的第十次会议小组会议上演示了印度村庄的树状分布图，之后与阿尔多·凡·埃克就他们各自采用的树状类比展开了辩论。[4] 数年之后，亚历山大以发表在《建筑论坛》上的《一座城市不是一棵树》(A City Is Not a Tree) 一文，对这次讨论进行了回应。此文代表了他在早期模型基础上的推进，因为现在他认识到树形图（大大小小的树枝与树叶的连续性的、孤立的分叉）不可能表现出"重叠的、朦胧的与多重性的外观效果"，而这些正是现实体验的特色。[5] 人的实际体验类似于一个"半格"(semilattice)，一个矩阵的不同分支在那儿能相互沟通或彼此相交。这一看法基于亚历山大十分敏锐的洞察力，一座校园，例如剑桥大学的校园，没有必要作为一个孤立的，在逻辑上与教学、居住与娱乐区隔绝开来的"校园"而存在，如果将其置于一片朦胧城镇的背景之中，便可以极好地发挥它的功能。一个个学院点缀其间，有时与周围的咖啡店、酒吧与商店混在一起彼此不分，商店的楼上还会有学生宿舍："在剑桥这座自然的城市，大学与城市一同逐渐成长起来，实体建筑单元相互重叠，因为它们是重叠在一起的城市系统与大学系统的物理沉淀物。"[6] 在同一篇文章中，亚历山大指出，马里

---

1 亚历山大，《形式的综合》(Cambridge: Harvard University Press, 1964)，18—19。

2 Ibid., 84-91.

3 亚历山大，《形式的综合：理论笔记》(The Synthesis of Form: Some Notes on a Theory, Ph. D. Diss., Harvard University, 1962)。亚历山大在他的参考文献中只列出关于建筑的 8 本书或文章，在"心理学与问题求解"标题下列出了 10 本书与文章，在"数学与系统论"之下列出 10 本书，在"人类学"之下列出 7 本。

4 关于这一延伸讨论，见斯特劳文 (Francis Strauven)，《阿尔多·凡·埃克：相对性的形状》(*Aldo van Eych: The Shape of Relativity*, Amsterdam: Architectura & Natura, 1998)，397—402，473 n. 663。亚历山大受邀参加了一个私人聚会，这一事实说明了他的博士研究工作是在各种不同的圈子中开展的。

5 亚历山大，《一座城市不是一棵树》，载《建筑论坛》122 (May 1965)：58。此文第一部分发表于《建筑论坛》4 月号上。

6 Ibid., 59.

兰州哥伦比亚市（Columbia）与绿带城（Greenbelt）、1944 年的大伦敦方案、昌迪加尔与巴西利亚，都是根据树形图或功能图规划的，这就是其明显的人工气以及失败的原因。他总结道，城市规划是一种极其复杂的变量组织，是"生物的结构，是伟大的绘画与交响乐的结构"[1]。

亚历山大对设计方法论的关注，是在 1960 年代兴起的一场运动中涌现出来的一个典型代表。这场运动在美国十分强劲，但在英国或许有过之而无不及。1970 年，英国建筑师克里斯多夫·琼斯（C. Christopher Jones）总结出了 35 条建筑设计"新方法"——几乎全都是 1960 年代发明的。[2] 其中有许多出自工程技术的相关领域，但还有许多，如琼斯自己的"适应性建筑协作战略"（Collaborative Strategy for Adaptable Architecture）（CASA），就是专门为建筑而设计的。他主张增加设计分析的时间，这不仅可确保对更多的设计变量进行考量，而且减少了获得综合性解决方案所需的时间。在这方面最重要的建筑理论家或许是布罗德本特（Geoffrey Broadbent），他与沃德（Colin Ward）一道以 1965 年在伯明翰召开的设计方法论会议为基础，为伦敦建筑师协会编辑了《建筑设计方法》（Design Methods in Architecture）（1969）一书。[3] 到此时，布罗德本特已对符号学产生了兴趣，这使他对亚历山大的早期工作持批评态度，并以乔姆斯基（Noam Chomsky）的综合研究为基础，提出了"深度结构"（deep structures）方法论。[4]

[389]

亚历山大也不满足于沿着自己早期的工作思路往前走。在 1960 年代下半叶，他不仅发展了他的"半格模型"（semilattice model）的论据，也以更为灵活的"模式"（pattern）概念取代了"图示"（diagram）观念，后来他又将"模式"定义为"描述我们环境中反复出现的某个问题，然后再描述这一问题的解决方案的核心，你可用这一解决方案一百万次，但永远不会以相同方式做两次"[5]。他的这一观念首次表达于《一种可生成多业务服务中心的模式语言》（A Pattern Language Which Generates Multi-Service Centers）（1968）一书。[6] 这个问题源于他长期的人类学兴趣，目的是确定低收入住宅区多功能社区中心的设计参数，在很大程度上基于社会学与心理学研究。这种设计方法的长处是明显的，但也有内在的局限性：一方面，还存在选址的模式、该中心图示作用的模式，以及许多设计细节的模式问题，如窗户的位置、房间的形状以及接待者座位的高度等；另一方面，模式语言的观念本身是从文化角度表述的，要求（建筑）判断服从于惯例，最终反映了模式制定者的先入之见。沿街的壁龛供人们"歇脚、闲逛并熟悉这建筑的功能"，这既透露了当时十分明显的行为主义心理学的方法，也表明这是防止破坏的一个保护性设施，而在高犯罪率

---

1 亚历山大，《一座城市不是一棵树》，载《建筑论坛》122（May 1965），59。

2 克里斯多夫·琼斯，《设计方法：人类未来的种子》（Design Methods: Seeds of Human Futures, London: Wiley, 1970）。参见格雷戈里（S. Gregory）编，《设计方法》（The Design Method, London: Butterworth, 1966）。

3 布罗德本特与沃德，《建筑设计方法》，收入《建筑协会文库》第 4 卷（London: Lund Humphries, 1969）。

4 关于他反对亚历山大的本意及后者的反应，见路易斯·马丁（Louis Martin），《探索一种建筑理论：英美之争，1957—1976》（Ph. D. diss., Princeton University, 2002），320—327。

5 亚历山大、石川佳纯（Sara Ishikawa）、西尔弗斯坦（Murray Silverstein）、雅各布森（Max Jacobson）、费克斯达尔－金（Ingrid Fiksdahl-King）和安吉尔（Shlomo Angel），《模式语言：城镇、建筑物、构造》（A Pattern Language: Towns, Buildings, Construction, New York: Oxford University Press, 1977），x。

6 亚历山大、石川佳纯以及西尔弗斯坦，《一种可能生成多业务服务中心的模式语言》（Berkeley: Center for Environmental Structure, 1968）。

地区，人们很可能穿过马路以躲避破坏。[1] 亚历山大后期的模式语言研究力求提供更一般化的人类学图式，但在这一点上他已不再相信存在着一种综合设计方法论的可能性了。[2]

亚历山大关注于社会，想要使建筑设计在各个方面都更为"科学"。而 1960 年代出现的其他一些理论则是对这种观念的补充。安德森于 1963 年向伦敦建筑协会提交了一篇文章，在反对"技术决定论"与班纳姆的反复兴论（antirevivalism）的同时，将传统（必要的运作基础）与传统主义（"给墓碑抛光"）区别了开来。[3] 安德森还运用卡尔·波普尔（Karl Popper）的哲学结构，论证了科学探索无非就是科学家保持着"对他们的猜想（理论）的一种积极批判的或辩论的态度"，这种策略也适用于建筑："基本步骤是，在我们特有的建筑问题情境之内，对问题与假设做出明确表述，然后在当前所掌握的信息与方法所允许的范围内，尽可能严格地对其进行批评与检验。"[4] 安德森进一步指出，社会学、心理学和生物学领域已在建筑中得到了具体的运用。既然我们已知的假说持续地、以一种有序的方式被验证着、增长着，建筑的传统（我们现有的形式方案）便发挥着类似于科学知识本体的作用。

两年之后，安德森的文章与其他几篇文章一道，被再次提交到 1964 年在克兰布鲁克美术学院举办的一个教师讨论班上。有若干外国访问者到会，如赛维、班纳姆、柯斯林、切尔马耶夫和西比尔·莫霍伊－纳吉（Sibyl Mohly-Nagy）。会议的主题是建筑的历史、理论与批评的教学。尽管这些论文呈现了相当不同的观点，但是看看钟摆是如何摆向理论与批评的科学基础，还是十分有趣的。为了回应卢埃林－戴维斯（Richard Llewellyn-Davies）的严谨的方法论路径，即便是人文主义者柯林斯也居然将理论定义为"将建筑形式与社会学条件、技术条件、经济条件与美学条件联系起来的一些基本原理，这诸种条件统辖着建筑的肇始"——也就是说，与某些近似于代数功能主义的东西联系了起来。[5]

当然，这种看法也受到了 1960 年代美国大学社会学系内部所开展的行为研究的驱动，其中不少研究聚焦于建筑环境。最突出的研究者或许是人类学家霍尔（Edward T. Hall），他在《无声的语言》(The Silent Language)（1959）一书中考察了潜在于人的行为之下的无意识文化模式，论述了诸如文化无常性（cultural temporality）、地盘意识（territoriality）、潜意识模式之类的问题。在《隐秘的维度》(The Hidden Dimension)（1966）一书中，霍尔通过建筑的视觉、听觉、嗅觉、热力与触觉等参数分析了建筑的空间体验，再次强调了这些体验的文化基础。霍尔也偶尔参与建筑争论，例如 [390]

1　亚历山大、石川佳纯以及西尔弗斯坦，《一种可能生成多业务服务中心的模式语言》，187.

2　尤其见他的三部曲：亚历山大，《建筑的永恒之道》(The Timeless Way of Building, New York: Oxford University, 1979)；亚历山大、石川佳纯以及西尔弗斯坦，《模式语言》；以及亚历山大、西尔弗斯坦、安吉尔、石川佳纯、艾布拉姆斯，《俄勒冈实验》(The Oregon Experiment, New York: Oxford University Press, 1975)。

3　安德森，《建筑与传统，这传统并非是"传统的，老爸"》(Architecture and Tradition That Isn't 'Trad, Dad')，载《建筑协会会刊》80（May 1965）；325—330；引自惠芬（Marcus Whiffen）编，《建筑的历史、理论与批评：1964 年 AIA-ACSA 教师研讨班论文集》(The History, Theory and Criticism of Architecture: Papers from the 1964 AIA-ACSA Teacher Seminar, Cambridge: M. I. T. Press, 1965)，71。

4　Ibid., 79.

5　柯林斯，《历史、理论与批评在建筑设计过程中所发挥的相互关联的作用》(The Interrelated Roles of Hostory, Theory, and Criticism in the Process of Architectural Design)，收入惠芬，《建筑的历史、理论与批评》，3—4。

他直言不讳地反对为低收入者建造高层住宅楼——"比起贫民窟来看上去不那么令人痛苦，但住进去却比它所取代的大多数贫民窟更令人烦恼"——这在很大程度上由以下缘故所造成：这些建筑的尺度和功能与那些基本未受过教育的、从农村搬到城市的人不搭调。[1] 在霍尔看来，拆除波士顿西区 (West End) 也是个大失败，因为"清除贫民窟和城市改造未能考虑到这样的事实，即工人阶级的社区是完全不同于中产阶级的社区的"[2]。从积极的方面来说，他赞赏戈尔德贝格 (Bertrand Goldberg) 的马利纳城 (Marina City) 以及史密斯 (Chloethiel Smith) 在华盛顿特区的工作，认为它们是使城市中心地区重获生机的重要里程碑。

霍尔对人类空间意识和地盘意识的研究著作并非是严格意义上的建筑书，但对建筑思想却产生了影响。有许多这样的书，这里仅举几本；早期的有阿德里 (Robert Ardrey) 的《非洲的起源》 (African Genesis)（1961）和《地盘的驱策》(The Territorial Imperative)（1966）；接着有库恩 (Thomas Kuhn) 的《科学革命的结构》(Structure of Scientific Revolutions)（1962）、戈夫曼 (Erving Goffman) 的《公共场所的行为》(Behavior in Public Places)（1963），以及萨默 (Robert Sommer) 的《个人空间：设计的行为基础》(Personal Space: The Behavioral Basis of Design)（1969）。萨默是加利福尼亚大学戴维斯分校的一位心理学家，尤其关注于建筑研究。不过他的成果在后来的著作《密集的空间：冷酷无情的建筑以及如何使它人性化》(Tight Spaces: Hard Architecture and How to Humanize it)（1974）中得到较好的总结，此书矛头直指过去20年联邦资助的"冷酷无情的"空间——如圣路易斯的帕鲁伊特－伊戈居住区 (Pruitt-Igeo) 这样的改造项目。[3]

另一本在1960年代社会问题与"社会科学"氛围中开始写作的有影响力的著作，是奥斯卡·纽曼 (Oscar Newman) 的《防范性空间：通过城市设计防止犯罪》(Defensible Space: Crime Prevention through Urban Design)（1972）。纽曼于1959年参加了CIAM大会并撰写了该组织的历史。他将"防范性空间"定义为"概括了一系列机制的一个术语——真实的与象征性的栅栏、明确划定的影响区域，经过改善的监测机率——这些综合起来就形成了处于居民控制之下的环境"[4]。该术语也暗示了"某些有利于秘密犯罪活动的空间和空间布局"[5]。纽曼是纽约大学规划与住房研究所的所长，他创建了一个有力的案例：由于在城市环境中，内廊式 (double-loaded corridor) 高层公寓楼总是会造成"最严重的犯罪问题"，所以"应从所有多户型住宅项目中去除"。[6] CIAM的政策以及它的建筑研究与假设，至少在低收入人群的住房方面是不恰当的，这个问题仅仅10年就完全暴露出来了。

到了1960年代中期，社会与行为研究的势头没有衰减，反而开始被一些流行读物所增强。这些书以更具哲学、政治和反传统文化的方式论述了人类的处境问题——这就是建筑理

---

1 霍尔，《隐秘的维度》(Garden City, N. J.: Doubleday, 1966)，159。

2 Ibid., 160.

3 萨默，《密集的空间：冷酷无情的建筑以及如何使它人性化》(Englewood Cliffs, N.J.: Prentice-Hall, 1974)。

4 纽曼，《防范性空间：通过城市设计阻止犯罪》(New York: Macmillan, 1972)，3。

5 Ibid., 12.

6 Ibid., 176.

想受到相伴而生的社会动乱严重影响的原因。国家现在面临的问题是多方面的：越战与征兵，民权与黑人权力运动，女权主义与新左派，越来越严重的污染与环境运动，以及幻想破灭的年轻一代与他们对迷幻药的接受。形形色色的意识形态信条被提了出来，如卡迈克尔（Stokely Carmichael）的《黑人权力》（*Black Power*）（1967）、埃利希（Paul Ehrlich）的《人口炸弹》（*The Population Bomb*）（1968）、利里（Timothy Leary）的《打开、调谐、离线》（*Turn on, Tune in, Drop out*）等。但有一个共识将这些信条统一了起来，这就是一场历史性的文化革命不但不可避免，而且已经开始了。埃德蒙顿（Edmonton）思想家麦克卢汉（Marshall McLuhan）（1911—1980）在他的名著《媒介即讯息》（*The Medium Is the Message*）（1967）中，并非从政治的角度来看待这场革命的内容，而是认为这是电子时代新媒介内在固有的东西：

> 电气线路已经推翻了"时间"与"空间"的统治，即刻间连续不断地将所有其他人关注的东西倾倒给我们。它已重建起全球范围的对话。它传达的讯息是**彻底变更**（Total Change），终结心理的、社会的与政治的偏狭眼界（parochialism）。市民、国家与民族的老旧群体已变得无法发挥作用。新技术之精神的影响，莫过于"一处万事备，万事有其所"。你又**回**不了家了。[1]

这令人想起夏尔丹（Pierre Teilhard de Chardin）将电流与中枢神经系统相类比的说法。麦克卢汉，这位电子时代的祭司，从迪伦（Bob Dylan）、凯奇（John Cage）和乔伊斯（James Joyce）那里引述了若干段落，向年轻读者证明，我们西方世界建立于其上的那个宇宙的基本原则已然消解了。[2]

这是一个诱人的论题，迷住了全球成千上万的年轻人，尤其是它并不要求信奉者做任何事情，除了对现状采取放弃的态度（以一切形式），只求陶醉于自己的舒服感觉之中。有成千上万的学生逃课，而在建筑专业内一些先知先觉者出现了。具有超凡魅力的索莱里（Paolo Soleri）（生于1919）于1947年来到美国师从赖特学习，1960年代他在全国招募了数百名建筑学生到他的亚利桑那沙漠围场，去建造新城阿科桑蒂（Arcosanti）。索莱里也受到夏尔丹的影响，在他的著作《生态建筑学：人像之城》（*Arcology: The City in the Image of Man*）（1969）中宣告了一种关于人的精神和身体与大自然共生的综合哲学，以及一种预见性的自我维持、自我平衡、与景观特色相和谐的城市生态系统。[3] [391]

在景观建筑师哈尔普林（Lawrence Halprin）的工作中，也可以看到生态意识的觉醒、政治上的能动性以及救世主般的热情结合在一起。在他身上，犹太神秘主义、格式塔心理学、卡尔·荣格（Carl Jung）、东方宗教以及蒂莫西·利里（Timothy Leary）等各种力量天衣无缝地结合在一起。哈尔

1　麦克卢汉与菲奥雷（Quentin Fiore），《媒介即讯息：效果一览》（*The Medium Is the Message: An Inventory of Effects*, New York: Bantam, 1967），16。

2　Ibid., 146.

3　索莱里，《生态建筑学：人像之城》（Cambridge: M. I. T. Press, 1969）。

普林是 1960 年代最活跃也最有天赋的景观设计师之一，其代表作品便说明了这一点，如波特兰爱悦广场（Lovejoy Plaza）（1962）、旧金山吉拉德利广场（Ghiradelli Square）（1962）、明尼阿波利斯尼科莱特购物街（Nicollet Mall）（1966），以及他为门多西诺县（Mendocino County）海洋牧场（Sea Ranch）（1962—1969）所作的总体蓝图。1960 年代后半期，他的设计过程的基本原理不断发展着（灵感来自于他的妻子，一位舞蹈编导），并越来越多地参与海特－阿什伯里（Haight-Ashbury）的各种"即兴表演"（happenings）。于是哈尔普林设计出了他的创新策略——"RSVP 循环"（即 Resources[资源]、Scores[分数]、Valuaction[评估]、Performance[实行]），以反对传统的（被动的）规划，作为普遍适用于社区参与和集体行动的一种方案。他的"打分"（即 RSVP 中的"S"）是指为评价创新性提供一种非主观的、无等级的体系，可运用于从悉尼歌剧院到易经（I-Ching）卦符（hexagrams）的评价。尽管他自己设计中的"分数"（景观研究）并未脱离传统的景观设计（他的海洋牧场设计最好地体现了这一点），但他的政治与生态抱负却是革命性的。他的激进理论中明显有一种年轻人中流行的恐惧感，这是受到关于能源、人口增长等大量启示录般"科学"研究以及其他厄运来临预言的影响所致。哈尔普林列举了家庭与政治体制的破裂、道德沦丧的与唯利是图的战争，以大气、土地与水的污染等问题，提出"我们面临着社会的大灾难、精神的大灾难、个人的大灾难、国家的大灾难、家庭的大灾难、社区的大灾难。只说这里或那里出了问题是不够的。我们需要改变的创新机制基于共同体的总体切身利益。我们需要一个分数"[1]。如果说 LSD（迷幻药）和易经的寓言可以作为匡正这种摇摆不定的不平衡状态的利器，那么它们对于经历了集体心理崩溃的这一代人来说就更好了。

3. 卡　恩

建筑行业上层人士的这种在劫难逃的感觉并不明显，其实他们在同一年代正享受着无可比拟的成功。例如，战争年代在哈佛那个班级上学的建筑师，如巴恩斯（Edward Larrabee Barnes）、约翰森（John Johansen）、菲利普·约翰逊（Philip Johnson）、鲁道夫（Poul Rudolf）、弗兰岑（Ulrich Franzen）、科布（Henry N. Cobb）以及贝聿铭（I. M. Pei）等人，他们中间有许多人在 1940 年代都与那份具有社会意识的学生期刊《使命》（task）有联系。他们所有人到 1960 年代都按常规开了业，经常为杂志提供明信片图像。

巴恩斯（1915—2004）是这群人中最拘谨的一位，具有一贯严谨的作风：手法总是很纯熟，单纯而稳妥。[2] 不过他仍以其独特的坡顶创造了一些真正具有灵感的作品，其开端是缅因州鹿岛（Deer Isle）上的草垛山工艺学校（Haystack Mountain School of Crafts）（1958—1961），实际上他在

1　哈尔普林，《RSVP 循环：人类环境的创造过程》（*The RSVP Cycles: Greative Processes in the Human Environment*, New York: Braziller, 1969），197。

2　见巴恩斯，《建筑师爱德华·拉腊比·巴恩斯》（*Edward Larrabee Barnes: Architect*, New York: Rizzoli, 1994）。

1960 年代还设计了许多校园建筑。另一方面，也有许多较平淡的作品，如伊朗大不里士 (Tabriz) 美国领事馆（1958—1966）以及沃思堡市 (Fort Worth) 内曼·马库斯购物中心 (Neiman Marcus Shopping Center)（1963）。

约翰逊当然依旧是老样子：一个直言不讳、大胆无礼的美学折中主义者。1959 年他在耶鲁大学的一个讲座上宣布，他对国际风格以及它的美学遗产感到"厌倦"。[1] 他尽管对周围所酝酿的思想观念颇感好奇并深为所动，但还是选择遁入传统主义的庇护所。斯通 (Edward Durell Stone) 与雅马萨基 (Minoru Yamasaki) 也和他一样采取了同一策略。在这个 10 年中，约翰逊设计的许多建筑物都表现了大理石的纪念碑性，如沃思堡阿蒙·卡特西方艺术博物馆 (Amon Carter Museum of Western Art)（1962）、华盛顿特区前哥伦比亚艺术博物馆 (Museum for Pre-Columbian Art)（1962）、纽黑文克莱恩科学中心 (Kline Science Center)（1965）以及纽约的纽约州立剧院 (New York State Theater)（1965）。[2]

在弗兰岑（生于 1921）与约翰森（生于 1916）的作品中也可以看到纪念碑性，尽管各有不同。他们的建筑经常得到设计大奖评审团的青睐。弗兰岑从 1950 年代的密斯式造型转向了一种卡恩式的风格，如康奈尔大学十三层的农学大楼 (Agronomy Building)（1968）。[3] 弗兰岑的休斯敦艾莱剧院 (Alley Theater)（1965—1968）以及约翰森的俄克拉荷马滑稽剧院 (Mummers Theater)（1965—1970）都表现出建筑电讯派迟来的影响，不过前一座建筑仍表现了一种无怨无悔的形式主义，依然努力追求着整体效果；而约翰森的剧场则表现出激进的碎片式特点，其潜在的概念更为深刻。这位建筑师声称，他通过与麦克卢恩的对话，通过阅读富勒和库克的书，逃离了自己早期的新古典主义与"现代创设"。[4] 他的滑稽剧院设计似乎是异想天开的，构图随意，具有农业机械的审美效果。实际上它的结构与电子电路的"技术美学"(techno-esthetics) 是一致的，由机壳（结构框架）、部件（大厅）、组件（机械零件）以及马具（机械通道、车载通道与人行道）所组成。[5]

[392]

中国广东人贝聿铭（生于 1917）1946 年在哈佛大学获得学位之后，在该设计研究生院任教，但在 1948 年他被房地产开发商泽肯多夫 (William Zeckendorf) 吸引去当他的建筑师，直到 1960 年。[6] 贝聿铭的早期建筑实践受到他的指导老师格罗皮乌斯与布罗伊尔的深刻影响，但最终组建了自己的一个才华横溢的事务所班底。1960 年代确实成了"贝聿铭的 10 年"，他接手的第一项重要的委托任务是国家大气研究中心 (National Center for Atmospheric Research)（1961—1967），他砥

---

1 约翰逊，《何去何从——非密斯方向，1959》(Whither Away–Non-Meisian Directions, 1959)，收入《文集》(New York: Oxford University Press, 1979)，226—241。

2 见《菲利普·约翰逊的建筑》(The Architecture of Philip Johnson)，由菲利普撰写前言 (Boston: Bulfinch Press, 2002)。

3 布莱克 (Peter Blake)，《乌尔里希·弗兰岑的建筑》(The Architecture of Ulrich Franzen, Basel: Birkhäuser, 1998)。

4 约翰森，《约翰·M. 约翰森：活在连贯统一的现代建筑之中》(John M. Johansen: A Life in the Continuum of Modern Architecture, Milan: L'Arca Edizione, 1995)。

5 约翰森，《为电子时代设计的一座建筑》(An Architecture for the Electronic Age)，载《美国学者》，no. 35（1965）；以及《约翰·约翰森》，收入《通过他们自己的设计》(By Their Own Design)，萨科 (Abby Suckle) 编 (New York: Whitney Library of Design, 1980)，67—77。

6 见怀斯曼 (Carter Wiseman)，《贝聿铭：美国建筑界之人物传略》(I. M. Pei: A Profile in American Architecture, New York: Abrams, 1990)。

砺着自己的雕塑构成与提炼材料的才能——此项目中的混凝土是用取自附近采石场的沙土制成的。这之后他又有了一系列重要项目，包括波士顿肯尼迪图书馆 (JFK Library) (1964—1979)、约翰·汉考克大厦 (John Hancock Tower) (1966—1976) 以及国立美术馆的东馆 (East Wing of the National Gallery) (1968—1978)。

萨里宁于 1961 年去世之后，他的继承者伯克茨 (Gunnar Birkerts) (生于 1925)、佩利 (Caesar Pelli) (生于 1926)、凯文·罗奇 (Kevin Roche) (生于 1922) 和丁克洛 (John Dinkeloo) (1918—1981) 维持了其事务所高标准的设计。伯克茨是位一流的形式主义者，在 1960 年代最有名的是他的明尼阿波利斯联邦储蓄银行 (Federal Reserve Bank) 的链状曲线，该建筑完成于 1968 年。[1] 爱尔兰人罗什于 1950 年加入了萨里宁事务所，之前曾与弗赖 (Maxwell Fry) 和密斯·凡·德·罗接触过，在萨里宁去世后与丁克洛搭档。他声称受到了 1960 年代社会与政治骚动的很大影响。[2] 但他的公司业务却并未表现出这种急迫性，而是倾向于斯特恩 (A. M. Stern) 在 1969 年所称道的"热情追求着强有力的与单纯的意象"[3]。这种热情明显表现在有意识夸张的形式上，如纽约福特基金会大厦 (Ford Foundation Building) (1963—1968)、纽黑文哥伦布骑士会大厦 (Knights of Columbus Building) (1965—1969)。在印第安纳波利斯的大学人寿保险公司 (College Life Insurance Company) 建筑群 (1967—1971) 中，三座光溜溜的反射镜大楼，其新古典主义几何形也明显反映了这种热情。

在 1960 年代美国建筑师中，最热衷于追随国际风格的人要数鲁道夫 (Paul Rudolph) (1918—1997)，他也是二战期间哈佛最有才华的毕业生。[4] 鲁道夫的背景有所不同，他是肯塔基人，是一位卫理公会牧师的儿子，曾就学于阿拉巴马州理工学院 (Alabama Polytechnic Institute)，毕业后于 1941 年被哈佛建筑专业录取，其间服役于海军，1947 年毕业后回到南方，在佛罗里达的萨拉索塔 (Sarasota) 开业。他早期的建筑设计派生于 1950 年代的现代主义，但也清楚地认识到佛罗里达的气候和景观。他的萨尼贝尔岛 (Sanibel Island) 上的沃克宾馆 (Walker guest house) (1957) 是件杰作，框架轻灵、设计通透，坐落于一片沙滩之上 (图 104)。他的第一篇建筑文章写于 1958 年就任耶鲁建筑学院院长前夕，题为《建筑中的地域主义》(Regionalism in Architecture)，对于国际风格以及密斯式设计中的客观性进行了有力的批判，提倡地域主义，认为这是"一条通向建筑丰富性的道路，其他运动已从中尝到了甜头，而今天却如此缺乏"[5]。他花了很大篇幅谈论南方的设计，提到阳光、尺度、色彩和肌理是南方设计反复出现的特色，应该开发南方的设计，以便将新元素与往昔结合起来。

1 见伯克茨，《建筑、项目与思想，1960—1985》(*Buildings, Projects and Thoughts 1960–1985*, Ann Arbor: University of Michigan Press, 1985)。

2 例如，参见他在采访库克 (John W. Cook) 与克洛茨 (Heinrich Klotz) 时发表的不同看法，《对话建筑师》(*Conversations with Architects*, New York: Praeger, 1973)，52—89。

3 斯特恩，《美国建筑的新方向》(*New Directions in American Architecture*, New York: Braziller, 1969)。

4 关于鲁道夫，见西比尔·莫霍伊－纳吉，《保罗·鲁道夫的建筑》(*The Architecture of Paul Rudolph*, London: Thames & Hudson, 1970)；以及蒙克 (Tony Monk)，《保罗·鲁道夫的艺术与建筑》(*The Art and Architecture of Paul Rudolph*, London: Wiley-Academy, 1999)。

5 鲁道夫，《建筑中的地域主义》，载《视角》4 (1957)：13。

图 104　鲁道夫，佛罗里达萨尼贝尔岛上的沃克宾馆，1957。采自《建筑实录》（第 121 卷，1957 年 2 月）。

　　不过，对于这一点的强调，在他耶鲁的课程及后来的建筑实践中却完全付诸阙如。值得注意的是，在 1958 年校友日的演讲中，他强调了"理论必须再次超越行动"，但在耶鲁担任院长职务（直到 1965 年）期间——正如斯特恩所说——他强调的是以个性来支配观念，形成一种自由的、形式主义的氛围，这在本质上是折中主义的，缺乏明确的方向。[1] 在这些年中鲁道夫的个人风格改变了，受到了来自欧洲勒·柯布西耶与新野性主义的影响。他设计的耶鲁艺术与建筑大楼(Yale Art and Architecture Building)（1958—1963）学生们很不喜欢。它具有强烈的造型特色（拉毛混凝土裸露着），称得上是"英雄气魄与匠心独运"。这一特色很快便被广泛用于他的建造方法。[2] 1960 年代下半期，鲁道夫的建筑产量很大，也追随着这个 10 年宏大结构与新陈代谢的潮流，项目包括弗吉尼亚斯特拉福德港(Strafford Harbor)（1966）、纽约图形艺术中心(Graphic Arts Center)（1967）以及曼哈顿下城高速路项目(Lower Manhattan Expressway Project)（1967—1972）。在这些年中，他建成的作品在构成上总是很巧妙，他才华横溢，但也与许多其他建筑师一样，其设计我行我素，与世界上发生的事情风马牛不相及。

　　当然，卡恩的工作在 1960 年代的美国建筑实践中发挥着强大的影响力，他似乎得到神秘的天启而逃离了当时的现状。1950 年代晚期，卡恩最终以费城的理查兹医学研究中心(Richards Medical Research Center)（1957—1961）以及拉荷亚 (La Jolla) 的索尔克生物研究所(Salk Institute for Biological Studies)（1959—1965）等作品展示了自己的风格。在以上两个项目之间，他曾在奥特洛会议上发表演讲，这可作为评估其观念变化的一个合理出发点。演讲一开始便提出了这样一个问题："什么是感觉？"卡恩的回答是将感觉与思想以及亲身体会结合起来，这思想与亲身体会代表了设计之前的那个内省阶段，此时建筑师首先在努力思考这样一个问题："一座建筑物要想成

[393]

1　鲁道夫，《校友日演讲：耶鲁建筑学院，1958 年 2 月》(Alumni Day Speech: Yale School of Architecture, February 1958)，载《争鸣》(4, October 1974)：35—62；以及斯特恩 (Robert A. M. Stern)，《耶鲁 1950—1965》(Yale 1950–1965)，同上，141—143。
2　文杜里、布朗以及埃泽努尔 (Steven Izenour) 给鲁道夫的作品起的绰号，《向拉斯维加斯学习》(Learning from Las Vegas, Cambridge: M. I. T. Press, 1977; 首版于 1972)，93。

为什么"（what a building wants to be）。¹ 这样一种浪漫主义冲动在 1920 年代会被贴上表现主义的标签，与理性主义相对立。但是对卡恩而言，感觉与表现没有什么关系。感觉与那种对神秘秩序的探求、对柏拉图式的形式与理念的探求相关联，而理念是先于任何功能设计考量的。正如卡恩自己所说："今天有新的问题，大得惊人的新问题，建筑师还没有接触过，因为他在思考着外部形式。在他认识到一个空间真正想要成为什么之前，他思考的全都是外部的事情。"² 实际上，他对 CIAM 大会的主要批评在于，它研究的是建筑问题的环境方面，而不是每个问题本身的实质。正如他所说，如果一个大礼堂"要成为一件乐器"，那么它的理想的（非物质的）形式便是音调或音色。³ 有趣的是，他在发言结束时赞赏了阿尔多·凡·埃克曾简略谈到的一扇门的含义："我想，从这个意义上来审视建筑的方方面面是件美妙的事情。"⁴

索尔克生物研究院也将某些东西摆上了桌面，它就是历史——毋宁说是对历史的那些永恒的抽象（形式）的挪用与改编。在太平洋岸边的拉荷亚建筑群的设计中，卡恩的古典功力以近乎惊人的方式完全迸发出来。他宣称，这个设计中的一个主题来自于他在设计葡属安哥拉的罗安达（Luanda）美领馆（1959—1961）时所遇到的眩光问题的启发。为了解决这个问题，考虑到稠密的大气层，他便想到了"用废墟将建筑物包裹起来"的主意。⁵ 正如斯卡利（Vincent Scully）很久之前就指出的，或许哈德良别墅的几何形布局（废墟）以及皮拉内西（Giovanni Battista Piranesi）的罗马马尔斯广场上的建筑复原图也与这种精心推敲的设计有关。在费城事务所卡恩写字台前的墙上，确实就挂着拼接在一起的皮拉内西铜版画。⁶ 因此，拉荷亚会议中心的双层包裹的阅览室和餐厅的原始设计方案，就象征着与现代运动的分离。塔夫里（Manfredo Tafuri）后来说，这是对建筑史的一种真正的"犯罪情结"⁷。其他批评家甚至以更激烈的方式反对它。米德尔顿（Robin Middleton）在 1967 年为《建筑设计》撰文时，将卡恩、鲁道夫和约翰逊的历史主义怀旧说成是"对许多最有限的、限制性的东西的一些改编"，类似于"一堆垃圾，他们似乎不准备再投身到建筑的斗争中去。他们已经拒绝这样做了"。⁸

[394]

卡恩在 1960 年代持续探索着秩序与几何的清晰性，还加上拧绞与扭转的形式，如沃思堡金博艺术博物馆（Kimball Art Museum）（1967—1972）的结构设计，布林茅尔学院（Bryn Mawr College）（1960—1965）学生宿舍设计构成中的三个旋转的方块，以及菲利普·埃克塞特学院（Phillips Exeter Academy）（1965—1972）的图书馆设计。在这座图书馆中，取自古罗马中庭母题的圆形与方形的未来废

1 卡恩，《在奥特洛会议上的总结发言》，收入《CMAM'59，奥特洛》，纽曼（Oscan Newman）编（Stuttgart: Karl Krämer Verlag, 1961），205—206。
2 Ibid., 212.
3 Ibid., 206.
4 Ibid., 214.
5 卡恩事务所访谈，1961 年 2 月，重印收入《路易斯·I. 卡恩：著述、讲座、访谈》（Louis I. Kahn: Writings, Lectures, Interviews），拉图尔（Alessandra Latour）编（New York: Rizzoli, 1991），123。
6 小斯卡利（Vincent Scully, Jr.），《路易斯·I. 卡恩：当代建筑的创造者》（Louis I. Kahn: Makers of Contemporary Architecture, New York: Braziller, 1962》，37。
7 塔夫里，《建筑的理论与历史》，韦雷基亚（Giorgio Verrecchia）翻译（New York: Harper & Row, 1976），55。
8 米德尔顿，《崩溃》（Disintegration），载《建筑设计》37（May 1967）：204。

墟以及三角钢琴构成了这房屋寂静的基
调（图105）。但在这个装饰着围栏的
精神化的中庭里，卡恩所喜爱的分析
主题——秩序、形式、设计——却与
描述性阐释不相符，他那些具有智性影
响力的学术探索也是如此（无论多有
价值，多么可贵）：埃及学、道教、荣
格心理学、犹太神秘主义和歌德的世界
观。[1] 倒不如说，卡恩的建筑就其本性
而言最终是极其原始的，它呈现出纯粹
的几何形体、简朴的材料、极端的温度
（温暖的木材与冰冷的混凝土之间的对
比）、触觉与听觉的品质，尤其是对光
的全神贯注，使我们在无意识中获得满
足。卡恩经常以一种近似于宗教的口吻
提到光。他以这种易于感知的方式，将
建筑视为一种精神操练的渴望之情，其
哲学意图最终达到了超凡脱俗的境界，
不亚于罗斯金（Ruskin）在面对沙特尔主教
堂那些修长雕像时心中的那份狂喜。

图105 卡恩，菲利普·埃克塞特学院图书馆，1965—1972。
本书作者摄。

4. 科林·罗、艾森曼和建筑师环境研究大会

1960年代出现了另一条与卡恩神秘主义以及实用主义专业实践相对立的理论路线，这源
自科林·罗（Colin Rowe）（生于1920）与艾森曼（Peter Eisenman）（生于1932）的观念与写作。这两位
一个是教授，一个是研究生，他们于1960年在剑桥大学相遇，但之前就开始相互关注对方了。

---

1 对卡恩思想与工作作出细致分析的著作有：布朗利（David Brownlee）与德·朗（David De Long），《建筑王国中的路易
斯·卡恩》（*Louis Kahn: In the Realm of Architecture*, New York: Rizzoli, 1991）；朱尔戈拉（Romaldo Giurgola）与梅达（Jaimini
Mehta），《路易斯·I. 卡恩》（Boulder, Colo.: Westview Press, 1975）；科缅丹特（August L. Komendant），《与建筑师卡恩在
一起的18年》（*18 Years with Architect Louis I. Kahn*, Englewood, Colo.: Alvray, 1975）；亚历山德拉·廷（Alexandra Tyng），《起
始：路易斯·I. 卡恩的建筑哲学》（*Beginnings: Louis I. Kahn's Philosophy of Architecture*, New York: Wiley, 1984）；罗贝尔（John
Lobell），《介于寂静与光之间：路易斯·I. 卡恩建筑中的精神》（*Between Silence and Light: Spirit in the Architecture of Louis I.
Kahn*, Boston: Shambhala, 2000; 首版于1979）；以及伯顿（Joseph A. Burton），《路易斯·I. 卡恩的建筑象形文字：作为道的
建筑》（The Architectural Hieroglyphics of Louis I. Kahn: Architecture as *Logos*, Ph. D. diss., University of Pennsylvania, 1983）。

科林·罗，如我们所见，是1950年代中期得克萨斯大学"得克萨斯游骑队"(Texas Rangers)的一员。1942年他应征入伍，当时已是利物浦大学建筑专业的四年级学生。后来他因在伞兵学校受了伤而不能从事设计师的案头工作，所以在1940年代晚期将兴趣转向了建筑理论，进入瓦尔堡研究院跟随维特科夫尔学习。1950年科林·罗进入耶鲁大学，在希契科克指导下做研究并受到他决定性的影响。在前往加拿大、美国和墨西哥旅行之后，他先任教于奥斯丁建筑专业，后来作为一位访问批评家工作于耶鲁，之后回到英格兰，于1958年任教于剑桥大学，直至1963年接受了康奈尔大学的教授职位。

科林·罗的早期理论体现于两篇论"通透性"(Transparency)的未刊文章中，是与斯卢斯基(Robert Slutzky)合写的。[1]建筑上的通透性概念源于吉迪恩的著作《空间、时间与建筑》，1940年代纽约现代美术馆也用这一概念对20世纪建筑和绘画进行解释。1932年的展览上这种关联性也是明显的，后来巴尔等人在《立体主义与抽象艺术》(Cubism and Abstract Art)（1936）等展览上对此又进行了强调。[2]吉迪恩在《空间、时间与建筑》一书中采纳了这一命题并当作一个格言，还在书中附加了一整页的毕加索《阿莱城姑娘》(L'Arlésienne)（1911—1912）的图像以及德绍包豪斯的玻璃边角局部对其做了说明。在后一幅图像的图注中，他写道："平面的盘旋关系，以及出现于当代绘画中的'重叠'。"[3]

希契科克的《从绘画走向建筑》(Painting toward Architecture)（1948）一书也将绘画对建筑的影响作为研究的主题。此书源自纽约现代艺术博物馆举办的一次抽象绘画展，展品来自米勒公司(Miller Company)的收藏。当然，科林·罗应该很了解这本书。希契科克在导论中陈述了那时已被现代艺术博物馆奉为公理的观点——1920年代的建筑在形式与概念上是与立体主义、纯粹主义、荷兰抽象艺术等抽象艺术以及包豪斯做的工作（赖特早已受到日本建筑的影响）分不开的。如果说绘画与雕塑的这种"相切"在书写时代尚不太被人提起的话，那么当绘画"与20多年前相比不那么具有深刻的新颖性时"，它依然是重要的，因为绘画可以使建筑师获得"某种造型研究的成果，而这种研究是不可能以整个建筑的规模来做的"。[4]

科林·罗和斯卢斯基在他们第一篇论"通透性"的论文中采纳了这一前提，他们的出发点是吉迪恩将毕加索与包豪斯的图片并列在一起展示的做法。现在莫霍伊－纳吉和凯佩斯(Gyorgy Kepes)的文章又丰富了他们的论题。他们采纳了凯佩斯关于视觉"通透性"（例如在塞尚、布拉

1 科林·罗与斯卢斯基，《通透性：原义通透性与现象通透性》(Transparency: Literal and Phemomenal)，载《视角》8 (1963)；重印题为《论通透性》(Transparency)，赫斯利(Bernhard Hoesli)作评注，厄克斯林(Werner Oechslin)作导言(Basel: Birkhäuser, 1997)。这篇文章的第二部分发表于《视角》，13—14 (1971)；重印收入奥克曼，《建筑文化，1943—1968》，205—223。关于科林·罗，参见奥克曼，《不带乌托邦色彩的形式：将科林·罗置于情境中研究》(Form without Utopia: Contextualizing Colin Rowe)（书评），载《建筑史家协会会刊》57 (December 1998)：448—456；以及《纽约建筑》杂志(Architecture New York)的科林·罗专刊(nos. 7—8, 1994)。

2 巴尔，《立体主义与抽象艺术：绘画、雕塑、构造、摄影、建筑、工业设计、戏剧、电影、招贴、排版》(Cubism and Abstract Art: Painting, Sculpture, Constructions, Photography, Architecture, Industrial Art, Theater, Films, Posters, Typography, New York: Museum of Modern Art, 1938; 重印于1986)。

3 吉迪恩，《空间、时间与建筑：一个新传统的成长》(Cambridge: Harvard University Press, 1949)，426—427。

4 希契科克，《从绘画走向建筑》(Painting toward Architecture, New York: Duell, Sloan & Pearce, 1948)，46，54。

克、毕加索、德洛奈 [Delaunay] 和格里斯 [Gris] 的作品中所见到的）的定义，即"不同空间位置的同时性知觉"，这在视觉上导致了矛盾的或朦胧的效果。[1] 通透性仍然保持着绘画的特点，它可 [395] 以是原本意义上的通透（"在自然主义纵深空间中的透明物体"），也可以是现象意义上的通透（"对浅浅的、抽象空间中正面展示的物体的节律分明的呈现"）。作者认为后者的效果可能会更加丰富。[2] 但在这里，两位作者以一种明白无误的、俄狄浦斯式的语调转向了吉迪恩的实例。吉迪恩展现的包豪斯图像（格罗皮乌斯设计的一座建筑）根本并没有起到说明现象通透性（phenomenal transparency）的作用，只是展示了在透明玻璃的二维运用中所发现的较为简单的原义通透性（literal transparency）。因此它只是置于毕加索绘画那种现象通透性旁边的一幅不能说明问题的图例。

他们认定了这一点之后，便着手在建筑中寻找现象通透性的实例。他们立即在位于嘎尔什（Garches）的那座勒·柯布西耶别墅的花园立面前停下脚步，这座建筑也是科林·罗的 1947 年一篇文章的研究对象。尽管这个立面有水平带状的连续玻璃，不过是看不到现象通透性效果的。这个立面所呈现的现象通透性，关键体现于屋顶平台的两堵侧墙，而平台未抵达后墙；还 [396] 有向内缩进的底层，它终止于同一个无形的面（实际上是沿柱子线）。这种设计就暗示了，上层墙壁的面实际上悬浮于"和它相平行的一个狭窄的槽状空间"之前，这就意味着各垂直面的空间分层通过屋顶平台的凹槽、平台范围内的三楼阳台、凸出来的楼梯平台以及屋顶平台上的各种元素等到了增强，这些加在一起就构成了类似层理的分层序列。[3] 简而言之，嘎尔什别墅的花园立面已成功地"使建筑从其理所当然的三维存在疏离出来"[4]，将其纵深在视网膜上压扁为一系列浅浅的、假想的垂直面。

这完全是从"绘画"的角度对建筑形式进行的解释。在 1956 年第二篇论通透性的文章中，科林·罗和斯卢斯基再次论述了这一主题。在文中，他们通过勒·柯布西耶的摩天大楼、维尼奥拉的法尔内塞别墅（Villa Farnese）以及米开朗琪罗为佛罗伦萨圣洛伦佐教堂（San Lorenzo）所做的设计等实例，分析了二维的现象通透性。[5] 其中，第二篇论文对格式塔心理学及其"现象统一性"以及"双重再现"进行了广泛的讨论，从而为这些理论假设揭示了另一个重要的基础。

尽管这两篇论通透性的论文直到后来才发表，但却提出了建筑理论中 3 个十分重要的问题：（1）严肃地关注可见形式，同时对 1950 年代的功能主义偏见进行批判；（2）提出了一种形式朦胧性的概念，与文杜里后来对该论题的书面解释中提出的概念相关联（尽管与他的民粹主义立场相去甚远）；（3）将建筑设计视为一种纯形式的与智性的过程，不再特别关注于那些烦人的社会问题，而社会问题后来在 1960 年代走上了前台。科林·罗和斯卢斯基在本质上是

---

1 科林·罗与斯与斯卢斯基，《通透性》，23。

2 Ibid., 32.

3 Ibid., 37—38.

4 Ibid., 38.

5 这第二篇文章最近被重印收入科林·罗以下著作的第一卷：《如我所言：回忆录与杂文选》（*As I Was Saying: Recollections and Miscellaneous Essays*），卡拉贡内（Alexander Caragonne）编（Cambridge: M. I. T. Press, 1996），73—106。

在维护一种形式自律的建筑理论，即在其自身视觉法则圣殿内部运作的审美形式主义。

正是在这一点上，艾森曼与科林·罗一拍即合。艾森曼 1950 年代前半期在康奈尔完成了建筑学业，于 1959 年在哥伦比亚注册了研究生。次年，他接受奖学金去剑桥大学研究哥特式建筑。在那里，他在莱斯利·马丁 (Leslie Martin) 和科林·罗的怂恿下将兴趣转向理论。他与科林·罗于 1961 年夏和 1962 年两度在欧洲旅行，更坚定了他的决心。艾森曼的未刊博士论文《现代建筑的形式基础》(The Formal Basis of Modern Architecture) 于 1963 年 8 月在三一学院通过。[1]

这篇论文的出版，是在亚历山大完成其博士论文《形式的综合》(The Synthesis of Form) 10 个月之后。这两篇论文的主题相似。亚历山大从一种准数学的角度，将形式视为社会与功能参数的一种综合；艾森曼则将建筑形式视为其自身的并在其自身之内的一个概念问题，也就是说，是剥除了功能、图像、知觉（格式塔）、形而上学以及美学维度的一个逻辑问题。从训练之初他所寻求的就是形式"语言"，一种普遍有效的形式语言，它的"主张将是：形式的考量是一切建筑的基础，无论风格如何；这些考量来自于任何建筑状况的形式本质。它将提供一种从这绝对基础发展而来的沟通手段；这是一种语言，将传达出任何建筑形式的本质"[2]。另一个前提是，必须将这种"形式秩序"(ordering of form) 视为"任何一座有效的或合理的建筑的一个必要前提"[3]。艾森曼寻求一种真正合理的建筑，他进一步宣布希望构想出一套"专门术语"来称呼建筑形式，"可以作为"教师与学生、建筑师与客户或批评家与公众之间的"沟通基础"。他还称自己的假设性模型是"设计过程内部的一个建筑形式结构"[4]。不过，他模糊了纯形式分析与设计方法论之间的界限，自有其风险。

艾森曼的这个模型发展下去将进一步使问题复杂化。首先，他将建筑定义为"本质上是为意图、功能、结构与技术赋予形式（形式本身也是一个要素）"[5]，接着将一般形式（柏拉图式的、普遍的、超验的）和具体形式（建筑物）区别开来，并只关注于前者。一般形式的特性是简单的体积、团块、表面与运动，这些要素必须独自构成他的形式分析，因为他已经去除了所有知觉的、现象学和美学所关注的内容。因此，像"空间"这样的建筑概念——他注意到赛维——就必定是体积范畴之内的次级概念。在第四章中，这个体系的缺陷就很明显了，他从抽象的讨论进入到对八座建筑的形式的分析——以下每人两座建筑：勒·柯布西耶、赖特、阿尔托和特拉尼 (Giuseppe Terragni)。现在这一点就很清楚了，他所谓的普遍的"形式体系"只

[397] 不过是一系列过度使用的、由轴线与箭头组成的示意图，当套用在巴黎瑞士馆 (Pavillon Suisse) 或布法罗马丁宅邸 (Martin House) 上时，就前者他提到了梯形公共区域，就后者讨论了均衡的、断断续续的轴，令人费解——学生、宾客或公众都接受不了这种过于沉寂的分析语言。如果说

1 关于对艾森曼与此篇博士论文的延伸讨论，见路易斯·马丁，《探索一种建筑理论》，517—538。马丁允许我阅读了此篇论文的副本，特此感谢。
2 艾森曼，《现代建筑的形式基础》(Ph. D. diss., Cambridge University, 1963)，5。
3 Ibid., 37.
4 Ibid., 38.
5 Ibid., 12.

他的形式体系被用来分析特拉尼的法西斯党部 (Casa del Fascio) 的立面还较为成功的话，那是因为他没有用图示，而是用了科林·罗的现象通透性的概念来解释外表的各个面，并将结果还原为抽象的线图。

艾森曼在最后一章中笼统地做了理论论述，尽管这些论述在先前的讨论中没有什么根基，但还是揭示了他后来的发展思路。他迷恋于"总体理性秩序"与"总体有序环境"，这是很清楚的，因为他提到了设计中各种"有机的"概念，"这些概念就其本性而言，模糊了任何秩序的清晰性，确实创造出了完全没有预先计划的印象"。[1] 他论辩的主旨总的来说是反对那些（已长久逝去了的）封闭理论，如阿尔伯蒂、迪朗与加代所提倡的理论，赞成将理论定义为一种仅仅以理性与逻辑为中心的开放式方法论。他提到是人文主义者、移情理论家杰弗里·斯科特 (Geoffrey Scott) 建立了这种理论，至于他为什么要建立这种理论，是如何建立的，却没有说清楚。不过，艾森曼进一步发展的道路还是明确的，他的建筑理论就是要致力于将这一领域中对社会的和语义的一切关注内容统统清洗掉。科林·罗的形式自律观产下了一个更为纯粹的精神后代。

1963 年艾森曼回到美国，同年去普林斯顿大学任教，成了格雷夫斯 (Michael Graves)（生于 1934）的同事。他们两人合作于若干项目，包括新泽西走廊项目 (New Jersey Corridor Project) 和曼哈顿码头项目（普林斯顿学生也参与其中）。后一个项目包括了 1967 年初在纽约现代艺术博物馆举办的一个展览，一同参展的还有来自康奈尔、哥伦比亚和麻省理工学院的一些项目。[2] 此次展览由德雷克斯勒 (Arthur Drexler) 组织，其主旨是要正面应对有争议的"城市改造"问题。同时艾森曼也强化了他与这家博物馆的联系。1966 年他在普林斯顿的任期中止，因此需要有一个基本的经济来源。

艾森曼全力以赴的另一个项目是建筑师环境研究大会 (Conference of Architects for the Study of the Environment)（即 CASE）的创建。这个组织脱胎于艾森曼、格雷夫斯和安巴斯 (Emilio Ambasz) 于 1964 年春组织的一个研讨班。回顾起来，这个组织寿命不长，但却颇为重要。首先，它将来自常春藤名牌大学建筑系科的若干年轻教师召集在一起。艾森曼和格雷夫斯代表普林斯顿，米隆 (Henry Millon) 和斯坦福·安德森 (Stanford Anderson) 来自麻省理工学院，科林·罗当时已在康奈尔任教。迈耶 (Richard Meier) 是艾森曼的侄子，领导着纽约分会。斯卡利 (Vincent Scully) 与文杜里 (Robert Venturi) 也出席了第一次会议，但闭幕前便离会了。在接下来的若干年中，参与 CASE 活动的其他人还有罗伯逊 (Jacquelin Robertson)、维德勒 (Antony Vidler)、厄德利 (Anthony Eardley)、弗兰普顿 (Kenneth Frampton)、克劳斯 (Roselind Krauss)、海杜克 (John Hejduk)、格瓦思米 (Charles Gwathmey)、德雷克斯勒 (Arthur Drexler)、格朗代尔索纳斯 (Mario Grandelsonas) 以及奥斯卡·纽曼 (Oscar Newman)。

CASE 的思想体系难于确定。在 1968 年的一次会议上，迈耶要求每位成员带一本《第十

---

1 艾森曼，《现代建筑的形式基础》，143。

2 展览会举办于 1967 年 2 月 23 日至 3 月 13 日，见现代艺术博物馆职员，《新城市：建筑与城市改造》（*The New City: Architecture and Urban Renewal*, New York: Museum of Modern Art, 1967）。

次会议小组基本读物》(*Team 10 Primer*)（他将分发《雅典宪章》），这表明了其对城市问题的关注，甚至想要仿效第十次会议小组的工作。[1] 在几星期之后的一封信中，迈耶宣布 CASE 的目标是"要为国家的规划政策构思一个命题"，也就是说，充当一个政治行动团体以影响决策过程。[2] CASE 当时计划出一份杂志，由维德勒编辑。他们以此杂志的名义草拟了一项声明，宣布 CASE 的意图是成为"建筑观念批评论坛"，并将现行的人文、社会、心理学和科学的思想落实到与人类全球境遇相关的建筑领域"。[3] 这份草案与当时的精神沮丧氛围相吻合，还提到了"不断上升的野蛮和绝望""不断增加的暴力活动"以及由"失控的人口"与污染所造成的"人类生活质量的恶化"。艾森曼在一份似乎是之后的草稿中插入了来自编辑委员会的信息，其内容表达了一种迫切愿望——"要重温早期现代运动的理论基础，以明确那些至今依然有效的基本原理"[4]。这也预示了他后来的方向。

1968 年 1 月，CASE 分成了两个地区分会：CASE/ 普林斯顿－纽约，以及 CASE/ 波士顿。艾森曼到那时越来越不满意于这个"丑孩子"，他"长相丑陋，没有方向"，但他依然参与它的活动直到 1970 年代初的最后一次会议。[5] 不难发现他逐渐丧失兴趣的原因——数年之前，他就认为 CASE 已被一个新的智慧结晶所取代，它确实将命中注定地对美国建筑理论产生实质性的影响，这就是建筑与城市研究学院 (Institute for Architectrue and Urban Studies) （IAUS）。

[398]

5. 建筑的复杂性与矛盾性

在 1960 年代的下半期，有两位自称是卡恩门徒的理论家也走向了美国建筑理论的前沿，他们将对逐渐升温的现代建筑批评做出巨大贡献。初看起来，穆尔 (Charles Moore) （1925—1993）和文杜里 (Robert Venturi) （生于 1925）两人的理论与实践工作，就其动机而言十分相似。他们都奉行波普艺术，挑战既有的专业信条，几乎具有一种互补性。但实际上，穆尔和文杜里的观念有很大区别。他们另一个共同之处就是利用历史作为批判专业现状的工具。

穆尔是中西部人，但与他的第二故乡加利福尼亚难舍难分。[6] 穆尔出生于密歇根本顿港

1　2 月 26 日的信（关于 2 月 5 日的会议），CASE 档案，加拿大建筑中心，folder B1-2。

2　Ibid., folder B1-2，1968 年 2 月 26 日的信。

3　Ibid.

4　Ibid., folder B1-5，编辑委员会的声明，1965 年 5 月 9 日。

5　Ibid., folder B1-2，1968 年 2 月 9 日致弗里兰（Thomas Vreeland）的信。

6　关于他的生平与工作的详情，见凯姆（Kevin P. Keim），《建筑生涯：查尔斯·W. 穆尔传记与回忆》(*An Architectural Life: Memoirs and Memories of Charles W. Moore*, Boston: Bulfinch Press, 1996）；穆尔，《你必须为公共生活而付出：查尔斯·W. 穆尔文选》(*You Have to Pay for the Public Life: Selected Essays of Charles W. Moore*)，凯姆编（Cambridge: M. I. T. Press, 2001）；利特尔约翰（David Littlejohn），《建筑师穆尔斯·W. 穆尔的生平与工作》(*Archtect: The Life and Work of Charles W. Moore*, New York: Holt, Rinehart & Winston, 1984）；艾伦（Gerald Allen），《查尔斯·W. 穆尔》(London: Granada, 1980）；以及《查尔斯·穆尔：建筑与项目：1949—1986》(*Charles Moore: Buildings and Projects, 1949-1986*)，尤金·J. 约翰逊（Eugene J. Johnson）编（New York: Rizzoli, 1986）。

(Benton Harbor)，1942 年进入密歇根大学建筑专业，5 年后毕业。接下来他将自己的命运与加利福尼亚之梦拴在了一起。他前往旧金山找工作，先是在沃斯特（Wurster）、贝尔纳迪（Bernardi）与埃蒙斯（Emmons）的事务所工作，但（在被拒绝之后）最终落脚于马里奥·科比特（Mario Corbett）事务所，后来又去了约瑟夫·埃伦·斯坦（Joseph Allen Stein）事务所。1947 年，芒福德和现代艺术博物馆开始对海湾地区风格的优势产生了兴趣，这对穆尔日后的工作产生了很大影响。不过他先是得到了旅行奖学金去欧洲访问，任教于犹他州立大学，还曾一度服过兵役。1954 年，他决定去普林斯顿大学攻读硕士和博士课程。

从许多方面来看，在普林斯顿的那些年对穆尔的发展十分重要。他的博士论文《建筑中的水》（Water in Architecture）很难说有多少历史或理论内涵，但依然表明了他的主要兴趣所在。他工作于设计工作室，憎恨那些"功成名就"的建筑师和批评家，如斯通（Edward Durrell Stone）、邦沙夫特（Gordon Bunshaft）、鲁道夫（Paul Rudolph）以及吉迪恩。[1] 他结识了许多同事并与他们成了朋友，如文杜里、哈迪（Hugh Hardy）、林登（Donlyn Lyndon）以及特恩布尔（William Turnbull）。在意大利人（BBPR 公司的）佩雷索蒂（Enrico Peressutti）的指导下，他对于历史情境以及当时在意大利进行的争论有所了解。最重要的是，他在普林斯顿最后两年指导的一个工作室，其设计作品定期由卡恩进行点评。1959 年穆尔回到了加利福尼亚，在伯克利任教，院长是威廉·沃斯特（William Wilson Wurster）。穆尔在那里待到 1965 年，那一年他放弃了正教授的职位，接受了耶鲁艺术与建筑学院主席的聘任。到那时，他已成为电子时代的第一批明星建筑师之一。

在旅行经历与历史知识方面，穆尔几乎与他那一代几乎所有美国建筑师都不同。然而，他 1960 年代的不同著述曲折地揭示了他的设计哲学。从他这个 10 年的中期为《建筑实录》与《建筑论坛》撰写的若干评论来看，他还是个相对中庸的批评家，尽管在《住宅设计的鉴别力》（Discrimination in Housihg Design）一文中他相当热烈地追逐着那位建筑师使用"泡泡图"的做法以及他们的某些空间 / 住房的设想。[2] 在另一篇文章中，他对埃什里克（Joseph Esherick）的第二海湾风格表示深深的赞赏，尤其是他的罐头食品厂零售转型项目所带来的"非凡的建筑奇观"，坐落于旧金山渔人码头（Fisherman's Wharf）附近。[3] 他为耶鲁学刊《视角》（Perspecta）撰写了一篇文章，起先题为《插上插头，拉美西斯，看是否点亮了，因为我们不打算保留它，除非没坏》（Plug It In, Rameses，and See If It Lights Up，Because We Aren't Going to Keep It Unless It Works）。在此文中，穆尔阐述了他著述中反复出现的一个论题——建筑作为"场所"的创造。[4] 他以麦克卢汉式的口气指出，重复圣马可广场那样的既定图式来设计"场所"是没有意义的，因为现代世界已成了一个混乱无序的世

1 利特尔约翰，《建筑师查尔斯·W. 穆尔的生平与工作》，122。

2 穆尔，《住宅设计的鉴别力》，收入穆尔与艾伦，《维度：建筑的空间、形状与尺度》（Dimensions: Space, Shape, and Scale in Architecture, New York: Architectural Record Books, 1976），131—142。

3 穆尔，《约瑟夫·伊舍里克的两座建筑：奉献给移动居民而非形式制作者》（Two Buildings by Joseph Esherick: Dedicated to the Moving Inhabitant, Not the Maker of Form），收入穆尔与艾伦，《维度》，71。

4 这个主题第一次出现于《走向场所的制造》（Toward Making Places），与林登（Donlyn Lyndon）、奎因（Patrick Quinn）以及凡·德·赖恩（Sim Van der Ryn）合作，发表于《景观》（Landscape, Fall 1962）：31—41；重印收入穆尔，《你必须为公共生活而付出》，88—107。

界。同样要反对的是排斥性建筑，这种建筑是赖特与密斯·凡·德·罗那样的建筑师培育的，他们固守着几何网格。"罗伯特·文杜里对模糊性的探索"以及他的"经阳极氧化处理的金色电视机天线"的"普通物件"，指明了包容的方向。但有趣的是，这并不是穆尔自己选择的包容形式。[1] 他喜欢圣路易斯奥比斯波 (San Luis Obispo) 附近那座洞窟式的麦当娜酒店 (Madonna Inn) 中那种不拘一格的舒适性——即便是启动男式便池出水小洞的电子眼，也多少是令人不安的。再仔细一想，注意到酒店拥有一切而不是空空如也，"这根本不是令人不安，而是令人高兴的"[2]。

[399] 　　穆尔的著作《身体、记忆与建筑》(Body, Memory, and Architecture)（1977，与布卢默 [Kent C. Bloomer] 合作）展示出他较为严肃的一面，此书基于穆尔与布卢默在 1960 年代中期共同给耶鲁大一新生上的课程。[3] 尽管此书是一本介绍建筑设计基本概念的入门书，不过内容相当丰富，因为作者利用了丰富多样的资源，如巴舍拉尔 (Gaston Bachelard)、伊利亚德 (Mircea Eliade)、霍尔 (Edward T. Hall)、阿道夫·希尔德布兰德 (Adolf Hildebrand)、哈尔普林 (Lawrence Halprin)、利普斯 (Theodor Lipps)、杰弗里·斯科特 (Geoffrey Scott)、林奇 (Kevin Lynch) 以及格式塔心理学家韦特海默 (Max Wertheimer)。穆尔十分强调道路、场所、城市模式、朝向、识别要素以及喜剧性暗示，如圣克鲁兹加利福尼亚大学克雷斯吉学院 (Kresge College) 洗衣房的模拟纪念碑入口。这是十分突出的特点，至少他提倡一种富于人文价值与沟通价值的建筑。

　　他在 1960 年代的项目——几乎总是与林登、特恩布尔和理查德·惠特克 (Richard Whitaker) 合作设计的——十分生动地界定了这场起初静悄悄的、针对国内外主流建筑的革命。他设计的位于奥林达 (Orinda) 的一居室单身汉公寓（1960—1962）确实是他自己的创造，采用了滑动谷仓门与室内双神龛的设计（这是阅读约翰·萨默森 [John Summerson] 的书时受到的启发），极具新颖性：两个龛室，每个由四根托斯卡纳圆柱支撑，彩色柱头是从一座 19 世纪建筑上抢救下来的；一间是生活空间，另一间是一个具有仪式意味的下沉式浴室。此空间中不适合放置布罗伊尔椅，其陈设是一架三角钢琴和一把 18 世纪闺房中的扶手椅。换句话说，选择了舒适，而不是老一套的现代做法。

　　MLTW 公司（穆尔、林登、特恩布尔和惠特克）1964—1965 年的海上牧场公寓项目在全国出了名。加利福尼亚北部 10 英里崎岖不平的海岸线（共计 5000 英亩）是根据哈尔普林事务所拟定的参数开发的，具有生态学意义。伊舍里克 (Joseph Esherick) 设计了第一套簇群式住宅 (cluster houses)，MLTW 公司同时设计了公寓，为柱梁式红杉风格（单坡顶、无挑檐、披叠板）。由于这种公寓恰逢其时，加上公司大力推广，很快就被确定为 1960 年代西海岸的地域风格。穆尔还喜欢一个屋顶之下的单间房屋，在其内外构建起内部的"住宅"（阁楼）与鞍囊式的附加部分。

---

1 穆尔，《插上插头，拉美西斯，看是否点亮了，因为我们不打算保留它，除非没坏》，《视角》11（1967）：32—43；引自穆尔，《你必须为公共生活而付出》，156—157。

2 穆尔，《包容与排斥》(Inclusive and Exclusive)，收入穆尔与艾伦，《维度》，160。

3 布卢默与穆尔，《身体、记忆与建筑》(New Haven: Yale University Press, 1977)。

这家公司在这个 10 年中的另外两件作品，即克雷斯吉学院 (Kresge College)（1965—1974）与圣芭芭拉分校教授俱乐部 (Santa Barbara Faculty Club)（1966—1968），则突显了穆尔作为一位设计师的长处和短板。他们宣称，在与现代主义决裂的同时，要将"说教性的建筑理论"打得粉碎，正如克洛茨 (Heinrich Klotz) 所说 [1]，因为这两者都旨在使"严肃的"建筑成为笑柄。就前者而言，卡恩的双层墙壁（分层）被转化为"卡纸"建筑，具有极精致的剧场效果，尽管窗户漏水是预料之中的事，并且需要支付高昂的保养费。圣芭芭拉分校教授俱乐部装饰着大不敬的麋鹿头、霓虹灯横幅和俗气的吊灯，似乎想要赋予琐屑之物以纪念碑性。正如一位传记作者所说，穆尔与特恩布尔"**试图**使学生感到震惊，想要改变他们的生活"，但同时他也承认，"这琐屑之物有时也会造成弄巧成拙、空虚无物的结果"。[2] 穆尔在纽黑文教堂街 (Church Street) 低收入住宅区（1966—1968）采用类似的嘲讽式设计，就证明了以下这一点：这些事物不能美化这类兵营式的项目，而这个项目也已成为城市改造的另一场灾难。

穆尔是一个有才华的人，也是 1960 年代自在悠闲的生活方式的产物，他将建筑视为社会内部的一种革命性力量。这个项目也提出了一个问题，即他的这种观点是否会失去控制。他在 1965 年被布鲁斯特 (Kingman Brewster) 任命为耶鲁建筑系的新主任（地位高于文杜里和朱戈拉 [Romaldo Giurgola]），这回想起来有点奇怪，因为那时他刚拒绝了在伯克利的任期。实际上，伯克利在 1964 年就因"言论自由"(Free Speech) 运动的骚乱而关闭了校门，而穆尔对这场运动至少是同情的。在耶鲁，穆尔取代了逐渐不受欢迎的鲁道夫，虽然他持反精英主义的立场，但表面上依然自鸣得意、居高临下地对待那些 1960 年代晚期"养尊处优的贵族式的马克思主义耶鲁人"，说他们"比我右得多了"。[3] 但这种激进的时髦也含有十足的玩世不恭的味道，令布鲁斯特和其他自由制度卫道士十分头痛和生气。[4] 1969 年学校发生了骚乱，学生（可推测）纵火焚烧了艺术与建筑大楼。这次纵火行为表明，穆尔因管理学校不力以及对头脑清醒的学生的处置得到了报应。

穆尔对课程做了很多改革——引入东方研究、渗透环境意识、减少制图和课堂作业量、增加外出考察时间、开办主题性工作室，不过关于这些改革又有一些不同的解释。[5] 有人将这些做法看作与"我们的文化与政治景观中的地震般的变化"完全同步，另一些人则将其视为有意识降低学术标准，许多学校在 1970 年代也顺着此坡下滑了。[6] 无论如何，应该说穆尔在耶鲁的任期对他的职业生涯造成了负面影响。不能否认，这位建筑师来到纽黑文时才华横溢，但他 [400]

1 克洛茨，《后现代建筑的历史》(*The History of Postmodern Architecture*)，唐奈 (Radka Donnell) 翻译 (Cambridge: M. I. T. Press, 1988)，189。

2 利特尔约翰，《建筑师查尔斯·W. 穆尔的生平与工作》，229。

3 Ibid., 152.

4 Ibid. 正如利特尔约翰所说，穆尔有次写了一篇宣言以及对反叛学生的一系列要求，"布鲁斯特知道我已经写了，一点也不高兴"。穆尔争辩说他的努力挽救了建筑专业，但事实上该专业在 1960 年代晚期就已濒临被撤销的状态。

5 见《建筑或者革命：1960 年晚期查尔斯·穆尔与耶鲁》(*Architecture or Revolution: Charles Moore and Yale in the Late 1960s*)，展览目录，（策展人）布劳 (Eve Blau) (New Haven: Yale University School of Architecture, 2001)。

6 Ibid., 斯特恩 (Robert A. M. Stern) 与霍平 (J. M. Hoppin) 撰写的前言。

的任期却浪费了自己的才华，总体而言是工作缺乏重点，更不用说学校的管理责任消耗了他的时间和精力。简言之，尽管穆尔和蔼可亲，有良好的意图，但他是 1960 年代后期摆脱了幻想的那种自由宽松氛围的一种人格化体现。

文杜里则扮演着一个相当不同的角色，也具有不同的智性背景。[1] 他于 1944 年注册于普林斯顿，3 年便完成了本科学业；1950 年在该校获硕士学位（卡恩与乔治·豪是评审小组成员），论文主题颇为早熟，题为《建筑构成中的文脉》(Context in Architectural Composition)。[2] 起初，他与斯托诺罗夫（Oscar Stonorov）、卡恩（兼职）以及埃罗·萨里宁一道工作。在卡恩的支持下，文杜里于 1954 年赢得了罗马奖，这使他得以在罗马做两年研究，也使他对手法主义和巴洛克时期产生了兴趣。返回费城时他再次加入了卡恩事务所，并开始在宾夕法尼亚大学任教。起先他充当卡恩的助手，1957 年开办了私人业务。他先是独立运作，后来又与利平科特（Mather Lippincott）和科普（Paul Cope）合作。1960 年他与肖特（Whilliam H. Short）合伙，1964 年又与劳赫（John Rauch）联手。

文杜里早期的设计大多没有实施，所以有时被人们所忽略。但在 1950 年代晚期的情境中，这些设计的观念既富有启发性，又很新颖。可以想象卡恩肯定对他的观点施加了强烈影响，但更为重要的是他的手法主义倾向，这不仅源于他在罗马的所见所闻，也来自于威尔逊·艾尔（Wilson Eyre）在国内的工作以及斯卡利（Vincent Scully）的《木瓦风格》(Shingle Style)（1955）一书。他曾设计过新泽西一座假想中的海滨别墅（1959），对格兰德餐厅（Grand's Restaurant）实施过改造（1961—1962），为位于安布勒（Ambler）的北宾夕法尼亚探访护士协会（North Penn Visiting Nurse Association）设计过建筑物（1961—1963）。通过这些作品，他证明了自己是东海岸对美国文化传统感兴趣并满怀革新冲动开发这一传统的为数不多的建筑师之一（朱戈拉是另一位）。

《建筑的复杂性与矛盾性》(Complexity and Contradiction in Architecture)（1966）一书在出版之前便酝酿已久。1962 年，在设计了备受争议的行会之家公寓楼（Guild House）之后，文杜里接受了格拉厄姆基金会（Graham Foundation）的一笔补助金，对建筑理论课程进行改编。这门课程是他在宾夕法尼亚大学开设的，教学助手是斯科特·布朗（Denise Scott Brown）（生于 1931）。此书初稿在 1963 年便提交了，1964 年文本取得了版权。次年，这文本中的一部分——差不多 40 页——发表在耶鲁学刊《视角》上，篇名与后来的书名相同（图 106）。[3] 最终，经过充分编辑的版本于次年由

1 关于文杜里与他妻子布朗（Denise Scott Brown）的重要研究成果有：布朗利（David B. Brownlee）、德·朗（David G. De Long）和希辛格尔（Kathryn B. Hiesinger）编，《出类拔萃：罗伯特·文杜里、丹尼斯·斯科特·布朗与合伙人》(Out of the Ordinary: Robert Venturi, Denise Scott Brown and Associates, Philadelphia: Philadelphia Museum of Art, 2001)；穆斯（Stanislaus von Moos），《文杜里、劳赫以及斯科特·布朗：建筑与项目》(Venturi, Rauch & Scott Brown: Buildings and Projects)，安塔尔（David Antal）翻译（New York: Rizzoli, 1987）；以及米德（Christopher Mead），《罗伯特·文杜里的建筑》(The Architecture of Robert Venturi, Albuquerque: University of New Mexico Press, 1989)。

2 此篇论文发表于文杜里与布朗的《论一般建筑的图像志与电子学：从绘图室的视角来看》(Iconography and Electronics upon a Generic Architecture: A View from the Drafting Room, Cambridge: M. I. T. Press, 1996) 一书之中。关于文杜里在普林斯顿时期的研究，见弗什（Deborah Fausch），《意义的文脉就是日常生活：文杜里与布朗的建筑与城市规划理论》(The Context of Meaning Is Everyday Life: Venturi and Scott Brown's Theories of Architecture and Urbanism, Ph. D. diss., Princeton University, 1999)。

3 文杜里，《建筑的复杂性与矛盾性：选自一本即将出版的新书》(Complexity and Contradiction in Architecture: Selections from a Forthcoming Book)，《视角》9/10（1965）：17—56。这一期杂志的编辑是斯特恩。

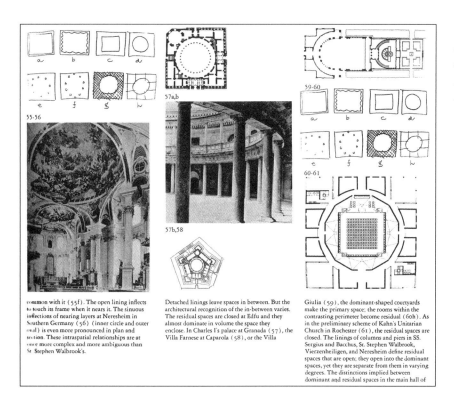

图106 文杜里《建筑的矛盾性与复杂性》文章中的一页。采自《视角 9/10：耶鲁建筑学刊》(1965)。

现代艺术博物馆出版。文杜里独自撰写了这本书，但他也承认在写作过程中得到了布朗、斯卡利和斯特恩的批评性帮助（斯特恩是文杜里在耶鲁的学生）。其他的来源也很清楚。凡·埃克的二元概念在书中频频出现，他于 1960 年任教于宾夕法尼亚大学。文杜里还吸收了米隆（Henry Millon）和赫克舍（August Heckscher）的观念，他们的《公众的幸福》(*The Public Happiness*)（1962）一书论述了现代社会中巴洛克式的复杂性问题。此外，此书的理论来源还有格式塔心理学以及阿伯斯（Josef Albers）、凯佩斯（Georgy Kepes）、艾略特（T. S. Eliot）、克林斯·布鲁克斯（Cleanth Brooks）、燕卜荪（Willian Empson）等人的著述，尤其是燕卜荪的《朦胧的七种类型》(*Seven Types of Ambiguity*)（1955）。文杜里最后还向萨默森（John Summerson）1941 年的一篇重要文章表示了敬意，在那篇文章中，这位历史学家责备建筑师们只谈与建筑相关的东西而不谈建筑本身。这一批评也应被视为对班纳姆的技术幸福论，以及亚历山大的计算机辅助程序的驳斥。[1]

所以此书的思想植根于 1950 年代和 1960 年代初。文杜里的硕士论文已聚焦于文脉问题，他最早的一篇文章发表于 1953 年，是论卡皮托利山（Campidoglio）罗马元老院建筑群的一篇简短摘要，米开朗琪罗以手法主义语言对这些建筑进行了改造。[2] 米开朗琪罗夸张的修辞方法似乎对此书产生了影响，但也有来自各种巴洛克风格建筑实例的影响，如霍克斯莫尔（Nicholas Hawksmoor）、索恩（John Soane）、弗内斯（Frank Furness）、勒琴斯（Edwin Lutyens）、勒·柯布西耶、布拉齐尼

1 萨默森，《恶作剧的类比》(The Mischievous Analogy)，收入《天宅及其他建筑论文》(*Heavenly Mansions and Other Essays on Architecture*, London: Gresset Press, 1949)，195—218。

2 文杜里，《坎皮托利奥：案例研究》(The Campidoglio: A Case Study)，载《建筑评论》(vol. 113, 677, May 1953)：333—334；重印收入《从坎皮托利奥的视角来看：文选，1953—1984》(*A View from the Campidoglio: Selected Essays 1953—1984*, New York: Harper & Row, 1984)，12—13。

(Armando Brazini)（文杜里曾在罗马遇见的一位新巴洛克建筑师）、阿尔托（文杜里曾在 1965 年参观过他的荷兰建筑），当然还有卡恩的作品。文杜里根据这丰富的资源，站在现代理论的立场上书写了"一篇温和的宣言"：他的观念直截了当，但其丰富性则出人意料。

此书的主要论点十分简单："我喜欢建筑的复杂性与矛盾性。"[1] 作者赞成这两个因素，首先是因为在这飞速变化的世界中"现代体验具有丰富性与朦胧性"的特点；其次是正统的现代建筑过于强调简单性与功能性，现在似乎已经走向了历史的尽头，将我们引向"手法主义时期共有的立场"。[2] 因此，密斯的格言"少即是多"要调个头："过分简单意味着乏味的建筑。少则生厌（Less is a bore）。"[3]

[401]

到此为止，文杜里的确是一位"冷静的"革命者。他的研究以相当传统的方式展开，超过了 8 章 85 页，令人想起了博夫朗 (Boffrand)。他将文学上的朦胧性与复杂性改造成了建筑理论，并用一组取自各个建筑时期的范例来图解要点，明显与燕卜荪论朦胧的书相类似。例如，文杜里的"双关"(Both-and) 呼应了燕卜荪的第三种朦胧类型，即"用一个词同时表达两种表面上不相干的意义"；文杜里的"双重功能元素"(Double-Functioning Elements) 接近于燕卜荪的第二种朦胧类型，即"两种或多种任择其一的意义完全融合为一"；而文杜里的"矛盾并置"(Contradiction Juxtaposed) 令人想起了燕卜荪的第七种朦胧类型，"两种意义完全矛盾，在作者脑海里泾渭分明"。最有趣的是文杜里的最后一章"构建难于实现之总体性的责任"(The Obligation toward the Difficult Whole)，似乎反映了燕卜荪的第四种朦胧类型，即"一个词的两种或多种意义结合起来，表明了作者心中复杂的精神状态"。[4] 这些文学原理只能作为讨论传统或形式要素的规则运用于建筑，这就导致文杜里解释的是一种形式主义理论。

[402]

不过，这本书读到一半之后读者便可发现，在他的分析中有一个副主题发展起来。这个副主题第一次出现在他对于以下这种朦胧类型的讨论中，即当一个因袭的元素发生了变化并获得了额外的含义时，这种朦胧类型便产生了。对他而言，一种因袭的母题产生了一种"修辞元素"，它"使含义不再清晰"；它带有朦胧的信息，它的"修辞冒犯了正统现代建筑对最低限度装饰的崇拜"。[5] "在米开朗琪罗的建筑中，在所谓的波普建筑中"，以及在勒杜 (C.-N. Ledoux)、鲁道夫以及范布勒 (John Vanbrugh) 等人的设计中，都可以看到这种重新组合的因袭元素的例子。[6] 波普建筑 (Pop architecture) 这个术语出现在 1960 年代初班纳姆的著述中，文杜里在 1965 年的一篇题为《波普建筑的正当理由》(A Justification for a Pop Architecutre) 的文章中，对这个术语进行了讨论。他将波普建筑定义为"利用平凡事物，或者说恰恰是过时了的平凡事物，作为建筑的实

1 文杜里，《建筑的复杂性与矛盾性》(New York: Museum of Modern Art, 1966)，22。

2 Ibid., 22, 26.

3 Ibid., 25.

4 燕卜荪，《朦胧的七种类型》(New York: New Dirctions, 1947)，目录。

5 文杜里，《建筑的复杂性与矛盾性》，44。

6 Ibid., 44—45.

际元素"[1]。

不过，这一主题在《建筑的复杂性与矛盾性》中变得激进化了。文杜里将它置于"波普艺术"的名目之下进行讨论。在谈到下等酒馆元素的利用时——建筑需要在自动售烟机出现后存在下去——他给出了利用这些元素的另一条理由："在建筑秩序中运用下等酒馆元素的主要理由是它们的确存在着。它们是我们所拥有的。建筑师可以嫌弃或忽视它们，甚至试图废除它们，但它们不会消失。"[2] 在这里，他的论证变得更吸引人了。建筑师应该心甘情愿地去接受这些元素的一个理由——这一点清楚地表明存在着一条巨大的代沟——是他们不能再假装生活在残存的平民文化被技术一扫而光的某个未来世界中了。因此，到了 1960 年代中期，在文杜里看来，早期现代主义的乐观主义或甚至是班纳姆的乐观主义，永远成为了过去，"技术革新要求时间、技能与金钱的投入，这是建筑师力不能及的，至少在我们这样的社会中是如此"[3]。在后面几页中，他甚至给出了更为惊人的理由："建筑师会接受他在新背景下充当有意味的陈腐之物——有效的平庸之物——的混合器角色，以作为他在社会中生存的条件，这个社会将它最佳的努力、大量的金钱以及优雅的技术投向了别处。但具有讽刺意味的是，建筑师可以以这种间接的方式表达对本末倒置的社会价值尺度的真正关注。"[4] 在早期论波普建筑的文章中，这种"本末倒置的价值尺度"的意思更清楚一些，他坦率地断言："联邦政府以及它所支持的大产业将昂贵的计算机研究大规模用于战争计划或者国家安全事业，超过了提高生活水平的力度。"[5] 简言之，他在《建筑的复杂性和矛盾性》一书中做出的最后推论，就是陈腐之物与下等酒馆的元素（顺便说一句，建筑师将主顾的钱花在这些元素上）应该作为针对政府政策的一种社会抗议！采用下等酒馆元素是若干路径之一，（享有殊荣的、常春藤联盟学校培养出来的）建筑师可以以此来表明，他们不再沉迷于生活于其中的这个虚假社会。

正是在这个问题上，文杜里的观念与丹尼斯·斯科特·布朗 (Denise Scott Brown) 的观念融合起来，后者现在成了影响文杜里世界观的另一个思想之源。[6] 斯科特·布朗娘家姓拉科夫斯基 (Lakofski)，生于赞比亚，最初在约翰内斯堡的威特沃特斯兰德大学 (University of Witwatersrand) 接受建筑师训练。1952 年她前往伦敦，就读于建筑学会。那时的英国正值福利国家、新城镇建设的时代，为密斯·凡·德·罗喝彩的时代，最重要的是正值史密森夫妇与 ICA 在理论上越出了常规的时代。1955 年，丹尼斯·斯科特·布朗嫁了罗伯特·斯科特·布朗 (Robert Scott Brown)，3 年之后他们二人报考宾夕法尼亚大学研究生院，希望能跟卡恩学习。由于没有时间准备提交给建筑学院的作品集，所以他们只被录取到新成立的土地与城市规划系，这个系是由院长霍姆

1　文杜里，《波普建筑的正当理由》，载《艺术与建筑》(April 1965)：22。
2　文杜里，《建筑的复杂性与矛盾性》，48。
3　Ibid., 49.
4　Ibid., 52.
5　文杜里，《波普建筑的正当理由》，载《艺术与建筑》(April 1965)：22。
6　关于布朗，见布朗利，《形式与内容》(Form and Content)，收入布朗利、德·朗以及希辛格尔，《出类拔萃》，3—89。

斯·珀金（G. Holmes Perkins）创设的。该系由费城规划师培根（Edmund Bacon）担纲，另一方面又有戴维·克兰（David Crane）、甘斯（Herbert Gans）、惠顿（William Wheaton）、达维多夫（Paul Davidoff）主事，他们所有人都具有社会学的倾向。丹尼斯·斯科特·布朗同情这个圈子的思想倾向，她将一种积极的世界观以及她从英格兰了解到的社会现实主义带入她在宾夕法尼亚的教学之中。[1] 1960 年她成为一名教员（罗伯特在 1959 年惨死于车祸）。后来她遇到了在那里任教的文杜里，他们合作于 1962—1964 年间的理论课程，偶尔也在实践领域进行合作，如 1965 年为本杰明·富兰克林公园大道（Benjamin Franklin Parkway）做的竞赛设计。同年，斯科特·布朗的文章《有意义的城市》（The Meaningful City）表明了她对于大众传播与大众文化动力的兴趣。[2] 这一年，这两位建筑师离开了费城。文杜里回到了罗马美国学院去完成他的手稿，然后又去耶鲁大学作访问教授（穆尔提供）；斯科特·布朗去伯克利访问（在该校她与梅尔文·韦伯 [Melvin Webber] 一起开了一门城市规划课程），最后接受了加州大学洛杉矶分校的职位。

[403] 他们两人对流行文化的共同兴趣，在《建筑的复杂性与矛盾性》一书的最后部分中再一次体现出来。实际上文杜里超越了在文学或美学层面上为朦胧性进行的辩护，支持彻底的平民主义立场。布莱克（Peter Blake）拿弗吉尼亚大学与缅因街（Main Street）进行对比，呼吁要有秩序，而文杜里在此背景下提出了他著名的问题：除了这种比较文不对题之外，"缅因街有何不妥？"[3] 在回答此问题时他解释道，"下等酒馆元素看似杂乱无章地排列在一起，其实表现了一种引人入胜的生活活力和有效性"，而且建筑师现在要从波普艺术中汲取教益，从"纯粹秩序的古板之梦中"觉醒过来。[4] 因此他总结道："或许正是从日常景观中，从粗俗的、被人鄙视的东西中，我们才能提取出复杂而矛盾的秩序。而从城市规划的整体来看我们的建筑，这种秩序才是有效的、有活力的。"[5]

文杜里的书是由现代艺术博物馆出版的，它将成为美国建筑实践的一座里程碑，尽管几年之后人们才感受到此书的冲击力。纽约现代艺术博物馆的建筑与设计主管德雷克斯勒（Arthur Drexler）在他撰写的前言中，称此书是一部"非凡的研究著作"，与"许多人认为是理所当然的东西"背道而驰。斯卡利的评价更有名，他为此书撰写的导言带有一种别样的忧郁味道，称此书是"自勒·柯布西耶 1923 年的《走向建筑》以来最重要的建筑论著"[6]。斯卡利的总体看法是，文杜里的思想是人文主义的，他的根基是双重的：一方面，他"是一位继承了伟大传统的意大利建筑师——普林斯顿艺术史以及他在罗马美国学院的研究员职位使他接触到了这一传统"；另一方面，"他是为数不多的在思想上与波普画家并驾齐驱的建筑师之一，或许也是第一位察

1　布朗在 1960 年代上半期为《美国规划师研究院院刊》（*Journal of the American Institute of Planner*）撰写了若干篇文章：《形式、设计与城市》（Form, Design and the City）（November, 1962），《纳塔尔规划》（Natal Plans）（May, 1964），以及《有意义的城市》（The Meaningful City）（January, 1965）。

2　布朗，《有意义的城市》，重印或扩写，发表于《联结》（*Connection*）4（spring 1967）：6—7，12—14，26—27，50—51。

3　文杜里，《建筑的复杂性与矛盾性》，102。

4　Ibid., 102–103.

5　Ibid., 103。

6　《建筑的复杂性与矛盾性》一书的前言，11。

觉到波普绘画形式的实用性与含义的建筑师"。[1]

欧洲人对此书的普遍看法却大相径庭。科林·罗在一篇关于《建筑的复杂性与矛盾性》和班纳姆的《新野性主义》（1966）两书的评论中，看出了这两本书在精神上的相似性，包括它们的推论，即现代建筑的早期观点作为社会改革的一个积极要素的确已经走到了尽头："当今现代建筑大量存在，但希望中的乌托邦并没有实现。人类进一步迈向救赎的进程也不明朗；于是乐观主义就泄了气。"[2] 科洪（Alan Colquhoun）从他的社会学视野来看待文杜里，不满于此书"缺少完整的理论框架"，也未对过去做有选择性的读解："在这一点上人们明白了，这是试图将美国土语中最堕落的方面合并到'艺术'世界中去，要引入波普艺术的范畴来支撑岌岌可危的历史有效性。"[3] 马克思主义者塔夫里（Manfredo Tafuri）也忍受不了文杜里的民粹主义倾向。他承认文杜里做出了"许多敏锐的观察"，但还是坚决拒绝了以下两点："一方面，未能成功地运用史料来论证建筑的朦胧性，因此它就变成了只是一般意义上的一个先验的范畴；另一方面，由于他的历史叙述是平面化的，并将分析与规划方法混淆起来，所以研究结论便是设法证明个人图形选择的合法性。"[4]

然而，并非所有欧洲人都这么不为所动。里特沃克在 1967 年夏天撰文说，此书简直有点太"不错"了，是"讽喻性的、迷人的，而且相当低调"。尽管他拒绝文杜里"漫不经心的折中主义及其背后的退化机制"，但也承认"我站在文杜里一边。功能主义者已经误导了我们——建筑是具有多重价值的：我们必须学会从外延并由此从内涵方面来谈论体量与表面的多重价值"。[5] 诺贝格－舒尔茨（Christian Norberg-Schulz）当时正在发展他自己的模型，超越了几年前他在《建筑的意图》中表达的观点。他以一种更为积极的观点看待文杜里的书以及他对"意义层次"的探索：应在艺术史的形式传统内部将这项研究"尽快向前推进"[6]。本着萨莫森的观点以及自我批评的精神，他还责备建筑师们以牺牲建筑为代价，将精力集中在"社会学与心理学、经济学与生态学、数学与沟通理论"上，这是"最后一位有勇气写建筑的建筑师"！[7] 正是出于诸种原因中的这个原因，文杜里的书才成为一座明确的分水岭。

---

1 《建筑的复杂性与矛盾性》一书的前言，14.

2 科林·罗，《期待乌托邦》（Waiting for Utopia），载《纽约时报》1967；重印收入科林·罗，《如我所言》2：75—78。

3 科洪，《罗伯特·文杜里》，载《建筑设计》37（August 1967）：362。

4 塔夫里，《建筑的理论与历史》，韦雷基亚（Giorgio Verrecchia）翻译（New York: Harper & Row, 1976），213。

5 里克沃特，《建筑中的复杂性与矛盾性》，载《家宅》，no. 453（August 1967）。

6 诺贝格－舒尔茨，《少抑或多?》（Less or More?），载《建筑评论》143（April 1968）：258。"他的形式描述主要遵循了诸如沃尔夫林、弗兰克尔、布林克曼、维特科夫尔以及泽德尔迈尔（Sedlmayr）所指示的路径。"

7 Ibid., 257.

尾　声

我们正在见证时代错位、怀旧病，大概还有轻浮症。

——科林·罗（1968）

1968 年

按常理来说，建筑理论是一种从传统中派生出来的现象，所以一般是通过演进而非革命 [404]
的方式发展的。在平静的时期情况一般如此，常新的建筑理论即便有也极少见。一代代建筑
师，即使处于变化着的历史情境中，也往往揪住那些完全相同的问题不放。但是，建筑理论也
几乎总是明显地受到重大的思想、政治与经济事件的影响。启蒙运动前后的精神骚动决定了西
方历史发展进程中的一大契机，第一次世界大战给建筑理论留下了印记，大萧条开创了建筑思
想的一个新纪元。1968 年这一年似乎决定了另一个历史契机。

1968 年首先是一个充满了政治动乱与暴力的年份。[1] 1 月初，在欧洲的捷克斯洛伐克，
共产党第一书记安东宁·诺沃提尼 (Antonín Novotný) 被亚历山大·杜布切克 (Solvak Alexander Dubček)
（1927—1993）驱逐出党，后者许诺要实行"人道社会主义"(socialism with a huma face)。3 月，随着进
一步将诺沃提尼的余党清除出内阁，"布拉格之春"引起了世界范围内的关注。

苏维埃统治者勃列日涅夫 (Leonid Brezhnev) 在莫斯科密切关注着事态的发展——尽管杜布切克
效忠于社会主义，与苏联关系良好。8 月苏联做出了反应，勃列日涅夫命令 50 万华沙条约军队
越过捷克斯洛伐克边境占领了布拉格。秘密警察复活了，他们围捕并殴打示威者，杜布切克被押
解到莫斯科。如果不是捷克斯洛伐克人民勇敢地抵制苏联强加给他们一个临时政府的意图，他
无疑会被处死。他后被带回布拉格，在面对全国听众的电视讲话中，他声泪俱下地表示悔罪，

---

1 在有关 1968 年的许多记述中，最佳材料或许是考特 (David Caute) 的《路障的年份：1968 年之旅》(*The Year of the Barricades: A Journey through 1968*, New York: Harper & Row, 1988)。

并宣布撤销早期的措施。次年春天，他的职位被胡萨克 (Gustáv Husák) 取代。

1968 年春夏，西欧的大街上也奔涌着示威浪潮，但原因各有不同。在德国，大多数大学爆发了抗议示威，要求大学改革，反对迷幻药与大麻等毒品突然间的流行，这在政治上得到了社会主义学生联盟（SDS）的呼应。一位学生积极分子杜契克 (Rudi Dutschke) 在 4 月被射杀，促使示威运动数量猛增，激愤的示威者扛着卢森堡与李卜克内西的画像上街游行，他们二人是斯巴达克斯党的革命者，于 1919 年被杀害。具有讽刺意味的是，德国学生暴动的中心是柏林自由大学，该校建于 1948 年，而著名的柏林洪堡大学则地处苏联控制下的柏林城区。

[405] 英格兰在 1968 年春夏时节的政治形势也处于活跃状态，两个主要问题是新移民（种族）与越战，反对越战的呼声越来越高了。不过，更大规模更加激烈的动乱发生在法国与意大利。巴黎所谓的"五月运动"实际上在 1968 年 3 月就在巴黎大学南特校区揭开了序幕，学生们在科恩－本迪特 (Daniel Cohn-Bendit) 的领导下占领了行政大楼。该校在 4 月初关了门，复活节休假之后重新开张，但在 5 月 2 日因再次爆发示威而关门。再度关闭学校的决定将暴动引向了城市，加剧了矛盾。5 月 3 日有几名学生在索邦大院内被逮捕。这如同点燃了炸药桶，大规模的游行示威、游击战、罢工与纯粹的骚乱在 5 月余下的日子里席卷了巴黎。拉丁区筑起了街垒，索邦与巴黎美术学院最终被占领。持同情态度的"知识分子"定期出现在夜间的新闻广播中。

法国动乱的原因很复杂，图雷纳 (Alain Touraine) 是研究这段历史的专家，他认为这场动乱预示了一种新的阶级斗争形式，它针对的是技术至上论、消费主义和人类本身以及性关系的商品化。[1] 另一原因是，大学制度已不能适应战后一代人的数量增加或兴趣改变的形势，需要进行改革，而且还有一些马克思列宁主义者、托洛茨基者、毛泽东主义者与无政府主义者在反殖民主义与关切战争的旗号下试图推翻整个社会政治"制度"。

建筑专业的学生占领了巴黎美术学院，他们的兴趣各有不同。"5 月 15 日动议"(Motion of 15 May) 发布于学生们占领这座建筑的次日，呼吁各个学院进行改革，例如公开招生和废除考试及竞赛，同时也声援无形的"工人斗争"，必须为改善"服务于公私开发商利益的建筑生产条件"而战斗。[2]

同时，在意大利也发生了游行示威——自 1964 年以来就常有这类示威活动——规模相当，但政治色彩更强烈。其原因同样是经济不景气以及过时的教学体系，而这两个因素合在一起造成了建筑学院半数以上的毕业生找不到工作。学生要求教学进行更彻底的改革。如都灵大

1　图雷纳，《五月运动：起义与改革》(*The May Movement: Revolt and Reform*)，梅休 (Leonard F. X. Mayhew) 翻译 (New York: Random House, 1971)。

2　《5 月 15 日动议》，巴黎美术学院罢课委员会，收入《建筑文化，1943—1968：文献选编》，奥克曼编 (New York: Rizzoli, 1993)，457。参见埃克伯特 (Donald Drew Egbert)，《法国建筑中的美术学院传统》(*The Beaux-Arts Tradition in French Architecture*, Princeton: Princeton University Press, 1980)；以及波利 (Martin Pawley) 与屈米 (Bernard Tschumi)，《'68 以来的巴黎美术学院》(The Beaux-Arts since '68)，载《建筑设计》61 (September 1971)。

学的"红卫兵"学生坚持要求由学生委员会来选择教授和给所有考试评分。[1] 最持久的停课发生在大城市的大学中：罗马、佛罗伦萨、米兰、那不勒斯、比萨和都灵。3 月底 26 所大学被围困并停课，加上经常性的工人罢工以及号召采用革命行动，这一状况持续了一整年，并延续到其后若干年，实际上使得意大利政府的工作陷入了停顿。激进的马克思主义——尽管在捷克斯洛伐克发生了一系列事件——成了意大利知识分子和学生的灵丹妙药。

这一思潮在建筑理论界最清晰地反映在塔夫里 (Manfredo Tafuri) (1935—1994) 的观念中。他于 1968 年春作为一名新骋教授来到威尼斯，任职于建筑史研究院[2]，那时该城已陷入政治与社会动荡之中。学生一再占领了圣马可广场以及城内其他区域，与警察发生着冲突。塔夫里的到来与他的第一本批评著作《建筑的理论与历史》(Theorie e storia dell'architettura) 的出版大致同时，此书写于 1966—1967 年。[3] 他渴望投入革命事业，与《对策》杂志 (Contropiano) 的两位编辑罗萨 (Alberto Asor Rosa) 与卡奇亚里 (Massimo Cacciari) 进行了密切接触。这是一份新创刊的激进期刊（直至 1971 年停刊），着眼于"分析与阶级斗争相关的问题"，"分析大众资本主义社会的理想及文化上层建筑"[4]。塔夫里于 1968 年下半年为该杂志撰写的第一篇文章《走向建筑意识形态批判》(Per una critica dell'ideologia architettonica)，表明他的思想向前迈出了重要的一步。[5] 此外，塔夫里在研究院召集了激进的历史学家与理论家的骨干队伍，组织了集体研究项目，并以马克思主义方法进行分析。他们中有埃利亚 (Mario Manieri Elia)、达尔·科 (Francesco Dal Co)、丘奇 (Giorgio Ciucci) 以及德·米尔凯利斯 (Marco De Milchelis)。

1968 年发生在威尼斯的事件也必须放在 1950 年代和 1960 年代争论的背景下来考察。意大利的现代主义是从第二次世界大战中产生的，因战时与法西斯的合作而心存内疚。战后那些年意大利的主要建筑史家，如赛维和贝内沃洛，都以其各自的方式退出了论争：赛维支持建立在美国与斯堪的那维亚范本上的"有机的"现代主义，而贝内沃洛则提倡与社会行动主义 (social activism) 紧密联系的现代主义。罗杰斯在 1950 年代的工作是将历史与记忆注入现代建筑，这也可以被视作想洗去现代主义在最近所受到的污染——从本质上来说就是将现代主义与意大利广阔的历史背景相调和。1960 年代晚期，塔夫里拒绝这些努力，也拒绝其背后的人文主义基础。有人将他 1968 年前后的历史研究方法定义为总体上祛魅的、破坏圣像的、解构的和尼采式虚无主义的等五花八门的路径之一，但在本质上他总是根据马克思主义的前提进行严谨

[406]

---

1 见考特，《路障的年份》，76。

2 关于塔夫里及其思想的最佳介绍，是发表于《美家》(Casabella) 纪念双刊上的一些文章，nos. 619–620 (January–February 1995)。参见科恩 (Jean-Louis Cohen)，《建筑师与知识分子之间的鸿沟，或关于意大利文化爱好的培养》(La coupure entre architects et intellectuals, ou les enseignements de l'italophilie)，载 In Extenso 1 (1984)：182—223。

3 塔夫里，《建筑的理论与历史》，韦雷基亚翻译 (New York: Harper & Row, 1976)。

4 罗萨 (Alberto Asor Rosa)，《意识形态与历史实践批判》(Critique of Ideology and Historical Practice)，载《美家》，nos. 619–620 (January–February 1995)。

5 塔夫里，《走向建筑意识形态批判》，《反平面》(Contropiano)，no. 1 (January-April 1969)；萨尔塔雷利 (Stephen Sartarelli) 译为 "Toward a Critique of Architectural Ideology"，收入《1968 年以来的建筑理论》，海斯 (K. Michael Hays) 编 (Cambridge: Cambridge University Press, 2000)。

分析并服务于革命实践。如果说他的主要历史兴趣之一，是 1920 年代和 1930 年代的欧洲先锋派——达达派、超现实主义、包豪斯、构成主义——那么他的观念与批评框架就类似于这一时期的左派社会学的框架，如在西梅尔（Georg Simmel）、马克思·韦伯（Max Weber）、曼海姆、卢卡奇和本雅明著作中所见到的。这些思想家的观念通过阿多诺（Theodore Adorno）的否定辩证法（negative dialectics）以及罗兰·巴特（Roland Barthes）的结构主义得以翻新。作为建造物的建筑现在完全从视野中退出；批评理论本身成了它自身的运作尺度。

塔夫里的《建筑的理论与历史》尽管不是一部完全成形的著作，但勾勒出了一条新路径。它关注于当代历史与理论中能感觉到的"危机"，但并非是以早期历史学家的手法来写的，后者一般会热衷于指出摆脱困境的道路。此书声称要"对现代运动的基础进行一次勇敢而诚实的审查；实际上是要彻底调查以下这种说法是否能站得住脚，即现代运动是观念、诗学与语言学传统的集成"[1]。此书发表的是一种深奥的"迷宫般的"讨论，其中有无数名称与引用，跳出来落下后并无注释或详细阐述。一方面，福柯式的共谋感浮现出来，令人产生奇妙但不太靠谱的概念思考，其中贯穿着一出紧张的心理分析剧[2]；另一方面，结构主义、符号学与类型学被吸收并为批评理论利用。再者，该书承认历史作为思考建筑问题的一种"工具"所发挥的作用是模糊的。对塔夫里来说，历史学家的任务不再是叙述导向当今（设计）消费的一代代谱系；现在他设定的目标更具敌意，即破解建筑元语言与意识形态之间隐秘的密码，揭示出隐藏在表层之下的焦虑。

说此书缺乏连贯性并无实际意义，因为 1968 年下半年塔夫里的观点发生了重大变化。他调整了自己的立场，第一次表述于他的《走向建筑意识形态的批判》一文中。他公然进行政治论辩，大量吸收卡奇亚里（Massimo Cacciari）的虚无主义观点，其基调更加悲观，尽管没有牺牲共谋的味道。例如他提到："在资本先锋派与知识先锋派之间存在着一种心照不宣的相互理解，他们的确是那么默契，任何揭露它的企图都会引起异口同声地愤怒抗议。"[3]塔夫里认为，启蒙运动以降，一切建筑发展都是与资本主义步调一致的，因而处于一种无可救药的危机状态。在这个时期，19 世纪 30 年代与 20 世纪 20 年代的洛日耶及皮拉内西的乌托邦主义，经历了一个调整并伴作赎罪的相当精致的辩证过程，正如海斯（K. Michael Hays）所报道的那样，这是"一个统一的发展过程，在这个过程中，乌托邦先锋派愿景被确认为是一种理想化的资本主义，资本主义的合理性便转化为自律性形式的合理性——建筑的'平面'，即它的意识形态"[4]。塔夫里指

---

1 塔夫里，《建筑的理论与历史》，2。

2 以下这段文字表明了塔夫里的历史研究手法："因此，我们可以说，对于卡恩而言，历史也只是被操纵的材料。他利用历史证明已做出的选择的合理性，或通过公开提及参考材料来阐明追求符号与惯例的价值，但同时又在隐蔽地排斥神话、符号与永恒惯例的代码的情况下，试图做到开放与可读……卡恩学派的历史主义令人联想起欧洲的理性神话；就其本身而言，它成了与美国实用主义传统正好相反的一种现象，到如今要在公共露天游乐场式的非理性与一种有罪的犬儒主义之间求得平衡。"（《建筑的理论与历史》，56—57）

3 塔夫里，《走向建筑意识形态批判》，6。关于卡奇亚里的思想，见卡奇亚里（Massimo Cacciari），《建筑与虚无主义：论现代建筑哲学》（*Architecture and Nihilism: On the Philosophy of Modern Architecture*），萨塔雷利翻译（New Haven: Yale University Press, 1993）。

4 Ibid., 序言。

出，没有任何办法能使建筑摆脱这种资产阶级的污染，即便参与到促使资本主义不可避免地走向衰落的"越来越频繁爆发的经济与社会冲突之中"：

> 这就迫使人们再次回到行动主义——回到刺激、批判与斗争的策略——以精神反抗甚至阶级难题与冲突的形式表现出来。关于城市规划法规的严酷斗争（在意大利以及美国）、建筑行业重组的斗争、城市改造的斗争，可能已给许多人产生了这样的幻觉，即为规划而斗争实际上就是阶级斗争的一个重要阶段。[1]

  建筑，由于其虚假的意识形态，已丧失了为后资本主义世界提供愿景的能力。它已经到达了其自然终结的开端。正如塔夫里后来在他的《项目与乌托邦》(*Progetto e Utopia*)（1973，英译为《建筑与乌托邦》）一书中所总结的："从中找不到更多的'拯救'；不安地漫步于具有多重价值以至于保持沉默的图像之'迷宫'，或将自己关闭在阴郁静寂的几何图形中满足于它们本身的完美，都无济于事。"[2]

  已有人恰当地从若干层面上对塔夫里的末日图景提出了批评——从它的虚无主义的抽象概念与自命不凡的心理分析，到其内在逻辑的局限性。[3] 建筑理论被政治化了，自然会根据其政治前提而起伏。但这种批评也以十分灵活的方式，摧毁了当时历史学家的许多天真信念。它不仅强调要以规定的叙事去征服过去与未来并使之为当下服务，而且强调形式与意义之间不可能存在一对一的对应关系——而"解构"很快就会完全满足这种观念。它也简单明了地捕捉到了1968年的理论"危机"：这一次是一场真正大规模的建筑危机。 [407]

  1968年美国建筑理论的激变有着不同的原因与情感根源：一方面，困扰美国社会的问题长期酝酿着，如果说这里有什么问题比其他国家更严重的话，其推动因素似乎就是一场不受欢迎的战争、种族主义残余以及社会价值观行将崩溃；另一方面，文化的多样性以及美国思想界的实用主义也倾向于拒绝决定论或历史主义的批评工具，如马克思主义，而且认为对正在发生的事件的任何单一解释都不可能是充分的。

  无论如何，造成动荡不安的是1960年代发生的一系列事件而不是意识形态。1963年谋杀肯尼迪给这堵处于冷战之中的社会乐观主义之墙上造成了第一道裂缝。约翰逊使这道裂缝进一步扩大，他于1964年后期做出了灾难性的决定，将越南冲突升级，发动了战争。他不仅将成千上万的美国地面部队送上战场，还对共产党统治的北越发动了无情和无效的轰炸，使敌对行

---

1 塔夫里，《走向建筑意识形态批判》，31。

2 塔夫里，《项目与乌托邦》(Bari: Laterza, 1973)；彭塔（Barbara Luigia La Penta）翻译为 *Architecture and Utopia: Design and Capitalist Development* (Cambridge: M. I. T. Press, 1976)，181。

3 劳伦斯（Tomas Lorens）对这一逻辑问题做出了杰出的批判，《曼弗雷多·塔夫里：新先锋派与历史》(Manfredo Tafuri: Neo-Avant-Garde and History)，收入《关于建筑史方法论》(*On the Methodology of Architecture History*)，波菲里奥斯（Demetri Porphyrios）编 (Architectural Design Profile, 1981)，82—95。关于他的历史编撰方法，见图尔尼基奥蒂斯（Panayotis Tournikiotis），《现代建筑的历史撰述》(Cambridge: M. I. T. Press, 1999)，193—219。

动扩大化。美国地面部队要进行大规模征兵才能得到兵源，但征兵本身就成了年轻人反社会情绪的导火索。随着战场上伤亡人数的增加，这种反抗情绪日益高涨。1966 年和 1967 年的和平游行与反征兵示威激增，最大规模的一次游行发生在 1967 年 10 月的五角大楼前，为 1968 年的灾难搭起了舞台。

造成美国社会动荡的另一个因素是民权运动，始于 1963 年春天阿拉巴马州的马丁·路德·金（Martin Luther King）领导的游行活动，遭到州长乔治·华莱士（George Wallace）和"公牛"康诺尔（"Bull" Connor）的反对。1964 年里程碑式的民权立法颁布，密西西比州展开了夏季选民登记。次年，在塞尔玛（Selma）和沃茨的麻烦接踵而来。1966 年美国一些城市爆发了骚乱，尽管这些事件并不总是由种族问题引起的。到了 1960 年代中期，民权运动分裂成两派，马丁·路德·金仍控制着非暴力的一派，在他一旁出现了主张军事暴力的一派，由分裂主义者、黑人民族主义者以及自我标榜的马克思主义者组成，他们公开煽动暴力和叛乱。

与这些事件同时出现的其他一些运动也发展起来。1963 年，贝蒂·弗莱顿（Betty Friedan）出版了《女性的奥秘》（The Feminine Mystique）一书。1966 年，全国妇女组织（National Organization of Women）成立，女权主义便成为一场明确而活跃的政治运动；同年，马斯特斯（William H. Masters）和弗吉尼亚·E. 约翰逊（Virginia E. Johnson）出版了《人类的性反应》（Human Sexual Response）一书，他们的研究充当了性（结婚与离婚）革命的先锋，而这场革命在很大程度上得益于一种有效的避孕药的采用。1960 年代中期，在旧金山的海特－阿什伯里（Haight-Ashbury）区出现了嬉皮士、感恩而死乐队（Grateful Dead）、杰弗逊飞机摇滚乐队（Jefferson Airplane）及其新兴毒品文化——借歌词而流行——飞快地传遍了美国，实际上也传遍了世界。处在这反文化现象另一端的是新左派（New Left）以及如学生争取民主社会组织（Students for a Democratic Society）（SDS）那样的激进政治团体，它们的影响力在 1968 年达到了巅峰状态。卡斯特罗（Fidel Castro）、格瓦拉（Ernesto Che Guevara）、胡志明（Ho Chi Minh）、毛泽东、马尔库塞（Herbert Marcuse）、列宁、马克思等人物成了政治上日益疏离的反文化意识形态的圣徒。正如许多欧洲的学生运动一样，新左派与其他北美激进团体认为，美国文化正在遭受贪婪与消费主义的侵蚀，被特殊利益者、公司和军工企业所操控。

所有这些迥然不同的力量在 1968 年都发展到了顶点。这一年一开局就显露出不祥之兆，美国侦察船普韦布洛号（USS Pueblo）在北朝鲜沿海被捕获。1 月底春季攻势开始，当时约有 6 万名越共士兵进入南方，向几乎每一座中心城市发起了进攻，包括西贡（美使馆遭袭击）。3 月发生了"米莱大屠杀"（My Lai Massacre）事件，美军一个排在小卡利中尉（Lt. William L. Calley Jr.）的带领下屠杀了约 450—500 个村民，尽管全部细节一度无人知晓。美国人实施大屠杀的次数越来越多，这激怒了反战的参选者尤金·麦卡锡（Eugene McCarthy），他直接向台上的民主党总统发起了挑战。麦卡锡在新罕布什尔州与威斯康星州的初选中显示了他的实力，这迫使约翰逊总统于 3 月 31 日宣布退出第二个总统任期的竞选。

[408]　　4 月 4 日，马丁·路德·金在孟菲斯被刺杀，导致 110 个城市发生暴乱，政府征召了 7.5 万名国民警卫队。在这次暴乱中总共有 39 人死亡。同时，早先在发难中听从了麦卡锡的罗伯

特·肯尼迪（Robert Kennedy）改变了主意，投入了总统的竞选。到 6 月初，他已在所在党候选人的提名竞选中名列前茅，但后来在洛杉矶被枪杀。夏天的城市暴乱与前 3 年相比并不算严重，不过这相对的平静在 8 月被打破，民主党汇聚于芝加哥召开全国大会。各政治力量的代表汇聚一堂，有统一协调的反战积极分子代表团、黑人权利运动的领袖们、嬉皮士以及新成立的雅皮士（Yippies）（即国际青年党）——雅皮士扬言要在该城的自来水中掺入迷幻药，并提名一头猪作为总统候选人。所有自诩政治左派的名人蜂拥而至，聚集在媒体的聚光灯下：海顿（Tom Hayden）、阿比·霍夫曼（Abbie Hoffman）、梅勒（Narman Mailer）和金斯堡（Allen Ginsberg）等。最终汉弗莱（Hubert Humphrey）的提名选票超过了麦卡锡，但这完全被同一天晚上发生的"警察骚乱"所掩盖了。厌战的警察带着挑衅的情绪，决定清空格兰特公园和周边地区，于是发生了骚乱。这是一次蓝领报复具有白领教养的抗议者的行动，显示了美国社会中的另一种分层现象。民主党候选人汉弗莱在 11 月被共和党的尼克松（Richard M. Nixon）击败，但是留下的社会创伤已将美国的政治、种族、经济和几代人分裂开来。这创伤太深以致不易弥合。毫不夸张地说，这一年是内战的一年，许多抗议者对制度的蔑视情绪永远不会完全消除，双方所蒙受的伤害也不可能完全治愈。

大学的动乱也历历在目。据估算，在这一年前 6 个半月的时间里，美国 100 多座校园总共发生了 221 次大型示威活动，涉及学生与教师人数 3.9 万人。[1] 建筑物被毁或外观受损，办公室被占领并被洗劫，校长、院长和教授遭到虐待。4 月发生在哥伦比亚大学的骚乱或许是家喻户晓的破坏事件，这在学生争取民主社会组织（SDS）主席拉德（Mark Rudd）写给大学校长柯克（Grayson Kirk）的一封公开信中有所记载："靠墙站，混蛋，这是持枪抢劫"（引用了琼斯 [Lekoi Jones] 的话）[2]。这次"抢劫"的表面原因涉及一座新体育馆的建设计划，以及哥伦比亚大学参与了联邦国防分析研究所的工作。拉德自己也承认这是些托辞。[3] 据他说，静坐示威的诱因包括了越战、征兵规则的变化、马丁·路德·金之死以及麦卡锡在校园中的流行。拉德（赞赏古巴革命）害怕麦卡锡主义会导致政治笼络重新回到美国选举制度中。总之，他并非是单枪匹马。4 月 23 日他与同伙捣毁了体育馆工地的篱笆墙，之后率领示威者来到汉密尔顿楼（Hamilton Hall），哥伦比亚学院的代理院长科尔曼（Harry Coleman）被扣押在那里作为人质。晚上，示威者中的黑人激进分子要求该组织的白人学生离开这座建筑，拉德便带着他的人去了图书馆，占领并肆意破坏了馆长办公室。学生的小分队连续"解放"（占领）了校园里的其他建筑物，包括爱佛瑞楼（Avery Hall），那里是建筑学院。尽管柯克很快搁置了体育馆计划，但这一事件的影响已超越了这件事本身。来自全国的著名激进主义分子赶到现场支持抗议者。4 月 30 日终止了占领，被激怒的柯克叫来了警察清理建筑物，逮捕非法侵入者。许多学生平安地离开了，但却另有一些人在入口设置路障、毁坏楼梯、诉诸暴力解决问题。700 多名学生和局外同情者被捕。战争使这所

---

1 曼彻斯特（William Manchester），《光荣与梦想：1932—1972 年美国叙事史》（*The Glory and the Dream: A Narrative History of America 1932–1972*, Boston: Little, Brown, 1973），1131。

2 引自考特，《路障的年份》，166。

3 Ibid., 172. 就在与哥伦比亚大学对抗之后不久，拉德在波士顿的一次发言中承认，在哥伦比亚大学与国防部的联系"是子虚乌有的"，体育馆的问题是"胡说八道"。

学校在物质上与心理上伤痕累累，在这个学年剩余的时间里学校一直关闭着，直到秋天才重新开张。

　　美国的 1968 年内战显然会在建筑理论上留下印记，虽只是心理上的影响，但其强度确实能加以估量。文杜里与穆尔开创的从现代主义的"温和"撤退与流行的动乱相比显得苍白无力。在美国建筑理论中，美国的观点和源自欧洲的观点之间十分明显的分裂现在将变得更加突出。一方面，由文杜里所鼓吹的"复杂性与矛盾性"转变为纯血统的拉斯维加斯风格的"民粹主义"，而丹尼斯·斯科特·布朗的确在这方面比文杜里更为激进。1967 年 7 月，她与文杜里在她的圣塔莫尼卡家中的门廊前结了婚，这是在他们首次一同去拉斯维加斯旅行一年之后。而待在西海[409]岸的这些年，正如上文提到的，对促进她的智性发展起了很大作用。[1] 1965 年，她在伯克利与社会学家梅尔文·韦伯 (Melvin Webber) 一道教授一门课程，那时梅尔文·韦伯的文章《城市场所与非场所城区》(The Urban Place and the Nonplace Urban Realm) 已经对作为城市理论基础的欧洲社会学假设提出了挑战。针对作为一切商业与文化活动发散中枢的城市模型，梅尔文·韦伯提出了一个具有未来主义色彩的"沟通系统"模型，认为电子以及其他媒介的信息门径日益降低了"场所"的重要性以及人类亲身接触的需求。因此，诸如社区、郊区、城市、地域或民族等之类基于场所的概念，便在像旧金山海湾地区这样的地方失去了意义，在那里居民们可以完全"不参与市区的活动，他们主要是与华盛顿、纽约、香港保持联系，或与他们的当地居民区联系"[2]。当然，这个模型是超前的，预示了由互联网与手机这类工具所提供的沟通与信息门户。

　　斯科特·布朗论述这一主题的方式略有不同。她在 1965 年发表在《A.I.A 杂志》(A.I.A Journal) 上的一篇文章中，将城市作为一个"讯息系统"来分析，运用了"知觉与含义""讯息""运动与意义"以及"现代图像"等范畴，提出了这样的问题：在城市环境中"讯息"究竟是如何被发出并接收的。她给出了三个一组的答案：通过"纹章"（书写的与图形的符号）、"观相"（建筑与空间的尺寸与形状）以及"坐落模式"（建筑与空间模式）。正如她自己所说，这就回应了她早先的老师戴维·克兰 (David Crane) 在《由符号构成的城市》(The City Symbolic)（1960）一文中发表的观点。但重要的是，它为分析当代无核心城市提供了一个模型，随着汽车的引入，这种无核心城市发展起来。[3] 另一个推动她理论深化的动因出现在 1976 年，那时她与文杜里应耶鲁之聘合开了一个设计工作坊进行教学，既做研究，也搞田野调查（设计反而不多）。第一个工作坊的研究主题是纽约城一个地铁站先锋广场的重新设计；第二个工作坊是 1968 年秋天开办的，题为"学习拉斯维加斯，或作为设计研究的形式分析"；第三个工作坊是次年开办的，利用了另一位宾夕法尼亚教师甘斯 (Herbert J. Gans) 对莱维顿 (Levittown) 的研究成果。

1 见弗什 (Deborah Fausch)，《意义的文脉就是日常生活：文杜里与斯科特·布朗的建筑与城市规划理论》(Ph. D. diss., Princeton University, 1999)，esp. 138—178。
2 梅尔文·韦伯，《城市场所与非场所城区》，收入《探索城市结构》(Explorations into Urban Structure)，梅尔文·韦伯等编 (Philadelphia: University of Pennsylvania Press, 1964)，140。
3 斯科特·布朗，《讯息》(Messages)，载《联结》(Connection) 4 (Spring 1967)：14；重印来源于《A.I.A 杂志》。克兰的文章《由符号构成的城市》发表于《美国规划师学会会刊》26 (November 1960)：280—292。

斯科特和文杜里早就预料到 1968 年拉斯维加斯工作坊会有什么发现，当然也包括前往内华达州的田野旅行。《A&P 停车场的含义或向拉斯维加斯学习》(A Significance for A&P Parking Lots or Learning from Las Vegas) 一文最初发表在 1968 年 3 月的《建筑论坛》上（图 107），后来构成了《向拉斯维加斯学习》(1972) 第一部分的基础。该文发表于全球不安宁之际，是一篇重要文章，以独特的方式宣布要从一切早期现代主义形式分离出来。他们写道："建筑师习惯于不加判断地看环境，因为正统的现代建筑，即使不是革命性的，也是一种进步的乌托邦与纯粹主义的建筑，它不满于**现存的**条件。现在的建筑师摆脱了这种习惯。现代建筑只是一种被纵容的建筑：建筑师喜欢去改变现存的环境，而不是去提升现存的东西。"[1] 美国建筑师在 1940 年代发现的舒适的意大利式小广场在这里成为他们展望城市新景点的一种依托："20 年之后，建筑师或许会准备好大规模、高速度地建造大型开放空间的类似经验。"[2] 这种新的"大规模"当然是由汽车决定的，"大型空间"则是由停车决定的，纹章符号 (heraldic sign) 便成了至关重要的沟通元素，而"后面的建筑，则是朴素的必需品"[3]。对文杜里和斯科特·布朗而言，拉斯维加斯不是奥黛丽·赫本 (Audrey Hepburn) 学习恋爱的喷泉城，而是一座有点怪异的未来之城。

[410]

图 107　文杜里与布朗《A&P 停车场的含义或向拉斯维加斯学习》一文中的图像。采自《建筑论坛》(1968 年 3 月)。

《向拉斯维加斯学习》第二部分的主题也发表于 1968 年的一篇短文《论鸭子与装饰》(On Ducks and Decoration) 之中。洛斯曾将装饰等同于"犯罪"，现在则犯了 10 倍的罪："我们的论点是，今天大多数建筑师的建筑物都是鸭子：这些建筑，其表现性的主旨已经扭曲了整体，超越了经济性与便利性的界限；而且，这就是一种装饰，尽管有人不承认，而且是一种错误的、代价昂

1　文杜里与斯科特·布朗，《A&P 停车场的含义或向拉斯维加斯学习》，载《建筑论坛》128 (March 1968)：37。

2　Ibid., 40.

3　Ibid., 39.

贵的装饰。"[1] 现在斯科特·布朗和文杜里喜爱那种有装潢的棚屋，因为"它允许我们以传统的手法去完成营造传统建筑的任务，并以一种更轻灵、更纯熟的手法来满足它们对象征符号的需求"[2]。但这种偏爱还带有另一种有趣的建筑含义："我们相信，若对涉及符号与混合媒介的那种易于沟通的建筑产生新的兴趣，我们就会去重新评价上个世纪的折中主义与如画式风格，并会重新赞赏我们自己的商业建筑——波普建筑，如果你愿意——并最终去面对装饰问题。"[3]

显然，这个观点是许多欧洲人永远不愿采纳的。当斯卡利的《美国建筑与城市规划》(American Architecture and Urbanism) 和斯特恩的《美国建筑的新方向》(New Directions in American Architecture) 提到这类观念时，在英国掀起了一场小小的风暴。波利 (Martin Pawley) 就前一本书指出，斯卡利"编入他的书中的那些创作毫无现实意义"；而后一本书问题出在后记，(年轻人) 斯特恩在后记中认为，哥伦比亚大学与耶鲁大学的动乱以及文杜里与斯科特·布朗对拉斯维加斯的研究，对于未来是意味深长的，"这种态度，这种对真实问题的焦虑，与此书中所说的任何东西一样，都接近于这种新的方向"[4]。波利注意到了美国的"分裂的校园、斗殴的街道与惩罚性的审判"，接着抨击文杜里所说的带状纹饰的关联意义，并得出了这样的结论："如果他代表了美国真正的先锋派，那么这个高贵头衔的拥有者却不去参加革命，而是到皇宫去寻求庇护，这在历史上真是头一回。"[5] 文杜里和斯拉特进行了激烈的反击："但是我们感到我们这种可怜的、不完善的、权宜的、有限的、直接的以及行动主义的方式，比起你作为评论家的妄自尊大的、以权威自居的、感性化的、简单化的、个性张扬的、居高临下的、启示录式的、英雄气概的、无意义的、轻松的、灾难性的乌托邦来，对于不久的将来会更加有用（至少无害）。"[6]

数月之后，斯科特·布朗在《美家》上发表了《向波普学习》(Learning from Pop) 一文，引发了更为严肃的、依然是愤怒的回应。同一期上还发表了弗兰普顿 (Kenneth Frampton) 的答辩以及作者的回复。[7] 在《向波普学习》一文中，斯科特·布朗不仅重申了她早期有关拉斯维加斯的观点，还夹杂着对美国城市改造政策失败的评论，将这一失败追溯到后期现代建筑中的"理性主义的、笛卡尔式的形式秩序"[8]。她还抨击了 1960 年代英国未来主义建筑理论，指出："波普景观形式与我们现在有关，恰如古罗马形式与巴黎美院有关，立体主义及机器建筑与早期现代有关，工业化的中部地区及多冈族 (Dogon) 与第十次会议小组有关。这要说关系极大，比起最新式的深海球形潜水器、发射板或系统医院（乃至班纳姆的'步速'、圣塔莫尼卡码头）来，

1 斯科特·布朗与文杜里，《论鸭子与装饰》，载《加拿大建筑》(Architecture Canada) 45 (October 1968)：48。

2 Ibid.

3 Ibid.

4 前一句引文，波利，"Leading from the Rear"，载 AD (January 1970)：46；后一句引文，斯特恩 (Robert Stern)，《美国建筑的新方向》(London: Studio Vista, 1969)，116。

5 波利，"Leading from the Rear"，载 AD (January 1970)：46。

6 文杜里与斯科特·布朗，回复 "Leading form the Rear" 的信，载 AD (July 1970)：370。

7 《美家》，nos. 359—360 (1971)。这是一期叫作"作为手工艺品的城市"(The City as Artefact) 的特刊，这个项目是由建筑与城市研究学院 (Architecture and Urban Studies) 组织的，发表了艾森曼、里克沃特、安德森以及汤姆·舒马赫 (Tom Schumacher) 等人的文章。

8 斯科特·布朗，《向波普学习》(Learning from Pop)，载《美家》，nos. 359—360 (1971)：15。

就更加如此了。"[1]

　　弗兰普顿若干年前从英格兰来到美国。他撰文做出了回应，对斯科特·布朗与文杜里做了长篇攻击。文章开头他就将维斯宁（Vesnin）兄弟的《真理报》大楼（Pravda building）（1923）与拉斯维加斯条状商业区的航拍图片并列在一起。弗兰普顿的论辩经过深思熟虑，他引用了布罗克（Hermann Broch）关于"媚俗"（Kitsch）的专题论述，一开篇就指出："丹尼斯·斯科特·布朗和罗伯特·文杜里近来的文章，扩展了英国如画式传统的汇合容量，超越了它易于驾驭的界限。"[2] 他强调，这两位设计师关于波普艺术的论辩不过是 1940 年代与 1950 年代英国如画式 / 人文主义 / 城市景观运动的一个当代表现，其间穿插着对理查德·汉密尔顿（Richard Hamilton）、林奇（Kevin Lynch）、甘斯（Herbert Gans）、梅尔文·韦伯（Melvin Webber）的设计以及更重要的麦迪逊大街的分析。他对于文杜里和斯科特·布朗这种变节行为的谴责带有强烈的道德意味。一方面，"西欧与美国大学中的设计专业技能在西方新资本主义的技术力量与成功面前目瞪口呆了"；另一方面，"社会 - 政治的批判职能"受到了"所谓的消费民主以及我在别处称之为洛杉矶的'昙花一现的乌托邦'之必然性"的诱惑。[3] 弗兰普顿接下来援引了马克思主义者赫伯特·马尔库塞（Herbert Marcuse）关于"仅仅根据汽车、电视机和飞机"来定义"生活标准"的这种贫乏意识形态的论述。[4] 他除了赞同 1960 年代初坎迪利斯和伍兹的结构主义规划方案之外，并不急于为 CIAM 的决定论辩护，而是以一个有威胁性的问题结束："难道今天媚俗的胜利本身证明了，若无波普艺术的启迪，我们的城市社会就会被构建在一个全然无效的社会政治基础之上，走向自我挫败的结局吗？"[5]

[411]

　　斯科特·布朗对弗兰普顿的回应，同样揭示了理论分歧的政治维度。她立足于文化前沿发表了尖锐的评论："大多数民众不喜欢莱维特（Levitt）提供的东西，尽管没有这方面的证据，但他们甚至更少支持建筑师的替代方案。对麦迪逊大街的批判现在已经过时，而且令人讨厌。"[6] 弗兰普顿对马尔库塞的引用在政治上激起了更刺耳的辩护之声，不仅"以宽轨制的欧洲标准打发了整个美国社会，半生半熟毫无用处"，而且从根本上来说也是虚伪的，因为"坐在一所舒适的美国大学里，有足够的资金做全职而非兼职的事情，像大多数欧洲建筑学者那样，朝着在那里支持你的资本家胡乱射出扶手椅革命的炮弹，这多少令人恶心"。[7]

　　无论如何，弗兰普顿在 1971 年已经选择了站队，不是站在马尔库塞一方，而是选择了聚集于纽约市建筑与城市研究学院（IAUS）旗下的那批人一方。这里也是欧洲理论开始发动反击的地方。

---

1 斯科特·布朗，《向波普学习》，载《美家》，nos. 359—360（1971）：17。

2 弗兰普顿，《美国 1960—1970：城市形象与理论札记》（America 1960—1970：Notes on Urban Images and Theory），载《美家》，nos. 359—360（1971）：25。

3 Ibid., 33.

4 Ibid., 36.

5 Ibid.

6 布朗，《答复弗兰普顿》，《美家》，nos, 359—360（1971）：43。

7 Ibid., 44—45.

该研究院成立于 1967 年初，从历史上看它与 CASE 有关，因为它是艾森曼（Eisenman）对该组织缺乏方向表示不满的产物。1966 年艾森曼接触到现代艺术博物馆建筑与设计部主任德雷克斯勒（Arthur Drexler），提出了创建一家研究院的想法，它将成为城市问题的研究中心。德雷克斯勒支持这一想法，一些富裕的捐助者提供了启动资金。在 1967 年 10 月召开的第一次董事会上，艾森曼被选为院长，德雷克斯勒任董事会主席。[1] 董事会中科林·罗的缺席是值得注意的，到那时为止他一直与艾森曼有着密切的合作。的确，这家研究院在财政和意识形态上与现代艺术博物馆有着密切联系，这令人想起了 1932 年的情形。现代艺术博物馆将再度与这家新研究院紧密合作，以塑造它的理论立场。

建筑与城市研究学院的目标是多方面的，其中之一是"为解决城市环境问题提出并完善新的方法"，但同时也有意成为一个教育中心，发展出"实体设计与规划方面的新的教学与研究方法"。[2] 此外，它还要"发展出一套关于建筑与实体规划方面的理论"，利用社会科学，"为学生提供一种新的学习与工作体验"。[3] 因此，它是要办成一个设计工作坊，依靠艾森曼等人搞到市、州与联邦政府的项目资金；它也要拥有一批教师领导项目并主持研讨班。在其计划中还要建一个图书馆、开办展览会以及创办一份期刊。1968 年艾森曼发挥了他的作用，搞到了纽约州和巴尔的摩市政府以及联邦政府的项目资金。最早的教师有艾森曼、科林·罗、德雷克斯勒和古特曼。[4] 也是在 1968 年，古特曼、安巴斯（Emilio Ambasz）和斯卢茨基（Robert Slutzky）被授予格雷厄姆基金会奖学金（恩滕扎 [John Entenza] 是前加州人，格雷厄姆基金会主任以及建筑与城市研究学院董事会成员）。[5]

生源则是另一个难题。艾森曼的计划是与大学城市研究中心挂钩，这样可以颁给学生奖学金，使他们可临时在纽约城工作。第一个项目是和康奈尔大学的城市设计集团（Urban Design Group）合作，由科林·罗和卡拉贡内（Alexander Caragonne）领导，他们二人每周来纽约授课一天。斯卢茨基、科林·罗和卡拉贡内任教于建筑与城市研究学院，有效地重组了东北地区的得克萨斯游骑队，但这种联合教学很快就被打破了。学生们仍保持着 1968 年的造反精神，在秋季工作于研究院的学生开始表现出对艾森曼、研究院以及乱七八糟项目的不满。如路易斯·马丁（Louis Martin）所言，艾森曼将这些不满情绪说成是科林·罗为了控制研究院而玩弄的权力游戏，他还不那么光明正大地换了门锁，将科林·罗和学生们关在外边。[6] 次年 3 月，经调解失败之后，科林·罗和卡拉贡内辞职离开了研究院。

[412]

在 1969 年与 1970 年，这家研究院的意识形态取向也发生了变化。这两年中弗兰普顿与安德森被引进了研究院。1969 年举办的一次聚会上，参加者有艾森曼、弗兰普顿、安德森、里特

1 相关文献出自 CCA 档案馆（Montreal, Series A, file A-1）。

2 Ibid.，《政策与程序》（Policies and Procedures, 14 April 1969, PDE/A/4, 1）。

3 Ibid.

4 Ibid.，《1967—1968 全体教员》（Faculty 1967–1968, PDE/A/4）。

5 Ibid. 1968 年 11 月 4 日董事会会议（Series A, file A-1）。

6 路易斯·马丁的记载，《探索一种建筑理论：英美论争，1957—1976》（Ph. D. Diss., Princeton University, 2002），554—556。

沃克、格雷夫斯、迈耶等人。聚会的录音磁带证明了建筑与城市研究学院（此时尚未与 CASE 划清界限）是一个私下的俱乐部，成员们相互就建筑工作展开批评。[1] 很快，这些努力在实践与理论两条战线上均达到了顶点，即两个相关联的项目：一本书《五位建筑师》(*Five Architects*)（1972）和一份期刊《争鸣》(*Oppositions*)（1973）。

尽管这些出版物处于本书讨论的时间框架之外，但由于它们是直接从早期工作派生而来的，所以也应加以考察。《五位建筑师》是为 CASE 于 1969 年 5 月在现代艺术博物馆召开的一次会议出版的，其宗旨是发动一场羽翼丰满的勒·柯布西耶运动。[2] 五位建筑师是艾森曼、格雷夫斯、格瓦思米 (Charles Gwathmey)、海杜克 (John Hejduk) 和迈耶 (Richard Meier)，他们正处在职业生涯的早期阶段。该书收入海杜克 3 个项目（两个是虚拟的，一个未建），他原先是得克萨斯游骑队组织的一员，所有这些作品曾于 1968 年在库伯联盟学院 (Cooper Union) 展出过。格瓦思米自 1970 年以来就是西格尔 (Robert Siegel) 的合伙人，他发表了自己位于长岛的雪松掩映的住宅与工作室（1966），以及位于布里奇汉普顿的两处类似的民居（1970）。格雷夫斯发表了韦恩堡 (Fort Wayne) 的汉索曼宅邸 (Hanselmann House)（1967）以及普林斯顿贝拉塞拉夫宅邸 (Benacerraf House) 的扩建项目（1969）。迈耶自 1965 年以来业务日益成功，他展示了康涅狄克州达连湾 (Darien) 的史密斯宅邸 (Smith House)（1965），此宅已广为人知，还有东汉普顿的萨尔茨曼宅邸 (Saltzman House)（1967）。艾森曼的作品排在这本册子的最前面，分别为普林斯顿的 1 号宅邸 (House I)（1967）和佛蒙特州 (Vermont) 哈德威克 (Hardwick) 的 2 号宅邸 (House II)（1969）。

这些设计大多明显带有勒·柯布西耶的味道（除了艾森曼的之外），建筑师与批评家有意在图注文字中对之轻描淡写。迈耶 1960 年代初的作品表现出了布罗伊尔与密斯的特色，这使得史密斯宅邸具有了"线性空间层次体系"的特点，由此至少依稀表达了对科林·罗和斯卢茨基通透性观念以及位于嘎尔什的施泰因别墅的敬意。[3] 他采用了昂贵的玻璃表面和柯布西耶式的母题——一种概念性的而非功能性的母题，这种做法在 1970 年代初得到强化，至少在住宅设计中如此。拉里什 (William La Riche) 介绍了格雷夫斯的工作，他经常提到勒·柯布西耶，但也将格雷夫斯的设计与格里斯 (Juan Gris) 的立体主义、霍克利 (David Hockney) 绘画的错位以及伊利亚德 (Mircea Eliade) 的再现意味进行比较。[4] 弗兰普顿在导论"正面与旋转"(Frontality vs. Rotation) 中，完全从形式角度分析了这五位建筑师的工作。他也承认"在句法上参照了勒·柯布西耶"，但仍强调"他们中没有一个人以与勒·柯布西耶完全相同的方式来处理空间"。[5] 几年后，尽管弗兰普顿承认这五人的工作中出现了"复活的纯粹主义"，但他再一次指出，他们"对勒·柯布西耶

---

1 根据两盒录音带整理的文本材料存于 CCA 收藏馆的 IAUS central file (Lot 3 086, folder B1—4) 之中。马丁 (n. 45, p. 557) 说，这是从一本书中转录的，艾森曼要为此书取名为《卡纸建筑》(*Cardboard Architecture*)。

2 《五位建筑师：艾森曼、格雷夫斯、格瓦思米、海杜克、迈耶》(*Five Architects: Eisenman, Graves, Gwathmey, Hejduk, Meier*，无出版数据，1974 ?)。

3 Ibid., 111.

4 Ibid., 39—41, 55.

5 Ibid., 12.

美学中的斯巴达享乐主义的开放态度只限于一开始，而且在某些情况下几乎是不存在的。他们原本要探究后勒·柯布西耶时代的空间，这样做只不过是批判性地描述他们所共同关注的那一代人高度抽象而抒情的形式体系的一个方便途径"。[1] 人们尽可就此吹毛求疵，不过现在还有讨论余地。

只有科林·罗在他的导论——这是 20 世纪最重要的理论陈述之一——中宣布了现代主义的革命（在政治上）已经死亡，从而触及了迎面而来的基本问题。他出言不逊，并不想恭维这五位建筑师：

> 因为我们在这里面对的，用正统现代建筑理论来说，是异端的东西。我们面对的是时代错误，是怀旧，或许还有轻率。如果说 1930 年代前后的现代建筑看上去像这样，那么今天看上去不应如此；如果说当今的政治问题不是给富人提供蛋糕，而是给饥饿者提供面包，那么，这些建筑就不仅在形式上而且在计划方案上都是不相干的。显然，它们没有提出明显的革新，而且，正如某些有鉴赏力的美国人会将它们看作是可疑的欧洲的事物，它们似乎也将是美国人对某些欧洲人，尤其是英国人的判断力反应迟缓的确切证据。[2]

科林·罗实际上并没有为这些设计提供什么正当的理由，只是允许它们在困难的"选择情境"中公之于众。在 1974 年导论的两个新加的段落中，他甚至更为雄辩地阐述了这一论点：

[413]
> 然而，接下来一大优点就在于，此书的作者们在是否可能立即发生十分剧烈或突然的建筑与社会变革的问题上，并没有过于自欺欺人。他们将自己置于这样一个角色，即帕拉第奥之下的次要角色。他们或许采取了论战性的姿态，但不是英雄的姿态。显然他们既不是马尔库塞式的人物，也不是毛泽东主义者；他们缺少任何超凡脱俗的社会学或政治学信仰，他们的目标——说到底——就是发出准乌托邦式的诗情感叹，来缓解当前的愁苦。[3]

德雷克斯勒在他为《五位建筑师》撰写的前言中更为简明地表达了相同的感觉。他提到他们的工作"只是建筑，而不是对人类的拯救和对地球的救赎"[4]。从 1920 年代正统现代主义观点来看，这种意图自然是十足的投降行为。

如果说有一种理论立场要在这里被解救出来，那就是艾森曼的主场，他已经转向特拉尼寻求灵感。自 1967 年以来，他已经发展出了"纸板建筑"的观念，这一观念的前提出现在

---

1 弗兰普顿，为《建筑师理查德·迈耶：建筑与项目 1966—1976》(*Richard Meier, Architect: Buildings and Projects 1966–1976*) 一书撰写的导言 (New York: Oxford University Press, 1976)，8。

2 德雷克斯勒，《五位建筑师》，4。

3 Ibid., 8.

4 Ibid., 1.

两篇《美家》杂志的文章中，分别发表于 1970 年和 1971 年。[1] 在第一篇文章（重述了他论特拉尼的博士论文中的许多内容）中，艾森曼认为这位科莫建筑师开创了重大的变化，超越了 [414] 勒·柯布西耶，"从语义领域到句法领域：从技术意义上结构关系的传统概念到形式"[2]。在第二篇文章《关于概念性建筑的札记：建立定义》(Notes on Conceptual Architecture：Towards a Definition) 中，艾森曼用乔姆斯基 (Noam Chomsky) 的语言学模型来阐释这种变化——即"知觉的或表层的结构"（语义学）与"概念的或深层的结构"（句法学）之间的区别。[3] "纸板建筑"背后的观念是要将建筑语义学含义完全剥离，将它视为一个封闭的观念体系："纸板被用来表示生成一系列原始整体关系，并将其转变成一套更复杂的具体关系的一种特定方法所产生的结果，这一套更复杂的具体关系便成了实际的建筑物。在这个意义上'纸板'被用来表示柱子、墙壁与横梁的特定布局，它们以一系列薄薄的、二维的、垂直的分层界定了空间。"[4] 尽管他将纸板建筑说成是形式的"虚拟分层或暗示性分层"，但正如在《五位建筑师》一书中可看到的，House I 和 House II 恰恰就是实际的平面与立柱的分层。科林·罗和斯卢茨基的通透概念在这里以一种极端的方式得到了阐释。

《争鸣：建筑观念与批评期刊》(Oppositions: A Journal for Ideas and Criticism in Architecture) 代表了 CASE/IAUS 活动的又一个顶峰（图 108）。经过两年的辛勤工作，第一期于 1973 年 9 月出版，由艾森曼、弗兰普顿和格兰德尔森纳斯 (Mario Grandelsonas) 编辑。[5] 这份期刊的想法，如上文所述，始于 1965 年的 CASE 团体，尽管其实现的形式完全不同。简短的编者按只提到"批评性评价与重新评价"，宣称它的宗旨是要"致力于为建筑理论发展新的模型"[6]。第一期发表了三位编辑的文章，其中最重要的一篇（暗示了未来方向的）是格兰德尔森纳斯与阿格雷斯特 (Diana Agrest) 合写的文章《符号学与建筑：意识形态消费或理论工作》(Semiotics and Architecture：Ideological Consumption or Theoretical Work)；这一期还发表了科林·罗在 1950 年代中期写的一篇文章，以及维德勒 (Anthony Vidler) 的一篇文章。维德勒后来很快加入了编辑队伍，而布隆菲尔德 (Julia Bloomfield) 从第三期开始成了主编。

该期刊早期的显著特色之一是拥有一批国际撰稿人，如科林·罗、弗兰普顿、维德勒、阿格雷斯特、格兰德尔森纳斯等，许多分析文章具有鲜明的意识形态（政治）倾向性。在 1970 年代初，建筑与城市研究学院与塔夫里以及罗西的交往，使这一倾向得到了加强。这一联系（有些奇特地）导致了纽约五人组 (New York Five) 的工作，展出于 1973 年米兰的"理性建筑"展

---

1 路易斯·马丁在《探索一种建筑理论》中充分讨论了这种观念及其起源，552—568，589—598。

2 艾森曼，《从对象到关系：泰拉尼设计的法西斯党部》(From Object to Relationship: The Casa del Fascio by Terragni)，载《美家》344 (January 1970)：38。

3 艾森曼，《关于概念性建筑的札记：建立定义》，载《美家》，nos. 359—360（1971）：51。

4 引文出自《五位建筑师》，15。

5 关于这份期刊的历史，见奥克曼 (Joan Ockman)，《复活先锋派：〈争鸣〉的历史与纲领》(Resurrecting the Avant-Garde: The History and Program of Oppositions)，收入《建筑生产》(Architectureproduction)，科洛米纳 (Beatriz Colomina) 编 (New York: Princeton Architectural Press, 1988)，180—199。

6 编者按，《争鸣》(1, September, 1973)。

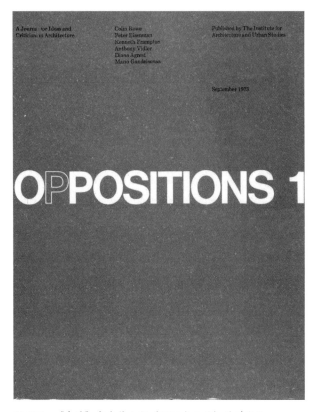

图108 《争鸣》杂志第1期（1973年9月）的刊名页。

上。艾森曼可能要求《争鸣》加强美国国内的批评讨论，但该期刊的欧洲取向反映了常春藤联盟建筑学院的一贯偏好，即从国外引进师资以及思想方法。除了纽约五人组的工作之外，它的主题完全定位于欧洲建筑理论与欧洲建筑师——勒·柯布西耶、苏维埃构成主义，尤其是意大利理性主义。显然这种亲欧倾向再一次与现代艺术博物馆1932年所做的工作相类似。如果说上次有所不及，只是因为到1960年代末建筑的方方面面都成了一个国际性领域。在历史与理论战线上，这份期刊的确做出了许多有价值的贡献，发表的历史与理论的文章都具有相当高的水平。

回顾1968年，如果说有一个观念和建筑与城市研究学院、纽约五人组、文杜里和穆尔的民粹主义、意大利理性主义密不可分，那就是复兴或重访（revival or revisitation）的观念：复兴1920年代的、现已成为偶像的各种形式的图像，复兴巴洛克手法主义和流行的本土形式，复兴理想的形式，甚至复兴洛日耶式的新古典主义。这一判断绝不带有轻蔑的意思，因为复兴总是现代建筑理论与实践不可或缺的一部分。例如，佩罗为罗浮宫东立面做的设计是要开创伪窄柱式（pseudosystyle）的复兴，就如同根据意大利文艺复兴的原则来阐明法国独立宣言一样。这就是建筑理论与实践的循环性质。

[415] 但是，复兴也发生在某些关节点上，这就是1968年现象（持续几年时间）回顾起来令人触目惊心的原因。战后郁积起来的能量在1950年代与1960年代初的建筑理论领域中渐次爆发，表达了大量相互竞争的（有信心的）观念与取向，到1960年代中晚期便明显地烟消云散了。随着每一天的逝去，实际上选择似乎在消失，一种真正意义上的犬儒主义到来了。设计工作室墙外持续的社会与政治动乱，无疑迫使人们从根本上对建筑的社会与文化假设进行反思。但建筑也以有限的观念与意识形态来运作，而这些具有一定规律性的观念与意识形态也将山穷水尽。如果想要概括1968年的特征，首先可以说，这是筋疲力尽的一年——在情感上、心理上、智性上都消耗殆尽了。无论将这一年看作现代建筑理论终结的开端，还是简单地视为一个紧缩与批评性反思的时期，有一点是无可争议的，这就是建筑理论将永远不会雷同，必须找到一种新的（或者老的）取向。

索 引